作 者 简 介

王化文

武汉大学计算机学院教授

现为武昌理工学院信息工程学院院长

主要研究方向：网络、管理信息系统

普通高等教育"十一五"国家级规划教材

计算机科学与技术专业规划教材

Windows Server 2008 网络构建与系统管理

主　编　王化文　胡　岚　李　燕

副主编　陈　奇　王智超　温　静

WUHAN UNIVERSITY PRESS

武汉大学出版社

图书在版编目(CIP)数据

Windows Server 2008 网络构建与系统管理/王化文,胡岚,李燕主编．—武汉:武汉大学出版社,2011.9
普通高等教育“十一五”国家级规划教材
计算机科学与技术专业规划教材
ISBN 978-7-307-09122-1

Ⅰ.W…　Ⅱ.①王…　②胡…　③李…　Ⅲ.服务器—操作系统(软件),Windows Server 2008—高等学校—教材　Ⅳ.TP316.86

中国版本图书馆 CIP 数据核字(2011)第 168343 号

责任编辑:黎晓方　林　莉　　责任校对:黄添生　　版式设计:支　笛

出版发行:武汉大学出版社　(430072　武昌　珞珈山)
(电子邮件:cbs22@ whu. edu. cn 网址:www. wdp. com. cn)
印刷:通山金地印务有限公司
开本:787×1092　1/16　印张:45.75　字数:1163 千字　插页:1
版次:2011 年 9 月第 1 版　　2011 年 9 月第 1 次印刷
ISBN 978-7-307-09122-1/TP·409　　定价:68.00 元

前　言

Windows Server 2008 和 Windows Server 2008 R2 是 Windows 系列中最新版本的网络操作系统，从 2008 年发布到现在，已经得到了广泛的关注，这是因为它具备许多优秀的技术特性。许多人认为活动目录是 Windows 2000 Server 的一大亮点，那么 Windows Server 2008 和 Windows Server 2008 R2 在 Windows 2000 Server 和 Windows Server 2003 的基础上跨越了一大步，在网络构建，网络管理，网络安全诸方面都增加了许多引人注目的特性，如联合森林，新的信任关系，Server Core，只读域控制器，活动目录回收站，管理中心等。这些新特性使得基于 Windows Server 2008 的网络具有更强的组网能力、更可靠的安全特性和更灵活的管理功能，为它成为当前世界上主流网络操作系统之一打下了坚实的基础。

本书侧重讲解 Windows Server 2008 和 Windows Server 2008 R2 网络的部署、设计、管理和系统提供的几种服务，以便读者通过学习本书的内容，掌握 Windows Server 2008 和 Windows Server 2008 R2 的网络构建和管理方面的技术，并能够构建、管理和维护企业的网络。

本书的一个重要特点是面向实际，重视实践，力求使读者学懂了就会应用，因此，除了阐述原理和理论，还介绍了技术实现的方法，以便于读者进行实验和验证，有助于对高校学生开展实验教学。

本书的内容取舍和章节划分是由武昌理工学院信息工程学院的教师王化文、胡岚、李燕、陈奇和武汉大学计算机学院的教师刘敏忠、彭敏进行了详细的讨论后确定的。编写本书的目的是为高校计算机专业开设“网络构建技术”或“组网技术”提供一本适用的教材，同时也是为从事网络规划、部署和设计的技术人员提供一本适用的技术参考书。全书共分 14 章，由武昌理工学院信息工程学院的教师编写，其中，第 1 章、第 2 章、第 3 章由陈奇编写，第 4 章、第 5 章、第 6 章由王化文编写，第 7 章由温静编写，第 8 章、第 9 章由胡岚编写，第 10 章、第 11 章、第 13 章由李燕编写，第 12 章、第 14 章由王智超编写，全书由王化文统稿。

在本书的编写过程中，刘敏忠老师和彭敏老师给予了大力支持和帮助，在此表示衷心的感谢。

由于 Windows Server 2008 和 Windows Server 2008 R2 是微软最新的产品，使得编写本教材面临许多新技术，教材编写的工作量很大，时间又很紧，难免存在错误和不足之处，敬请读者批评指正，我们万分感谢！

在编写本书时，参考了一些相关书籍和 http://technet2.microsoft.com/等网站上的资料，我们尽可能列在参考文献中，在此特向这些书籍和资料的作者表示衷心的感谢。

作　者

2011 年 8 月

目 录

第 1 章 Windows 发展历程及 Windows Server 2008 的新特性 …… 1
1.1 Windows 的发展与演变 …… 1
1.1.1 Windows 的诞生 …… 1
1.1.2 Windows 3.x …… 1
1.1.3 Windows 9x …… 2
1.1.4 Window NT …… 3
1.1.5 Windows 2000 …… 3
1.1.6 Windows XP …… 4
1.1.7 Windows Server 2003 …… 5
1.2 Windows Server 2008 的新特性 …… 5
1.2.1 简介 …… 5
1.2.2 虚拟化 …… 7
1.2.3 Web 和应用程序平台 …… 9
1.2.4 服务器管理 …… 9
1.2.5 安全和策略实施 …… 10
1.2.6 集中式应用程序访问 …… 11
1.2.7 分支机构 …… 12
1.2.8 高可用性 …… 12
1.2.9 Windows 部署服务 …… 13
1.3 Windows Vista 的新特性 …… 14
1.3.1 简介 …… 14
1.3.2 Windows Vista 版本 …… 14
1.3.3 技术革新和安全机制 …… 16
1.4 Windows 7 的新特性 …… 18
1.4.1 简介 …… 18
1.4.2 Windows 7 版本 …… 20
1.4.3 系统特色 …… 21
习题 …… 22

第 2 章 安装和升级到 Windows Server 2008 …… 23
2.1 Windows Server 2008 安装准备 …… 23
2.1.1 系统硬件需求 …… 24
2.1.2 全新安装和升级安装的区别 …… 25

2.1.3 安装和升级准备 …… 25
2.1.4 x86 架构系统的分区 …… 26
2.1.5 基于安腾的 Intel 64 位架构的分区 …… 27
2.1.6 规划分区 …… 27
2.1.7 计算机命名 …… 28
2.1.8 网络和域成员身份 …… 28
2.1.9 选择服务器安装类型 …… 29
2.2 全新安装 Windows Server 2008 …… 30
2.2.1 安装 Windows Server 2008 …… 30
2.2.2 在安装过程中执行管理任务 …… 34
2.2.3 安装过程中强制删除磁盘分区 …… 37
2.2.4 安装后的问题 …… 38
2.3 升级到 Windows Server 2008 …… 38
2.4 Server Core 安装及初始配置 …… 40
2.4.1 安装 Server Core …… 41
2.4.2 Server Core 初始配置 …… 41
2.5 激活 Windows Server 2008 …… 43
2.5.1 通过 Internet 激活 …… 43
2.5.2 通过电话激活 …… 44
2.5.3 批量激活工具 Volume Acitvation 2.0 介绍 …… 44
2.6 Windows Server 2008 发行说明 …… 46
2.6.1 Windows Server 2008 发行说明 …… 46
2.6.2 Windows Server 2008 Service Pack2（SP2）发行说明 …… 48
2.7 启动配置数据编辑器常见问题解答 …… 49
2.7.1 启动配置数据 …… 49
2.7.2 多重启动环境 …… 50
2.7.3 BCDedit.exe …… 50
2.8 Windows 部署服务 …… 56
2.8.1 安装 Windows 部署服务 …… 57
2.8.2 配置 Windows 部署服务 …… 58
2.8.3 添加安装映像 …… 62
习题 …… 63

第 3 章 域名系统和动态主机配置协议 …… 64
3.1 DNS 域结构简介 …… 65
3.1.1 DNS 域名空间 …… 65
3.1.2 域命名规则 …… 66
3.1.3 LDAP 命名规范 …… 66
3.1.4 区域 …… 67
3.1.5 区域传送 …… 68

3.2 常用资源记录的格式 …… 68
3.3 DNS 查询处理 …… 69
3.3.1 正向查找 …… 69
3.2.2 候选的查询响应 …… 72
3.2.3 名称服务器缓存的工作原理 …… 72
3.2.4 反向查找 …… 73
3.4 配置 DNS 客户端 …… 74
3.5 安装和配置 DNS 服务器 …… 78
3.5.1 安装 DNS 服务器服务 …… 78
3.5.2 使用 DNS 服务器配置向导配置小型网络 …… 80
3.5.3 使用 DNS 服务器配置向导配置大型网络 …… 83
3.5.4 配置区域传送 …… 85
3.6 配置辅助 DNS 服务器（含配置只进行缓存的服务器、配置 DNS 服务器使用转发器） …… 87
3.6.1 配置辅助 DNS 服务器 …… 87
3.6.2 配置转发器 …… 88
3.6.3 DNS 缓存服务器 …… 91
3.7 DNS 区域和活动目录集成 …… 92
3.8 管理动态 DNS …… 93
3.9 使用 NSLOOKUP 测试区域表 …… 96
3.10 配置 DHCP 以支持 DNS …… 102
3.10.1 安装 DHCP 服务器服务 …… 103
3.10.2 创建和配置作用域 …… 106
3.10.3 激活作用域 …… 112
3.10.4 将 DHCP 和 DNS 整合 …… 113
习题 …… 114

第 4 章 活动目录的逻辑结构和物理结构 …… 115
4.1 Active Directory 概述 …… 115
4.1.1 活动目录的基本概念 …… 115
4.1.2 活动目录概述 …… 118
4.2 Windows Server 2008 AD DS 的新特性 …… 126
4.2.1 Windows Server 2003 活动目录的改进 …… 126
4.2.2 Windows Server 2008 中 AD DS 的变化 …… 127
4.3 活动目录的逻辑结构 …… 129
4.3.1 AD DS 逻辑结构原理 …… 129
4.3.2 AD DS 逻辑结构设计 …… 133
4.3.3 Windows Server 2008 AD DS 功能级别 …… 139
4.4 活动目录的物理结构 …… 143
4.4.1 AD DS 物理结构原理 …… 143

4.4.2 AD DS 物理结构设计 …… 144
4.5 域控制器 …… 146
4.5.1 域控制器作用和功能 …… 147
4.5.2 只读域控制器 …… 148
习题 …… 156

第 5 章 Windows Server 2008 AD DS 的建立和技术实现 …… 157
5.1 AD DS 新的安装选项 …… 157
5.2 安装和删除 AD DS 的要求和可能出现的问题 …… 161
5.2.1 Adprep.exe 的位置和运行问题 …… 161
5.2.2 Active Directory 域服务安装向导问题 …… 162
5.2.3 RODC 安装问题 …… 163
5.2.4 磁盘空间和组件位置要求 …… 163
5.2.5 其他 AD DS 服务器角色问题 …… 166
5.2.6 对性能计数器的更改 …… 167
5.3 安装 AD DS 的方案准备 …… 168
5.4 安装 AD DS 的要求 …… 170
5.4.1 运行 Adprep.exe …… 171
5.4.2 运行 Adprep.exe …… 172
5.5 安装 AD DS 的步骤 …… 178
5.5.1 安装新的 Windows Server 2008 林 …… 178
5.5.2 安装新的 Windows Server 2008 子域 …… 183
5.5.3 安装新的 Windows Server 2008 域树 …… 187
5.5.4 安装其他域控制器 …… 190
5.5.5 执行 RODC 分步安装 …… 195
5.5.6 从介质安装 AD DS …… 202
5.5.7 验证 AD DS 安装 …… 204
5.6 实现活动目录的物理结构 …… 210
5.6.1 站点、子网和站点链接 …… 211
5.6.2 物理结构与复制 …… 213
5.6.3 复制的工作原理 …… 215
5.6.4 复制选项 …… 216
5.6.5 创建站点 …… 217
5.6.6 创建子网 …… 217
5.6.7 创建和配置站点链接 …… 218
5.6.8 向站点链接添加站点或从中删除站点 …… 219
5.7 删除 AD DS 的步骤 …… 220
5.7.1 从域中删除 Windows Server 2008 域控制器 …… 220
5.7.2 删除域中的最后一个 Windows Server 2008 域控制器 …… 221
5.7.3 删除林中的最后一个 Windows Server 2008 域控制器 …… 223

5.7.4 强制删除 Windows Server 2008 域控制器 …… 224
5.8 无人参与安装参数附录 …… 225
5.8.1 提升操作 …… 225
5.8.2 CreateDCAccount 操作 …… 230
5.8.3 UseExistingAccount 操作 …… 232
5.8.4 降级操作 …… 234
5.8.5 无人参与安装返回代码 …… 235
习题 …… 238

第 6 章 Windows Server 2008 活动目录管理 …… 240
6.1 管理用户 …… 240
6.1.1 Windows 2008 用户账户 …… 240
6.1.2 新建用户账户 …… 243
6.1.3 重置用户账户密码 …… 244
6.1.4 复制用户账户 …… 245
6.1.5 移动用户账户 …… 246
6.1.6 设置登录时间 …… 246
6.1.7 禁用或启用用户账户 …… 247
6.1.8 将证书映射到用户账户 …… 248
6.1.9 更改用户的主要组 …… 248
6.1.10 删除用户账户 …… 249
6.2 管理计算机 …… 249
6.2.1 新建计算机账户 …… 250
6.2.2 将计算机账户添加到组 …… 250
6.2.3 删除计算机账户 …… 251
6.2.4 管理远程计算机 …… 251
6.2.5 移动计算机账户 …… 252
6.2.6 重设计算机账户 …… 252
6.2.7 禁用或启用计算机账户 …… 253
6.3 管理活动目录对象 …… 253
6.3.1 管理域 …… 253
6.3.2 管理组织单元 …… 254
6.3.3 管理全局目录和全局目录服务器 …… 257
6.4 管理组 …… 259
6.4.1 组账户的概念 …… 259
6.4.2 新建组 …… 263
6.4.3 将成员添加到组 …… 264
6.4.4 将组转换为其他类型 …… 265
6.4.5 更改组作用域 …… 265
6.4.6 删除组 …… 266

6.4.7 查找用户隶属的组 …… 266
6.4.8 向 AD DS 中的组分配用户权限 …… 267
6.5 管理 Active Directory 架构 …… 267
6.5.1 Active Directory 架构管理单元概述 …… 267
6.5.2 安装、保护和查看架构 …… 268
6.5.3 Active Directory 架构的管理单元类属性管理界面 …… 270
6.6 管理域和林功能级别 …… 276
6.6.1 提升域和林功能级别的要求和限制 …… 276
6.6.2 提升域功能级别 …… 277
6.6.3 提升林功能级别 …… 277
6.6.4 添加用户主体名称后缀 …… 278
6.7 管理信任关系 …… 278
6.7.1 创建外部信任 …… 279
6.7.2 创建快捷方式信任 …… 280
6.7.3 创建领域信任 …… 282
6.7.4 验证信任 …… 283
6.7.5 删除信任 …… 284
6.7.6 选择用户的身份验证范围 …… 285
6.7.7 创建林信任 …… 285
6.7.8 更改名称后缀的路由状态 …… 287
6.7.9 启用或禁用现有名称后缀进行路由 …… 287
6.7.10 避免将名称后缀路由到本地林 …… 288
6.8 Microsoft 管理控制台 …… 288
6.8.1 MMC 3.0 简介 …… 289
6.8.2 MMC 3.0 概念 …… 289
6.8.3 使用 MMC 3.0 …… 291
6.8.4 MMC 3.0 命令行选项 …… 298
6.8.5 MMC 3.0 的兼容性 …… 299
6.8.6 MMC 3.0 的辅助功能 …… 300
6.9 Windows PowerShell 的 Active Directory 模块 …… 302
6.9.1 Windows PowerShell …… 303
6.9.2 Windows PowerShell 的 Active Directory 模块 …… 303
6.10 Windows Server 2008 R2 Active Directory 管理中心 …… 308
6.10.1 Active Directory 管理中心概述 …… 309
6.10.2 安装 Active Directory 管理中心 …… 312
6.10.3 在 Active Directory 管理中心中管理不同的域 …… 313
6.10.4 自定义 Active Directory 管理中心导航窗格 …… 314
6.10.5 自定义 Active Directory 管理中心中的对象属性页 …… 315
6.10.6 在 Active Directory 管理中心中定位 Active Directory 对象 …… 316
习题 …… 318

第 7 章 Server Core …… 320

7.1 Windows Server Core 概述 …… 320

7.2 Server Core 安装 …… 322

7.3 Server Core 配置 …… 324

7.4 使用 Server Core 进行一般操作 …… 339

7.5 远程管理 Server Core …… 342

7.6 总结 …… 349

习题 …… 349

第 8 章 活动目录权限管理服务 …… 351

8.1 Active Directory Management Services 概述 …… 351

8.1.1 Windows Server 2008 中 AD RMS 的新增功能 …… 351

8.1.2 AD RMS 服务器和客户端的硬件和软件需求 …… 352

8.1.3 AD RMS 的证书和许可证 …… 353

8.1.4 AD RMS 的相关组件 …… 355

8.1.5 AD RMS 的工作原理 …… 356

8.2 在测试环境中安装和配置 AD RMS 服务器 …… 357

8.2.1 系统要求 …… 357

8.2.2 设置基础结构 …… 358

8.2.3 在 ADRMSSVR 上安装和配置 AD RMS …… 360

8.2.4 在 ADRMSCLT 上验证 AD RMS 功能 …… 362

8.3 创建和部署 AD RMS 权限策略模板 …… 363

8.3.1 在 AD RMS 群集上创建共享文件夹 …… 364

8.3.2 创建 AD RMS 权限策略模板 …… 365

8.3.3 配置 AD RMS 客户端 …… 365

8.3.4 使用 ADRMSCLT 验证 AD RMS 功能 …… 366

8.4 在 Extranet 中部署 AD RMS …… 367

8.4.1 配置要在 Extranet 中工作的 AD RMS …… 368

8.4.2 安装和配置 ISASVR …… 369

8.4.3 配置 AD RMS Extranet 客户端 …… 371

8.4.4 使用 ADRMSCLT 验证 AD RMS 功能 …… 372

习题 …… 372

第 9 章 活动目录的相关服务 …… 374

9.1 活动目录证书服务 …… 374

9.1.1 活动目录证书服务的概述 …… 374

9.1.2 设置活动目录证书服务 …… 377

9.1.3 管理证书颁发机构 …… 392

9.1.4 使用网络设备注册服务 …… 397

9.1.5 使用策略管理 AD 证书服务 …… 397

9.2 活动目录联合身份验证服务……398
9.2.1 活动目录联合身份验证服务概述……398
9.2.2 设置活动目录联合身份验证服务……411
9.2.3 将联合身份验证与 AD RMS 配合使用……419
9.3 活动目录轻型目录服务……428
9.3.1 活动目录轻型目录服务概述……428
9.3.2 设置和管理活动目录轻型目录服务……433
习题……440

第 10 章 用户操作环境管理……441
10.1 用户配置文件……441
10.1.1 用户配置文件的定义……441
10.1.2 用户配置文件的类型……441
10.1.3 用户配置文件的内容……444
10.1.4 查看用户配置文件……444
10.1.5 创建用户配置文件……445
10.1.6 定制 Default 用户配置文件……451
10.1.7 重定向用户配置文件……452
10.2 登录脚本……453
10.3 主文件夹……456
10.3.1 主文件夹的特点……456
10.3.2 主文件夹的存储位置……457
10.3.3 创建和使用主文件夹……457
10.4 组策略概述……458
10.4.1 组策略的概念……458
10.4.2 组策略的类型……459
10.4.3 组策略的组成……460
10.4.4 组策略中的 GPO 及存储……461
10.4.5 组策略管理控制台……463
10.4.6 组策略的继承和优先级的修改……466
10.4.7 管理组策略对象的权限……469
10.4.8 组策略的处理顺序……470
10.4.9 Windows Server 2008 中组策略的新特性……471
10.4.10 组策略的实施指南……474
10.5 组策略的管理与应用……474
10.5.1 安全策略……474
10.5.2 软件安装策略……482
习题……489

第 11 章　文件服务 …… 491
11.1　文件系统 …… 491
11.1.1　磁盘结构概述 …… 491
11.1.2　文件系统的定义和常见的类型 …… 492
11.1.3　FAT 文件系统 …… 492
11.1.4　NTFS 文件系统 …… 497
11.1.5　其他文件系统 …… 503
11.2　文件资源的共享 …… 504
11.2.1　Windows Server 2008 中的共享文件夹 …… 504
11.2.2　使用公用文件夹共享文件资源 …… 505
11.2.3　共享文件夹的权限 …… 506
11.2.4　共享权限的特性 …… 507
11.2.5　新建共享权限 …… 508
11.2.6　管理共享文件夹 …… 510
11.2.7　用户如何通过网络访问共享文件夹 …… 513
11.2.8　脱机文件 …… 516
11.2.9　卷影副本 …… 517
11.3　分布式文件系统 …… 518
11.3.1　分布式文件系统概述 …… 519
11.3.2　分布式文件系统（DFS）的结构 …… 520
11.3.3　分布式文件系统（DFS）的配置 …… 521
11.3.4　分布式文件系统（DFS）的应用案例 …… 527
11.4　NTFS 权限 …… 527
11.4.1　NTFS 权限概述 …… 527
11.4.2　NTFS 权限的内容 …… 528
11.4.3　NTFS 权限的查看和设置 …… 529
11.4.4　NTFS 权限的继承 …… 532
11.4.5　多重 NTFS 权限 …… 535
11.4.6　特殊的 NTFS 权限 …… 537
11.4.7　NTFS 权限和共享权限的叠加 …… 538
11.4.8　NTFS 权限的应用和验证 …… 539
11.4.9　配置 NTFS 权限规则 …… 539
11.5　在 NTFS 上管理磁盘配额 …… 540
11.5.1　磁盘限额的功能 …… 540
11.5.2　磁盘配额的特点 …… 541
11.5.3　配置磁盘限额 …… 541
11.5.4　磁盘限额的实际应用 …… 545
11.6　加密文件系统 …… 545
11.6.1　什么是加密文件系统 …… 545
11.6.2　加密一个文件夹或文件 …… 546

11.6.3 解密一个文件夹或文件 …… 548
11.6.4 授权其他用户 …… 548
11.6.5 备份 EFS 证书 …… 549
习题 …… 549

第 12 章 远程桌面服务 …… 551
12.1 远程桌面服务概述 …… 551
12.2 Windows Server 2008 中远程桌面服务新特性 …… 553
12.2.1 远程桌面服务核心功能 …… 553
12.2.2 远程桌面服务器安装 …… 557
12.2.3 远程桌面服务打印 …… 557
12.2.4 远程桌面服务远程应用程序（RD RemoteApp） …… 559
12.2.5 远程桌面服务 Web 访问（RD Web 访问） …… 559
12.2.6 远程桌面服务授权（RD 授权） …… 560
12.2.7 远程桌面服务网关（RD 网关） …… 561
12.2.8 远程桌面服务会话 Broker（RD 会话 Broker） …… 561
12.2.9 远程桌面服务和 Windows 系统资源管理器 …… 562
12.3 基于 license management 的远程桌面服务 …… 564
12.4 RD 授权管理器 …… 568
12.4.1 安装 RD 授权管理器 …… 568
12.4.2 激活远程桌面服务许可证服务器 …… 568
12.4.3 安装远程桌面服务客户端访问许可证 …… 569
12.4.4 跟踪远程桌面服务每用户客户端访问许可证的颁发 …… 569
12.4.5 复查许可证服务器的配置 …… 571
12.5 基于网关的远程桌面服务 …… 572
12.5.1 RD 网关概述 …… 572
12.5.2 安装 RD 网关的先决条件 …… 573
12.5.3 RD 网关的使用 …… 573
12.6 RD 网关管理器 …… 574
12.6.1 RD 网关核心方案的系统要求 …… 575
12.6.2 RD 网关核心方案的连接次序 …… 575
12.6.3 为 RD 网关核心方案配置 RD 网关服务器 …… 576
12.6.4 为 RD 网关核心方案配置远程桌面服务客户端 …… 586
12.7 远程桌面服务器 …… 589
12.7.1 安装"远程桌面服务器"角色服务 …… 590
12.7.2 安装程序 …… 591
12.7.3 配置远程连接设置 …… 592
12.8 RD Session Broker …… 593
12.8.1 RD 会话 Broker 负载平衡系统要求 …… 594
12.8.2 部署 RD 会话 Broker 负载平衡 …… 594

12.9 RD RemoteApp 管理器……598
12.9.1 添加 RemoteApp 程序……599
12.9.2 配置部署设置……599
12.9.3 更改或删除 RemoteApp 程序……604
12.9.4 导出或导入 RemoteApp 程序和设置……604
12.10 使用 Windows SharePoint Services 自定义 RD Web Access……605
12.11 远程桌面……608
习题……610

第 13 章 Web 服务……611
13.1 Web 服务的安装和配置……611
13.1.1 Windows Server 2008 中的 Web 服务……611
13.1.2 IIS 7.0 概述……612
13.1.3 在 Windows Server 2008 上安装和升级到 IIS 7.0……623
13.1.4 部署 IIS 7.0 Web 服务器……626
13.2 在 IIS 7.0 中架设网站……628
13.2.1 网站的基本设置……628
13.2.2 部署静态网站……629
13.2.3 部署动态网站……631
13.3 委派站点和应用程序的管理……632
13.3.1 在 IIS 管理器中连接网站和应用程序……633
13.3.2 建立站点和应用程序的委派……636
13.3.3 配置远程管理……639
13.4 构建安全的 Web 服务……642
13.4.1 设置 Web 服务的访问安全……642
13.4.2 Web 服务器的常规安全配置……649
13.4.3 保护 Web 服务器的数据安全……654
13.4.4 建立安全的 Web 站点……661
13.5 在 IIS 7.0 中设置 HTTP……665
13.5.1 配置默认文档……666
13.5.2 目录浏览的配置……668
13.5.3 设置错误响应……669
13.5.4 HTTP 的重定向……672
13.6 在 IIS 7.0 中设置 FTP……675
13.6.1 安装 IIS 7.0 中的 FTP 服务……675
13.6.2 在 IIS 7.0 中启动 FTP 服务……676
13.6.3 配置安全的 FTP 服务……677
习题……679

第 14 章　虚拟化和联合（Hyper-V）…… 680
14.1 Hyper-V 概述 …… 680
14.1.1 Hyper-V 作用 …… 680
14.1.2 Hyper-V 功能 …… 680
14.1.3 Hyper-V 新增功能 …… 681
14.2 虚拟机的要求和计划安全性 …… 682
14.2.1 Windows Server 2008 中虚拟机和 Hyper-V 的要求与限制 …… 682
14.2.2 Hyper-V 计划安全性 …… 684
14.3 Hyper-V 安装 …… 689
14.3.1 将 Hyper-V 角色安装在服务器核心安装的 Windows Server 2008 上 …… 689
14.3.2 将 Hyper-V 角色安装在完整安装的 Windows Server 2008 上 …… 691
14.3.3 安装和配置 Hyper-V 工具用于远程管理 …… 691
14.4 Hyper-V 配置 …… 695
14.4.1 配置虚拟网络 …… 695
14.4.2 配置磁盘和存储 …… 702
14.5 迁移 …… 706
14.5.1 迁移位于故障转移群集中的 Hyper-V 虚拟机 …… 706
14.5.2 将虚拟机迁移到群集共享卷磁盘 …… 708
14.5.3 在故障转移群集中导出和导入虚拟机 …… 709
习题 …… 709

附录　英文缩写表 …… 710

参考文献 …… 714

第 1 章　Windows 发展历程及 Windows Server 2008 的新特性

1.1　Windows 的发展与演变

微软公司开发的 Windows 系列操作系统是目前世界上使用用户最多且兼容性最强的操作系统。虽然它的出现到现在才不过二十余年（诞生于 1985 年），但它却给图形界面操作系统的发展带来了巨大的影响。IBM-PC 机的出现促进了个人计算机的普及，但是由于 80 年代所使用的 MS-DOS 操作系统是纯命令行形式的操作系统，很难被广大普通用户所掌握，这就限制了计算机应用的进一步发展。Windows 作为第一个成功的图形操作系统（第一个图形操作系统是 1973 年施乐公司的 PARC（帕洛阿尔托研究中心）开发的 Alto 电脑的操作系统），以其优异的性能和方便易用，迅速成为个人计算机的主流操作系统。

1.1.1　Windows 的诞生

Windows 和 MS-DOS 一样都出自微软公司。

1983 年 11 月 10 日，在推出 MS-DOS 两年以后，微软公司又推出了图形用户界面的操作系统 Windows。由于仅有少数应用程序支持，它并没有引起人们的广泛注意。

1985 年 11 月 20 日，可以同时执行多个程序的 Windows 1.0 被推出，由于存在许多问题，因此并没有被大家认可。

1987 年 12 月，Windows 2.0 被正式推出。它修正了 1.0 版本的不足之处，允许正在执行的程序在视窗中重叠显示，在 80286 或以上的系统中利用保护模式突破 DOS 中 640KB 内存的限制。

1988 年 6 月，Windows 2.1 版推出时被更名为 Windows 286。但由于缺乏软件开发者的支持，Windows 2.0 的销量很不理想。

1.1.2　Windows 3.x

1990 年 5 月 22 日，微软推出 Windows 3.0，该版本的许多功能相比以前都有改善，如程序管理器和图形结构，并且新增了资源管理器。同时操作系统 Windows 3.0 得到了许多独立软件开发商和硬件商的支持。

1992 年 4 月 6 日微软推出的 Windows 3.1 具有划时代的意义。这个性能稳定的操作系统使图形化操作系统真正走向实用。虽然它只是附属于 DOS 下的操作系统，但仍吸引了大量用户。直到 1997 年，Windows 3.1 仍是美国 PC 市场上装机量最大的操作系统。

Windows 3.1 具有许多特点：

（1）提供对“对象连接与嵌入”（Object Linking and Embedding，OLE）的完整支持，同时它还保持对旧的“动态数据交换”（Dynamic Data Exchange，DDE）的支持。

（2）包含一种称为 True type 的字库处理技术。

（3）文件管理器的速度提高，提供了“拖动并放下”（drag and drop）的增强技术。

（4）程序管理器占用的资源少，可以同时运行的程序数量大大增加。

（5）Windows 3.1 对系统的可靠性进行了较大的改进和提高。程序出错时用户可以退出导致错误的应用程序而不必重新启动 Windows。

（6）Windows 3.1 在 386 增强模式下，改进了对非 Windows 的 DOS 应用程序的支持。

（7）Windows 3.1 更好地支持了网络和多媒体。

综上所述，Windows 3.1 是一个成功的操作系统，为后来 Windows 家族的发展打下了良好的基础。

1.1.3 Windows 9x

1995 年 8 月 24 日，微软公司推出了 Windows 95，它是第一个不要求先安装 DOS 的 32 位操作系统。Windows 95 的大部分内核代码都重新改写，虽然仍有部分 16 位代码（如 USER.EXE 和 GDI.EXE）存在于 Windows 95 之中，但大多数代码是 32 位的。Windows 95 的大多数 I/O 操作、存储管理和进程管理是保护模式的。但所有的 Windows 95 系统都先以实模式方式引导，以便有机会装载旧的设备和网络驱动程序。其文件系统还承担着一定数量的实模式管理任务，以便将重要的系统事件通知旧的应用程序。Windows 95 具有全新的图形用户界面，提高了用户的可学性、可用性和高效率。Windows 95 支持多达 255 个字符的文件名和扩展名，而在 DOS 提示符下又可转换成 8.3 规则的别名以保持兼容性。

Windows 95 自身的 32 位 Windows 应用程序接口（Win32）能使应用程序得到更快的响应，能更快地处理 CPU 密集的任务。Windows 95 不需要利用 DOS 或进入实模式来访问磁盘，使得运行频繁的 I/O 程序仍具有很高的效率。Windows 95 采用优先级多任务使运行的几个应用程序更平滑，系统反应更迅速。其线程允许一个应用程序在自身范围内进行多任务处理，使得响应更加迅速。Windows 95 将 32 位的 OLE 集成为系统的一部分，性能有了极大的提高。Windows 95 还集成了网络的连接和管理，其连接特性也从 LAN 扩展到了拨号访问。它还支持 TCP/IP 结构和 PnP 技术。

1996 年 10 月，Windows 95 的 OSR2 版（OEM Service Release 2，该版本又被称为 Windows 97）推出，它里面支持许多新功能，如 FAT32 和改进的拨号网络等，它还包含有 Internet Explorer 3.0。

1998 年 6 月 25 日发布的 Windows 98 是 Windows 95 的改进版。Windows 98 中集成了 Internet Explorer 4.0。Windows 98 具有 Web 集成和活动桌面，增加了频道等网络功能，Windows 98 采用 FAT32 文件系统，并提供 FAT32 转换工具，Windows 98 支持 ACPI 电源管理、USB 总线，IEEE1394 总线和 AGP 总线。它同时支持 DVD 功能，DirectX 是 Windows 98 中增强多媒体功能的实用程序。

2000 年 9 月 14 日微软公司发布 Windows ME（Windows Millennium Edition，简称 Windows ME），Windows ME 是在 Windows 9X 的基础上开发的，主要针对的是家庭和个人用户，Windows ME 重点改进了对多媒体和硬件设备的支持，但同时也加入了不少在 Windows 2000 上拥有的新概念。主要增加的功能包括系统恢复、UPnP 即插即用、自动更新等。由于 Windows ME 的稳定性和可靠性较差，相当多的旧 Dos 程序无法在 Windows ME 上运行。相比其他版本的 Windows 系统，Windows ME 只延续了短短一年，就被 Windows XP 取代了。

1.1.4　Window NT

Windows NT 是基于 OS/2 NT 的基础编制的。OS/2 是由微软和 IBM 联合研制，分为微软的 Microsoft OS/2 NT 与 IBM 的 IBM OS/2。由于种种原因，协作后来不欢而散，IBM 继续向市场提供先前的 OS/2 版本，而微软则把自己的 OS/2 NT 的名称改为 Windows NT，即第一代的 Windows NT 3.1（1993 年 8 月 31 日发布）。Windows NT 是纯 32 位操作系统，采用先进的 NT 核心技术，NT 即新技术（New Technology）。1996 年 4 月发布的 Windows NT 4.0 是 NT 系列的一个里程碑，该系统面向工作站、网络服务器和大型计算机，它与通信服务紧密集成，提供文件和打印服务，能运行客户机 / 服务器应用程序，内置了 Internet / Intranet 功能。

Windows NT 具有以下特点：

（1）32 位操作系统，多重引导功能，可与其他操作系统共存。

（2）实现了“抢先式”多任务和多线程操作。

（2）采用 SMP（对称多处理）技术，支持多 CPU 系统。

（4）支持 CISC（如 Intel 系统）和 RISC（如 Power PC、R4400 等）多种硬件平台。

（5）可与各种网络操作系统实现互操作，如 UNIX、Novel Netware、Macintosh 等系统；对客户操作系统提供广泛支持，如 MS-DOS、Windows、Windows NT Workstation、UINX、OS/2、Macintosh 等系统；支持多种协议，如 TCP / IP、NetBEUI、DLC、AppleTalk、NWLINK 等。

（6）安全性达到美国国防部的 C2 标准。

1.1.5　Windows 2000

Microsoft Windows 2000 是沿袭微软公司 Windows NT 系列的 32 位视窗操作系统，是 Windows 操作系统发展的一个新里程碑。Windows 2000 起初称为 Windows NT 5.0。它的英文版于 1999 年 12 月 19 日上市，中文版于次年 2 月上市。Windows 2000 是一个先占式多任务、可中断的、面向商业环境的图形化操作系统，为单一处理器或对称多处理器的 32 位 Intel x86 电脑而设计。它的客户机版本（Professional 版本）在 2001 年 10 月被 Windows XP 所取代；而服务器版本则在 2003 年 4 月被 Windows Server 2003 所取代。

一般来说，Windows 2000 被认为是一种混合式核心（hybrid kernel）的操作系统。Windows 2000 分为以下四个版本。

1. Windows 2000 Professional

Windows 2000 Professional 是 Windows NT Workstation 的新版本的新名称，是为各种桌面计算机和便携机开发的新一代操作系统，它继承了 Windows NT 的先进技术，具有更强的安全性、更高的稳定性和更好的系统性能。同时，它帮助用户更加容易地使用计算机、安装和配置系统、脱机工作和浏览 Internet 等。而对于电脑和网络系统的管理员而言，Windows 2000 Professional 是一套更具有可管理性的桌面系统，无论是部署、管理还是提供技术支持都更加容易。

2. Windows 2000 Server

这个版本以前的名称是 Windows NT Server 5.0，是在 Windows NT Server 4.0 的基础上开发出来的。Windows 2000 Server 是为服务器开发的网络操作系统，可为工作组提供文件和打印、应用软件、Web 和通信等各种服务。它是一个性能更好、工作更加稳定、更容易管理的网络操作系统平台。

Windows 2000 Server 更重要的改进是活动目录技术，这是一种新的目录服务技术。Windows 2000 Server 以活动目录为基础，建立了一套全面的、分布式的底层服务。活动目录是集成在系统中的，采用了 Internet 的技术标准，是一套具有扩展性的多用途目录服务技术。它能有效地简化网络用户及资源管理，并使用户更容易地找到为他们提供资源的企业网。

Windows 2000 支持两路对称多处理器（SMP）系统，是中小型企业的 Intranet 中理想的操作系统。

3. Windows 2000 Advanced Server

这个版本以前的名称是 Windows NT Server 5.0 Enterprise Edition。Windows 2000 Advanced Server 除了具有 Windows 2000 Server 的所有功能和特性外，还有一些专为大型的企业级服务器所设计的特性。它能够为客户提供一个高可靠性和高扩展性的理想平台，可承担起运行企业核心业务软件的重任，包括数据库、记录和通告、联机交易处理和企业资源管理系统等。

Windows 2000 Advanced Server 比 Windows 2000 Server 具有更高的扩展性、互操作性和可管理性，可用于多种操作系统和提供 Internet 服务的部门，并作为开发应用程序的服务器。

4. Windows 2000 Datacenter Server

这是一个全新的版本，是 Microsoft 提供的功能最为强大的服务器操作系统。它支持 16 路对称多处理器系统以及高达 64GB 的物理内存。与 Windows 2000 Advanced Server 一样，它将群集和负载平衡服务作为标准的特性。

1.1.6 Windows XP

Windows XP 于 2001 年 8 月 24 日正式发布（RTM，Release to Manufacturing）。它的零售版于 2001 年 10 月 25 日上市。Windows XP 原来的代号是 Whistler。字母 XP 表示英文单词的“体验”（experience）。Windows XP 的外部版本是 2002，内部版本是 5.1（即 Windows NT 5.1），正式版的 Build 是 5.1.2600。微软最初发行了两个版本：专业版（Windows XP Professional）和家庭版（Windows XP Home Edition）。家庭版的消费对象是家庭用户，专业版则在家庭版的基础上添加了新的为面向商业设计的网络认证、双处理器等特性。家庭版只支持 1 个处理器，专业版则支持 2 个。后来又发行了媒体中心版（Media Center Edition）和平板电脑版（Tablet PC Edition）等。

1. Windows XP Professional

除了包含家庭版的一切功能，还添加了新的为面向商业用户设计的网络认证、双处理器支持等特性，最高支持 2GB 的内存。主要用于工作站、高端个人电脑以及笔记本电脑。

2. Windows XP Home Edition

这是面向家庭用户的版本。由于是面向家庭用户，因此家庭版在功能上有一定的缩水，主要表现在：

（1）没有组策略功能；

（2）只支持 1 个 CPU 和 1 个显示器（专业版支持 2 个 CPU 和 9 个显示器）；

（3）没有远程桌面功能；

（4）没有 EFS 文件加密功能；

（5）没有 IIS 服务；

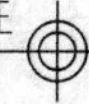

（6）不能归为域；

（7）没有连接 Netware 服务器的功能。

微软在 2003 年 3 月 28 日发布了 64 位的 Windows XP。64 位的 Windows XP 称 Windows XP 64-Bit Edition，其实是 64 位版本的 Windows XP Professional。根据不同的微处理器架构，它分为两个不同版本：IA-64 版的 Windows XP 和 x86-64 版的 Windows XP。到目前为止 Windows XP 仍然是主流操作系统之一。

1.1.7　Windows Server 2003

Windows Server 2003 最初被称为"Windows .NET Server"，后来又改成"Windows .NET Server 2003"，最终被改成"Windows Server 2003"，于 2003 年 3 月 28 日发布，并在同年 4 月底上市。与 Windows 2000 的三个服务器版本相比，Windows Server 2003 在功能方面做了很多改进，比如改进的 Active Directory（活动目录）（比如可以从 schema 中删除类）；改进的 Group Policy（组策略）操作和管理；改进的磁盘管理，如可以从 Shadow Copy（卷影复制）中备份文件等。

Windows Server 2003 分为以下四个版本。

1. Windows Server 2003 Web Edition

Windows Server 2003 Web 版是 Windows 操作系统系列中的新产品，主要用于 Web 服务和托管。可以生成和承载 Web 应用程序、Web 页面以及 XML Web 服务，其主要目的是作为 IIS 6.0 Web 服务器使用，提供一个快速开发和部署 XML Web 服务和应用程序的平台，这些服务和应用程序使用 ASP.NET 技术，该技术是.NET 框架的关键部分，便于部署和管理。

2. Windows Server 2003 Standard Edition

Windows Server 2003 Standard Edition 是一个可靠的网络操作系统，可迅速方便地提供企业解决方案。这种灵活的服务器是小型企业和部门应用的理想选择。支持文件和打印机共享，提供安全的 Internet 连接，允许集中化的桌面应用程序部署。

3. Windows Server 2003 Enterprise Edition

Windows Server 2003 Enterprise Edition 是为满足各种规模的企业的一般用途而设计的。它是各种应用程序、Web 服务和基础结构的理想平台，它拥有高度的可靠性、优越的性能和出色的商业价值，是一种全功能的服务器操作系统，支持多达 8 个处理器，提供企业级功能，如 8 节点群集、支持高达 32 GB 内存等，可用于基于 Intel Itanium 系列的计算机。也可以用于支持 8 个处理器和 64 GB RAM 的 64 位计算平台。

4. Windows 2003 Datacenter Edition

Windows 2003 Datacenter Edition 是为运行企业级和任务倚重型应用程序而设计的，往往这些应用程序需要极高的可伸缩性和可用性。它支持高达 32 路的 SMP 和 64 GB 的 RAM，提供 8 节点群集和负载平衡服务。可用于能够支持 64 位处理器和 512 GB RAM 的 64 位计算平台。

1.2　Windows Server 2008 的新特性

1.2.1　简介

Windows Server 2008 是一个强大、通用并且功能全面的服务器操作系统，即使对那些已经在使用 Windows 服务器操作系统很长时间的人来说，可能也会对此感到惊讶。Windows Server 2008 中的 NT 6.1 内核包含了一系列针对操作系统内核的重大改进，比如这个内核中很多通用的功能都使用了相同的代码，这样一来，在 Windows Vista 和 Windows 7 中掌握的很多知识也可以用于 Windows Server 2008。

在 Windows Server 2008 中，除了类似 Windows Vista/ Windows 7 中通用的功能外，微软还提供了一系列新的针对服务器操作系统的功能。Windows Server 2008 并不仅仅是服务器操作系统或者是网络操作系统，它还是一个可以为任何企业的任务应用提供网络、应用程序以及在线服务的基础技术的最佳操作系统。从各个方面来看，Windows Server 2008 和以往的 Windows 服务器操作系统都有很大的不同，事实上正因为有太多的不同，才使 Windows Server 2008 之前的早期的 Windows 服务器操作系统现在看上去很原始。

Windows Server 2008 包含了 Windows Server 2003 Release 2（R2）以及 Windows Vista 中的全部精华，不仅包含 Windows Server 2003 R2 中的网络服务和目录功能，还包含了 Windows Vista 中增强的支持服务以及自动化的帮助系统。这意味着 Windows Server 2008 比旧版本的 Windows 操作系统更易于管理，更可靠，也更具扩展性。同时，这还意味着 Windows Server 2008 有更好的易用性，尤其是在通过命令行界面进行远程管理和维护的时候。

Windows Server 2008 的一个主要用途就是确保这套操作系统可以根据任何网络环境进行优化和使用。无论是希望为托管的应用程序提供最基本的服务器，还是希望为域名解析服务提供服务器，或者为托管关键业务程序员提供强壮的企业服务器，甚至为托管关键业务解决方案的数据中心提供高可靠性的服务器，总有一个版本的 Windows Server 2008 可以满足需要。

微软为这套操作系统提供了不同的版本，每种版本都包含了不同的功能，以应对不同的企业需要。除了提供 32 位版本、64 位版本及嵌入的操作系统外，微软还提供了一种称为 Windows Web Server 的低成本操作系统，只能用于提供最基本的 Web 应用托管服务。另外还有可以用做域名服务的 Windows Server 2008 Standard 操作系统，用于大型企业或为关键业务提供解决方案的 Windows Server 2008 Enterprise 操作系统，还有针对关键业务运营的 Windows Server 2008 Datacenter 版本。对这几个版本的详细介绍分别如下：

1. Windows Server 2008 Standard

分为 32 位和 64 位版本，用以取代 Windows Server 2003 Standard Edition。Windows Server 2008 Standard 是 Windows Server 2008 的基础版本，包含了 Windows Server 2008 的大量专有功能。该版本改进了存储区域网络（Storage Area Network，SAN）、存储报告以及增强的访问服务。另外，还可以提供单一的分布式文件系统（Distributed File System，DFS）名称空间，这可以是一个独立的名称空间，或者基于域的名称空间。该版本还可以充当 Active Directory 联合身份验证服务（Active Directory Federation Services，ADFS）的 Web 代理。

Windows Server 2008 Standard 主要可以用于在中小型网络的自动化 IP 地址分配，例如使用 DNS 进行名称解析、使用动态主机配置协议（DHCP）实现的自动化 IP 地址分配、传输控制协议/Internet 协议（TCP/IP）网络、打印，以及传真服务。这个版本支持双路和四路多对称多处理器（SMP）系统，在 32 位版本中量多可支持 4GB 内存，在 64 位版本中则可以支持 32GB 内存。

2. Windows Server 2008 Enterprise

分为 32 位和 64 位版本，用以取代 Windows Server 2003 Enterprise Edition。Windows Server

2008 Enterprise 主要可用于大中型网络环境，尤其是在跨部门环境下使用。和 Windows Server 2008 Standard 不同，该版本支持群集功能，最多可以包含 8 个群集节点，通过使用超大规模内存（Very Large Memory，VLM）技术，可以在 32 位系统上支持 32GB 内存，在 64 位系统上支持 2TB 内存。该版本可以使用联合身份验证服务和 ADFS 的联合服务代理（Federation Service Proxy）功能，同时在该版本中还可以使用多个 DFS 名称空间。

3. Windows Server 2008 Datacenter

分为 32 位和 64 位版本，用以取代 Windows Server 2003 Datacenter Edition。该版本很适合用于托管关键业务系统解决方案，最少要 8 个处理器，最大可以支持 64 个，该版本不仅包含了 Windows Server 2008 Enterprise 的所有功能，而且还支持超过 8 个节点的群集。通过使用超大规模内存技术，32 位版本上支持 32GB 内存，在 64 位系统上支持 2TB 内存。

4. Windows Web Server 2008

分为 32 位和 64 位版本，用以取代 Windows Server 2003 Web Edition。该版本最多支持 2GB 内存和两个处理器。同时，该版本只能提供 Web 服务，主要用于托管 Web 站点，或者托管面向 Intranet 或 Internet 的 Web 应用。和其他三个版本的 Windows Server 2008 类似，该版本支持 Internet 信息服务（IIS）7.0、ASP.NET 和 Windows Framework，通过结合使用这些技术可以在 Web 环境中共享应用服务。该版本不支持 Active Directory 功能，无法提供 Internet 连接共享、网络桥或者传真等服务。另外，该版本包含远程桌面功能，但它并不包含终端服务。

5. Windows Server 2008 R2

这是最新发布的 Windows 7 操作系统的服务器版本，同 2008 年 1 月发布的 Windows Server 2008 相比，Windows Server 2008 R2 继续提升了虚拟化、系统管理弹性、网络存取方式，以及信息安全等领域的应用，其中有不少功能需搭配 Windows 7。Windows Server 2008 R2 重要新功能包含：Hyper-V 加入动态迁移功能，作为最初发布版中快速迁移功能的一个改进，Hyper-V 将以毫秒计算迁移时间。相比 VMware 公司的 ESX 或者其他管理程序，这是 Hyper-V 功能的一个强项。同时，Windows Server 2008 R2 还强化 PowerShell 对各服务器角色的管理指令。

1.2.2　虚拟化

Windows Server Hyper-V 是最新一代基于 Hypervisor 的服务器虚拟化技术，可以让多个客体操作系统（Guest OS）同时运行在一台计算机上，并为不同的客户端计算机提供相对独立的应用和服务，可作为 Hyper-V 功能的一部分被安装到使用了包含硬件辅助虚拟化技术并能提供数据执行保护功能的 x64 架构处理器的服务器上。Windows Hypervisor 的作用类似于虚拟机的引擎，可以为 Guest OS 中提供必要的软件层。例如，用户可以使用这个技术在同一台计算机上并发运行 UNIX、Linux 以及 Windows Server 2008 操作系统。

在同一台计算机上可以运行的虚拟机的数量主要取决于计算机的硬件配置和工作负荷。在安装阶段，用户可以设置允许被每台虚拟机使用的内存和处理器数量。虽然这些内存分配机制可以随时调整，不过已经被分配给活动虚拟机的内存无法被其他虚拟机同时使用。Hyper-V 实际上是基于 Virtual PC 和 Virtual Server 技术的，但是却无法在安装了 Virtual PC 和 Virtual Server 的计算机上安装这项功能。如果熟悉 Virtual PC 和 Virtual Server 技术，也可以类似的方式使用 Hyper-V。

虚拟化技术可以提供增强的性能，减少物理服务器的数量，并可以降低总体拥有成本（TCO）。AMD 公司的虚拟化技术（AMD-V）已经被包含在上一代和这一代 AMD Opteron 处理器中，而且下一代的 AMD 处理器也会包含这项技术。第三代 AMD Opteron 处理器提供的快速虚拟化索引（Rapid Virtualization Indexing）功能可以提升虚拟化应用程序的性能。另外，Intel 的虚拟化技术（Intel VT）也被包含在 Intel Xeon 3000、5000、7000 以及后续的处理器中，同时 Intel Itanium 2 处理器及下一代带有 Intel vPro 标志的 Intel 处理器都将包含该功能。

Windows Server Hyper-V，可让用户整合服务器，以便能更有效地使用硬件，以及增强终端机服务（TS）功能，改善 Presentation Virtualization，并使用更简单的授权条款让用户能更直接地使用这些技术。

归纳起来，Hyper-V 具有如下特点：

（1）可让用户无需购买任何供应商的软件，即能将服务器角色虚拟化，使其成为在单一实体机器上执行的不同虚拟机（VM）。

（2）可在单一服务器上同时部署多个操作系统（例如 Windows、Linux 及其他操作系统）。

（3）提供了新的部署选项，可为用户的环境部署最适合的虚拟化方法。

（4）支持最新硬件式虚拟化技术，可执行高需求工作负载的虚拟化。

（5）新的储存功能（如 pass-through 磁盘访问和动态储存增加（dynamic storage addition））可让 VM 访问更多资料，而外部服务和服务亦可对存放在 VM 上的资料进行更多的访问。

（6）Windows Server 虚拟化（WSv）主机或于 WSv 主机上执行的 VM 群集操作，以及 VM 的备份操作，皆可在系统运作中进行，因此可让虚拟化的服务器保持高可用性。

（7）新的管理工具和性能计数器（Performance Counter）可使虚拟化环境的管理和监控变得更为容易。

（8）终端机服务（TS）RemoteApp 和 TS Web Access 使得远程访问服务，仅需单一点击动作即可开启，而且如同在用户本机电脑上使用般无缝地执行服务。

（9）TS 关口（TS Gateway）无需使用虚拟私人网络（VPN）便可跨越防火墙，安全地从远程访问 Windows 服务。

（10）TS Licensing Manager 具有新增功能，可追踪每一用户客户端访问许可（CAL）的 TS 发行状况。TS Licensing 是内建于 Windows Server 2008 中，一项影响较低的服务，可集中管理、追踪、报告每一用户 CAL 的 TS，并使采购更具效率。

在 Windows Server 2008 推出后半年，微软推出的内建在 Windows Server 2008 上的虚拟化平台 Hyper-V 1.0，这个版本虽然具有基本虚拟化功能，但相较于其他虚拟化平台，功能相对薄弱许多，例如缺乏动态移转功能，因此无法在不停止虚拟主机（VM）的情况下，将 VM 移转到其他实体服务器上的。而这项功能则在 Windows Server 2008 R2 上的 Hyper-V 2.0 开始支持，让这项虚拟化平台的可用性迈进一大步。

Hyper-V 2.0 具有如下几个方面的新功能：

（1）支持 Live Migration 动态迁移；

（2）可对虚拟磁盘动态调整容量；

（3）具备 VM 内存动态配置功能；

（4）Windows Server 2008 R2；

（5）能以虚拟映像文件于实体主机上开机；

（6）VM 可支持的操作系统增加 Red Hat Linux；

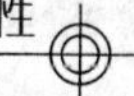

（7）主控端（Host）最高支持32个处理器逻辑核心；

（8）提升VM运算效能。

1.2.3 Web和应用程序平台

Windows Server 2008整合了Internet Information Services 7.0（IIS 7.0）。IIS 7.0是一种Web服务器，亦是一个安全性强且易于管理的平台，可用以开发并可靠地存放Web应用程序和服务。IIS 7.0更是一种增强型的Windows Web平台，具有模块化的架构，可提供更佳的灵活性和控制，并可提供简化的管理，具有可节省时间的强大诊断和故障排除能力，以及完整的可扩展性。

Internet Information Server IIS 7.0和.NET Framework 3.0所提供的全方位平台，可构建让用户彼此连接以及连接到其资源的应用程序，以便用户能够虚拟化、分享和处理信息。此外，IIS 7.0亦是整合Microsoft Web平台技术、ASP.NET、Windows Communication Foundation Web服务以及Windows SharePoint Services的主要角色。

与之前的服务器操作系统相比，Windows Server 2008在Web应用方面具有以下新特性：

（1）模块化的设计和安装选项可让用户只选择安装需要的功能以减少攻击表面（attack surface），并使修补操作的管理变得更为容易。

（2）IIS管理器除了具有以任务为基础的管理界面外，还提供了一个新的appcmd.exe命令行工具，使管理工作更加容易。

（3）跨站部署功能让用户无需额外设定，即可轻松复制多部Web服务器的网站设定。

（4）应用服务和网站的委派管理可让用户依据需求，将控制权交给Web服务器的不同部分。

（5）整合式的Web服务器健康管理，具有全方位的诊断和故障排除工具，能更清楚了解且更容易追踪在Web服务器上执行的要求。

（6）Microsoft.Web.Administration是一套新的管理API，可用以编辑Web服务器、网站或应用服务的XML配置文件，因此可计划性地通过虚拟机（VM）或Microsoft.Web.Administration访问组件设置存储。

（7）增强的应用服务池功能可隔离网站和应用服务，以达到更高的安全性与稳定性。

（8）快速CGI能可靠地执行PHP应用服务、Perl指令码和Ruby应用服务。

（9）由于可与ASP.NET功能更紧密地整合，因此能将横跨IIS 7.0和ASP.NET的所有Web平台组件设定，皆存放在单一组件配置存储。

（10）具备扩展性的灵活的模块化功能，可支持使用本地或受管理服务码进行定制化（例如新增模块）。

1.2.4 服务器管理

Windows Server 2008可为用户所有的服务器工作负载和应用程序需求，提供稳固的基础以及易于部署和管理的特性。全新设计的服务器管理器提供了一个可使服务器的安装、设定及后续管理工作简化及效率化的整合管理控制台；Windows PowerShell是全新的命令行接口，可让系统管理员将跨越多部服务器的例行系统管理工作自动化；Windows部署服务（Windows Deployment Services）则可提供简化且高度安全的方法，让用户通过网络安装快速部署操作系统。此外，Windows Server 2008的故障转移群集（Failover Clustering）向导，以及对IPv6

的完整支持，加上网络负载平衡（Network Load Balancing）的整合管理，更可使一般 IT 人员也能够轻松地实现高可用性。

Windows Server 2008 全新的服务器核心（Server Core）安装选项，可在安装服务器角色时仅选择必要的组件和子系统，而不包含图形化用户界面。安装较少的角色和功能表示磁盘和服务的占用空间可以减到最少，还可降低攻击表面（attack surface）的影响，并让 IT 人员能更专注于他们所必须支持的服务器角色。

Windows Server 2008 服务器管理的新特性主要表现在以下几个方面：

（1）Initial Configuration Tasks 将安装过程的互动式元件移到安装后再进行，即可让系统管理员在安装操作系统时无需与安装服务互动。

（2）服务器管理器是扩充的 Microsoft Management Console（MMC），可使站式界面通过向导设定和监控服务器，简化共同的服务器管理工作。

（3）Windows PowerShell 属于选用的全新命令行和脚本语言，可让系统管理员将跨越多部服务器的例行系统管理工作自动化。

（4）可靠性与性能监视器（Windows Reliability and Performance Monitor）提供了功能强大的诊断工具，让用户能够持续深入探查物理和虚拟服务器环境，找出问题并快速解决。

（5）服务器管理和资料复制达到最佳化，可对位于远程据点（例如分支机构）的服务器具有更好的控制能力。

（6）组件化的服务器核心（Server Core）安装选项可让安装内容达到最少。也就是用户仅需安装需要的服务器角色和功能，即可减少服务器的维护需求和攻击表面。

（7）Windows 部署服务（Windows Deployment Services，简称 WDS）提供了简化且高度安全的方法，让用户能够通过网络安装，快速地在电脑上部署 Windows 操作系统。

（8）一般 IT 人员在使用故障转移群集向导后，也可轻松地实施高可用性解决方案。目前，产品已完整整合了 Internet 协议第 6 版（IPv6），因此散布于各部分的群集节点，已无需局限使用相同的 IT 子网络，或利用复杂的虚拟区域网络（VLAN）进行设定。

（9）现在的网络负载平衡（NLB）已可支持 IPv6，并包含多重专属 IP 地址支持，可让多个应用服务存放于同一个 NLB 群集上。

（10）Windows 服务器备份（Windows Server Backup）包含快速备份技术和简化的资料或操作系统还原工作。

1.2.5 安全和策略实施

Windows Server 2008 是史上最安全的 Windows Server，此操作系统在经过强化后，不仅可协助避免运作失常，更可运用诸多新技术协助防范未经授权即连接至用户的网络、服务器、资料和用户账户的情形。其拥有网络访问保护（NAP），可确保尝试连接至网络的电脑皆能符合用户企业的安全性原则，而技术整合及部分增强项目则使得 Active Directory 服务成为强而有效的统一整合式身份识别与访问（IDA）解决方案，只读网域控制站（RODC）和 BitLocker 驱动器加密，更可让用户安全地在分支机构部署用户的 AD 数据库。

已进行强化并整合部分身份识别和访问技术的 Windows Server 2008 操作系统，因包含了多项创新的安全性，而使得由策略驱动的网络更容易部署，并可协助保护用户的服务器基础架构、资料和企业。

Windows Server 2008 具有许多用于改进安全性和符合性的功能。部分主要增强功能

包括：

（1）安全性配置向导（Security Configuration Wizard，SCW）可协助系统管理员为已部署的服务器角色配置操作系统，以减少攻击表面范围，带来更稳固与更安全的服务器环境。

（2）整合式“扩展的组策略（Expanded Group Policy）能够更有效率地建立和管理组策略（Group Policy），亦可扩大策略安全管理所涵盖的范围。

（3）网络访问保护（Network Access Protection）可确保用户的网络和系统运作，不会被健康状况不佳的电脑影响，并隔离或修补不符合用户所设定的安全性原则的电脑。

（4）用户账户控制（User Account Control）提供全新的验证架构，防范恶意软件。

（5）Cryptography Next Generation（CNG）是 Microsoft 创新的核心密码编译 API，由于具备了更好的加密弹性，因此可支持密码编译标准并可供客户自订密码编译演算法，同时也可更有效率地建立、储存和撷取密码金钥。

（6）只读网域控制站（RODC）可提供更安全的方法，利用主要 AD 数据库的只读复本，为远程及分支机构的用户进行本机验证。

（7）活动目录联合服务（Active Directory Federation Services，简称 AD FS）利用在不同网络上执行的不同身份识别和访问目录，让合作伙伴之间更易于建立信任的合作关系，而且仅需安全的单一登入（SSO）动作，便可进入彼此的网络。

（8）活动目录证书服务（Active Directory Certificate Services，AD CS）具有多项 Windows Server 2008 公开金钥基础结构（PKI）的强化功能，包括监控凭证授权单位（Certification Authorities，CAs）健康状况不佳的 PKIView，以及以更安全的全新 COM 控制取代 ActiveX，为 Web 注册认证。

（9）活动目录权限管理服务（Active Directory Rights Management Services，AD RMS）与支持 RMS 的应用服务，可协助用户更轻松地保护公司的数据信息，并防范未经授权的用户。

（10）BitLocker 驱动器加密技术可提供增强的保护措施，以避免在服务器硬件遗失或遭窃时，资料被盗取或外泄，并且在用户更换服务器时，更安全地删除资料。

1.2.6 集中式应用程序访问

Windows Server 2008 对终端服务进行了改进和创新，它不再仅仅能够访问应用程序，而且允许用户在自己的桌面上并行运行远程应用程序和本地应用程序，从而改进了用户体验。它还提供了用于通过终端服务 Web 访问集中访问可用的应用程序的新选项。

新的终端服务组件包括：

（1）终端服务（TS）RemoteApp 通过使用新的远程桌面连接 6.0 客户端，终端服务 RemoteApp 允许用户在其桌面上并行运行本地应用程序和远程访问的 Windows 程序。

（2）使用终端服务网关，允许经授权的远程用户通过 Internet 连接到企业网络中的终端服务器和工作站，而无需虚拟专用网络（VPN）基础结构，终端服务网关（TS 网关）即可提供对终端服务器和共享桌面的安全访问，从而将终端服务的范围扩展到了公司防火墙之外。

（3）终端服务 Web 访问提供了一个远程应用程序解决方案，通过它，管理员可使用户无需安装任何软件就能通过 Web 浏览器访问终端服务 RemoteApp 程序。此方案简化了管理员发布远程应用程序的过程，同时还简化了用户查找和运行远程应用程序的过程。

（4）使用单一登录，具有域账户的用户除第一次登录到终端服务会话时要使用密码或智能卡外，以后再访问远程服务器和应用程序时，系统不会提示其输入凭据，从而改善了远程用户的用户体验。

1.2.7 分支机构

企业希望更加贴近客户，因而正逐渐将工作人员从中心位置分散到各分支机构。随着分支机构数量不断增加，对这些远程位置的 IT 管理需要和安全关注也相应增长。微软意识到了这种快速增长的生产力因素，以及对应对特定于分支机构挑战所需的新解决方案的需要。

由于分支机构现场的 IT 工作人员数量很少或根本就没有，因此，对这些分支机构中的服务器，IT 管理员需要考虑若干方面的问题。服务器上运行的软件必须有效地使用较低速的 WAN 连接，而不能占用所有带宽、延缓关键任务数据传输或对分支用户的应用程序体验产生负面影响。由于不能总是保证服务器的物理安全，所以，在分支机构中，安全性是一个要考虑的大问题。由于现场没有较多的 IT 工作人员，能提供集中管理及远程管理和部署的服务器解决方案比较适合分支机构。

在 Windows Server 2003 R2 中，微软开始解决分支机构方案的需求和挑战。Windows Server 2008 版本包括许多附加的改进，这些改进使管理员对分支机构的控制能力更强，并提高了对分支机构和组织的中心网络和数据的保护级别。它还为需要满足其组织独特需求的 IT 专业人士提供了更大程度的灵活性。

对于分支机构，Windows Server 2008 提供的主要好处可分为以下三个类别：

（1）提高分支机构服务器部署和管理的效率；

（2）降低分支机构中的安全风险；

（3）提高 WAN 通信的效率和带宽使用率。

通过提供对关键服务器角色的简化部署和有效管理、改进的安全性以及一个可优化性能并可用于服务连续性的体系结构，微软的分支机构解决方案和 Windows Server 2008 使用多种新功能和增强功能解决了基本的分支机构需求。比如：在最新的 Windows Server 2008 R2 操作系统中集成了 Branch Cache 技术，该技术可以利用档案快取的方式，可以就近存取先前已经下载过的档案，除了更快取得分享数据之外，也能减少对外联机频宽的浪费。

1.2.8 高可用性

确保关键任务应用程序始终可用是 IT 部门提供的一项关键服务，而且“高可用性”是 Windows Server 2008 提供的大量增强功能的一个关键主题。Windows Server 2008 中的故障转移群集、网络负载平衡和新的备份与还原功能共同为组织提供“高可用性”解决方案，确保所有用户可访问关键任务的应用程序、服务和信息。

故障转移群集（以前称为服务器群集）是一组独立的计算机，可协同工作以增强应用程序和服务的可用性。群集服务器（称为节点）通过物理电缆和软件连接。如果某个群集节点出现故障，则群集中的另一个节点会通过一个称为故障转移的过程取代出现故障的节点，从而确保用户感受到最低程度的服务中断。在 Windows Server 2008 中，对故障转移群集的改进旨在简化群集、提高群集的安全性和稳定性。与早期版本的服务器群集相比，Windows Server 2008 故障转移群集提供了更好的功能和可靠性。主要的改进包括：

（1）动态添加磁盘资源：在资源联机时可以修改资源依赖关系，即管理员无需中断将使用某磁盘存储的应用程序即可添加该磁盘存储。

（2）增强的数据存储性能和稳定性：故障转移群集与存储区域网络（SAN）或直接连接存储（DAS）通信时，将使用破坏性最小的命令，从而使得 SCSI 总线重置较少。磁盘从不会处于未受保护状态，这意味着降低了卷损坏的风险。故障转移群集还支持用于磁盘发现和恢复的改进方法。故障转移群集支持以下三种类型的存储连接：串行连接 SCSI（SAS）、iSCSI 和光纤通道。

（3）更轻松的磁盘维护："维护模式"得到了显著改进，因此管理员可以更轻松地运行工具对磁盘进行检查、修补、备份或还原，而对群集造成较小的破坏。

网络负载平衡（NLB）是一种功能，用于在 NLB 群集中跨多个服务器为网络客户端和服务器应用程序分配负载。NLB 对于需要在一组服务器之间分发客户端请求的组织非常重要。NLB 尤其适用于确保随着工作负载的增加，添加更多服务器来扩展无状态应用程序（例如，在 Internet 信息服务（IIS）上运行的基于 Web 的应用程序）。NLB 允许随着负载的增加而添加其他服务器，从而提供了可伸缩性。NLB 通过允许用户轻松地替换不能正常运行的服务器提供可靠性。Windows Server 2008 中 NLB 的增强功能包括：

（1）支持 IPv6：NLB 完全支持对所有通信使用 IPv6。

（2）支持 NDIS 6.0：NLB 驱动程序已经过彻底的重新编写，以使用新的 NDIS 6.0 轻型筛选模型。NDIS 6.0 保留了与早期 NDIS 版本的向后兼容性。NDIS 6.0 在设计方面的改进包括增强的驱动程序性能与可伸缩性和简化的 NDIS 驱动程序模型。

（3）WMI 增强功能：MicrosoftNLB 命名空间的 WMI 增强功能适用于 IPv6 及多专用 IP 地址支持。

（4）MicrosoftNLB 命名空间中的类别：支持 IPv6 地址（也支持 IPv4 地址）。

（5）MicrosoftNLB_NodeSetting 类别：通过在 DedicatedIPAddresse 和 DedicatedNetMask 中进行指定，支持多个专用 IP 地址。

（6）ISA 服务器的增强功能：在客户端同时采用 IPv4 和 IPv6 进行通信的情况下，ISA 服务器可为每个 NLB 节点配置多个专用 IP 地址。IPv4 客户端和 IPv6 客户端都需要访问特定的 ISA 服务器来管理通信。ISA 还可为 NLB 提供 SYN 攻击和计时器停止运行通知（这类情况通常发生在计算机超载或感染 Internet 病毒时）。

（7）支持每个节点有多个专用 IP 地址：NLB 完全支持为每个节点定义多个专用 IP 地址（以前，仅支持每个节点有一个专用 IP 地址），从而允许在不同的应用程序需要各自的专用 IP 地址时，一个 NLB 群集承载多个应用程序。

备份是 Windows Server 2008 的第三个关键部分，用来提供服务的高可用性。备份功能为安装该功能的服务器提供了一个备份和恢复解决方案。此功能引入了新的备份和恢复技术，取代了早期版本的 Windows 操作系统中提供的以前的备份功能。Windows Server 2008 提供了构建高可用性的解决方案所需的备份和恢复解决方案，此方案可保护网络中服务器上的组织的数据和操作系统，同时可减轻确保正常备份关键任务数据的管理负担，还可加快数据恢复。

1.2.9　Windows 部署服务

在 Windows Server 2000 和 Windows Server 2003 中，提供了一个名为远程安装服务（Remote Installation Service，RIS）的工具，RIS 主要关注脚本安装和客户端映像，在客户机

上安装 Windows 2000 Professional 和 Windows 2003 Professional，为计算机房的管理人员提供大的方便。Windows 2008 引入了一种称为 Windows 部署服务（Windows Deployment Services，WDS）的工具，它是 RIS 的最新版本，与 RIS 相比，WDS 可以采用更加灵活和可以修改部署过程的方式来发布 Windows Vista 客户机或 Windows 2008 服务器的映像。

1.3 Windows Vista 的新特性

1.3.1 简介

Windows Vista 是微软公司的一款视窗操作系统。微软最初在 2005 年 7 月 22 日正式公布了这一名字，之前操作系统开发代号 Longhorn。Windows Vista 的内部版本是 6.0（即 Windows NT 6.0），正式版的 Build 是 6.0.6000。在 2006 年 11 月 8 日，Windows Vista 开发完成并正式进入批量生产。此后的两个月仅向 MSDN 用户、电脑软硬件制造商和企业客户提供。在 2007 年 1 月 30 日，Windows Vista 正式对普通用户出售，同时也可以从微软的网站下载。Windows Vista 距离上一版本 Windows XP 已有超过五年的时间，这是 Windows 版本历史上间隔时间最久的一次发布。

根据微软表示，Windows Vista 包含了上百种新功能；其中较特别的是新版的图形用户界面和称为“Windows Aero”的全新界面风格、加强后的搜寻功能（Windows Indexing Service）、新的多媒体创作工具（例如 Windows DVD Maker），以及重新设计的网络、音频、输出（打印）和显示子系统。Vista 也使用点对点技术（peer-to-peer）提升了计算机系统在家庭网络中的示通信能力，将让在不同计算机或装置之间分享文件与多媒体内容变得更简单。针对开发者方面，Vista 使用.NET Framework 3.0 版本，比起传统的 Windows API 更能让开发者简单地写出高品质的程序。

微软也在 Vista 的安全性方面进行改良。Windows XP 最受到批评的一点是系统经常出现安全漏洞，并且容易受到恶意软件、计算机病毒或缓存溢出等问题的影响。为了改善这些情形，微软总裁比尔·盖茨在 2002 上半年宣布在全公司实行“可信计算的政策”（Trustworthy Computing initiative），这个活动目的是让全公司各方面的软件开发部门一起合作，共同解决安全性的问题。微软宣称由于希望优先增进 Windows XP 和 Windows Server 2003 的安全性，因此延误了 Vista 的开发。

升级为 Window Vista 的常见问题有下面几点：

（1）系统引导分区须转换为 NTFS 文件系统。

（2）主分区容量（系统引导分区容量）须调至 20GB 左右（微软官方推荐 40GB 为佳）。

（3）原有的一切文件全被删除，即使有文件，但打不开，只得删除。

（4）Windows Vista 和网络整个融合在了一起，大多数新程序以及欢迎中心、Windows Media Center 都需要网络支持，否则将无法使用。

（5）注意兼容性问题。

（6）要重新创建一个账户，并设置相应的密码。

1.3.2 Windows Vista 版本

微软延续旧版本中区分市场的做法，并且更上一层楼地将 Windows Vista 根据不同的市

场需求共分为六个版本。

1. Windows Vista Starter

Windows Vista Starter 是 Windows Vista（入门版），与 Windows XP 低价入门版相似，主要是为了压制东南亚区高盗版率所带来的威胁，只针对新兴市场而推出的版本，仅在亚洲的东南亚和南亚地方销售，如泰国、马来西亚、印尼和印度等地，以非常低的价格来吸引一些买不起高价 Windows Vista 的当地居民。但不会作出全球性的公开销售，因此在美国和欧洲等国不会推出 Starter。其功能被大幅度限制，而且没有 Windows Vista 的商标，没有提供 Aero 用户接口和 DVD Maker 等家用功能，有 Internet Explorer 7 和 Windows Media Player 11 等一般 Windows Vista 最新功能。同时它亦设有多种的限制，例如用户只能同时运行 3 个程序、只支持最高 256MB 内存以及只能运行于 32 位模式，可以上网但不可以连接多台计算机。

2. Windows Vista Home Basic

Windows Vista Home Basic（家庭普通版）与 Windows XP 家庭版相似，家庭普通版是为具有基本电脑需求但不需要高级多媒体体验的家庭用户而设计的版本。此版本包括 Windows 防火墙、家长控制、安全中心、Windows Movie Maker、Windows 图片库等功能，但不包括 WindowsAero 主题界面和多点触摸功能。

Windows Vista 家庭普通版是适用于具有最基本计算需求的家庭的 Windows 版本。如果用户仅希望使用个人计算机执行如浏览 Internet、使用电子邮件或查看照片等任务，则 Windows Vista 家庭普通版是比较好的选择。尽管它提供的益处没有 Windows Vista 家庭高级版提供的多，可与 Windows XP 相比，它可以帮助用户更加轻松、安全地使用 PC。

Windows Vista 家庭普通版最为引人注意的功能是它能够帮助用户非常快捷地搜索用户所要查找的程序和文件。即时桌面搜索功能可以浏览用户所有的文档、电子邮件、照片和其他文件，并按照用户要查看的方式组织结果。当与 Windows Vista 中的 Internet Explorer 7 的内置 Web 搜索配对后，用户可以花费较少的时间查找所需的内容，从而将更多时间用在所关心的活动上。

3. Windows Vista Home Premium

Windows Vista Home Premium（家庭高级版）包含了家庭普通版所有的功能，此版本亦专为具有高阶电脑需求的家庭用户而设计更多高阶功能，例如支持 HDTV 和 DVD 录制功能、更多高阶的游戏、支持手机和 Tablet PC 等行动装置。此版本与 Windows XP Media Center Edition 相似。

家用台式机和移动个人计算机的首选 Windows 版本。Windows Vista 家庭高级版可随时在用户的家中通过个人计算机提供用户所需的工作效率和娱乐方式。它包括 Windows 媒体中心，从而使用户能够更加轻松地欣赏数码照片、电视与电影以及音乐。另外，该版本所具有的全新级别的安全性和可靠性。

Windows Vista 家庭高级版采用了突破性设计，使用户可以每天更轻松地使用个人计算机。借助 Windows Aero，用户可以体验动态反射、平稳流畅的动画、透明的玻璃状菜单栏等功能，同时还可以在新的三维布局中切换打开的窗口。即时桌面搜索功能和组织信息的新方式意味着可以即时查收并使用电子邮件、文档、照片、音乐和其他用户所需的信息。

4. Windows Vista Business

Windows Vista Business（商用版）与 Windows XP 专业版和 Windows XP Tablet PC Edition 相似，商用版是为商业用户而设计的。此版本包含了家庭高级版所有的功能但没有 Windows

Media Center、家长监护功能、Windows DVD Maker 和 Movie Maker HD（只包含具有基本制片功能的 Windows Movie Maker）等。

此版本包含了 IIS 网站服务器、Windows Fax and Scan、Windows Rights Management Services（RMS）用户端、档案加密、双处理器的支持、系统备份及修复、离线档案的支持、一个完整版本的远程桌面、ad-hoc P2P 兼容性、Windows Shadow Copy 及其他商用功能。

Windows Vista 商用版是第一款专门设计用于满足小型企业需要的 Windows 操作系统。可以帮助用户快速、轻松地找到个人计算机或 Web 上所需信息、具有易于使用且经过改进的界面，可以帮助企业高效运转。凭借强大的新安全功能，用户可以控制全局并可以保护对企业至关重要且可以构建客户信任的关键信息。

而对于正在发展的企业，无论在办公室内或办公室外，移动计算功能均可以轻松地保持联系。Windows Vista 商用版可以帮助用户在与技术支持相关的问题上花费较少的时间，从而将更多的时间用在使企业成功的业务上。Windows Vista 商用版使管理员工连接到网络的过程变得更为简单，从而确保无论在办公室内或是在办公室外，员工都可以从个人计算机上获得更多的信息。为未来做好准备并为现在和将来的业务构建 IT 基础。

5. Windows Vista Enterprise

Windows Vista Enterprise（商用高级版）是为企业市场而设计的版本，并且是商用版的超集。更多进阶的商用功能包括多语言用户界面的支持、BitLocker 硬盘加密功能、Virtual PC 和 UNIX 程序的支持。此版本不会透过零售和 OEM 版发售，而是透过微软软件协议（OME）发行。

Windows Vista 企业版能够显著降低 IT 成本和风险。除了 Windows Vista 商用版中提供的全部功能之外，Windows Vista 企业版还提供使用基于硬件的加密技术的更高级别的数据保护，它还包括用于提高应用程序兼容性以及使组织能够使用单一全球部署映像实现标准化的工具。Windows Vista 企业版仅供其个人计算机获得微软软件保证或签订微软企业协议的客户使用。

6. Windows Vista Ultimate

Windows Vista Ultimate（旗舰版）是集合了所有 Windows Vista 版本功能的超级版本，此版本是为高阶的电脑用户、玩家及电脑专业人员而设计的，此版本亦包括了游戏性能调整程序 WinSAT 及 Ultimate Extras。

Windows Vista 旗舰版提供 Windows Vista 家庭高级版所具有的一切功能，包括 Windows 媒体中心、提供高分辨率支持的 Windows Movie Maker 以及 Windows DVD Maker。它还提供 Windows Vista 商用版中的所有功能，包括企业网络、集中管理工具和高级系统备份功能。Windows Vista 旗舰版具有帮助 Windows Vista 实现全新的可靠性级别的所有新安全性和数据保护功能。带有 Windows extras 的 Windows update 还可以获得 dream scene，Windows 声音方案，BitLockerr 和 EFS 加密增强等高级功能。Windows Vista 旗舰版最突出的特点在于数据的安全性，更简单的企业网络连接，可以不用其他软件就制作高清晰电影，同时享用微软提供的增值服务。

1.3.3 技术革新和安全机制

与 2001 年发布的 Windows XP 系统操作系统相比，Windows Vista 在界面、安全性和软件驱动上有了很大的改进。

1. 技术革新

与Windows XP相比，Windows Vista在技术革新方面进行了下列改进：

（1）对操作系统核心进行了全新修正。Windows XP和Windows 2000的核心并没有安全性方面的设计，因此只能一点点打补丁，Vista在这个核心上进行了很大的修正。例如在Vista中，部分操作系统运行在核心模式下，而硬件驱动等运行在用户模式下，核心模式要求非常高的权限，这样一些病毒木马等就很难对核心系统形成破坏。

Vista上的“haep”设计更先进，方便了开发者，提高了他们的效率。在电源管理上也引入了睡眠模式，Vista可以从不关机，而只是极低电量消耗的待机，启动起来非常快，比现在的休眠效率高多了。

内存管理和文件系统方面引入了Super Fetch技术，可以把经常使用的程序预存入到内存，提高性能，此外后台程序不会夺取较高的运行等级了，不用担心突然一个后台程序运作起来让系统动弹不得。因为硬件驱动运作在用户模式，驱动坏了系统也没事，而且装驱动都不用重启了。

（2）网络方面集成IPv6支持，防火墙的效率和易用性更高，优化了TCP/IP模块，从而大幅增加网络连接速度，对于无线网络的支持也加强了。

（3）媒体中心模块将被内置在Home Premium以上版本中，用户界面更新、支持Cable Card，可以观看有线高清视频了。

（4）音频方面，音频驱动工作在用户模式，提高稳定性，同时速度和音频保真度也提高了不少，内置了语音识别模块，带有针对每个应用程序的音量调节。

（5）显示方面，Vista内置DirectX 10，这个可是Vista独有的，使用更多的dll，向下兼容，显卡的画质和速度会得到革命性的提升。

（6）集成应用软件：取代系统还原的新SafeDoc功能让用户自动创建系统的影像，内置的备份工具将更加强大，可以用它取代ghost；在Vista上Outlook升级为了Windows Mail，搜索功能将非常强大，还有内置日程表模块，新的图片集程序、Movie Maker、Windows Media Player11等都是众所期待的升级。

（7）Aero Glass以及新的用户界面，窗口支持3D显示提高工作效率。而且，它不运行在内核。要知道，很多蓝屏都是显示驱动造成的。显卡现在也是一个共享的资源，它也负责Windows的加速工作，再加上双核处理器的支持，以后大型游戏对于Windows来说也不会是什么大任务了，开启一个小窗口就可以运行。

（8）重新设计的内核模式加强了安全性，加上更安全的IE7、更有效率的备份工具，使Vista会安全很多。

2. 安全机制

自Windows Vista操作系统发布以来，有关UAC和Windows Defender对Vista如何进行防护的讨论就充斥了整个安全领域。在讨论Vista安全机制的同时，人们忽略了NAP——这个可以改善微软的安全政策管理与政策执行能力的功能。在保障网络连接的安全性上，微软其实对NAP寄予厚望。

NAP的英文全称是Network Access Protection，也就是网络接入防护，它是内置于Windows Longhorn Server以及Windows Vista客户端操作系统的安全机制。它是Windows Server 2003的网络接入隔离控制（Network Access Quarantine Control）功能的扩展。

每一个连接到本地网络的电脑都是潜在的威胁。管理员往往无法确定是否每台电脑里都安装了微软最新的安全补丁、是否被安装了间谍软件、是否设置了适当的防火墙，任何一台计算机出现了安全问题，整个本地网络的计算机都会处在危险之中。

所以，要保护网络安全，就必须制定一个“安全策略”让每台电脑在连接本地网络的时候都通过这个策略的允许。但是并不是所有的用户都会自觉地遵守这个安全策略，微软就替所有的用户找到了一个强制性的执行安全策略：检测一个系统是否已经满足了标准，并以此来决定是阻止其连入网络，或是对其放行。这就是 NAP 的用武之地，也是微软的健康策略平台。

NAP 可以让用户监视任何试图接入用户网络的计算机的安全状态，并确保接入的计算机都具有符合用户健康策略的安全防范措施。那些不符合用户健康策略的电脑，将被接入到一个受限的网络环境，用户可以在这个网络环境中存储一些安全软件，帮助这些安全性较差的计算机提高到符合用户要求的安全水平。

目前，NAP 已经被内嵌到 Windows Server（后被称为“Longhorn”），可以和 Windows Vista 协同使用，或和那些运行了 NAP 客户端插件的 Windows XP 客户端协同使用。Windows Server 2003 也有可能成为一个 NAP 客户端。

然而 NAP 不是全面的安全机制，NAP 不能取代系统内别的安全系统，像杀毒软件、防火墙、入侵检测等，实际上，NAP 的作用只是用来检查将要连入网络的电脑是否具有完备的安全补丁，是否有安全配置方面的错误等来提升用户计算机的安全性。

Windows 用户不必担心使用 NAP 的问题，即使是 XP 不支持 NAP，但是微软将会开发出适用 XP 的 NAP 客户端。需要注意的是，NAP 服务器是一个网络策略服务器（Network Policy Server，NPS）。而 NPS 则是 Longhorn 中替代 Windows Server 2003 中 IAS（互联网验证服务）功能的组件，服务器操作系统要采用 Longhorn 才能适用于整个本地网络。

由于不是所有要进入的电脑都符合安全策略，如果遇见了不符合条件的电脑，除了强行禁止，管理员也可以选择：

（1）允许它访问网络，但是在 Log 中标记具体的信息，以便追踪它并查看它是否最终满足了要求；

（2）允许它访问一个受限的网络，而不是访问整个网络。这一点很有用，这样管理员可以在受限网络中提供相关资源（比如，相关的安全更新或者反病毒软件，或者某些系统补丁），以便用户对电脑进行修正以便最终满足要求。也可以对不满足要求的电脑做出限制，让它访问网络的时间只能在规定的长度之内。

1.4 Windows 7 的新特性

1.4.1 简介

Windows 7 是目前较新的 Windows 操作系统，主要供个人电脑使用，包括家庭及商业工作环境、笔记本电脑、平板电脑、多媒体中心等适用。Windows 7 提供屏幕触控支持和手写识别，支持虚拟硬盘。改善了多内核处理器的运作效率，提高了开机速度，并对内核作出了改进。Windows 7 增加的功能大致上包括：

（1）可以支持多个显卡。

（2）内部集成新版本的Windows Media Center、一个供Windows Media Center使用的桌面小工具、增强的音频功能。

（3）内置的XPS和Windows PowerShell。

（4）包含了新模式且支持单位转换的新版计算器。

（5）控制面板也增加了不少新项目：ClearType文字调整工具、显示器色彩校正向导、桌面小工具、系统还原、疑难解答、工作空间中心（Workspaces Center）、认证管理员、系统图标和显示。

（6）旧有的Windows安全中心被更名为"Windows操作中心"，它有保护电脑信息安全的功能。

Windows 7的任务栏在外观上有较大的改变。原有的"快速启动"功能已被"钉"在任务栏上的缩小程序图标取代。这个功能不仅具有了快速引导原有的功能，也同时具有显示目前正在运行的程序图标的功能（这相当于Windows XP和Windows Vista任务栏上原有的横条状程序显示，只是改为图标）。这些在任务栏上的按钮不但可以协助用户运行打开、缩到最小、放到最大以及关闭等基本程序操作，同时在程序支持的前提之下也能显示一些该程序高级的功能或选项（例如：点击"记事本"不但可以打开程序，同时也能显示最近打开的文档）。改进后的任务栏允许用户将任务栏上的各个图标重新排列。在任务栏最右端（系统时钟的右边）有一个小的长方形按钮，这个按钮提供快速"显示桌面"的功能（旧版Windows需要在任务栏上按右键后选取"显示桌面"）。这个按钮是Windows 7新的"Aero桌面透视"功能的其中一项，用户只要将鼠标光标停在其上方，就可使所有的窗体变透明，仅显示框线，如此便可以快速浏览桌面上的内容。另外，因为这个按钮在右下方的角落，故在触摸屏中，这个按钮的设计会相对的较大，以方便用户能够点击。点击这个按钮时，所有的窗口都将缩小化，而再点一次时，所有的窗口就会恢复至原先的大小。除此之外，有一项新功能"Aero Snap"，它能够在用户将窗口移至屏幕上/左/右的边缘时自动将其最大化。这个功能有利于同时比较多个文件之间的差异（当移动两个或以上的窗口至边缘时，窗口会依大小平均分配至整个桌面）。该功能也可以使用键盘快捷键运行。另外，在Aero的改进部分，当一个窗口被最大化时，该窗口的边缘以及最下方的任务栏仍将保持透明（不同于Windows Vista）。

和之前的操作系统比较起来，Windows 7允许用户停用更多的Windows内置组件。Internet Explorer 8、Windows Media Player、Windows Media Center、Windows Search以及Windows Gadget Platform等都可以被用户停用。Windows 7新增了13种主题，各种主题都特色鲜明，别具风格。在Windows 7 Professional、Enterprise和Ultimate三个版本中含有一个类似虚拟微机"Windows Virtual PC"的功能。这种虚拟微机能让用户在Windows 7运行的同时再运行不同的Windows环境，包括"Windows XP模式"。Windows XP模式可让用户在一台虚拟机上运行Windows XP，并将其正在运行的程序显示于Windows 7的桌面上。Windows 7允许用户安装一个虚拟硬盘作为一般的数据储存介质，并可利用Windows 7内置的引导装置从虚拟硬盘中读取并运行Windows系统。Windows 7的远程桌面控制功能也有改善，它支持运行3D游戏、视频播放等多媒体程序，同时DirectX 10也可以在远程桌面环境使用。另外，原本的Windows Vista Starter限制用户只能同时运行三个程序，但在Windows 7 Starter中，这个限制已经取消。

1.4.2　Windows 7 版本

微软于 2009 年 2 月宣布 Windows 7 将发行 6 个版本。和 Windows Vista 一样，除了入门版（Starter）只提供 32 位版本之外，其余五个版本都会发行 32 位（x86）和 64 位（x64）两种版本。但零售全包装产品（Full Packaged Product）的家庭普通版（Home Basic）内只含有 32 位光盘，而不会包含 64 位光盘。

值得留意的是，虽然是说叫“Windows 7”，但是版本号却不等于软件版本编号“7.0”而是“6.1”。正因为版本是“6.1”，所以“Windows 7”在内核层面严格上仍是属于“Windows Vista”，这个和 Windows XP 在内核层面上属于 Windows 2000 是相类似的。

1. Windows 7 Starter Edition（简易版）

在 Windows Xp 时代，微软为占领更多市场份额，并同时打击盗版，特别在马来西亚、印度尼西亚和泰国推出低价简化版 XP-Windows XP Starter Edition，并由此衍生出了 Windows 7 简易版。之所以称其为“Starter”，是因为这个版本的 Windows 7 只提供最基本的功能，主要是为了满足使用性能较差的计算机，如上网本的用户。自然，与其他版本的 Windows 7 相比，该版本在价格上要便宜许多。但需要注意的是，Windows 7 简易版限制了同时只能运行最多三个应用程序，但 Windows 操作系统的一些基本工具并不包括在限制范围之内，如资源管理器、命令行工具、任务管理器等。

2. Windows 7 Home Basic Edition（家庭基础版）

Windows 7 家庭基础版是主要用于满足家庭基本需要的版本，该版本只具有最基本的功能。与 Windows 7 简易版相比，Windows 7 家庭基础版没有对同时运行的应用程序数量进行限制。

相比其他高级版本 Windows 7 家庭基础版缺少了一些功能，比如无法使用 Aero Glass，只拥有 Aero Snaps 功能而不能使用其他 Aero 桌面效果，没有自带高级游戏，不支持实时缩略图预览、不支持 Internet 连接共享，不支持应用主题等。该版本仅提供给发展中国家和地区，不会面向发达国家和地区销售。

3. Windows 7 Home Premium Edition（家庭高级版）

比简易版和家庭基础版，Windows 7 家庭高级版的功能更为完备，而且具备完整的 Windows Aero 功能。因此在用户界面方面，Windows 7 家庭高级版已经达到了专业版和旗舰版的水平。家庭高级版用户可以使用到 Aero Peek，Aero Snap，跳跃菜单，实时缩略图预览，Aero Shake，超级任务栏等功能。

Windows 7 简易版和家庭基础版减少了一些个性化定制功能，Windows 7 家庭高级版则重新加入了这些功能。Windows 7 家庭高级版用户可以自定义桌面、声音主题、主题等桌面外观设置。该版本还加入了一项极为重要的功能——默认支持触摸。对于配备触摸屏硬件的用户而言，Windows 7 家庭高级版应该是极佳的选择。Windows 7 家庭高级版的家庭娱乐功能也相当完备，其核心就是全新的 Windows 媒体中心。对于新的媒体中心，微软扩展了它的格式支持，并且新加入数字电视功能，微软另外还加入了一些基本的功能，用户可以更便捷地观看电视、电影和视频。

4. Windows 7 Professional Edition（专业版）

Windows 7 专业版是用于替代 Windows Vista 商业版的产品，主要是为商业用户而设计的。该版本包括了 Windows 7 家庭高级版的所有功能，但不包括如家长控件之类的非商用功能。

Windows 7 专业版加入管理网络（Domain Join）、高级网络备份等数据保护功能、位置感知打印技术（可在家庭或办公网络上自动选择合适的打印机），脱机文件夹；移动中心（Mobility Center）；演示模式（Presentation Mode）等功能。该版本面向全球用户发售。

5. Windows 7 Enterprise Edition（企业版）

和 Windows Vista 一样，微软也提供了 Windows 7 企业版，主要针对微软的 Software Assurance（SA）软件保障计划客户。Windows 7 企业版高于 Windows 7 专业版，与普通消费者版本不同，Windows 系统的大企业版本往往都包括一些企业管理中所必须的功能。比如，为了帮助企业集中管理，Windows 7 企业版中就加入了脚本命令控制系统，通过此系统和其他一些辅助工具，企业可以轻松实现桌面虚拟化和其他一些 UI 管理功能。这一系列功能都将包含在 Powershell 2.0 中，系统包含 500 个以上的脚本命令和组策略供企业选用。另外企业版新增有 Direct Access，Branch Cache；BitLocker 和 BitLocker To Go；AppLocker；Virtualization Enhancements（增强虚拟化）；Management（管理）；Compatibility and Deployment（兼容性和部署）；VHD 引导支持等企业级功能。

6. Windows 7 Ultimate Edition（旗舰版）

Windows 7 旗舰版拥有新操作系统所有的消费级和企业级功能，消耗的硬件资源也是最大的。Windows 7 旗舰版主要有以下新功能：航空特效功能；实时缩略图预览、Internet 连接共享，多触控功能；多媒体功能（播放电影和刻录 DVD）；组建家庭网络组，加强网络的功能，比如域加入；高级备份功能；位置感知打印；脱机文件夹；移动中心（Mobility Center）；演示模式（Presentation Mode）。Branch 缓存；DirectAccess；BitLocker；AppLocker；Virtualization Enhancements（增强虚拟化）；Management（管理）；Compatibility and Deployment（兼容性和部署）；VHD 引导支持。

1.4.3　系统特色

Windows 7 的设计主要围绕五个重点——针对笔记本电脑的特有设计；基于应用服务的设计；用户的个性化；视听娱乐的优化；用户易用性的新引擎。

- 更易用

Windows 7 做了许多方便用户的设计，如快速最大化，窗口半屏显示，跳跃列表，系统故障快速修复等，这些新功能令 Windows 7 成为最易用的 Windows。

- 更快速

Windows 7 大幅缩减了 Windows 的启动时间，与 Windows Vista 操作系统的启动时间相比大大地缩短，这是一个很大的进步。

- 简单

Windows 7 将会让搜索和使用信息更加简单，包括本地、网络和互联网搜索功能，直观的用户体验将更加高级，还会整合自动化、应用程序提交和交叉程序数据透明性。

- 更安全

Windows 7 包括改进了的安全和功能合法性，还会把数据保护和管理扩展到外围设备。Windows 7 改进了基于角色的计算方案和用户账户管理，在数据保护和坚固协作的固有冲突之间搭建沟通桥梁，同时也会开启企业级的数据保护和权限许可。

- 节约成本

Windows7 可以帮助企业优化它们的桌面基础设施，具有无缝操作系统、应用程序和数据移植功能，并简化 PC 供应和升级，进一步朝完整的应用程序更新和补丁方面努力。

- 更好的连接

Windows7 进一步增强了移动工作能力，无论何时、何地、任何设备都能访问数据和应用程序，开启坚固的特别协作体验，无线连接、管理和安全功能会进一步扩展。令当前功能以及新兴移动硬件得到优化，拓展了多设备同步、管理和数据保护功能。最后，Windows7 会带来灵活计算基础设施，包括胖、瘦、网络中心模型。

习　题

1. Windows Server 2008 有哪些主要的新特性？
2. 看了 Windows 的发展与演变过程，对你有什么启发？

第2章 安装和升级到Windows Server 2008

对于 Windows Server 2008 操作系统的安装，可以通过多种不同的方式进行，如在新系统中进行全新安装，或将现有的 Windows 操作系统升级到 Windows Server 2008，或者可以进行全新安装并创建多重引导系统。

Windows Server 2008 支持交互式和自动的安装过程，这对操作系统的安装和配置提供了更好的灵活性。用户甚至可以将经过基本或全面配置的操作系统完全用自动化的方式安装到全新的计算机上，以降低大型部署环境中的管理工作难度。

2.1 Windows Server 2008 安装准备

在实际进行安装或升级工作之前，服务器操作系统的安装需要一定的评估和准备。首先，了解服务器的硬件，评估是否能满足安装并使用 Windows Server 2008 的需求；其次，在用户准备将原有 Windows 服务操作系统升级到 Windows Server 2008 前，用户必须确保当前的操作系统、应用软件、硬件设备和驱动程序都与 Windows Server 2008 兼容的。

在执行安装操作之前，用户还需要进行明确的安装和支持规划。以下是规划内容的一部分，包含与安装有关且必须执行的任务：

- 检查固件更新
- 检查操作系统版本要求
- 查看安装文件中的发行说明
- 决定要升级还是全新安装
- 检查系统硬件的兼容性
- 配置目标计算机的引导方式
- 确定安装类型：交互式安装或自动应答安装
- 确定授权模式
- 选择安装分区
- 确定网络连接和设置
- 确定域/工作组成员账户信息
- 断开不间断电源（UPS）
- 禁用病毒扫描软件

在老的硬件上全新安装时，请检查是否有其他操作系统存在，如有其他操作系统，首先检查事件日志或系统日志中的硬件错误信息，并考虑多重引导问题，并处理所有和分区升级有关的问题。

另外，还必须评估安装需求，并规划目标计算机驱动器和分区的配置信息。如果必须在安装前创建新分区，修改系统分区或者格式化系统分区，可以使用 DiskPart、Format 和 Convert

之类的工具管理分区（需要在自动化安装之前进行）。

2.1.1 系统硬件需求

大部分版本的 Windows Server 2008 具有同样的基准硬件要求，例如处理器主频不低于 1GHz，内存容量不少于 512MB，可用硬盘空间不少于 10GB（仅针对三种 x86 架构的操作系统版本）。虽然如此，不过对于 Web Server、Standard 和 Enterprise 这三个版本，在推荐的硬件配置上有所不同，同时对于 64 位操作系统和支持安腾（Itanium）架构的操作系统，也有一定区别。

表 2-1 列出了在 32 位 x86 架构上的 Windows Server 2008 的硬件配置要求，表 2-2 列出了安腾架构版本的硬件配置要求，而表 2-3 列出了 64 位版本的硬件配置要求。需要注意的是，这些硬件配置要求由微软提供，随着技术的变动，可能会有所变化。如果计算机不满足下列基本要求，那么就无法安装 Windows Server 2008。如果计算机不满足推荐要求，则可能会产生性能问题。

表 2-1　　32 位 x86 架构的硬件配置要求

版本	基本处理器主频	推荐处理器主频	处理器数量	内存范围	推荐内存容量	最小可用磁盘空间
Web Server	1GHz	2GHz	1~2	512MB~4GB	2GB	10GB
Standard	1GHz	2GHz	1~4	512MB~4GB	2GB	10GB
Enterprise	1GHz	2GHz	1~8	512MB~64GB	4GB	20GB
Datacenter	1GHz	2GHz	8~32	2GB~64GB	16GB	20GB

表 2-2　　64 位安腾架构的硬件配置要求

版本	基本处理器主频	推荐处理器主频	处理器数量	内存范围	推荐内存容量	最小可用磁盘空间
Web Server	N/A	N/A	N/A	N/A	N/A	10GB
Standard	1.4GHz	2GHz	1~4	512MB~32GB	2GB	10GB
Enterprise	1.4GHz	2GHz	1~8	512MB~64GB	4GB	20GB
Datacenter	1.4GHz	2GHz	8~32	2GB~2TB	16GB	20GB

表 2-3　　64 位扩展系统的硬件配置要求

版本	基本处理器主频	推荐处理器主频	处理器数量	内存范围	推荐内存容量	最小可用磁盘空间
Web Server	N/A	N/A	N/A	N/A	N/A	N/A
Standard	1.4GHz	2GHz	1~4	512MB~32GB	2GB	4GB
Enterprise	1.4GHz	2GHz	1~8	512MB~64GB	4GB	4GB
Datacenter	1.4GHz	2GHz	8~32	2GB~2TB	16GB	20GB

除上述要求之外，如果计划在 Windows Server 2008 上安装域控制器，要求活动目录数据分区空间需要在操作系统数据量的两倍以上；同时，安装 Windows Server 2008 的服务器还需要具备 DVD-ROM 光驱和支持 VGA（800×600）或更高规格的显示器。

2.1.2 全新安装和升级安装的区别

如果服务器上已经在运行 Windows 操作系统，那么就可以决定是否需要升级服务器。全新安装和升级安装的主要区别如下。

- 升级安装 对于升级安装，从实质上讲，Windows Server 2008 安装程序仍然会进行全新安装，只不过会在完成安装后自动将原有的用户设置、文档和应用程序都从旧版本的 Windows 操作系统中迁移过来。在升级安装过程中，用户设置会被保留，同时现有的应用程序以及程序的设置也会被保留，而且不需要进行基本的系统配置。升级安装方式用于具有运行 Windows 操作系统的服务器，且服务器支持升级为 Windows Server 2008，同时通过保留原有设置、用户信息和应用程序配置的方式将工作量降到最低。
- 全新安装 全新安装则不保留任何用户信息或系统设置，也不保留任何已经安装的应用程序及其配置。另外，在安装完成后还需要对所有的硬件和软件重新进行配置。如果操作系统无法升级，或者服务器上还没有安装操作系统，那么就需要进行全新安装。

用户在进行安装之前需要根据情况不同，预先选择是进行全新安装还是升级安装。

2.1.3 安装和升级准备

在用户准备将原有 Windows 服务操作系统升级到 Windows Server 2008 前，需进行以下几个方面的准备。

1. 检查支持的升级途径

在进行升级操作之前，首先需要确保当前服务器上安装的服务器操作系统是否支持升级操作。只有 Windows 2000 以及更新版本的微软服务器操作系统才可以升级到 Windows Server 2008。一般来说，服务器可以被升级为具有同等或更多特性的版本，如下所示：

- Windows Server 2003 Standard 或 Enterprise 可以升级到 Windows Server 2008 Standard 或 Enterprise。
- Windows Server 2003 Datacenter 可以升级到 Windows Server 2008 Datacenter。
- Windows Server 2008 Standard 可以升级到 Windows Server 2008 Enterprise 或 Datacenter。
- Windows Server 2008 Enterprise 可以升级到 Windows Server 2008 Datacenter。

2. 了解升级的限制

在了解升级的途径后，用户还需要掌握升级安装的一些限制。

- 必须是 SP1 以上版本的 Windows Server 2003 才能升级至 Windows Server 2008。
- 只允许和同特性之间，或低等特性向高等特性的升级。如，Windows Server 2003 Datacenter 只能升级到 Windows Server 2008 Datacenter。
- Windows Server 2003 for Itanium-based 版本和 Windows Server 2003 Web 版本不能被升级，如果需要，只能通过迁移的方式，升级到一个全新安装的 Windows Server 2008，但随着技术变化不排除在将来能够直接升级。
- 支持 x86 架构和 x64 架构系统的升级，但不支持跨架构的升级。
- 不支持跨语言版本的升级。

• 不支持 Windows Server 2003 群集向 Windows Server 2008 群集的升级，升级之前必须卸载群集服务。

3. 确定硬件和驱动程序的兼容性

在进行升级和安装前，首先需要确保服务器上安装的硬件和驱动程序支持 Windows Server 2008。用户可以在 Windows Server Catalog 网站下载用于测试兼容性的工具和文件，网址为“http://www.windowsservercatalog.com/”。

4. 测试应用程序的兼容性

在进行升级和安装之前，用户需要确保服务器上所安装的应用程序是否与 Windows Server 2008 兼容。在进行升级安装时，Windows Server 2008 升级引擎会检查当前计算机内所有应用程序的兼容性，如果服务器上存在与 Windows Server 2008 不兼容的应用程序，升级引擎将无法完成升级。

另外，对于基于 64 位核心模式工作的应用程序和驱动程序必须经过微软认证，没有经过认证的应用程序在升级到 Windows Server 2008 后将无法正常工作。

2.1.4 x86 架构系统的分区

Windows Server 2008 支持多种架构的计算机，但在不同的架构的计算机上安装 Windows Server 2008 对磁盘分区有不同的要求。

1. x86 架构

如果要给 x86 架构的系统安装 Windows Server 2008，需要注意操作系统使用下列类型的磁盘分区。

• 活动　活动分区或卷保存系统缓存和启动系统的驱动器，有些可移动驱动器也可能被显示为具有活动分区。

• 启动　启动分区或卷中包含操作系统及其支持文件，系统和启动分区或卷可以是同一个。

• 故障转储　如果系统崩溃，被用于保存转储文件的分区就是故障转移分区。默认情况下，转储文件会被写入%SystemRoot%文件夹，但可以被更改为分区或卷。

• 页面文件　包含了操作系统工程所用页面文件的分区。因为一台计算机可以将内存同时分页到多个磁盘上，根据配置实体内存的具体方式，系统中可能有多个页面文件分区或卷。

• 系统　系统分区包含了加载操作系统所需的和硬件相关的文件。作为软件配置的一部分，系统分区或卷不可以是条带卷或跨区卷的一部分。

分区和卷在本质上是相同的，但有时候代表的含义并不相同。在基本盘上创建的叫分区，而在动态盘上创建的叫做卷。在 x86 架构的计算机上，可以使用磁盘管理控制台将分区标记为活动的。另外，启动分区和系统分区的定义可能和很多人想象的正好相反。实际上包含了 Windows 目录的分区叫作启动分区。

虽然这些卷或者分区可以是同一个，不过却都是必不可少的。在安装 Windows Server 2008 是，安装程序会访问所有可用的硬盘分区，通常 Windows Server 2008 会将启动和系统盘放在同一个分区中，并将该分区标记为活动分区。这样做的好处在于，不需要为操作系统准备多个分区，同时可以将其他分区用作操作系统分区的镜像。

2.1.5　基于安腾的 Intel 64 位架构的分区

如果要在基于安腾的 Intel 64 位架构（IA-64）平台上安装 Windows Server 2008 操作系统，情况与 x86 架构下大不相同。IA-64 扩展固件接口会在启动时加载基于固件的启动菜单（而不是 boot.ini）。

IA-64 磁盘具有一种名为全局唯一标识符（Globally Unique Identifier，GUID）分区表（可扩展固件接口，EFI 的一部分）的分区结构，和 32 位平台下基于主引导扇区的分区不同，基于 GUID 分区表（GPT）的磁盘有两个必要的分区，以及以下一个或多个可选（Original Equipment Manufacturer，OEM 分区或数据分区）分区（最多可达 128 个）。

- EFI 系统分区（EFI System Partition，ESP）
- 微软预留分区（Microsoft Reserved Partition，MSR）
- 至少一个数据分区

IA-64 的启动菜单可以提供一系列选项，其中之一就是 EFI shell。EFI shell 可以对 FAT 和 FAT32 文件系统提供操作环境中的支持，同时可用于支持配置和文件管理命令。

要查看 IA-64 加构计算机的分区列表，需要使有 Map 命令，该命令的输出结果如下：

- Blk　　指定分区块
- Fs#　　指定可读文件系统

更改分区的方法和更改逻辑驱动器类似，首先输入分区块编号，后跟一个冒号，然后按回车键即可。接着可以使用“dir”命令查看其中包含的文件。

EFI 还包含启动维护管理器，可用于对启动菜单进行配置。通过使用启动维护管理器，可以选择执行以下任何操作：

- 添加或删除启动选项
- 设置延时和自动启动选项
- 定义标准控件台设置
- 从所选文件启动
- 执行冷启动

IA-64 架构系统无法从 DVD 光驱引导，因此必须使用 EFI Shell 启动安装程序。为此，请使用映射到 DVD 光驱“fs#”别名连接到 DVD 光驱，并运行“\Setupldr.efi”以运行启动加载器。

除 IA-64 分区方式外，IA-64 系统其余的安装操作就和 32 位系统的安装完全一样。安装程序会判断是否存在 EFI 分区，如果不存在，则会创建（并格式化）EFI 和 MSR 分区，并询问是否要为操作系统创建数据分区。

2.1.6　规划分区

在了解了 Windows Server 2008 对于 x86 架构和 IA-64 架构计算机的磁盘使用方式后，要仔细考虑如何对规划这些磁盘分区。基本上系统文件需要大概 10GB 的空间，为了增强灵活性，建议为操作系统创建的分区空间不小于 40GB，这样可以方便以后安装 Service Pack 以及其他更新程序。另外还要为分页文件和转储文件留出足够的空间，建议为这些功能预留的可用空间要达到计算机内存容量的两倍。

虽然在 x86 架构系统上可以只使用一块硬盘，并只创建一个分区，但即使计算机只有一块硬盘，也建议创建多个分区。通过使用多个分区，就可以将操作系统文件与应用程序数据分开，这样不仅有助于安全性，而且可以将程序安装到非系统分区中。

2.1.7 计算机命名

如果用户只拥有一台或几台计算机，那么为每台计算机命名并不是一个大问题，但是对于拥有 50 台甚至 500 台乃至更多的计算机的用户，就很有必要对所有计算机的命名有一个完整的规划。与其随意使用一串字符充当名称，还不如制定出一个对于管理员和普通使用者更有意义的命名方案。

为了更好地使用，以及减轻管理负担，用户可以使用能帮助了解计算机的用途以及安置位置的命名方案。例如，用于 Web 应用的第一台服务器，可以命名为“WebSvr01”，技术部门的第一台服务器可以命名为“TechSvr01”。这些名称不仅可以让人知道哪台计算机是服务器，而且还能知道其用途或是属于哪个部门的。

需要注意的是，命名方案很有用，但也不能滥用。用户不能希望将服务器的大量信息都包含在计算机名称当中，应该尽量避免例如“SvrSeaBuB4F12-01”之类的复杂名称，过于复杂的名称在大部分情况下都是没有必要的。另外，域中计算机的名称必须是唯一的，并且最多可以包含 64 个字符。计算机名称的前 15 个字符会被用于 Windows 2000 之前计算机的 NetBIOS 名称，在整个域中也必须是唯一的。为了兼容 DNS，名称中应该只包含文字性字符（A~Z、a~z、0~9）和连字符。

2.1.8 网络和域成员身份

在安装 Windows Server 2008 之前，用户还需要决定下列与网络以及域有关的重要选项：

- 服务器将使用什么网络协议
- 服务器是否加入某个域
- 服务器将安装哪些网络组件

1. 网络协议

Windows Server 2008 默认安装的协议只有传输控件协议/Internet 协议版 4（TCP/IPv4）和传输控件协议/Internet 协议版 6（TCP/IPv6），这些协议被统称为 TCP/IP 协议。要正确安装 TCP/IP 协议，必须决定是要使用静态 IP 地址还是动态 IP 地址，对于静态 IP 地址，还需要了解以下信息：

- IP 地址
- 子网掩码/子网前缀长度
- 默认网关
- 首选 DNS 服务器

对于动态 IP 地址，IP 地址信息是通过动态主机配置协议（DHCP）服务器自动分配的。如果网络中没有可用的 DHCP 服务器，那么服务器就会进行自动配置，自动配置的地址通常是不可路由的。因此在操作系统安装完毕后必须处理这个问题。

2. 域成员关系

在大多数情况下，企业用户安装的每台服务器都将是域成员，而非工作组成员（除非企业有数据中心，或由于企业规模较小而没有应用活动目录）。可以在系统安装完成之后将计算机加入域，如果希望这样做，首先应该在域中创建计算机账户（或者创建具有 Administrator

或 Account Operator 权限的，用户将计算机加入域的账户）。计算机账户和用户账户一样，都会被保存在活动目录域服务的账户数据库中，并由域控制器维护。

如查服务器是域成员，具有域成员身份或权限的用户可以访问服务器和基本的系统资源，当然，只要在权利和权限的许可范围内就不需要再次登录。这意味着用户只要登录到域一次，就可以使用权限许可的所有资源，而要访问其他资源服务器上的资源时不需要再次登录。但是，如果服务器是工作组成员，用户每次访问服务器上的资源时都必须登录服务器。

3. 网络组件

在系统安装前，用户需要计划需要安装哪些网络组件，同时服务器的常用网络组件都会被自动安装，这些组件包括：

- Microsoft 网络客户端　可以让用户访问基于 Windows 网络上的计算机资源。
- Microsoft 网络的文件和打印机共享　可以让 Windows 用户访问基于 Windows 网络中的计算机上的资源（远程登录的必要条件）。
- Internet 协议版本 4（TCP/IPv4）　可以让计算机通过 TCP/IPv4 协议进行通信。
- Internet 协议版本 6（TCP/IPv6）　可以让计算机通过 TCP/IPv6 协议进行通信。
- QoS 包计划程序　可以让计算机管理网络通信的流量并实施优先级。
- 链路层拓扑发现映射器 I/O 驱动程序　可以让计算机发现和定位网络上其他计算机、设备和网络组件。
- 链路层拓扑发现响应　可以让计算机被网络上其他计算机发现。

用户还可以计划在系统中安装额外的客户端、服务和协议，包括网络负责平衡和可靠多播协议（Reliable Multicast Protocol）。但是，要尽量避免安装不必要的额外网络组件。因为这些额外的组件不仅占用硬盘空间，而且通常需要作为服务运行，会占用大量的系统资源，甚至会带来额外的攻击面，从而降低了系统的安全性。

2.1.9 选择服务器安装类型

用户可以选择以下两种安装类型部署服务器:

- 服务器核心（Server Core）安装
- 完整服务器安装

服务器核心安装是 Windows Server 2008 Standard、Enterprise 和 Datacenter 版本的一种最小安装选项，可以提供一套固定的角色子集。在这种情况下，用户可以配置服务器只使用特定的角色以及用于管理服务器的最少的用户界面，大多数的操作都是通过命令行的形式来完成的。这种方式更适合于希望将服务器专门用作某个或某些用途的情况。由于没有安装不必要的功能，因此可能减少由其他非必要功能导致的性能损失，为必要角色提供了更多的可用系统资源。同时，还减少了可能的攻击面，使系统更加的安全与稳定。

选择完整服务器安装，安装程序会安装 Windows Server 2008 的所有功能选项，而 Windows Server 2008 Standard、Enterprise 和 Datacenter 版本都支持所有这些功能。通过这种方式安装的 Windows Server 2008 可以使用各种角色、角色服务和功能组件，另外，Windows Server 2008 将包含完整的用户界面。这种安装方式可以提供最动态的解决方案，建议对于服务器角色经常需要变动或不习惯于使用命令行的用户使用这种安装类型。

安装类型的选择是在安装操作之前计划好的，用户需要考虑服务器所需要安装的角色和使用特点来决定所安装的服务器类型。

2.2　全新安装 Windows Server 2008

如果希望将 Windows Server 2008 安装到一台计算机上，在大部分情况下，我们都必须在计算机前，使用 Windows Server 2008 安装介质引导计算机，通常这也是最简单的方式，用户只需要在固件中配置服务器的引导设备，以便能够从 DVD 光驱引导，然后在要求的时候输入必要的信息或指令即可。但如果需要在运行安装程序时指定多个命令行参数，或得使用命令行进行安装，情况就不同了。另外，如果企业有标准的操作系统映像，也可以从网络上的分发共享中进行交互式安装。

2.2.1　安装 Windows Server 2008

Windows Server 2008 的安装程序 GUI 与以前版本的蓝底白字界面有很大不同。设置启动引导由安装介质启动，安装软件加载到内存中以后，应配置与设置页面一致的外观。以下各小节中列出的每个步骤也集成到了相关帮助主题的链接。很多属于 Windows 2000/2003 中预安装设置过程的选择和选项现在属于完成基本操作系统安装之后的后安装配置。因此，最小化了初始安装过程中需要的步骤，从而使初始安装更加精炼并将与服务器最终角色特定设置相关的操作合并到后安装阶段。

1. 定制语言、时间、货币和键盘首选项

安装 Windows Server 2008 面临的第一个选择是输入服务器要安装的语言。语言选择会随着操作系统语言版本和所在地区而变化。可选的语言包括英语、阿拉伯语、法语、荷兰语等很多种语言。时间和货币格式设置用于指示服务器如何处理货币、日期和时间，包括夏令时间。最后一个设置内容是键盘或输入方法，指定“中文（简体）—美式键盘”，然后点击“下一步”按钮开始安装。选项如图 2-1 所示。

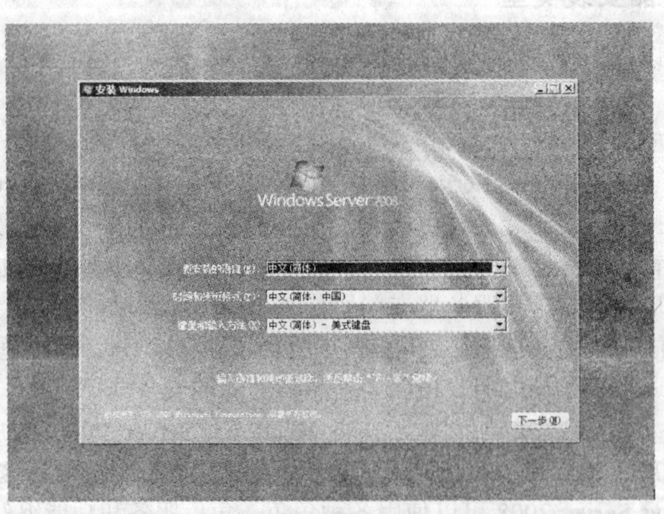

图 2-1　指定定制语言、时间、货币和键盘首选项

2. 现在安装界面

安装过程的下一个页面提示是否立即进行安装。点击“现在安装”按钮，则开始安装

Windows Server 2008。在进行安装之前，可以点击两个有用的链接，“安装 Windows 须知”和“修复计算机”。“安装 Windows 须知”链接提供了一个有关安装的先决任务、错误消息和通用信息的列表。如果需要修复已安装的 Windows Server 2008 操作系统，则可以点击“修复计算机”链接，打开如图 2-2 所示的系统恢复选项对话框。

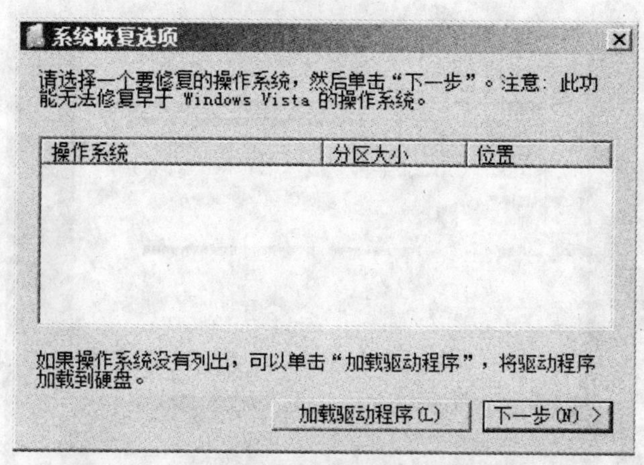

图 2-2 系统恢复选项对话框

3. 输入产品密钥

在点击了“现在安装”按钮后，需要输入产品的密钥。当输入密钥后安装程序会自动对其进行验证，因此如果输错了产品密钥或输入无效的密钥，那么安装程序会显示“输入产品密钥进行激活”，另外安装程序还会在右下角显示“无法验证产品密钥，请查看产品密钥并确保输入正确”的警告消息。此时，安装程序会暂停并允许重新输入密钥。输入的密钥将指示可以安装哪些版本的 Windows Server 2008(产品安装介质上提供了支持同种架构的，如 x86 架构的所有的版本 Windows Server 2008，而支持不同架构的 Windows Server 2008 需要不同的独立介质)。还可以选择不输入密钥，此时只看到一条警告信息，询问“是否希望现在就输入产品密钥”，如果点击“是”按钮，将返回输入产品密钥以激活界面；如果点击“否”按钮，则继续选择安装适当版本的 Windows Server 2008，包括 Windows Server 2008 Standard、Enterprise 和 Datacenter 版本，以及与它们对应的服务器核心版。

默认情况下，“联机时自动激活 Windows”复选框是选中的，这样下一次连接到 Internet 后就会被提示激活操作系统。Windows Server 2008 必须在安装后的 30 天内激活，如果没有在期限内激活，随后将看到类似“激活期限已过”或“安装了非正版的 Windows Server 2008”的提示。随后 Windows Server 2008 将运行在缩减功能模式下，为了恢复完整功能模式，必须激活系统，并进行正版验证。

- 使用零售媒体激活密钥

当通过零售渠道购买安装媒体时，必须联系微软（通过在线或电话方式）来激活产品密钥。该密钥对于每次安装是唯一的。

- 使用团体批量媒体激活密钥

当作为微软团体批量授权许可证计划（如开放式（Open）或选择式（Select））的一部分购买安装媒体时，不需要激活。此外，还能够在所有安装中使用一个通用的产品密钥。

4. 选择要安装的操作系统类型

下一个页面是如图 2-3 所示的选择要安装的操作系统。每次全新安装 Windows Server 2008 要解决的第一个问题是将安装哪种类型的操作系统，选项包括完全安装和服务器核心（Server Core）安装。完成操作系统类型的选择后，点击“下一步”按钮。

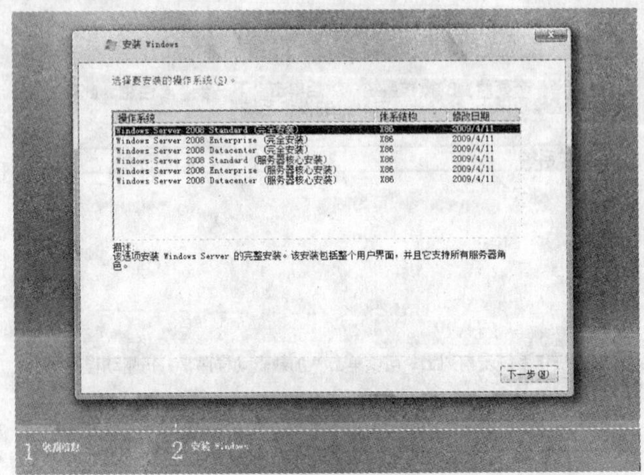

图 2-3　指定要安装的操作系统类型

5. 接受 Windows Server 2008 授权条款

接下来进入阅读软件许可条款页面。阅读微软软件授权许可条款，并在同意这些条款的情况下选中“我接受许可条款”复选框。点击“下一步”继续安装。

6. 选择 Windows Server 2008 的安装类型

在用户想进行何种类型的安装页面中，可以选择升级现有的 Windows 服务器或安装一个全新的 Windows Server 2008。由于当前使用的计算机中没有任何操作系统，升级选项将变灰而不可用。因此，在这种情况下唯一可用的选项是选择自定义（高级）来执行 Windows Server 2008 的安装。点击“下一步”按钮继续安装，如图 2-4 所示。

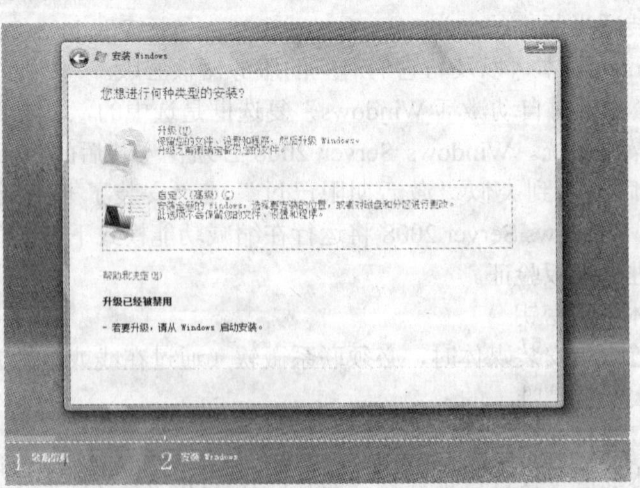

图 2-4　指定是升级安装还是全新安装

7. 选择安装的位置

在安装向导的用户想将 Windows 安装在何处页面中，向导会询问用户希望将 Windows 安装在哪个分区。用户指定了安装 Windows 的分区后，点击“下一步”继续安装，如图 2-5 所示。在该页面内点击“驱动器选项”链接，界面上会出现驱动器“删除”、“格式化”、“新建”和“扩展”等新链接，通过这些链接，可以为用户提供额外的磁盘驱动器的添加、删除、扩充或格式化分区的功能。

需要注意的是，Windows Server 2008 的安装需要 8GB 到 40GB 的磁盘空间，同时还需要注意以下几个方面：

- 如果计算机只有一块硬盘，或整个硬盘只有一个分区，默认情况下整个硬盘都会被选中，可以直接点击“下一步”按钮将该分区作为安装位置。如果硬盘上有未分配空间，则需要创建必要的分区才可以安装操作系统。
- 如果计算机有多块硬盘，或者一个硬盘有多个分区，这时候就需要选择用于安装操作系统的现有分区，或者新建一个分区。

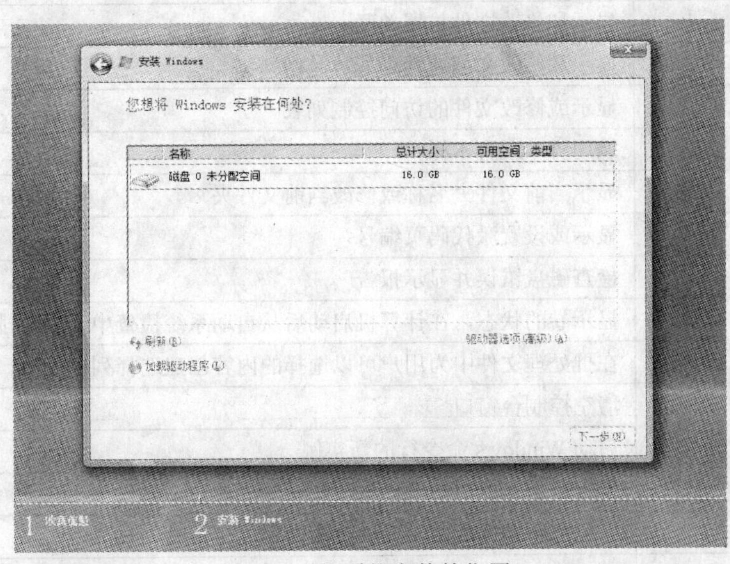

图 2-5 指系统安装的位置

- 安装时可能会看到“此计算机的硬件可能不支持从该磁盘启动”的警告信息。如果该硬盘没进行过初始化操作，或者计算机的固件不支持从所选磁盘上启动操作系统，就可能发生这种问题。要解决这个问题，请在未被初始化的硬盘上创建一个或多个分区。
- 对于使用 FAT 或 FAT32 文件系统的分区，或者有不兼容设置的分区，将无法选择或格式化。为解决该问题，要将分区转换为 NTFS 文件系统。另外无法选择磁盘或分区也可能是因为硬盘的驱动程序有问题，这时可能需要安装必要的驱动程序。
- 在这个页面上，还可以通过命令行提示行窗口执行必要的预安装任务，以便强制删除被锁定的磁盘分区，或加载尚未被支持的驱动器驱动。

8. 完成安装

在 Windows Server 2008 安装向导收集了信息后，就进入了自动安装阶段。在自动安装过程中不需要用户做任何的操作。Windows Server 2008 完成安装后，系统会自动重新启动。

2.2.2 在安装过程中执行管理任务

有时候用户可能在开始安装系统之前忘记执行某些预安装任务，这时候并不需要重启动操作系统，而是可以直接在安装程序界面下启动命令提示行，或者使用高级驱动器选项执行必要的管理任务。

在安装程序中启动命令行后，即可用于安装操作系统的 MINWINPC 环境。在安装过程中的用户想将 Windows 安装在何处界面中，直接按下 Shift+F10 组合键，即可打开命令行窗口。如表 2-4 所示，在 Mini Windows PC 环境中，用户可以使用很多标准 Windows Server 2008 安装中可用的命令行工具。

表 2-4 Mini Windows PC 环境下可用的命令行工具

命　令	描　述
Arp	显示和修改地址解析协议（Address Resolution Protocol，ARP）使用的 IP 到物理地址转换表
Assoc	显示和修改文件扩展关联
Attrib	显示和修改文档属性
Cacls	显示或修改文件的访问控制列表
Call	调用脚本或脚本标签
CD/Chdir	显示当前文件夹名称或修改当前文件夹
Chcp	显示或设置激代码页编号
Chkdsk	检查磁盘错误并显示报告
Chkntfs	显示卷的状态，在计算机启动后从自动系统检查中设置或排除卷
Choice	在批处理文件中为用户可以选择的内容创建选择列表
Cls	清空控制台窗口
Cmd	启动 Windows 命令行的新实例
Color	设置命令行窗口的颜色
Comp	比较两个文件或两个文件集的内容
Compact	显示或修改文件的压缩或文件的设置
Convert	将 FAT 文件系统转为 NTFS 文件系统
Date	显示或设置系统日期
Del	删除一个或多个文件
Dir	显示一个目录中的文件列表和子目录
Diskcomp	比较两个软盘的内容
Diskcopy	将软盘的内容复制到另一张软盘
Diskpart	调用文本模式命令解释程序，以便于工作使用独立的命令行及 Diskpart 的内部命令管理磁盘、分区和卷
Doskey	编辑命令行、撤回 Windows 命令和创建宏
Echo	显示消息，或将命令回响打开或关闭
Endlocal	结束在批处理文件中本地化环境更改

续表

命　　令	描　述
Erase	参见 Del
Exit	退出命令行
Expand	解压缩文件
FC	比较两个文件，并显示它们之间的差异
Find/Findstr	搜索文件中的文本字符串
For	在一组文件中为每个文件运行指定的命令
Format	设置格式化软盘或硬盘驱动器
Ftp	传输文件
Ftype	显示或修改文件扩展关联应用中的文件类型
Goto	到达 Windows 命令行参数脚本中的特定行
Graftabl	使 Windows 在图形模式下显示扩展的字符集
Hostname	显示计算机的名称
IF	在批处理程序中执行条件处理
Ipconfig	显示 TCP/IP 配置
Label	创建、更改或删除磁盘的卷标
Md/Mkdir	创建目录或子目录
Mode	配置系统设备
More	设置输出内容第一次显示一屏
Mountvol	管理卷映射点
Move	在同一个驱动器上将文件从一个目录移动到另一个目录
Nbtstat	显示 NetBIOS 状态
Net Accounts	管理用户账户和密码策略
Net Computer	在域中添加或删除计算机
Net Config Server	显示或修改 Server 服务的配置
Net Config Workstation	显示或修改工作站服务器的配置
Net Continue	继续暂停的服务
Net File	显示或管理服务器上打开的文件
Net Group	显示或管理全局组
Net Localgroup	显示或管理本地组
Net Pause	挂起一项服务
Net Print	显示或管理打印作业和共享队列
Net Session	列出或断开连接会话
Net Share	显示或管理共享的打印机和目录
Net Start	列出或启动网络服务
Net Statistics	显示工作站和服务器服务的统计信息
Net Stop	停止服务

续表

命　令	描　述
Net Time	显示或同步网络时间
Net Use	显示或管理远程连接
Net User	显示或管理本地用户账户
Net View	显示网络资源或计算机
Netsh	调用独立的命令提示符，以便管理本地和远程计算机上的各种网络服务的配置
Netstat	显示网络连接的状态
Path	显示或在当前命令窗口中设置可执行文件的搜索路径
Pathping	跟踪路由并提供数据包丢失信息
Pause	挂起脚本的处理并等待键盘输入
Ping	确定是否可以建立网络连接
Popd	更改到 Pushd 存储的目录
Print	打印文本文件
Prompt	更改 Windows 命令提示符
Pushd	保存在当前目录然后更改为新的目录
Rd/Rmdir	删除目录
Recover	从错误的或有缺陷的磁盘恢复可读信息
Reg Add	添加新子项或项到注册表
Reg Compare	比较注册表子项或项
Reg Copy	将注册表项复制到指定的本地或远程系统关键路径上
Reg Delete	从注册表中删除子项或项
Reg Query	列出键和子项的名称项（如果有的话）
Reg Restore	将保存的键和子项写回注册表
Reg Save	将指定的子项、项和值的副本保存到文件
Regsvr32	注册和注销 DLL
Rem	将注释添加到脚本中
Ren	重命名文件
Replace	替换文件
Route	管理网络路由表
Set	显示或修改 Windows 环境变量，此外在命令行中用来计算数值表达式
Setlocal	开始在批处理文件中环境更改的本地化
Sfc	扫描和验证受保护的操作系统文件
Shift	改变在脚本中可替换参数的位置
Start	启动新的命令 Shell 窗口来运行指定的程序或命令
Subst	将路径映射为驱动器号

续表

命　令	描　述
Time	显示或设置系统时间
Title	设置命令 Shell 窗口的标题
Tracert	显示计算机之前的网络路径
Tree	以图形方式显示驱动器或路径的目录结构
Ver	显示 Windows 版本号
Verify	告诉 Windows 是否验证被正确写入到磁盘文件
Vol	显示磁盘卷标和序列号
Xcopy	复制文件和目录

2.2.3　安装过程中强制删除磁盘分区

1. 删除硬盘上无法识别的分区

在安装过程中，我们可能无法选择要用的硬盘。如果硬盘分区包含无效的字节偏移量值，那么就有可能会生这种情况。要解决这个问题，需要删除硬盘上的分区（这会破坏原有数据），然后在安装程序中使用高级选项重新创建必要的分区。在用户想将 Windows 安装在何处界面中，用户可以按以下步骤删除无法识别的分区。

（1）按下 Shift+F10 组合键，启动命令行窗口，运行“Diskpart”，启动 Diskpart 工具。

（2）要查看计算机上的硬盘列表，可以使用“lisk disk”命令，然后运行机制“select disk DiskNumber”选择目标硬盘，其中 DiskNumber 是该硬盘的编号。

（3）要永久删除所选硬盘上的所有分区，运行“clean”命令，当清理过程完成后，运行“create partition primary size=N”即可新建分区，其中 N 是要分配给该分区的空间大小。

（4）在分区创建完成后，在安装 Windows 窗口上点击“后退”按钮，返回上一个界面。

（5）在用户想要进行何种类型的安装界面中，点击“自定义（高级）”以进行自定义安装。

（6）在用户想将 Windows 安装在何处界面中，选中之前创建的分区，这个分区会被作为系统的安装分区，然后即可继续进行后续的安装工作。

2. 安装过程中加载硬盘设置驱动

在用户想将 Windows 安装在何处界面中，可以点击“加载驱动程序”链接加载硬盘设置的驱动程序。一般来说，如果要用于安装操作系统的硬盘因为没有可用的驱动而没有显示出来，那么就可以使用该链接。

要加载设置驱动程序，并使用硬盘可用于安装，请按照下列步骤操作：

（1）安装过程中，在用户想将 Windows 安装在何处界面中，点击“加载驱动程序”链接。

（2）当将保存了驱动的介质插入到软驱、光驱或 USB 接口内，然后点击“确定”。随后安装程序会自动搜索可移动存储介质中的驱动。

- 如果安装程序找到多个设备驱动，请选择要使用的驱动，并点击“下一步”按钮。
- 如果安装程序找不到该设备的驱动，请点击“浏览”按钮，并使用浏览文件夹对话框查找要加载的驱动，将其选中，点击“确定”按钮，然后点击“下一步”按钮。

随后可以使用“重新扫描”链接使安装程序重新扫描计算机可移动存储设备中的驱动。如果还是无法成功安装设备驱动，请点击“安装 Windows”对话框左上角的“后退”按钮，返回上一页。

2.2.4 安装后的问题

在完成服务器的安装登录后，可能还需要进行长时间的配置。但是在进行配置之前，还应该执行以下安装后的操作：

- 检查设备　使用设备管理器查看是否有未检测到的设备或错误配置的硬件组件。如果发现问题，则可能需要下载并安装最新的驱动程序，这时可以在其他系统上下载，然后复制到新的服务器上。如果在安装系统前拆除了某些硬件，则需要重新安装这些硬件，并再次检查是否导致了冲突或其他错误。在所有硬件都正常工作之前，可能一直都需要使用设备管理器进行这些工作。
- 检查 TCP/IP 配置　确保 TCP/IP 配置正确，而且网络所需的其他额外设置都已经正确应用。另外，还需要测试 TCP/IP 网络，为此可以在命令行下使用“Ping”或“Tracert”命令，并且在 Windows 操作系统中浏览网络。
- 检查事件日志　使用事件查看器查看 Windows 事件日志，所有与启动或错误有关的问题都会被记录到日志中。
- 检查磁盘分区　使用计算机管理控制台查看磁盘分区的设置情况。可能还需要为服务器创建应用程序分区或配置软件 RAID。
- 优化系统配置　例如，更改显示设置，更改虚拟内存页面文件的使用，或更改服务器的服务配置。另外，可能还需要通过标准的 IT 流程在服务器上创建本地组和用户账户。
- 正确重启动　配置好服务器并进行优化后，要最后进行一次重新启动，以确保：①服务器可以启动；②所有服务都可以启动；③没有其他错误。即使进行的设置不需要重新启动，也建议进行一次重新启动，这样更容易发现问题。
- 准备备份和恢复　完成上述操作后，请创建服务器的完整备份。

这些安装后的操作不仅重要，而且可以确保服务器可以按照预期正常运行。在完成上述操作后，服务器就可以投入使用了。

2.3 升级到 Windows Server 2008

如果服务器上已经安装有较低版本的服务器操作系统，并且用户想保留运行于该服务器上已存在的服务和应用程序，那么用户就可以选择以升级安装的方式安装 Windows Server 2008。在 2.1 节中已经介绍过了在进行升级安装之前要做的准备工作：

- 备份原有服务器数据，以避免因升级失败造成的数据损失。
- 验证系统兼容性，包括硬件、应用程序的兼容性。
- 确保驱动程序是数字签名的，如果在升级过程中检测到未签名的驱动程序会显示一条错误信息，此外，当升级并最后重启操作系统时不会加载未签名的驱动程序。
- 额外任务，包括断开 UPS 设备，因为当在计算机的串口上检测到这些设备时会给安装带来负面影响；禁用防病毒软件，因为它会影响安装过程；从厂商获得海量存储设备的驱动

程序。

已备份了数据，验证过与新操作系统的兼容性并且阅读了发布注解后开始进行升级操作，步骤如下：

（1）登录到服务器，插入 Windows Server 2008 安装介质（多数情况下是 DVD）。随后安装程序会自动运行。如果安装程序没有自动运行，使用 Windows 资源管理器打开安装介质，手动运行 Setup.exe。

（2）点击“现在安装”按钮，开始升级过程。

（3）在获取安装的重要更新页面中，如果选中“我希望帮助改进 Windows 安装”复选框，将会参与 Windows Installation Customer Experience Improvement Program，允许微软收集有关硬件配置、安装设置和发现的错误等信息。这些信息有助于微软确定是否需要更新以及发现需改进的领域。

（4）在该页面中，用户可根据需要选择“联机以获取最新安装更新（推荐）”项或“不获取最新安装更新”，如图 2-6 所示。如果服务器已连接到 Internet，最好的做法是选择第一个选项。获取最新的安装更新可以确保当使用最新的硬件驱动程序和 Windows 代码时可以成功进行。

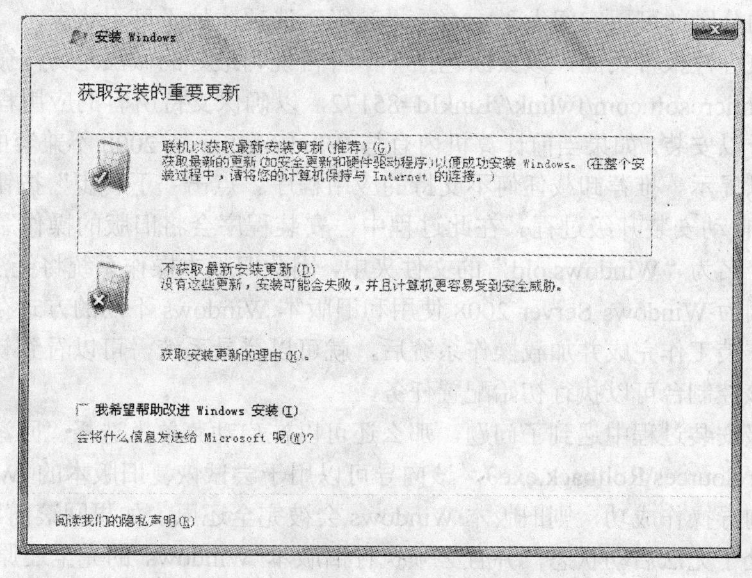

图 2-6　是否获得最新安装更新

（5）在输入产品密钥进行激活页面中，输入 Windows Server 2008 的产品密钥，然后点击“下一步”按钮。

（6）在选择要安装的操作系统页面中，选择想要升级的操作系统版本，如 Window Server 2008 Enterprise（完成安装）。点击“下一步”按钮，继续操作，如图 2-7 所示。需要注意的是，不能将 Windows Server 2003 系统升级到 Windows Server 2008 的服务器核心版本。如果选择服务器核心，则会禁用随后页面上的升级选项，并且安装向导会假定执行一个全新的 Windows Server Core 安装。

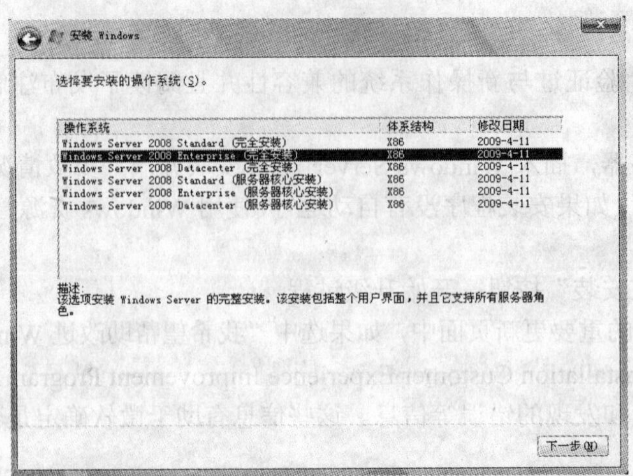

图 2-7　选择要安装的操作系统类型

（7）阅读软件许可授权，并选择“我接受许可条款”复选框，点击“下一步”按钮。

（8）在用户想进行何种类型的安装界面中，选择“升级”选项。升级系统会保留现有的文件、设置和应用程序。只有在支持升级到 Windows Server 2008 的服务器操作系统中且原有操作系统所在的分区的可用空间大于 10G，“升级”选项才处于可用状态。

（9）进入兼容性报告页面，该页面包括一个警告说明最好的做法是访问微软的一个网站链接：http://go.microsoft.com/fwlink/?LinkId=85172，以确保支持所有的应用程序，并在安装过程中仍继续予以安装。如果当前计算机内有与 Windows Server 2008 不兼容的应用程序，在该页面中会予以提示。推荐卸载任何不支持的应用程序。点击“下一步”按钮继续。

（10）开始自动安装升级过程。在此过程中，安装程序会将旧版的操作系统的文件和文件夹移动到一个名为“Windows.old”的文件夹中，因此旧版本操作系统将无法再运行。进行设置和迁移是因为 Windows Server 2008 使用和旧版本 Windows 不同的方式存储用户和应用程序的信息。安装工作完成并加载操作系统后，就可以登录系统，可以看到初始的配置任务控制台，通过该控制台可以执行初始配置任务。

如果在升级安装过程中遇到了问题，那么还可以在启动菜单上选择“回滚”选项，以启动回滚向导（x:\Sources\Rollback.exe）。该向导可以用于尝试恢复旧版本的 Windows 操作系统。如果回滚向导操作成功，则旧版本 Windows 会被完全还原；如果回滚向导操作不成功，那么服务器将处于无法启动状态，并且必须执行旧版本 Windows 的完全还原或者 Windows Server 2008 的全新安装。

2.4　Server Core 安装及初始配置

Windows Server 2008 Server Core 是一个可选的安装选项，这是 Windows Server 2008 的一个最富创新和令人期待的特性。Windows Server 2008 Server Core 安装提供了用于运行特定服务器角色的最小环境，包括但不局限于如下组件：域控制器、Web 服务器、DHCP 服务器、DNS 服务器、文件服务器等。在这种情况下，只利用了 Windows Server 2008 二进制代码的一个子集。Server Core 安装如此简练以至于没有包括很多传统的组件，如桌面 Shell、图形用户界面、Window Explorer、Microsoft Internet Explorer 和 MMC 等。因此，必须通过命令提示

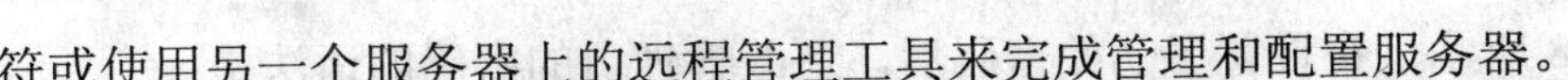

符或使用另一个服务器上的远程管理工具来完成管理和配置服务器。

通过去掉常用的组件并仅支持特定的角色来维护最小的安装程序，Server Core 安装降低了维护和管理的成本、减少了攻击表面和支持完装所需要的磁盘空间。

另一个重要的特性是能够通过 MMC 远程管理 Server Core 安装，这一特性尤其适用于熟悉脚本命令且非常依赖用户图形用户界面工具管理服务器的管理人员。

2.4.1 安装 Server Core

当安装 Windows Server 2008 Server Core 时，实际的安装过程非常类似于本章前面部分介绍过的服务器的全新安装。简单概括此安装过程如下，管理员同意授权条款，提供配置响应信息，然后 Windows Server 2008 安装向导复制文件并配置服务器。但是与传统的 Windows 操作系统安装不同的是，当安装完成并登录到系统时，没有配置服务器的图形用户界面，只能通过命令行提示符来配置和管理服务器。

当安装过程中检测设备时 Server Core 安装将会重启计算机或虚拟服务器几次，最终会给用户一个登录屏幕。

Windows Server 2008 Server Core 的安装步骤如下：

（1）插入 Windows Server 2008 安装介质，系统将会自动启动 Windows 安装界面，否则手动运行安装介质中的 Setup.exe。

（2）指定要安装的语言、时间和货币格式以及键盘和输入法，然后点击“下一步”按钮。

（3）点击“现在安装”按钮，开始安装过程。

（4）在输入产品密钥进行激活页面中，输入 Windows Server 2008 的产品密钥。单击“下一步”按钮。

（5）在选择要安装的操作系统页面中，选择相对应操作系统类型的服务器核心版，例如 Windows Server 2008 Enterprise（服务器核心版）。然后单击“下一步”按钮。

（6）阅读软件许可授权，并选择“我接受许可条款”复选框，单击“下一步”按钮。

（7）用户想进行何种类型的安装中，选择“自定义（高级）”选项。由于不能将传统的 Windows 操作系统升级为 Server Core，安装程序会自动禁用“升级”选项。

（8）在用户想将 Windows 安装在何处页面中，选择计划安装 Windows Server 2008 的分区。

（9）单击“下一步”按钮后，安装程序开始自动安装 Windows Server 2008 Server Core。

2.4.2 Server Core 初始配置

安装程序完成安装后，服务器会自动重启并进入等待登录界面。此时，操作系统中不存在任何本地用户账户。按下 Ctrl+Alt+Delete 组合键，进入登录界面。在该界面中单击“其他用户”，在用户名文本框内分别输入作为管理员的用户名称，密码保留为空白，完成输入后按回车键。管理员账户在首次登录时系统会提示修改密码，完成密码修改后，点击“确定”按钮即可。

因为 Server Core 的安装并不包括 Windows 的图形用户界面，用户只能通过使用命令行工具来完成全部的配置工作。

1. 设置管理员密码

管理员密码也可以使用命令行的模式进行修改，用户在登录进入 Windows Server 2008

Server Core 后，如图 2-8 所示。在设置了初始密码后，更改管理员的密码的语法是：

Net user administrator *

在执行了此命令后，在窗口中会提示用户输入密码。输入密码后回车，它会再次提示输入确认密码，再次回车后密码设置完成。

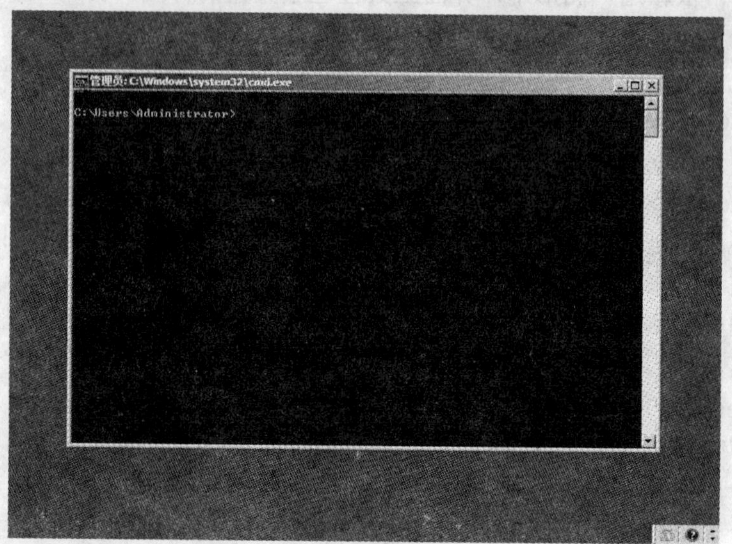

图 2-8　Server Core 的命令行窗口

2. 更改服务器的名称

在 Server Core 安装完成后，另一个需要配置的是服务器的名称。默认情况下，Windows Server 2008 会自动生成并分配一个以 LH 开头后面跟有一串字符的服务器名称。更改服务器名称的语法如下：

Netdom renamecomputer %computername% /newname:<newComputername>

%computername%代表服务当前使用的名称。当执行此语法时，使用新的服务器名称代替<newComputername>参数。例如要将服务器的名称更改为“ServerCore01”，其命令行如下：

Netdom renamecomputer %computername% /newname: ServerCore01

3. 分配静态的 IPv4IP 地址和 DNS 设置

在使用服务器之间，通常要先配置好服务器的 IP 地址和所用的首选和备用 DNS 服务器。在执行此操作之前，必须运行如下命令来获得并标识安装在服务器上的网络接口的名称，包括捕获与每个网络接口相关联的唯一 ID。为了显示网络接口列表，包括它们各自的唯一 ID，需运行如下命令：

Netsh interface ipv4 show interfaces

下一步是记录必须更改的网络接口名称及唯一 ID。ID 位于最左边的列，称作 Idx。此信息显示在 Netsh interface ipv4 show interfaces 命令输出中。如果打算更改多个接口上的 IP 地址设置，应记录所有接口名称和对应的唯一 Idx。

在获得了接口名称和 ID 后，可以使用如下命令来更改接口对应的 IP 地址：

Netsh interface ipv4 set address name=“<ID>”source=static address=<Static>

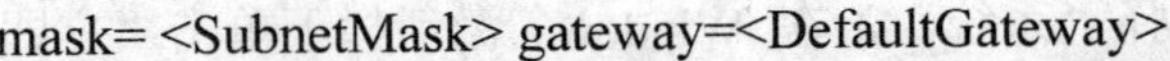

mask= <SubnetMask> gateway=<DefaultGateway>

使用网络接口名称或 ID 替换<ID>参数。在随后的参数<Static>、<SubnetMask>、<DefaultGateway>处分别输入静态 IP 地址、子网掩码和默认网关。例如：

Netsh interface ipv4 set address name=“1” source=static address=192.168.10.11

mask=255.255.255.0 gateway=192.168.10.1

配置网络接口的最后一步是为接口设置首选和备用 DNS 服务器的 IP 地址。通过如下的命令完成操作：

Netsh interface ipv4 add dnsserver name=“<ID>” address=<DNSIP> index=1

当输入多个 DNS 条目时，重复使用相同命令。但每次递增条目索引值。当完成操作后，运行 Ipconfig/all 来检验 IP 地址及 DNS 服务器是否设置成功。

2.5 激活 Windows Server 2008

产品激活是向制造商验证软件的过程。以前，只有从零售店和原始设备制造商（OEM）处购买的微软软件才需要进行 Windows 产品激活。通过微软批量授权计划购买的软件许可证不需要激活。但是，批量许可证产品密钥的这种性质和使用使得对其使用的控制变得困难。因此，Windows XP 和 Windows Server 2003 批量许可版本的产品密钥成了盗版软件的主要源头。事实上，超过 80%的盗版 Windows XP 均源自颁发给批量客户的产品密钥的泄漏。

许多获得盗版微软软件副本的消费者，成为这一犯罪活动的不知情受害者，他们往往不知道使用的是从合法批量客户处盗取的产品密钥。尽管盗版软件对软件制造商和供应商的财务影响非常严重，但对这些组织的影响并不限于收入损失方面。盗版软件正逐渐成为传播病毒和恶意软件的载体，这些病毒和恶意软件会盯上未设防用户，使他们有可能面临个人或业务数据被破坏或丢失以及身份遭盗用的风险。

为了应对此威胁，微软激活策略要求客户激活所有版本的 Windows Vista 和 Windows Server 2008 操作系统（包括那些通过批量授权计划获得的操作系统）。此要求适用于运行在物理计算机和虚拟机上的Windows。通过零售店或OEM获得Windows Vista和Windows Server 2008 产品的客户则可以使用 Internet 激活或电话激活；对于需要进行批量激活的用户，微软提供了 Volume Activation 2.0 进行自动化的批量激活。

2.5.1 通过 Internet 激活

在通过 Internet 激活 Windows 之前，首先应该确保网页浏览器中增强的安装配置设置允许 Administrators 组的成员使用 Internet 内容。默认设置即可，但可以通过以下步骤检查：

（1）在服务器管理器中选择“服务器管理器节点”，在主窗口中向下拖动滚动条，找到安全信息部分。

（2）在安全信息部分点击“配置 IE IES”链接。

（3）在“Internet Explorer 增强的安全配置”对话框中，确保“管理员”为“启用”状态，然后点击“确定”按钮。另外还可以将“用户”设置为“启用”状态。

随后即可通过 Internet 激活 Windows，而不会受到安全配置的限制。激活请按照以下步骤操作：

（1）打开“开始”菜单，选择“控件面板”项。

（2）单击“系统和维护”图标，选择“系统”，在 Windows 激活栏下单击“立即激活 Windows”链接。

（3）在 Windows 激活对话框中单击“现在联机激活 Windows”。随后计算机将检查 Internet 连接，并尝试激活操作系统。如果激活失败，则需要解决影响计算机连接到 Internet 的问题，然后再次尝试激活。

2.5.2 通过电话激活

如果使用电话激活选项，可以通过以下步骤直接激活 Windows：

（1）打开“开始”菜单，选择“控件面板”项。

（2）点击“系统和维护”图标，选择“系统”，在 Windows 激活栏下单击“立即激活 Windows”链接。

（3）在 Windows 激活对话框中单击“显示其他激活方法”，然后单击“使用自动电话系统”。

（4）选择国家或地区，然后点击“下一步”按钮，以获取当地的激活电话号码。另外还可以在这里看到安装 ID，这是一个很长的字符串，需要在自动客户服务电话系统中输入。

（5）在拨打电话并提供安装 ID 后，可以得到一个激活码，我们必须在激活 Windows 页面输入这一长串激活码。

（6）点击“下一步”按钮，并按提示信息完成激活。

2.5.3 批量激活工具 Volume Activation 2.0 介绍

Volume Activation（VA）2.0 是一个新的工具集，可帮助客户将运行批量版本 Windows Vista 和 Windows Server 2008 的计算机上的激活过程自动化。仅当软件通过微软批量授权计划授予许可时，批量激活才是可用的激活选项。

VA 2.0 是为激活批量许可协议下的基于 Windows Vista 的系统而首次引入的，现在已扩展到 Windows Server 2008。VA 2.0 是一种灵活的解决方案，它能够让批量授权客户更加安全和方便地激活运行 Windows Vista 的计算机。将来，VA 技术将被用于微软所有的产品。

VA 2.0 可帮助用户自动执行和管理根据批量许可协议许可的、基于 Windows Server 2008 的系统的产品激活过程。同时，它解决了为 Windows Server 2003 发布的与批量许可证密钥（VLK）关联的盗版和产品密钥管理问题。VA 2.0 有助于在托管和非托管环境中管理和保护批量许可证密钥。它在优化部署基础结构方面也非常有用，可以使用无需最终用户操作或干预的灵活部署选项。此外，VA 2.0 通过新的和增强的激活管理工具还有助于更好地保护和管理客户特定的产品密钥。

VA 2.0 是激活批量许可协议下的基于 Windows Server 2008 系统的新方法，替换了为 Windows Server 2003 发布的 VLK。VA 2.0 提供了用于激活基于 Windows Server 2008 的计算机的两种模式。一种模式是通过使用多次激活密钥（MAK）直接向微软激活。另一种模式是通过使用密钥管理服务（KMS）让用户在自己的环境中运行本地激活服务。

安装时不再需要产品密钥；相反在安装过程中将使用一个内置的安装程序密钥。在最初的宽限期内必须激活所有版本的 Windows Server 2008。在某些情况下（例如，在实验室环境中），用户在必须重新激活或重建系统之前，可以选择使用 Rearm 进程将最初宽限期延长 3 次。

MAK 和 KMS 密钥应用于批量版本产品密钥组，而不特定于某个 Windows Server 2008 版本。MAK（表 2-5）和 KMS（表 2-6）密钥根据以下三个 Windows Server 2008 产品组激活 Windows Server 2008 安装：

表 2-5　　　　MAK 产品密钥组

产品密钥组	MAK	由此 MAK 激活的 Windows 产品版本
服务器组 A	MAK_A	Windows Web Server 2008
服务器组 B	MAK_B	Windows Server 2008 Standard Windows Server 2008 Standard（无 Hyper-V） Windows Server 2008 Enterprise Windows Server 2008 Enterprise（无 Hyper-V）
服务器组 C	MAK_C	Windows Server 2008 Datacenter Windows Server 2008 Datacenter（无 Hyper-V） 基于 Itanium 系统的 Windows Server 2008

表 2-6　　　　KMS 产品密钥组

产品密钥组	KMS	KMS 可装载于 （KMS 密钥激活 KMS 主机）	由此 KMS 主机激活的 Windows 产品版本
服务器组 A	KMS_A	Windows Web Server 2008 KMS for Windows Server 2003 v1.1	Windows Web Server 2008 Vista VL
服务器组 B	KMS_B	Windows Web Server 2008 Windows Server 2008 Standard Windows Server 2008 Standard（无 Hyper-V） Windows Server 2008 Enterprise Windows Server 2008 Enterprise（无 Hyper-V） KMS for Windows Server 2003 v1.1	Windows Server 2008 Standard Windows Server 2008 Enterprise 服务器组 A Vista VL
服务器组 C	KMS_C	Windows Web Server 2008 Windows Server 2008 Standard Windows Server 2008 Enterprise Windows Server 2008 Datacenter Windows Server 2008 Datacenter（无 Hyper-V） 基于 Itanium 系统的 Windows Server 2008 KMS for Windows Server 2003 v1.1	Windows Server 2008 Datacenter 基于 Itanium 系统的 Windows Server 2008 服务器组 B 服务器组 A Vista VL

共有三个用于跟踪 Windows Server 2008 激活的通用许可证状态：已许可、宽限和通知。

当计算机处于“已许可”状态时，表明该计算机已正确激活。“宽限”状态是一个“宽限期”，是允许执行任何必要的操作使计算机返回到“已许可”状态而提供的时间长度。如果在宽限期到期之前没有激活基于 Windows Server 2008 的计算机，该计算机将进入“通知”状态，并成为未许可计算机并显示醒目的通知而容易被注意到。在此状态下，用户可以访问桌面，并在操作系统被激活之前每小时显示一次通知。

KMS 和 MAK 支持在用户的环境中实施 VA 2.0 的各种部署选项。用户选择用于激活 Windows Server 2008 系统的方法取决于多种因素，包括目标环境基础结构注意事项、用户连接性注意事项和组织策略注意事项。根据这些注意事项，某些部署选项可能需要进行一些基础结构更改。用户可以在用于 Windows Vista 和 Windows Server 2008 的 Volume Activation 2.0 文档中找到有关规划和部署的说明性指南、典型方案的示例以及技术和操作指南（http://go.microsoft.com/fwlink/?LinkId=107415）。

2.6 Windows Server 2008 发行说明

2.6.1 Windows Server 2008 发行说明

Windows Server 2008 发行说明为用户提供了有关 Windows Server 2008 操作系统的最新问题的解释，并提供了相关信息。Windows Server 2008 发行说明适用于 Windows Server 2008 的所有版本。

1. Active Directory 域服务

如果将 Active Directory（R）数据库和日志文件放置在某个磁盘（不包含%systemroot%的磁盘，即没有安装操作系统的磁盘）的根目录中，则会导致“停止”错误。如果将这些文件放置在不可作为启动设备使用的某个 Internet SCSI（iSCSI）驱动器上，也会出现“停止”错误。为了避免出现这个问题，需确保 Active Directory 数据库和日志文件所在的存储区域不是本地不可删除驱动器上的根卷。某些 iSCSI 设备即使在不是本地驱动器的情况下也会错误地报告它们是本地驱动器。如果发生这种情况，应与驱动器供应商联系以确定是否可以将该硬件配置为启动设备。如果该硬件不能配置为启动设备，执行以下步骤：

（1）重新启动计算机，然后在计算机启动时按 F8 进入目录服务还原模式。

（2）将 Active Directory 数据库和日志文件移动到至少是本地驱动器根目录的下一级子目录。

（3）使用 Regedit.exe 查找此注册表项：

HKLM\System\CurrentControlSet\Services\NTDS\ Parameters

（4）将 DSA 数据库文件的值更改为第 2 步中的新路径，例如，x:\ntds。

（5）将 DSA 工作目录的值更改为第 2 步中的新路径，例如，x:\ntds\logs。

如果用户的 Active Directory 数据库和日志文件放置在以下任何一个目录中，需在安装此版本的 Windows Server 2008 之前，确保存储区域的可用空间至少为数据库和日志文件所使用空间的两倍：

- %SystemRoot%
- %ProgramFiles%
- %SystemDrive%\Program Files

- %ProgramFiles（x86）%
- %SystemDrive%\build
- %SystemDrive%\InstalledRepository
- %ProfilesFolder%
- %ProgramData%
- %SystemDrive%\Documents and Settings

如果用户的 Active Directory 数据库和日志文件没有位于上面所列的任何一个目录中，需先完成以下的准备升级步骤，然后再安装此版本的 Windows Server 2008。

（1）将 Windows Server 2008 安装映像的全部内容复制到共享网络资源。

（2）查找文件 Offline.xml（位于安装映像的 Sources 目录中），然后用文本编辑器打开该文件。

（3）删除文件中的以下行：

第 434 行：<pattern type="File">%DSA_WORKING_DIR%* [*]</pattern>

第 435 行：<pattern type="File">%DATABASE_LOG_FILES_PATH%* [*]</pattern>

（4）保存并关闭 Offline.xml 文件。

（5）从共享网络资源启动 Windows Server 2008 安装程序。

2. Hyper-V 角色

Windows Server 2008 中提供了 Hyper-V。若要安装此功能，计算机必须满足特定的硬件和软件要求。有关配置、使用注意事项以及已知问题的详细信息，请参阅本书相关章节。

3. 网络

Windows Server 2008 不再包含适用于 Intel 10/100 家族设备的驱动程序。用户可以从制造商、Intel 公司获取相应的驱动程序。

4. 流媒体服务

在运行 Windows Vista Ultimate、Windows Vista Enterprise 或 Windows Vista Business 的计算机上安装适用于 Windows（R）媒体服务的远程服务器管理工具后，Windows Vista 中的 Windows 媒体服务管理单元可能无法访问运行 Windows Server 2008 中的流媒体服务角色的远程服务器。用户可能会收到代码 0x80070005 或 0x800706BA 的错误信息，或同时收到这两个错误信息。

为了解决此问题，需为远程服务器管理工具创建访问权限，并为服务器上 Windows 防火墙中的 Windows Management Instrumentation（WMI）启用一次例外。

为远程服务器管理工具创建访问权限的操作步骤如下：

（1）在服务器上，打开“组件服务”。（单击“开始”，单击“运行”，然后键入 dcomcnfg。）

（2）在“组件服务”控制台树中的“组件服务”下，右键单击本地计算机（“我的电脑”），然后单击“属性”。

（3）在“COM 安全”选项卡中的“访问权限”区域中，单击“编辑限制”。

（4）在“访问权限”对话框中的“安全”选项卡上，单击 ANONYMOUS LOGON。

（5）在“ANONYMOUS LOGON 的权限”区域中，确保选中“允许远程访问”复选框。

启用服务器上 Windows 防火墙的例外的操作步骤如下：

（1）在服务器上，打开 Windows 防火墙。（单击“开始”，单击“运行”，然后键入 firewall.cpl。）

（2）在“Windows 防火墙设置”中的“例外”选项卡上，选中 Windows Management Instrumentation（WMI）复选框。

5. Windows 防火墙

虽然 Windows Server 2008 的默认行为是打开 Windows 防火墙，但如果在关闭了 Windows 防火墙且运行 Windows Server 2003 的计算机上安装 Windows Server 2008，除非用户手动使用 Windows 防火墙控制面板打开防火墙，否则 Windows 防火墙在安装之后将保持关闭状态。

6. UDDI 服务

以下问题只影响 Windows Server 2008 Datacenter、Windows Server 2008 Enterprise 和 Windows Server 2008 Standard 等版本的操作系统。

- 装有通用描述、发现和集成（UDDI）服务的计算机不支持从 RC 版本的 Windows Server 2008 升级到此版本。若要避免此问题，请执行 Windows Server 2008 的全新安装。
- 如果在具有 Internet 信息服务（IIS），但未安装 UDDI 服务的运行 Windows Server 2003 的计算机上安装 Windows Server 2008，后续安装 UDDI 服务将会成功，但 UDDI 服务不会正常工作。

若要避免此问题，请安装完 Windows Server 2008 后重新安装 IIS 7.0，然后再尝试安装 UDDI 服务。

2.6.2 Windows Server 2008 Service Pack2（SP2）发行说明

Windows Server 2008 Service Pack 2（SP2）发行说明介绍了与 Windows Server 2008 Service Pack 2（SP2）有关的最新问题和信息。这些说明适用于所有的 Windows Server 2008（SP2）版本。

1. 安装

如果将用户的系统设置为从不支持 iSCSI 启动固件表（IBFT）驱动程序的网络适配器启动，在用户启动 Windows Server 2008 Service Pack 2 的全新安装后系统可能出现无法启动或反复重新启动的现象。上述问题会影响 Windows Server 2008 Standard、Windows Server 2008 Enterprise、Windows Server 2008 Datacenter 和面向基于安腾系统的 Windows Server 2008 等版本的操作系统。此问题只在执行 Windows Server 2008 的全新安装时出现。它不影响升级安装，如从 Windows Server 2008 升级到 Windows Server 2008 Service Pack 2。

要避免出现此问题，需确保在执行 Service Pack 的全新安装前安装了在微软的修补程序 KB952942，使该程序位于 Windows Server 2008 的脱机映像文件中。

2. Citrix XenApp

如果用户正在使用 Citrix XenApp 发布应用程序且未安装或配置 Terminal Services Licensing（TS Licensing），则在用户安装此 Service Pack 后 Citrix 客户端将无法连接到服务器。

要避免出现此问题，请在安装此 Service Pack 前安装并配置 TS Licensing。如果用户已经遇到此问题，请安装并配置 TS Licensing，或卸载此 Service Pack。

2.7 启动配置数据编辑器常见问题解答

2.7.1 启动配置数据

1. 什么是BCD存储?

启动配置数据(BCD)存储包含启动配置参数，并在Microsoft(R)Windows Vista和Microsoft(R) Windows Server 2008操作系统中控制操作系统的启动方式。这些参数以前位于Boot.ini文件中（在基于BIOS的操作系统中）或稳定RAM（NVRAM）项中（在基于可扩展固件接口的操作系统中）。通过在BCD存储中添加、删除、编辑和附加项，可以使用Bcdedit.exe命令行工具来影响在预操作系统环境中运行的Windows（R）代码。Bcdedit.exe位于Windows Server 2008分区的\Windows\System32目录中。

2. 为什么要由Boot.ini更改为BCD?

创建BCD旨在为描述启动配置数据提供一种改进的机制。随着新固件模型[例如，可扩展固件接口(EFI)]的发展，用户需要一个可扩展且可互操作的接口以提取底层固件。这一全新的设计为Windows Server 2008中的多种新功能(例如，启动修复工具和多用户安装快捷方式)提供了支持。

3. 在注册表中，BCD文件位于何处?

- 基于BIOS的操作系统。BCD注册表文件位于活动分区的\Boot\Bcd目录中。
- 基于EFI的操作系统。BCD注册表文件位于EFI系统分区上。

4. 是否任何用户都可以修改BCD?

不可以。用户需要具有管理凭据才能修改BCD。

5. 可以通过哪些方式来修改BCD?

根据要更改的内容，可以使用以下工具来修改BCD:

- 启动和恢复。如果用户的计算机上安装了多个操作系统，则可以通过“启动和恢复”对话框来选择要启动的默认操作系统。此外，还可以更改超时值。这些设置位于“系统属性”对话框中的“高级”选项卡上。
- 系统配置实用程序（Msconfig.exe）。Msconfig.exe是一个更为高级的工具，它所提供的功能中包含以下选项：/debug、/safeboot、/bootlog、/noguiboot、/basevideo和/numproc。
- BCD WMI提供程序。BCD Windows Management Instrumentation（WMI）提供程序是一个管理接口，可以使用该接口来编写用于修改BCD的实用程序脚本。这是可用于BCD的唯一编程接口。有关详细信息，请参阅Microsoft网站（http://go.microsoft.com/fwlink/?LinkId=56792）(可能为英文网页）上的启动配置数据（BCD）。
- BCDEdit.exe。BCDEdit.exe是Windows Server 2008中的命令行实用程序，它取代了Bootcfg.exe。

6. 为什么在EFI启动管理器中没有看到任何Windows项? 此外，为什么会有两个启动管理器?

所有Windows项都存储在BCD存储中。在基于EFI的操作系统上，EFI固件启动管理器中有一个称为“Windows 启动管理器”的项。此文件位于\EFI\Microsoft\Boot\Bootmgfw.efi中。如果使用EFI启动管理器来启动Windows启动管理器，则应获得基于EFI和基于PC/AT的两种操作系统上的一般感观体验。例如，高级启动选项菜单应该发挥作用。EFI启动管理

计算机科学与技术专业规划教材

器的默认超时为 2 秒，从而便于在带有 Service Pack 1 的 Windows Server 2003 和 Windows Server 2008 之间来回启动。

2.7.2 多重启动环境

Windows Server 2008 操作系统支持多重启动环境，用户可以在已包含一个操作系统的计算机上安装 Windows Server 2008。用户可以在另一个分区上安装 Windows Server 2008。最好在安装旧版操作系统之后安装 Windows Server 2008。旧版操作系统将继续使用 Boot.ini 进行启动配置。

用户不必替换之前与 Boot.ini 配合使用的代码以便在 Windows Server 2008 上使用 BCD。但用户可能需要更改代码，以使其将 Boot.ini 用于旧版操作系统，而将 BCD 用于 Windows Server 2008。

在多重启动环境中，在 Windows Server 2008 的预操作系统上修改 BCD 不会更改其他操作系统的启动配置。用户可通过修改 BCD 来更改 Windows Server 2008 的启动配置。用户还可通过修改 Boot.ini（对于基于 BIOS 的操作系统）或 NVRAM（对于基于 EFI 的操作系统）来更改旧版操作系统的启动配置。

不想启动到 Windows Server 2008 时，用户不可以完全禁用 BCD。因为 Windows Server 2008 的启动管理器会首先运行，以确定要启动的操作系统。因此，如果要启动到旧版操作系统，则必须在 BCD 存储中将默认顺序设置为旧版操作系统。

2.7.3 BCDedit.exe

1. 什么是 Bcdedit.exe?

通过在 BCD 存储中添加、删除、编辑和附加项，可以使用 Bcdedit.exe 来修改在预操作系统环境中运行的 Windows 代码。Bcdedit.exe 位于 Windows Server 2008 分区的 \Windows\System32 目录中。

2. Bcdedit.exe 有哪些功能?

目前，通过 Bcdedit.exe 可以执行下列操作：

- 创建 BCD 存储，以供在之后安装的 Windows Server 2008 中使用。
- 在现有的 BCD 存储中添加项。
- 修改 BCD 存储中的现有项。
- 从 BCD 存储中删除项。
- 将项导入到 BCD 存储中。
- 从 BCD 存储中导出项。
- 列出当前的活动设置。
- 查询特定类型的项。
- 应用全局更改（对于所有项）。
- 更改默认超时值。

3. 当运行 bcdedit/enum 时，为什么会获得一个 Windows 启动管理器项、几个 Windows 启动加载器项和一个旧项?

启动环境分为两类：Windows 启动管理器和在启动环境中运行的各种启动应用程序。Windows 启动管理器其实是一个微型操作系统，用于控制用户的启动体验并使用户能够选择要运行的启动应用程序。启动应用程序有多种（例如，Windows 启动加载器），它们执行的操作各不相同。例如，Windows 启动加载器应用程序用于加载 Windows。

指定/enum 时，用户将获得以下内容：

- 一个 Windows 启动管理器项（因为只有一个启动管理器）。
- 与计算机上安装的每个 Windows Server 2008 操作系统对应的 Windows 启动加载器应用程序。例如，如果在不同的分区上安装了两个不同版本的 Windows Server 2008，则会看到两个 Windows 启动加载器项。
- 一个旧项。此项不是启动应用程序，而是使用NTLDR和Boot.ini启动到Windows Server 2008 之前的操作系统。用户将使用此项启动到 Windows Server 2003、Windows XP 以及更早的操作系统（如果计算机上安装了这些操作系统）。

4. 是否为 Bcdedit.exe 提供了命令行帮助?

是的。若要了解有关命令提示符下命令和选项的详细信息，请键入 bcdedit.exe/?和 bcdedit.exe /?命令。例如，键入 bcdedit.exe /?CREATESTORE。

5. 执行常见任务的新方式

6. Windows Server 2008 为用户提供了执行常见任务的新方式，操作方法如下：

（1）更改全局调试程序设置的操作方法

在命令提示符下，键入：

bcdedit /dbgsettings DebugType [debugport Port] [baudrate Baud]
[channel Channel] [targetname TargetName]（见表 2-7）

表 2-7　　bcdedit 命令参数说明

选　项	说　明
DebugType	指定调试程序的类型。DebugType 可以为 SERIAL、1394 或 USB 之一。其余选项取决于所选的调试程序类型
Port	用于 SERIAL 调试，指定用作调试端口的串行端口
Baud	用于 SERIAL 调试，指定用于调试的波特率
Channel	用于 1394 调试，指定用于调试的 1394 通道
TargetName	用于通用串行总线（USB）调试，指定用于调试的 USB 目标名称

示例

以下命令将设置在 com1 端口上以 115,200 波特率进行串行调试的

全局调试程序设置：

bcdedit /dbgsettings serial debugport 1 baudrate 115,200

以下命令设置了使用通道 23 进行 1394 调试的

全局调试程序设置：

bcdedit /dbgsettings 1394 CHANNEL 32

以下命令设置了使用目标名称“debugging”进行 USB 调试的

全局调试程序设置：

bcdedit /dbgsettings USB targetname debugging

（2）检查调试程序设置的操作方法

在命令提示符下，键入：

bcdedit /enum Type /v

指定要列出的项的类型。Type 可以为下列类型之一：

- ACTIVE
- FIRMWARE
- BOOTAPP
- BOOTMGR
- OSLOADER
- INHERIT
- ALL

例如，键入以下命令将列出所有项：

bcdedit /enum all /v

（3）更改默认操作系统项的操作方法

在命令提示符下，键入：

bcdedit /default ID

指定超时过期时将使用的默认 GUID。

{466f5a88-0af2-4f76-9038-095b170dc21c}是 NTLDR 的预定义 GUID。

可以通过指定 bcdedit /enum all 来查找特定对象的 ID。

示例

以下命令将指定的项设置为默认启动管理器

项：

bcdedit /default {cbd971bf-b7b8-4885-951a-fa03044f5d71}

以下命令将旧的 Windows 加载器（Ntldr）设置为默认

项：{466f5a88-0af2-4f76-9038-095b170dc21c}是 Ntldr 的预定义 GUID。

bcdedit /default {466f5a88-0af2-4f76-9038-095b170dc21c}

（4）更改下次重新启动的启动顺序的操作方法

在命令提示符下，键入：

bcdedit /bootsequence {ID} {ID} {ID} …

ID 为指定构成下次重新启动的启动顺序的 GUID。完成此次一次性重新启动后，它将恢复为默认启动顺序。

示例

以下命令将指定的操作系统设置为下次重新启动的默认操作系统。完成此次重新启动后，该设置将重置为 DISPLAYORDER。

bcdedit /bootsequence {cbd971bf-b7b8-4885-951a-fa03044f5d71}

以下命令将在启动管理器一次性启动顺序中设置两个操作系统项和旧的 Windows 加载器（Ntldr）：

bcdedit /bootsequnce {802d5e32-0784-11da-bd33-000476eba25f}

（5）更改启动管理器超时的操作方法

若要更改在选择默认操作系统之前计算机等待的时间长度，请键入以下命令：

bcdedit /timeout TimeOut

TimeOut 参数指定在启动管理器选择默认项之前等待的时间（以秒为单位）。

例如，以下命令将启动管理器 TimeOut 设置为 15 秒：

bcdedit /timeout 15

（6）设置启动管理器显示顺序的操作方法

在命令提示符下，键入：

Bcdedit.exe /display {ID} {ID1} {ID2} …

或者

Bcdedit.exe /displayorder {ID} [/addlast|/addfirst|/remove]

ID 参数指定构成显示顺序的一个 GUID 或一系列 GUID。必须至少指定一个 ID。若要了解有关标识符的详细信息，请键入 bcdedit /?ID。

示例

以下命令将在启动管理器显示顺序中设置三个操作系统项：

Bcdedit.exe /displayorder {c84b751a-ff09-11d9-9e6e-0030482375e6} {c74b751a-ff09-11d9-9e6e-0030482375e4} {c34b751a-ff09-11d9-9e6e-0030482375e7}

以下命令将在启动管理器显示顺序中设置两个操作系统项和旧的 Windows 加载器：

bcdedit /displayorder {802d5e32-0784-11da-bd33-000476eba25f}

以下命令将 GUID 所表示的项添加到启动菜单显示顺序的末尾。

bcdedit.exe /displayorder {c84b751a-ff09-11d9-9e6e-0030482375e6}-addlast

（7）删除启动项的操作方法

在命令提示符下，键入：

bcdedit /delete *ID* [/f]

ID 参数指定要删除的启动项的 GUID。如果未指定 ID，则将删除当前的启动项 ID。如果指定了一个已知 GUID，则必须通过指定/f 来强制执行删除操作。例如：

bcdedit /delete {default} /f

例如，以下命令将删除 ID 为{802d5e32-0784-11da-bd33-000476eba25f}的项。

bcdedit /delete {802d5e32-0784-11da-bd33-000476eba25f}

（8）打开或关闭内核调试程序的操作方法

在命令提示符下，键入：

bcdedit /debug [{ID}] {on|off}

ID 参数指定要修改的启动项的 GUID。如果未指定 ID，则将修改当前的启动项 ID。例如，以下命令将启用指定操作系统启动项的启动调试：

bcdedit /debug {cbd971bf-b7b8-4885-951a-fa03044f5d71} on

（9）设置物理地址扩展（PAE）的操作方法

在命令提示符下，键入：

bcdedit /set {*ID*} pae [Default|ForceEnable|ForceDisable]

ID 参数指定要更改的操作系统项的 ID。如果未指定 ID，则将修改当前的操作系统设置。例如：

bcdedit /set {802d5e32-0784-11da-bd33-000476eba25f} pae forceenable

（10）设置 REMOVEMEMORY 的操作方法

在命令提示符下，键入以下命令。Removememory 将从操作系统可以使用的总可用内存中删除内存。

bcdedit /set {GUID} removememory *bytes*

ID 参数指定要更改的操作系统项的 ID。如果未指定 ID，则将修改当前的操作系统设置。Bytes 参数指定要删除的字节数。

示例

此示例将从总可用内存中删除 256 MB 的内存。

bcdedit /set {802d5e32-0784-11da-bd33-000476eba25f } removememory 256

（11）设置 MAXMEM/TRUNCATEMEMORY 的操作方法

在命令提示符下，键入以下命令。Truncatememory 将忽略位于或高于指定物理地址的所有内存。

bcdedit /set {ID} truncatememory *bytes*

ID 参数指定要更改的操作系统项的 ID。如果未指定 ID，则将修改当前的操作系统设置。Bytes 参数指定要截断的字节数。

示例

此示例将截断的内存设置为 1024 MB：

bcdedit /set {802d5e32-0784-11da-bd33-000476eba25f} truncatememory 1073741824

（12）添加专用内核的操作方法

在命令提示符下，键入：

bcdedit /set {ID} kernel "*Path*"

ID 参数指定要更改的操作系统项的标识符。如果未指定 ID，则将修改当前的操作系统设置。

例如：

bcdedit /set {802d5e32-0784-11da-bd33-000476eba25f} kernel "mykrnl.dll"

（13）新建 Windows Server 2008 操作系统项的操作方法

若要新建 Windows Server 2008 操作系统项，请执行以下步骤：

首先，复制所需的操作系统项，并将其命名为 NewEntryDescription。

bcdedit /copy {GuidToCopy} /d “NewEntryDescription”

此命令将拆分新的 GUID。通过指定以下内容，使用新的 GUID 修改分区信息：

bcdedit /set {NewGuid} device partition=x:

bcdedit /set {NewGuid} osdevice partition=x:

通过指定以下内容，将新建的操作系统项添加到显示顺序中：

bcdedit /displayorder {NewGuid} /addlast

（14）列出特定类型的项的操作方法

/enum 命令用于列出 BCD 存储中的项。若要列出项，请键入：

bcdedit /enum [Type]

type 参数指定要列出的项的类型。Type 可以为下列类型之一：

- active（默认值）。列出启动管理器显示顺序中的所有项。
- Firmware。列出所有固件应用程序项。

- Bootapp。列出所有启动环境应用程序项。
- Bootmgr。列出所有启动管理器项。
- Osloader。列出所有操作系统项。
- Inherit。列出所有继承类型项。
- All。列出所有项。

示例

以下命令将列出所有操作系统加载器启动项：

bcdedit /enum osloader

以下命令将列出所有启动管理器项：

bcdedit /enum bootmgr

（15）在运行 Windows Server 2008 的计算机上安装以前版本的 Windows 时，修改 BCD 的操作方法

若要在运行 Windows Server 2008 的计算机上安装旧版 Windows 操作系统，请执行以下步骤。

①安装以前版本的 Windows。

②登录到旧版操作系统，然后通过运行以下命令还原最新的启动管理器。Fixntfs.exe 将位于活动分区的\boot 目录中。

Fixntfs /lh

③通过指定以下内容，为旧版操作系统创建 BCD 项。Bcdedit.exe 位于 Windows Server 2008 分区的\Windows\System32 目录中。Description 是旧版操作系统的新项描述。

Bcdedit /create {legacy} /d “Description”

Bcdedit /set {legacy} device boot

Bcdedit /set {legacy} path \ntldr

Bcdedit /displayorder {legacy} /addlast

④重新启动计算机以使更改生效。

（16）创建用于从硬盘启动 WIM 映像的项的操作方法

若要创建用于启动 Window 映像格式（WIM）映像的项，用户将需要创建一个 OSloader 类型的项，该项应具有指向启动分区的 RAMDISK 选项。为此，请执行以下步骤。其中，arcpath multi(0)disk(0)rdisk(0)partition(1)是指计算机上的 C: 驱动器，Boot.wim 是指常规的 Boot.wim（Winload.exe 位于 WIM 映像内的 System32 文件夹中）。

①通过指定以下内容，在 BCD 存储中创建{ramdisktoptions}对象。Drive 应为包含该映像的驱动器。

bcdedit /create {ramdiskoptions} /d "Ramdisk options"

bcdedit /set {ramdiskoptions} ramdisksdidevice partition= Drive

bcdedit /set {ramdiskoptions} ramdisksdipath \boot\boot.sdi

②通过指定以下内容，新建一个启动应用程序项：

bcdedit /create /d "Boot from WIM" /application OSLOADER

③这将返回新建项的标识符（GUID）。在此步骤的其余部分中，该新项将被称为{GUID}。接下来，指定以下内容：

bcdedit /set {GUID} device ramdisk=[c:]\sources\boot.wim,{ramdiskoptions} bcdedit /set {GUID} path \windows\system32\winload.exe

bcdedit /set {GUID} osdevice ramdisk=[c:]\sources\boot.wim,{ramdiskoptions}

bcdedit /set {GUID} systemroot \windows

④如果要启动到 Windows 预安装环境（Windows PE），则还需指定以下内容：

bcdedit /set {GUID} winpe yes

bcdedit /set {GUID} detecthal yes

⑤然后，指定下列内容以将新项添加到显示顺序中：

bcdedit /displayorder {GUID} /addlast

（17）更改特定项的调试程序设置的操作方法

若要覆盖特定调试程序设置的全局项，请键入下列命令之一。

- 若要设置串行调试，请键入：

  bcdedit /set {GUID} debugtype:serial

  bcdedit /set {GUID} baudrate:Baudrate

  bcdedit /set {GUID} debugport:Port

- 若要设置 USB 调试，请键入：

  bcdedit /set {GUID} debugtype:usbbcdedit /set {GUID} targetname:debugging

- 若要设置 1394 调试，请键入：

  bcdedit /set {GUID} debugtype:1394bcdedit /set {GUID} targetname:32

示例

以下命令将设置在 com1 端口上以 115,200 波特率进行串行调试的 c74b751a-ff09-11d9-9e6e-0030482375e4 的调试程序设置：

Bcdedit /set {c74b751a-ff09-11d9-9e6e-0030482375e4} debugtype:serial

Bcdedit /set {c74b751a-ff09-11d9-9e6e-0030482375e4} baudrate:115200

Bcdedit /set {c74b751a-ff09-11d9-9e6e-0030482375e4} debugport:1

2.8 Windows 部署服务

Windows Server 2008 中的 Windows 部署服务角色是远程安装服务（RIS）经过重新设计的更新版本。可以通过 Windows 部署服务来部署 Windows 操作系统，特别是 Windows Vista、Windows 7 和 Windows Server 2008。除了常规的通过光盘或其他存储介质安装操作系统外，还可以使用 Windows 部署服务通过基于网络的安装来安装新计算机。这意味着用户不必亲自操作每台计算机，也不必直接通过 CD 或 DVD 安装每个操作系统。Windows 部署服务的组件分为下列三个类别：

- 服务器组件　这些组件包括预启动执行环境（PXE）服务器和普通文件传输协议（TFTP）服务器，用于通过网络启动客户端，以加载并安装操作系统。还包括共享文件夹和映像储存库（包含启动映像、安装映像以及网络启动特别需要的文件）。还有网络层、多播组件和诊断组件。
- 客户端组件　这些组件包括在 Windows 预安装环境（Windows PE）中运行的图形用户界面。用户选择操作系统映像后，客户端组件与服务器组件进行通信，以安装该映像。
- 管理组件　这些组件是用于管理服务器、操作系统映像和客户端计算机账户的一组

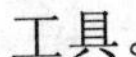

工具。

2.8.1 安装 Windows 部署服务

可以使用初始配置向导、服务器管理器或命令行来安装 Windows 部署服务，以使用服务器管理器安装 Windows 部署服务为例，其具体操作步骤如下：

（1）打开服务器管理器。要打开“服务器管理器”，请单击“开始”，指向“管理工具”，然后单击“服务器管理器”。

（2）在左侧窗格中，展开“角色”。单击位于“角色摘要”窗格中的“添加角色”。

（3）在如图 2-9 所示的“选择服务器角色”页上，选中“Windows 部署服务”复选框，然后单击“下一步”。

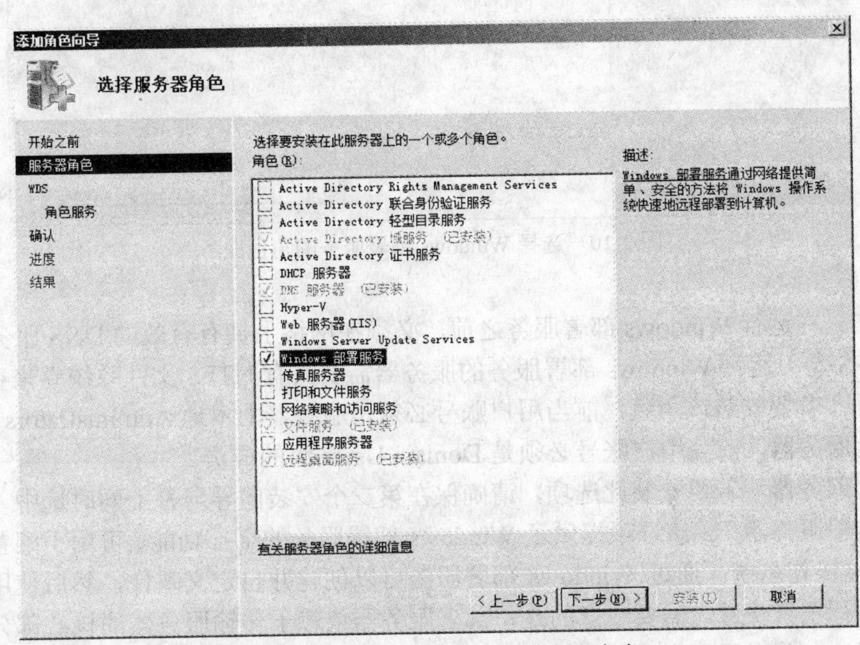

图 2-9 选择 Windows 部署服务器角色

（4）在如图 2-10 所示的“选择角色服务”页上，选择要安装的服务器类型：“部署服务器”和“传输服务器”。

- 传输服务器　若要安装此选项，请在第二个安装向导屏幕上清除“部署服务器”复选框。该选项提供了 Windows 部署服务的其中一部分功能，只包含核心的联网部分。可以使用传输服务器来创建多播命名空间，用于从独立服务器传输数据（包括操作系统映像）。如果希望使用多播传输数据，但是不希望包含 Windows 部署服务的所有功能，则应使用此选项。

如要安装角色服务，当前系统需满足以下条件：

◆ AD DS　Windows 部署服务服务器必须是 AD DS 域的成员或者是 AD DS 域的域控制器。AD DS 的域和林与版本无关；所有域配置和林配置都支持 Windows 部署服务。

◆ DHCP　由于 Windows 部署服务使用依靠 DHCP 进行 IP 寻址的 PXE，因此网络上必须拥有具有活动范围的有效 DHCP 服务器。

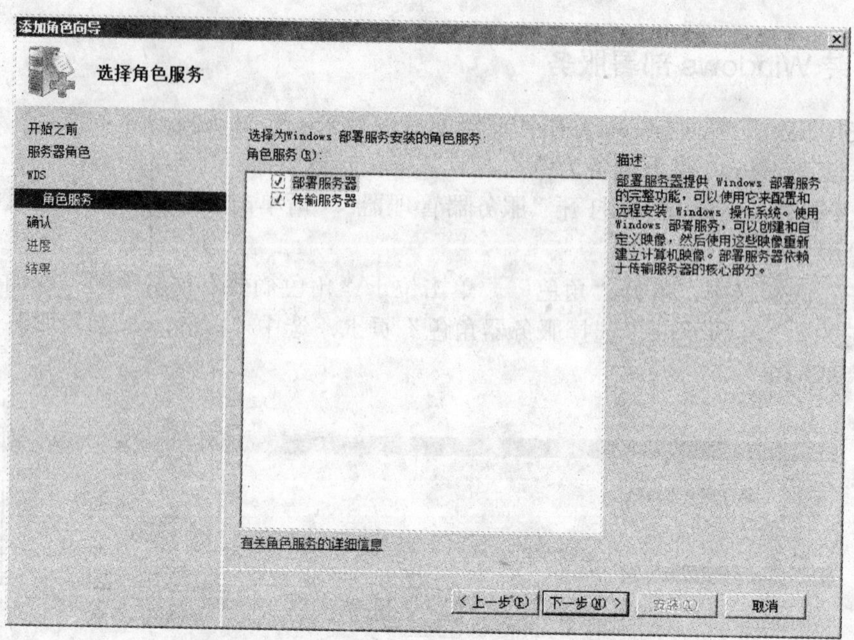

图 2-10　选择 Windows 部署服务的角色服务

◆ DNS　在运行 Windows 部署服务之前，必须在网络上拥有有效的 DNS 服务器。

◆ NTFS 卷　运行 Windows 部署服务的服务器需要具有 NTFS 文件系统卷来存储映像。

◆ 凭据　若要安装该角色，前当用户账号必须是服务器上本地 Administrators 组的成员。若要初始化服务器，前当用户账号必须是 Domain Users 组的成员。

● 部署服务器　若要安装此选项，请确保在第二个安装向导屏幕上同时选中“部署服务器”和“传输服务器”。该选项提供了 Windows 部署服务的全部功能，可用于配置和远程安装 Windows 操作系统。通过 Windows 部署服务可以创建并自定义映像，然后使用这些映像对计算机进行重新映像。需要注意的是，部署服务器依赖于传输服务器的核心部分。若要安装该角色服务，前当用户账号必须是服务器上本地 Administrators 组的成员

（1）在如图 2-11 所示的“确认安装选择”页上，点击“安装”，开始 Windows 部署服务的安装。

（2）Windows 部署服务安装完成后，重新启动计算机，以使该服务生效。

2.8.2　配置 Windows 部署服务

在开始配置 Windows 部署服务前，需确保当前用户账号为域管理员账号。配置 Windows 部署服务的具体操作步骤如下：

（1）依次单击“开始”、“管理工具”和“Windows 部署服务”。

（2）在“Windows 部署服务”MMC 管理单元的左窗格中，展开服务器列表，如图 2-12 所示。

（3）右键单击该服务器，然后单击“配置服务器”。

（4）打开“Windows 部署服务配置向导”后，单击“下一步”。

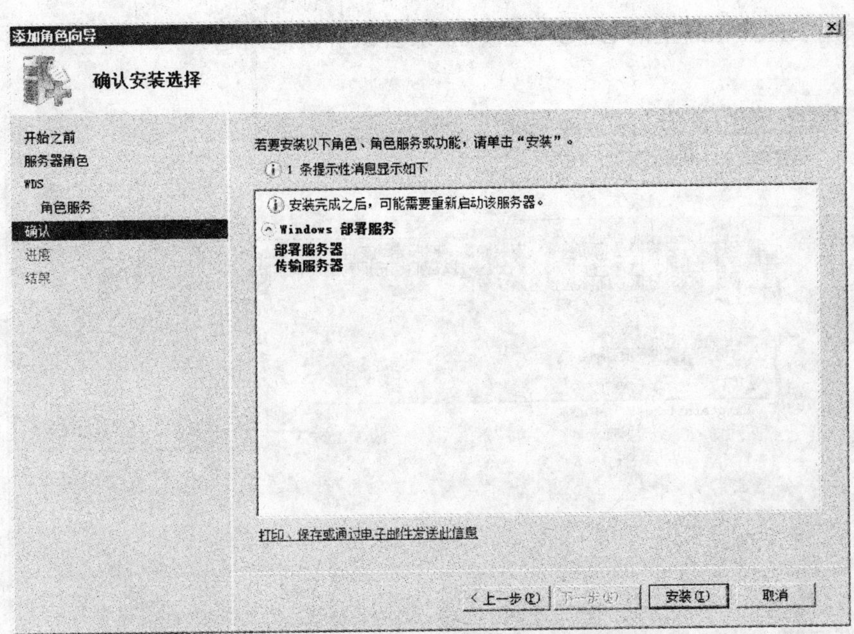

图 2-11　确认 Windows 部署服务安装选择

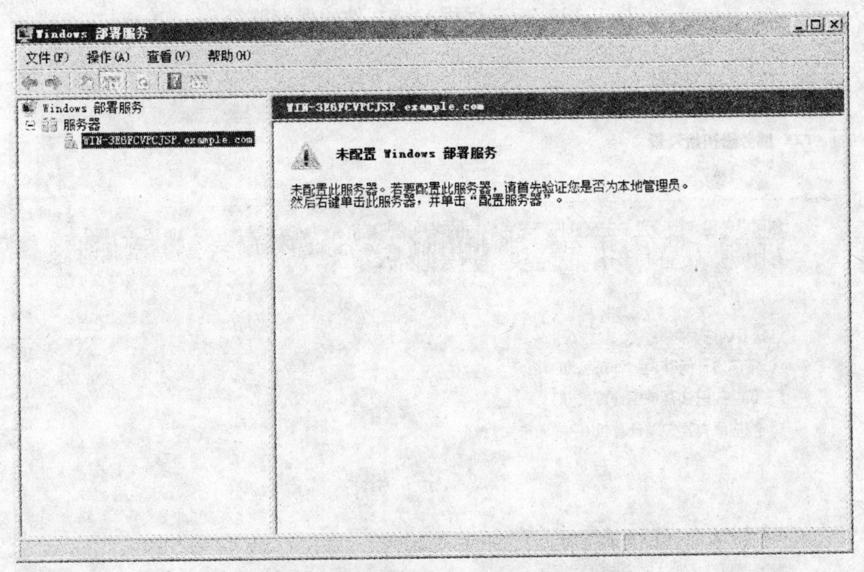

图 2-12　Windows 部署服务管理窗口

（5）在如图 2-13 所示的“远程安装文件夹的位置”页中，指定存放用于保存操作系统安装文件的路径。在情况允许时，尽量不要将该远程安装文件夹指定在系统卷中，最好能够指定于和系统卷不同的物理磁盘中。设置完毕后单击“下一步”。

（6）在如图 2-14 所示的“PXE 服务器初始设置”页中，用户可以定义此服务器将响应的客户端计算机。PXE 响应策略有以下三种：

- 不响应任何客户端计算机。请注意，仅当 Windows 部署服务和 DHCP 分别在不同服务器上运行时，此选项才适用。这是因为即使 Windows 部署服务不响应，DHCP 也会响应。

可以通过禁用 DHCP Tab 上的 DHCP 选项 60 来尝试解决此问题。

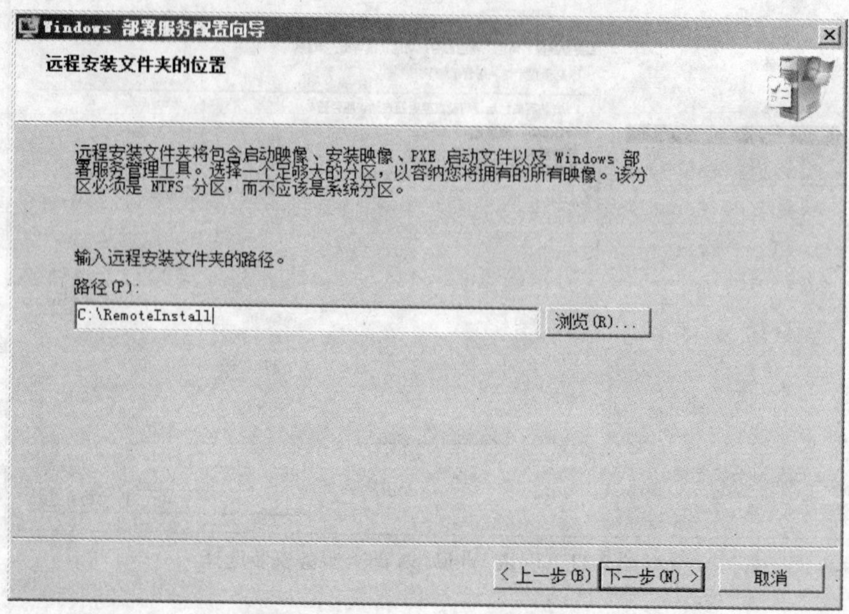

图 2-13　指定远程安装文件的保存路径

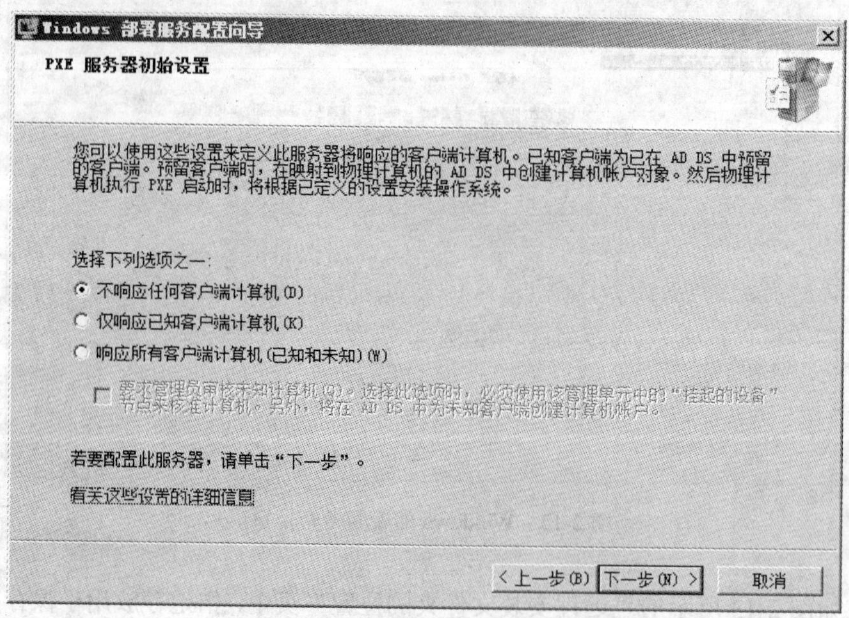

图 2-14　PXE 服务器的初始设置

- 仅响应已知客户端计算机。如果已在 Active Directory 域服务中预安排了客户端，则选择此选项。选择此选项时，未预安排的（未知）客户端将无法通过 PXE 启动到 Windows 部署服务服务器。
- 响应所有客户端计算机(已知和未知)。若要允许所有客户端通过 PXE 启动到 Windows

部署服务服务器，则选择此选项。标记为“要求管理员审核未知计算机”的复选框称为自动添加策略。如果希望首先使用MMC管理单元中的“挂起的设备”节点来核准新客户端，然后再允许其通过PXE启动，则选择此选项。有关此选项的详细信息，请参阅配置自动添加策略。

完成选择后，点击“下一步”。

（7）系统开始启动Windows部署服务，如图2-15所示。

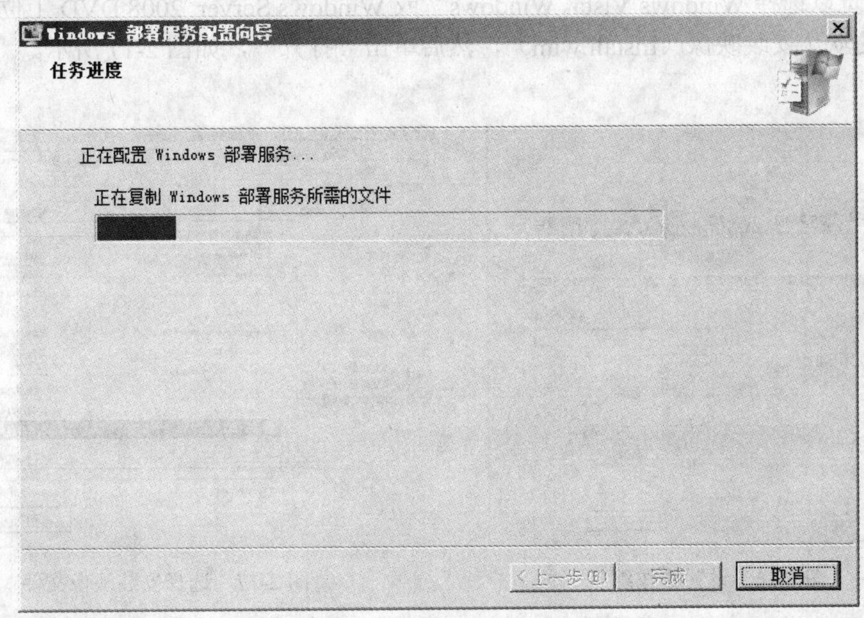

图2-15 正在安装Windows部署服务

（8）配置完成之后，清除“立即将映像添加到Windows部署服务”复选框，然后单击“完成”。

配置服务器时，应该注意以下问题：

- 此版本的Windows部署服务不支持Internet协议版本6（IPv6）。
- 在某些情况下，应该使用 Windows Server 2008 介质中包含的标准启动映像（位于\Sources\boot.wim下），而不进行任何修改。
- 如果在同一计算机上运行Windows部署服务和非Microsoft DHCP服务器，则除了将服务器配置为不侦听端口67之外，还需要使用DHCP工具将选项60添加到DHCP作用域。

如果DHCP安装在位于不同子网中的服务器上，则需要执行以下操作之一：

◆（推荐）配置IP助手表。应该将UDP端口67上客户端计算机发出的所有DHCP广播直接转发给DHCP服务器和Windows部署服务PXE服务器。而且，还应该将UDP端口4011上的所有通信从客户端计算机适当地路由到Windows部署服务PXE服务器（这些请求将通信而不是将广播指向服务器）。

◆ 添加DHCP选项66和67。

2.8.3 添加安装映像

在完成了 Windows 部署服务的配置工作后，需要向服务器中添加要进行远程部署的操作系统及相关驱动或应用程序的安装映像，其操作步骤如下：

（1）在 Windows 部署服务 MMC 管理单元中，右键单击“安装映像”节点，然后单击“添加安装映像”。

（2）如图 2-16 所示指定映像组的名称，然后单击“下一步”。

（3）浏览以选择 Windows Vista、Windows 7 或 Windows Server 2008 DVD 上位于\Sources 文件夹中的默认安装映像（Install.wim），然后单击“打开”，如图 2-17 所示。

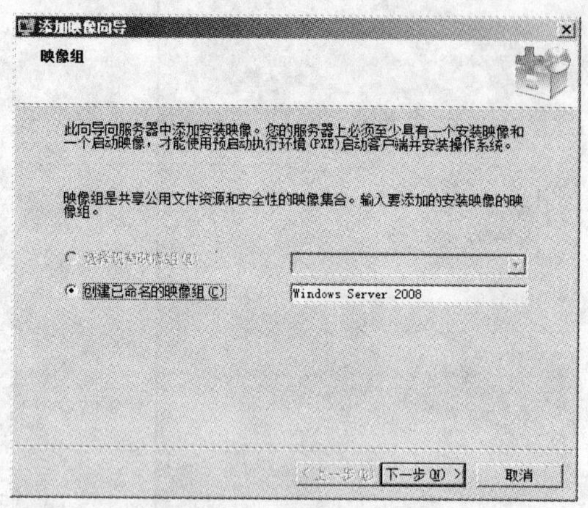

图 2-16　设置映像组

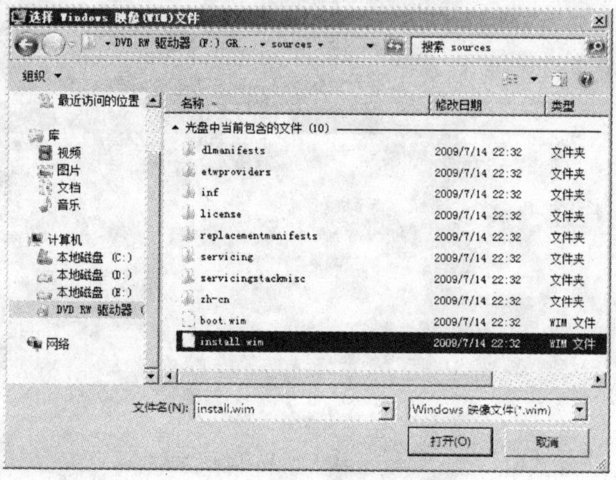

图 2-17　选择安装映像文件

（4）若要添加 Install.wim 文件中包含的映像子集，则清除不希望添加到服务器中的映像对应的复选框。应仅添加您拥有许可的映像，如图 2-18 所示。

（5）单击“下一步”后，向导会将用户所选择的安装映像添加到服务器，如图 2-19 所示。

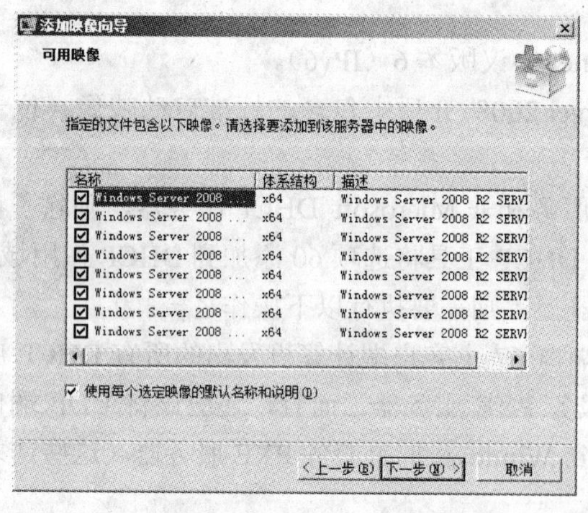

图 2-18　选择可用映像

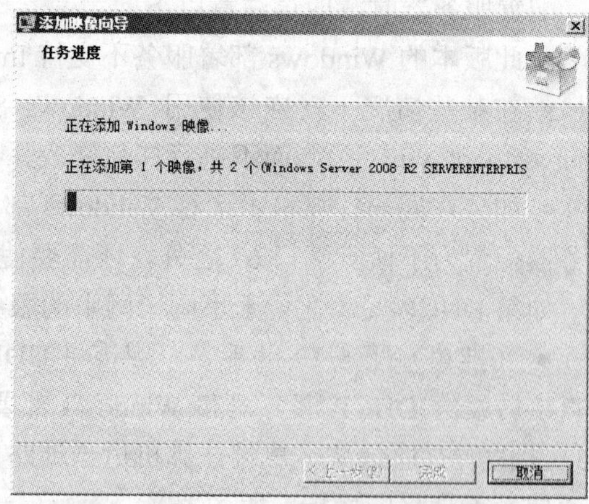

图 2-19　正在添加安装映像

（6）在服务器上拥有启动映像和安装映像之后，可以在客户端计算机上执行 PXE 启动来安装操作系统。

为 Windows 部署服务添加启动映像的操作步骤与添加安装映像的步骤类似，只需将上述第 3 步中的 Install.wim 文件替换为 Boot.wim 文件即可。

习　题

1. 简述全新安装 Windows Server 2008 操作系统与升级安装有何区别。
2. 为计算机命名需要注意哪些事项？
3. Windows Server 2008 可以通过哪些方式激活？
4. 如何修改 Windows Server 2008 操作系统的启动设置？

第3章 域名系统和动态主机配置协议

域名系统（Domain Name System，DNS）是用于命名计算机和网络服务的系统，该系统将这些计算机和网络服务组织到域的层次结构中。DNS 命名用于 TCP/IP 网络（如 Internet），以借助友好名称查找计算机和服务。当用户在应用程序中输入 DNS 名称时，DNS 服务可以将此名称解析为与此名称相关的其他信息，如 IP 地址。域名系统已经被多种操作系统（包括 UNIX 以及微软的 Windows 操作系统）所使用。所有版本的Windows 操作系统都会将 DNS 作为传输控件协议/Internet 协议（TCP/IP）的一部分自动安装，而要获得服务器组件，必须安装 DNS 服务器服务。所有版本的 Windows Server 2008 中都包含 DNS 服务器服务。因为 DNS 也是 Active Directory 的域名解析服务，因此如果在网络中安装了 Active Directory，那么也会自动安装 DNS。

Windows Server 2008 中的 DNS 服务器角色包含四个新的或增强的功能，这些功能可提高 DNS 服务器服务的性能，或为 DNS 服务器服务提供新功能：

- 后台区域加载：承载存储在 Active Directory 域服务（AD DS）中的大量 DNS 区域的 DNS 服务器能够在其重新启动时更快速地响应客户端查询，因为区域数据现在已加载到后台中。
- IP 版本 6（IPv6）支持：DNS 服务器服务现在完全支持较长地址的 IPv6 规范。
- 支持只读域控制器(RODC)：Windows Server 2008 中的 DNS 服务器角色提供了 RODC 上的主要只读区域。
- 全局单一名称：GlobalNames 区域为不部署 Windows Internet 名称服务（WINS）的大型企业网络提供单标签名称解析。当使用 DNS 名称后缀提供单标签名称解析不可行时，GlobalNames 区域非常有用。
- 全局查询阻止列表：依赖 DNS 名称解析来解析已知主机名称的协议（例如，Web 代理自动发现协议（WPAD）和站点内自动隧道寻址协议（ISATAP））的客户端容易受到恶意用户的攻击，这些用户使用动态更新来注册充当合法服务器的主计算机。Windows Server 2008 中的 DNS 服务器角色提供了全局查询阻止列表，可有助于减少此类漏洞。

大部分 Windows 网络都配置使用动态主机配置协议（Dynamic Host Configuration Protocol，DHCP）。DHCP 可以简化管理，并使得用户将自己的计算机连接到企业网络的过程更简单。DHCP 可以让客户端计算机在启动后自动获得 Internet 协议（IP）地址，以及其他相关的传输控件协议/Internet 协议（TCP/IP）设置，例如子网掩码、默认网关、DNS 服务器地址，还有 Windows 网络名称服务（Windows Internet Naming Service，WINS）服务器地址。对于 Windows Server 2008，DHCP 服务器可以分配动态 IP 版本 4（IPv4）、IP 版本 6（IPv6）或这两种地址给任何计算机上的网络接口卡（Network Interface Card，NIC）。

3.1 DNS 域结构简介

3.1.1 DNS 域名空间（Domain Name Space）

DNS 域名空间是一种具有层级结构的树，而树中的每个节点和分支都代表一个记名域（Named Domain），而域名空间树中每一个层级都由句点（即“dot”）分隔。

这棵树的第一级也就是所谓的顶级域（Top-Level Domain，TLD），顶级域定义了域内网络的种类。例如，.edu 这个顶级域就代表教育领域的域，而.gov 则代表美国政府的域。这些顶级域是按照类别划分的，另外还有按照地理划分的顶级域，例如，.cn 代表中国，.us 代表美国。

树中的第二级也就是所谓的二级域（Second-Level Domain，SLD）或父域。父域是企业所用的域名中的主要部分。例如，微软公司的域名是 microsoft.com，这个域名中的 microsoft 就能代表.com 域中的一个特定网络。如果不申请并注册，那么父域无法在公用 Internet 上使用，名称的注册可以在类似 Network Solutions 这样的机构进行，并且需要付费。

树中的其他部分则属于不同的主机或企业域结构中的次级部分。这些次级部分通常可以叫做子域。例如，微软公司可能有技术支持的部门、提供 Windows 产品帮助的部门，那么这些域的名称就可以分别叫 technet.microsoft.com、Windowshelp.microsoft.com。

为了提供公用和专用的名称空间，顶级域的制定和维护都是由特定的机构进行的。其中最权威的是 ICANN（Internet Corporation for Assigned Names and Numbers，互联网名称与数字地址分配机构），该机构负责定义和委派顶级域的控制，并将控制权分给很多独立机构。顶级域可以根据功能和地理位置进行划分，表 3-1 列出了最常见的顶级域。

表 3-1 常用的顶级域

域	用途
.aero	用于宇航技术公司，包括航空公司
.biz	用于商业公司，.com 的扩展
.com	用于商业化机构
.coop	用于商业合作
.edu	用于教育机构
.gov	用于美国政府机构
.info	用于提供信息
.int	用于国际条约确立机构
.mil	用于美国的军事部门和机构
.museum	用于博物馆
.name	用于个人
.net	用于网络提供商
.org	用于类似非政府企业或非营利机构的企业
.pro	用于专业人员，例如医生和律师

除按功能划分的顶级域外，还有按照地理位置划分的顶级域，这类顶级域是由代表不同国家地区的代码构成，这些国家地区代码主要来源于 ISO（International Organization for Standardization，国际标准化组织）定义的国家地区名称，主要被美国之外的机构使用。需要注意的是，在ISO命名规则中，英国是个例外，虽然ISO的地区代码中代表英国的是GB（Great Britain），不过英国一直在使用UK（United Kindom）。

当 ICANN 将顶级域的控制委派下去后，被委派机构开始负责维护和接受注册。组织或个人在这些机构注册了域名后，该域名就由注册的组织或个人控制，并且可以不需要向注册公司进行申请就可以在该域下创建子域。ICANN 无法控制私有名称空间，因此我们可以在公司内部创建自己的专用名称空间。例如，可以使用“.local”代表顶级域，这样就可以将内部网络和公众 Internet 隔离开。随后可以使用网络地址转换（NAT）或通过代理服务器等设备访问公众 Internet。

3.1.2 域命名规则

当在公众 Internet 注册一个域名或创建一个私有域名空间时，应考虑以下通用规则：

（1）限制域的级数。一般 DNS 主机位于 DNS 层次结构的第三或第四层，而不应超过五层。因为层数越多，管理难度越大。

（2）使用唯一的名称。每个子域在它的父域下都应使用唯一的名称，以确保整个域名空间中名称的唯一性。

（3）使用简单的名字。简单的域名有助于用户记忆，而且也便于在 Internet 或 Intranet 上定位主机或 Web 站点。

（4）避免使用长域名，域名最多只能有63个字符，而FQDN（Fully Qualified Domain Name，完全合格域名）的总长度不能超过255个字符。建议不要使用区分大小写的域名。

（5）使用标准的 DNS 字符和 Unicode 字符。建议仅在名称中使用这样的字符，即允许在 DNS 主机命名时使用 Internet 标准字符集的一部分。允许使用的字符在 RFC 1123 中定义如下：所有大写字母（A~Z）、小写字母（a~z）、数字（0~9）和连字号（-）。

3.1.3 LDAP 命名规范

活动目录的目录服务要实现两个目标，一是其中的内容要包含网络中的所有的信息，以便用户能够对整个网络中的信息进行很方便的访问，二是内部的管理和信息存放的物理位置对于用户是透明的。活动目录对象必须被命名和标识，以便用户能够访问它们所代表的信息和资源。并且活动目录命名对象和解析对象遵循一定的标准。这些标准允许理解不同的访问协议，这使得活动目录能够与组织内部或外部许多不同的目录服务进行集成。这些标准包括：域名系统（DNS）和轻量级目录访问协议（LDAP），一种目录访问协议，用来引用、定位和检索活动目录信息。

在活动目录中的每个对象都有一个 LDAP 可辨识的名字（亦称识别名）。通过显示从根目录到对象的完全路径，该名字允许用户查看对象在活动目录层次结构中的位置。LDAP 可辨识的名字由普通名字（Common Name，CN）、组织单位（OU）和域组件（DC，Domain Component）构成。例如：

DC=com，DC=contoso，CN=users，CN=James Smith

上一行可辨识的名字包括如下信息：一个商业组织（DC=COM）有一个叫做 Contoso

（DC=Contoso）的域组件，该域组件带有一个容器，叫做Users（CN=Users），并且在该容器中有一个名叫Jamss Smith（CN=Jamss Smith）的用户。换句话说，这个识别名确定James Smith用户对象在Contoso.com域中。（在识别名中，DC是域组件的缩写，CN是普通名字的缩写。）

除LDAP可辨识的名字外，活动目录还支持LDAP相对可辨识的名字（亦称相对是别名），也就是LDAP可辨识的名字的简化版，它把对象自身的名字与对象的路径相隔离。根据用户在路径中关心的位置不同，LDAP相对可辨识的名字也不同。例如，前面讲的例子中，如果用户关心的搜索位置是在CN=Users，DC=Contoso，DC=COM，则LDAP相对可辨识的名字将是CN= James Smith。

然而，如果用户关心的搜索位置在DC=Contoso，DC=COM，则对象的LDAP相对可辨识的名字为CN=Jamss Smith，CN=Users。

3.1.4 区域（Zones）

除了将域名系统（DNS）命名空间划分为域之外，还可以将DNS命名空间划分为区域，其中存储有关一个或多个DNS域的名称信息。有关在一个区域中包含的每个DNS域名的信息，该区域为权威来源。区域是DNS中主要的复制单元（Replication Unit）。

开始时，区域为单个DNS域名。如果在初始域下面添加了其他域，则这些域可以作为相同区域的部分或属于其他区域。即，在添加子域时，可以将其作为一部分包含在原始区域中，也可以将其委派到为支持该子域而创建的其他区域。

例如，图3-1表示microsoft.com域，它包含Microsoft的域名。在一个服务器上首次创建microsoft.com域时，会将其配置为全部Microsoft DNS命名空间中的单个区域。但是，如果microsoft.com域必须使用子域，在区域中必须包含这些子域，或将其委派到其他区域。

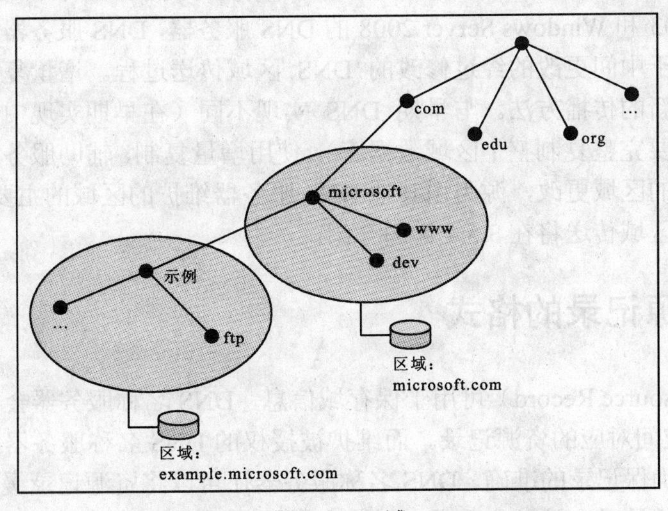

图3-1 区域

在图3-1中example.microsoft.com域有一个新的子域（example.microsoft.com域）被委派到microsoft.com域之外，并在其自己的区域中管理。但是，microsoft.com区域必须包含几个资源记录来提供委派信息，该信息引用委派的example.microsoft.com子域的权威DNS服务

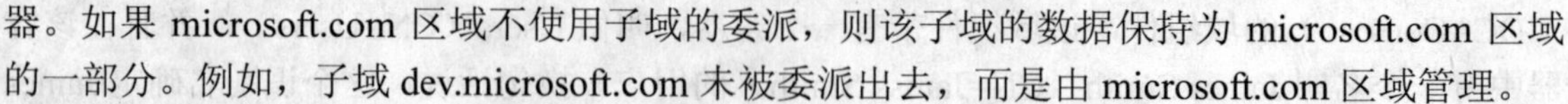

器。如果 microsoft.com 区域不使用子域的委派，则该子域的数据保持为 microsoft.com 区域的一部分。例如，子域 dev.microsoft.com 未被委派出去，而是由 microsoft.com 区域管理。

Windows Server 2008 支持以下四种类型的区域：

- 标准主要　将区域的可写主副本保存为文本文件，对区域的所有变动都是在主要区域中进行的，主要区域中保存的信息和变化的信息都可以被复制到辅助区域。
- 标准辅助　即那个区域的只读副本保存为文本文件，可以用于为主要区域提供冗余和负载平衡。主要区域中保存的信息和变化的信息可以使用区域传送技术复制到辅助区域。
- Active Directory 集成　将区域信息整合到 Active Directory 域服务中，并使用 Active Directory 域服务复制区域信息。这是一种专用的区域类型，只有在给网络中部署了 Active Directory 域服务之后才可以使用。Active Directory 集成区域最初出现于 Windows 2000 中，对于 Windows NT 用户来说是全新的，Windows Server 2008 则可以选择性地复制 DNS 信息。
- 存根　保存了可以用于识别区域中权威 DNS 服务器的特定区域信息。存根区域不保存任何区域中主机的信息，相反，只保存区域中权威名称服务器的信息，这样才可以将查询快速直接转发给这些名称服务器。

3.1.5 区域传送（Zone Transfers）

由于区域在 DNS 中扮演的重要角色，必须由网络中的多个 DNS 服务器来提供区域，这样，区域可以提供可用性和容错能力。否则，如果仅有一个服务器可用，且该服务器不响应，则区域中的名称查询可能失败。这样，其他服务器可承载一个区域，需要区域传送来复制和同步配置用于承载该区域的每个服务器所使用区域的所有副本。

将新的 DNS 服务器添加到网络时，将它配置为现有区域的新辅助服务器，它执行区域的完整初始复制，以获取和复制区域的资源记录的完整副本。当在区域发生更改后需要更新区域时，大多数早期的 DNS 服务器实现使用此相同的完整区域传送方法。对于运行 Windows Server 2003 和 Windows Server 2008 的 DNS 服务器，DNS 服务器服务支持增量区域传送，这是一种用于中间更改的经过修改的 DNS 区域传送过程。增量复制提供了一种更有效的区域更改和更新的传播方法。与早期 DNS 实现不同（在早期实现中，对于区域数据更新的任何请求均需要完整复制整个区域数据库），使用增量复制，辅助服务器可以只取需要同步区域的副本和源的区域更改，源为由其他 DNS 服务器维护的区域的主要或辅助副本。

有关如何配置区域传送将在 3.5.4 详细介绍。

3.2 常用资源记录的格式

资源记录（Resource Record）可用于保存域信息，DNS 名称服务器会保存给自己授权的域中的 DNS 名称空间对应的资源记录。而维护被授权的 DNS 名称服务器的管理员需要负责维护资源记录，并确保记录的准确。DNS 名称服务器还可以将资源记录缓存起来，以便可以快速回应主机发来的请求。这就意味着 DNS 名称服务器可以缓存和域树中任何部分相关的资源记录。

虽然 DNS 服务器可以定义和支持很多类型的资源记录，不过在 Windows Server 2008 网络中，只使用了很少的记录类型。表 3-2 提供了我们可能会用到的资源记录的类型及其描述。

表 3-2 Windows Server 2008 网络常用的资源记录

记录类型	通用名	描 述
A	Host address（主机地址）	包含了主机的名称及其 Internet 协议版本 4（IPv4）地址，如果计算机有多个网络接口或 IP 地址，则会有多条地址记录
AAAA	IPv6 host address（IPv6 主机地址）	包含了主机的名称及其 Internet 协议版本 6（IPv6）地址
CNAME	Canonical name（规范名称）	为主机名创建别名，这样主机就可以被指向 DNS 中的多个名称，这种功能最常用于主机提供服务，例如 www 或文件传输协议（FTP）服务时，我们可能会希望主机提供更友好的名称，而非计算机名。例如，我们可以使用“www.microsoft.com”作为主机“dc02.microsoft.com”的别名
MX	Mail exchanger（邮件交换）	代表域中的邮件交换服务器，这样邮件就可以传送给域中的正确邮件服务器。例如域 microsoft.com 中设置了一条 MX 记录，所有发送到“username@microsoft.com”的邮件都会被转发到 MX 记录中指定的服务器上
NS	Name server（名称服务器）	提供了域中权威服务器列表，这样 DNS 查询就可以在特定区域内进行。域中的每个主要和次要名称服务器都应该通过该记录进行公告
PTR	Pointer（指针）	通过创建将 IP 地址映射给主机名的方式创建指针，提供反向查找功能
SOA	Start of authority	指出特定区域中的权威名称服务器。对区域来说，权威服务器是获得 DNS 信息的最佳来源，因为每个区域必须具有 SOA 记录，这个记录是在添加区域的时候自动创建的。SOA 记录中还可以包含该区域中的资源记录应该如何使用和缓存的信息，例如刷新、重试和过期间隔，还有记录被认为有效的最小时间
SRV	Service location（服务位置）	该功能可以让我们找到提供特定服务的服务器。Active Directory 使用 SRV 记录定位域控制器、全局编目服务器、轻量级目录访问协议（LDAP）服务器和 Kerberos 服务器。SRV 记录的创建是自动的，例如，在将域控制器设置为全局编目的时候，Active Directory 会自动创建 SRV 记录，LDAP 服务器也可以添加一条 SRV 记录指出自己可以用于处理特定区域的 LDAP 请求。SRV 记录会在林的根区域中创建

3.3 DNS 查询处理

3.3.1 正向查找

当 DNS 客户机需要查询程序中使用的名称时，它会查询 DNS 服务器来解析该名称。客户机发送的每条查询消息都包括三条信息，以指定服务器应回答的问题：

● 指定的 DNS 域名，表示为完全合格的域名（FQDN）。

● 指定的查询类型，它可根据类型指定资源记录，或作为查询操作的专门类型。

● DNS 域名的指定类别。对于 Windows DNS 服务器，它始终应指定为 Internet（IN）类别。

例如，指定的名称可为计算机的 FQDN，如 host-a.example.microsoft.com，并且指定的查询类型用于通过该名称搜索地址（A）资源记录。将 DNS 查询当做客户机向服务器提出的两部分问题，如"对于名为 hostname.example.microsoft.com 的计算机，您有没有 A 资源记录？"当客户机从服务器接收应答时，它读取并解释应答的 A 资源记录，以了解它通过名称提问的计算机的 IP 地址。

DNS 查询以各种不同的方式进行解析。客户机有时也可通过使用从以前查询获得的缓存信息就地应答查询。DNS 服务器可使用其自身的资源记录信息缓存来应答查询。DNS 服务器也可代表请求客户机来查询或联系其他 DNS 服务器，以完全解析该名称，并随后将应答返回至客户机。这个过程称为递归。另外，客户机自己也可尝试联系其他的 DNS 服务器来解析名称。如果客户机这么做，它会使用基于服务器应答的独立和附加的查询。该过程称做迭代。

总之，DNS 查询过程按两部分进行：

● 名称查询从客户机开始并传送至解析程序（DNS 客户服务）进行解析。

● 不能就地解析查询时，可根据需要查询 DNS 服务器来解析名称。

下面的部分详细解释这两个过程。

1. 本地解析程序

图 3-2 显示了完整的 DNS 查询过程的概况。

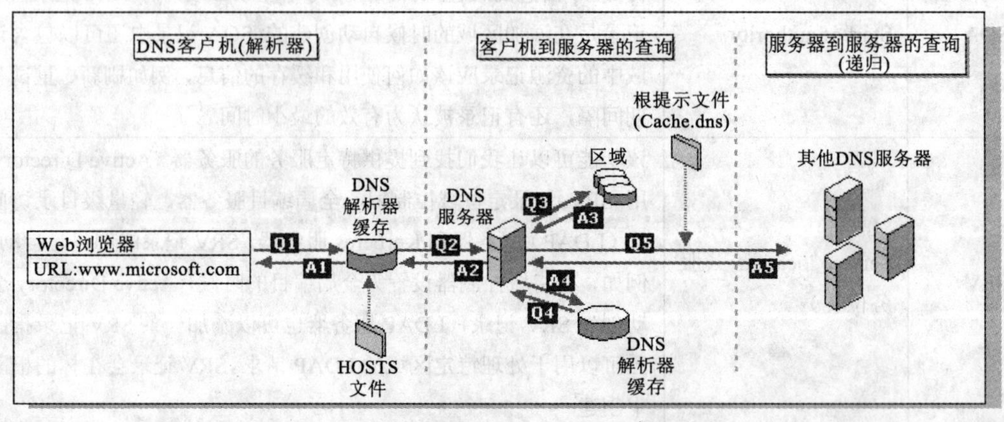

图 3-2　完整的 DNS 查询过程

如查询过程的初始步骤所示，DNS 域名由本机的程序使用。该请求随后传送至 DNS 客户服务，以通过使用本地缓存的信息进行解析。如果可以解析查询的名称，则查询将被应答并且此过程完成。

本地解析程序的缓存包括从两个可能的来源获取的名称信息：

● 如果主机文件本地配置，则来自该文件的任何主机名称到地址的映射在 DNS 客户服务启动时预先加载到缓存中。

- 从以前的 DNS 查询应答的响应中获取的资源记录将被添加至缓存并保留一段时间。

如果此查询不匹配缓存中的项目，则解析过程继续进行，客户机查询 DNS 服务器来解析名称。

2. 查询 DNS 服务器

如图 3-2 中所示，客户机将查询首选 DNS 服务器。在此过程的初始客户/服务器查询部分中使用的实际服务器从全局列表中选择。

当 DNS 服务器接收到查询时，首先检查它能否根据在服务器的本地配置区域中获取的资源记录信息作出权威性的应答。如果查询的名称与本地区域信息中的相应资源记录匹配，则服务器作出权威性的应答，并且使用该信息来解析查询的名称。

如果查询的名称没有区域信息，则服务器检查它能否通过本地缓存的先前查询信息来解析名称。如果从中发现匹配的信息，则服务器使用它应答查询。接着，如果首选服务器可使用来自其缓存的肯定匹配响应来应答发出请求的客户机，则此次查询完成。

如果查询名称在首选服务器中未发现来自缓存或区域信息的匹配应答，则查询过程可继续进行，使用递归来完全解析名称。包括来自其他 DNS 服务器的支持，以帮助解析名称。在默认情况下，DNS 客户服务要求服务器在返回应答前使用递归过程来代表客户机完全解析名称。在大多数情况下，DNS 服务器的默认配置支持递归过程，如图 3-3 所示。

为了使 DNS 服务器正确执行递归过程，首先需要在 DNS 域名空间内有关于其他 DNS 服务器的一些有用的联系信息。该信息以根线索的形式提供，它是初步资源记录的一个列表，该记录可被 DNS 服务用来定位对 DNS 域名空间树的根具有绝对控制权的其他 DNS 服务器。根服务器对于 DNS 域名空间树中的根域和顶级域具有绝对控制权。

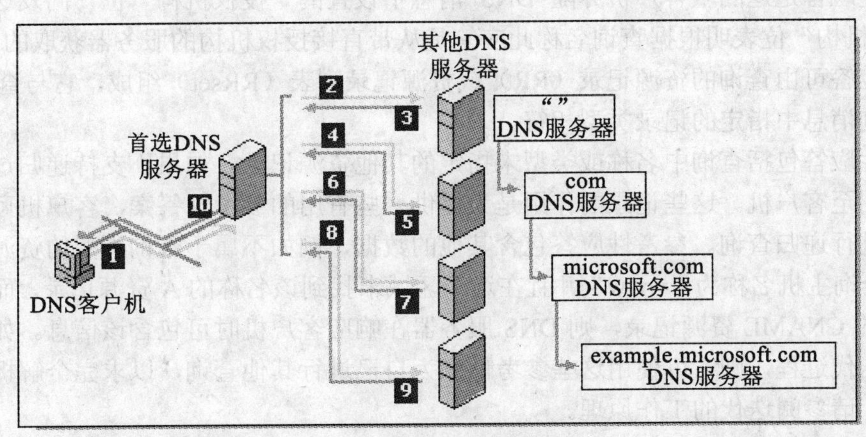

图 3-3　查询 DNS 服务器

DNS 服务器可通过使用根线索搜索根服务器，来完成递归过程。理论上，该过程允许任何 DNS 服务器定位那些对域名空间树中在任何级别使用的任何其他 DNS 域名具有绝对控制权的服务器。

例如，当客户机查询单个 DNS 服务器时，考虑使用递归过程来定位名称 host-b.example.microsoft.com。此过程在 DNS 服务器和客户机首次启动并且没有可帮助解析名称查询的当地缓存信息时进行。它假定由客户机查询的名称用于服务器根据其配置的区域不了解的域名。

首先，首选服务器分析全名并确定对于顶级域“.com”具有绝对控制权的服务器的位置。

随后，对“.com”DNS 服务器使用迭代查询，以获取“microsoft.com”服务器的参考信息。随后，参考性应答从“microsoft.com”服务器传送到“example.microsoft.com”的 DNS 服务器。

最后，与服务器 example.microsoft.com 联系上。因为该服务器包括作为其配置区域一部分的查询名称，所以它向启动递归的源服务器作出权威性的应答。当源服务器接收到表明已获得对请求查询的权威性应答的响应时，它将此应答转发给发出请求的客户机，这样递归查询过程就完成了。

尽管执行上述递归查询过程可能需要占用大量资源，但对于 DNS 服务器来说它仍然具有一些性能上的优势。例如，在递归过程中，执行递归查询的 DNS 服务器可获得有关 DNS 域名称空间的信息。该信息由服务器缓存起来并可再次使用，以提高使用此信息或与之匹配的后续查询的应答速度。随着时间的推移，这些缓存信息会不断增加并占据大量的服务器内存资源，不过在 DNS 服务关闭或它的一个工作周期结束时这些信息将被清除。

3.3.2 候选的查询响应

DNS 查询可能会向客户机返回一个肯定的响应。但实际上，查询也可返回其他应答。最常见的应答有：

- 权威性应答
- 肯定应答
- 参考性应答
- 否定应答

权威性应答是返回至客户机并随 DNS 消息中设置的“授权机构”位一同发送的肯定应答，“授权机构”位表明根据查询名称此应答是从带直接授权机构的服务器获取的。

肯定应答可由查询的资源记录（RR）或资源记录列表（RRset）组成，它与查询的 DNS 域名和查询消息中指定的记录类型相符。

参考性应答包括查询中名称或类型未指定的其他资源记录。如果不支持递归过程，则这类应答返回至客户机。这些记录的作用是为提供一些有用的参考性答案，客户机可使用这种应答继续进行递归查询。参考性应答包含其他的数据，例如不属于查询类型的资源记录。例如，如果查询主机名称为“www”并且在这个区域未找到该名称的 A 资源记录，而是找到了“www”的 CNAME 资源记录，则 DNS 服务器在响应客户机时可包含该信息。如果客户机能够使用迭代过程，则它可使用这些参考信息为自己进行其他查询，以求完全解析此名称。详细信息，请参阅迭代的工作原理。

来自服务器的否定应答可以表明，当服务器试图彻底而且权威性地处理查询以及采用递归方式分析查询时，将遇到以下两种可能的结果之一：

- 权威性服务器报告 DNS 名称空间没有查询的名称。
- 权威性服务器报告查询的名称存在，但该名称不存在指定类型的记录。

解析程序以肯定或否定响应的形式将查询结果传回请求程序并把响应消息缓存起来。

3.3.3 名称服务器缓存的工作原理

DNS 服务器采用递归或迭代来处理客户机查询时，它们将发现并获得已存储的有关 DNS 名称空间的重要信息。然后这些信息由服务器缓存。

缓存为流行名称的后续查询提供了加速 DNS 解析性能的方法，同时充分减少了网络上与 DNS 相关的查询通信量。

当 DNS 服务器代表客户机进行递归查询时，会暂时缓存资源记录。缓存的资源记录包含从 DNS 服务器获得的信息，对于在进行迭代查询以搜索和充分应答代表客户机所执行的递归查询过程中所获知的 DNS 域名，此信息具有绝对的权威性。稍后，当其他客户机发出新的查询，申请与缓存的资源记录匹配的资源记录信息时，DNS 服务器可以使用缓存的资源记录信息来应答它们。

当信息缓存时，生存时间（TTL）值适用于所有缓存的资源记录。只要缓存资源记录的生存时间没有到期，在通过与这些资源记录相匹配的客户机来应答查询时，DNS 服务器就可继续缓存并再次使用资源记录。在大部分区域配置中由资源记录所使用的缓存生存时间值被分配了“最小的（默认）TTL”，它被设置用于区域的启动授权机构资源记录。在默认情况下，最小的生存时间为 3 600 秒（1 小时），但是可进行调整，或者根据需要在每个资源记录上分别设置缓存生存时间。

可以将 Windows DNS 服务器安装成缓存专用服务器（没有任何配置的区域）。在默认情况下，Windows DNS 服务器使用根线索文件 Cache.dns，该文件存储在服务器计算机的 %SystemRoot%\System32\Dns 文件夹中。当服务启动时，该文件的内容预先加载到服务器存储区，并包含运行 DNS 服务器所在的 DNS 名称空间的根服务器的指针信息。

3.3.4 反向查找

在大部分的 DNS 搜索中，客户机一般执行正向查找，正向查找是基于存储在地址（A）资源记录中的另一台计算机的 DNS 名称的搜索。这类查询希望将 IP 地址作为应答的资源数据。

DNS 也提供反向查找过程，允许客户机在名称查询期间使用已知的 IP 地址并根据它的地址搜索计算机名。反向查找采取问答形式进行，如：“您能告诉我使用 IP 地址 192.168.1.20 的计算机的 DNS 名称吗？”

DNS 最初在设计上并不支持这类查询。支持反向查找过程可能存在一个问题，即 DNS 名称空间组织和索引名称的方式及 IP 地址指派的方式不同。如果回答以前问题的唯一方式是在 DNS 名称空间中的所有域中搜索，则反向查找会花很长时间而且需要进行很多有用的处理。

为了解决该问题，在 DNS 标准中定义了特殊域 in-addr.arpa 域，并保留在 Internet DNS 名称空间中以提供实际可靠的方式来执行反向查找。为了创建反向名称空间，in-addr.arpa 域中的子域是通过 IP 地址带句点的十进制编号的相反顺序形式的。

因为与 DNS 名称不同，当 IP 地址从左向右读时，它们是以相反的方式解释的，所以对于每个八位字节值需要使用域的反序。从左向右读 IP 地址时，是从地址中第一部分的最一般信息（IP 网络地址）到最后八位字节中包含的更具体信息（IP 主机地址）。

因此，建立 in-addr.arpa 域树时，IP 地址八位字节的顺序必须倒置。这样安排以后，在向公司分配一组特定或有限的且位于 Internet 定义的地址类别范围内的 IP 地址时，可为公司提供 DNS in-addr.arpa 树中的较低层分支的管理。

最后，在 DNS 中建立的 in-addr.arpa 域树要求定义其他资源记录类型，如指针（PTR）资源记录。这种资源记录用于在反向查找区域中创建映射，该反向查找区域一般对应于其正向查找区域中主机的 DNS 计算机名的主机（A）命名资源记录。

图 3-4 显示了 DNS 客户机（host-b）所启动的反向查找范例，以根据它的 IP 地址 192.168.1.20 了解另一主机（host-a）的名称。

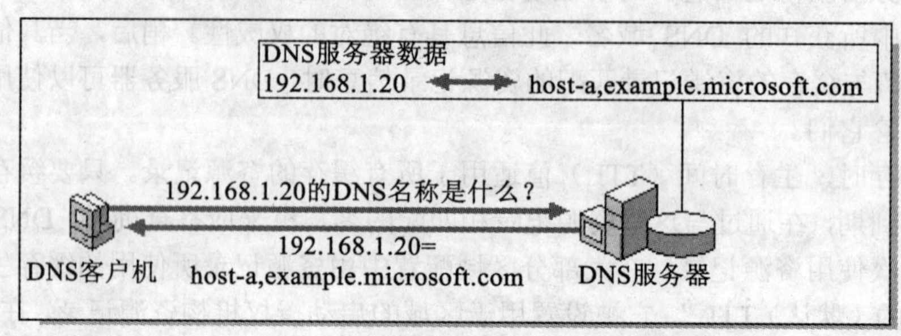

图 3-4 反向查找

图 3-4 中显示的反向查找过程按以下步骤进行：

（1）客户机“host-b”向 DNS 服务器查询映射到“host-a”的 IP 地址 192.168.1.20 的指针（PTR）资源记录。因为此查询是针对 PTR 记录的，因此解析程序将倒置该地址并将 in-addr.arpa 域附加到反向地址的末尾。这样就可形成在反向查找区域中搜索的完全合格域名 (20.1.168.192.in-addr.arpa.)。

（2）一旦找到，20.1.168.192.in-addr.arpa 的权威性 DNS 服务器可使用 PTR 记录信息响应客户查询。包括完成反向查找过程的“host-a”的 DNS 域名。如果所查询的反向名称不能从 DNS 服务器应答，则正常的 DNS 解析（递归或迭代）过程可用来定位对反向查找区域具有绝对权威且包括查询名称的 DNS 服务器。在这一点上，反向查找中所使用的名称解析过程与正向查找相同。

因为 Web 地址可能变化，所以用户也许无法连接到 Web 站点或此处提及的站点。严格地说，通过反向查找来识别主机的反向查找区域和 PTR 资源记录的配置为 DNS 标准实现的可选部分。虽然某些联网的应用程序习惯于执行安全检查，但并未要求使用反向查找区域。

3.4 配置 DNS 客户端

对于 DNS 结构的正常运行，域名系统（DNS）客户端配置与 DNS 服务器配置一样重要。配置 DNS 客户端的注意事项包括客户端命名约定（包括主机名和主 DNS 后缀）；为客户端指定 DNS 服务器或允许动态主机配置协议（DHCP）分配 DNS 服务器；以及配置后缀搜索列表，以解决不合格短主机名问题。对于具有多个网络适配器或多个远程访问服务（RAS）连接的计算机，还可以配置连接特定的 DNS 设置。

必须正确配置客户端计算机才能使用客户端解析网络名称所依赖的 DNS 服务器。可以将客户端计算机配置为从动态主机配置协议（DHCP）服务器接收其网络地址，也可以将其配置为使用固定地址。还可以使用其他设置配置客户端，以便提高客户端查找本地网络主机以及被这些主机查找的能力。

域名系统（DNS）配置需要在每台计算机上完成以下 TCP/IP 属性配置任务：

• 为每台计算机设置 DNS 计算机名或主机名。例如，在完全限定的域名（FQDN）wkstn1.widgets.tailspintoys.com.中，DNS 计算机名是最左边的标记 wkstn1。

• 为每台计算机设置主 DNS 后缀，这放在计算机名或主机名后以组成 FQDN。使用上述示例，主 DNS 后缀就是 widgets.tailspintoys.com。

• 设置一个供客户端在解析 DNS 名称时使用的 DNS 服务器列表，例如首选 DNS 服务器，以及要在首选服务器不可用时使用的任何备选 DNS 服务器。

• 设置客户端执行 DNS 查询搜索以查找非限定性短域名时使用的 DNS 后缀搜索列表或搜索方法。

1. 设置计算机名

在设置 DNS 的计算机名时，将该名称想象成 FQDN 的最左边的部分很有用。例如，在 wkstn1.widgets.tailspintoys.com. 中，wkstn1 是计算机名。

可以用征求意见文档 (RFC) 1123“Internet 主机要求-应用程序和支持”中定义的基于任何受支持的标准字符的计算机名，配置所有 Windows DNS 客户端。这些字符包括以下各项：

• 大写字母 A~Z
• 小写字母 a~z
• 数字 0~9
• 连字符 (-)

如果在网络上同时为 NetBIOS 和 DNS 命名空间提供支持，可以在每个命名空间内使用不同的计算机名。但是，如果可能，建议尝试使用 15 个字符或更短的计算机名，并遵守这些 RFC 1123 命名要求。

默认情况下，客户端 FQDN 中最左边的标签相当于 NetBIOS 计算机名，除非该标签有 16 个或以上字符（这是 NetBIOS 名称的最大长度）。计算机名超过 NetBIOS 的最大长度后，NetBIOS 计算机名将根据指定的完整标记截断。

在用各种 DNS 和 NetBIOS 名称配置计算机之前，请根据部署情况考虑以下提示及其相关问题：

如果为 DNS 服务器上的区域启用了 Windows Internet 名称服务（WINS）查找，请为 NetBIOS 和 DNS 计算机命名使用同一名称。否则，尝试查询和解析这些计算机名称的客户端的结果将不一致。

2. 设置域名

域名与客户端计算机名一起使用，组成 FQDN，又称完整计算机名。通常，DNS 域名是没有用做计算机唯一主机名的 FQDN 的其余部分。

例如，客户端计算机的 DNS 域名可以是如下形式：如果 FQDN 或完整计算机名是 wkstn1.widgets.tailspintoys.com，则域名是该名称的 widgets.tailspintoys.com 部分。

DNS 域名有两个变化形式-DNS 名称和 NetBIOS 名称。在查询和查找网络上的已命名资源期间，使用完整计算机名（完全限定的 DNS 名称）。对于较早版本的客户端，使用 NetBIOS 名称来查找网络上共享的各种类型的 NctBIOS 服务。

同时需要 NetBIOS 和 DNS 名称的组件的一个示例是 Net Logon 服务。在 Windows Server 2008 DNS 中，域控制器上的 Net Logon 服务在 DNS 服务器上注册其服务定位器（SRV）资源记录。对于 Windows NT Server 4.0 和较早版本，域控制器在 WINS 中注册一个 DomainName 条目，以执行同一注册，并宣传可以用它们向网络提供身份验证服务。

当客户端计算机在网络上启动时，它使用DNS解析程序，以向DNS服务器查询其已配置域名的服务定位器（SRV）资源记录。该查询用于查找域控制器，并为访问网络资源提供登录身份验证。网络上的客户端或域控制器也可以使用NetBIOS解析程序服务查询WINS服务器，尝试查找DomainName [1C]条目以完成登录过程。

DNS域名应遵从上节介绍的应用于DNS计算机命名的那些标准和推荐措施。通常，可接受的域名命名约定包括字母A~Z、数字0~9和连字符(-)的使用。域名中始终使用句号(.)来分隔域名的不同部分（一般称做标签）。每个标签都与DNS命名空间树中定义的一个附加级别对应。

对于绝大多数计算机，为计算机配置的主DNS后缀可以与其Active Directory域服务（AD DS）域名相同，尽管这两个值也可以不同。

3. 配置DNS服务器列表

为了让DNS客户端高效运行，必须配置一个具有优先次序的DNS名称服务器列表，让每台计算机在处理查询和解析DNS名称时使用。在绝大多数情况下，客户端计算机联系并使用其首选DNS服务器。这是其本地配置列表上的第一个DNS服务器。在首选服务器不可用时，联系和使用列出的备选DNS服务器。因此，首选DNS服务器应适合客户端在正常状态下持续使用，这一点很重要。

4. 配置DNS后缀搜索列表

对于DNS客户端，可以配置一个能够扩展或修改其DNS搜索功能的DNS域后缀搜索列表。通过向该列表添加更多后缀，您可以在多个指定DNS域中搜索不合格的短计算机名。然后，如果DNS查询失败，DNS客户端服务可以使用该列表，将其他名称后缀结尾附加到原始名称之后，并为这些备选FQDN向DNS服务器重复DNS查询。

对于计算机和服务器，在完成和解析不合格短名称时，预先确定并使用以下默认DNS搜索行为。

当后缀搜索列表为空或未指定时，计算机的主DNS后缀会被附加到不合格短名称，并会用DNS查询来解析所得的FQDN。如果该查询失败，计算机会通过附加为网络连接配置的任何连接特有的DNS后缀，尝试为备选的FQDN执行另外的查询。

如果未配置任何连接特定的后缀，或者为得到的这些连接特定的FQDN所执行的查询失败，则客户端可以开始根据主后缀的系统性简化（又称传递）来重试查询。

例如，如果主后缀是“widgets.tailspintoys.com”，传递过程能够通过在“microsoft.com”和“com”域中搜索短名称，重试短名称查询。

当后缀搜索列表不为空并且至少指定了一个DNS后缀时，尝试限定和解析DNS短名称的工作被限制为仅搜索那些由指定的后缀列表实现的FQDN。对于附加和尝试该列表中的每个后缀而形成的所有FQDN，如果为它们执行的查询未得到解析，则查询过程会失败，产生“找不到名称”结果。

5. 设置DNS客户端的具体操作步骤

设置计算机名的具体操作步骤如下：

（1）打开控件面板，双击“系统”项，打开系统设置窗口。

（2）在“计算机名称、域和工作组设置”右侧，单击“改变设置”链接，打开系统属性对话框，如图3-5所示。

（3）在系统属性对话框中单击“更改”按钮，弹出如图3-6所示的计算机名/域更改对话框，在该对话框内输入计算机名，例如“dc02”。

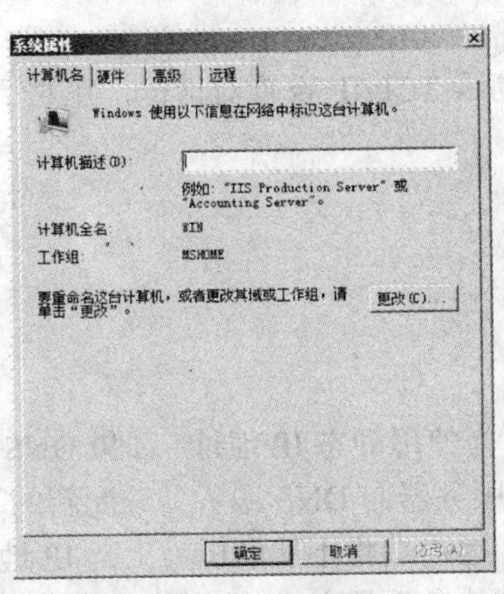

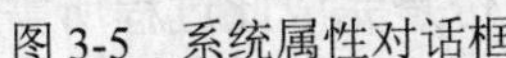
图3-5　系统属性对话框

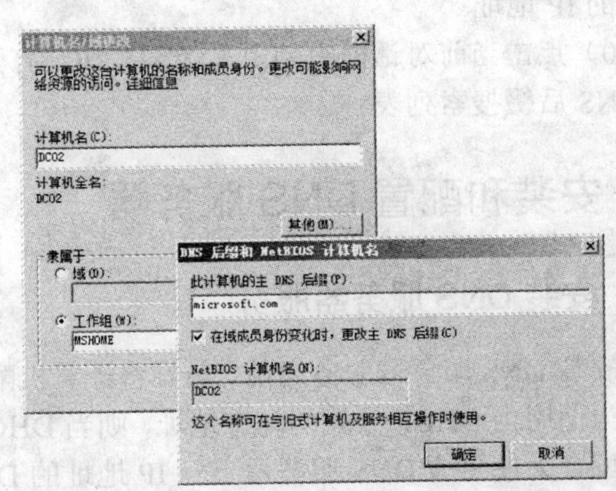

图3-6　设置计算机名和DNS后缀

（4）单击系统属性对话框中的“其他”按钮，如图3-6所示，打开DNS后缀和NetBIOS计算机名对话框，输入当前计算机名的DNS后缀，例如“Microsoft.com”。

（5）完成DNS客户端的计算机名和域名的设置后，打开控制面板中的“网络和共享中心”项，打开网络和共享中心窗口。

（6）找到用于访问DNS服务器的连接，单击该连接右侧的“查看连接”链接，打开本地连接对话框。

（7）点击本地连接对话框中的“属性”按钮，打开本地连接属性对话框，如图3-7所示。

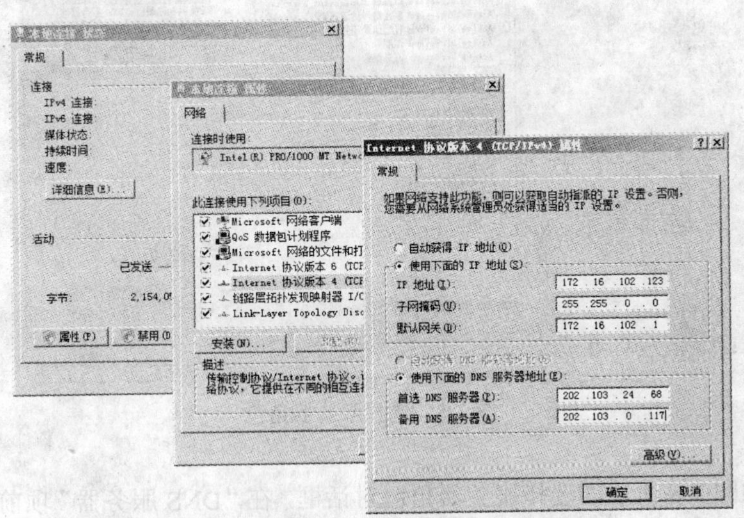

图3-7　设置DNS服务器列表

（8）如果当前连接使用 IP 版本 6 则双击“Internet 协议版本 6（TCP/IPv6）”项，如使用 IP 版本 4 则双击“Internet 协议版本 4（TCP/IPv4）”项。在图 3-7 中，设置的为 IPv4。

（9）在打开的 Internet 协议版本 4（TCP/IPv4）属性中，填写首选 DNS 服务器和备用 DNS 服务器的 IP 地址。

（10）点击当前对话框中的“高级”按钮，打开高级 TCP/IP 设置对话框，在对话框内可配置 DNS 后缀搜索列表。

3.5 安装和配置 DNS 服务器

3.5.1 安装 DNS 服务器服务

在安装 DNS 服务器服务之前，最好将计算机配置为使用静态 IP 地址。如果 DNS 服务器被配置为使用由 DHCP 分配的动态地址，则当 DHCP 服务器向 DNS 服务器分配新的 IP 地址时，被配置为使用该 DNS 服务器上一 IP 地址的 DNS 客户端将不能解析为上一 IP 地址和定位该 DNS 服务器。Administrators 组中的成员身份或等效身份是完成此过程所需的最低要求。

安装 DNS 服务器服务的具体操作步骤如下：

（1）在“开始”菜单中打开服务器管理器，如图 3-8 所示。

（2）在服务器管理器中，从左侧子窗口中选择“角色”节点，单击“添加角色”链接，随后打开添加角色向导对话框。如果向导显示了“开始之前”界面，请阅读欢迎信息，并点击“下一步”按钮。

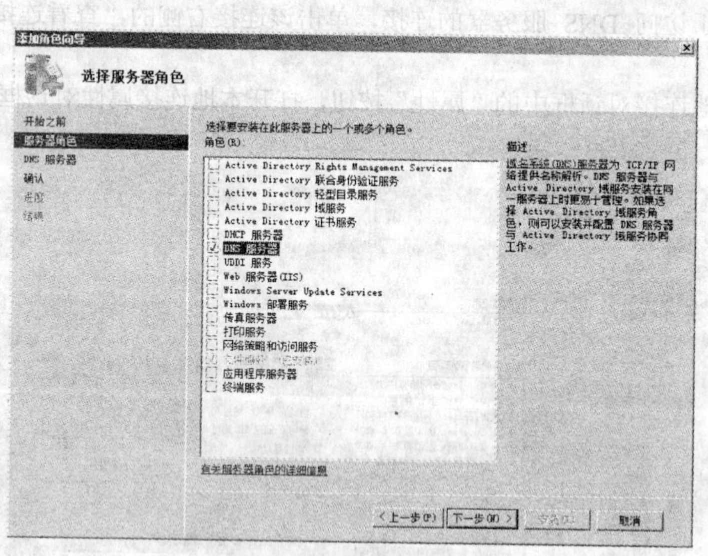

图 3-8　选择服务器角色

（3）打开如图 3-8 所示的选择服务器角色对话框，在“DNS 服务器”项前打钩，单击“下一步”按钮。

（4）阅读 DNS 服务器简介后，单击“下一步”按钮，进入确认对话框，单击“安装”按钮，开始进行 DNS 服务器的安装。

（5）完成安装后，DNS 服务器服务会在服务器重启动之后自动运行，如果没有运行，请手工将其启动。打开服务器管理器，如图 3-9 所示，表明 DNS 服务器服务已被成功地安装到当前计算机。

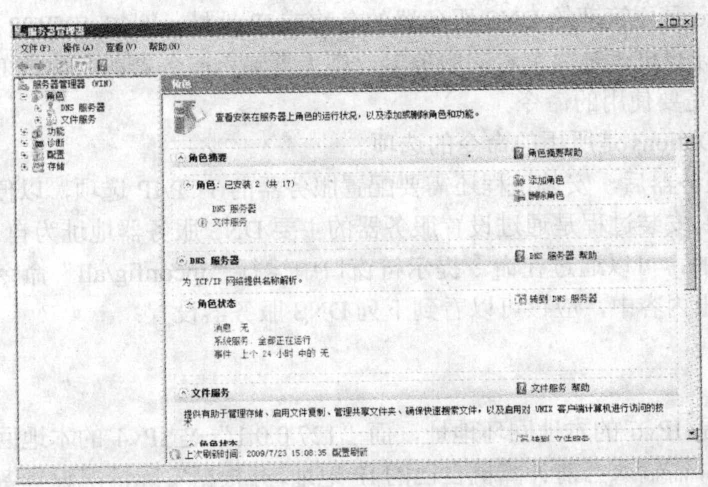

图 3-9　DNS 服务器安装成功

在安装好 DNS 服务器服务后，可以从管理工具菜单中打开 DNS 管理器。依次选择“开始”菜单→“管理工具”菜单→DNS 启动该管理器，随后选择要管理的 DNS 服务器，如图 3-10 所示。

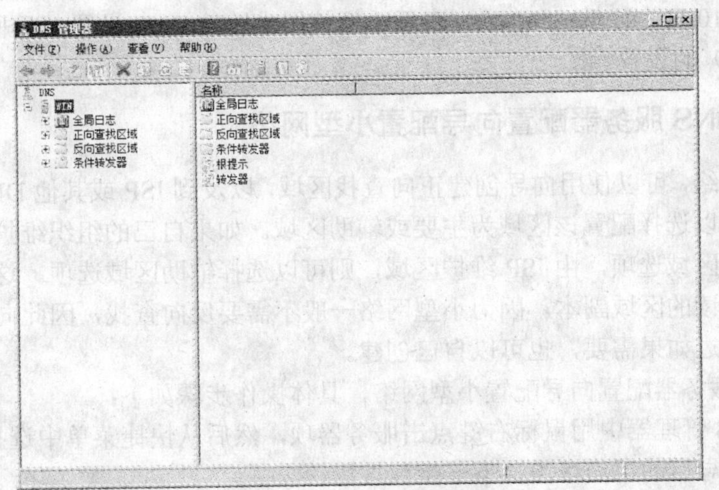

图 3-10　DNS 管理器

Windows Server 2008 中的 DNS 服务器除可以通过 DNS 管理器进行配置操作外，还可以通过命令行进行操作。DNS 管理器的命令行版本是 Dnscmd，这个 Dnscmd 命令行工具可以接受 IPv4 和 IPv6 格式的地址。从运行 Windows Server 2008 的命令提示符窗口中，可以使用 Dnscmd 工具来执行 DNS 管理器中可以执行的大部分任务，另外还可以执行一些仅供 Dnscmd

使用的排错任务。和 Netsh 不同，Dnscmd 并不提供内部命令提示。只能在命令后面指定要设置的服务器和要使用的命令行参数。该工具的语法如下：

Dnscmd ServerName Command CommandOptions

具体说明如下：

- ServerName 是要管理的 DNS 服务器的名称或 IP 地址，例如 SVR02 或 192.168.11.17。如果当前所用的计算机正是要配置的服务器，则无需输入服务器的名称或 IP 地址。
- Command 是要使用的命令。
- CommandOptions 是所用的命令的选项。

装好 DNS 服务器后，安装过程还需要配置服务器的 TCP/IP 选项，以便服务器可以解析自己的 DNS 查询。安装过程是通过设置服务器的主要 DNS 服务器地址为自己的 IPv4 或 IPv6 地址的方式实现的，可以通过在命令提示符窗口中运行“ipconfig/all”命令的方式确认这一点。在命令的输出内容中，应该可以看到下列 DNS 服务器设置：

- ::1
- 127.0.0.1

其中“::1”是 IPv6 的本地回环地址，而“127.0.0.1”是 IPv4 的本地回环地址。对于首选的 DNS 服务器，需输入当前计算机自己的 IP 地址，并根据实际情况设置备用 DNS 服务器。

另外还可以从命令行设置优先 DNS 服务器的 IP 地址，使用的命令如下：

Netsh interface ip set dns ConnectionName static Server1PAddress

其中，ConnectionName 是本地网络连接的名称，而 Server1PAddress 是服务器的 IP 地址。例如：

Netsh interface ip set dns “Local Area Connection” static 192.168.10.11

在这个例子中，将名为“Local Area Connection”的网络连接的首选 DNS 服务器的地址设置为 192.168.10.11，而 Static 选项则表示希望使用本地的 DNS 设置，而非使用动态主机配置协议（DHCP）的设置。

3.5.2 使用 DNS 服务器配置向导配置小型网络

对于小型网络，可以使用向导创建正向查找区域，以及到 ISP 或其他 DNS 服务器的查询转发。另外还可以选择配置该区域为主要或辅助区域。如果自己的组织维护自己的区域，那就可以使用主要区域选项，由 ISP 维护区域，则可以选择辅助区域选项。这样就可以给内部的客户端使用只读的区域副本。因为小型网络一般不需要反向查找，因此向导也不会创建反向查找区域。不过如果需要，也可以自己创建。

使用 DNS 服务器配置向导配置小型网络，具体操作步骤如下：

（1）在 DNS 管理器中用鼠标右键点击服务器项，然后从快捷菜单中选择“配置 DNS 服务器”项，当向导启动后，单击“下一步”按钮。

（2）在如图 3-11 所示的选择配置操作对话框中，选中“创建正向查找区域（适合小型网络使用）”单选按钮，然后单击“下一步”按钮。

（3）如图 3-12 所示，随后可以选择该区域是由这台 DNS 服务器还是 ISP 维护。选择好之后单击“下一步”按钮。这里需要注意两点：

- 如果该区域是由 DNS 服务器维护的，那么向导会配置一个被我们控制的主要区域，这样就可以为组织创建和管理 DNS 记录。

- 如果该区域是由ISP控制的，那么向导会配置一个从ISP处获得信息的辅助区域，这意味着需要由ISP为组织创建和管理DNS记录，这一般都需要额外付费。

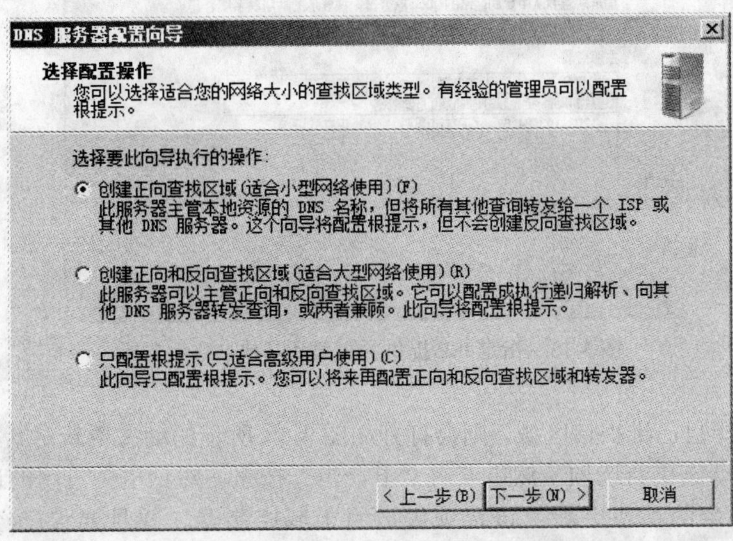

图3-11　选择操作类型

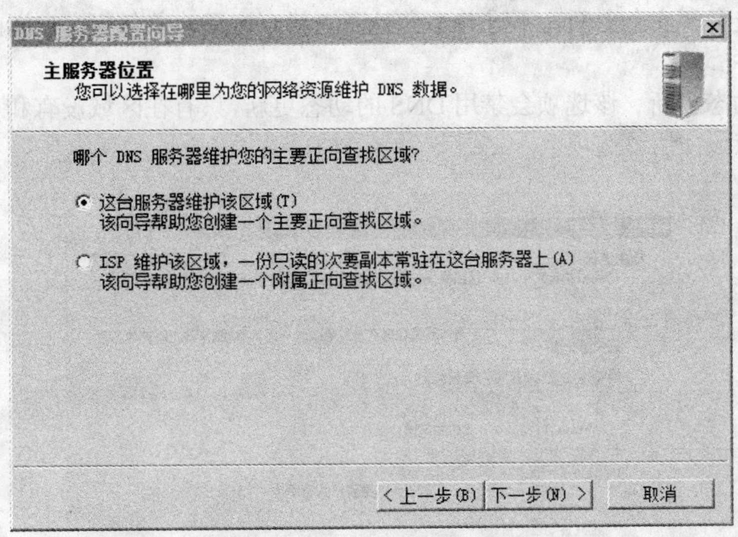

图3-12　选择该区域是由这台服务器还是由ISP维护

（4）在区域名称对话框中，输入该区域的完整DNS名称。区域名称应该有助于判断该区域在DNS域树中的位置。例如，如果需要为microsoft.com域创建主要服务器，那么就该使用“microsoft.com”作为区域名称，然后点击“下一步”按钮。

（5）如果该区域是由ISP维护的，那么随后将会进入如图3-13所示的主DNS服务器对话框。在该对话框中输入为我们维护该区域的主要DNS服务器的IP地址，然后按下回车键。如果还有ISP的其他服务器需要指定，则重复该操作。向导会自动验证我们输入的IP地址，随后需要针对这些DNS服务器配置用于复制区域信息的区域传送功能。

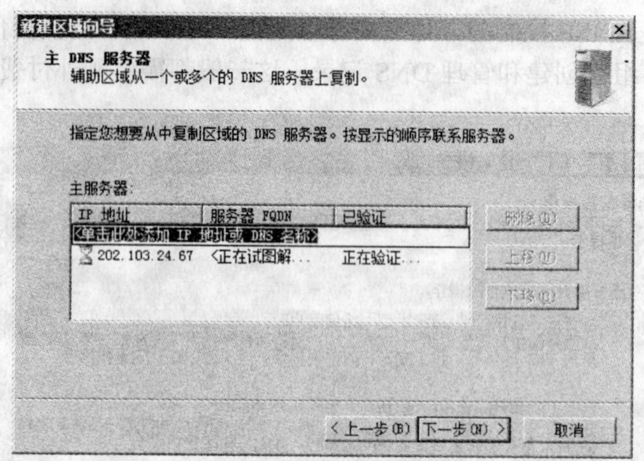

图 3-13 指定 ISP 提供的主要和其他名称服务器

（6）如果选择自己维护该区域，则会打开如图 3-14 所示的动态更新对话框。在对话框中选中需要使用的动态更新选项，然后点击“下一步”按钮。对话框中可用的选项有：

- 只允许安全的动态更新　该选项仅适用于域控制器，并且要求已经部署有 Active Directory。该选项通过限制客户端可以进行的动态更新可以实现最大限度的安全。
- 允许非安全和安全动态更新　该选项可以让任何客户端在 DNS 中更新资源记录，虽然同时允许非安全和安全更新，不过并不会验证更新，这意味着任何客户端的动态更新都会被接受。
- 不允许动态更新　该选项会禁用 DNS 的动态更新，只有在区域没有和 Active Directory 集成的时候才应该使用该选项。

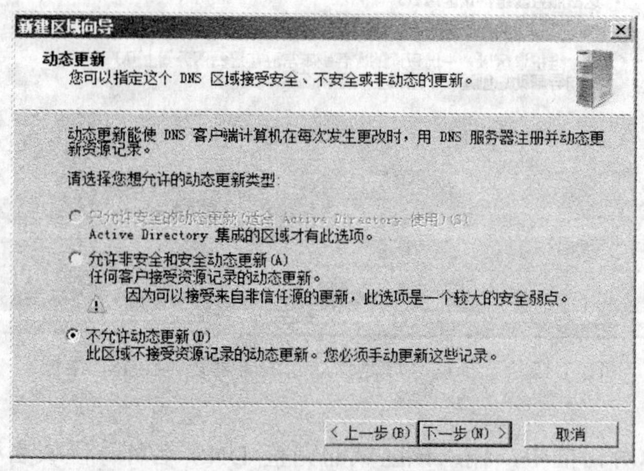

图 3-14 设置动态更新选项

（7）随后进入的转发器对话框可以让我们为 DNS 查询配置转发。如果希望内部 DNS 服务器将自己无法解析的查询转发给其他服务器，请在这里输入目标服务器的 IP 地址。另外，还可以在这里随意设置第二个转发器的 IP 地址。如果不希望使用转发器，可以选择“否，不应转发查询”选项。

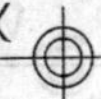

（8）点击“下一步”按钮后，向导会搜索并获取最新的根提示。点击“完成”按钮以结束配置退出向导。如果在配置根提示的时候遇到问题，那么还需要手工配置根提示，或从其他服务器上复制。

3.5.3　使用 DNS 服务器配置向导配置大型网络

对于大型网络，可以使用向导设置正向查找区域和反向查找区域，并设置包含或不包含递归（Recursion）的转发器。通过使用递归功能，对外部资源的查询首先会被转发到我们指定的服务器上，但如果指定的服务器不可用，DNS 服务器才会将请求转发给根名称服务器。如果不使用递归功能，对外部资源的查询只能被转发到我们指定的服务器上。DNS 服务器可以使用 IPv4 和 IPv6 混合、仅 IPv4 以及仅 IPv6 协议发送查询。

要使用 DNS 服务器配置向导配置大型网络，具体操作步骤如下：

（1）在 DNS 管理器中用鼠标右键点击服务器项，然后从快捷菜单中选择“配置 DNS 服务器”项，当向导启动后，点击“下一步”按钮。

（2）进入如图 3-11 所示的操作类型对话框中选择“创建正向和反向查找区域（适合大型网络使用）”单选按钮，然后点击“下一步”按钮。

（3）要创建正向查找区域，则在正向查找区域对话框中选择“是，创建正向查找区域（推荐）”选项，然后点击“下一步”按钮。否则选择“不，不要创建正向查找区域”选项，点击“下一步”按钮后跳到第 10 步。

（4）如图 3-15 所示，需要选择区域类型。选择下列一种选项，然后点击“下一步”按钮。

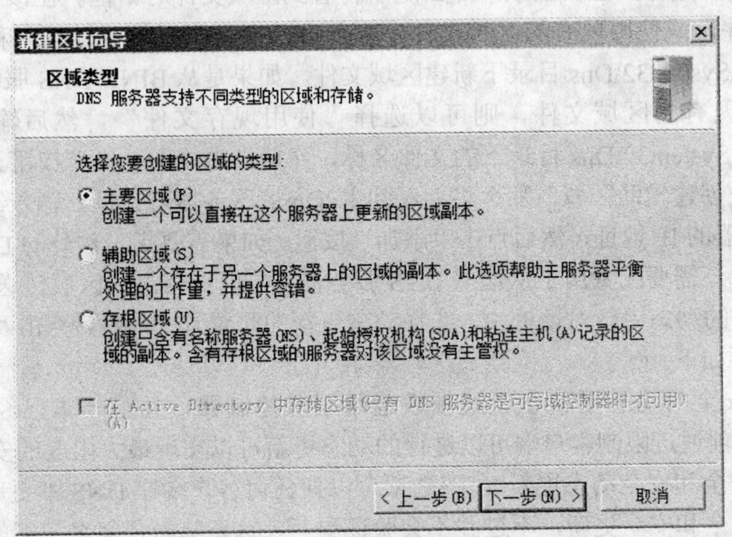

图 3-15　选择区域类型

- 主要区域　使用该单选按钮可以创建主要区域，并委派该服务器为这个区域的权威。如果希望将 DNS 与 Active Directory 集成，请确保选中了“在 Active Directory 中存储区域”复选框。如果不希望集成，则请反选该复选框，创建标准的主要区域。
- 辅助区域　使用该选项创建辅助区域，这意味着该服务器将包含区域的只读副本，并且需要使用区域传送技术进行更新。

● 存根区域　使用该选项可以创建存根区域，这样将只创建区域中必要的粘连记录。另外，我们还可以决定是否将该区域和 Active Directory 集成，如果集成，则该区域将被保存在 Active Directory 中，并使用 Active Directory 复制技术进行更新。

（5）如果创建了 Active Directory 集成区域，随后还需要定义传送作用域，然后点击“下一步”按钮。可用的选项如下：

● 至此林中的所有 DNS 服务器　可以将该区域的信息传送给 Active Directory 林中所有域，这样林中的每台 DNS 服务器都将收到该区域信息的副本，并通过复制获得更新。

● 至此域中的所有 DNS 服务器　可将区域信息传递给当前域，这样域中的每台 DNS 服务器都将收到该区域信息的副本，并通过复制获得更新。

● 至此域中所有域控制器　可以将该区域的信息传送给 Active Directory 域林中的所有域控制器。对于 Windows 2000 域，所有域控制器，无论是否运行了 DNS 服务器服务，都将收到该区域信息的副本，并通过复制获得更新。

● 到在此目录分区的作用域内指定的所有域控制器　如果在配置除默认分区外的其他应用程序分区，那么就可以将传送到域限制在特定的应用程序分区内。任何配置了该应用程序分区的域控制器，无论是否安装了 DNS 服务器服务，都将收到该区域信息的副本，并通过复制获得更新。

（6）随后在区域名称对话框中，输入该区域的完整 DNS 名称。区域名称应该有助于判断该区域在 DNS 域树中的位置。例如，如果需要为 microsoft.com 域创建主要服务器，那么就该使用“microsoft.com”作为区域名称，然后点击“下一步”按钮。

（7）如果是创建标准主要区域，那么随后将看到区域文件对话框。在该对话框中可以创建新的区域文件，或使用现有的区域文件。大部分情况下可以接受默认名称，并让向导在 %SystemRoot%\System32\Dns 目录下新建区域文件。如果是从 BIND DNS 服务器进行迁移，或者希望使用现有的区域文件，则可以选择“使用现存文件”，然后输入已被复制到 %SystemRoot%\System32\Dns 目录下的文件名称，然后点击“下一步”按钮。

（8）如果是创建辅助区域，那么将会看到主 DNS 服务器对话框。输入维护了该区域的主要 DNS 服务器的 IP 地址，然后点击“添加”按钮。如果需要指定额外的 DNS 服务器，重复该操作。随后还需要配置用于从这些 DNS 服务器复制区域信息的区域传送功能。

（9）在打开的动态更新对话框中，选择动态更新的配置方式，然后点击“下一步”按钮。这里可用的选项如下：

● 只允许安全的动态更新　该选项仅适用于域控制器，并且要求已经部署有 Active Directory。该选项通过限制客户端可以进行的动态更新可以实现最大限度的安全。

● 允许非安全和安全动态更新　该选项可以让任何客户端在 DNS 中更新资源记录，虽然同时允许非安全和安全更新，不过并不会验证更新，这意味着任何客户端的动态更新都会被接受。

● 不允许动态更新　该选项会禁用 DNS 的动态更新，只有在区域没有和 Active Directory 集成的时候才应该使用该选项。

（10）要创建反向查找区域，需接受反向查找域对话框中的默认选项，然后点击“下一步”按钮。如不创建，选择“不，不要现在创建反向查询区域”单选按钮，点击“下一步”按钮后会跳到向导第 16 步。

（11）在区域类型对话框中选择需要使用的区域类型，这里的选项和创建正向查找区域时的选项一样。完成设置后点击“下一步”按钮。

（12）如果创建的是 Active Directory 集成的区域，那么还需要定义传送作用域，然后点击“下一步”按钮。

（13）在打开的对话框中指定要创建的是 IPv4 还是 IPv6 的反向查找区域，然后点击“下一步”按钮。这里可用的选项如下：

- 如果创建的是 IPv4 反向查找区域，在如图 3-16 所示的对话框中输入反向查找区域的网络 ID，然后点击“下一步”按钮。这里输入的值可以设置反向查找区域的默认名称。如果在同一个网络上有多个子网，如 192.168.1、192.168.2 和 192.168.3，那么这里就只需要输入网络部分作为区域名称，例如要输入 192.168，而不是完整的网络 ID。随后 DNS 服务器服务会使用特定子网使用的 IP 地址补充必要的子网区域。

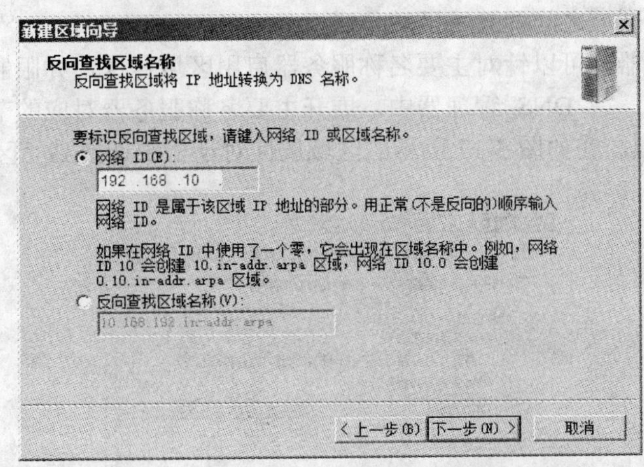

图 3-16　设置反向查找区域的网络 ID

- 如果要创建 IPv6 的反向查找区域，需为该反向查找区域输入网络前缀，然后点击“下一步”按钮。在这里输入的值可以用于自动生成相关的区域名称，名称取决于输入的网络前缀，最多可以创建八个区域。

（14）如果创建的是标准辅助区域，那么还可以看到区域文件对话框，在这里可以新建区域文件，或使用现有文件。

（15）在动态更新对话框中，选择希望配置的动态更新选项，然后点击“下一步”按钮。

（16）在随后的转发器对话框中，可以让我们配置 DNS 查询的转发。如果希望让内部 DNS 服务器将自己无法解析的查询转发给其他服务器，那么需要在这里输入目标服务器的 IP 地址。另外我们还可以在这里设置第二个转发器的 IP 地址。如果不希望使用转发器，请选择“否，不应转发查询”选项。

3.5.4　配置区域传送

区域传送可以用于将区域信息的只读副本发送给同一域或不同域中的辅助 DNS 服务器。Windows Server 2008 支持以下三种类型的区域传送方式：

- 标准区域传送　辅助服务器要求主要服务器上区域的完整副本。

● 增量区域传送　辅助服务器要求主要服务器上的区域中发生了变化，需要同步的内容的副本。

● Active Directory 区域传送　区域中的变化会被使用 Active Directory 复制功能传送到域（或子域，如果配置了应用程序分区）中的所有域控制器。

在使用 Active Directory 集成区域的时候，Active Directory 区域传送会被自动使用和配置。如果还有辅助名称服务器，这些名称服务器无法自动请求标准或增量的区域传送。为使用这些功能，首先必须在主名称服务器上启用区域传送。为了提高 DNS 服务器的安全性，默认情况下，区域传送功能是被禁用的。说到安全性，虽然可以让区域传送针对任务 DNS 服务器使用，不过这有可能给服务器带来可能的攻击。因此最好对允许进行区域传送请求的名称服务器进行专门的指定。

区域传送可以针对域和子域的正向查找和反向查找区域的子网启用，我们可以在主要名称服务器上启用区域传送。如果某服务器是辅助名称服务器，那么其中的区域就已经和主要名称服务器中的相应区域之间配置了区域传送。

通过 DNS 管理器，可以针对主要名称服务器启用区域传送，并限制可以请求该区域传送的辅助名称服务器。在 DNS 管理器中，展开主要名称服务器对应的节点，从弹出的快捷菜单中 “属性” 选项。在如图 3-17 所示的区域属性对话框中切换到“区域传送”选项卡。

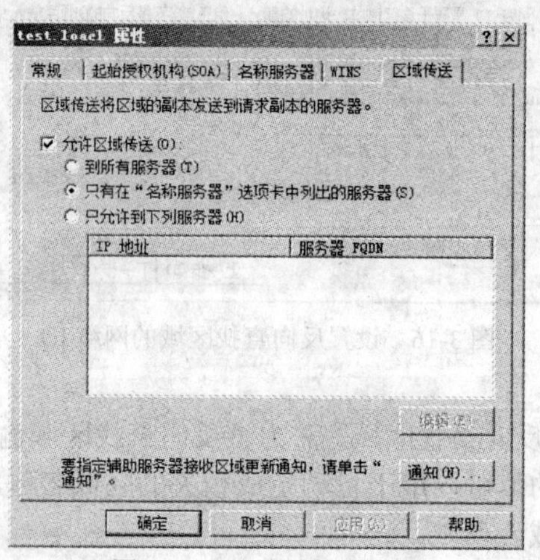

图 3-17　区域属性对话框

选择要使用的区域传送选项，这里可用的选项如下：

● 到所有的服务器　选中该单选按钮可以让任何 DNS 服务器请求区域传送。

● 只有在“名称服务器”选项卡中列出的服务器　选中该单选按钮可以限制只有在“名称服务器”选项卡中列出的服务器可以进行区域传送。随后可以打开“名称服务器”选项卡，然后完成下列任务。

◆ 名称服务器列表中显示了当前被配置为区域权威服务器的 DNS 服务器，并包含负责辅助区域的 DNS 服务器。如果这里没有列出某台辅助服务器，而希望授权该服务器可以进行区域传送，请点击“添加”按钮，随后可打开文本新建名称服务器“记录”对话框。

◆ 在“服务器完全合格的域名（FQDN）”框中输入该域的辅助服务器的完全合格域名主机名，然后点击“解析”按钮。随后向导会验证名称服务器，并输入对应的 IP 地址。我们可

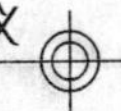

以单击IP地址列表，添加额外的名称服务器的IP地址，单击后输入IP地址，然后按下回车键。

◆ 点击“确定”按钮关闭新建名称服务器记录对话框，重复该操作为该域或子网添加额外的辅助DNS服务器。

● 只允许到下列服务器　选中该单选按钮可以只允许列表中指定的服务器请求传送。随后需要完成下列操作。

◆ 点击“编辑”按钮开打“允许区域传送”对话框。

◆ 输入允许接收区域传送的辅助服务器的IP地址，然后按下回车键。

◆ 重复该操作指定域或子网的其他辅助服务器。

◆ 点击“确定”按钮，关闭“允许区域传送”对话框。

完成后，点击“确定”按钮，关闭域属性对话框。

3.6 配置辅助DNS服务器（含配置只进行缓存的服务器、配置DNS服务器使用转发器）

3.6.1 配置辅助DNS服务器

DNS辅助服务器是一种容错设计，考虑的是一旦DNS主服务器出现故障或因负载太重无法及时响应客户机请求，辅助服务器将挺身而出为主服务器排忧解难。辅助服务器的区域数据都是从主服务器复制而来，因此辅助服务器的数据都是只读的，当然，如果有必要，我们可以很轻松地把辅助服务器升级为主服务器。

配置辅助DNS服务器的具体步骤如下:

（1）在DNS管理器中用鼠标右键点击服务器项，然后从快捷菜单中选择“配置DNS服务器”项，当向导启动后，点击“下一步”按钮。

（2）进入如图3-11所示的操作类型对话框中选择“创建正向和反向查找区域（适合大型网络使用）”单选按钮，然后点击“下一步”按钮。

（3）要创建正向查找区域，则在正向查找区域对话框中选择“是，创建正向查找区域（推荐）”选项，然后点击“下一步”按钮。否则选择“不，不要创建正向查找区域”选项，点击“下一步”按钮后跳到第6步。

（4）如图3-15所示，选择“辅助区域”单选按钮，然后点击“下一步”按钮。

（5）随后在区域名称对话框中，输入该区域的完整DNS名称。此名称应与主要区域的完整DNS名称一致。完成输入后点击“下一步”按钮。

（6）进入如图3-13所示的主DNS服务器对话框，输入主DNS服务器的IP地址，然后按下回车键。向导会自动验证我们输入的IP地址。完成输入后点击“下一步”按钮。

（7）要创建反向查找区域，需接受反向查找域对话框中的默认选项，然后点击“下一步”按钮。如不创建，选择“不，不要现在创建反向查询区域”单选按钮，点击“下一步”按钮后会跳到向导第12步。

（8）在区域类型对话框中选择“辅助区域”单选按钮，点击“下一步”按钮。

（9）在打开的对话框中指定要创建的是 IPv4 还是 IPv6 的反向查找区域，然后点击“下一步”按钮。

（10）在反向查找区域名称中输入区域的网络 ID，点击“下一步”按钮。

（11）再次进入如图 3-13 所示的主 DNS 服务器对话框，输入主 DNS 服务器的 IP 地址，然后按下回车键。完成输入后点击“下一步”按钮。

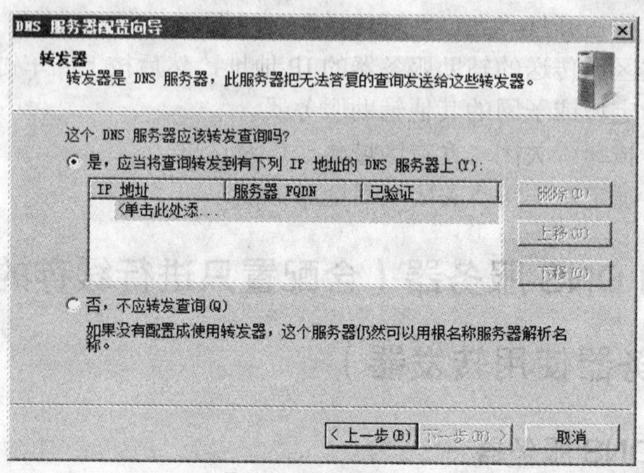

图 3-18　设置转发器

（12）进入如图 3-18 所示的转发器对话框，如果希望为该辅助 DNS 服务器配置转发器，可以选择“是，应当将查询转发到有下列 IP 地址的 DNS 服务器”单选按钮，然后转入主 DNS 服务器的 IP 地址，按回车键，向导会自动进行验证。如果不希望配置转发器，则选“否，不应转发查询”单选按钮。完成设置后点击“下一步”按钮。关于转发器的更多内容我们会在下一小节详细介绍。

3.6.2　配置转发器

1. 转发器

转发器是网络上的一个域名系统（DNS）服务器，它将对外部 DNS 名称的 DNS 查询转发到网络外部的 DNS 服务器。还可以使用条件转发器按照特定域名转发查询。

通过配置网络中的其他 DNS 服务器将它们无法在本地解析的查询转发到网络上的一个 DNS 服务器，可将该 DNS 服务器指定为转发器。通过使用转发器，可以管理网络之外的名称（如 Internet 上的名称）的名称解析，并提高网络中的计算机的名称解析效率。使用转发器指导外部名称查询的过程如图 3-19 所示。

当您将 DNS 服务器指定为转发器时，将使该转发器负责处理外部通信，并限制 DNS 服务器暴露于 Internet 的程度。转发器为外部 DNS 信息构建了一个大型缓存，因为网络中的所有外部 DNS 查询都将通过它来解析。使用此缓存数据，转发器可在短时间内解析大量外部 DNS 查询。此将减少网络上的 Internet 通信，并缩短 DNS 客户端的响应时间。

配置为使用转发器的 DNS 服务器的工作方式不同于未被配置为使用转发器的 DNS 服务器。配置为使用转发器的 DNS 服务器将按如下方式工作：

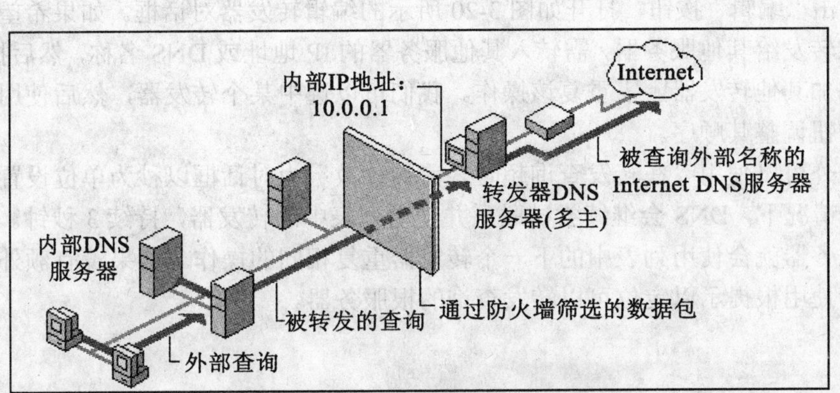

图 3-19 使用转发器指导外部名称查询

（1）当 DNS 服务器收到查询时，它将通过使用所承载的区域并通过使用其缓存来尝试解析此查询。

（2）如果使用本地数据无法解析查询，DNS 服务器会将查询转发到指定作为转发器的 DNS 服务器。

（3）如果转发器不可用，DNS 服务器将尝试使用其根提示来解析查询。

当 DNS 服务器将查询转发到转发器时，会将一个递归查询发送到转发器。这不同于 DNS 服务器在标准名称解析（不涉及转发器的名称解析）过程中发送到其他 DNS 服务器的迭代查询。

2. 条件转发器

条件转发器是网络上的一个 DNS 服务器，它按照查询中的 DNS 域名转发 DNS 查询。例如，您可以将 DNS 服务器配置为将它所接收到的对以 corp.contoso.com 结尾的名称的所有查询转发到特定 DNS 服务器的 IP 地址或到多个 DNS 服务器的 IP 地址。

3. Internet 名称解析

DNS 服务器可使用条件转发器解析共享信息的公司 DNS 域名之间的查询。例如，两个公司 Wingtip Toy 和 Tailspin Toys，想要改进 Wingtip Toy 的 DNS 客户端解析 Tailspin Toy 的 DNS 客户端名称的方式。来自 Tailspin Toy 的管理员通知 Wingtip Toy 的管理员有关在 Tailspin Toy 网络中（Wingtip Toy 可以在其中发送针对域 dolls.tailspintoys.com 的查询）的一组 DNS 服务器。Wingtip Toy 网络中 DNS 服务器被配置为将所有对以 dolls.tailspintoys.com 结尾的名称的查询转发到网络中为 Tailspin Toy 指定的 DNS 服务器。因此，Wingtip Toy 网络中的 DNS 服务器不必查询其内部根服务器（或 Internet 根服务器）来解析对以 dolls.tailspintoys.com 结尾的名称的查询。

4. 配置转发器的具体操作步骤

配置转发器的具体操作步骤如下：

（1）在 DNS 管理器中，用鼠标左键点击目标服务器，从快捷菜单中选择“属性”项。在服务器属性对话框中切换到“转发器”选项卡，如图 3-19 所示。

（2）如果希望在指定的转发器不可用时转发到根名称服务器，需选中“如果没有转发器可用，请使用根提示”复选框。

（3）点击“编辑”按钮，打开如图 3-20 所示的编辑转发器对话框。如果希望将内部无法解析的请求转发给其他服务器，需转入其他服务器的 IP 地址或 DNS 名称，然后按下回车键。如果希望添加其他转发器，需重复该操作。我们可以选中某个转发器，然后使用“上移”或“下移”按钮调整其顺序。

（4）另外可以使用“在转发查询超时之前的秒数”为对话框以秒为单位设置查询的超时时间。默认情况下，DNS 会继续尝试联系并使用列表中的转发器，持续 3 秒钟。如果时间超时，那么服务器就会使用列表中的下一个转发器重复相同的操作。如果没有额外的转发器，服务器就会使用根提示以定位可以转发查询的根服务器。

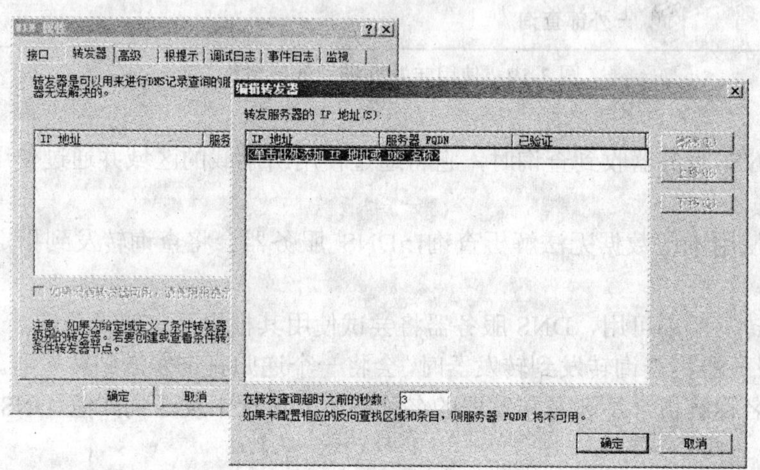

图 3-20　配置转发器

（5）完成转发器的编辑后，点击“确定”按钮，关闭编辑转发器对话框。

（6）在服务器属性对话框中切换到“高级”选项卡。确保“禁用递归”选项被反选，然后点击“确定”按钮，关闭服务器属性对话框。

如果有多个内部域，可能还会需要配置条件转发，这样就可以直接将要到特定域的请求转发到特定的 DNS 服务器上进行解析。如果组织中有多个内部域，并且需要在域之间解析请求，那么条件转发就很有用。配置条件转发的具体步骤如下：

（1）在 DNS 管理器中，用鼠标右键点击目标服务器的条件转发子节点，在快捷菜单中选择“新建条件转发器”项。

（2）在如图 3-21 所示的新建条件转发器对话框中，输入查询要被转发到的域的名称，例如 zust.cn。

（3）在 IP 地址列表中单击，转入目标域中的权威 DNS 服务器的 IP 地址，然后按回车键。如果要指定多个 IP 地址，重复该操作。

（4）如果使用了 Active Directory 集成的 DNS，需选择“在 Active Directory 中存储此条件转发器，并按照如下方式复制它”，然后选择下列可用复制选项中的一种。

- 此林中的所有 DNS 服务器　如果希望使用最广泛的复制策略，就选择该选项。但需要记住，Active Directory 林中包含了和当前域共享目录数据中的一种。
- 此域中的所有 DNS 服务器　如果希望在当前域以及当前域的子域中复制转发器信息，就选择该选项。

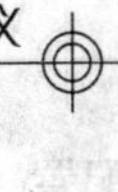

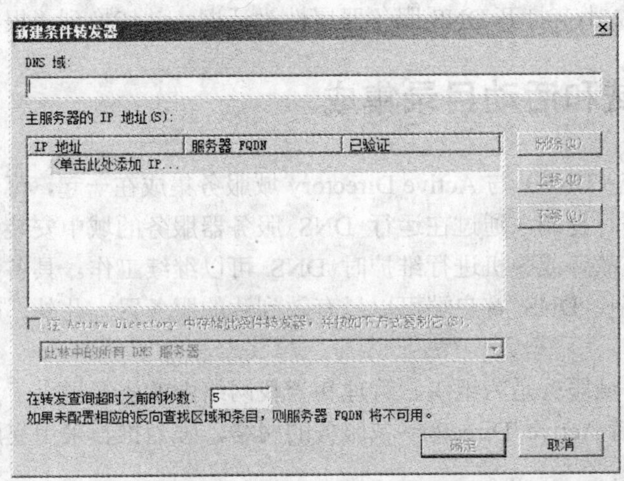

图 3-21　新建条件转发器对话框

● 此域中的所有域控制器　如果希望在当前域以及当前域的子域中所有域控制器上复制转发器信息，就选择该项。虽然该项可以给域中的转发器信息提供最广泛的复制选项，但并非所有域控制器都是 DNS 服务器（而且也没有必要将每台域控制器都配置为 DNS 服务器）。

（5）在“再转发查询超时之前的秒数”框中设置超时时间，该值决定了如果没有响应服务器要等待多久才将查询转发给下一个转发器。如查这里设置的数值代表的时间到了，服务器就会尝试列表中的下一台权威服务器。该选项的默认值是 5 秒。完成设置后点击“确定”按钮。

（6）重复上述操作配置用于其他域的条件转发。

我们还可以使用 DNS 管理器禁用递归和转发器。在 DNS 管理器中，用鼠标右键点击目标服务器，在快捷菜单中选择“属性”项。在服务器属性对话框中切换到“高级”选项卡，选择“禁用递归”项，点击“确定”按钮即禁用递归和转发器。

3.6.3　DNS 缓存服务器

所有的 DNS 服务器都会将它们已解析的查询存放在缓存中，DNS 缓存服务器就是仅执行查询、将应答存放于缓存并返回结果的 DNS 服务器。DNS 缓存服务器不维护任何区域并且没有特定域的授权。它们是一些特殊的 DNS 服务器，仅负责构建在代表其客户端执行递归查询时所获悉的名称的本地服务器缓存。然后在应答随后的客户端查询时可以从其缓存中获得此信息。它们对于任何域来说并不是权威的，并且它们所包含的信息限于解析查询时已缓存的内容。

在确定何时使用这类服务器时，请注意当该服务器初次启动时，它没有缓存任何信息。该信息在响应客户端请求时获得。但是，如果您要处理站点之间的慢速广域网链路，则该选项可能会很理想，这是因为一旦建立了缓存，通信量便会减少。另外，缓存专用服务器不执行区域传输，这种传输也可能导致广域网环境中的网络通信量增大。

DNS 缓存服务器的配置非常简单，在成功地在计算机上安装了 DNS 服务器服务后，不要配置 DNS 服务器以加载任何区域，并检查服务器根提示是否正确配置或更新即可。根提示信息可以参考 3.6.2 小节打开 DNS 服务器属性对话框，并切换到“根提示”选项卡查看。

3.7 DNS 区域和活动目录集成

通过将域名系统（DNS）与 Active Directory 域服务集成在一起，可以在常用域或林中的域控制器之间自动进行复制。通过在运行 DNS 服务器服务的域中安装多个域控制器，可以确保在域控制器出现故障或脱机进行维护时 DNS 可以继续工作。具备多个域控制器时，用户还可以在站点中查找 DNS 客户端可以最有效到达的服务器。此外，产生的负载平衡可以提高总体 DNS 性能。

Active Directory 域服务是为组织、管理和查找网络中的资源提供了一个企业级的工具。对于部署 DNS 以支持 Active Directory 域服务的网络，强烈推荐采用集成了目录的主区域。它们提供了以下好处：

- DNS 具有基于 Active Directory 域服务功能的多主机数据复制和增强安全性的功能。

在标准区域存储模型中，DNS 更新根据单主机更新模型进行。在该模型中，将区域的单个权威 DNS 服务器指定为区域的主源。该服务器将区域的主副本保留在一个本地文件中。对于该模型，区域的主服务器就成了单一固定故障点。如果该服务器不可用，将不为该区域处理来自 DNS 客户端的更新请求。

使用集成了目录的存储，对 DNS 的动态更新发送到任何集成了 Active Directory 域服务的 DNS 服务器，并通过 Active Directory 域服务复制，复制到所有其他集成了 Active Directory 域服务的 DNS 服务器。在该模型中，任何集成了 Active Directory 域服务的 DNS 服务器都可以接受区域的动态更新。因为区域的主机副本保留在 Active Directory 域服务数据库中，而该数据库又完全复制到所有域控制器，因此在域的任何域控制器处运行的 DNS 服务器都可以更新区域。使用 Active Directory 域服务的多主机更新模型，只要网络上的域控制器可用和可以访问，集成了目录的区域的任何主服务器都可以处理 DNS 客户端的区域更新请求。

此外，当您使用集成了目录的区域时，您可以使用访问控制表（ACL）编辑以保护目录树中的 DnsZone 对象容器。该功能提供对区域或区域的指定资源记录的详细的访问。例如，可以限制区域资源记录的 ACL，以便仅允许对指定客户端计算机或安全组（例如域管理员组）进行动态更新。使用标准主区域时，该安全功能不可用。

- 只要将新的区域添加到 Active Directory 域服务域，区域将自动复制并同步到新的域控制器。

尽管可以有选择地从域控制器删除 DNS 服务器服务，集成了目录的区域已经存储到每个域控制器中。因此，区域存储与管理不是附加资源。此外，与可能要求复制整个区域的标准区域更新方法相比，用于同步存储在目录中的信息的方法可以带来性能改进。

- 通过在 Active Directory 域服务中集成 DNS 区域数据库的存储，用户可以简化网络的数据库复制规划。

当 DNS 命名空间和 Active Directory 域服务域进行单独存储和复制时，您必须单独规划并可能管理这些项目中的每一项。例如，当您将标准 DNS 区域存储和 Active Directory 域服务一起使用时，您必须设计、实施、测试并维护两个不同的数据库复制拓扑。

例如，在域控制器之间复制目录数据需要一个复制拓扑，在 DNS 服务器之间复制区域

数据库需要另外一个拓扑。这将增加网络规划与设计及实现其最终增长的管理复杂性。通过集成 DNS 存储，您可以将 DNS 和 Active Directory 域服务的存储管理和复制问题统一起来，从而将它们合并为和视为单一管理实体。

- 集成了目录的复制比标准 DNS 复制更快、效率更高。

因为 Active Directory 域服务复制处理是逐个属性执行的，因此只有相关更改会传播。目录存储区域更新中使用和提交的数据更少。

只有主区域可以存储在目录中。DNS 服务器无法在目录中存储辅助区域。必须以标准文本文件格式存储它们。当所有区域都存储在 Active Directory 域服务中时，AD DS 的多主机复制模型就不再需要辅助区域。

当在服务器上安装 Active Directory 域服务时，将服务器的角色提升为指定域的域控制器。在这个过程中，安装向导将提示您为正加入并为其提升服务器的 Active Directory 域服务域指定 DNS 域名，并向您提供安装 DNS 服务器角色的选项。提供该选项的原因是对于查找该服务器或 Active Directory 域服务域成员的其他域控制器，DNS 服务器是必需的。在安装 Active Directory 域服务的过程中集成 DNS 的具体步骤将在第五章详细说明。

3.8 管理动态 DNS

动态更新允许 DNS 客户端计算机在发生更改的任何时候使用 DNS 服务器注册和动态地更新其资源记录。它减少了对区域记录进行手动管理的需要，特别对于频繁移动或改变位置并使用 DHCP 获得 IP 地址的客户端更是如此。

DNS 客户端和服务器服务支持使用动态更新，DNS 服务器服务允许在配置为加载标准主要区域或 Active Directory 集成区域的每个服务器上，在每个区域上启用或禁用动态更新。默认情况下，DNS 客户端服务在配置用于 TCP/IP 时，将动态更新 DNS 中的主机（A）资源记录（RR）。

1. 动态 DNS 和静态 DNS

DNS 的主要的功能是主机名解析，即将主机名转换为 IP 地址，实现 TCP/IP 网络中的资源通信。DNS 本来被设计为只支持区域数据库的静态改变。目前在 RFC2136 标准中定义的 DNS 标准描述了允许 DNS 动态更新记录的一系列规则，基于这种规则的 DNS 系统可以称为动态 DNS。

静态主机名解析是一种传统的主机名解析方式，它将大量主机名与 IP 地址的对应关系存放在一个特定的数据库中，缺点是无论主机名或 IP 地址有任何变化均需要由管理员对数据库进行更新。这意味着添加、删除或修改资源记录仅能通过手工完成，产生较大的管理负荷。在静态 DNS 系统中，所有的解析项都是由管理员手工填写的，非常不方便。而且现在的网络规划中通常使用动态主机配置协议（DHCP）来分配客户机的 IP 地址，而静态 DNS 是无法支持 DHCP 的。

2. 动态 DNS 的优点

Windows 2000 DNS 提供动态与静态两种主机名称解析方式，两种方式之间可以自由转换。Windows 2000 的 DNS 操作支持 DNS 动态更新协议。通过动态更新协议，允许客户计算机自动更新 DNS 服务器，而不需管理员的干涉。动态 DNS 比静态 DNS 有很多优点，它既支持动态更新，又可以兼容于 NT4 网络，支持手工刷新；它结合 WINS 的动态能力和传统

DNS 的稳定性和健壮性。动态 DNS 是对长期使用的名称解析标准的革新，对网络规划和管理都会产生深远的影响。

DNS 动态更新协议允许直接从客户计算机上或从代表客户计算机的 DHCP 服务器上更新。DNS 动态更新协议能用来和 DHCP 一起在一台计算机的 DHCP 地址释放和更新时动态更新资源记录。当 DHCP 客户的 IP 地址更新时，DHCP 服务器会通知 DNS 服务器更新资源记录。当 DHCP 客户计算机从 DHCP 服务器接受 IP 地址时，服务器会指示动态更新怎样进行。在默认状态下，下述操作会发生：

- DHCP 的客户计算机更新 A（主机）资源记录。
- DHCP 服务器更新 PTR（指示器）资源记录。

只要可能就用运行 DNS 服务器服务的服务器升级或取代运行静态 DNS 的服务器。DHCP 和静态 DNS 与名字解析数据同步不兼容。因为当 DHCP 客户计算机配置更改时，运行静态 DNS 的服务器不能提供动态更新，所以 DHCP 与静态 DNS 一起用时可能会有问题。

3. DNS 动态更新过程

默认情况下，以静态方式配置为 TCP/IP 的计算机会尝试以动态方式针对其已安装网络连接所配置并使用的 IP 地址注册主机（A）资源记录和指针（PTR）资源记录。默认情况下，所有计算机都会根据其完全限定的域名（FQDN）来注册记录（主要的计算机全名（FQDN）基于附加到计算机名称中的计算机主 DNS 后缀）。

当出现下列情况时，DHCP 客户端服务（而不是 DNS 客户端服务）将发送更新。

- 在 TCP/IP 属性配置中添加、删除或修改了任何一个已安装网络连接的 IP 地址。
- IP 地址租约更改，或向 DHCP 服务器续订任何一个已安装的网络连接。例如，启动计算机时或使用 ipconfig /renew 命令时。
- ipconfig /registerdns 命令用于手动强制刷新 DNS 中的客户端名称注册。
- 打开计算机进行启动时。
- 成员服务器已被提升为域控制器。

这样设计的目的在于，如果因 DHCP 对 IP 地址信息进行了更改，则可以在 DNS 中执行对应的更新，以便对计算机的名称到地址映射进行同步。DHCP 客户端服务将为系统中的所有网络连接（包括未配置为使用 DHCP 的连接）执行此功能。

通常，当计算机上的 DNS 名称或 IP 地址改变时，就会请求动态更新。例如，假定名为 oldhost 的客户端最初在“系统属性”中是使用以下名称进行配置的。

- 计算机名称　　　　oldhost
- 计算机的 DNS 域名　　tailspintoys.com
- 计算机全名　　　　oldhost.tailspintoys.com

在此示例中，没有为计算机配置任何连接特定的 DNS 域名。随后，将计算机从 oldhost 重命名为 newhost，从而使系统上发生下列名称变化。

- 计算机名称　　　　newhost
- 计算机的 DNS 域名　　tailspintoys.com
- 计算机全名　　　　newhost.tailspintoys.com

在“系统属性”中应用名称更改后，系统会提示您重新启动计算机。计算机重新启动 Windows 时，DHCP 客户端服务会按照以下顺序来更新 DNS：

（1）DHCP 客户端服务使用计算机的 DNS 域名来发送授权起始点（SOA）类型的查询。客户端计算机使用当前配置的计算机 FQDN（如 newhost.tailspintoys.com）作为在此查询中指定的名称。

（2）包含客户端 FQDN 的区域的权威 DNS 服务器将对 SOA 类型的查询做出响应。对于标准的主要区域，在 SOA 查询响应中返回的主服务器（所有者）是固定的而且是静态的。当它出现在区域中存储的 SOA 资源记录中时，始终与实际的 DNS 名称匹配。但是，如果正在更新的区域是目录集成区域，则正在加载区域的任何 DNS 服务器都会做出响应，并且会以动态方式在 SOA 查询响应中插入其各自的名称作为区域的主服务器（所有者）。

（3）然后 DHCP 客户端服务会尝试联系主 DNS 服务器。该客户端会处理针对其名称的 SOA 查询响应，以确定授权为接受其名称时所用主服务器的 DNS 服务器的 IP 地址。然后，它将根据需要继续按以下顺序执行步骤，以联系其主服务器并采用动态方式更新该服务器：

（a）它会将动态更新请求发送到在 SOA 查询响应中确定的主服务器。如果更新成功，则不会执行任何进一步操作。

（b）如果此更新失败，则客户端接着会针对 SOA 记录中指定的区域名称发送名称服务器（NS）类型的查询。

（c）当它收到对此查询的响应时，会将 SOA 查询发送给响应中列出的第一台 DNS 服务器。

（d）解析 SOA 查询后，客户端会将动态更新发送给在返回的 SOA 记录中指定的服务器。如果更新成功，则不会执行任何进一步操作。

（e）如果此更新失败，则客户端会将 SOA 查询发送给响应中列出的下一台 DNS 服务器，以重复执行 SOA 查询过程。

（4）联系到可以执行更新的主服务器后，客户端会发送更新请求，由服务器来处理它。更新请求的内容包括有关下列操作的说明：添加 newhost.tailspintoys.com 的主机（A）（可能还有指针（PTR））资源记录，以及删除 oldhost.tailspintoys.com（以前注册的名称）的相同记录类型。服务器还会进行检查，以确保允许对客户端请求进行更新。对于标准的主要区域，动态更新不安全；因此，任何客户端的更新尝试都会成功。对于 AD DS 集成的区域，更新是安全的，而且是使用基于目录的安全设置来执行的。

系统会定期发送或刷新动态更新。默认情况下，计算机会每七天发送一次刷新。如果更新没有导致区域数据发生更改，则区域始终处于当前版本，而不会写入更改。只有在名称或地址实际发生更改时，更新才会导致实际区域更改或区域传送增加。

当 DHCP 客户端服务为计算机注册主机（A）和指针（PTR）资源记录时，将对主机记录使用默认的缓存生存时间（TTL）15 分钟。这将决定其他 DNS 服务器和客户端缓存计算机记录的时间长度（当查询响应中包括记录时）。

4. 配置 DNS 动态更新

配置 DNS 动态更新的具体步骤如下：

（1）在 DNS 管理器中，用鼠标右键点击目标域，在快捷菜单中选择“属性”项。

（2）在如图 3-22 所示的域属性对话框中默认的“常规”选项卡中验证该域的区域类型为“主要”或“Active Directory 集成”。

（3）如果当前 DNS 服务器是域控制器，已经集成了 Active Directory 域服务，则可以在“动态更新”下拉菜单中，选择“仅安全”项。该选项通过限制客户端可以进行的动态更新可以实现最大限度的安全。

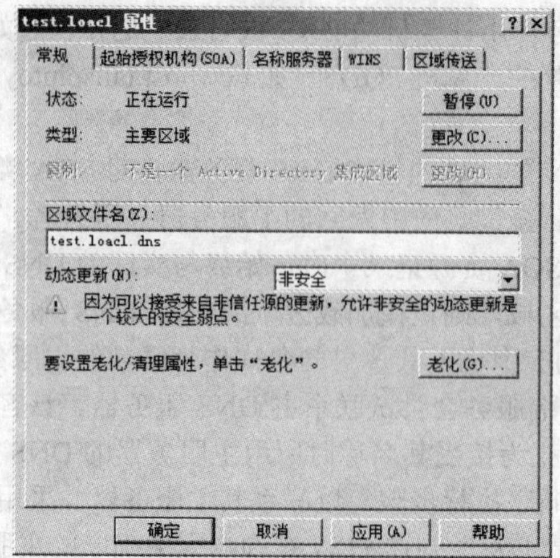

图 3-22　域属性对话框

（4）如果希望让任何客户端在 DNS 中更新资源记录，且 DNS 未集成 Active Directory 域服务，则可以在“动态更新”下拉菜单中，选择“非安全和安全”项。虽然同时允许非安全和安全更新，不过并不会验证更新，这意味着任何客户端的动态更新都会被接受。

（5）完成设置后，点击“确定”按钮，DNS 动态更新生效。

成功地实现动态更新 DNS 除 DNS 服务器之外，还需要 DHCP 服务器的支持。关于如何配置 DHCP 服务器实现动态更新 DNS，将会在 3.10.4 小节详细介绍。

3.9　使用 NSLOOKUP 测试区域表

Nslookup 是 DNS 服务器服务的主要的诊断应用程序，它与 TCP/IP 一起安装。当 DNS 出现故障时，Nslookup 是确定故障原因的得力工具。用户可以用 Nslookup 传输选定的区域，这样就可以测试区域表中的资源记录。用户还可以使用 Nslookup 验证一台 DNS 服务器是否存在、找到它所管理的区域表、验证该服务器是否拥有特定的资源记录，还能够像浏览目录一样浏览资源记录。

Nslookup 命令有两种模式：交互模式和非交互模式。如果用户使用 Nslookup 并在命令行中指定参数，那么就是非交互模式。例如，要查看 www.znuni.cn 的 IP 地址和这条 A 记录所在的区域的权威名称服务器，输入 Nslookup 命令和服务器名称：

```
C:\nslookup www.znuni.cn c.root-servers.net
192.in-addr.arpa        nameserver = INDIGO.ARIN.NET
192.in-addr.arpa        nameserver = Z.ARIN.NET
192.in-addr.arpa        nameserver = DILL.ARIN.NET
192.in-addr.arpa        nameserver = Y.ARIN.NET
192.in-addr.arpa        nameserver = CHIA.ARIN.NET
192.in-addr.arpa        nameserver = HENNA.ARIN.NET
192.in-addr.arpa        nameserver = BASIL.ARIN.NET
192.in-addr.arpa        nameserver = X.ARIN.NET
```

服务器： C.ROOT-SERVERS.NET
Address: 192.33.4.12
Name: www.znuni.cn
Served by:
- E.DNS.cn
203.119.29.1
cn
- C.DNS.cn
203.119.27.1
cn
- B.DNS.cn
203.119.26.1
cn
- NS.CERNET.NET
202.112.0.44
cn
- A.DNS.cn
203.119.25.1
cn
- D.DNS.cn
203.119.28.1
cn

要使用交互模式，输入 Nslookup 并不带任何参数。进入交互模式后将显示默认名称服务器的列表和命令提示符“>”：

C:\ Nslookup
默认服务器： dc1-znuni.znuni.cn
Address: 10.22.1.13
>

在此命令提示符下输入问号，可以看到 Nslookup 命令的清单：

> ?
命令: (标识符以大写表示，[ ]表示可选)
NAME - 打印有关使用默认服务器的主机/域 NAME 的信息
NAME1 NAME2 - 同上，但 NAME2 用作服务器
help or ? - 打印有关公用命令的信息
set OPTION - 设置选项
all - 打印选项、当前服务器和主机
[no]debug - 打印调试信息
[no]d2 - 打印详细的调试信息
[no]defname - 将域名附加到每个查询
[no]recurse - 询问查询的递归应答

计算机科学与技术专业规划教材

```
    [no]search              - 使用域搜索列表
    [no]vc                  - 始终使用虚拟电路
    domain=NAME             - 将默认域名设置为 NAME
    srchlist=N1[/N2/.../N6] - 将域设置为 N1，并将搜索列表设置为 N1、N2 等
    root=NAME               - 将根服务器设置为 NAME
    retry=X                 - 将重试次数设置为 X
    timeout=X               - 将初始超时间隔设置为 X 秒
    type=X                  - 设置查询类型（如 A、AAAA,A+AAAA、ANY、CNAME、
MX、NS、P
R、SOA 和 SRV）
    querytype=X             - 与类型相同
    class=X                 - 设置查询类（如 IN（Internet）和 ANY）
    [no]msxfr               - 使用 MS 快速区域传送
    ixfrver=X               - 用于 IXFR 传送请求的当前版本
server NAME          - 将默认服务器设置为 NAME，使用当前默认服务器
lserver NAME         - 将默认服务器设置为 NAME，使用初始服务器
finger [USER]        - 指定当前默认主机的可选 NAME
root                 - 将当前默认服务器设置为根服务器
ls [opt] DOMAIN [> FILE] - 列出 DOMAIN 中的地址（可选：输出到文件 FILE）
    -a               - 列出规范名称和别名
    -d               - 列出所有记录
    -t TYPE          - 列出给定 RFC 记录类型（例如 A、CNAME、MX、NS 和 PTR 等）
的记录
view FILE            - 对"ls"输出文件排序，并使用 pg 查看
exit                 - 退出程序
```

如果用户希望查看 Nslookup 的默认设置，可使用 set all（用户不能像 DOS 命令那样使用 set，这会使 Nslookup 认为用户要查询一台名为 set 的服务器）。

```
> set all
默认服务器:  UnKnown
Address:  10.22.1.13
设置选项:
  nodebug
  defname
  search
  recurse
  nod2
  novc
  noignoretc
  port=53
  type=A+AAAA
```

class=IN

timeout=2

retry=1

root=A.ROOT-SERVERS.NET.

domain= znuni.cn

MSxfr

IXFRversion=1

srchlist= znuni.cn

下面将介绍几个最为常用的 Nslookup 交互命令和 Set 参数。

1. server

使用此命令修改响应 Nslookup 查询的 DNS 服务器的名称。注意要使用结尾带有句点的 FQDN。例如，如果用户的默认名称服务器为 bj-dns-01.region.company.com，但是用户希望检查上海的公司办事处中的 DNS 服务器 sh-dns-01.region.company.com 是否工作正常，应该输入如下命令：

>server sh-dns-01.region.company.com.

默认服务器: sh-dns-01.region.company.com

Address: 58.53.169.146

2. lserver

lserver 命令的工作方式与 server 相同，但总是使用默认名称服务器。当用户使用 server 命令输入了一个不具有权威性、不能解析其他服务器名称的服务器之后，lserver 命令可以让用户脱离这个尴尬境地。如果使用 server 修改到没有区域表的名称服务器上，用户将不能再使用 server 命令转向其他的服务器，因为它不能解析新主机的名称。Lserver 能够让用户回到默认的 DNS 服务器上。

3. root

root 命令与 server 命令相同，都是修改默认 DNS 服务器，但是它选择位于 Cache.dns 文件中的服务器列表顶层的名称。它将可能是一台 InterNIC 的根服务器，或者如果该服务器是一台私有根服务器的话，它将是内部名称服务器。

4. ls

此命令用于列出特定区域中的资源记录。在本质上，ls 是对选定记录类型进行一次区域传输。通过使用-t 参数指定记录类型，用户可以限制传输的作用范围。如果用户使用 any 作为记录类型，或者使用-d 参数，Nslookup 将显示整个区域表。需要注意的是，在某些名称服务器上这可能是一个非常庞大的列表。使用管道符“>”可以将 ls 的输出保存到文件中。

5. set [no]debug

设置 debug 后，交互集合的报告中将包括调试信息。这个调试信息中显示出查询的结果，其中包括搜索中涉及的中介名称服务器。下面的例子是从 InterNIC 根服务器开始直到找到 www.163.com 的 IP 地址的递归查询的结果。

> set debug

> www.163.com

服务器: dc1-znuni.znuni.cn

Address: 10.22.1.13

```
------------
Got answer:
    HEADER:
        opcode = QUERY, id = 2, rcode = NOERROR
        header flags:   response, want recursion, recursion avail.
        questions = 1,   answers = 7,   authority records = 2,   additional = 2
    QUESTIONS:
        www.163.com, type = A, class = IN
    ANSWERS:
    ->  www.163.com
        canonical name = www.cache.gslb.netease.com
        ttl = 69247 (19 hours 14 mins 7 secs)
    ->  www.cache.gslb.netease.com
        internet address = 220.181.28.50
        ttl = 1305 (21 mins 45 secs)
    ->  www.cache.gslb.netease.com
        internet address = 220.181.28.51
        ttl = 1305 (21 mins 45 secs)
    ->  www.cache.gslb.netease.com
        internet address = 220.181.28.52
        ttl = 1305 (21 mins 45 secs)
    ->  www.cache.gslb.netease.com
        internet address = 220.181.28.53
        ttl = 1305 (21 mins 45 secs)
    ->  www.cache.gslb.netease.com
        internet address = 220.181.28.54
        ttl = 1305 (21 mins 45 secs)
    ->  www.cache.gslb.netease.com
        internet address = 220.181.28.212
        ttl = 1305 (21 mins 45 secs)
    AUTHORITY RECORDS:
    ->  gslb.netease.com
        nameserver = gslb2.netease.com
        ttl = 1305 (21 mins 45 secs)
    ->  gslb.netease.com
        nameserver = gslb1.netease.com
        ttl = 1305 (21 mins 45 secs)
    ADDITIONAL RECORDS:
    ->  gslb1.netease.com
        internet address = 61.135.255.143
```

```
    ttl = 16411 (4 hours 33 mins 31 secs)
->  gslb2.netease.com
    internet address = 220.181.28.168
    ttl = 11512 (3 hours 11 mins 52 secs)
------------
Non-authoritative answer:
Name:     www.cache.gslb.netease.com
Addresses:  220.181.28.50, 220.181.28.51, 220.181.28.52, 220.181.28.53
            220.181.28.54, 220.181.28.212
Aliases:  www.163.com
```

在排除错误的委派导致的错误引用故障时，debug 选项没有用。

6. set [no]d2

如果用户不满足于只知道查询结果，还想知道查询本身的准确结构，可以设置此参数。下面是对 www.163.com 进行查询中附加的 d2 信息：

```
> set d2
> www.163.com
服务器:  dc1-znuni.znuni.cn
Address:  10.22.1.13
SendRequest(), len 29
    HEADER:
        opcode = QUERY, id = 3, rcode = NOERROR
        header flags:   query, want recursion
        questions = 1,   answers = 0,   authority records = 0,   additional = 0

    QUESTIONS:
        www.163.com, type = A, class = IN
------------
------------
此处为省略的标准调试信息
```

7. set[no]defname

用户可能已经注意到，前面例子中的每个服务器名称末尾都带有句点。这个末尾句点告诉 Nslookup 该名称是完全合格的。如果你不输入这个句点，Nslookup 将在后面加上客户端的默认价格。如果用户总是忘了输入末尾的句点，可以使用 set nodefname 命令告诉 Nslookup 不要附加域名。

8. set[no]recure

如果用户希望 Nslookup 模拟 DNS 服务器发出查询请求，查询应该是迭代的而不是递归的。使用此命令可以修改所需的查询类型。

9. set querytype

通过设置特定记录类型，用户可以限制或修改查询的作用范围。例如，如果用户希望查询名称服务器上的 MX 记录，可以输入如下命令：

> set type=mx

> www.163.com.

> whitehouse.gov.

服务器:　UnKnown

Address:　127.0.0.1

非权威应答:

whitehouse.gov　MX preference = 105, mail exchanger = mailhub-wh3.whitehouse.gov

whitehouse.gov　MX preference = 100, mail exchanger = mailhub-wh2.whitehouse.gov

mailhub-wh3.whitehouse.gov　　internet address = 198.137.241.42

mailhub-wh2.whitehouse.gov　　internet address = 63.161.169.140

3.10 配置 DHCP 以支持 DNS

动态主机配置协议（DHCP）是一种 IP 标准，旨在通过服务器计算机来集中管理网络上使用的 IP 地址和其他相关配置详细信息，以减少管理地址配置的复杂性。因为 DHCP 是一种客户端/服务器协议，因此为了在网络上实施该协议，必须具备服务器组件和客户端组件。为了让在企业范围内部署 DHCP 的过程更加容易，所有服务器版的 Windows Server2008 中都包含了 DHCP 服务器服务，安装该服务即可支持 DHCP，同时目前所有版本的 Windows 操作系统都会将 DHCP 客户端作业 TCP/IP 的一部分自动安装。

使用 DHCP，可以进行如下操作：

- 在特定的时间内将 IP 地址租用给 DHCP 客户端，然后当客户端请求续订时自动续订 IP 地址。
- 通过更改DHCP服务器处的服务器或作用域选项而不是在所有DHCP客户端上分别执行此操作，来更新 DHCP 客户端参数。
- 为特定的计算机或其他设备保留 IP 地址，以便它们总是具有相同的 IP 地址，同时还接收最新的 DHCP 选项。
- 从 DHCP 服务器分发中排除 IP 地址或地址范围，以便能够使用这些 IP 地址和范围对服务器、路由器和其他需要静态 IP 地址的设备进行静态配置。
- 为众多子网提供 DHCP 服务（如果 DHCP 服务器和需要提供服务的子网之间的所有路由器都被配置成转发 DHCP 消息）。
- 配置 DHCP 服务器以便为 DHCP 客户端执行 DNS 名称注册服务。
- 为基于 IP 的 DHCP 客户端提供多播地址分配。

使用动态 IP 地址和配置的计算机叫 DHCP 客户端。在启动 DHCP 客户端的时候，客户端可以从网络上的DHCP服务器的地址池中获得32位的IPv4和128位的IPv6地址中的任何一种。而 DHCP 服务器会负责维护有关可用 IP 地址信息以及其他配置信息数据库。当某个 IP 地址被分配给客户端后，就可以说客户端获得了该 IP 地址的租约。这里使用“租约”这个词是因为这个地址的分配并非是永久性的。在生成租约的时候，DHCP 服务器会自动设置租约的过期时间，同时在租约生成之后也可以被修改，例如在更新租约的时候。

DHCP 还提供了为特定地址分配永久性租约的功能。为此，可以通过指定要保留的 IP 地

址，以及指定可以使用该 IP 地址的计算机的唯一标识符的方式创建“保留”。保留机制可以确保具有特定设备地址的客户端计算机和其他支持 TCP/IP 的网络设备将总是可以获得同样的预定义 IP 地址。对于 IPv4，可以通过网卡的媒介访问控件（Media Access Control，MAC）地址定义必要的唯一标识符；对于 IPv6，可以为 DHCPv6 客户端指定 DHCP 唯一标识符，以及被 DHCPv6 客户端使用的身份关联标识符（Identity Association Idntifier，IAID）。需要注意的是，MAC 地址会被绑定给计算机上的网络接口卡（NIC）。如果删除了网卡，或者给计算机安装额外的网卡，新的或者额外的 MAC 地址将不同于原先的 MAC 地址。

微软推荐一台 DHCP 服务器应该给不超过 10000 台客户端提供服务。我们可以通过使用“作用域”定义需要分配给客户端的一系列 IP 地址，作用域是指 IPv4 或 IPv6 地址以及其他相关配置选项的集合。位于同一个作用域中的 IP 地址都是连续的，并且会被关联特定的子网掩码或网络前缀长度。要为作用域内的 IP 地址定义不允许使用的子网，还可以定义“排除”。排除定义了可以被排除，以便不给客户端计算机分配 IP 地址范围。

Windows Server 2008 支持 DHCP 和 DNS 整合。如果这样使用，可以确保客户端的 DNS 记录会在获得新的 IP 地址后被更新。为了确保客户端的名称可以被解析为正确的 IP 地址，可以考虑配置 DHCP 和 DNS 整合。

DHCP 还可以和路由和远程访问服务（Routing and Remote Access Service，RRAS）整合在一起。如果这样使用，拨号网络或虚拟专用网络（Virtual Private Network，VPN）客户端就可以远程登录到网络，并使用 DHCP 配置自己的 IP 地址和其他 TCP/IP 选项。

用于管理到网络的连接的服务器就是远程访问服务器，而这种服务器还要负责从 DHCP 服务器获得一块 IP 地址，并将这块 IP 地址分配给远程客户端使用。如果在远程访问服务器需要 IP 地址的时候，DHCP 服务器不可用，远程客户端将会使用私有 IP 地址（APIPA），APIPA 在 IPv4 和 IPv6 下的工作方式有所不同。

3.10.1　安装 DHCP 服务器服务

在安装 DHCP 服务器服务之前，需要先做好以下几个方面的准备：

- 为当前计算机配置一个静态地址（IPv4 和 IPv6 均可）。
- 保证现有磁盘卷都使用 NTFS 文件系统。FAT32 卷缺乏安全性，而且不支持文件和文件夹压缩、磁盘配额、文件加密或单个文件权限。
- 确定 DHCP 服务器应分发给客户端的 IP 地址范围。
- 为客户端确定正确的子网掩码。
- 确定 DHCP 服务器不应向客户端分发的所有 IP 地址。
- 决定 IP 地址的租用期限。
- （可选）确定客户端应用来与其他子网上的客户端进行通讯的路由器（默认网关）的 IP 地址。
- （可选）确定客户端的 DNS 域名。
- （可选）确定客户端应使用的 DNS 服务器的 IP 地址。
- （可选）确定客户端应使用的 WINS 服务器的 IP 地址。

安装 DHCP 服务器服务的具体操作步骤如下：

（1）在服务器管理器中，在左侧子窗口中点击“角色”节点，然后点击“添加角色”链接，随后可以打开添加角色向导。如果向导显示了“开始之前”界面，请阅读欢迎信息，然后点击“下一步”按钮。

（2）在选择服务器角色对话框中，选择“DHCP 服务器”角色，然后点击“下一步”按钮。

（3）在选择网络连接绑定对话框中，可以看到已经设置了静态 IPv4 地址的网络连接。如果有必要，请选择所有希望用于提供 DHCPv4 服务的网络连接，然后点击“下一步”按钮。

（4）在如图 3-23 所示的指定 IPv4 DNS 服务器设置对话框中，输入希望让服务器提供给 DHCPv4 客户端用于自动 DNS 配置功能的默认 DNS 设置。

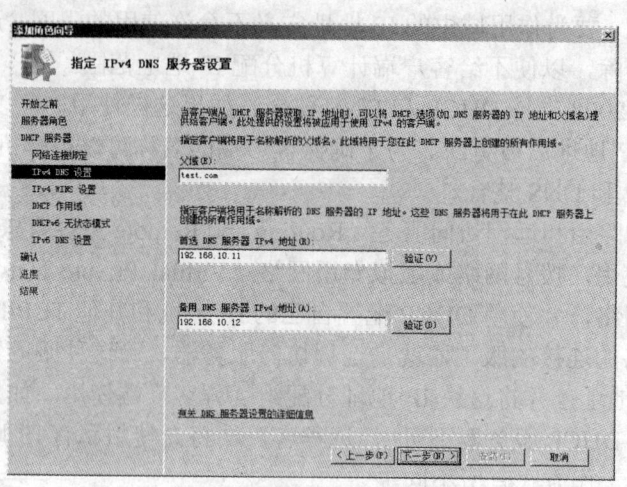

图 3-23 为 DHCPv4 客户端配置默认 DNS

（5）在“父域”文本框中输入父域的 DNS 名称，如 microsoft.com。在“首选 DNS 服务器 IPv4 地址”和“备用 DNS 服务器 IPv4 地址”文件框中分别输入首选 DNS 服务器 IP 地址和备用 DNS 服务器的 IP 地址。另外可以点击对应的“验证”按钮来对输入的 DNS 地址进行验证，确保输入地址可用。点击“下一步”按钮。

（6）在指定 IPv4 WINS 服务器设置对话框中，使用提供的选项决定该网络上的应用程序是否需要 Windows 名称解析服务（WINS）。如果需要 WINS，那么就需要在“首选 WINS 服务器 IP 地址”和“备用 WINS 服务器 IP 地址”文本框中分别输入首选 WINS 服务器和备用 WINS 服务器的 IP 地址。点击“下一步”按钮。

（7）在添加或编加 DHCP 作用域对话框中，可以使用提供的选项为 DHCP 服务器创建初始作用域。如果希望给 DHCP 服务器创建作用域，需点击“添加”按钮，然后按本书 3.11.3 小节介绍的内容进行操作。否则点击“下一步”按钮，稍后再创建必要的 DHCP 作用域。

（8）在如图 3-24 所示的配置 DHCPv6 无状态模式对话框中，可以使用提供的选项决定是否要启用或禁用 DHCPv6 无状态模式。如果希望 DHCPv6 客户端能够从 DHCPv6 获得必要的 IPv6 地址和配置信息，需禁用无状态模式。否则，需启用无状态模式，这样客户端将只能从 DHCPv6 获得配置信息。点击“下一步”按钮。

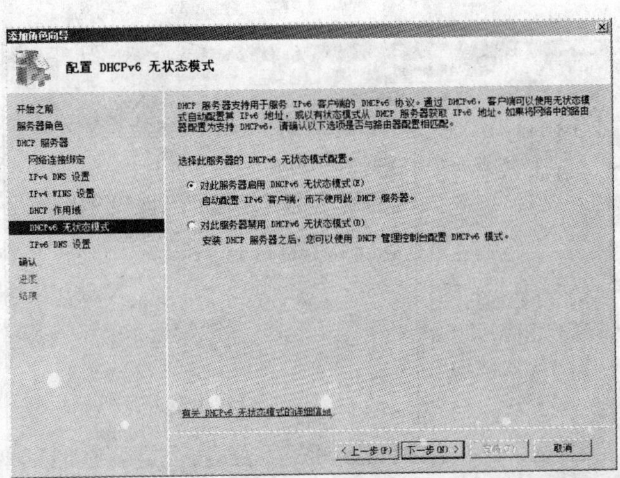

图 3-24 选择是否使用 DHCPv6

（9）如查启用无状态模式，在指定 IPv6 DNS 服务器设置对话框中为 IPv6 设置 DNS 选项，然后点击“下一步”按钮。在这里需要输入要使用的父域，以及首选和备用 DNS 服务器的 IPv6 地址。

（10）在授权 DHCP 服务器对话框中，可以通过下列方法指定用于在 Acitve Directory 中授权给该 DHCP 服务所需的凭据信息。

- 当前的用户名已经显示在“用户名”文本框中。如果该账户在这台 DHCP 服务器所在的域中具有管理员特权，并且希望使用当前的凭据，就可以直接点击“下一步”按钮，以便使用这些凭据信息授权该服务器。
- 如果希望使用其他凭据，或者如果无法使用当前凭据进行授权，需选择“使用其他凭据”选项，然后点击“指定”按钮。在随后出现的 Windows 安全对话框中，输入用于授权的账户的用户名和密码，然后点击“确定”按钮。点击“下一步”按钮继续。
- 如查希望稍后才授权该 DHCP 服务器，刚可以选择“跳过验证……”选项，并点击“下一步”按钮。然而需要记住的是，只有被授权的 DHCP 服务器可以给客户端提供动态 IP 地址。

（11）点击“安装”按钮，向导会开始安装并按照刚才的设置来配置 DHCP 服务器。要使用服务器，必须对服务器进行授权。同时还必须创建并激活该服务器要使用的 DHCP 作用域。

完成上述安装工作后，就可以从“管理工具”菜单中打开 DHCP 管理器。依次选择“开始”菜单→“管理工具”菜单→DHCP 启动该管理器，然后选择希望的 DHCP 服务器。如果还没有创建作用域， DHCP 管理器窗口将会出现如图 3-25 所示的详细信息窗口。这些信息会告诉我们，必须先创建作用域才能通过这台服务器将动态 IP 地址分配给客户端。

DHCP 管理器的命令行版本是“Netsh DHCP”命令。在运行 Windows Server 2008 的计算机的命令行窗口中，可以使用“Netsh DHCP”命令执行所有可以通过 DHCP 管理器进行的操作，甚至还可以执行一些无法通过 DHCP 管理器进行的操作。要启动“Netsh DHCP”命令并访问特定的 DHCP 服务器，需按以下步骤操作：

（1）启动命令提示符窗口，转入“netsh”以启动 Netsh 工具，随后可以看到“netsh>”提示符。

（2）输入“DHCP”命令以打开 DHCP 上下文环境，随后可以看到“netsh dhcp>”提示符。

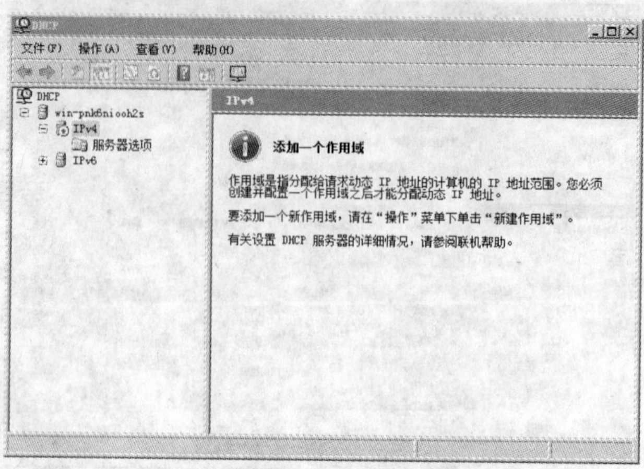

图 3-25 DHCP 管理器

（3）输入“server”，后面跟着目标 DHCP 服务器的统一约定（UNC）名称或 IP 地址，例如，“\\SVR02”或“\\192.168.10.15”，在输入的时候，如指定的是 IP 地址，则可不输入“\\”，而使用服务器名称或 FQDN 时，则必须输入“\\”。如果 DHCP 和当前登录的域不是同一个域，或不在域中。那么则需要输入服务器的完全合格域名（FQDN），如“SVR02.microsoft.com”。

（4）随后命令提示符窗口会显示“netsh dhcp server>”提示符，至此已经可以操作目录服务器了。如果稍后需要操作其他不同的服务器，不用从头开始上述操作，只要先后输入“server”和其他服务器的 UNC 名称或 IP 地址即可。

3.10.2 创建和配置作用域

在完成 DHCP 服务器服务的安装工作后，下一步要做的工作就是创建作用域，以便为客户端提供 IP 地址以及其他的 TCP/IP 配置信息。对于 IPv4，DHCP 服务器服务提供了以下三种类型的作用域。

- 常规作用域 常规作用域主要用于为 A、B 和 C 类网络提供 IPv4 地址池。常规作用域常可以分配一个 IP 地址段，并包含子网掩码，可以包含排除和保留这两个配置，并且还可以包含和该作用域有关的其他配置。在创建常规作用域时，每个作用域必须位于自己的子网中，这意味着如果添加了常规作用域，那么新添加的必须和服务器上现有的作用域位于不同的子网内。
- 多播作用域 多播作用域主要用于为 D 类 IPv4 网络提供 IP 地址池。多播作用域的创建方法和常规作用域类似，唯一的不同在于这种作用域不需要子网掩码、保留或其他相关的 TCP/IP 选项。这意味着对于多播作用域，不需要关联特定的子网，但在避免提供子网掩码的同时，必须为多播作用域提供生存时间（TTL）值，该选项用于决定在将消息通过多播的方式发送给计算机的时候最多可以通过多少个路由器。默认的 TTL 值为 32。另外，因为多播 IP 地址只能用于目标地址，因此这种 IP 地址的租约比单播 IP 地址长，一般可以达到 30—60 天。
- 超级作用域 超级作用域是 IPv4 作用域的容器，有点类似于组。如果在一台服务器上配置了多个作用域，并希望将其作为整体进行激活或停用，或希望一次查看所有作用域的使用情况，那么就可以使用超级作用域实现。创建超级作用域，然后将希望作为组进行管理的作用域添加进去即可。

在创建常规作用域之前，作用域需要对打算使用的IP地址范围进行规划，还需要对排除和保留设置进行安排。另外，还需知道计划使用的每个默认网关、DNS服务器和WINS服务器的IP地址。如果有需要，还可以配置DHCPv4和DHCPv6中继，以便将DHCPv4和DHCPv6广播请求转发到不同的网段。

1. 为IPv4地址创建常规作用域

为IPv4地址创建常规作用域的具体操作步骤如下：

（1）在DHCP管理器中，可以展开要配置的目标服务器的节点，用鼠标右键点击IPv4子节点，在弹出的快捷菜单中选择“新建作用域”项，开始创建IPv4地址的常规作用域。

（2）在新建作用域向导对话框中点击“下一步”按钮，打开如图3-26所示的作用域名称对话框，在该对话框内输入新作用域的名称和相关描述。完成输入后点击“下一步”按钮。

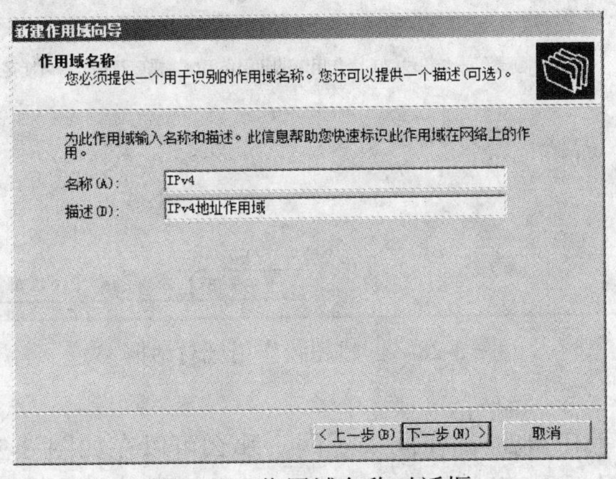

图3-26　作用域名称对话框

（3）在如图3-27所示的IP地址范围对话框中，输入新作用域的起始和结束IP地址。要注意的是，必须确保输入的是第一个和最后一个可用的IP地址，这意味着输入类似于“x.x.x.0”和“x.x.x.255”这样的IP地址是不允许的。在输入完IP地址范围后，向导会自动输入长度和子网掩码。如果想使用其他子网，需手动修改默认值。完成设置后点击“下一步”按钮。

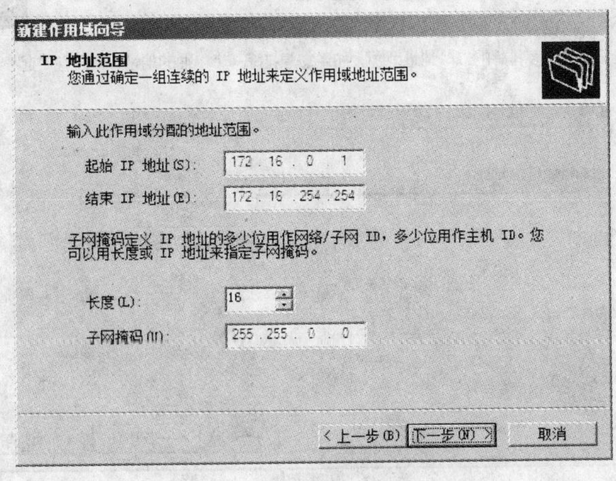

图3-27　IP地址范围对话框

（4）如果输入的 IP 地址范围位于一个子网内，那么可直接跳到第 5 步；如果在上一步操作中输入的 IP 地址范围属于多个子网，那么将会出现如图 3-28 所示的创建超级作用域对话框。该对话框可以将之前指定的多个子网组合在一起，创建一个超级作用域。点击“是”按钮，进入如图 3-31 所示的租用期限对话框。

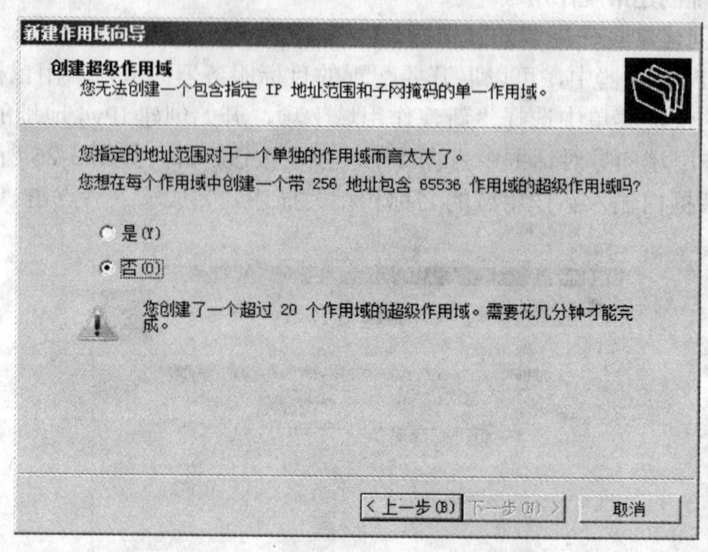

图 3-28　创建超级作用域对话框

（5）如果输入的所有 IP 地址都在同一子网，那么可以在如图 3-29 所示的添加排除对话框设置排除范围。在该对话中可以使用“起始 IP 地址”和“结束 IP 地址”文本框来设置计划从作用域中排除的 IP 地址范围，例如计划分配给使用静态 IP 地址的服务器所使用的 IP 地址。在设置好排除范围后，点击“添加”按钮。如果需要，可以重复上述操作，添加多个排除范围。完成设置后点击“下一步”按钮。

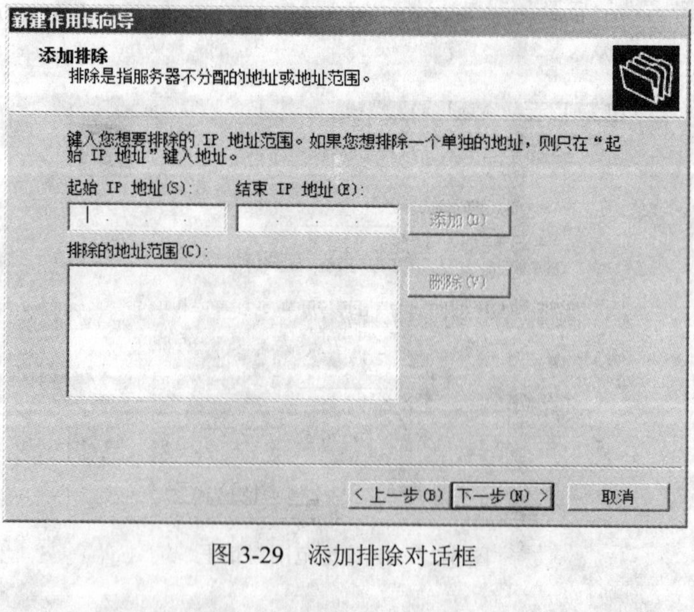

新建作用域向导
添加排除
排除是指服务器不分配的地址或地址范围。
键入您想要排除的 IP 地址范围。如果您想排除一个单独的地址，则只在“起始 IP 地址”键入地址。
起始 IP 地址(S):　结束 IP 地址(E):
添加(D)
排除的地址范围(C):
删除(V)
< 上一步(B)　下一步(N) >　取消

图 3-29　添加排除对话框

（6）在如图3-30所示的租用期限对话框中，可以设置作用域的租用期限。默认的租用期限是8天，租用期限需根据当前网络使用的具体情况来给定，太长或太短的租用期限可能会降低DHCP的效率。如果租用期限太长，那么DHCP服务器可能会为很多已经没有连接到的网络计算机保留IP地址，而导致可用的IP地址用完，例如有很多使用便携式计算机的用户经常连接和断开网络的情况下；如果租用期限太短，当客户端尝试更新租用期限的时候，会给网络中带来很多不必要的广播通信。

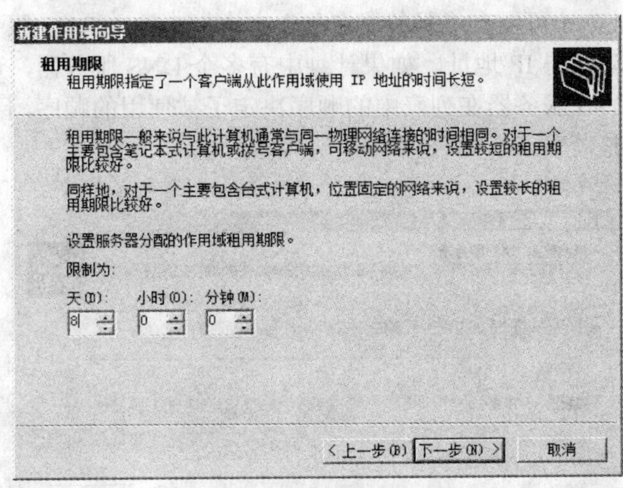

图3-30　租用期限对话框

（7）点击“下一步”按钮，打开配置DHCP选项对话框，如果希望立即配置TCP/IP选项，那么可以选择“是”单选按钮，然后点击“下一步”按钮，打开如图3-31所示的路由器（默认网关）对话框。如果想在完成作用域创建后再进行TCP/IP设置，则可以选择“否”单选按钮，并点击“下一步”按钮。然后点击“完成”按钮，完成作用域的创建，退出向导。

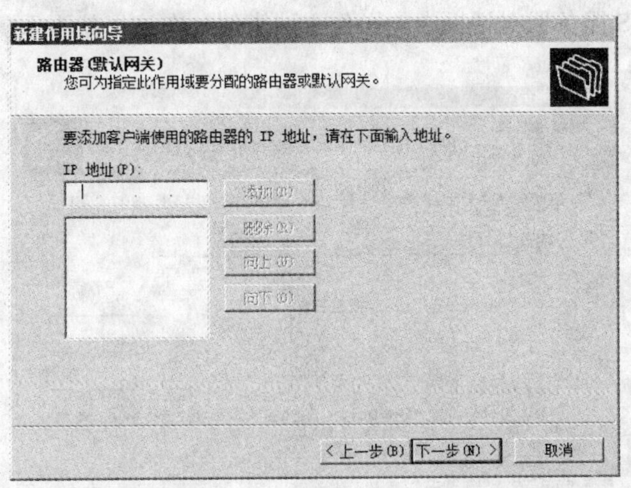

图3-31　路由器（默认网关）对话框

（8）在如图 3-31 所示的路由器（默认网关）对话框中，输入主要的默认网关的 IP 地址，然后点击“添加”按钮。如果计划有多个默认网关，可以重复上述操作。需要注意的是，如果有多个默认网关，客户端会按照列表中的顺序尝试使用每个网关，因此如果有需要，可以使用“向上”或“向下”按钮，更改网关的顺序。

（9）点击“下一步”按钮，打开如图 3-32 所示的域名称和 DNS 服务器对话框。在该对话框中的“父域”文本框中输入当要解析的计算机的名称不完整时要使用的父域的名称。在“IP 地址”文本框中输入主 DNS 服务器的 IP 地址，然后点击“添加”按钮。如果不知道主 DNS 服务器的 IP 地址，还可以在“服务器名称”文本框中输入 DNS 服务器的名称，通过点击“解析”按钮，自动获得 IP 地址。如果计划中有多个 DNS 服务器，可以重复上述操作。和网关的情况类似，DNS 服务器在列表中的顺序决定了被使用的顺序，因此可以使用“向上”或“向下”按钮，调整顺序。

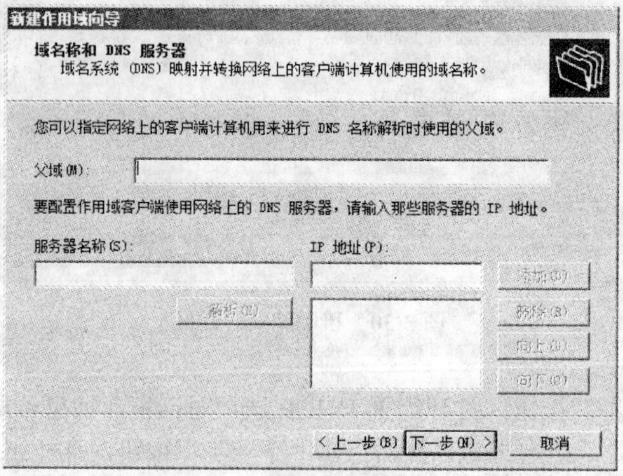

新建作用域向导

域名称和 DNS 服务器

域名系统 (DNS) 映射并转换网络上的客户端计算机使用的域名称。

您可以指定网络上的客户端计算机用来进行 DNS 名称解析时使用的父域。

父域(M):

要配置作用域客户端使用网络上的 DNS 服务器，请输入那些服务器的 IP 地址。

服务器名称(S): IP 地址(P):

添加(D) 解析(E) 删除(R) 向上(U) 向下(O)

< 上一步(B) 下一步(N) > 取消

图 3-32 域名称和 DNS 服务器对话框

（10）点击“下一步”按钮，打开如图 3-33 所示的 WINS 服务器对话框，该对话的操作方法和域名称和 DNS 服务器对话框中的操作方法类似，在这里就不重复说明了。

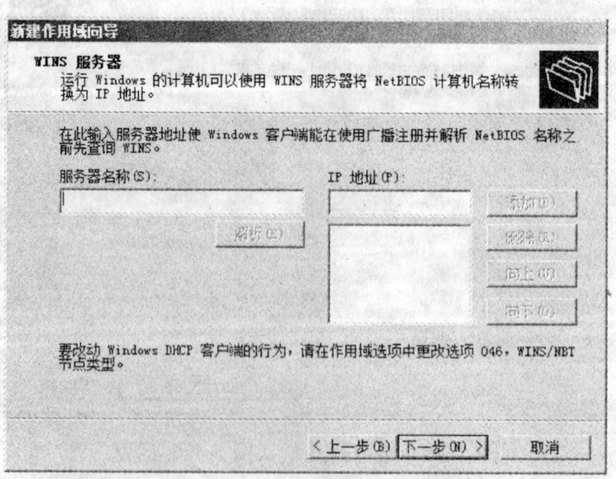

图 3-33 WINS 服务器对话框

2. 为IPv6地址创建常规作用域

常规作用域、多播作用域和超级作用域都可以用于IPv4地址，但IPv6地址则只能使用常规作用域。IPv6作用域可以使用本地链路单播地址FE80开始，或多播IPv6地址FF00开始。

可以使用新建作用域向导为IPv6地址创建常规作用域。当为IPv6地址配置DHCP时，必须输入网络ID和首选项值，一般来说，IPv6地址的前64位用于识别网络，而这个64位值也正是需要在新建作用域向导中输入的。首选项值用于决定该作用域和其他作用域之间的优选程度，具有最小首选项值的作用域会被优先使用，随后被使用的是第二小首选项值的作用域，以此类推。

为IPv6地址创建常规作用域的具体操作步骤如下：

（1）在DHCP管理器中，展开目标服务器对应的节点，用鼠标右键点击“IPv6”子节点，在弹出的快捷菜单中选择“新建作用域”项，打开新建作用域向导对话框。

（2）在新建作用域向导对话框中点击“下一步”按钮，打开如图3-26所示的作用域名称对话框，在该对话框内输入新作用域的名称和相关描述。完成输入后点击“下一步”按钮。

（3）在作用域前缀对话框中输入64位网络前缀和首选项值，如图3-34所示，然后点击“下一步”按钮。

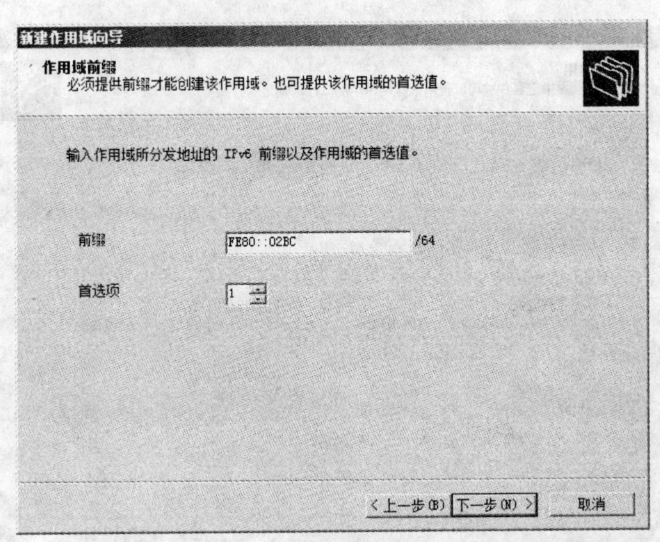

图3-34　作用域前缀对话框

（4）在如图3-35所示的添加排除对话框中，使用“起始IPv6地址”和“结束IPv6地址”文本框输入要从该作用域中排除的IPv6地址范围，完成输入后点击“添加”按钮，将输入的值添加到排除的地址范围列表中。如果还有须排除的其他地址范围，可重复上述操作。

（5）点击“下一步”按钮，打开如图3-36所示的作用域租用对话框。动态IPv6地址可以是临时的，也可以是非临时的。非临时的地址类似保留地址，而对临时的地址和非临时的地址的租用时间可以分别进行设置首选生存时间代表租用期限的可用时间，而有效生存时间是租用期限有效的最大时间。完成设置后点击“下一步”按钮。

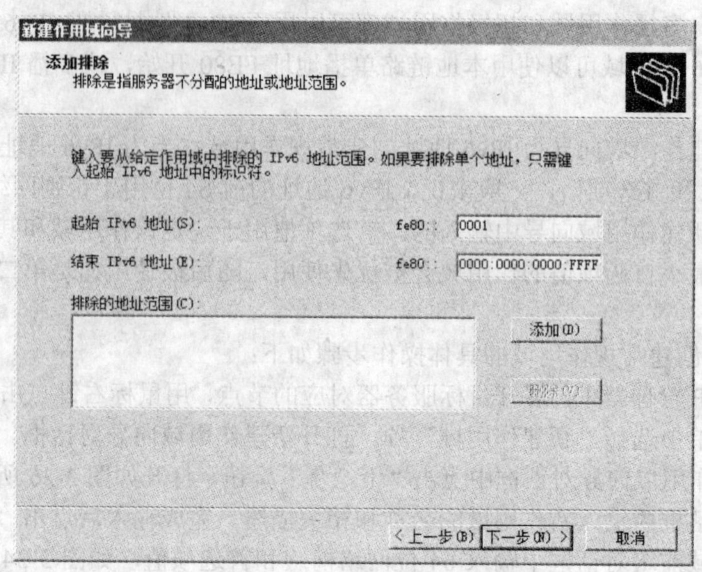

图 3-35　添加排除对话框

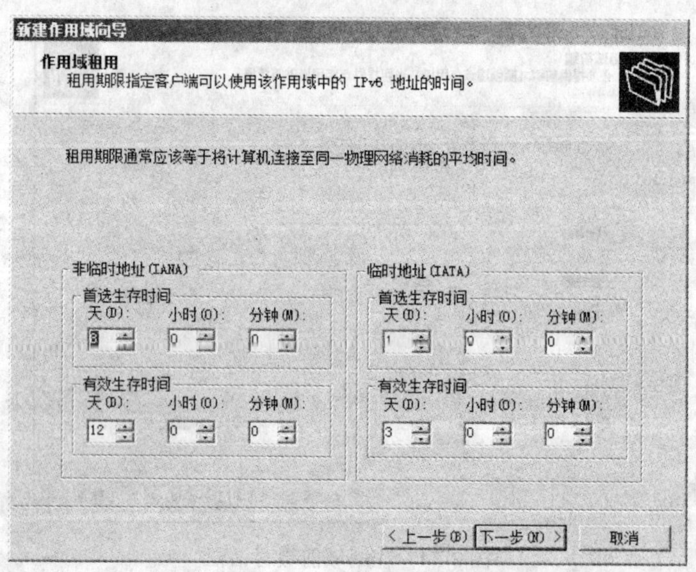

图 3-36　作用域租用对话框

（6）如果希望立即激活该作用域，则在“立即激活作用域”选项下选择“是”，否则选择“否”，然后点击“完成”按钮.

3.10.3　激活作用域

作用域只有在激后才会生效。如果希望客户端可以使用某个作用域，那么就必须在 DHCP 管理器中用鼠标右键点击该作用域，在弹出的快捷菜单中选择“激活”项来激活该作用域。作用域的激活操作不会使客户端立即使用该作用域，如果希望强制让客户端换为使用其他作

用域，或者使用不同的 DHCP 服务器，必须首先在 DHCP 管理器中结束该客户端的租约，然后停用该客户端目前使用的作用域。

要结束作用域，需要在 DHCP 管理器中展开目标作用域对应的节点，然后选择“地址租用”项。即可看到所有当前租约的列表，用鼠标右键点击要结束的租约，在弹出的快捷菜单中选择“删除”项，即可将其结束。当客户端下一次更新租约的时候，DHCP 服务器就会告诉该客户端，租约已经不可用，必须重新获得。

为防止客户端继续使用以前的作用域，可以在 DHCP 管理器中鼠标右键点击以前使用的作用域，选择“停用”项，将其停用。

3.10.4　将 DHCP 和 DNS 整合

通过使用 DNS 动态更新协议，使用 Windows 2000 或更高版本的操作系统的 DHCP 客户端可以将自己的 DNS 转发（A）和反向查询（PTR）记录进行自动更新，也可以让 DHCP 服务器代为进行操作。如果客户端运行的是 Windows 2000 之前的版本的 Windows 操作系统，则无法自动更新自己的记录，但 DHCP 可以代为更新。在这两种情况下，如果要求 DHCP 服务器更新 DNS 记录，就要求在 DHCP 和 DNS 之间进行整合。

在默认配置的 DHCP 环境中，只有收到请求后，DHCP 服务器才会自动为客户端更新 DNS 记录，但无法为运行早于 Windows 2000 的 Windows 操作系统的客户端更新记录。用户可以为所有的 DHCP 服务器进行全局修改，或者修改特定的 DHCP 服务器设置，以便设置该行为。

要更改全局的 DNS 整合设置，需打开 DHCP 管理器，展开目标服务器节点，用鼠标右键点击 IPv4 子节点，在弹出的快捷菜单中选择“属性”项。打开属性对话框后，切换到“DNS”选项卡，如图 3-37 所示。在对话框中选中“为不请求更新的 DHCP 客户端动态更新 DNS A 和 PTR 记录”复选框，其他选项可以使用默认设置。

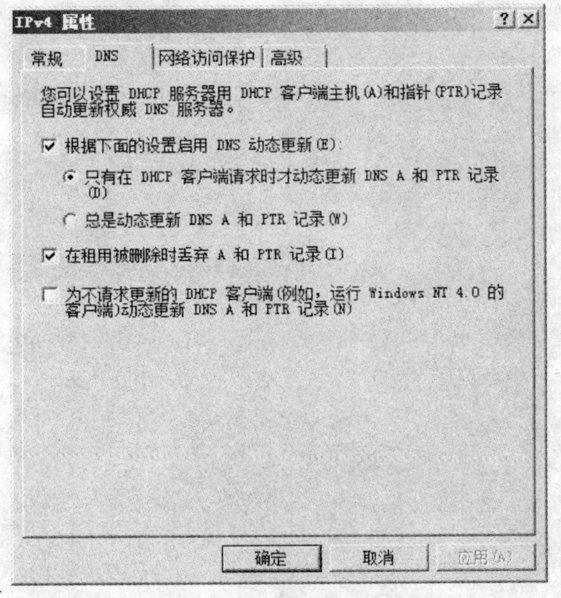

图 3-37　设置 DHCP 和 DNS 整合

要根据特定的作用域修改该设置，则需要展开目标服务器上的 IPv4 节点，用鼠标右键点击目标作用域子节点，在弹出的快捷菜单中选择“属性”项。打开作用域属性对话框后，切换到“DNS”选项卡，按配置全局 DNS 整合设置的操作配置即可。

习　题

1. 什么是 DNS？
2. 简述 DNS 的工作原理。
3. 动态 DNS 和静态 DNS 有何区别？
4. 什么是 DHCP？

第4章　活动目录的逻辑结构和物理结构

从 Windows Server 2000 到 Windows Server 2003 和 Windows Server 2008，Active Directory（活动目录）在其网络操作系统中起着极其重要的作用，因此，Windows Server 的网络管理员和网络工程师应该深入了解并能够熟练运用活动目录。本章首先介绍 Active Directory 的基本概念、管理的内容和在系统中的作用，然后介绍活动目录的逻辑结构和物理结构。

4.1　Active Directory 概述

多少年来，人们一直寻求一种技术，使计算机网络操作系统既能有效地管理系统的资源，又能为不同类型的用户提供友好的交互界面，既能使网络对最终用户透明，使他们不需要关心网络的物理地址等信息，能很容易看懂"自己的网络"，同时又能使网络的设计者很方便地对网络进行分层次的设计。Windows Server 2000 推出的活动目录成功地实现了这些功能。

4.1.1　活动目录的基本概念

1. 关于目录服务

（1）目录的概念

网络已经经历了从对等网络自然进化到以目录为基础的网络。基于目录的网络已经成为首选的网络类型，因为它们可以减轻管理员的工作量。

目录是一种专门的数据库，它服务于各种应用程序，包括 LDAP（轻量级目录访问协议）目录和基于 X.500 的目录。这些目录都是通用的标准的目录。它们不属于特定的操作系统和应用目的，也就是说，可以应用到任何其他操作系统和应用目的。

（2）目录服务的来由

为了解决网络系统中对资源进行组织和管理的需求，电气和电子工程师协会（IEEE）制定了一组建议，这组建议确定目录服务如何解决管理员的需要和有效地管理网络资源的需要。这些建议成为著名的X.500协议。最初设想包括一个大型集中式目录，这将包括整个世界，地缘政治的界限划分。尽管X.500的书面处理的数据量非常大，设计者审查这些建议草案时看到了它的优点，并很快地建议由数家公司通过，其中包括Novell和微软两个最有名的公司。

目录服务起始于 X.500 的"数据网络和开放式系统通信——目录"的建议。专门负责提出目录服务建议的 ITU 分支是电信标准委员会，即 ITU-T。ITU-T 以前称作国际电话电报咨询委员会(CCITT)，ITU-T 在很多领域都提过建议，从广播标准和测量标准到传真，这些建议按照字母分类为多个系列。在 X 系列建议中，包括了 X.25 包交换网络、X.400 消息系统和 X.500 建议。与 X.500 建议相对应的有 ISO 9594"信息技术-开放系统互连-目录"标准。因此在后面的阐述中，亦将 X.500 称为 X.500/9594 标准。

ITU 建议 X.500/ISO-IEC 标准 9594 的目标是避免用户数据库的混乱竞争，提供一种通用的方法，用于存储、分发和访问用户信息。X.500/9594 目录服务包括分布式信息存储，它能够存储信息系统的用户和用以支持该系统的基础结构的几乎所有有用的信息。

目录服务中的信息存储分布式特性是非常重要的，因为目录的一个基本目的就是让网络中任何位置的所有经过授权的客户端都能够进行访问。在一个大型的系统中，将单个的数据库复制到大量的服务器上并保持数据的一致性是不现实的，因为信息的更新是在某一个服务器上进行，而且随时可能发生。在 X.500 目录服务中，服务器只存放全体信息的一部分，并使用一种复杂的引用机制将用户指引到存放他们需要使用的信息的特定服务器上。

（3）目录服务的作用

目录服务本质上是一种基于客户/服务器模型的信息查询服务，它依赖于树状结构的目录数据库来提供信息查询。目录服务可广泛应用于网络本身的资源管理、网络信息的组织和查询。Internet 上最常见的目录服务是一种公共查询服务，主要用于在全球范围内查找用户和商业伙伴，例如，用户可以访问目录服务器来查询网上用户的名称、地址、电子信箱和电话等公开信息。对于企业网来说，目录服务器主要用来实现整个网络系统各种资源的管理，作为网络的一种基础架构，支持网络结构化、安全认证、资源集中管理和资源共享等功能。

（4）目录服务的特点

目录数据库是以树状的层次结构来描述数据信息的。这种模型与众多行业应用的业务组织结构完全一致，如政府部门、行政单位和企业的机构设置、人员和资源的组织方式。由于在现实世界中存在大量的层次结构，采用目录数据库技术的信息管理系统就能够轻易地做到与实际的业务模式相匹配。显然，目录服务非常适于基于目录和层次结构的信息管理。

由于与关系数据库相比，目录数据库更擅长查询，且目录数据库中的数据读取和查询效率非常高，比关系型数据库还要快得多，因此目录数据库非常适合于管理网络中的资源。

2. 活动目录

在 20 世纪 90 年代初，密歇根大学的一些人希望建立一种目录服务以处理他们的十万余名学生和教职员工的有关信息，他们对 X.500 的复杂性持有异议，于是建立了一种保持了 X.500 结构的新架构，并给它一种基于标准 TCP/IP 而不是 ISO 的新的访问协议，他们发明了一种简化的引用机制和一种更为灵活的安全模型，没有固定的复制协议。他们称为轻量级目录访问协议(LDAP)。

Microsoft 决定使用真正的目录服务代替传统 NT 中的基于注册表的安全系统，采用了 LDAP，Microsoft 使用了两种先进的技术提供 LDAP 服务，在数据库引擎方面使用了首先在 Exchange 中引入的可扩展架构引擎，在目录定位服务方面放弃了 WINS(Windows 名称服务)而选择了另一种开放式标准 DNS，而且还使用了一种新的 DNS 技术——动态 DNS。LDAP 用于目录服务、ESE 用于目录数据库引擎、动态 DNS 用于目录定位服务，这种组合使得 Windows 2000 成为迄今为止在 Microsoft 的所有网络系统中最为开放的。

在开发 X.500 目录服务结构的时候，面向对象的数据库还是一种前沿技术，活动目录是 Windows 2000 网络中的目录服务，它是一种分布式目录，信息可以传经许多不同的计算机，因而允许更加快速的访问和容错。无论信息在哪里被访问或者信息驻留在哪里，活动目录都为用户提供相同的数据视图。

活动目录提供目录服务功能，其中包括一系列集中地管理、组织和对网络资源访问的控制。活动目录使物理网络的布局和协议变得非常清晰，从而网络上的用户能在不知道资源在什么地方或它是怎样连接的情况下访问所有资源。

活动目录允许存储大量的对象，它能像组织发展一样扩展，这就允许用户从有数百个对象的单一服务器发展到有数千台服务器和数百万对象的目录。

3. 对象

为了有效地管理网络中的资源，活动目录把所有的资源都看成为对象，对每一个对象定义全局唯一标识（Globally Unique Identifier，GUID），并进行其属性的管理。

4. 活动目录的架构

Active Directory 的架构（Schema）是一组定义，它对能够存储在活动目录中的各种对象以及有关这些对象的各种信息进行了定义。因为这些定义本身也作为对象进行存储，活动目录可以像管理目录中的其他对象一样对架构对象加以管理。架构中包括了两种类型的定义：属性和分类。属性和分类还可以被称作架构对象或元数据。

（1）分类

分类，又称对象分类，描述了管理员所能够创建的目录对象。每一个分类都是一组对象的集合。在创建某个对象时，属性便存储了用来描述对象的信息。例如，"用户"分类便由多个属性组成，其中包括网络地址、主目录等。活动目录中的所有对象都是某个对象分类的一个实例。

（2）架构的扩展

有经验的开发人员和网络管理员可以通过为现有分类定义新的属性或者定义新的分类来动态地扩展架构。

架构的内容由充当架构操作主控角色的域控制器进行控制。架构的副本被复制到森林中的所有域控制器上。这种共用架构的使用方式确保了森林范围内的数据完整性和一致性。

此外，还可以使用"Active Directory 架构"管理单元对架构加以扩展。为了修改架构，必须满足以下三个要求：

- 成为"Schema Administrators"（架构管理员）组的成员。
- 在充当架构操作主控角色的计算机上安装"Active Directory 架构"管理单元。
- 拥有修改主控架构所需的管理员权限。

在考虑对架构进行修改时，必须注意以下三个要点：

- 架构扩展是全局性的。在对架构进行扩展的时候，实际上扩展了整个森林的架构，因为对架构的任何修改都会被复制到森林中所有域的所有域控制器上。
- 与系统有关的架构分类不能被修改。不能修改 Active Directory 架构中的默认系统分类；但是，用来修改架构的应用程序可能会添加可选的系统分类，可以对这些分类进行修改。
- 对架构的扩展不可撤销。某些属性或者分类的属性可以在创建后修改。在新的分类或者属性被添加到架构中之后，可以将它置于非激活状态，但是不能删除它。如果需要撤销一个架构定义，可以废除相关定义并且重新使用对象标识符（OID）或者显示名称。

Active Directory 不支持架构对象的删除，但是对象可以被标记为"非激活"，以便实现与删除同等的诸多益处。

（3）属性

属性和分类单独进行定义。每一个属性仅仅定义一次，但是可以在多个分类中使用。例如，"Description"（描述）属性可以使用在多个分类中，但只需在架构中定义一次即可，以保持数据的一致性。

属性用来描述对象。每一个属性都拥有它自己的定义，定义则描述了特定于该属性的信息类型。架构中的每一个属性都可以在“Attribute-Schema”分类中指定，该分类决定了每一个属性定义所必须包含的信息。

能够应用到某个特殊对象上的属性列表由分类（对象是该分类的一个实例）以及对象分类的任何超类所决定。

（4）多值属性

属性可以是单值的也可以是多值的。属性的架构定义指定了属性的实例是否必须是多值的。单值属性的实例可以为空，也可以包含一个单值。多值属性的实例可以为空，也可以包含一个单值或多值。多值属性的每一个值都必须是唯一的。

（5）索引属性

索引应用于属性，而不是分类。对属性进行索引有助于更快地查询到拥有该属性的对象。将一个属性标记为“已索引”之后，该属性的所有实例都会被添加到该索引，而不是仅仅将作为某个特定分类成员的实例添加到索引。

添加经过索引的属性会影响 Active Directory 的复制时间、可用内存以及数据库大小。因为数据库变得更大了，所以需要花费更多的时间进行复制。

多值属性也可以被索引。同单值属性的索引相比，多值属性的索引进一步增加了 Active Directory 的大小，并且需要更多的时间来创建对象。在选择需要进行索引的属性时，请确信所选择的共用属性，而且能够在开销和性能之间取得平衡。

一个经过索引的架构属性还可以被用来存储属性的容器所搜索，从而避免了对整个 Active Directory 数据库进行搜索。这样不仅缩短了搜索所需花费的时间，而且减少了在搜索期间需要使用的资源数量。

4.1.2 活动目录概述

4.1.2.1 活动目录的作用

从 Widows Server 2000 开始，Microsoft 公司推出了活动目录，活动目录几乎包括了网络中所有的管理，在基于 Windows Servei 的网络中起着极其重要的作用。活动目录的作用主要是在如下几个方面：

（1）网络系统资源管理

活动目录将网络系统中的资源都看成是对象，并对每一个对象进行管理，存储对象的属性，实现对对象的搜索和定位，控制对对象的访问。

（2）网络管理

实现网络的逻辑结构，为最终用户提供一个“自己的网络”，即能够影射网络使用单位或部门的组织机构和业务职能的网络，让最终用户摆脱物理结构的影响。这里所说的最终用户是指使用网络的单位或部门的用户。

实现网络的物理结构，实现网络的连接，控制信息的传输。

关于 Windows Server 2000、Windows Server 2003 和 Windows Server 2008 中的网络逻辑结构和网络物理结构的技术细节将在后面的 4.2 和 4.3 中详细描述。

实现 Windows Server 2008 网络与以前的 NT 网络的集成和互操作性。

实现 Windows Server 2008 网络与 Internet 之间的互操作和整合，即使企业的 Intranet 融入 Internet，又能借助 Internet 构成企业的跨越全球范围的 Intranet。

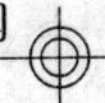

（3）用户和组的管理

包括用户和组的创建、更改、删除、属性设置等，管理用户和组对资源的访问，通过实现活动目录与 DNS 的集成，使用户成为 Internet 的用户。

在安装活动目录时，系统会提示两种选择；Workgroups 方式和 Domains 方式，在选定为 Workgroups 方式以后，系统对所有的用户以传统的方式分组进行管理，在选定为 Domains 方式以后，活动目录则在网络中建立逻辑结构，所有的用户被限定在逻辑结构的边界范围内，Domains 方式下，也可以定义组，称之为组作用域（Group Scope），在组作用域中，不同类型的组的成员可以访问不同范围的资源，甚至可以跨越安全边界访问资源。

（4）权限和安全管理

活动目录管理和控制用户和组按照预先设定的权限访问网络中的资源，使得网络资源得到安全管理，免受非授权用户和组的访问。

（5）管理平台

活动目录为管理员和用户提供了功能齐全的管理功能，并提供了一个名为微软管理控制台(MMC，Microsoft Management Console)的人机交互界面，使各种不同类型的用户能够很方便地完成其权限范围内的各种管理功能。

（6）设计功能

活动目录不仅提供了管理功能，还提供了网络结构的设计功能，在管理员的 MMC 中，可以在“管理工具”的“活动目录用户和计算机”菜单命令中设计网络的逻辑结构，可以在“管理工具”的“活动目录站点和服务” 菜单命令中设计网络的逻辑结构。

4.1.2.2　活动目录的网络构建层次和单元

在 Windows Server 2000 之前，人们按照传统的做法将网络分为拓扑结构和物理结构，拓扑结构是网络构型的简单描述，而物理结构是网络工程实施的蓝图，这种传统做法的最大缺点是网络的结构没有影射企业的组织机构和业务职能，而且用户无法摆脱网络结构的影响。从 Windows Server 2000 开始，改变了过去对网络结构的传统描述方法，将网络结构分为逻辑结构和物理结构两个方面。逻辑结构是面向用户的，用于影射企业的组织机构和业务职能，让用户摆脱物理结构的影响，并让用户看到这个网络就是自己的企业；物理结构是面向连接的，用于实现网络的连接和通信。

为了能够构建一种对于用户来说既直观又清晰的网络结构，活动目录提供了多种单元，有的资料把他们称为模块。Windows Server 中的网络逻辑结构和物理结构都是由不同单元组成的层次结构，面向网络逻辑结构的单元有域(Domains)、树(Trees，亦称域树)、森林(Forests)、组织单位(Organizational Units)共四个层次，用于影射的组织机构或业务职能的不同层面；面向网络物理结构的单元有站点(Sites)和域控制器(Domain Controllers)共两个层次，或者是站点和 IP 子网(Subnet) 共两个层次，用于影射地域和局域网的物理组成。

逻辑结构单元和物理结构单元的具体作用将在 4.3 节和 4.4 中阐述。

4.1.2.3　活动目录的网络管理工具和技术

为了能够有效地实现活动目录各方面的功能，Windows Server 2000 推出了许多组件，在 Windows Server 2003/2008 中又进行了扩充和完善。这些组件改善了 Active Directory 和 Windows Server 整体的功能和可管理性。这些组件大体可分为两类，一类是面向网络构建的，另一类是面向网络管理的。

用于网络管理的组件有全局目录(Global Catalog)、信任关系(trust relationship) 、操作主机(Operations Masters)、复制(Replication)等。

1. 全局目录

为了实现对资源的有效管理，在Windows Server 2000中就提供了一种名为“全局目录”的管理技术。

（1）全局目录的作用

全局目录是存储了森林中所有 Active Directory 对象部分属性的一个目录信息的集合，这些属性要能够足以支持对每个对象进行有效的搜索和定位。全局目录担当了以下目录角色：

- 查找对象

全局目录允许用户搜索森林所有域的对象的目录信息，而不管数据存储在哪一个域。在进行搜索时，全局目录回答“有没有”和“在哪儿”的问题，帮助找到要查找的对象。

Active Directory 的设计目的在于为来自用户或应用程序的查询提供有关目录对象的信息。管理员和用户可以使用“开始”菜单中的“搜索”命令轻松对目录进行搜索和查找。客户端程序也可以使用 Active Directory 服务接口（ADSI）访问 Active Directory 中的信息。

Active Directory 的主要益处就在于它能够存储有关网络对象的丰富信息。在 Active Directory 中发布的有关的用户、计算机、文件和打印机的信息可以被网络用户所使用。这种可用性能够通过查看信息所需的安全权限加以控制。

网络上的日常工作涉及用户彼此之间的通信，以及对已发布资源的连接和访问。这些工作需要查找名称和地址，以便发送邮件或者连接到共享资源。在这方面，Active Directory 就像是一个在企业中共享的地址簿。例如，可以按照姓、名、电子邮件地址、办公室位置或者其他用户账户属性查找用户。如前所述，信息的查找过程由于使用了全局目录而得到了优化。

- 提供根据用户主名的身份验证

在进行身份验证的域控制器不知道某个账户是否合法时，全局目录便可以对用户的主名进行解析。例如，域 A 的某用户的账户是存储在域 A 中，如果这个用户想用其用户主名从位于域 B 的一台计算机上进行登录，那么域 B 的域控制器是无法在域 B 的目录信息库中找到该用户的账户，此时，域控制器将在全局目录中进行查找，查找到此用户在哪一个域，并帮助完成登录过程。

- 验证林中的对象引用。

域控制器使用全局目录验证对林中其他域的对象的引用。域控制器存储了本域的所有对象的完全的属性，还能够保留对其他域中对象引用的目录对象，在这种情况下，域控制器将通过与全局目录服务器联系来验证引用。

- 在多域环境下提供通用组的成员身份信息

和存储在每个域的全局组成员身份不同，通用组成员可以是森林范围内任意域的账户，所以，通用组成员身份仅仅保存在全局目录之中。

域控制器可以始终发现其域中任何用户的域本地组和全局组成员身份，并且这些组的成员身份不被复制到全局目录。在单域林中，域控制器也可以始终发现通用组成员身份。但通用组可以具有不同域中的成员。因此将通用组的 member 属性（包含组中成员的列表）复制到全局目录。在多域林中的用户登录到允许通用组的域时，域控制器必须与全局目录服务器联系，以检索用户可能在其他域中具有的任何通用组成员身份。

如果在用户登录到通用组可用的域时全局目录服务器不可用，用户的客户端计算机可以使用缓存凭据登录（如果用户以前曾登录到该域）。如果用户以前未曾登录到该域，则用户只能登录到本地计算机。

域中的管理员（Builtin Administrator 账户）始终可以登录到域，即使全局目录服务器不可用也是如此。

（2）全局目录中的目录信息

在全局目录中存储了森林中所有的域中的所有 Active Directory 对象的部分属性，也就是说，它是森林中每一个域的对象属性的子集集合。在每一个域的目录数据库中，存储有该域内所有对象的全部属性。

（3）全局目录与全局目录服务器

全局目录是指包含目录信息的副本，整个森林只能有一个，存储了全局目录的域控制器则有担当全局目录服务器的角色，并且担当全局目录服务器角色的计算机必须是域控制器。全局目录服务器可以有多个，当一个企业的 Intranet 拥有多个站点时，可以在每一个站点设置一个全局目录服务器，以提高安置在本站点的域控制器访问全局目录的效率。

2. 信任关系

（1）信任关系的作用

在活动目录的逻辑结构中，域是一个安全边界，也就是说，一个域的用户，不能访问另一个域的资源。但是实际上在企业的网络中有时需要跨域的访问，信任关系的作用就是允许一个域的用户能够访问另一个域的资源。如果将信任关系和授权结合起来，就可以达到对跨域的资源访问既有允许又有控制的目的。

（2）信任关系的概念和规则

信任关系是两个域之间的一种关系，两个域可成为信任域或者非信任域，这种关系实际上就是信任域对被信任域登录证明认可。

当信任关系是在两个域之间配置时，来自受信任域的用户可以验证到信任域。信任有可能执行跨域验证。从受信任域中的用户就能够访问信任域中的资源，但对每个资源定义 ACL 权限。信任管理操作只提供给企业管理者使用。

活动目录服务支持两种形式的信任关系，一种是单向的不可传递的信任关系，另一种是双向的可传递的信任关系。

- 单向不可传递信任(One-Way，Nontransitive Trusts)

在单向信任关系中，如果域 A 信任域 B，域 B 并不自动地信任域 A。在不可传递的信任关系中，如果域 A 信任域 B，并且域 B 信任域 C，而域 A 并不自动地信任域 C。图 4-1 是单向不可传递信任关系的示意图。

Windows NT 4.0 操作系统中，信任被限制在两个域之间，并且信任关系是单向不可传递且信任。在图 4-1 中，指向受信域的直箭头表示单向信任。

- 双向可传递信任(Two-Way，Transitive Trusts)

双向可传递信任用于描述一个树中父域和子域之间的关系，也用于描述一个森林中顶层域之间的关系。在缺省的情况下，一棵树中域之间的信任关系是自动地建立和保持的。在双向信任关系中，如果域 A 信任域 B，那么域 B 就信任域 A。在可传递的信任关系中，如果域 A 信任域 B，并且域 B 信任域 C，那么域 A 就信任域 C。因此在双向可传递信任中，如果域 A 信任域 B，并且域 B 信任域 C，那么域 A 就信任域 C，即域 C 中的用户也可以访问域 A

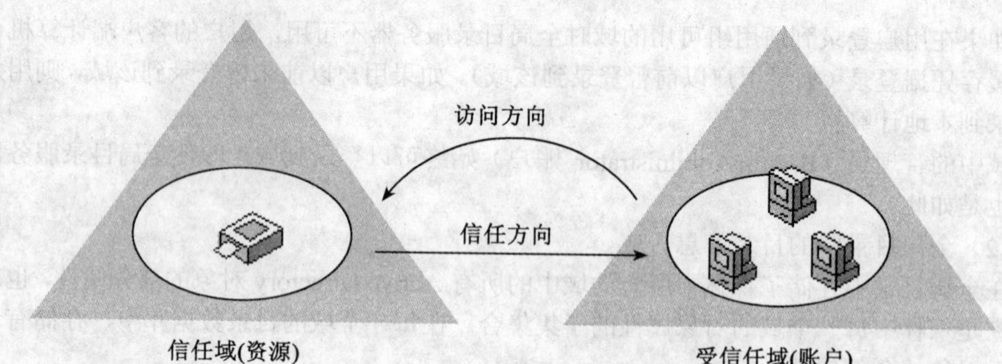

图 4-1　单向不可传递信任关系

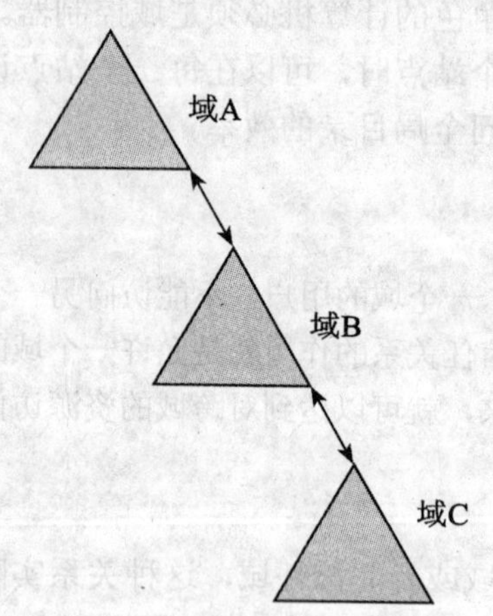

图 4-2　双向可传递信任

中的资源（如果这些用户被分配了适当的权限）。当然域 C 也信任域，这样，具有信任关系的两个域都是可信域。Windows 2000 Server、Windows Server 2003、Windows Server 2008 和 Windows Server 2008 R2 林中的所有信任都是双向可传递信任，并且是作为一种缺省的信任关系。当用户建立一个新的子域时，系统会自动地建立这个子域与其父域之间的这种信任关系，只有 Domain Admins 组中的成员才能管理信任关系。图 4-2 是双向可传递信任关系的示意图。

（3）信任协议

运行 Windows Server 2008 或 Windows Server 2008 R2 的域控制器使用以下两个协议之一对用户和应用程序进行身份验证：Kerberos 版本 5（V5）协议或 NTLM。对于运行 Windows 2000、Windows XP Professional、Windows Server 2003、Windows Server 2008 或 Windows Server 2008 R2 的计算机，Kerberos V5 协议是默认协议。如果事务中的任何计算机都不支持 Kerberos V5 协议，则使用 NTLM 协议。

使用 Kerberos V5 协议，客户端可请求从域控制器账户域中的域控制器到信任域中的服务器的票证。此票证由受客户端和服务器信任的媒介颁发。客户端为信任域中的服务器提供此受信任票证以进行身份验证。

客户端尝试使用 NTLM 身份验证访问其他域中的服务器上的资源时，包含资源的服务器必须与客户端账户域中的域控制器联系以验证账户凭据。

（4）受信域对象

受信域对象（TDO）是用于代表特定域中的每个信任关系的对象。每次建立信任时，在受信域（系统容器中）中创建并存储唯一的 TDO。在 TDO 中表示属性，如信任可传递性、类型和相应的域名称。

林信任 TDO 存储其他属性以识别其伙伴林中的所有受信任命名空间。这些属性包括域树名称、用户主体名称（UPN）后缀、服务主体名称（SPN）后缀和安全标识符（SID）命名空间。

(5) 信任类型

在21世纪的业务迅速变得越来越全球化，使用多森林网络企业结构的国际商业公司越来越多。这种结构要求在同一森林内和多森林的域之间的级别，即使在一个森林内，也要增加信任的灵活性。为了适应这些需求，在Windows Server 2003和Windows Server 2008中设计了几种类型的信任关系，以适应这些需求。下面介绍Windows Server 2003和Windows Server 2008新增的几种信任关系：

①森林信任关系（Forest Trust Relationships）

森林信任是一个用于森林之间的资源共享，这种信任在两个森林的域质检传递信任。只能在一个 Windows Server 2008 或 Windows Server 2008 R2 林中的林根域和另一个 Windows Server 2008 或 Windows Server 2008 R2 林中的林根域之间创建林信任。在两个 Windows Server 2008 或 Windows Server 2008 R2 林之间创建林信任，可以为驻留在每个林中的每个域之间提供单向或双向可传递的信任关系。林信任对于应用程序服务提供商、正在进行合并或收购的组织、协作业务 Extranet 和寻求管理自治解决方案的组织都非常有用。

②外部信任关系（External Trust Relationships）

外部信任是用来设置不同的森林从所选域之间不可传递的信任关系。这种类型的信任关系可以是单向或双向的。可以使用外部信任配置任何类型的域之间的信任关系，包括Windows NT 4.0和非Windows Kerberos领域信任关系。企业管理员和域管理员有特权需要配置这种信任的类型，而且通常是用于设置公司之间的“共享”资源域，或作为一个临时的解决方案中或两个多个域或森林的迁移或合并。

使用外部信任可提供对位于Windows NT 4.0域上的资源或林信任未连接的单独林中域上资源的访问权限。可以通过林外部的域创建外部信任以形成单向或双向不可传递的信任。用户需要访问Windows NT 4.0域中或位于林信任未加入的单独林中域中的资源时，有时需要外部信任，如图4-3所示。

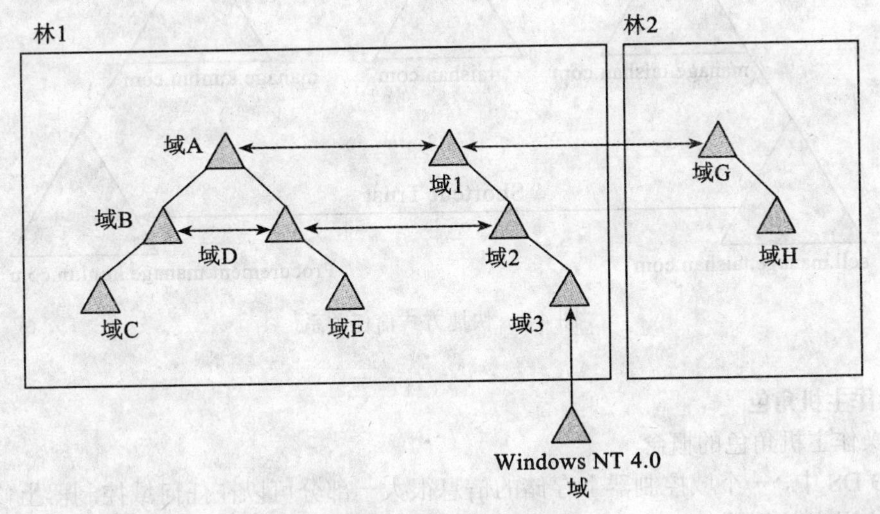

图 4-3 外部信任关系

③领域信任（Realm Trust Relationships）

领域信任用于实现一个AD DS域与任何支持Kerberos V5的非Windows领域之间共享信

息，如UNIX的信息。一个领域信任支持UNIX身份管理以允许用户在UNIX领域通过与Windows Server 2008的网络信息服务（NIS）的功能服务器同步的方法无缝地访问活动目录的资源。口令同步使拥有UNIX领域账户的用户跨越AD DS域和UNIX领域在AD DS中同步口令更改。此外，一个AD DS域控制器可以为UNIX领域充当主NIS服务器。

④快捷方式信任关系（Shortcut Trust Relationships）

不同于前面讨论的信任，快捷方式信任关系存在于一个单一的森林中。这是一个额外的两个子域的信任关系，优化了认证过程时，大量的用户需要访问另一个域中的资源。如果正常的身份验证路径必须跨多个域，这时快捷方式信任关系是特别有用的。使用快捷方式信任可减少用户在Windows Server 2008 或 Windows Server 2008 R2林中两个域间登录所花的时间。这在由两个域树分隔两个域时非常有用。图4-4显示了这种情况的一个例子，图中设想了有两个公司，kunlun（昆仑）公司和taishan（泰山）公司，taishan公司是kunlun公司的供应商，因此，为了方便两个公司的产品销售和采购的业务交往，就要建立taishan公司的销售部门（域名为：sell.manage.taishan.com）对kunlun公司的采购部门（域名为：Procurement.manage.kunlun.com）的快捷方式信任，以便Procurement.manage.kunlun.com能够享用sell.manage.taishan.com的产品信息方面的资源，而且，两个部门（域）都不需要经过自己的父域和父域的父域。

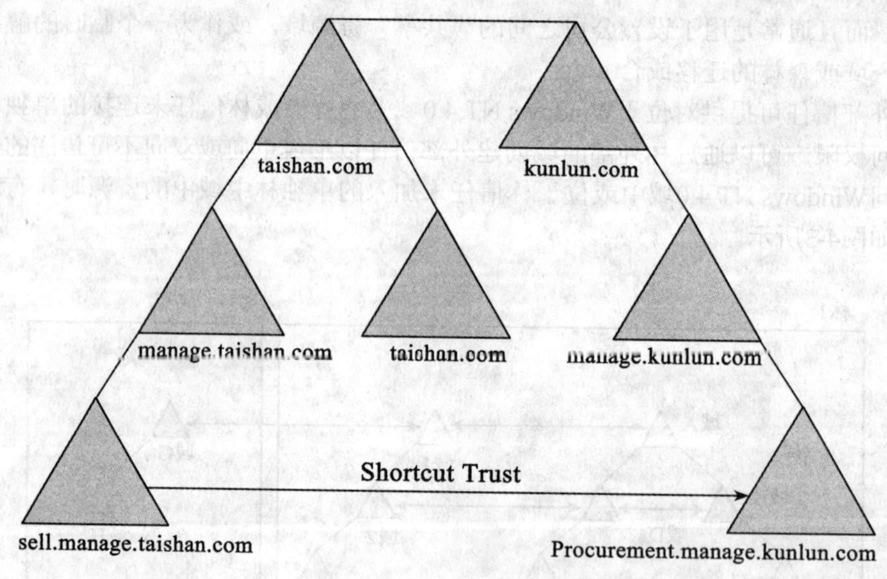

图 4-4 快捷方式信任关系

3. 操作主机角色

（1）操作主机角色的概念

在 AD DS 中，一个域控制器上存储的信息很大一部分可以在任何域控制器上修改。在创建一个新的用户对象时，可以提交对象到域中的任何 AD 副本，这些信息将被传播到其他域控制器。这就是所谓的多主复制。然而，这不是一个概念，适用于普遍的域操作的所有方面。某些领域的职能必须由单个域控制器执行，这就是所谓的单主机操作。单主机操作必须要在特别指定的 AD 森林的域控制器服务器上执行，这些被称为操作主机。

这个概念被称为FSMO（发音为“fizmo”），即灵活单一主机操作（flexible single master operation），“灵活”强调，单一主机角色能够在域控制器之间被传送，但在同一时间只有一个域控制器可以发挥特定的FSMO角色。在同一时间里，一个域控制器可以担当几个不同的FSMO角色。

安装的第一个域控制器自动承担全部五个操作主机角色。同样，每一个在森林中其他域的第一个域控制器安装，使该域控制器成为所有三个域范围的操作主机角色。必要时，管理员可以有选择地将这种自动建立的角色转移到其他域控制器。

下列清单列出了所有5个操作主机角色，头两个是林范围的角色（即每个森林只允许有一个操作主机），其余的三个是域范围的角色（即每个域必须包含一个每个角色的操作主机）。

（2）操作主机角色的作用

①架构主机

架构主机(Schema Master)承担所有的Active Directory架构修改，如果架构需要做出改变，这个主机必须在线和正常运行。每个森林仅有一个可读写的AD DS架构副本，有意这样设计的目的是限制对架构的访问并最小化潜在的复制冲突。在整个AD DS森林中只能有一个架构主机。

②域命名主机

域命名主机（Domain Naming Master）负责控制在森林中增加域和从森林中删除域，验证被添加的域名是否是唯一的。域命名主机角色必须放置在全局目录服务器上，因为它必须拥有所有域的对象的记录，以便执行它的功能。每个森林只能有一个域命名主机。

③基础结构主机

基础结构主机（Infrastructure Master）用于保存和管理对非本域的对象的引用，这在网络的实际管理中是非常有用的。虽然域是一个安全边界，一般情况下域内的用户只能使用本域的资源，但在某些情况下需要使用其他域的资源，包括要使用其他域的用户和组的信息，例如一个域的管理员在本域创建一个域本地组时，就有可能将其他域的用户加入到组中，在本域创建一个通用组时，就有可能将其他域的用户和组加入到这个通用组中。一个域中的域控制器包含了一个本域内的所有对象的列表，并包含了到森林中其他域内的对象的引用列表。如果一个引用的对象发生变化，基础结构主机就负责处理这种变化。由于基础结构主机只是处理引用的对象而不是对象自身的副本，因此它一定不能驻留在多域环境中的一个全局目录服务器上，除非它在一个单域森林中或者所有域的所有域控制器是全局目录服务器。在一个域中，基础结构主机只能有一个。

④RID主机

RID（Relative ID）主机在一个域中只能有一个。AD DS内能够分配权限的所有对象都通过使用安全标识符（SID）来唯一标识。每个SID由一个域SID（对单个域中的每个对象都是相同的）和一个相对标识符（RID，对该域内的每个对象都是唯一的）构成。当分配SID时，域控制器必须能够从它在RID主机那里获得的RID池中分配一个相对应的RID。当该池的RID耗尽时，它将向RID主机请求获得另一个池。如果RID主机失效并指定的域控制器耗尽了分配给它的RID池，那么可能无法在域中创建新的对象。

⑤PDC仿真器

PDC仿真器(PDC Emulator)角色用于模仿过去的为低级客户端服务的Windows NT 4.0主域控制器(PDC)。使用Windows Server 2008，PDC仿真器仍执行某种角色，如充当主用时间同步服务器。每个 AD DS 域只有一个 PDC 仿真器。

4. 多主复制

从 Windows Server 2000 网络操作系统开始，将自身的应用目标定位于为企业建立覆盖全球地域的企业级 Intranet，因此对网络内部的资源信息采用了分布式的管理模式，基于这个原因和网络管理的一些技术措施，网络系统在技术上采用了多主结构。多主结构反映在多个方面，例如，多主机角色；又如，一个域中可以有多个与控制器，每个域控制器的身份是平等的，存储的目录信息是相同的。这就提出一个问题，当一个域控制器对目录信息进行了更改时，必须及时将更改传送到本域的其他域控制器，传送到全局目录服务器，传送到相关的操作主机，始终保证信息的一致性。为此，Windows Server 2000/2003/2008 采用了一种技术：当一个域控制器对目录信息进行更改时，此域控制器立即将“更改”复制到本域的其他域控制器、全局目录服务器和相关的操作主机，这就是多主复制。

采用多主复制，要解决一些技术问题，如复制冲突问题，复制延迟问题，复制频率问题等，这些将在后面的章节中阐述。

4.2 Windows Server 2008 AD DS 的新特性

自从 Windows Server 2000 发布以来，由于活动目录的重要性，微软非常注意在后面的版本中对他进行提高和发展。

4.2.1 Windows Server 2003 活动目录的改进

对活动目录首次重大的改进是随同 Windows Server 2003 产品发布的，相对于 Windows Server 2000，它做出了如下的重要的改进：

1. Windows Server 2003 活动目录域重命名工具

在 Windows Server 2000 中，一台计算机一旦安装了 Active Directory，域名就不可修改，而且该计算机的计算机名也不能修改，只有删除了 Active Directory 以后，才可修改该计算机的计算机名，重装 Active Directory 时重新定义域的名称。这样做与实际的应用需求是不符合的，一个企业在发展过程中，难免出现业务性质发生变化，进行收购和重组，在这种情况下，要求 AD DS 能够灵活地命名和构造是非常重要的。Windows Server 2003 最早引入了重命名概念，并在 Windows Server 2008 仍予以支持，重命名工具还提供了将森林中的域移接到森林内不同位置的灵活性。此工具为管理员提供了修剪、拼接和重命名 AD DS 域的能力。设计活动目录重命名工具正是为了满足企业的这种需求，这一功能为网络的设计人员和使用网络的企业都提供了极大的方便。

2. 建立跨森林可传递信任能力

Windows Server 2000 的活动目录只考虑建立一个企业的网络，因此只考虑了在一个森林内部的不同的树之间、不同的域之间建立信任关系。Windows Server 2003 的活动目录引入了在两个异类 AD DS 之间建立跨森林传递信任能力，允许两个公司更方便地共享资源，而不需要合并森林。当然，这两个森林必须运行 Windows Server 2003 或者更高的操作系统版本。

3. AD DS 复制压缩禁用支持

Windows Server 2003 AD 中引入的另一个特性是能够关闭复制压缩来增强域控制器的性能。此特性只是在起所有域控制器之间具有快速连接的机构的一个可选项。

4. 模式属性停用

为 AD DS 编写应用程序的开发人员能够继续使用 Windows Server 2003 中引入的停用模式属性的特性，以允许定制的应用程序利用自定义的属性而不必担心冲突。停用属性可以减少复制通信量。

5. 通用组成员增量复制

Windows Server 2000 的活动目录在通用组的使用方面存在一个重要的缺陷。这些组中的成员资格存储在 AD DS 的单个多值的属性中，这样做意味着对通用组成员资格的任何修改都要求全部重新复制所有成员资格。例如，如果拥有一个含有 5000 个用户的通用组，添加一个用户，就需要完成大量的复制工作，要将所有 5001 个用户重新复制。Windows Server 2003 和 Windows Server 2008 简化了此过程并允许增量复制通用组成员资格。实际上，在 Windows Server 2003/ 2008 中，只需复制第 5001 个成员。

6. 应用程序分区中 AD 集成的 DNS 分区

Windows Server 2003 通过将 DNS 区域存储在应用程序分区中改善了 DNS 复制。这样做意味着只需要在 AD 中存储更少的对象，缓解了 DNS 的复制问题。

7. AD 延迟对象删除

最早在 Windows Server 2003 中引入并在 Windows Server 2008 中仍予以支持的另一个重要改进是，能够从内目录中删除不再有效的延迟对象。

4.2.2 Windows Server 2008 中 AD DS 的变化

正如每个 Windows Server 的早期版本，微软推出了许多新的组件，这些组件改善了 Active Directory 和 Windows Server 2008 整体的功能和可管理性。本节简要概述了这些组件，其中大部分将在这本书的后面学习到：

1. 将活动目录重命名为活动目录域服务

在 Windows Server 2008 中，已将活动目录重新命名为活动目录域服务(Active Directory Domain Services，AD DS)，活动目录域服务是指过去微软在 Windows Server 2000 和 Windows Server 2003 中引入的活动目录的延续，活动目录域服务与过去的活动目录具有相同的工具、体系结构设计和结构，但扩充了一些特性和功能。

2. 将活动目录应用程序模式重命名为活动目录轻量级目录服务

微软在目录服务组件中做出的另一个名称改变是将活动目录应用程序模式(Active Directory Application Mode，ADAM)重新命名为活动目录轻量级目录服务(Active Directory Lightweight Directory Services，AD LDS)。ADAM 是一个可下载的 Windows 2003 活动目录的插件程序，通常可以为机构中的非员工提供目录以便允许他访问网络服务。不是将非员工置于活动目录，而是将这些人，如订约人、临时工人甚至外部联系人（如外部法律顾问、销售公司等）置于 ADAM 中并赋予他们访问网络资源的权利，如 SharePoint 文件库、外联网内容或 Web 服务。

AD LDS 在功能上等同于 ADAM，为机构提供了开放资源或与组织结构外部的人员共享资源的选项。更改了名称后，对 ADAM 以前的作用不甚了解的机构就开始利用活动目录的轻量级目录服务功能，这不仅可以共享资源，而且可以针对客户、病人等目录查询目录资源。

3. 活动目录联合服务

活动目录联合服务（Active Directory Federation Services，AD FS）是在Windows Server

2003 R2版本中引入的，它的作用是在活动目录森林之间提供链接或联合。实际上，任何一个企业都需要与其他企业发生关联，需要原材料供应，需要产品销售，需要技术协作，因此许多企业都在与相关企业合作，建立联盟，以便得到有效的产品和技术支持。Windows Server 2008 AD FS能够在多个活动目录域服务之间提供联合，将两个或多个AD DS系统连在一起而实现信息共享，为建立联盟机制的多个企业提供了一个互相交换和共享信息的网络环境。

4. 只读域控制器

在 Windows Server 2000 和 Windows Server 2003 中，域控制器都是可读可写的，而在 Windows Server 2008 中增加了一种只读域控制器（Read-only Domain Controller，RODC），在只读域控制器中包含目录数据库的只读副本，它可以执行所有如验证用户和组策略分配给客户之类的以客户为基础的行动，但管理员不能在 RODC 上直接对数据库进行更改。

可以配置 RODC 来缓存指定的登录证书。缓存的证书可以加快特定用户的验证请求，证书存储在 RODC 系统上的缓存中，而不是存储在整个全局目录中的每个对象上。如果关闭 RODC 或者关机，则刷新 RODC 上的缓存并且缓存中的对象不再可用。在 Windows Server 2008 中设置 RODC 提高了网络系统的安全性。

5. 活动目录权限管理服务

几年前微软发布了Windows权限管理服务(Rights Management Services，RMS)。在 Windows Server 2008中引入了一个非常重要的升级来更新该产品，并更名为活动目录权限管理服务（Active Directory Management Services，AD RMS)。使用活动目录权限管理服务能够更有效地保护用户的信息。

6. 活动目录证书服务

Active Directory证书服务（Active Directory Certificate Services，AD CS）允许创建和管理在采用公共密钥的环境中使用的技术证书。AD CS让用户可以将一个人、一个设备或一个服务的身份关联到一个私钥。

AD CS不是一个新的技术，但对于Active Directory家族它是新的。在Windows Server 2008 中，AD CS最大的变化之一是增加了下一代加密API（Cryptography API：Next Generation，CNG）。CNG允许管理员使用自定义算法与Active Directory中使用安全套接字层（SSL），以及与Internet协议安全（IPSec）。这是通过使用美国政府的B系列(Suite B)加密算法实现的。

7. 在域控制器上重新启动 AD DS

使用过 Windows Server 2000 和 Windows Server 2003 的人会体会到，当活动目录安装并启动后，如果机器的档次不高，运行就非常慢，因为活动目录管理的内容很多，使得计算机在时间上的开销很大。实际上，并不是什么时候都需要运行目录服务，应该给用户提供选择的可能性。Windows Server 2008 引入了新的功能，可以启动和停止运行在域控制器上的目录服务而不必关闭它。这样做允许管理员对活动目录数据库进行维护和恢复，而不需要重新启动进入到目录服务恢复模式（Directory Services Restore Mode）。

除了允许维护和恢复以外，在 AD DS 上关闭域控制器功能本质上是将域控制器转变成成员服务器，如果有必要，允许从 DC 模式中快速恢复服务器。Windows Server 2008 还取消了 DC 上的本地管理员拥有域管理（Domain Admin）权限需求，从而提高了需要对 DC 服务器进行管理但生意并不需要全部域管理权限的情况下的整体安全性。

8. 细粒度口令策略

实现每个域多口令策略也是 Windows 2008 AD DS 的一个重大改进，使用这项技术能够跨越单个域实现细粒度口令策略（Fine-Grained Password Policies）。在 Windows Server 2008 之前，这只是安装在森林中域控制器上的第三方口令更改实用程序的一个选项。在 Windows Server 2008 中，管理员可以为不同类型的用户定义不同的口令策略，规定不同的口令复杂程度。

要实现细粒度的口令策略，要求将域模式设定为 Windows Server 2008 级别，即所有的 DC 必须运行 Windows Server 2008。

9. 审核对 AD 对象所做的修改

审核对 AD 对象所做的修改也是 Windows 2008 AD DS 的一项改进，此项功能能够让管理员何时修改、移动或删除 AD 对象，这是 Windows 2008 以前的版本无法做到的。

10. 增强组策略

在 Windows 2008 中，引入了 800 多个 Windows Server 2008 和 Windows Vista 特有的新的组策略对象，以扩充曾作为 Windows Server 2000/2003 活动目录一部分的组策略管理的核心能力。组策略的基本功能并没有变化，因此组策略对象编辑器（Group Policy Object Editor，GPOE）和组策略管理控制台（Group Policy Management Console，GPMC）保持不变，但是具有更多可用的选项和设置。

11. 服务器角色和特性

微软已经组成不同的角色和特性的计算机的能力。简单地说，一个角色是一个特殊的功能，一台服务器可以在网络上执行，包括文件服务，终端服务和认证服务。活动目录域服务（AD DS）是包括所有域控制功能的服务器的角色。一种功能是一个可选组件，添加特定功能，例如，.NET 框架 3.0，BitLocker 驱动器加密，网络负载平衡，等等。某些特定的功能作用要求要安装，要求添加某个角色就会自动添加相应的功能。用户可以从初始配置任务窗口、服务器管理器或命令行添加的角色和特性。

12. 服务器核心

服务器核心是一个可选的安装选项，是 Windows Server 2008 的最富创新的特性，它是 Windows Server 2008 的精简版本，不包含图形用户界面，任务栏，或开始菜单。登录后，会出现一个命令提示窗口，在这里可以执行的所有的管理操作。服务器核心的计算机比常规的服务器使用更少的硬件和内存资源，而且能够执行常规服务器执行的大多数（但不是全部）角色。服务器核心安装为运行特定服务器角色提供最小安装环境，这就降低了维护和管理要求，并减小了这些服务器角色的受攻击面。

4.3　活动目录的逻辑结构

在推出 Windows Server 2000 时，微软公司将活动目录作为引以为骄傲的技术，其所以这样，是因为活动目录包含了许多新的思想，其中之一是活动目录第一次将网络结构分为逻辑结构和物理结构，成功地实现了用逻辑结构影射企业的组织机构和业务职能，让网络的最终用户摆脱了网络物理结构的影响。

4.3.1　AD DS 逻辑结构原理

活动目录让用户建立不同于物理结构的结构——逻辑结构，以反映业务性质、信息的类别、行政组织等企业的内在结构。设计逻辑结构不必考虑硬件和连接问题，用户可以设计活动目录以适应自己所在组织的商务和管理结构，且只需要考虑下述问题：

（1）逻辑结构单元的唯一名字。

（2）用什么逻辑结构单元影射企业的哪一级组织机构。

（3）各单元在逻辑结构中的层次关系。

逻辑结构中的每个对象（单元）必须被唯一的名字所标识，这是因为在活动目录中，所有信息或资源被定义为对象或对象属性，而命名协议允许不同的客户把唯一的名字解析为对象或它们代表的信息。名字解析(Name Resolution)是把唯一的名字翻译成对象或信息的过程。活动目录使用命名规范来标识对象。

4.3.1.1 逻辑结构单元

1. 域

（1）域的概念和作用

域（Domains）是活动目录中网络逻辑结构的核心单元，人们通常用三角形标识。在网络逻辑结构的设计中，用域来影射企业中承担大实质性生产、研究开发或管理任务的部门，如处、部、分厂、学院等，在设计时，可以用企业的部门的名称作为域的名称，以便用户能够更直观地理解网络的结构。域在整个网络的管理中起着重要的作用，域在资源的管理中具有安全边界的特性。

在一个域中，至少要有一个域控制器，可以建立多个域控制器。在逻辑结构中，域控制器管理整个域，包括域内的资源、用户、组和计算机等。域控制器还管理与森林中其他域之间的相互访问。

域是一个容器，在域中，可以放置用户、组、客户机、成员服务器、域控制器等，如图 4-5 所示。一个域中，还可以设置下级单元 OU。

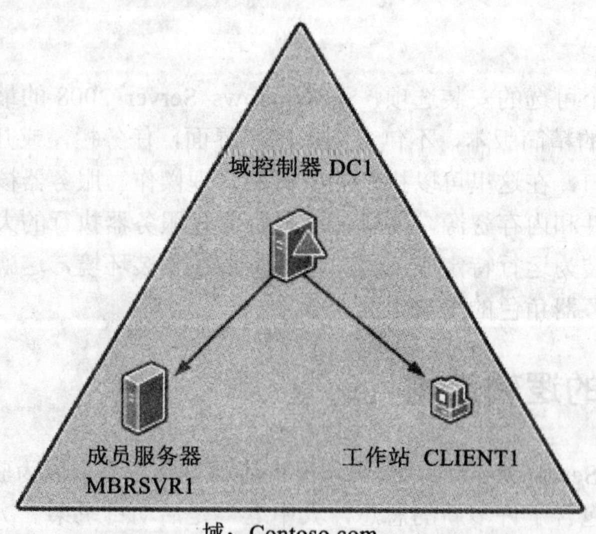

图 4-5 域

域也是复制的单元。域中的所有域控制器都参与复制并且拥有一个本域的所有目录信息的完全拷贝。活动目录使用多主复制模型。一个特定域中的所有域控制器都能接收活动目录中信息的变化并把这些变化复制到域中其他全部域控制器上。

一个域必须有一个静态 IP 地址，这样才能被 Internet 访问。

（2）域模式（Domain Modes）概念

在后面阐述功能级别时会涉及域的模式，所以要在这里作一简单的介绍，以便理解为什么在 Windows Server 2008 的功能级别中不支持混合模式，而不是要读者熟悉混合模式。

在 Windows Server 2000 中提出了域模式的概念。域模式是指对域的管理方法，分为混合模式（Mixed Mode）和本机模式（Native Modes）两种。在用户安装活动目录和建立一个域以后，这个域和活动目录会在混合模式下运行。混合模式域既支持 Windows 2000 域控制器又支持运行 Microsoft Windows NT 的域控制器。

活动目录在混合模式下安装是为了支持已有的还没升级到 Windows 2000 的域控制器。用户能无限期地在混合模式下管理它的域，这就允许用户按满足其组织要求的时间表来升级运行 Windows NT 的域控制器。

如果用户的网络没有运行 Windows NT 的域控制器或所有域控制器都被升级到了 Windows 2000，那么用户就可以把域从混合模式转换到本机模式。

在本机模式域中，所有域控制器都运行 Windows 2000。然而，在用户把一个域转换到本机模式以前，成员服务器和客户计算机并不需要升级到 Windows 2000。一些活动目录功能要求域为本机模式，如组嵌套和安全型通用组就要求域为本机模式。域模式的组成如图 4-6 所示。

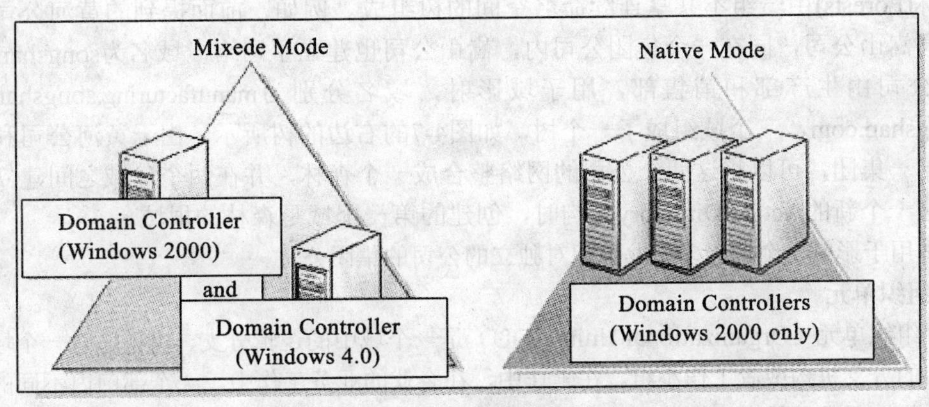

图 4-6　域模式

域模式可以进行转换，可以从混合模式转换到本机模式，但不能从本机模式转换到混合模式。

2. 树

树(Trees)是由一组共享连续的命名空间的域组成。换言之，一棵树由一个父域另加一个或多个子域组成，子域的名字是父域的名字的延续。例如，一个名为黄河公司的企业，其域名为 huanghe.com，这是父域，该公司有生产部、产品部、销售部，销售部在欧洲和北美有分支机构。经规划，将该公司设计成一个树，生产部和销售部作为子域，其域名分别为manufacturing. huanghe.com和sales.huanghe.com，产品部、欧洲和北美有销售分支机构作为子域的子域，其域名分别为products.huanghe.com、europe.sales.huanghe.com和america.sales. huanghe.com，逻辑结构如图4-7的左边的树所示。

树用于影射一个大中型企业或者影射集团公司中的业务相对独立的公司。

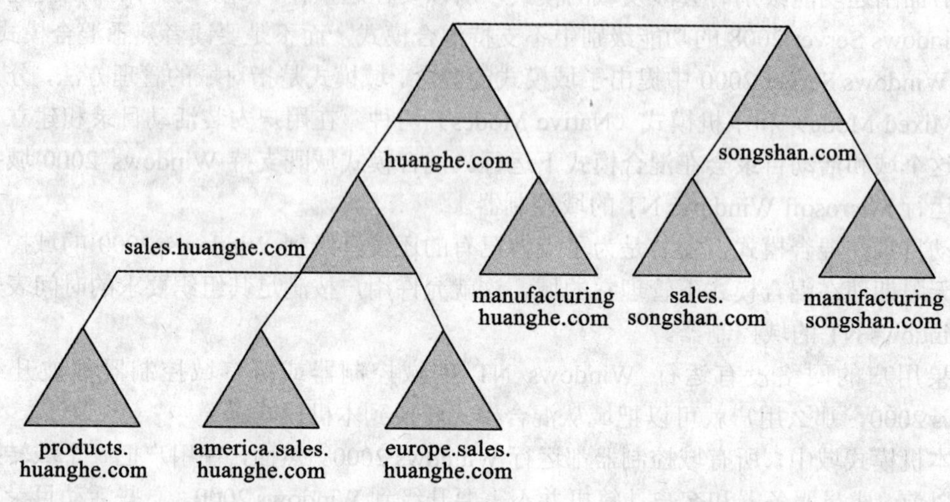

图 4-7　一个森林可以包含多个树，一个树可以包含多级子域

3. 森林

森林(Forests)由一组不共享连续命名空间的树组成。例如，前面提到的黄河公司有一个姊妹公司嵩山公司，同在一个集团公司内，嵩山公司也建立了网络，域名为songshan.com,是父域，公司由生产部和销售部，用子域影射，域名分别为manufacturing.songshan.com和sales.songshan.com，三个域组成了一个树，如图4-7的右边的树所示。由于黄河公司和嵩山公司是在同一集团，可以将这两个公司的网络整合成一个森林，并在两个父域之间建立信任关系。创建一个新的Active Directory结构时，创建的第一个域是森林的根域。

森林用于影射一个拥有多个业务相对独立的公司的集团公司。

4. 组织单元

一个组织单元（Organizational Units，OU）是一个域中的逻辑分支，用于影射一个域所影射的部门中的分支机构或者工作小组。在工作中，在企业的业务工作中，一个部门内不同的分支机构因为工作性质的差异而导致使用的资源不同，权限不同，甚至分支机构之间需要保密，这就需要在一个域中建立OU。一个域中可以有多个OU，个数没有限制，在OU中还可以建立子OU，层次数没有限制，但微软建议不要超过10层。活动目录提供的这种规则，使得逻辑结构能够非常灵活地影射企业的组织机构和业务职能。

OU 是一个容器，在 OU 中，可以放置用户、组、客户机等，还可以放置子 OU。OU 也具有安全边界的特性。

4.3.1.2　逻辑结构组成

从 Windows Server 2000 到 Windows Server 2008，逻辑结构的林域结构的基本规则没有变化，要构成一个企业的 Intranet 的逻辑结构，需要遵从下述规则：

（1）对于一个新的森林来说，建立的第一个域就是森林的根域，本森林中的其他的域只能是根域的子域或者子域的子域，父子层次没有限制。

（2）一个森林由若干个树组成，且多个树才能组成一个森林；一个树由若干个域组成，且多个域才能组成一个树；域是一种可以独立存在的单元，一个域中可以没有 OU，也可以有一个或多个 OU；OU 中可以有一个或多个子 OU，也可以没有 OU。逻辑结构必须遵从这种分层包含的关系，不能倒置。

（3）在进行逻辑结构设计时，应当在仔细分析企业及其部门的规模、工作性质、信息和资源的享用权限要求之后，合理地确定应该选用的逻辑结构设计模型，合理地确定用什么层次单元影射什么部门，即准确地划分安全边界。只有这样，建成的网络才能符合企业的需求，才能充分发挥网络的作用。

4.3.2 AD DS 逻辑结构设计

在进行实际的 AD DS 逻辑结构设计时，网络设计人员在对应用企业进行了需求分析以后要按照三个步骤完成设计工作。第一部是要选择域名称空间，第二步是要选择逻辑结构设计模型，第三步是设计逻辑结构和域名空间。

4.3.2.1 选择域名空间

选择域名空间就是决定 AD DS 将占用的通用域名系统(DNS)名称空间，从 Windows Server 2000 开始，就做到了活动目录与 DNS 集成，这项技术为建立与因特网一致的域名空间奠定了基础。然而，采用通用域名系统名称空间在安全上有局限性，用户有必要进行选择。

1. 选择外部（发布）的名称空间

实现 AD DS 最简单的方法是通过使用一个单独的反映企业名称的通用 DNS 名称空间，并将它注册在因特网上，人们把这种命名空间策略称为外部（发布）的名称空间。外部（发布）的名称空间策略有多方面的有点，可以从因特网上方便地访问到它，企业 Intranet 的终端用户既是本企业 Intranet 的用户，可以很方便地访问 Intranet 的资源，同时又感到自己是 Internet 上的用户，很容易通过 Internet 访问 Intranet 以外的资源。昆仑公司的一个名为张涛的用户可以通过其用户主体名称(UPN)zhangtao@kunlun.com 出现在网络上。此名称的设置与他的电子邮件地址完全匹配，用户不需要在 Intranet 中使用一个名称，而在 Internet 上又使用另外一个名称。

外部（发布）的名称空间策略的缺陷组要是在安全方面。发布 AD DS 名称空间会是潜在的黑客了解到域名系统名称并且利用部分域名信息来威胁用户账户。当名称空间等同于企业发布的因特网名称空间时，管理防火墙来阻止内部 DNS 查询也变得不太直观。如果名称空间是分离的，则可以编写简单的规则来阻止到内部域结构的任何通信量。如果企业利用多个名称空间来识别它自身，则会出现另一个缺陷，并且需要将所有这些名称空间加入到同一森林中。因此，是否采用通用名称空间的策略应该根据企业是否在网络安全方面有较高的要求而定。

2. 选择内部名称空间

如果企业希望企业的域名系统具有较高的安全性，可以将 AD DS 结构驻留名称空间设计成内部的，不发布到因特网上。在这种情况下，用户的 UPN 不同于他的电子邮件地址，用户需要记住两个名字。

4.3.2.2 选择逻辑结构设计模型

为了适应不同企业的要求，Windows Server 2008 提供了单域模型、多域模型、单个森林中的多树模型、联合森林设计模型、同位体根(peer-root)模型、占位符域模型、专用域模型等多种设计模型，下面分别介绍每一种设计模型的作用和特点。

1. 单域模型

所谓单域模型，是指用一个域影射一个企业，也就是说，在一个企业的 Intranet 中，其逻辑结构只有一个域。

单域模型的优点很多，主要表现在下述几个方面：

（1）结构简单，易于管理，域所形成的安全边界就是整个企业网络的安全边界，边界内包括了所有对象；

（2）不需要建立信任关系；

（3）实现了集中式的管理，同时又提供了通过委派 OU 管理员的管理权限实现分散管理的灵活性；

（4）使用单域模型可以降低硬件成本和管理成本。一个域使用的域控制器要比多个域少得多，对承担域控制器的计算机要求性能指标较高，减少了域控制器的数量就减少了硬件投资，另一方面，多个域的网络中，每个域都需要有域管理员，使用单个域就减少了网络管理人员。

单域模型的缺点主要表现在两个方面：

（1）单域模型不适合于需要在内部形成安全边界的企业，虽然域管理员可以通过委派 OU 的权限形成安全边界，但域管理员随时可以委派其他 OU 的权限，况且，在使用单域模型的企业中，域管理员并不属于某一个下级部门，因此，安全得不到保障。

（2）由于森林中只有单个域，充当架构主机的计算机必须位于此域中。这样会将架构主机放置在包含在所有用户账户的域中。虽然可以通过正确的管理来严格控制对架构主机的访问，但是当架构主机驻留在用户域中时架构暴露的风险将会增大。例如，域管理员组的成员可以重写架构管理员组的安全级别并向该组添加他们的账户。要想避免单域模型的这种缺点，可以将架构主机分离到占位符域的模型。

单域模型适用于中、小规模而又不需要在内部划分安全边界的企业。由于活动目录的域结构有很好的可扩展性，许多大型企业也从单域结构开始，在网络使用过程中扩充成多域模型乃至扩充成单森林中的多树模型。

假设有一个名为“昆仑电子”的公司，该公司应用网络和信息管理还是起步阶段，暂不需要严格的内部安全边界，因此决定使用单域结构，整个企业只有一个域，公司的下级部门人事部、财务部、生产部、采购部、销售部等由 OU 影射，其逻辑结构如图 4-8 所示。

2. 多域模型

这里所说的多域模型，是指用一个由具有连续域名空间的多个域组成的树影射一个企业，也就是说，在一个企业的 Intranet 中，其逻辑结构是一个树。

一个树的多域模型具有下述特点：

（1）具有内部的安全边界，能够保证部门的资源安全，在必要的时候，才利用信任关系和组作用域让某些用户能够跨越安全边界访问资源。

（2）具有唯一的连续的域名空间，在一个树内，所有的域都使用一个连续的域名空间。

（3）加强了网络系统的安全性。在这种结构中，可以将架构主机分离到一个与用户隔离的域中。

多域模型适用于中、小规模而又非常需要在内部划分安全边界的企业。实际上，许多企业内部分支机构在业务上有高度的独立性，需要保护自身的资源，不允许其他部门的用户访

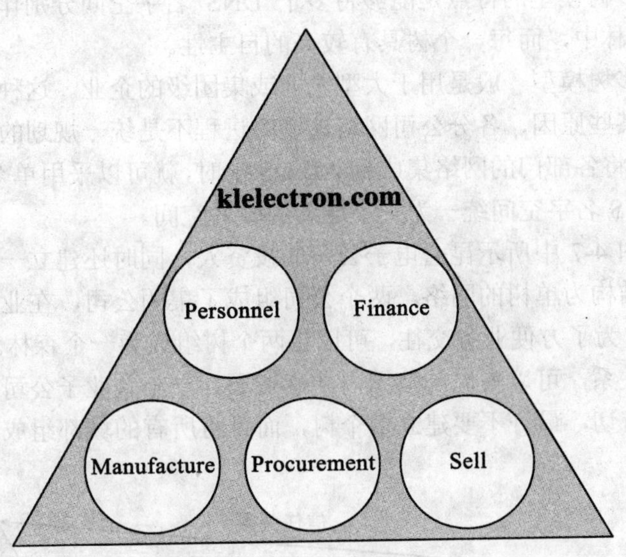

图 4-8　用一个单域影射一个企业

问，例如人力资源、财务等部门。

前面假设的在图 4-7 中所示昆仑电子公司的网络，采用单域结构运行了一段时间以后，随着企业规模的发展，感到必须要在内部设置安全边界，使各部门保持相对独立性。为了满足这个要求，将网络的逻辑结构扩展成图 4-9 所示的多域模型。

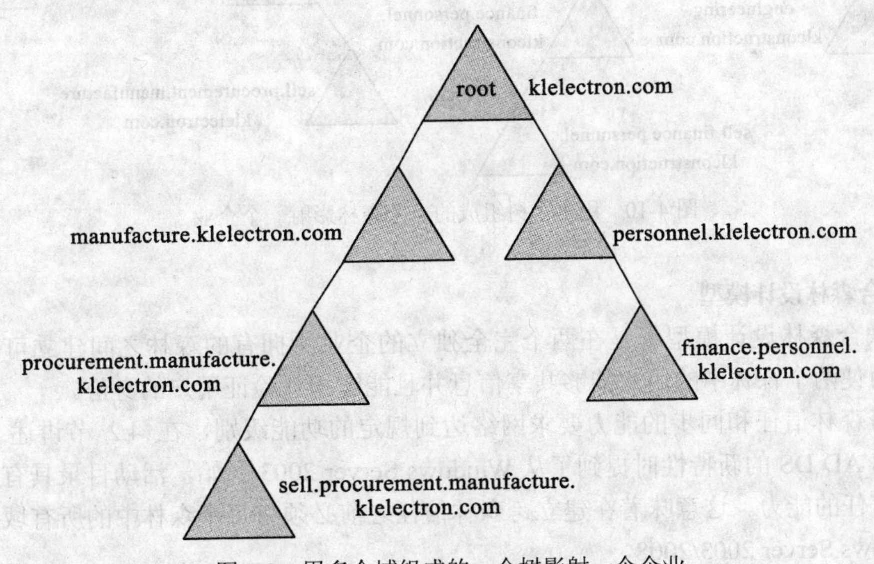

图 4-9　用多个域组成的一个树影射一个企业

3. 单个森林中的多树模型

所谓单个森林中的多树模型，是指用一个拥有多树的森林影射一个企业，也就是说，在一个企业的 Intranet 中，其逻辑结构是有多个树组成的森林。

单个森林中的多树模型的特点是能够将多个 DNS 名字空间分别作为单独的树集成到一个单独的 AD DS 森林中，而每一个树具有较高的自主性。

单个森林中的多树模型一般是用于大型企业或集团级的企业。这种企业的分公司具有高度的独立性，由于某些原因，各分公司网络建设的进程不是统一规划的，因此形成了各自不同域名空间。在需要将各部门的网络集成到 AD DS 中时，就可以采用单个森林中的多树模型，而不需要将多个 DNS 名字空间统一为一个连续的域名空间。

前面假设的在图 4-7 中所示昆仑电子公司的投资人，同时还建立一个建筑公司，该公司也建立了一个逻辑结构为单树的网络，两个公司组成了集团公司，在业务上相互有一定的联系。在这种情况下，为了方便业务交往，可以将两个树组成为一个森林。如图 4-10 所示。两个树之间建立信任关系，可以在局部范围内共享资源。一个企业子公司之间，独立性不是很强，相互联系比较密切，最好不要建立多个树，而是将所有的域都组成为一个树。

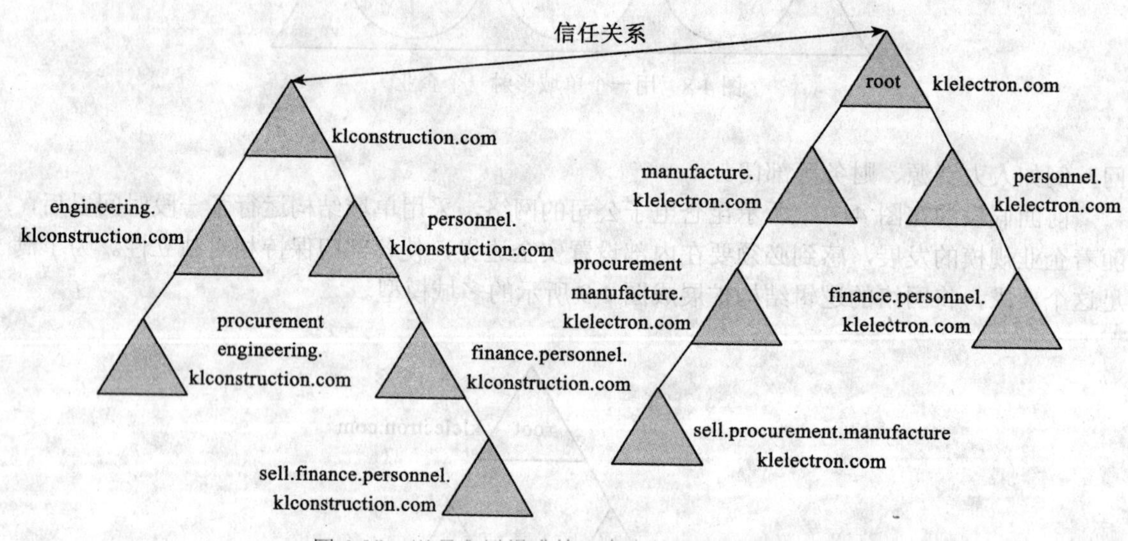

图 4-10　用多个树组成的一个森林影射一个企业

4. 联合森林设计模型

所谓联合森林设计模型就是在两个完全独立的企业所拥有的森林之间建立可传递信任关系，从而使两个森林中的用户能够共享信息并且能够相互验证用户的身份。

实现跨森林信任和同步的能力要求网络达到规定的功能级别，在 4.2 节讲述 Windows Server 2008 AD DS 的新特性时提到了从 Windows Server 2003 开始，活动目录具有建立跨森林可传递信任的能力。这意味着在建立跨森林信任之前必须将每个森林中的所有域控制器升级到 Windows Server 2003/2008。

联合森林设计模型适合于下列三种情形：

第一种情形是当企业出现收购、并购和其他形式的企业重组，这时需要将分别影射各自企业的两个完全独立的 AD DS 结构（森林）联合起来，即链接两个 AD 森林，以达到相互内交换信息的目的。

第二种情形是两个企业仍然是独立的，但他们之间存在着供需关系，需要经常交换信息。

例如企业A是一个专门生产多种机械零部件的企业，也包括汽车、拖拉机零部件，而企业B是一个专门生产汽车、拖拉机整机的企业，显然，这两个企业业务来往一定很频繁，需要建立联合森林。

第三种情形是在一个企业内部，有一部分部门要求具有高度的独立性和保密性，需要在企业内部建立两个独立的森林，例如，某企业研究、开发、生产的产品有两大类，一类是民用产品，另一类是军用产品，研究、开发、生产军用产品的相关部门及相关信息需要在一个完全独立的网络环境中进行管理，但是民用和军用两部分之间又不可避免需要共享一些信息。在这种情形下，需要在一个企业内部建立联合森林。

建立联合森林设计模型的本质是在两个森林的根域之间建立跨森林信任并能进行身份验证。信任可以是单向的，也可以是双向的，这要根据业务交往的需求而定，例如，前面提到的研究、开发、生产军用产品的部门中的信息和资源是严格保密的，只能是军用部门共享民用部门的资源，而不允许民用部门共享军用部门的资源。假设还有一个名为泰山的集团公司，该公司有一个电器公司和一个制药公司，其电器公司与昆仑公司的电子公司业务交往密切，需要建立联合森林，并建立跨森林双向信任关系，如图4-11所示。

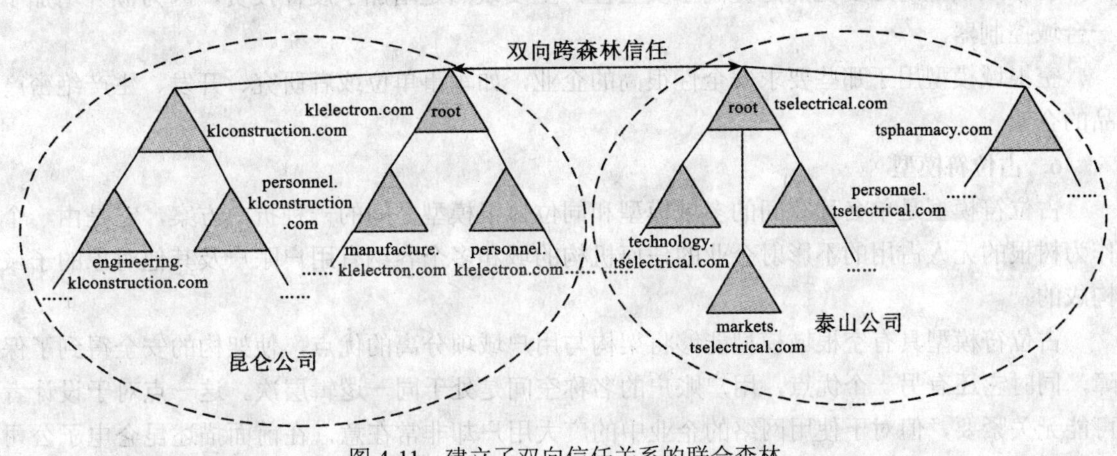

图4-11 建立了双向信任关系的联合森林

信任不会自动准许其他域或森林中的任何权限，而只允许隐式地共享资源。信任域中的管理员仍需要手工授予访问权。在联合森林设计模型中，两个森林中的管理员可以共同商量共享哪些资源并进行合理的配置。

5. 空根域模型

前面在单域模型中谈到，单域模型不得不将架构主机角色放置在包含所有用户账户的域中，增加了架构暴露的风险，即使是其他的模型只要是将架构主机角色放置在包含所有用户账户的域中也是一样。因为架构是AS DS的一个重要的组件，应该得到严格的保护和监管。未经授权访问担当森林的架构主机角色的域控制器可能造成一些严重的问题甚至破坏整个目录。这样就提出一个问题，如果讲架构主机角色与用户群体隔离，就可以提高架构主机的安全性，根据这种思想，就产生了空根域模型。

空根域模型是在原来的模型中增加一个同位体根(peer-root)域，它是一个单独存在的未填充的森林根域，不影射企业的任何部门，在这个域中存放架构主机角色，与企业的网络其余部分隔离，如图4-12所示。图中，klelectron.com域用于管理用户、组、计算机和域中其他资源，而klschema.root域是保存公司的架构主机角色的同位体根域。

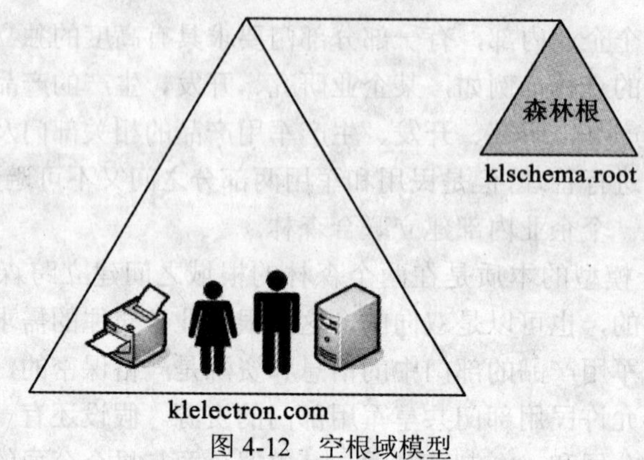

图 4-12　空根域模型

空根域模型的主要优点是提高了安全性，主要缺点是增加了硬件投资，因为额外增加了一台域控制器。

空根域模型用于那些要求安全性很高的企业，如军事单位或者研究、开发、生产绝密产品的企业。

6. 占位符模型

占位符模型是单名称空间的多域模型和同位体根模型之间的一种折中方案，它是由一个作为树根的无人占用的不影射企业的任何机构的域和多个容纳有用户账户及其他对象的子域构成的。

占位符模型具有空根域模型能够将架构与用户域项分离的优点，使架构的安全得到了保障，同时它还有另一个优点，用户账户的名称空间是处于同一逻辑层次。这一点对于设计者可能无关紧要，但对于使用网络的企业中的广大用户却非常在意，在前面描述昆仑电子公司网络逻辑结构的多域模型的例子（图 4-9）中，根域影射昆仑电子公司办公室，是父域，生产部和人力资源部则处于子域，其他部门则处于子域的子域，人们对这种设计人员确定的级别难于接受或者感到费解，而占位符模型解决了这个问题。

将图 4-9 中的多域模型的例子修改为占位符模型，就使所有的部门处于名称空间的同一逻辑层次，如图 4-13 所示。

占位符模型适用于那些对安全性能要求较高而域的个数不是很多的中、小型企业。

7. 专用域模型

专用域模型是用来为某种特殊的人群或者特殊的功能设置一个分离的域，使得网络既能完成应用的需求，又能保证企业森林的安全。例如，企业设置一个专用域来容纳外部承包商或临时工，可以限制他们使用 AD DS 主森林，在此域和其他域之间建立信任关系，允许他们访问那些特别准许的资源。有时是为了实现某种特色功能，例如，用一个分离的专用域驻留具有目录服务能力的应用程序，出于安全性或其他原因，这些应用程序要求具有对架构的独占访问权，这时就要为这些应用程序设置一个专用的域。

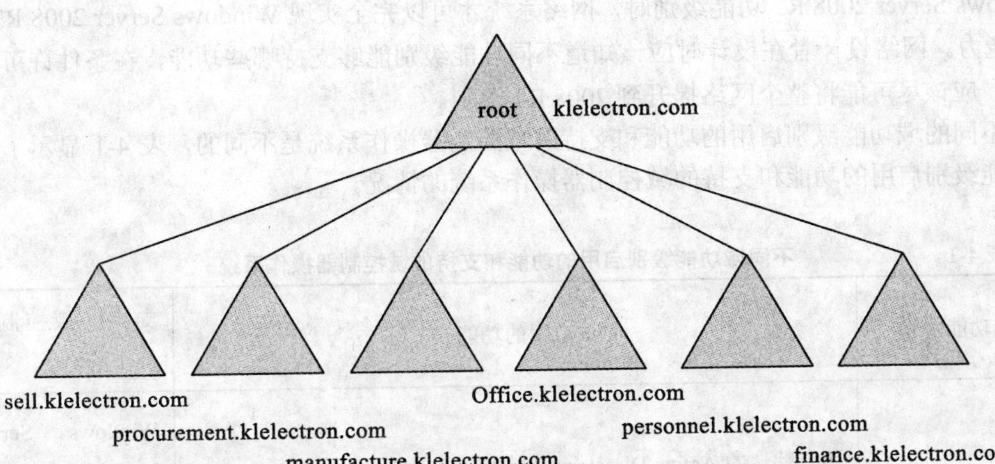

图 4-13　占位符模型

4.3.3　Windows Server 2008 AD DS 功能级别

本章 4.2 节介绍的 Windows Server 2008 AD DS 特性是以前版本的 Windows Server 的活动目录不支持的，其中许多特性限制了 Windows Server 2008 与以前的版本的互操作性，因此微软推出了域和林功能级别的概念，使得在包括旧域控制器的网络上能够进行功能操作。

1. Windows Server 2008 R2 AD DS 支持的森林和域功能级别

域功能启用了可影响整个域以及仅影响该域的功能。在 Windows Server 2008 R2 AD DS 中，有四个可用的域功能级别：Windows 2000 本机模式、Windows Server 2003（默认值）、Windows Server 2008 以及 Windows Server 2008 R2。

（1）Windows Server 2000 本机模式的功能级别

此功能级别允许 Windows Server 2008 域控制器与森林内的 Windows Server 2000 SP3 和 Windows Server 2003 域控制器共存。Windows Server 2008 不支持 Windows 2000 混合模式功能级别，如果在用户的网上仍然运行有 Windows NT 4.0 域控制器，则必须在网络安装 Windows Server 2008 域控制器之前升级或删除这些域控制器。

（2）Windows Server 2003 功能级别

此功能级别允许 Windows Server 2003 和 2008 域控制器共存。

（3）Windows Server 2008 功能级别

此功能级别要求森林中的所有的域控制器必须运行 Windows Server 2008。将域和森林功能级别升级到 2008 功能级别时，系统会添加额外的功能，如精细粒度口令策略等。

（4）Windows Server 2008 R2 功能级别

此功能级别要求森林中所有的域控制器必须运行 Windows Server 2008 R2。

2. 不同域功能级别启用的功能和支持的域控制器操作系统

在域和森林功能级别不是都处于 Windows Server 2008 R2 功能级别时，Windows 2008 R2 实际上是以一种降级模式的兼容性来执行并操作的，只有域和森林功能级别都提升到

Windows Server 2008 R2 功能级别时，网络系统才可以完全实现 Windows Server 2008 R2 AD DS 能力。网络设计者在设计时应该知道不同功能级别能够支持哪些功能，在条件许可的情况下，应该尽可能将整个网络提升到 2008 R2 级别。

不同的域功能级别启用的功能和支持的域控制器操作系统是不同的，表 4-1 显示了不同域功能级别启用的功能和支持的域控制器操作系统的情况。

表 4-1　　不同域功能级别启用的功能和支持的域控制器操作系统

域功能级别	启用的功能	支持的域控制器操作系统
Windows 2000 本机模式	所有默认的 Active Directory 功能及以下功能： ● 为分发组和安全组启用的通用组。 ● 组嵌套。 ● 已启用组转换，可在安全组和分发组之间进行转换。 ● 安全标识符（SID）历史记录。	Windows Server 2008 R2 Windows Server 2008 Windows Server 2003 Windows 2000
Windows Server 2003	所有默认的 Active Directory 功能、所有来自 Windows 2000 本机模式域功能级别的功能，以及以下功能： ● 准备要用于域控制器重命名的域管理工具 Netdom.exe 的可用性。 ● 更新登录时间戳。将使用用户或计算机的上次登录时间来更新 lastLogonTimestamp 属性。可以在域内复制该属性。 ● 在 inetOrgPerson 和用户对象上将 userPassword 属性设置为有效密码的功能。 ● 重定向用户和计算机容器的功能。默认情况下，已提供两个已知的容器用于容纳计算机和用户/组账户：即 cn=Computers,<域根>和 cn=Users,<域根>。该功能可用于定义这些账户新的已知位置。 ● 授权管理器能够将其授权策略存储在 Active Directory 域服务（AD DS）中。 ● 包含受限制的委派，以便使应用程序可通过 Kerberos 身份验证协议充分利用用户凭据的安全委派。可以将委派配置为仅允许特定的目标服务。 ● 支持选择性的身份验证，通过它可以从受信任林指定允许对信任林中资源服务进行身份验证的用户和组。	Windows Server 2008 R2 Windows Server 2008 Windows Server 2003

续表

域功能级别	启用的功能	支持的域控制器操作系统
Windows Server 2008	所有默认的 Active Directory 功能、所有来自 Windows Server 2003 域功能级别的功能，以及下列功能： ● SYSVOL 的分布式文件系统（DFS）复制支持，可提供 SYSVOL 内容的更稳健更详细的复制。 ● Kerberos 身份验证协议的高级加密服务（AES 128 和 256）支持。 ● 来自运行 Windows Server 2008 或 Windows Vista 或更高版本的工作站的上次交互式登录信息，将显示上次登录成功和失败的时间以及自上次成功登录之后失败的登录尝试次数。 ● 严格的密码策略（FGPP），这可以为域中的用户和全局安全组指定密码和账户锁定策略。	Windows Server 2008 R2 Windows Server 2008
Windows Server 2008 R2	所有默认的Active Directory功能、所有来自Windows 2000本机模式、Windows Server 2003和Windows Server 2008功能级别的功能以及以下功能： ● 身份验证机制保证，将对域用户进行身份验证所用的登录方法类型（智能卡或用户名/密码）相关信息封装在每个用户的Kerberos令牌中。如果在已部署联合身份管理基础结构（如 Active Directory 联合身份验证服务（AD FS））的网络环境中启用此功能，则每当用户尝试访问用于根据用户登录和失败的登录尝试总数确定是否授权的声明感知应用程序时，都会提取令牌中的信息。 ● 服务的自动SPN管理，适用于计算机账户的名称或DNS主机名发生更改时，运行于特定计算机上托管服务账户上下文下的服务。	Windows Server 2008 R2

2. 不同林功能级别启用的功能和支持的域控制器操作系统

不同的林功能级别启用的功能和支持的域控制器操作系统是不同的，表 4-2 显示了不同林功能级别启用的功能和支持的域控制器操作系统的情况。

表 4-2　　不同林功能级别启用的功能和支持的域控制器操作系统

林功能级别	启用的功能	支持的域控制器
Windows 2000	所有默认的 Active Directory 功能	Windows Server 2008 R2 Windows Server 2008 Windows Server 2003 Windows 2000

计算机科学与技术专业规划教材

续表

林功能级别	启用的功能	支持的域控制器
Windows Server 2003	所有默认的 Active Directory 功能及以下功能： ● 林信任。 ● 域重命名。 ● 链接值复制（组成员身份中的更改为各个成员存储并复制值，而不是作为单个单位复制整个成员身份）。在不同域控制器中同时添加或删除不同成员时，这种更改可在复制期间占用更少的网络带宽并降低处理器使用率，同时消除丢失更新可能性。 ● 部署运行 Windows Server 2008 的只读域控制器（RODC）的功能。 ● 改进的知识一致性检查器（KCC）的算法和可伸缩性。站点间拓扑生成器（ISTG）使用改进的算法，可缩放以支持具有远远大于在 Windows 2000 林功能级别上所支持站点的数量的林。改进的 ISTG 选择算法是一种在 Windows 2000 林功能级别选择 ISTG 的入侵性较小的机制。 ● 改进的 ISTG 算法（更好的缩放 ISTG 用于连接林中所有站点的算法）。 ● 在域目录分区中创建动态辅助类（称为 DynamicObject）的实例的功能。 ● 将 InetOrgPerson 对象实例转换为 User 对象实例的功能，反之亦然。 ● 创建新组（称为应用程序基本组和轻型目录访问协议（LDAP）查询组）类型的实例以支持基于角色的身份验证的功能。 ● 在架构中停用并重新定义属性和类别	Windows Server 2008 R2 Windows Server 2008 Windows Server 2003
Windows Server 2008	Windows Server 2003 林功能级别上可用的所有功能，但不包括任何其他功能。但在默认情况下，随后添加到林的所有域，将在 Windows Server 2008 域功能级别进行操作	Windows Server 2008 R2 Windows Server 2008
Windows Server 2008 R2	Windows Server 2003 林功能级别上可用的所有功能，以及下列功能： ● Active Directory 回收站，提供在运行 Active Directory 域服务（AD DS）时还原整个已删除对象的功能。 在默认情况下，随后添加到林的所有域都将以 Windows Server 2008 R2 域功能级别运行。 如果计划仅包括在整个林中运行 Windows Server 2008 R2 的域控制器，则为便于进行管理可以选择此林功能级别。如果这样做，用户将永远不必为在林中创建的每个域提升域功能级别	Windows Server 2008 R2

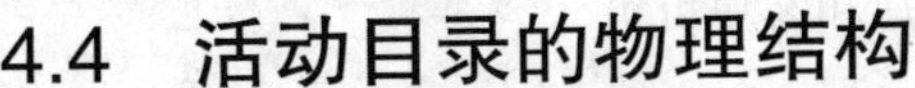

4.4　活动目录的物理结构

活动目录逻辑结构用于影射企业的组织机构和业务职能，它给用户提供了一个直观、明了的属于自己企业的网络结构，为最终用户使用网络提供了极大的方便。但是逻辑结构不能解决网络的连接和通信的管理，因此，微软在推出逻辑结构的同时，也推出了物理结构。逻辑结构是面向用户的，而物理结构是面向系统连接的，使用物理结构来实现网络的连接并配置和管理网络流量，物理结构用来描述网络的实际连接结构和物理构成，描述网络所在的地理位置，管理网络的通信方式，监控通信状态和通信流量。

4.4.1　AD DS 物理结构原理

对应 Active Directory 逻辑结构中森林，树，域和 OU 层次结构，微软引入了站点（Site）和 IP 子网（Subnet）两个物理结构单元，以便按照物理位置或子网整合资源。物理结构由站点和 IP 子网组成。

1. 站点

一个站点由一个或多个 IP 子网组成，一个站点可以包含来自单一森林中的多个树或域的对象，而单个的树和单个的域可以拥有多个站点。站点的使用使用户能够控制 Active Directory 数据库的数据复制以及对所有的用户和计算机运用策略，或者委派对一个物理位置中的这些对象的管理控制。另外，网站使用户尽可能由相同的物理位置而不是一个遥远的位置的域控制器进行身份验证。应该对单个站点内的所有工作地点配置高速链接的始终可用的局域网（LAN），而在与此站点的位置互相分隔的其他站点之间使用较慢的广域网（WAN）链接。

设置站点的原则是其地理位置必须是相对独立的，即一个企业在不同的国家、不同的地区、不同的城市或者同一城市的相距较远的不同的城区设有分支机构等，应该分别设置站点。例如，某公司的总部在北京中关村，在北京的涿州、上海、纽约、伦敦设有分支机构，则应该设置如图 4-14 所示的多个站点。

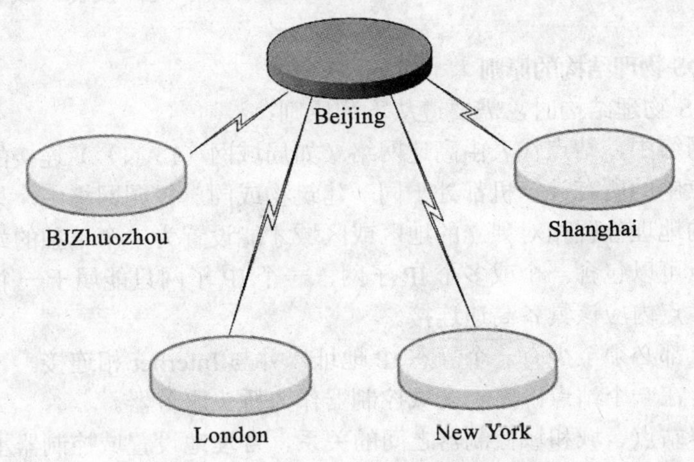

图 4-14　一个企业的 Intranet 可以有多个站点

设置站点的意义在于，从 Windows Server 2000 开始，Windows 网络操作系统允许企业通过 Internet 构建在地域上跨越全球的 Intranet。

站点也是容器，在站点中，可以放置域控制器、用户和客户机等。

2. 域控制器和 IP 子网

对于 Windows 的操作系统而言，一台计算机安装了 Server 操作系统就成为服务器，一台服务器安装了 Active Directory 就成为域控制器。

域控制器具有双重的身份，在逻辑结构中，它是一个域的控制器，管理活动目录，作为整个域的服务中心；域控制器担负着对本域中所有用户登录时的身份验证任务；它管理整个域的所有资源，并存储域所包含的所有对象的完整属性的副本。一个域可以有多个域控制器，在 WindowsNT 中，一个域内的多个域控制器被定义为主域控制器和备份域控制器，而在 Active Directory 中，一个域内的多个域控制器的相互关系是平行的，都是主域控制器，都保存了活动目录数据库的完整副本。

在物理结构中，一个站点可能设置了多个域控制器，但必须有一个域控制器管理整个站点，当然，这个域控制器同时还是某一个域的域控制器。一个站点可能有多个 IP 子网，但是，一个子网只能属于一个站点。

子网对象标识站点中 IP 地址的范围。可以使用子网对象完成下列任务：

- 创建新子网
- 关联子网与站点
- 提供一个可以由组策略中打印机位置跟踪功能使用的站点位置

3．桥头服务器

为了提高复制的效率，也为了减轻复制给域控制器带来的负荷，每个站点可以设一个专用的域控制器作为桥头服务器，以承担本站点与其他站点之间的复制。有关桥头服务器的详细内容将在后面的章节中阐述。

4.4.2 AD DS 物理结构设计

现代的企业大多数是分布在多个地域，有的是分布在多个国家，因此，企业网络逻辑结构的设计和配置非常重要，设计和配置不合理，或者增加了硬件投资，或者影响了通信的效率，

1. 设计 AD DS 物理结构的原则

在设计 AD DS 物理结构时，需要遵从下列原则：

（1）在物理网络中，站点代表由高速网络（如局域网（LAN））连接的一组计算机。通常，同一物理站点中的所有计算机都处于同一建筑物或同一校园网络中。只有一个无法用局域网与总部链接的地理位置相对独立的地区或区域才能设置为一个单独的站点。

（2）一个站点可以包含一个或多个 IP 子网，一个 IP 子网只能属于一个站点。

（3）在一个站点内应该具备高速连接。

（4）每个站点都必须至少有一个静态 IP 地址，并与 Internet 相连接。

（5）必要时，在一个站点确定一个域控制器作为桥头服务器。

（6）正确理解站点、域和域控制器之间的关系，合理地设置域控制器承担的角色。

（7）正确理解全局目录、全局目录服务器和域控制器之间的关系，合理地部署全局目录服务器。

2. AD DS 物理结构设计示例

在图 4-15 中显示了昆仑集团公司的逻辑结构，该公司的总部在北京，下属的电子公司和

建筑公司的业务机构分布在国内的成都、上海、武汉、广州，在国外，分布在非洲的刚果民主共和国首都金沙萨（Kinshasa）和南美的巴西联邦共和国首都巴西利亚（Brasilia），根据该公司机构地理分布情况，可为该公司设计成图 4-15 所示的物理结构。

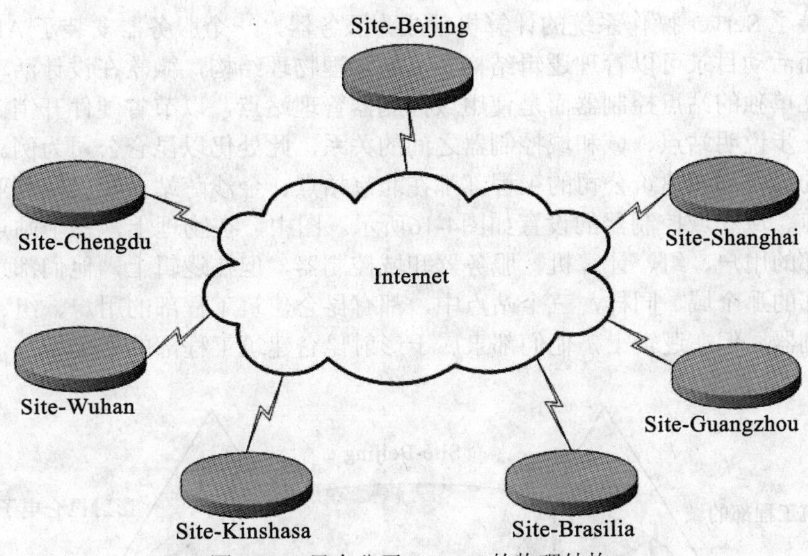

图 4-15　昆仑公司 Intranet 的物理结构

图中，虽然 7 个站点都是昆仑公司 Intranet 内部的单元，但各个站点之间并不是用局域网进行连接，而是利用互联网进行通信。

3. 站点、域和域控制器的关系

由于域控制器起着双重作用，在逻辑结构中代表域并管理整个域的资源，而在物理结构中，一个站点必须有一个域控制器代表这个站点并管理这个站点，因此很容易使人对站点、域和域控制器之间的关系产生误解。只有正确地理解了这些关系，才能合理地设计企业网络的物理结构。

（1）域和站点的关系

域是逻辑结构的一个单元，是一个容器，能够存放用户、组、OU 等对象及对象的目录信息。站点是物理结构的一个单元，也是一个容器，能够存放域控制器、服务器、客户机等物理设备，但域和站点之间没有必然的相关性。活动目录允许在一个站点中存放多个域的域控制器、服务器和客户机，但这并不能说一个站点包含有多个域；活动目录允许一个域的域控制器、服务器和客户机分布在多个站点，同样也不能说一个域包含有多个站点。域和站点之间不存在包含关系，但可以说，逻辑结构存在对于物理结构的依存关系。为了便于理解，可以把逻辑结构的一个单元看成一个事业单位或者一个企业或者一个学校，而把物理结构的单元看成一个住宅小区或者社区，这样就很容易理解逻辑结构和物理结构之间的关系。

（2）域和域控制器的关系

在逻辑结构中域控制器代表域并管理整个域的资源，包括管理用户、组，进行用户的身份验证，域控制器中存储了本域的所有目录信息的完全拷贝，即包含了目录信息的全部属性。在一个域中允许有多个域控制器，设置多少个域控制器与物理结构密切相关。当一个域在某一个站点存在用户和服务器、客户机并且有用户在那儿工作时，为了避免用户登录时要由远在其他站点的域控制器执行验证其身份等任务而影响工作效率，就应该在用户工作的站点设置一个域控制器。原则上，一个域不需要在一个站点上设置两个域控制器，除非出于安全备份或者分别充当不同操作主机角色的考虑。

（3）站点和域控制器的关系

一个安装了 Server 操作系统的计算机就成为服务器，一个服务器安装了 AD DS 就成为域控制器，而活动目录可以管理逻辑结构，又能管理物理结构，微软在设计活动目录功能时没有打算设立单独的站点控制器而是使用域控制器管理站点，以节省硬件开销。

为了进一步说明站点、域和域控制器之间的关系，此处仍以昆仑公司为例。该集团公司的电子公司的销售部和建筑公司的工程部都在北京站点、金沙萨站点和巴西利亚站点有业务机构，其站点、域和域控制器的设置如图4-16所示。图中，在物理上，三个站点中，都有昆仑电子销售部的用户、组、计算机、服务器和域控制器，但在逻辑上，他们都隶属于影射昆仑电子销售部的那个域，同样，三个站点中，都有昆仑建筑工程部的用户、组、计算机、服务器和域控制器，但在逻辑上，他们都隶属于影射昆仑建筑工程部的那个域。

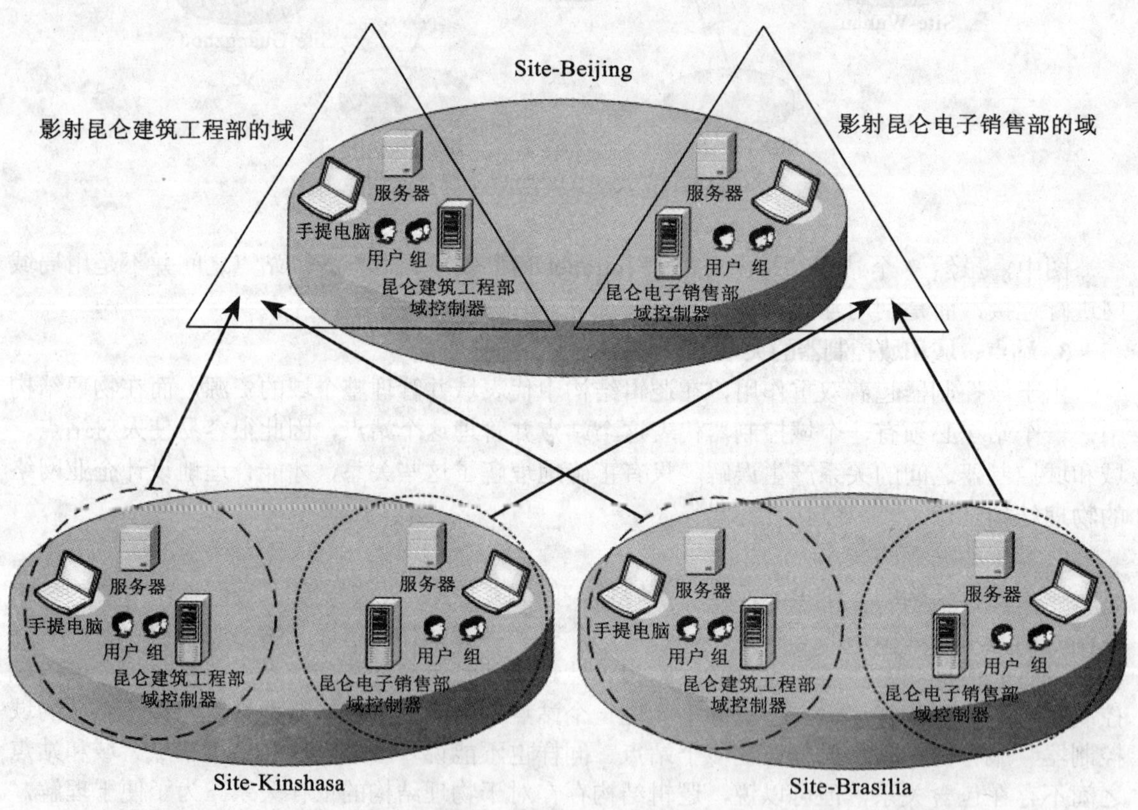

图 4-16　站点、域和域控制器的关系

4.5　域控制器

域控制器是在 Windows NT 4.0 中随同域的概念一起推出的概念，在 Windows NT 4.0 中，一个域有一个主域控制器，其他的域控制器实际上是一个处于从属地位的域控制器，其作用

主要是实现信息的备份。从 Windows Server 2000 的活动目录开始，一个域中的多个域控制器是平行的。在 Windows Server 2008 AD DS 中，保留了在一个域中有多个平行的域控制器的结构，并增加了只读控制器和其他一些新的功能。

4.5.1 域控制器作用和功能

在 Windows Server 2008 中，运行 AD DS 的服务器称为域控制器。域控制器在网络系统中主要承担下述任务：

1. 用户身份验证

域控制器负责对想登录到本域的用户进行身份验证，检查其合法性。身份验证对于保证通信安全和防止非法用户入侵十分重要。域是一个安全边界，这个安全边界就是通过身份验证和权限来实现的。可以登录到本域的用户不一定是本域的用户，也可能有其他域的用户，例如，建立了信任关系的被信任域的授权用户，另外，通用组的其他域的用户也需要访问本域的资源。

2. 资源和权限管理

域控制器的另一个重要任务是管理该域中的所有资源并根据权限控制对资源的访问。在活动目录中，将所用的资源都看成是对象，在每个域的域控制器中，存储了该域的所有对象的目录信息的全部属性，即这个域的目录信息的完整副本，而在全局目录中存储了森林中所有域的所有对象的部分属性。域控制器管理这些对象，实现对对象的查询和访问。域控制器还进行权限的管理，当有用户访问某一对象时，检查其权限，根据其权限决定允许或拒绝访问。

3. 更新和复制

域是复制的单位。在特定域中，所有域控制器都可以接受更改，并将这些更改复制到本域中的所有其他域控制器。在 Active Directory 域服务（AD DS）中，每个域都需要一个或多个域控制器，当一个域中有多个域控制器时它们的关系是平行的，即这个域的所有域控制器的功能和管理“权力”是相同的。这样做有很多好处，例如，当一个域的用户分散在多个站点工作时，域中的用户就可以从设置在那个站点的域控制器登录，而不必从远在其他站点中的域控制器登录。但这样做又带来了另外一个问题，域中的目录信息经常会发生更改，如增加一个用户、一个用户更改用户名、增加一个设备、卸掉一个设备等，更改是在某一个域控制器上进行的，此时，必须有一种措施让这个域中的所有域控制器中的信息保持一致，为此，活动目录提供了复制（Replication）功能。当某一个域控制器接受了更新时，就立即将更新信息传送到其他的所有域控制器，如果更改的信息设计全局目录，还要传送到所有的全局目录服务器。

活动目录使用多主复制，其中没有哪一台域控制器是主域控制器。域内所有域控制器都包含此目录的一个可写的拷贝。然而，可能在某个小的时间片内，各个域控制器的信息是不相同的，一直到所有域控制器同步它们的活动目录改变信息。

一个域设置多个域控制器提高了系统的可用性和容错能力。

4. 提供管理平台

域控制器是网络操作系统和活动目录的载体，系统的功能都是通过域控制器来执行的，并由域控制器为管理员和用户提供各种管理平台，如 MMC（Microsoft Management Console，微软管理控制台）等。

5. 管理站点和子网

域控制器在物理结构中也是一个重要的角色。在每一个站点中，必须有一个域控制器管理这个站点，包括复制和通信。

4.5.2 只读域控制器

只读域控制器（RODC）是 Windows Server 2008 操作系统中的一种新类型的域控制器。采用了 RODC，就可以在无法保证物理安全性的位置中部署域控制器。RODC 承载的是 Active Directory 域服务（AD DS）数据库的只读分区。

在 Windows Server 2008 发布之前，如果分支机构所在地不能为可写域控制器提供所需的充分的物理安全性，那么只好不在那儿设置可写域控制器，用户只能通过广域网（WAN）对域控制器进行身份验证，除此没有合适的替代方案。在这种情况下，由于分支机构连接到中心站点时，其网络带宽状况通常较差，会增加登录所需的时间，还可能妨碍对网络资源的访问。从 Windows Server 2008 开始，可以通过在分支机构所在地部署 RODC 来解决这些问题，既可以提高安全性，又可以享受更快的登录速度和更有效地访问网络上的资源。

由于 RODC 管理可以委派给域用户或安全组，因此 RODC 非常适合于不具有 Domain Admins 组成员用户的站点。

4.5.2.1 RODC 的功能及应用

1. RODC 功能和特性

RODC 解决了可能是由于分支机构位置引起的一些问题，这些位置没有域控制器，或者具有可写域控制器但没有物理安全、网络带宽和本地专家的支持。RODC 的下列特性有助于解决下述问题：

（1）只读 Active Directory 数据库

除了账户密码之外，RODC 还拥有所有 Active Directory 域服务（AD DS）对象以及可写域控制器所拥有的属性。但是，客户端无法直接将更改写入 RODC。请求对目录进行读取访问的本地应用程序可获取访问权限，但中心站点中的可写域控制器要引用执行写操作的轻型目录访问协议（LDAP）应用程序。

（2）RODC 筛选的属性集

将 AD DS 用作数据存储的某些应用程序可能具有类似凭据的数据（如密码、凭据或加密密钥），用户不希望将这些数据存储在 RODC 上以防 RODC 被盗或受到威胁。对于这种类型的应用程序，可以采取以下步骤来帮助防止此类属性的不必要暴露：

- 将属性添加到 RODC 筛选的属性集以防止其被复制到林中的 RODC。
- 将属性标记为机密，这样便无法读取 Authenticated Users 组成员的数据（包括任何 RODC）。

①将属性添加到 RODC 筛选的属性集

RODC 筛选的属性集是一组动态的属性，这些属性不会被复制到林中的任何 RODC。可以在运行 Windows Server 2008 的架构主机上配置 RODC 筛选的属性集。当阻止这些属性复制到 RODC 时，可以防止数据的暴露。

威胁 RODC 的恶意用户可以尝试采用这种方式对其进行配置，以试图复制在 RODC 筛选的属性集中定义的属性。如果 RODC 尝试从运行 Windows Server 2008 的域控制器复制这些属性，则复制请求会被拒绝。但是，如果 RODC 尝试从运行 Windows Server 2003 的域控制器复制这些属性，则复制请求可能会成功。

因此，出于安全考虑，如果用户计划配置 RODC 筛选的属性集，应确保林功能级别为 Windows Server 2008。当林功能级别为 Windows Server 2008 时，无法以这种方式使用受到威胁的 RODC，因为林中不允许运行 Windows Server 2003 的域控制器。

不得将系统关键属性添加到 RODC 筛选的属性集。如果 AD DS、本地安全机构（LSA）、安全账户管理器（SAM）以及任何特定于 Microsoft 的安全服务提供程序（如 Kerberos 身份验证协议）需要某个属性才能正常工作，则该属性就是系统关键属性。在 Beta 3 之后的 Windows Server 2008 版本中，系统关键属性具有一个 SchemaFlagsEx 属性值（SchemaFlagsEx 属性值& 0x1 = TRUE）。

当将属性添加到 RODC 筛选的属性集时，确保架构主机正在运行 Windows Server 2008，以便验证这些属性不是系统关键属性。如果在架构主机正在运行 Windows Server 2008 时尝试将系统关键属性添加到 RODC 筛选的属性集，则服务器返回一个 LDAP 错误“unwillingToPerform”(0x35)。Windows Server 2003 操作系统不使用 RODC 筛选的属性集。如果在架构主机正在运行 Windows Server 2003 时将系统关键属性添加到 RODC 筛选的属性集，则该操作看起来已成功，但实际上该属性并没有添加到属性集中。

②将属性标记为机密

此外，建议将配置为 RODC 筛选的属性集的一部分的任何属性也标记为机密。若要将属性标记为机密，必须删除 Authenticated Users 组对该属性的读取权限。将属性标记为机密可以为通过删除读取类似凭据的数据所需的权限而受到威胁的 RODC 提供额外的保护。

将属性标记为机密之前，全面测试它可能对用户的应用程序产生的影响。有关将属性标记为机密的详细信息。

③默认的 RODC 筛选的属性集

以下属性被配置为 RODC 筛选的属性集的一部分。默认情况下，它们标记为机密以支持 Windows Server 2008 中的凭据漫游和 BitLocker 驱动器加密。

- ms-PKI-DPAPIMasterKeys
- ms-PKI-AccountCredentials
- ms-PKI-RoamingTimeStamp
- ms-FVE-KeyPackage
- ms-FVE-RecoveryGuid
- ms-FVE-RecoveryInformation
- ms-FVE-RecoveryPassword
- ms-FVE-VolumeGuid
- ms-TPM-OwnerInformation

（3）单向复制

由于没有更改直接写入到 RODC，因此不是起源于本地且成为复制伙伴的可写域控制器没有必要从 RODC 拉入更改。这意味着恶意用户在分支位置可能进行的任何更改或损坏不能从 RODC 复制到林的其余部分。

这样还减少了中心站点中桥头服务器的工作负荷并且减少了监视复制所需的精力。RODC 单向复制适用于 AD DS 和分布式文件系统复制（DFSR）。对于 AD DS 和 DFSR 更改，RODC 执行正常的入站复制。

（4）凭据缓存

凭据缓存指用户或计算机凭据的存储。凭据由与安全主体相关的一组大约 10 个密码组成。

默认情况下，RODC 除了本身的计算机账户和该 RODC 的特殊 krbtgt 账户外，不存储用户凭据或计算机凭据。为了允许 RODC 满足本地身份验证和服务票证请求，必须明确允许将任何其他凭据缓存在该 RODC 上，包括相应的用户、计算机和服务账户。

当允许列表中只包含来自分支的用户时，RODC 无法满足本地服务票证的请求，因此它依赖于对可写域控制器的访问来实现。在广域网（WAN）脱机的情况下，该条件可能会导致服务中断。

RODC 作为分支机构的密钥发行中心（KDC）播发。当 RODC 对票证授予票证（TGT）请求进行签名或加密时，它使用与可写域控制器上的 KDC 使用的账户和密码不同的 krbtgt 账户和密码。这样就在不同分支机构的 KDC 之间提供了加密隔离，从而可防止不安全的 RODC 向位于其他分支机构或中心站点的资源颁发服务票证。

在账户成功经过身份验证后，RODC 会尝试联系中心站点中运行 Windows Server 2008 的可写域控制器并从中获取用户凭据或计算机凭据。中心站点可以是安全部署了运行 Windows Server 2008 的可写域控制器的任何 Active Directory 站点。

密码复制策略（PRP）会在可写域控制器上强制执行，用于确定是否可以将用户凭据或计算机凭据从可写域控制器复制到 RODC。如果密码复制策略允许复制，RODC 会从可写域控制器中复制凭据，然后缓存凭据。在 RODC 缓存凭据之后，RODC 就可以直接服务该用户或计算机的登录请求，直到凭据更改。

通过将凭据缓存限制为仅通过 RODC 身份验证且密码复制策略允许其缓存凭据的用户和计算机的同时，也限制了因 RODC 被盗而使凭据泄露的可能性。这是因为通常在任何给定的 RODC 上只缓存一小部分域用户和计算机的凭据。因此，如果出现 RODC 被盗的情况，只有经过缓存的那些凭据可能会泄露。

（5）管理员角色分隔

管理员角色分隔指定可以委派任何域用户或安全组成为 RODC 的本地管理员，而无需授予该用户或组该域或其他域控制器的任何权限。相应地，委派的管理员可以登录 RODC 以在服务器上执行维护工作（如升级驱动程序）。但是委派的管理员将不能登录任何其他域控制器或在域中执行其他任何管理任务。这样就可以委派包含分支用户的安全组而不是 Domain Admins 组的成员来有效地管理分支机构中的 RODC，而不会危及域中其他域控制器的安全。

（6）只读域名系统

可以在 RODC 上安装域名系统（DNS）服务器服务。RODC 能够复制 DNS 使用的所有应用程序目录分区，包括 ForestDNSZones 和 DomainDNSZones。如果在 RODC 上安装了 DNS 服务器，则客户端可以像查询其他任何 DNS 服务器一样查询它获得名称解析。但是，RODC 上的 DNS 服务器不直接支持客户端更新。当客户端尝试根据 RODC 更新其 DNS 记录时，服务器会返回一个引用。然后客户端尝试根据引用中提供的 DNS 服务器进行更新。在后台 RODC 上的 DNS 服务器将尝试从进行更新的 DNS 服务器复制更新的记录。此复制请求仅适

用于单个对象（DNS 记录）。在此特殊的 replicate-single-object 请求过程中不会复制更改区域或域数据的完整列表。

2. RODC 上不支持的 Windows Server 2008 域控制器选项

为了帮助减少安全风险和 RODC 所需的管理，在 RODC 上某些可用于可写域控制器的域控制器选项不可用。RODC 不得用作：

● 操作主机角色所有者（也称为灵活单主机操作（FSMO））。操作主机角色所有者必须能够向 Active Directory 数据库写入某些信息。例如，架构主机必须能够写入新对象类和属性的定义。相对 ID（RID）主机必须能够写入分配给其他域控制器的 RID 池的值。由于 RODC 上 Active Directory 数据库的只读本性，因此该数据库不得充当操作主机角色所有者。

● 桥头服务器。桥头服务器是指定用来从其他站点复制更改的服务器。由于 RODC 仅指定入站复制，因此它们不得充当某个站点的桥头服务器。

3. RODC 的使用

作为一项通用规则，应该将 RODC 部署在网络的外围，网络外围可以是分支机构位置、Extranet 或主要是为了支持需要目录访问的应用程序而在其中部署域控制器的任何位置。将 RODC 指定为放置在需要快速、可靠以及强大的身份验证服务的位置中。但是，这些位置也可能具有防止部署可写域控制器的安全要求。

除了分支机构中常见的物理安全限制之外，组织还可能出于特殊的管理要求部署 RODC。例如，可能有必要在域控制器上运行行业（LOB）应用程序。若要管理此应用程序，LOB 应用程序所有者必须以交互方式或通过使用终端服务登录到域控制器。通过实现新的管理员角色分隔功能，RODC 提供了一种安全机制，用于授予非管理域用户登录域控制器的权限，同时不会危及 AD DS 的安全。此外，在本地篡改的任何 AD DS 数据无法复制 RODC。

图 4-17 演示了当前的网络外围如何与运行 Microsoft Windows(R) 2000 Server 操作系统或 Microsoft Windows Server 2003 操作系统的域控制器一同出现，以及同一网络如何与运行 Windows Server 2008 的 RODC 一同出现。

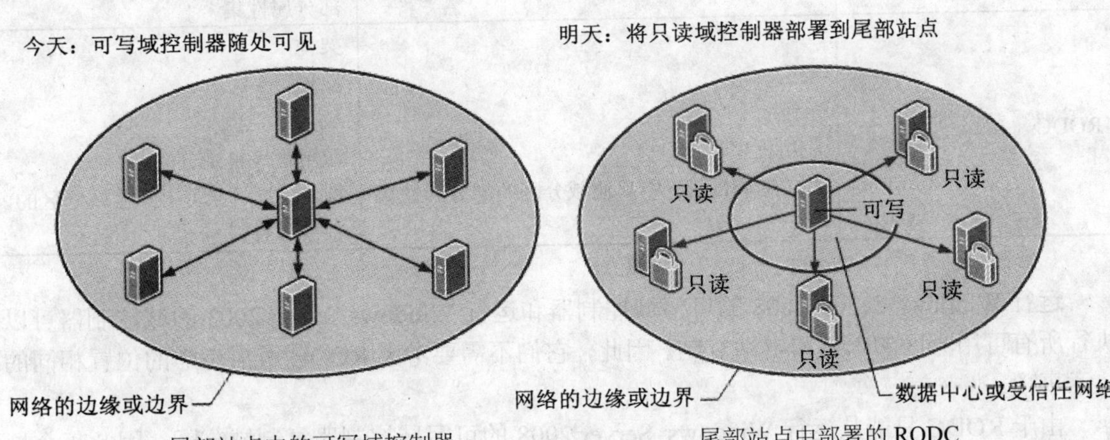

图 4-17　尾部站点中的可写域控制器和尾部站点中部署的 RODC

4.5.2.2 Windows Server 2003 域 RODC 放置的考虑事项

RODC 必须从运行 Windows Server 2008 的域控制器复制域数据。因此，对于决定将 RODC 放置在哪里，复制是其中最重要的考虑事项。本部分提供有关将 RODC 放置到站点（在该站点中它们可以保持必要的复制连接）中的指南。

然后讨论除了与客户端操作系统有关的考虑事项之外需要记住的有关 RODC 放置的其他要点。

1. Active Directory 复制注意事项

运行 Windows Server 2008 的域控制器可以复制表 4-3 中列出的 Active Directory 数据库分区。尽管 RODC 可以从运行 Windows Server 2003 的域控制器复制数据，但是它只能从同一域中运行 Windows Server 2008 的域控制器复制域分区的更新。RODC 不能作为任何其他域控制器的源域控制器，因为它们不能执行出站复制。应用程序目录分区包括 ForestDNSZones 和 DomainDNSZones。

表 4-3 运行 Windows Server 2008 的域控制器可以复制 Active Directory 数据库分区

目标域控制器	Windows Server 2003 源域控制器	可写 Windows Server 2008 源域控制器
Windows Server 2003	架构 配置 域 应用程序目录分区 林（全局目录）中其他域分区的部分属性集	架构 配置 域 应用程序目录分区 林（全局目录）中其他域分区的部分属性集
可写 Windows Server 2008	架构 配置 域 应用程序目录分区 林（全局目录）中其他域分区的部分属性集	架构 配置 域 应用程序目录分区 林（全局目录）中其他域分区的部分属性集
RODC	架构 配置 应用程序目录分区 林（全局目录）中其他域分区的部分属性集	架构 配置 域 应用程序目录分区 林（全局目录）中其他域分区的部分属性集

运行 Windows Server 2008 的可写域控制器和运行 Windows Server 2003 的域控制器可以执行所有可用分区的入站和出站复制。因此，它们不需要考虑 RODC 所需考虑的位置相同的注意事项。

由于 RODC 只能从运行 Windows Server 2008 的可写域控制器复制域分区，因此每个域控制器的放置都十分重要并且需要认真计划。RODC 和运行 Windows Server 2008 的可写域控制器的放置可能会受到站点拓扑和网络约束的影响。

每个 RODC 都需要在其可以直接执行复制的同一域中存在一个运行 Windows Server 2008 的可写域控制器。通常，这需要将运行 Windows Server 2008 的可写域控制器放置在拓扑中距离最近的站点中。这里距离最近的站点被定义为对于包含 RODC 的站点而言站点链接开销最低的站点。

例如，假设一个企业的网络拥有站点 A、B 和 C（存在站点链接 A-B 和 B-C），并且禁用了“为所有站点链接搭桥”选项，如图 4-18 所示。为了将 RODC 放置在站点 C 中，应该将同一域中运行 Windows Server 2008 的域控制器放置在站点 B 中，以便将域分区复制到 RODC。如果仅将运行 Windows Server 2003 的域控制器放置在站点 B 中，则只会允许站点 C 中的 RODC 复制架构、配置和应用程序目录分区，但不会允许其复制域分区。

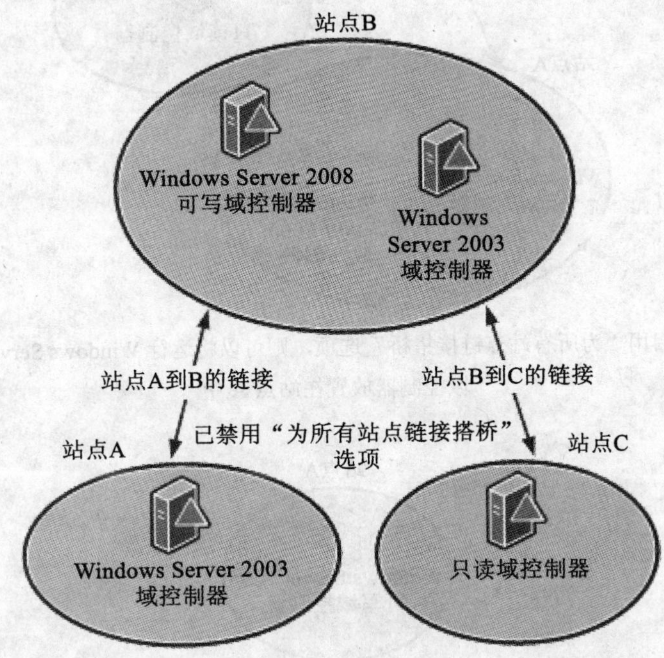

图 4-18　将运行 Windows Server 2008 的可写域控制器放置在拓扑中距离 RODC 所在站点最近的站点中

如果启用“为所有站点链接搭桥”选项，则可以将运行 Windows Server 2008 的域控制器放置在站点 A（而不是站点 B）中。这是因为站点 A 和站点 C 之间的物理连接现在已隐式可用，如图 4-19 所示。

通常，引入 RODC 应该需要对复制拓扑进行最低限度的更改（如果需要）。例如，考虑多层复制拓扑，其中：

- 禁用了“为所有站点链接搭桥”选项。
- RODC 放置在后部站点中。
- 运行 Windows Server 2008 的可写域控制器放置在中心站点中。

如图 4-20 所示。这种情况下，可以在中心站点和后部站点之间创建其他站点链接，以满足在 RODC 和运行 Windows Server 2008 的可写域控制器之间直接进行复制的需要。

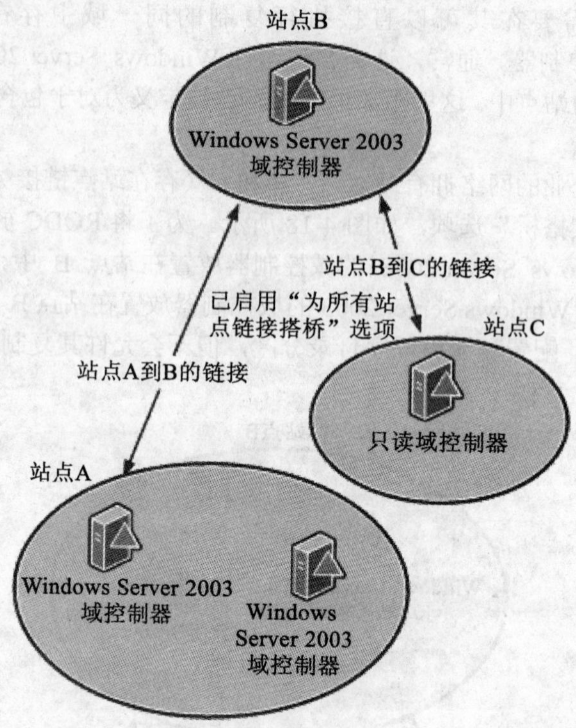

图 4-19　启用“为所有站点链接搭桥”选项，则可以将运行 Windows Server 2008 的域控制器放置在站点 A 中

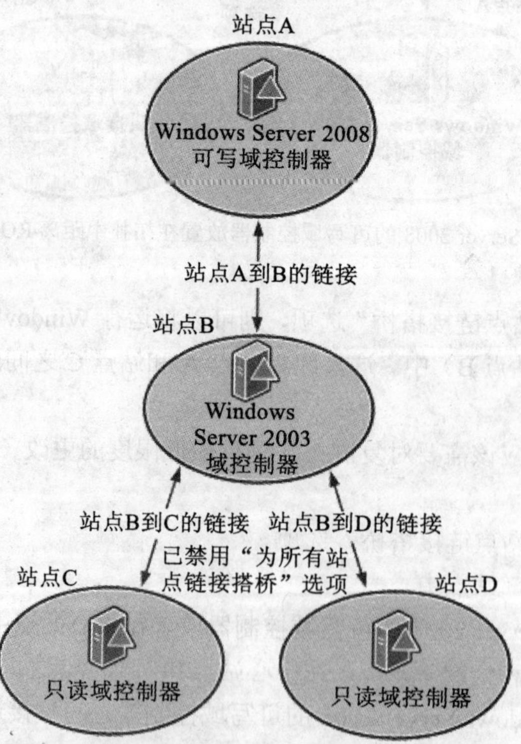

图 4-20　这种情况下，可以在中心站点和后部站点之间创建其他站点链接

2. 其他 RODC 放置注意事项

除了前面介绍的复制注意事项之外，还有一些放置 RODC 的其他重要注意事项。

（1）具有多个域控制器的站点

RODC 一般被指定放置在没有其他域控制器的站点中。但是，也支持将 RODC 放置在具有以下域控制器的站点中：

- 运行 Windows Server 2003 的域控制器，它们来自相同域或不同域
- 运行 Windows Server 2008 的域控制器，它们来自相同域或不同域
- 来自相同域或不同域的 RODC

对于 RODC 的操作以及当 RODC 在具有其他域控制器的站点中操作时与其通信的客户端来说，有很多限制条件。

对于当 RODC 放置在没有其他域控制器的站点中时的操作，也有很多注意事项。这些注意事项与 WAN 脱机时的操作有关，并且自动站点覆盖范围对于具有多个站点链接的站点有效。

（2）未计划的网络流量

通常，将 AD DS 中数据的更新写入到某个域控制器，然后迅速复制到站点内的其他域控制器。但是根据为站点链接定义的复制计划，通过 WAN 复制到其他站点的更新会被延迟。

若要为尝试更新 AD DS 数据的应用程序提供无缝体验，RODC 引用对可写域控制器的很多不同类型的写操作。如果此可写域控制器位于某个 WAN 中，则这些操作几乎立即生成网络流量，而这些流量可能会潜在地影响 RODC 放置决定。

此外，对于受限制的一组操作，RODC 立即尝试入站复制其无法直接满足的单个更改。这些操作局限于：

- 使用安全账户管理器（SAM）界面而不是轻型目录访问协议（LDAP）更改密码。
- 客户端尝试进行 DNS 更新的 DNS 更新，之后被引用到注册更新并且 RODC 尝试撤销这些更改的 DNS 服务器。

（3）桥头服务器负载减少

通常分支机构环境部署集散站点拓扑。在较大的环境中，此类型的拓扑可以在中心站点中的桥头服务器上放置大量负载。该负载和复制的速度因站点链接属性、环境中的更改数量、带宽以及到远程站点的链接质量而异。由于入站复制被序列化，因此桥头服务器受到进一步的限制。

在站点中部署的 RODC 可以减少桥头服务器上的入站复制负载，因为 RODC 从不复制任何更改。

（4）应用程序兼容性

很多应用程序和操作系统组件都使用存储在 AD DS 中的数据。通常，这些应用程序执行读操作并且不会受到使用只读数据库的影响。但是，某些应用程序必须更新存储在 AD DS 中的信息并且可能依赖于向其写入数据的能力。如果对 RODC 执行写操作，则这些应用程序可能无法正常工作。

4.5.2.3　部署 RODC 的先决条件

系统必须满足以下先决条件才能在包含运行 Windows Server 2003 的域控制器和运行 Windows Server 2008 的域控制器的域中部署 RODC：

• 林功能级别必须是 Windows Server 2003，以便可以使用链接值复制。这提供了更高级别的复制一致性。域功能级别必须是 Windows Server 2003，以便可以使用 Kerberos 约束委派。约束委派支持必须是在调用程序上下文下模拟的安全调用。

• 必须将 Windows Server 2008 安装 DVD 中\sources\adprep 文件夹的内容复制到架构主机。然后，在安装第一个 RODC 之前，运行 adprep /rodcprep 命令。若要使 RODC 能够复制 DNS 分区，必须完成此步骤。如果仅用运行 Windows Server 2008 的域控制器新建林，则不需要此步骤。

• 同一域中至少一个运行 Windows Server 2008 的可写域控制器作为 RODC。这为 RODC 提供了复制伙伴。

习 题

1．简述 Windows Server 2008 中 AD DS 的变化。

2．简述 Windows Server 2008 AD DS 的新特性。

3. 什么是站点？什么是域？二者的区别是什么？

4. 逻辑结构和物理结构的作用分别是什么？

5. 在活动目录的逻辑结构和物理结构单元中，有哪些单元是容器？在每一种容器中能存放什么？

6．为什么要建立信任关系？

7．在活动目录中，使用 OU、域、树、森林这种层次逻辑结构对于系统的网络应用单位的用户有什么好处？

8．试述采用单域模型的优点和缺点。

9．一个公司的业务主要是从事计算机软件的开发，承接企、事业单位的软件开发项目，公司有 80 多人，组织机构有公司办公室，财务部、技术开发部、市场部、售后服务部，请你为此公司选择一种逻辑结构设计模型，并设计出逻辑结构图。

10．在 Windows Server 2008 中，为什么要引入林功能级别和域功能级别的概念？

11．桥头服务器的作用是什么？

12．在什么样的情况下需要建立 RODC？

13．在什么样的情况下需要建立联合森林设计模型？使用这种模型要达到什么目的？

第 5 章 Windows Server 2008 AD DS 的建立和技术实现

Active Directory（R）域服务（AD DS）是 Windows Server® 2008 操作系统的一个服务器角色，它提供分布式目录服务，可以使用该服务对网络进行集中的安全管理。本章介绍 AD DS 服务器角色的安装和删除过程，包括建立 Windows Server 2008 AD DS 中的各种结构以及实现 AD DS 的各种技术。由于 Windows Server 2008 R2 AD DS 在 Windows Server 2008 AD DS 的基础上有很多改进，本章尽可能按照 Windows Server 2008 R2 版本阐述。

5.1 AD DS 新的安装选项

AD DS 在 Windows Server 2008 中具有新的安装选项。虽然 AD DS 在 Windows Server 2008 R2 中没有新的安装选项，但可以在 AD DS 安装期间或安装后选择新域和林的功能级别。

在 Windows Server 2008 AD DS 安装过程中，新的 AD DS 安装选项主要是在域控制器选项和指定站点两个方面，无论是使用 Active Directory 域服务安装向导还是使用命令行执行无人参与安装，这些选项都会同时出现。

（1）域控制器选项

安装时可以指定以下域控制器选项：

①域名系统（DNS）服务器

在 Windows Server 2003 操作系统中提供了 DNS 服务器安装（如果需要）。在 Windows Server 2008 和 Windows Server 2008 R2 中，DNS 安装和配置是自动进行的（如果需要）。在 Windows Server 2008 的新子域中的第一个域控制器上安装 DNS 时，会在 DNS 中自动为新域创建委派。

②全局目录服务器

在 Windows Server 2003 中，将域控制器安装为全局目录服务器不是 Windows 界面中的安装选项。在 Windows Server 2008 和 Windows Server 2008 R2 中，可以在向导中选择该选项。

③只读域控制器（RODC）

此域控制器选项是 Windows Server 2008 中的新选项。林或域中的第一个域控制器不能为 RODC。RODC 必须从运行 Windows Server 2008 或 Windows Server 2008 R2 的可写域控制器复制。如果运行 Windows Server 2008 或 Windows Server 2008 R2 的可写域控制器位于此域中，则在向此域中添加另一个域控制器时，可以使用安装 RODC 的选项。

（2）指定站点

可以指定新域控制器的站点或使用与计算机 IP 地址相应的站点。

本节介绍 Active Directory 域服务安装向导中的新选项、新的无人参与安装选项、RODC 选项、DNS 选项和全局目录服务器选项等几种新的安装选项。

1. Active Directory 域服务安装向导中的新选项

可以使用 Active Directory 域服务安装向导交互地添加 AD DS 服务器角色。可以采用以下几种方式访问 Active Directory 域服务安装向导。

（1）使用“添加角色向导”。可以采用以下方式访问“添加角色向导”：

①可以在“初始配置任务”（首次安装操作系统时出现的应用程序）中单击“添加角色”。

②也可以在服务器管理器（始终可在“管理工具”菜单上或通过通知区域中的图标使用）中，单击“添加角色”。

“添加角色向导”将安装和配置 AD DS 所需的文件安装在服务器上，但不会启动实际的 AD DS 安装。若要启动 AD DS 安装，必须运行 dcpromo.exe。

（2）使用 dcpromo 命令。在命令行中键入 dcpromo，然后按 Enter。

（3）可以执行 RODC 分步安装。在这种情况下，不同的用户在不同的时间运行该向导。首先，Domain Admins 组的成员使用 Microsoft 管理控制台（MMC）中的 Active Directory 用户和计算机管理单元创建 RODC 账户。右键单击“域控制器”容器或单击“域控制器”容器，单击“操作”，然后单击“预创建只读域控制器账户”以启动向导并创建账户。创建 RODC 账户时，可以将 RODC 的安装和管理委派给用户或者安全组（首选）。

在将成为 RODC 的服务器上，委派的 RODC 管理员可以通过在命令行运行 dcpromo/UseExistingAccount:Attach 来启动向导。

Active Directory 域服务安装向导在该向导的“欢迎使用”页上包含一个新选项，该选项可以启用高级模式作为使用/adv 开关（dcpromo/adv）运行 dcpromo 的备用项。高级模式包含启用更高级配置，以及为有经验的用户提供对操作进行更多控制的其他选项。高级模式中的其他安装选项包括：

①新建域树。

②从媒体安装（IFM），可以使用同一域中现有域控制器中的备份媒体，也可以通过在运行 Windows Server 2008 或 Windows Server 2008 R2 的域控制器上运行 ntdsutil ifm 命令来创建安装媒体。然后可以在 AD DS 安装期间指向该安装媒体，以降低与初始复制相关的网络流量。

③选择用于安装的源域控制器。这是指能够控制最初用于将域数据复制到新域控制器的域控制器。

④修改默认情况下向导生成的 NetBIOS 名称。

⑤定义 RODC 的密码复制策略（PRP）。

除了这些更改以外，Active Directory 域服务安装向导还具有新的页面，如表 5-1 所述。

表 5-1　Active Directory 域服务安装向导具有的新页面

新的向导页面	描　述
其他域控制器选项	指定在安装域控制器期间，还会将域控制器配置为 DNS 服务器、全局目录服务器还是 RODC。RODC 也可以为 DNS 服务器和全局目录服务器

续表

新的向导页面	描　述
选择域	指定安装其他域控制器的域的名称
选择站点	指定应该安装域控制器的站点
设置功能级别	在安装新域或林期间设置域功能级别和林功能级别
RODC 安装和管理的委派	指定将在分支机构安装和管理 RODC 的用户或组的名称
密码复制策略	指定允许或拒绝在 RODC 上缓存的账户密码。只有选中“使用高级模式安装”复选框时才会出现此页面
DNS 委派创建	提供根据域控制器安装类型（在“选择部署配置”页中指定）的 DNS 环境创建 DNS 委派的默认选项

新的 Active Directory 域服务安装向导还包括以下改进：

①默认情况下，该向导现在使用当前登录的用户（如果该用户使用域账户登录）的凭据。如果需要，也可以指定其他凭据。

②在向导的“摘要”页上，可以将所选择的设置导出到相应的答案文件，可以将该文件用作后续操作（安装或卸载）的模板。这样会注释掉对答案文件所做的任何修改。例如，如果在向导中为目录服务还原模式（DSRM）密码指定一个值，然后将设置导出到答案文件，则此 DSRM 密码不会出现在答案文件中。必须修改答案文件以包含该值。

③现在可以忽略答案文件中的管理员密码。而是在答案文件中键入 password=*可以确保提示用户提供账户凭据。

④现在可以强制降级以 DSRM 模式启动的域控制器。

2. 新的无人参与安装选项

Windows Server 2008 和 Windows Server 2008 R2 提供了用于运行 AD DS 无人参与安装的新选项。与 Windows Server 2003 中的无人参与安装不同，无人参与安装现在不需要响应任何用户界面（UI）提示，从而使该过程成为真正的“无人参与”过程。还可以通过在命令行上指定一些参数来预填充向导，这样会减少在交互安装（与无人参与安装相反）过程中向导所需的用户交互量。

进行无人参与的操作期间，返回代码用于指明操作是否已成功。当无人参与安装完成时，Dcpromo 会返回一个代码以指示用户操作的状态，其中 1~10 =成功返回代码，11~100 =失败返回代码，其中未使用的数字会被保留以供未来使用。

有关可以指定作为无人参与安装 AD DS 的一部分的参数的完整列表，可以通过打开提升了权限的命令提示符，根据用户希望获得帮助的操作键入下列命令之一，然后按 Enter：

dcpromo /?[:{Promotion | CreateDCAccount | UseExistingAccount | Demotion}]

命令中，各参数的含义如下：

- Promotion：返回可以指定作为 AD DS 安装一部分的所有参数。
- CreateDCAccount：返回创建 RODC 账户时可以指定的所有参数。
- UseExistingAccount：返回将服务器关联到 RODC 账户时可以指定的所有参数。
- Demotion：返回从服务器中删除 AD DS 时可以指定的所有参数。

每个代码对应的含义和各种操作的参数可参阅本章的5.8节“无人参与安装参数附录”。

3. RODC 选项

可以使用 RODC 在不能满足可写域控制器的物理安全需求的远程位置方便地部署域控制器。

4. DNS 选项

根据安装选项以及网络上的DNS条件提供安装DNS服务器的选项。当选择DNS服务器安装选项或自动安装DNS服务器时，DNS会新建一个委派，或者自动更新此服务器的现有委派。

尽管DNS尝试新建一个委派，但是当无法更新父DNS区域时，此尝试可能会失败。如果尝试创建委派失败，但是父DNS区域具有至少三个其他DNS服务器子域的现有委派，则安装可以完成，因为父域具有足够的子域委派数。

如果父DNS区域不存在，或者如果用来执行AD DS安装的账户没有在父DNS区域创建DNS委派记录的权限，则尝试创建DNS委派将失败。例如，如果为测试目的创建一个新林，并且父DNS区域是顶级域名（如 contoso.com），则用户没有创建DNS委派的权限。在这种情况下，尝试自动创建DNS委派将失败，并出现图5-1所示的对话框。

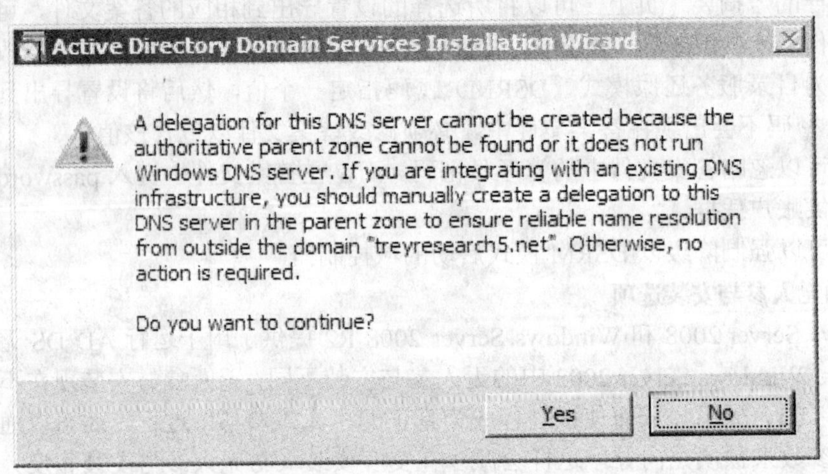

图 5-1　创建 DNS 委派失败的提示

对话框中的含义是：“无法创建此 DNS 服务器的委派，因为找不到授权父区域或者它未运行 Windows DNS 服务器。如果要与现有 DNS 基础结构集成，则应手动在父区域中创建此 DNS 服务器的委派，以确保来自‘treyresearch5.net’域之外的可靠的名称解析。否则，不需要执行任何操作。”

可以单击“Yes”继续安装 AD DS。若要在此情况下防止出现该对话框，可以在运行 Dcpromo.exe 时指定/CreateDNSDelegation:No 参数。

5. 全局目录服务器选项

包括 RODC 在内的所有安装都提供了全局目录服务器选项。林中的第一个域控制器必须是全局目录服务器。当在现有域中添加新的域控制器时，默认情况下会选择全局目录服务器选项。

当在子域中创建其他域控制器时，向导将检测结构操作主机操作角色（也称为灵活单主机操作或FSMO）是否位于该域中的全局目录服务器上。如果域控制器不会成为全局目录服务器，则向导提示将结构主机角色传输给正在创建的域控制器。这有助于防止结构主机角色的误放。

5.2 安装和删除AD DS的要求和可能出现的问题

安装Active Directory域服务（AD DS）之前，必须对计算机系统有一个基本的了解，检查系统的基本环境是否符合要求，同时还要规划某些数据或者代码存放的位置，这样可以减少安装过程中出现的问题。

5.2.1 Adprep.exe的位置和运行问题

Adprep.exe是一个命令行工具，由于它是完成在添加控制器之前必须完成的操作，读者必须学会正确地使用它。

1. Adprep.exe的版本和存放的位置

Adprep.exe在Windows Server 2008和Windows Server 2008 R2中的位置不同。必须运行Adprep.exe才能将运行Windows Server 2008或Windows Server 2008 R2的域控制器添加到现有Windows Server 2000或Windows Server 2003 Active Directory环境。在Windows Server 2008中，Adprep.exe位于操作系统安装磁盘的/Sources/adprep文件夹中。在Windows Server 2008 R2中，Adprep.exe位于/Support/adprep 文件夹中。Windows Server 2008 R2包括32位和64位版本的Adprep.exe。在默认情况下运行64位版本。如果希望在32位计算机上运行Adprep.exe命令之一，则必须使用Adprep.exe的32位版本。

2. 运行Adprep.exe

如果在运行adprep /rodcprep命令时应用程序目录分区的基础结构操作主机不可用，则该命令会记录一个错误。该错误指示其基础结构操作主机角色不可用的应用程序目录分区的名称。此问题会影响Windows Server 2008和Windows Server 2008 R2中的adprep /rodcprep命令。不过，如果已经为Windows Server 2008运行了adprep /rodcprep命令，则不必再为Windows Server 2008 R2运行该命令。

如果尚未运行adprep /rodcprep命令，则在运行NCSecDesc测试时Dcdiag.exe将返回错误。该测试检查命名上下文标题上的安全描述符是否具有相应的复制权限。该错误指示企业域控制器组对DNS应用程序目录分区不具有“复制筛选集中的目录更改”访问权限。如果不计划向林中添加RODC，则可以忽略此错误。如果计划向林中添加RODC，则必须运行adprep /rodcprep。对于adprep /rodcprep，可以运行Windows Server 2008或Windows Server 2008 R2中显示的Adprep.exe版本，因为该参数在每个版本中都执行一组相同的操作。

在为Windows Server 2008 R2运行adprep /forestprep时，配置为全局目录服务器的Windows 2000域控制器将执行其部分域副本的完全同步。这种情况是因为/forestprep操作修改了全局目录的部分属性集（PAS）。在重建过程中，可能会降低Windows 2000域控制器的性能。这只是Windows 2000域控制器的预期行为；更高版本的Windows Server逐渐添加了其他属性。为避免完全同步，请将Windows 2000域控制器升级到Windows Server 2003。还可以降级 Windows 2000 域控制器，但这种做法需要进行充分规划，以确保不会出现服务中断。

5.2.2 Active Directory 域服务安装向导问题

Active Directory 域服务安装向导（Dcpromo.exe）是一个很重要的命令行执行程序，它引导用户执行安装 AD DS 的全过程。在执行 Dcpromo.exe 之前必须做好准备工作，否则，在执行过程中系统就会根据存在的不同的问题给出响应的提示。

1．将具有 DNS 服务器的新域控制器安装到一个域

将具有 DNS 服务器的新 Windows Server 2008 或 Windows Server 2008 R2 域控制器安装到一个域名为 treyresearch5.net 的域中时，可能会遇到如图 5-1 所示的提示。出现了这种提示，如果不担心其他域或 Internet 上的用户将无法解析对本地域中计算机名的 DNS 名称查询，则可单击“是”忽略该消息。

出现错误的原因是 Active Directory 域服务安装向导（Dcpromo.exe）已配置为安装 DNS 服务器角色，或者是在直接父 DNS 区域中的 DNS 服务器与安装新域控制器的子域之间尚未存在足够的委派，安装的域控制器无法在作为父区域的授权服务器的 DNS 服务器上创建 DNS 子域的委派。

2．关于委派

Dcpromo.exe 尝试创建委派以确保其他域中的计算机可解析对 DNS 子域中主机（包括域控制器和域成员计算机）的 DNS 查询。

Dcpromo.exe 只能在 Microsoft DNS 服务器上自动创建上述委派，并且当父 DNS 域区域位于 BIND 等第三方 DNS 服务器上时，这些委派总是创建失败。在特定目录林根域中安装域控制器时将看到此错误，这些目录林根域包含由两部分或三部分组成的名称（如 contoso.com 或 corp.contoso.com），这些名称表示这些目录林根域是 Internet 上顶级域（如.com、gov、.biz 和.edu）或由两个字母组成的国家/地区代码域（如.nz 和.au）的直接下级子域。

如果 Active Directory 域在其提升时要向 Internet 注册，则此警告文本的记录可能表示 ISP 或 DNS 托管提供商尚未创建对 Active Directory 子域的必要委派。管理员在作为企业现有 Intranet 命名空间下级的目录林根域中创建域控制器时也可能遇到此错误。例如，如果内部域 contoso.com 归 Bind DNS 服务器所有，则当 Dcpromo.exe 试图创建从 contoso.com 到 Active Directory 目录林根域 corp.contoso.com 子域的委派时，将会遇到此错误。

要使 Dcpromo.exe 为父域中的授权 DNS 服务器创建委派，必须满足以下条件：

（1）父 DNS 服务器必须运行 Microsoft DNS 服务器服务。

（2）父域中的 Microsoft DNS 服务器必须处于联机状态并可通过网络从所安装的域控制器进行访问。

（3）在所安装的域控制器上运行 Dcpromo.exe 的用户必须在父 DNS 区域中具有 Domain Admins、Enterprise Admins 或 DNS Admin 凭据。

如果有多个 Active Directory 域未向 Internet 注册服务商进行注册，并且顶级域（TLD）的 DNS 服务器在运行 BIND，则可单击“是”安全忽略此错误消息以继续执行提升操作。

为了在以后的 Dcpromo.exe 提升中避免出现此错误消息，应执行以下任一操作：

（1）预先创建直接父域中的第三方 DNS 服务器的委派。

（2）确保提升的域控制器具有网络连接以及为承载父 DNS 区域的 Microsoft DNS 服务器创建委派所需的管理凭据。

（3）在 Dcpromo.exe 命令行或应答文件中指定/CreateDNSDelegation:No argument。

如果在所处情形中无法进行区域委派，则可能会考虑使用其他方法来提供从其他域到所安装域中主机的名称解析。例如，其他域的 DNS 管理员可配置条件转发、存根区域或辅助区域来解析域中的名称。

3. 取消 Active Directory 域服务安装向导

如果取消 Active Directory 域服务安装向导，则该向导将关闭，但不会删除 AD DS 二进制文件。如果希望卸载二进制文件，可使用服务器管理器卸载 AD DS 角色或者在命令行运行 dcpromo /uninstallBinaries，然后重新启动计算机。此项操作适用于 Windows Server 2008 或 Windows Server 2008 R2。

5.2.3 RODC 安装问题

如果主域控制器角色从未由运行 Windows Server 2008 或 Windows Server 2008 R2 的域控制器托管并且用户从未执行 RODC 的完全（非分步）安装，则使用 Active Directory 用户和计算机管理单元预先创建 RODC 账户将失败。为了避免这个问题，可执行下列操作之一：

- 预创建 RODC 账户之前，将主域控制器（PDC）模拟器主机操作（也称为灵活单主机操作或 FSMO）角色传输给运行 Windows Server 2008 的服务器之一，并且允许密码复制策略（PRP）组复制。
- 在命令提示符下，使用以下命令预创建 RODC 账户：

dcpromo.exe /createDCaccount /replicaDomainDNSname:<domain_name>
注意不要使用 /replicationSourceDC 选项。

- 执行 RODC 的完整（非分步）安装，然后预创建任何其他 RODC 账户。

5.2.4 磁盘空间和组件位置要求

对于一个已经使用基于 Windows Server 网络的企业来说，要使用 Windows Server 2008 可能存在一个从 Windows Server 2003 升级到 Windows Server 2008 的问题，在升级之前，一定要知道升级的要求。

1. 升级到 Windows Server 2008 的磁盘空间要求

从 Windows Server 2003 到 Windows Server 2008 的升级过程要求为新的操作系统映像、安装过程以及所有已安装的服务器角色提供可用磁盘空间。当域控制器角色检测到磁盘空间不足以执行升级时，将记录错误。其他磁盘空间信息将显示在安装程序显示的兼容性报告中。

对于域控制器角色，承载应用程序数据（%AppData%）、程序文件（%ProgramFiles%）、用户数据（%SystemDrive%\Documents and Settings）和 Windows 目录（%WinDir%）的一个或多个卷也需要满足下列特定的可用磁盘空间要求，如表 5-2 所示。

%WinDir%卷上的可用磁盘空间必须等于或大于上面列出的资源及其从属文件夹（如果位于%WinDir%卷上）的当前大小。默认情况下，Dcpromo.exe 将 Active Directory 数据库和日志文件放置在%Windir%下，在这种情况下，%Windir%文件夹的可用磁盘空间要求还应包含这两个资源的大小。在本示例中，%WinDir%卷上的可用空间必须等于或大于 1.25 千兆字节（GB）。

表 5-2 集中资源需要的磁盘空间

资　源	大　小
应用程序数据（%AppData%）	100MB
程序文件（%ProgramFiles%）	100MB
用户数据（%SystemDrive%\Documents and Settings）	50MB
Windows 目录（%WinDir%）	1GB
总大小	1.25GB

如果 Active Directory 数据库位于上述任何文件夹之外，则承载该数据库的卷必须只包含至少等于当前数据库大小的 10%或 250 千兆字节（MB）（取其较大者）的额外可用磁盘空间。最后，用于承载日志文件的卷上的可用空间必须至少为 50 MB。

在默认情况下，在 Windows Server 2003 中安装 Active Directory 时，会将 Active Directory 数据库和日志文件安装在%WinDir%\NTDS 下。在此配置下，系统会将 Ntds.dit 数据库文件和所有日志文件临时复制到隔离位置，然后复制回其原始位置；这就是为什么这些资源要求额外可用空间的原因。虽然 SYSVOL 目录也位于%WinDir%下（即%WinDir%\SYSVOL），但系统只移动而不复制该目录。因此，该目录不要求任何额外可用空间。

升级后，为复制的资源保留的空间将返回到文件系统。

2. 升级到 Windows Server 2008 R2 的磁盘空间要求

Windows Server 2008 R2 域控制器上的 Active Directory 数据库 NTDS.dit 可能比 Windows 以前版本中的要大，原因是 Windows Server 2008 R2 域控制器上的联机碎片整理进程发生了更改，回收站在回收对象生存时间内保留已删除对象上的属性。

对于回收站，数据库大小会在以下时刻增加：

• 在完成 Windows Server 2008 R2 adprep /forestprep 并安装第一个 Windows Server 2008 R2 域控制器后，有一个新索引属性 isRecycled，其值是为所有已删除对象设置的。

• 在启用回收站之后，保留了已删除对象上的所有属性。删除的对象越多，所需的磁盘空间就越多。

在 Windows Server 2008 R2 域中，使用 deletedObjectLifetime 和 recycledObjectLifetime 的默认值 180 天，回收站功能将 AD DS 数据库大小额外增加了原始数据库大小的 15%~20%。附加空间需求取决于回收对象的大小和计数。

将域控制器就地升级到 Windows Server 2008 R2 需要足够的磁盘空间，以便升级进程复制%SystemRoot%、%ProgramFiles%、%SystemDrive%\Program Files、%ProgramFiles(x86)%、%SystemDrive%\build、%SystemDrive%\InstalledRepository、%ProfilesFolder%、%ProgramData%、%SystemDrive%\Documents and Settings 等文件夹。

表 5-3 显示了将域控制器从 Windows Server 2008 升级到 Windows Server 2008 R2 的测试结果。在此表中，<i> = 15 GB（Windows 硬盘驱动器上 Windows 安装程序要求的最小可用空间量），Ntds.dit 的原始大小为 5 GB。

表 5-3　　域控制器从 Windows Server 2008 升级到 2008 R2 时的磁盘空间要求测试结果

Ntds.di 的位置	系统驱动器上的可用空间(GB)	结　果
Ntds.dit 与系统位于同一驱动器上，但它不在%windir%目录中。	1	在此方案中，虽然不需要将 Ntds.dit 从 Windows.old 文件夹复制到 Windows 文件夹，但没有足够的空间复制 Windows 安装文件。 兼容性报告发现没有足够的空间复制 Windows 文件。 兼容性报告显示升级被阻止
Ntds.dit 与系统位于不同的驱动器上。	<i>	在此方案中，磁盘满足安装 Windows 文件的最低可用空间要求，不需要将 Ntds.dit 从 Windows.old 文件夹复制到 Windows 文件夹。 兼容性报告警告用户，可用空间量满足最低要求，升级过程会需要较长时间。 域控制器成功升级
Ntds.dit 位于以下默认文件夹中： %windir%\ntds\	<i> + 1	在此方案中，磁盘满足安装 Windows 文件的最低可用空间要求，这导致绕过兼容性报告。不过，Ntds.dit 位于 Windows 文件夹下，这会导致升级操作将其从 Windows.old 文件夹复制到 Windows 文件夹。 由于没有将数据库复制到新操作系统，磁盘上没有足够的空间满足 Ntds.dit 的需求，因此最后一步将失败。在首次启动 Windows Server 2008 R2 时，它无法找到 Ntds.dit，这会导致错误并强制计算机回滚到以前的操作系统。 ERROR_CODE:(NTSTATUS) 0xc00002ec-下列错误导致目录服务无法启动：%hs 错误状态: 0x%x。单击“确定”关闭系统。可使用恢复控制台对系统进行进一步的诊断。 Err 0xc00002ec = STATUS_DS_INIT_FAILURE_CONSOLE 域控制器成功回滚到 Windows Server 2008
Ntds.dit 与系统位于同一驱动器上，但它不在%windir%目录中。	<i>	在此方案中，磁盘满足安装 Windows 文件的最低可用空间要求，不需要将 Ntds.dit 从 Windows.old 文件夹复制到 Windows 文件夹。 兼容性报告警告用户，可用空间量满足最低要求，升级过程会需要较长时间。 域控制器成功升级

3. RODC 上的 SYSVOL 位置

在对 SYSVOL 使用分布式文件系统（DFS）复制的 RODC 上，应将 SYSVOL 共享文件夹放在与 Windows 文件夹不同的单独卷上。将 DFS 只读已复制文件夹存储在与 Windows 安装文件相同的卷上将导致该卷的性能降低，除非安装了其他微筛选器驱动程序，例如防病毒程序或备份程序。

4. SYSVOL 位于驱动器的根目录中会导致 AD DS 安装失败

不能将 SYSVOL 放在驱动器的根目录中，如 C:\。尽管 Active Directory 域服务安装向导允许指定驱动器的根目录作为 SYSVOL 的位置，但 AD DS 的安装随后将失败。

5. 如果 Active Directory 数据库和日志文件位于某个磁盘（不是包含%systemroot%的磁盘）的根目录中，则会发生“停止”错误

如果将 Active Directory 数据库和日志文件放置在某个磁盘（不是包含%systemroot%的磁盘）的根目录中，则会发生“停止”错误。如果将这些文件放置在不可作为启动设备的某个 iSCSI 驱动器上，也会收到停止错误。这适用于 Windows Server 2008 或 Windows Server 2008 R2，并且适用新的 AD DS 安装和升级。

为了避免这个问题，请确保 Active Directory 数据库和日志文件所处的卷不是本地不可删除驱动器的根卷。

某些 iSCSI 设备错误地报告它们是本地驱动器（即使它们不是）。如果发生这种情况，应与驱动器供应商联系以确定是否可以将该硬件配置为启动设备。如果该硬件不能配置为启动设备，则应将 Active Directory 数据库和日志文件移动到非根的目录中，其操作步骤如下：

（1）重启计算机，然后在计算机启动的过程中按 F8 进入目录服务还原模式（DSRM）。

（2）将 Active Directory 数据库和日志文件移动到某个子目录，该子目录至少比本地驱动器根目录低一个级别。

（3）使用 Regedit.exe 查找以下注册表项：HKLM\System\CurrentControlSet\Services\NTDS\Parameters

（4）将 DSA Database File 的值更改为第（2）步中的新路径，例如，x:\ntds。

（5）将 DSA Working Directory 的值更改为第（2）步中的新路径，例如，x:\ntds\logs。

5.2.5 其他 AD DS 服务器角色问题

1. 计算机浏览器服务的默认启动类型

运行 Windows Server 2008 或 Windows Server 2008 R2 的服务器对计算机浏览器服务的默认启动类型进行了更改。默认启动类型更改为“禁用”。在以前版本的 Windows Server 中，默认启动类型为“自动”。更改默认启动类型后将不再允许匿名访问，这有助于提高新服务器安装的默认安全性。不过，可能会对依赖于计算机浏览器服务才能运行的应用程序和服务造成负面影响。例如，远程桌面可能依赖于计算机浏览器服务才能找到远程计算机。

由于默认启动类型已更改，在撤消运行 Windows Server 2000 和 Windows Serer 2003 的域控制器和添加运行 Windows Server 2008 或 Windows Server 2008 R2 的域控制器时，可能会意外分解计算机浏览器服务基础架构。

如果需要计算机浏览器服务（例如，为了进行应用程序或服务支持），可以创建一个策略，将计算机浏览器的启动类型从“禁用”更改为“自动”。

2. 关于日语区域设置的影响

运行 Windows Server 2008 并且安装了日语区域设置的其他域控制器在入站复制期间不接收对象某些属性的更新。可以采取一些步骤防止发生此问题，还可以在已经发生此问题时采取一些步骤进行恢复。此问题不会影响运行 Windows Server 2008 R2 的域控制器。

3. 域控制器升级带来的影响

将运行 Windows Server 2003 的域控制器升级到 Windows Server 2008 或 Windows Server 2008 R2 时，系统将记录有关 Netlogon 服务和 Windows 时间服务的某些错误事件消息，这是设计的结果，可以安全地忽略这些消息。

因为在升级过程结束时会移动 SYSVOL 目录，所以在事件查看器的系统日志中，会记录 Netlogon 服务的事件 ID 5706。在升级期间，这可以避免复制。针对 Windows 时间服务的事件 ID 46 表示因为未启动 Netlogon 服务，所以启动 Windows 时间服务失败。在最后一次重新启动升级过程之后，SYSVOL 目录已被移动，Netlogon 服务和 Windows 时间服务均成功启动。

4. 关于支持数据加密标准及安全性

仅支持数据加密标准（DES）的客户端将无法通过 Netlogon 在运行 Windows Server 2008 或 Windows Server 2008 R2 的域控制器上建立一个安全通道。因此，不安全的域加入操作将失败，包括由 Windows 部署服务和 Active Directory 迁移工具（ADMT）执行的操作。此外，不支持 MD5 的非 Microsoft 服务器消息块（SMB）和网络附加存储（NAS）设备也将无法建立安全通道。

为了避免这个问题，请将所有客户端计算机和域控制器升级到 Windows 2000 或更高版本。请与任何非 Microsoft SMB 和 NAS 设备的供应商联系以获得支持 MD5 的版本。如果用户要求必须支持 DES，则应能够支持 Windows NT 4.0 加密。打开组策略管理管理单元，依次单击“计算机配置”、“管理模板”、“系统”，然后单击 Netlogon。右键单击“允许与 Windows NT 4.0 兼容的加密算法”，依次单击“属性”、“已启用”，然后单击“确定”。

5. 关于域命名主机操作主机角色的放置

如果域命名主机操作主机角色位于运行 Windows 2000 Server 的域控制器上，则当新建 Windows Server 2008 或 Windows Server 2008 R2 子域或域树时，交叉引用对象上不会标记 msDS-BehaviorVersion 属性。这可能会导致某些应用程序的兼容问题。尤其是，可以使用 Dcdiag.exe 执行的复制测试将失败。若要避免此问题，可先将域命名主机角色传输给运行 Windows Server 2003、Windows Server 2008 或 Windows Server 2008 R2 的域控制器，然后再新建子域或新建树根。

5.2.6 对性能计数器的更改

在 Windows 2000 和 Windows Server 2003 中，Active Directory 性能计数器为单一实例并且位于 NTDS 下。此外，在 Windows Server 2003 中，Active Directory 应用程序模式（ADAM）性能计数器为多实例并且位于 ADAM 下。在 Windows Server 2008 和 Windows Server 2008 R2 中，AD DS 和 Active Directory 轻型目录服务（AD LDS）的性能计数器既位于上述相同位置下，又位于 DirectoryServices 下，即为多实例。AD DS 性能计数器位于 NTDS 实例下，而 AD LDS 性能计数器位于与 AD LDS 服务名称相对应的实例下（与 Windows Server 2003 中的计数器相同）。

例如，在运行 Windows Server 2003 的计算机（安装了 Active Directory 且具有两个名为 ADAM_instance1 和 ADAM_instance2 的 ADAM 服务）上，以下名称出现在性能监视器中的“选定对象的实例”下（其中方括号表示显示的名称）：

- NTDS
- ADAM [ADAM_instance1]

• ADAM [ADAM_instance2]

在运行 Windows Server 2008 或 Windows Server 2008 R2 的计算机上，出现以下名称：

• NTDS
• DirectoryServices [NTDS]
• DirectoryServices [ADAM_instance1]
• DirectoryServices [ADAM_instance2]

在运行 Windows Server 2003 且只安装了 Active Directory 的计算机上，出现以下名称：

• NTDS

在运行 Windows Server 2008 或 Windows Server 2008 R2 且只安装了 AD DS 的计算机上，出现以下名称：

• NTDS
• DirectoryServices [NTDS]

在运行 Windows Server 2008 或 Windows Server 2008 R2 且仅安装了名为 ADAM_instance1 和 ADAM_instance2 的 AD LDS 实例的计算机上，出现以下名称：

• DirectoryServices [ADAM_instance1]
• DirectoryServices [ADAM_instance2]

NTDS 块中的计数器是 DirectoryServices [NTDS]块中计数器的精确副本。将来，应用程序应开始使用 DirectoryServices [NTDS]计数器。NTDS 块仅支持向后兼容，在未来版本的 Windows 中可能不复存在。

5.3 安装 AD DS 的方案准备

Windows Server 2008 及其 R2 中，安装森林、域和域控制器之前，都应该确定好方案，或者执行其他准备性的操作。

1. 安装新的 Windows Server 2008

在执行此项操作之前，必须做好下述准备：

（1）确定林和域功能级别决定，以便决定是否保留 Microsoft Windows(R) 2000 Server 和 Windows Server 2003 或两者的域控制器。由于 Windows Server 2008 不支持运行 Windows NT 4.0 操作系统的域控制器和服务器，所以在安装 Windows Server 2008 林之前，必须将 Windows NT 4.0 的域控制器和服务器升级或者取消。

（2）林中第一个 Windows Server 2008 域控制器必须是全局目录服务器，并且不得是 RODC。

2. 在现有 Windows 2000 Server 或 Windows Server 2003 林中安装新的 Windows Server 2008 域

在执行此项操作之前，必须做好下述准备：

（1）在 Windows 2000 Server 或 Windows Server 2003 林中新建 Windows Server 2008 域之前，必须通过扩展架构（即，运行 adprep /forestprep）为 Windows Server 2008 准备林。

（2）必须作出域功能级别决定，确定域是否可以包含运行 Windows 2000 Server、Windows Server 2003 或两者的域控制器。

建议将PDC模拟器操作主机角色放置在运行Windows Server 2008的域控制器上的目录林根级域中。

3. 在现有Windows 2000 Server或Windows Server 2003域中安装新的Windows Server 2008域控制器

在执行此项操作之前，必须做好下述准备：

（1）如果该域控制器是林中的第一个Windows Server 2008域控制器，则必须通过在架构操作主机上扩展架构（即，运行adprep /forestprep）为Windows Server 2008准备林（如果这尚未执行）。

（2）如果该域控制器是Windows 2000 Server域中的第一个Windows Server 2008域控制器，则必须首先通过在结构主机上运行adprep /domainprep /gpprep来准备域。

（3）如果该域控制器是Windows Server 2003域中的第一个Windows Server 2008域控制器，则必须通过在结构主机上运行adprep /domainprep来准备域。如果通过运行adprep /domainprep /gpprep来准备Windows Server 2003域，则可以安全忽略表示没有必要更新该域的错误消息。

（4）在Windows 2000 Server或Windows Server 2003林中安装RODC之前，必须通过运行adprep /rodcprep来准备林。可以在林中的任何计算机上运行adprep /rodcprep。如有必要，可以多次运行它。如果该操作无法到达必须更新才能允许安装RODC的所有应用程序分区，将收到一条内容为尚未更新所有应用程序分区的消息，在这种情况下，就重新运行adprep /rodcprep命令。

（5）不能将现有Windows 2000 Server或Windows Server 2003域中的第一个Windows Server 2008域控制器创建为RODC。域中存在一个Windows Server 2008域控制器之后，便可以将其他Windows Server 2008域控制器创建为RODC。

已经准备林和域之后，可以安装AD DS以新建Windows Server 2008域控制器。

4. 执行RODC分步安装

Windows Server 2008提供了一种在分支机构中安装域控制器的新方法，即可以分两个阶段将只读域控制器（RODC）部署到分支机构中。首先，为RODC创建一个账户。创建账户时，可以选择将要安装和管理此RODC的用户。委派的RODC管理员可以通过将服务器关联到为其创建的RODC账户来完成安装。这样便无需使用构建分支机构域控制器的临时站点，也无需使用域管理员凭据即可在分支机构中构建RODC。

安装RODC时，要注意以下事项：

（1）RODC必须从运行Windows Server 2008的可写域控制器复制域数据。

（2）默认情况下，RODC不缓存任何域用户的密码。必须修改RODC的默认密码复制策略才能允许指向中心站点的WAN链接脱机时，RODC对用户及其计算机进行身份验证。

5. 从介质安装AD DS

可以使用从介质安装（IFM）选项在现有域中安装其他域控制器并使安装过程中的复制流量最小。Windows Server 2008包含一个改进版本的Ntdsutil.exe，可以使用它来创建安装介质。

还可以通过使用Windows Server 2008中的Windows Server Backup工具创建安装介质。在这种情况下，需要使用wbadmin命令行工具选项将系统状态数据还原到备用位置。但是，在一般情况下，应该使用 Ntdsutil.exe，因为 Windows Server Backup 只能备份一组关键卷，这样占用的空间会远远大于 AD DS 安装数据所需的空间账户登录架构主机。

6. 验证 AD DS 安装

安装域控制器之后，便可以采用以下步骤来验证 AD DS 安装：

（1）在事件查看器中检查目录服务日志中是否存在错误。

（2）确保客户端可以访问 SYSVOL 文件夹。

（3）验证 DNS 功能。

（4）验证复制。

5.4 安装 AD DS 的要求

在本书第 2 章的 2.1.1 节中已经叙述了安装 Windows Server 2008 的硬件要求，而要安装 Windows Server 2008 和 Windows Server 2008 R2 的 AD DS，则要求必须检查是否具备如下条件：

（1）安装了 Windows Server 2008 或者 Windows Server 2008 R2。

（2）验证域名系统（DNS）基础结构是否已到位。添加 Active Directory 域服务（AD DS）以创建域或林之前，确保网络上的 DNS 基础结构已到位。安装 AD DS 时，可以包含 DNS 服务器安装（如果需要）。新建一个域时，会在安装过程中自动创建一个 DNS 委派。

如果在域中安装其他域控制器时 DNS 基础结构不到位，然后就会出现在域控制器上安装 DNS 服务器的选项无法使用。

（3）配置适当的 TCP/IP 和 DNS 服务器地址。

（4）验证 Adprep.exe 操作是否完成。将 AD DS 添加到现有 Active Directory 环境中运行 Windows Server 2008 或者 Windows Server 2008 R2 的服务器之前，必须通过运行 Adprep.exe 准备该环境。

（5）为了安装只读域控制器（RODC），在域中一定存在运行 Windows Server 2008 或者 Windows Server 2008 R2 的可写域控制器。使用指定选项进行林检查过程中，Active Directory 域服务安装向导进行一个 DC 定位器调用来查找运行 Windows Server 2008 或者 Windows Server 2008 R2（使用 DS_DIRECTORY_SERVICE_6_REQUIRED 标志）的可写域控制器（使用 DS_WRITABLE_REQUIRED 标志）。如果调用成功并且查找到与这些选项匹配的域控制器，就会启用安装 RODC 的复选框。

（6）使用答案文件执行 AD DS 的无人参与安装时，使用适当的参数指定答案文件中的 [DCINSTALL] 部分。

（7）必须将存储 Active Directory 域服务（AD DS）的数据库、日志文件以及 SYSVOL 文件夹的驱动器放置在本地固定卷上。必须将 SYSVOL 放置在使用 NTFS 文件系统进行格式化的卷上。出于安全的目的，应该将 Active Directory 数据库和日志文件放置在使用 NTFS 进行格式化的卷上。传统的做法是将 Active Directory 数据库和日志文件放置在域控制器计算机的物理本地磁盘驱动器上。如果设备显示为 Dcpromo.exe 使用的 GetDriveType 功能的“本地”设备并且该设备没有启用高级回滚、撤销或快照功能，还可以将 Active Directory 数据库和日志文件放置在非本地存储设备上。

必须通过使用由支持的备份应用程序编程接口（API）和方法创建的系统状态备份，执行AD DS的所有备份和还原，包括回滚 AD DS 的内容。

5.4.1 运行 Adprep.exe

本节介绍Adprep.exe的作用、功能以及针对不同安装项目的安装前运行Adprep.exe的不同参数和方法。最后给出了针对 Adprep.exe运行错误的疑难解答。

5.4.1.1 Adprep.exe的作用和功能

1. Adprep.exe的作用

Adprep.exe是一个命令行工具，该工具位于每个版本的Windows Server的安装磁盘上。Adprep.exe 执行在添加运行该版本的 Windows Server 的域控制器之前必须在现有的Active Directory环境中完成的操作。必须在现有域控制器上运行各种Adprep.exe命令才能在以下情况下完成这些操作：

- 在添加运行某个版本（该版本高于在现有域中运行的最新版本）的Windows Server的第一个域控制器之前。当运行 Active Directory 域服务安装向导（Dcpromo.exe）时，若尚未运行Adprep.exe，则会出现一条错误消息。
- 在将现有域控制器升级到更高版本的Windows Server之前，如果该域控制器是域或林中要运行该版本的Windows Server的第一个域控制器。

在安装操作系统升级之前，如果尚未运行Adprep.exe，则会出现一条错误消息。例如，如果网络中有运行Windows 2000 Server或Windows Server 2003的域控制器，则在添加运行Windows Server 2008或Windows Server 2008 R2的新域控制器或将其中一个现有的域控制器升级到Windows Server 2008或Windows Server 2008 R2之前，必须在现有域控制器上运行Windows Server 2008 R2安装DVD 的 \Support\Adprep文件夹中的Adprep.exe。

2. Adprep.exe 的功能

Adprep.exe具有执行各种操作的参数，这些操作帮助为运行更高版本的Windows Server的域控制器准备现有的Active Directory环境。并不是所有版本的Adprep.exe都执行相同的操作，但通常Adprep.exe可以执行的不同类型的操作包括：

- 更新Active Directory架构
- 更新安全描述符
- 修改 Active Directory 对象上以及 SYSVOL 共享文件夹中文件上的访问控制列表(ACL)
- 根据需要创建新对象
- 根据需要创建新容器

5.4.1.2 在Windows Server 2008 R2中使用Adprep.exe的注意事项

在Windows Server 2008 R2中，Adprep.exe位于\Support\Adprep文件夹中。

Windows Server 2008 R2包含32位版本和64位版本的Adprep.exe。默认情况下运行64位版本。如果希望在32位计算机上运行Adprep.exe命令之一，请使用Adprep.exe 的32位版本（Adprep32.exe）。

5.4.2 运行 Adprep.exe

若要完成所需的操作，必须运行下表中列出的 Adprep.exe 命令。在运行其他命令之前，必须先运行 adprep /forestprep。某些命令必须在特定的域控制器上运行，如表 5-4 中所述。本主题的其余部分包含有关每个命令的详细信息。

表 5-4 Adprep. exe 命令运行的主机

命　令	域控制器	要运行命令的次数
adprep /forestprep	必须在林的架构操作主机上运行	对整个林执行一次
adprep /domainprep	必须在域的基础结构操作主机上运行	在计划安装其他域控制器（这些域控制器运行的 Windows Server 版本高于在域中运行的最新版本）的每个域中执行一次。 注意：将不添加新域控制器的域会受到 adprep /forestprep 的影响，但这些域不要求运行 adprep /domainprep
adprep /domainprep /gpprep	必须在域的基础结构操作主机上运行。 如果已经对 Windows Server 2003 运行了 /gpprep 参数，则不必再对 Windows Server 2008 或 Windows Server 2008 R2 运行该参数	在林的每个域中执行一次
adprep /rodcprep 注意：该命令是可选的。仅当要安装只读域控制器（RODC）时才运行该命令。	可以从任何计算机运行。该命令远程执行操作。若要使操作成功完成，林的域命名操作主机以及每个应用程序目录分区和每个域分区的基础结构操作主机必须都可以访问。如果已经对 Windows Server 2008 运行了此命令，则不必再对 Windows Server 2008 R2 运行此命令	对整个林执行一次

如果计划向林中添加 RODC，则必须在运行 adprep /forestprep 之后立即运行 adprep /rodcprep，然后验证是否已在整个林中复制这两个操作。这两个命令都要求提供 Enterprise Admin 凭据；因此，用户可能更希望连续运行它们。

如果不确定哪台计算机拥有所需的操作主机（也称为灵活单主机操作或 FSMO）角色，则在安装 Netdom.exe 的计算机的命令提示符下键入命令 netdom query FSMO，然后按 Enter。

默认情况下，Netdom.exe 安装在运行 Windows Server 2008 或 Windows Server 2008 R2 的域控制器上。也可以将 Netdom.exe 安装在管理工作站上。

5.4.2.1 运行 adprep /forestprep

运行 adprep /forestprep 命令以更新 Active Directory 架构以及执行其他全林性更新。需要更新架构以支持新对象类型。需要其他林范围的更新以更新权限和默认安全描述符。

1. 准备运行 adprep /forestprep

组织应该查看和了解作为 Active Directory 域服务（AD DS）中架构管理过程的一部分Adprep.exe 所做的架构更新和其他更改。

在实验室环境中测试 Adprep.exe 架构更新，以确保这些更新不会与环境中运行的任何应用程序冲突。如果应用程序使用符合征求意见文档（RFC）的对象和属性定义，则不应该有任何冲突。

Adprep.exe 跳过冗余的更新。更新发生冲突（如引入了重复的对象标识符）会导致Adprep.exe 停止，直到管理员协调这些冲突为止。

为了帮助确保 adprep /forestprep 命令成功运行，要在对林中的架构操作主机角色所有者运行该命令之前，完成以下附加步骤：

（1）对域控制器（包括架构主机以及至少一个来自林中每个域的其他域控制器）进行系统状态备份。在整个林中复制 adprep /forestprep 所做的更改之后，只能通过林恢复执行逆向操作。如果用户拥有最新且受信任的系统状态备份，则可以更有效地实施林恢复。

（2）确保具有足够凭据的账户来运行 adprep /forestprep 登录架构主机。登录架构主机的账户必须是架构主机所在域（默认情况下为林根域）的 Schema Admins 组、Enterprise Admins 组以及 Domain Admins 组的成员。默认情况下，林根域的内置 Administrator 账户是 Schema Admins 组的成员。

（3）如果林中的任何域控制器运行 Windows 2000 Server，则它们必须运行 Service Pack 4 (SP4)。

（4）运行以下 Repadmin.exe 命令以确保在整个林中进行复制：

```
repadmin /replsum /bysrc /bydest /sort:delta
```

所有域控制器在“失败次数”列应该显示 0，最大增量（它表示自上次成功复制以来经过的时间）应该小于或大致等于域控制器用于复制的站点链接的复制频率。默认复制频率为 180 分钟。

（5）运行在架构主机上的防病毒软件可能会影响 adprep /forestprep 的运行。在 adprep /forestprep 操作调用外部函数的过程中引入了显示说明符，这可能会导致防病毒软件实用程序使用的文件或文件夹锁定。在这种情况下，运行 adprep /forestprep 时可能出现错误：“Adprep 无法完成，原因是回叫功能失败。”

如果在架构主机上运行防病毒软件并且在运行 adprep /forestprep 时收到此错误，则将临时禁用防病毒软件，直到该命令完成。

2. 运行 adprep /forestprep

可以从 Windows Server DVD 运行 adprep /forestprep 命令，也可以将包含 Adprep.exe 的文件夹内容复制到架构主机并从该位置运行 Adprep.exe。如果将 Adprep.exe 复制到架构主机，则确保复制整个文件夹的内容。

3. 验证 adprep /forestprep 已成功完成

当 adprep /forestprep 命令完成时，会在命令提示符窗口中显示一条消息，指示 Adprep 已成功更新全林性信息。验证 adprep /forestprep 已成功完成的步骤如下：

（1）登录到安装了 ADSIEdit 的管理工作站。默认情况下，ADSIEdit 安装在运行 Windows Server 2008 或 Windows Server 2008 R2 的域控制器上。

（2）依次单击「开始」、“运行”，键入 ADSIEdit.msc，然后单击“确定”。

（3）单击“操作”，然后单击“连接到”。

（4）单击“选择一个已知命名上下文”，在可用命名上下文的列表中选择“配置”，然后单击“确定”。

（5）双击“配置”，然后双击 CN=Configuration,DC=forest_root_domain

其中，forest_root_domain 是目录林根级域的可分辨名称。

（6）双击 CN=ForestUpdates。

（7）右键单击 CN=ActiveDirectoryUpdate，然后单击“属性”。

（8）如果对 Windows Server 2008 R2 运行了 adprep /forestprep，请确认“Revision”属性值为“5”，然后单击“确定”。

如果对 Windows Server 2008 运行了 **adprep /forestprep**，请确认“Revision”属性值为“2”，然后单击“确定”。

（9）依次单击“ADSI 编辑器”、“操作”，然后单击“连接到”。

（10）单击“选择一个已知命名上下文”，在可用命名上下文的列表中选择“架构”，然后单击“确定”。

（11）双击“架构”。

（12）右键单击 CN=Schema,CN=Configuration,DC=forest_root_domain，然后单击“属性”，其中，forest_root_domain 是目录林根级域的可分辨名称。

（13）如果对 Windows Server 2008 R2 运行了 adprep /forestprep，就确认“objectVersion”属性值设置为“47”，然后单击“确定”。

如果对 Windows Server 2008 运行了 adprep /forestprep，就确认“objectVersion”属性值设置为“44”，然后单击“确定”。

5.4.2.2 运行 adprep /domainprep

完成 adprep /forestprep 操作之后，便可以运行 adprep /domainprep 命令来准备域。

1. 准备运行 adprep /domainprep

为了帮助确保 adprep /domainprep 命令成功运行，在对每个域中的基础结构操作主机角色所有者运行该命令之前，完成以下步骤：

（1）确保在整个林中复制了 adprep /forestprep 执行的架构更新或至少将它们复制到计划运行 adprep /domainprep 的域的基础结构主机。

（2）确保可以使用是 Domain Admins 组成员的账户登录基础结构主机。

（3）验证域功能级别至少为 Windows 2000 本机。

2. 运行 adprep /domainprep

准备运行 adprep /domainprep 命令时，将 Windows Server 操作系统 DVD 插入到基础结构主机的 DVD 驱动器中。然后，将目录更改为包含 Adprep.exe 的文件夹，并运行该命令。

3. 验证 adprep /domainprep

当 adprep /domainprep 完成时，会在命令提示符窗口中显示一条消息，指示 Adprep 已成功更新全域性信息。用户还可以使用以下过程来验证 adprep /domainprep 已成功完成。

验证 adprep /domainprep 已成功完成的步骤：

（1）登录到安装了 ADSIEdit 的管理工作站。默认情况下，ADSIEdit 安装在运行 Windows Server 2008 或 Windows Server 2008 R2 的域控制器上。

（2）依次单击“开始”和“运行”，再键入 ADSIEdit.msc，然后单击“确定”。

（3）单击“操作”，然后单击“连接到”。

（4）单击“选择一个已知命名上下文”，在可用命名上下文的列表中选择“默认命名上下文”，然后单击“确定”。

（5）双击“默认命名上下文”，双击该域的可分辨名称的容器，然后双击 CN=System。

（6）双击“CN=DomainUpdates”，再右键单击“CN=ActiveDirectoryUpdate”，然后单击“属性”。

（7）如果对 Windows Server 2008 R2 运行了 adprep /domainprep，请确认“Revision”属性值为“5”，然后单击“确定”。

如果对 Windows Server 2008 运行了 adprep /domainprep，请确认“Revision”属性值为“3”，然后单击“确定”。

5.4.2.2.1　运行 adprep /domainprep /gpprep

如果运行 Windows Server 2008 或 Windows Server 2008 R2 中包含的 adprep /domainprep 命令版本，则 adprep /domainprep /gpprep 命令在 SYSVOL 共享文件夹的组策略对象（GPO）上仅添加可继承的访问控制项（ACE）。添加的 ACE 为企业域控制器提供了对 GPO 的读取访问权限。需要这些权限以支持基于站点的策略的结果集（RSOP）功能。

运行 adprep /domainprep /gpprep 可以创建很多复制流量，因为更新了每个 GPO。因此，可能想在非高峰时段运行该命令以最大程度地减少对其他复制的影响。

如果在运行 adprep /domainprep 之前运行 adprep /domainprep /gpprep，则 Adprep.exe 会按顺序运行这两个命令。首先，它执行/domainprep 操作，然后执行/gpprep 操作。

1. 准备运行 adprep /domainprep /gpprep

为了帮助确保 adprep /domainprep /gpprep 成功运行，在对每个域中的基础结构操作主机角色所有者运行该命令之前，完成以下步骤。

（1）确保已完成运行 adprep /domainprep 的准备步骤。

（2）确保默认域策略和默认域控制器策略位于基础结构主机上。为此，使用 Windows 资源管理器导航到%windir%\SYSVOL\sysvol\domain_name\Policies 文件夹。确认以下全局唯一标识符（GUID）出现在“策略”文件夹中：

- {31B2F340-016D-11D2-945F-00C04FB984F9}
- {6AC1786C-016F-11D2-945F-00C04fB984F9}

（3）运行在基础结构主机上的防病毒软件可能会影响 adprep /domainprep /gpprep 的运行。在这种情况下，运行 adprep /domainprep /gpprep 时可能出现以下错误消息：“Adprep 无法完成，原因是回调函数失败。”

如果在基础结构主机上运行防病毒软件并且在运行 adprep /domainprep /gpprep 时收到该错误消息，则将临时禁用防病毒软件，直到该命令完成。

2. 运行 adprep /domainprep /gpprep

在准备运行 adprep /domainprep /gpprep 命令时，将 Windows Server 操作系统 DVD 插入到基础结构主机的 DVD 驱动器中。然后，将目录更改为包含 Adprep.exe 的文件夹，并运行该命令。

3. 验证 adprep /domainprep /gpprep

如果尚未运行 adprep /domainprep，则当运行 adprep /domainprep /gpprep 时会看到一条消息，该消息指示 adprep /domainprep 已成功更新全域性信息，之后显示的消息指示 Adprep 已成功更新 GPO 信息。如果已运行 adprep /domainprep，则显示的消息指示已更新全域性信息并且将不重复该操作，之后显示的消息指示 Adprep 已成功更新 GPO 信息。

还可以使用验证 adprep /domainprep 成功完成的步骤来验证此命令是否已完成，可验证该操作是否为企业域控制器组添加了对所有 GPO 的"读取"权限。

5.4.2.2.2　运行 adprep /rodcprep

运行 adprep /rodcprep 命令是可选的。仅当要在林中安装 RODC 时才需要运行该命令。该命令更新应用程序目录分区的安全描述符以为 RODC 提供将更新复制到分区的权限。每个应用程序目录分区都有一个基础结构主机。adprep /rodcprep 命令必须更新该分区的基础结构主机上每个应用程序目录分区的安全描述符。

默认情况下为域名系统（DNS）数据创建两个应用程序目录分区：DomainDNSZones 和 ForestDNSZones。如果这两个分区中任何一个分区的基础结构主机脱机或者已从林中强制删除，则 adprep /rodcprep 失败，并且出现错误。此外，该命令必须联系域命名操作主机以获得林中的应用程序和域目录分区的列表。因此，当运行该命令时，必须可以访问域命名主机。

1. 准备运行 adprep /rodcprep

为了帮助确保 adprep /rodcprep 命令成功运行，请在运行该命令之前完成以下步骤：

（1）确保可以使用 Enterprise Admins 组成员的账户登录计算机。

（2）确保每个应用程序目录分区的域命名主机和基础结构主机可以访问。

运行 adprep /rodcprep

在准备运行 adprep /rodcprep 命令时，将 Windows Server 操作系统 DVD 插入到计算机的 DVD 驱动器中。然后，将目录更改为包含 Adprep.exe 的文件夹，并运行该命令。

2. 验证 adprep /rodcprep

当 adprep /rodcprep 命令完成时，会在命令提示符窗口中显示一条消息，指示已更新所有分区。验证 adprep /rodcprep 已成功完成的步骤如下：

（1）登录到安装了 ADSIEdit 的管理工作站。默认情况下，ADSIEdit 安装在运行 Windows Server 2008 或 Windows Server 2008 R2 的域控制器上。

（2）依次单击"开始"和"运行"，再键入 ADSIEdit.msc，然后单击"确定"。

（3）单击"操作"，然后单击"连接到"。

（4）单击"选择一个已知命名上下文"，在可用命名上下文的列表中选择"配置"，然后单击"确定"。

（5）双击"配置"，然后双击 CN=Configuration,DC=forest_root_domain

其中，forest_root_domain 是目录林根级域的可分辨名称。

（6）双击 CN=ForestUpdates。

（7）右键单击 CN=ActivedirectoryRodcUpdate，然后单击"属性"。

（8）确认"修订"属性值为 2，然后单击"确定"。

5.4.2.3　对 Adprep.exe 错误进行疑难解答

本部分介绍如何纠正 Adprep.exe 失败时的问题。Adprep.exe 运行的错误记录存储在 %windir%\Debug\Adprep\Logs 文件夹中。每次运行 ADPREP 时都将有一个单独的文件。在该文件的底部，可以看到问题的内容。

1. 凭据不足，无法运行该命令

每个 Adprep.exe 命令都需要一组不同的凭据。表 5-5 列出了每个命令的凭据要求。

表 5-5 每个 Adprep.exe 命令的凭据要求

Adprep.exe 命令	运行该命令所需的凭据
adprep /forestprep	• Schema Admins • Enterprise Admins • 架构主机所在域的 Domain Admins
adprep /domainprep	Domain Admins
adprep /domainprep /gpprep	Domain Admins
adprep /rodcprep	Enterprise Admins

2. 操作主机角色所有者不可访问

如果 Adprep.exe 无法联系完成该命令所需的操作主机角色所有者，该命令将失败并且出现错误。由于 adprep /forestprep 和 adprep /domainprep /gpprep 命令必须分别在架构主机和基础结构主机上直接运行，因此这些命令不太可能生成这种类型的错误。但是 adprep /rodcprep 命令可以从任何计算机运行。该命令远程运行并且它必须联系林的域命名主机以获得林中应用程序目录分区的列表。然后它必须联系每个应用程序目录分区的基础结构主机。如果基础结构主机脱机或已从域中强制删除，则 adprep /rodcprep 命令将失败。

3. 架构冲突

架构冲突可能会导致以下 Adprep 错误：

（1）“将不更改 OID 导致添加新类有可能失败”

当已进行自定义架构更改或者非 Microsoft 软件进行的架构更改与来自 Microsoft 的架构更改冲突时发生该错误。若要解决这个问题，请打开 ADPREP 日志以查看失败对象的信息。如果知道非 Microsoft 软件正在使用该属性，则联系该软件的制造商并确定是否有修补程序。否则，请联系 Microsoft 客户支持服务。

（2）“架构更新失败: 有同一链接标识符的属性已经存在”

在尝试在架构中更新或添加对象并且该链接标识符已经用于另一个属性时发生该错误。一些非 Microsoft 应用程序使用操作系统拥有的链接标识符设置修改架构。

4. Adprep 无法完成，原因是回叫功能失败

当 adprep/forestprep 或 adprep /domainprep /gpprep 调用的外部函数导致在架构主机或基础结构主机上运行的防病毒软件实用程序所使用的文件或文件夹锁定时，将显示此错误消息。

如果在运行 adprep/forestprep 时看到此错误消息，请尝试禁用防病毒软件并再次运行该命令。完成 adprep/forestprep 命令之后，可以再次启用防病毒软件。如果在运行 adprep/domainprep/gpprep 时看到此错误消息，应该调查并解决以下可能的原因：

• \SCRIPTS 文件夹不在 SYSVOL 共享文件夹中。

• 默认域策略和默认域控制器策略都不在 SYSVOL 中。

• 默认域策略和默认域控制器策略没有默认的全局唯一标识符（GUID）。默认域策略 GUID 为{31B2F340-016D-11D2-945F-00C04FB984F9}。默认域控制器策略 GUID 为{6AC1786C-016F-11D2-945F-00C04fB984F9}。

• 注册表项 HKLM\SYSTEM\CurrentControlSet\Services\Netlogon\Parameters\SysVol 不存在或者未指向有效的 SYSVOL 路径，如%SystemRoot%\SYSVOL\sysvol。

• 在%SystemRoot%\SYSVOL\sysvol\domain 和%SystemRoot%\SYSVOL\之间的文件系统结合点存在问题。运行 SYSVOL 文件夹树结构的 DIR 命令不足以验证结合点。相反，使用 LinkD 可验证结合点是否存在并验证链接的文件夹。

5. 运行 adprep /forestprep 时，将收到一条错误，指示“Adprep 有效，但适用于当前计算机以外的计算机类型”

当试图在运行 32 位版本的 Windows Server 的架构主机上从 Windows Server 2008 R2 安装 DVD 运行 Adprep.exe 时，可收到此错误。默认情况下，Windows Server 2008 R2 运行 64 位版本 Adprep.exe。若要解决此错误，请在架构主机上打开已提升权限的命令提示符，然后运行该命令的 32 位版本：

Adprep32.exe /forestprep

Adprep32.exe 工具位于 Windows Server 2008 R2 安装 DVD 的 support\adprep 文件夹中。

5.5 安装 AD DS 的步骤

本节讨论如何安装 Active Directory AD DS，包括在完整安装的 Windows Server 2008 上和服务器核心安装的 Windows Server 2008 上的安装方法。对于运行完整安装的 Windows Server 2008 或服务器核心安装的服务器，执行无人参与安装 AD DS 的过程相同。服务器核心安装要求使用无人参与安装方法。本节的内容包括安装新的 Windows Server 2008 林、安装新的 Windows Server 2008 子域、安装新的 Windows Server 2008 域树、安装其他域控制器、执行 RODC 分步安装、从介质安装 AD DS、验证 AD DS 安装等。

许多安装都可以采用 Windows 界面、命令行和答案文件三种方法进行，所以，对这些安装都分别用三种方法讲述安装过程。

5.5.1 安装新的 Windows Server 2008 林

此项下面的三种操作可应用到 Windows Server 2008 和 Server 2008 R2。

可以采用使用 Windows 界面安装、使用命令行安装、使用答案文件安装三种方法安装新的 Windows Server 2008 林。

在命令行提供无人参与安装参数时，会启动向导并用指定的值预填充向导。

5.5.1.1 使用 Windows 界面安装新的林

Windows 界面提供了两个向导，引导用户完成 AD DS 安装过程。第一个向导是添加角色向导，可以在服务器管理器中访问该向导。第二个向导是 Active Directory 域服务安装向导，可以通过下列方法对其进行访问：

• 完成添加角色向导后，单击链接启动 Active Directory 域服务安装向导。

• 单击“开始”，单击“运行”，键入 dcpromo.exe，然后单击“确定”。

1. 管理凭据

若要执行此过程，必须以该计算机的本地管理员身份登录。根据为计算机选择的操作系统安装选项，本地管理员密码可能为空，也可能不需要该密码。在这种情况下，在开始安装 AD DS 之前在命令提示符下运行如下命令：

net user Administrator <密码>/passwordreq:yes

使用强密码替换<password>。

2. 使用 Windows 界面安装新林的步骤

（1）打开服务器管理器。单击“开始”，指向“管理工具”，然后单击“服务器管理器”。

（2）在左边的窗口中选中“角色”，在右边窗口的“角色摘要”中，单击“添加角色”，启动“添加角色向导”。

（3）如必要，请查看“开始之前”页上的信息，然后单击“下一步”或者直接选择“服务器角色”，如图 5-2 所示。

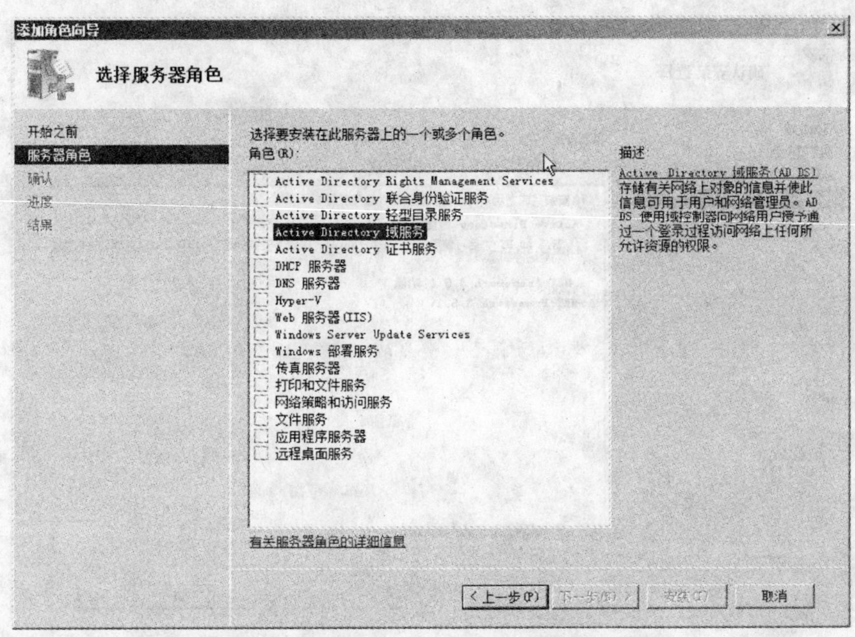

图 5-2 选择 Active Directory 域服务角色

（4）在“选择服务器角色”页上，单击“Active Directory 域服务”复选框，然后单击“下一步”。在运行 Windows Server 2008 R2 的服务器上，可能必须单击“添加必需的功能”安装.NET Framework 3.5.1 功能，然后才能单击“下一步”。

（5）如有必要，请查看“Active Directory 域服务”页上的信息，然后单击“下一步”。

（6）在“确认安装选择”页上，单击“安装”如图 5-3 所示。

（7）在“安装结果”页上，单击“关闭该向导并启动 Active Directory 域服务安装向导(dcpromo.exe)”。

（8）在“欢迎使用 Active Directory 域服务安装向导”页上，选中“使用高级模式安装”复选框以获得其他安装选项，然后单击“下一步”。

（9）在“操作系统兼容性”页上，查看有关 Windows Server 2008 和 Windows Server 2008 R2 域控制器的默认安全设置的警告，然后单击“下一步”。

（10）在“选择某一部署配置”页上，单击“在新林中新建域”，然后单击“下一步”。

（11）在“命名目录林根级域”页中，为目录林根级域键入完整的域名系统（DNS）名称，然后单击“下一步”。

虽然 Windows Server 2008 和 Windows Server 2003 中的 Dcpromo.exe 允许创建单标签 DNS 域名，但有几种原因不应为域使用单标签 DNS 域名。在 Windows Server 2008 R2 中，Dcpromo.exe 不允许为域创建单标签 DNS 域名。

（12）如果在“欢迎使用”页上选中“使用高级模式安装”，则会出现“域 NetBIOS 名称”页。在此页上，键入域的 NetBIOS 名称（如果需要），或接受默认名称，然后单击“下一步”。

（13）在“设置林功能级别”页上，为计划在林中任意位置安装的域控制器选择适当的林功能级别，然后单击“下一步”。

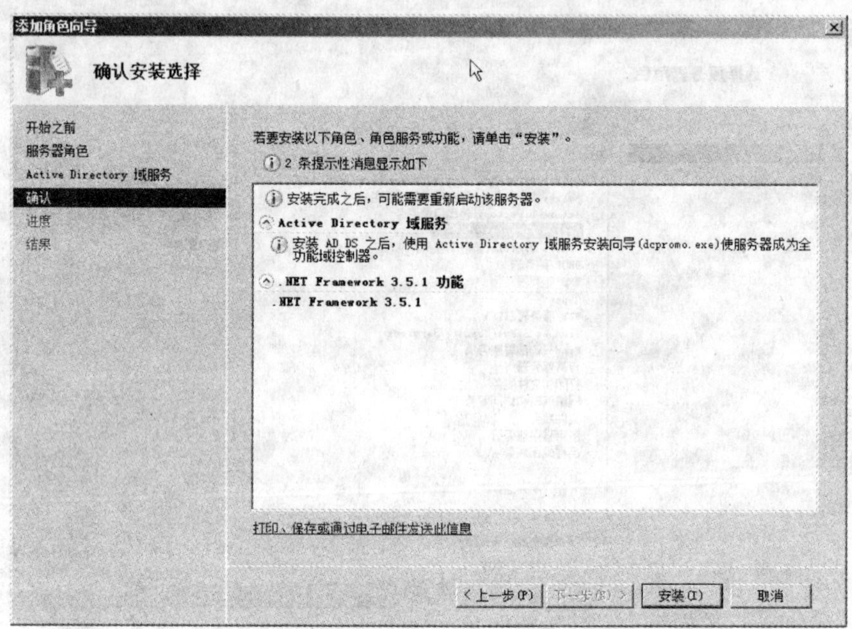

图 5-3　安装 Active Directory 域服务

（14）在“设置域功能级别”页上，为计划在域中任意位置安装的域控制器选择适当的域功能级别，然后单击“下一步”。如果在运行 Windows Server 2008 的服务器上选择 Windows Server 2008 林功能级别或者在运行 Windows Server 2008 R2 的服务器上选择 Windows Server 2008 R2 林功能级别，“设置域功能级别”页面没有出现。

（15）在“其他域控制器选项”页上，默认情况下会选中“DNS 服务器”，以便在安装 AD DS 期间可以创建林 DNS 系统结构。如果计划使用 Active Directory 集成的 DNS，请单击“下一步”。如果具有现有的 DNS 基础结构，并且不想让此域控制器作为 DNS 服务器，请清除“DNS 服务器”复选框，然后单击“下一步”。

如果未向网络适配器分配静态 IPv4 和 IPv6 地址，可能会显示警报消息，建议先为这些协议设置静态地址，然后才能继续操作。如果已向网络适配器分配了静态 IPv4 地址，并且网络的组织不使用 IPv6，则可以忽略此消息，并单击“是，该计算机将使用动态分配的 IP 地址（不推荐）”。建议不要禁用 IPv6 协议。

如果向导无法为 DNS 服务器创建委派，则该向导会显示一条消息，指出可以手动创建委派。若要继续，请单击“是”。

（16）在“数据库、日志文件和 SYSVOL 的位置”页上，键入或浏览到数据库文件、目录服务日志文件和 SYSVOL 文件所在的卷和文件夹位置，然后单击“下一步”。

Windows Server Backup 按卷备份目录服务。为了有效地备份和恢复，请将这些文件存储到不包含应用程序或其他非目录文件的其他卷上。

（17）在“目录服务还原模式的 Administrator 密码”页上，键入并确认还原模式密码，然后单击“下一步”。此密码必须用于在目录服务还原模式下启动 AD DS 才能完成必须脱机执行的任务。

（18）在“摘要”页上，检查选择。如有必要，请单击“上一步”更改任何选项。

若要将所选设置保存到答案文件，以便用于自动执行后续 AD DS 操作，请单击“导出设置”。为答案文件键入名称，然后单击“保存”。

确认所做选择正确无误之后，请单击“下一步”安装 AD DS。

（19）还可以选中“完成后重新启动”复选框使服务器自动重启，也可在收到系统提示后重启服务器完成对 AD DS 的安装。

5.5.1.2 使用命令行安装新的林

如果拥有想用来新建林的无人参与安装选项和参数值的列表，则可以直接在命令行键入选项和值。

作为代替选项，也可以使用答案文件，然后在相同命令行键入其他无人参与安装参数和值。在这种情况下，除了答案文件中列出的任何参数之外，还需要安装命令行参数。如果答案文件和命令行参数为同一选项指定了不同的值，则使用命令行参数值，而不使用答案文件值。

例如，假设使用列出了空白的目录服务还原模式（DSRM）密码的答案文件，如以下条目中所示：

SafeModeAdminPassword=

则键入命令：

Dcpromo /unattend:"<path to the answer file>" SafeModeAdminPassword=C^n3S7#jl

在此示例中，DSRM 密码是 C^n3S7#jl。此答案文件中的相关条目被在命令行键入的值覆盖。但是，使用在此答案文件中指定的值，安装所有其他答案文件条目。

使用以下过程从命令行无人参与的安装方式安装新的林。

1. 管理凭据

若要执行此过程，必须以该服务器的本地 Administrator 的身份登录该服务器。根据为计算机选择的操作系统安装选项，本地管理员密码可能为空，也可能不需要该密码。在这种情况下，在开始安装 AD DS 之前在命令提示符下运行如下命令：

net user Administrator <password> /passwordreq:yes

使用强密码替换 <password>。

2. 通过在命令行输入无人参与安装参数安装新域控制器的步骤

（1）在命令提示符下，键入以下命令，然后按 Enter：

dcpromo /unattend /<unattendOption>:<value> /<unattendOption>:<value> ...

其中：

- <unattendOption>是提升操作表中的一个选项。使用空格将每个<option:value>对分开。
- value 是该选项的配置说明。

以下示例在希望至少安装一些 Windows Server 2003 域控制器的新林中创建了第一个域控制器：

dcpromo/unattend/InstallDns:yes/dnsOnNetwork:yes/replicaOrNewDomain:domain/newDomain:forest/newDomainDnsName:contoso.com/DomainNetbiosName:contoso/databasePath:"e:\Windows\ntds"/logPath:"e:\Windows\ntdslogs"/sysvolpath:"e:\Windows\sysvol"/safeModeAdminPassword:FH#3573.cK /forestLevel:2 /domainLevel:2 /rebootOnCompletion:yes

（2）键入创建林所需的所有选项之后，按 Enter。

5.5.1.3 使用答案文件安装新的林

可以使用无人参与的安装方法来安装 Active Directory 域服务（AD DS），以在完整安装或服务器核心安装的 Windows Server 2008 或 Windows Server 2008 R2 上新建一个林。若要使用无人参与的方法进行安装，必须首先准备一个包含配置值的答案文件。

使用以下过程创建答案文件。有关无人参与安装选项（包括默认值、许可值和描述）的完整列表，请在命令提示符下键入 dcpromo /?:Promotion，或参阅提升操作。

1. 管理凭据

若要执行此过程，可以使用对此文本编辑器应用程序具有读写权限的任何账户。

2. 创建用于安装新林的答案文件的步骤

（1）打开记事本或任何其他文本编辑器。

（2）在第一行上，键入[DCINSTALL]，然后按 Enter。

（3）键入下列条目，每行一个条目：

InstallDNS=yes

NewDomain=forest

NewDomainDNSName=<完全限定的域名 (FQDN)>

注意：虽然 Windows Server 2008 和 Windows Server 2003 中的 Dcpromo.exe 允许创建单标签 DNS 域名，但有几种原因不应为域使用单标签 DNS 域名。在 Windows Server 2008 R2 中，Dcpromo.exe 不允许为域创建单标签 DNS 域名。

DomainNetBiosName=<默认情况下为 FQDN 的第一个标签>

ReplicaOrNewDomain=domain

ForestLevel=<林功能级别编号>

DomainLevel=<域功能级别编号>

DatabasePath=<到本地卷上的文件夹的路径，包含在双引号中>

LogPath=<到本地卷上的文件夹的路径，包含在双引号中>

SYSVOLPath=<到本地卷上的文件夹的路径，包含在双引号中>

SafeModeAdminPassword=<密码>

如果不希望在答案文件中包含目录服务还原模式（DSRM）密码，则可以使该条目为空，并且在运行 Dcpromo 并指定到答案文件的路径时，在命令行下指定它的值。将答案文件保存到安装服务器上，由 Dcpromo 从该位置调用，或将该答案文件保存到用于分发的网络共享文件夹或可移动介质。

3. 安装 AD DS

创建答案文件后，使用下列过程执行无人参与的安装。使用此过程将 AD DS 安装到完整安装或服务器核心安装的 Windows Server 2008 上。

若要执行此过程，必须以该计算机的本地管理员身份登录。根据为计算机选择的操作系统安装选项，本地管理员密码可能为空，也可能不需要该密码。在这种情况下，在开始安装AD DS之前在命令提示符下运行如下命令：

net user Administrator <password> /passwordreq:yes

使用强密码替换<password>。

4. 通过使用答案文件安装新的域控制器的步骤

在命令提示符下，键入以下命令，然后按Enter：

dcpromo /unattend:"<path to the answer file>"

5.5.2 安装新的 Windows Server 2008 子域

此项下面的三种操作可应用到Windows Server 2008和Windows Server 2008 R2。

如果是在Windows Server 2008林中安装新的Windows Server 2008域，则没有必要在开始安装之前准备林。但是，如果是在Windows Server 2003或Windows 2000 Server林中安装新的Windows Server 2008域，则必须首先运行Adprep来准备林，然后才能安装运行Windows Server 2008的第一个域控制器。

如果计划在安装初始Windows Server 2008域控制器之后再在林中安装一个RODC，则还必须运行命令 adprep /rodcprep 为RODC准备林。可以在林中的任何计算机上运行 adprep /rodcprep。如有必要，可以多次运行它。如果该操作无法到达必须更新才能允许安装RODC的所有应用程序分区，将收到一条内容为尚未更新所有应用程序分区的消息。这种情况下，重新运行 adprep /rodcprep 命令。

为了避免出现应用程序兼容的问题，先验证域命名主机操作主机角色是否位于运行Windows Server 2003或Windows Server 2008的域控制器上，然后再新建Windows Server 2008域。

5.5.2.1 为运行Windows Server 2008的域控制器准备Windows 2000或Windows Server 2003林架构

若要将运行 Windows Server 2008 的域控制器添加到运行 Windows 2000 Server 或Windows Server 2003的Active Directory环境中，必须先更新Active Directory架构。必须从承载架构操作主机角色的域控制器更新架构。如果想对Windows Server 2008执行无人参与安装AD DS，则必须先更新架构，然后再安装操作系统。对于正常安装，必须在运行安装程序之后且在安装AD DS之前更新架构。

准备林之后，需要准备计划安装运行Windows Server 2008的域控制器的任何域。

如果正在新建一个Windows Server 2008林，则无需准备架构或林中的任何域。

使用以下过程更新Windows Server 2008的Windows Server 2003或Windows 2000 Server Active Directory架构。

1. 管理凭据

若要执行该过程，必须使用在所有下列组中具有成员身份的账户：

- Enterprise Admins
- Schema Admins
- Domain Admins（对于包含架构主机的域）

2. 为 Windows Server 2008 准备林架构的步骤

（1）以 Enterprise Admins、Schema Admins 和 Domain Admins 组成员身份登录到架构主机。

（2）将 Windows Server 2008 DVD 插入到 CD 或 DVD 驱动器。将\sources\adprep 文件夹的内容复制到架构主机上的 Adprep 文件夹。

（3）打开命令提示符，然后将目录更改到 Adprep 文件夹。

（4）在命令提示符下，键入 adprep /forestprep，然后按 Enter。

（5）如果计划在林的任何域中安装 RODC，则键入 adprep /rodcprep，然后按 Enter。

在为运行 Windows Server 2008 的域控制器准备任何域之前，允许该操作完成，然后允许在整个林中复制这些更改。

在完成了林架构的准备以后，可以采用"使用 Windows 界面安装新的子域"、"使用命令行安装新的 Windows Server 2008 子域"和"使用答案文件安装新的 Windows Server 2008 子域"三种方法之一安装新的域。

5.5.2.2 使用 Windows 界面安装新的子域

Windows 界面提供了引导安装 Active Directory 域服务（AD DS）过程的向导。

1. 管理凭据

若要执行此过程，必须是林中 Enterprise Admins 组的成员。

2. 使用 Windows 界面安装新的子域的步骤

（1）打开服务器管理器。单击"开始"，指向"管理工具"，然后单击"服务器管理器"。

（2）在"角色摘要"中，单击"添加角色"。

（3）如有必要，请查看"开始之前"页上的信息，然后单击"下一步"。

（4）在"选择服务器角色"页上，单击"Active Directory 域服务"复选框，然后单击"下一步"。

在运行 Windows Server 2008 R2 的服务器上，必须单击"添加必需的功能"安装.NET Framework 3.5.1 功能，然后才能单击"下一步"。

（5）如有必要，请查看"Active Directory 域服务"页上的信息，然后单击"下一步"。

（6）在"确认安装选择"页上，单击"安装"。

（7）在"安装结果"页上，单击"关闭该向导并启动 Active Directory 域服务安装向导(dcpromo.exe)"。

（8）在"欢迎使用 Active Directory 域服务安装向导"页上，单击"下一步"。

若要获得其他的安装选项，请选中"使用高级模式安装"复选框。

（9）在"操作系统兼容性"页上，查看有关 Windows Server 2008 和 Windows Server 2008 R2 域控制器的默认安全设置的警告，然后单击"下一步"。

（10）在"选择某一部署配置"页面上，单击"现有林"和"在现有林中新建域"，然后单击"下一步"。

（11）在"网络凭据"页上，键入计划安装新域的林中任何现有域的名称。在"请指定用于执行安装的账户凭据"下，单击"我的当前登录凭据"或单击"备用凭据"，然后单击"设置"。在"Windows 安全"对话框中，提供可用来安装新域的账户的用户名和密码。若要安装新域，必须为 Enterprise Admins 组的成员。提供凭据后，单击"下一步"。

（12）在“命名新域”页上，键入父域的完全限定的域名（FQDN）以及子域的单标签名称，然后单击“下一步”。

虽然 Windows Server 2008 和 Windows Server 2003 中的 Dcpromo.exe 允许创建单标签 DNS 域名，但有几种原因不应为域使用单标签 DNS 域名。在 Windows Server 2008 R2 中，Dcpromo.exe 不允许为域创建单标签 DNS 域名。

（13）如果在“欢迎使用”页上选中“使用高级模式安装”，则会出现“域 NetBIOS 名称”页。在此页上，键入域的 NetBIOS 名称（如果需要），或接受默认名称，然后单击“下一步”。

（14）在“设置域功能级别”页上，为计划在域中任意位置安装的域控制器选择适当的域功能级别，然后单击“下一步”。

（15）在“请选择一个站点”页上，从列表中选择站点或选择站点中与其 IP 地址相对应的选项来安装域控制器，然后单击“下一步”。

（16）在“其他域控制器选项”页上，选择域控制器的其他任何选项，然后单击“下一步”。

默认情况下，“DNS 服务器”选项已选中，因此域控制器可以作为 DNS 服务器。将自动为该域创建 DNS 区域以及该区域的委派。

默认情况下不选择“全局目录”选项。如果选择此选项，则该域控制器还会承载新域的域范围操作主机角色，包括基础结构主机角色。除非域中的所有域控制器都是全局目录服务器，否则托管子域中全局目录服务器上的结构主机角色可能会出现问题。

如果未向网络适配器分配静态 IPv4 和 IPv6 地址，可能会显示警报消息，建议先为这些协议设置静态地址，然后才能继续操作。如果已向网络适配器分配了静态 IPv4 地址，并且网络的组织不使用 IPv6，则可以忽略此消息，并单击“是，该计算机将使用动态分配的 IP 地址（不推荐）”。建议用户即使不想使用 IPv6 也不要禁用 IPv6 协议。

（17）如果在“欢迎使用”页上选中“使用高级模式安装”，则会出现“源域控制器”页。选择“任何可写的域控制器”或选择“此特定的域控制器”以指定可通过其复制配置和架构目录分区的域控制器，然后单击“下一步”。

（18）在“数据库、日志文件和 SYSVOL 的位置”页上，键入或浏览到数据库文件、目录服务日志文件和 SYSVOL 文件所在的卷和文件夹位置，然后单击“下一步”。

Windows Server Backup 按卷备份目录服务。为了有效地备份和恢复，请将这些文件存储到不包含应用程序或其他非目录文件的其他卷上。

（19）在“目录服务还原模式的 Administrator 密码”页上，键入并确认还原模式密码，然后单击“下一步”。此密码必须用于在目录服务还原模式（DSRM）下启动 AD DS 才能完成必须脱机执行的任务。

（20）在“摘要”页上，检查选择。如有必要，请单击“上一步”更改任何选项。

若要将选定的安装设置保存到可用于自动后续 AD DS 安装的答案文件，请单击“导出设置”。为答案文件键入名称，然后单击“保存”。

确认所做选择正确无误之后，请单击“下一步”安装 AD DS。

（21）在“完成 Active Directory 域服务安装向导”页上，单击“完成”。

（22）还可以选中“完成后重新启动”复选框使服务器自动重启，也可在收到系统提示后重启服务器完成对 AD DS 的安装。

5.5.2.3 使用命令行安装新的 Windows Server 2008 子域

使用以下过程从命令行执行新子域的无人参与安装。有关无人参与安装选项（包括默认值、许可值和描述）的完整列表，请在命令提示符下键入 dcpromo /?:Promotion，或参阅提升操作。

1. 管理凭据

若要执行此过程，必须具有林中 Enterprise Admins 组的成员的身份。

2. 通过在命令行输入无人参与安装参数安装新子域的步骤

（1）在命令提示符下，键入以下内容，然后按 Enter：

dcpromo /unattend / unattendOption：值 / unattendOption：值 ...

其中

- unattendOption 是提升操作表中的一个选项。使用空格将每个 option:值对分开。
- 值是该选项的配置说明

以下示例在希望至少安装一些 Windows Server 2003 域控制器的新子域中创建了第一个域控制器：

dcpromo /unattend /InstallDns:yes /ParentDomainDNSName: contoso.com /replicaOrNewDomain:domain /newDomain:child /newDomainDnsName: noam.contoso.com /childName: noam /DomainNetbiosName: noam /databasePath:" e:\ntds " /logPath:" e:\ntdslogs " /sysvolpath:" g:\sysvol " /safeModeAdminPassword: FH#3573.cK /forestLevel:2 /domainLevel:2 /rebootOnCompletion:yes

（2）键入创建子域所需的所有选项之后，按 Enter。

5.5.2.4 使用答案文件安装新的 Windows Server 2008 子域

可以使用无人参与的方法来安装 AD DS 以在完整安装的 Windows Server 2008 或在服务器核心安装的 Windows Server 2008 上新建一个域。若要使用无人参与的方法进行安装，必须首先准备一个包含配置值的答案文件。

可以使用以下过程创建答案文件。该过程仅标识用于创建新的 Windows Server 2008 域的必要答案文件条目。也可以使用 Active Directory 域服务安装向导创建答案文件。若要执行该操作，请遵循前面过程中安装新的 Windows Server 2008 域的步骤。在“摘要”页上，单击“导出设置”以让向导创建可以用作后续操作的模板的答案文件。

1. 管理凭据

若要执行此过程，可以使用对此文本编辑器应用程序具有读写权限的任何账户。

2. 为安装新的子域创建答案文件的步骤

（1）打开记事本或任何文本编辑器。

（2）在第一行上，键入[DCINSTALL]，然后按 Enter。

（3）创建下列条目，每行一个条目：这些选项是使用自动配置的 DNS 安装新域所需的最少选项。

ParentDomainDNSName=<父域的完全限定的 DNS 名称>

UserName=<父域中的管理账户>

Password=<指定*可在安装期间提示用户提供凭据>

NewDomain=child

ChildName=<新域的单标签 DNS 名称>

DomainNetBiosName=<通常是完全限定的 DNS 名称的第一个标签>

ReplicaOrNewDomain=domain

DomainLevel=<域功能级别编号；该值不得低于林功能级别的当前值。>

DatabasePath=<到本地卷上的文件夹的路径，包含在双引号中>

LogPath=<到本地卷上的文件夹的路径，包含在双引号中>

SYSVOLPath=<到本地卷上的文件夹的路径，包含在双引号中>

InstallDNS=yes

DNSDelegation=yes

DNSDelegationUserName=<如果用来安装 AD DS 的账户与父域中具有创建 DNS 委派所需权限的账户不同，请指定可以为该参数创建 DNS 委派的账户；指定*可在安装期间提示用户提供凭据。>

DNSDelegationPassword=<为 DNSDelegationUserName 指定的账户的密码；指定*可在安装期间提示用户提供凭据。>

SafeModeAdminPassword=<密码>

RebootOnCompletion=yes

（4）将答案文件保存到安装服务器上由 Dcpromo 从中调用该答案文件的位置，或将该答案文件保存到用于分发的网络共享或可移动介质。

创建答案文件后，使用下列过程执行无人参与的安装。使用此过程将 AD DS 安装到完整安装的 Windows Server 2008 上或 Windows Server 2008 服务器核心安装上。

3. 管理凭据

若要执行此过程，操作者必须是林中 Enterprise Admins 组的成员。

4. 使用答案文件安装新的子域的步骤

在命令提示符下，键入以下内容，然后按 Enter：

dcpromo /unattend:“到答案文件的路径”

5.5.3 安装新的 Windows Server 2008 域树

此项下面的三种操作可应用到 Windows Server 2008 和 Server 2008 R2。

如果是在 Windows Server 2008 林中安装新的 Windows Server 2008 域树，则没有必要在开始安装之前准备林。但是，如果是在 Windows Server 2003 或 Windows 2000 Server 林中安装新的 Windows Server 2008 域树，则必须首先运行 Adprep 来准备林，然后才能安装运行 Windows Server 2008 的第一个域控制器。

根据需要使用以下过程安装新的 Windows Server 2008 域树：

如有必要，先为运行 Windows Server 2008 的域控制器准备 Windows 2000 或 Windows Server 2003 林架构。准备 Windows 2000 或 Windows Server 2003 林架构的操作方法和步骤与 5.5.2.1 节所阐述的相同，在此不再重复。

在完成了林架构的准备以后，可以采用“使用 Windows 界面安装新的子域”、“使用命令行安装新的 Windows Server 2008 子域”和“使用答案文件安装新的 Windows Server 2008 子域”三种方法之一安装新的域树。

5.5.3.1 使用 Windows 界面安装新的 Windows Server 2008 域树

Windows 界面提供了两个向导，引导完成 AD DS 安装过程。第一个向导是添加角色向导，可以在服务器管理器中访问该向导。第二个向导是 Active Directory 域服务安装向导，可以通过下列方法对其进行访问：

- 完成添加角色向导后，单击链接启动 Active Directory 域服务安装向导。
- 单击“开始”，单击“运行”，键入 dcpromo.exe，然后单击“确定”。

1. 管理凭据

若要执行此过程，必须是林中 Enterprise Admins 组的成员。

2. 使用 Windows 界面安装新域树的步骤

（1）单击“开始”，然后单击“服务器管理器”，在“角色摘要”中，单击“添加角色”。

（2）如必要，请查看“开始之前”页上的信息，然后单击“下一步”。

（3）在“选择服务器角色”页上，单击“Active Directory 域服务”复选框，然后单击“下一步”。

（4）如必要，请查看“Active Directory 域服务”页上的信息，然后单击“下一步”。

（5）在“确认安装选择”页上，单击“安装”。在“安装结果”页上，单击“关闭该向导并启动 Active Directory 域服务安装向导（dcpromo.exe）”。

（6）在“欢迎使用 Active Directory 域服务安装向导”页上，选中“使用高级模式安装”复选框，然后单击“下一步”。只有选中“使用高级模式安装”复选框时，才显示安装新域树的选项。

（7）在“操作系统兼容性”页上，查看有关 Windows Server 2008 域控制器的默认安全设置的警告，然后单击“下一步”。

（8）在“选择部署配置”页上，单击“现有林”，单击“在现有林中新建域”，选中“新建域树根而不是新建子域”复选框，然后单击“下一步”。

（9）在“网络凭据”页上，键入计划安装新域的林中任何现有域的名称。在“请指定用于执行安装的账户凭据”下，单击“我的当前登录凭据”或单击“备用凭据”，然后单击“设置”。在“Windows 安全”对话框中，提供可用来安装新域树账户的用户名和密码。若要安装新域树，操作者必须为 Enterprise Admins 组的成员。提供凭据后，单击“下一步”。

（10）在“命名新域树根”页上，键入新域树的域名，然后单击“下一步”。在“域 NetBIOS 名称”页上，如必要请更改该名称，然后单击“下一步”。

（11）在“设置域功能级别”页上，为计划在域中任意位置安装的域控制器选择适当的域功能级别，然后单击“下一步”。

（12）在“请选择一个站点”页上，从列表中选择站点或选择站点中与其 IP 地址相对应的选项来安装域控制器，然后单击“下一步”。

（13）在“其他域控制器选项”页上，选择域控制器的其他任何选项，然后单击“下一步”。

（14）默认情况下，选择“DNS 服务器”选项，以便域控制器可以作为 DNS 服务器且在 DNS 中为该域创建委派。默认情况下不选择“全局目录”选项。如果选择该选项，要注意该域控制器还将承载新域的域范围操作主机角色，包括结构主机角色。除非域中的所有域控制器都是全局目录服务器，否则托管子域中全局目录服务器上的结构主机角色可能会出现问题。

（15）在“源域控制器”页上，选择“任何可写的域控制器”或选择“此特定的域控制器”以指定域控制器，可以通过该域控制器复制配置和架构目录分区，然后单击“下一步”。

（16）在“数据库、日志文件和 SYSVOL 的位置”页上，键入或浏览到数据库文件、目录服务日志文件和 SYSVOL 文件所在的卷和文件夹位置，然后单击“下一步”。

Windows Server Backup 按卷备份目录服务。为了有效地备份和恢复，请将这些文件存储到不包含应用程序或其他非目录文件的其他卷上。

（17）在“目录服务还原模式的 Administrator 密码”页上，键入并确认还原模式密码，然后单击“下一步”。此密码必须用于在目录服务还原模式下启动 AD DS 才能完成必须脱机执行的任务。

（18）在“摘要”页上，检查选择。如有必要，请单击“上一步”更改任何选项。

若要将选定的安装设置保存到可用于自动后续 AD DS 安装的答案文件，请单击“导出设置”。为答案文件键入名称，然后单击“保存”。

确认所做选择正确无误之后，请单击**“下一步”**安装 AD DS。

（19）在“完成 Active Directory 域服务安装向导”页上，单击“完成”。

（20）还可以选中“完成后重新启动”复选框使服务器自动重启，也可在收到系统提示后重启服务器完成对 AD DS 的安装。

5.5.3.2 使用命令行安装新的 Windows Server 2008 域树

使用以下过程从命令行执行新域树的无人参与安装。有关无人参与安装选项（包括默认值、许可值和描述）的完整列表，请在命令提示符下键入 dcpromo /?:Promotion，或参阅提升操作。

1. 管理凭据

若要执行此过程，操作者必须是林中 Enterprise Admins 组的成员。

2. 通过在命令行输入无人参与安装参数安装新域树的步骤

（1）在命令提示符下，键入以下内容，然后按 Enter：

dcpromo /unattend / unattendOption : 值 / unattendOption : 值 ...

以下示例在希望至少安装一些 Windows Server 2003 域控制器的新域树中创建了第一个域控制器：

dcpromo /unattend /InstallDns:yes /ParentDomainDNSName: contoso.com
/replicaOrNew Domain:domain /newDomain:tree /newDomainDnsName:
treyresearch.net /DomainNetbiosName: *trey* /databasePath:" e:\ntds " /logPath:"
e:\ntdslogs " /sysvolpath:" g:\sysvol " /safeMode AdminPassword: FH#3573.cK
/forestLevel:2 /domainLevel:2 /rebootOnCompletion:yes

（2）键入创建子域所需的所有选项之后，按 Enter。

5.5.3.3 使用答案文件安装新的 Windows Server 2008 域树

可以使用无人参与的方法来安装 AD DS 以在完整安装的 Windows Server 2008 或在服务器核心安装的 Windows Server 2008 上新建一个域。若要使用无人参与的方法进行安装，必须首先准备一个包含配置值的答案文件。

可以使用以下过程创建答案文件。该过程仅标识用于创建新的 Windows Server 2008 域的必要答案文件条目。

1. 管理凭据

若要执行此过程，可以使用对此文本编辑器应用程序具有读写权限的任何账户。

2. 为安装新域创建答案文件的步骤

此处为安装新域创建答案文件的步骤与 5.5.2.4 节中“为安装新的子域创建答案文件的步骤”基本相同，所不同的是“NewDomain”项要填写“tree”，“NewDomain”项要填写新域的完全限定的 DNS 名称，即：

NewDomain=tree

ChildName=<新域的完全限定的 DNS 名称>

紧接其后，要增加：

NewDomainDNSName=<新域的完全限定的 DNS 名称>

其他的参数都与 5.5.2.4 节相同。

5.5.4 安装其他域控制器

使用下列所需的过程之一将运行 Windows Server 2008 或者 Windows Server 2008 R2 的其他域控制器安装到现有域上。

如果是在 Windows Server 2008 林中安装其他 Windows Server 2008 域控制器，则没有必要在开始安装之前准备林。但是，如果正在安装的其他域控制器是现有 Windows Server 2003 或 Windows 2000 Server 域中的第一个 Windows Server 2008 域控制器，请确保完成以下任务：

- 如果在林中正在安装第一个 Windows Server 2008 或者 Windows Server 2008 R2 域控制器，则运行包含架构主机操作主机（也称为灵活单主机操作或 FSMO）角色服务器上的 adprep /forestprep 命令。
- 如果在域中安装第一个 Windows Server 2008 或者 Windows Server 2008 R2 域控制器，则运行包含基础结构操作主机角色服务器上的 adprep /domainprep /gpprep 命令。
- 如果在域上安装第一个只读域控制器（RODC），请运行林中任何计算机上的 adprep /rodcprep 命令。

可以采用“使用 Windows 界面安装新的子域”、“使用命令行安装新的 Windows Server 2008 子域”和“使用答案文件安装新的 Windows Server 2008 子域”三种方法之一安装其他 Windows Server 2008 或者 Windows Server 2008 R2 域控制器。不管使用哪种方法，安装者都必须是正在安装的域中 Domain Admins 组的成员。

还可以选择使用从介质安装（IFM）的安装方法。但必须已使用改进的 Ntdsutil.exe 命令行工具准备了安装介质，或从同一域中某个域控制器的还原备份准备了安装介质，才能选择使用该选项。

在默认情况下，当将域控制器账户添加到现有 Active Directory 域时，会为它分配一个“Account Ops-FC”访问控制项（ACE）以使 Account Operators 组的成员完全控制此域控制器账户，但这不是一个推荐的配置。例如，Account Operators 组的成员可以重置此域控制器的密码。因为 Account Operators 组在该域中具有重要权限，所以建议向该组添加成员时要谨慎。若要在计算机账户上修改 Account Operators 的权限，可以使用 Active Directory 用户和计算机管理单元，完成以下步骤：

（1）打开“Active Directory 用户和计算机”。

（2）在控制台树中，右键单击受影响的域控制器账户，然后单击“属性”。

（3）在“安全性”选项卡上，请选择“组或用户名”列表中的 Account Operators，然后根据环境的规范修改权限。

若要将运行 Windows Server 2008 的域控制器添加到运行 Windows 2000 Server 或 Windows Server 2003 的 Active Directory 环境中，必须先更新 Active Directory 架构。必须从承载架构操作主机角色的域控制器更新架构。如果对 Windows Server 2008 执行无人参与安装 AD DS，则必须先更新架构，然后再安装操作系统。对于正常安装，必须在运行安装程序之后且在安装 AD DS 之前更新架构。

为运行 Windows Server 2008 的域控制器准备 Windows 2000 或 Windows Server 2003 林架构的管理凭据要求和操作方法与 5.5.2.1 所叙述的相同。

5.5.4.1 为运行 Windows Server 2008 的域控制器准备 Windows 2000 或 Windows Server 2003 域

使用以下过程为 Windows Server 2008 准备 Windows 2000 或 Windows Server 2003 域。

1. 管理凭据

若要执行此过程，操作者必须是 Domain Admins 组的成员。若要执行此过程，仅 Enterprise Admins 组的成员身份是不够的。

2. 为 Windows Server 2008 准备 Windows 2000 或 Windows Server 2003 域的步骤

（1）按照如下方式标识域结构操作主机角色所有者（也称为灵活单主机操作或 FSMO）：

在“Active Directory 用户和计算机”中，右键单击域对象，单击“操作主机”，然后单击“结构”。

（2）以 Domain Admins 组成员的身份登录到结构主机。

（3）将 Windows Server 2008 DVD 插入到 CD 或 DVD 驱动器。将\sources\adprep 文件夹的内容复制到结构主机上的 Adprep 文件夹。

（4）打开命令提示符，然后将目录更改到 Adprep 文件夹。

（5）键入以下命令，然后按 Enter：

```
adprep /domainprep /gpprep
```

（6）在安装运行 Windows Server 2008 的域控制器之前，允许该操作完成，然后允许在整个林中复制这些更改。

5.5.4.2 为只读域控制器准备林

在 Windows 2000 或 Windows Server 2003 林中安装只读域控制器（RODC）之前，必须通过运行 adprep /rodcprep 准备林。可以在林中的任何计算机上运行 adprep /rodcprep。可以远程运行该操作。它联系每个域中的结构主机来更新权限。只需在林中运行该命令一次，但是，如果由于结构主机不可用导致该命令无法完成，则可以随时重新运行该命令。

使用以下过程为 RODC 准备林。

1. 管理凭据

若要执行此过程，操作者必须是 Enterprise Admins 组的成员。

2. 为 RODC 准备林的步骤

（1）以 Enterprise Admins 组成员的身份登录到林中的任何计算机。

（2）将 Windows Server 2008 DVD 插入到 CD 或 DVD 驱动器。将\sources\adprep 文件夹的内容复制到结构主机上的 Adprep 文件夹。

（3）打开命令提示符，然后将目录更改到 Adprep 文件夹。

（4）键入以下命令，然后按 Enter：

adprep /rodcprep

（5）在尝试安装 RODC 之前，允许操作完成，然后允许在整个林中复制这些更改。

5.5.4.3　使用 Windows 界面安装其他域控制器

此项操作可应用到 Windows Server 2008 和 Windows Server 2008 R2。

Windows 界面提供了引导完成安装 Active Directory 域服务（AD DS）过程的两个向导。第一个向导是添加角色向导，可以在服务器管理器中访问该向导。第二个向导是 Active Directory 域服务安装向导，可以通过下列方法对其进行访问：

● 完成添加角色向导后，单击打开 Active Directory 域服务安装向导的链接。

● 依次单击「开始」、“运行”，键入 dcpromo.exe，然后单击“确定”。

如果使用 Active Directory 域服务安装向导中的高级选项，则可以通过从介质安装（IFM）方法或通过复制来控制在服务器上安装 AD DS 的方式：

● IFM：可以为使用 Ntdsutil.exe 创建的或从同一域的类似域控制器的备份中还原的安装介质提供一个位置。如果通过使用 Ntdsutil 创建安装介质，则可以选择为只读域控制器（RODC）创建安全的安装介质。在这种情况下，Ntdsutil 将从安装介质中删除缓存机密，如密码。

● 复制：可以在域中指定一个从中复制 AD DS 的域控制器。

1. 管理凭据

若要执行此过程，操作者必须是正在安装域控制器的域中 Domain Admins 组的成员。

2. 通过使用 Windows 界面在现有域中安装域控制器的步骤

（1）打开服务器管理器。单击“开始”，指向“管理工具”，然后单击“服务器管理器”。

（2）在“角色摘要”中，单击“添加角色”。

（3）如有必要，请查看“开始之前”页上的信息，然后单击“下一步”。

（4）在“选择服务器角色”页上，单击“Active Directory 域服务”复选框，然后单击“下一步”。

在运行 Windows Server 2008 R2 的服务器上，可能必须单击“添加必需的功能”安装.NET Framework 3.5.1 功能，然后才能单击“下一步”。

（5）如有必要，请查看“Active Directory 域服务”页上的信息，然后单击“下一步”。

（6）在“确认安装选择”页上，单击“安装”。

（7）在“安装结果”页上，单击“关闭该向导并启动 Active Directory 域服务安装向导（dcpromo.exe）”。

（8）在“欢迎使用 Active Directory 域服务安装向导”页上，单击“下一步”。

如果希望从介质安装，就要为 AD DS 复制标识源域控制器，或为 RODC 指定密码复制策略（PRP）作为其他域控制器安装的一部分，然后选中“使用高级模式安装”。

（9）在“操作系统兼容性”页上，查看有关 Windows Server 2008 和 Windows Server 2008 R2 域控制器的默认安全设置的警告，然后单击“下一步”。

（10）在“选择某一部署配置”页上，单击“现有林”，再单击“向现有域添加域控制器”，然后单击“下一步”。

（11）在“网络凭据”页上，键入计划要在其中安装其他域控制器的林中的任何现有域的名称。在“请指定用于执行安装的账户凭据”下，单击“我的当前登录凭据”或单击“备

用凭据”，然后单击“设置”。在“Windows 安全”对话框中，提供可用来安装其他域控制器账户的用户名和密码。若要安装其他域控制器，操作者必须是 Enterprise Admins 组或 Domain Admins 组的成员。提供凭据后，单击“下一步”。

（12）在“选择一个域”页上，选择新域控制器的域，然后单击“下一步”。

（13）在“请选择一个站点”页上，从列表中选择站点或选择站点中与其 IP 地址相对应的选项来安装域控制器，然后单击“下一步”。

（14）在“其他域控制器选项”页上，进行如下选择，然后单击“下一步”：

● “DNS 服务器”：默认情况下，此选项处于选中状态，以便域控制器可以作为域名系统（DNS）服务器。如果不希望该域控制器成为 DNS 服务器，则清除该选项。

选择安装DNS服务器的选项时，可能会收到一条消息，指示无法为DNS服务器创建DNS委派，并指示应手动为DNS服务器创建DNS委派以确保可靠的名称解析。如果是在林根域或树根域中安装其他域控制器，则不需要创建 DNS 委派。在这种情况下，请单击“是”并忽略该消息。

● “全局目录”：默认情况下，此选项处于选中状态。它会将全局目录、只读目录分区添加到域控制器，并且将启用全局目录搜索功能。

● “只读域控制器”。默认情况下此选项未被选中。该选项使其他域控制器成为只读，也就是说，使域控制器成为 RODC。

如果未向网络适配器分配静态 IPv4 和 IPv6 地址，可能会显示警报消息，建议先为这些协议设置静态地址，然后才能继续操作。如果已向网络适配器分配了静态 IPv4 地址，并且网络的组织不使用 IPv6，则可以忽略此消息，并单击“是，该计算机将使用动态分配的 IP 地址（不推荐）”。建议不要禁用 IPv6 协议。

（15）如果在“欢迎”页面上选中了“使用高级模式安装”，则会显示“从介质安装”页。可以提供将用于创建域控制器和配置 AD DS 的安装介质的位置，还可以选择通过网络执行所有复制。注意，即使从介质安装，也会通过网络复制某些数据。

（16）如果在“欢迎使用”页上选中“使用高级模式安装”，则会出现“源域控制器”页。单击“让向导选择一个合适的域控制器”或单击“使用此特定的域控制器”以指定希望为创建新的域控制器而作为复制源提供的域控制器，然后单击“下一步”。如果未选择从介质安装，则会从此源域控制器复制所有数据。

（17）在“数据库、日志文件和 SYSVOL 的位置”页上，键入或浏览到数据库文件、目录服务日志文件和系统卷（SYSVOL）文件的卷和文件夹位置，然后单击“下一步”。

Windows Server Backup 按卷备份目录服务。为了有效地备份和恢复，请将这些文件存储到不包含应用程序或其他非目录文件的其他卷上。

（18）在“目录服务还原模式的 Administrator 密码”页上，键入并确认还原模式密码，然后单击“下一步”。此密码必须用于在目录服务还原模式（DSRM）下启动 AD DS 才能完成必须脱机执行的任务。

（19）在“摘要”页上，检查选择。如有必要，请单击“上一步”更改任何选项。

若要将选择的设置保存到答案文件以便以后自动执行 AD DS 操作，请单击“导出设置”。为答案文件键入名称，然后单击“保存”。

确认所做选择正确无误之后，请单击“下一步”安装 AD DS。

（20）在“完成 Active Directory 域服务安装向导”页上，单击“完成”。

（21）还可以选中“完成后重新启动”复选框使服务器自动重启，也可在收到系统提示后重启服务器完成对 AD DS 的安装。

5.5.4.4 使用命令行安装其他域控制器

使用以下过程从命令行执行新域控制器的无人参与安装。有关无人参与安装选项（包括默认值、许可值和描述）的完整列表，请在命令提示符下键入 dcpromo /?:Promotion，或参阅提升操作。

1. 管理凭据

若要执行此过程，操作者必须是 Domain Admins 组的成员。

2. 通过在命令行输入无人参与安装参数安装新域控制器的步骤

（1）在命令提示符下，键入以下内容，然后按 Enter：

dcpromo /unattend / unattendOption : value / unattendOption : value...

以下示例借助全局目录创建了其他域控制器并且安装和配置了 DNS 服务器服务：

```
dcpromo /unattend /InstallDns:yes /confirmGC:yes
/replicaOrNewDomain:replica /replicaDomainDNSName:contoso.com
/databasePath:"e:\Windows\ntds" /logPath:"e:\Windows\ntds"
/sysvolpath:"e:\Windows\sysvol" /safeModeAdminPassword: FH#3573.cK
/rebootOnCompletion:yes
```

（2）键入创建其他域控制器所需的所有选项之后，按 Enter。

5.5.4.5 使用答案文件安装其他 Windows Server 2008 域控制器

用来新建域控制器的答案文件必须具有指定的副本选项。使用以下过程创建答案文件。

1. 管理凭据

若要执行此过程，可以使用对此文本编辑器应用程序具有读写权限的任何账户。

2. 创建用于安装新域控制器的答案文件的步骤

（1）打开记事本或任何文本编辑器。

（2）在第一行上，键入[DCINSTALL]，然后按 Enter。

（3）创建下列条目，每行一个条目：这些选项是在自动安装和配置 DNS 和全局目录的情况下安装新域控制器所需的最少选项。

```
UserName=<新域控制器的域中的管理账户>
UserDomain=<新域控制器的域的名称>
Password=<UserName 中账户的密码>
ReplicaOrNewDomain=replica
DatabasePath=<到本地卷上的文件夹的路径，包含在双引号中>
LogPath=<到本地卷上的文件夹的路径，包含在双引号中>
SYSVOLPath=<到本地卷上的文件夹的路径，包含在双引号中>
InstallDNS=yes
ConfirmGC=yes
SafeModeAdminPassword=<密码>
RebootOnCompletion=yes
```

（4）将答案文件保存到安装服务器上由 Dcpromo 从中调用该答案文件的位置，或将该答案文件保存到用于分发的网络共享或可移动介质。

创建答案文件后，使用下列过程执行无人参与的安装。使用此过程将AD DS安装到完整安装的Windows Server 2008上或Windows Server 2008服务器核心安装上。

3. 管理凭据

若要执行此过程，安装者必须是Domain Admins组的成员。

4. 通过使用答案文件安装新的域控制器的步骤

- 在命令提示符下，键入以下内容，然后按Enter:

dcpromo /unattend:"到答案文件的路径"

5.5.5 执行RODC分步安装

Windows Server 2008提供了分步安装RODC的功能，安装由两个阶段组成，分别由不同的人来完成。第一个安装阶段需要域管理凭据，此阶段在AD DS中为RODC创建一个账户。第二个安装阶段将远程位置（如分支机构）中将要成为RODC的实际服务器关联到先前为其创建的账户。可以委派将服务器关联到非管理组或用户的功能。

在第一阶段中，向导记录将存储在分布式Active Directory数据库中有关RODC的所有数据，例如，RODC的域控制器账户名以及它将要被放置到的站点。此阶段必须由Domain Admins组的成员执行。

创建RODC账户的管理员也可以在此时指定哪些用户或组可以完成下一个安装阶段。只要任何用户或组在账户创建时被委派了完成安装的权限，便可以在分支机构中执行下一个安装阶段。此阶段不要求内置组（例如Domain Admins组）中的任何成员身份。如果创建RODC账户的用户没有指定用于完成安装（和管理RODC）的任何委派，则只有Domain Admins组或Enterprise Admins组的成员可以完成此安装。

在第二个阶段中，向导在将成为RODC的服务器上安装AD DS并将该服务器关联到先前为其创建的域账户。此阶段通常发生在部署RODC的分支机构。在此阶段中，所有位于本地的AD DS数据（例如数据库、日志文件等）都在RODC自身上创建。安装源文件可以通过网络从另一个域控制器中复制到RODC，或者也可以使用从介质安装（IFM）的功能。若要使用IFM，请使用Ntdsutil.exe创建安装介质。

尝试将要成为RODC的服务器附加到RODC账户之前，它不得加入域中。作为安装过程的一部分，该向导会自动检测该服务器的名称是否与事先为该域创建的任何RODC账户的名称匹配。如果向导发现匹配的账户名称，它会提示用户使用该账户来完成RODC安装。

在执行分步安装RODC时，可以使用Windows界面、答案文件、命令行三种方法中的任何一种方法来完成每一阶段的安装。

5.5.5.1 使用Windows界面执行RODC分步安装

使用以下过程创建RODC账户并将服务器关联到该账户。

可以使用Active Directory用户和计算机管理单元创建RODC账户。

1. 使用Windows界面创建RODC账户的步骤

（1）依次单击「开始」、"管理工具"和"Active Directory用户和计算机"。

（2）右键单击"域控制器"组织单位（OU），或者单击"域控制器"组织单位，然后单击"操作"。

（3）单击"预先创建只读域控制器账户"。

（4）在“欢迎使用 Active Directory 域服务安装向导”页上，如果想修改默认的密码复制策略（PRP），请选择“使用高级模式安装”，然后单击“下一步”。

（5）在“操作系统兼容性”页上，检查关于 Windows Server 2008 和 Windows Server 2008 R2 域控制器的默认安全设置的警告，然后单击“下一步”。

（6）在“网络凭据”页上的“请指定用于执行安装的账户凭据”下，单击“我的当前登录凭据”或单击“备用凭据”，然后单击“设置”。在“Windows 安全”对话框中，提供可用来安装其他域控制器账户的用户名和密码。若要安装其他域控制器，操作者必须是 Enterprise Admins 组或 Domain Admins 组的成员。提供凭据后，单击“下一步”。

（7）在“指定计算机名称”页上，键入将成为 RODC 的服务器的计算机名称。

（8）在“请选择一个站点”页上，从列表中选择站点，或在与运行该向导的计算机的 IP 地址相对应的站点中，选择用于安装域控制器的选项，然后单击“下一步”。

（9）在“其他域控制器选项”页上，进行如下选择，然后单击“下一步”：

- “DNS 服务器”：默认情况下，此选项处于选中状态，以便域控制器可以作为域名系统（DNS）服务器。如果不希望该域控制器成为 DNS 服务器，则清除该选项。但是，如果没有在 RODC 上安装 DNS 服务器角色，并且该 RODC 是分支机构中唯一的域控制器，则分支机构中的用户将无法在中心站点的广域网（WAN）脱机时执行名称解析。
- “全局目录”：默认情况下，此选项处于选中状态。它会将全局目录、只读目录分区添加到域控制器，并且将启用全局目录搜索功能。如果不希望域控制器成为全局目录服务器，则清除该选项。但是，如果没有在分支机构中安装全局目录服务器，或者没有为包含 RODC 的站点启用通用组成员身份缓存，则分支机构中的用户将无法在中心站点的 WAN 脱机时登录域。
- “只读域控制器”：当创建 RODC 账户时，该选项为默认选中且无法清除。

（10）如果选中了“欢迎使用”页上的“使用高级模式安装”复选框，则会出现“指定密码复制策略”页。默认情况下，账户密码不会复制到 RODC，并且明确拒绝安全敏感账户（如 Domain Admins 组的成员）在任何时候将其密码复制到 RODC。

若要接受默认设置，请单击“下一步”。

或者，若要向策略添加其他账户，请单击“添加”。如果允许账户将其密码复制到 RODC，则单击“允许该账户的密码复制到此 RODC 中”。如果拒绝账户将其密码复制到 RODC，请单击“拒绝该账户的密码复制到此 RODC 中”。然后单击“确定”。添加完其他账户后，单击“下一步”。

当在域中安装第一个 RODC 时，要使 RODC 起作用，需要创建域组账户。根据网络的复制拓扑，当尝试在域中安装另一个 RODC 时，向导可能会返回一个错误，指出这些组账户不可用。这种情况下，需等待复制完成，然后再安装其他 RODC。

（11）在“选择用户、计算机和组”中，键入要添加到该策略的账户的名称，然后单击“确定”。

（12）在“用于 RODC 安装和管理的委派”页上，键入将服务器关联到正在创建的 RODC 账户的用户或组的名称。可以只键入一个安全主体的名称。

若要在目录中搜索特定用户或组，请单击“设置”。在“选择用户、计算机或组”中，键入用户或组的名称。我们建议将 RODC 安装和管理委派给一个组。

安装之后，该用户或组在此RODC上也将具有本地管理权限。如果未指定用户或组，则只有Domain Admins组或Enterprise Admins组的成员才能将服务器关联到账户。

完成后，单击“下一步”。

（13）在“摘要”页上，检查选择。如有必要，请单击“上一步”更改任何选项。

若要将选择的设置保存到答案文件以便以后自动执行AD DS操作，请单击“导出设置”。键入答案文件名，然后单击“保存”。

确认所做选择正确无误之后，请单击“下一步”创建RODC账户。

（14）在“完成Active Directory域服务安装向导”页上，单击“完成”。

为RODC创建账户之后，委派了RODC的安装和管理权限的用户或组（在前面过程中的第（11）步中）可以在将成为RODC的服务器上运行Active Directory域服务安装向导。启动向导之前，确保该服务器未加入域中。

2. 使用Windows界面将服务器附加到RODC账户的步骤

（1）以本地Administrator身份登录到将成为RODC的服务器，然后打开提升权限的命令提示符。

（2）键入命令dcpromo/UseExistingAccount:Attach，然后按Enter。

启动RODC安装的第二阶段需要此命令。在管理员输入凭据后（步骤4），向导将自动检测服务器的名称，然后尝试将其与为之预先创建的RODC账户匹配。

（3）在“欢迎使用Active Directory域服务安装向导”页上，单击“下一步”，如果想从介质安装或标识AD DS复制的源域控制器，则选中“使用高级模式安装”复选框。

（4）在“网络凭据”页上，键入计划要在其中安装其他域控制器的林中的任何现有域的名称。在“请指定用于执行安装的账户凭据”下，单击“备用凭据”，然后单击“设置”。在“Windows安全”对话框中，提供创建RODC时委派了安装和管理RODC功能的账户的用户名和密码。提供凭据后，单击“下一步”。

（5）在“选择域控制器账户”页上，确认向导已经找到了与服务器名称匹配的现有RODC账户，然后单击“下一步”。

如果未向网络适配器分配静态IPv4和IPv6地址，可能会显示警报消息，建议先为这些协议设置静态地址，然后才能继续操作。如果已向网络适配器分配了静态IPv4地址，并且组织不使用IPv6，则可以忽略此消息，并单击“是，该计算机将使用动态分配的IP地址（不推荐）”。建议不要禁用IPv6协议。

（6）如果选择了高级安装模式，则可以指定以下高级选项：

①在“从介质安装”页上，可以提供用于创建域控制器和配置AD DS的安装介质的位置，也可以选择通过网络复制所有数据。请注意，即使选择从介质安装，也会通过网络复制某些数据。

②在“源域控制器”页上，可以指定从中复制配置和架构目录分区（如果未选择从介质安装，则为整个Active Directory数据库）的域控制器。如果选择“此特定的域控制器”，可以选择想要提供源复制的域控制器新建域控制器，然后单击“下一步”。

（7）在“数据库、日志文件和SYSVOL的位置”页上，键入或浏览到数据库文件、目录服务日志文件和系统卷（SYSVOL）文件的卷和文件夹位置，然后单击“下一步”。

Windows Server Backup按卷备份目录服务。为了有效地备份和恢复，请将这些文件存储到不包含应用程序或其他非目录文件的其他卷上。

（8）在“目录服务还原模式的 Administrator 密码”页上，键入并确认还原模式密码，然后单击“下一步”。对于必须脱机执行的任务，此密码可用于在目录服务还原模式（DSRM）下启动 AD DS。密码的复杂性和长度必须符合域安全策略。

（9）在“摘要”页上，检查选择。如有必要，请单击“上一步”更改任何选项。

若要将选择的设置保存到答案文件以便以后自动执行 AD DS 操作，请单击“导出设置”。键入答案文件名，然后单击“保存”。

确认所做选择正确无误之后，请单击“下一步”安装 AD DS。

还可以选中“完成后重新启动”复选框使服务器自动重启，也可在收到系统提示后重启服务器完成对 AD DS 的安装。

5.5.5.2 使用命令行执行 RODC 分步安装

使用下面的程序从命令行上执行 RODC 分步安装。

1. 通过在命令行输入安装参数执行 RODC 分步安装

尽管我们建议使用 Windows 界面创建 RODC 账户，因为这样会减少键入错误的机会，但是也可以通过以下过程从命令行使用无人参与安装参数创建 RODC 账户。如果在运行 Windows Server 2008 的服务器核心安装域控制器上创建一个 RODC 账户，则无法使用 Windows 界面。

2. 管理凭据

若要执行此过程，必须以 Domain Admins 组或 Enterprise Admins 组的成员身份登录域控制器。

3. 通过在命令行输入无人参与安装参数创建 RODC 账户的步骤

（1）在命令提示符下，键入以下命令，然后按 Enter：

```
dcpromo/unattend/CreateDCAccount/ReplicaDomainDNSName:<DomainName>
/DCAccountName:<RODCName>/SiteName:<SiteName>/<unattendOption>:<value>
/<unattendOption>:<value>...
```

命令中，各参数的含义如下：

• <DomainName>是在其中创建 RODC 账户的域名称。

• <RODCName>是要创建的 RODC 账户的名称。

• <SiteName>是要在其中创建 RODC 账户的站点名称。

• <unattendOption>是 CreateDCAccount 操作。

使用空格将每个<option>:<value>对分开。

• <value>是该选项的配置说明。

以下示例借助其他安装选项在 Default-First-Site-Name 站点的 contoso.com 域中创建一个名为 RODC10 的 RODC 账户：

```
dcpromo/CreateDCAccount/ReplicaDomainDNSName:contoso.com
/DCAccountName:RODC10/SiteName:Default-First-Site-Name
/SourceDC:DC1.contoso.com/PasswordReplicationDenied=BUILTIN\Administrators
/PasswordReplicationDenied="BUILTIN\ServerOperators"
/Password ReplicationDenied="BUILTIN\Backup Operators"
/PasswordReplicationDenied="BUILTIN\A ccount Operators"
/PasswordReplicationDenied="Contoso\Denied RODC Password Replication Group"
```

/PasswordReplicationAllowed="Contoso\Allowed RODC Password Replication Group" /PasswordReplicationAllowed="Group Name1" /PasswordReplicationAllowed="Group Name2"/PasswordReplicationAllowed="User Name1" /PasswordReplicationAllowed= ComputerName1 /DelegatedAdmin=BranchAdminGroup

（2）键入完创建 RODC 账户所需的所有选项之后，按 Enter。

创建 RODC 账户之后，在将成为 RODC 的服务器上执行以下过程以将该服务器附加到 RODC 账户。

4. 管理凭据

由于服务器未加入域中，因此请以本地管理员身份登录服务器。

5. 通过在命令行输入无人参与安装参数将服务器附加到 RODC 账户的步骤

在命令提示符下，键入以下命令，然后按 Enter:

dcpromo /unattend /UseExistingAccount:Attach /ReplicaDomainDNSName:<FullyQualified DomainName> /UserDomain:<FullyQualifiedDomainName>/UserName:<DomainName>\<UserName> /password:* /<unattendOption>:<value> /<unattendOption>:<value> ...

其中：

- <FullyQualifiedDomainName>是在其中安装 RODC 的域的 FQDN。对于/UserDomain，输入将用来安装域控制器用户名（即，账户凭据）的域名。
- <DomainName>\<UserName>是用户的账户凭据，具有将服务器附加到 RODC 账户的权限（采用 Windows NT 格式）。
- <unattendOption>是 UseExistingAccount 操作
  使用空格将每个<option>:<value>对分开。
- <value>是该选项的配置说明。

以下示例使用其他安装选项，借助 contoso\da1 账户的域凭据将服务器附加到 contoso.com 域中的 RODC 账户：

dcpromo /unattend /UseExistingAccount:Attach /ReplicaDomainDNSName: contoso.com /UserDomain:contoso.com /UserName:contoso\da1 /password:* /databasePath:"e:\Windows\ntds" /logPath:"e:\Windows\ntds" /sysvolpath:"e:\Windows\ sysvol" /safeModeAdminPassword:FH#3573.cK /rebootOnCompletion:yes

键入完创建 RODC 账户所需的所有选项之后，按 Enter。

5.5.5.3 使用答案文件执行 RODC 分步安装

使用以下过程为每一阶段的 RODC 安装创建一个答案文件。在第一个阶段中，创建了一个 RODC 账户。在下一阶段中，将服务器关联到该账户。在本示例中，还将安装 DNS 服务器和全局目录选项，但不强制这样做。对于 RODC 安装，站点名称是必须的。如果向 RODC 密码复制策略添加多个安全主体，则必须在单独的行上为每个安全主体指定正确条日（允许或拒绝的条目）。

1. 管理凭据

若要执行此过程，可以使用对此文本编辑器应用程序具有读写权限的任何账户。

2. 创建用于创建 RODC 账户的答案文件的步骤

（1）打开记事本或任何其他文本编辑器。

（2）在第一行上，键入[DCINSTALL]，然后按 Enter。

（3）键入下列条目，每行一个条目：

; 只读域控制器安装
ReplicaDomainDNSName=FullyQualifiedDomainName
DCAccountName=RODCName
; RODC 密码复制策略
PasswordReplicationDenied=BUILTIN\Administrators
PasswordReplicationDenied="BUILTIN\Server Operators"
PasswordReplicationDenied="BUILTIN\Backup Operators"
PasswordReplicationDenied="BUILTIN\Account Operators"
PasswordReplicationDenied=DomainName\"Denied RODC Password Replication Group"
PasswordReplicationAllowed=DomainName\"Allowed RODC Password Replication Group"
PasswordReplicationAllowed=GroupName1
PasswordReplicationAllowed=GroupName2
PasswordReplicationAllowed=User_Name1
PasswordReplicationAllowed=Computer_Name1
DelegatedAdmin=RODCAdministrator
SiteName=SiteName
InstallDNS=Yes
ConfirmGc=Yes
ReplicationSourceDC=SourceDCName

（4）将答案文件保存到安装服务器上，由 Dcpromo 从该位置调用，或将该答案文件保存到用于分发的网络共享文件夹或可移动介质。

在创建答案文件时，使用表 5-6 将答案文件中的变量替换为适合用户的组织的值。

表 5-6　　创建答案文件时，将答案文件中的变量替换为适合用户的组织的值

占位符	描　述
FullyQualifiedDomainName	在其中安装 RODC 的域的完全限定的域名（FQDN）
RODCName	将成为 RODC 的服务器的名称。 在任何人尝试将该服务器关联到所创建的账户之前，必须用此处指定的名称命名该服务器，并且不得将该服务器加入域中
DomainName	在其中安装 RODC 的域的单标签 DNS 名称或 FQDN
GroupName1、GroupName2、 User_Name1、Computer_Name1...	添加到密码复制策略的安全主体名称。 必须将账户名包含在引号中。 当指定移动用户的账户时，还要指定这些用户用来登录 RODC 的计算机账户，如便携式计算机

续表

占位符	描　述
RODCAdministrator	委派了RODC的安装和管理权限的账户名称。 只能指定一个用户或组。作为最佳操作，指定组的名称。然后，将希望管理RODC的任何用户账户添加到该组
SiteName	要在其中安装RODC的站点的名称
SourceDCName	从中复制域信息（安装伙伴）的域控制器的FQDN

创建答案文件之后，使用以下过程自动创建RODC账户。

3. 管理凭据

若要执行此过程，必须以Domain Admins组或Enterprise Admins组的成员身份登录域控制器。

4. 使用答案文件创建RODC账户的步骤

在命令提示符下，键入以下内容，然后按Enter：

dcpromo.exe /CreateDCAccount /unattend:" 到答案文件的路径 "

将服务器关联到RODC账户

使用以下过程创建可以用来将服务器关联到RODC账户的答案文件。

创建用于将服务器关联到RODC账户的答案文件的步骤

（1）打开记事本或任何其他文本编辑器。

（2）在第一行上，键入[DCINSTALL]，然后按Enter。

（3）键入下列条目，每行一个条目：

; 只读域控制器安装

ReplicaDomainDNSName=FullyQualifiedDomainName

UserDomain=FullyQualifiedDomainName

UserName=DomainName\User_Name

Password=*

DatabasePath=PathToDatabase

LogPath= PathToLogFiles

SYSVOLPath= PathToSYSVOL

; 使用答案文件之前，将SafeModeAdminPassword设置为正确的值

SafeModeAdminPassword=

; CriticalReplicationOnly=Yes

RebootOnCompletion=Yes

（4）将答案文件保存到安装服务器上，由Dcpromo从该位置调用，或将该答案文件保存到用于分发的网络共享文件夹或可移动介质。

在使用答案文件创建RODC账户时，使用表5-7将答案文件中的变量替换为适合用户的组织的值。

表 5-7 创建 RODC 账户时，将答案文件中的变量替换为适合用户的组织的值

占位符	描 述
FullyQualifiedDomainName	在其中安装 RODC 的域的 FQDN。对于 UserDomain，输入将用来安装域控制器的用户名（账户凭据）的域名
DomainName\UserName	具有将服务器关联到 RODC 账户的权限的用户凭据（采用 Windows NT 格式）。作为最佳操作，该用户应该是已被委派了 RODC 的安装和管理权限的安全组成员。如果没有指定用户，则只有 Domain Admins 组或 Enterprise Admins 组的成员才能执行该操作
PathToDatabase	目录数据库的位置，例如，C:\Windows\NTDS
PathToLogFiles	数据库日志文件的位置，例如，C:\Windows\NTDS
PathToSYSVOL	SYSVOL 共享文件的位置，例如，C:\Windows\SYSVOL

创建答案文件之后，使用以下过程自动将服务器关联到 RODC 账户。开始此过程之前，必须用 RODC 账户的名称命名该服务器，并且该服务器不得加入域中。

5. 管理凭据

使用以下过程将服务器关联到 RODC 账户。由于服务器未加入域中，因此请以本地管理员身份登录服务器。

6. 使用答案文件将服务器关联到 RODC 账户的步骤

在命令提示符下，键入以下内容，然后按 Enter:

dcpromo.exe /UseExistingAccount:Attach /unattend:"<到答案文件的路径>"

5.5.6 从介质安装 AD DS

可以使用 Ntdsutil.exe 工具为要在域中创建的其他域控制器创建安装介质。通过使用“从介质安装（IFM）”选项，可以最大程度地减少网络上目录数据的复制。这样可帮助用户在远程站点中更高效地安装其他域控制器。

Ntdsutil.exe 可以创建四种类型的安装介质，如表 5-8 所示。

必须使用只读域控制器（RODC）安装介质安装 RODC。对于 RODC 安装介质，ntdsutil 命令会删除任何缓存的机密，如密码。可以在 RODC 或可写域控制器上创建 RODC 安装介质。必须使用可写域控制器安装介质安装可写域控制器。只能在可写域控制器上创建可写域控制器安装介质。

如果在其上创建安装介质的源域控制器和计划在其上安装 Active Directory 域服务（AD DS）的目标服务器都至少在 Release Candidate（RC）版的 Windows Server 2008 R2 上运行，且使用的是 SYSVOL 的分布式文件系统（DFS）复制，则可以用一个选项运行 ntdsutil ifm 命令以在安装介质中包含 SYSVOL 共享文件夹。如果安装介质包含 SYSVOL，则必须使用 Robocopy.exe 将安装介质从源域控制器复制到目标服务器。

无法在运行 Windows Server 2003 的域控制器上运行 ifm 命令。但是，可以创建 Windows Server 2003 域控制器的备份，然后使用 dcpromo /adv 命令创建 Windows Server 2003 域控制器。

表 5-8　　　　　　对应四种类型的安装介质的参数

安装介质类型	参　数	描　述
完整（或可写）域控制器	Create Full PathToMediaFolder	在路径指定的文件夹中，为可写域控制器或 Active Directory 轻型目录服务（AD LDS）实例创建安装介质
RODC	Create RODC PathToMediaFolder	在路径指定的文件夹中，为 RODC 创建安装介质
带有 SYSVOL 的完整（或可写）域控制器 注意：此选项仅适用于运行 Windows Server 2008 R2 的域控制器	Create Sysvol Full PathToMediaFolder	在路径指定的文件夹中，为带有 SYSVOL 的可写域控制器创建安装介质
带有 SYSVOL 的 RODC 注意：此选项仅适用于运行 Windows Server 2008 R2 的域控制器	Create Sysvol RODC PathToMediaFolder	在路径指定的文件夹中，为带有 SYSVOL 的 RODC 创建安装介质

从介质安装无法跨不同的操作系统版本。换言之，必须使用 Windows Server 2008 域控制器来生成用于其他 Windows Server 2008 域控制器安装的安装介质。

启用了 Active Directory 回收站后，任何在启用 Active Directory 回收站之前创建的安装介质均不再有效。启用 Active Directory 回收站后新建安装介质。

可以使用 32 位域控制器为 64 位域控制器生成安装介质，反之亦然。

可以使用以下过程为 AD DS 创建安装介质。

1. 管理凭据

若要为 AD DS 创建安装介质，必须能够交互式登录到域控制器并且能够进行备份。在可写域控制器上，这意味着操作者必须是 Builtin Administrators、Server Operators、Domain Admins 或 Enterprise Admins 组的成员才能执行以下过程。

在 RODC 上，委派的用户可以创建安装介质，但是在 RODC 上只能创建 RODC 安装介质（不能为可写域控制器创建安装介质）。

2. 创建安装介质的步骤

（1）单击「开始」，右键单击“命令提示符”，然后单击“以管理员身份运行”以打开提升了权限的命令提示符。

（2）在命令提示符下，键入命令 ntdsutil，然后按 Enter。

（3）在 ntdsutil 提示符下，键入命令 activate instance ntds，然后按 Enter。

（4）在 ntdsutil 提示符下 ifm，键入命令，然后按 Enter。

（5）在 ifm：提示符下，键入要创建的安装介质类型的命令（如本主题前面的表中所列），然后按 Enter。

例如，若要创建 RODC 安装介质，请键入命令 create rodc C:\InstallationMedia，然后按 Enter。

其中 C:\InstallationMedia 是创建安装介质的目标文件夹所在的路径。

可以将安装介质保存到网络共享文件夹，也可以保存到任何其他类型的可移动介质。

在域中创建其他域控制器时，可以参考存储安装介质的共享文件夹或可移动介质-在 Active Directory 域服务安装向导中的“从介质安装”页上或通过在无人参与安装期间使用 /ReplicationSourcePath 参数。

该向导使用安装介质中的数据安装 AD DS，而无需从伙伴域控制器中复制每个对象。但是，必须复制自从创建安装介质后已修改、添加或删除的对象。如果最近刚刚创建了安装介质，则所需的复制数量远远小于常规 AD DS 安装所需的复制数量。

5.5.7 验证 AD DS 安装

在安装 AD DS 之后，为了保证安装是正确的，应该验证其主要功能，如 DNS 资源记录注册和 SYSVOL 复制等。本节介绍 10 个对 Active Directory 域服务安装的正确性进行测试和验证的任务，并介绍测试和验证的方法。

在测试和验证的过程中，要根据不同的任务使用测试工具和软件，要使用到 Active Directory 站点和服务、DNS 管理器、事件查看器、Dcdiag.exe 和 Ntdsutil.exe 等。

5.5.7.1 确定一个服务器对象是否有子对象

Active Directory 域服务（AD DS）在一个域控制器上正确安装之后，域控制器服务器对象有一个 NTDS 设置子对象。其他的在域控制器上运行的应用程序也可以发布子对象。

在从服务器中删除 AD DS 时，NTDS 设置子对象被从 Active Directory 站点和服务中的服务器容器的服务器对象中自动地删除。在从一个站点的服务器容器中删除服务器对象之前，要验证服务器对象没有子对象。以下条件可能导致子对象的出现：

（1）如果 NTDS 设置对象出现，则有可能删除操作还没有同步到正在查看对象的域控制器。就要在另一个域控制器里检查是否有这个对象，或者强制执行域控制器同步。

（2）如果 NTDS 设置以外的子对象是存在的，另一个应用程序已发布对象，并正在使用服务器对象。在这种情况下，不要删除该服务器对象。

在通过使用远程服务器管理工具（Remote Server Administration Tools，RSAT）完成这个过程时，最低需要 Domain Users 或者类似组中的成员身份，或者是被委派了适当的权限的用户。

确定一个服务器对象是否有子对象的操作步骤如下：

（1）打开“Active Directory 站点和服务”，当出现了“User Account Control”对话框时，如果要求提供凭据，则提供凭据，然后单击继续。

（2）在控制台树中，展开“Sites”容器，然后展开服务器对象所在的站点。

（3）展开“Servers”容器，然后展开该服务器对象以查看子对象。

5.5.7.2 验证 IP 地址映射到一个子网，并确定站点关联

可以使用这个过程来确定在安装 Active Directory 域服务（AD DS）之前想添加一个服务器对象的站点。也可以使用这个程序在安装 AD DS 之后或移动服务器对象之前验证站点。

要关联一个站点，一个域控制器的 IP 地址必须映射到一个在 AD DS 中定义的子网对象。子网关联的站点就是域控制器所在的站点。

由 IP 网络地址和子网掩码计算而来的子网地址是 AD DS 中子网对象的名称。当你知道子网地址时，你就能够找到子网对象，并确定关联子网的站点。

完成这个过程最低需要 Domain Admins 或者类似组中的成员身份，或者是被委派了适当的权限的用户。

验证一个 IP 地址映射到一个子网和确定站点的关联的操作步骤如下：

（1）在本地登录到要检查其 IP 地址的服务器或打开此服务器的远程桌面连接。

（2）在服务器管理器中，点击查看网络连接（View Network Connections）。

（3）右键单击用于连接到网络的表示连接服务器或域控制器的连接，然后单击属性。

（4）在连接属性对话框中，双击 Internet 协议版本 4（TCP/IPv4）或者 Internet 协议版本 6（TCP/IPv6）。

（5）使用 IP 子网计算器和 IP 地址和子网掩码来计算子网地址的值，然后单击确定两次。

（6）打开“Active Directory 站点和服务”，如果出现了“User Account Control”对话框，就提供域管理员凭据，然后单击继续。

（7）展开站点（Sites）容器，然后单击子网（Subnets）容器。

（8）在详细信息窗格中的名称列中，找到与服务器或域控制器的子网地址相匹配的子网对象。

（9）在站点列，注意其中与 IP 子网地址相关联的站点。

如果在站点列出现的站点不是合适站点，就要联系网站管理员，并找出 IP 地址是否不正确或者是否应该移动服务器对象到通过将子网与站点关联所指定的站点。

5.5.7.3　移动服务器对象到一个新的站点

在 Active Directory 域服务（AD DS）中移动一个服务器对象时，“Active Directory 站点和服务管理单元”不要求服务器的 IP 地址映射到要将服务器对象移入的站点。如果 IP 地址不映射到与此移入服务器对象的站点相关联的子网，服务器可能被迫在一个潜在的慢速广域网（WAN）链接中进行通信来定位资源，而不是通过站点本身来定位资源。在移动服务器对象之前，应验证 IP 地址映射到目标站点。

可以使用下面的过程移动服务器对象到一个新的站点，完成此过程要求是 Enterprise Admins 组的成员或者具有同等资格。

移动服务器对象到一个新的站点的操作步骤如下：

（1）打开“Active Directory 站点和服务”。

（2）在控制台树中，展开“Sites”，并展开服务器对象所驻留的站点。

（3）展开“Servers”以显示最新为该站点配置的域控制器。

（4）右键单击要移动的服务器对象，然后单击“Move”。

（5）在“Site Name”中，单击目标站点，然后单击“OK”。

（6）展开移入服务器的站点对象，然后展开服务器容器。

（7）验证移动的服务器的存在。

（8）展开服务器对象，验证 NTDS 设置对象的存在。

1 小时内，域控制器上的 Net Logon Service 在 DNS 上注册新站点信息。等待 1 小时，然后打开 Event Viewer，并链接到你移动了服务器对象的域控制器。查看过去 1 小时发生的关于 DNS 注册服务资源记录的 Net Logon 错误日志。没有错误意味着 Net Logon 服务已经使用特定站点服务资源记录更新了 DNS。Netlogon 事件 ID 5774 表示 DNS 资源记录动态注册失败了。如果看到这种错误，请联系主管，找到 DNS 问题并解决。

5.5.7.4 配置 DNS 服务器转发器

可以使用这个过程来配置域名系统（DNS）服务器转发器。

添加一个新的已成为 DNS 服务器的域控制器时，如果网络使用递归名称解析转发，就要基于在网络上建立的转发方法来配置 DNS 服务器转发器。当转发器被配置，收到一个根据未授权名称进行 DNS 查询的 DNS 服务器转发请求到 DNS 转发器，而不是使用根提示。如果您的网络使用转发，就使用 DNS 管理单元在新的域控制器上添加合适的转发器。如果希望在新的域控制器上的 DNS 服务器服务根据查询中指定的 DNS 后缀转发查询到不同的服务器，就要适当地配置条件转发。

对于在 Windows Server2008 林中 Active Directory 与 DNS 集成的情况来说，根提示是推荐的递归名称解析方法。

完成这个过程最低需要 Domain Admins 或者类似组中的成员身份，或者是被委派了适当的权限的用户。

配置 DNS 服务器转发器的步骤如下：

（1）如果网络使用作为 DNS 转发方法根提示，不必执行任何其他选项。根提示在安装过程中自动配置。不要继续步骤（2）。

（2）如果你已经配置了转发器，打开 DNS 管理单元，并继续执行步骤（3）。

（3）在控制台树中，右键单击 ComputerName（在这里，ComputerName 是域控制器的计算机的名称），然后单击属性。

（4）在 ComputerName 属性表中（其中 ComputerName 是域控制器的名称）在“Forwarders”选项卡中，单击“Edit”。

（5）点击指定的文本输入区域，为将接收转发 DNS 查询的 DNS 服务器输入一个 IP 地址或 DNS 名称，然后单击“OK”。

（6） 在转发器选项卡中，当 IP 地址解析为服务器的完全合格的域名（FQDN）时，单击“OK”。

5.5.7.5 验证 DNS 配置

验证活动目录安装的部分内容是验证域名系统（DNS）已经恰当地安装和配置。关于活动目录林的 DNS 配置，我们推荐在所有的域控制器上安装 DNS 服务器服务。当使用活动目录域服务安装向导在活动目录域服务（AD DS）安装过程中安装 DNS 时，向导自动创建 DNS 区域代理。安装重启后 Net Logon 服务为新的域控制器注册要求的主机和服务资源记录。

域控制器上的 DNS 客户端服务确定用于定位其他域控制器的 DNS 域控制器服务器。验证主从 DNS 服务器为网段进行的设置是恰当的。

执行这项任务需要以下工具：

- DNS 管理单元
- 网络连接

完成这项任务，要执行下列两个验证。

- 验证域控制器的 DNS 服务器配置。
- 验证 DNS 客户端设置。

完成这两个验证的过程最低需要 Domain Admins 或者类似组中的成员身份，或者是被委派了适当的权限的用户。

1. 验证域控制器的DNS服务器配置

可以使用这个过程来验证一个新的安装了域名系统（DNS）的额外的域控制器上的DNS服务器服务的配置。验证资源记录已被注册，以便客户端可以找到 DNS 服务器。还验证森林和域的DNS区域应用程目录分区已被复制，以便DNS服务器接收区域更新。

要验证域控制器的DNS服务器配置的步骤如下：

（1）打开DNS管理单元：在开始菜单上，指向管理工具，然后单击DNS。如果出现“User Account Control”对话框，必要时提供域管理员凭据，然后单击“Continue”。

（2）双击“Forward Lookup Zones”，并确认区域_msdcs.ForestRootDomain和新域控制器的域区都存在。

（3）单击域节点，然后在详细信息窗格中，验证新域控制器的主机（A）资源记录，IPv6主机（AAAA级）资源记录（如果在使用TCP/IPv6地址）和名称服务器（NS）资源记录。

（4）要验证 ForestDnsZones 和 DomainDnsZones 成功复制应用程序目录分区，以管理员身份打开命令提示：在开始菜单上，右键单击命令提示符，然后单击作为管理员运行。如果出现“User Account Control”对话框，必要时提供域管理员凭据，然后单击“Continue”。

（5）在命令提示符下，键入以下命令，然后按ENTER：

repadmin /showrepl

（6）验证

DC=DomainDnsZones，DC=DomainName，…，DC=ForestRootDomainName，DC=com and DC=ForestDnsZones,DC=ForestRootDomainName,DC=com 应用程序目录分区复制成功。

2. 验证DNS客户端设置

安装一个额外的域控制器后，验证新的域控制器上的 DNS 客户端服务设置。如果使用Active Directory域服务安装向导来安装一个域控制器，向导配置DNS客户端服务设置，具体内容如下：

- 首选域名系统（DNS）服务器添加到DNS服务器上的DNS客户端设置的列表。
- 备用DNS服务器是不变的，但添加127.0.0.1。

如果IP版本6（IPv6）被启用，IPv6地址代替IP版本4（IPv4）的地址。

验证的DNS客户端设置的步骤如下：

（1）在服务器管理器中，单击“View Network Connections”（查看网络连接）。

（2）右键单击该连接，然后单击“Properties”属性。

（3）在“Connection Properties”中，双击 Internet 协议版本 4（TCP/IPv4）或者 Internet 协议版本 6（TCP/IPv6）。

（4）在“Internet Protocol (TCP/IP) Properties”中，验证“Use the following DNS server addresses”被选定。

（5）验证“Preferred DNS server”（首选DNS服务器）的IP地址是新的域控制器（以便它引用本身）的IP地址。验证“Alternate DNS server”（备用DNS服务器）地址是另一个在同一域中的DNS服务器。

（6）单击“OK”两次。

计算机科学与技术专业规划教材

5.5.7.6 检查 SYSVOL and Netlogon Share 的状态

可以使用这个程序确保分布式文件系统（DFS）复制服务正确启动，然后确保 SYSVOL 共享文件夹和 Netlogon（脚本）共享文件夹中创建和共享。

完成这个验证的过程最低需要 Domain Admins 或者类似组中的成员身份，或者是被委派了适当的权限的用户。

检查 SYSVOL 和 Netlogon shares 状态的步骤如下：

（1）在“Start”菜单上，指向“Administrative Tools”，然后单击“Services”。

（2）验证“DFS Replication”服务和“Netlogon”Netlogon 服务有一个“Started”的状态。如果服务被停止，单击“Restart”。

（3）以管理员身份打开命令提示：在“Start”菜单上，右击“Command Prompt”，然后单击“Run as administrator”。如果“User Account Control”对话框出现，必要时提供域管理员凭据，然后单击“Continue”。

（4）要验证的 SYSVOL 树包括 SYSVOL 和脚本共享文件夹，在命令提示符下，键入以下命令，然后按 ENTER：

net share

（5）检查列表，以确保它包含%systemroot%\ SYSVOL \sysvol \（SYSVOL 共享）和%systemroot%\ SYSVOL\ sysvol\< Domain Name >\ SCRIPTS（NETLOGON 共享），这里是< Domain Name >新的域控制器的域。

（6）为 SYSVOL 复制验证设置适当的权限。在命令提示符下，键入以下命令，然后按 ENTER：

dcdiag /test:netlogons

寻找一条消息，指出<计算机名>通过测试 NetLogons，其中<ComputerName>是域控制器的名称。如果您没有看到“通过测试”的消息，检查对脚本和 Sysvol 共享文件夹设置的权限。

5.5.7.7 验证 DNS 注册和 TCP/ IP 连接

可以使用本过程中的 Dcdiag 命令行进行测试，以验证一个服务器能够成功地连接到同一站点中或者企业中的域控制器，以验证域名系统（DNS）是否起作用。

完成这个验证的过程最低需要 Domain Admins 或者类似组中的成员身份，或者是被委派了适当的权限的用户。

验证 DNS 注册和 TCP/ IP 连接的步骤如下：

（1）以管理员身份打开命令提示：在开始菜单上，右键单击命令提示符，然后单击作为管理员运行。如果“User Account Control”对话框出现，提供域管理员凭据，然后单击“OK”。

（2）在命令提示符下，键入以下命令，然后按 ENTER：

dcdiag /test:dns

要想得到这个命令更详细的解释，添加/ v 到命令的结尾。

5.5.7.8 验证一个新域控制器的域计算机账户

使用这个过程验证域计算机账户正确注册，并将服务主体名称（SPN）广播出去。为了让域控制器在域中起作用，这个账户是需要的。

完成这个验证的过程最低需要 Domain Admins 或者类似组中的成员身份，或者是被委派了适当的权限的用户。

验证一个新的域控制器的域计算机账户的步骤如下：

（1）以管理员身份打开命令提示：在“Start”菜单上，右键单击“Command Prompt”，然后单击“Run as administrator”。如果“User Account Control”对话框出现，必要时提供域管理员凭据，然后单击“Continue”。

（2）在命令提示符下，键入以下命令，然后按ENTER：

dcdiag /test:MachineAccount

（3）It the test is successful, you should see the following message:

测试成功，将看到以下消息：

<ComputerName> passed test MachineAccount.

To receive more detailed information, including the SPNs that are found for the domain controller, use the /v option.

要获得更详细的信息，使用/v选项。

5.5.7.9 验证Active Directory复制

可以使用这个过程验证Active Directory复制在域控制器上运行正常。

完成这个验证的过程最低需要Domain Admins或者类似组中的成员身份，或者是被委派了适当的权限的用户。

验证Active Directory复制的步骤如下：

（1）以管理员身份打开命令提示：在“Start”菜单上，右键单击“Command Prompt”，然后单击“Run as administrator”。如果“User Account Control”对话框出现，必要时提供域管理员凭据，然后单击“Continue”。

（2）在命令提示符下，键入以下命令，然后按ENTER键：

dcdiag /test:replications

如果需更详细的复制的信息，使用/ v选项。

If this test fails, open Event Viewer and check for errors in the Directory Service log. Use the information in the ActiveDirectory_DomainService replication events to troubleshoot the problem.

如果此项测试失败，就打开事件查看器，并且在目录服务日志中检查错误。使用ActiveDirectory_DomainService replication events中的信息解决问题。

5.5.7.10 验证操作主机的可用性

可以使用这个过程验证承担操作主机（也称为灵活的单主机操作或FSMO）角色的域控制器是可以被找到，并且在线，可以给出响应。

可以在安装活动目录服务（AD DS）及其后面的功能之前使用本过程中的测试。不过，如果在安装AD DS之前执行这个过程，必须完成以下工作：

- 首先，使用服务管理器添加Active Directory域服务服务器角色。安装过程的这一部分安装Dcdiag.exe命令行工具。添加服务器角色之后，运行Dcpromo.exe之前执行验证操作主机的可用性。
- 使用/s命令参数表示新域控制器中已经存在的域控制器的名称。验证服务器连接到域中和森林中的操作主机角色的能力时，这个域控制器是需要的。

安装AD DS后，如果进行本测试是不需要使用/s选项的。测试在执行测试的本地域控制器上自动运行。该过程中的命令会显示/s选项。如果安装AD DS后进行该测试，可以忽略/s选项。欲知更多关于该命令的响应细节，可以通过在命令末尾添加/v使用详细选项。

完成这个验证的过程最低需要 Domain Admins 或者类似组中的成员身份，或者是被委派了适当的权限的用户。

验证操作主机的可用性的步骤如下：

（1）以管理员身份打开命令提示：在“Start”菜单上，右键单击“Command Prompt”，然后单击“Run as administrator”。如果“User Account Control”对话框出现，必要时提供域管理员凭据，然后单击“Continue”。

（2）在命令提示符下，键入以下命令，以确保操作主机可以找到，然后按 ENTER：

dcdiag /s:<DomainControllerName> /test:knowsofroleholders /v

其中<DomainControllerName>是要在其中添加新的域控制器的那个域中现有的域控制器的名称。详细选项提供了被测试的操作主机的详细列表。在靠近屏幕的底部，一条消息证实，测试成功。如果使用详细选项，仔细查看所显示输出的底部的一部分。

（3）键入以下命令，以确保操作主机都运作正常，并在网络上可用，然后按 ENTER：

dcdiag /s:<DomainControllerName> /test:fsmocheck

其中<DomainControllerName>是要在其中添加新的域控制器的那个域中的域控制器的名称。详细选项提供了被测试的操作主机以及其他重要的服务器，如全局目录服务器和时间服务器的详细列表。靠近屏幕底部，一条消息证实，测试成功。

如果测试失败，不要进行其他的尝试，直到解决阻止操作主机定位的问题并验证他们运行正常。

5.6 实现活动目录的物理结构

活动目录的物理结构是网络的重要组成部分，是实现网络连接和网络通信的基础，因此，实现活动目录的物理结构是至关重要的。

如果需要在远离中心站点的网络区域部署域控制器，则可以在 Active Directory 域服务中创建一个站点对象，使之代表远程区域中的局域网（LAN）。用户必须配置此站点，使其包括在远程 LAN 上分配的子网地址。在创建新的站点对象时，必须将该站点置于现有站点链接中。如果已经有多个站点，则需要创建其他站点链接，以将新站点连接到现有站点。

创建新站点之后，在将“Active Directory 域服务”服务器角色添加到具有映射到该站点的 IP 地址的服务器时，可以指定根据其 IP 地址在站点中创建新域控制器的服务器对象。作为一种替代方案，可以选择新域控制器的站点，然后将其 IP 地址配置为映射到该站点子网的地址。

要实现物理结构，必须先满足如下要求：

（1）一个或多个网络地址（形式为网络地址/前缀）。在创建子网时，这些地址形成子网对象名。

（2）一个站点链接。若要创建站点，必须将新站点添加到现有站点链接中。如果不存在其他站点链接，则可以使用默认站点链接（DEFAULTIPSITELINK）。如果有两个以上的现有站点，并想再添加一个站点，则可以将该站点添加到现有的站点链接，然后创建一个新站点链接，并将新站点与该站点链接相关联。在多数情况下，可以随后从旧站点链接中删除该新站点。

（3）可用于通过站点链接进行复制的传输协议。当站点之间广域网（WAN）链接可用时，请使用 IP 传输。当连接有间断或者端到端 IP 连接不可用时，可以使用简单邮件传输协议（SMTP）向站点复制。

5.6.1 站点、子网和站点链接

站点、子网和站点链接是活动目录物理结构中的重要概念，加深对这些概念的理解有助于实现和管理物理结构，也有助于管理整个 Active Directory 域服务。

1. 站点概述

在 AD DS 中的站点代表企业网络的物理结构或拓扑。AD DS 使用作为站点、子网和站点链接对象存储在目录中的网络拓扑信息，构建最有效的复制拓扑。复制拓扑本身由启用从源域控制器到存储连接对象的目标域控制器的入站复制的连接对象集组成。知识一致性检查器（KCC）将在每个域控制器上自动创建这些连接对象。

可以使用 Active Directory 站点和服务管理单元管理合并影响复制拓扑的站点、子网和站点链接对象。

区分站点和域很重要。站点代表网络的物理结构，而域代表组织的逻辑结构。

2. 使用站点

域控制器和使用站点的其他服务器在 AD DS 中发布服务器对象以利用站点提供的良好网络连接。根据需要存储域数据的位置，将域控制器置入站点。例如，如果域中没有用户在物理上位于某一站点中，则没有理由将该域的域控制器放置在该站点中。

站点有助于网络系统进行多种活动，其中包括：

- **复制**。通过在站点内无论何时数据更新时复制信息及根据配置计划在站点间复制信息，AD DS 都会平衡最新目录信息与带宽优化的需要。
- **身份验证**。站点信息可使身份验证更加快速和高效。当客户端登录到域时，它首先请求其本地站点中的域控制器进行身份验证。通过建立站点，可以确保客户端使用最接近它们的域控制器进行身份验证，这会减少身份验证延迟和广域网络（WAN）连接上的流量。
- **服务位置**。其他服务（例如 Active Directory 证书服务（AD CS）、Exchange Server 和消息队列）使用 AD DS 存储可以使用站点和子网信息以使客户端能够更轻松地查找最接近的服务提供程序的对象。

3. 关联站点和子网

通过将一个站点与一个或多个子网相关联，为站点指定一组 IP 地址。

AD DS 中的术语“子网”没有单一路由器背后所有地址集的严格网络定义。对于 AD DS 子网的唯一要求是地址前缀符合 IP 版本 4（IPv4）或 IP 版本 6（IPv6）格式。

添加 Active Directory 域服务服务器角色来创建林中的第一个域控制器时，将在 AD DS 中创建一个名为 Default-First-Site-Name 的默认站点。只要此站点是目录中的唯一站点，添加到林的所有域控制器将被分配到此站点。但是如果森林将具有多个站点，则必须创建子网以将 IP 地址分配到 Default-First-Site-Name 以及所有其他站点。

4. 将计算机分配到站点

在 AD DS 中，通过应用程序或服务创建服务器对象，并根据其 IP 地址将它们置入站点。将 Active Directory 域服务服务器角色添加到服务器时，将在 AD DS 站点中创建一个服务器对象，该站点包含服务器的 IP 地址所映射到的子网。如果域控制器的 IP 地址没有映射到林中的任何站点，将在为 AD DS 提供复制源域控制器的站点中创建域控制器的服务器对象。默认情况下，不在 Default-First-Site-Name 中创建服务器对象，除非林中没有其他站点。对于客户端，将通过其在登录时的 IP 地址和子网掩码动态确定站点分配。

5. 通过站点查找域控制器

域控制器在识别其站点名称的域名称系统（DNS）中注册服务（SRV）资源记录。域控制器也在识别其 IP 地址的 DNS 中注册主机（A）资源记录。客户端请求域控制器时，它将其站点名称提供给 DNS。DNS 使用站点名称在该站点中（或在下一个最接近该客户端的站点中）查找域控制器。然后 DNS 向客户端提供域控制器的 IP 地址以用于连接域控制器。因此，确保向域控制器指定的 IP 地址映射到与各服务器对象的站点相关联的子网很重要。否则，客户端请求域控制器时，返回的 IP 地址可能是远处站点中的域控制器的 IP 地址。客户端连接远处站点时，结果可能减缓性能并给昂贵的 WAN 链接带来不必要的流量。

6. 使用站点链接和站点链接桥

为了使站点间的复制提高效率，在 Widows 2000 中，提出了站点链接和站点链接桥的概念，并要求根据物理链路的特性，合理地配置站点链接。

当用户配置站点间复制时，两个另外的对象可用来帮助控制复制拓扑：站点链接和站点链接桥。有效、可靠的复制拓扑依赖于站点链接和站点链接桥的配置。

（1）站点链接

站点链接是代表能以统一开销传输流量的站点间连接的对象。在配置站点链接时，必须为开销、复制频率和更改计划（时间表）指定确定的值。KCC 用这些值来管理站点间的复制。

例如，如果创建了名为 XYZ 的站点链接，它连接站点 X、站点 Y 和站点 Z，那么复制流量能在每两个站点（X 到 Y、X 到 Z、Y 到 X、Y 到 Z、Z 到 X 和 Z 到 Y）之间以相同的开销传送。

然而，如果用户有一站点 X，它与 Y 间有一慢速连接，与 Z 有一快速连接。那么就可以创建一个有反应慢速连接的值的站点链接 XY 和一个有反应快速连接的值的站点链接 XZ。

通过综合考虑站点和站点链接因素，可以为定义最优开销效率的复制而设计网络模型。

活动目录创建了一个名为 DEFAULTIPSITELINK 的缺省站点链接。如果用户不用手工方式创建新的站点链接或修改此缺省连接的设置，那么复制会用缺省站点链接值进行信息传送。

①开销

站点链接中的“开销”是一个任意的数。可以为站点链接指定开销值用来反映与每个连接有关的带宽，越高的开销值反映越慢的连接。用户可以把开销值设为从 1 到 32767 的数。在缺省状态下，站点链接开销为 100。

②复制频率

复制频率属性定义了复制的频率。复制时间间隔最少为 15 分钟，最多不超过 10080 分钟（即一个星期）。在缺省情况下，复制每三小时进行一次（时间间隔设置为 180 分钟）。

③更改计划

更改计划属性指定在哪段时间内站点链接可用。在缺省状态下，复制能在任何时间进行。用户可能想调整时间表使得复制避开行业应用程序产生的网络流量、业务运营时间以及在工作日内活动高峰时段进行。

时间表和时间间隔是一起使用的。复制只在时间表允许的时间内发生，并且在那些时间内它按时间间隔允许的频率发生。

（2）站点链接桥

站点链接桥是一个代表一个站点链接集合的对象，它们的所有站点都用相同的协议通信。

例如，创建使用基于 IP RPC 的开销为 2 的站点链接 XY 和使用基于 IP RPC 的开销为 4 的站点链接。站点链接桥 XYZ 把这两个站点链接连在一起。桥上的开销是累计的，从而从 X 到 Z 的一个消息（不是由直接站点链接连起来的）的开销是 2+4=6。

在缺省状态下，所有站点链接都被认为是传递的。也就是说，所有使用给定协议的站点链接实际上都属于同一个站点链接桥。在一个全路由 IP 网络中，不需要连接桥配置。如果用户的 IP 网络不是全路由的，那么用户可以为 IP 传输关闭传递站点链接特性，在这种情况下，用户必须人工配置站点链接桥。

站点链接和站点链接桥的关系如图 5-4 所示。

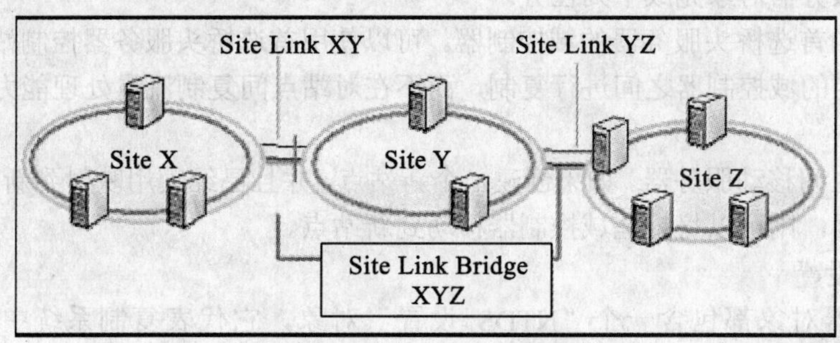

图 5-4　站点链接和站点链接桥

7. 将站点与站点链接相连接

网络通常由一组通过 WAN 连接的局域网（LAN）组成。在 AD DS 中，站点链接对象代表站点间的 WAN 连接。尽管站点内的复制将在目录更新发生时自动触发，站点间复制（通过更慢、更昂贵的 WAN 链接）计划每 3 小时发生一次。可以更改默认计划以在指定的期间和指定的间隔发生，以便可以控制 WAN 链接流量。

5.6.2　物理结构与复制

复制是活动目录中的一个非常重要的技术，在 4.1.2.3-4“多主复制”中阐述了复制的概念，其中说明了复制的作用。复制是建立在物理结构的基础上，并且与下列对象或概念密切相关。

1. 站点

在物理网络中，站点代表由高速网络（如局域网（LAN））连接的一组计算机。通常，同一物理站点中的所有计算机都处于同一建筑物或同一校园网络中。在 AD DS 中，站点对象代表物理站点中可以管理的一些方面，尤其是域控制器之间目录数据的复制。可以使用 Active Directory 站点和服务来管理代表位于这些站点中的站点和服务器的对象。

站点对象及其相关对象均被复制到一个 Active Directory 林中的所有域控制器。

站点对象位于站点容器中。可以使用站点对象完成下列任务：

- 创建新站点
- 通过使用组策略和权限委派对站点的控制

在每个站点中都存在一个“NTDS 站点设置”对象。此对象标识站点间拓扑生成器（ISTG）。ISTG 是从不同站点的域控制器生成连接对象的站点中的一个域控制器。它还执行高级复制管理任务。

2. 子网

子网对象标识站点中 IP 地址的范围。可以使用子网对象完成下列任务：

- 创建新子网
- 关联子网与站点
- 提供一个可以由组策略中打印机位置跟踪功能使用的站点位置

3. 服务器

在添加 Active Directory 域服务服务器角色时将自动创建服务器对象。服务器代表复制拓扑中的域控制器。

可以使用服务器对象完成下列任务：

- 标识充当首选桥头服务器的域控制器。可以使用首选桥头服务器控制站点间复制，以便仅在这些指定的域控制器之间进行复制，而不在对站点间复制流量处理能力不足的域控制器之间复制。
- 在站点之间移动服务器。如果创建一个新站点，并且已经使用映射到新站点的 IP 地址安装了域控制器，则可以将这些域控制器移动到新站点。

4. NTDS 设置

每个服务器对象都包含一个“NTDS 设置”对象，它代表复制系统中的域控制器。“NTDS 设置”对象存储连接对象，这使得在两个或多个域控制器之间进行复制成为可能。

可以使用“NTDS 设置”对象完成下列任务：

- 生成复制拓扑。“NTDS 设置”对象的 Check Replication Topology 命令向 ISTG 发出信号，以检查域控制器之间的所有连接，并根据需要添加或删除任何连接。
- 启用或禁用服务器上的全局编录。在启用全局编录时，域控制器将复制构成林中全局编录的只读目录分区。

5. 连接

站点中服务器的复制伙伴由连接对象标识。复制是沿一个方向进行的。服务器的连接对象包含有关向第一台服务器发送复制的其他服务器（“源”服务器）的信息。连接对象存储控制站点内复制的计划。默认情况下，它们每小时自动轮询一次复制伙伴是否有新的更改。对于站点间复制，连接对象从站点链接对象派生其计划，不需要用户管理连接对象上的计划。连接对象由复制系统自动生成。

可以使用连接对象完成下列任务：

- 标识站点中服务器的复制合作关系
- 如果不想等待计划的复制或者要通过某个连接测试复制，则可以通过此连接强制执行复制。

6. 站点链接

站点链接代表站点之间的复制流。可以通过配置以下站点属性来管理站点间复制：可以在哪个时段进行复制，在特定时段内的复制频率以及两个站点之间的首选路由。

可以使用站点链接对象完成下列任务：

- 添加和删除使用站点链接的站点

- 设置通过站点链接的复制成本，当存在可以将复制传递到目标站点的多个路由时，它确定通过此站点链接进行复制的可能性。
- 设置站点链接计划，它确定可以通过该站点链接进行复制的时间和日期。
- 设置复制间隔，它确定在可以进行复制时通过该站点链接的复制频率。

7. IP和SMTP站点间传输

复制使用远程过程调用（RPC）通过IP传输或简单邮件传输协议（SMTP）传输进行。在广域网（WAN）链接不可用的环境中，可以使用SMTP通过邮件发送复制。在此情况下，复制将根据邮件发送计划而不是站点链接计划进行复制。默认情况下，站点间复制使用IP传输协议传递复制数据包。可以使用IP和SMTP站点间传输容器完成下列任务：

- 创建站点链接。可以根据适应新站点的需要将站点链接添加到复制拓扑。
- 创建站点链接桥。在默认情况下，AD DS中的站点链接是相互桥接的，而且它们在大多数部署中不是必需的。

5.6.3 复制的工作原理

为说明活动目录的复制过程，假设有一个单位在跨越多站点广域网（WAN）的域中。这个广域网由北京的一个站点和武汉的一个站点组成，每个站点均有一个域控制器。

域控制器跟踪对其目录副本进行了哪些更改，同时还跟踪从其复制方的域控制器接收了哪些更改。如果北京的域控制器发现没有获得来自武汉域控制器的全部更改，它就会向武汉的域控制器请求新的更改，并且只能是新更改。

由于清楚地知道哪个目录信息已更改并且需要复制，因此可以很容易地更新已从网络上断开的域控制器。因为更改是按数字顺序而不是按时间顺序跟踪的，所以除最异常情况外（例如当解决冲突的更改时），其他情况都不需要同步时钟。

1. 防止不必要的复制

活动目录通过自动或手动创建目录中指定的网络连接来复制数据。这将会提供容错功能，但是活动目录也必须确保单一更改不会通过不同连接多次复制到相同的域控制器。例如，一旦北京的域控制器已应用从武汉的域控制器接收的更改内容，则它必须指示其新信息不应复制往回发送到更改的源位置，即武汉的域控制器。如果没有防止此类情况的发生，与此类似的复制循环将无限制地继续并毁坏网络。

活动目录通过跟踪更新对象中哪些属性已被更改以及对象的“原写入”属性递增的次数来防止这类情况的发生。递增“原写入”属性的更改表示客户对该对象所做的更改，这与复制更新目录信息时由活动目录进行的更改相反。当武汉的域控制器得到通知北京目录中的对象已更改时，它会检查是否此次更改设置了“原写入”属性。如果未设置，则对于武汉的目录不必复制这次的更改内容。

2. 解决冲突的更改

对于两个不同的用户，完全可能对完全相同的对象属性进行更改，并在任一更改复制完成之前使这些更改在处于相同域的两个不同域控制器上应用。在这种情况下，两种更改均被作为对域控制器的新更改进行复制，并且两者都递增其“原写入”属性。为解决这一问题，接收冲突更改的域控制器将检查每次更改的时间戳并接受最近时间戳的更改，放弃对旧时间戳的更改。如果时间戳冲突，则接受最高的全局唯一标识符（GUID）的更改。

3. 站间和站内数据交换格式

站间目录更新使用数据压缩以减少对网络资源的需要。压缩的数据可以更快地传输，但是要求有更高的计算速度来处理发送之前的压缩和接收时的解压缩。站内目录更新将被优化以降低对域控制器处理能力的要求，因此这些交换数据将不被压缩。不压缩的交换数据需要更多的网络资源但对处理能力的要求降低。

5.6.4 复制选项

活动目录为用户提供的复制特性由支持的协议和站点链接的配置共同决定，用户应该根据网络的分布情况和链路的质量合理地选择协议和合理地配置站点链接。

1. 复制协议

在 Windows 2000 活动目录中可以使用不同的网络协议如基于 IP 的 RPC（远程过程调用）和 SMTP（简单邮件传输协议）交换目录信息。在一个站点内，只有一个用于复制的协议。在多站点结构中，用户必须为站点间复制选择一个复制协议。

（1）SMTP 复制

SMTP 复制只用于在站点链接上的复制（站间），而不用于站点内的复制（站内）。由于 SMTP 是异步协议，因此它通常会忽略所有日程安排。因此，除非满足下列情况，否则不要在 SMTP 站点链接上配置站点链接复制的可用性。

站点链接使用预定的连接：

- SMTP 列队不在预定之中。
- 信息直接从一个服务器交换到另一个服务器，而不是通过中介，例如通过网络的以太主干网。

如果网络的 SMTP 连接满足这些条件，则同步 SMTP 站点链接复制计划和网络 SMTP 连接可用的时间。如果选择在站点链接上使用 SMTP，则必须安装和配置企业证书颁发机构。证书颁发机构（CA）签发域控制器之间交换的 SMTP 消息，以确保目录更新内容的真实性。SMTP 复制使用 56 位加密。

（2）IP 复制

IP 复制使用远程程序调用（RPC）在站点链接（站间）上和站点内（站内）进行复制。

2. 复制协议的选择

（1）站点内复制

活动目录复制为站点内复制则应使用基于 IP 的远程过程调用（RPC）。RPC 是一个客户/服务通信的工业标准协议，它与大部分类型的网络兼容。RPC 为站点内复制提供了统一的、高速的连通性。

（2）站点间复制

要注意的是，活动目录站点和服务为站点内连接协议标记 RPC，为站点间复制协议标记 IP。而实际上，两个标记都表示连接使用的是基于 IP 的 RPC。

默认的站点间 AD DS 复制传输是通过 IP 的远程过程调用（RPC）。Active Directory 站点和服务中的 IP 容器包含一些代表站点链接的对象，这些对象使用通过 IP 的 RPC 打包并在站点之间传输复制数据。为确保数据在站点之间传输时的安全性，通过 IP 的 RPC 复制同时使用身份验证（采用 Kerberos V5 身份验证协议）和数据加密。

当直接或可靠的 IP 连接不可用时，可以将站点之间的复制配置为使用简单邮件传输协议

（SMTP）。不过，SMTP 复制功能限制在非域复制（架构、配置和全局编录更新）范围内。在站点链接上使用时，还需要企业证书颁发机构（CA）。在 Windows Server 2008 R2 中，站点间消息的 SMTP 组件是可选的。必须添加它才能使用 SMTP 进行复制。

5.6.5 创建站点

当企业人员和机构是分散在多个相距较远的地理位置时，仅仅使用建立根域时系统自动建立的缺省站点不能反映企业网络的分布情况，必须还要创建新的站点。可以使用 Active Directory 站点和服务管理单元创建新站点，若要执行此过程，操作者必须是林中的 Enterprise Admins 组或林根域中的 Domain Admins 组的成员，或者必须被委派了适当的权限。作为安全性最佳操作，请使用“以管理员身份运行”执行此过程。管理 Active Directory 域服务（AD DS）时，请使用最低级别的用户账户登录并使用管理凭据。

创建站点的步骤如下：

（1）单击“开始”、“管理工具”和“Active Directory 站点和服务”。

（2）在控制台树中，右键单击“站点”，然后单击“新建”，“站点”。

（3）在“新建对象-站点”对话框的“名称”栏目中，键入新站点的名称。如图 5-5 所示。

（4）在“链接名称”栏目中，单击预先建立的站点链接对象或者缺省的站点链接，然后单击“确定”。

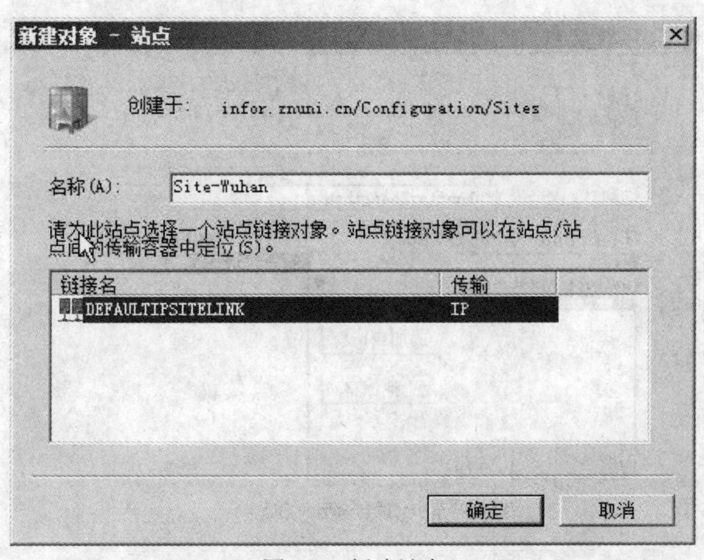

图 5-5 新建站点

5.6.6 创建子网

可以使用 Active Directory 站点和服务管理单元来创建新子网。创建子网的步骤如下：

（1）打开“Active Directory 站点和服务”。

（2）在控制台树中，双击“站点”，右键单击“子网”，然后单击“新建子网”。

（3）在“前缀”中，键入 IP 版本 4（IPv4）或 IP 版本 6（IPv6）子网前缀。

（4）在“为此前缀选择一个站点对象”中，单击要与此子网关联的站点，然后单击“确定”。

执行此过程的管理凭据要求与中创建新站点相同。

5.6.7 创建和配置站点链接

站点链接映射站点间的复制连接。用户在为网络配置好站点以后，就必须在活动目录中建立站点链接来映射站点间的连接。

可以使用 Active Directory 站点和服务管理单元创建新站点链接，步骤如下：

（1）打开“Active Directory 站点和服务”。

（2）在控制台树中，展开“Sites”，展开“Inter-Site Transports”，右键单击要使站点链接使用的站点间传输协议。

（3）单击“新站点链接”。

（4）在“名称”中，键入站点链接的名称。

（5）在“不在此站点链接中的站点”中，单击站点以添加站点链接，然后单击“添加”。重复以上步骤，以向站点链接中添加更多站点。若要从站点链接删除站点，可在“此链接中的站点”中，单击该站点，然后单击“删除”。图 5-6 显示了创建武汉到郑州的站点链接。

（6）添加了要通过此站点链接连接的站点后，请单击“确定”。

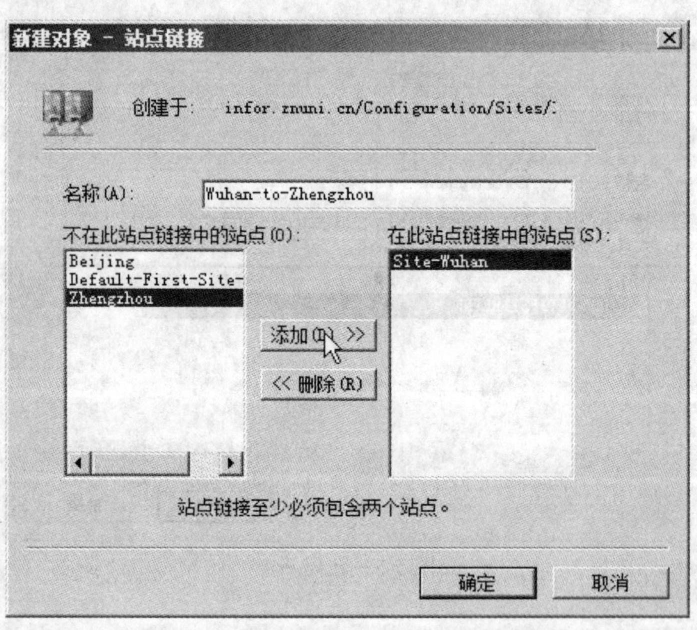

图 5-6 创建站点链接

除非企业的网络具有的远程站点其网络连接存在间歇性或者端对端 IP 连接不可用，否则应使用 IP 站点间传输。简单邮件传输协议（SMTP）复制具有不适用于 IP 复制的限制。

开销、复制频率和更改计划时间表是站点链接的属性。当用户创建站点链接时，这些属性被设置为缺省值（开销为 100，复制频率为 3 小时，根据需要，用户可以配置这两个属性的值。更改计划是指复制的时间表，在缺省情况下，时间表上的任何一段时间都可复制，用户可以根据企业中工作运行的规则设置时间表。

配置站点链接属性的步骤如下：

（1）打开“Active Directory 站点和服务”。

（2）在控制台树中，展开“Sites”，展开“Inter-Site Transports”。

（3）选中站点链接使用的站点间传输协议“IP”或“SMTP”。

（4）在右边的窗口中右击需要配置的站点链接，完后单击“属性”。

（5）在“属性”对话框的“常规”标签上，按照需要改变开销、复制频率的值和设定复制时间表，然后单击“确定”。如图 5-7 所示。

执行此过程的管理凭据要求与创建新站点相同。

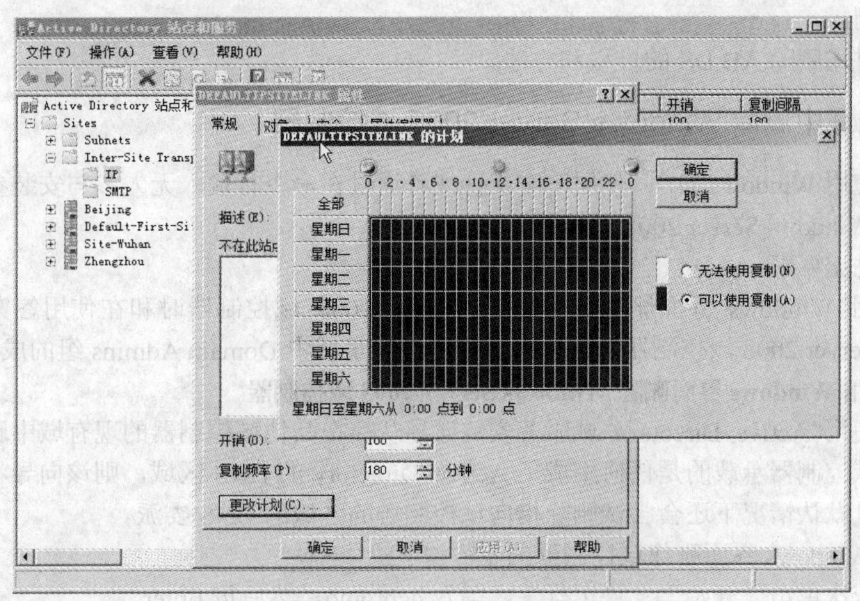

图 5-7　创建站点链接

5.6.8　向站点链接添加站点或从中删除站点

将站点和站点链接添加到林中时，可能要创建一个条件，即将相同的站点添加到两个站点链接。也可能要创建这样一个条件，即站点链接不包含要求通过站点链接复制的所有站点。可以使用 Active Directory 站点和服务管理单元将站点添加到站点链接以及从站点链接删除站点。

执行此过程的管理凭据要求与创建新站点相同。

将站点添加到站点链接或从站点链接删除站点的步骤如下：

（1）打开“Active Directory 站点和服务”。

（2）在控制台树中，单击站点间传输文件夹，该文件夹包含要在其中添加或删除站点的站点链接。

（3）在详细信息窗格中，右键单击要在其中添加或删除站点的站点链接，然后单击“属性”。

（4）在相应的列表中，单击要添加到此站点链接或从此站点链接删除的站点，然后分别单击“添加”或“删除”。

5.7 删除 AD DS 的步骤

以下部分提供了删除采用所有配置的 Active Directory 域服务（AD DS）的方法，包括在完整安装的 Windows Server 2008 操作系统和服务器核心安装的 Windows Server 2008 操作系统上删除服务器角色的方法。这些方法使用 Windows 界面、答案文件以及命令行。

服务器核心安装需要采用无人参与的方法删除 AD DS。对于运行完整安装的 Windows Server 2008 或服务器核心安装的 Windows Server 2008 的服务器，执行无人参与删除 AD DS 的过程相同。

本节讲述删除 AD DS 的过程和方法。

5.7.1 从域中删除 Windows Server 2008 域控制器

可以使用 Windows 界面、使用答案文件或者通过在命令行输入无人参与安装参数这三种方法删除 Windows Server 2008 域控制器。

管理凭据要求

在使用 Windows 界面删除 Windows Server 2008 域控制器时和在使用答案文件删除 Windows Server 2008 域控制器时，要求操作者必须是域中 Domain Admins 组的成员。

1. 使用 Windows 界面删除 Windows Server 2008 域控制器

可以使用 Active Directory 域服务安装向导从存在其他域控制器的现有域中删除域控制器。如果域控制器承载的是任何集成了 Active Directory 的 DNS 区域，则该向导将删除这些区域，并且默认情况下还会尝试删除指向域控制器的区域的 DNS 委派。

使用 Windows 界面删除域控制器的步骤如下：

（1）依次单击“开始”、“运行”，键入 dcpromo，然后按 Enter。

（2）在“欢迎使用 Active Directory 域服务安装向导”页面上，单击“下一步”。

（3）如果该域控制器是全局目录服务器，则会出现一条消息，警告从环境中删除全局目录服务器的后果。单击“确定”继续。

（4）在“删除域”页上，不进行任何选择，然后单击“下一步”。

（5）如果该域控制器具有应用程序目录分区，则在“应用程序目录分区”页上，查看列表中的应用程序目录分区，然后按照如下方式删除或保留应用程序目录分区：

- 如果不想保留存储在域控制器上的任何应用程序目录分区，请单击“下一步”。
- 如果想保留某个应用程序已经在域控制器上创建的某个应用程序目录分区，则使用创建该分区的应用程序删除它，然后单击“刷新”以更新列表。

（6）如果出现“确认删除”页，请选择删除域控制器上所有应用程序目录分区的选项，然后单击“下一步”。

（7）在“删除 DNS 委派”页面上，确认选中了“删除指向此服务器的 DNS 委派”复选框，然后单击“下一步”。

（8）如有必要，请为承载 DNS 区域（其中包含服务器的 DNS 委派）的服务器输入管理凭据，然后单击“确定”。

（9）在“管理员密码”页面上，为本地 Administrator 账户键入安全密码并确认，然后单击“下一步”。

（10）在“摘要”页上，若要将所选择的设置保存到可用来自动执行以后的 Active Directory 域服务（AD DS）操作的答案文件中，请单击“导出设置”。键入答案文件名，然后单击“保存”。查看选择，然后单击“下一步”以删除 AD DS。

（11）在“完成 Active Directory 域服务安装向导”页上，单击“完成”。

（12）可以选中“完成后重新启动”复选框以使服务器自动重新启动，也可以在系统提示执行此操作时重新启动服务器以完成对 AD DS 的删除。

2. 使用答案文件删除 Windows Server 2008 域控制器

用来从存在其他域控制器的域中删除域控制器的答案文件仅需要 Domain Admin 凭据。还可以为成员服务器的本地 Administrator 账户创建密码。如果未在答案文件中指定密码，则管理员密码为空。

创建用于删除域控制器的答案文件的步骤如下：

（1）打开记事本或任何文本编辑器。

（2）在第一行上，键入[DCINSTALL]，然后按 Enter。

（3）创建下列条目，每行一个条目：有关删除 AD DS 的参数完整列表，请参阅降级操作或在命令行键入 dcpromo /?:Demotion。

username=<域中的管理账户>
userdomain=<管理账户的域名>
password=<UserName 中账户的密码>
administratorpassword=<服务器的本地管理员密码>
removeapplicationpartitions=yes
removeDNSDelegation=yes
DNSDelegationUserName=<包含 DNS 委派的 DNS 区域的 DNS 服务器管理账户>
DNSDelegationPassword=<DNS 服务器管理账户的密码>

（4）将答案文件保存到由 dcpromo 从中调用的安装服务器上的该位置，或将该答案文件保存到用于分发的网络共享文件夹或可移动介质。

（5）对于删除和安装域控制器来说，使用答案文件的 dcpromo 命令相同。使用过程“使用答案文件安装新的域控制器”删除域控制器。

3. 通过在命令行输入无人参与安装参数删除 Windows Server 2008 域控制器

用于在命令行输入无人参与安装参数的 dcpromo 命令与删除和安装域控制器的命令相同。使用过程“通过在命令行输入无人参与安装参数安装新的域控制器”删除域控制器，但是使用适用于从现有域删除域控制器的无人参与安装选项。

5.7.2 删除域中的最后一个 Windows Server 2008 域控制器

可以使用 Windows 界面、答案文件或者通过在命令行输入无人参与安装参数删除域中最后一个域控制器，该域可以是子域，也可以是域树。

管理凭据要求

使用 Windows 界面删除域中最后一个 Windows Server 2008 域控制器时，要求操作者必须是林中 Enterprise Admins 组的成员。使用答案文件删除域中最后一个 Windows Server 2008

域控制器时，要求操作者必须是父域中 Domain Admins 组的成员或者林中 Enterprise Admins 组的成员。

1. 使用 Windows 界面删除域中最后一个 Windows Server 2008 域控制器

Active Directory 域服务安装向导提供删除域所需的所有步骤。在删除域期间，Active Directory 域服务安装向导显示了存储在域控制器上的所有应用程序目录分区的列表。如果应用程序目录分区由 Active Directory 域服务（AD DS）之外的某个应用程序创建，则首先尝试使用该应用程序提供的相应工具来删除这些目录分区。如果该应用程序没有提供这样的工具，则可以让 Active Directory 域服务安装向导删除目录分区。

如果操作者删除 AD DS，则由 AD DS 创建的应用程序目录分区（如 DomainDNSZones 应用程序目录分区）将无法保留。

如果域控制器承载的是任何集成了 Active Directory 的 DNS 区域，则该向导将删除这些区域，并且默认情况下还会尝试删除指向域控制器的区域的 DNS 委派。

使用 Windows 界面删除域中最后一个域控制器的步骤与 5.6.1.1 节中所述的使用 Windows 界面删除 Windows Server 2008 域控制器的步骤大体相同，但也有一些差别，为了读者方便，此处仍然叙述完整的操作步骤。

使用 Windows 界面删除域中最后一个域控制器的步骤如下：

（1）依次单击“开始”、“运行”，键入 dcpromo，然后按 Enter。

（2）在“欢迎使用 Active Directory 域服务安装向导”页面上，单击“下一步”。

（3）在“删除域”页上，选择删除域的选项。继续之前，如果必要，请先阅读有关管理删除加密密钥和解密使用加密文件系统（EFS）加密的文件的说明，然后再执行这些操作。确保完成了所有安全任务之后，单击“下一步”。

（4）如果该域控制器具有应用程序目录分区，则在“应用程序目录分区”页上，查看列表中的应用程序目录分区，然后按照如下方式删除或保留应用程序目录分区：

- 如果不想保留存储在域控制器上的任何应用程序目录分区，请单击“下一步”。
- 如果想保留某个应用程序已经在域控制器上创建的任何应用程序目录分区，则使用创建该分区的应用程序将其移除到另一个域控制器，然后单击“更新列表”以更新列表。

（5）在“确认删除”页上，选择删除域控制器上所有应用程序目录分区的选项，然后单击“下一步”。

（6）在“删除 DNS 委派”页面上，确认选中了“删除指向此服务器的 DNS 委派”复选框，然后单击“下一步”。

（7）如有必要，请为承载 DNS 区域（其中包含服务器的 DNS 委派）的服务器输入管理凭据，然后单击“确定”。

（8）在“网络凭据”页上：

- 如果操作者当前以 Enterprise Admins 成员的身份登录，则单击“下一步”。
- 如果操作者使用另一个账户登录，则单击“备用凭据”，单击“设置”，键入是 Enterprise Admins 组成员的账户的名称和密码，然后单击“下一步”。

（9）在“管理员密码”页面上，为本地 Administrator 账户键入安全密码并确认，然后单击“下一步”。

（10）在“摘要”页上，若要将所选择的设置保存到可用来自动执行以后的AD DS操作的答案文件，请单击“导出设置”。键入答案文件名，然后单击“保存”。查看选择，然后单击“下一步”以删除AD DS。

（11）在“完成Active Directory域服务安装向导”页上，单击“完成”。

（12）可以选中“完成后重新启动”复选框以使服务器自动重新启动，也可以在系统提示执行此操作时重新启动服务器以完成对AD DS的删除。

2. 使用答案文件删除域中最后一个Windows Server 2008域控制器

指定删除的是域中最后一个域控制器的答案文件必须包含此说明，并且必须指定父域。

创建用于删除域中最后一个域控制器的答案文件的步骤如下：

（1）在第一行上，键入[DCINSTALL]，然后按Enter。

（2）创建下列条目，每行一个条目：

UserName=<父域中的管理账户>

UserDomain=<UserName中账户的域名>

Password=<UserName 中账户的密码或*提示用户提供密码>

IsLastDCInDomain=yes

AdministratorPassword=<服务器的本地管理员密码>

RemoveApplicationPartitions=<如果想删除分区，则为 yes。如果想保留分区，则不需要该条目。>

removeDNSDelegation=yes

DNSDelegationUserName=<包含DNS委派的DNS区域的DNS服务器管理账户>

DNSDelegationPassword=<DNS服务器管理账户的密码>

（3）将答案文件保存到安装服务器上由Dcpromo从中调用该答案文件的位置，或将该答案文件保存到用于分发的网络共享或可移动介质。

（4）使用答案文件删除和安装域控制器的Dcpromo命令相同。使用过程“使用答案文件安装新的域控制器”删除域控制器。

3. 通过在命令行输入无人参与安装参数删除域中最后一个Windows Server 2008域控制器

用于在命令行输入无人参与安装参数的 dcpromo 命令与删除和安装域控制器的命令相同。使用过程“通过在命令行输入无人参与安装参数安装新的域控制器”删除域控制器，但是使用适用于删除域中最后一个域控制器的无人参与安装选项。

5.7.3 删除林中的最后一个Windows Server 2008域控制器

可以使用Windows界面、答案文件或者通过在命令行输入无人参与安装参数三种方法之一来删除Active Directory域服务（AD DS）林中最后一个域控制器。

管理凭据要求

使用Windows界面删除林中最后一个Windows Server 2008域控制器时，要求操作者必须是目录林根级域中Domain Admins组的成员或者林中Enterprise Admins组的成员。

1. 使用Windows界面删除林中最后一个Windows Server 2008域控制器

使用以下过程删除林。如果域控制器承载的是任何集成了Active Directory的DNS区域，则该向导将删除这些区域，并且默认情况下还会尝试删除指向域控制器的区域的DNS委派。

使用Windows界面删除林中最后一个域控制器的步骤如下：

（1）依次单击“开始”、“运行”，键入 dcpromo，然后按 Enter。

（2）在“欢迎使用 Active Directory 域服务安装向导”页上，单击“下一步”。

（3）在“删除域”页上，选择删除域和林的选项。继续之前，如果必要，先阅读有关管理删除加密密钥和解密使用 EFS 加密的文件的说明，然后再执行这些操作。确保完成了所有安全任务之后，单击“下一步”。

（4）如果该域控制器具有应用程序目录分区，则在“应用程序目录分区”页上，查看列表中的应用程序目录分区，然后按照如下方式删除或保留应用程序目录分区：

- 如果不想保留存储在域控制器上的任何应用程序目录分区，请单击“下一步”。
- 如果想保留某个应用程序已经在域控制器上创建的任何应用程序目录分区，则使用创建该分区的应用程序删除它，然后单击“更新列表”以更新列表。

（5）在“确认删除”页上，选择删除域控制器上所有应用程序目录分区的选项，然后单击“下一步”。

（6）在“删除 DNS 委派”页面上，确认选中了“删除指向此服务器的 DNS 委派”复选框，然后单击“下一步”。

（7）如有必要，请为承载 DNS 区域（其中包含服务器的 DNS 委派）的服务器输入管理凭据，然后单击“确定”。

（8）在“管理员密码”页面上，为本地 Administrator 账户键入安全密码并确认，然后单击“下一步”。

（9）在“摘要”页上，查看选择，然后单击“下一步”以删除 AD DS。

（10）提示时，重新启动服务器以完成删除 AD DS。

2. 使用答案文件删除林中最后一个 Windows Server 2008 域控制器

用于删除林中最后一个域控制器的 Dcpromo 无人参与安装选项与用于删除域中最后一个域控制器的无人参与安装选项相同。使用过程“创建用于删除域中最后一个域控制器的答案文件”创建用于删除林中最后一个域控制器的答案文件。使用过程“使用答案文件安装新的域控制器”删除域控制器。

3. 通过在命令行输入无人参与安装参数删除林中最后一个 Windows Server 2008 域控制器

用于在命令行输入无人参与安装参数的 dcpromo 命令与删除和安装域控制器的命令相同。使用过程“通过在命令行输入无人参与安装参数安装新的域控制器”删除域控制器，但是使用适用于删除域中最后一个域控制器的无人参与安装选项。由于正在删除的域是目录林根级域，因此删除域的选项实际上会删除林自身。

5.7.4 强制删除 Windows Server 2008 域控制器

此部分中的过程描述如何强制删除运行 Windows Server 2008 的域控制器。可以使用 Windows Server 2008 中的新功能强制删除域控制器，即使该域控制器已在目录服务还原模式下启动。

通常，只有当域控制器与其他域控制器没有连接时，才能强制删除该域控制器。由于在操作期间该域控制器无法联系其他域控制器，因此当删除域控制器时 AD DS 林元数据通常不会自动更新。删除域控制器之后，必须手动更新林元数据。

可以在命令行或使用答案文件强制删除域控制器。

通过命令行强制删除 Windows Server 2008 域控制器的步骤如下：

（1）在命令提示符下，键入以下内容，然后按 Enter：

dcpromo /forceremoval

如果域控制器托管任何操作主机角色，或者它是 DNS 服务器或全局目录服务器，则会出现警告，解释强制删除将如何影响其余环境。阅读每个警告之后，单击“是”。若要在删除操作之前抑制警告，请在命令行键入/demotefsmo:yes。

（2）在“欢迎使用 Active Directory 域服务安装向导”页上，单击“下一步”。

（3）在“强制删除 Active Directory 域服务”页上，查看有关强制删除 AD DS 和元数据清理要求的信息，然后单击“下一步”。

（4）在“管理员密码”页面上，为本地 Administrator 账户键入安全密码并确认，然后单击“下一步”。

（5）在“摘要”页上，检查选择。如有必要，请单击“上一步”更改任何选项。

若要将选择的设置保存到答案文件以便以后自动执行AD DS操作，请单击“导出设置”。键入答案文件名，然后单击“保存”。

确认所做选择正确无误之后，请单击“下一步”删除 AD DS。

（6）可以选中“完成后重新启动”复选框以使服务器自动重新启动，也可以在系统提示执行此操作时重新启动服务器以完成对 AD DS 的删除。

5.8 无人参与安装参数附录

此附录中的表提供在提升操作、CreateDCAccount 操作、UseExistingAccount 操作和降级操作中创建用于自动安装或删除 AD DS 的答案文件所需的信息，提供无人参与安装返回代码。

Dcpromo.exe 接受直接来自命令行的参数或在采用标准.INI 格式的文本文件中输入的参数。该文本文件必须包含一个标题为[DCINSTALL]的部分，后面紧跟 AD DS（域控制器）服务器角色无人参与安装参数。

创建一个文本文件，该文件包含[DCINSTALL]标题并且文件中的每一行都包含一个选项及其值（采用 option=value 格式）。若要直接从命令行使用选项，请在每个 option:value 对前加正斜杠 (/) 并用空格分隔每个/option=value 对。在命令行上，还可以使用冒号 (:) 来分隔选项和值 (/option:value)。

下面是应答文本文件中的示例行：

```
[DCINSTALL]
UserName=Jsmith
Password=*
SiteName=NorthRegion
```

下面是在 Dcpromo.exe 命令行中键入的相同选项的示例集：

```
dcpromo /unattend /username:Jsmith /password:* /sitename:NorthRegion ...
```

5.8.1 提升操作

在 Windows Server 2008 和 Windows Server 2008 R2 的 Active Directory 域服务（AD DS）

无人参与安装过程中，提升操作可以使用表 5-9 所示的选项。在 Windows Server 2008 中新建的选项以加粗文本显示。

表 5-9 **提升操作使用的选项**

参 数	可能值	默认值	描 述
/AllowDomainReinstall	Yes | No	No	指定是否重新创建现有域
/AllowDomainControllerRe-install	Yes | No	No	指定在检测到具有相同名称的活动域控制器账户的情况下是否继续安装此域控制器。只有在确定该账户不再使用时，才指定 Yes
/ApplicationPartitionsToRe-plicate	"partition_DN_1 partition_DN_2 ...partition_DN_n"		以“partition1”“partition2”格式指定要复制的应用程序分区。如果指定*，则复制所有应用程序分区。使用以空格分隔（或以逗号和空格分隔）的可分辨名称，将整个字符串都包含在引号中
/AutoconfigDNS 该参数已被重命名为 /InstallDNS。	Yes | No	根据环境自动进行计算	如果 Dcpromo 检测到 DNS 动态更新协议不可用，或 Dcpromo 检测到用于现有域的 DNS 服务器的数量不足，则指定是否为新域配置域名系统（DNS）
/ChildName	child_domain_name		指定子域的单标签 DNS 名称
/ConfirmGc	Yes | No		指定该域控制器是否为全局目录服务器
/CreateDNSDelegation	Yes | No	根据环境自动进行计算	指明是否创建参考此新 DNS 服务器的 DNS 委派。仅对 Active Directory 集成的 DNS 有效
/CriticalReplicationOnly	Yes | No	No	指定提升操作是否在重新启动前只执行关键复制，然后继续操作，跳过复制非关键（可能很长）部分。将在角色安装完成且计算机重新启动之后进行非关键复制
/DatabasePath	path_to_database_files	%systemroot%\NTDS	指定指向本地计算机（包含域数据库）固定磁盘上目录的完全限定的非通用命名约定（UNC）路径，例如，C:\Windows\NTDS

续表

参 数	可能值	默认值	描 述
/DelegatedAdmin	用户或组		指定将安装和管理只读域控制器（RODC）的用户或组的名称。如果未指定值，则只有 Domain Admins 组或 Enterprise Admins 组的成员才能安装和管理 RODC
/DNSDelegationPassword	密码 | *		指定用于创建或删除 DNS 委派的用户名（账户凭据）的密码。指定 * 以提示用户输入凭据
/DNSDelegationUserName	user_name		指定将在创建或删除 DNS 委派时使用的用户名。如果未指定值，则使用为 AD DS 安装或删除指定的账户凭据进行 DNS 委派
/DNSOnNetwork	Yes | No	Yes	指定 DNS 服务器服务是否在网络上可用。仅在未使用用于名称解析的 DNS 服务器的名称来配置此计算机的网络适配器时使用此参数。指定 No 表明此 DNS 服务器将安装在用于名称解析的计算机上。否则，必须先使用 DNS 服务器名称对网络适配器进行配置
/DomainLevel	0 | 2 | 3 | 4	基于当前林功能级别	当在现有林中新建域时，按照如下方式指定域功能级别： 0 = Windows 2000 本机模式 2 = Windows Server 2003 3 = Windows Server 2008 4 = Windows Server 2008 R2
/DomainNetBiosName	domain_NetBIOS_name	DNS 名称的最左边标签	将 NetBIOS 名称分配给新域
/ForestLevel	0 | 2 | 3 | 4	0（对于 Windows Server 2008） 2（对于 Windows Server 2008 R2）	当在新林中新建域时，按照如下方式指定林功能级别： 0 = Windows 2000 2 = Windows Server 2003 3 = Windows Server 2008 4 = Windows Server 2008 R2 在 Windows Server 2003 中 ForestLevel 替换 SetForestVersion。当在现有林中安装域控制器时，请勿使用此开关

续表

参 数	可能值	默认值	描 述
/InstallDNS 此开关替换 /AutoConfigDNS	Yes | No	根据环境自动进行计算	如果 Dcpromo 检测到 DNS 动态更新协议不可用，或 Dcpromo 检测到用于现有域的 DNS 服务器的数量不足，则指定是否为新域配置 DNS
/LogPath	Path_to_log_files	%systemroot%\ NTDS	指定指向本地计算机（包含域日志文件）固定磁盘上目录的完全限定的非 UNC 路径，例如，C:\Windows\NTDS
/NewDomain	Forest | Tree | Child	Forest	指定新域的类型： ● 新林的根域 ● 现有林中新树的根域 ● 现有林中的子域 在 Windows 服务器核心安装上安装 AD DS 后，必须指定新域的类型
/NewDomainDNSName	DNS_domain_name		为新域指定完全限定的域名(FQDN)
/ParentDomainDNSName	DNS_domain_name		安装子域时，指定现有父域的 FQDN
/Password	密码 |*		指定与用于提升域控制器的用户名（账户凭据）对应的密码。指定 * 以提示用户输入凭据
/PasswordReplicationAllowed	Security_Principal | NONE		指定其密码可以复制到此 RODC 的计算机和用户账户的名称。如果想使该值为空，则指定 None。默认情况下，将不在此 RODC 上缓存用户凭据。若要指定多个安全主体，就要多次添加该条目
/PasswordReplicationDenied	Security_Principal | NONE		指定其密码不复制到此 RODC 的用户、组和计算机账户的名称。如果不希望拒绝复制任何用户或计算机的凭据，则指定 None。若要指定多个安全主体，就要多次添加该条目

续表

参　数	可能值	默认值	描　述
/RebootOnCompletion	Yes | No	Yes	指定操作完成后（无论是否成功）是否重新启动计算机
/RebootOnSuccess	Yes | No| NoAndNoPromptEither 此命令已弃用，但是仍受到支持。应使用/RebootOnCompletion	Yes	指定操作成功完成后是否重新启动计算机
/ReplicaDomainDNSName	DNS_domain_name		指定要在其中提升其他域控制器的域的 FQDN
/ReplicaOrNewDomain	副本 | ReadOnlyReplica | 域	副本	指定是否将域控制器安装为： • 现有域中的其他域控制器 • 现有域中的 RODC • 新域中的第一个域控制器
/ReplicationSourceDC	DNS_name_of_source		表示伙伴域控制器的 FQDN，通过该域控制器可以复制 Active Directory 数据以创建新域控制器
/ReplicationSourcePath	path_to_installation_media		指明用于安装新域控制器的安装介质的位置
/SafeModeAdminPassword	密码 | NONE		当以安全模式或安全模式的变量[如目录服务还原模式 (DSRM)]启动计算机时使用的管理员账户的密码。密码不能为空
/SiteName	site_name	请参阅此表下面的说明	可以在其中放置新域控制器的现有站点的名称
/SkipAutoConfigDNS	不需要任何值		此开关适用于希望跳过客户端设置、转发器及根提示自动配置的专家用户。此开关仅在服务器上已安装 DNS 服务器服务时有效，在这种情况下，将收到一条确认跳过 DNS 自动配置的信息性消息。否则，忽略此开关。如果指定此开关，请在安装 AD DS 之前，确保已创建并正确配置该区域；否则，此域控制器将无法正常运行。此开关不跳过在父 DNS 区域中自动创建 DNS 委派。若要控制 DNS 委派创建，请使用/CreateDNSDelegation 开关

续表

参 数	可能值	默认值	描 述
/Syskey	NONE | 系统密钥		指定从中复制数据的介质的系统密钥
/SysVolPath	path_to_SYSVOL_folder	%systemroot %\ sysvol	指定指向本地计算机固定磁盘上目录的完全限定的非 UNC 路径，例如，C:\Windows\SYSVOL
/TransferIMRoleIfNeeded	Yes | No	No	如果基础结构主机角色当前位于全局目录服务器上，并且不准备使此域控制器成为全局目录服务器，请指定是否将此角色传送到该域控制器。如果需要，请选择 Yes 将基础结构主机角色传输到此域控制器。如果选择 Yes，请确保指定/ConfirmGC:No
/UserDomain	domain_name		指定用于提升域控制器的用户名（账户凭据）的域名。
/UserName	Domain\user_name		指定用于提升域控制器的用户名（账户凭据）。建议以 domain\user_name 格式指定账户凭据

/SiteName 参数的默认值取决于安装类型。新林的默认值为 Default-First-Site-Name。对于所有其他可写域控制器安装，默认值是与包含此服务器的 IP 地址的子网关联的站点。如果不存在这样的站点，则默认值是复制源域控制器的站点。对于 RODC 安装，必须指定将在其中安装 RODC 的站点名称。

5.8.2 CreateDCAccount 操作

在无人参与安装 AD DS 期间，表 5-10 所示的选项可用于 CreateDCAccount 操作。在 Windows Server 2008 中新建的选项以加粗文本显示。

表 5-10 CreateDCAccount 操作的选项

参 数	可能值	默认值	描 述
/AutoconfigDNS 该参数已被重命名为 /InstallDNS	Yes | No	根据环境进行计算	如果 Dcpromo 检测到 DNS 动态更新协议不可用，或 Dcpromo 检测到用于现有域的 DNS 服务器的数量不足，则指定是否为新域配置 DNS

续表

参　数	可能值	默认值	描　述
/ConfirmGc	Yes | No	Yes，除非是在新子域或新域树中创建第一个域控制器	指定该域控制器是否为全局目录服务器
/DCAccountName	要创建的域控制器账户的名称		指定正在创建的RODC账户的名称
/DelegatedAdmin	用户或组		指定将安装和管理RODC的用户或组的名称。如果未指定值，则只有Domain Admins组或Enterprise Admins组的成员才能安装和管理RODC
/InstallDNS 此开关替换 /AutoConfigDNS	Yes | No	根据环境进行计算	如果Dcpromo检测到DNS动态更新协议不可用，或Dcpromo检测到用于现有域的DNS服务器的数量不足，则指定是否为新域配置DNS
/Password	密码		指定与用于提升域控制器的用户名（账户凭据）对应的密码
/PasswordReplication Allowed	Security_Principal |NONE		指定其密码可以复制到此RODC的计算机和用户账户的名称。如果想使该值为空，请指定None。默认情况下，将不在此RODC上缓存用户凭据。若要指定多个安全主体，请多次添加该条目
/PasswordReplication Denied	Security_Principal |NONE		指定其密码不复制到此RODC的用户、组和计算机账户的名称。如果不希望拒绝复制任何用户或计算机的凭据，则指定None。若要指定多个安全主体，就要多次添加该条目
/ReplicaDomainDNSName	DNS_domain_name		指定要在其中提升其他域控制器的域的FQDN
/ReplicationSourceDC	DNS_name_of_source		表示伙伴域控制器的FQDN，通过该域控制器可以复制AD DS数据以创建新域控制器
/SiteName	site_name	请参阅此表下面的说明	可以在其中放置新域控制器的现有站点的名称
/UserDomain	domain_name		指定用于提升域控制器的用户名（账户凭据）的域名
/UserName	Domain\user_name		指定用于提升域控制器的用户名（账户凭据）。建议以domain\user_name格式指定账户凭据

/SiteName 参数的默认值与前面 5.8.1 提升操作中所述情况相同。

5.8.3 UseExistingAccount 操作

在无人参与安装 AD DS 期间，UseExistingAccount 操作可以使用表 5-11 所示的选项。在 Windows Server 2008 中新建的选项以加粗文本显示。

表 5-11 UseExistingAccount 操作的选项

参　数	可能值	默认值	描　述
/ApplicationPartitionsToReplicate	"partition_DN_1 partition_DN_2 ...partition_DN_n"		以 "partition1" "partition2" 格式指定要复制的应用程序分区。如果指定 *，则复制所有应用程序分区。使用以空格分隔（或以逗号和空格分隔）的可分辨名称，将整个字符串都包含在引号中
/CriticalReplicationOnly	Yes | No	No	指定提升操作是否在重新启动前只执行关键复制，然后继续操作，跳过复制非关键（可能很长）部分。将在角色安装完成且计算机重新启动之后进行非关键复制
/DatabasePath	path_to_database_files	%systemroot %\NTDS	指定指向本地计算机(包含域数据库)固定磁盘上目录的完全限定的非 UNC 路径。例如，C:\Windows\NTDS
/DNSOnNetwork	Yes | No	Yes	指定 DNS 服务是否在网络上可用。仅在未使用用于名称解析的 DNS 服务器的名称来配置此计算机的网络适配器时使用该服务。指定 No 表明此 DNS 服务器将安装在用于名称解析的计算机上。否则，必须先使用 DNS 服务器名称对网络适配器进行配置
/LogPath	Path_to_log_files	%systemroot %\ NTDS	指定指向本地计算机（包含域日志文件）固定磁盘上目录的完全限定的非 UNC 路径，例如，C:\Windows\NTDS

续表

参 数	可能值	默认值	描 述
/Password	密码		指定与用于提升域控制器的用户名（账户凭据）对应的密码
/RebootOnCompletion	Yes | No	Yes	指定操作完成后（无论是否成功）是否重新启动计算机
/RebootOnSuccess	Yes | No	Yes	指定操作成功完成后是否重新启动计算机
/ReplicaDomainDNSName	DNS_domain_name		指定要在其中提升其他域控制器的域的 FQDN
/ReplicationSourceDC	DNS_name_of_source		表示伙伴域控制器的 FQDN，通过该域控制器可以复制 AD DS 数据以创建新域控制器
/ReplicationSourcePath	path_to_installation_media		指明用于安装新域控制器的安装介质的位置
/SafeModeAdminPassword	密码 | NONE		当以安全模式或安全模式的变量（如目录服务还原模式）启动计算机时使用的管理员账户的密码。密码不能为空
/SkipAutoConfigDNS	不需要任何值		此开关适用于希望跳过客户端设置、转发器及根提示自动配置的专家用户。该开关仅在 DNS 服务器服务已安装到该服务器上时有效。如果指定此开关，请在安装 AD DS 之前，确保已创建并正确配置该区域；否则，此域控制器将无法正常运行。如果未在此服务器上安装 DNS 服务器服务，就忽略该开关
/Syskey	NONE | 系统密钥		指定从中复制数据的介质的系统密钥
/SysVolPath	path_to_SYSVOL_folder	%systemroot %\ sysvol	指定指向本地计算机固定磁盘上目录的完全限定的非 UNC 路径，例如，C:\\Windows\SYSVOL

续表

参　数	可能值	默认值	描　述
/UserDomain	domain_name		指定用于提升域控制器的用户名（账户凭据）的域名
/UserName	Domain\user_name		指定用于提升域控制器的用户名（账户凭据）。建议以 domain\user_name 格式指定账户凭据

5.8.4 降级操作

表 5-12 中的新选项可用于无人参与删除 AD DS。Windows Server 2008 中的新选项以粗体显示。

表 5-12　　无人参与删除 AD DS 的选项

参　数	可能值	默认值	描　述
/AdministratorPassword	admin_password		在删除域控制器期间设置计算机的本地管理员密码
/DemoteFSMO	Yes | No	No	指明即使此域控制器包含操作主机角色，也应该继续强制删除
/DNSDelegationPassword	密码 | *		指定用于创建或删除 DNS 委派的用户名（账户凭据）的密码。指定 * 以提示用户输入凭据
/DNSDelegationUserName	User_name		指定将在创建或删除 DNS 委派时使用的用户名。如果未指定值，则使用为 AD DS 安装或删除指定的账户凭据进行 DNS 委派
/IgnoreIsLastDcInDomainMismatch	Yes | No	No	当指定了开关/IsLastDCInDomain:Yes 并且 Dcpromo 检测到域中实际上还存在另一个活动的域控制器时，或者当指定了开关/IsLastDCInDomain:No 并且 Dcpromo 无法联系域中的任何其他域控制器时，指定是否继续将此域控制器降级
/IgnoreIsLastDNSServerForZone	Yes | No	No	当此域控制器是其托管的一个或多个 Active Directory 集成的 DNS 区域的最后一个 DNS 服务器时，指定是否继续降级
/IsLastDCInDomain	Yes | No	No	指定正在被降级的计算机是否是域中的最后一个域控制器

计算机科学与技术专业规划教材

续表

参　　数	可能值	默认值	描　　述
/Password	密码 | *		指定与用于提升域控制器的用户名（账户凭据）对应的密码。指定 * 以提示用户输入凭据
/RebootOnCompletion	Yes | No	Yes	指定操作完成后（无论是否成功）是否重新启动计算机
/RebootOnSuccess	Yes | No| NoAndNoPromptEither	Yes	指定操作成功完成后是否重新启动计算机
/RemoveApplication Partitions	Yes | No	No	指定在删除域控制器期间是否删除应用程序目录分区
/RemoveDNSDelegation	Yes | No	Yes	指定是否从父 DNS 区域中删除指向此 DNS 服务器的 DNS 委派
/RetainDCMetadata	Yes | No	No	删除 AD DS 之后，保留域中的域控制器元数据以允许委派的管理员从 RODC 中删除 AD DS
/UserDomain	domain_name		指定用于提升域控制器的用户名（账户凭据）的域名
/UserName	Domain\user_name		指定用于提升域控制器的用户名（账户凭据）。建议以 domain\user_name 格式指定账户凭据

5.8.5　无人参与安装返回代码

当无人参与安装完成时，Dcpromo 会返回以下代码之一以指示用户操作的状态。未使用的数字会被保留以供未来使用。其中，1-10 = 成功返回代码，11-100 =失败返回代码。

成功返回代码

表 5-13 中的代码表示 AD DS 安装或删除操作成功完成。

表 5-13　　AD DS 安装或删除操作成功返回代码

值	情　　况	描　　述
1	ExitSuccess	操作成功
2	ExitSuccessNeedReboot	操作成功，必须手动重新启动服务器
3	ExitSuccessWithNonCriticalFailure	操作成功，但存在一个操作失败，例如 DNS 安装或委派配置失败。请检查 Dcpromoui 日志文件，并进一步进行调查
4	ExitSuccessWithNonCriticalFailure NeedReboot	操作成功，但存在一个操作失败，例如 DNS 安装或委派配置失败，并且必须重新手动启动服务器。请检查 Dcpromoui 日志文件，并进一步进行调查

计算机科学与技术专业规划教材

失败返回代码

表 5-14 中的代码表示 AD DS 安装或删除操作失败。

表 5-14 AD DS 安装或删除操作失败返回代码

值	情 况	描 述
11	ExitAlreadyRunning	Dcpromo 已经在运行
12	ExitMustBeAdministrator	用户必须是计算机上的本地管理员
13	ExitCertSvcInstalled	已安装 Active Directory 证书服务
14	ExitInSafeBootMode	服务器当前运行在安全模式下
15	ExitRoleChangePending	正在进行角色更改，或角色更改需要重新启动服务器
16	ExitIncorrectPlatform	服务器当前运行在错误的平台上
17	ExitNeedNTFS5Drive	没有为 NTFS 5 格式化驱动器
18	ExitInsufficientWinDirSpace	%windir% 空间不足
19	ExitNameChangeNeedsReboot	名称更改处于挂起状态，必须重新启动计算机
20	ExitBadComputerName	计算机名称使用的语法无效
21	ExitHoldsFSMOs	此域控制器具有操作主机角色，是一个全局目录服务器，或者是一个 DNS 服务器
22	ExitNeedToInstallTcpIp	必须安装 TCP/IP 或 TCP/IP 不能正常工作
23	ExitNeedToConfigDnsFirst	必须先配置 DNS 客户端
24	ExitBadCredentials	所提供的凭据无效或缺少必要的元素
25	ExitDcNotFound	找不到指定域的域控制器
26	ExitUnableReadDomainList	无法从林中读取域列表
27	ExitMustSpecifyDomain	域名缺失（父、子、树或林）
28	ExitBadDomainName	域名无效
29	ExitParentDomainNotExists	父域不存在
30	ExitDomainNotInForest	无法在林中找到指定域
31	ExitChildDomainExists	子域已存在
32	ExitBadNetbiosDomainName	NetBIOS 名称无效
33	ExitBadIFMPath	指向 IFM 文件的路径无效
34	ExitBadIFMDatabase	IFM 数据库已损坏
35	ExitNoSyskeyForIFM	IFM 数据库需要系统密钥
37	ExitBadDBPath	数据库路径或数据库日志路径无效
38	ExitInsuffSpaceForDB	卷没有足够的空间用于存放数据库或数据库日志
39	ExitBadSysVolPath	SYSVOL 路径无效
40	ExitBadSiteName	站点名称无效
41	ExitMustSpecifySafeModePwd	必须为安全模式指定一个密码
42	ExitBadSafeModePwd	安全模式密码不符合密码复杂性要求
43	ExitBadAdminPwd	管理员密码不符合要求

续表

值	情　况	描　述
44	ExitBadForestName	指定的林名称无效
45	ExitForestExists	具有指定名称的林已存在
46	ExitBadTreeName	指定的树名称无效
47	ExitTreeExists	具有指定名称的树已存在
48	ExitTreeNotFitInForest	树名称不适合林结构
49	ExitDomainNotExists	指定的域不存在
50	ExitLastDcMismatch	这不是最后一台域控制器，尽管已将其指示为最后一台域控制器；或者这是最后一台域控制器，尽管未将其指示为最后一台域控制器
51	ExitUnconfirmedAppPartitions	此域控制器上存在尚未批准删除的应用程序分区
52	ExitRequiredParameterMissing	未提供答案文件或命令行无人参与安装参数
53	ExitPromoDemotFailedNeedReboot	安装或删除失败，必须重新启动服务器
54	ExitPromoDemotFailed	安装或删除失败
55	ExitPromoDemoteFailedBecauseUserCancelled	安装或删除失败，因为用户已取消操作
56	ExitPromoDemotFailedBecauseUserCancelledNeedReboot	安装或删除失败，因为用户已取消操作。必须重新启动计算机才能返回之前的状态
57	ExitDomainReadOnlyReplicaGroupNotSpecified	操作员无法指定所需的 RODC 组（允许/拒绝）之一
58	ExitDomainReadOnlyReplicaSiteNotSpecified	操作员无法指定 RODC 的站点名称
59	ExitLastDnsServer	此域控制器是其中一个 Active Directory 集成区域的最后一台 DNS 服务器
61	ExitInstallDNSNotAllowed	无法在尚未承载 DNS 的现有域中安装带有 DNS 的 AD DS
62	ExitAnswerFileMissingSectionName	答案文件没有 [DCInstall] 部分
63	ExitInsufficientForestFunctionalLevelForRodc	林功能级别低于 Windows Server 2003。林功能级别必须为 Windows Server 2003 或更高才能向林中添加 RODC
64	ExitPromoFailedBecauseComponentBinaryDetectionFailed	安装失败，因为无法确定是否在服务器上安装了 AD DS 二进制文件
65	ExitPromoFailedBecauseComponentBinaryInstallationFailed	安装失败，因为无法安装 AD DS 二进制文件
66	ExitPromoFailedBecauseOSDetectionFailed	安装失败，因为无法确定操作系统安装选项（是服务器核心安装还是完整安装）
68	ExitInvalidReplicationPartner	复制伙伴无效
69	ExitRequiredPortInUse	所需的端口已被其他应用程序使用
70	ExitForestRootDcMustBeGc	第一个目录林根级域控制器必须是全局目录服务器
71	ExitDnsAlreadyInstalled	DNS 服务器服务已安装

续表

值	情　况	描　述
72	ExitIsAppServer	安装失败，因为服务器是终端服务应用程序服务器
73	ExitInvalidForestFunctionalLevel	指定的林功能级别无效
74	ExitInvalidDomainFunctionalLevel	指定的域功能级别无效
75	ExitDefaultPasswordReplicationPolicyCannotBeDetermined	无法确定默认的密码复制策略
76	ExitInvalidPasswordReplicationPolicy	指定的密码复制策略的允许和拒绝安全组无效
77	ExitInvalidArgument	指定的参数无效
78	ExitForestCheckFailed	安装失败，因为无法检查 Active Directory 林
79	ExitRodcNDNCNotPrepped	无法安装 RODC，因为尚未执行 adprep /rodcprep
80	ExitDomainNotPrepped	安装失败，因为尚未执行 adprep/domainprep
81	ExitForestNotPrepped	安装失败，因为尚未执行 adprep/forestprep
82	ExitForestSchemaMismatch	安装失败，因为林架构不匹配
83	ExitUnsupportedSku	安装失败，因为操作系统版本不支持 AD DS
84	ExitDcAccountDetectionFailed	无法检测域控制器账户
85	ExitDcAccountSelectionFailed	无法选择此服务器可以附加到的域控制器账户
86	ExitStage2Required	必须将服务器附加到现有账户
87	ExitDcAccountConflictingType	域中存在只读域控制器账户或可写域控制器账户，但它不匹配要安装的域控制器类型。无法继续安装
88	ExitServerAdminInvalid	指定的 RODC 服务器管理员无效
89	ExitRidMasterOffline	指定域的 RID 主机处于脱机状态
90	ExitDNMasterOffline	域命名主机脱机
91	ExitWow64ProcessDetectionFailed	无法检测进程是否为 Wow64 进程
92	ExitWow64ProcessNotSupported	不支持 Wow64 进程
93	ExitDcServiceNotRunningForRegularDemotion	删除 AD DS 失败，因为 AD DS 服务没有运行
94	ExitBadLocalAdminPwd	本地管理员密码不符合复杂性要求。这可能是因为密码为空或不要求密码
95	ExitCannotDemoteLastLHDC	无法降级处于运行状态的 RODC 所在的域中最后一台运行 Windows Server 2008 的域控制器
96	ExitComponentBinaryUninstallFailed	无法卸载 AD DS 二进制文件

习　题

1．在什么样的情况下需要运行 adprep/rodcprep 命令？又在什么样的情况下需要运行 adprep /domainprep 命令？又在什么样的情况下需要运行 adprep /forestprep 命令？

2．安装 Windows Server 2008 或者 Windows Server 2008 R2 AD DS 时，除了硬件要求以外，在系统的环境方面有什么要求？

3．要实现物理结构，必须先满足哪些要求？

4．配置站点链接时，可设置“更改计划”，出现一个时间表，这个时间表的作用是什么？

5．站点内复制和站点间复制可以选用的复制协议各是什么？

6．复制的内容是什么？为什么要进行复制？

7．为什么要使用并配置站点链接？

8．请使用“Active Directory 站点和服务”创建不少于 6 个站点，创建不少于 4 个站点链接，其中至少有一个不少于 3 个站点。

第 6 章　Windows Server 2008 活动目录管理

通过第 4 章和第 5 章的学习，了解了 Windows Server 2008 活动目录域服务的功能和技术实现以后，就需要了解如何对活动目录进行管理。本章着重阐述在活动目录中怎样管理用户和用户组，怎样管理其他对象，怎样控制对网络资源的访问以及网络操作系统为用户提供了什么样的管理工具和环境等，从而使读者学会管理活动目录。

6.1　管理用户

任何网络都是要为人所用的，而且是为各种不同企业的管理人员和业务人员所用，他们甚至不太懂计算机，因此，对于网络操作系统而言，合理而有效地管理用户、为不同的用户提供不同的权限以及为所有的用户提供一个方便、容易理解和熟悉的操作环境是非常重要的。

6.1.1　Windows 2008 用户账户

Active Directory 用户账户代表物理实体，如人员。还可以将用户账户用作某些应用程序的专用服务账户。

用户账户也称为安全主体。安全主体是指自动为其分配安全标识符（SID）的目录对象，这些对象可用于访问域资源。用户账户主要用于：

（1）验证用户的身份。使用用户账户，用户可以使用能够通过域身份验证的身份登录到计算机或域。每个登录到网络的用户都应该有自己唯一的用户账户和密码。为了在最大程度上保证安全，应避免多个用户共享一个账户。

（2）授权或拒绝对域资源的访问。在验证用户身份之后，基于为该用户分配的针对资源的显式权限授权或拒绝用户对域资源的访问。

1. 用户账户

Windows 2008 提供三种不同的用户账户，即域用户账户、本地用户账户和内置用户账户。

（1）域用户账户

使用域用户账户可以登录到一个域上并访问网上任意位置的资源，用户在用这个账户的用户名和口令登录时，Windows Server 2008 用这个账户的用户名和口令对用户的身份进行验证，通过了验证，即可按照自己的权限访问网络上的资源。

（2）本地用户账户

使用本地用户账户只能登录到创建该本地用户账户的计算机上，并只能访问这台计算机上的资源。

（3）内置用户账户

Active Directory 用户和计算机管理单元中的“用户”容器显示了三种内置用户账户：Administrator、Guest 和 HelpAssistant。这些内置用户账户是在创建域时自动创建的。

每个内置账户都有不同的权限组合。Administrator账户在域内有最全面的权限，而Guest账户则具有最基本的权限。

（1）Administrator

Administrator 账户具有域的完全控制权限。它可以根据需要将用户权利和访问控制权限分配给域用户。此账户仅用于需要管理凭据的任务。建议使用强密码来设置此账户。

Administrator账户是下列Active Directory组的默认成员：Administrators、Domain Admins、Enterprise Admins、组策略创建者所有者组和 Schema Admins。永远不能从管理员组删除Administrator 账户，但可以重命名或禁用该账户。总所周知，Administrator 账户存在于许多版本的Windows上，所以重命名或禁用此账户将使恶意用户更难于访问该账户。

Administrator账户是通过“Active Directory域服务安装向导”设置新域时创建的第一个账户。

即使已禁用了Administrator账户，仍然可以在安全模式下使用该账户访问域控制器。

（2）Guest

在域中没有实际账户的人员可以使用 Guest 账户。如果已禁用某用户的账户（但尚未删除），则该用户还可以使用Guest账户。Guest账户不需要密码。

可以像任何用户账户一样设置Guest账户的权限。默认情况下，Guest账户是内置“来宾”组和“域来宾”全局组的成员，这允许用户登录到域上。默认情况下将禁用Guest账户，并且建议将其保持禁用状态。

（3）HelpAssistant（与远程协助会话一起安装）

用于建立远程协助会话的主账户。此账户是在请求远程协助会话时自动创建的。它具有对计算机的有限访问权限。通过“远程桌面帮助会话管理器”服务对HelpAssistant账户进行管理。如果没有挂起的远程协助请求，则会自动删除此账户。

2. 保护用户账户的安全

如果网络管理员没有修改或禁用内置账户的权限，恶意用户（或服务）就会使用这些权限通过Administrator账户或Guest账户非法登录到域上。保护这些账户的一种较好的安全操作是重命名或禁用它们。由于重命名的用户账户会保留其SID，因此也会保留其他所有属性，如说明、密码、组成员身份、用户配置文件、账户信息以及任何已分配的权限和用户权利。

若要获取用户身份验证和授权的安全优势，可以使用Active Directory用户和计算机为所有将加入网络的用户创建单独的用户账户，然后可以将各个用户账户（包括Administrator账户和Guest账户）添加到组以控制分配给该账户的权限。

通过要求强密码和实施账户锁定策略，可以帮助域抵御攻击。强密码会减少对密码的智能密码猜测和字典攻击的危险。账户锁定策略会减少攻击者通过重复登录企图危及域的安全的可能性。账户锁定策略将确定用户账户在禁用之前尝试登录的失败次数。

3. 账户选项

每个Active Directory用户账户都有许多账户选项，这些选项将确定如何对使用该特定用户账户登录网络的人员进行身份验证。

（1）用户下次登录时须更改密码。强制用户在下次登录网络时更改自己的密码。要确保该用户是知道密码的唯一人选时启用此选项。

（2）用户不能更改密码。防止用户更改自己的密码。要对用户账户（如 Guest 账户或临时账户）保持控制时启用此选项。

（3）密码永不过期。防止用户的密码过期。建议服务账户启用此选项并使用强密码。强密码的规则主要体现在合适的密码长度和一定的复杂性，密码由字母、标点符号、符号和数字组成，同时要求：

- 尽可能使用至少 14 个字符或更多。
- 密码中的字符变化越多越好。
- 使用整个键盘，而不仅仅是经常使用或看到的字母和字符。

（4）用可还原的加密来储存密码。允许用户从 Apple 计算机登录到 Windows 网络。如果用户没有从 Apple 计算机登录，则不要启用此选项。

（5）账户已禁用。防止用户使用选定的账户进行登录。很多管理员使用已禁用的账户作为公用用户账户的模板。

（6）交互式登录必须使用智能卡。要求用户拥有智能卡才能以交互方式登录到网络。用户还必须具有连接到计算机的智能卡读卡器以及智能卡的有效个人标识号（PIN）。启用此选项时，会自动将用户账户的密码设置为随机而复杂的值，并设置“密码永不过期”账户选项。

（7）账户可以委派其他账户。允许在此账户下运行的服务代表网络上的其他用户账户执行操作。如果某项服务在可以委派其他账户的用户账户（也称服务账户）下运行，则可以模拟客户端访问正在运行该服务的计算机上的资源或其他计算机上的资源。在设置为 Windows Server 2008 R2 功能级别的林中，此选项位于“委派”选项卡。根据 Windows Server 2008 R2 中 setspn 命令的设置，此选项只能用于已分配了服务主体名称（SPN）的账户。（打开命令窗口，然后键入 setspn）。这是一个安全敏感的功能，应慎重分配该功能。

此选项只能用于运行 Windows Server 2008 R2 且域功能设置为 Windows(R)2000 混合模式或 Windows 2000 本机模式的域控制器。在运行 Windows Server 2008 和 Windows Server 2008 R2 且域功能级别设置为 Windows Server 2008 或 Windows Server 2008 R2 林功能级别的域控制器上，使用用户属性对话框中的“委派”选项卡来配置委派设置。“委派”选项卡仅在已分配了 SPN 的账户中显示。

（8）敏感账户，不能被委派。如果无法将账户（例如 Guest 或临时账户）分配给其他账户进行委派，则可以使用此选项。

（9）此账户需要使用 DES 加密类型。提供对数据加密标准（DES）的支持。DES 支持多个加密级别，包括 Microsoft 点对点加密（MPPE）标准（40 位）、MPPE 标准（56 位）、MPPE 强密码（128 位）、Internet 协议安全（Ipsec）DES（40 位）、IPsec56 位 DES 和 IPsec 三重 DES（3DES）。

（10）不要求 Kerberos 预身份验证。提供对 Kerberos 协议备用实现的支持，但在启用此选项时应保持慎重，因为 Kerberos 预身份验证提供了其他安全性，并要求客户端和服务器之间的时间同步。

4. InetOrgPerson 账户

Active Directory 域服务（AD DS）为征求意见文档（RFC）2798 中定义的 InetOrgPerson 对象类及其关联属性提供支持。InetOrgPerson 对象类在多个非 Microsoft、轻型目录访问协议（LDAP）和 X.500 目录服务中用来代表组织中的人员。

对 InetOrgPerson 的支持使其他 LDAP 目录到 AD DS 的迁移更加有效。InetOrgPerson 对象由“用户”类派生而来。它像“用户”类一样可以用作安全主体。

将域功能级别设置为 Windows Server 2008 或 Windows Server 2008 R2 时，可以将

InetOrgPerson 和用户对象上的 userPassword 属性设置为有效密码，正如处理 unicodePwd 属性一样。

6.1.2 新建用户账户

这里所说的新建用户账户是指创建域用户账户。可以在 Active Directory 域服务（AD DS）中创建域用户账户，若要管理特定于一台计算机的用户，就要创建本地用户账户，应该说，需要学习本书的读者早已熟悉本地用户账户的创建方法，因此在此不再论述。

可以采用使用 Windows 界面、使用命令行两种方法创建域用户账户。

1. 管理凭据

完成此过程最低需要 Account Operators、Domain Admins、Enterprise Admins 或者类似组中的成员身份，或者是被委派了适当的权限的用户。作为安全性最佳操作，应使用“以管理员身份运行”执行此过程。管理 Active Directory 域服务（AD DS）时，应使用操作人员的最低级别的用户账户登录并使用管理凭据。

在 6.1 节和 6.2 节的所有操作中，如果没有特别说明，其管理凭据要求都与建用户账户相同。

2. 使用 Windows 界面新建域用户账户的步骤

（1）打开“Active Directory 用户和计算机”。若要打开 Active Directory 用户和计算机，要依次单击“开始”和“控制面板”，然后依次双击“管理工具”和“Active Directory 用户和计算机”。

（2）在控制台树中，右键单击要向其添加用户账户的文件夹，例如，在本域中，已经有一个名为 ComputerSchool 的组织单元，右击标识为 ComputerSchool 的文件夹。如图 6-1 所示。

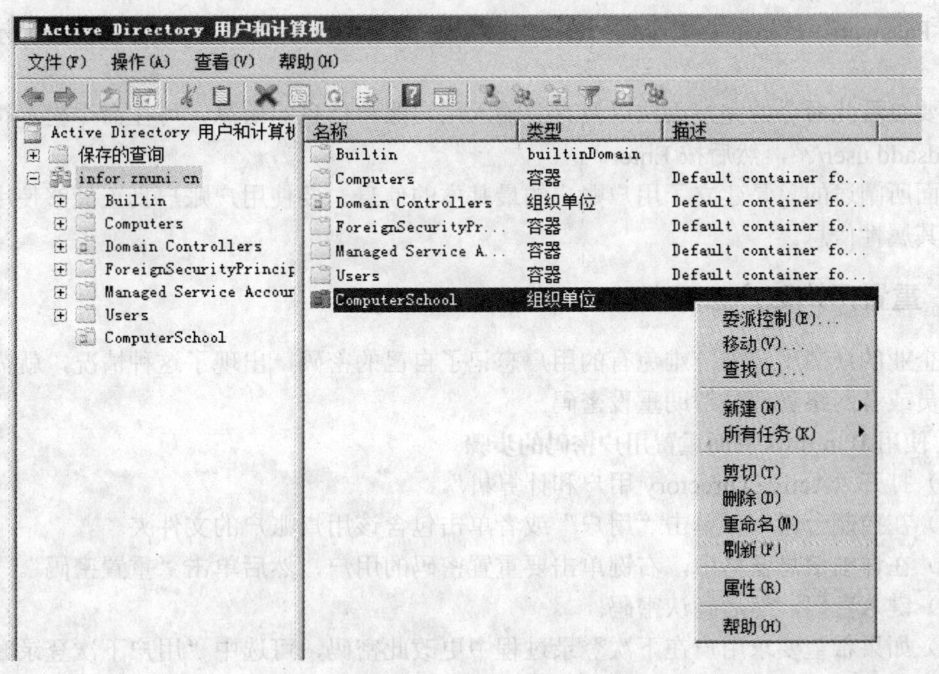

图 6-1 向一个组织单元添加用户账户

（3）指向“新建”，然后在快捷菜单中单击“用户”。

对于与其他目录服务的互操作，可以单击 InetOrgPerson。

（4）在“新建对象-用户”对话框的“名字”中，键入用户的名字，在“姓名缩写”中，键入用户的姓名首字母缩写，在“姓氏”中，键入用户的姓。

（5）如有必要，可修改“姓名”栏目中的内容，添加姓名首字母缩写或颠倒名字和姓氏的顺序。

（6）在“用户登录名称”中，键入用户登录名，再单击下拉列表中的用户主体名称（UPN）后缀，然后单击“下一步”。如果用户将使用不同的名称登录运行 Microsoft Windows 95、Windows 98 或 Windows NT 操作系统的计算机，则可以将“用户登录名称（Windows 2000 以前版本）”中出现的用户登录名更改为其他名称。

（7）在“密码”和“确认密码”中，键入该用户的密码，然后选择相应的密码选项。

3. 使用命令行新建用户账户

（1）打开命令提示符。

（2）键入命令 dsadd user <UserDN> [-samid<SAMName>] -pwd {<Password>|*}，然后按 Enter。

命令中，各参数的含义如下：

- < UserDN >是指定要添加的用户对象的可分辨名称。
- -samid 是设置<SAMName>值。
- <SAMName>是指定安全账户管理器（SAM）名称作为此用户（例如 Linda）的唯一 SAM 账户名。如果未指定 SAM 名称，dsadd 会尝试使用 UserDN 公用名（CN）值的最多前 20 个字符创建 SAM 账户名。
- -pwd 是设置<密码>值。
- <Password>是指定要用于用户账户的密码。如果将此参数设置为*，系统会提示输入用户密码。

若要查看此命令的完整语法以及有关输入用户账户信息的信息，可在命令提示符下键入命令“dsadd user/?”，然后按 Enter。

上面所阐述的只是建立了用户账户的最基本的信息，要使用户账户真正能够使用，还应该建立其属性信息。

6.1.3 重置用户账户密码

在企业的众多用户中，难免有的用户忘记了自己的密码，出现了这种情况，就需要由系统管理员或者网络管理员帮助重设密码。

1. 使用 Windows 界面重置用户密码的步骤

（1）打开“Active Directory 用户和计算机”。

（2）在控制台树中，单击“用户”或者单击包含该用户账户的文件夹。

（3）在详细信息窗格中，右键单击要重置密码的用户，然后单击“重置密码”。

（4）键入密码，然后确认密码。

（5）如果希望要求用户在下次登录过程中更改此密码，可选中“用户下次登录时须更改密码”复选框。

2. 使用命令行重设用户密码

（1）打开命令提示符。

（2）键入命令 dsmod user <UserDN> -pwd <NewPassword> -mustchpwd {yes|no}，然后按 Enter：

命令中，各参数的含义如下：

- <UserDN>：指定要重设其密码的用户的可分辨名称。
- -pwd：设置 <NewPassword>。
- <NewPassword>：指定将替代当前用户密码的密码。
- -mustchpwd：设置 pwdExpired 标记。
- {yes|no}：指定 pwdExpired 标记的值。

若要查看此命令的完整语法以及有关输入用户账户信息的信息，可在命令提示符下键入命令“dsmod user/?”，然后按 Enter。

如果服务的用户账户的密码已更改，则必须重置使用该用户账户验证的服务。

6.1.4 复制用户账户

创建用户账户包含了很大的工作量，为了减轻工作负荷，因为每个用户都有自己的属性，可以通过将已经建立的同类型的用户复制过来再稍加修改作为新的用户。

复制用户账户的步骤如下：

（1）若要打开 Active Directory 用户和计算机，可依次单击“开始”和“控制面板”，然后依次双击“管理工具”和“Active Directory 用户和计算机”。

（2）在控制台树中，单击“用户”。

（3）在详细信息窗格中，右键单击要复制的用户账户，然后单击“复制”。

（4）在“名字”中，键入用户的名字。

（5）在“姓氏”中，键入用户的姓。

（6）修改“全名”以添加姓名首字母缩写或颠倒名字和姓氏的顺序。

（7）在“用户登录名称”中，键入用户登录名，再单击下拉列表中的用户主体名称（UPN）后缀，然后单击“下一步”。

如果用户将使用不同的名称登录运行 Windows 95、Windows 98 或 Windows NT 的计算机，可以将“用户登录名称（Windows 2000 以前版本）”中出现的用户登录名更改为另一个名称。

（8）在“密码”和“确认密码”中，键入该用户的密码，然后选择相应的密码选项。

如果用于从中复制新用户账户的用户账户已被禁用，可单击“账户已禁用”以启用新账户。复制用户账户时，只有最常用的属性才会传递给复制后的用户，例如登录时间、工作站限制和账户过期限制。

管理员可以修改要将哪些默认属性传递给新复制的用户，或是指定要复制到新用户的其他属性。若要执行此操作，打开 Active Directory 架构管理单元，查看所需的属性，并选中（或清除）“复制用户时复制属性”复选框。只能修改或添加本身为 user 类实例的属性。如果 Active Directory 架构管理单元尚未安装，必须在复制用户之前进行安装。

6.1.5　移动用户账户

在第 4 章的 4.1.2.2 节中，曾提到逻辑结构用于影射企业的组织机构和业务职能。随着企业机构的调整或者人员职责的变化，需要将一个人或者多个人从一个部门调往另一个部门，那么在活动目录的逻辑结构中也应该有相应的调整，例如，将其用户账户从一个 OU 移动到另一个 OU。

1. 使用 Windows 界面移动用户账户

（1）打开“Active Directory 用户和计算机”。

（2）在控制台树中，单击“用户”或者单击包含该用户账户的文件夹。

（3）在详细信息窗格中，右键单击要移动的用户，然后单击“移动”。

（4）在“移动”对话框中，单击要将用户账户移动到文件夹。

上述的移动用户账户的方法只能是在一个域的内部，不能使用 Active Directory 用户和计算机在域之间移动用户账户。若要在域之间移动用户账户，就要使用 Active Directory 迁移工具（ADMT）。

2. 使用命令行移动用户账户

（1）打开命令提示符。

（2）键入命令 dsmove <UserDN> [-newparent<ParentDN>]，然后按 Enter。

命令中，各参数的含义如下：

- <UserDN>：指定要添加的用户对象的可分辨名称。
- -newparent：设置<ParentDN>值。
- <ParentDN>：指定要将用户对象移动到的新位置。新位置被指定为新父节点的可分辨名称。

若要查看此命令的完整语法以及有关输入用户账户信息的信息，可在命令提示符下键入命令 dsmove/?，然后按 Enter。

6.1.6　设置登录时间

有些企业需要限制用户登录到企业网的时间，例如，对某一部分用户只允许在他们上班时间登录到网络等。这样做的原因或者是出于信息安全的考虑，或者是从资源的角度考虑，例如，确保真正在上班的人能够享用一个高速的网络。

可以使用 Windows 界面设置登录时间，设置登录时间的操作步骤如下：

（1）打开“Active Directory 用户和计算机”。

（2）在控制台树中，单击“Users”或者包含要被设置的用户账户所在的文件夹。

（3）右键单击该用户账户，然后单击“属性”。

（4）在“账户”选项卡上，单击“登录时间”，然后为用户设置允许或拒绝登录的时间。如图 6-2 所示。

若要为多个用户修改登录时间，就按住 Ctrl 键，然后单击各个用户。右键单击选定的用户，然后单击“属性”。在“账户”选项卡上，单击“登录时间”，然后为用户设置允许或拒绝登录的时间。

6.1.7 禁用或启用用户账户

出于安全或者其他方面的原因，管理员需要暂时禁止某一个或者某些用户登录企业网，就可以使用这项功能禁用某个或某些用户账户而不删除它们，当需要恢复其使用企业网的权利时，就可以使用这项功能启用某个或某些用户账户。

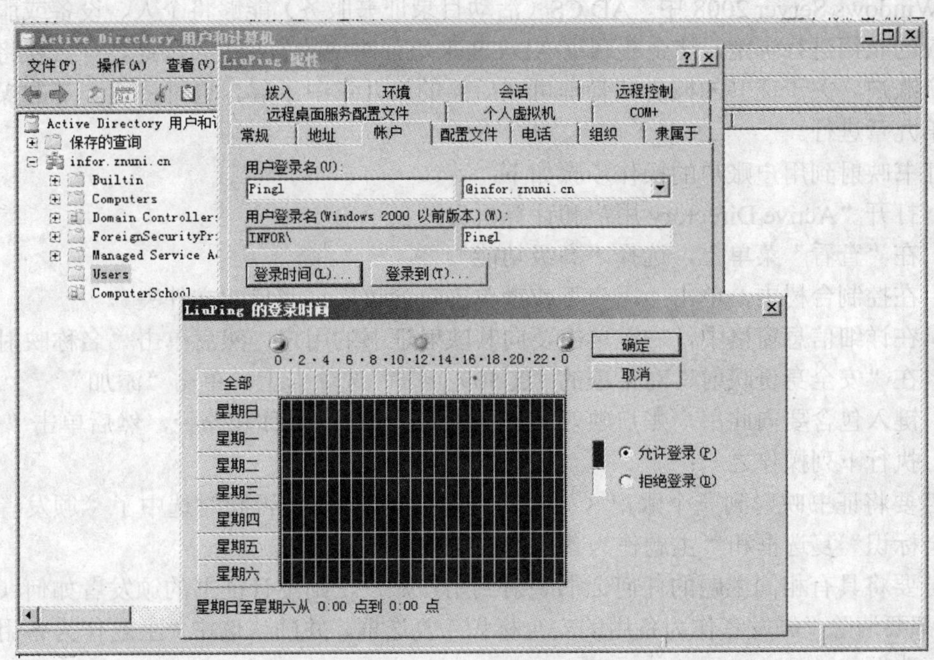

图 6-2 为用户设置允许或拒绝登录的时间

1. 使用 Windows 界面禁用或启用用户账户

（1）打开“Active Directory 用户和计算机”。

（2）在控制台树中，单击“用户”或者单击包含该用户账户的文件夹。

（3）在详细信息窗格中，右键单击用户。

（4）根据需要设置账户的状态进行操作，若要禁用账户，单击“禁用账户”；若要启用账户，单击“启用账户”。

2. 使用命令行禁用或启用用户账户

（1）打开命令提示符。

（2）键入 dsmod user <UserDN> -disabled {yes|no} 命令，然后按 Enter。

命令中，各参数的含义如下：

- <UserDN>：指定要添加的用户对象的可分辨名称。
- -disabled：设置 userAccountControl 中 UF_ACCTDISABLED 的值。
- {yes|no}：指定是（yes）否（no）禁用用户账户登录。

若要查看此命令的完整语法以及有关输入用户账户信息的信息，可在命令提示符下键入 dsmod user /?命令，然后按 Enter。

通过创建具有普通组成员身份的被禁用的用户账户，可以使用被禁用的用户账户作为账户模板以简化创建用户账户的过程。例如，前面介绍了复制用户账户，在进行复制之前，应该分别为不同类型的用户账户模板，复制时根据要创建的用户账户的类型选择相应的模版。

6.1.8 将证书映射到用户账户

在 Windows Server 2008 中，AD CS（活动目录证书服务）能够将个人、设备或服务的标识与相应的私钥进行绑定，使企业利用 AD CS 来增强网络的安全性，因此，有必要将证书映射到用户账户。关于证书的概念和管理可在后面的第九章中了解。也可将这一节的操作安排在学习第九章进行。

将证书映射到用户账户的操作步骤如下：

（1）打开“Active Directory 用户和计算机”。

（2）在“查看”菜单上，选择“高级功能”。

（3）在控制台树中，单击“用户”或者单击包含该用户账户的文件夹。

（4）在详细信息窗格中，右键单击要向其映射证书的用户，然后单击“名称映射”。

（5）在“安全身份映射”对话框的“X.509 证书”选项卡上，单击“添加”。

（6）键入包含要向此用户账户映射的证书的.cer 文件的名称和路径，然后单击“打开”。

（7）执行下列操作之一：

• 若要将证书映射到一个账户（一对一映射），应确认是否同时选中了“颁发者作为备用的安全标识”复选框和“主题作为备用的安全标识”复选框。

• 若要将具有相同主题的任何证书映射到用户账户，则不管证书的颁发者如何（多对一映射），都要清除“颁发者作为备用的安全标识”复选框，并确认选中“主题作为备用的安全标识”复选框。

• 若要将具有相同颁发者的任何证书映射到用户账户，则不管证书的主题如何（多对一映射），都要清除“主题作为备用的安全标识”复选框，并确认选中“颁发者作为备用的安全标识”复选框。

要映射到用户账户的证书必须采用区别编码规则（DER）或 Base64 编码的二进制格式。

6.1.9 更改用户的主要组

这一操作通常不需要使用。在一般情况下，用户主要组的默认值是“域用户”。用户的主要组仅适用于通过 Macintosh 服务登录网络或是运行用于 UNIX 的可移植操作系统接口（POSIX）兼容应用程序的用户。除非使用这些服务，否则没有必要将主要组从默认值“域用户”更改为其他值。

将用户的主要组成员身份设置为非“域用户”的其他值可能会对性能产生负面影响，因为域中的所有用户都是“域用户”的成员。如果用户的主要组被设置为其他组，这可能导致组成员身份超出所支持的最大成员数量。

更改用户的主要组的操作步骤如下：

（1）打开“Active Directory 用户和计算机”。

（2）在控制台树中，单击“用户”或者单击包含该用户账户的文件夹。

（3）在详细信息窗格中，右键单击要更改的用户，然后单击“属性”。

（4）在“隶属于”选项卡中，单击要设置为用户的主要组的组，然后单击“设置主要组”。

6.1.10 删除用户账户

当出现人员调离等情况时，就要删除相应的用户账户。

1. 使用 Windows 界面删除用户账户

（1）打开“Active Directory 用户和计算机”。

（2）在控制台树中，单击“用户”或者单击包含该用户账户的文件夹。

（3）在详细信息窗格中，右键单击用户账户，然后单击“删除”。

2. 使用命令行删除用户账户

（1）打开命令提示符。

（2）键入命令 dsrm <ObjectDN>，然后按 Enter。

其中，<ObjectDN>是指定要删除的用户对象的可分辨名称。

删除用户账户之后，与该用户账户关联的所有权限和成员身份都将被永久删除。由于每个账户的安全标识符（SID）都是唯一的，因此与以前删除的用户账户同名的新用户账户不会自动继承以前删除账户的权限和成员身份。如果要复制已删除的用户账户，必须重新手动创建所有权限和成员身份。

6.2 管理计算机

在网络系统中，用户往往只关心自己的账户和系统为他提供的运行环境，而不太关心计算机的账户和名称。实际上，计算机的账户和名称对于网络系统本身是非常重要的，与用户账户类似，计算机账户和计算机名称对访问网络和域资源提供了一种身份验证和审核方式。每个计算机账户都必须是唯一的。

1. 计算机账户

每台加入域并运行 Windows NT、Windows 2000、Windows XP 或 Windows Vista 的计算机或者运行 Windows Server 2003、Windows Server 2008 或 Windows Server 2008 R2 的服务器都具有一个计算机账户。

运行 Windows 95 和 Windows 98 的计算机没有高级安全功能。因此，没有为它们分配计算机账户。

可以使用 Active Directory 用户和计算机管理单元来添加、禁用、重置及删除用户和计算机账户。也可在将计算机加入域时创建计算机账户。

将域功能级别设置为 Windows Server 2008 或 Windows Server 2008 R2 时，将使用 lastLogonTimestamp 属性跟踪用户或计算机账户的最后登录时间。此属性在域中复制，并且可以提供有关用户或计算机历史记录的重要信息。

2. 计算机名称

在 Active Directory 域服务（AD DS）中创建的每个计算机账户都有一个相关辨别名称、一个 Windows 2000 之前的计算机名称（安全账户管理器（SAM）账户名）、一个主域名系统（DNS）后缀、一个 DNS 主机名和一个服务主体名称（SPN）。管理员在创建计算机账户时输入计算机名。此计算机名用作轻型目录访问协议（LDAP）的相对可分辨名称。

AD DS 建议 Windows 2000 以前的名称使用相对可分辨名称的前 15 个字节。管理员可以随时更改 Windows 2000 以前的名称。

主机的 DNS 名称称为计算机全名。它是一个 DNS 完全限定的域名（FQDN）。计算机全名是由计算机名（计算机账户的 SAM 账户名的前 15 个字节，其中不带“$”字符）和主 DNS 后缀（计算机账户所在的域的 DNS 域名）拼接而成。

默认情况下，计算机的 FQDN 的主 DNS 后缀部分必须与计算机所在的 Active Directory 域名相同。若要允许不同的主 DNS 后缀，域管理员可以通过在域对象容器中创建 msDS-AllowedDNSSuffixes 属性构建一个可用后缀的限制列表。域管理员使用 Active Directory 服务接口（ADSI）或 LDAP 创建和管理此属性。

SPN 是一个多值属性，它通常从主机的 DNS 名称构建。在运行特定服务的客户端和服务器之间进行相互身份验证时将使用 SPN，客户端基于其正在尝试连接的服务的 SPN 发现计算机账户。Domain Admins 组的成员可以修改 SPN。

6.2.1 新建计算机账户

可以采用“使用 Windows 界面”和“使用命令行”两种方法新建计算机账户。

1. 使用 Windows 界面新建计算机账户

（1）打开“Active Directory 用户和计算机”。

（2）在控制台树中，右键单击“计算机”或者右键单击要将计算机添加到的文件夹。

（3）指向“新建”，然后单击“计算机”。

（4）键入计算机名称。

如果正在创建账户的计算机是安装了 Windows 2000 以前版本的操作系统，要选中“把该计算机账户分配为 Windows 2000 以前版本的计算机”复选框。

2. 使用命令行新建计算机账户

（1）打开命令提示符。

（2）键入命令 dsadd computer <ComputerDN>，然后按 Enter：

其中，<ComputerDN>是指定要添加的计算机的可分辨名称。该可分辨名称指定了目录位置。

若要查看此命令的完整语法以及有关输入用户账户信息的信息，就在命令提示符下键入命令 dsadd computer /?，然后按 Enter。

3. 新建计算机账户的权限进一步说明

默认情况下，Account Operators 组的成员可以在“计算机”容器和新的组织单元（OU）中创建计算机账户。默认情况下，系统会向域中经过身份验证的用户分配“将工作站添加到域”用户权限，他们最多可以在域中创建 10 个计算机账户。

另外还有两种方法可以向用户或组授予将计算机添加到域的权限：

（1）使用组策略对象分配“添加计算机用户”的权限。

（2）在 OU 中，向用户或组分配“创建计算机对象”的权限。

6.2.2 将计算机账户添加到组

在网络系统中，用户一般属于某一个组，并享受这个组所具有的权限，通过将计算机添加到组，可以将权限分配给该组中的所有计算机账户，并可以筛选该组中的所有账户上的组策略设置。

1. 使用 Windows 界面将计算机账户添加到组

（1）打开“Active Directory 用户和计算机”。

（2）在控制台树中，单击“计算机”或者单击该计算机所在的文件夹。

（3）在详细信息窗格中，右键单击该计算机，然后单击“属性”。

（4）在“隶属于”选项卡上，单击“添加”。

（5）在“输入对象名称来选择”中，键入将此计算机添加到的组的名称，然后单击“确定”。

也可以在查看作为容器的用户、计算机和组时，通过将计算机拖到所需组来向组添加该计算机。

2. 使用命令行将计算机账户添加到组

（1）打开命令提示符。

（2）键入命令 dsmod group <GroupDN> -addmbr <ComputerDN>，然后按 Enter。

命令中，各参数的含义如下：

- <GroupDN>：指定要向其添加计算机对象的组对象的可分辨名称。
- -addmbr：设置<ComputerDN>值。
- <ComputerDN>：指定要添加到组的计算机的可分辨名称。可分辨名称指定目录位置。

若要查看此命令的完整语法以及有关输入用户账户信息的信息，可在命令提示符下键入命令 dsmod group/?，然后按 Enter。

6.2.3 删除计算机账户

当出现某台计算机从网络离线且不打算再连接网络时，应及时删除相应的计算机账户。

1. 使用 Windows 界面删除计算机账户

（1）打开“Active Directory 用户和计算机”。

（2）在控制台树中，单击“计算机”或者单击该计算机所在的文件夹。

（3）在详细信息窗格中，右键单击该计算机，然后单击“删除”。

2. 使用命令行删除计算机账户

（1）打开命令提示符。

（2）键入命令 dsrm computer <ComputerDN>，然后按 Enter。

其中<ComputerDN>是指定要删除的计算机的可分辨名称。可分辨名称指定目录位置。

若要查看此命令的完整语法以及有关输入用户账户信息的信息，可在命令提示符下键入以下命令 dsrm computer /?，然后按 Enter。

还可以通过将计算机脱离域来删除计算机账户。删除计算机账户之后，与该计算机账户关联的所有权限和成员身份都将被永久删除。由于每个账户的 SID 都是唯一的，因此与以前已删除计算机账户同名的新计算机账户不会继承以前已删除账户的权限和成员身份。若要复制已删除计算机的账户，必须重新手动创建所有权限和成员身份。

6.2.4 管理远程计算机

在企业中，经常需要管理员管理远程计算机，因为那儿的用户是企业的业务人员，不大懂计算机。

1. 管理凭据

对身份的要求除了具有与创建用户账户相同权限以外，还要求必须具有本地计算机的管理凭据才能使用“计算机管理”查看某些信息或修改计算机属性。

2. 管理远程计算机

（1）打开“Active Directory 用户和计算机”。

（2）在控制台树中，单击“计算机”或者单击包含要管理的计算机的文件夹。

（3）在详细信息窗格中，右键单击计算机，然后单击“管理”。

单击“管理”以启动“计算机管理”，可以使用此功能管理远程计算机。

6.2.5 移动计算机账户

与移动用户账户相类似，随着企业中情况的变化，计算机也可能需要移动，例如，本域内从一个容器移到另一个容器。

移动计算机账户的操作步骤如下：

（1）打开“Active Directory 用户和计算机”。

（2）在控制台树中，单击“计算机”或者单击包含要移动的计算机的文件夹。

（3）在详细信息窗格中，右键单击该计算机，然后单击“移动”。

（4）在“移动”对话框中，单击域节点。

（5）单击要移入计算机的文件夹，然后单击“确定”。

不能使用 Active Directory 用户和计算机在域之间移动计算机账户。若要在域之间移动计算机账户，就要使用 Active Directory 迁移工具（ADMT）。

Account Operators 组的成员可以将计算机账户移入组织单元（OU），而不是移入默认容器，如“本地”或“计算机”容器，然而，Account Operators 不能将计算机账户移入域控制器 OU，但可以从域控制器 OU 中移出计算机账户。

6.2.6 重设计算机账户

类似于重设用户账户，当计算机设备发生更新等变化时，需要重设计算机账户。

1. 使用 Windows 界面重设计算机账户

（1）打开“Active Directory 用户和计算机”。

（2）在控制台树中，单击“计算机”或者单击包含要重设的计算机的文件夹。

（3）在详细信息窗格中，右键单击计算机，然后单击“重设账户”。

2. 使用命令行重设计算机账户

（1）打开命令提示符。

（2）键入命令 dsmod computer <ComputerDN> -reset，然后按 Enter。

命令中，各参数的含义如下：

- <ComputerDN>：指定要重设的一个或多个计算机对象的可分辨名称。
- -reset：重设指定的计算机对象。

若要查看此命令的完整语法以及有关输入用户账户信息的信息，就在命令提示符下键入命令“dsmod computer /?”，然后按 Enter。

6.2.7 禁用或启用计算机账户

出于工作和安全的考虑，有时需要禁用某一台或某些计算机，禁用后，该计算机账户在启用之前无法对域进行身份验证。

1. 使用 Windows 界面禁用或启用计算机账户

（1）打开“Active Directory 用户和计算机”。

（2）在控制台树中，单击“计算机”或者单击包含要启用或禁用的计算机账户的文件夹。

（3）在详细信息窗格中，右键单击所需的计算机账户，然后执行下列操作之一：

- 若要禁用账户，单击“禁用账户”。
- 若要启用账户，单击“启用账户”。

2. 使用命令行禁用或启用计算机账户

（1）要打开命令提示符。

（2）键入命令 dsmod computer <ComputerDN> -disabled {yes|no}，然后按 Enter。

命令中，各参数的含义如下：

- <ComputerDN>：指定要禁用或启用的计算机账户的可分辨名称。
- -disabled：为指定的计算机账户设置禁用（yes）或启用（no）值。
- {yes|no}：指定是（yes）否（no）禁用计算机账户登录。

若要查看此命令的完整语法以及有关输入用户账户信息的信息，就在命令提示符下键入命令 dsmod computer /?，然后按 Enter。

6.3 管理活动目录对象

活动目录是设计网络系统的平台，也是管理网络系统的平台，同时活动目录又为管理它自身提供了手段，本节介绍如何将活动目录作为管理平台来管理活动目录对象。

6.3.1 管理域

可以使用“Active Directory 用户和计算机”连接到特定的域或域控制器，并查看或管理该域或域控制器的目录信息。

1. 了解域

域是复制的单位。在特定域中，所有域控制器都可以接受更改，并将这些更改复制到域中的所有其他域控制器。在 Active Directory 域服务（AD DS）中，每个域都是使用域名系统（DNS）域名来标识的。每个域都需要一个或多个域控制器。如果企业的网络需要多个域，活动目录提供了创建域的方法和手段。

单个域可以跨多个物理位置或站点，并包含数百万个对象。站点结构和域结构是独立而灵活的。一个域的域控制器、服务器和客户机可以分布在多个站点，而一个站点可以容纳属于多个域的域控制器、服务器和客户机。

域提供了以下几种好处：

（1）具有组织对象的良好的灵活性。

可以用一个域影射企业的一个部门，也可也用一个域影射整个企业（单域结构），无论影射多大的范围，都是很容易组织网络中的对象。当企业的分支和部门的组织结构庞大时，也只需要用一个域来影射。在一个域中，可以使用组织单元（OU）来影射部门的下级机构，并使用 OU 可以管理域中的账户和资源。然后可以分配组策略设置，并将用户、组和计算机放入 OU 中。使用单个域可以极大地简化管理开销。

（2）可以发布有关域对象的资源和信息。

域仅存储有关域中的对象的信息。因此，通过创建多个域可以划分或分割目录，从而更好地服务于分散的用户基础。使用多个域时，可以对 AD DS 进行缩放以适应管理和目录发布的要求。

（3）可以通过委派权限减轻上层管理员的工作负荷。

通过联合使用委派权限和组策略对象及组成员身份，可以分配管理员权限以管理整个域中的对象或是域中的一个或多个 OU 中的对象。

（4）安全策略和设置（例如用户权限和密码策略）不会跨多个域。

每个域都有自己的安全策略，以及与其他域的信任关系。但是，林是最终的安全边界。

（5）每个域都只存储该域中的对象的信息。

通过划分目录的方式，可以扩展 AD DS 以容纳大量对象。

2. 管理不同的域

如果一个企业的网络有多个域，企业管理员有时需要在一个域的域控制器上或者客户机上管理另外一个域。

进行本项操作对身份的要求与创建用户账户相同。

管理不同的域的操作过程如下：

（1）打开“Active Directory 用户和计算机”。

（2）在控制台树中，右键单击“Active Directory 用户和计算机”，然后单击“更改域”。

（3）键入域名。

或者单击“浏览”，然后从列表中选择一个域。

如果选中“为当前控制台保存域设置”复选框，则在每次打开 Active Directory 用户和计算机时，Active Directory 用户和计算机都将尝试连接到在“域”字段中指定的域。

域名包括该域的所有父域的名称。例如，域“sales”可以具有全名 sales.contoso.com。

3. 使用另一个域控制器管理域

如果域中有多个域控制器，用户可以选择使用某一个域控制器来管理域。

使用另一个域控制器管理域的步骤如下：

（1）打开“Active Directory 用户和计算机”。

（2）在控制台树中，右键单击“Active Directory 用户和计算机”，然后在快捷菜单中单击“更改域控制器”。

（3）单击列表中的域控制器或者单击<在此处键入域控制器名称或 IP 地址>字段，然后键入域控制器的名称。

如果选中“为当前控制台保存此设置”复选框，则在每次打开 Active Directory 用户和计算机时，Active Directory 用户和计算机都会尝试连接到您指定的域控制器。

6.3.2 管理组织单元

域中包含的一种特别有用的目录对象类型是组织单元（OU）。在第 4 章中曾经提到，一个组织单元（OU，Organizational Units）是一个域中的逻辑分支，用于影射一个域所影射的部门中的分支机构或者工作小组。OU 是一种 Active Directory 容器，可以在其中放置用户、组、计算机和其他 OU。但 OU 不能包含来自其他域中的对象。

OU 是可以向其分配组策略设置或委派管理权力的最小作用域或单位。使用 OU 可以在域中创建表示组织中的层次结构、逻辑结构的容器，然后可以根据组织模型管理账户和资源的配置和使用。

OU 可以包含其他 OU。可以根据需要将 OU 的层次结构扩展为模拟域中组织的层次结构。使用 OU 有助于最大限度地减少网络所需的域数目。

可以使用 OU 创建能够缩放到任意大小的管理模型。域管理员可以对域中的所有 OU 或单个 OU 具有管理权力。一个 OU 的管理员不一定对域中的任何其他 OU 具有管理权力。

可以使用“Active Directory 用户和计算机”完成新建组织单元（OU）和容器、删除组织单元、移动组织单元和委派对组织单元的控制等管理任务，执行这些任务时，对管理凭据的要求都与创建用户账户相同。

1. 新建组织单元

为了逻辑结构能够真正影射企业的组织机构和业务职能，一个企业的网络中一般需要设置多个组织单元，甚至是多层的。在进行创建之前，应该对整个企业的每一个域的 OU 仔细地进行规划。

可以采用使用 Windows 界面和使用命令行两种方法新建组织单元。

使用 Windows 界面新建组织单元的方法如下：

（1）打开“Active Directory 用户和计算机”。

（2）在控制台树中，右键单击域名。

（3）指向“新建”，然后单击“组织单元”。

（4）键入组织单元（OU）的名称。

要添加 OU，还可以单击要添加 OU 的域或文件夹，然后单击工具栏上的“在当前容器中创建一个新的组织单元”图标。

使用命令行新建组织单元的方法如下：

（1）打开命令提示符。

（2）键入命令 dsadd ou <OrganizationalUnitDN>，然后按 Enter。

其中，<OrganizationalUnitDN>是指定要添加的 OU 的可分辨名称。

若要查看此命令的完整语法以及有关输入用户账户信息的信息，请在命令提示符下键入命令 dsadd ou /?，然后按 Enter。

2. 删除组织单元

由于企业的机构重组、变动或撤销，需要删除某一个或多个组织单元。

可以采用使用 Windows 界面和使用命令行两种方法删除组织单元。

使用 Windows 界面删除组织单元的方法如下：

（1）打开“Active Directory 用户和计算机”。

（2）在控制台树中，右键单击要删除的组织单元（OU）。

（3）单击“删除”。

如果选定的 OU 包含其他对象，Active Directory 用户和计算机会提示要继续还是取消删除。如果选择继续删除，OU 中的所有对象也将被删除。

使用命令行删除组织单元的方法如下：

（1）打开命令提示符。

（2）键入命令 dsrm <OrganizationalUnitDN> [-subtree]，然后按 Enter。

命令中，各参数的含义如下：

• <OrganizationalUnitDN>：指定要删除的 OU 的可分辨名称。

• -subtree：指定同时删除选定 OU 所包含的所有对象。

若要查看此命令的完整语法以及有关输入用户账户信息的信息，可在命令提示符下键入命令“dsrm /?”，然后按 Enter。

如果不使用-subtree 选项，尝试删除包含其他对象的 OU 会导致出错。使用-subtree 选项，dsrm 可以删除选定 OU 及其包含的任何对象。

3. 移动组织单元

在企业中一个分支机构的隶属关系发生了变化，网络中影射该分支机构的 OU 就要移动到新的位置，例如，某公司的网络中，某一个域中有工程部和技术部两个 OU，工程部下面有网络集成室，作为工程部的子 OU，现在机构进行了调整，将网络集成室划归技术部管理，那么，在网络逻辑结构中，就要将网络集成室子 OU 从工程部 OU 下面移动到技术部 OU 下面。

可以采用使用 Windows 界面和使用命令行两种方法删除组织单元。

使用 Windows 界面移动组织单元的方法如下：

（1）打开“Active Directory 用户和计算机”。

（2）在控制台树中，右键单击要移动的组织单元（OU）。

（3）单击“移动”，然后单击要将 OU 移动到的文件夹。

使用命令行移动组织单元的方法如下：

（1）打开命令提示符。

（2）键入以下命令，然后按 Enter：

dsmove <OuDN> [-newparent <ParentDN>] -pwd {<Password>|*}

命令中，各参数的含义如下：

• <OuDN>：指定要移动的 OU 对象的可分辨名称。

• <ParentDN>：指定要将 OU 对象移动到的新位置。新位置被指定为新父节点的可分辨名称。

• -newparent：设置<ParentDN>值。

• -pwd：指定使用密码或*来登录远程服务器。如果键入*，系统将提示输入密码。

• <Password>：指定域管理员密码。

若要查看此命令的完整语法以及有关输入用户账户信息的信息，可在命令提示符下键入命令 dsmov /?，然后按 Enter。

只能在同一域内移动 OU。若要在域间移动 OU，应该使用 ADMT。

4. 委派对组织单元的控制

对于一个规模较大的企业来说，网络管理的工作量是很大的，如果由 Administrator、Account Operators、Domain Admins、Enterprise Admins 集中管理，一是工作负荷重，二是不利于保证 OU 所影射的分支机构的自主权，因此有必要委派对组织单元的控制，即委派 OU 级的管理员。

可以采用使用 Windows 界面实现委派对组织单元的控制，方法如下：

（1）打开“Active Directory 用户和计算机”。

 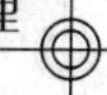

（2）在控制台树中，右键单击要委派控制权限的组织单元（OU）。

（3）单击“委派控制”启动“控制委派向导”，然后按照向导中的说明进行操作。

6.3.3 管理全局目录和全局目录服务器

在第 4 章的 4.1.2.3 节“活动目录的网络管理工具和技术”中，介绍了全局目录的作用，本节主要介绍全局目录与域和站点的关系以及如何管理全局目录。

安装 AD DS 时，会在林中的第一个域控制器上自动创建新林的全局目录。可以将全局目录功能添加到其他域控制器。也可以从域控制器删除该全局目录。

6.3.3.1 全局目录存储的属性

全局目录服务器使搜索整个 Active Directory 域服务林成为可能，从而无需参照存储搜索目标域中的域控制器。在将全局目录添加到域控制器时，林中每个域（除了新全局目录服务器存储的域之外的域）的部分只读副本将复制到域控制器。在通用组可用的林中执行搜索和处理域登录时需要全局目录服务器。

全局目录是 Active Directory 域服务林中所有对象的集合。全局目录服务器是一个域控制器，它存储林中主持域的目录中所有对象的完全副本，以及所有其他域中所有对象的部分只读副本。全局目录服务器响应全局目录查询。

全局目录中存放的属性只是各个域的域控制器中存放的属性的一部分，这是因为全局目录中只需要包含一组有限的属性，即架构所必需的属性以及在搜索和定为对象时需要用到的属性。系统标记这些属性以作为架构定义的一部分包含在部分属性集（PAS）中。存储全局目录中所有域对象的最常搜索的属性，使得用户的搜索更有效，同时不至于因为不必要的域控制器引用而影响网络性能，并且全局目录服务器无需存储大量不需要的数据。

6.3.3.2 全局目录服务器与域和站点的关系

在规划、部署网络时，要根据网络的总体结构确定全局目录服务器的设置，这是因为设置全局目录服务器与整个网络的结构是密切相关的，具体地说，是与域和站点密切相关的。

1. 全局目录服务器和域

如果在企业的林中具有多个域并且在站点中有大量用户，可以通过向该站点添加全局目录服务器来优化域登录和目录搜索的速度和效率。如果企业的网络是一个单域的林，则登录不需要使用全局目录服务器，但目录搜索会定向到全局目录。在此情况下，可以在所有域控制器上启用全局目录，以便更快地执行目录搜索。

全局目录服务器响应通过端口 3268 进行的林范围的轻型目录访问协议（LDAP）查询。全局目录省去了将查询发送到多个域控制器，直至该查询找到包含请求对象的域这一需要。

当林仅包含一个域时，所有域控制器都有可搜索的对象的完整补集，并且不需要全局目录服务器消除对其他域的参照。不过，由于全局目录端口与默认 LDAP 端口（389）不同，全局目录查询必须找到全局目录服务器。在具有单一域的林中，通过将所有域控制器配置为全局目录服务器，可以确保全局目录查询在域中的所有域控制器之间均匀地进行负载平衡。由于不需要额外复制或处理其他域数据，因此，与其他域控制器相比，单一域全局目录服务器具有不需要特殊硬件的优势。关于前面涉及的端口的概念可在微软的技术网站中查阅“Active Directory 和 Active Directory 域服务端口要求”。

但是，如果林包含多个域，则全局目录服务器必须为林中的所有域存储和复制域数据。在此情况下，应根据站点需求确定是否替换林中的全局目录服务器。

2. 全局目录服务器和站点

为优化多站点环境的网络性能，应根据站点需求考虑向站点添加全局目录服务器，以加快搜索响应和域登录速度。在单站点多域环境中，通常单个全局目录服务器就足以包含Active Directory公用查询和登录。在多站点网络环境中，通常要尽可能在每个站点设置全局目录服务器，以保证Active Directory公用查询和用户登录的速度。

在没有全局目录服务器的站点中运行 Windows Server 2003、Windows Server 2008 或 Windows Server 2008 R2的域控制器上，可以使用通用组成员身份缓存来降低联系不同站点中全局目录服务器的需要。已启用此功能时，当用户第一次登录到通用组可用的域时，用户的通用组成员身份信息将被缓存到域控制器上，此后，域控制器使用缓存成员身份处理登录，而不必与全局目录服务器联系。

6.3.3.3 添加或删除全局目录

可以在Active Directory站点和服务管理单元中使用同一用户界面（UI）添加或删除全局目录。启用全局目录可能导致额外复制流量，不过，将在后台逐渐执行全局目录删除操作，且不会影响复制或性能。

1. 管理凭据

完成此过程最低需要所选域控制器的域中的Domain Admins组或者Enterprise Admins组或林根域中的Domain Admins组的成员身份或同等身份，或者是被委派了适当的权限的用户。作为安全性最佳操作，应使用“以管理员身份运行”执行此过程。管理Active Directory域服务（AD DS）时，应使用操作人员的最低级别的用户账户登录并使用管理凭据。

2. 添加或删除全局目录的步骤

（1）打开“Active Directory站点和服务”。

（2）在控制台树中，单击要向其添加或从中删除全局目录的服务器对象。

（3）在详细信息窗格中，右键单击所选服务器对象的“NTDS设置”，然后单击“属性”。

（4）选中“全局目录”复选框以添加全局目录，或者清除复选框以删除全局目录。

域控制器在收到全部域目录分区之前不在域名系统（DNS）中将其自身宣传为全局目录服务器。

6.3.3.4 验证全局目录准备就绪情况

全局目录服务器符合复制要求时，isGlobalCatalogReadyrootDSE 属性被设置为 TRUE，且全局目录准备就绪可以为客户端计算机提供服务。可以在Ldp管理单元中或在命令行上使用以下过程验证此设置。

可以采用使用Windows界面和使用命令提示符两种方法验证全局目录准备就绪情况。

1. 管理凭据

与添加或删除全局目录的管理凭据要求相同。

2. 使用Windows界面验证全局目录准备就绪情况的步骤

（1）打开Ldp管理单元。若要打开Ldp，依次单击“开始”和“运行”，再键入ldp，然后单击“确定”。

（2）在“连接”菜单中，单击“连接”。

（3）在“连接”中，键入要验证其全局目录准备就绪情况的服务器的名称。

（4）在“端口”中，如果不出现389，请键入389。

（5）如果选中了“无连接”复选框，就清除它，然后单击“确定”。

（6）在详细信息窗格中，验证 isGlobalCatalogReady 属性具有值 TRUE。

（7）在“连接”菜单中，单击“断开连接”，然后关闭 Ldp。

3. 使用命令行验证全局目录准备就绪情况的步骤

（1）打开命令提示符。若要打开命令提示符，请依次单击“开始”和“运行”，再键入 cmd，然后单击“确定”。

（2）键入命令 nltest /server:<servername> /dsgetdc:<domainname>，然后按 Enter。

命令中，各参数的含义如下：

- nltest：执行网络管理任务。
- /server:<servername>：指定已指定作为全局目录服务器的域控制器的名称。
- /dsgetsdc:<domainname>：指定服务器所属域的名称。

在输出的 Flags 行中，如果出现 GC，则全局目录服务器已符合其复制要求。

若要查看此命令的完整语法，可在命令提示符下键入“nltest /?”。

6.3.3.5 验证全局目录 DNS 注册

若要验证服务器是否被公布为全局目录服务器，可以使用 DNS 管理器管理单元验证是否存在全局目录服务器的域名称系统（DNS）服务位置（SRV）资源记录。

1. 管理凭据

与添加或删除全局目录的管理凭据要求相同。

2. 验证全局目录 DNS 注册的步骤

（1）重新启动要验证其 DNS 注册的全局目录服务器。

（2）打开 DNS 管理器。依次单击“开始”、“管理工具”和“DNS”。

（3）若要连接到林根域中的域控制器，对此进行验证 DNS 注册，右键单击“DNS”，然后单击“连接到 DNS 服务器”。

（4）在控制台树中，单击林根域的“_tcp”容器。

（5）在详细信息窗格中，在“名称”列中查找_gc，并在“数据”列中查找服务器的名称。以_gc 开头的记录是全局目录服务位置（SRV）资源记录。

6.4 管理组

可以使用 Active Directory 用户和计算机或者使用命令行新建组或管理现有组。

除了 6.4.7 中所述的“查找用户隶属的组”，本节中各小节所述的操作所需要的身份凭据都与新建用户账户相同，即必须是 AD DS 中 Account Operators 组、Domain Admins 组或 Enterprise Admins 组的成员，或者必须被委派了适当的权限。

6.4.1 组账户的概念

组是指用户与计算机账户、联系人以及其他可以作为单个单位管理的组的集合。属于特定组的用户和计算机称为组成员。

Active Directory 域服务（AD DS）中的组都是驻留在域和组织单元（OU）容器对象中的目录对象。AD DS 在安装时会提供一组默认组。它还提供了用于创建组的选项。

使用 AD DS 中的组可以执行以下操作：

①通过将共享资源的权限分配给组而不是单个用户来简化管理。将权限分配给组会将对资源的相同访问权限分配给该组的所有成员。

②通过组策略将用户权限一次性分配给组来进行委派管理。然后可以向组添加那些希望和组具有相同权利的成员。

③创建电子邮件分发列表。

组的特征体现在它们的作用域和类型上。组作用域确定组在域或林内的应用程度。组类型确定可以使用组来分配共享资源的权限（对于安全组），还是仅将组用于电子邮件分发列表（对于分发组）。

此外，还存在无法修改或查看其成员身份的组。这些组称为特殊身份组。根据不同环境，它们代表了不同时间内的不同用户。例如，Everyone 组是代表所有当前网络用户的特殊身份组，包括来自其他域的来宾和用户。

以下部分提供有关 AD DS 中的组账户的其他信息。

1. 默认组

默认组（如 Domain Admins 组）是在创建 Active Directory 域时自动创建的安全组，可以使用这些预定义组来帮助控制共享资源的访问权限，并委派特定的全域性管理角色。

会自动为许多默认组分配一组用户权限，这些用户权限将允许组成员在域中执行特定的操作，如登录到本地系统或备份文件和文件夹。例如，“备份操作员”组的成员有权在域中为所有域控制器执行备份操作。

将用户添加到组时，该用户将获得以下权限：

- 分配给组的所有用户权限
- 分配给组的有关任何共享资源的所有权限

默认组位于“本地”容器和“用户”容器中。“本地”容器中的默认组具有“本地内置”组作用域。不能更改它们的组作用域和组类型。“用户”容器中包含通过全局作用域定义的组和通过本地域作用域定义的组，可以将位于这些容器中的组移动到域内的其他组或 OU 中，但不能将它们移动到其他域中。

2. 组作用域

组作用域与过去网络中的传统的组的概念是不同的，传统的组是将网络中所有的用户分组，这里的组作用域是在逻辑结构的安全边界下将用户分组，目的是让某一些用户跨越安全边界享用资源。

组的特征体现在用来标识组在域树或林中的应用程度的作用域（Group Scope）。有三个组作用域：本地域组、全局组和通用组。

（1）本地域组

本地域组的成员可以包括 Windows Server 2003、Windows 2000、Windows NT、Windows Server 2008 和 Windows Server 2008 R2 域中的其他组和账户。仅能在域内为这些组的成员分配权限。

具有本地域作用域的组帮助定义和管理单一域内的资源访问权限。这些组的成员可以包括下列组：

- 具有全局作用域的组
- 具有通用作用域的组
- 账户

- 具有本地域作用域的其他组
- 上面任意组的组合

例如，若要授予五个用户访问特定打印机的权限，可以在打印机权限列表中添加五个用户账户。但是，如果以后要授予这五个用户访问新打印机的权限，则必须重新在新打印机权限列表中指定这五个账户。

稍作计划之后，通过创建具有本地域作用域的组并为其分配访问打印机的权限，即可简化此日常管理任务。将这五个用户账户放在具有全局作用域的组中，并将此组添加到具有本地域作用域的组。若要授予这五个用户访问新打印机的权限，可以为具有本地域作用域的组分配新打印机的访问权限，具有全局作用域的组的所有成员都会自动获得对新打印机的访问权限。

（2）全局组

全局组的成员可以只包括组定义所在域的其他组和账户。可以在林中的任何域为这些组成员分配权限。

使用具有全局作用域的组来管理需要进行日常维护的目录对象，如用户和计算机账户。由于具有全局作用域的组在自己的域外不会被复制，因此可以经常更改具有全局作用域的组中的账户，且不会对全局目录产生重复流量。

尽管权限分配只在分配它们的域内有效，但通过在多个相应域中统一应用具有全局作用域的组，可以合并对具有类似用途的账户的引用。这将使跨域范围的组管理简化和合理化。例如，在具有两个域（Europe 和 UnitedStates）的网络中，如果 UnitedStates 域中存在名为 GLAccounting 的具有全局作用域的组，那么在 Europe 域中也应存在名为 GLAccounting 的组（除非 Europe 域中不存在记账功能）。

对复制到全局目录的域目录对象指定权限时，应该使用全局组或通用组，而不要使用本地域组。

（3）通用组

通用组的成员可以包括域树或林中的任何域的其他组和账户。可以在域树或林中的任何域为这些组成员分配权限。

使用具有通用作用域的组来合并跨域的组。为此，向具有全局作用域的组添加账户，并在具有通用作用域的组内嵌套这些组。使用此策略时，对具有全局作用域的组成员身份的任何更改都不会影响具有通用作用域的组。

例如，在具有两个域（Europe 和 UnitedStates）的网络中，如果每个域中都存在名为 GLAccounting 的具有全局作用域的组，则创建名为 UAccounting 的具有通用作用域的组，该组的成员包括两个 GLAccounting 组，即 UnitedStates\GLAccounting 和 Europe\GLAccounting。然后可以在企业的任何地方使用 UAccounting 组。对个别 GLAccounting 组成员身份的任何更改都不会导致对 UAccounting 组的复制。

不要经常更改具有通用作用域的组的成员身份。对这类组的成员身份的任何更改都会导致该组的全部成员身份被复制到林中的各个全局目录中。

3. 组的类型

AD DS 中有两种组类型：分发组和安全组。可以使用分发组来创建电子邮件分发列表，而使用安全组来分配共享资源的权限。

分发组只能用于电子邮件应用程序（如 Microsoft Exchange Server 2007）向用户集合发送

电子邮件。分发组没有启用安全功能，这意味着它们不能列在随机访问控制列表（DACL）中。如果需要用于控制共享资源访问权限的组，则创建安全组。

当谨慎使用安全组时，它们会提供一种有效的方法来分配网络资源的访问权限。使用安全组可以执行以下操作：

- 将用户权限分配给 AD DS 中的安全组。
- 将用户权限分配给安全组，以确定该组成员在域（或林）的作用域内可执行的操作

在安装 AD DS 时会自动将用户权限分配给某些安全组，以便帮助管理员定义人员在域中的管理角色。例如，添加到 Active Directory 中“备份操作员”组的用户能够备份和还原域中各个域控制器上的文件和目录。

- 将资源权限分配给安全组。

权限与用户权限不同。权限确定可以访问共享资源的对象，并确定访问级别，如“完全控制”。可以使用安全组来管理对共享资源的访问和权限。将自动分配某些域对象上设置的权限，以允许针对默认安全组（如 Account Operators 组或 Domain Admins 组）的各种访问级别。

与分发组类似，安全组也可以用作电子邮件实体。将电子邮件发送到组时，会将该邮件发送到该组的所有成员。

4. 特殊身份

除了“用户”容器和“本地”容器中的组之外，运行 Windows Server 2008 R2、Windows Server 2008 或 Windows Server 2003 的服务器还包括数种特殊身份。为方便起见，通常将这些身份称为组。这些特殊组不含可以修改的特定成员身份。但根据不同环境，它们可以代表不同时间内的不同用户。下列组表示特殊身份：

- 匿名登录

此组所代表的用户和服务在不使用账户名、密码或域名的情况下通过网络访问计算机及其资源。在运行 Windows NT 和早期版本的计算机上，“匿名登录”组是 Everyone 组的默认成员。但在运行 Windows Server 2008 R2、Windows Server 2008 或 Windows Server 2003 的计算机上，“匿名登录”组在默认情况下不是 Everyone 组的成员。

- Everyone

此组代表了所有当前网络用户，包括来自于其他域的来宾和用户。无论用户何时登录到网络上，都会自动将该用户添加到 Everyone 组。

- 网络

此组所代表的用户当前正通过网络访问给定的资源，这些用户与通过本地登录到资源所在的计算机来访问该资源的用户相对。无论用户何时通过网络访问给定的资源，都会自动将该用户添加到“网络”组。

- 交互

此组代表当前已登录到特定计算机，并且正在访问位于该计算机上的给定资源的所有用户，他们与通过网络访问资源的用户相对。无论用户何时访问他们当前已登录的计算机上的给定资源，都会自动将该用户添加到“交互”组。

尽管可以将资源的权限分配给特殊身份成员，但不能修改或查看其成员身份。组作用域不适用于特殊身份成员。无论用户何时登录或访问特定资源，都会自动为他们分配这些特殊身份。

5. 可创建组的位置

在 AD DS 中，组是在域中创建的。使用 Active Directory 用户和计算机创建组。具有必需的权限之后，可以在林的根域、林的任何其他域或 OU 中创建组。

除了创建组所在的域之外，组的特征还体现在它的作用域上。组的作用域将确定下列域：

- 可以从中添加成员的域
- 从中分配给组的权限均有效的域

基于组所需要的管理，选择创建该组所在的特定域或 OU。例如，如果逻辑机构中有多个 OU，且每个 OU 具有不同的管理员，则可能要在这些 OU 内创建具有全局作用域的组，以便管理员在其所在的 OU 中管理用户的组成员身份。如果组是控制 OU 之外的访问权限所必需的，则可以将 OU 中的组嵌套到具有通用作用域的组（或其他具有全局作用域的组）中，则在林中的任何地方都可以使用这些组。

如果将域功能级别设置为 Windows 2000 本机或更高级别，则该域将包含 OU 的层次结构，而将管理委派给各个 OU 的管理员后，可能会更有效地嵌套具有全局作用域的组。例如，如果 OU1 包含 OU2 和 OU3，则 OU1 中具有全局作用域的组的成员可以包括 OU2 和 OU3 中具有全局作用域的组。在 OU1 中，管理员可以在其中添加或删除组成员，OU2 和 OU3 的管理员可以在各自的 OU 中添加或删除账户的组成员，而无需具有 OU1 中具有全局作用域的组的管理权限。

可以在域内移动组。但只能在域之间移动具有通用作用域的组。将组移动到其他域时，分配给具有通用作用域的组的权限都会丢失，因此必须重新进行分配。

6.4.2 新建组

为了使工作性质或权力接近的用户群体享受相同的权限，或者为了能够很方便地向某个用户群体发送信息，需要建立组。

可以采用使用 Windows 界面和使用命令行两种方法新建组账户。

1. 使用 Windows 界面新建组账户的步骤

（1）打开“Active Directory 用户和计算机”。

（2）在控制台树中，右键单击要在其下新建组的文件夹。

（3）指向“新建”，然后单击“组”。

（4）键入新组的名称。

默认情况下，键入的名称也作为新组的 Windows 2000 以前版本名称输入。

（5）在“组作用域”中，单击其中一个选项。

（6）在“组类型”中，单击其中一个选项。

- 若要添加组，还可以单击要添加组的文件夹，然后单击工具栏上的新建组图标。
- 如果要在其中创建组的域设置为 Windows 2000 混合模式的域功能级别，则可以只选择具有“本地域”或“全局作用域”的“安全”组类型。

2. 使用命令行新建组账户的步骤

（1）打开命令提示符。

（2）键入以下命令，然后按 Enter：

dsadd group <GroupDN> -samid<SAMName> -secgrp {yes|no} -scope {l|g|u}

命令中，各参数的含义如下：

● <GroupDN>：指定要添加的组对象的可分辨名称。

● -samid：设置 <SAMName> 值。

● <SAMName>：指定安全账户管理器（SAM）名称作为该组（例如 Operators）的唯一 SAM 账户名。

● -secgrp：设置组类型的值。

● {yes|no}：指定要添加的组是安全组（yes）还是分发组（no）。

● -scope：设置组作用域的值。

● {l|g|u}：指定要添加的组作用域是本地域（l）、全局域（g）还是通用域（u）。

若要查看此命令的完整语法以及有关输入用户账户信息的信息，可在命令提示符下键入命令 dsadd group /?，然后按 Enter。

如果要在其中创建组的域设置为 Windows 2000 混合模式的域功能级别，则可以只选择具有“本地域”或“全局作用域”的“安全”组类型。

6.4.3 将成员添加到组

新建了组以后，需要向组添加成员，即用户和组，即使已经添加完了成员，经过一段时间以后，企业中人事或人员发生了变化，还需要向组添加成员或者从组中删除成员。

可以采用使用 Windows 界面和使用命令行两种方法将成员添加到组。

1. 使用 Windows 界面将成员添加到组的步骤

（1）打开“Active Directory 用户和计算机”。

（2）在控制台树中，单击包含要向其添加成员的组的文件夹。

（3）在详细信息窗格中，右键单击组，然后单击“属性”。

（4）在“成员”选项卡上，单击“添加”。

（5）在“输入要选择的对象名称”中，键入要添加到组的用户名、组名或计算机名，然后单击“确定”。

将成员添加到组的另一种方法是选择所需的对象，然后单击“将所选的对象添加到指定的组中”工具栏图标。也可以将成员对象拖动到组中，或者右键单击对象，然后单击“添加到组”。

在管理域时，父域或其他受信任域中的安全主体不会出现在域用户属性的“隶属于”选项卡中。可以添加或查看的唯一域账户是当前域组。只会显示当前域中的域组，即使成员属于其他受信任域组。

2. 使用命令行将成员添加到组的步骤

（1）打开命令提示符。

（2）键入命令 dsmod group <GroupDN> -addmbr <MemberDN>，然后按 Enter。

命令中，各参数的含义如下：

● <GroupDN>：指定要向其添加对象的组对象的可分辨名称。

● -addmbr ：设置<MemberDN>值。

● <MemberDN>：指定要添加到组的对象的可分辨名称。

若要查看此命令的完整语法以及有关输入用户账户信息的信息，可在命令提示符下键入命令 dsmod group /?，然后按 Enter。

除用户和计算机之外，组成员还可以包括联系人和其他组。

 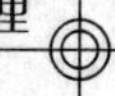

6.4.4 将组转换为其他类型

由于情况发生变化，有时需要将一个组从原来的类型转换为另一种类型。可以采用使用Windows界面和使用命令行两种方法将组转换为其他类型。

若要转换组，必须将域功能级别设置为 Windows 2000 本机或更高。域功能级别被设置为 Windows 2000 混合时无法转换组。

1. 使用 Windows 界面将组转换为其他组类型的步骤

（1）打开“Active Directory 用户和计算机”。

（2）在控制台树中，单击包含要转换为其他组类型的组的文件夹。

（3）在详细信息窗格中，右键单击组，然后单击“属性”。

（4）在“常规”选项卡上的“组”的“类型”下，单击组类型。

2. 使用命令行将组转换为其他组类型的步骤

（1）打开命令提示符。

（2）键入命令 dsmod group <GroupDN> -secgrp {yes|no}，然后按 Enter。

命令中，各参数的含义如下：

- <GroupDN>：指定要更改组类型的组对象的可分辨名称。
- -secgrp：设置组类型值。
- {yes|no}：指定将组类型设置为安全组（yes）或分发组（no）。

若要查看此命令的完整语法以及有关输入用户账户信息的信息，可在命令提示符下键入命令 dsmod group /?，然后按 Enter。

6.4.5 更改组作用域

当组的成员来源的范围发生了变化或者希望改组享用资源的范围发生变化，就需要更改组作用域。

可以采用使用 Windows 界面和使用命令行两种方法更改组作用域。在更改组作用域时，需要注意如下两点：

- 仅当域功能级别被设置为 Windows 2000 本机或更高时，才能更改组作用域。
- 将组作用域从通用域更改为本地域的操作只能在全局目录服务器上执行。如果域控制器不是全局目录服务器，则会出现错误消息。

1. 使用 Windows 界面更改组作用域的步骤

（1）打开“Active Directory 用户和计算机”。

（2）在控制台树中，单击包含要更改其组作用域的组的文件夹。

（3）在详细信息窗格中，右键单击组，然后单击“属性”。

（4）在“常规”选项卡的“组作用域”下，选择组作用域。

2. 使用命令行更改组作用域的步骤

（1）打开命令提示符。

（2）键入命令 dsmod group <GroupDN> -scope {L|G|U}，然后按 Enter。

命令中，各参数的含义如下：

- <GroupDN>：指定要更改其作用域的组对象的可分辨名称。
- {L|G|U}：指定将组作用域设置为本地（L）、全局（G）或通用（U）。如果域功能级别

仍然是 Windows 2000 混合，则不支持通用作用域。而且，也不能将本地域组转换为全局组或是将全局组转换为本地域组。

若要查看此命令的完整语法以及有关输入用户账户信息的信息，可在命令提示符下键入命令 dsmod group /?，然后按 Enter。

6.4.6 删除组

当组织机构和人员发生变化导致某一个组没有存在的必要时，可以使用此项功能删除这个组。可以采用使用 Windows 界面和使用命令行两种方法删除组账户，此项操作是一种永久性的删除。

1. 使用 Windows 界面删除组账户

（1）打开“Active Directory 用户和计算机”。

（2）在控制台树中，单击要删除的组所在的文件夹。

（3）在详细信息窗格中，右键单击组，然后单击“删除”。

2. 使用命令行删除组账户

（1）打开命令提示符。

（2）键入命令 dsrm <GroupDN>，然后按 Enter。

命令中，参数<GroupDN>的含义是指定要删除的组对象的可分辨名称。

若要查看此命令的完整语法以及有关输入用户账户信息的信息，可在命令提示符下键入命令“dsrm /?”，然后按 Enter。

6.4.7 查找用户隶属的组

可以采用使用 Windows 界面和使用命令行两种方法查找用户隶属的组。

不需要任何最低组成员身份即可完成此过程。

1. 使用 Windows 界面查找用户隶属的组

（1）打开“Active Directory 用户和计算机”。

（2）在控制台树中，单击“用户”或者单击包含要查看其组成员身份的用户账户的文件夹。

（3）在详细信息窗格中，右键单击用户账户，然后单击“属性”。

（4）单击“隶属于”选项卡。

用户的“隶属于”选项卡显示了用户账户在域中所隶属的组的列表。Active Directory 域服务不会显示用户隶属的、位于受信任域中的组。

2. 使用命令行查找用户隶属的组

（1）打开命令提示符。

（2）键入命令 dsget user <UserDN> -memberof，然后按 Enter。

命令中，各参数的含义如下：

- -memberof：指定组成员身份。
- <UserDN>：指定要显示其组成员身份的用户对象的可分辨名称。

若要查看此命令的完整语法以及有关输入用户账户信息的信息，可在命令提示符下键入命令“dsget user /?”，然后按 Enter。

6.4.8　向 AD DS 中的组分配用户权限

前面已经讲过，分组的目的之一就是为了对不同的用户群体分配不同的权限，以保证既实现资源共享，又能保障资源的安全。

向 Active Directory 域服务中的组分配用户权限的步骤如下：

（1）打开“组策略管理”，若要打开“组策略管理”，依次单击“开始”、“运行”，键入 gpmc.msc，然后单击“确定”。

（2）在控制台树中，右键单击“默认域控制器策略”，然后单击“编辑”。

（3）在控制台树中，单击“用户权限分配”。

（4）在详细信息窗格中，双击要分配的用户权限。

（5）单击“添加用户或组”。

如果该按钮显示为灰色，选中“定义这些策略设置”复选框。

（6）键入要向其分配此权限的组的名称。

若要执行此过程，必须首先在“服务器管理器”中安装“组策略管理”功能。

6.5　管理 Active Directory 架构

Active Directory（R）架构是一个 Microsoft 管理控制台（MMC）管理单元，可用于查看和管理 Active Directory 域服务（AD DS）架构，也可以使用 Active Directory 架构管理单元查看和管理 Active Directory 轻型目录服务（AD LDS）架构对象。

在第 4 章的 1.1.1 节中简单地介绍了 Active Directory(R)架构的概念，在这一节中介绍如何使用 Active Directory 架构管理单元管理 Active Directory 架构。

1. 架构定义

架构包含可在 Active Directory 林中创建的每个对象类的正式定义，还包含可以放置于或必须放置于 Active Directory 对象中的每个属性的正式定义。

2. 架构容器

Active Directory 架构管理单元包含以下两个容器：“类”容器和“属性”容器。这些容器用于存储类和属性定义。这些定义采用 classSchema 对象和 attributeSchema 对象的形式，前者可用来查看“类”容器，后者可用来查看“属性”容器。

3. 架构更改

只有在极少情况下，可以更改 AD DS 架构。架构更改中的错误会导致数据丢失和损坏。因此，在尝试对架构对象执行任何操作之前，要确保了解更改的效果，同时确保已部署了此更改并查看了其在测试林中的效果。

6.5.1　Active Directory 架构管理单元概述

为了便于具有架构管理权限的操作员能够很方便地查看和管理架构，Windows Server 2008 提供了安装架构管理单元并在此安装过程中创建架构管理控制台的功能，然后就可以使用 Active Directory 架构 Microsoft 管理控制台（MMC）管理单元查看和管理 Active Directory 域服务（AD DS）架构对象。

与其他管理工具相比，Active Directory 架构管理单元的安装和使用要求更加严格。要更改 Active Directory 架构管理单元，必须是 Active Directory 林的林根域中的 Schema Admins 安全组成员。在默认情况下，林根域的管理员账户是 Schema Admins 组的唯一成员。

使用 Active Directory 架构管理单元，可以查看类和对象定义，提供对架构的管理访问权限，并修改架构类和属性。但是，修改架构是一项高级而又复杂的操作，最好由经验丰富的程序员和管理员执行。正因为如此，修改架构的相关信息主要包含在编程文档中。

6.5.2 安装、保护和查看架构

在大多数 Active Directory 林中，除了需要提供安全，以确保只有授权的管理员才有权访问架构之外，不需要以任何方式来管理架构对象及其属性。对架构对象和属性的默认访问仅限于林根域中的管理员账户。但是，在偶然情况下，例如，应用程序开发人员需要修改架构对象，或解决应用程序的架构兼容性问题时，可能需要为其他管理员提供架构权限。

还可能需要在其他域控制器上安装 Active Directory 架构管理单元。可以使用 Active Directory 架构管理单元来查看架构类、属性对象和属性。

6.5.2.1 安装 Active Directory 架构管理单元

由于架构管理并非典型的管理目标，而且架构更改可能带来林范围的有害结果，因此，在添加 Active Directory 域服务（AD DS）角色时，不会默认安装 Active Directory 架构管理单元。在将 Active Directory 架构管理单元添加到 Microsoft 管理控制台（MMC）之前，必须在 AD DS 中注册 Schmmgmt.dll。之所以要求此预备步骤，是为了禁止对此工具的不适当使用。注册了 Schmmgmt.dll 之后，便可以将 Active Directory 架构管理单元添加到 MMC 中。

可以使用此过程首先注册 Active Directory 管理单元所需的动态链接库（DLL），然后将该管理单元添加到 Microsoft 管理控制台（MMC）。

1. 管理凭据

要执行此过程的 Schmmgmt.dll 注册部分，必须是域中 Domain Admins 组的成员或林中 Enterprise Admins 组的成员，或者必须被委派了适当的权限。将 Active Directory 架构管理单元添加到 MMC 仅要求 Domain Users 组成员身份。但是，更改架构要求具有 Schema Admins 组的成员身份。修改架构是一项高级操作，最好由经验丰富的程序员和系统管理员执行。

为了能够熟悉实际的操作，建议先以管理员身份登录，新建一个用户或者使用一个已建的用户，将这个设置到 Domain Admins 组和 Schema Admins，例如此用户的名称为 LiuPing。然后注销系统，以 LiuPing 的身份登录，执行后面的注册 Schmmgmt.dll 文件、安装 Active Directory 架构管理单元和修改架构。

2. 注册 Schmmgmt.dll 文件的步骤

（1）以管理员或者 LiuPing 的身份登录。

（2）单击“开始”，然后单击“运行”。

（3）输入命令 regsvr32 schmmgmt.dll，然后单击“确定”。

如果 RegSvr32 命令运行后已成功注册，系统会显示一个“DllRegisterServer 中成功的 schmmgmt.dll”对话框，如图 6-3 所示。

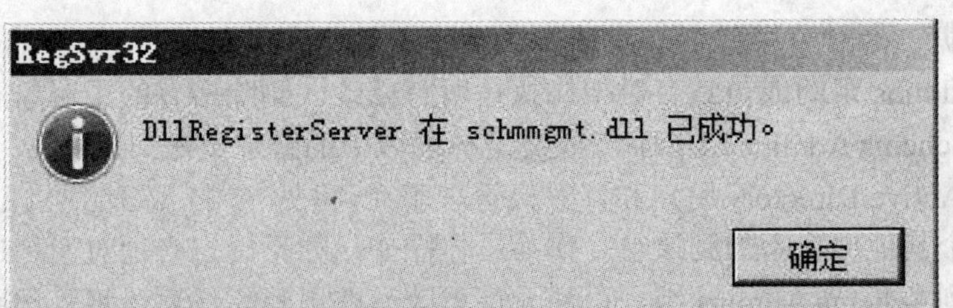

图 6-3 注册 Schmmgmt.dll 文件成功的提示

3. 安装 Active Directory 架构管理单元的步骤

（1）以 LiuPing 的身份登录。

（2）依次单击“开始”、“运行”，键入 mmc，然后单击“确定”。

（3）在“文件”菜单上，单击“添加/删除管理单元”。

（4）在“可用的管理单元”下，单击“Active Directory 架构”，单击“添加”，然后单击“确定”。如图 6-4 所示。

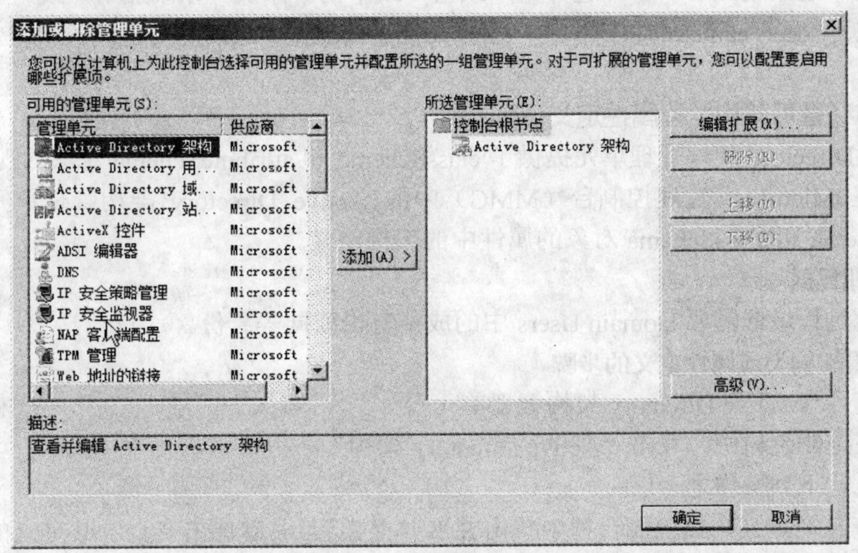

图 6-4 将 Active Directory 架构管理单元添加到管理控制台

（5）若要保存此控制台，选定一个控制台的名字以后，在“文件”菜单上单击“保存”。

（6）在“另存为”对话框中，执行下列操作之一：

- 若要将管理单元放置于“管理工具”文件夹中，可在“文件名”中键入管理单元的名称，然后单击“保存”。
- 若要将管理单元保存到“管理工具”文件夹之外的位置，可在“保存于”中导航到管理单元要保存的位置。在“文件名”中键入管理单元的名称，然后单击“保存”。

保存控制台时，要确定一个自己认为合适的名字，并且要记住它，例如，为了文件名还有面叙述方便，此处将名字确定为“活动目录架构管理控制台”。

6.5.2.2 应用 Active Directory 架构管理权限

此过程可以设置在 Active Directory 架构管理单元中执行任务的权限。

1. 管理凭据

Schema Admins 组的成员具有对架构执行所有修改（删除所有的子对象除外）的权限。默认情况下，Schema Admins 组的唯一成员是林根域中的管理员账户。

可以使用 Active Directory 用户和计算机管理单元，将另一用户添加到 Schema Admins 组。每次只能将一个其他用户添加到该组。作为最佳操作，如果确定必须对架构进行更改，则将管理用户添加到 Schema Admins 组，以便允许更改。在更改完成后，将管理用户从该组中删除。还可以为特定架构管理任务提供权限，而不提供允许执行所有更改的权限。使用“权限”选项，授予用户或组特定的访问权限。同样，当不再需要此访问权限时，便删除用户或组的权限。但最好将架构管理员的人数限制为林中一个高度受信任的管理员。

Schema Admins 中的成员身份或等效身份是完成此过程所需的最低要求。

2. 应用执行架构任务的权限的步骤

（1）打开 Active Directory 架构管理单元。

（2）在控制台树中，单击“Active Directory 架构”连接到域。

（3）在控制台树中，右键单击“Active Directory 架构”，然后单击“权限”。

（4）在“组或用户名”中，选择用户或组，或单击“添加”以添加用户或组。

（5）在“<user_name>的权限”中，选择要授予的权限，或清除要拒绝的权限，然后单击“确定”。

6.5.2.3 查看架构类和属性定义

Active Directory 架构管理单元提供了 classSchema 和 attributeSchema 对象的视图。

可以在 Microsoft 管理控制台（MMC）中的 Active Directory 架构管理单元中，查看 attributeSchema 和 classSchema 对象的属性中的架构定义。

1. 管理凭据

完成此过程最低需要 Domain Users 中的成员身份或同等身份。

2. 查看架构类或属性定义的步骤

（1）打开“Active Directory 架构管理单元”。

（2）在控制台树中，双击“Active Directory 架构”。

（3）执行下列操作之一：

- 要查看类定义，在控制台树中单击并展开“类”。右键单击要查看其定义的类，然后单击“属性”。
- 要查看属性定义，在控制台树中单击“属性”。在详细信息窗格中，右键单击要查看其定义的属性，然后单击“属性”。

6.5.3 Active Directory 架构的管理单元类属性管理界面

安装了架构管理单元以后，拥有权限的用户就可以利用管理单元控制台对 Active Directory 架构进行管理。本节主要介绍类的属性的管理。

以前面创建的用户 LiuPing 的身份登录，点击“开始”→“所有程序”→“管理工具”（安装架构管理单元时所存放控制台的位置）→“活动目录架构管理控制台”（存储架构管理单元控制台时所确定的名字），就可以打开控制台。展开“Active Directory 架构”，点击“类”，就会出现图 6-5 所示的界面，中间的窗口中显示了所有类的名称、类的类型、类的状态和描述。

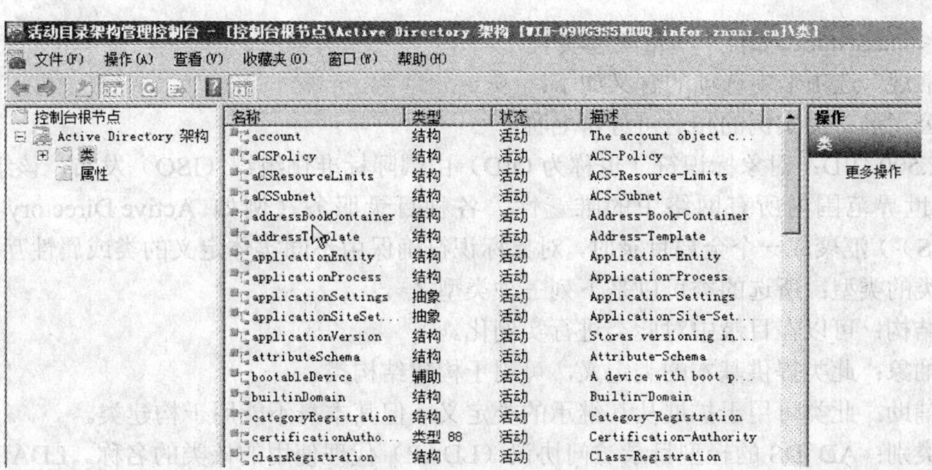

图 6-5 活动目录架构管理控制台

为了方便，下面以 Application-Settings 为例，介绍类的属性的各选项卡中的参数。右击中间窗口中的任意一个类，如 Application-Settings，在快捷菜单中选中“属性”，就会出现图 6-6 所示的界面，界面中有“常规”、“关系”、“属性”和“默认安全性”4 个选项卡，为了便于理解和操作，下面对“常规”、“关系”、“属性”三个选项卡的参数进行介绍，并介绍<AttributeName> 属性页、新建架构类对话框-布局 1、新建架构类对话框-布局 2、新建属性对话框和更改架构主机对话框中的参数。

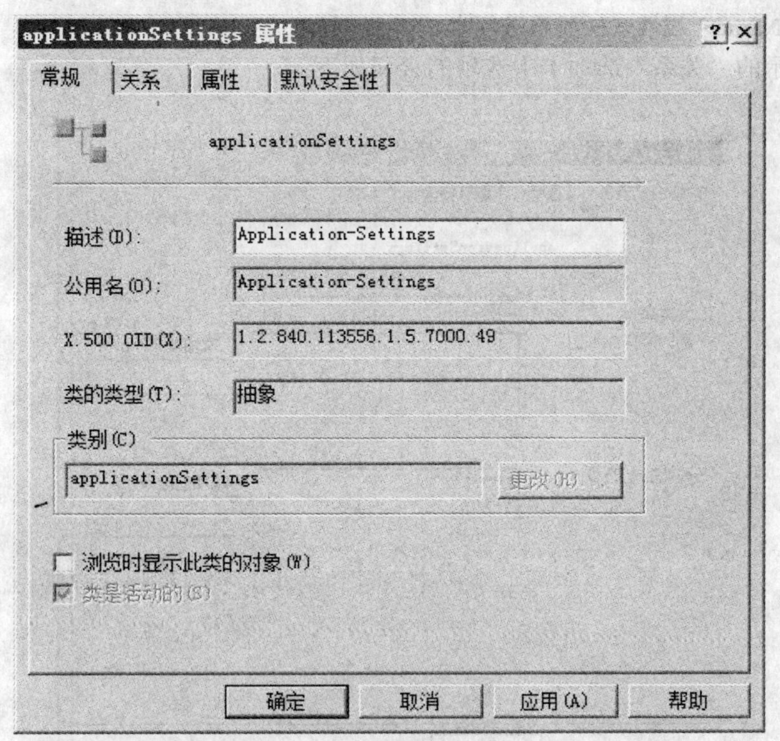

图 6-6 类 Application-Settings 的属性——常规选项卡

1. <ClassName>属性——常规选项卡

“常规”选项卡中选项的含义如下：

- 公用名：类实例的相对可分辨名称。
- X.500 OID：对象标识符（也称为 OID）由国际标准化组织（ISO）发布，该组织保证 OID 在世界范围内所有网络中的唯一性。各种目录服务（例如 Active Directory 域服务（AD DS））汇聚成一个全局目录时，对象标识符确保由不同实体定义的类或属性互不冲突。
- 类的类型：所选的类可以是下列三种类型之一：
  - ◆ 结构：可以在目录中对此类进行实例化。
  - ◆ 抽象：此类提供基本的类定义，可用于构建结构类。
  - ◆ 辅助：此类可用于扩展从其继承的类定义，但其本身不能用于构建类。
- 类别：AD DS 的轻型目录访问协议（LDAP）代理使用的该类的名称。LDAP 客户端必须使用此名称来访问该类的对象。
- 更改：单击以更改所选类的默认 objectCategory。如果对象被标记为“基础架构”，将禁用此按钮。
- 浏览时显示该类的对象：选择以控制该类的 defaultHidingValue 属性。此属性用于控制该类的新建对象的 showInAdvancedViewOnly 属性的默认值。
- 类是活动的：如果类处于活动状态，单击可停用它。可以通过停用来恢复类，而删除是永久性的。如果停用了某个类，将不能再创建该类的实例对象。停用的类仍在目录中。因此，不能创建同名的新类。如果此复选框不可用，则该类位于基础架构中，并且 AD DS 要求其一直处于活动状态。不能停用该类。

2. <ClassName> 属性——关系选项卡

图 6-7 所示的“关系”选项卡中选项的含义如下：

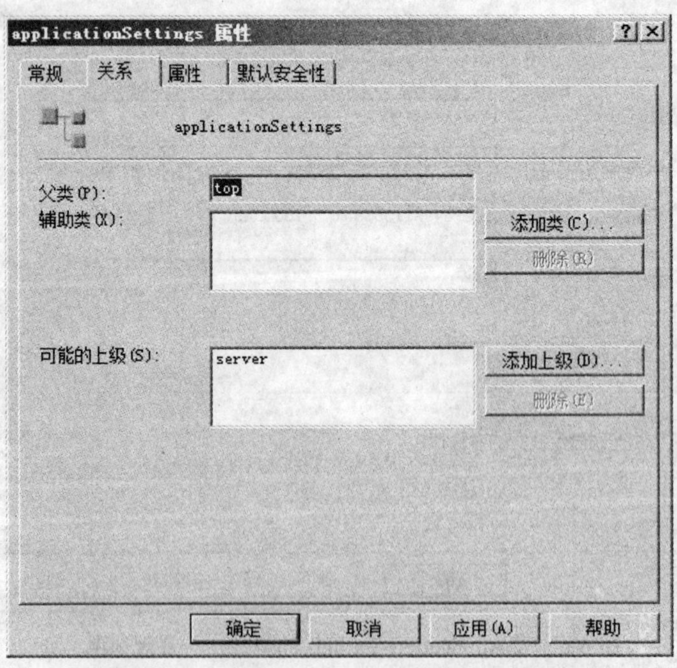

图 6-7　类 Application-Settings 的属性——关系选项卡

● 父类：当前类是该类的子类。当前类从指定的父类继承强制和可选属性。

● 辅助类：父类的辅助类或子类。一个类可以有一个父类和多个辅助类。辅助类属性可以通过子类完全继承。

● 添加类：单击为该类添加新的辅助类。

● 删除：单击以删除该类的辅助类。

● 可能的上级：目录可能的树结构由给定类的父类指定。

● 添加上级：单击为所选的类添加新的上级类。

● 删除：单击从所选的类删除上级类。

3. <ClassName> 属性——属性选项卡

图 6-8 所示的"属性"选项卡中选项的含义如下：

● 强制：显示不能从所选的类中删除的属性列表。

● 可选：显示既可以添加到所选的类中，又能从所选的类中删除的属性列表。

● 添加：单击将新的可选属性添加到所选的类中。

● 删除：单击从所选的类中删除可选属性。

4. <AttributeName>属性页

● 公用名：类实例的相对可分辨名称。

● X.500 OID：对象标识符（也称为 OID）由国际标准化组织（ISO）发布，该组织保证 OID 在世界范围内所有网络中的唯一性。各种目录服务（例如 Active Directory 域服务（AD DS））汇聚成一个全局目录时，对象标识符确保由不同实体定义的类或属性互不冲突。

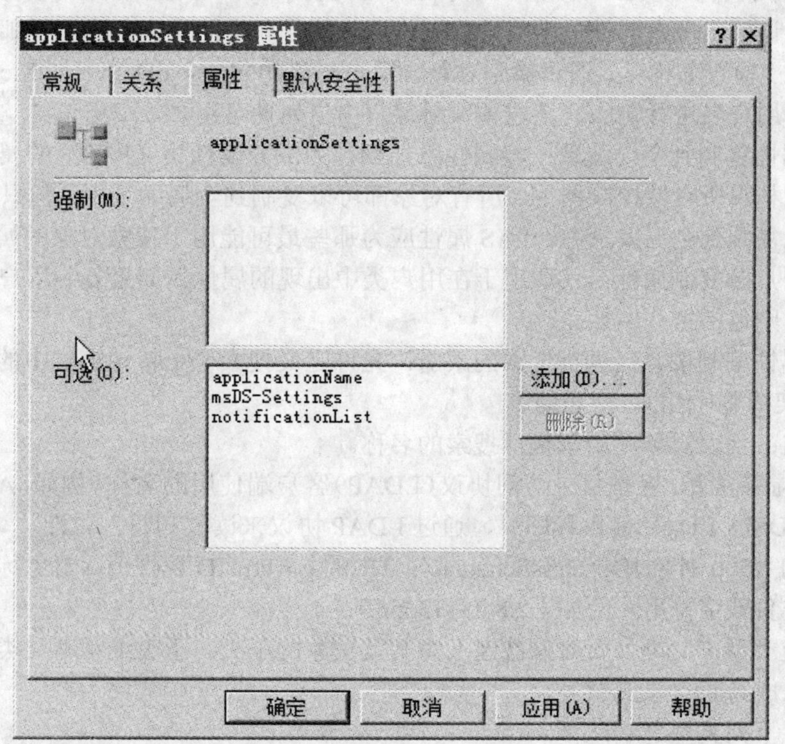

图 6-8 类 Application-Settings 的属性——属性选项卡

• 语法和范围：

◆ 语法：可用作特定属性的数据类型，例如整数、字符串或者日期。每个对象的每个属性都只与一个语法关联。

◆ 最小值：有效字符数范围是 0~9 个字符。可接受的最小值由属性语法确定。整数、大整数和枚举语法中可以使用负数。对于这些语法，可输入的最小值是-2 147 483 648。而对于所有其他语法，可输入的最小值是 0（零）。

◆ 最大值：有效字符数范围是 0~9 个字符。可接受的最大值由属性语法确定。如果定义最小值和最大值，则最大值必须大于或者等于最小值。

◆ 此属性为单值：在轻型目录访问协议（LDAP）中，属性可以为单值（只可为其分配一个值），也可以为多值（可为其分配多个值）。“manager”是一个单值属性示例，因为一个用户只能有一个经理。而“member”是一个多值属性示例，因为一个组可以有很多成员。

• 属性是活动的：如果属性是活动的，清除复选框以停用该属性。可使用停用来恢复属性；删除是永久性的。AD DS 不允许删除类或属性。如果停用属性，则无法在定义新类时使用该属性，也不能将其添加到现有的类定义中。

• 索引此属性：索引属性可提高搜索效率，但也会提高存储要求。只索引最可能搜索到的属性。

• 模糊名称解析（ANR）：将属性添加到可以使用（ANR=string）格式的 ANR 筛选器搜索的属性集。如果 AD DS 遇到（ANR=string）筛选器，则展开此筛选器，以搜索 ANR 集中的每个属性。例如，使用 Microsoft Outlook 中的“检查名称”选项搜索 Microsoft Exchange 邮件服务器时，就会实现 ANR 搜索。因为 physicalDeliveryOfficeName 位于默认 ANR 属性集中，所以如果该值出现在属性值中时，可以将建筑物号和房间号键入到电子邮件的收件人行中，然后单击“检查名称”。通讯簿则对包含用户对象的 physicalDeliveryOfficeName 属性中的该值账户的用户名进行响应。该选项只对字符串值属性可用。

• 将此属性复制到全局编录：将属性添加到称为部分属性集（PAS）的属性集中，该属性将被复制到林中所有域控制器中。所有对象都可以复制到全局编录中，但只有包含在 PAS 中的属性才能复制到全局编录中。PAS 属性应为那些最可能用于搜索对象的属性。

• 复制用户时复制属性：仅适用于在用户类中出现的属性。如果复制用户对象是为了新建用户实例，则包括这些属性。

• 为此属性编制按容器进行搜索的索引：允许定义搜索位于特定容器中的属性。

5. 新建架构类对话框——布局 1

• 公用名：代表对象并用来执行搜索的名称。

• LDAP 显示名称：轻型目录访问协议（LDAP）客户端使用的名称（例如，Active Directory 服务接口（ADSI）LDAP 提供程序），通过 LDAP 协议来读取和写入属性。

• 唯一的 X500 对象 ID：classSchema 对象中的 governsID 属性值。对象标识符表示法是以点分隔的非负数字符串，例如 1.2.840.113556.1.5.4。

• 继承及类型：父类：新对象被定义为其父对象的子类。子类继承其父类的结构和内容规则。父对象成为新对象的超类。

类类型：下列类型之一：

◆ 结构：目录中唯一可以拥有实例的类。

◆ 抽象：用于派生新结构类的模板。没有任何对象只能属于抽象类；抽象类的每个对象也属于此类的一些结构子类。

◆ 辅助：包含一个属性列表。将辅助类添加到结构类或抽象类的定义中，也会将辅助类属性添加到定义中。

6. 新建架构类对话框——布局 2

● 强制：列出必须为其指定值的对象属性。如果没有为某个强制属性指定值，此属性会收到一个默认值，或者为此属性指定了值之后，才创建对象。

● 添加：单击将强制属性添加到正在创建的类。

● 删除：单击从正在创建的类中删除强制属性。

● 可选：列出不需要值的对象属性。

● 添加：单击将可选属性添加到正在创建的类。

● 删除：单击从正在创建的类中删除可选属性。

7. 新建属性对话框

● 公用名：代表对象并用来执行搜索的名称。

● LDAP 显示名称：轻型目录访问协议（LDAP）客户端将使用的名称（例如，Active Directory 服务接口（ADSI）LDAP 提供程序），通过 LDAP 协议来读取和写入属性。

● 唯一的 x.500 对象 ID：对象标识符，也称为 OID，是 attributeSchema 对象的 attributeID 属性的值。必须向国际标准化组织（ISO）或 Microsoft 申请唯一的 X.500 对象标识符。

● 语法和范围：

◆ 语法：指定一系列可用语法，即，可以分配给新属性的数据类型，例如，整数、字符串或日期。每个对象的每个属性都只与一个语法关联。

◆ 最小值：提供选择区间，以指定新属性最小值。有效字符数范围是 0 至 9 个字符。可接受的最小值由属性语法确定。整数、大整数和枚举语法中可以使用负数。对于这些语法，可输入的最小值是-2 147 483 648。而对于所有其他语法，可输入的最小值是 0（零）。

◆ 最大值：提供选择区间，以指定新属性的最大值。有效字符数范围是 0 至 9 个字符。可接受的最大值由属性语法确定。如果定义最小值和最大值，则最大值必须大于或者等于最小值。

● 多值：如果新属性是多值属性，则单击它。在 LDAP 中，属性可以是单值属性，也可以是多值属性。只能为单值属性分配一个值，但可以为多值属性分配多个值。“manager”是一个单值属性示例，因为一个用户只能有一个经理。而“member”是一个多值属性示例，因为一个组可以有很多成员。

8. 更改架构主机对话框

● 当前架构主机（联机）：如果架构主机未联机，则此项目就声明“当前架构主机（脱机）”，其值为 ERROR。如果在架构主机脱机时更改拥有架构操作主机角色（也称作 Flexible Single Master Operation 或 FSMO）盒，则必须根据占用架构主机角色（与转移架构主机角色不同）的指示进行操作。占用架构主机角色是可能会引起严重后果的操作，所以只有在无法转移此角色时才可以尝试此操作。

● 目标架构 FSMO 盒：此盒中的域控制器必须与当前架构主机不同。如果该域控制器名称与“前架构主机（联机状态）”的名称相同，则必须使用“更改 Active Directory 域控制器”命令将管理单元的焦点更改为希望成为架构主机的域控制器。

- 更改：单击以将当前架构主机更改为目标域控制器。

6.6 管理域和林功能级别

在第 4 章的 4.3.3 节中介绍了 Windows Server 2008 AD DS 功能级别概念，包括不同的域功能级别和不同的林功能级别启用的功能和支持的域控制器操作系统。在这一节里，介绍如何管理域功能级别和林功能级别。

可以使用 Active Directory 域和信任关系查看和管理域和林功能级别，并创建用户主体名称（UPN）后缀。

6.6.1 提升域和林功能级别的要求和限制

在进行提升域和林功能级别的操作之前，操作者必须知道系统的要求和限制，因为不符合这些要求或者违背了这些限制就会导致操作失败，而操作者号不知道原因是什么。

1. 身份要求和限制

提升域功能级别要求操作者必须是 Domain Admins 组成员，提升林功能级别要求操作者。必须是 Enterprise Admins 组成员。

2. 环境要求和限制

（1）只能在主域控制器（PDC）模拟器操作主机上提升域功能级别。提升域功能级别时，用来提升域功能级别的 AD DS 管理工具（Active Directory 域和信任管理单元以及 Active Directory 用户和计算机管理单元）会自动将 PDC 模拟器作为目标。

（2）只能在架构操作主机上提升林功能级别。提升林功能级别时，Active Directory 域和信任关系会自动将架构操作主机作为目标。

（3）只有当域中的所有域控制器都运行新功能级别支持的 Windows 版本时，才能提升域功能级别。

（4）只有当林中的所有域控制器都运行新功能级别支持的 Windows Server 操作系统版本时，才能提升林功能级别。

3. 规则要求和限制

（1）不能将域功能级别设置为低于林功能级别的值。

（2）提升域或林功能级别后，将无法降低它。

在 Windows Server 2008 R2 中，将域功能级别设置为某个值之后，就不能回滚或降低域功能级别，但有一种情况例外：当将域功能级别提升到 Windows Server 2008 R2 并且林功能级别为 Windows Server 2008 或更低时，可以选择将域功能级别回滚到 Windows Server 2008。只能将域功能级别从 Windows Server 2008 R2 降到 Windows Server 2008。例如，如果将域功能级别设置为 Windows Server 2008 R2，则无法将其回滚到 Windows Server 2003。对于 Windows Server 2008 R2 之前的所有 Windows Server 版本，在任何情况下都不能回滚或降低域功能级别。

同样，将林功能级别设置为某个值之后，就不能回滚或降低林功能级别，但有一种情况例外：当将林功能级别提升到 Windows Server 2008 R2 且没有启用 Active Directory 回收站时，可以选择将林功能级别回滚到 Windows Server 2008。只能将林功能级别从 Windows Server 2008 R2 降到 Windows Server 2008。例如，如果将林功能级别设置为 Windows Server 2008 R2，

则无法将其回滚到 Windows Server 2003。对于 Windows Server 2008 R2 之前的所有 Windows Server 版本，在任何情况下都不能回滚或降低林功能级别。

（3）不能反向执行提升域和林功能级别的操作。如果不得不反向操作以降低功能级别，必须重建域或林，或从备份副本进行还原。

6.6.2 提升域功能级别

在运行 Windows Server 2008 R2 的服务器上安装 Active Directory 域服务（AD DS）时，默认情况下会启用一组基本 Active Directory 功能。当域或林中的所有域控制器都在运行 Windows Server 2008 R2 时，除每个域控制器上的基本 Active Directory 功能以外，还有新的全域性和全林性的 Active Directory 功能可用。

为了启用新的全域性功能，该域中的所有域控制器都必须运行 Windows Server 2008 R2，且必须将域功能级别提升到 Windows Server 2008 R2。

1. 管理凭据

若要执行此过程，必须具有 AD DS 中 Domain Admins 组或 Enterprise Admins 组的成员身份，或者必须被委派了适当的权限。作为安全性最佳操作，应考虑使用“运行身份”来执行此过程。

2. 提升域功能级别的操作步骤

（1）打开“Active Directory 域和信任关系”。

（2）在控制台树中，右键单击要提升其功能级别的域，然后单击“提升域功能级别”。

（3）在“选择一个可用的域功能级别”中，执行下列操作之一：

- 若要将域功能级别提升到 Windows Server 2008，单击“Windows Server 2008”，然后单击“提升”。
- 若要将域功能级别提升到 Windows Server 2008 R2，单击 Windows Server 2008 R2，然后单击“提升”。

3. 提升域功能级别的另一种方法

还可以通过右键单击“Active Directory 用户和计算机”管理单元中的域，然后单击“提升域功能级别”来提升域功能级别。选中后，当前域功能级别将显示在“提升域功能级别”对话框中的“当前域功能级别”下。

6.6.3 提升林功能级别

在运行 Windows Server 2008 R2 的服务器上安装 Active Directory 域服务时，默认情况下会启用一组基本 Active Directory 功能。当域或林中的所有域控制器都在运行 Windows Server 2008 R2 时，除每个域控制器上的基本 Active Directory 功能以外，还有新的全域性和全林性的 Active Directory 功能可用。

若要启用新的全林性功能，林中的所有域控制器必须运行 Windows Server 2008 R2，并且林功能级别必须提升到 Windows Server 2008 R2。

1. 管理凭据

若要执行此过程，必须具有 AD DS 中 Domain Admins 组或 Enterprise Admins 组的成员身份，或者必须被委派了适当的权限。作为安全性最佳操作，应考虑使用“运行身份”来执行此过程。

2. 提升林功能级别的步骤

（1）打开“Active Directory 域和信任关系”。

（2）在控制台树中，右键单击“Active Directory 域和信任关系”，然后单击“提升林功能级别”。

（3）在“选择一个可用的林功能级别”中，执行下列操作之一：

- 若要将林功能级别提升到 Windows Server 2008，单击 Windows Server 2008，然后单击“提升”。
- 若要将林功能级别提升到 Windows Server 2008 R2，单击 Windows Server 2008 R2，然后单击“提升”。

3. 提升林功能级别时最低域功能级别要求

（1）Windows Server 2003 是将林功能级别提升到 Windows Server 2008 所需满足的最低域功能级别要求。同样，Windows Server 2008 是将林功能级别提升到 Windows Server 2008 R2 所需满足的最低域功能级别要求。

（2）在将林功能级别提升到 Windows Server 2008 R2 之前，应该验证林中的所有域都已设置为 Windows Server 2008 域功能级别。在林功能级别被提升到 Windows Server 2008 R2 的同时，已设置为 Windows Server 2008 域功能级别的域将会被自动提升到 Windows Server 2008 R2。

（3）如果无法提升林功能级别，可以在“提升林功能级别”对话框中单击“另存为”，以保存日志文件，该日志文件指定林中哪些域控制器仍需要升级到更新的版本。

（4）当前林功能级别将在“提升林功能级别”对话框中的“当前林功能级别”下显示。

6.6.4 添加用户主体名称后缀

可以使用 Active Directory 域和信任关系为现有用户账户添加用户主体名称（UPN）后缀。用户账户的默认 UPN 后缀是包含该用户账户的域的域名系统（DNS）域名。可以添加备用 UPN 后缀，通过为所有用户提供一个 UPN 后缀来简化管理和用户登录过程。UPN 后缀仅在 Active Directory 林中使用，并且不要求此后缀为有效的 DNS 域名。

1. 管理凭据

管理凭据要求与提升域功能级别的管理凭据要求相同。

2. 添加 UPN 后缀的步骤

（1）打开“Active Directory 域和信任关系”。

（2）在控制台树中，右键单击“Active Directory 域和信任关系”，然后单击“属性”。

（3）在“UPN 后缀”选项卡上，键入林的备用 UPN 后缀，然后单击“添加”。

（4）重复步骤（3）以添加其他备用 UPN 后缀。

6.7 管理信任关系

在第 4 章的 4.1.2.3 节“活动目录的网络管理工具和技术”介绍了信任关系的作用和信任的类型，在本节介绍如何管理域信任和林信任。

6.7.1 创建外部信任

用户可以通过林外部的域创建外部信任以形成单向或双向不可传递的信任。用户需要访问 Windows NT 4.0 域中或位于林信任未加入的单独林中域中的资源时，有时需要外部信任。

当用户在特定林中的域和该林外部的域之间建立信任时，来自外部域的安全主体可以访问内部域中的资源。Active Directory 域服务在内部域中创建外部安全主体对象以代表来自受信任外部域的每个安全主体。这些外部安全主体可以成为内部域中域本地组的成员。域本地组可以具有来自林的外部域的成员。

外部安全主体的目录对象由 AD DS 创建，并且不要手动修改该对象。可以通过启用高级功能来查看 Active Directory 用户和计算机管理单元中的外部安全主体对象。(在“查看”菜单上，单击“高级功能”。)

可以采用使用 Windows 界面和使用命令行两种方式之一创建外部信任，使用 Windows 界面要使用 Active Directory 域和信任关系管理单元。

1. 管理凭据

若要创建外部信任，操作者必须是 Active Directory 域服务中 Domain Admins 组或 Enterprise Admins 组的成员，或者必须被委派了适当的权限。作为安全性最佳操作，应考虑使用“运行身份”来执行此过程。

如果操作者具有每个域的相应管理凭据，则可以通过单击“信任方”页面上的“这个域和指定域”同时创建双方外部信任。

2. 使用 Windows 界面创建外部信任的步骤

(1) 打开“Active Directory 域和信任关系”。若要打开“Active Directory 域和信任关系”，需要依次单击“开始”、“管理工具”和“Active Directory 域和信任关系”。

(2) 在控制台树中，右键单击要与其建立信任的域的域节点，然后单击“属性”。

(3) 在“信任”选项卡上，单击“新建信任”，然后单击“下一步”。

(4) 在“信任名称”页面上，键入域的域名系统（DNS）名称（或 NetBIOS 名称），然后单击“下一步”。

(5) 在“信任类型”页面上，单击“外部信任”，然后单击“下一步”。

(6) 在“信任方向”页面上，执行下列任一操作：

- 若要创建双向外部信任，单击“双向”。
  该域中的用户和指定域中的用户都将可以访问任意一个域中的资源。
- 若要创建单向传入外部信任，单击“单向：传入”。
  指定域中的用户将无法访问此域中的任何资源。
- 若要创建单向传出外部信任，单击“单向：传出”。
  该域中的用户将无法访问指定域中的任何资源。

(7) 继续按照向导中的说明执行操作。

如果希望允许指定域中的用户获得对此域中所有资源的访问权限，单击“传出信任属性”页面上的“允许对所有资源进行身份验证”。两个域都属于相同组织时，就使用此选项。

如果希望限制指定域中的用户获得对此域中任何资源的访问权限，单击“传出信任属性”页面上的“允许仅对本地域中的选定资源进行身份验证”。每个域都属于单独的组织时，就使用此选项。

2. 使用命令行创建外部信任的步骤

（1）打开命令提示符。若要打开命令提示符，依次单击“开始”和“运行”，再键入 cmd，然后单击“确定”。

（2）键入以下命令，然后按 Enter：

netdom trust <TrustingDomainName> /d:<TrustedDomainName> /add

命令中，各参数的含义如下：

- netdom trust ：管理或验证域间的信任关系。
- <TrustingDomainName>：指定在即将创建的信任中的信任域的 DNS 名称（或 NetBIOS 名称）。

/d:：指定随后的 DNS 域名是受信域。

- <TrustedDomainName>：指定在即将创建的信任中将会受到信任的域的 DNS 名称（或 NetBIOS 名称）。
- /add：指定已创建信任。

若要查看此命令的完整语法以及有关输入用户账户信息的信息，在命令提示符下键入命令“netdom trust | more”，然后按 Enter 键。

可以使用其他参数来分配密码或确定信任方向。例如，若要创建双向可传递信任，使用以下语法：

netdom trust <TrustingDomainName> /d:<TrustedDomainName> /add /twoway

6.7.2 创建快捷方式信任

快捷方式信任是管理员可以将其用于优化身份验证过程的单向或双向可传递信任。

当一个域的用户访问另一个域的资源时，身份验证请求必须首先经过域树间的信任路径。在复杂的林中，此过程可能会花费一些时间，用户可以使用快捷方式信任减少这种时间上的花费。信任路径是身份验证请求必须在任意两个域间遍历的一系列域信任关系。快捷方式信任可以有效缩短身份验证请求经过两个单独域树中的域之间的路径。

当域中许多用户定期登录到林中的其他域时，快捷方式信任是必需的。将图 6-9 用作示例，可以形成域 B 和域 D 间的快捷方式信任、域 A 和域 1 间的快捷方式信任等。

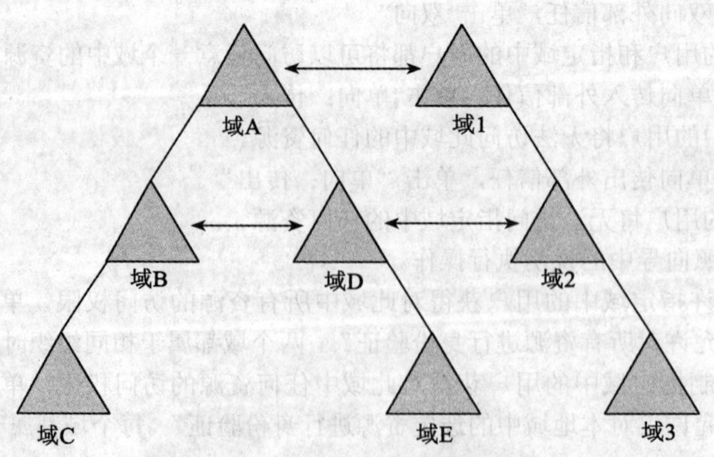

图 6-9 创建快捷方式信任

可以采用使用 Windows 界面和使用命令行两种方式之一创建快捷方式信任，使用 Windows 界面要使用 Active Directory 域和信任关系管理单元。

1. 使用单向信任

在单独域树中两个域间建立的单向快捷方式信任可以减少满足身份验证请求所需的时间，但仅在一个方向有效。例如，在域 A 和域 B 间建立单向快捷方式信任后，从域 A 向域 B 发送的身份验证请求可以使用新的单向信任路径。但是，从域 B 向域 A 发送的身份验证请求必须仍经过较长的信任路径。

2. 使用双向信任

在单独域树中两个域间建立的双向快捷方式信任可以减少满足源于任一域的身份验证请求所需的时间。例如，在域 A 和域 B 间建立双向信任后，从任一域向其他域发送的身份验证请求都可以使用新的双向信任路径。

3. 管理凭据

与创建外部信任的管理凭据要求相同。

4. 使用 Windows 界面创建快捷方式信任的步骤

可以使用"Active Directory 域和信任关系"创建快捷方式信任，操作步骤如下：

（1）打开"Active Directory 域和信任关系"。

（2）在控制台树中，右键单击要与其建立快捷方式信任的域的域节点，然后单击"属性"。

（3）在"信任"选项卡上，单击"新建信任"，然后单击"下一步"。

（4）在"信任名称"页面上，键入域的域名系统（DNS）名称（或 NetBIOS 名称），然后单击"下一步"。

（5）在"信任方向"页面上，执行下列任一操作：

- 若要创建双向快捷方式信任，单击"双向"。
  该域中的用户和指定域中的用户都能够使用此信任路径。
- 若要创建单向传入快捷方式信任，单击"单向:传入"。
  指定域中的用户将无法使用此信任路径。
- 若要创建单向传出快捷方式信任，单击"单向:传出"。
  该域中的用户将无法使用此信任路径。

（6）继续按照向导中的说明执行操作。

如果具有每个域的相应管理凭据，则可以通过单击"信任方"页面上的"这个域和指定域"同时创建双方快捷方式信任。

5. 使用命令行创建快捷方式信任的步骤

（1）打开命令提示符。

（2）键入以下命令，然后按 Enter 键：

netdom trust <TrustingDomainName> /d:<TrustedDomainName> /add

命令中，各参数的含义如下：

- netdom trust：管理或验证域间的信任关系。
- <TrustingDomainName>：指定在即将创建的信任中的信任域的 DNS 名称（或 NetBIOS 名称）。
- /d:：指定随后的 DNS 域名是受信域。

• <TrustedDomainName>：指定在即将创建的信任中将会受到信任的域的 DNS 名称（或 NetBIOS 名称）。

• /add：指定已创建信任。

若要查看此命令的完整语法以及有关输入用户账户信息的信息，在命令提示符下键入命令 netdom trust | more，然后按 Enter。

可以使用其他参数来分配密码或确定信任方向。例如，若要使此过程中的信任成为双向可传递信任，使用以下语法：

netdom trust <TrustingDomainName> /d: <TrustedDomainName> /add /twoway

6.7.3 创建领域信任

可以在任何非 Windows Kerberos 版本 5（V5）领域和 Windows Server 2008 或 Windows Server 2008 R2 域之间建立领域信任。此信任关系通过基于其他版本 Kerberos V5 协议的安全服务允许跨平台互操作性，例如 UNIX 和 MIT 实施。领域信任可以在不可传递和可传递之间相互切换。领域信任可以是单向信任或双向信任。

1. 管理凭据

创建领域信任的管理凭据要求与创建快捷方式信任相同。

2. 使用 Windows 界面创建领域信任的步骤

可以使用 Active Directory 域和信任关系管理单元创建领域信任，操作步骤如下：

（1）打开“Active Directory 域和信任关系”。

（2）在控制台树中，右键单击要管理的域，然后单击“属性”。

（3）在“信任”选项卡上，单击“新建信任”，然后单击“下一步”。

（4）在“信任名称”页面中，键入目标领域的领域名称，然后单击“下一步”。

（5）在“信任类型”页面上，选择“领域信任”选项，然后单击“下一步”。

（6）在“信任传递”页面上，执行下列任一操作：

• 若要域和指定领域之间形成信任关系，单击“不可传递”，然后单击“下一步”。

• 若要域和指定领域及所有受信领域之间形成信任关系，单击“可传递”，然后单击“下一步”。

（7）在“信任方向”页面上，执行下列任一操作：

• 若要创建双向领域信任，单击“双向”。

该域中的用户和指定领域中的用户将可以访问任意一个域或领域中的资源。

• 若要创建单向传入领域信任，单击“单向：传入”。

指定领域中的用户将无法访问此域中的任何资源。

• 若要创建单向传出领域信任，单击“单向：传出”。

该域中的用户将无法访问指定领域中的任何资源。

（8）继续按照向导中的说明执行操作。

3. 使用命令行创建领域信任的步骤

（1）打开命令提示符。若要打开命令提示符，依次单击“开始”和“运行”，再键入 cmd，然后单击“确定”。

（2）键入以下命令，然后按 Enter：

netdom trust <TrustingDomainName> /d:<TrustedDomainName> /add /realm /PasswordT: <NewRealmTrustPassword>

命令中，各参数的含义如下：

- netdom trust ：管理或验证域间的信任关系。
- <TrustingDomainName>：在新的领域信任中指定信任域的域名系统（DNS）名称。
- /d:：指定随后的 DNS 域名是受信域。
- <TrustedDomainName>：指定将在新的领域信任中受信任的域的 DNS 名称。
- /add：指定已创建信任。
- /realm：表示要为非 Windows Kerberos 领域创建信任。
- /PasswordT：指定新的信任密码。只有在其中一个指定的域为非 Windows Kerberos 领域时，此参数才有效。
- <NewRealmTrustPassword>：指定新领域信任的信任密码。此密码必须与 Kerberos 领域中使用的密码相匹配。

若要查看此命令的完整语法以及有关输入用户账户信息的信息，在命令提示符下键入命令 netdom trust | more，然后按 Enter。

可以使用其他参数来分配密码或确定信任方向。例如，若要使前一个信任成为双向可传递信任，使用以下语法：

netdom trust <TrustingDomainName> /d:<TrustedDomainName> /add /realm /twoway

6.7.4 验证信任

可以选择“使用 Windows 界面”和“使用命令行”两种方法之一验证信任，可以验证快捷方式信任、外部信任和林信任的信任，但不能验证领域信任。

1. 管理凭据

验证信任的管理凭据要求与创建快捷方式信任相同。

2. 使用 Windows 界面验证信任的步骤

可以使用 Active Directory 域和信任关系管理单元验证是否已成功创建新添加的快捷方式信任、外部信任和林信任，操作步骤如下：

（1）打开“Active Directory 域和信任关系”。

（2）在控制台树中，右键单击包含要验证的信任的域，然后单击“属性”。

（3）在“信任”选项卡的“受此域信任的域(外向信任)”或“信任此域的域(内向信任)”下，单击要进行验证的信任，然后单击“属性”。

（4）单击“验证”。

（5）执行下列操作之一，然后单击“确定”：

- 单击“否，不验证传入信任”。如果选择此选项，建议为相应的域重复此过程。
- 单击“是，验证传入信任”。如果选择此选项，必须键入具有相应域的管理凭据的用户账户和密码。

3. 使用命令行验证信任的步骤

（1）打开命令提示符。若要打开命令提示符，依次单击“开始”和“运行”，再键入 cmd，然后单击“确定”。

（2）键入以下命令，然后按 Enter：

netdom trust <TrustingDomainName> /d:<TrustedDomainName> /verify

命令中，各参数的含义如下：

- netdom trust：管理或验证域间的信任关系。
- <TrustingDomainName>：在新的领域信任中指定信任域的域名系统（DNS）名称。
- /d:：指定随后的 DNS 域名是受信域。
- <TrustedDomainName>：在正在验证的信任中指定受信域的 DNS 名称。
- /verify：验证该信任是否运行正常。

若要查看此命令的完整语法以及有关输入用户账户信息的信息，就在命令提示符下键入命令 netdom trust | more，然后按 Enter。

6.7.5 删除信任

在需要取消某一个信任关系时，可以选择“使用 Windows 界面”和“使用命令行”两种方法之一删除信任。不能吊销林中域间默认的双向可传递信任。可以明确删除创建的快捷方式信任。

1. 管理凭据

删除信任的管理凭据要求与创建快捷方式信任相同。

2. 使用 Windows 界面删除信任的步骤

可以使用 Active Directory 域和信任关系管理单元删除信任，操作步骤如下：

（1）打开“Active Directory 域和信任关系”。

（2）在控制台树中，右键单击包含要删除的信任的域，然后单击“属性”。

（3）在“信任”选项卡的“受此域信任的域(外向信任)”或“信任此域的域(内向信任)”下，单击要删除的信任，然后单击“删除”。

（4）执行下列操作之一，然后单击“确定”：

- 单击“不，只从本地域删除信任”。
  如果选择此选项，我们建议为相应的域重复此过程。
- 单击“是，从本地域和另一个域中删除信任”。
  如果选择此选项，必须键入具有相应域的管理凭据的用户账户和密码。

3. 使用命令行删除信任的步骤

（1）打开命令提示符。

（2）键入以下命令，然后按 Enter：

netdom trust <TrustingDomainName> /d:<TrustedDomainName> /remove /UserD:<User> /PasswordD:*<Password>

命令中，各参数的含义如下：

- netdom trust：管理或验证域间的信任关系。
- <TrustingDomainName>：在正在删除的信任中指定信任域的域名系统（DNS）名称。
- /d:：指定随后的 DNS 域名是受信域。
- <TrustedDomainName>：在正在删除的信任中指定受信域的 DNS 名称。
- /remove：指定已删除信任。
- <User>：指定具有相应域管理凭据的用户账户。
- /UserD：指定用于与受信域建立连接的用户账户。

- /PasswordD:*：由/UserD 指定的用户账户的密码。
- <Password>：指定具有相应域管理凭据的用户账户的密码。

若要查看此命令的完整语法以及有关输入用户账户信息的信息，就在命令提示符下键入命令 netdom trust | more，然后按 Enter。

6.7.6 选择用户的身份验证范围

可以使用 Active Directory 域和信任关系管理单元，为通过外部信任或林信任进行身份验证的用户指定身份验证的范围。

1. 管理凭据

选择用户的身份验证范围的管理凭据要求与创建快捷方式信任相同。

2. 选择身份验证范围的步骤

使用 Active Directory 域和信任关系管理单元指定身份验证的范围的操作步骤如下：

（1）打开“Active Directory 域和信任关系”。

（2）在控制台树中，右键单击要管理的域的域节点，然后单击“属性”。

（3）在“信任”选项卡上的“受此域信任的域(外向信任)”或“信任此域的域(内向信任)”下，执行以下操作之一：

- 若要为通过外部信任进行身份验证的用户选择身份验证的范围，单击要管理的外部信任，然后单击“属性”。在“身份验证”选项卡上，单击“全域性身份验证”或“选择性身份验证”。
- 若要为通过林信任进行身份验证的用户选择身份验证的范围，单击要管理的林信任，然后单击“属性”。在“身份验证”选项卡上，单击“全林性身份验证”或“选择性身份验证”。

对于外部信任，如果选择“选择性身份验证”，必须对本地域以及希望需要外部域中的用户可以访问的资源手动启用权限；对于林信任，如果选择“选择性身份验证”，必须对每个域以及希望其他林中的用户可以访问的资源手动启用权限。也可以仅在外部信任和林信任上使用选择性身份验证。

6.7.7 创建林信任

两个相互独立的企业各自有一个森林，如果他们之间存在供需关系或协作关系等，就需要在两个林之间建立资源共享的关系，就要建立林信任，并根据实际需要确定是建立单项的林信任还是建立双向的林信任。

只能在一个 Windows Server 2008 或 Windows Server 2008 R2 林中的林根域和另一个 Windows Server 2008 或 Windows Server 2008 R2 林中的林根域之间创建林信任。在两个 Windows Server 2008 或 Windows Server 2008 R2 林之间创建林信任，可以为驻留在每个林中的每个域之间提供单向或双向可传递的信任关系。

可以使用 Active Directory 域和信任关系管理林信任。

1. 使用单向林信任

两个林之间的单向林信任允许受信任林的成员使用位于信任林中的资源。但是，这种信任仅可向一个方向操作。例如，在林 A（受信任林）和林 B（信任林）之间创建单向林信任时，使用同一信任，林 A 的成员可以访问位于林 B 中的资源，但是林 B 的成员无法访问位于林 A 中的资源。

2. 使用双向林信任

两个林之间的双向林信任允许每个林的成员使用另一个林中及其隐含的各个林信任域的域中的资源。例如，在林 A 和林 B 之间建立双向林信任时，使用同一信任，林 A 的成员可以访问位于林 B 中的资源，林 B 的成员也可以访问林 A 中的资源。

3. 管理凭据

创建林信任的管理凭据要求与创建快捷方式信任相同。如果具有每个林的相应管理凭据，则可以通过单击“信任方”页面上的“这个域和指定域”来同时创建双方林信任。

4. 创建林信任之前的准备工作

创建域间林信任之前，要验证环境中的域名系统（DNS）服务器是否已正确安装且配置为接受以后的信任关系将十分重要，因此要按照下列各点的顺序完成准备工作：

- 确保已正确设置 DNS，并使用 nslookup 命令验证区域委派。
- 如果存在可用于林 DNS 命名空间的根 DNS 服务器，则通过确保根区域包含每个 DNS 命名空间的委派使其成为根服务器。此外，使用新的根 DNS 服务器更新所有 DNS 服务器的根提示。
- 如果没有任何共享的根 DNS 服务器，并且用于每个林 DNS 命名空间的根 DNS 服务器运行的是 Windows Server 2008 或 Windows Server 2008 R2 操作系统，请在每个 DNS 命名空间中配置 DNS 条件转发器以路由其他命名空间中的名称查询。
- 如果没有任何共享的根 DNS 服务器，并且用于每个林 DNS 命名空间的根 DNS 服务器运行的不是 Windows Server 2008 或 Windows Server 2008 R2 操作系统，就要在每个 DNS 命名空间中配置 DNS 辅助区域以路由其他命名空间中的名称查询。
- 创建林信任。

5. 创建林信任的步骤

可以使用 Active Directory 域和信任关系创建林信任，操作的步骤如下：

（1）打开“Active Directory 域和信任关系”。

（2）在控制台树中，右键单击要管理的域，然后单击“属性”。

（3）在“信任”选项卡上，单击“新建信任”，然后单击“下一步”。

（4）在“信任名称”页面上，键入域的域名系统（DNS）名称（或 NetBIOS 名称），然后单击“下一步”。

（5）在“信任类型”页面上，单击“林信任”，然后单击“下一步”。

（6）在“信任方向”页面上，执行下列任一操作：

- 若要创建双向林信任，单击“双向”。
  该林中的用户和指定林中的用户都将可以访问任意一个林中的资源。
- 若要创建单向传入林信任，单击“单向：传入”。
  指定林中的用户将无法访问此林中的任何资源。
- 若要创建单向传出林信任，单击“单向：传出”。
  此林中的用户将无法访问指定林中的任何资源。

（7）继续按照向导中的说明执行操作。

除了创建新的信任之外，可以通过单击“信任”选项卡修改现有信任。

如果希望指定林中的用户可以访问本地林中的所有计算机，就在“传出信任属性”页面上单击“全林性身份验证”。两个林都属于相同组织时，此选项为首选。如果需要选择性地对指定林中的特定用户和组进行限制身份验证，就在“传出信任属性”页面上单击“选择性身份验证”。如果指定的林属于单独的组织，则此选项为首选。

6.7.8 更改名称后缀的路由状态

名称后缀路由是一种机制，可以用于管理如何在相互具有林信任关系的 Windows Server 2008 或 Windows Server 2008 R2 林之间路由身份验证请求。为了简化对身份验证请求的管理，默认情况下，创建林信任时将路由所有唯一的名称后缀。唯一名称后缀是林中的名称后缀，例如，用户主体名称（UPN）后缀、服务主体名称（SPN）后缀或不从属于任何其他名称后缀的域名称系统（DNS）林或域树名称。

1. 管理凭据

更改名称后缀的路由状态的管理凭据要求与创建快捷方式信任相同。

2. 更改名称后缀的路由状态的步骤

可以使用 Active Directory 域和信任关系管理单元查看和修改名称后缀的路由状态，操作步骤如下：

（1）打开“Active Directory 域和信任关系”。

（2）在控制台树中，右键单击要管理的域的域节点，然后单击“属性”。

（3）在“信任”选项卡的“受此域信任的域(外向信任)”或“信任此域的域(内向信任)”下，单击要管理的林信任，然后单击“属性”。

(4) 在“名称后缀路由”选项卡的“x.x 林中的名称后缀”下，单击要修改路由状态的后缀，然后单击“编辑”。

（5）在“x.x 中现有名称后缀”中，单击要修改的后缀，然后单击“启用”或“禁用”。

若要查看名称后缀、DNS 名称、NetBIOS 名称以及与此信任相关联的状态的日志，单击“另存为”。此日志可以帮助用户对身份验证的问题进行疑难解答。

无法启用具有冲突的名称后缀。如果与本地 UPN 名称后缀发生冲突，则必须删除本地 UPN 名称后缀才能启用路由名称。如果由另一个信任合作伙伴声明的名称发生冲突，必须在其他信任中禁用此名称才能为此信任启用此名称。

6.7.9 启用或禁用现有名称后缀进行路由

用户可以根据是否需要进行林之间的路由身份验证而启用或禁用现有名称后缀进行路由。

1. 管理凭据

启用或禁用现有名称后缀路由的管理凭据要求与创建快捷方式信任相同。

2. 启用或禁用现有名称后缀的路由的步骤

可以使用 Active Directory 域和信任关系管理单元修改现有名称后缀的路由，操作步骤如下：

（1）打开“Active Directory 域和信任关系”。

（2）在控制台树中，右键单击要管理的域的域节点，然后单击“属性”。

（3）在“信任”选项卡的“受此域信任的域(外向信任)”或“信任此域的域(内向信任)”下，单击要管理的林信任，然后单击“属性”。

（4）单击“名称后缀路由”选项卡，在“x.x.林中的名称后缀”下，执行以下操作之一：

- 若要启用名称后缀，单击要启用的后缀，然后单击“启用”。如果“启用”按钮变暗，则说明已经启用名称后缀。
- 若要禁用名称后缀，单击要禁用的后缀，然后单击“禁用”。如果“禁用”按钮变暗，则说明已经禁用名称后缀。禁用名称后缀时，DNS 名称的所有子名称也将被禁用。

无法启用具有冲突的名称后缀。如果与本地 UPN 名称后缀发生冲突，则必须删除本地 UPN 名称后缀才能启用路由名称。如果由另一个信任合作伙伴声明的名称发生冲突，必须在其他信任中禁用此名称才能为此信任启用此名称。

6.7.10 避免将名称后缀路由到本地林

可以使用 Active Directory 域和信任关系管理单元排除名称后缀，避免将其路由到本地林。

1. 管理凭据

完成此过程的管理凭据要求与创建快捷方式信任相同。

2. 避免将名称后缀路由到本地林的步骤

（1）打开“Active Directory 域和信任关系”。若要打开“Active Directory 域和信任关系”，依次单击“开始”、“管理工具”和“Active Directory 域和信任关系”。

（2）在控制台树中，右键单击要管理的域的域节点，然后单击“属性”。

（3）在“信任”选项卡的“受此域信任的域(外向信任)”或“信任此域的域(内向信任)”下，单击要管理的林信任，然后单击“属性”。

（4）单击“名称后缀路由”选项卡。在“x.x.林中的名称后缀”下，单击要排除路由状态的唯一名称后缀，然后单击“编辑”。

（5）在“不路由到 x.x 的名称后缀”中，单击“添加”，键入从属于唯一名称后缀的 DNS 名称后缀，然后单击“确定”。

排除名称后缀时，DNS 名称的所有子名称也将被排除。

若要查看名称后缀、DNS 名称、NetBIOS 名称以及与此信任相关联的状态的日志，单击“另存为”。此日志可以帮助用户对身份验证的问题进行疑难解答。

6.8 Microsoft 管理控制台

为了方便管理，微软公司在早期的 Microsoft 产品中就推出了 Microsoft Management Console（MMC，微软管理控制台），到 Windows Server 2008，已经发展到 3.0 版本，与早期的版本相比，MMC 3.0 功能更加强大，使用更为方便。MMC 是一种集成了可以用于管理网络、计算机、服务和其他系统组件的管理工具，系统不仅为各种类型的管理员提供了相应的管理控制台，还可以为被委派了管理权限的用户定制专用的自定义管理单元控制台。

本节的内容可以应用到 Windows Server 2008 和 Windows Vista。

6.8.1　MMC 3.0 简介

如果读者是从本书的第 1 章阅读到第 6 章，就已经对 MMC 有所感受，在前面的章节中用到的“Active Directory 用户和计算机”、“Active Directory 架构管理单元”、“Active Directory 域和信任关系”等都是 Windows Server 2008 为管理员提供的 MMC。但是，在阅读 6.8 节之前，读者可能只会使用这些 MMC，而不知道 MMC 是如何构成的，还能够利用 MMC 做些什么，更不知道自己如何定制一个 MMC。

1. MMC 的功能概述

管理员可以使用MMC创建、保存或打开管理工具以便管理硬件、软件和Windows系统的网络组件。虽然MMC是Windows Server操作系统的一种新特性，但也可以在Windows NT、Windows 95、Windows 98和Windows Vista操作系统上运行。此外，MMC也可以成为许多设计在Windows上运行的软件程序的特性。

可以将操作系统的组件作为主要工具添加到 MMC 中，作为 MMC 的管理单元，例如“磁盘碎片整理程序”和“活动目录用户和计算机”等，其他可添加到 MMC 的项目还包括 ActiveX 控件、指向 Web 页的链接、文件夹、任务板视图和任务等。

可以形象地描述 MMC 的功能：MMC 是一个工具盒加上一个人机交互界面，向工具盒放入了什么组件就能做什么事情。

2. MMC 3.0 的新增功能

MMC 3.0 支持管理单元中的更多功能，这些管理单元旨在利用 MMC 3.0 基础结构。实际上，MMC 并不执行管理功能，它只是一种可以根据需要有选择地集成管理工具中各种管理单元的界面。MMC 3.0 能够将许多改进应用到管理单元控制台中。

（1）操作窗格

用户可用的操作。若要显示或隐藏操作窗格，在工具栏中单击“显示/隐藏操作窗格”按钮，该按钮与“显示/隐藏树”按钮类似。

（2）新的“添加或删除管理单元”对话框

新的“添加或删除管理单元”对话框可方便地添加、组织和删除管理单元。可以控制可用的扩展，以及是否要自动启用日后可以安装的管理单元。可以通过在树中嵌套和重新排列管理单元的方式对其进行组织。

（3）改进的错误处理

MMC 3.0 可以通知在管理单元中可能导致 MMC 失败的错误，并提供多个选项用于响应这些错误。

6.8.2　MMC 3.0 概念

1. 管理单元控制台访问模式

为了保证控制台使用过程中的安全性，系统提供了两种访问 MMC 的模式：作者模式和用户模式，并且还将用户模式分为“用户模式-完全访问”、“用户模式-受限访问，多窗口”和“用户模式-受限访问，单窗口”三种级别，以适应不同的用户。

建立自定义管理单元控制台时，可以为控制台指派以下两种访问选项中的一种：作者模式或用户模式。还可为用户模式指定三种级别之一，因此存在四种访问控制台的选项，四种选项所对应的操作权限如表 6-1 中所述。

表 6-1　　四种访问控制台的选项所对应的操作权限

模　式	描　述
作者模式	启用管理单元控制台的完全自定义功能，其功能包括添加或删除管理单元、创建新窗口、创建收藏夹和任务板以及访问“自定义视图”和“选项”对话框中的所有选项。用户为自己或他人创建自定义控制台文件时通常使用此模式。最后的管理单元控制台通常以此表中的一种用户模式保存
用户模式——完全访问	除用户无法添加或删除管理单元、无法更改管理单元控制台选项、无法创建收藏夹或任务板以外，此模式的功能与作者模式相同
用户模式——受限访问，多窗口	仅提供对保存控制台文件时树中可见部分的访问权限。用户可以创建新窗口，但不能关闭任何现有窗口
用户模式——受限访问，单窗口	仅提供对保存控制台文件时树中可见部分的访问权限。用户无法创建新窗口

（1）作者模式

以作者模式对管理单元控制台所做更改的保存方式与以用户模式不同。如果以作者模式使用管理单元控制台，则在关闭控制台时会提示保存更改。但是，如果以用户模式使用管理单元控制台，并且已清除“不要保存对此控制台的更改”复选框（可通过在“文件”菜单上单击“选项”使用此对话框），则关闭控制台时将保存更改。

如果出现以下任何情况，则会忽略控制台的默认模式并以作者模式打开控制台：

- 打开管理单元控制台时已打开 MMC。
- 使用快捷菜单命令“作者”打开管理单元控制台。
- 在命令提示符下使用/a 选项打开控制台。

可以使用 MMC（以作者模式）创建新管理单元控制台或修改现有管理单元控制台。若要创建管理工具，将管理单元和其他项添加到管理单元控制台。可以创建其他控制台窗口，这些窗口用于提供组成管理单元控制台的各种项的视图。还可以创建任务板视图，其中包含用于从管理单元控制台的不同位置和不同工具运行菜单命令的快捷方式，以及运行命令行功能的快捷方式。在保存管理工具控制台之后，可以将它分发给用户。

（2）用户模式

对于不需要创建或更改管理单元控制台的用户，不必以 MMC 作者模式访问。系统管理员可以配置用户配置文件设置来阻止用户以作者模式打开 MMC，方法是禁用/a 选项或快捷菜单选项。此外，管理员还可以使用组策略设置防止用户以作者模式打开 MMC 和保存的控制台。

在 MMC 3.0 中，“操作”窗格代替了任务板视图。新任务板视图向导不可用于创建 MMC 3.0 的管理单元，但旧版管理单元继续支持该向导。

2. 以作者模式使用 MMC 3.0

可以使用 MMC（以作者模式）创建新管理单元控制台或修改现有管理单元控制台。若要创建管理工具，请将管理单元和其他项添加到管理单元控制台。可以创建其他控制台窗口，这些窗口用于提供组成管理单元控制台的各种项的视图。还可以创建任务板视图，其中包含

用于从管理单元控制台的不同位置和不同工具运行菜单命令的快捷方式，以及运行命令行功能的快捷方式。在保存管理工具控制台之后，可以将其分发给用户。

在 MMC 3.0 中，“操作”窗格代替了任务板视图。新任务板视图向导不可用于创建 MMC 3.0 的管理单元，但旧版管理单元继续支持该向导。

3. MMC 管理单元

管理单元是控制台的基本组件。只能在控制台中使用管理单元，而不能脱离控制台运行管理单元。

安装与管理单元关联的组件时，任何在此计算机上创建控制台的人员都可以使用此管理单元（除非受到用户策略的限制）。

（1）管理单元和管理单元扩展

MMC 支持以下两种类型的管理单元：独立管理单元和管理单元扩展。可以将独立管理单元（通常称为管理单元）添加到控制台中，而无须预先添加其他项目。总是将管理单元扩展（通常称为扩展）添加到树中已存在的管理单元或其他管理单元扩展。启用管理单元的扩展时，这些扩展操作由管理单元控制的对象，如计算机、打印机、调制解调器或其他设备。将管理单元或扩展添加到控制台时，管理单元可能显示为树中的一个新项，或者可能将快捷菜单项、附加工具栏、附加属性页或向导添加到已安装在控制台中的管理单元。

（2）将管理单元添加到控制台

可以将单个或多个管理单元以及其他项添加到控制台。此外，可以将一个特定管理单元的多个实例添加到同一个控制台，以便管理各个计算机或修复损坏的控制台。每次向控制台添加新的管理单元实例时，在配置该管理单元之前，该管理单元的所有变量都按默认值设置。例如，如果将一个特定的管理单元配置为管理远程计算机，然后又添加该管理单元的第二个实例，则不会自动将第二个实例配置为管理远程计算机。

通常，仅能添加在用于创建控制台的计算机上安装的管理单元。但是，如果计算机是域的一部分，则可以使用 MMC 下载尚未本地安装、但可用于 Active Directory 中的所有管理单元。

6.8.3 使用 MMC 3.0

在 Windows Server 中，许多需要与用户交互的功能都是以已经建立好的控制台的形式出现，不需要用户建立和修改，如“Active Directory 用户和计算机”等。MMC 3.0 是一个特殊管理控制台，它本身是一个管理控制台，同时它又是一个管理已有控制台和新建控制台的平台，也就是说，它是一个用于制作控制台的管理控制台。使用 MMC 3.0 可以管理已经建立好了的控制台，也可以根据需要为被委派的用户新建一个管理控制台。

6.8.3.1 打开 MMC 3.0

可以通过 Windows 界面或通过命令行打开 MMC 3.0。

使用 Windows 界面打开 MMC 3.0 的方法如下：

单击「开始」，在“搜索程序和文件”文本框中单击，键入 mmc，然后按 Enter。

使用命令行打开 MMC 的步骤如下：

（1）打开命令窗口，方法是单击「开始」，在“搜索程序和文件”文本框中单击，键入 cmd，然后按 Enter。

（2）在命令提示符下键入 mmc，然后按 Enter。

执行了以上步骤，就会出现如图 6-10 所示的 MMC 界面，此时的 MMC 是一个新建的空的新建的空的 MMC，只有添加了管理单元以后才能使用这个 MMC 进行实际的管理操作。

如果本地策略或组策略限制使用特定的管理单元，则无法打开包含这些管理单元的管理单元控制台。

若要打开现有的或保存的 MMC 控制台，也可以在 Windows 资源管理器中浏览到管理单元控制台或其快捷方式，然后双击此管理单元控制台或其快捷方式。还可以从正在工作的其他控制台打开现有 MMC 控制台。若要执行此操作，单击“文件”菜单，然后单击“打开”。

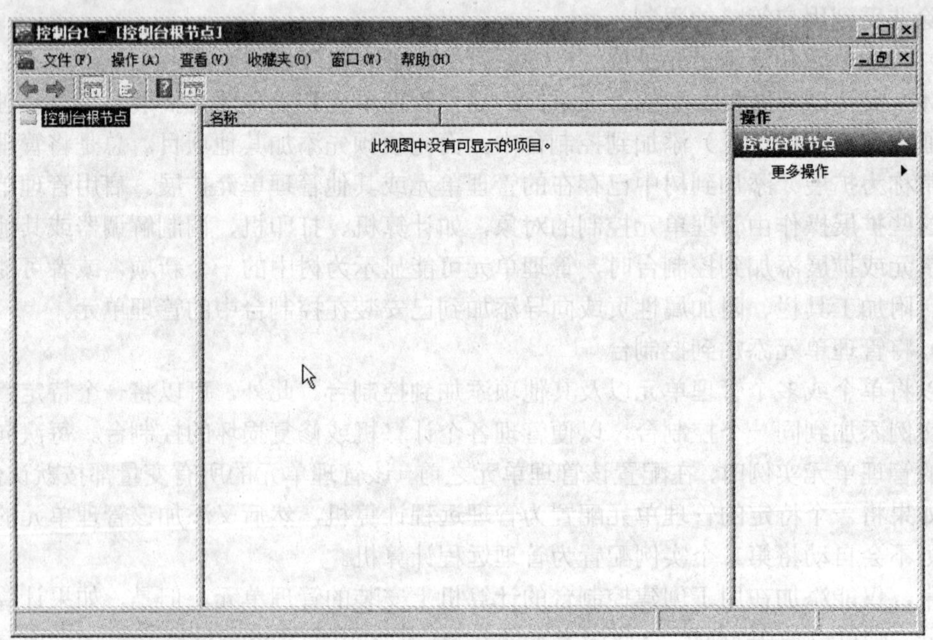

图 6-10 新建的空的 MMC

6.8.3.2 在 MMC 3.0 内创建新管理单元控制台

执行以下步骤在 MMC 3.0 内创建新管理单元控制台：

（1）执行下列操作之一：

- 在管理单元控制台内的“文件”菜单上单击“新建”。
- 在命令行下键入 mmc /a。

在“6.8.4.1 打开 MMC 3.0”一节中所述的操作实际上是已经建立了一个新的控制台，如果再在管理单元控制台内的“文件”菜单上单击“新建”，只不过是在一次确认这是新建的控制台，这一点有点像使用 Word 软件，启动 Word 时，会自动地建立一个新文件。

（2）对新的控制台进行定义和设置，这些定义和设置包括：

- 添加和组织管理单元：添加希望管理单元控制台包含的工具。
- 为管理单元控制台命名：在控制台标题中添加一个“好记的名称”，以验证是否已打开正确的控制台。
- 设置模式：默认情况下，管理单元控制台使用作者模式。如果所创建的控制台要委派工作，则可能首选某种用户模式。

- 自定义视图：隐藏管理单元控制台中可能产生混乱或不必要的元素。

若要从控制台打开“自定义视图”对话框，在“操作”窗格中单击“查看”，然后单击“自定义”；也可以单击“查看”菜单，然后单击“自定义”。

- 创建和整理收藏夹：使用MMC中的“收藏夹”列表可快速访问树中经常使用的节点。

如果无法以作者模式打开控制台，则可能是因为本地策略或组策略限制执行此操作。

6.8.3.3 设置MMC 3.0控制台选项

设置MMC控制台选项的步骤

（1）通过执行以下操作之一，以作者模式打开已保存的控制台：

- 右键单击.msc文件，然后单击“作者”。
- 单击「开始」，在“搜索程序和文件”文本框中单击，键入mmc path\filename.msc /a，然后按Enter。

（2）在“文件”菜单上单击“选项”就会出现图6-11所示的MMC选项对话框。

（3）若要更改控制台的标题，在框中标有默认标题“控制台2”处键入新标题。

（4）若要更改控制台的图标，单击“更改图标”。在“文件名”中键入包含图标的文件的路径。

（5）在“当前图标”下单击图标，然后单击“确定”。

（6）若要更改控制台的默认模式，展开下拉窗口，在“控制台模式”中选择要用于打开控制台的四种模式中的一种。

（7）如果控制台的默认控制台模式是一种用户模式，则执行以下操作：

- 若要阻止用户编辑控制台，选择“不要保存对此控制台的更改”复选框。
- 若要使用户能够访问“自定义视图”对话框，选择“允许用户自定义视图”复选框。

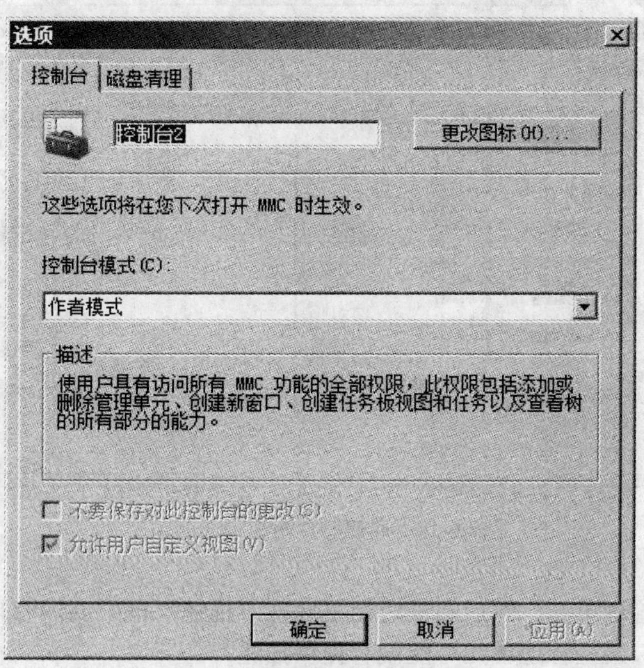

图6-11 MMC选项对话框

计算机科学与技术专业规划教材

如果更改控制台的标题，则标题栏将不显示在控制台树中单击的项目的路径。但是，如果不更改标题或者删除标题，则显示其路径。

许多文件都包含可用于自定义控制台的图标。例如，可以在位于%Systemroot%\System32 文件夹的 Shell32.dll 中找到更多图标。

若要停止接收消息“将控制台存入控制台名称吗?”(每次关闭以作者模式打开的控制台时都将显示此消息)，将控制台的默认模式设置为一种用户模式，然后清除“不要保存对此控制台的更改”复选框。默认情况下，将保存对控制台的任何更改。

6.8.3.4　在 MMC 3.0 中添加、删除和组织管理单元及扩展

在 MMC 3.0 管理单元控制台中可以使用“添加或删除管理单元”对话框添加、删除和组织管理单元及扩展。

1. 添加或删除管理单元

一个 MMC 只是若干个管理单元的载体，新建的 MMC 是空的，因此新建后必须向其中添加管理单元，必要时也可以删除已添加的管理单元。

添加或删除管理单元的步骤如下：

(1) 如图 6-12 所示，在打开的 MMC 3.0 控制台的“文件”菜单上，单击“添加/删除管理单元”，就会出现“添加或删除管理单元”对话框。

(2) 在“可用的管理单元”列表中突出显示需要添加的管理单元，然后单击“添加”将该管理单元添加到“选定管理单元”列表中。

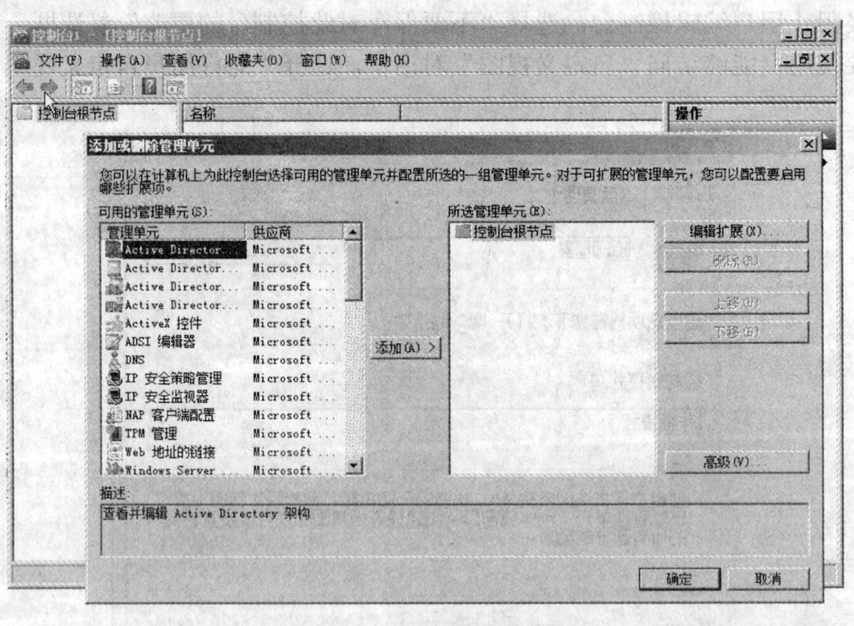

图 6-12　向控制台添加管理单元

(3) 通过单击管理单元，然后阅读对话框底部“描述”框中的内容来查看任一列表中管理单元的简短描述。某些管理单元可能没有提供描述。

(4) 通过在“选定管理单元”列表中单击管理单元，然后单击“上移”或“下移”来更改管理单元控制台中管理单元的顺序。

（5）如果需要将新管理单元添加到打开的控制台的某个节点（除控制台根节点以外），参阅下一个过程“设置管理单元的父节点”。

（6）通过在“选定管理单元”列表中单击管理单元，然后单击“删除”来删除管理单元。

（7）完成添加或删除管理单元之后，单击“确定”。

2. 设置管理单元的父节点

设置管理单元的父节点的步骤如下：

（1）单击“高级”。

（2）选中“允许更改父管理单元”复选框，然后单击“确定”。

（3）“添加或删除管理单元”对话框中现在会显示“父管理单元”下拉列表，该列表中显示控制台根节点并显示当前位于“选定管理单元”列表中的所有管理单元。

（4）在“父管理单元”下拉列表中选择父节点。然后在“可用的管理单元”列表中单击子管理单元，再单击“添加”。

（5）若要将已位于“所选管理单元”列表中的管理单元移动到其他父节点下，必须删除此管理单元，然后再次添加此管理单元。

6.8.3.5 在MMC管理单元控制台中创建和整理收藏夹

使用收藏夹列表添加、删除和整理收藏夹。收藏夹列表可以包括要快速导航到的页面视图和任务板。

1. 向管理单元控制台的收藏夹列表中添加项

向管理单元控制台中收藏夹列表添加项的步骤如下：

（1）在“收藏夹”菜单上单击“添加到收藏夹”。

（2）在树中单击要添加到收藏夹列表的项。

（3）在“创建于”中执行以下操作之一：

- 若要将项添加到现有文件夹，单击要保存项的文件夹，然后单击“确定”。
- 若要将项添加到新文件夹，单击要作为父文件夹的文件夹，然后单击“新建文件夹”。在“文件夹名”中键入名称，单击“确定”，然后再次单击“确定”。

2. 整理管理单元控制台收藏夹列表

整理管理单元控制台中的收藏夹列表的步骤如下：

（1）在“收藏夹”菜单上单击“整理收藏夹”，然后执行以下任一操作：

（2）若要添加文件夹，单击“创建文件夹”，在“文件夹名”中键入名称，然后单击“确定”。

（3）若要将项移动到文件夹中，单击“收藏夹”文件夹下的项，单击“移动到收藏夹”，再单击要显示项的文件夹，然后单击“确定”。

（4）若要更改项名称，单击“收藏夹”文件夹下的项，单击“重命名”，键入新名称，然后按Enter。

（5）若要删除项，单击“收藏夹”文件夹下的项，然后单击“删除”。

6.8.3.6 根据现有管理单元控制台创建新管理单元控制台

在管理一个的大型企业的网络时，因为需要委派管理的人员比较多，要新建的MMC也就比较多，要赋予他们的管理职责可能有一些是相同的，为了减少制作自定义MMC的工作量，往往需要将为一个用户建立的MMC进行修改作为另一个用户的MMC。

根据现有管理单元控制台创建新管理单元控制台的步骤如下：

（1）打开要作为新控制台基础的现有控制台。

（2）在“文件”菜单上单击“另存为”，然后键入新控制台的名称。

（3）若要打开现有的或保存的 MMC 控制台，在 Windows 资源管理器中浏览到管理单元控制台或其快捷方式，然后双击此管理单元控制台或其快捷方式。

还可以从正在工作的其他控制台打开现有 MMC 控制台。若要执行此操作，单击“文件”菜单，然后单击“打开”。

6.8.3.7 使用组策略控制 MMC 3.0 的使用

组策略（将在本书的第 10 章介绍）是用于控制用户和组访问系统资源和进行系统管理的权限，而 MMC 是一种管理单元控制台，本质上也是给用户赋予管理权限，不同的是 MMC 还为用户提供了管理界面。使用组策略控制 MMC 3.0 的使用就可以实现两种功能的统一管理，既方便了管理员对用户权限的管理，又使用户感受到权限控制的一致性。

1. 使用本地组策略控制 MMC 的使用

使用本地组策略控制 MMC 使用的步骤如下：

（1）打开 MMC 3.0。

（2）在“文件”菜单上，单击“添加/删除管理单元”。

（3）在“可用的管理单元”列表中单击“组策略”编辑器，然后单击“添加”。

（4）在“选择组策略对象”向导中使用默认设置，即“组策略对象”字段中的“本地计算机”。

（5）单击“完成”关闭“选择组策略对象”向导。

（6）默认情况下，已启用所有可用的管理单元扩展。如果仅需启用某些扩展，突出显示“选定管理单元”列表中的管理单元，然后单击“编辑扩展”。

（7）默认情况下，管理单元会加载为“控制台根节点”的子对象。单击“高级”可修改此行为，并可选择其他父管理单元。

（8）在“添加或删除管理单元”对话框中，单击“确定”。

（9）在关闭新控制台之前，执行以下过程之一：

- 限制进入 MMC 中作者模式的步骤
- 限制访问管理单元许可列表的步骤
- 允许或限制访问管理单元的步骤

①限制进入 MMC 中的作者模式

限制进入 MMC 中作者模式的步骤如下：

（a）在树中单击“Microsoft 管理控制台”。

可以在以下路径中找到该项：“*策略名*策略\用户配置\管理模板\Windows 组件\Microsoft 管理控制台”。

（b）在结果窗格中双击“限制用户进入作者模式”。

（c）在“设置”选项卡上执行以下操作之一：

- 若要允许用户使用 MMC 中的作者模式，单击“未配置”或“已禁用”。
- 若要限制用户使用 MMC 中的作者模式，单击“已启用”。

（d）单击“确定”。

如果已启用“限制用户进入作者模式”，则重新访问控制台的任何尝试都将产生一条消息，该消息表明以作者模式访问管理单元控制台被阻止。具有管理员凭据的用户可以通过使

用“搜索”命令并键入 gpedit.msc（用于打开本地计算机策略的组策略编辑器）来重新进入作者模式。然后，浏览到 Microsoft 管理控制台（如以上“限制进入 MMC 中的作者模式”过程中所述），在结果窗格中双击“限制用户进入作者模式”，然后单击“未配置”或“已禁用”。

②限制访问管理单元的许可列表

限制访问管理单元许可列表的步骤如下：

（a）在树中单击“Microsoft 管理控制台”。

可以在以下路径中找到该项：策略名策略\用户配置\管理模板\Windows 组件\Microsoft 管理控制台。

（b）在结果窗格中双击“限制用户只能使用列表中明确允许的管理单元”。

（c）在“设置”选项卡上执行以下操作之一：

- 若要允许用户访问未明确限制的管理单元，单击“未配置”或“已禁用”。
- 若要限制用户访问未明确允许的任何管理单元，单击“已启用”。

（d）单击“确定”。

如果启用此策略，则只有允许的管理单元才会显示在 MMC 的“添加独立管理单元”对话框中可用管理单元列表中。

③允许或限制访问管理单元

允许或限制访问管理单元的步骤如下：

（a）在树中单击“受限的/许可的管理单元”。

可以在以下路径中找到该项：策略名策略\用户配置\管理模板\Windows 组件\Microsoft 管理控制台\受限的或许可的管理单元。

（b）在结果窗格中双击要允许或限制的管理单元，然后执行以下操作之一：

- 若要使用户可以访问此管理单元（除非用户受“限制用户只能使用列表中明确允许的管理单元”策略的限制），单击“未配置”。
- 若要允许用户访问此管理单元，单击“已启用”。
- 若要限制用户访问此管理单元，单击“已禁用”。

（c）单击“确定”。

这些功能只适用于已配置组策略编辑器的网络；系统管理员必须启用组策略编辑器。在 Windows XP Home Edition 中不能使用组策略编辑器。

2. 使用全域性组策略控制 MMC 的使用

要修改全域性组策略，必须是域管理员组的成员。

使用全域性组策略控制 MMC 使用的步骤如下：

（1）打开“Active Directory 用户和计算机”。

（2）在树中右键单击要配置策略的组织单元，然后单击“属性”。

（3）在“组策略”选项卡上，单击“编辑”。

将打开“组策略”编辑器。

（4）关闭“Active Directory 用户和计算机”管理单元之前，执行以下过程之一：

- 限制访问域的 MMC 中的作者模式
- 限制访问域管理单元的允许列表
- 允许或限制访问域的管理单元的步骤

①限制访问域的 MMC 中的作者模式

限制访问域的MMC中的作者模式的步骤如下：

（a）在树中单击“Microsoft 管理控制台”。

在以下路径中找到“Microsoft管理控制台”对象：“策略名策略\用户配置\管理模板\Windows组件\Microsoft 管理控制台”。

（b）在结果窗格中双击“限制用户进入作者模式”。

（c）在“策略”选项卡上执行以下操作之一：

- 若要允许用户使用MMC中的作者模式，单击“未配置”或“已禁用”。
- 若要限制用户使用MMC中的作者模式，单击“已启用”。

（d）单击“确定”。

②限制访问域管理单元的允许列表

限制访问域管理单元的允许列表的步骤如下：

（a）在树中单击“Microsoft 管理控制台”。

“Microsoft 管理控制台”对象位于以下路径中：策略名策略\用户配置\管理模板\Windows组件\Microsoft 管理控制台。

（b）在结果窗格中双击“限制用户只能使用列表中明确允许的管理单元”。

（c）在“策略”选项卡上执行以下操作之一：

- 若要允许用户访问未明确限制的管理单元，单击“未配置”或“已禁用”。
- 若要限制用户访问未明确允许的任何管理单元，单击“已启用”。

（d）单击“确定”。

如果启用此策略，则只有允许的管理单元才会显示在MMC的“添加独立管理单元”对话框中可用管理单元列表中。

③允许或限制访问域的管理单元

允许或限制访问域的管理单元的步骤如下：

（a）在树中单击“受限的/许可的管理单元”。

在以下路径中找到“受限的/许可的管理单元”对象：“策略名策略\用户配置\管理模板\Windows 组件\Microsoft 管理控制台\受限的/许可的管理单元”。

（b）在结果窗格中双击要允许或限制的管理单元，然后执行以下操作之一：

- 若要使用户可以访问此管理单元（除非用户受“限制用户只能使用列表中明确允许的管理单元”策略的限制），单击“未配置”。
- 若要允许用户访问此管理单元，单击“已启用”。
- 若要限制用户访问此管理单元，单击“已禁用”。

（c）单击“确定”。

限制或明确允许访问管理单元时，将管理单元添加到受限的或许可的管理单元列表中。受限列表优先于许可列表，因此当两个列表中存在相同的管理单元时，则对该管理单元的访问会受到限制。

6.8.4 MMC 3.0 命令行选项

使用 MMC 命令行选项，可以打开特定的管理单元控制台，或以作者模式打开 MMC，还可以指定是打开32位版本的MMC，还是打开64位版本的MMC。

语法

mmc <path\filename>.msc [/a] [/64] [/32]

参数

命令中各参数的含义如下：

• <path\filename>.msc　启动 MMC 并打开保存的管理单元控制台。需为保存的控制台文件指定完整的路径和文件名。如果不指定控制台文件，则 MMC 会打开一个新管理单元控制台。

可以使用环境变量创建不依赖于控制台文件实际位置的命令行或快捷方式。例如，如果某个控制台文件的路径位于系统文件夹中（例如，mmc c:\winnt\system32\console_name），则可以使用可扩展数据字符串“%Systemroot%”来指定该位置（mmc %Systemroot%\system32\console_name.msc）。对组织中在各台计算机上工作的人员分配任务时，这可能会很有用。

• /a 以作者模式打开保存的管理单元控制台。用于对保存的控制台进行更改。

如果使用此选项打开管理单元控制台，则无论其默认模式是何种，都将以作者模式打开控制台。该操作不会永久更改文件的默认模式设置；如果忽略此选项，则 MMC 会根据其默认模式设置打开管理单元控制台。

• /64 打开 64 位版本的 MMC（MMC64）。仅在运行的是 Microsoft 64 位操作系统并需要使用 64 位管理单元时才使用此选项。

• /32 打开 32 位版本的 MMC（MMC32）。运行 Microsoft 64 位操作系统时，如果只有 32 位管理单元，则可以通过使用此命令行选项打开 MMC 来运行 32 位管理单元。

6.8.5　MMC 3.0 的兼容性

MMC 3.0 的兼容性体现在两个方面，一是能够在在 64 位 Windows 操作系统上运行 32 位和 64 位管理单元，二是兼容 MMC 2.0 和 MMC 1.2 创建的文件。

1. 在 64 位 Windows 上运行 32 位和 64 位管理单元

Microsoft 64 位操作系统既可以运行 32 位 MMC（MMC32），也可以运行 64 位 MMC（MMC64）。MMC64 不能运行 32 位管理单元，而 MMC32 也不能运行 64 位管理单元。某些管理单元既能以 32 位形式使用，也能以 64 位形式使用。如果管理单元在注册表中存在 HKEY_CLASSES_ROOT\CLSID\管理单元 CLSID\InprocServer32 项（其中管理单元 CLSID 是该管理单元的注册 CLSID），则认为该管理单元能够以 64 位形式使用。

本节介绍如何确定和控制在 Microsoft 64 位操作系统中执行的 MMC 版本。

（1）使用/32 或/64 时的启动考虑事项

可以使用命令行参数执行 MMC，这些参数包括控制台文件名和以下命令行选项（对于 64 位 Windows 操作系统）：

/32　　指定 MMC32。

/64　　指定 MMC64。这是 64 位 Windows 操作系统上的默认选项。

如果同时使用这两个命令行选项，则命令行上的最后一个选项将生效。如果满足下一节中所述的某些条件，则 MMC64 将明确让步于 MMC32。

（2）指定控制台文件时的启动考虑事项

如果 MMC 命令行不包含/32 或/64 命令行选项，但该命令行包含一个控制台文件名，这样 MMC64 会在确定运行的版本之前检查此控制台文件。决策顺序如下所示：

①如果控制台中的所有管理单元都能以 64 位形式使用，则使用 MMC64。

②如果控制台中的所有管理单元都能以 32 位形式使用，并且某些管理单元无法以 64 位形式使用，则使用 MMC32。（MMC64 启动 MMC32，然后 MMC64 会终止。）

③如果可用的 64 位管理单元的列表是可用的 32 位管理单元的超集，则使用 MMC64。同样，如果可用的 32 位管理单元的列表是可用的 64 位管理单元的超集，则 MMC64 会启动 MMC32，然后 MMC64 会终止。

例如，如果某个控制台包含三个仅能以 32 位形式使用的管理单元，同时包含两个既能以 64 位又能以 32 位形式使用的管理单元，则认为这五个兼容 32 位的管理单元是 64 位管理单元的超集，并将启动 MMC32。

④如果某些管理单元仅能以 64 位形式使用，而某些管理单元仅能以 32 位形式使用，将提示指定运行的 MMC 版本。如果选择 MMC64，则仅加载 64 位的管理单元。如果选择 MMC32，则仅加载 32 位的管理单元。

（3）指定控制台文件路径的时间

将系统文件存储在%windir%\system32 文件夹中。在 64 位版本的 Windows 操作系统中，\system32 文件夹中包含 64 位文件，其中包括 64 位控制台（例如 eventvwr.msc）。如果同时存在 32 位版本的管理单元，则此管理单元位于%windir%\syswow64 文件夹中。在此示例中，32 位版本的事件查看器应为%windir%\syswow64\eventvwr.msc。如果同时存在\system32 文件夹中包含的 64 位版本的控制台和\syswow64 文件夹中包含的 32 位版本的控制台，并且要明确运行 32 位版本的控制台，则必须通过同时指定路径和/32 命令行参数来跳过 MMC 决策过程。例如：

MMC /32 %windir%\syswow64\eventvwr.msc

与在 Windows 资源管理器中双击文件的方法类似，可以在\syswow64 文件夹中双击文件的快捷方式，因为该操作将运行不带有/32 命令行参数的 MMC。若要在\syswow64 文件夹中打开 32 位控制台，依次单击「开始」和“搜索”，然后键入用于指定路径和/32 命令行参数的命令（而不是使用快捷方式）。

2. 使用 MMC 3.0 中由早期版本的 MMC 创建的文件

MMC 3.0 旨在支持为 MMC 2.0 和 MMC 1.2 设计的管理单元。可以将这些管理单元添加到 MMC 3.0 管理单元控制台，而且这些单元的工作方式将与在设计它们的 MMC 版本中相同。

可以使用 MMC 3.0 打开使用 MMC 2.0 或 MMC 1.2 创建的管理单元控制台。如果随后保存控制台，则会询问是否以 MMC 3.0 格式保存。如果以 MMC 3.0 格式进行保存，则无法使用早期版本的 MMC 打开此控制台。无法使用 MMC 2.0 或 MMC 1.2 打开使用 MMC 3.0 创建的管理单元控制台。

6.8.6 MMC 3.0 的辅助功能

除 Microsoft Windows 辅助产品和服务以外，MMC 还提供键盘快捷方式来选择命令以及在 MMC 窗口中和窗口之间导航。添加到管理单元控制台的管理单元和其他项也可以提供辅助功能。

1. 使用键盘和鼠标在 MMC 中导航

可以通过展开和折叠分支来浏览树。若要执行此操作，单击加号图标和减号图标，或双击该分支。表 6-2 列出了可以用于在当前控制台中的窗口内和窗口之间移动的键和组合键。

表 6-2　在当前控制台中的窗口内和窗口之间移动的键和组合键

击键操作	结　果
Tab 或 F6	在活动窗口中的窗格之间向前移动
Shift+Tab 或 Shift+F6	在活动窗口中的窗格之间向后移动
Ctrl+Tab 或 Ctrl+F6	在窗口之间向前移动
Ctrl+Shift+Tab 或 Ctrl+Shift+F6	在窗口之间向后移动
数字键盘上的加号 (+)	展开选定的项
数字键盘上的减号 (-)	折叠选定的项
数字键盘上的星号 (*)	展开活动窗口中根节点项下的整个树
向上键	将所选项在窗格中上移一个项
向下键	将所选项在窗格中下移一个项
Page Up	将所选项移至窗格中可见项的顶部
Page Down	将所选项移至窗格中可见项的底部
Home	将所选项移至窗格中的第一项
End	将所选项移至窗格中的最后一项
向右键	展开选定的项。如果选定项不包括隐藏项，则作用与向下键一样
向左键	折叠选定的项。如果选定项不包括展开项，则作用与向上键一样
Alt+向右键	将所选项移至下一项。执行与工具栏上的“前进”箭头相同的功能
Alt+向左键	将所选项移至上一项。执行与工具栏上的“后退”箭头相同的功能

表 6-3 列出了可以用于在 MMC 树间移动的鼠标操作。

表 6-3　在 MMC 树间移动的鼠标操作

鼠标操作	结　果
单击	选择项
双击	显示或隐藏选定项包含的项。显示项属性或打开项
右键单击	显示选定项的“操作”快捷菜单

如果鼠标按钮未执行预期的操作，则可能是因为交换了右键和左键的功能。所使用的计算机可能进行过配置，使得鼠标左右键的操作方式与默认方式相反。

2．MMC 键盘快捷方式

本主题介绍两种类型的键盘快捷方式：主窗口快捷方式和活动窗口快捷方式。

（1）MMC 主窗口键盘快捷方式

表 6-4 列出了菜单命令的键盘快捷方式，这些命令作用于整个管理单元控制台或管理单元控制台的主窗口中。

表 6-4　　　　　　　　　　　　**菜单命令的键盘快捷方式**

操　　作	结　　果
Ctrl+O	打开保存的管理单元控制台
Ctrl+N	打开新管理单元控制台
Ctrl+S	保存打开的管理单元控制台
Ctrl+M	打开“添加或删除管理单元”对话框
Ctrl+W	打开新窗口
F5	刷新所有管理单元控制台窗口的内容
Alt+空格键	显示 MMC 窗口菜单
Alt+F4	关闭管理单元控制台
Alt+A	显示“操作”菜单
Alt+V	显示“查看”菜单
Alt+F	显示“文件”菜单
Alt+O	显示“收藏夹”菜单
ALT+W	[illegible]“窗口”菜单
ALT+H	显[illegible]“帮助”菜单

Ctrl+W 键盘快捷方式可用于具有完全访问权限以作者模式或用户模式打开的控制台。其他 Ctrl+快捷方式仅用于以作者模式打开的控制台。

（2）MMC 活动窗口键盘快捷方式

表 6-5 列出了菜单命令的键盘快捷方式，这些命令作用于管理单元控制台或其内容的活动窗口上。

表 6-5　　　　　　　　　　　　**菜单命令的键盘快捷方式**

操作	结　　果
Ctrl+P	打印当前页或活动窗格（如果管理单元实施了打印功能）
Alt+减号	显示管理单元控制台活动窗口的窗口菜单
Shift+F10	显示选定项的“操作”快捷菜单
F1	打开选定项的“帮助”主题（如果有）
F5	刷新所有管理单元控制台窗口的内容
Ctrl+F10	最大化管理单元控制台活动窗口
Ctrl+F5	还原管理单元控制台活动窗口
Alt+Enter	显示选定项的属性对话框（如果有）
F2	重命名选定项
Ctrl+F4	关闭管理单元控制台活动窗口。当管理单元控制台仅有一个窗口时，此命令会关闭管理单元控制台

6.9　Windows PowerShell 的 Active Directory 模块

本章和前面的第五章所涉及的大量操作，但都是介绍了使用 Windows 界面的方式完成操

作，有的还介绍了使用命令行和使用答案文件的方法完成操作，实际上，许多操作还可以通过使用 Windows PowerShell 的 Active Directory 模块来完成。

6.9.1 Windows PowerShell

应用到 Windows Server 2008 的 Windows PowerShell（TM）是一种基于任务的新命令行 shell 和脚本语言，专为系统管理而设计。Windows PowerShell 构建在 Microsoft.NET Framework 之上，可以帮助 IT 专业人士实现超级用户控制和自动管理 Windows 操作系统以及在 Windows 上运行的应用程序。

1. Windows PowerShell 的功能

内置的 Windows PowerShell 命令称为 cmdlet，可让用户从命令行管理企业中的计算机。Windows PowerShell 提供程序可让用户访问数据存储，如注册表和证书存储，与用户访问文件系统一样方便。此外，Windows PowerShell 还有一个丰富的表达式分析程序和一种完全开发的脚本语言。

Windows PowerShell 1.0 包括下列功能：

- 129 个标准 cmdlet 可用于执行常见系统管理任务，例如管理注册表、服务、进程和事件日志，以及使用 Windows Management Instrumentation。
- 基于任务的脚本语言和对现有脚本和命令行工具的支持。
- 一致的设计。因为 Windows PowerShell cmdlet 和系统数据存储都使用常见语法和命名约定，所以可以轻松共享数据，且一个 cmdlet 的输出可用作另一个 cmdlet 的输入，而不必重新格式化或操作。
- 操作系统的简化的、基于命令的导航，可使用户通过使用与用于导航文件系统相同的技术导航注册表和其他数据存储。
- 强大的对象操作功能。可以直接操作对象，也可将其发送到其他工具或数据库。
- 可扩展界面。独立软件供应商和企业开发人员可以构建自定义工具和实用程序管理他们的软件。

2. Windows PowerShell 的用途

Windows PowerShell 对任何想从命令行管理 Windows 的用户都是有用的，对于正在编写自动任务解决方案的系统管理员和想要编写自己的 Windows PowerShell cmdlets、提供程序和宿主应用程序的开发人员尤其有用。

Windows PowerShell 提供操作对象（而不是文本）的能力。它提供一种基于.NET Framework 的强大脚本语言。它提供了一种通过提供程序概念遍历数据存储（如注册表）的一致方式。

3. 使用 Windows PowerShell 对用户的要求

Windows PowerShell 是基于对象的环境，因此用户需要理解如何使用对象属性和方法操作数据。绝大多数现有的 Shell 都是基于文本的，这意味着脚本必须分析基于文本的数据查找感兴趣的数据。在 Windows PowerShell 基于对象的环境中，脚本只需访问适当的对象属性查找感兴趣的数据。

6.9.2 Windows PowerShell 的 Active Directory 模块

应用到 Windows Server 2008 R2 的 Windows PowerShell 的 Active Directory 模块使用一致

的词汇和语法为管理、配置和诊断任务提供命令行脚本。Active Directory 模块可实现 Exchange Server、组策略和其他服务的端到端可管理性。

1. Active Directory 模块的功能

Windows PowerShell(TM)是命令行 shell 和脚本语言，可帮助信息技术（IT）专业人员更轻松地控制系统管理并提高工作效率。

Windows Server 2008 R2 中的 Active Directory 模块是合并了一组 cmdlet 的 Windows PowerShell 模块（名为 ActiveDirectory）。通过使用这些 cmdlet，可在单一的独立程序包中管理 Active Directory 域、Active Directory 轻型目录服务（AD LDS）配置集和 Active Directory 数据库装载工具实例。

在 Windows Server 2000、Windows Server 2003 和 Windows Server 2008 中，管理员使用各种命令行工具和 Microsoft 管理控制台（MMC）管理单元连接到其 Active Directory 域和 AD LDS 配置集，以监视和管理它们。现在，Windows Server 2008 R2 中的 Active Directory 模块为管理目录服务提供了集中式体验。

2. Windows PowerShell 的 Active Directory 模块的受益者

Windows PowerShell 的 Active Directory 模块对下列各组人员会非常有用：

（1）从技术方面评估 Windows Server 2008 R2 的 Windows Server 2008 R2 早期采用者和 IT 计划者与分析者

（2）企业 IT 计划者和设计者

（3）Active Directory 域服务（AD DS）管理团队

（4）AD DS 管理员

3. Windows PowerShell 的 Active Directory 模块的运行要求

（1）只能在运行 Windows Server 2008 R2 的计算机上安装 Active Directory 模块。不能在运行 Windows 2000、Windows Server 2003 或 Windows Server 2008 的计算机上安装 Active Directory 模块。

（2）也可以将 Active Directory 模块作为 Windows Server 2008 R2 远程服务器管理工具（RSAT）的一部分安装在 Windows 7 上。但是，如果要在 Windows 7 上安装 Active Directory 模块以远程管理 Active Directory 域、AD LDS 实例或配置集，或者 Active Directory 数据库装载工具实例，则在域中必须至少拥有一个 Windows Server 2008 R2 域控制器，或者在 Windows Server 2008 R2 服务器上运行的 AD LDS 配置集中至少拥有一个实例。

4. Active Directory 模块提供程序

管理员可以使用 Active Directory 模块提供程序轻松地导航和访问存储在 Active Directory 域、Active Directory 数据库装载工具实例和 AD LDS 实例与配置集中的数据。Active Directory 模块提供程序会通过分层导航系统（与文件系统极其相似）呈现 Active Directory 数据库。例如，在使用 Active Directory 模块时，可以使用下列命令在目录中导航：

- cd
- dir
- remove
- .
- ..

可以使用 Active Directory 模块提供程序将 Active Directory 域、AD LDS 实例和 Active Directory 数据库装载工具实例映射到特定的提供程序驱动器。当 Active Directory 模块首次加载时，会装入默认 Active Directory 驱动器（AD:）。若要连接到该驱动器，运行 **cd AD:** 命令。若要将新的提供程序驱动器连接到 Active Directory 域、AD LDS 服务器或 Active Directory 数据库装载工具实例，可以使用以下 cmdlet：

New-PSDrive -Name <name of the drive> -PSProvider ActiveDirectory -Root "<DN of the partition/NC>" –Server <server or domain name (NetBIOS/FQDN)[:port number]> -Credential <domain name>\<username>

其中，参数的含义如下：

- -Name <name of the drive>，指定要添加的驱动器的名称。
- -PSProvider ActiveDirectory，提供程序的名称，在本例中为 ActiveDirectory。
- -Root "<DN of the partition/NC>"，指定提供程序的内部根目录或路径。
- –Server <server or domain name (NetBIOS/FQDN)[:port number]>，指定托管 Active Directory 域或 AD LDS 实例的服务器。
- -Credential <domain name>\<username>，指定连接到 Active Directory 域 AD LDS 服务器必须拥有的凭据。

5. Active Directory 模块 cmdlet

可以使用 Active Directory 模块 cmdlet 在 AD DS 和 AD LDS 环境中执行各种管理、配置和诊断任务。在此版本的 Windows Server 2008 R2 中，可以使用 Active Directory 模块管理现有或创建新的 Active Directory 用户和计算机账户、组、组织单元（OU）、域和林、域控制器和密码策略。

此版本的 Active Directory 模块在 Windows Server 2008 R2 中提供的所有 cmdlet 的作用和含义如下：

Disable-ADAccount：禁用 Active Directory 账户。

Enable-ADAccount：启用 Active Directory 账户。

Search-ADAccount：获取 Active Directory 用户、计算机和服务账户。

Unlock-ADAccount：解锁 Active Directory 账户。

Get-ADAccountAuthorizationGroup：获取包含账户的 Active Directory 安全组。

Set-ADAccountControl：修改 Active Directory 账户的用户账户控制（UAC）值。

Clear-ADAccountExpiration：清除 Active Directory 账户的截止日期。

Set-ADAccountExpiration：设置 Active Directory 账户的截止日期。

Set-ADAccountPassword：修改 Active Directory 账户的密码。

Get-ADAccountResultantPasswordReplicationPolicy，获取 Active Directory 账户的 Resultant 密码复制策略。

Get-ADComputer：获取一个或多个 Active Directory 计算机。

New-ADComputer：新建 Active Directory 计算机。

Remove-ADComputer：删除 Active Directory 计算机。

Set-ADComputer：修改 Active Directory 计算机。

Add-ADComputerServiceAccount：向 Active Directory 计算机添加一个或多个服务账户。

Get-ADComputerServiceAccount：获取由 Active Directory 计算机托管的服务账户。

Remove-ADComputerServiceAccount：从计算机删除一个或多个服务账户。

Get-ADDefaultDomainPasswordPolicy：获取 Active Directory 域的默认密码策略。

Set-ADDefaultDomainPasswordPolicy：修改 Active Directory 域的默认密码策略。

Move-ADDirectoryServer：将 AD DS 中的域控制器移动到新站点。

Move-ADDirectoryServerOperationMasterRole：将操作主机（也称为灵活单主机操作或 FSMO）角色移动到 Active Directory 域控制器。

Get-ADDomain：获取 Active Directory 域。

Set-ADDomain：修改 Active Directory 域。

Get-ADDomainController：根据可发现服务标准、搜索参数或通过提供域控制器标识符（例如 NetBIOS 名称）获取一个或多个 Active Directory 域控制器。

Add-ADDomainControllerPasswordReplicationPolicy：将用户、计算机和组添加至只读域控制器（RODC）密码复制策略（PRP）的允许列表或拒绝列表。

Get-ADDomainControllerPasswordReplicationPolicy：获取 RODC PRP 的允许列表或拒绝列表的成员。

Remove-ADDomainControllerPasswordReplicationPolicy：从 RODC PRP 的允许列表或拒绝列表中删除用户、计算机和组。

Get-ADDomainControllerPasswordReplicationPolicyUsage：获取指定 RODC 上的指定 ADAccount 的 Resultant 密码策略。

Set-ADDomainMode：设置 Active Directory 域的域功能级别。

Get-ADFineGrainedPasswordPolicy：获取一个或多个 Active Directory 严格密码策略。

New-ADFineGrainedPasswordPolicy：新建 Active Directory 严格密码策略。

Remove-ADFineGrainedPasswordPolicy：删除 Active Directory 严格密码策略。

Set-ADFineGrainedPasswordPolicy：修改 Active Directory 严格密码策略。

Add-ADFineGrainedPasswordPolicySubject：将严格密码策略应用于一个或多个用户和组。

Get-ADFineGrainedPasswordPolicySubject：获取为其应用了严格密码策略的用户和组。

Remove-ADFineGrainedPasswordPolicySubject：从严格密码策略中删除一个或多个用户。

Get-ADForest：获取 Active Directory 林。

Set-ADForest：修改 Active Directory 林。

Set-ADForestMode：设置 Active Directory 林的林模式。

Get-ADGroup：获取一个或多个 Active Directory 组。

New-ADGroup：创建 Active Directory 组。

Remove-ADGroup：删除 Active Directory 组。

Set-ADGroup：修改 Active Directory 组。

Add-ADGroupMember：向 Active Directory 组添加一个或多个成员。

Get-ADGroupMember：获取 Active Directory 组的成员。

Remove-ADGroupMember：从 Active Directory 组删除一个或多个成员。

Get-ADObject：获取一个或多个 Active Directory 对象。

Move-ADObject：将 Active Directory 对象或对象容器移动至不同的容器或域。

New-ADObject：创建 Active Directory 对象。

Remove-ADObject：删除 Active Directory 对象。

Rename-ADObject：更改 Active Directory 对象的名称。

Restore-ADObject：还原 Active Directory 对象。

Set-ADObject：修改 Active Directory 对象。

Disable-ADOptionalFeature：禁用 Active Directory 可选功能。

Enable-ADOptionalFeature：启用 Active Directory 可选功能。

Get-ADOptionalFeature：获取一个或多个 Active Directory 可选功能。

Get-ADOrganizationalUnit：获取一个或多个 Active Directory OU。

New-ADOrganizationalUnit：新建 Active Directory OU。

Remove-ADOrganizationalUnit：删除 Active Directory OU。

Set-ADOrganizationalUnit：修改 Active Directory OU。

Add-ADPrincipalGroupMembership：将成员添加至一个或多个 Active Directory 组。

Get-ADPrincipalGroupMembership：获取拥有指定用户、计算机或组的 Active Directory 组。

Remove-ADPrincipalGroupMembership：将成员从一个或多个 Active Directory 组中删除。

Get-ADRootDSE：获取域控制器信息树的根。

Get-ADServiceAccount：获取一个或多个 Active Directory 服务账户。

Install-ADServiceAccount：在计算机上安装 Active Directory 服务账户。

New-ADServiceAccount：新建 Active Directory 服务账户。

Remove-ADServiceAccount：删除 Active Directory 服务账户。

Set-ADServiceAccount：修改 Active Directory 服务账户。

Uninstall-ADServiceAccount：从计算机上卸载 Active Directory 服务账户。

Reset-ADServiceAccountPassword：重设计算机的服务账户密码。

Get-ADUser：获取一个或多个 Active Directory 用户。

New-ADUser：新建 Active Directory 用户。

Remove-ADUser：删除 Active Directory 用户。

Set-ADUser：修改 Active Directory 用户。

Get-ADUserResultantPasswordPolicy：获取用户的 Resultant 密码策略。

若要列出 Active Directory 模块中提供的所有 cmdlet，使用 Get-Command *-AD* cmdlet。

若要了解关于任何 Active Directory 模块 cmdlet 或其语法的详细信息，使用 Get-Help <cmdlet name> cmdlet，其中<cmdlet name>是要研究的 cmdlet 的名称。若要获取更多详细信息，可以运行以下任何 cmdlet：

- Get-Help <cmdlet name> -Detailed
- Get-Help <cmdlet name> -Full
- Get-Help <cmdlet name> -Detailed
- Get-Help <cmdlet name> -Examples

6. 部署 Active Directory 模块应做的准备工作

可以使用以下任一方法安装 Active Directory 模块：

- 默认情况下，在 Windows Server 2008 R2 服务器上安装 AD DS 或 AD LDS 服务器角色时
- 默认情况下，通过运行 Dcpromo.exe 使 Windows Server 2008 R2 服务器成为域控制器时

- 在 Windows Server 2008 R2 服务器上作为 RSAT 功能的一部分
- 在 Windows 7 计算机上作为 RSAT 功能的一部分

如果要在 Windows 7 中使用 Active Directory 模块远程管理 Active Directory 域、AD LDS 实例或配置集，或者 Active Directory 数据库装载工具实例，则在域中必须至少拥有一个 Windows Server 2008 R2 域控制器，或者在 Windows Server 2008 R2 服务器上运行的 AD LDS 配置集中至少拥有一个实例。

- 默认情况下，安装的 Active Directory 模块附带下列功能：

◆ Windows PowerShell

◆ Microsoft .NET Framework 3.5.1

若要让 Active Directory 模块正常运行，必须在 Windows Server 2008 R2 或 Windows 7 计算机上安装 Windows PowerShell 和 .NET Framework 3.5.1。

- 如果要使用 Active Directory 模块管理 Active Directory 域、AD LDS 实例或配置集，或者 Active Directory 数据库装载工具实例，则必须将 Windows Server 2008 R2 Active Directory Web Services（ADWS）服务安装在该域中的至少一个域控制器上，或安装在托管 AD LDS 实例的一台服务器上。

若要正常运行，Active Directory 模块依赖于 ADWS 服务，该服务要求在运行 ADWS 服务的域控制器上打开 TCP 端口 9389。如果通过使用组策略对象（GPO）配置防火墙，则必须更新 GPO 以确保该端口对 ADWS 开放。

安装 Active Directory 模块之后，单击“启动”，指向“管理工具”，然后单击 shortcut_ad_powershell 来启动它。也可以通过在 Windows PowerShell 提示符处运行 Import-Module ActiveDirectory 命令来手动加载 Active Directory 模块。

7. 版本包含 Active Directory 模块的操作系统版本

以下版本的 Windows Server 2008 R2 和 Windows 7 中提供了 nextref_ad_powershell：

- Windows Server 2008 R2 Standard
- Windows Server 2008 R2 Enterprise
- Windows Server 2008 R2 Datacenter
- Windows 7

以下版本的 Windows Server 2008 R2 中未提供 nextref_ad_powershell：

- 面向基于 Itanium 的系统的 Windows Server 2008 R2
- Windows Web Server 2008 R2

6.10 Windows Server 2008 R2 Active Directory 管理中心

在 Windows Server® 2003 和 Windows Server 2008 操作系统中，管理员可以使用 Active Directory 用户和计算机 Microsoft 管理控制台（MMC）管理单元在其 Active Directory®环境中管理和发布信息。在 Windows Server 2008 R2 中，除了 Active Directory 用户和计算机管理单元外，管理员还可以使用新 Active Directory 管理中心管理其目录服务对象。

Active Directory 管理中心构建在 Windows PowerShell（TM）命令行界面技术之上，为网络管理员提供了增强的 Active Directory 数据管理体验和丰富的图形用户界面（GUI）。管理

员可以使用 Active Directory 管理中心，通过两种导航（数据驱动导航和面向任务的导航）来执行常见的 Active Directory 对象管理任务。

可以使用 Active Directory 管理中心执行下列 Active Directory 管理任务：

- 新建用户账户或管理现有用户账户
- 新建组或管理现有组
- 新建计算机账户或管理现有计算机账户
- 新建组织单位（OU）和容器或管理现有 OU
- 连接到同一 Active Directory 管理中心实例中的一个或多个域或域控制器，并查看或管理这些域或域控制器的目录信息
- 使用查询生成搜索筛选 Active Directory 数据

此外，还可以使用增强的 GUI，根据特定的目录服务管理要求来自定义 Active Directory 管理中心。在执行常见 Active Directory 对象管理任务时，这可以帮助提高生产率和工作效率。

Active Directory 管理中心可以应用到 Windows 7 和 Windows Server 2008 R2。

在企业网络的构建和运行过程中，从技术方面评估 Windows Server 2008 R2 的 Windows Server 2008 R2 早期采用者、信息技术（IT）计划者与分析者、企业 IT 计划者和设计者、AD DS 管理团队和 AD DS 管理员可能需要使用 Active Directory 管理中心。

6.10.1　Active Directory 管理中心概述

Windows Server 2008 R2 中的 Active Directory 管理中心包括以下部分介绍的新功能。图 6-13 显示了以下部分介绍的图形用户界面（GUI）功能。

图 6-13　Windows Server 2008 R2 Active Directory 管理中心的功能

1. 管理中心概述页

首次打开 Active Directory 管理中心时，默认显示此概述页。“管理中心概述”页包含多个窗格，每个窗格提供一个经常执行的管理任务，例如重设用户密码或搜索 Active Directory 数据。可以随时通过显示或隐藏各个窗格来自定义如图 6-14 所示的“管理中心概述”页。

2. 跨多个域管理 Active Directory 对象

在 Windows Server 2008 R2 服务器上打开 Active Directory 管理中心时，当前在此服务器上登录的域（本地域）将显示在 Active Directory 管理中心的导航窗格（左窗格）中。根据用户的当前登录凭据集的权限，可以查看或管理此本地域中的 Active Directory 对象。

也可以使用相同的 Active Directory 管理中心实例和相同的登录凭据集，从任何其他域查看或管理 Active Directory 对象。查看的域可以与本地域属于同一林。也可以与本地林不属于同一林，前提是该域已经与本地域建立了信任关系。同时支持单向信任和双向信任。此外，还可以使用与当前登录凭据集不同的登录凭据集打开 Active Directory 管理中心。

3. 导航窗格

通过使用树视图或新列表视图可以浏览 Active Directory 管理中心导航窗格，树视图类似于 Active Directory 用户和计算机控制台树。若要查看树视图，在导航窗格顶部的左选项卡上移动光标，直到“树视图”字样出现为止，然后单击该选项卡。若要查看列表视图，在导航窗格顶部的右选项卡上移动光标，直到“列表视图”字样出现为止，然后单击该选项卡。

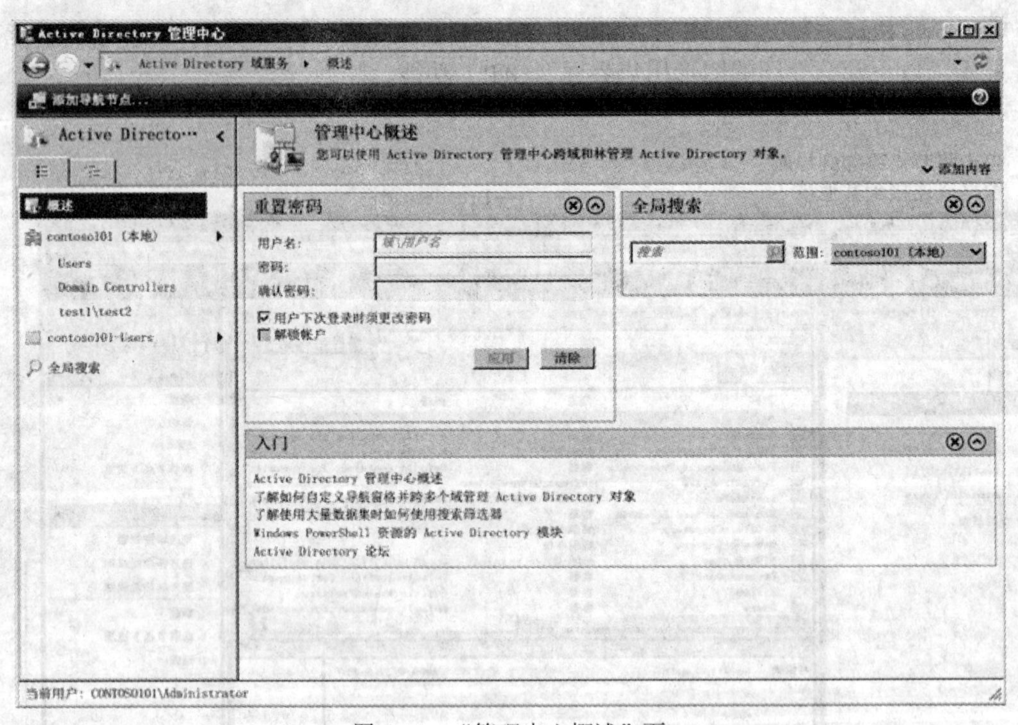

图 6-14 “管理中心概述”页

在列表视图中，可以利用“列浏览器”功能。列浏览器通过在单个列中显示父容器（为其打开了列浏览器）的所有子容器，简化了对 Active Directory 层次结构的各个级别的浏览。

通过使用列表视图，可以利用“最近使用过的”（MRU）列表。当访问某个导航节点中的至少一个容器时，在该导航节点下会自动显示MRU列表。MRU列表始终包含在特定导航节点中最近访问的三个容器。在每次选择特定容器时，该容器会被添加至MRU列表的顶部，并从MRU列表中删除最后一个容器。通过展开Active Directory管理中心痕迹导航栏，还可以查看当前的MRU列表。

无论使用树视图还是列表视图，都可以随时自定义Active Directory管理中心导航窗格，方法是从本地域或任何与本地域建立了信任关系的外部域将各个容器作为独立节点添加至导航窗格。自定义Active Directory管理中心导航窗格可以更快地访问Active Directory对象。此外，若要进一步自定义导航窗格，可以重命名或删除这些手动添加的导航窗格节点，创建这些节点的副本，或者在导航窗格中向上或向下移动它们。

在Active Directory管理中心，可以使用各种域控制器管理Active Directory域。可以更改导航窗格中任意节点的域控制器连接。但是，对于代表某个域中的容器的任意节点，如果更改该特定节点的域控制器连接，则也会更改导航窗格中代表该域中的容器的所有其他节点的域控制器连接。

4. 痕迹导航栏

痕迹导航栏是Active Directory管理中心窗口顶部的长框。可以使用痕迹导航栏直接导航到本地域（或任何受信任的外部域）中的特定容器，方法是单击痕迹导航栏（使其进入编辑模式），并指定以下选项之一：

- 所需容器的轻型目录访问协议（LDAP）路径，例如LDAP://cn=Users，DC=contoso，DC=com
- 所需容器的可分辨名称（也称为DN），例如cn=Users,DC=contoso,DC=com
- 所需容器的分层路径，例如Active Directory Domain Services\contoso (local)\Users

仅当某个容器存储在Active Directory管理中心管理的本地域（或受信任外部域）的域目录分区中时，才可以使用痕迹导航栏直接导航到该特定容器。不能使用痕迹导航栏直接导航到在Active Directory管理中心中管理的本地域（或受信任外部域）的配置、架构或应用程序目录分区中存储的容器。

若要通过在Active Directory管理中心痕迹导航栏中指定某个容器的分层路径来成功地直接导航到该容器，必须正在Active Directory管理中心的所选实例中管理此容器所属的本地域（或受信任的外部域）。但是，此限制不适用于通过在痕迹导航栏中指定某个特定容器的LDAP路径或可分辨名称来导航到该容器。

例如，如果contoso.com（本地域）与fabricam.com（外部域）建立了信任关系，则可以在痕迹导航栏中指定容器的LDAP路径或可分辨名称。可以同时在contoso.com和fabricam.com中成功导航到所需的容器，无论contoso.com或fabricam.com当前是否添加到导航窗格。但是，必须将contoso.com和fabricam.com添加到导航窗格，才能通过在痕迹导航栏中指定容器的分层路径来成功导航到这些域中的容器。

可以从痕迹导航栏复制特定的LDAP路径、可分辨名称或分层路径。若要执行此操作，右键单击痕迹导航栏，然后单击“复制路径”或“复制可分辨名称”。（也可以将这些项粘贴到痕迹导航栏。）如果希望从Active Directory管理中心到其他工具和应用程序（如Windows PowerShell™的Active Directory模块、即时消息窗口或电子邮件）复制和粘贴某个特定路径或可分辨名称，则此功能非常有用。

5. 对象属性页

可以使用 Active Directory 管理中心的属性页来修改 Active Directory 对象。对象属性页包含多个属性页部分和级联预览功能。可以显示、隐藏或折叠任何属性页部分和级联预览，以自定义 Active Directory 管理中心对象属性页。

6. 查询构建搜索和筛选

如果需要快速定位 Active Directory 对象，则可以使用 Active Directory 管理中心查询构建搜索和筛选机制。当作为搜索或筛选查询的结果返回目标 Active Directory 对象时，您可以执行必要的管理任务。

还可以保存构建的查询并在以后使用它们。每个保存的查询都由选择的查询标准以及指定的自定义排序和列信息构成。

6.10.2 安装 Active Directory 管理中心

1. 关于安装

可以使用以下任意方法在 Windows Server 2008 R2 中安装 Active Directory 管理中心：

● 默认情况下，通过服务器管理器在 Windows Server 2008 R2 服务器上安装 Active Directory 域服务（AD DS）服务器角色时

● 默认情况下，通过运行 Dcpromo.exe 使 Windows Server 2008 R2 服务器成为域控制器时

● 使用 Windows Server 2008 R2 服务器或 Windows 7 上的远程服务器管理工具(RSAT)。

默认情况下，安装 Active Directory 管理中心时会同时安装 Windows PowerShell 的 Active Directory 模块和.NET Framework 3.5.1。Active Directory 模块和.NET Framework 3.5.1 必须安装在 Windows Server 2008 R2 计算机上，Active Directory 管理中心才能正常运行。

若要使用 Active Directory 管理中心管理 Active Directory 域，该域中必须至少有一个域控制器上安装有 Windows Server 2008 R2 Active Directory Web 服务（ADWS）。

2. 关于运行

运行和使用 Active Directory 管理中心应该注意下述事项：

● 只能在运行 Windows Server 2008 R2 和 Windows 7 的计算机上安装 Active Directory 管理中心。无法在运行 Windows(R) 2000、Windows Server 2003、Windows Server 2008 或 Windows Vista 的计算机上安装 Active Directory 管理中心。

● 在 Windows Server 2008 R2 中，无法使用 Active Directory 管理中心来管理 Active Directory 轻型目录服务（AD LDS）实例和配置集。

● 以下版本的 Windows Server 2008 R2 包含 Active Directory 管理中心：

♦ Windows Server 2008 R2 Standard

♦ Windows Server 2008 R2 Enterprise

♦ Windows Server 2008 R2 Datacenter

● 以下版本的 Windows Server 2008 R2 不包含 Active Directory 管理中心：

♦ 面向基于 Itanium 的系统的 Windows Server 2008 R2

♦ Windows Web Server 2008 R2

♦ 所有版本的 Windows Server 2008 R2 的服务器核心选项

若要正常运行，Active Directory 管理中心依赖于 ADWS 服务，该服务要求在运行 ADWS 的域控制器上打开 TCP 端口 9389。如果通过使用组策略对象（GPO）配置防火墙，则必须更新 GPO 以确保该端口对 ADWS 开放。

6.10.3 在 Active Directory 管理中心中管理不同的域

在运行 Windows Server 2008 R2 的计算机上打开 Active Directory 管理中心时，当前在此计算机上登录到的域（本地域）将显示在 Active Directory 管理中心导航窗格（左窗格）中。根据当前登录凭据集的权限，可以查看或管理此本地域中的 Active Directory 对象。

也可以使用相同的 Active Directory 管理中心实例和相同的登录凭据集，从任何其他域查看或管理 Active Directory 对象。被查看的域可以与本地域属于同一林。它们也可以不与本地林属于同一林，前提是该域已经与本地域建立了信任关系。同时支持单向信任和双向信任。

如果在域 A 和域 B 之间存在单向信任关系，其中域 A 中的用户可以访问域 B 中的资源，但域 B 中的用户不能访问域 A 中的资源，如果域 A 在运行 Active Directory 管理中心的计算机上是本地域，则可以使用当前的登录凭据集并在相同的 Active Directory 管理中心实例中连接到域 B。但是，如果在本地域为域 B 的计算机上运行 Active Directory 管理中心，则无法在相同的 Active Directory 管理中心实例中使用相同的凭据集连接到域 A。

1. 使用当前登录凭据集在 Active Directory 管理中心的所选实例中管理外部域的步骤

（1）打开 Active Directory 管理中心。若要打开 Active Directory 管理中心，依次单击「开始」、“管理工具”和“Active Directory 管理中心”。

打开 Active Directory 管理中心的另一种方法是：依次单击「开始」和“运行”，然后键入 dsac.exe。

（2）在 Active Directory 管理中心窗口的顶部附近单击“添加导航节点”，如图 6-15 所示。

图 6-15　添加导航节点

打开“添加导航节点”的另一方法是：在 Active Directory 管理中心导航窗格的任意空白空间单击右键，然后单击“添加导航节点”。

（3）在“添加导航节点”中，单击“连接到其他域”，如图 6-16 所示。

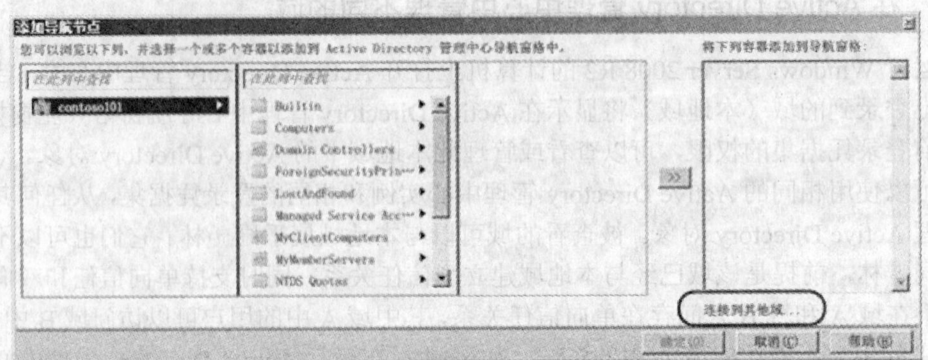

图 6-16　连接到其他域

（4）在“连接到”中，键入要管理的外部域的名称（例如 contoso.com），然后单击“确定”。

（5）在成功连接到外部域后，浏览“添加导航节点”窗口中的列，选择要添加到 Active Directory 管理中心导航窗格中的一个或多个容器，然后单击“确定”。

还可以使用与当前登录凭据集不同的登录凭据集打开 Active Directory 管理中心。如果使用普通用户凭据登录到运行 Active Directory 管理中心的计算机，但希望以管理员身份使用此计算机上的 Active Directory 管理中心来管理本地域，则以下过程中的命令可能会非常有用。如果希望使用与当前登录凭据集不同的其他凭据集通过 Active Directory 管理中心远程管理本地域以外的外部域，则此命令可能也非常有用。但是，该外部域必须与本地域建立了信任关系。

2. 使用与当前登录凭据集不同的登录凭据管理域的步骤

（1）要打开 Active Directory 管理中心，在命令提示符下键入以下命令，然后按 Enter：

runas /user:<domain\user> dsac

其中<domain\user>是要用来打开 Active Directory 管理中心的凭据集，dsac 是 Active Directory 管理中心可执行文件名（Dsac.exe）。

例如，键入以下命令，然后按 Enter：

runas /user:contoso\administrator dsac

（2）在打开 Active Directory 管理中心之后，即可浏览导航窗格以查看或管理用户的 Active Directory 域。

6.10.4　自定义 Active Directory 管理中心导航窗格

通过使用树视图或列表视图可以浏览 Active Directory 管理中心导航窗格，树视图类似于 Active Directory 用户和计算机控制台树。

无论使用树视图还是列表视图，都可以随时自定义用户的 Active Directory 管理中心导航窗格，方法是从本地域或任何外部域（即与本地域建立了信任关系的其他域）将各个容器作

为独立节点添加至导航窗格。自定义 Active Directory 管理中心导航窗格可以更快地访问 Active Directory 对象。此外，若要进一步自定义导航窗格，可以重命名或删除这些手动添加的导航窗格节点，创建这些节点的副本，或者在导航窗格中向上或向下移动它们。

自定义 Active Directory 管理中心导航窗格的步骤如下：

（1）在 Active Directory 管理中心导航窗格中，右键单击要修改的节点。可以修改节点的位置和名称，还可以创建节点的副本。

（2）单击命令“重命名”、“创建重复节点”、“删除”、“上移”和“下移”之一，

通过使用列表视图，可以利用“最近使用过的”（MRU）列表。当访问某个导航节点中的至少一个容器时，在该导航节点下会自动显示 MRU 列表。通过展开 Active Directory 管理中心窗口顶部的痕迹导航栏，还可以查看当前的 MRU 列表。MRU 列表始终包含在特定导航节点中最近访问的三个容器。在每次选择特定容器时，该容器会被添加至 MRU 列表的顶部，并从 MRU 列表中删除最后一个容器。

6.10.5 自定义 Active Directory 管理中心中的对象属性页

可以使用 Active Directory 管理中心的属性页来修改 Active Directory 对象。图 6-17 说明了本主题中介绍的图形用户界面（GUI）。

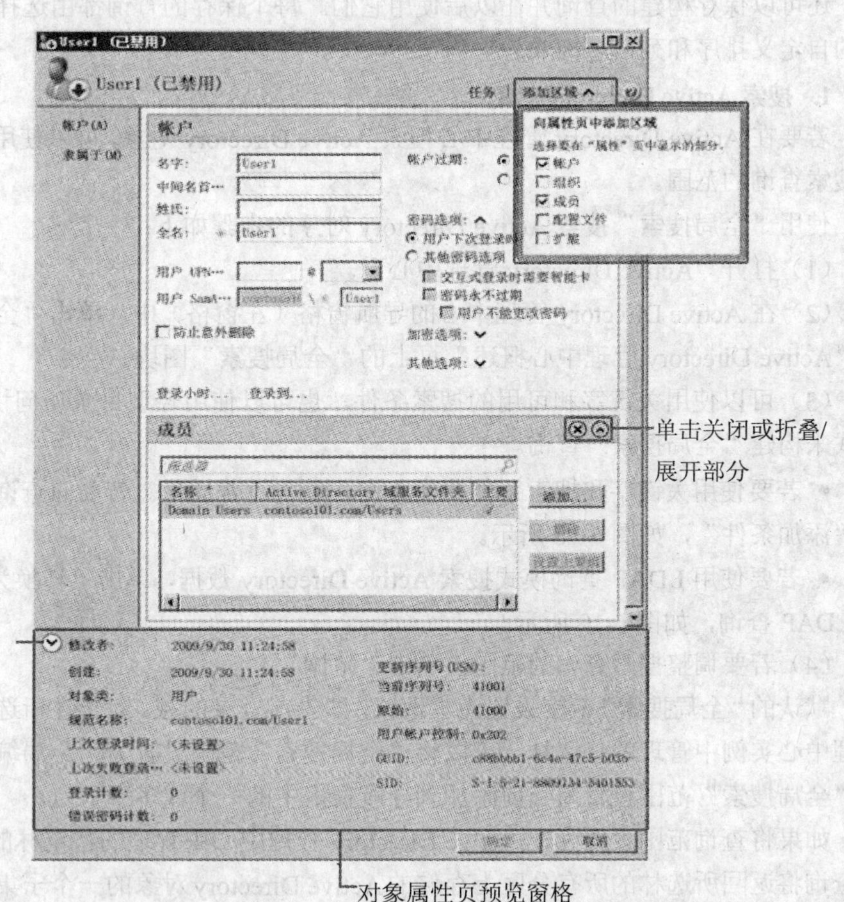

图 6-17 自定义 Active Directory 管理中心中的对象属性页的图形用户界面

可以按照以下步骤在 Windows Server 2008 R2 中查看和自定义 Active Directory 管理中心的任何对象属性页。

自定义 Active Directory 管理中心的对象属性页的步骤如下：

（1）若要打开 Active Directory 管理中心，依次单击“开始”、“管理工具”和“Active Directory 管理中心”。

（2）右键单击要查看其属性页的对象，然后单击“属性”。

（3）若要自定义对象属性页，单击“添加区域”，然后选择要在属性页中显示的区域，或清除选定的区域使其不显示在属性页中。

若要关闭、折叠或展开各种对象属性页区域，单击每个区域中的“折叠”/“展开”或“关闭”图标。若要查看或隐藏对象属性窗口中的预览窗格，单击对象属性窗口底部的“折叠”/“展开”图标。

6.10.6 在 Active Directory 管理中心中定位 Active Directory 对象

如果要在 Windows Server 2008 R2 的 Active Directory 管理中心内快速定位 Active Directory 对象，可以使用查询构建搜索和筛选机制。当作为搜索或筛选查询的结果返回目标 Active Directory 对象之后，就可以执行所需的管理任务。

还可以保存构建的查询并在以后使用它们。每个保存的查询都由选择的查询标准以及指定的自定义排序和列信息构成。

1. 搜索 Active Directory 对象

若要在 Active Directory 管理中心搜索 Active Directory 对象，可以使用“全局搜索”功能指定搜索查询的范围。

使用“全局搜索”搜索 Active Directory 对象的步骤如下：

（1）打开“Active Directory 管理中心”。

（2）在 Active Directory 管理中心的导航窗格（左窗格）中，单击“全局搜索”，或者使用“Active Directory 管理中心概述”页上的“全局搜索”图块。

（3）可以使用关键字和可用的搜索条件，也可以使用轻型目录访问协议（LDAP）查询模式来构建“全局搜索”查询。

- 若要使用关键字和搜索条件构建查询，单击“普通”。若要向查询添加搜索条件，单击“添加条件”，如图 6-18 所示。
- 若要使用 LDAP 查询模式搜索 Active Directory 数据，单击“转换为 LDAP”，然后输入 LDAP 查询，如图 6-19 所示。

（4）若要调整搜索查询的范围，单击“范围”。

默认的“全局搜索”范围设置为本地域，即当前登录的域。对于在所选的 Active Directory 管理中心实例中管理的任何林，可以将“全局搜索”范围设置为“全局编录搜索”。也可以将“全局搜索”范围设置为当前添加到导航窗格中的一个或多个节点。

如果将查询范围设置为在 Active Directory 管理中心中管理的特定林的“全局编录搜索”，则查询将返回所选林的所有分区上存储的 Active Directory 对象的一个子集，其中包括域分区、配置分区、架构分区和所有其他用户定义的分区。

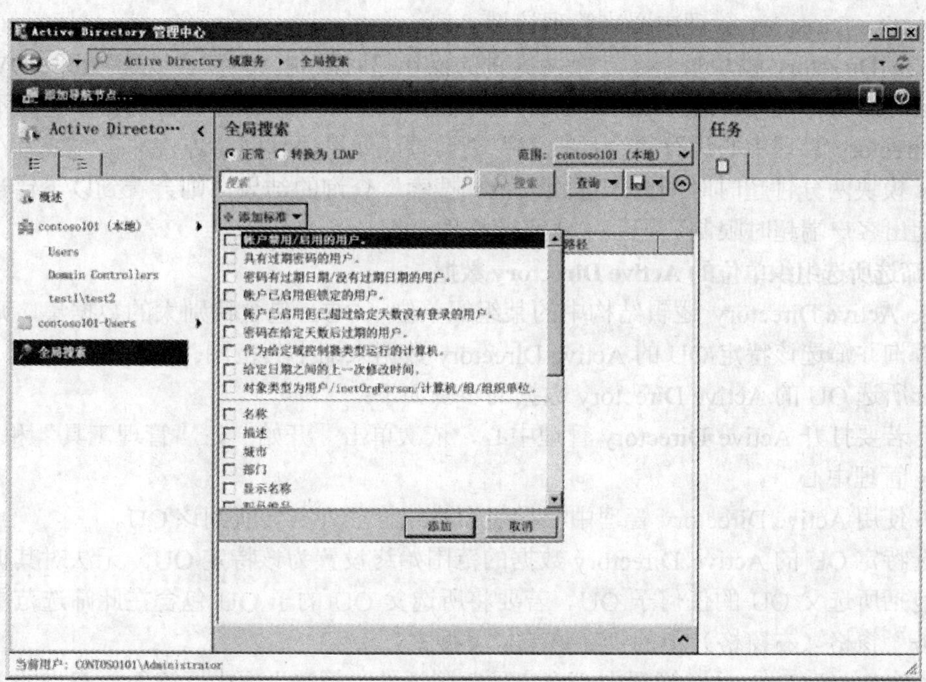

图 6-18 用关键字和搜索条件构建查询

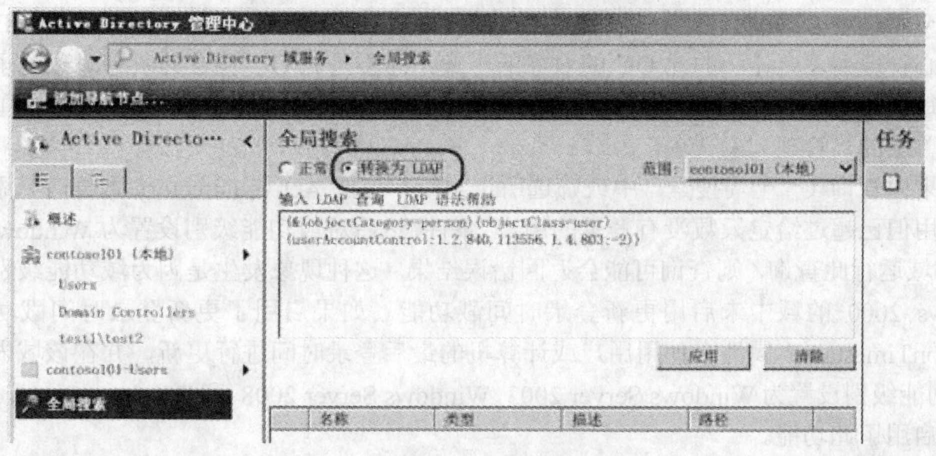

图 6-19 使用 LDAP 查询模式搜索

如果将查询范围设置为当前添加到导航窗格中的一个或多个节点，则查询将返回所选导航节点表示的容器中存储的 Active Directory 对象的一个子集，其中包括所选父容器的所有子容器。

（5）若要运行查询，单击“搜索”。

默认情况下，Active Directory 管理中心安装在具有 Windows PowerShell 的 Active Directory 模块和 Active Directory Web 服务（ADWS）服务的 Windows Server 2008 R2 计算机上。Windows Server 2008 R2 计算机上必须安装 Active Directory 模块，Active Directory 管理

中心才能正常工作。Active Directory 域中必须至少有一个域控制器上安装有 ADWS 服务，才能使用 Active Directory 管理中心来管理该域。

Active Directory 模块规定了一个两分钟的操作超时限制（当其尝试连接到 ADWS 服务时），这与 Windows Server 2008 R2 服务器上运行的 ADWS 服务监控的操作超时不同。在 Active Directory 管理中心运行“全局搜索”查询时，如果遇到网络连接非常慢或者在 Active Directory 模块两分钟超时时间内未返回“全局搜索”查询的结果，则会看到以下错误消息：“由于超出客户端超时限制，导致中止了此操作。”

2. 筛选所选组织单位的 Active Directory 数据

如果 Active Directory 逻辑结构中的某组织单位（OU）包含特别大的数据集，则可以通过构建查询并筛选该特定 OU 的 Active Directory 数据来缩小其范围。

筛选所选 OU 的 Active Directory 数据的步骤如下：

（1）若要打开 Active Directory 管理中心，依次单击「开始」、“管理工具”和“Active Directory 管理中心”。

（2）使用 Active Directory 管理中心导航窗格或管理列表导航到该 OU。

筛选特定 OU 的 Active Directory 数据的范围始终设置为该特定 OU。无法对其调整。此范围不包括所选父 OU 的任何子 OU。若要将所选父 OU 的子 OU 包含在此筛选范围内，单击“任务”窗格（右窗格）中的“在该节点下搜索”。

（3）在 Active Directory 管理中心窗口顶部附近的“筛选”框中，键入要查询的关键字或单击“添加条件”来添加条件。键入关键字或添加条件之后，搜索结果就会立即显示出来。

如果通过构建查询来筛选特定 OU 的 Active Directory 数据，则该查询仅应用于 Active Directory 管理中心管理列表中显示的此 OU 的对象。换言之，此查询会返回 Active Directory 管理中心管理列表中显示的此 OU 的对象的子集，而不是此 OU 包含的所有对象的子集。若要指定每容器（或 OU）在 Active Directory 管理中心管理列表中显示的最大对象数，单击“查看”菜单上的“管理列表选项”。

如果向查询（“全局搜索”中或筛选所选组织单位的 Active Directory 数据时）添加“账户已启用但已超过给定天数没有登录的用户”条件，然后对域功能级别设置为 Windows Server 2000 的域运行此查询，则查询可能会返回错误结果。这种现象发生是因为域功能级别设置为 Windows 2000 的域中未启用更新登录时间戳功能。如果启用了更新登录时间戳功能，则 lastLogonTimestamp 属性会使用用户或计算机的最后登录时间进行更新，并在该域内进行复制。域功能级别设置为 Windows Server 2003、Windows Server 2008 和 Windows Server 2008 R2 的域中启用了此功能。

习　题

1. 全局目录的作用是什么？在企业的网络中什么情况下需要设置多个全局目录服务器？
2. 在全局目录服务器中和域控制器中都存放了对象的属性，二者有什么不同？
3. 组作用域和组有什么区别？Windows Server 中为什么要设置组作用域？
4. Active Directory 架构的作用是什么？
5. 在什么样的情况下需要建立林信任？

6．MMC 的作用是什么？在什么样的情况下需要建立自定义的 MMC？

7．对 MMC 的访问有作者模式和用户模式两种，这两种模式在权限上的区别是什么？

8．Windows Server 2008 R2 Active Directory 管理中心有什么功能？

第 7 章 Server Core

本章讲解 Windows Server 2008 的一个新特征，也就是 Server Core 的安装方式（对应于完全安装）。Windows Server Core 不是另外一种产品，更不是另外一种授权许可；它只是简单安装的服务器组件，这组服务器组件是为运行一小部分核心网络功能所需要的，比如域控制器服务和文件服务，没有其他的功能，如人们所熟悉的 Windows 浏览器界面。本章将首先浏览 Windows Server Core 详细的全貌介绍，这部分详细说明了 Windows Server Core 所能完成的功能，然后说明安装 Server Core 的方法，最后将学习如何配置和使用非可视化界面 Server Core 环境。

7.1 Windows Server Core 概述

Server Core 是一个全新的最小限度服务器安装选项。Server Core 安装为一些特定服务的正常运行提供了一个最小的环境，从而减少了其他服务和管理工具可能造成的攻击和风险。现在 Server Core 安装版本支持 DHCP 服务器、文件服务器、DNS 服务器、活动目录等少数服务器角色，因此可以带来明显的优势。

1. Windows Server Core 的优点

在当今几乎所有的服务器环境中，服务器只用于实现某种单一的目标。当访问客户机时，通常会谈到"这些是域控制器，那些是文件服务器"，等等。微软认识到这些服务器的专用性，这种认识可以在基于角色特征的 Windows Server 2008 中看到。然而，即使是常用到的域控制器也只需要有限的几个服务起作用（可能是域名系统[DNS]）,还有大量不需要的服务器组件。这些组件使服务器显得臃肿，资源消耗量也比实现其主要功能所需要的资源多很多，更重要的是，安装的系统组件越多，服务器越容易受到攻击，组件越多，攻击面越大，也需要更多的系统补丁，这会导致更高的管理成本。

典型的服务器有完整的.NET 服务框架，IE 浏览器，多媒体播放器和 Outlook 邮件管理工具等，这些很有可能从来不会使用，但是也必须进行管理。

Windows Server Core 中不再包括 Windows Server 2008 的"多余"部分，只包括比 Windows Server 2008 完全安装少得多的操作系统核心部分。由于只有更少的组件，用户可以从更少的攻击面和更少的管理及维护中受益。Server Core 只有必要的支持各种角色和特征的关键组件，也只有这些组件在 Windows Server Core 安装中可以获得。很多没有价值的遗留功能和客户端组件在 Server Core 中将不存在。

这种基于特定角色（比如域控制器或者文件服务器）的更少覆盖和优化的安装，意味着：

• 如已经讨论的，Server Core 代表着更少的攻击面，因为它只包括更不容易受到攻击的更少的组件。

• 因为安装了更少的组件，就可以比一般的完全安装打更少的补丁。IE 浏览器经常发布紧急补丁，假如没有安装 IE 浏览器，就不需要这些补丁。微软相信，Server Core 相对于完全安装在补丁需求数量上会有很大的减少。用户不可能知道为 Windows Server 2008 会有多少补丁发布，什么组件需要打补丁。但是如果有 Windows 2000 的内核版本，相对于完全安装可以减少 60%的补丁，对于 Windows 2003 则会有 40%的减少。Windows Server 2008 服务站提供对已安装组件补丁的下载和应用，不需要对 Server Core 提供特别的服务或者升级网站。

- 服务器管理员可以更多地关注他们的技术领域，而不需要担心一般的 Windows 知识，因为额外的功能组件不再安装。
- 因为更少的组件运行，安装也只需要更少的系统资源。也因为几乎没有什么不同的组件在运行，出现问题的几率就更少，系统更可靠。
- 更少的磁盘空间。典型的内核安装使用 1G 磁盘空间，另外的空间用于实际操作。虽然有更少的组件，需要更少的资源，但其他资源方面没有什么大的不同。

Server Core 是 Windows Server 2008 标准版、企业版和数据中心版的一个安装选项，在 X86 和 X64 架构都是可用的。

因为 Server Core 是 Windows 的最小安装，不是所有的 Windows Server 组件都可以运行的。比如，因为.NET Framework 在 Server Core 中不存在，意味着没有通用语言运行（CLR）时，可控代码就不能运行，也意味着没有命令行界面 PowerShell。Server Core 安装有很多“没有”：

- 没有基于浏览器的 Shell，所以“开始”按钮，“任务条通知区域”（系统托盘），“任务条”都不存在。没有漂亮的桌面，屏保（默认的屏保是 Windows Server 2008 图标），没有完美的效果（Aero Glass）。浏览器本身也是没有的，意味着没有“我的电脑”。由于没有系统托盘，不会有气泡通知，进而不会有密码提示。
- 没有浏览器意味着没有“IE 浏览器”，“搜索”，“运行”，“帮助”等，但是有“记事本”功能。
- 没有.NET Framework。这是因为它是单独组件，要么有要么没有。另外，.NET 有很多多媒体相关代码及其他组件没有安装到 Server Core 模式里。然而，.NET Framework 的一个“内核”版本在 Windows Server 2008 R2 Timeframe 中有望存在。这意味着没有管控代码可以运行，因为它需要.NET。
- 没有 Microsoft Management Console(MMC)，进而也没有插件功能。这会给用户带来不便，因为在完整安装的环境中几乎所有东西都是用 MMC 管理的。
- 只有 2 个控制面板程序。

总之，在 Server Core 中，没有图形化接口、管理工具、浏览器、控制面板程序等，这是一个让人觉得异乎寻常的特征，但所带来的好处是可以降低管理成本。系统中还是有一个管理界面，但它是命令行方式。然而，几乎所有的 MMC 插件都可以连到远程计算机，这可以帮助管理缺少图形化界面的 Server Core 安装。

2. Windows Server Core 提供的功能

Server Core 所提供的功能比只有活动目录域服务器（一种域控制器），DNS，DHCP 和文件服务器等功能的早期 Longhorn 版本要多得多，比现在的版本也要多很多。Windows Server Core 里有一些角色，这些角色是 Windows Server 2008 中的重要组件，也包括一些特征，这些特征相比以前的驱动角色的特征显得不再那么重要。表 7-1 提供了 Windows Server Core 中角色和特征列表。注意角色和特征没有关系，放在同一张表中只为节省空间。

表 7-1　Windows Server Core 角色及特征

Server Core 角色	Server Core 特征
活动目录域服务（ADDS）	BitLocker 驱动加密（及远程管理工具）
活动目录轻量目录服务（一般称 ADAM）	故障转移群集
DHCP 服务	多路 I/O
DNS 服务	NAP 客户端
文件服务	QoS（Qwave）
Internet 信息服务（IIS）	可移除存储管理
打印服务	简单网络管理协议服务（SNMP）
流媒体服务	基于 Unix 应用子系统
Windows Server 虚拟化（Hyper-V）	Telnet 客户端
	Windows 进程激活服务
	Windows Server 备份
	WINS 服务

再次特别强调，Server Core 不是另外一种操作系统，它仅仅是利用了 Windows Server 的高度模块化特征并部署了最关键组件。除了其他核心部件，如硬件抽象层（HAL），内存管理，安全子系统，Windows 登录，文件系统，网络子系统，Windows 文件宝库，分布式组件对象模型（DCOM），远程过程调用（RPC），NIC，磁盘和基本视频的设备驱动程序，Server Core 仍然具有与一般安装同样的内核。很多其他驱动程序已经从 Server Core 中移除，比如基本音频和调制解调器驱动。然而，用户仍然可以手工添加。例如打印服务器，打印驱动没包括在 Server Core 里，因为 Windows Server 2008 有将近 1GB 的打印驱动，与其安装到 Server Core 而可能不用，Windows 不如选择不安装。当用户需要使用打印服务时，后台程序启动，驱动可以通过远程方式从 Windows Vista/2008 的打印控制台添加。

有些特征也被安装，比如对于几乎所有的 Windows 组件都很关键的事件日志功能，性能计数器，远程管理 WS-Management 和 Windows 管理测试功能。

考虑到 Server Core 是完全 Windows 安装的子集。假如有 Windows Server 内核补丁发布，这些补丁同样适用于 Windows Server Core 安装。

7.2　Server Core 安装

Server Core 没有特定的安装授权，因为它和一般的 Windows Server 2008 是一样的，安装介质放在服务器上或者通过网络服务启动，输入能识别特定 Windows Server 2008 版本的产品授权号，版本可能是标准版，企业版或者数据中心版。唯一不同的是在实际安装过程中，输入产品授权号后，选择 Windows Server 2008 安装类型是 Full 还是 Core（如图 7-1 所示）。

安装完成后，使用熟悉的按钮 Ctrl+Alt+Del 到底部带有 Windows Server 标记的登录窗口。按下安全提示按钮后，系统提示登录，此时只能使用系统管理员账号和空密码登录。点击登录按钮后，系统提示变更密码，此时可设置新的系统管理员账号密码。接下来系统应用本地策略及准备桌面显示，如图 7-2 所示装载 Server Core 桌面。

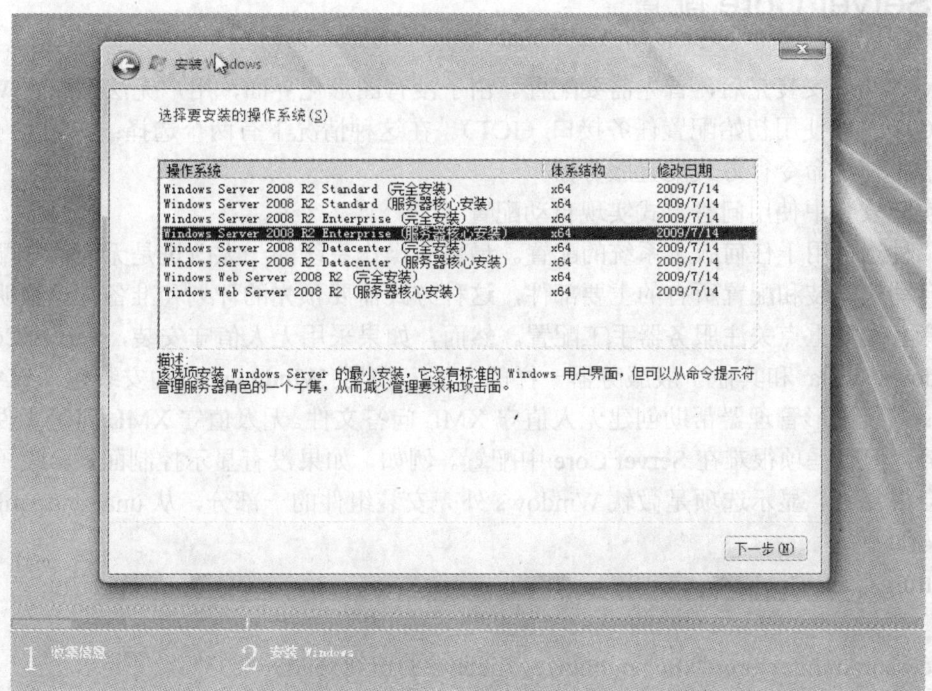

图 7-1　描述选择安装类型

不能从 Windows Server 2003 升级到 Server Core；只能重新安装 Server Core，也不能从 Server Core 升级到完全的 Windows Server 2008 产品，不能降级 Windows Server 2008 到 Server Core 使用。如果想切换到别的版本，只能重新安装。

图 7-2　命令提示行的服务器环境

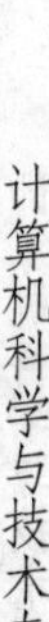

7.3 Server Core 配置

Server Core 安装完后，首先需要配置。由于没有图形化界面，用户无法像配置 Windows Server 2008 一样使用初始配置任务接口（ICT）。在这种情况下有两个选择：

- 手工使用命令行方式配置服务器
- 实际安装中使用问答方式实现自动配置

第二种选择用于任何版本系统的配置。最新版操作系统的一大改进是无人值守配置，所以可以自动化安装和配置所有的主要部件，这种方式需要预先的计划和准备，但很明显这是一种选择。本章重点关注服务器手工配置。然而，如果采用无人值守安装，Server Core 使用与 Windows Vista 和其他一般服务器一样的方法。使用 Windows 自动安装包（WAIK）的 Windows 系统图形管理器帮助创建无人值守 XML 问答文件。无人值守 XML 问答文件方式有很多优势，但有些项很难在 Server Core 中配置。例如，如果没有显示控制面板，设置屏幕分辨率将会很复杂。显示选项是微软 Windows 外壳安装组件的一部分，从 unattend.xml 提取的样例代码如下：

```
<settings pass="oobeSystem"?
    <component name="Microsoft-Windows-Shell-Setup"
ProcessorArchitecture="x86" publicKeyToken="31bf3856ad364e35"
Language="neutral" versionScope="nonSxS"
Xmlns:wcm=http://schemas.microsoft.com/WMIConfig/2002/State
Xmlns:xsi=http://www.w3.org/2001/XMLSchema-instance?
    <Display?
        <HorizontalResolution>1280</ HorizontalResolution>
        <VerticalResolution>1024</VerticalResolution>
        <ColorDepth>16</ColorDepth>
    </Display>
</component>
</settings>"
```

在 Windows Server 2008 的 install.wim 文件中有每个操作系统的内核版本。如果正在使用 Windows 配置服务（WDS）或者其他 XML 安装文件，选择内核版本，如图 7-3 所示。

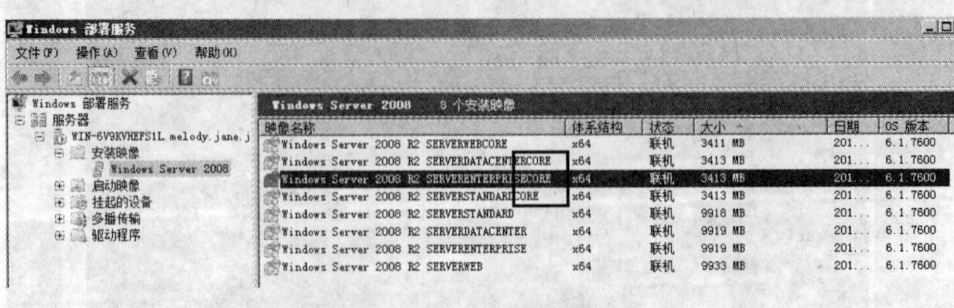

图 7-3 主要 Server 2008 的内核版本

下面介绍进行服务器配置时的主要操作，这些操作一般通过GUI界面进行。例如，使用网络和共享服务配置IP地址，使用Windows升级服务管理补丁，等等，但现在系统没有这些接口，只能使用命令行或者某些Server Core特有的命令完成这些设置。大多数命令是标准的，可以用于一般的安装配置。

1. 系统管理员密码设置

Windows Server Core登录和安全子系统与标准的Windows Server 2008安装是一样的，所以也使用Ctrl+Alt+Delete组合键变更登录账号的密码。从菜单中选择“变更密码”，普通的密码变更窗口就可显示出来。

密码同样可以如其他Windows安装一样使用“net user”命令行变更，用用户名和新密码作为参数，或者如图7-4所示使用星号(*)提示输入新密码。如果变更域账户密码，则需要添加/Domain转换。

2. 服务器名设置

图7-4中使用Hostname命令行看到了服务器名称。但要改变服务器名要使用带renamecomputer转换符的netdom命令行。为避免敲入很长的缺省的计算机名，可以使用%computername%环境变量，然后带/NewName转换符输入新服务器名称。

在系统提示符下输入命令：

C:\Windows\System32>netdom renamecomputer %computername% /Newname:savtstcore01

这个操作用于变更服务器名 WIN-DJM3YTGC5KZ 为 savtstcore01

```
管理员: C:\Windows\system32\cmd.exe

C:\Users\Jerry>hostname
WIN-VH2AN3V3E6G

C:\Users\Jerry>net user administrator *
请键入用户的密码:
请再键入一次密码以便确认:
命令成功完成。


C:\Users\Jerry>
```

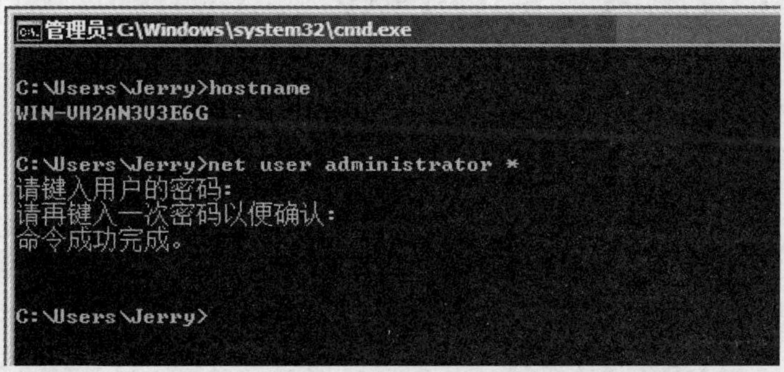

图7-4 使用net user 命令管理本地账号密码

某些服务，比如某些授权是依赖于机器名的。假如任何这种类型的服务运行在Win-DJM3YTGC5KZ上，对计算机名称变更会产生不利的影响。

系统显示：

您想继续操作吗？（是或否）？

Y

为了完成本操作，计算机需要重启。

本命令成功执行完毕。

这个变更不会立刻生效，如图7-5所示，需要选择热启动（Ctrl+Alt+Del）界面的“重启”项或者命令行shutdown /r /t 0来重启计算机。重启完成后，服务器已经采用新名称，可以重新运行 hostname 命令进行验证。

3. 静态 TCP/IP V4 信息设置

默认情况下，安装时已经动态分配了 IP 地址给计算机。但大多数情况下，服务器需要静态 IP v4 信息，IP v4 信息可以通过命令行 ipconfig /all 查看。可以看到允许 DHCP 设置是打开的。

由于不能使用一般的网络界面设置 IP 属性，只能用 netsh 命令行。然而，设置 IP 属性前，需要检查当前在配置哪个网络接口。默认服务器有两个网络接口："真实物理"接口和内部站点自动寻址协议（ISATAP）接口，后者用于通过封装 IPv6 包到 IPv4 里面发送 IPv6 数据到 IPv4 网络。需要配置物理连接而不是 ISATAP，因此要列出物理接口适配器清单。

在系统提示符下输入以下命令：

C:\Users\administrator>netsh interface ipv4 show interfaces

系统显示：

Idx	Met	MTU	State	Name
---	---	-----	------------	---------------------------
2	10	1500	Connected	Local Area Connection
1	50	4294967295	Connected	Loopback Pseudo-Interface 1

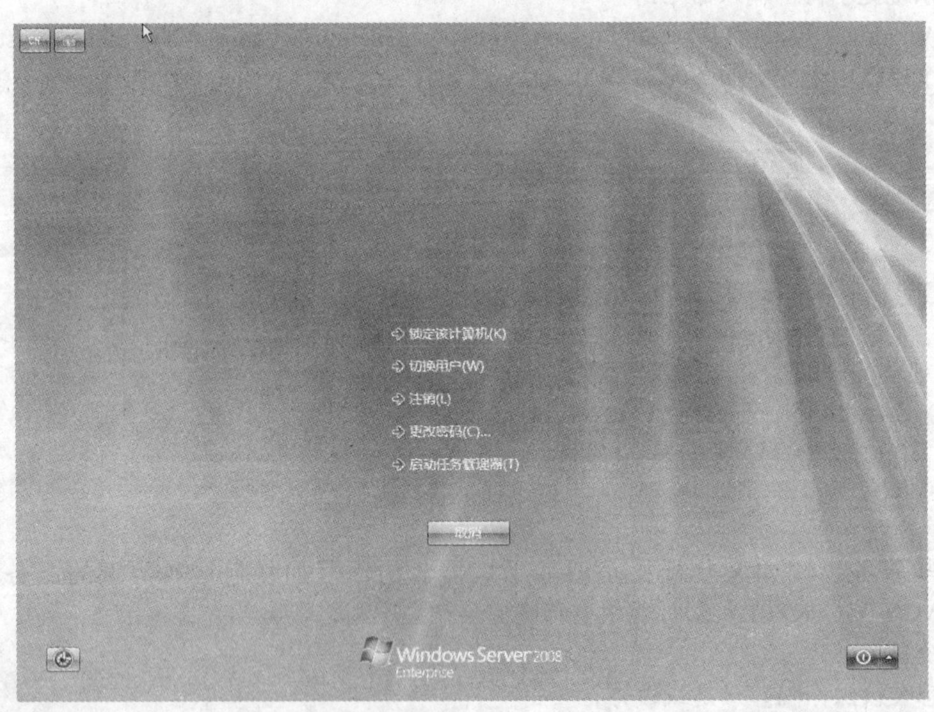

图 7-5　通过热启动（Ctrl+Alt+Del）关机

适配器被识别出来，本例中是第二个，可以设置详细的 IP 信息。很可能包括一个 IP 地址，子网掩码，网关，及一个或者两个 DNS 服务器。

运行下面命令行来设置 IP 地址，子网掩码和网关，变更环境信息。

C:\Users\administrator>netsh interface ipv4 set address

Name="2" source=static address=192.168.1.232

mask=255.255.255.0 gateway=192.168.1.1

以上三行都为同一条命令，因命令太长故分行书写。

现在可以添加 DNS 服务器。索引 1 一般是主要的 DNS 服务器，索引 2 代表备份 DNS 服务器。

C:\Users\administrator>netsh interface ipv4 add dnsserver
Name="2" address=192.168.1.230 index=1

（以上两行都为同一条命令，因命令太长故分行书写。）

C:\Users\administrator>netsh interface ipv4 add dnsserver
Name="2" address=192.168.1.10 index=2

（以上两行都为同一条命令，因命令太长故分行书写。）

如果需要配置主和备份 Windows Internet Name Service（WINS）服务器，使用添加 DNS 服务器相同的方法，但需要用 winsserver 替换 dnsserver。索引 1 代表主 WINS 服务器，索引 2 代表备份 WINS 服务器。

如果使用 ipconfig /all 检查 IP 信息，配置好的信息会作出如下显示：

输入命令：

C:\Users\administrator>ipconfig /all Windows IP Configuration

系统显示：

Host Name . . . . :savtstcore01
Primary Dns Suffix . . . . :
Node Type . . . . :Hydrid
IP Routing Enabled. . . . . : No
WINS Proxy Enabled. . . . . : No

Ethernet adapter Local Area Connection:

Connection-specific DNS Suffix . . :
Description . . . . : Intel 21140 - Based PCI
Fast Ethernet Adapter (Emulated)
Physical Address . . . . : 00-03-FF-0E-0D-F9
DHCP Enabled . . . . : No
Autoconfiguration Enabled . . . . : Yes
Link-local IPv6 Address . . . . :
Fe80::c49a:b729:8c8b:471e%2 (Preferred)
IPv4 Address. . . . . : 192.168.1.232 (Preferred)
Subnet Mask . . . . : 255.255.255.0
Default gateway . . . .: 192.168.1.1
DNS Servers . . . . : 192.168.1.230
192.168.1.10
NetBIOS over Tcpip . . . .: Enabled

在停止 DNS 或者 WINS 服务器后，需要移除它们，可以使用 del 关键字代替 add。例如：
Netsh interface ipv4 del winsserver name="2"
Address = 192.168.1.10

4. 设置时区

使用日期时间命令行很容易设置时间日期，但使用命令行方式设置时区比较麻烦，因为关于时区有一些注册表项，但使用注册表项不是必需的。要注意在 Server Core 中控制面板只有两项，日期时间控制面板程序就是其中之一，使用下面的命令行启动它：

Control　timedate.cpl

程序启动后，进行一般的时间日期及时区配置，如图 7-6 所示。注意在域环境下，时间会自动同步。但可能需要设置时区。

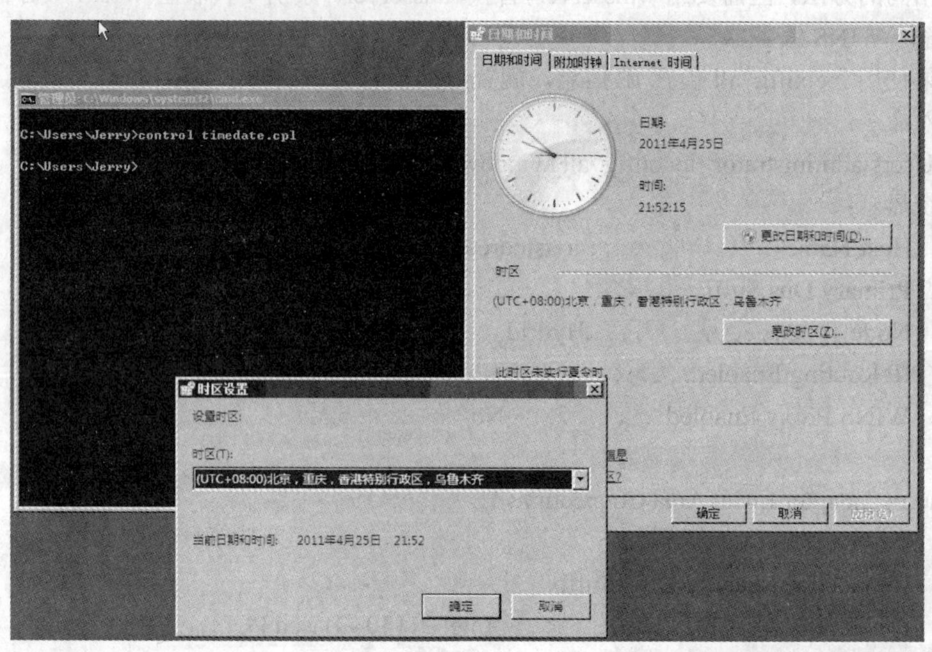

图 7-6　设置时间日期

5. 加入域

服务器是域的一部分，除非服务器在配置过程中预先准备了或者使用了问答文件，否则需要配置服务器加入到域中。使用正确的 DNS 服务器配置完 IP 后，且设置了计算机名，时间配置正确，然后就可以加入到域了。

使用同计算机更名相同的命令行 netdom 来执行加入域操作。可以通过运行 netdom join/? 来获得完整的帮助。最基本的是需要将准备加入的域、执行加入操作的账户及密码作为参数：

C:\netdom join %computername%/domain:virt.savilltech.net/userd:administrator /passwordd:*

系统显示：

Type the password associated with the domain user:

****

The computer needs to be restarted in order to complete the

Operation.

The command completed successfully.

更换域名然后重启服务器。重启后，可以作为域用户登录以确认加入域操作成功执行。也可以使用 netdom /verify 命令行验证域的连通性，命令如下：

C:\Users\administrator.VIRT>netdom verify %computername% /domain:virt.savilltech.net

系统显示：

The secure channel from SAVTSTCORE01 to the domain VIRT.

SALILLTECH.NET has been verified. The connection

Is with the machine \\SAVTSTDC01.VIRT.SAVILLTECH.NET.

The command completed successfully.

6. 国际化配置设置

Server Core 中的第二个控制面板程序是地区和语言设置，可以配置键盘布局，语言及位置。运行下面的命令行启动程序，然后配置。

Control intl.cpl

7. 设置默认的脚本引擎

Server Core 中，可以通过带可视化界面和命令行引擎的脚本宿主（Scripting Host）执行各种各样的脚本来完成多种任务。默认情况下，可视化引擎是首选工具，不同于通过命令行方式管理 Server Core。命令行方式要求放置 cscript 在脚本前面来使用命令行编译器处理脚本。

使用缺省的命令行编译器来变更 Windows 脚本宿主，可以使用下面的命令：

C:\Windows>cscript //H:CScript //NOLOGO //s

系统显示：

Command line options are saved.

The default script host is now set to "cscript.exe".

如果已经设置 cscript 为默认引擎，则不需要每次都输入。

8. 激活服务器

Server Core 包括 Slmgr.vbs 脚本，当添加-ato 转换符时会执行操作系统的自动激活。Slmgr.vbs 不是 Server Core 特征；它在 Windows Vista 和完全 Windows Server 2008 配置中存在，是 Vista/2008 产品的主要的授权管理器。

因为 Server Core 没有任务栏或者系统托盘，没办法收到任何激活服务器的提示，所以要记住，在 Server core 安装完毕后即可激活。

激活之前，使用– xpr 转换符检查离首个 30 天免费期结束还有多久。命令如下：

C:\Windows\System32>cscript slmgr.vbs –xpr

系统显示：

Microsoft (R) Windows Script Host Version 5.7

Copyright (C) Microsoft Corporation. All rights reserved.

Initial grace period ends 10/4/2007 2:48:10 PM

可以通过–dli 或者–dlv 获得更多详细的信息。

C:\Windows\System32>cscript slmgr.vbs –dli

系统显示：

```
Microsoft (R) Windows Script Host Version 5.7
Copyright (C) Microsoft Corporation. All rights reserved.
Name: Windows(TM) Server code name "Longhorn",
ServerEnterpriseCore edition
Description: Windows Operating System - Server code name
"Longhorn", RETAIL channel
Partial Product Key :   2T9PJ
License Status: Initial grace period
Time remaining : 42000 minute(s)   (29 day(s))
```

如果有一个普通授权号或者多个激活码（MAK），可以直接激活。然而，如果有本地激活码管理服务（KMS），可以通过–skms <KMS server>转换符激活。如果需要清除配置好了的KMS服务器，使用-ckms转换。如果使用企业级授权号，使用-ipk <key>转换。

如前所述，用-ato转换码激活，重新运行来显示授权信息，此时没有剩余时间显示。

C:\Windows\System32> cscript slmgr.vbs –ato

系统显示：

```
Microsoft (R) Windows Script Host Version 5.7
Copyright (C) Microsoft Corporation. All rights reserved.

Activating Windows(TM) Server code name "LOnghorn",
ServerEnterpriseCore edition
    (f00d81ce-df2c-47cb-a359-36d652296e56) . . .
Product activated successfully.
```

输入命令：

C:\Windows\System32>cscript slmgr.vbs –dli

系统显示：

```
Microsoft (R) Windows Script Host Version 5.7
Copyright (C) Microsoft Corporation. All rights reserved.

Name: Windows(TM) Server code name "Longhorn",
ServerEnterpriseCore edition
Description: Windows Operating System - Server code name
"LOnghorn", RETAIL channel
Partial Product Key: 2T9PJ
License Status: Licensed
```

9. 打补丁并配置自动升级

可以使用各种方式为Server Core打补丁。可以通过组策略或系统集中配置管理器或其他产品配置工具发布补丁，也可以使用Windows升级工具，不过默认情况下它是关闭状态。（可以通过/au /v转换符及scregedit.wsf进行确认）运行下面命令行，允许Windows Update执行

一般的 3 a.m.检查。Scregedit.wsf 脚本是 Server Core 专有的，用于执行用命令行很难执行的功能。脚本自动安装在所有 Server Core 中。

输入命令：

C:\Windows\System32>cscript scregedit.wsf /au 4

系统显示：

Microsoft (R) Windows Script Host Version 5.7

Copyright (C) Microsoft Corporation. All rights reserved.

Registry has been updated.

输入命令：

C:\Windows\System32>net start wuauserv

系统显示：

The Windows Update service is starting .

The Windows Update service was started successfully.

可以通过下列命令强制执行更新。

C:\Windows\System32\wuauclt /detectnow

系统不能通过配置选项来下载补丁并提示安装，要么允许补丁的自动下载和应用，要么不允许自动升级，没有介于两者之间的设置。但总是可以通过 wmic qfe 列表命令行检查补丁安装状态。

可以使用 wusa 命令行手工安装补丁，如下所示：

Wusa <patch name>.msu /quiet

所有补丁都有应用规则，所以如果规则不匹配则补丁不能安装。如果想知道补丁能否安装，可以不带 /quiet 运行命令行。如果提示安装，则意味着符合应用规则；如果没有提示，意味着不能应用到 Server Core，且已经被忽略了。

10. 配置页面文件

默认情况下，页面文件（pagefile）设置系统管理。这个可以通过禁止自动页面文件管理来修改，禁止后将只能手工配置指定交换文件的大小。例如，下面禁止了页面交换文件管理，并设置文件大小最小 1GB，最大 2GB。一般，默认页面交换文件 Windows 设置不应当被修改，除非有专家或者某安装的应用程序的供应商提供了特别指导。注意下面清单中的代码是应用在打开了大量功能的 Windows Management Instrumentation Command-Line（WMIC）环境下。一些清单中执行的其他命令行可能已经在 WMIC 中执行。运行清单中命令后，必须重启服务器以使变更生效。

C:\Windows\System32>wmic computersystem set AutomaticManagedPagefile=false

系统显示：

Updating property(s) of '\\SAVTSTCORE01\ROOT\CIMV2: Win32_

ComputerSystem.Name="SA

VTSTCORE01 "'

Property(s) update successfully.

C:\Windows\System32>wmic pagefileset where name="C:\\
    Pagefile.sys" set InitialSize=1000, MaximumSize = 2000

以上命令太长，故分两行显示。

系统显示：

Updating property(s) of '\\SAVTSTCORE01\ROOT\CIMV2:Win32_
PageFileSetting.Name="C
:\\Pagefile.sys" '
Property (s) update successful.

11. 防火墙配置

Server Core 的全新安装时，默认防火墙是打开的，可以阻挡任何访问。可以使用下面命令关闭防火墙，该命令打开了端口并允许远程桌面访问，SNMP 等。可以通过改变命令中的 disable 为 enable 再次打开防火墙。

Netsh firewall set opmode disable

可以使用 netsh 命令及各种组合来配置防火墙。例如，使用下面的命令打开远程桌面管理：

C:\Windows\System32>netsh firewall set service type=remotedesktop mode=enable

然而还有更容易的方式。Windows 防火墙 MMC 插件可以连接到远程机器，可以尝试这种方式来避免采用可能的数百种命令。然而，如果需要配置多台服务器，使用 netsh 命令创建脚本或者使用组策略配置防火墙是值得的。如果想用组策略，防火墙作为计算机配置、Windows 设置、安全设置及 Windows 防火墙高级安全的一部分是可以使用的。如图 7-7 所示，右击“入站规则”(Inbound Rules)，选择新规则，可以使用预定义的远程管理和远程桌面规则。为了组策略的应用而把 Server Core 机器放到自己的组织单元可能是不切实际的，可以使用 WMI 过滤器来检查服务器 OperatingSystemSKU 值是 12,13 还是 14，这几个值分别对应数据中心版，标准版及企业版 Server Core 安装。WMI 过滤样例如下：

Select * from Win32_OperatingSystem where OperatingSystemSKU=12
Or OperatingSystemSKU=13 or OperatingSystemSKU=14

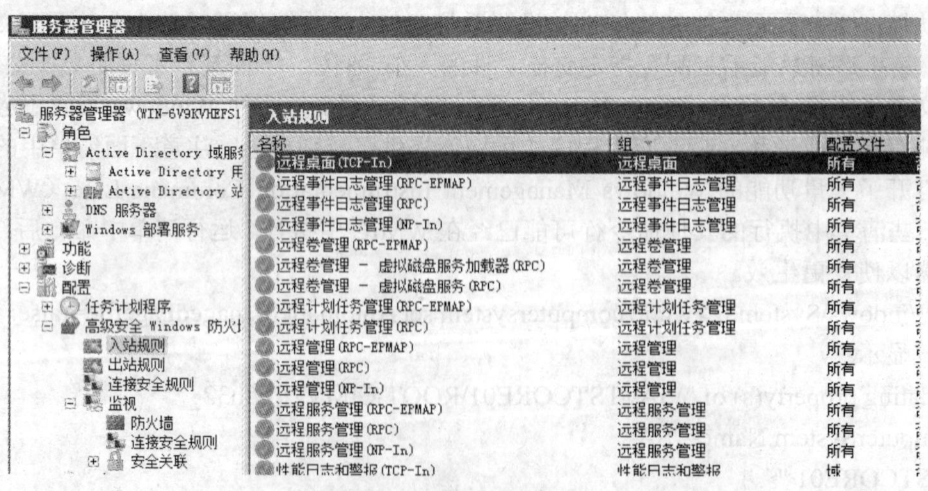

图 7-7　组策略配置

尝试这种方式之前，当启动远程防火墙插件时会产生一错误，这是因为默认状态下打算配置的防火墙阻止了远程管理。所以还需要一个 netsh 命令来打开远程管理能力：

C:\Windows\System32>netsh firewall set service type=remoteadmin mode=enable

取消了防火墙对远程管理的阻止以后，现在可以开始远程管理：

（1）打开新的 MMC 程序（“开始”“运行”“MMC”）。

（2）文件菜单中，选择添加/移除插件。

（3）选择高级安全 Windows 防火墙，点击“添加”按钮，如图 7-8 所示。

（4）根据提示，指明是本地计算机还是其他计算机。选择其他计算机（参看图 7-9），详细说明 Server Core 计算机名称，点击完成按钮。

（5）单击“确定”按钮关闭添加/移除插件对话框。

现在就可以像所期望的那样进行远程配置防火墙了。

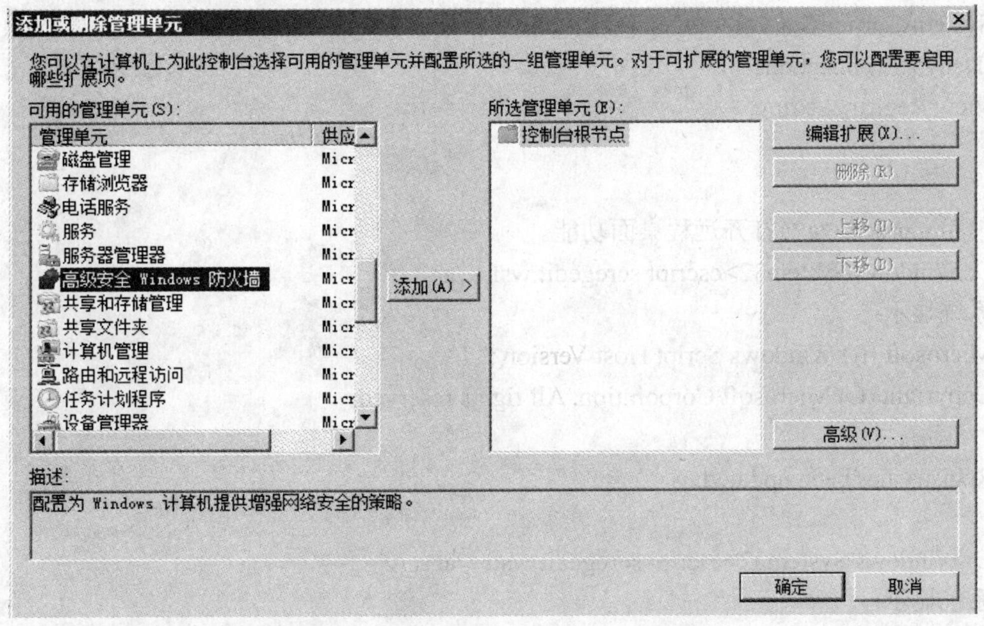

图 7-8　选择高级安全 Windows 防火墙

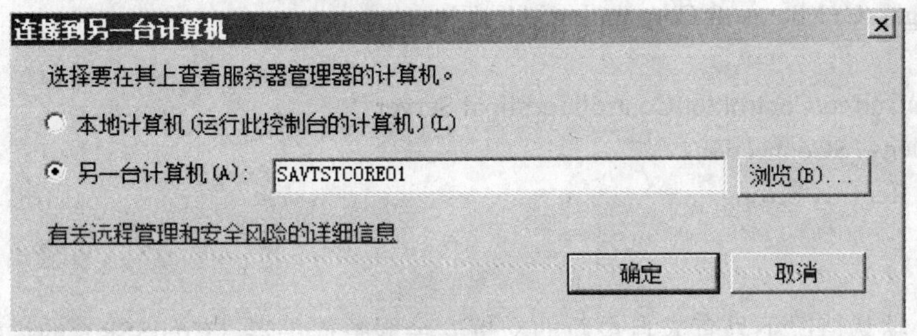

图 7-9　选择另一计算机

12. 允许远程桌面管理

Server Core包括远程桌面组件，该组件提供了一种很有用的管理Server Core环境的方式。但是由于其命令行界面的特性，这也是一种资源节约型的进行 Server Core 安装的方式。

如下面所列，可以使用带/ar /v 转换符的 scregedit.wsf 脚本检查远程桌面的当前状态。本例中，由于拒绝终端服务连接设置是打开的，默认的远程桌面不能使用，所以必须在 Windows\System32 文件夹下运行如下脚本：

```
C:\Windows\System32>cscript scregedit.wsf   /ar   /v
系统显示：
Microsoft (R) Windows Script Host Version 5.7
Copyright (C) Microsoft Corporation. All rights reserved.

System\CurrentControlSet\Control\Terminal Server
fDenyTSConnections
View Registry setting.
1
```

使用 /ar 0 转换符打开远程桌面功能。

```
C:\Windows\System32>cscript scregedit.wsf   /ar   0
系统显示：
Microsoft (R) Windows Script Host Version 5.7
Copyright (C) Microsoft Corporation. All rights reserved.

Registry has been updated.

C:\Windows\System32>cscript scregedit.wsf   /ar   /v
系统显示：
Microsoft (R) Windows Script Host Version 5.7

Copyright (C) Microsoft Corporation. All rights reserved.

System\CurrentControlSet\Control\Terminal Server
    fDenyTSConnections
View   Registry setting.
0
```

另外，默认情况下只有来自最新的支持安全服务提供器（CredSSP）的远程桌面协议（RDP）客户端的访问被接受，它允许用户的当前确认自动传递到目标服务器。然而，可以使用带/CS 0 转换符的 scregedit.wsf 脚本改变这一点。

13. 硬件配置

有些设置如屏幕分辨率很难在 Server Core 中配置。提供的图形界面工具之一就是注册表编辑器，这意味着可以进行配置，只是界面不怎么好看。一般建议使用注册表编辑器作为最后的选择，但是在 Server Core 中对于某些东西来说是唯一选择。使用注册表编辑器，进到如下路径：HKEY_LOCAL_MACHINE\SYSTEM\CurrentControlSet\Control\Video\<GUID of graphics card>\0000 key。编辑 DefaultSetting.XResolution(如图 7-10 所示)和 DefaultSettings，YResolution 值到想要的值。确保它们都是正确的。

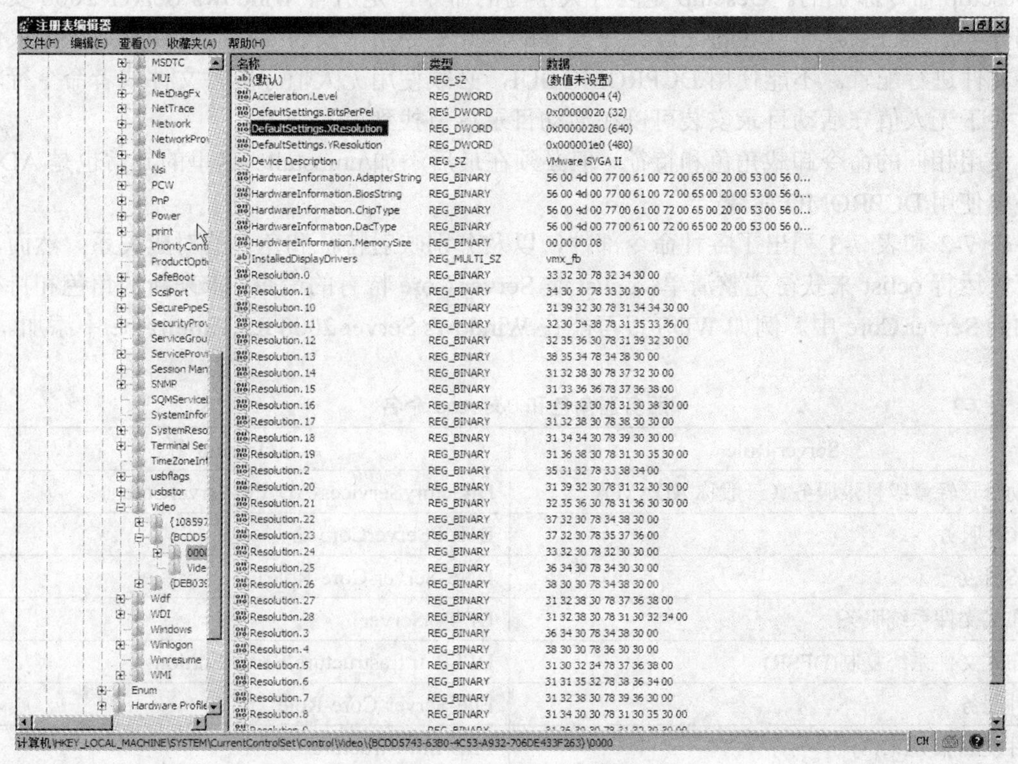

图 7-10 设置系统分辨率

如果想编辑屏保值，也在注册表编辑器里面进行。缺省的，使用系统登录的屏保(logon.scr)，且屏保在 10 分钟后启用，关闭屏保时需要提供密码。可以在注册表编辑器中变更这些，到路径：HKEY_CURRENT_USER\Control Panel\Desktop key。下列值可以变更：

- 屏保激活状态。1 表示激活，2 表示关闭
- 屏保安全设置。1 表示需要密码，0 表示不需要
- 屏保启动时间。以秒计时，设置多久后屏保启动
- SCRNSAVE.EXE。屏保名称。空白屏保请输入 logon.scr 或者 scrnsave.scr

也可以使用指定背景图片的全名和路径在相同路径下面创建名为 WallPaper 的字符串来设置背景图片。

添加硬件方面，系统不会像一般的 Windows 服务器安装那样，提示需要为新添加的硬件安装驱动程序。这时需要手工安装驱动程序，根据硬件的不同有选择性地重启计算机以使新驱动程序生效。复制驱动程序文件到服务器上，然后运行下面命令行来装载驱动：

Pnputil –I –a <driver>.inf

可以用 sc Query type= driver 命令（注意 type=和 driver 之间有空格）列出所有系统驱动。得到驱动服务名后，可以使用 sc delete <service_name> 命令行进行卸载。

14. 添加角色和特征

目前为止完成了很多项服务器配置，但还不能做任何事情，因为还没有任何作为 Windows Server 2008 基石的角色和特征运行。

不能通过访问普通的服务器管理器来添加角色和特征，所有的除 ADDS 以外的特征是通过 Ocsetup 命令添加的。Ocsetup 是区分大小写的命令，是所有 Windows Server 2008 安装的一部分。活动目录是通过 dcpromo 命令安装的，此命令用于安装二进制文件并通过无人值守问答文件进行配置。不能使用 DCPROMOGUI，必须使用无人值守应答文件或者命令行转换符。关于无人值守活动目录安装可以在活动目录章节找到更多细节。

使用相同的命令卸载角色和特征，但必须在最后添加/uninstall。这里的异常也是 ADDS，它必须使用 DCPROMO 命令。

表 7-2 和表 7-3 列出了各种命令部件，以及分别映射特征和角色的对应关系。然而，用户可以运行 oclist 来获得完整清单；oclist 是 Server Core 特有的命令。未来新的角色和特征会添加到 Server Core 中。例如 WDS 很可能在 Windows Server 2008 R2 Timeframe 中添加。

表 7-2　　**服务器角色和 Ocsetup 命名**

Server Role	Ocsetup 名
活动目录轻量级目录服务（一般称 ADAM）	DirectoryServices-ADAM-ServerCore
DHCP 服务	DHCPServerCore
DNS 服务	DNS-Server-Core-Role
分布式文件系统服务	DFSN-Server
分布式文件系统复制(DFSR)	DFSR-Infrastructure-ServerEdition
文件服务	File-Server-Core-Role
文件复制服务(FRS)	FRS-Infrastructure
Internet 信息服务(IIS)(没有 ASP.NET)	IIS-WebServerRole(加上通过 oxlist 的可视化组件）
网络文件系统(NFS)	ServerForNFS-Base
流媒体服务	MediaServer
Windows Server 虚拟化(Hyper-V)	Microsoft-Hyper-V

表 7-3　　**服务器特征和 Ocsetup 命名**

服务器特征	Ocsetup 命名
备份	WindowsServerBackup
BitLocker 驱动加密	BitLocker
BitLocker 远程管理工具	BitLocker-RemoteAdminTool
故障切换簇	FailoverCluster-Core
多路径 IO	Microsoft-Windows-MultipathIO
NFS 客户端	NFS-Base 客户端

续表

服务器特征	Ocsetup 命名
网络负载平衡	NetworkLoadBalancingHeadlessServer
服务质量	QWAVE
远程存储管理	Microsoft-Windows-RemovableStorageManagementCore
SNMP	SNMP-SC
Unix 基础应用系统的子系统	SUACore
Telnet 客户端	TelnetClient
Windows 激活服务(WAS)	WAS-WindowsActivationService
WINS	WINS-SC

缺省情况下，如果执行 Ocsetup 包来进行安装，一旦安装在后台发生时命令提示行即刻返回,所以不知道安装什么时候完成了。可以在 Ocsetup 命令前添加 start /w 来解决这个问题，命令行会等待到执行完毕。

如图 7-11 所示，安装 DNS 服务器角色。安装过程中，TrustedInstaller 进程被激活，并负责实际安装工作。

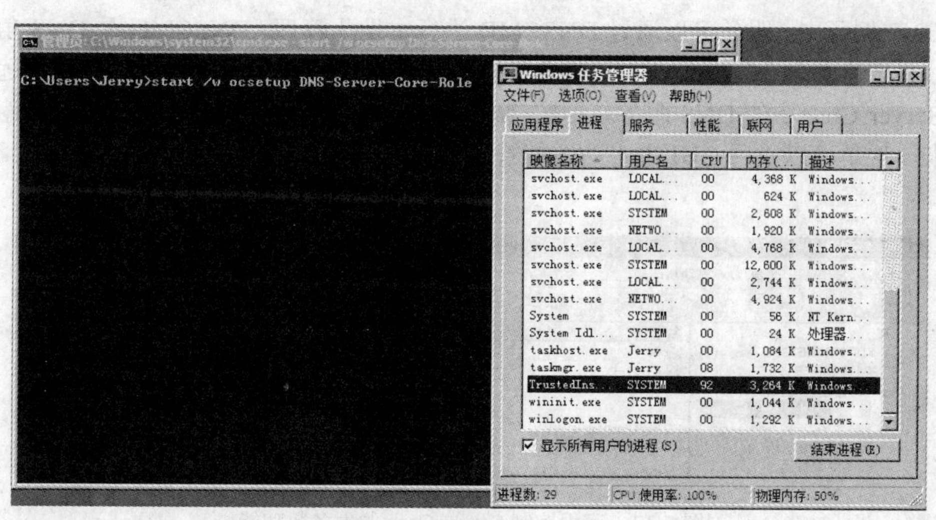

图 7-11 一次性安装角色

角色安装完后，在可选组件清单中被标记为已安装。如下所示：

C:\Users\administrator.VIRT>oclist

系统显示：

User the listed update names with Ocsetup.exe to install /unintall a server role or optional feature.

Adding or removing the Active Directory role with OCSetup.exe
Is not supported.

计算机科学与技术专业规划教材

It can leave your server in an unstable state. Always user DCPromo to install or uninstall Active Directory.

Microsoft - Windows - ServerCore - Package
Not Installed: BitLocker
Not Installed: BitLocker-RemoteAdminTool
Not Installed: ClientForNFS-Base
Not Installed: DFSN-Server
Not Installed: DFSR-Infrastructure-ServerEdition
Not Installed:DHCPServerCore
Not Installed:DirectoryServices-ADAM-ServerCore
Not Installed: DirectoryServices-DomainController-ServerFoundation-
Installed:DNS-Server-Core-Role
Not Installed: FailoverCluster-Core
Not Installed: FRS-Infrastructure

在 DNS 例子中，服务可以通过 DNSCMD 进行本地化管理，DNSCMD 是 DNS 角色的标准部件，用于协助命令行管理。有可能也能在 Vista/2008 中运行 DNS MMC 插件，远程连接和管理 Server Core 中的 DNS 服务。如图 7-12 所示，右击 DNS 导航根节点，Server Core 被添加进来，这是可以采用 GUI 方式的远程管理。

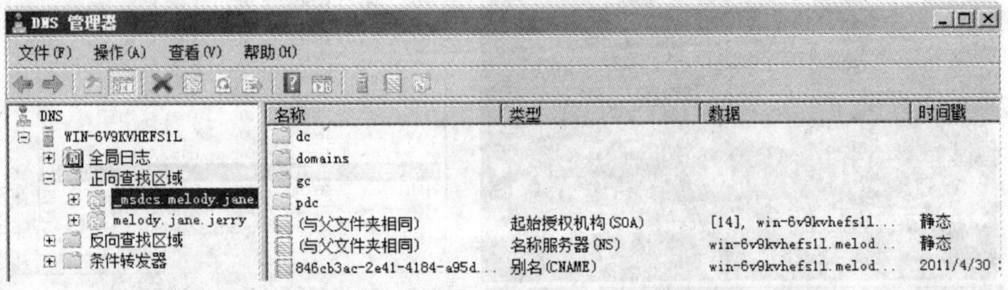

图 7-12　远程控制 Server Core 的大多数功能

如果在使用远程 GUI 工具时收到访问拒绝错误，可以在远程连接前在机器上执行 net use 命令来解决这个问题，该命令建立起一个授权的连接。

C:\Users\john>net use * \\savtstcore01.virt.savilltech.net\c$ /user:virt \administrator *

系统显示：

Type the password for \\savtstcore01.virt.savilltech.net\c$:

*****

Drive Z: is now connected to

\\savtstcore01.virt.savilltech.net\c$.

The command completed successfully.

更好的方式是使用 cmdkey，它允许为多个目标系统设置确认。

C:\Users\john> cmdkey /add:savtstcore01.virt.savilltech.net
/user:virt \administrator /pass:********
（以上命令太长，故分两行显示。）

系统显示：

CMDKEY: Credential added successfully.

15. 应用系统安装

对于 Windows Server 2008 版本，Server Core 设计用来运行内置功能，也就是被支持的角色和特征，而不是其他的应用系统。

没有什么主流产品被 Server Core 支持，比如 Exchange，SharePoint，SQL 等。关于其他的应用系统，未来当管控代码支持被加到 Server Core 后会有一些计划。然而，对于什么能被添加到 Server Core 仍然会有一些限制，否则就变成普通的 Windows 安装了。

代理在 Server Core 环境下应该可安装并被支持，例如备份代理，Microsoft Operations Manager(MOM)，Systems Management Server(SMS)代理等等，这些代理通过远程管理控制台功能进行管理。也可以在 Server Core 上安装防病毒代理并远程管理，例如 Server Core 上运行的 ForeFront。虚拟机附件能够被安装且运行良好，所以一般推荐安装它。一般规则是代理不需要 Shell 或者 GUI 支持，也不需要管控代码；如果确实如此，代理可以在 Server Core 上运行。

安装其他软件，需要通过下面命令来执行安装可执行文件或者手工运行 MSI 文件。

Msiexec /I <application>.msi

使用如下所示的 wmic 命令和 product 功能检查已安装应用系统。

C:\Windows\System32>wmic

系统显示：

Wmic:root\cli>product

AssignmentType	Caption	Description
1	Virtual Machine Additions	Virtual Machine Additions

输出有点多，需要点滚动条才能看到所有结果。

卸载应用程序时，用 wmic 命令查看应用程序名称，然后调用 uninstall 进行卸载。比如：

C:\Windows\System32>wmic product get name /value

系统显示：

Name=Virtual machine Additions

C:\Windows\System32>wmic product where name="Virtual Machine Additions" call uninstall

7.4 使用 Server Core 进行一般操作

快速获得系统环境的方法是使用 systeminfo 命令，如下所示：

C:\Windows\System32>systeminfo.exe

系统显示：

```
Host Name:                 SAVTSTCORE01
OS Name:                   Microsoft Widows Server 2008
Enterprise
OS Version:                6.0.6001 Service Pack 1, v.222 Build
6001
OS Manufacturer:           Microsoft Corporation
OS Configuration:          Member Server
OS Build Type:             Multiprocessor Free
Registered Owner:          Windows User
Registered Organization:
Product ID:                78440-034-0066664-70918
Original Install date:     9/4/2007, 4:05:28 PM
System Boot Time:               9/9/2007, 6:46:54 PM
System Manufacturer:       Microsoft Corporation
System Model:              Virtual Machine
System Type:               X86-based PC
Processor(s):              1 Processor(s) Installed.
                           [01]: x86 Family 6 Model 15 Stepping
6 GenuineIntel ~
4 Mhz
BIOS Version:              American Megatrends Inc. 080002,
2/22/2006
Windows Directory:         C:\Windows
System directory:          C:\Windows\system32
Boot Device:               \Device\HarddiskVolume1
System Locale:             en-us: English (United States)
Input Locale:              en-us; English (United States)
Time Zone:                 (GMT-06:00) Central Time (US&Canada)
Total Physical memory:  1,023 MB
Available Physical Memory: 778 MB
Page File: Max Size: 2,299 MB
Page File: Available : 2,2092 MB
Page File: Available: 2,092 MB

Page File Location(s):          C:\pagefile.sys
Domain:                           virt.savilltech.net
Logon Server:                   \\SAVTSTDC01
Hotfix(s):                      N/A
```

Network Card(s): N/A

很头疼的是没有系统时钟，用户都习惯在系统托盘里看到它。但可以执行下面命令更新提示来包括时间信息：

C:\Windows\System32>prompt [$T]$SPG

系统显示：

[10:50:03.26] C:\Windows\System32>

[10:50:04.50] C:\Windows\System32>

有什么别的经常在系统中使用的功能吗？任务管理器。它的键盘快捷键在 Server Core 中仍然可用，使用热启动组合键 Ctrl+Shift+Esc 来打开任务管理器或者通过 Ctrl+Alt+Del 按钮显示的 Windows 安全对话框来访问它。然而，没有任务管理器帮助，因为帮助文件是基于 HTML 的，而 HTML 没包括在 Server Core 中。

如何重启，关机和注销？可以访问 Windows 安全对话框，进而选择关机或者重启，或者采用 Windows 标准 shutdown 命令。可使用的关键的转换符如下所示，但是通过运行 shutdown /?.可以找到更多。

- /s. 关机
- /r. 重启
- /t 0. 等待 0 秒后执行操作。
- /a. 放弃关机，只有时间设置大于 0 秒时才可用，所以可以在重启/关机发生前操作。

例如，想立刻重启计算机，使用以下命令：

Shutdown /r /t 0

用 logoff 命令行或者 Windows 安全对话框进行注销操作。

从工具的角度，记事本和注册表都包含在 Server Core 中，系统管理员需要注册表编辑器，而用户需要记事本。但是都没有帮助文档，因为帮助文档是基于 HTML 的。如前所述，Server Core 是不包含 HTML 的。另外基本的复制、粘贴、查找和其他命令都是可用的。打开和保存对话框可能看起来很熟悉，但没有以前的那么好，如图 7-13 所示。

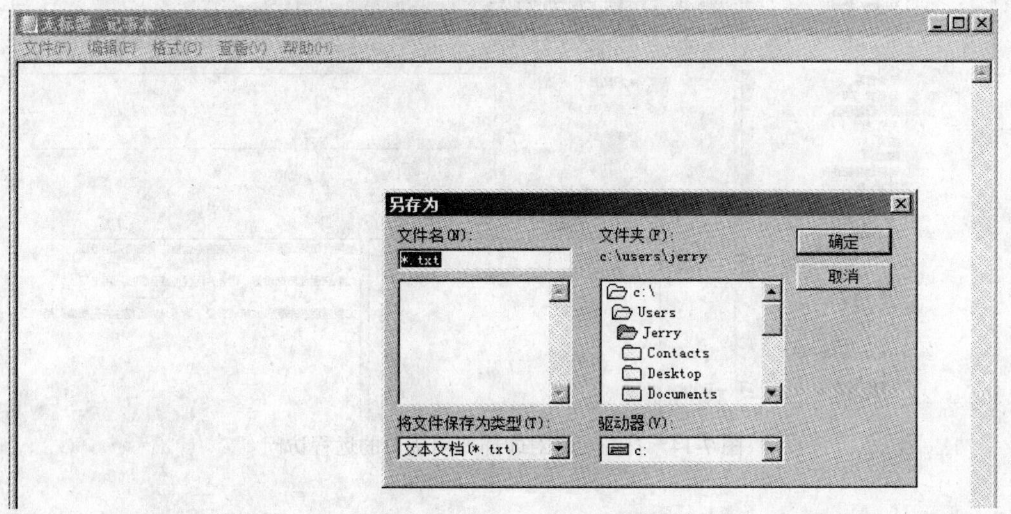

图 7-13 保存界面

7.5 远程管理 Server Core

可以使用命令行进行很多配置，几乎所有的 Windows 组件都有相应的命令行工具进行管理，所以可以在本地管理 Server Core。然而，本地管理还不是很理想，那么可以打开终端服务远程管理模式，就好像在本地登录一样远程管理 Server Core。前面已经介绍了 MMC 插件能如何在别的计算机上运行，远程管理 Server Core 上的服务，例如，DNS MMC 插件可能是最有用的远程管理方式。也有其他方式可以远程在 Server Core 上运行命令行——例如 RPC 和 DCOM 包括在 Server Core 上，可以进行远程管理。记得打开远程管理的防火墙规则。

三个 MMC 插件需要在 Server Core 进行额外的配置：

- 设备管理器，允许即插即用规则。即使即插即用规则可用，设备管理器还是运行在只读模式，这有助于检查硬件和设备驱动信息。在 Server Core 上装载本地规则（或者创建应用到 Server Core 上的组策略对象[GPO]），在计算机配置，管理模板，系统，设备安装下打开允许远程访问功能，重启 Server Core。如图 7-14 所示。
- 磁盘管理 MMC 插件需要两个变更。在 Server Core 和执行远程管理的计算机上打开防火墙组：netsh advfirewall firewall set rule group=”Remote Volume Management” new enable=yes

  另外，通过 net start VDS 运行虚拟磁盘服务。
- 使用 SCRegEdit.wsd 脚本打开远程 IPsec 监控服务

  C:\Windows\System32> cscript scregedit.wsf /IM 1

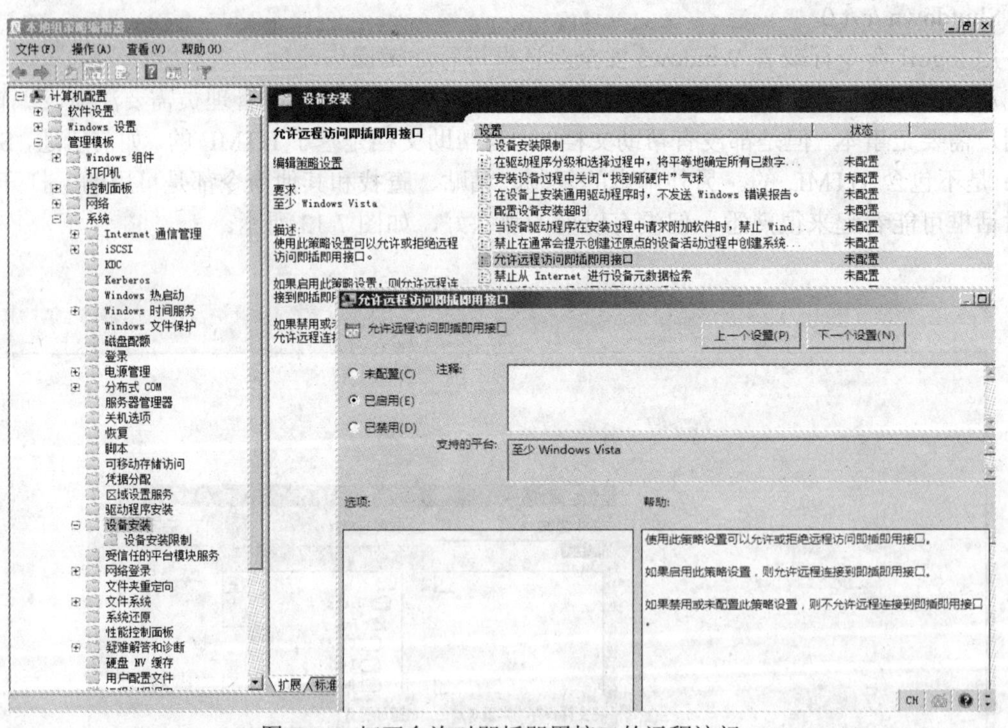

图 7-14 打开允许对即插即用接口的远程访问

另一个命令行选项是 WS-Management 和 Windows 远程 Shell，它们通过运行命令行，远程捕捉结果并返回。WS-Management 的优势是基于 HTTP 和 HTTPS 协议运行，不需要额外的端口需求就能工作，因为 HTTP 端口默认一般都是打开的。不管怎样，如果需要可以改变端口。

当使用快速配置打开服务器上的 WS-Management 时，最安全的安装方式就被采用了。例如，在一台域控制器上，选择了 Kerberos。如下所示运行 winrm quickconfig 命令行：

C:\Users\administrator.VIRT>winrm qucikconfig

系统显示：

```
WinRM is not set up to allow remote access to this machine for
Management.
The following changes must be made:

Create a WinRM listener on HTTP://* to accept WS-Man requests
To any IP on this machine.
Enable the WinRM firewall exception.

Make these changes [y/n] ? Y

WinRM has been updated for remote management.

Created a WinRM listener on HTTP://* to accept WS-Man requests
To any IP on this machine.
WinRM firewall exception enabled.
```

计算机配置，管理模板，Windows 组件，Windows 远程管理，WinRM 服务等可以通过组策略进行配置，并允许自动监听服务。关于 Kerberos/Basic 授权，在同样的配置策略下还有其他选择。

在用户那边，如下格式所示使用 WinRS 命令行。

WinRS –r:<remote system> command

对于远程系统，输入远程计算机名或者以 URL 的形式输入；例如，http://ip address:port 或者 http://fqdn；http://192.168.1.232:80 或者 http://savtstcore01.virt.savilltech.com。默认情况下会使用已经存在的访问地址，通过采用/domain,/userd 和/password 参数的方式传递。下面是一些使用的例子：

C:\Users\Administrator>winrs   -r:savtstcore01 ipconfig

系统显示：

```
Windows IP Configuration

Ethernet adapter Local Area Connection:
    Connection-specific DNS Suffix . . :
    Link-local IPv6 Address . . . . . . . . . :
Fe80::c49a:b729:8c8b:471e%2
```

计算机科学与技术专业规划教材

```
    IPv4 Address . . . . . . . . . . . . . . . . . : 192.168.1.232
    Subnet Mask . . . . . . . . . . . . . . . . . . : 255.255.255.0
    Default Gateway   . . . . . . . . . . . . . . : 192.168.1.1

Tunnel adapter Local Area Connection*:

    Media State   . . . . . . . . . . . . . . . . . :   Media disconnected
    Connection-specific DNS Suffix . . . .:

Tunnel adapter Local Area Connection* 2:

    Media State   . . . . . . . . . . . . . . . . . : Media disconnected
    Connection-specific DNS Suffix .. . .:

C:\Users\Administrator>winrs   -r:savtstcore01 cscript
    C:\windows\system32\scregedit.wsf   /AR    /v
```

以上命令太长，故分两行显示。

系统显示：

```
Microsoft   (R) Windows Script Host   Version 5.7
Copyright   (C) Microsoft Corporation. All rights reserved.

System\CurrentControlSet\Control\Terminal Server
    fDenyTSConnections
View Registry setting.
0
```

任务计划是 Windows 安装的普通功能，用户可以使用。有些服务比如 event logging/forwarding 和性能计数器，也可以通过远程运行 MMC 完全访问，如图 7-15 所示，还可以使用 Server Core 的可靠性接口，可以通过 MMC 插件访问计划任务和事件查看器，可以完全访问本地用户和组（虽然可以使用 net user 和 net localgroup 命令执行本地用户/组管理）。

如果想查看 Server Core 的本地事件日志，使用 Wevtutil.exe 命令。例如，在系统日志中以文本格式查看最后 5 个事件日志，使用以下命令：

```
C:\Windows\System32>wevtutil qe system /rd:true   /c:5   /f:text
```

系统显示：

```
Event [0] :
    Log name: System
    Source : Virtual Disk Service
    Date: 2007-09-09T19:04:09.000

        Event ID: 4
        Task: N/A
```

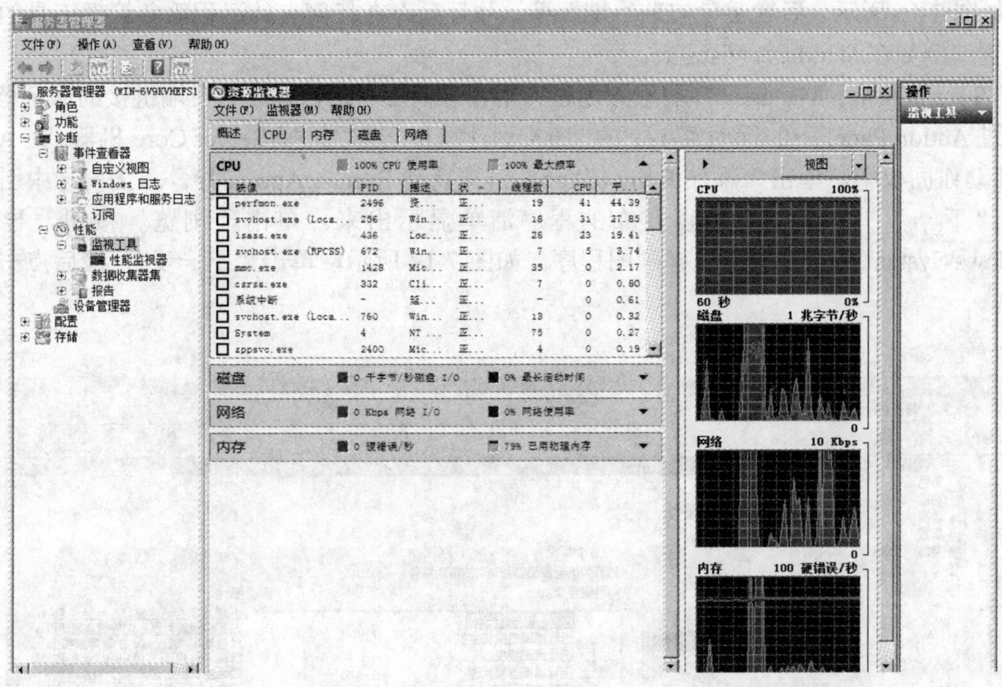

图 7-15　RPC 和 DCOM 的远程访问

Level: Information
Opcode: N/A
Keyword: Classic
User: N/A
User Name: N/A
Computer: savtstcore01.virt.savilltech.net
Description:
Service Stopped.

也可以通过特定的事件 ID 查找。例如，使用事件 ID1074 查找重启日志，使用以下命令：

```
Wevtutil qe system /q:*[System[(EventID=1074]] /f:text
```

可以打开 Server Core 上的 SNMP 功能，以允许通过基于 SNMP 的管理工具进行管理，SNMP 功能通过安装 SNMP 特征打开，SNMPv1 和 SNMPv2c 都被支持。一般的 WMI 脚本可以在本地运行，当然更有可能在远程工作站上使用。

现在看看远程桌面选项。可能用户想要一个命令行提示，有了 Windows Server 2008 的新应用发布特征，就可以通过执行下面的动作来发布命令提示行。

这时需要使用终端服务（TS）远程应用管理器，这个服务可以在安装了终端服务角色的完全 Windows 2008 中找到，所以需要在完全的 Windows Server 安装中添加终端服务角色。注意，之所以安装它仅仅是因为想访问远程应用管理器 RemoteApp Manager。或者如果不想在任何服务器上安装终端服务角色，那么可以添加终端服务工具特征并且只选择终端服务工具，如图 7-16 所示。后者避免安装终端服务，并且允许在任何支持远程服务管理工具的平台上配置；例如在 Windows Vista 上。

TS RemoteApp Manager 终端服务远程应用管理器运行后，更改客户端链接的服务器，这样通过 Action Panel 中的行动菜单下的“连接到计算机”选项选择 Server Core 机器。在 Action Panel 动作面板中，单击“添加 RemoteApp”链接启动 RemoteApp 向导。单击向导中引导界面的“下一步”按钮后，可以发布的程序清单显示出来。单击“浏览”按钮，导航到 Windows\System32 文件夹，选择画图程序。如图 7-17 所示，单击“下一步”，最后点击“完成”。

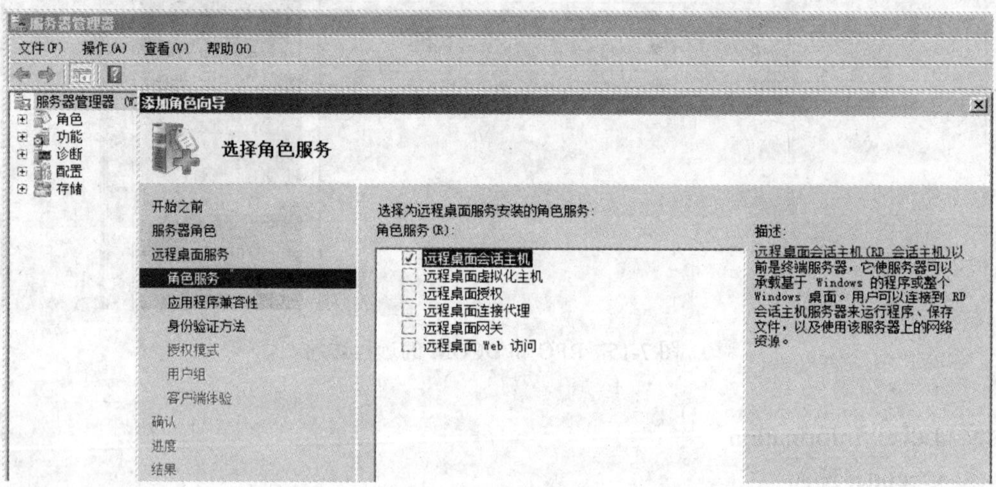

图 7-16　在服务器中添加终端服务角色，不需要其他角色

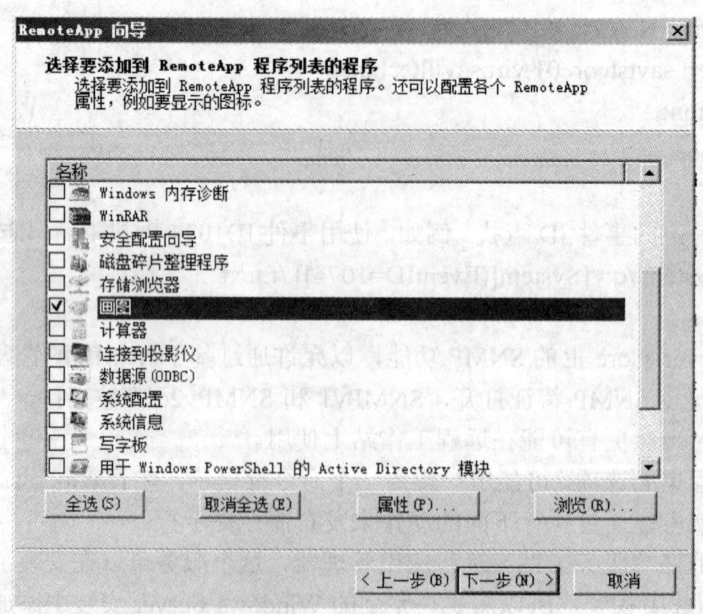

图 7-17　发布画图程序

最后，如图 7-18 所示，单击创建 .rdp 文件链接。该图显示有“连接到计算机”，“添加 RemoteApp 程序”。

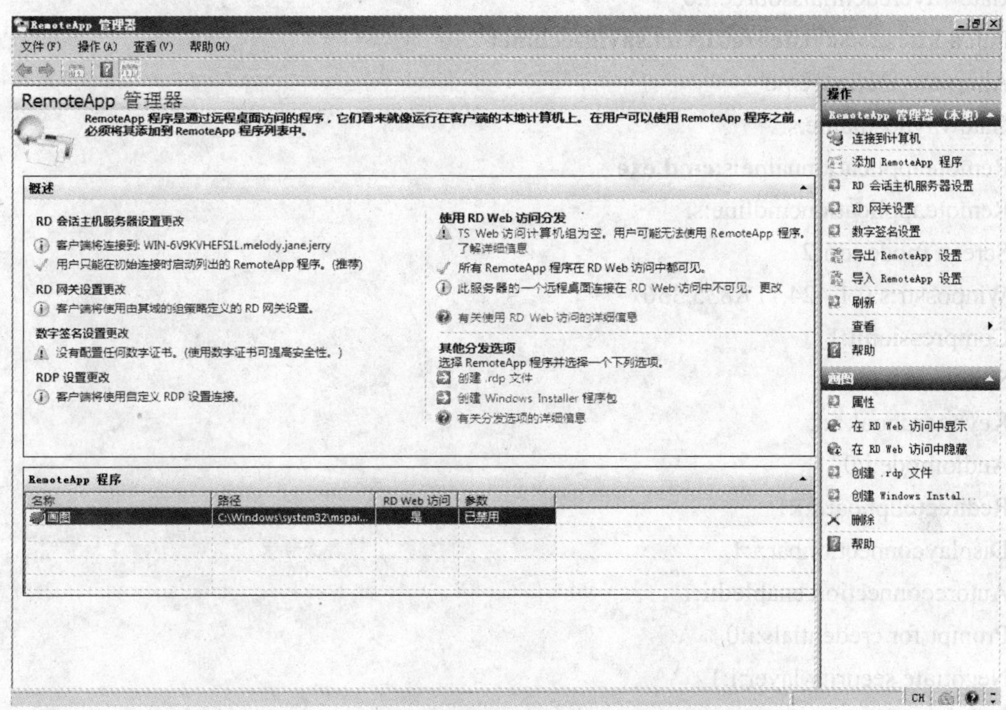

图 7-18 为画图工具创建 RDP 发布的应用程序

可以在任何 Vista/Windows Server 2008 平台上运行产生的 RDP 文件，打开在 Server Core 上运行的无缝集成的命令行窗口。下面清单显示了产生的 RDP 文件的内容，可以使用更新的服务器名称进行编辑。

```
Disableclipboardredirection:i:0
Redirectposdevices:i:0
Redirectprinters:i:1
Redirectcomports:i:1
Redirectsmartcards:i:1
Devicestoredirect:s:*
Redirectdrives:i:1
Session bpp:i:32
Span monitors:i:1
Remoteapplicationmode:i:1
Server port:i:3389
Allow font smoothing:i:1
Promptcredentialonce:i:0
Authentication level:i:0
```

```
Gatewayusagemethod:i:2
Gatewayprofileusagemethod:i:0
Gatewaycredentialssource:i:0
Full address:s:savtstcore01.virt.savilltech.net
Alternate shell:s:||cmd
Gatewayhostname:s:
Remoteapplicationname:s:cmd.exe
Remoteapplicationcmdline:s:
Screen mode id:i:2
Winposstr:s:0,1,424,117,835,356
Compression:i:1
Smart sizing:i:1
Keyboardhook:i:2
Audiomode:i:0
Redirectclipboard:i:1
Displayconnectionbar:i:1
Autoreconnection enabled:i:1
Prompt for credentials:i:0
Negotiate security layer:i:1
Remoteapplicationicon:s:
Shell working directory:s:
Disable wallpaper:i:1
Disable full window drag:i:1
Allow desktop composition:i:0
Disable menu anims:i:1
Disable themes:i:0
Disable cursor setting:i:0
Bitmapcachepersistenable:i:1
```

当使用终端服务器客户端（mstsc）进行终端服务器连接时，通过在本地资源 Tab 下选择驱动器（必须点击“更多”按钮）来确保客户端机器的磁盘驱动是可用的，或者如图 7-19 所示，选择对应项。本地客户端驱动器可以在远程机器上通过\\tsclient\<drive>进行访问。然后可以如下例一样进行映射以获得完全访问。

```
C:\Windows\System32>net use * \\tsclient\d
```

系统显示：

```
Drive Y: is now connected to \\tsclient \ d.
The command completed successfully.
```

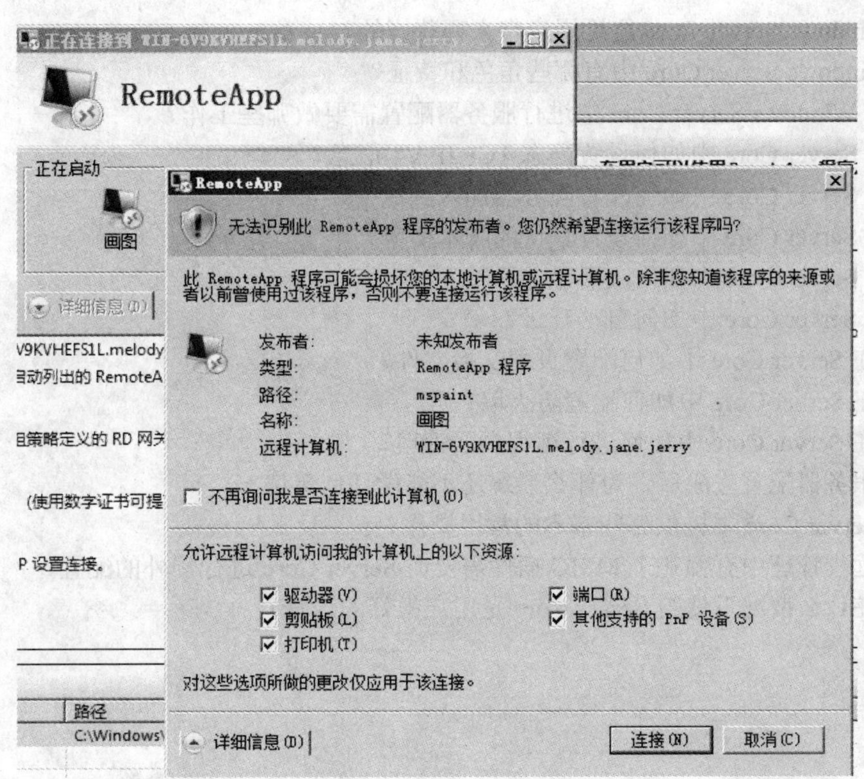

图 7-19　远程客户端程序访问控制本地资源

7.6　总结

Server Core 是 Windows Server 家族的新成员。如果 Server Core 只需要完全 Windows 安装 1/3 补丁的估计是准确的，Server Core 会很容易管理，资源消耗量会更低，因为将大约只有一般安装和运行的服务数量的 2/3。

到目前为止 Server Core 中使用最多的可能是域控制器（Server Core 也支持只读域控制器[RODC]），对于分支办公地点，IIS WEB 服务器和文件/打印服务器，它显得很理想。

Server Core 的安装过程和完全安装是一样的，可以使用完全安装时使用的自动化安装方式。在配置和管理 Server Core 安装上与完全安装稍微有点不同，即使 Server Core 上的很多方法可以用在完全服务器安装上。Server Core 的命令行方式几乎可以完成所有的功能，即使没有这种方式，也可以远程管理服务器。但是请记住 Server Core 仍然是 Windows 安装。所有的普通命令行工具和脚本仍然是可用的，本章没有谈到不意味着不可用。例如 tasklist 命令行可以查看系统中运行的进程，而 taskkill 可以停止他们。

如果用户想要更低的 Windows 管理成本，Server Core 是很好的选择。

习　题

1. 简述 Windows Server Core 与 Windows Server 2008 的区别。

2．Windows Server Core 能给用户带来哪些好处？
3．Windows Server Core 中有哪些角色和特征？
4．在 Windows Server Core 中进行服务器配置需要做哪些工作？
5．在 Server Core 中如何设置静态 TCP IP V4 信息？
6．在 Server Core 中如何配置服务器加入到域中？
7．在 Server Core 中如何设置默认的脚本引擎？
8．在 Server Core 中如何激活服务器？
9．在 Server Core 中如何自动升级？
10．在 Server Core 中如何配置页面交换文件？
11．在 Server Core 中如何配置防火墙？
12．在 Server Core 中如何进行远程桌面管理？
13．服务器配置完成后，为什么系统还不能做任何事情？
14．Server Core 中提供哪些基本的常用操作？
15．远程管理中有哪几个 MMC 插件需要在 Server Core 进行额外的配置？
16．在什么情况下使用 Server Core 是用户很好的选择？

第8章 活动目录权限管理服务

活动目录权限管理服务（Active Directory Management Services，AD RMS）是一种数字权限管理技术，提供的服务可用于创建信息保护解决方案。它与任何启用AD RMS的应用程序协同工作，通过数字证书和用户身份验证技术对各种文件的访问权限加以限制，以便有效防止未授权的用户通过各种途径获取和使用机密文档内容，从而确保了数据文件访问的安全性。使用AD RMS可以保护的内容包括Intranet网站、电子邮件和Office文档。

8.1 Active Directory Management Services 概述

AD RMS 系统包括基于 Windows Server 2008 的服务器（运行用于处理证书和授权的ADRMS服务器角色）、数据库服务器以及AD RMS客户端。最新版本的AD RMS客户端已经成为Windows Vista、Windows 7操作系统的一部分。AD RMS是在RMS基础上进行了一些改进，功能更加强大。通过与Active Directory及其联合身份验证等服务的配合应用，可以针对邮件或Office文档进行各种权限保护，文件的所有者可以确切定义用户如何使用这些信息，如谁可以打开、修改、打印、转发或使用邮件或文件进行其他活动，并且AD RMS还新增了通过MMC控制台管理AD RMS的功能，使得应用更加方便。

8.1.1 Windows Server 2008 中 AD RMS 的新增功能

AD RMS比早期的RMS增强了一些新功能，这些新功能包含以下几个内容：

1. AD RMS改进了安装和管理体验

早期版本的RMS必须下载并安装一个单独的安装程序包才能使用。在Windows Server 2008中，AD RMS已经集成到操作系统，并且作为服务器角色通过服务器管理器安装，安装之前也无需单独下载AD RMS，所有的配置和设置都可以通过服务器角色完成。此外，在安装过程中服务器管理器会自动列出和安装AD RMS所依赖的所有服务，如消息队列和Internet信息服务（IIS）。在安装过程中，如果没有指定远程数据库作为AD RMS配置和日志记录数据库，则AD RMS服务器角色安装会自动安装和配置Windows内部数据库与AD RMS一起使用。

在早期版本的RMS中以Web界面的模式提供管理界面，而AD RMS则成为MMC的管理单元，AD RMS控制台可以提供RMS中提供的所有功能，而且操作更加方便。

2．AD RMS群集的自注册

AD RMS中的服务器注册是创建和签名服务器许可方证书（SLC）的过程，该证书授予AD RMS服务器颁发证书和许可证的权限。在早期版本的RMS中，SLC是由Microsoft注册服务通过Internet连接进行签名的，这要求RMS服务器必须有Internet连接才能向Microsoft注册服务进行联机注册，或者能够连接到具有 Internet 访问并能够进行服务器脱机注册的其他计算机。

在 Windows Server 2008 的 AD RMS 中，已取消 AD RMS 服务器直接联系 Microsoft 注册服务，而是将服务器自注册证书包括在对 AD RMS 服务器的 SLC 进行签名的 Windows Server 2008 操作系统中。

3．与 AD FS 集成

AD RMS 中的联合支持允许企业利用已建立的联合关系与外部实体进行协作。例如部署了 AD RMS 的组织可以通过使用 AD FS 与外部实体建立联合，并可以利用此关系在两个组织之间共享受权限保护的内容，而不需要在两边都部署 AD RMS。

4．新的 AD RMS 管理角色

AD RMS 创建了新的管理角色以便更好地对 AD RMS 环境进行控制。这些管理角色是在安装 AD RMS 角色时创建的本地安全组。其中每个管理角色都有一个不同的 AD RMS 访问级别与之关联。这些新角色有 AD RMS 服务组、AD RMS 企业管理员、AD RMS 模板管理员和 AD RMS 审核员。

AD RMS 服务组持有 AD RMS 服务账户。在添加 AD RMS 角色时，在安装期间配置的服务账户会自动添加到此管理角色。

AD RMS 企业管理员角色允许此组中的成员管理所有 AD RMS 策略和设置。在 AD RMS 设置期间，安装 AD RMS 服务器角色的用户账户和本地管理员组将添加到 AD RMS 企业管理员角色。作为最佳操作，应将此组中的成员限制在仅需要完全的 AD RMS 管理控制的用户账户。

AD RMS 模板管理员角色允许此组中的成员管理权限策略模板。尤其是，AD RMS 模板管理员可以读取群集信息、列出权限策略模板、创建新权限策略模板、修改现有权限策略模板和导出权限策略模板。

AD RMS 审核员角色允许此组中的成员管理日志和报告。这是一个只读角色，限于读取群集信息，读取日志记录设置和运行 AD RMS 群集中可用的报告。

8.1.2 AD RMS 服务器和客户端的硬件和软件需求

安装 AD RMS 服务器角色时，系统会同时安装必需的服务，其中的一项就是 Internet 信息服务（IIS）。AD RMS 还需要一个数据库（如 Microsoft SQL Server），该数据库可与 AD RMS 在同一服务器上运行，也可以在远程服务器和 Active Directory 域服务林中运行。

AD RMS 服务器需要的硬件环境支持：

- 至少要有一个 Pentium 4 3 GHz 处理器或更高级处理器，建议使用两个 Pentium 4 3 GHz 处理器或更高级处理器。
- 至少要有 512MB 内存，建议使用 1024MB 内存。
- 至少要有 40GB 可用硬盘空间，建议有 80GB 可用硬盘空间。

AD RMS 服务器需要的软件环境支持：

- Windows Server 2008 操作系统（Windows Server 2008 Web 版除外）。
- 采用 NTFS 文件系统。
- 必须是域控制器、成员服务器或成员计算机。
- 安装 IIS 服务，包括公用文件、SMTP Service 和万维网服务。
- 安装 ASP.Net 组件。

- 安装 MSMQ（消息队列）服务。
- 可选数据库。如果想要创建 AD RMS 服务器集群，则需要安装 SQL Server 2005 数据库服务器或 MSDE 数据库，否则可以直接使用 AD RMS 自带的本地数据库。

启用了 AD RMS 的客户端必须具有启用了 AD RMS 的浏览器或应用程序（如 Microsoft Office 2007 中的 Microsoft Word、Outlook 或 PowerPoint）。为了创建受权限保护的内容，需要具备 Microsoft Office 2007 Enterprise、Professional Plus 或 Ultimate。为获得附加安全性，可以将 AD RMS 与其他技术（如智能卡）集成在一起。

8.1.3 AD RMS 的证书和许可证

AD RMS 的工作流程是这样的：首先创建受权限保护的文档，创建者向 RMS 服务器请求发布许可，服务器验证之后返回发布许可证书给创建者，创建者使用的应用程序会将发布许可证书整合到文件的内部对文件进行保护，接着当有用户使用该文件的时候，使用者会向 RMS 服务器请求使用许可，当服务器验证之后返回使用许可即可对文件进行定义好的访问。

由此可以看到，AD RMS 的各个组件都具有通过一组证书实现的受信任连接，AD RMS 技术的核心功能是强制执行这些证书的有效性。每项受权限保护的内容发布时都带有许可证，该许可证表达该内容的使用规则；该内容的每个使用者都会收到唯一的许可证，用以阅读、解释和强制执行这些使用规则。这些证书包括服务器许可方证书、客户端许可方证书、计算机证书、权限账户证书、发布许可证和使用许可证。

1. 服务器许可方证书（SLC）

在群集中的第一个服务器上安装和配置 AD RMS 服务器角色时会创建 SLC。服务器会为自己生成唯一的 SLC，该 SLC 建立该服务器的标识，称为自注册，且有效期为 250 年。这样可以将受权限保护的数据存档较长时间。根群集即处理证书（通过发放权限账户证书（RAC），又处理对受权限保护的内容的授权。添加到根群集的其他服务器共享一个 SLC。在复杂环境中，可以部署仅授权群集，这会生成它们自己的 SLC。

SLC 包含服务器的公钥。（注意在 Windows Server 2003 中，SLC 是通过向微软网站注册后而微软创建的）

2. 客户端许可方证书（CLC）

CLC 由 AD RMS 群集为响应客户端应用程序的请求而创建。CLC 在客户端连接到组织的网络时会发送到客户端，并授予用户在客户端未连接时发布受权限保护的内容的权限。CLC 与用户的 RAC 相关联，因此，如果 RAC 无效或不存在，用户将无法访问 AD RMS 群集。

CLC 包含客户端许可方公钥以及客户端许可方私钥，该私钥由请求证书的用户的公钥加密。它还包含发放证书的群集的公钥，该公钥由发放证书的群集的私钥签名。客户端许可方私钥用于对发布许可证进行签名。

3. 计算机证书

首次使用支持 AD RMS 的应用程序时，会在客户端计算机上创建计算机证书。Windows Vista 和 Windows 7 中的 AD RMS 客户端自动激活并注册根群集，从而在客户端计算机上创建此证书。此证书标识计算机或设备上与登录用户的配置文件相关的密码箱。

计算机证书包含已激活计算机的公钥。该计算机的密码箱包含对应的私钥。密码箱是 %windir%\system32\SECPRO.DLL 文件。

4. 权限账户证书（RAC）

RAC 在 AD RMS 系统中建立了用户的标识。它由 AD RMS 根群集创建，并在首次尝试打开受权限保护的内容时提供给用户。

标准 RAC 在特定计算机或设备环境中使用账户凭据标识用户，且具有以天数表示的有效时间。标准 RAC 的默认有效时间是 365 天。

临时 RAC 仅基于账户凭据标识用户，且具有以分钟数表示的有效时间。临时 RAC 的默认有效时间是 15 分钟。

RAC 包含用户的公钥，以及用户的使用已激活计算机的公钥加密的私钥。RAC 和特定的计算机相关联，每个用户对每个设备都有唯一的 RAC。在任何计算机上，RAC 的密钥对是相同的。

RAC 的产生过程如下：

（1）使用 Windows 集成身份验证向 RMS 服务器发送请求。

（2）RMS 服务器查询数据库，可能会使用已有的密钥对或生成密钥对。

（3）RMS 服务器将用户的私钥用计算机的公钥进行加密。

（4）RMS 服务器将用户的公钥和加密后的私钥放在 RAC 中。

（5）RAC 被 RMS 服务器用私钥进行数字签署。

（6）RMS 服务器将 RAC 发送给用户。

（7）RMS 服务器将用户的密钥对存放在 RMS 数据库中。

5. 发布许可证（Publishing License）

使用权限保护保存内容时，客户端会创建发布许可证。它指定可以打开受权限保护的内容的用户、用户可以打开内容的条件，以及每个用户对受权限保护的内容所具有的权限。它由 RMS 授权服务器颁发。

发布许可证包含以下内容：

（1）用于解密内容的对称内容密钥，该密钥使用发放许可证的服务器的公钥加密。

（2）使用权限。以 Email 标识用户和相应的权限，被发放许可证的服务器的公钥加密。

（3）发布服务器的 URL：使用者通过这个 URL 向服务器申请使用许可。

（4）发布服务器的数字签署：证明发布许可证的有效性，防止篡改。

6. 使用许可证（Usage License）

使用许可证在特定的已验证用户的环境中指定应用于受权限保护的内容的权限。此许可证与 RAC 相关联。如果 RAC 无效或不存在，则无法通过使用许可证打开内容。

使用许可证包含用于解密内容的对称内容密钥，该密钥使用用户的公钥加密和用户对文档的权限。使用许可证必由发布许可证的同一台服务器颁发；每个文档对每个用户都对应一个使用许可证；同时，如果用户对文档有写权限时，使用许可证会被缓存到 OFFICE 文档，对于电子邮件，会被 OUTLOOK 缓存。

RMS 系统使用存储在客户端计算机上的 XrML 中的下列证书和许可证。

计算机证书

文件名：CERT-Machine.drm 文件

位置：%USERPROFILE%\Local Settings\Application Data\Microsoft\DRM\

权限账户证书

文件名前缀：GIC

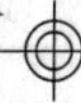

位置：%USERPROFILE%\Local Settings\Application Data\Microsoft\DRM

客户端许可方证书

文件名前缀：CLC

位置：%USERPROFILE%\Local Settings\Application Data\Microsoft\DRM

用户许可证

文件名前缀：EUL

位置：%USERPROFILE%\Local Settings\Application Data\Microsoft\DRM

8.1.4 AD RMS 的相关组件

1. 域控制器

AD RMS 必须安装在 Active Directory 域中，其中域控制器正在运行带有 Service Pack 3（SP3）的 Windows Server 2000、Windows Server 2003、Windows Server® 2008 或 Windows Server 2008 R2。使用 AD RMS 获取许可证和发布内容的所有用户和组都必须在 Active Directory 中配置电子邮件地址。

2. AD RMS 服务器

AD RMS 客户端需要证书与许可证才能进行文件版权保护的工作，以及访问版权保护的文件，而 AD RMS 服务器就是负责证书与许可证发放的主机。用户可以根据企业自身的需求架设多台 AD RMS 服务器，以便提供故障转移和负载平衡功能。其中的第一台服务器被称为 AD RMS 根群集服务器。

由于 AD RMS 客户端是通过 HTTPS 或 HTTP 与 AD RMS 服务器通信，因此 AD RMS 服务器必须架设 IIS 站点。

3. 数据库服务器

AD RMS 需要使用数据库服务器和存储的过程来执行操作。该数据库服务器用来存储 AD RMS 的设置与策略等信息，企业可以使用 Microsoft SQL Server 来架设数据库服务器。也可以使用 AD RMS 服务器的内置数据库，不过需要注意如果使用 AD RMS 服务器的内置数据库则只能架设一台 AD RMS 服务器。

4. AD RMS 客户端

Active Directory 权限管理服务（AD RMS）客户端随 Windows Vista、Windows 7、Windows Server 2008 和 Windows Server 2008（R2）操作系统一起提供。如果您使用 Windows XP、Windows 2000 或 Windows Server 2003 作为客户端操作系统，则可以从 Microsoft 下载中心下载 AD RMS 客户端的兼容版本。

AD RMS 客户端可以与 Windows Server 2008 或 Windows Server 2008（R2）中包含的 AD RMS 服务器角色或者与 Windows Server 2003 上运行的以前版本的 RMS 一起使用。

AD RMS 客户端会创建计算机证书，用于标识存储当前用户的密钥对的密码箱。您可以通过在计算机上查找 msdrm.dll 文件，来验证该计算机上是否存在 AD RMS 客户端。该文件在 Windows Vista、Windows 7、Windows Server 2008 和 Windows Server 2008（R2）中由 Windows 资源保护来保护，除非通过正式的 Microsoft 更新进行修改,否则无法修改。

应用程序可以使用 AD RMS 客户端将权限管理功能合并到它们的应用中。例如，Microsoft Office 2003、Microsoft Office 2007 和 Windows Mobile 6 使用 AD RMS 客户端来支持信息权限管理功能，该功能为文档、电子邮件、电子表格和幻灯片演示文档提供权限管理。

8.1.5 AD RMS 的工作原理

1. 服务的发现

服务的发现实际上是 RMS 客户端发现 AD RMS 服务器的一个过程，该过程可以通过两种方法来实现，一是通过活动目录中的服务连接点（SCP），找到企业中的证书服务器的位置；二是通过注册表。

找到 AD RMS 服务可以激活 RMS 客户端，因为如果要使用该 RMS 客户端，则必须在第一次使用时到 AD RMS 服务器激活该 RMS 客户端，可以从 AD RMS 服务器上获取权限管理账户证书等信息。

2. 文档的在线发布过程

由 RMS 客户端在线向授权服务器发送请求，发布过程如下：

（1）由密码箱生成对称密钥作为内容密钥。

（2）内容密钥会被授权服务器的公钥加密，目的是通过网络将其发送给授权服务器。然后授权服务器能够用自己的私钥将这个内容解出，而在传送的过程中不会被他人截获后获取内容密钥。

（3）加密的内容密钥和权限被发送给请求发布许可的授权服务器。

（4）授权服务器使用其私钥解开加密的内容密钥。

（5）授权服务器使用其公钥加密内容密钥和使用权限。

（6）加密后的密钥和使用权限被添加到发布许可中。

（7）授权服务器使用私钥签署发布许可。

（8）发布许可返回给申请的客户端。

（9）支持 AD RMS 的应用程序将发布许可合并到受保护的文档中。

3. 文档的离线发布过程

如果用户所使用的是笔记本电脑等移动办公等的计算机设备，有可能在自己的家中不能够连接到公司的 AD RMS 服务器。为访问使用由 AD RMS 创建的文档，需要一个客户端许可证书（CLC）。保护过程如下：

（1）由密码箱生成对称密钥作为内容密钥。

（2）客户端从客户端许可证书中取出授权服务器的公钥。

（3）客户端使用服务器的公钥加密内容密钥，加密的内容密钥只能由服务器的私钥所解密。

（4）客户端使用客户端许可证书的公钥对内容密钥再进行一次加密，从而再次获得一个加密后的对称密钥。需要注意的是，在离线和在线发布不同的是离线发布过程中对内容进行了两次加密。

（5）两个加密后的对称密钥同时被放到发布许可中。

（6）客户端使用权限账户证书中的私钥解密客户端许可证书中的私钥。

（7）客户端使用 CLC 的私钥签署发布许可。

（8）支持 AD RMS 的应用程序将发布许可合到受保护的文档中。

4. 受保护文档的使用过程

使用受保护文档的具体过程如下：

（1）客户端将权限账户证书和文档的发布许可发送到颁发发布许可的授权服务器。

（2）授权服务器使用其私钥解出发布许可中的内容密钥。

（3）授权服务器使用权限账户证书中用户的公钥加密内容密钥。

（4）把加密的内容密钥和用户的使用权限添加到使用许可中。

（5）授权服务器使用其私钥签署使用许可。

（6）作为响应，将该使用许可发送给客户端。

（7）密码箱使用计算机的私钥解密保存在权限账户证书中和用户私钥。

（8）密码箱使用用户的私钥解密内容密钥。

（9）密码箱使用内容密钥解密被加密的受保护内容。

8.2　在测试环境中安装和配置 AD RMS 服务器

安装 AD RMS 服务器时，应注意以下几个问题：

（1）要创建一个要用 AD RMS 服务账户的没有额外权限的域用户账户，一般是 Domain Admins 组的用户；用于安装 AD RMS 的用户账户必须与 AD RMS 服务账户不同，一般是 Domain Users 组中的用户；如果在安装过程中注册 AD RMS 服务连接点（SCP），则安装 AD RMS 的用户账户必须是 AD DS Enterprise Admins 组或同等组的成员；如果对 AD RMS 数据库使用外部数据库服务，则安装 AD RMS 的用户账户必须具有创建新数据库的权限；如果使用 Microsoft SQL Server 2005，则用户账户必须是系统管理员数据库角色或同等角色的成员。

（2）安装之前，应保证 http://uddi.microsoft.com 和 https://uddi.microsoft.com 在 Internet Explorer 中被添加至“受信任的站点”或“本地 Internet”。

（3）在单独的计算机上安装用于承载 AD RMS 数据库的数据库服务器；如果对 AD RMS 配置数据库使用命名实例，在安装 AD RMS 之前必须在数据库服务器上启动 SQL Server Browser 服务。否则，AD RMS 安装将无法找到配置数据库，安装将失败。

（4）安装之后，在 IIS 服务器上配置 AD RMS；检查 AD RMS 上有关代理服务器的安全设置；将活动目录注册到 AD RMS 的连接点安全设置中。

（5）使用安全套接字层（SSL）证书安装 AD RMS 群集。该证书应由受信任的根证书颁发；为将在 AD RMS 安装的整个生存时间可用的 AD RMS 群集保留一个 URL，应确保保留的 URL 与计算机名称不同。

8.2.1　系统要求

1. 硬件要求

运行具有 AD RMS 服务器角色的 Windows Server® 2008 服务器的最低硬件要求如下：

- CPU：一个 Pentium 4.3GHz 处理器或更高配置
- 内存：512MB
- 可用硬盘空间：40GB

2. 软件要求

- 操作系统：Windows Server 2008
- 文件系统：建议使用 NTFS 文件系统
- Web 服务：Internet 信息服务（IIS）
- Active Directory 或 AD DS：AD RMS 必须安装在 Active Directory 域中，其中域控制器

正在运行带有 Service Pack 3（SP3）的 Windows Server 2000、Windows Server 2003 或 Windows Server 2008。使用 AD RMS 来获取许可证和发布内容的所有用户和组都必须在 Active Directory 中配置了电子邮件地址。

- 数据库服务器：AD RMS 需要数据库服务器（如 Microsoft SQL Server 2005）和存储过程来执行操作。

8.2.2 设置基础结构

在测试环境中需要 4 台计算机，将它们连接到专用网络，并且配置下列操作系统、应用程序和服务（见表 8-1）：

表 8-1

计算机名称	操作系统	应用程序和服务
ADRMSSVR	Windows Server 2008	AD RMS、IIS7.0、万维网发布服务和消息队列
CPANDLDC	Windows Server 2003(SP2)	AD、DNS
ADRMSDB	Windows Server 2003(SP2)	Microsoft SQL Server (TM) 2005 Standard Edition (SP2)
ADRMSCLT	Windows Vista	Microsoft Office Word 2007 Enterprise Edition

配置环境如图 8-1 所示。

步骤一：配置域控制器 CPANDLDC。

（1）在 CPANDLDC 服务器上安装带有 SP2 的 Windows Server 2003。

（2）在 CPANDLDC 上配置 TCP/IP 属性，设置 CPANDLDC 具有静态 IP 地址 10.0.0.1。

（3）将 CPANDLDC 配置为域控制器，域名为 CPANDL.COM。

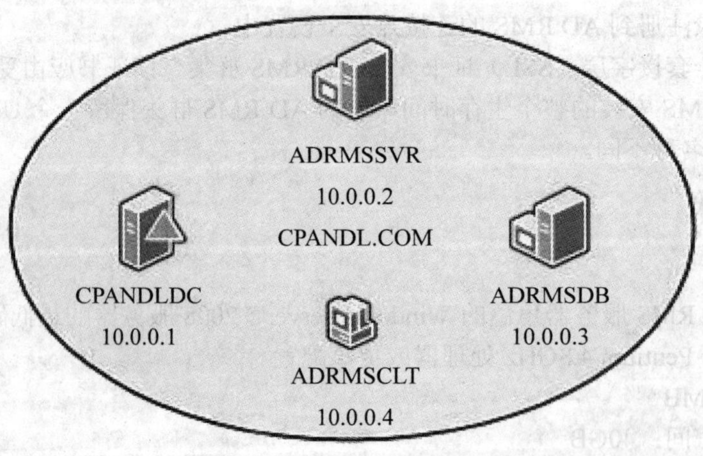

图 8-1 测试环境下的配置环境

（4）在 CPANDL.COM 域中创建用户和组，为所有用户添加电子邮件地址，并将用户加入对应的组。用户属性如表 8-2 所示。

表 8-2

账户名	用户登录名	电子邮件地址	组
ADRMSSRVC	ADRMSSRVC		
ADRMSADMIN	ADRMSADMIN		Enterprise Admins
张华	zhanghua	zhangh@cpandl.com	Employees、Finance
李平	liping	llp@cpandl.com	Employees、Marketing
王强	wangqiang	wangq@cpandl.com	Employees、Engineering

5. 按表 8-3 为组添加邮件地址。

表 8-3

组 名	电子邮件地址
Finance	finance@cpandl.com
Marketing	marketing@cpandl.com
Engineering	engineering@cpandl.com
Employees	employees@cpandl.com

步骤二：配置承载 AD RMS 数据库的计算机（ADRMSDB）。

（1）在 ADRMSDB 计算机上安装 Windows Server 2003 Standard Edition。

（2）在 ADRMSDB 上配置 TCP/IP 属性，设置静态 IP 地址 10.0.0.3。

（3）将 ADRMSDB 加入到 CPANDL.COM 域中。

（4）在 ADRMSDB 上安装 Microsoft SQL Server 2005。

（5）将用户 ADRMSADMIN 添加到 ADRMS-DB 上的本地 Administrators 组中，AD RMS 安装用户账户需要使用该成员身份才能创建 AD RMS 数据库。安装 AD RMS 后，可以从该组中删除 ADRMSADMIN。

（6）在 ADRMSDB 上创建一个共享文件夹 Public，以便其他用户能够找到保存到网络的文档，文件夹 Public 的权限是 Everyone 具有完全控制权限。

步骤三：配置承载 AD RMS 根群集的计算机（ADRMSSVR）

（1）在 ADRMSSVR 上安装 Windows Server 2008，注意计算机名称为 ADRMSSVR。

（2）在 ADRMSSVR 上配置 TCP/IP 属性，设置静态 IP 地址 10.0.0.2。

（3）将 ADRMSSVR 加入到 CPANDL.COM 域中。

（4）将用户 ADRMSADMIN 添加到 ADRMSSVR 上的本地 Administrators 组中。

步骤四：配置 AD RMS 客户端的计算机（ADRMSCLT）

（1）在 ADRMSCLT 上安装 Windows Vista，注意计算机名称为 ADRMSCLT。

（2）在 ADRMSCLT 上配置 TCP/IP 属性，设置静态 IP 地址 10.0.0.1。

（3）将 ADRMSCLT 加入到 CPANDL.COM 域中。

（4）在 ADRMSCLT 上安装 Microsoft Office Word 2007 Enterprise。注意：只有 Microsoft Office 2007 Ultimate、Professional Plus 和 Enterprise 版本允许创建受权限保护的内容。所有版本都允许使用受权限保护的内容。

8.2.3 在 ADRMSSVR 上安装和配置 AD RMS

若要安装和配置 AD RMS，必须添加 AD RMS 服务器角色。Windows Server 2008 包括通过服务器管理器将 AD RMS 安装为服务器角色的选项。AD RMS 的安装和配置都通过服务器管理器进行处理。AD RMS 环境中的第一个服务器是根群集。AD RMS 根群集由负载平衡环境中配置的一个或多个 AD RMS 服务器组成。本循序渐进指南将安装并配置一个单服务器 AD RMS 根群集。注册 AD RMS 服务连接点（SCP）要求进行安装的用户账户是 Active Directory Enterprise Admins 组的成员。

步骤一：将 ADRMSADMIN 添加到 Enterprise Admins 组。

（1）使用 cpandl\Administrator 账户或 Domain Admins 组中的其他用户账户登录到 CPANDLDC。

（2）打开“管理工具”中的“Active Directory 用户和计算机”。

（3）在控制台树中，展开 cpandl.com，双击“用户”，然后双击 Enterprise Admins。

（4）单击“成员”选项卡，然后单击“添加”。

（5）键入 adrmsadmin@cpandl.com，然后单击“确定”。

步骤二：添加 AD RMS 服务器角色。

（1）用 cpandl\ADRMSADMIN 身份登录到 ADRMSSVR。

（2）打开“管理工具”中的“服务器管理器”。

（3）如果出现“用户账户控制”对话框，请确认所显示的是您想要执行的操作，然后单击“继续”。

（4）在“角色摘要”框中，单击“添加角色”。此时将打开“添加角色向导”，然后单击“下一步”。

（5）在“选择服务器角色”页上，选中 Active Directory Rights Management Services 复选框。

（6）此时会出现“角色服务”页，告知 AD RMS 依赖的角色服务和功能。检查是否列出了 Web 服务器（IIS）、Windows Process Activation Service（WPAS）和消息队列，然后单击“添加必需的角色服务”。单击“下一步”，然后单击“下一步”。

（7）在“选择角色服务”页中，确认已选中了 Active Directory Rights Management Server 复选框，然后单击“下一步”，如图 8-2 所示。

（8）选择“新建 AD RMS 群集”选项，然后单击“下一步”，如图 8-3 所示。

（9）选择“使用其他数据库服务器”选项。

（10）单击“选择”，在“选择计算机”对话框中键入 ADRMSDB，然后单击“确定”。

（11）在“数据库实例”中，单击“默认”，然后单击“验证”，然后单击“下一步”。

（12）单击“指定”，键入 CPANDL\ADRMSSRVC，键入账户密码，单击“确定”，然后单击“下一步”。

（13）选择“使用 AD RMS 集中管理的密钥存储”选项，然后单击“下一步”。

（14）在“密码”框和“确认密码”框中键入密码，然后单击“下一步”。

（15）选择要在其中安装 AD RMS 的网站，然后单击“下一步”。在使用默认设置的安装中，唯一可用的网站名称是“默认网站”。

（16）选择“使用 SSL 加密连接（https://）”选项。

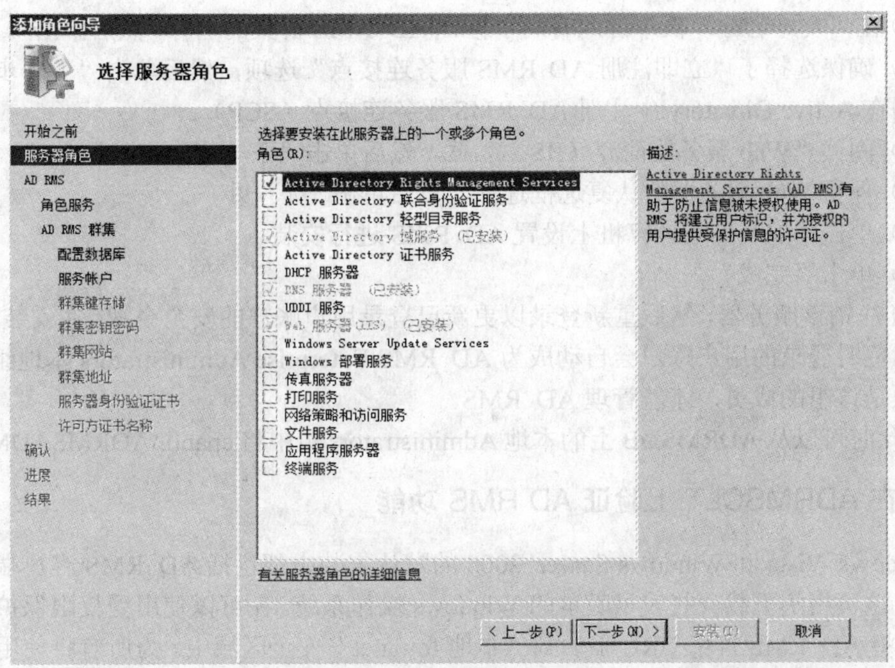

图 8-2 选择服务器角色

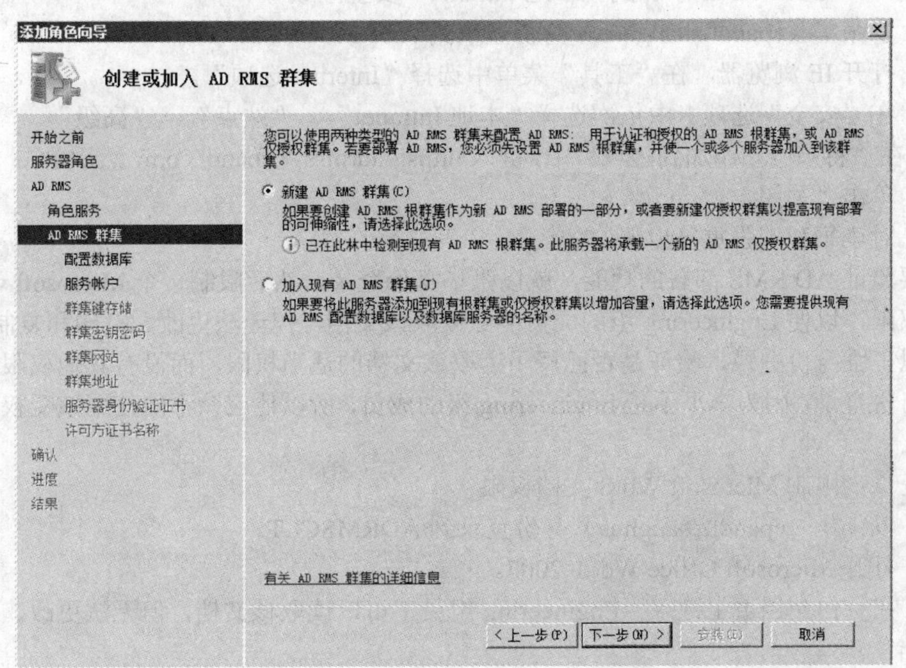

图 8-3 创建和加入 AD RMS 群集

（17）在“完全限定的域名”框中，键入 adrmssvr.cpandl.com，然后单击“验证”。如果验证成功，“下一步”按钮将可用，然后单击“下一步”。

（18）选择“为 SSL 加密选择现有证书”选项，单击已为该 AD RMS 群集导入的证书，然后单击“下一步”。

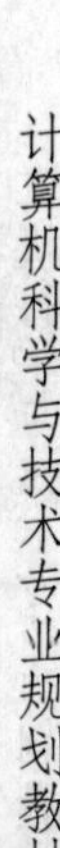

(19)在“友好名称”框中键入有助于标识 AD RMS 群集的名称,然后单击“下一步”。

(20)确保选择了“立即注册 AD RMS 服务连接点”选项,然后单击“下一步”即可在安装期间在 Active Directory 中注册 AD RMS 服务连接点(SCP)。

(21)阅读“Web 服务器简介(IIS)”页,然后单击“下一步”。

(22)保留 Web 服务器默认复选框选择,然后单击“下一步”。

(23)单击“安装”在计算机上设置 AD RMS 进行安装。

(24)单击“完成”。

(25)注销该服务器,然后重新登录以更新已登录用户账户的安全令牌。在安装 AD RMS 服务器角色时登录的用户账户会自动成为 AD RMS Enterprise Administrators 本地组的成员。用户必须是该组的成员,才能管理 AD RMS。

注:此时可以从 ADRMSDB 上的本地 Administrators 组中将 cpandl\ADRMSADMIN 删除。

8.2.4 在 ADRMSCLT 上验证 AD RMS 功能

Windows Vista 和 Windows Server 2008 的默认安装中都包括 AD RMS 客户端。以前版本的客户端可用于下载一些较早版本的 Windows 操作系统。在可以使用受权限保护的内容之前,必须将 AD RMS 群集 URL 添加到“本地 Intranet”安全区域中。为所有将使用受权限保护的内容的用户,将 AD RMS 群集 URL 添加到“本地 Intranet”安全区域中。

验证一:将 AD RMS 添加到“本地 Intranet”安全区域

(1)以张华(cpandl\zhanghua)身份登录到 ADRMSCLT。

(2)打开 IE 浏览器,在“工具”菜单中选择“Internet 选项”。

(3)在“安全”选项卡中依次选择“本地 Intranet”、“站点”、“高级”。

(4)在“将该网站添加到区域”中,键入 https://adrmssvr.cpandl.com,然后单击“添加”。

(5)单击“关闭”。

(6)对李平和王强重复步骤 1—5。

若要验证 AD RMS 部署的功能,就以张华身份登录,然后限制一个 Microsoft word 2007 文档的权限,以便 Engineering 组的成员能够读取该文档,但无法更改、打印和复制该文档。然后,以王强身份登录,验证是否已授予读取该文档的适当权限,而没有其他权限。然后,以李平身份登录,因为李平不是 Engineering 组的成员,所以他应该不能使用该受权限保护的文件。

验证二:限制 Microsoft Word 文档权限

(1)以张华(cpandl\zhanghua)身份登录到 ADRMSCLT。

(2)打开 Microsoft Office Word 2007。

(3)在空白文档页上键入“Engineering 组员工可以读取该文档,但无法更改、打印或复制该文档”。

(4)依次单击“Microsoft Office 按钮”、“准备”和“限制权限”,然后单击“权限访问”。

(5)单击“限制对此文档的权限”复选框。

(6)在“读取”框中,键入 engineering@cpandl.com,然后单击“确定”关闭“权限”对话框。

（7）单击“Microsoft Office 按钮”，单击“另存为”，然后将该文件另存为\\ADRMSDB\Public\ADRMS-TST.docx。

（8）以张华身份注销。

下一步，以王强身份登录并打开文档 ADRMS-TST.docx。

验证三：查看受权限保护的文档的步骤

（1）以王强（cpandl\wangqiang）身份登录到 ADRMSCLT。

（2）打开 Microsoft Office Word 2007。

（3）打开文件\\ADRMSDB\Public\ADRMS-TST.docx。

屏幕上将显示以下消息：“此文档的权限当前受限制。Microsoft Office 必须连接到 https://adrms-srv.cpandl.com:443/_wmcs/licensing 验证您的凭据并下载权限。”

（4）单击“确定”。

屏幕上将显示以下消息：“正在验证您的凭据以打开受权限限制的内容...”

（5）打开文档后，单击 Microsoft Office 按钮。请注意，“打印”选项不可用。

（6）关闭 Microsoft Word。

（7）以王强身份注销。

最后，以李平身份登录并确认他没有权限使用该受权限保护的文件。

验证四：尝试查看受权限保护的文档的步骤

（1）以李平（cpandl\liping）身份登录到 ADRMSCLT。

（2）打开文件\\ADRMSDB\Public\ADRMS-TST.docx。

屏幕上将显示以下消息：“此文档的权限当前受限制。Microsoft Office 必须连接到 https://adrms-srv.cpandl.com:443/_wmcs/licensing 验证您的凭据并下载权限。”

（3）单击“确定”。

屏幕上将显示以下消息：“没有凭据允许您打开该文档。您可以向 zhangh@cpandl.com 申请更新的权限。是否要申请更新的权限？”

（4）单击“否”，然后关闭 Microsoft Word。

经过上述实验，成功部署 AD RMS 服务，并通过将受限权限应用到 Microsoft Word 2007 文档，测试了 AD RMS 的功能，还可以使用此部署，通过额外的配置和测试来开发 AD RMS 的某些其他功能。

8.3 创建和部署 AD RMS 权限策略模板

AD RMS 部署的目标是无论它在哪里移动都能够保护信息。将 AD RMS 保护施加到数字文件后，将一直对该文件提供保护。默认情况下，只有内容所有者才能够取消对该文件的保护。所有者可以将权限授予其他用户以对该内容执行操作，如查看、复制或打印该文件。

管理员可以创建一个权限策略模板，将该模板部署到运行 Windows Vista 和 Microsoft(R) Office Word 2007 的客户端计算机，并使用新创建的权限策略模板验证该客户端计算机是否可以对一个文档进行权限保护。

创建和部署 AD RMS 权限策略模板的环境要求有四台连接到专用网络的计算机，并使用以下操作系统、应用程序和服务：

计算机名称	操作系统	应用程序和服务
ADRMSSVR	Windows Server 2008	AD RMS、(IIS) 7.0、万维网发布服务、消息队列和 Windows 内部数据库
CPANDLDC	Windows Server 2003 (SP2)	Active Directory、DNS
ADRMSDB	Windows Server 2003 (SP2)	Microsoft SQL Server(TM) 2005 Standard Edition
ADRMSCLT	Windows Vista	Microsoft Office Word 2007 Enterprise Edition

环境配置如图 8-4 所示。

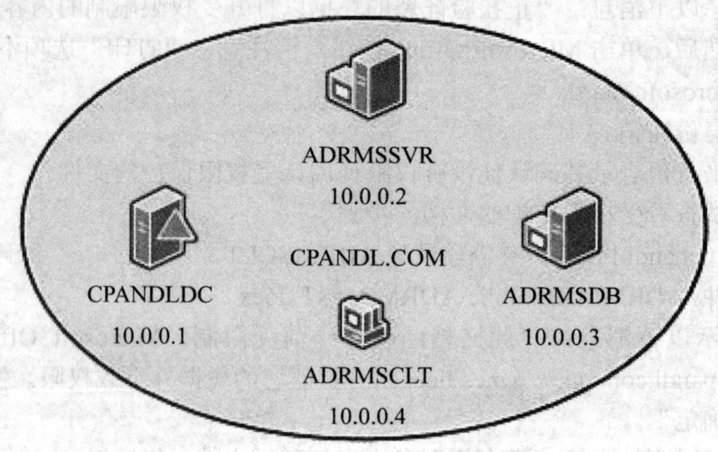

图 8-4 ADRMS 权限策略模板环境

在部署 AD RMS 权限模板之前，需要为 AD RMS 部署准备基本基础结构，提供一个 AD RMS 群集、AD RMS 日志记录数据库和域控制器，详细的实验步骤可参考 8.2 节。

8.3.1 在 AD RMS 群集上创建共享文件夹

为了便于管理权限策略模板，可以将 AD RMS 权限策略模板存储在某个中心位置，以便将它们复制到 AD RMS 客户端。其方法包括使用系统管理服务器、组策略或手动将模板复制到 AD RMS 客户端。这里是采用手动复制权限策略模板。

注意：AD RMS 服务账户必须具有对权限策略模板共享文件夹的写入访问权限，才能使权限策略模板的导出功能正常工作。

若要为 AD RMS 权限策略模板创建一个共享文件夹，并为 AD RMS 服务账户设置相应的权限，步骤如下：

（1）以 CPANDL\Administrator 身份登录到 ADRMSSVR。

（2）在 C 盘上新建一个名为 Templates 的文件夹。

（3）打开 Templates 文件夹的“属性”窗口，选择“共享”选项卡，然后单击“高级共享”。

（4）选中“共享此文件夹”复选框，然后单击“权限”。

（5）单击“添加”，在“输入对象名称来选择”框中键入 CPANDL\ADRMSSRVC，然后单击“确定”。

（6）在“组或用户名”框中，单击 ADRMSSRVC (ADRMSSRVC@cpandl.com)，然后在“ADRMSSRVC 的权限”框中，选中“允许”列中的“更改”复选框。

（7）单击“确定”两次。

（8）在“安全”选项卡，选择“编辑”。

（9）单击“添加”，在“输入对象名称来选择”框中键入 CPANDL\ADRMSSRVC，然后单击“确定”。

（10）单击 ADRMSSRVC (ADRMSSRVC@cpandl.com)，然后在“ADRMSSRVC 的权限”框中，选中“允许”列中的“修改”复选框，然后单击“确定”。

（11）单击“关闭”。

8.3.2 创建 AD RMS 权限策略模板

（1）打开 Active Directory Rights Management Services 管理控制台。

（2）在 Active Directory Rights Management Services 管理控制台中，单击 LocalHost。

（3）在“结果”窗格的“任务”框中，单击“管理权限策略模板”。

（4）若要启用 AD RMS 权限策略模板的导出，请单击“操作”窗格中的“属性”。

（5）选中“启用导出”复选框，在“指定模板文件位置（UNC）”框中键入\\adrms-srv\ADRMSTemplates，然后单击“确定”。

（6）在“操作”窗格中，单击“创建分布式权限策略模板”以启动“创建分布式权限策略模板”向导。

（7）单击“添加”。

（8）在“语言”列表中，为权限策略模板选择合适的语言。

（9）在“名称”框中键入 CPANDL.COM CC。

（10）在“描述”框中键入 CPANDL.COM Company Confidential，然后单击“添加”。

（11）单击“下一步”。

（12）单击“添加”，在“用户或组的电子邮件地址”框中键入 employees@cpandl.com，然后单击“确定”。

（13）选中“查看”复选框，以授予 employees@cpandl.com 组对使用此 AD RMS 权限策略模板创建的任何文档具有读取访问权限。

（14）单击“完成”。

8.3.3 配置 AD RMS 客户端

步骤一：为受权限保护的内容创建文件夹

（1）以管理员身份登录 ADRMSCLT。

（2）打开 C 盘，新建一个名为 ADRMSDocs 的文件夹。

（3）打开 ADRMSDocs 文件夹的“属性”窗口。

（4）单击“安全”选项卡，然后单击“编辑”。

（5）单击“用户（ADRMS-SRV\用户）”，然后在“用户的权限”框中，选中“允许”列中的“修改”复选框。

（6）单击“确定”两次。

步骤二：使 AD RMS 模板可用于 ADRMSCLT 上用户

（1）以张华（cpandl\zhanghua）身份登录 ADRMSCLT。

（2）运行 regedit.exe，打开注册表编辑器。

（3）展开以下注册表项：

HKEY_CURRENT_USER\Software\Microsoft\Office\12.0\Common\DRM

说明：如果 DRM 尚未作为该注册表项的一部分创建，则必须手动创建它。

（4）选择 DRM，单击“编辑”，指向“新建”，单击“可扩充字符串值”，然后键入 AdminTemplatePath。

（5）双击 AdminTemplatePath 注册表值并在“值数据”框中键入：

%UserProfile%\AppData\Microsoft\DRM\Templates，

其中%UserProfile%等于 C:\Users\<用户名>，然后单击“确定”。

（6）关闭注册表编辑器。

（7）验证路径 C:\Users\nhollida\AppData\Microsoft\DRM\Templates\是否有效。如果无效，请创建相应的文件夹。

（8）单击“开始”，在“开始搜索”框中键入\\ADRMSSVR\Templates，然后按 Enter。

（9）将导出的 AD RMS 权限策略模板从\\ADRMSSVR\Templates 复制到 C:\Users\nhollida\AppData\Microsoft\DRM\Templates。

注意：如果权限策略模板不必在脱机时可用，则不需要将 AD RMS 权限策略模板复制到客户端计算机。

8.3.4 使用 ADRMSCLT 验证 AD RMS 功能

若要验证 AD RMS 部署的功能，则以张华的身份登录，然后使用前面所创建 AD RMS 权限策略模板来限制 Microsoft Word 2007 文档的权限。该策略使 CPANDL 员工能够读取该文档，但不能更改、打印或复制。所有其他人员根本没有访问该文档的权限。然后以王强身份登录并验证王强（CPANDL 的 Employees 组的成员）是否无法打印该文档。

步骤一：限制 Microsoft Word 2007 文档权限

（1）以张华（cpandl\zhanghua）身份登录 ADRMSCLT。

（2）打开 Microsoft Office Word 2007。

（3）在空白的文档页上，键入“CPANDL 员工不能打印此文档”，单击 Microsoft Office 按钮，依次指向“完成”、“限制权限”，单击“限制权限身份”，然后选择“选择用户”对话框中的 zhangh@cpandl.com，然后单击“确定”。

（4）在“权限”对话框中，选中“限制此文档的权限”复选框，单击“读取”，然后键入要限制的用户或组的名称。在本例中，键入 employees@cpandl.com，然后单击“确定”两次。

（5）单击 Microsoft Office 按钮，单击“另存为”，然后将该文件另存为\\ADRMS-DB\public\ADRMSTST.docx。

（6）以张华身份注销。

步骤二：查看受保护文档

（1）以王强（cpandl\wangqiang）身份登录。

（2）打开 ADRMSTST.docx 文件。

将显示以下消息："此文档的权限当前受限制。Microsoft Office 必须连接到 https://adrmssvr.cpandl.com/_wmcs/licensing 验证您的凭据并下载权限。"

（3）单击"确定"。

将显示以下消息："正在验证使用受限制的权限打开内容的凭据…"

（4）文档打开时，单击 Microsoft Office 按钮。请注意，"打印"选项不可用。

（5）单击消息栏中的"查看权限"。应该可以看到 AD RMS 权限策略模板已应用于该文档。

（6）单击"确定"关闭"我的权限"对话框，然后关闭 Microsoft Word。

这样就使用简单方案（将权限策略模板应用于 Microsoft Word 2007 文档）成功部署并演示了 AD RMS 的权限模板策略功能。当然还可以使用此部署，通过额外的配置和测试来开发 AD RMS 的某些其他功能。

8.4 在 Extranet 中部署 AD RMS

Extranet 也称外联网，它是现有 Intranet 向外的延伸，可以作为公用的 Internet 和专用的 Intranet之间的桥梁，也可以被看做是一个能被企业成员访问或与其他企业合作的企业Intranet 的一部分。

在 Extranet 中部署 AD RMS 可以将 AD RMS 群集扩展到 Internet，以便用户可以在未连接到内部网络时使用受权限保护的内容。

在 Extranet 中部署 AD RMS 的实验环境要求有六台使用以下操作系统、应用程序和服务的计算机，同时还需要使用 USB 闪存驱动器或其他介质将文件从启用 AD RMS 的客户端复制到启用 AD RMS 的 Extranet 客户端。

计算机名称	操作系统	应用程序和服务
ADRMSSVR	Windows Server 2008	AD RMS、IIS 7.0、消息队列、Windows 内部数据库
CPANDLDC	Windows Server 2003（SP2）	Active Directory，DNS
ADRMSDB	Windows Server 2003（SP2）	Microsoft SQL Server (TM) 2005 Standard Edition
ISASVR	Windows Server 2003（SP2） 注：此计算机必须具有两个网络适配器，以便 ISA Server 2006 可以区分公用与专用 IP 地址。	Microsoft ISA Server 2006 Standard Edition
ADRMSCLT	Windows Vista®	Microsoft Office Word 2007 Enterprise Edition
ADRMSEXCLT	Windows Vista	同上

此表中的前五台计算机构成了专用 Intranet，ISASVR 还安装了另一个暴露在 Internet 中的网络适配器。这样 ISA 服务器就可以接收来自 Internet 的请求并将它们转发到 AD RMS 服务器。ADRMSEXCLT 是不属于同一网络的计算机。

环境配置如图 8-5 所示。

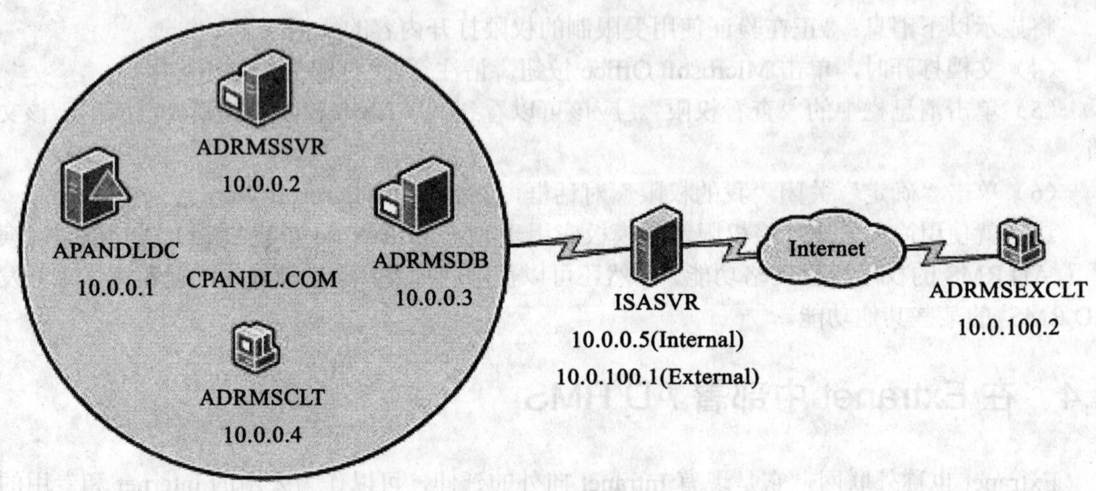

图 8-5 在 Extranet 中部署 AD RMS 配置环境

8.4.1 配置要在 Extranet 中工作的 AD RMS

在配置在 Extranet 中工作的 AD RMS 之前，需要为 AD RMS 部署准备基本基础结构，详细的实验步骤可参考 8.2 节。

为了使未连接到组织内部网络的用户可以使用受权限保护的内容，必须配置 AD RMS Extranet 群集 URL。这些 URL 包含在 AD RMS 客户端许可方证书中，且随着所有受权限保护的内容一同发布。这些 URL 应该是可供 Internet 上的所有计算机使用的地址。

注意：使用权限保护内容之前，必须先配置 Extranet 群集 URL。如果已具有受权限保护的内容，则启用 AD RMS 的客户端必须下载包括 Extranet 群集 URL 的新客户端许可方证书。

Extranet 群集 URL 是通过 Active Directory Rights Management Services 控制台进行配置的。

步骤一：配置 AD RMS Extranet 群集 URL

（1）以 CPANDL\ADRMSADMIN 身份登录到 ADRMSSVR。

（2）打开“管理工具”中的 Active Directory Rights Management Services。

（3）如果出现“用户账户控制”对话框，请确认所显示的是您想要执行的操作，然后单击“继续”。

（4）右键单击“ADRMSSVR（本地）”，然后单击“属性”。

（5）单击“群集 URL”选项卡，然后选中 Extranet URL 复选框。

（6）在“授权”框中，选择 https://，然后键入 adrmssvr.cpandl.com。

（7）在“证书”框中，选择 https://，然后键入 adrmssvr.cpandl.com。

（8）单击“确定”。

步骤二：导出 ADRMSSVR 服务器身份验证证书及其私钥

（1）新建一个 MMC 控制台。

（2）如果出现“用户账户控制”对话框，请确认所显示的是您想要执行的操作，然后单击“继续”。

（3）选择“文件”中的“添加/删除管理单元”，单击“证书”，然后单击“添加”。

（4）选择“计算机账户”选项，然后单击“下一步”。

（5）单击“完成”，然后单击“确定”。

（6）在控制台树中，依次展开“证书（本地计算机）”、“受信任的根证书颁发机构”，然后单击“证书”。

（7）右键单击 ADRMSSVR.cpandl.com，指向“所有任务”，然后单击“导出”。

（8）在“欢迎使用证书导出向导”页上，单击“下一步”。

（9）选择“是，导出私钥”选项，然后单击“下一步”。

（10）在“导出文件格式”页上，单击“下一步”，接受默认选择。

（11）在“密码”和“键入并确认密码”框中，键入同一个密码，然后单击“下一步”。

（12）在“文件名”框中，键入\\adrmsdb\public\adrmssvr_with_key.pfx，然后单击“下一步”。

（13）单击“完成”。

（14）单击“确定”，确认导出成功。

8.4.2 安装和配置 ISASVR

ISA Server 2006 Standard Edition 是一个集成的安全边界网关，可与 AD RMS 一起用于限制通过 Internet 访问 AD RMS 群集。ISA 服务器会处理从 Internet 到 AD RMS Extranet 群集 URL 的所有请求，并在必要时将它们传递到 AD RMS 群集。

步骤一：配置 ISA 服务器（ISASVR）

首先，对 ISASVR 计算机进行基本配置：

（1）在独立的服务器上安装 Windows Server 2003，输入的计算机名称为 ISASVR。

（2）在 ISASVR 上配置 TCP/IP 属性，在“本地连接”的“属性”中设置静态 IP 地址 10.0.0.5，首选的 DNS 服务器为 10.0.0.1；在“本地连接 2”的“属性”中设置静态 IP 地址为 10.0.100.1。

（3）将 ISASVR 加入到 CPANDL.COM 域中。

下一步，将服务器身份验证证书导入 ISASVR 计算机：

（1）以本地 Administrators 组成员身份登录 ISASVR。

（2）新建一个新的 MMC 控制台，添加“证书”管理单元。

（3）展开“证书”，然后展开“个人”。

（4）右键单击控制台树中的“证书”，指向“所有任务”，然后单击“导入”。

（5）在“欢迎使用证书导入向导”页上，单击“下一步”。

（6）在“文件名”框中，键入\\adrmsdb\public\adrmssvr_with_key.pfx，单击“确定”，然后单击“下一步”。

（7）键入用于导出证书的密码，然后单击“下一步”。

（8）单击“下一步”，然后单击“完成”。

（9）单击“确定”，确认导入成功。

（10）关闭证书控制台。

下一步，以本地 Administrators 组成员身份登录 ISASVR，根据安装向导安装 ISA Server 2006 Standard Edition。

步骤二：将 AD RMS 群集发布到 Extranet

ISA Server 2006 Standard Edition 要求针对指定端口配置 Web 侦听器。在本指南中，为了帮助在客户端与 ISA 服务器之间安全传输数据，可以使用 TCP 端口 443（SSL）。在本部分中，您需要通过 ISA 服务器发布 AD RMS 网站。这包括将 AD RMS Extranet 群集 URL 发布到此 ISA 服务器，然后允许 ISA 服务器将用户凭据直接传递到 AD RMS 服务器。由于在本指南中对 AD RMS 群集使用自签名证书，因此必须将其从个人证书存储移至受信任的根证书颁发机构存储。

首先，在 ISA-SRV 上发布 AD RMS 群集。

（1）打开 Microsoft ISA Server 中的“ISA 服务器管理”。

（2）展开 ISASVR，然后单击“防火墙策略”。

（3）单击“任务”选项卡，然后单击“发布网站”。

（4）在“Web 发布规则名称”框中，键入 AD RMS Extranet，然后单击“下一步”。

（5）单击“下一步”两次，接受默认选择。

（6）选择“使用 SSL 连接到已发布的 Web 服务器或服务器场”选项，然后单击“下一步”。

（7）在“内部站点名称”框中，键入 adrmssvr.cpandl.com。

（8）选中“使用要连接到已发布服务器的 IP 地址的计算机名称”复选框，在“计算机名称或 IP 地址”框中键入 10.0.0.2，然后单击“下一步”。

（9）在“路径（可选）”框中键入/*，选中“转发原始主机标头，而不是在上一页的‘内部站点名称’字段中指定的实际主机标头”复选框，然后单击“下一步”。

（10）在“公用名称”框中键入 adrmssvr.cpandl.com，然后单击“下一步”。

（11）单击“新建”，新建 Web 侦听器。

（12）在“Web 侦听器”名称框中，键入 HTTPS Port 443，然后单击“下一步”。

（13）选择“要求与客户端建立 SSL 安全连接”选项，然后单击“下一步”。

（14）选中“外部”复选框，然后单击“下一步”。

（15）选择“对此 Web 侦听器使用单个证书”选项，然后单击“选择证书”。

（16）依次单击 ADRMSSVR.cpandl.com 证书、“选择”，然后单击“下一步”。

（17）在“选择客户端向 ISA 服务器提供凭据的方式”框中，选择“没有身份验证”，然后再单击两次“下一步”。

（18）单击“完成”关闭“新建 Web 侦听器向导”，然后再单击“下一步”。

（19）单击“无委派，但客户端可以直接进行身份验证”，然后单击“下一步”。

（20）单击“下一步”将此 Web 发布规则应用于所有用户，单击“完成”。

（21）单击“应用”保存更改并更新配置，然后单击“确定”。

下一步，移动 ADRMS-SRV 服务器身份验证证书：

（1）新建 MMC 控制台。

（2）添加“证书”管理单元。

（3）依次展开“证书（本地计算机）”、“个人”，然后展开“受信任的根证书颁发机构”。

（4）单击控制台树中的“个人”下的“证书”。

（5）选择细节窗格中的 ADRMSSVR.cpandl.com 证书，并将其拖至“受信任的根证书颁发机构”下的“证书”文件夹中。

（6）关闭证书控制台。

8.4.3 配置 AD RMS Extranet 客户端

步骤一：对 ADRMSEXCLT 进行基本配置

（1）在 ADRMSEXCLT 计算机上安装 Windows Vista，输入的计算机名称为 ADRMSEXCLT。

（2）在 ADRMSEXCLT 上配置 TCP/IP 属性，在“本地连接”的“属性”中设置静态 IP 地址 10.0.100.2。

由于实验环境是不含外部 DNS 服务器，因此为了使 Extranet 群集 URL 可以解析为其相应的 IP 地址，必须在指向 ISASVR 的 HOSTS 文件中创建一个手动条目。在生产环境中是不需要执行这个步骤的，因为 extranet 客户端计算机的 Internet 服务提供商会处理 DNS 解析。

步骤二：在 HOSTS 文件中为 AD RMS Extranet 群集 URL 创建条目

（1）以本地 Administrators 组成员身份登录 ADRMSEXCLT。

（2）打开“记事本”，在记事本中，单击“文件”，然后单击“打开”。

（3）导航到 C:\windows\System32\drivers\etc\HOSTS，然后单击“打开”。

注：若要显示 HOSTS 文件，则到达 etc 文件夹时，必须选择“所有文件”（位于“打开”按钮上方）。

（4）在该文件底部的新行上，键入 10.0.100.1 adrmssvr.cpandl.com。

（5）保存并关闭 HOSTS 文件。

步骤三：将服务器身份验证证书导入 ADRMSEXCLT 计算机中

（1）使用本地 Administrators 组成员的用户账户登录 ADRMSEXCLT。

（2）打开 IE 浏览器，

（3）在地址栏中，键入 https://adrms-srv.cpandl.com/_wmcs/licensing/license.asmx，然后按 Enter。

（4）在“证书错误：导航已阻止”网页上，单击“继续浏览此网站（不推荐）”。

（5）在“用户名”框中，键入 CPANDL\wangqiang。在“密码”框中，键入王强的密码，然后单击“确定”。

（6）在地址栏中，单击“证书错误”，然后单击“查看证书”。

（7）在“证书信息”页上，单击“安装证书”。

（8）在“欢迎使用证书导入向导”页上，单击“下一步”。

（9）选择“将所有的证书放入下列存储”选项，单击“浏览”，再单击“受信任的根证书颁发机构”，然后单击“确定”。

（10）单击“下一步”，然后单击“完成”。

（11）单击“是”，接受安全警告。只有在使用自签名证书时，才会发生这种情况。

（12）单击“确定”，确认证书导入成功。

（13）单击“确定”关闭“证书信息”窗口。

（14）关闭 IE 浏览器。

步骤四：安装 Microsoft Office Word 2007 Enterprise

按照安装向导安装 Office 软件，注意只有 Microsoft Office 2007 Ultimate、Professional Plus 和 Enterprise 版本允许创建受权限保护的内容。所有版本都允许使用受权限保护的内容。

8.4.4 使用 ADRMSCLT 验证 AD RMS 功能

步骤一：限制 Microsoft Word 文档权限

（1）以张华（cpandl\zhanghua）身份登录到 ADRMSCLT。

（2）新建一个 word 文档，文档的内容为“这是 AD RMS Extranet 功能的测试”，

（3）单击“Microsoft Office 按钮”，指向“准备”，指向“限制权限”，然后单击“限制访问”。

（4）选中“限制此文档的权限”复选框。

（5）在“读取”框中，键入 wangq@cpandl.com，然后单击“确定”关闭“权限”对话框。

（6）将该文档命名为 ADRMSTST。

（7）将 ADRMSTST.docx 复制到 USB 闪存驱动器。

（8）以张华身份注销。

步骤二：查看受保护文档

（1）借助要在使用受权限保护的文档时使用的本地用户账户登录 ADRMSEXCLT。

注意：使用此文档后，使用同一用户账户登录计算机的任何其他用户都可以使用该文档。

（2）插入 USB 闪存驱动器，然后双击 ADRMSTST.docx 文件。

（3）在“用户名”框中，键入 cpandl\wangqiang。在“密码”框中，键入王强的密码，然后单击“确定”。

屏幕上将显示以下消息：“此文档的权限当前受限制。Microsoft Office 必须连接到 https://adrmssvr.cpandl.com/_wmcs/licensing 验证您的凭据并下载权限。”

（4）单击“确定”。

将显示以下消息：“您正在尝试将信息发送到不在本地、Intranet 或受信任区域内的 Internet 站点（https://adrmssvr.cpandl.com）中。这可能会造成安全风险。是否仍然要发送信息?”

（5）单击“是”。

将显示以下消息：“正在验证您的凭据以打开受权限限制的内容…”

（6）打开文档后，单击 Microsoft Office 按钮。请注意，“打印”选项不可用。

（7）单击消息栏中的“查看权限”。您会看到系统已将 wangq@cpandl.com 限制为此人只能读取该文档。

（8）单击“确定”关闭“我的权限”对话框，然后关闭 Microsoft Word。

您已使用简单的方案将受限制的权限应用于 Microsoft Word 2007 文档，并在 Extranet 中成功地部署并演示了 AD RMS 的功能。还可以使用此部署，通过额外的配置和测试来开发 AD RMS 的某些其他功能。

习 题

1. 简述在 Windows Server 2008 中的 AD RMS 的新特性。
2. 如果要创建受权限保护的文档，在在线的情况下和离线的情况下创建的方法有什么

不同？

3．AD RMS 的证书和许可有哪些？分别起什么作用？

4．在部署好 AD RMS 服务后，如何测试 AD RMS 的功能？

5．为什么要创建权限策略模板？简述创建权限策略模板的方法。

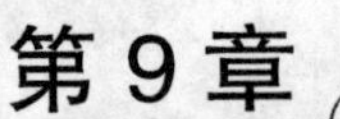

第 9 章 活动目录的相关服务

Active Directory 服务包括 Active Directory 证书服务（AD CS）、Active Directory 域服务（AD DS）、Active Directory 联合身份验证服务（AD FS）、Active Directory 轻型目录服务（AD LDS）和 Active Directory 权限管理服务（AD RMS）。在第 4 章已经介绍了 Active Directory 域服务，第 8 章介绍了 Active Directory 权限管理服务，本章重点介绍的是 Active Directory 证书服务、Active Directory 联合身份验证服务、Active Directory 轻型目录服务。

9.1 活动目录证书服务

数字证书是一种权威性的电子文档，由权威公正的第三方机构即证书授权中心签发，用来在 Internet 上进行身份验证。以数字证书为核心的加密技术可以对网络上传输的信息进行加密和解密、数字签名和签名验证，确保网络上传递信息的机密性和完整性。即使发送的信息在网上被拦截，甚至丢失了个人账户、密码等信息，通过数字证书，仍然可以保证用户的账户安全。数字证书采用的是公钥技术，即利用一对互相匹配的密钥进行加密解密。

Windows Server 2008 的活动目录证书服务（AD CS）提供的服务就是创建和管理在采用公钥技术的软件安全系统中使用的公钥证书。通过将用户、设备或服务的标识与相应的私钥进行绑定，组织和使用 AD CS 来增强系统的安全性，同时，AD CS 还具有允许在各种可伸缩环境中管理证书注册及吊销的功能。

9.1.1 活动目录证书服务的概述

活动目录证书服务（AD CS）能够提供可自定义的服务，用于颁发和管理使用公钥技术的软件安全系统中的证书。使用 AD CS 创建一个或多个证书颁发机构（CA），接收证书申请、验证申请中的信息和申请者的身份、颁发证书、吊销证书以及发布证书吊销数据。

AD CS 角色服务可以安装在运行 Windows Server 2008 R2、Windows Server 2008、Windows Server 2003 和 Windows 2000 Server 操作系统的服务器上。当然，并非所有的操作系统都支持所有的功能，因此创建一个最佳的设计应该在部署 AD CS 之前仔细计划和进行实验室测试。

可以在不同版本 Windows Server 2008 R2 上配置的 AD CS 组件，如表 9-1 所示。

表 9-1　不同版本 Windows 2008 上配置的 AD CS 组件

组　件	Web Edition	Standard Edition	Enterprise Edition	Datacenter Edition
CA	否	是	是	是

续表

组　件	Web Edition	Standard Edition	Enterprise Edition	Datacenter Edition
网络设备注册服务	否	否	是	是
联机响应程序服务	否	否	是	是
CA Web 注册	否	是	是	是
证书注册 Web 服务	否	是	是	是
证书注册策略 Web 服务	否	是	是	是

在运行 Windows Server 2008 R2 并且配置为 CA 的服务器上可以使用以下功能（见表 9-2）：

表 9-2　不同版本 Windows 2008 配置 CA 的服务器上使用的功能

组　件	Web Edition	Standard Edition	Enterprise Edition	Datacenter Edition
可自定义版本 2 和版本 3 证书模板	否	是	是	是
密钥存档	否	否	是	是
角色分隔	否	否	是	是
证书管理员限制	否	否	是	是
委派注册代理限制	否	否	是	是
跨林边界证书注册	否	否	是	是

下面介绍几个与 AD CS 有关的基本概念。

1. 公钥基础结构

公钥基础结构是一种数字证书、证书颁发机构和注册机构的系统，通过使用公钥加密检查和验证电子事务中涉及的每个实体的有效性。PKI 的基础技术包括加密、数字签名、数据完整性机制、数字信封、双重数字签名等。

完整的 PKI 系统必须具有权威证书颁发机构、数字证书库、密钥备份及恢复系统、证书作废系统、应用接口等基本构成部分。其中，证书颁发机构是数字证书的申请及签发机关，CA 必须具备权威性；数字证书库是用于存储已签发的数字证书及公钥，用户可由此获得所需的其他用户的证书及公钥；密钥备份及恢复系统是为了避免由于用户丢失了用于解密数据的密钥而导致数据无法被解密，当然，密钥的备份与恢复必须由可信的机构来完成，并且密钥备份与恢复只能针对解密密钥，签名私钥为确保其唯一性而不能够作备份；证书作废处理系统是 PKI 的一个必备的组件，在密钥介质丢失或用户身份变更时使用；应用接口提供良好的应用接口系统，使得各种各样的应用能够以安全、一致、可信的方式与 PKI 交互，确保安全网络环境的完整性和易用性。

公钥基础结构涉及一对密钥（即私钥和公钥），私钥只由用户独立掌握，不会在网上传输，而公钥则是公开的，需要在网上传送，故公钥体制的密钥管理主要是针对公钥的管理问题，目前较好的解决方案是数字证书机制。

2. 证书颁发机构

证书颁发机构（CA）是证书的签发机构，是管理 CA、证书吊销和证书注册的主要工具。CA 接受证书申请，根据 CA 的策略验证申请者的信息，并且使用其私钥将其数字签名应用于证书，然后 CA 将证书颁发给证书的使用者，在公钥基础结构内用作安全凭证。此外，CA 还负责吊销证书和发布证书吊销列表。

CA 可以是外部实体（如 VeriSign），也可以是通过安装 AD CS 而创建的由组织使用的 CA。每个 CA 都要求证书申请者有明确的身份证明，如域账户、员工的工作证、驾照、已确认的申请或物理地址。Microsoft 企业 CA 使用个人的用户账户凭据作为身份证明。如果用户登录到一个域并申请企业 CA 的证书，则 CA 可以根据用户在 AD DS 中的账户对用户的身份进行验证。

每个 CA 都有确认自己身份的证书，该证书由另一个受信任的 CA 颁发。如果这个 CA 是根 CA，则由自己颁发。注意，由于任何人都可以创建 CA，因此用户或管理员必须决定是否信任该 CA，即该 CA 所拥有的策略是否适合于确认其实体的身份。

3. 根 CA 和从属 CA

根 CA 是指在组织的 PKI 中最受信任的 CA 类型。如果根 CA 被泄露或向未经授权的实体颁发了证书，则组织中任何基于证书的安全性都变得易受攻击。因此，通常根 CA 的物理安全性和证书颁发策略都比从属 CA 更严格。虽然根 CA 可以就发送安全电子邮件这样的任务向最终用户颁发证书，但是在大多数组织中，它们只用于向其他 CA（称为从属 CA）颁发证书。

从属 CA 是由组织中的另一个 CA 颁发证书的 CA。通常，从属 CA 为特定用途（如安全的电子邮件、基于 Web 的身份验证或智能卡身份验证）颁发证书。从属 CA 还可以向其他更下级的从属 CA 颁发证书。根 CA、已由根验证的从属 CA 以及由其他从属 CA 验证的从属 CA 一起构成了证书层次结构。

4. 企业 CA 和独立 CA

企业证书颁发机构可以通过 S/MIME（安全多用途 Internet 邮件扩展）为数字签名、安全电子邮件颁发证书，通过安全套接字层或传输层安全性向安全 Web 服务器进行身份验证，通过智能卡登录到域。

企业 CA 具有以下特征：

（1）需要访问 Active Directory 域服务。

（2）使用组策略将其证书传播到域中所有用户和计算机的受信任根证书颁发机构证书存储。

（3）将用户证书和证书吊销列表发布到 AD DS。为了将证书发布到 AD DS，装有 CA 的服务器必须是 Certificate Publishers 组的成员。这对于服务器所在的域是自动进行的，但是必须为该服务器委派了适当的安全权限才能向其他域发布证书。

必须是 Domain Admins 组的成员或者是具有 AD DS 写入权限的管理员才能安装企业根 CA。

企业 CA 基于证书模板颁发证书。在使用证书模板时可以实现以下功能：

（1）在注册证书时，企业 CA 对用户强制执行凭据检查。在 AD DS 中，每个证书模板都有一个安全权限设置，用于确定证书申请者是否有权接收所请求的证书类型。

（2）证书使用者名称可以从 AD DS 中的信息自动生成，或者由申请者明确提供。

（3）策略模板将一个预定义的证书扩展列表添加到颁发的证书。该扩展是由证书模板定义的。这可以减少证书申请者需要为证书及其预期用途提供的信息量。

（4）可以使用自动注册功能颁发证书。

独立证书颁发机构可以出于目的（如数字签名）颁发证书，它通过使用 S/MIME（安全多用途 Internet 邮件扩展）保证电子邮件的安全，并且通过使用安全套接字层或传输层安全性对安全 Web 服务器进行身份验证。

独立 CA 具有以下特征：

（1）与企业 CA 不同，独立 CA 不需要使用 AD DS。即使使用 AD DS，也可以将独立 CA 用作 CA 层次结构中的脱机受信任根 CA 或通过 Extranet 或 Internet 向客户端颁发证书。

（2）当用户向独立 CA 提交证书申请时，必须提供他们的身份信息并指定他们所需的证书类型。（当向企业 CA 提交申请时，不需要执行该操作，因为企业用户的信息已经位于 AD DS 中，并且证书类型已由证书模板描述。）从本地计算机的安全账户管理器数据库中获取申请的身份验证信息。

（3）默认情况下，发送到独立 CA 的所有证书申请都设置为挂起，直到独立 CA 的管理员验证所提交的信息并批准该申请。管理员必须执行这些任务，因为证书申请者的凭据没有经过独立 CA 的验证。

（4）不使用证书模板。

（5）管理员必须将独立 CA 的证书明确分发到域用户的受信任根存储，否则用户必须自己执行该任务。

（6）如果使用支持椭圆曲线加密（ECC）的加密提供程序，则独立 CA 将允许使用 ECC 密钥中的每个密钥。

（7）当独立 CA 使用 AD DS 时，该 CA 具有以下附加功能：

如果 Domain Admins 组的成员或对域控制器具有写入权限的管理员安装独立根 CA，则会自动将其添加到域中所有用户和计算机的“受信任的根证书颁发机构”证书存储中。因此，如果在 Active Directory 域中安装独立根 CA，则不应该更改接收证书申请时（将申请标记为挂起）CA 的默认操作。否则，受信任的根 CA 会自动颁发证书，而无需验证证书申请者的身份。

如果独立 CA 由企业中父域的 Domain Admins 组成员安装，或者由对 AD DS 具有写入权限的管理员安装，则独立 CA 将向 AD DS 发布其 CA 证书和证书吊销列表。

9.1.2　设置活动目录证书服务

活动目录证书服务角色服务可以单独设置，使多个角色服务位于单个服务器上，也可以将每个角色服务安装在单独的服务器上，本节重点介绍下面几种 AD CS 角色服务的安装和卸载过程。

9.1.2.1　设置证书颁发机构

证书颁发机构（CA）包括根 CA 和从属 CA，下面介绍如何安装和卸载根 CA 和从属 CA。

1. 安装根证书颁发机构

对于大多数企业，根 CA 的证书是其安装的第一个 AD DS 角色服务。在基本公钥基础结构中，根 CA 也许是企业部署的唯一 CA。根 CA 可以是独立 CA，也可以是企业 CA，如果是独立 CA，则至少是本地管理员身份才能安装，如果是企业 CA，则安装者的身份至少是 Domain Admins 中的成员。

安装根 CA 步骤如下：

（1）在服务器管理器中选择“添加角色”，单击“下一步”，然后单击“Active Directory 证书服务”。单击两次“下一步”。

（2）在“选择角色服务”页面中，选择“证书颁发机构”。单击“下一步”。

（3）在“指定安装类型”页中，选择“独立”或“企业”。单击“下一步”。注意只有网络连接到了域控制器，才能安装企业 CA。

（4）在“指定 CA 类型”页面中，单击“根 CA”。单击“下一步”。

（5）在“设置私钥”页面中，单击“新建私钥”。单击“下一步”。

（6）在“配置加密”页面上，选择加密服务提供程序、密钥长度和哈希算法，如果要进行基本测试，也可以选择其默认值，然后单击“下一步”。

加密服务提供程序（CSP）是 Windows 操作系统中提供常规加密功能的硬件和软件组件。通过编写 CSP 可以显著提高 CA 的安全性、性能和兼容性。尽管默认的加密选项可能适合大多数 CA，但对于非常了解加密并且需要此灵活性的管理员和应用程序开发人员，执行自定义选项是非常有用的。

每个 CSP 都支持不同字符长度的密钥。配置较长的密钥字符长度可以增强安全性（通过使恶意用户更难解密密钥），但同时也会降低加密操作的性能。

哈希算法用于对 CA 证书和 CA 颁发的证书进行签名，以确保它们没有被篡改。每个 CSP 均可以支持不同的哈希算法。

（7）在“配置 CA 名称”页面中，创建标识 CA 的唯一名称。单击“下一步”。

CA 的名称长度不得超过 64 个字符，可以使用任何 Unicode 字符创建名称。由于在 AD DS 中将服务器配置为 CA 时所指定的名称将成为 CA 的公用名，并且该名称会反映到 CA 颁发的每个证书中，因此，不要将 CA 的名称设置成完全限定的域名，以增强其安全性。

（8）在“设置有效期”页面中，指定根 CA 证书有效的年数或月数。单击“下一步”。

（9）在“配置证书数据库”页面上，指定证书数据库和证书数据库日志的存储位置。单击“下一步”。

（10）在“确认安装选择”页面上，检查所选择的所有配置设置。如果要接受所有这些选项，则单击“安装”，然后等待安装过程完成。

2. 安装从属证书颁发机构

安装从属 CA 的目的是对 PKI 实施策略限制并向最终客户端颁发证书，同时可以帮助防止不必要的公开根 CA。如果从属 CA 用于向账户在 Active Directory 域中的用户或计算机颁发证书，则要将从属 CA 安装为企业 CA。从属 CA 可以是独立 CA，也可以是企业 CA，如果是独立 CA，则至少是本地管理员身份才能安装，如果是企业 CA，则安装者的身份至少是 Domain Admins 中的成员。

（1）在服务器管理器中选择“添加角色”，单击“下一步”，然后单击“Active Directory 证书服务”。单击两次“下一步”。

（2）在“选择角色服务”页面中，选择“证书颁发机构”。单击“下一步”。

（3）在“指定安装类型”页中，选择“独立”或“企业”。单击“下一步”。注意只有网络连接到域控制器，才能安装企业 CA。

（4）在“指定CA类型”页面中，单击“子集CA”。单击“下一步”。

（5）在“设置私钥”页面中，单击“新建私钥”。单击“下一步”。

（6）在“配置加密”页面上，选择加密服务提供程序、密钥长度和哈希算法，如果要进行基本测试，也可以介绍其默认值，然后单击“下一步”。

（7）在“配置CA名称”页面中，创建标识CA的唯一名称。单击“下一步”。

（8）在“设置有效期”页面中，指定根CA证书有效的年数或月数。单击“下一步”。

（9）在“配置证书数据库”页面上，指定证书数据库和证书数据库日志的存储位置。单击“下一步”。

（10）在“确认安装选择”页面上，查看选择的所有配置设置。如果要接受所有这些选项，则单击“安装”，然后等待安装过程完成。

3．将CA移到其他计算机上

Windows Server服务器允许将CA从一台计算机移动到另一台计算机，移动的过程分两步走：

第一步：在第一台计算机上备份CA

第二步：在第二台计算机上还原该CA

在服务器之间移动CA需要注意几个问题：

（1）如果是独立CA，必须是本地Administrators中的成员来移动CA。如果是企业CA，则必须是DomainAdmins中的成员来操作。

（2）必须确保在其上还原CA的计算机与从中备份该CA的计算机具有相同的名称。例如，如果从C:\Winnt\System32\Certlog文件夹中备份CA，则必须将此备份还原到C:\Winnt\System32\Certlog文件夹。还原备份之后，便可以将CA数据库文件移动到其他位置。

（3）若要将CA从运行Windows Server 2003的服务器移动到运行Windows Server 2008的服务器，可以先将第一台服务器从Windows Server 2003升级到Windows Server 2008，在该服务器上备份CA，然后在另一台运行Windows Server 2008的服务器上还原该CA；或者在运行Windows Server 2003的计算机上备份CA，在另一台运行Windows Server 2003的计算机上还原该CA，然后将第二台服务器升级到Windows Server 2008。

第一步：在第一台计算机上备份CA

（1）打开“证书颁发机构”管理单元。

（2）如果备份的是企业CA，则单击该CA的“证书模板”，然后记录所列出的证书模板的名称。

证书模板设置存储在AD DS中，无法自动进行备份，所以需要手动将所需的证书模板添加到新CA中。

（3）在“证书颁发机构”管理单元中，右键单击CA名称，单击“所有任务”，然后单击“备份CA”以启动证书颁发机构备份向导。

（4）单击“下一步”，然后选中“私钥和CA证书”和“证书数据库和证书数据库日志”复选框。

（5）指定一个空文件夹或存储介质作为备份位置，然后单击“下一步”。

（6）键入CA私钥备份文件的密码，然后再次键入该密码进行确认，然后单击“下一步”。

（7）验证是否已显示“私钥和CA证书”和“颁发的日志和挂起申请”备份设置，然后单击“完成”。

（8）在命令行运行 regedit 命令，打开注册表。

（9）找到并右键单击以下注册表子项：

HKEY_LOCAL_MACHINE\SYSTEM\CurrentControlSet\Services\CertSvc\Configuration

（10）单击“导出”。

（11）将注册表文件保存在证书颁发机构备份向导所使用的 CA 备份文件夹中。

（12）从旧服务器中卸载 CA，然后重命名旧服务器或永远断开它与网络的连接。

第二步：在第二台计算机上还原该 CA

（1）选择服务器管理器中的“Active Directory 证书服务”。单击两次“下一步”。

（2）在“选择角色服务”页面上，选中“证书颁发机构”复选框，然后单击“下一步”。

（3）在“指定安装类型”页面上，单击“独立”或“企业”，然后单击“下一步”。

（4）在“指定 CA 类型”页面上，单击相应的 CA 类型，然后单击“下一步”。

（5）在“设置私钥”页面上，单击“使用现有私钥”，单击“选择证书并使用其关联的私钥”，然后单击“下一步”。

（6）在“选择现有证书”页面上，单击“导入”，键入备份文件夹中文件的路径，键入在上一步中选择的密码以保护备份文件，然后单击“确定”。

（7）在“公钥和私钥对”对话框中，验证是否已选中“使用现有密钥”。然后单击两次“下一步”。

（8）在“配置证书数据库”页面上，为证书数据库和证书数据库日志指定与其在以前的 CA 计算机上相同的位置。单击“下一步”。

（9）在“确认安装选项”页面上，查看所选择的所有配置设置。如果要接受所有这些选项，请单击“安装”，然后等待安装过程完成。

（10）打开“服务”管理单元以停止“Active Directory 证书服务”服务。

（11）找到在备份过程中已保存的注册表文件，然后双击该文件以导入注册表设置。如果从旧 CA 中导出的注册表中显示的路径与新路径不同，则必须相应地调整注册表导出。

（12）打开“证书颁发机构”管理单元，右键单击 CA 名称，单击“所有任务”，然后单击“还原 CA”以打开证书颁发机构还原向导。

（13）单击“下一步”，然后选中“私钥和 CA 证书”和“证书数据库和证书数据库日志”复选框。

（14）键入备份文件夹的位置，然后单击“下一步”。

（15）验证备份设置。应显示“颁发的日志和挂起申请”设置。

（16）还原 CA 数据库之后，单击“完成”，然后单击“是”，重新启动 AD CS。

（17）如果是企业 CA，则从 AD DS 中还原在上一步中记录的证书模板。

4．卸载证书颁发机构

在某些时候有可能需要卸载证书颁发机构。如果在预期的截止日期之前永久解除了该 CA 授权，则应从其父 CA 处吊销该 CA 证书，并且应将“停止操作”列出为吊销的原因。如果该 CA 是自签名根 CA，则应吊销由 CA 颁发的所有尚未过期的证书，而且因同一原因应生成证书吊销列表。一旦解除了该 CA 授权，那么证书将不再有效。

应正确完成卸载企业 CA 以确保其 CA 注册对象从 Active Directory 域服务中删除。无法完成此操作可能导致 Active Directory 客户端继续尝试从该 CA 注册证书。如果无法正常卸载企业 CA，请使用企业 PKI 管理单元从 AD DS 中手动删除 CA 对象。

如果是卸载独立 CA，必须是本地 Administrators 中的成员来完成。如果是卸载企业 CA，则必须是 Enterprise Admins 中的成员来操作。

首先介绍如何卸载 CA：

（1）选择“管理工具”中的“服务器管理器”。

（2）在“角色摘要”下，单击“删除角色”以启动删除角色向导。单击“下一步”。

（3）清除“Active Directory 证书服务”复选框，单击“下一步”。

（4）在“确认删除选项”页上，检查信息，然后单击“删除”。

（5）如果 Internet 信息服务正在运行，且系统提示在继续卸载过程之前停止服务，请单击“确定”。

（6）完成删除角色向导之后，必须重新启动服务器才能完成卸载过程。

如果在单个服务器上安装了多个 Active Directory 证书服务的角色服务，则该步骤会稍有不同。可以使用下列步骤卸载 CA，但保留其他 AD CS 角色服务。

卸载 CA 角色服务的步骤如下：

（1）选择“管理工具”中的“服务器管理器”。

（2）在“角色摘要”下，单击“Active Directory 证书服务”。

（3）在“角色服务”下，单击“删除角色服务”。

（4）清除“证书颁发机构”复选框，单击“下一步”。

（5）在“确认删除选项”页上，检查信息，然后单击“删除”。

（6）如果 IIS 正在运行，且系统提示在继续卸载过程之前停止服务，请单击“确定”。

（7）完成删除角色向导之后，必须重新启动服务器才能完成卸载过程。

如果其余角色服务（如联机响应程序服务）配置要使用来自卸载 CA 中的数据，则必须将这些服务重新配置为支持其他 CA。

卸载 CA 之后，下列信息将保留在服务器上：

- CA 数据库
- CA 公钥和私钥
- 个人存储区中 CA 的证书
- 共享文件夹中 CA 的证书（如果安装 AD CS 期间指定了共享文件夹）
- “受信任的根证书颁发机构”存储区中 CA 链的根证书
- “中级证书颁发机构”存储区中 CA 链的中级证书
- CA 的 CRL

默认情况下，如果卸载然后重新安装 CA，此信息会保留在服务器上。例如，如果希望将独立 CA 更改为企业 CA，可能会卸载并重新安装 CA。

9.1.2.2　设置证书颁发机构 Web 注册支持

Active Directory 证书服务 Web 注册支持可以安装在任何运行 Windows Server 2008 R2 Standard、Windows Server 2008 R2 Enterprise、Windows Server 2008 R2 Datacenter、Windows Server 2008 Standard、Windows Server 2008 Enterprise 或 Windows Server 2008 Datacenter 的计算机上。证书注册数据可以来自运行 Windows Server 2008 R2、Windows Server 2008 或 Windows Server 2003 的计算机上的证书颁发机构，也可以来自非 Microsoft CA。

如果该计算机上未安装任何 AD CS 角色服务（如 CA），则可以使用以下过程。安装 Web 注册支持的步骤如下：

（1）选择“管理工具”中的“服务器管理器”。

（2）单击“管理角色”。在“Active Directory 证书服务”下，单击“添加角色服务”。如果此计算机上已经安装了其他 AD CS 角色服务，请选中“角色摘要”窗格中的“Active Directory 证书服务”复选框，然后单击“添加角色服务”。

（3）在“选择角色服务”页上，选中“证书颁发机构 Web 注册”复选框。

（4）单击“添加必需的角色服务”，然后单击“下一步”。

（5）在“指定 CA”页面上，如果此计算机上没有安装 CA，请单击“浏览”选择要与 Web 注册关联的 CA，单击“确定”，然后单击“下一步”。

（6）单击“下一步”，查看列出的信息，然后再单击“下一步”。

（7）在“确认安装选择”页上，单击“安装”。

（8）完成安装后，查看状态页以验证安装是否成功。

9.1.2.3 配置网络设备注册服务

设置网络设备注册服务需要完成两个任务：将充当注册机构的账户添加到 Internet 信息服务（IIS）用户组；设置和配置网络设备注册服务。

任务一：将指定的注册机构添加到 IIS_IUSRS 组

（1）在“本地用户和组”管理单元中双击“组”文件夹。

（2）单击 IIS_IUSRS 内置组。

（3）在“操作”菜单上选择“添加到组”。

（4）选择“添加”，键入将充当注册机构的账户的域名，然后单击“确定”。

注意：必须是 Enterprise Admins 或 Domain Admins 中的成员完成此项操作。

任务二：设置和配置网络设备注册服务

（1）在要安装网络设备注册服务的服务器上，打开“服务器管理器”，然后选择“添加角色”，启动“添加角色向导”。

（2）在“选择服务器角色”页面中，选中“Active Directory 证书服务”复选框，然后单击两次“下一步”。

（3）在“选择角色服务”页面中，清除“证书颁发机构”复选框，然后选中“网络设备注册服务”复选框。系统将提示安装 IIS 和 Windows 激活服务。

（4）单击“添加所需的角色服务”，然后单击三次“下一步”。

（5）在“指定用户账户”页面中，单击“选择用户”，然后键入网络设备注册服务用来授权证书申请的账户的用户名和密码。单击“确定”，然后单击“下一步”。

（6）在“指定 CA”页面中，如果此计算机没有承载 CA，请选中“CA 名称”或“计算机名称”复选框，单击“浏览”找到颁发网络设备注册服务证书的 CA，然后单击“下一步”。

（7）在“指定注册机构信息”页面的“RA 名称”框中键入注册机构的名称。在“国家/地区”下，选择所在的国家/地区，然后单击“下一步”。

（8）在“配置加密”页面中，接受签名和加密密钥的默认值或配置自己所需的值，然后单击“下一步”。

（9）查看配置选项的摘要，然后单击“安装”。

9.1.2.4 在网络中设置联机响应程序服务

联机响应程序是接收和响应客户端的个别证书状态信息请求的可信服务器，使用联机响应程序是传达有关证书有效性信息的两种常用方法之一。联机响应程序与证书吊销列表是不

同的，证书吊销列表定期分发并且包含有关已吊销或暂停的所有证书的信息，而联机响应程序只接收和响应客户端的个别证书状态信息请求，每个请求检索的数据量将保持不变，与存在的已吊销证书数量无关。

1. Windows Server 2008 R2 中的“联机响应程序”角色服务的组件

联机响应程序服务：联机响应程序服务对特定证书的吊销状态请求进行解码，评估此证书的状态，并发送回包含所请求证书状态信息的签名响应。联机响应程序服务是独立于证书颁发机构的一个组件。

联机响应程序：运行联机响应程序服务和联机响应程序 Web 代理的计算机。托管 CA 的计算机也可以配置为联机响应程序，但是应在不同的计算机上维护 CA 和联机响应程序。一个联机响应程序可以为一个或多个 CA 颁发的证书提供吊销状态信息。CA 吊销信息可以由多个联机响应程序提供支持。

联机响应程序 Web 代理：联机响应程序的服务接口作为 Internet 信息服务托管的 Internet 服务器 API（ISAPI）扩展实现。Web 代理接收请求并对请求进行解码，并在配置的时段内缓存响应。

吊销配置：吊销配置包含响应使用特定 CA 密钥发出的证书状态请求所需的所有设置。这些配置设置包括 CA 证书、联机响应程序的签名证书以及要使用的吊销提供程序的类型。

吊销提供程序：吊销提供程序是一个软件模块，与其他吊销配置设置结合使用，使联机响应程序可以检查证书的状态。Windows Server 2008 R2 中的吊销提供程序使用 CRL 中的数据提供此状态信息。

联机响应程序数组：联机响应程序数组包含一个或多个联机响应程序成员。可以将其他联机响应程序添加到联机响应程序数组中，这样做的原因有很多，包括地理位置考虑、可伸缩性、网络设计考虑或个别联机响应程序不可用时的容错。联机响应程序数组中的响应程序称为数组成员。

联机响应程序数组控制器：如果数组中包含多个联机响应程序，必须将数组的一个成员指定为数组控制器。尽管可以单独配置和管理数组中的每个联机响应程序，但是如果发生冲突，数组控制器的配置信息将覆盖其他数组成员上设置的配置选项。

2. 联机证书状态协议（OCSP）

OCSP 协议是使证书接收方可以使用超文本传输协议将证书状态请求提交到 OCSP 响应程序，此 OCSP 响应程序返回已进行数字签名的确定性响应，指示证书的状态。

Microsoft 实现的 OCSP 联机响应程序分为客户端组件和服务器组件。客户端组件内置在 CryptoAPI 2.0 库中，而服务器组件是 Active Directory 证书服务服务器角色提供的一项新服务。

客户端组件和服务器组件是这样进行工作的：

（1）应用程序尝试验证指定 OCSP 响应程序的位置的证书时，客户端组件先搜索本地内存和磁盘缓存，寻找包含最新吊销数据的缓存的 OCSP 响应。

（2）如果没有找到可接受的缓存响应，则将使用 HTTP 协议向联机响应程序发送请求。

（3）联机响应程序 Web 代理对请求进行解码并验证请求。如果请求有效，将在 Web 代理缓存中检查填充请求所需的吊销信息。如果缓存中没有最新的信息，则将请求转发到联机响应程序服务。

（4）联机响应程序服务接受请求并检查本地证书吊销列表 CRL 以及 CA 颁发的最新 CRL 的缓存副本。

（5）如果本地吊销列表或缓存吊销列表中未出现该证书，吊销提供程序将从吊销配置中列出的位置获取更新的 CA CRL，以检查证书的状态。然后，提供程序将证书状态返回到联机响应程序服务。

（6）Web 代理对响应进行编码并发送回客户端，以通知客户端证书有效。同时还会将响应副本缓存一段有限的时间，以便供有关此证书的其他状态请求使用。

3. 证书模板

证书模板是企业证书颁发机构中必不可少的一部分，用于证书注册、使用和管理的一组规则和格式。它允许管理员确定、修改和颁发针对选定任务预先配置的证书，从而可以大大简化管理证书颁发机构的工作量。

当 CA 收到证书申请时，必须将多组规则和设置应用于该申请，从而执行申请的功能，如证书颁发或续订。这些规则可以非常简单，也可以非常复杂，而且可应用于所有的用户或特定的用户组。证书模板是在 CA 中配置的针对传入的证书申请应用的一组规则和设置。证书模板还向客户端提供了有关如何创建和提交有效证书申请的说明。

基于证书模板的证书只能由企业 CA 颁发。这些模板存储在 Active Directory 域服务中，由林中的每个 CA 使用。这使 CA 始终有权访问当前标准模板，并确保证书策略在林中应用一致。

4. 安装和配置联机响应程序

完成此过程需要是 Domain Admins 或 Enterprise Admins 中的成员。

第一步，为基于 Windows Server 2008 R2 的 CA 或基于 Windows Server 2008 的 CA 颁发的 OCSP 响应签名证书配置证书模板，并将 CA 配置为支持 OCSP 响应程序。

配置证书模板的步骤如下：

（1）打开“证书模板”管理单元。

（2）右键单击“OCSP 响应签名”模板，然后单击“属性”。

（3）单击“安全”选项卡。在“组或用户名”下，单击“添加”。

（4）单击“对象类型”，选中“计算机”复选框，然后单击“确定”。

（5）键入托管联机响应程序或 OCSP 响应程序服务的计算机的名称或通过浏览选择该计算机，然后单击“确定”。

（6）在“组或用户名”对话框中，单击该计算机的名称，然后在“权限”对话框中，选中“读取”和“注册”复选框。然后单击“确定”。

用于颁发 OCSP 响应签名证书的证书模板必须包含名为“OCSP 无吊销检查”的扩展和 OCSP 签名应用程序策略，还必须将权限配置为允许将托管联机响应程序的计算机注册此证书。

将 CA 配置为支持联机响应程序或 OCSP 响应程序服务的操作如下：

（1）打开“证书颁发机构”管理单元。

（2）在控制台树中，单击 CA 的名称，在“操作”中选择“属性”。

（3）选择“扩展”选项卡，在“选择扩展”列表中，单击“颁发机构信息访问”，然后单击“添加”。

（4）指定用户可以从其获取证书吊销数据的位置，例如 http://computername/ocsp。

（5）选中“包括在联机证书状态协议扩展中”复选框。

（6）在“证书颁发机构”管理单元的控制台树中，右键单击“证书模板”，然后单击“要颁发的新证书模板”。

（7）在“启用证书模板”中，选择“OCSP 响应签名”模板以及任何其他以前配置的证书模板，然后单击“确定”。

（8）双击“证书模板”，然后验证列表中出现的已修改的模板。

第二步，安装联机响应程序

在安装联机响应程序之前，一定要在此计算机上安装 Internet 信息服务。

（1）选择“管理工具”自己中的“服务器管理器”。

（2）选择“管理角色”。在“Active Directory 证书服务”下，单击“添加角色服务”。如果已在此计算机上安装了其他 AD CS 角色服务，则在“角色摘要”窗格中选中“Active Directory 证书服务”复选框，然后单击“添加角色服务”。

（3）在“选择角色服务”页上，选中“联机证书状态协议”复选框。

此时将出现一条消息，说明必须还要安装 IIS 和 Windows 激活服务以支持 OCSP。

（4）单击“添加必需的角色服务”，然后单击三次“下一步”。

（5）在“确认安装选择”页上，单击“安装”。

（6）安装完成后，检查状态页，以验证安装是否成功。

第三步，创建吊销配置

（1）打开“联机响应程序”管理单元，选择“吊销配置”，现有吊销配置的列表将出现在详细信息窗格中。

（2）在“操作”窗格中，单击“添加吊销配置”启动添加吊销配置向导。

（3）在“选择 CA 证书位置”页中吊销配置 CA 证书。

- 如果已将证书颁发机构证书发布到 AD DS，并且所配置的计算机具有在 AD DS 中访问此信息的权限，则单击“选择现有企业 CA 的证书”。
- 如果无法访问 AD DS，并且知道 CA 证书的名称并且该证书位于本地根证书存储中，则单击“从本地证书存储中选择证书”。
- 如果无法访问 AD DS，并且可移动媒体上有该 CA 证书（扩展名为 .cer），则单击“从文件中导入证书”。

（4）在“选择签名证书”页中吊销配置签名证书。

- 默认选项“自动选择签名证书”通常可以满足大多数组织的需要。此选项允许吊销配置安装过程在本地证书存储中确定一个适合的签名证书。但是，如果同时启用了自动注册签名证书的选项，联机响应程序服务将注册并使用该签名证书。
- 如果选择“手动选择签名证书”，联机响应程序将不会分配任何签名证书，用户将必须手动为每个联机响应程序数组成员选择签名证书。
- 如果联机响应程序与证书颁发机构安装在同一台计算机上，则可以选择“使用 CA 证书进行吊销配置”。

（5）单击“完成”，然后单击“是”完成安装过程。

第四步，修改吊销配置的属性

如果要修改吊销配置的属性，可以选择“操作”窗格中的“编辑属性”。可以修改的属性有本地 CRL、吊销提供程序属性和吊销提供程序签名。

（1）修改“本地 CRL”属性

①打开“联机响应程序”管理单元。

②在控制台树中，单击“吊销配置”。现有吊销配置的列表将出现在详细信息窗格中。

③右键单击某个吊销配置，然后单击“本地证书吊销列表”。

④在“本地证书吊销列表”对话框中，选择要修改其数据的证书。

⑤单击“更新”。修改要更改的值。

⑥单击两次“确定”退出“本地证书吊销列表”对话框。

本地吊销数据与整个 CA 的吊销数据进行同步之后，应删除本地 CRL 中的所有数据。

（2）修改“吊销提供程序”属性

吊销提供程序从证书颁发机构检索证书吊销列表，并使用该吊销列表确定证书的吊销状态。

“吊销提供程序”属性有 CRL 和可选增量 CRL 的位置和刷新间隔。

• CRL 和增量 CRL 的位置

在安装联机响应程序服务期间，会将 CA 证书的 CRL 分发点扩展中定义的所有 CRL 位置添加到吊销提供程序中。

指定 CRL 和增量 CRL 的位置的格式如下：

http 格式　http://OnlineResponderHost/OCSP/CRLFile.crl

ldap 格式　ldap:///CN=CACommonName, CN=CAHostName, CN=CDP, CN=Public Key Services, CN=Services, CN=Configuration, DC=Fabrikam, DC=com?certificateRevocationList?base?objectClass=cRLDistributionPoint

可为 CRL 提供多个位置。列表的顺序定义了优先级顺序。如果任何两个 CRL 不包含相同的吊销列表，则使用列在较高位置的 CRL。

• 刷新间隔

默认刷新间隔被定义为 CRL 有效期。还可以以分钟为单位定义间隔，从而更频繁地刷新 CRL。

（3）修改“吊销提供程序签名”属性

“联机响应程序属性”页上的“签名”选项卡显示哈希算法，使用该算法帮助验证联机响应程序对客户端的响应的签名操作。

可以配置下列签名选项：

• 加密操作时不提示凭据。

如果通过其他密码加强对签名密钥的保护，选中此选项意味着联机响应程序不提示用户提供密码，并将自动失败。如果使用硬件安全模块（HSM）保护私钥，则不要选中此选项。

• 自动使用已续订的签名证书。

指示联机响应程序自动使用已续订的签名证书，而不要求联机响应程序管理员手动分配。

• 启用 NONCE 扩展支持。

指示联机响应程序检查并处理包含 NONCE 扩展的联机证书状态协议请求。如果 OCSP 请求中包含 NONCE 扩展，并且选中了此选项，联机响应程序将忽略任何缓存的 OCSP 响应，并将创建一个新响应，包含请求中提供的 NONCE。如果禁用了此选项，并且收到包含 NONCE 扩展的请求，联机响应程序将拒绝请求，并显示“未经授权”的错误。Microsoft OCSP 客户端不支持 NONCE 扩展。

• 使用任何有效的 OCSP 签名证书。

默认情况下，联机响应程序将只使用颁发正在验证的证书的相同证书颁发机构所颁发的签名证书。此选项允许修改默认行为，并指示联机响应程序使用任何现有的包含 OCSP 签名 EKU 扩展的有效证书。运行早于 Windows Vista SP1 的 Windows 版本的客户端不支持该选项，如果已选择该选项，则来自这些客户端的证书状态请求将失败。

可以使用下列联机响应程序标识符选项选择是否在响应中包含签名证书的密钥哈希或使用者：

- 签名证书的密钥哈希。某些加密服务提供程序（CSP）需要使用签名证书的密钥哈希才能访问私钥。

签名证书的使用者。某些 CSP 需要使用签名证书的使用者才能访问私钥。

第五步，验证联机响应程序安装

（1）在 CA 上，配置多个证书模板，以供计算机和用户进行自动注册。

（2）将新的证书模板发布到 AD DS 后，在客户端计算机上打开命令提示符，然后输入以下命令以启动证书自动注册：certutil -pulse

（3）在客户端计算机上，使用“证书”管理单元验证是否已颁发新证书。如果未颁发新证书，重复步骤 2。也可以重新启动客户端计算机以启动证书自动注册。

（4）在 CA 上，使用“证书颁发机构”管理单元查看和吊销一个或多个已颁发的证书，方法是单击“证书颁发机构（计算机）\CA 名称\颁发的证书”，然后选择要吊销的证书。在“操作”菜单上，指向“所有任务”，然后单击“吊销证书”。选择吊销证书的原因，然后单击“是”。

（5）在“证书颁发机构”管理单元中，通过在控制台树中单击“证书颁发机构（计算机）\CA 名称\吊销的证书”，发布新的证书吊销列表。然后，在“操作”菜单上，指向“所有任务”，然后单击“发布”。

（6）在客户端计算机上，使用“证书”管理单元导出已颁发的证书之一，并将其保存为 X.509 文件。

（7）打开命令提示符，键入以下命令：certutil –url <exportedcert.cer>

（8）在“URL 检索工具”对话框中，选择“OCSP（来自 AIA）”，然后单击“检索”。检索到 CRL 后，状态将显示为“已验证”。

5. 管理联机响应程序

可以使用“联机响应程序”管理单元在此计算机或另一台计算机上监视和管理联机响应程序服务和吊销配置。管理联机响应程序服务包括审核联机响应程序操作、从另一台计算机管理联机响应程序、修改联机响应程序 Web 代理、将 OCSP 的位置添加到已颁发的证书中、使用现有密钥续订 OCSP 响应签名证书。

（1）审核联机响应程序操作

可以通过在 Windows 安全事件日志中记录事件来监视联机响应程序的操作。联机响应程序允许配置的审核事件如表 9-3 所示。

表 9-3 联机响应程序允许配置的审核事件

审核事件	内容
启动/停止联机响应程序服务	将记录联机响应程序服务的每个启动/停止事件

续表

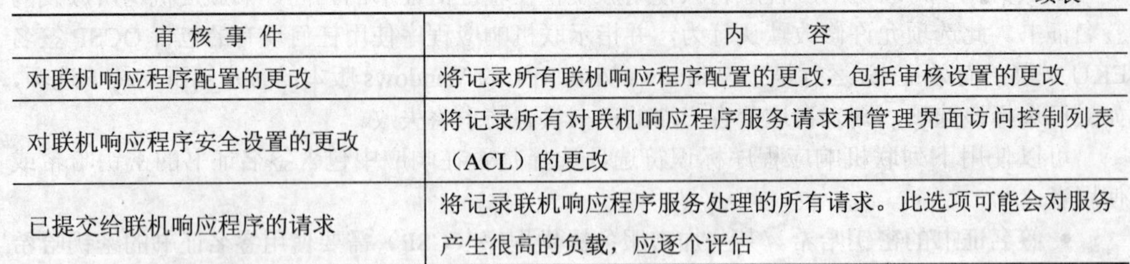

审 核 事 件	内　　容
对联机响应程序配置的更改	将记录所有联机响应程序配置的更改，包括审核设置的更改
对联机响应程序安全设置的更改	将记录所有对联机响应程序服务请求和管理界面访问控制列表（ACL）的更改
已提交给联机响应程序的请求	将记录联机响应程序服务处理的所有请求。此选项可能会对服务产生很高的负载，应逐个评估

启用联机响应程序操作的审核，操作如下：

①打开“联机响应程序”管理单元，然后选择联机响应程序。

②在“操作”菜单上选择“响应程序属性”，单击“审核”选项卡，选择要记录的联机响应程序审核选项，然后单击“确定”。

注意：只有启用了“审核对象访问”策略，审核事件才会记录到 Windows 安全日志中。

若要启用审核对象访问策略，则打开本地组策略编辑器，在“计算机配置”下，依次展开“Windows 设置”、“安全设置”和“本地策略”，然后单击“审核策略”。在“审核对象访问”策略中选中“成功”和“失败”复选框，然后单击“确定”。

（2）从另一台计算机管理联机响应程序

联机响应程序的一个好处是可以部署为在远程位置（甚至是本地 Intranet 之外）提供吊销检查服务。但是这通常要求可以从另一台计算机管理联机响应程序。

默认情况下，在服务器上安装联机响应程序时，将自动安装“联机响应程序”管理单元。通过使用服务器上的管理单元安装 Active Directory 证书服务工具，可以将联机响应程序安装在其他服务器上。

在启用远程管理之前，必须在托管联机响应程序的计算机上配置与联机响应程序有关的防火墙设置。配置防火墙操作如下：

①打开“服务器管理器”，在“配置”下展开“高级安全 Windows 防火墙”。

②展开“入站规则”，选择“联机响应程序服务（DCOM-In）”。

③在“操作”窗格中选择“启用规则”。

④在“操作”窗格中，单击每个规则的“属性”，然后单击“用户和计算机”选项卡。

若要安装远程服务器管理工具，则必须是远程计算机上的本地管理员。若要完成此过程，必须在托管联机响应程序的服务器上具有“管理联机响应程序”权限。管理远程联机响应程序的操作如下：

①在远程计算机上，打开服务器管理器。在“功能摘要”下，选择“添加功能”。

②展开“远程服务器管理工具”和“角色管理工具”。选中“Active Directory 证书服务”复选框，依次单击“下一步”、“安装”。

③完成安装过程后，单击“关闭”。

④在 MMC 控制台上添加“联机响应程序”管理单元。在控制台树中，单击“联机响应程序”。

⑤在“操作”菜单上，单击“重新定位响应程序”，以确定要管理的联机响应程序。

（3）修改联机响应程序 Web 代理

联机响应程序 Web 代理缓存代表联机响应程序的服务接口，采用 Internet 信息服务托管的 Internet 服务器应用程序编程接口扩展来实现，它可以执行操作有请求解码和响应缓存。请求解码是指联机响应程序 Web 代理收到请求之后，解码器组件将尝试对请求解码，并提取要验证的证书序列号。响应缓存是指收到请求并且提取了证书序列号之后，联机响应程序 Web 代理将在本地缓存中检查有效的响应。默认情况下，缓存项的有效期设置为生成响应的证书吊销列表的有效期。

可以为联机响应程序修改下列与 Web 代理有关的设置有 Web 代理线程数和允许的缓存项数。

Web 代理线程数：联机响应程序 ISAPI 扩展将为处理请求分配的线程数。增加线程数将占用更多的服务器内存，减少线程数将减少可以同时处理的客户端数。

允许的缓存项数：缓存作为联机响应程序 ISAPI 扩展的一部分实现，只是内存中的缓存。建议的缓存大小在 1000 项到 10000 项之间。允许的最小缓存项数为 5。如果缓存比较小，将导致更多的缓存错误，并将导致联机响应程序服务用于查找和签名操作的负载增大；如果缓存比较大，将增大联机响应程序占用的内存。

修改联机响应程序 Web 代理的操作如下：

①打开“联机响应程序”管理单元，然后选择联机响应程序。

②在“操作”菜单上选择“响应程序属性”，选择“Web 代理”选项卡，修改要更改的 Web 代理选项，然后单击“确定”。

（4）将联机证书状态协议（OCSP）的位置添加到已颁发的证书中

联机响应程序的位置在证书的颁发机构信息访问扩展中指定为一个 URL。证书颁发机构颁发证书时，将颁发机构信息访问扩展添加到证书中；客户端需要检查证书的吊销状态时，将向此 URL 发送证书状态请求。

通过“OCSP 属性”选项卡，可以将联机响应程序 URL 添加到以前颁发的不包含颁发机构信息访问扩展的证书中。如果组织将联机响应程序添加到现有公钥基础结构中，通过此设置，可以使用现有证书的 OCSP 响应，而不必重新颁发证书。如果为根 CA 证书和中间 CA 证书添加了 OCSP 下载位置，将使用该位置检索由该特定 CA 颁发的所有证书的 OCSP 响应。

（5）使用现有密钥续订 OCSP 响应签名证书

联机证书状态协议响应签名证书需要通过用于为提供其状态的最终实体证书签名的相同证书颁发机构密钥进行签名。

续订了 CA 密钥之后，CA 将使用新密钥为新颁发的证书签名。在续订 CA 证书时与原 CA 证书过期日期之间这个阶段，CA 不能颁发或续订 OCSP 响应签名证书，这样可能会使联机响应程序无法为 OCSP 响应签名。为了解决此问题，可以将基于 Windows Server 2008 R2 的 CA 和基于 Windows Server 2008 的 CA 配置为修改默认行为并允许使用续订的 CA 密钥颁发 OCSP 响应签名证书。

使用现有 CA 密钥续订 OCSP 响应签名证书操作如下：

①在 CA 计算机上，输入命令：certutil -setreg ca\UseDefinedCACertInRequest 1

②按 Enter，重新启动 CA 服务。

6. 管理吊销配置

吊销配置包含响应使用特定证书颁发机构密钥发出的证书状态请求所需的所有设置。这些配置设置包括 CA 证书、联机响应程序的签名证书以及要使用的吊销提供程序的类型。

（1）审核吊销配置的更改

可以通过在 Windows 安全事件日志中记录事件来监视对吊销配置的更改。联机响应程序允许配置与吊销配置有关的审核事件如表 9-4 所示。

表 9-4　**联机响应程序允许配置与吊销配置的审核事件**

审核事件	内容
对联机响应程序配置的更改	将记录所有联机响应程序配置的更改，包括审核设置的更改
对联机响应程序安全设置的更改	将记录所有对联机响应程序服务请求和管理界面访问控制列表（ACL）的更改

“审核吊销配置更改”和“审核联机响应程序操作”的操作步骤是一样的，并且同样只有启用了“审核对象访问”策略，审核事件才会记录到 Windows 安全日志中。这里不再赘述。

（2）管理联机响应程序的安全性

可以使用下列三个访问控制项控制对联机响应程序的管理访问权限，如表 9-5 所示。

表 9-5　**联机响应程序的访问权限**

权限	功能
读取	定义可以使用“联机响应程序”管理单元查看联机响应程序的有关信息的用户
管理联机响应程序	定义可以使用“联机响应程序”管理单元修改联机响应程序的配置的用户。应非常慎重地授予这些权限
代理请求	使联机响应程序 Web 代理将证书状态请求提交给联机响应程序服务

修改联机响应程序的安全设置的操作如下：

①打开“联机响应程序”管理单元，选择要管理的联机响应程序的“属性”。

②单击“安全”选项卡，为需要设置权限的用户或组设置权限，单击“确定”。

（3）使用本地 CRL 管理吊销数据

理想情况下，证书吊销数据在中心位置进行管理，并且立即可供所有潜在用户使用。但是在复杂的网络环境中，有时这种情况无法实现。

使用联机响应程序的组织可以创建本地证书吊销列表，在联机响应程序无法从证书颁发机构或其他联机响应程序获取更新的吊销数据时的间隔期间，在本地管理证书吊销数据。下次建立连接时，可以将本地 CRL 数据复制回 CA CRL 并删除本地 CRL。本地 CRL 在删除之前，始终优先于吊销提供程序提供的吊销状态信息。

修改本地 CRL 中的证书数据，操作如下：

①打开“联机响应程序”管理单元，在控制台树中选择“吊销配置”，现有吊销配置的列表将出现在详细信息窗格中。

②右键单击某个吊销配置，然后单击“本地证书吊销列表”。

③在“本地证书吊销列表”对话框中，选择要修改其数据的证书，单击“更新”。

④修改要更改的值，单击两次“确定”退出“本地证书吊销列表”对话框。

本地吊销数据与整个 CA 的吊销数据进行同步之后，应删除本地 CRL 中的所有数据。

若要从本地 CRL 中删除一个或多个证书，操作如下：

①打开“联机响应程序”管理单元，在控制台树中，单击“吊销配置”。

②右键单击某个吊销配置，然后单击“本地证书吊销列表”。

③在“本地证书吊销列表”对话框中，选择要从本地 CRL 中删除的证书，单击“删除”。

④单击两次“确定”退出“本地证书吊销列表”对话框。

（4）删除吊销配置

吊销配置用途广泛，除非更改会与数组控制器上的设置发生冲突，否则可以随时修改。但有时可能需要删除吊销配置。例如：CA 证书已过期，并且不再需要吊销配置；吊销配置已损坏，并且安装新的吊销配置来取代已损坏的吊销配置会更容易一些。

删除联机响应程序的吊销配置，操作如下：

①打开“联机响应程序”管理单元，在控制台树中，单击“吊销配置”。

②右键单击要删除的吊销配置，然后单击“删除”。

7. 管理联机响应程序数组

如果使用多个联机响应程序，需要在一个称为联机响应程序数组的逻辑框架中进行组织。由于联机响应程序用于响应个别证书状态请求，所以，联机响应程序数组可以帮助在多个处于不同地理位置的联机响应程序之间分发状态请求。

必须将数组中的一个联机响应程序指定为数组控制器。数组控制器的配置信息可用于确定其他数组成员上的配置选项。

建立数组时要求根据下列情况提前进行规划：

- 数组支持的证书颁发机构的数目和位置。
- 将从 CA 请求证书的客户端数及其位置。
- 客户端、CA 和潜在的联机响应程序之间的网络连接。
- 组织的公钥基础机构处理的证书注册请求、证书吊销请求和证书状态请求的量。
- 个别联机响应程序不可用时的冗余需求。

规划了联机响应程序数组之后，可以按照下列三步操作来建立数组。

①将证书颁发机构配置为支持联机响应程序。

②安装要添加到数组中的联机响应程序。

③将联机响应程序添加到数组中。

前两步操作前面已经介绍过了，现在来看如何将联机响应程序添加到数组中。

（1）添加数组成员

在创建联机响应程序时，不会自动成为数组成员。需要将每个联机响应程序手动添加到数组中。操作如下：

①打开“联机响应程序”管理单元，在控制台树中选择“数组配置成员”。

②在“操作”窗格中选择“添加数组成员”。

③键入要添加到数组中的托管联机响应程序的计算机的名称和网络路径，或单击“浏览”选择相应的联机响应程序，然后单击“确定”。

④对要添加到数组中的每个成员重复此过程。

（2）指定数组的控制器

如果数组包含多个联机响应程序，必须将数组中的一个联机响应程序指定为数组控制器。数组控制器上的配置设置将覆盖数组中其他联机响应程序上的冲突设置。

指定数组控制器，操作如下：

①打开“联机响应程序”管理单元，在控制台树中选择“数组配置成员”。

②选择要指定为数组控制器的联机响应程序。

③在“操作”窗格中，单击“设置为数组控制器”。

选择了新的数组控制器之后，将从此联机响应程序检索吊销配置数据并与作为数组成员的其他联机响应程序的配置数据进行比较。

（3）与数组配置同步成员

数组中的所有联机响应程序必须使用相同的配置数据。数组的配置数据在数组控制器上定义。必须与数组控制器同步数组成员，以确保数组的所有成员均使用与数组控制器相同的配置。

与数组控制器同步成员，操作如下：

①打开“联机响应程序”管理单元，在控制台树中选择“数组配置成员”。

②在“操作”窗格中，单击“同步响应程序配置”。

（4）评估数组成员状态

数组中的所有联机响应程序必须使用相同的配置数据。数组的配置数据在数组控制器上定义。必须与数组控制器同步数组成员，以确保数组的所有成员均使用与数组控制器相同的配置。

与数组控制器同步成员，操作如下：

①打开“联机响应程序”管理单元，在控制台树中选择“数组配置成员”。

②在“操作”窗格中，单击“同步响应程序配置”。

（5）从数组中删除成员

如果不再需要数组，数组已损坏，已受到威胁，或将通过其他方式重新配置，可能需要从该数组中删除成员。

从数组中删除成员，操作如下：

①打开“联机响应程序”管理单元，在控制台树中选择“数组配置”。

②选择要删除的数组成员，在“操作”菜单上或“操作”窗格中，单击“删除数组成员”。

注意：如果要删除的数组成员是数组控制器，则必须先为数组指定新的数组控制器，然后再删除以前的数组控制器。

9.1.3 管理证书颁发机构

管理证书颁发机构有两大任务：非定期任务和定期任务。非定期任务包括密钥配置任务和实现管理框架。定期任务包括证书颁发机构的日常操作，比如颁发和吊销证书以及发布吊销数据等。管理证书颁发机构一般是由CA的管理员来完成。

9.1.3.1 安装和使用证书颁发机构管理单元

安装证书颁发机构有三种途径：本机安装、通过筛选器安装以及远程安装。

1. 本机安装

如果证书颁发机构管理单元已经被自动安装在CA的计算机上，那么CA管理员只需要将该管理单元添加到MMC中即可。

本机安装CA，操作如下：

（1）打开MMC控制台，在“文件”菜单上，单击“添加/删除管理单元”。

（2）将“证书颁发机构”管理单元添加到右侧的列表中。

（3）选择要管理的承载CA的计算机，然后单击“确定”。

如果需要从管理一个CA切换到管理另一个CA，则只需要在“证书颁发机构”管理单元的“操作”菜单上，选择“重新定位证书颁发机构”，然后单击“另一台计算机”，键入计算机的名称就能够完成切换。

2. 通过筛选器安装

借助筛选器，可以将证书颁发机构管理单元的细节窗格中显示的项目限制为满足建立的一组条件的项目。例如，可以创建在“已颁发的证书”文件夹中显示的筛选器，条件是“只有这些证书在特定日期后有效”。

通过筛选器安装CA，操作如下：

（1）打开“证书颁发机构”管理单元，单击“证书模板”之外的任意已显示的文件夹。

（2）在“查看”菜单上，单击“筛选器”。

（3）对于每个选择条件：

- 单击“添加”，在“字段”中，单击要筛选的字段。
- 在“操作”中，单击要限定该字段的筛选值的操作。
- 在“值”中，键入限定值。

（4）若要删除某个筛选器，则在“筛选器”对话框中将其选中，然后单击“删除”；若要删除所有现有筛选器，则在“筛选器”对话框中，单击“重置”。

3. 安装远程服务器管理工具

通过使用添加功能向导，可将远程服务器管理工具安装在运行Windows Server 2008 R2或Windows Server 2008的计算机上。

远程安装CA，操作如下：

（1）打开服务器管理器。

（2）在“功能摘要”下，单击“添加功能”以启动添加功能向导。

（3）在“选择功能”页中，单击“远程服务器管理工具”复选框左侧的加号，然后单击“角色管理工具”复选框左侧的加号。

（4）选中“Active Directory证书服务”复选框，单击“下一步”，然后单击“安装”。

（5）安装完成时，单击“关闭”。

9.1.3.2 非定期管理任务

在最初部署证书颁发机构或需要进行重大更改时，需要执行下列管理任务。

1. 保证Active Directory证书服务的安全

开发证书颁发机构基础结构时，定义和实现AD CS管理模型是非常重要的，此管理模型应该实现现有的安全管理委派计划。为了确保个人不会对公钥基础结构服务造成危害，最好向组织中的每个人分发管理角色。

为保证Active Directory证书服务的安全，可以通过限制证书管理员、建立受限注册代理、配置CA事件审核以及发生事件时发送电子邮件等任务来实现。

2. 配置证书吊销

颁发的每个证书都有一个特定的有效期。吊销证书就是使证书在最初的有效期过期之前不能作为有效的受信任的安全凭据。造成证书在其计划的过期日期之前成为不可信的安全凭据的原因有多种。例如：证书使用者的私钥被泄露或怀疑被泄露；证书颁发机构的私钥被泄露或怀疑被泄露；发现通过欺骗手段获取证书；将证书使用者的状态更改为受信任实体；更改证书使用者的名称。

实际上并不能始终通过联系 CA 或其他受信的任服务器了解有关证书有效性的信息。若要有效支持证书状态检查，客户端必须能够访问吊销数据，以确定证书是有效还是已被吊销。为支持各种方案，AD CS 支持证书吊销的行业标准方法。其中包括发布证书吊销列表和增量 CRL，来自不同位置（包括 AD DS、Web 服务器和网络文件共享）的客户端都能使用这些证书吊销列表和增量 CRL。

3. 部署证书模板

创建企业证书颁发机构时，证书模板将存储在 AD DS 中，而且可用于林中的所有企业 CA。在 CA 升级至更新版本的 Windows 服务器操作系统时，这将简化复制、安全管理和证书模板升级过程。计划并创建适当的证书模板后，系统会将这些模板自动复制到企业中的所有域控制器中。

4. 管理密钥存档和恢复

如果用户丢失了其私钥，则将无法再访问使用对应公钥永久加密的任何信息。使用密钥存档和恢复功能有助于保护加密的数据不会永远丢失，例如，如果需要重新安装操作系统，则最初向其颁发加密密钥的用户账户将不再可用，也无法再访问该密钥。为了帮助保护私钥，Microsoft 企业证书颁发机构可以在颁发证书时将用户的密钥存档到其数据库中。这些密钥由 CA 进行加密和存储。

此私钥存档方法使得在以后可以恢复密钥。密钥恢复过程要求管理员先检索加密的证书和私钥，然后密钥恢复代理对其进行解密。在收到正确签名的密钥恢复请求时，将向请求者提供用户的证书和私钥。然后请求者根据需要使用密钥，或者将密钥安全地传输给用户以便继续使用。只要没有泄露私钥，就没有必要更换证书或使用其他密钥续订证书。

在默认情况下，不启用密钥存档和恢复功能。这是因为很多组织认为将私钥存储在多个位置存在安全漏洞。要求组织明确确定密钥存档和恢复覆盖哪些证书以及谁能够恢复存档的密钥，有助于确保使用密钥存档和恢复功能提高安全性，而不是降低安全性。

5. 管理策略模块和退出模块

策略模块确定是否应自动批准、拒绝证书申请或将其标记为挂起。退出模块提供在颁发证书之后执行特定任务的机会。

Active Directory 证书服务包含一个策略模块和一个退出模块。策略模块包含两个单独的策略：企业策略和独立策略。作为 CA 管理员，可以用自己的自定义策略模块和退出模块或者其他供应商的策略模块和退出模块替换这些默认模块。

策略模块：随 CA 提供的策略模块确定 CA 收到证书申请时的默认行为：批准、拒绝或标记为挂起。

在大多数实例中，独立 CA 的管理员应将所有传入证书申请设置为挂起。否则，由于独立 CA 不通过 AD DS 验证请求者的身份，没有方法验证证书申请者的身份和有效性。CA 一次只能加载一个策略模块。

退出模块：可将随 CA 一起提供的退出模块配置为执行下列功能：发生证书事件时发送电子邮件和将证书发布到文件系统。 与策略模块不同，多个退出模块可由 CA 同时使用。

6. 保护CA避免数据丢失

CA是任何组织的重要资源，因此通过定期备份和还原CA预防潜在问题（如硬盘故障或数据库损坏）是非常重要的，服务器的完整备份提供已在服务器上安装的CA的备份，同时，对于几年前的硬件，某些组织可以将CA移动到新硬件，以便在发生关键组件故障之前同时提高性能以及从服务中删除较旧的硬件。

9.1.3.3 定期管理任务

在最初部署证书颁发机构之后，需要每天或者每周定期管理证书服务，一般有两个任务：管理证书注册和管理证书吊销。

1. 管理证书注册

证书颁发机构的管理员可以通过以下方式管理证书注册：

（1）在证书模板上配置证书注册和自动注册选项

（2）在组策略中启用证书自动注册选项

操作如下：

①单击“管理工具”中的“组策略管理”。

②在控制台树中，双击包含要编辑的“默认域策略”组策略对象（GPO）的林和域中的“组策略对象”，选择“编辑”进入组策略编辑器。

③在组策略编辑器中，选择“用户配置”\“Windows设置”\“安全设置”\“公钥策略”。

④双击“证书服务客户端-自动注册”，选中“自动注册证书”复选框以启用自动注册。如果不想自动注册，则请选中“不要自动注册证书”复选框。

⑤如果启用了证书自动注册，则可以选中以下复选框：

- “续订过期证书、更新未决证书并删除吊销的证书”，用于自动注册证书续订、颁发未决证书申请、从用户证书存储中自动删除吊销的证书。
- “更新使用证书模板的证书”，用于自动注册取代已颁发证书的证书颁发。

⑥“确定”接受更改。

（3）为CA配置默认请求处理选项

在管理员可以检查和执行请求前，可以将策略模块配置为自动批准所有证书申请或将请求标记为挂起。选择可能取决于正在颁发的证书的安全隐患、证书的目标收件人和其他因素。

①打开“证书颁发机构”管理单元，在控制台树中，单击CA的名称。

②在“操作”菜单上，单击“属性”，在“策略模块”选项卡上，单击“属性”。

③单击所需的选项：

④若要使CA管理员在颁发证书之前检查每个证书申请，请单击“将证书申请状态设置为挂起”；要若使CA根据证书模板的配置颁发证书，请单击“如果可以的话，按照证书模板中的设置。否则，将自动颁发证书”。

⑤停止并重新启动CA。

在大多数情况下，出于安全考虑，应该将所有独立CA的传入证书申请标记为“挂起”。与企业CA不同，独立CA不使用Active Directory域服务验证个人或计算机是否授权为自动从CA获取证书，即使它是可用的。对于独立CA，CA管理员负责验证证书申请者的身份。

如果将设置从“将证书请求状态设置为挂起”更改为“如果可以的话，按照证书模板中的设置。否则，将自动颁发证书”，则这将只应用于已更改默认操作之后提交给CA的证书申请。如果CA持有挂起的请求，则这些请求将保持挂起，直到CA管理员颁发证书或拒绝请求。

（4）选择是否允许将证书发布到文件系统。只有在证书申请指定了要发布证书的文件系统位置时才进行实际发布。

可以使用以下步骤向文件系统发布已颁发的证书。操作步骤如下：

①打开“证书颁发机构”管理单元，在控制台树中，单击 CA 的名称。

②选择“操作”中的“属性”，在“退出模块”选项卡上选择“属性”。

③在“发布设置”选项卡上，选中“允许将证书发布到文件系统”复选框，然后单击“确定”。

④停止并重新启动 CA。

（5）对挂起证书申请进行评估和操作

证书颁发机构管理员或证书管理员的一个最重要、最普通的职责就是查看挂起的证书申请，以确定是否应该颁发所申请的证书。在大多数情况下，出于安全考虑，建议将所有对独立 CA 的传入证书申请标记为“挂起”。与企业 CA 不同，独立 CA 不使用 Active Directory 域服务验证个人或计算机是否授权为自动从 CA 获取证书。对于独立 CA，CA 管理员负责验证证书申请者的身份。

①打开“证书颁发机构”管理单元，在控制台树中选择“挂起的申请”。

②在详细信息窗格中，通过注释申请者姓名、申请者电子邮件地址，以及管理员认为能够为颁发证书提供关键信息的其他任何字段的值来检查每个证书申请。

注意：还可以使用“失败的申请”容器中的相同步骤颁发失败的证书申请。但是，当颁发失败的申请时，无法验证证书的所有安全要求。应谨慎使用。

2. 管理证书吊销

吊销证书的原因有多种，其中包括：密钥被泄露；颁发证书的证书颁发机构（CA）被泄露；对于预期目的而言证书不再有效，或者被另一个证书取代；客户端不再有资格使用证书。

吊销证书的操作如下：

（1）打开“证书颁发机构”管理单元，在控制台树中，单击“颁发的证书”。

（2）在详细信息窗格中，单击要吊销的证书。

（3）在“操作”菜单上选择“所有任务”，然后单击“吊销证书”。

（4）选择吊销证书的原因，调整吊销时间（如果需要），然后单击“是”。

可用的原因代码如下：未指定；密钥泄露；CA 泄露；从属关系更改；被取代；停止操作；证书待定。如果指定“证书待定”作为吊销证书的原因，则通常是管理员想在将来对证书解除吊销。只有吊销证书时选择的是“证书待定”，那么将来才能解除吊销。

解除吊销证书的操作如下：

（1）打开“证书颁发机构”管理单元，在控制台树中，单击“吊销的证书”。

（2）在详细信息窗格中，单击要解除吊销的证书。

（3）在“操作”菜单上选择“所有任务”，然后单击“解除吊销证书”。

（4）选择解除吊销证书的原因，调整吊销时间，然后单击“是”。

为了使吊销证书有实际意义，吊销证书必须与发布和分发证书吊销数据一起进行。开发证书颁发机构基础结构时，定义和实现 AD CS 管理模型是非常重要的，此管理模型应该实现现有的安全管理委派计划。为了确保个人不会对公钥基础结构服务造成危害，最好向组织中的每个人分发管理角色。

为保证 Active Directory 证书服务的安全，可以通过限制证书管理员、建立受限注册代理、配置 CA 事件审核以及发生事件时发送电子邮件等任务来实现。

9.1.4 使用网络设备注册服务

网络设备注册服务允许路由器和不需要域凭据即可运行的其他网络设备上的软件根据简单证书注册协议（SCEP）获得证书。开发 SCEP 是为了支持通过使用现有的证书颁发机构向网络设备颁发安全、可缩放的证书。该协议支持 CA 和注册机构公钥分发、证书注册、证书吊销、证书查询和证书吊销查询。

网络设备注册服务执行以下功能：

- 生成并向管理员提供一次性注册密码。
- 向 CA 提交 SCEP 注册请求。
- 从 CA 中检索已注册的证书并将其转发给网络设备。

使用网络设备注册服务注册证书涉及用来管理网络设备的软件、注册机构、网络设备注册服务所在的计算机和 CA。

通过使用网络设备注册服务请求和注册证书的操作如下：

（1）运行用来管理网络设备的软件，使用该软件生成 RSA 公钥/私钥对以配置如下操作之一：

- 签名和签名验证
- 加密和解密
- 签名、签名验证、加密和解密

（2）使用设备软件将此密钥对转发给网络设备注册服务所在的计算机上的注册机构。

（3）打开 Web 浏览器，然后转到 http://localhost/certsrv/mscep_admin。

（4）如果密码表未满，则网络设备注册服务将创建一个随机密码并将其嵌入到返回给呼叫方的 HTML 页面中。

注意：每次连接到此 URL 时，都会显示不同的质询密码。每个质询密码的有效时间为 60 分钟，并且只能使用一次。

（5）使用设备软件以及密码通过网络设备注册服务提交证书申请，这会延迟向 CA 的请求。

（6）如果注册请求成功，则会通过网络设备注册服务将从 CA 中请求的证书返回给设备。

默认情况下，网络设备注册服务一次只能缓存五个密码。如果当提交密码请求时密码缓存已满，则必须执行以下操作之一，然后才能重新提交请求：

- 一直等到其中一个密码过期之后，才能提交新的请求。
- 停止并重新启动 Internet 信息服务以删除存储在缓存中的所有密码。
- 将该服务配置为一次缓存五个以上的密码。

9.1.5 使用策略管理 AD 证书服务

可以使用域组策略在 Active Directory 域服务环境中管理与证书有关的以下类型的活动：

1. 凭据漫游

凭据漫游允许将 X.509 证书、证书申请和特定于 AD DS 中的用户私钥单独存储在用户配置文件中，并且在网络中的任何计算机上使用。

数字证书和私钥涉及相对少量的数据，需要采用安全方法存储这些数据。凭据漫游策略提供一种在多台计算机上管理这些凭据使用的方法，该方法可满足数字证书和私钥的安全存储和大小要求。在 Windows Server 2008 R2 和 Windows Server 2008 中，凭据漫游策略包括存储的用户名和密码以及证书和密钥。

2. 证书自动注册

很多组织使用组策略自动注册证书的用户、计算机或服务。

3. 证书路径验证

随着对安全通信和数据保护越来越多地使用证书，管理员可以使用证书信任策略通过各种证书路径验证选项来增强对证书使用的控制和公钥基础结构的性能。

使用组策略中的证书路径验证设置，管理员可以管理存储、受信任的发布者、网络检索和吊销检查。

4. 证书分发

组策略中的证书分发功能对于管理组织中与证书相关的信任非常有用。它允许管理员确保某些证书受信任并且只需一点或完全不需用户干预即可构建证书链。还可以阻止使用由外部证书颁发机构颁发而无法直接吊销的证书。

9.2 活动目录联合身份验证服务

对用户进行身份认证是域控制器的主要功能之一。只有当证明该用户是合法用户后，用户才可以访问域中的任何授权资源，并且不需要在每次访问不同服务器时重新认证，但是当用户账户是来自于另一个的网络或组织时，怎样才能更加方便有效地管理用户对基于 Web 的应用程序的访问而不危及企业内部安全呢？

9.2.1 活动目录联合身份验证服务概述

活动目录联合身份验证服务（Active Directory Federation Services，AD FS）提供了 Web 单点登录技术（SSO 技术，即在多个应用系统中只需进行一次身份验证就可以访问所有已授权的网络资源），这样只需要在一次联机会话的有效期内，就可以对一位用户访问多个相关 Web 应用程序进行身份验证。AD FS 通过跨安全边界和企业边界安全地共享数字标识和权限来实现此功能。

9.2.1.1 AD FS 的主要功能

在 Windows Server 2008 和 Windows Server 2008 R2 中，AD FS 包含 Windows Server 2003 R2 中没有的新功能。下面介绍几个 AD FS 的主要功能。

1. 联合身份验证和 Web SSO

如果一个组织使用 Active Directory 域服务，那么该组织在其安全或企业边界限制范围内使用 Windows 集成身份验证时，能体验到 SSO 功能的好处。AD FS 将此功能扩展到面向 Internet 的应用程序。这使客户、合作伙伴和供应商在访问组织的基于 Web 的应用程序时，有可能获得相似、流畅的 Web SSO 用户体验。此外，联合服务器可以部署在多个组织中，以便在伙伴组织之间进行企业对企业的联合交易。

2. Web 服务(WS-*)互操作性

AD FS 提供的联合身份管理解决方案可以与支持 WS-* Web 服务体系结构的其他安全产

品进行互操作。AD FS 通过使用 WS-*的联合身份验证规范（称为 WS-联合身份验证）实现此目的。WS-联合身份验证规范使得不使用 Microsoft Windows 标识模型的环境也可以与 Windows 环境进行联合身份验证。

3. 可扩展体系结构

AD FS 提供支持安全声明标记语言 1.1 令牌类型和 Kerberos 身份验证的可扩展体系结构。AD FS 还可以执行声明映射，例如，通过将自定义商业逻辑作为访问请求中的变量来修改声明。组织可以使用此扩展性来修改 AD FS，以便与其现行安全结构和企业策略共存。

AD DS 在许多组织中充当主要的标识和身份验证服务。通过使用 Windows Server 2003 AD、Windows Server 2008 和 Windows Server 2008 R2 AD DS，可以在两个或更多的 Windows Server 2003、Windows Server 2008 或 Windows Server 2008 R2 林之间创建林信任，以便提供访问不同商业部门或组织中资源的权限。

但是，有些设计中不能使用林信任。例如，跨组织访问可能必须仅限于小部分个人，而不是林的每个成员。

使用 AD FS，组织可以将现有的 Active Directory 基础结构扩展到通过 Internet 访问受信任伙伴提供的资源。这些受信任的伙伴可以包括外部的第三方或同一组织中的其他部门或分支机构。

AD FS 支持通过 Internet 进行分布式身份验证和授权。AD FS 可以集成到组织或部门的现有访问管理解决方案中，将组织中使用的声明转换为在联合身份验证中同意的声明。AD FS 可以创建、保护和验证在组织之间传递的声明。还可以审核和监视组织和部门之间的通信活动，有助于确保交易的安全。

9.2.1.2 AD FS 中的几个角色服务

1. 联合身份验证服务

联合身份验证服务是可以独立于其他 AD FS 角色服务安装的活动目录联合身份验证服务的角色服务。在计算机上安装联合身份验证服务角色服务就可以使该计算机成为联合服务器，并且可以通过该计算机上的“管理工具”菜单中的 AD FS 管理单元来管理联合身份验证服务。

联合身份验证服务充当安全令牌服务，可以使用 AD DS 提供令牌来响应对安全令牌的请求。这样 Active Directory 域和林可以充当以下角色：

- 可以与符合标准的账户伙伴和资源伙伴联合的标识提供方。作为标识提供方，联合身份验证服务可以在 Internet 上规划 Active Directory 身份，以便在符合标准的服务提供方与应用程序之间进行交互。

- 可以与符合标准的账户伙伴和资源伙伴联合的服务提供方。作为服务提供方，联合身份验证服务可以允许其他组织中的身份访问伙伴的基于 Windows 和基于 ASP.NET 的应用程序。

- 符合 WS 联合身份验证被动请求者配置文件（WS-F PRP）规范的应用程序的安全令牌提供方。

作为账户伙伴，联合身份验证服务允许用户访问伙伴组织的资源。响应资源伙伴的请求时，联合身份验证服务收集用户凭据并根据 AD DS 或 Active Directory 轻型目录服务（AD LDS）的一个实例验证这些用户凭据。联合身份验证服务可以根据用户账户的轻型目录访问协议属性填充一组组织声明。然后，组织声明映射到资源伙伴的相应声明并封装到由联合身份验证服务的令牌签名证书签名的安全令牌中。生成的安全令牌作为对资源伙伴的原始请求的响应张贴。然后，资源伙伴使用令牌允许用户的访问。

作为资源伙伴，联合身份验证服务所起的作用相反。用户尝试访问受 AD FS 保护的应用程序时，联合身份验证服务确定应对用户进行身份验证的账户伙伴。然后将身份验证请求发送到该伙伴。在为用户返回安全令牌时，联合身份验证服务验证该令牌是否已由伙伴正确地签名。然后从令牌中提取声明。声明映射到组织声明，并应用特定应用程序的筛选策略。筛选的组织声明封装到由联合身份验证服务的令牌签名证书签名的或由 Web 应用程序的 Kerberos 会话密钥保护的安全令牌中。生成的安全令牌张贴回原始应用程序的统一资源定位器，然后应用程序使用令牌允许用户的访问。

AD FS 使用 WS-F PRP 协议在由联合身份验证服务颁发给 Web 应用程序的安全令牌中携带声明，这些声明最初是从账户存储（AD DS 或 AD LDS 账户存储）填充的。联合身份验证服务根据提供的凭据来颁发令牌。账户存储验证用户的凭据之后，会根据信任策略的规则生成用户的声明。联合身份验证服务将入站声明映射到适合资源伙伴的出站声明中。生成的声明映射添加到颁发给资源伙伴的安全令牌中。

联合身份验证服务验证令牌之后，身份验证 Cookie 将发送到并写入客户端浏览器。每次必须对客户端进行身份验证时，联合身份验证服务都会使用此 Cookie，这样客户端就不必再次输入凭据，这会启用单一登录（SSO）。

联合身份验证服务网页

联合身份验证服务提供一个网页来提示用户选择用户可以进行身份验证的相应账户伙伴。联合身份验证服务还提供一个网页来提示输入用户凭据，例如基于表单的身份验证的用户名和密码。还提供一个网页来支持 Windows 集成身份验证。

在网页后面，联合身份验证服务提供一项 Microsoft ASP.NET Web 服务来处理客户端或联合服务器代理的请求。联合服务器代理位于外围网络中。该代理充当 Internet 客户端与 intranet 中的联合身份验证服务之间的中介。

联合身份验证服务响应两种基本的请求类型：

- 颁发安全令牌的请求
- 检索信任策略数据的请求

账户伙伴发现

账户伙伴发现过程是指如果配置了多个账户伙伴，用户可以标识在进行身份验证时首选的账户伙伴。联合服务器以下拉框的形式为客户端浏览器提供此选项，其中包含在信任策略中配置的账户伙伴名。

若要避开账户伙伴发现，可以使用的一种机制是在对所访问资源的查询字符串中加入 whr 参数，例如：

https://webserver/testapp/testpage.aspx?whr=urn:federation:<accountpartner>

其中<accountpartner>表示客户端的账户伙伴领域。

使用 whr 参数时，资源联合服务器会删除该参数并将 Cookie 写入客户端浏览器，以便记住此设置，供以后的请求使用。然后，请求像未提供该参数一样进行操作。

使用 Active Directory 联合身份验证服务管理单元

在 Windows Server 2003 R2 的“添加或删除程序”中安装联合身份验证服务组件时，或在 Windows Server 2008 或 Windows Server 2008 R2 中使用“添加角色向导”时，将安装 Active

Directory 联合身份验证服务 MMC 管理单元。可以使用活动目录联合身份验证服务管理单元执行以下操作：

- 配置联合身份验证服务或联合服务器。
- 管理与联合身份验证服务关联的信任策略；
- 管理 AD DS 或 AD LDS 账户存储。
- 管理将信任组织的账户伙伴和资源伙伴。
- 管理声明、联合服务器使用的证书和受 AD FS 保护的 Web 应用程序。

在活动目录联合身份验证服务管理单元中所配置的设置，其中一部分存储在 Web.config 文件中（该文件位于联合身份验证服务虚拟目录），一部分存储在信任策略文件中。可以直接编辑 Web.config 文件，然后将其推送到不同的服务器上，也可以使用活动目录联合身份验证服务管理单元修改这些设置。

注意：不应手动编辑信任策略文件，而应使用 Active Directory 联合身份验证服务管理单元编辑信任策略文件，或使用 AD FS 对象模型通过编程进行编辑。

打开活动目录联合身份验证服务管理单元时，管理单元从联合身份验证服务虚拟目录读取 Web.config 文件，并记录信任策略文件的位置。然后，管理单元提供一个控制台树层次结构，代表联合身份验证服务以及信任策略的所有方面（包括组织声明、伙伴、账户存储和应用程序）。此控制台树层次结构中的每一项包含选项，可以用于查看、修改、添加和删除信任策略实体。

“联合身份验证服务”节点

Active Directory 联合身份验证服务管理单元控制台树中的“联合身份验证服务”节点代表分配给查看管理单元所在的联合服务器的本地联合身份验证服务。在 AD FS 管理单元中通过此节点控制本地联合服务器配置。本地联合服务器配置与信任策略配置不同，因为信任策略配置在联合服务器中的所有联合服务器之间共享。本地联合服务器配置存储在 Web.config 文件中，包含下列各项：

- 信任策略文件的路径
- 用于为令牌签名的本地证书
- Microsoft ASP.NET 网页
- 调试日志记录级别和日志文件目录的路径
- 用于启用对组织组声明的匿名访问的选项

2. 联合身份验证服务代理

联合身份验证服务代理是可以独立于其他 AD FS 角色服务安装的 AD FS 的角色服务。联合身份验证服务代理充当外围网络中（也称为网络隔离区、Extranet 或屏蔽子网）联合身份验证服务的代理。

联合服务器代理通过代表客户端与受保护的联合身份验证服务进行通信，参与 WS 联合身份验证被动请求者配置文件（WS-F PRP）协议。联合服务器代理在保护账户伙伴时，将从浏览器客户端收集用户凭据信息。联合服务器代理在保护资源伙伴时，将 Web 应用程序发出的请求和为 Web 应用程序发出的请求中继到联合身份验证服务。

如果需要，联合服务器代理还可以在客户端上存储超文本传输协议 Cookie，以便进行单一登录。联合服务器代理写入所有三种类型的 Cookie：身份验证 Cookie、账户伙伴 Cookie 和注销 Cookie。

（1）使用活动目录联合身份验证服务代理管理单元

在 Windows Server 2003 R2 的“添加或删除程序”中安装联合身份验证服务代理组件时，或在 Windows Server 2008 或 Windows Server 2008 R2 中使用“添加角色向导”时，将安装活动目录联合身份验证服务代理 MMC 管理单元。可以使用活动目录联合身份验证服务代理管理单元执行以下操作：

- 配置此联合服务器代理为其充当代理的联合身份验证服务。
- 确定如何从浏览器客户端和 Web 应用程序收集用户凭据信息。

Active Directory 联合身份验证服务代理管理单元中的设置存储在联合身份验证服务代理虚拟目录下的 Web.config 文件中。

（2）“联合身份验证服务代理”节点

管理单元控制台树层次结构中的“联合身份验证服务代理”节点代表当前的联合服务器代理设置。在活动目录联合身份验证服务代理管理单元中，通过此节点控制本地联合服务器代理配置。带私钥的实际客户端身份验证的证书位于本地计算机的个人证书存储中。

活动目录联合身份验证服务分为联合服务器代理的本地配置和在联合服务器场中所有服务器之间共享的信任策略配置。本地代理配置存储在 Web.config 文件中，包含下列各项：

- 联合身份验证服务统一资源定位器
- 联合服务器代理与联合身份验证服务进行传输层安全性和安全套接字通信时所使用的客户端身份验证证书
- Microsoft ASP.NET 网页

3. AD FS Web 代理角色服务

AD FS Web 代理是可以独立于其他 AD FS 角色服务安装的 AD FS 角色服务。在计算机上安装 AD FS Web 代理角色服务会使该计算机成为启用 AD FS 的 Web 服务器。

启用 AD FS 的 Web 服务器使用安全令牌并允许或拒绝用户访问 Web 应用程序。若要实现此目的，启用 AD FS 的 Web 服务器需要与资源联合身份验证服务建立关系，以便可以根据需要将用户定向到联合身份验证服务。

AD FS Web 代理可以用于两种不同类型的应用程序：

- 声明感知应用程序：为发布的 AD FS 对象编写的 Microsoft ASP.NET 应用程序，这些对象允许查询 AD FS 安全令牌声明。应用程序根据这些声明做出授权决定。
- 基于 Windows NT 令牌的应用程序：使用基于 Windows 的授权机制的应用程序。AD FS Web 代理支持从 AD FS 安全令牌转换到模拟级别的 Windows NT 访问令牌。

启用 AD FS 的 Web 服务器还会在需要使用 Cookie 的客户端上存储超文本传输协议 Cookie，以便进行单一登录。

AD FS Web 代理由两个独立的组件组成：

- AD FS 基于 Windows 令牌的代理扩展

AD FS 基于 Windows 令牌的代理扩展是 Internet 服务器应用程序编程接口扩展（ISAPI），可以用于配置 Internet 信息服务（IIS）元数据库中的信息。在 IIS 管理器中，可以使用“联合身份验证服务 URL”和“AD FS Web 代理”属性页来管理验证 AD FS 安全令牌和 Cookie 的策略和证书。

AD FS Web 代理属性是可以继承的。这些属性如表 9-6 所示。

表 9-6　　AD FS Web 代理属性

属　性	描　述
联合身份验证服务 URL	联合身份验证服务的统一资源定位器（URL）。需要此 URL，以便在其中查询信任信息
Cookie 路径	写入身份验证 Cookie 时指定的路径
Cookie 域	Cookie 生效的域
返回 URL	联合身份验证服务中的令牌在联合身份验证服务进行身份验证之后返回到的 URL。此 URL 应与令牌的 Audience 元素匹配。Windows 服务根据 Audience 元素执行检查

- AD FS Web 代理身份验证服务

AD FS Web 代理身份验证服务验证传入令牌和 Cookie。它作为本地系统运行，使用 Service-for-User (S4U) （S4U 允许管理员通过提供不带密码的用户主体名称为客户端获取 Windows 令牌）或 AD FS 身份验证包来生成令牌。但是，作为本地系统运行时不需要 IIS 应用程序池。

AD FS Web 代理身份验证服务包含的接口只能使用本地远程过程调用而非远程过程调用进行调用。如果给定了 AD FS 安全令牌或 AD FS Cookie，此服务将返回模拟 Windows NT 访问令牌。

9.2.1.3　联合身份验证信任

可以使用活动目录联合身份验证服务在建立联合身份验证信任关系的伙伴组织之间进行安全有效的联机交易。也就是说，联合身份验证信任是两个组织之间的商业级协议或伙伴关系的具体表现。

如图 9-1 所示，如果两个组织均至少部署了一个 AD FS 联合服务器并正确配置了其联合身份验证服务设置，则可以在两个伙伴组织之间建立联合身份验证信任关系。与 Windows 信任的方向类似，单向箭头表明信任的方向为始终指向林的账户端。这意味着身份验证从账户伙伴组织流向资源伙伴组织。

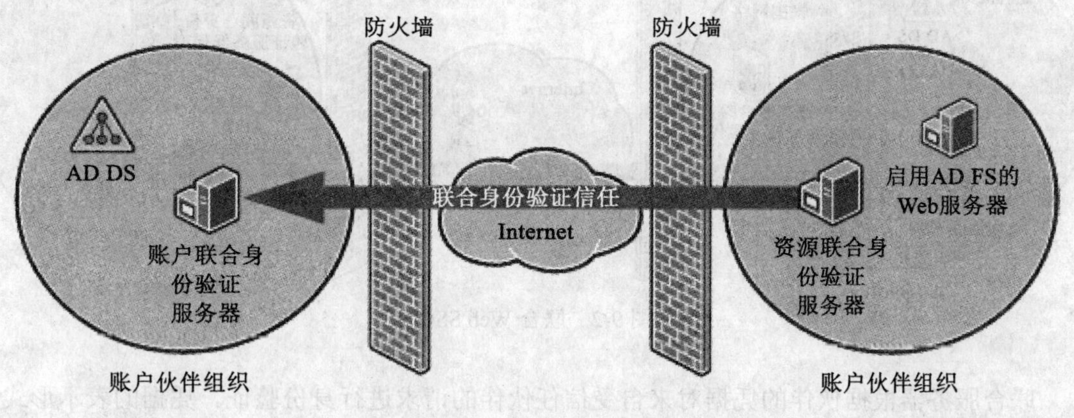

图 9-1　联合身份验证信任

注意：与需要在两个或多个域之间有一个持续连接的安全通道才能起作用的 Windows 信任不同，联合身份验证信任不需要此通道，因为在建立联合身份验证信任时，在网络上账户联合身份验证服务和资源联合身份验证服务之间未发生直接的通信。

创建联合身份验证信任之后，账户伙伴组织中的用户可以通过联合身份验证信任成功地将身份验证请求发送到资源伙伴组织中启用 AD FS 的 Web 服务器。如果账户伙伴组织和资源伙伴组织均安装了 AD FS 的联合身份验证服务组件并均使用活动目录联合身份验证服务管理单元以正确配置账户伙伴和资源伙伴，则将创建联合身份验证信任。

如果未配置联合身份验证信任的一端（账户伙伴或资源伙伴），或管理员对任一组织的配置不正确，联合身份验证信任将无法成功创建。

9.2.1.4 联合身份验证设计

Active Directory 联合身份验证服务支持联合身份设计（也称为联合身份验证方案），该设计使用 Web Services 联合身份验证（WS-联合身份验证）、WS 联合身份验证被动请求者配置文件（WS-F PRP）和 WS 联合身份验证被动请求者互操作性配置文件规范。AD FS 解决方案有助于管理员处理联合身份管理问题，方法是使组织可以通过联合身份验证信任安全地共享用户的标识信息。下列三项对部署设计的说明介绍了如何根据组织的需要，使用 AD FS 服务器角色的组合来联合管理身份。

1. 联合 Web SSO

联合 Web 单点登录（SSO）设计涉及的安全通信，除了跨越整个 Internet 路由基础结构之外，通常还会跨越多个防火墙、外围网络和名称解析服务器。通过联合 Web SSO 环境进行通信，有助于更加安全有效地在建立联合身份验证信任关系的组织之间进行联机交易。

如图 9-2 所示，可以在两个公司之间建立联合身份验证信任关系。在此设计中，联合服务器将 Tailspin Toys 中的用户账户发出的身份验证请求传送到位于 Online Retailer 网络中的基于 Web 的应用程序。

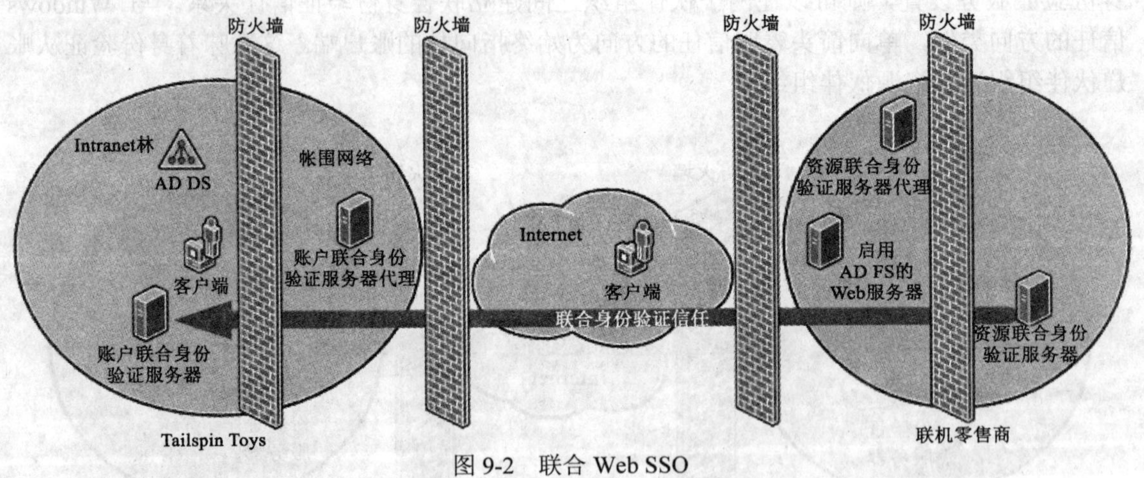

图 9-2　联合 Web SSO

联合服务器根据伙伴的凭据对来自受信任伙伴的请求进行身份验证。凭据的表示形式以安全令牌的形式进行交换。

为了提高安全性，可以使用联合服务器代理将请求中继到无法直接通过 Internet 访问的

联合服务器。

2. 具有林信任的联合 Web SSO

具有林信任的联合 Web SSO 设计涉及单个组织中的两个活动目录林，如图 9-3 所示。一个林位于组织的外围网络（也称为隔离区、Extranet 或屏蔽子网）中。另一个林位于内部网络中。建立单向林信任，使外围网络中的林信任内部网络中的林。两个网络中均部署联合服务器。建立联合身份验证信任，使内部林中的账户可以用于访问外围网络中的基于 Web 的应用程序，无论账户从 Intranet 林还是从 Internet 访问站点都是如此。

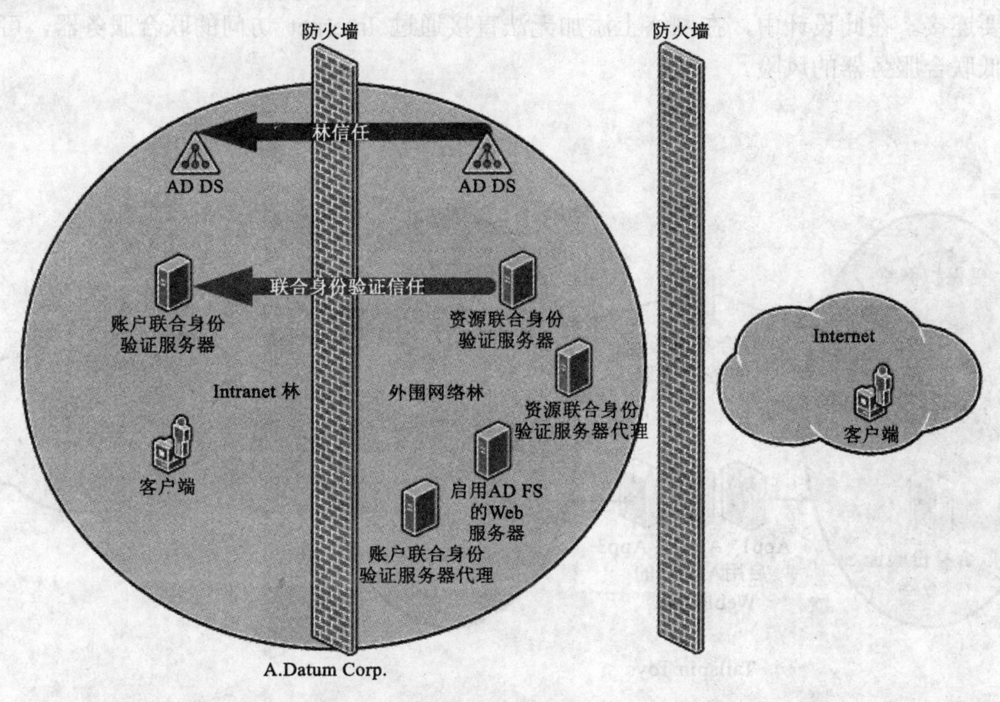

图 9-3　具有林信任的联合 Web SSO

在此设计中，外部用户（例如客户）可以通过在外部账户联合服务器（该服务器位于外围网络中）进行身份验证来访问 Web 应用程序。外部用户拥有外围网络活动目录林中的用户账户。内部用户（例如员工）也可以通过在内部账户联合服务器（该服务器位于内部网络中）进行身份验证来访问 Web 应用程序。内部用户拥有内部活动目录林中的账户。

如果基于 Web 的应用程序是基于 Windows NT 令牌的应用程序，则 Web 应用程序服务器上运行的 AD FS Web 代理将截获请求并创建 Windows NT 安全令牌，Web 应用程序在做出授权决定时需要该令牌。对于外部用户，因为承载基于 Windows NT 令牌的应用程序的支持 AD FS 的 Web 服务器加入外部林中的域，所以可能会出现这种情况。对于内部用户，通过外围林和内部林之间存在的林信任关系启用该功能。

如果基于 Web 的应用程序是声明感知应用程序，Web 应用程序服务器上运行的 AD FS Web 代理不必为用户创建 Windows NT 安全令牌。AD FS Web 代理可以公开经过的声明，这样，应用程序有可能根据账户联合服务器提供的安全令牌的内容做出授权决定。因此，部署声明感知应用程序时，启用 AD FS 的 Web 服务器不必加入域，也不必建立外部林对内部林的信任。

3. Web SSO

在 AD FS Web SSO 设计中，用户必须只进行一次身份验证来访问多个基于 Web 的应用程序。如图 9-4 所示。在此设计中，所有用户都是外部用户，不存在任何联合身份验证信任。因为启用 AD FS 的 Web 服务器必须可以通过 Internet 访问并且还必须加入 Active Directory 域，所以 Web 服务器连接到两个网络上；即 Web 服务器是多主机服务器。第一个网络面向 Internet（外围网络），提供所需的连接。第二个网络包含 Active Directory 林（受保护的网络），无法直接通过 Internet 访问。联合服务器代理也是多主机代理，提供到联合服务器和 Internet 的必要连接。在此设计中，在网络上添加无法直接通过 Internet 访问的联合服务器，可以明显降低联合服务器的风险。

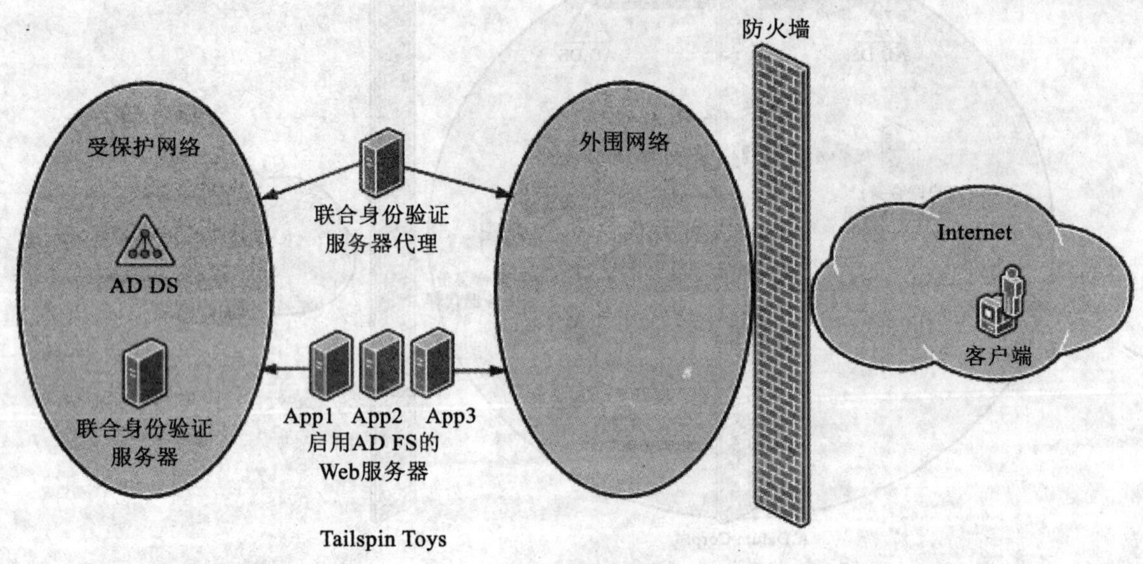

图 9-4　Web SSO

9.2.1.5　声明

声明是为了用于在应用程序中进行授权而做出的与用户有关的陈述（例如名称、标识、密钥、组、权限或功能），并且能够为活动目录联合身份验证服务中的伙伴双方所接受。

AD FS 联合身份验证服务中介程序在许多不同实体之间相互信任。用于使包含任意值的声明可以进行受信任的交换，然后接收方（例如，资源伙伴）会使用这些声明来做出授权决定。

声明可以通过以下三种方式经过联合身份验证服务：

- 从账户存储到账户联合身份验证服务，再到资源伙伴
- 从账户伙伴到资源联合身份验证服务，再到资源应用程序
- 从账户存储到联合身份验证服务，再到资源应用程序

联合身份验证服务可以配置为充当三个角色，因此一个联合身份验证服务可以促进三个通信流。

联合身份验证服务支持三种类型的声明：标识声明、组声明和自定义声明。

（1）标识声明

AD FS 中的 UPN、电子邮件和公用名为标识声明类型：

● UPN：指示 Kerberos 样式的用户主体名称（UPN），例如 user@realm。只有一个声明可以是 UPN 类型。即使必须传递多个 UPN 值，也只有一个声明可以是 UPN 类型。其他 UPN 可以配置为自定义声明类型。

● 电子邮件：指示 user@domain 形式的电子邮件名称。只有一个声明可以是电子邮件类型，即使必须传递多个电子邮件值，也只有一个声明可以是电子邮件类型，其他电子邮件可以配置为自定义声明类型。

● 公用名：指示用于个性化的任意字符串。例如 John Smith 或 Tailspin Toys Employee。只有一个声明可以是公用名类型。一定要注意，没有任何机制来保证公用名声明的唯一性。因此，使用此声明类型做出授权决定时应小心。

（2）组声明

指示组或角色中的成员身份。管理员定义各个组类型为“组声明”的声明。例如，可能定义以下组的声明集：[Developer, Tester, Program Manager]。每个组声明是管理声明填充和映射的独立单元。可以将组声明的值视为指示成员身份的布尔值。

（3）自定义声明

指示包含有关用户的自定义信息（例如员工 ID 号）的声明。

1. 声明映射

AD FS 使用 WS 联合身份验证被动请求者协议（WS-F PRP），该协议在联合身份验证服务颁发的安全令牌中携带声明。这些声明最初是从账户存储（AD DS 账户存储或 AD LDS 账户存储）填充的。

联合身份验证服务可以在这些声明传出到联合身份验证伙伴或从联合身份验证伙伴传入时进行映射。声明映射是映射、删除或筛选操作，或者是将传入声明变成传出声明的操作。每个联合身份验证伙伴的声明映射可能会有所不同。定义这些声明的填充和映射对于联合身份验证的配置至关重要。图 9-5 说明声明映射的过程。

2. 组织声明集

所有传入声明均映射到组织声明，组织声明是组织命名空间中的中间形式或标准化形式的声明。所有内部联合身份验证服务操作均对组织声明集执行。组织声明由资源应用程序使用。

使用组织声明，不必在任何需要进行通信的两个组织之间分别管理映射。每个组织定义一个指向组织声明或来自组织声明的映射。这样可以降低管理 AD FS 的复杂程度。

例如，如果联合身份验证包含 x 个账户伙伴

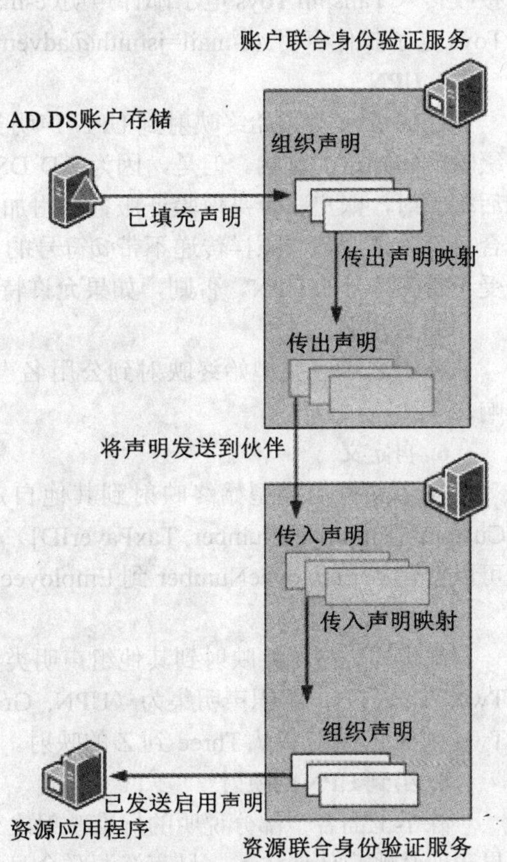

图 9-5　声明映射

和 y 个资源应用程序，则联合身份验证包含 x+y 个声明映射，这样就减少了潜在的 x×y 的声明映射数。举个具体的示例，如果联合身份验证服务包含：3 个账户伙伴和 7 个资源应用程序，这样联合身份验证只需要 10 个声明映射，而如果直接从传入声明映射到传出声明，则可能需要 21 个声明映射。

3. 电子邮件

电子邮件声明类型始终映射到电子邮件声明类型。作为此映射的一部分，在账户联合身份验证服务上，域后缀可能映射到一个常值。将域后缀映射到某个常数值可防止伙伴组织无意中向另一个组织提供关于他们的内部林结构的信息。在资源联合身份验证服务中，可能会根据常值列表筛选域后缀。

以下示例说明两个组织 Tailspin Toys 和 Adventure Works 之间的 AD FS 联合身份验证。在此示例中，Tailspin Toys 是账户伙伴，Adventure Works 是资源伙伴。

- 充当账户联合身份验证服务的 Tailspin Toys 将电子邮件组织声明映射到 Adventure Works 的传出电子邮件声明。作为该映射的一部分，将所有电子邮件后缀映射到 tailspintoys.com。如果组织电子邮件声明为（e-mail=jsmith@sales.tailspintoys.com），则传出电子邮件声明为（e-mail=jsmith@tailspintoys.com）。
- 充当资源联合身份验证服务的 Adventure Works 将传入 Tailspin Toys 电子邮件声明映射到电子邮件组织声明，作为该映射的一部分，将根据 tailspintoys.com 筛选后缀列表。因此，接收传入 Tailspin Toys 电子邮件声明(e-mail=jsmith@tailspintoys.com)，但是拒绝传入 Tailspin Toys 电子邮件声明 (e-mail=jsmith@adventure-works.com)。

4. UPN

UPN 声明类型始终映射到 UPN 声明类型。与电子邮件声明相同，UPN 声明类型也受后缀映射和筛选的影响。但是，因为 AD DS 允许不带@符号的 UPN，所以，如果定义了 UPN 后缀映射，账户联合身份验证服务会附加@符号，后跟后缀。否则，如果通过任何后缀，联合身份验证服务会原样传递不带@符号的 UPN。在资源端，如果允许任何 UPN 后缀，将接受不带@符号的 UPN。否则，如果允许特定的 UPN 后缀，将拒绝不带@符号的 UPN。

5. 公用名

公用名声明类型始终映射到公用名声明类型。公用名声明类型不受任何其他规则的影响。

6. 自定义

自定义声明类型始终映射到其他自定义声明类型。例如，如果传入声明集为（UPN, Custom=[EmployeeNumber, TaxPayerID]），组织声明集为（UPN, Custom=[Employee, SSN]），可以创建从 EmployeeNumber 到 Employee 的映射和从 TaxPayerID 到 SSN 的映射。

7. 组

组声明类型始终映射到其他组声明类型。例如，如果传入声明集为（UPN, Group=[One, Two, Three]），组织声明集为（UPN, Group=[X,Y,Z]），可以创建从 One 到 Y 的映射、从 Two 到 X 的映射和从 Three 到 Z 的映射。

8. 组到 UPN 的映射

除了上面各个部分说明的标准映射之外，还可以使用特殊的组到 UPN 的声明映射。如果声明从账户伙伴传入，只有资源联合身份验证服务支持组到 UPN 的声明映射。在这种情况下，UPN 声明类型不会映射到 UPN 声明类型。而是提供组到 UPN 的声明映射的排序列表。

例如，组到 UPN 的列表可能为：

（1）Dev 到 developers@internal.tailspintoys.com

（2）Test 到 testers@internal.tailspintoys.com

（3）PM 到 progmgrs@internal.tailspintoys.com

如果传入声明集为（Common name=John Smith, Group=[Dev]），组织声明集将包含（Common name=John Smith, UPN=developers@internal.tailspintoys.com）。注意该列表已排序。因此，声明集（Common name=John Smith, Group=[Dev,PM]）将生成（Common name=John Smith, UPN=developers@internal.tailspintoys.com）。此外，如果传入声明包含 UPN，将覆盖该 UPN。此特殊映射规则专门支持访问旧式资源的基于组的资源账户。组到 UPN 的映射的顺序在联合身份验证服务的信任策略中指定。

9. 审核声明

某些组声明和自定义声明可能指定为可审核。如果启用了审核，审核允许在安全事件日志中公开声明名，但是省略声明的值。Social Security Number 就属于可审核声明的示例。将公开声明名“Social Security Number”，但是不公开该声明中存储的实际数值。在生成或映射声明时不审核该声明值。

9.2.1.6 AD FS 所使用的 Cookie

活动目录联合身份验证服务使用下列三种类型的 Cookie：

1. 身份验证 Cookie

联合身份验证服务和 AD FS Web 代理都可以颁发身份验证 Cookie。AD FS Web 代理接受其接收到的 AD FS 安全令牌，并使用该令牌作为 Cookie 值。启用 AD FS 的 Web 服务器的益处是它不必使用可以签署和验证其自身 Cookie 的公钥/私钥对进行配置。联合身份验证服务发布验证令牌时所需的所有信息。

在联合身份验证服务端，Cookie 中的安全令牌包含客户端的组织声明。组织声明可以映射到特定资源的传出声明。AD FS Web 代理还可以验证和使用联合身份验证服务颁发的 Cookie。启用 AD FS 的 Web 服务器在客户端访问启用 AD FS 的 Web 服务器时接收 Cookie。然后，AD FS Web 代理可以对此 Cookie 进行身份验证，并使用其包含的声明。

身份验证 Cookie 便于进行单点登录。联合身份验证服务对客户端进行一次验证之后，将身份验证 Cookie 写入客户端。联合身份验证服务生成并使用身份验证 Cookie 的内容，并且联合服务器代理不会读取这些内容。通过 Cookie 进行进一步的身份验证，而不是通过重复地收集客户端凭据。

身份验证 Cookie 始终是会话 Cookie。身份验证 Cookie 已签名但未经加密，这是在 AD FS 中必须使用传输层安全性和安全套接字层的一个原因。

2. 账户伙伴 Cookie

账户伙伴 Cookie 便于 SSO。进行交互式账户伙伴成员身份发现之后，如果账户伙伴 Cookie 包含有效的令牌，将该 Cookie 写入客户端，以后的交互将使用此 Cookie 中的信息，而不是提示客户端重新输入账户伙伴成员身份信息。设置账户伙伴 Cookie 是账户伙伴发现过程的结果。账户伙伴 Cookie 是长效的永久性 Cookie，既不签名也不加密。

3. 注销 Cookie

注销 Cookie 便于注销。只要联合身份验证服务颁发令牌，令牌的资源伙伴或目标服务器就会添加到注销 Cookie。接收到注销请求时，联合身份验证服务或联合身份验证服务代理会

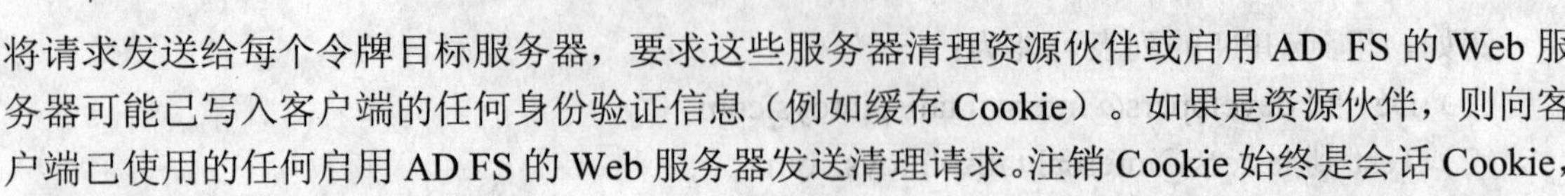

将请求发送给每个令牌目标服务器，要求这些服务器清理资源伙伴或启用 AD FS 的 Web 服务器可能已写入客户端的任何身份验证信息（例如缓存 Cookie）。如果是资源伙伴，则向客户端已使用的任何启用 AD FS 的 Web 服务器发送清理请求。注销 Cookie 始终是会话 Cookie，既不签名也不加密。

9.2.1.7　AD FS 所使用的证书

在任何活动目录联合身份验证服务设计中，必须使用各种证书来保护通信并方便地对联合服务器、联合服务器代理和启用 AD FS 的 Web 服务器进行用户身份验证和授权请求。

1. 联合服务器使用的证书

要求每个联合服务器都有一个服务器身份验证证书和一个令牌签名证书，才能参加 AD FS 通信。信任策略需要一个相关联的证书（称为验证证书），该证书是令牌签名证书的公钥部分。

2. 服务器身份验证证书

联合服务器使用安全套接字层服务器身份验证证书来保证 Web 服务通信的安全，以便与 Web 客户端或联合服务器代理进行通信。这些证书通过 Internet 信息服务管理单元进行请求和安装。

3. 令牌签名证书

每个联合服务器使用令牌签名证书为其生成的所有安全令牌进行数字签名。因为每个安全令牌由账户伙伴进行数字签名，资源伙伴可以验证安全令牌是否确实由账户伙伴颁发且未进行修改。这样有助于阻止攻击者通过调整或修改安全令牌来对资源进行未经授权的访问。

如果存在多个联合服务器，还会在账户伙伴内使用安全令牌的数字签名。在这种情况下，数字签名验证账户伙伴内其他联合服务器所颁发的安全令牌的原始性和完整性。数字签名使用验证证书进行验证。

注意：每个令牌签名证书包含与证书关联的私钥。

4. 验证证书

验证证书用于验证安全令牌是否由有效的联合服务器颁发且未进行修改。验证证书实际上是其他联合服务器的令牌签名证书。

若要验证安全令牌是否由给定联合服务器颁发并且未进行修改，联合服务器必须拥有颁发安全令牌的联合服务器的验证证书。例如，如果联合服务器 A 颁发安全令牌并将安全令牌发送到联合服务器 B，联合服务器 B 必须拥有联合服务器 A 的验证证书（联合服务器 A 的令牌签名证书）。

注意：与令牌签名证书不同，验证证书没有与证书关联的私钥。

5. 联合服务器代理使用的证书

需要运行联合身份验证服务代理角色服务的服务器可以使用客户端身份验证证书和服务器身份验证证书。

6. 客户端身份验证证书

每个联合服务器代理使用 SSL 客户端身份验证证书对联合身份验证服务进行身份验证。任何带客户端身份验证扩展密钥用法（EKU）的证书均可以作为联合服务器代理的客户端身份验证证书使用。联合服务器代理的客户端身份验证证书的副本存储在联合服务器代理上和联合服务器的信任策略中。但是，只有联合服务器代理存储与联合服务器代理的客户端身份验证证书关联的私钥。

7. 服务器身份验证证书

联合服务器代理使用 SSL 服务器身份验证证书来保护 Web 服务通信的安全，以便与 Web 客户端进行通信。这些证书通过 Interne 信息服务（IIS）管理器管理单元进行请求和安装。

8. 启用 AD FS 的 Web 服务器使用的证书

每台承载 AD FS Web 代理的启用 AD FS 的 Web 服务器使用 SSL 服务器身份验证证书安全地与 Web 客户端进行通信。这些证书通过 Internet 信息服务管理器管理单元进行请求和安装。

9.2.2　设置活动目录联合身份验证服务

设置联合身份验证服务包含以下几个步骤：添加资源伙伴；添加用户账户；添加和配置账户存储。下面分别介绍这几个步骤。

9.2.2.1 添加资源伙伴

添加资源伙伴有两种方法：一种是通过“添加资源伙伴向导”手动添加新的资源伙伴；另一种是导入策略文件添加新资源伙伴。下面分别介绍这两种添加资源伙伴的方法。

1. 手动添加资源伙伴

（1）打开“管理工具”中的“Active Directory 联合身份验证服务”。

（2）在控制台树中，双击“联合身份验证服务”、“信任策略”和“伙伴组织”。

（3）右键单击控制台树中的“资源伙伴”，选择“新建”中的“资源伙伴”。

（4）在“欢迎使用添加资源伙伴向导”页上，单击“下一步”。

（5）在“导入策略文件”页上，确保选中了“否”，然后单击“下一步”。

（6）在“资源伙伴详细信息”页上执行下列操作，然后单击“下一步”。

- 在“显示名称”中，键入资源伙伴的名称。
- 在“联合身份验证服务 URI”中，键入资源伙伴的统一资源标识符。
- 在“联合身份验证服务终点 URL”中，键入联合身份验证服务的统一资源定位器。

（7）在“联合身份验证方案”页上，执行以下任一操作，然后单击“下一步”：

- 如果要与另一个组织建立联合信任或不希望使用现有的林信任，单击“联合 Web SSO”。
- 如果两端已共享林信任，要在同一个组织内建立联合信任，单击“具有林信任的联合 Web SSO”。

（8）在“资源伙伴标识声明”页上，选择要与资源伙伴共享的一个或多个标识声明，然后单击“下一步”。

- 如果资源伙伴需要用户主体名称（UPN）声明才能做出授权决定，选中“UPN 声明”复选框。

注意：如果已选择“具有林信任的联合 Web SSO”方案，将选择“UPN 声明”选项，并且不可配置。这是因为此方案需要 UPN 声明。

- 如果资源伙伴需要电子邮件声明才能做出授权决定，选中“电子邮件声明”复选框。
- 如果资源伙伴需要公用名声明才能做出授权决定，选中“公用名声明”复选框。

（9）如果选择“UPN 声明”作为标识声明，在“选择 UPN 后缀”页上，执行以下任一操作，然后单击“下一步”：

- 若要让所有 UPN 后缀通过而不进行替换，单击“不更改，直接让所有 UPN 后缀通过”。

• 若要将所有 UPN 后缀替换为不同的后缀，单击“将所有 UPN 后缀替换为”，然后键入要用于替换所有 UPN 后缀的后缀。

（10）如果选择“电子邮件声明”作为标识声明，在“选择电子邮件后缀”页上，执行以下任一操作，然后单击“下一步”：

• 若要让所有电子邮件后缀通过而不进行替换，单击“不更改，直接让所有电子邮件后缀通过”。

• 若要将所有电子邮件后缀替换为不同的后缀，单击“将所有电子邮件后缀替换为”，然后键入要用于替换所有电子邮件后缀的后缀。

（11）在“启用此资源伙伴”页上，如果不希望立即启用该资源伙伴，清除“启用此资源伙伴”复选框，然后单击“下一步”。

（12）若要添加新的资源伙伴并关闭该向导，单击“完成”。

2. 导入策略文件添加资源伙伴

（1）打开“管理工具”中的“Active Directory 联合身份验证服务”。

（2）在控制台树中，双击“联合身份验证服务”、“信任策略”和“伙伴组织”。

（3）右键单击“资源伙伴”，指向“新建”，然后单击“资源伙伴”。

（4）在“欢迎使用添加资源伙伴向导”页上，单击“下一步”。

（5）在“导入策略文件”页上，单击“是”，在“伙伴互操作策略文件”中，浏览到或键入资源伙伴策略文件的位置，然后单击“下一步”。

（6）在“资源伙伴详细信息”页上，在“显示名称”下，键入资源伙伴的显示名称，验证其他导入的伙伴设置是否正确，然后单击“下一步”。

（7）在“联合身份验证方案”页上，执行以下任一操作，然后单击“下一步”：

• 如果要与另一个组织建立联合信任或不希望使用现有的林信任，单击“联合 Web SSO”。

• 如果两端已共享林信任，则要在同一个组织内建立联合信任，单击“具有林信任的联合 Web SSO”。

（8）在“资源伙伴标识声明”页上，选择账户伙伴将为资源伙伴提供的一个或多个标识声明，然后单击“下一步”。

• 如果资源伙伴需要 UPN 声明才能做出授权决定，选中“UPN 声明”复选框。

说明：如果已选择“具有林信任的联合 Web SSO”方案，将选择“UPN 声明”选项，并且不可配置。这是因为此方案需要 UPN 声明。

• 如果资源伙伴需要电子邮件声明才能做出授权决定，选中“电子邮件声明”复选框。

• 如果资源伙伴需要公用名声明才能做出授权决定，选中“公用名声明”复选框。

（9）如果选择“UPN 声明”作为标识声明，在“选择 UPN 后缀”页上，选择以下任一选项，然后单击“下一步”。

• 若要让所有 UPN 后缀通过而不进行替换，单击“不更改，直接让所有 UPN 后缀通过”。

• 若要将所有 UPN 后缀替换为不同的后缀，单击“将所有 UPN 域后缀替换为”，然后键入要用于替换所有 UPN 后缀的后缀，然后单击“添加”。

（10）如果选择“电子邮件声明”作为标识声明，在“选择电子邮件后缀”页上，执行以下任一操作，然后单击“下一步”：

• 若要让所有电子邮件后缀通过而不进行替换，单击“不更改，直接让所有电子邮件后

缀通过”。

• 若要将所有 UPN 后缀替换为不同的后缀，单击“将所有电子邮件后缀替换为”，然后键入要用于替换所有电子邮件后缀的后缀。

公用名声明不需要任何其他信息。

（11）在“启用此资源伙伴”页上，如果不希望立即启用该资源伙伴，清除“启用此资源伙伴”复选框，然后单击“下一步”。

（12）若要添加新的资源伙伴并关闭该向导，单击“完成”。

9.2.2.2　添加账户伙伴

1. 手动添加账户伙伴

（1）打开“管理工具”中的“Active Directory 联合身份验证服务”。

（2）在控制台树中，双击“联合身份验证服务”、“信任策略”和“伙伴组织”。

（3）右键单击“账户伙伴”，选择“新建”中的“账户伙伴”。

（4）在“欢迎使用添加账户伙伴向导”页上，单击“下一步”。

（5）在“导入策略文件”页上，单击“是”，在“伙伴互操作策略文件”中，浏览到或键入账户伙伴策略文件的位置。执行下列操作，然后单击“下一步”。

（6）在“账户伙伴详细信息”页上，在“显示名称”下，键入账户伙伴的显示名称，验证其他导入的伙伴设置是否正确，然后单击“下一步”。

（7）在“账户伙伴验证证书”页上，执行下列操作之一，然后单击“下一步”。

• 单击“在导入策略文件中使用验证证书”。

• 单击“使用其他验证证书”，然后键入证书的位置或单击“浏览”。

（8）在“联合身份验证方案”页上，执行以下任一操作，然后单击“下一步”：

• 如果要与另一个组织建立联合信任或不希望使用现有的林信任，单击“联合 Web SSO”，然后转到第 10 步。

• 如果两端已共享林信任，要在同一个组织内建立联合信任，单击“具有林信任的联合 Web SSO”。

（9）在“带林信任的联合身份验证 Web SSO”页上，执行以下任一操作，然后单击“下一步”：

• 若要接受账户伙伴信任的所有域中的用户，单击“所有 AD DS 域和林”。将接受任何可以通过账户伙伴进行身份验证的用户。

• 若要接受位于账户伙伴信任的某些域中的用户账户，单击“下列 AD DS 域和林”。然后，在“新建受信任 AD DS 域或林”中键入域或林的名称，然后单击“添加”。只接受指定域中的用户。

（10）在“账户伙伴标识声明”页上，选择此伙伴将提供的一个或多个标识声明，然后单击“下一步”：

• 如果资源伙伴需要 UPN 声明才能做出授权决定，选中“UPN 声明”复选框。

使用 UPN 声明或电子邮件声明做出授权决定时，每个账户伙伴必须有一个唯一的 UPN 后缀或电子邮件后缀。如果两个账户伙伴具有相同的 UPN 后缀或电子邮件后缀，可能无法唯一标识用户。在这种情况下，可能会导致一个账户伙伴中的用户获得供另一个账户伙伴中的用户使用的权限。这种情况还可能会导致明显的安全弱点，因为管理员可能会有意创建用户账户来模拟某个其他账户伙伴中的用户。

如果已选择“具有林信任的联合 Web SSO”方案，将选择“UPN 声明”选项，并且不可配置。这是因为此方案需要 UPN 声明。

- 如果资源伙伴需要电子邮件声明才能做出授权决定，选中“电子邮件声明”复选框。
- 如果资源伙伴需要公用名声明才能做出授权决定，选中“公用名声明”复选框。

（11）如果已选择“UPN 声明”作为标识声明，在“接受的 UPN 后缀”页上，执行以下任一操作，然后单击“下一步”：

- 如果已选择“具有林信任的联合 Web SSO”选项，请单击“所有 UPN 后缀”或单击“仅下表中的后缀”，键入接受的后缀，然后单击“添加”。
- 如果已选择“联合 Web SSO”选项，请在“添加新后缀”下，键入接受的后缀，然后单击“添加”。

（12）如果已选择“电子邮件声明”作为标识声明，在“接受的电子邮件后缀”页上，执行以下任一操作，然后单击“下一步”：

- 如果已选择“具有林信任的联合 Web SSO”选项，请单击“所有电子邮件后缀”或单击“仅下表中的后缀”，键入接受的后缀，然后单击“添加”。
- 如果已选择“联合 Web SSO”选项，请在“添加新后缀”下，键入接受的后缀，然后单击“添加”。

（13）在“启用此账户伙伴”页上，如果不希望立即启用该账户伙伴，清除“启用此账户伙伴”复选框，然后单击“下一步”。

（14）若要添加新的账户伙伴并关闭该向导，单击“完成”。

2. 导入策略文件添加账户伙伴

（1）打开“管理工具”中的“Active Directory 联合身份验证服务”。

（2）在控制台树中，双击“联合身份验证服务”、“信任策略”和“伙伴组织”。

（3）右键单击“账户伙伴”，选择“新建”中的“账户伙伴”。

（4）在“欢迎使用添加账户伙伴向导”页上，单击“下一步”。

（5）在“导入策略文件”页上，执行下列操作，然后单击“下一步”。

- 单击“是”。
- 在“伙伴互操作策略文件”中，浏览到或键入账户伙伴策略文件的位置。

（6）在“账户伙伴详细信息”页上，在“显示名称”下，键入账户伙伴的显示名称，验证其他导入的伙伴设置是否正确，然后单击“下一步”。

（7）在“账户伙伴验证证书”页上，执行下列操作之一，然后单击“下一步”：

- 单击“在导入策略文件中使用验证证书”。
- 单击“使用其他验证证书”，然后键入证书的位置或单击“浏览”。

（8）在“联合身份验证方案”页上，执行以下任一操作，然后单击“下一步”：

- 如果要与另一个组织建立联合信任或不希望使用现有的林信任，单击“联合 Web SSO”，然后转到第 10 步。
- 如果两端已共享林信任，则要在同一个组织内建立联合信任，单击“具有林信任的联合 Web SSO”。

（9）在“带林信任的联合身份验证 Web SSO”页上，执行以下任一操作，然后单击“下一步”：

- 若要接受账户伙伴信任的所有域中的用户，单击“所有 AD DS 域和林”。将接受任何

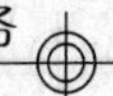

可以通过账户伙伴进行身份验证的用户。

● 若要接受位于账户伙伴信任的某些域中的用户账户，单击“下列 AD DS 域和林”。然后，在“新建受信任 AD DS 域或林”中键入域或林的名称，然后单击“添加”。只接受指定域中的用户。

（10）在“账户伙伴标识声明”页上，选择此伙伴将提供的一个或多个标识声明，然后单击“下一步”：

● 如果资源伙伴需要 UPN 声明才能做出授权决定，选中“UPN 声明”复选框。

● 如果资源伙伴需要电子邮件声明才能做出授权决定，选中“电子邮件声明”复选框。

● 如果资源伙伴需要公用名声明才能做出授权决定，选中“公用名声明”复选框。

（11）如果已选择“UPN 声明”作为标识声明，在“接受的 UPN 后缀”页上，执行以下任一操作，然后单击“下一步”：

● 如果已选择“具有林信任的联合 Web SSO”选项，请单击“所有 UPN 后缀”或单击“仅下表中的后缀”，键入接受的后缀，然后单击“添加”。

● 如果已选择“联合 Web SSO”选项，请在“添加新后缀”下，键入接受的后缀，然后单击“添加”。

（12）如果已选择“电子邮件声明”作为标识声明，在“接受的电子邮件后缀”页上，执行以下任一操作，然后单击“下一步”：

● 如果已选择“具有林信任的联合 Web SSO”选项，请单击“所有电子邮件后缀”或单击“仅下表中的后缀”，键入接受的后缀，然后单击“添加”。

● 如果已选择“联合 Web SSO”选项，请在“添加新后缀”下，键入接受的后缀，然后单击“添加”。

（13）在“启用此账户伙伴”页上，如果不希望立即启用该账户伙伴，清除“启用此账户伙伴”复选框，然后单击“下一步”。

（14）若要添加新的账户伙伴并关闭该向导，单击“完成”。

9.2.2.3 添加和配置账户存储

Active Directory 联合身份验证服务使用账户存储登录用户，并为这些用户提取安全声明。可以为单一联合身份验证服务配置多个账户存储。还可以定义其优先顺序。联合身份验证服务使用轻型目录访问协议与账户存储进行通信。AD FS 支持下列两种账户存储：

（1）Active Directory 域服务

AD FS 与 AD DS 紧密集成。AD FS 检索用户属性，并根据 AD DS 对用户进行身份验证。AD FS 还使用 Windows 集成身份验证和 AD DS 创建的安全令牌。

用户要登录到 AD DS，用户名必须使用用户主体名称（UPN）格式（user@adatum.com）或安全账户管理器（SAM）账户名格式（adatum\user）。

访问令牌是用户登录时生成的。它们包含用户的安全标识符(SID)和用户所属的任何组。会将访问令牌的一个副本指定给用户启动的每个进程。

用户登录并进行模拟之后，将从访问令牌枚举用户 SID。然后，SID 映射到组织组声明。

在账户联合身份验证服务中启用 Windows 信任选项时，如果将实际的 SID 通过 Internet 发送给资源伙伴组织，这可能存在安全风险。这些 SID 是在 AD FS 安全声明标记语言令牌中进行打包的，因此应该仅在使用具有林信任的联合 Web SSO 时启用此选项。

使用联合身份验证服务账户执行对象的 LDAP 搜索时，可以从 AD DS 中定义的用户对象属性提取电子邮件声明、公用名声明和自定义声明。

联合身份验证服务账户必须具有访问该用户对象的权限。如果该用户对象与联合身份验证服务账户驻留在不同的域中，前一个域必须具有对后一个域的 AD DS 域信任。

无法直接确定任何给定的用户名在 AD DS 中以及 AD DS（直接或间接）信任的所有目录中是否存在。只有登录尝试因为策略限制而失败，AD DS 才会返回权威性失败。策略限制失败的示例如下：

- 账户已禁用。
- 账户密码已过期。
- 不允许账户登录到此计算机。
- 账户有登录时间限制，不允许在此时登录。

否则，AD DS 账户存储登录失败始终不具有权威，将尝试下一个优先顺序的账户存储。

（2）Active Directory 轻型目录服务

AD LDS 为启用目录的应用程序提供数据存储和检索，没有 AD DS 所需的依存关系。AD LDS 提供的许多功能都与 AD DS 相同，但是无需部署域或者域控制器。与 AD FS 使用 AD DS 账户存储信息的方式相似，AD FS 也可以检索用户属性及使用 AD LDS 对用户进行身份验证。

AD FS 不能对账户名中包含括号的 AD LDS 账户进行身份验证。用户名中包含左括号的账户会导致 LDAP 搜索因为用户名生成的 LDAP 筛选器无效而失败。

联合身份验证服务账户获得用于为对象执行 LDAP 搜索的声明。该过程包含两个步骤：

- 首先，联合身份验证服务账户通过搜索其已配置属性等于提供的用户名的对象找到该用户对象。联合身份验证服务账户使用 Kerberos 身份验证或 NTLM 加密来保护此通信。
- 然后，通过找到的用户对象和提供的密码的 LDAP 绑定，对用户凭据进行验证。如果为信任策略中的 AD LDS 账户存储属性配置了传输层安全性和安全套接字层（TLS/SSL），将保护用户凭据。

注意：应该通过 TLS/SSL 或其他手段保护 AD LDS 服务器与联合服务器之间的通信，例如 Internet 协议安全性（IPSec）。

如果对提供的用户名的 LDAP 查询返回多个对象，则认为身份验证失败。

如果已配置用户账户，则首先会在 AD LDS 账户存储中查找该用户账户，然后按顺序配置其他 LDAP 存储。如果任何存储找到该用户账户，则它会进行该用户的权威登录，且不会调用任何其他账户存储来处理该用户登录请求。

1. 添加 AD DS 账户存储

（1）打开“管理工具”中的“Active Directory 联合身份验证服务”。

（2）在控制台树中，双击“联合身份验证服务”、“信任策略”和“我的组织”。

（3）右键单击“账户存储”，选择“新建”中的“账户存储”。

（4）在“欢迎使用添加账户存储向导”页上，单击“下一步”。

（5）在“账户存储类型”页上，单击“Active Directory 域服务”，然后单击“下一步”。

说明：只能有一个与联合身份验证服务关联的 AD DS 存储。如果“Active Directory 域服务”选项不可用，是因为已为此联合身份验证服务创建 AD DS 存储。

（6）如果不希望立即启用此账户存储，在“启用此账户存储”页上，清除“启用此账户存储”复选框，然后单击“下一步”。

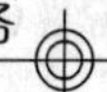

（7）若要添加新的账户存储并关闭该向导，单击“完成”。

2. 添加AD LDS账户存储

Active Directory 轻型目录服务为启用目录的应用程序提供数据存储和检索，没有活动目录域服务所需的依存关系。AD LDS提供的许多功能都与AD DS相同，但是无需部署域或域控制器。与活动目录联合身份验证服务使用AD DS账户存储信息的方式相似，如果将AD FS配置为使用AD LDS作为账户存储，则AD FS也从AD LDS检索用户属性并根据AD LDS对用户进行身份验证。

添加AD LDS账户存储，操作如下：

（1）打开“管理工具”中的“Active Directory联合身份验证服务”。

（2）在控制台树中，双击“联合身份验证服务”、“信任策略”和“我的组织”。

（3）右键单击“账户存储”，选择“新建”中的“账户存储”。

（4）在“欢迎使用添加账户存储向导”页上，单击“下一步”。

（5）在“账户存储类型”页上，单击“Active Directory 轻型目录服务”，然后单击“下一步”。

（6）在“AD LDS存储详细信息”页上执行以下操作，然后单击“下一步”：

• 在“账户存储显示名称”中，键入账户存储的友好名称。

在“账户存储URI”中，键入AD LDS账户存储的统一资源标识符（URI）。

（7）在“AD LDS服务器设置”页上执行以下操作，然后单击“下一步”：

• 在“AD LDS服务器名或IP地址”中，键入AD LDS服务器的名称或IP地址。

• 在“端口号”中，键入账户服务的TCP/IP端口号。

• 在“LDAP 搜索基础可分辨名称”中，键入可分辨名称。

例如：DC=adatum,DC=com。

• 在“用户名LDAP属性”中，键入用户名属性的名称，例如userPrincipalName。

（8）在“标识声明”页上，选择账户存储将提供的一个或多个标识声明，然后单击“下一步”：

• 如果账户存储提供 UPN 标识声明，选中“用户主体名称”复选框，然后键入轻型目录访问协议属性名。

• 如果账户存储提供电子邮件标识声明，选中“电子邮件”复选框，然后键入LDAP属性名。

• 如果账户存储提供公用名标识声明，选中“公用名”复选框，然后键入LDAP属性名。

（9）如果不希望立即启用此账户存储，在“启用此账户存储”页上，清除“启用此账户存储”复选框，然后单击“下一步”。

（10）若要添加新的账户存储并关闭该向导，单击“完成”。

注意：AD FS不能对账户名中包含括号的AD LDS账户进行身份验证。用户名中包含左括号的账户会导致LDAP搜索因为用户名生成的LDAP筛选器无效而失败。

3. 添加Web应用程序

作为设计活动目录联合身份验证服务部署过程的一部分，确定希望受AD DS保护的联合应用程序的类型。对于要进行联合的应用程序，应用程序必须至少为以下几部分中描述的应用程序类型之一。

（1）基于Windows NT令牌的应用程序

基于 Windows NT 令牌的应用程序是为使用传统的 Windows 本机授权机制而编写的 Internet 信息服务应用程序。此类应用程序没有准备好使用 AD FS 声明。

只有本地域或本地域信任的任何域中的 Windows 用户，可以使用基于 Windows NT 令牌的应用程序；也就是说，只有可以登录到采用基于 Windows NT 令牌身份验证机制的计算机的用户，才能使用此类应用程序。

添加基于 Windows NT 令牌的应用程序，操作如下：

①打开"管理工具"中的"Active Directory 联合身份验证服务"。

②在控制台树中，双击"联合身份验证服务"、"信任策略"和"我的组织"。

③右键单击"应用程序"，选择"新建"中的"应用程序"。

④在"欢迎使用添加应用程序向导"页上，单击"下一步"。

⑤在"应用程序类型"页上，单击"基于 Windows NT 令牌的应用程序"，然后单击"下一步"。

⑥在"应用程序详细信息"页上执行以下操作，然后单击"下一步"：

- 在"应用程序显示名称"中，键入应用程序的名称。
- 在"应用程序 URL"中，键入应用程序的统一资源定位器（URL）。

注意：此 URL 必须与 AD FS Web 代理中为此应用程序配置的返回 URL 相匹配。

⑦在"接受的标识声明"页上，选择应用程序做出授权决定时将使用的标识声明类型，然后单击"下一步"。

- 如果应用程序需要用户主体名称标识声明才能做出授权决定，单击"用户主体名称"。
- 如果应用程序需要电子邮件标识声明才能做出授权决定，单击"电子邮件"。

⑧如果不希望立即启用基于 Windows NT 令牌的应用程序，在"启用此应用程序"页上，清除"启用此应用程序"复选框，然后单击"下一步"。

⑨若要添加新的基于 Windows NT 令牌的应用程序并关闭该向导，单击"完成"。

（2）声明感知应用程序

声明是为了用于在应用程序中进行授权而做出的与用户有关的陈述（例如名称、标识、密钥、组、权限或功能），并且能够为 AD FS 联合身份验证中的伙伴双方所接受。

声明感知应用程序是使用 AD FS 类库编写的 Microsoft ASP.NET 应用程序。此类应用程序完全可以使用 AD FS 声明直接做出授权决定。声明感知应用程序接受联合身份验证服务在 AD FS 安全令牌中发送的声明。

添加声明感知应用程序，操作如下：

①打开"管理工具"中的"Active Directory 联合身份验证服务"。

②在控制台树中，双击"联合身份验证服务"、"信任策略"和"我的组织"。

③右键单击"应用程序"，选择"新建"中的"应用程序"。

④在"欢迎使用添加应用程序向导"页上，单击"下一步"。

⑤在"应用程序类型"页上，单击"声明感知应用程序"，然后单击"下一步"。

⑥在"应用程序详细信息"页上执行以下操作，然后单击"下一步"：

- 在"应用程序显示名称"中，键入应用程序的名称。
- 在"应用程序 URL"中，键入应用程序的统一资源定位器。

⑦在"接受的标识声明"页上，选择应用程序在做出授权决定时将使用的每个标识声明类型，然后单击"下一步"。

• 如果应用程序需要用户主体名称标识声明才能做出授权决定，选中“用户主体名称”复选框。

• 如果应用程序需要电子邮件标识声明才能做出授权决定，选中“电子邮件”复选框。

• 如果应用程序需要公用名标识声明才能做出授权决定，选中“公用名”复选框。

⑧如果不希望立即启用声明感知应用程序，在“启用此应用程序”页上，清除“启用此应用程序”复选框，然后单击“下一步”。

⑨若要添加新的声明感知应用程序并关闭该向导，单击“完成”。

9.2.3　将联合身份验证与 AD RMS 配合使用

如果已经在组织中另外部署了联合身份验证服务（AD FS），并且已经和没有部署活动目录权限管理服务（AD RMS）的其他组织建立信任关系，这时可以扩展基本 AD RMS 部署，以使用 AD FS 凭据建立信任的用户账户，这样可以与别的组织共享受权限保护的内容的访问权限，而不必建立单独的信任。

9.2.3.1　设置 CDANDL 域

利用 AD FS 支持部署 AD RMS 的环境需要八台计算机，它们都已经连接到专用网络，并且使用如表 9-7 所示的操作系统、应用程序和服务。

配置环境如图 9-6 所示。

在安装 AD FS 和 AD RMS 服务之前，需要在测试环境的基础上改变 CPANDL 域的基础结构，将安装 AD FS 服务资源伙伴并将其添加到 CPANDL 企业基础结构中。

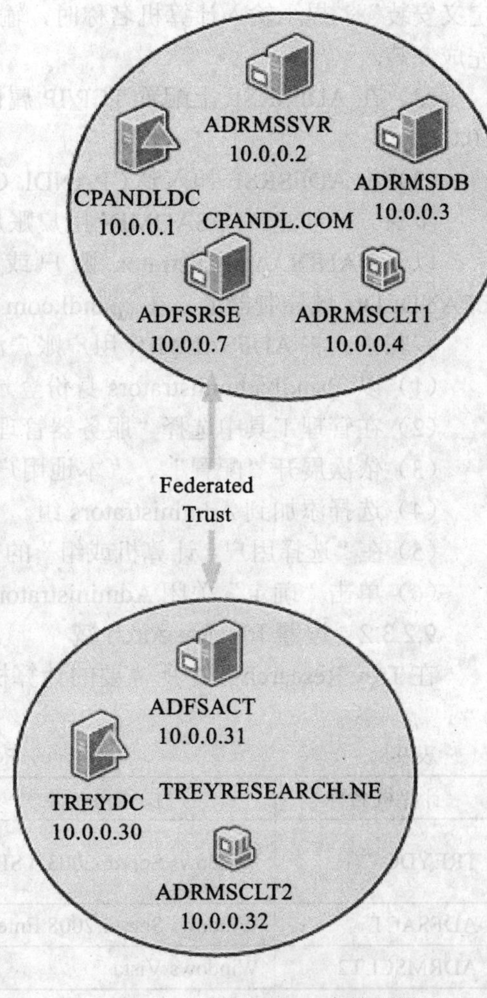

图 9-6　利用 ADFS 支持部署 ADRMS 的环境

表 9-7　CDANDL 域的环境配置

计算机名称	操作系统	应用程序和服务
ADRMSSVR	Windows Server 2008	AD RMS、IIS 7.0、万维网发布服务和消息队列
CPANDLDC TREYDC	Windows Server 2003(SP2)	Active Directory，DNS
ADRMS-DB	Windows Server 2003(SP2)	Microsoft SQL Server(TM) 2005 Standard Edition(SP2)
ADRMSCLT1 ADRMSCLT2	Windows Vista	Microsoft Office Word 2007 Enterprise Edition
ADFSRSE ADFSACT	Windows Server 2008 Enterprise	AD FS、IIS

计算机科学与技术专业规划教材

步骤一：在 AD FS 资源伙伴（ADFSRSE）上安装 Windows Server 2008 Enterprise

（1）安装 Windows Server 2008 Enterprise。安装时应注意：在选择安装类型时，选择“自定义安装”，提示输入计算机名称时，输入“ADFSRSE”，然后按照屏幕上显示的其他说明完成安装。

（2）在 ADFSRSE 上配置 TCP/IP 属性，设置静态 IP 地址 10.0.0.7。首选 DNS 服务器是 10.0.0.1。

（3）将 ADFSRSE 加入到 CPANDL.COM 域中。

步骤二：创建 ADFSADMIN 用户账户

以 CPANDL\Administrator 账户或者本地 Administrators 组中的其他账户登录到 CPANDLDC 域控制器上，在 cpandl.com 域中创建用户账户 ADFSADMIN。

步骤三：将 ADFSADMIN 用户账户添加到 ADFSRSE 上的本地 Administrator 组

（1）以 cpandl\administrators 身份登录到 ADFSRSE。

（2）在管理工具中选择“服务器管理器”。

（3）依次展开“配置”、“本地用户和组”，单击“组”。

（4）选择添加到 Administrators 组。

（5）在“选择用户、计算机或组”的窗口中，键入 cpandl\adfsadmin，然后选择“确定”。

（6）单击“确定”关闭 Administrators 属性表。

9.2.3.2 设置 Trey Research 域

在 Trey Research 域中所需要的计算机名称、操作系统和网络设置参数如表 9-8 所示。

表 9-8 Trey Research 域的环境配置

计算机名称	操作系统要求	IP 设置	DNS 设置
TREYDC	Windows Server 2003（SP2）	IP 地址：10.0.0.30	由 DNS 服务器角色配置。
ADFSACT	Windows Server 2008 Enterprise	IP 地址：10.0.0.31	首选：10.0.0.30
ADRMSCLT2	Windows Vista	IP 地址 10.0.0.32	首选：10.0.0.30

步骤一：创建 TREYDC 域控制器

（1）在 TREYDC 计算机上安装 Windows Server 2003(SP2)，注意在安装过程中输入的计算机名称为 TREYDC。

（2）使用 TREYDC\Administrator 账户或本地 Administrators 组中的其他用户账户登录到 TREYDC。在 TREYDC 上配置 TCP/IP 属性，设置静态 IP 地址 10.0.0.30。

（3）将 TREYDC 配置为域控制器，域名为 treyresearch.net。

步骤二：配置 DNS 转发器

配置 DNS 转发器的目的是在 treyresearch.net 域中无法解析的 DNS 请求转发到 cpanl.com 域。

首先，配置 TREYDC 上的 DNS 转发器

(1) 使用 TREYRESEARCH\Administrator 账户或本地 Administrator 组中的其他用户账户登录到 TREYDC 域控制器。

（2）打开DNS管理工具，选择TREYDC的“属性”选项。

（3）打开“转发器”选项卡，在“所选域的转发器的IP地址列表”部分，输入IP地址：10.0.0.1，然后选择“添加”，“确定”。

然后，配置CPANDLDC上的DNS转发器

（1）使用CPANDL\Administrator账户或本地Administrator组中的其他用户账户登录到CPANDLDC域控制器。

（2）打开DNS管理工具，选择CPANDLDC的“属性”选项。

（3）打开“转发器”选项卡，在“所选域的转发器的IP地址列表”部分，输入IP地址：10.0.0.30，然后选择“添加”，“确定”。

步骤三：创建用户账户

（1）在TREYRESEARCH域中创建用户，用户属性如表9-9所示。

表9-9 TREYRESEARCH域中的用户属性

账户名	用户登录名	电子邮件地址
ADFSADMIN	ADFSADMIN	
赵 飞	zhaofei	zhaofei@treyresearch.net

（2）为赵飞用户添加电子邮件地址：zhaofei@treyresearch.net。

步骤四：配置联合身份验证账户伙伴的计算机（ADFSACT）

（1）在ADFSACT计算机上安装Windows Server 2008 Enterprise。安装时注意：要选择自定义安装；输入的计算机名称是ADFSACT。

（2）在ADFSACT上配置TCP/IP属性，设置静态IP地址10.0.0.31。

（3）将ADFSACT加入到treyresearch.net域中。

（4）将用户ADFSADMIN添加到ADFSACT上的本地Administrators组中。

步骤五：配置启用AD RMS客户端计算机（ADRMSCLT2）

首先，完成ADRMSCLT2客户机的基本配置

（1）在ADRMSCLT2计算机上安装Windows Vista。安装时注意：输入的计算机名称是ADFRMSCLT2。

（2）在ADRMSCLT2上配置TCP/IP属性，设置静态IP地址10.0.0.32，配置首选DNS服务器为10.0.0.30。

（3）将ADRMSCLT2加入到treyresearch.net域中。

（4）将用户ADFSADMIN添加到ADFSACT上的本地Administrators组中。

然后，配置联合身份验证支持的ADRMSCLT2

（1）使用TREYRESEARCH\Administrator账户或本地Administrators组中的其他用户账户登录到ADRMSCLT2。

（2）运行命令regedit.exe，进入注册表。

（3）展开HKEY_LOCAL_MACHINE，展开“软件”，然后展开Microsoft。

（4）右键单击Microsoft，指向“新建”，单击“密钥”，键入MSDRM，然后按Enter。

（5）右键单击MSDRM，指向“新建”，单击“密钥”，键入Federation，然后按Enter。

（6）右键单击“联合身份验证”，指向“新建”，单击“字符串值”，键入 FederationHomeRealm，然后按 Enter。

（7）右键单击 FederationHomeRealm，键入 urn:federation:treyresearch.net，然后单击“确定”。

最后，在 ADRMSCLT2 安装 Microsoft Office Word 2007 Enterprise

9.2.3.3 安装和配置 AD FS

步骤一：在 ADFSRSE 和 ADFSACT 上安装联合身份验证服务

（1）使用 CPANDL\ADFSADMIN 账户或本地 Administrators 组中的其他账户登录到 ADFSRSE。

（2）选择“管理工具”中的“服务器管理器”。

（3）如果出现“用户账户控制”对话框，请确认所显示的是想要执行的操作，然后单击“继续”。

（4）单击“添加角色”。

（5）在“开始之前”页上，单击“下一步”。

（6）在“选择服务器角色”页上，单击“Active Directory 联合身份验证服务”，单击“下一步”。

（7）在“AD FS 简介”页上，单击“下一步”。

（8）在“选择角色服务”页上，选中“联合身份验证服务”复选框。如果系统提示安装其他角色服务，则单击“添加所需角色服务”，然后单击“下一步”。

（9）选择“为 SSL 加密选择现有证书”选项，单击适当证书，然后单击“下一步”。

注：如果在测试环境中选择使用自签名证书，则选择“为 SSL 加密创建自签名证书”选项，然后单击“下一步”。

（10）在“选择令牌签名证书”页上，选择“选择现有令牌签名证书”选项，单击适当的证书，然后单击“下一步”。

注：如果在测试环境中选择使用自签名证书，则选择“创建自签名令牌签名证书”选项，然后单击“下一步”。

（11）选择“新建信任策略”选项，然后单击“下一步”。

（12）阅读“Web 服务器简介（IIS）”页，然后单击“下一步”。

（13）保留 Web 服务器默认复选框选择，然后单击“下一步”。

（14）单击“安装”。

（15）安装完成后，单击“关闭”。

（16）以 TREYRESEARCH\ADFSADMIN 身份登录到 ADFSACT。

（17）使用 TREYRESEARCH\ADFSADMIN 用户账户为 ADFSACT 计算机重复执行步骤（2）—（15）。

步骤二：将 ADFSACT 配置为使用 AD RMS 服务

首先，配置 AD FS 账户伙伴（ADFSACT）上的信任策略

（1）使用 TREYRESEARCH\adfsadmin 账户或本地 Administrators 组中的其他用户账户登录到 ADFSACT。

（2）选择“管理工具”中的“Active Directory 联合身份验证服务”。

（3）如果出现“用户账户控制”对话框，请确认所显示的是想要执行的操作，然后单击“继续”。

（4）展开“联合身份验证服务”，右键单击“信任策略”，然后单击“属性”。

（5）在“联合身份验证服务 URI”框中，键入 urn:federation:treyresearch.net。

注：联合身份验证服务 URI 值是区分大小写的。

（6）在“联合身份验证服务终点 URL”框中，确认显示 https://ADFSACT. treyresearch.net/adfs/ls/。

（7）在“显示名称”选项卡中，在“此信任策略的显示名称”中，键入 Trey Research，然后单击“确定”。

其次，创建将与 AD RMS 一起使用的自定义声明

（1）在活动目录联合身份验证服务控制台中，展开“联合身份验证服务”、“信任策略”，然后展开“我的组织”。

（2）右键单击“组织声明”，选择“新建”中的“组织声明”。

（3）在“声明名称”框中，键入 ProxyAddresses。注意：声明名称值是区分大小写的。

（4）选择“自定义声明”选项，然后单击“确定”。

说明：允许通过联合信任的代理地址时，应格外小心。如果允许通过联合身份验证的代理地址，则恶意用户有可能欺骗授权用户的凭据，并访问用户的受权限保护的内容。如果要求使用通过联合身份验证的代理地址，则应该实现声明转换模块，该模块会检查联合用户的代理地址并确保它与发出请求的林相匹配。默认情况下，在 Active Directory Rights Management Services 控制台中用于允许联合用户的代理地址的选项处于关闭状态。

再次，将 AD 账户添加到 TREYRESEARCH 域的联合身份验证服务

（1）在活动目录联合身份验证服务控制台中，展开“联合身份验证服务”、“信任策略”，然后展开“我的组织”。

（2）右键单击“账户存储”，选择“新建”中的“账户存储”。

（3）在“欢迎使用添加账户存储向导”页上，单击“下一步”。

（4）在“账户存储类型”页上，选择“Active Directory 域服务”选项，然后单击“下一步”。

（5）在“启用此账户存储”页上，选中“启用此账户存储”复选框，然后单击“下一步”。

（6）在“在完成添加账户存储向导”页上，单击“完成”。

（7）双击“电子邮件”组织声明，选中“启用”复选框，在“LDAP 属性”框中键入邮件，然后单击“确定”。

（8）右键单击活动目录账户存储，指向“新建”，然后单击“自定义声明提取”。

（9）在“属性”框中，键入 ProxyAddresses，然后单击“确定”。

最后，将资源伙伴添加到 TREYRESEARCH 域中的联合身份验证服务中。

（1）在活动目录联合身份验证服务控制台中，依次展开“联合身份验证服务”、“信任策略”，然后展开“伙伴组织”。

（2）右键单击“资源伙伴”，选择“新建”中的“资源伙伴”。

（3）在“欢迎使用添加资源伙伴向导”页上，单击“下一步”。

（4）选择“导入策略文件”页上的“否”选项，然后单击“下一步”。

（5）在“资源伙伴详细信息”页上的“显示名称”框中，键入“CPANDL 企业”。

（6）在“联合身份验证服务 URI”框中，键入 urn:federation:cpandl.com。注意：联合身份验证服务 URL 值是区分大小写的。

（7）在“联合身份验证服务终点 URL”框中，键入如下内容：https://adfs-resource.cpandl.com/adfs/ls/，然后单击“下一步”。

（8）在“联合身份验证方案”页上，选择“联合 Web SSO”选项，然后单击“下一步”。

（9）选中“UPN 声明”和“电子邮件声明”复选框，然后单击“下一步”。

（10）选择“不更改直接让所有 UPN 后缀通过”选项，然后单击“下一步”。

（11）选择“不更改直接让所有电子邮件后缀通过”选项，然后单击“下一步”。

（12）确保选中“启用此资源伙伴”复选框，然后单击“下一步”。

（13）单击“完成”。

（14）右键单击新 CPANDL 企业资源伙伴，选择“新建”中的“传出自定义声明映射”。

（15）在“传出自定义声明名称”框中，键入 ProxyAddresses，然后单击“确定”。

（16）关闭活动目录联合身份验证服务控制台。

步骤三：将 ADFSRSE 配置为使用 AD RMS 服务

ADFS-RESOURCE 计算机是 CPANDL 域的成员，并且可以从 TREYRESEARCH 域接收 AD RMS 请求。

首先，为 CPANDL 域中的联合身份验证服务配置 ADFS-RESOURCE 计算机信任策略。

（1）使用 CPANDL\ADFSADMIN 账户或本地 Administrators 组中的其他用户账户登录到 ADFSRSE。

（2）选择“管理工具”中的“Active Directory 联合身份验证服务”。

（3）如果出现“用户账户控制”对话框，请确认所显示的是想要执行的操作，然后单击“继续”。

（4）展开“联合身份验证服务”，右键单击“信任策略”，然后单击“属性”。

（5）在“联合身份验证服务 URI”框中，键入 urn:federation:cpandl.com。UR 值注意区分大小写。

（6）在“联合身份验证服务终点 URL”框中，确认显示 https://ADFSRSE.cpandl.com/adfs/ls/。

（7）在“显示名称”选项卡中的“此信任策略的显示名称”中，键入“CPANDL 企业”，然后单击“确定”。

其次，创建将与 AD RMS 一起使用的自定义声明。

（1）在活动目录联合身份验证服务控制台中，展开“联合身份验证服务”、“信任策略”，然后展开“我的组织”。

（2）右键单击“组织声明”，选择“新建”中的“组织声明”。

（3）在“声明名称”框中，键入 ProxyAddresses。注意：声明名称值是区分大小写的。

（4）选择“自定义声明”选项，然后单击“确定”。

再次，将 Active Directory 账户存储添加到 CPANDL 域的联合身份验证服务。

（1）在活动目录联合身份验证服务控制台中，展开“联合身份验证服务”、“信任策略”，然后展开“我的组织”。

（2）右键单击“账户存储”，选择“新建”中的“账户存储”。

（3）在“欢迎使用添加账户存储向导”页上，单击“下一步”。

（4）在“账户存储类型”页上，选择“Active Directory 域服务”选项，然后单击“下一步”。

（5）在“启用此账户存储”页上，选中“启用此账户存储”复选框，然后单击“下一步”。

（6）在“在完成添加账户存储向导”页上，单击“完成”。

（7）双击“电子邮件”组织声明，选中“启用”复选框，在“LDAP 属性”框中键入邮件，然后单击“确定”。

（8）右键单击 Active Directory 账户存储，指向“新建”，然后单击“自定义声明提取”。

（9）在“属性”框中，键入 ProxyAddresses，然后单击“确定”。

（10）关闭活动目录联合身份验证服务控制台。

复次，将 AD RMS 证书管道添加为声明感知的应用程序。

（1）在活动目录联合身份验证服务控制台中，展开“联合身份验证服务”、“信任策略”，然后展开“我的组织”。

（2）右键单击“应用程序”，选择“新建”中的“应用程序”。

（3）在“欢迎使用添加应用程序向导”页上，单击“下一步”。

（4）在“应用程序类型”页上，选择“声明感知的应用程序”选项，然后单击“下一步”。

（5）在“应用程序显示名称”框中，键入“AD RMS 认证”。

（6）在“应用程序 URL”框中，键入 https://adrmssvr.cpandl.com/_wmcs/certificationexternal/，然后单击“下一步”。

注意：应用程序 URL 值是区分大小写的，AD RMS Extranet 群集的名称应该与 ADRMS-SRV 计算机的返回 URL 值确切匹配。如果这些值不匹配，则 AD FS 功能不可用。

（7）在“接受的标识声明”页上，选中“用户主体名称”和“电子邮件”复选框，然后单击“下一步”。

（8）在“启用此应用程序”页上，选中“启用此应用程序”复选框，然后单击“下一步”。

（9）在“正在完成添加应用程序向导”页上，单击“完成”。

（10）在此任务窗格中，双击 ProxyAddresses，选中“启用”复选框，然后单击“确定”。

最后，将账户伙伴添加到 ADFS-RESOURCE。此账户伙伴从 TREYRESEARCH 域中的 ADFS-ACCOUNT 计算机接收请求。

（1）在活动目录联合身份验证服务控制台中，依次展开“联合身份验证服务”、“信任策略”，然后展开“伙伴组织”。

（2）右键单击“账户伙伴”，选择“新建”中的“账户伙伴”。

（3）在“欢迎使用添加账户伙伴向导”页上，单击“下一步”。

（4）在“导入策略文件”页上，选择“否”选项，然后单击“下一步”。

（5）在“资源伙伴详细信息”页上，在“显示名称”框中，键入 Trey Research。

（6）在“联合身份验证服务 URI”框中，键入 urn:federation:treyresearch.net。

（7）在“联合身份验证服务终点 URL”框中，键入 https://adfs-account.treyresearch.net/adfs/ls/，然后单击“下一步”。

（8）在“账户伙伴验证”页上，键入存储令牌签名证书的路径，然后单击“下一步”。

（9）选择“联合 Web SSO”选项，然后单击“下一步”。

（10）选中“UPN 声明”和“电子邮件声明”复选框，然后单击“下一步”。

（11）在“接受的 UPN 后缀”页上，键入 treyresearch.net，单击“添加”，然后单击“下一步”。

（12）在“接受的电子邮件后缀”页上，键入 treyresearch.net，单击“添加”，然后单击“下一步”。

（13）检验是否选中“启用此账户伙伴”复选框，然后单击“下一步”。

（14）单击“完成”。

（15）右键单击 Trey Research 账户伙伴，选择“新建”中的“传入自定义声明映射”。

（16）在“传入自定义声明名称”框中，键入 ProxyAddresses，然后单击“确定”。

（17）关闭活动目录联合身份验证服务控制台。

9.2.3.4 将 ADRMSSRV 配置为使用 AD FS

步骤一：将安全审核权限授予 AD RMS 服务账户

（1）选择“管理工具”中的“本地安全策略”。

（2）如果出现“用户账户控制”对话框，请确认所显示的是想要执行的操作，然后单击“继续”。

（3）展开“本地策略”，然后单击“用户权限分配”。

（4）双击“生成安全审核”，单击“添加用户或组”。

（5）键入 cpandl\adrmssrvc，然后单击“确定”。

（6）单击“确定”关闭“生成安全审核”属性表。

步骤二：添加 AD RMS Extranet 群集 URL

通过使用服务器管理器添加联合身份验证支持角色服务之前，必须添加 AD RMS 群集 URL。如果未添加群集 URL，则必须手动编辑 certificationexternal 和 licensingexternal 目录中的 web.config 文件。

通过联合信任使用受权限保护的内容的启用 AD RMS 的客户端，使用 AD RMS Extranet 群集 URL 创建权限账户证书。

（1）使用 CPANDL\ADRMSADMIN 账户登录到 ADRMSSVR。

（2）打开 Active Directory Rights Management Services 控制台。

（3）如果出现“用户账户控制”对话框，就确认所显示的是想要执行的操作，然后单击“继续”。

（4）右键单击 adrmssvr.cpandl.com，然后单击“属性”。

（5）单击“群集 URL”选项卡，然后选中 Extranet URL 复选框。

（6）对于许可，请单击 https://，然后键入 adrmssvr.cpandl.com。

（7）对于认证，请单击 https://，然后键入 adrmssvr.cpandl.com。

（8）单击“确定”。

步骤三：添加 AD RMS 联合身份验证支持角色服务

（1）使用 CPANDL\ADRMSADMIN 账户登录到 ADRMSSVR。

（2）选择“管理工具”中的“服务器管理器”。

（3）如果出现“用户账户控制”对话框，请确认所显示的是想要执行的操作，然后单击“继续”。

（4）在“角色摘要”框中，单击 ADRMS，然后单击“添加角色服务”。

（5）选中“联合身份验证支持”复选框。确保将“声明感知代理角色服务”列为必需的角色服务，然后单击“添加必需的角色服务”，然后单击“下一步”。

（6）在“配置联合身份验证支持”上，键入 adfs-resource.cpandl.com，单击“验证”，然后单击“下一步”。

（7）在“AD FS 简介”页上，单击“下一步”。

（8）在“AD FS 角色服务”页上，确认已选中“声明感知代理”，然后单击“下一步”。

（9）单击“安装”将联合身份验证支持角色服务添加到 ADRMS-SRV 计算机。

（10）单击“完成”。

步骤四：在 AD RMS 控制台中启用联合身份验证支持

（1）使用 CPANDL\ADRMSADMIN 账户登录到 ADRMSSVR。

（2）打开 ADRMS 控制台，并展开 AD RMS 群集。

（3）如果出现“用户账户控制”对话框，请确认所显示的是想要执行的操作，然后单击“继续”。

（4）在控制台树中，展开“信任策略”，然后单击“联合身份支持”。

（5）在“操作”窗格中，单击“启用联合身份支持”。

（6）在“操作”窗格中，单击“属性”。

（7）在“Active Directory 联合身份验证服务策略”选项卡中，在“联合身份证书有效期”中，键入 7。此为联合权限账户证书将有效的天数。

（8）单击“确定”。

一旦启用联合身份验证支持，它就允许用户账户将凭据（联合信任关系通过 AD FS 建立）用作从 AD RMS 群集获取权限账户证书的基础。

9.2.3.5 验证 AD RMS 功能

在发布或使用 Windows Vista 上受权限保护的内容之前，必须将 AD RMS 群集 URL、ADFSRSE URL 和 ADFS-ACT URL 添加到 ADRMSCLT2 计算机的 Internet Explorer 本地 Intranet 安全区域中。这是确保自动将凭据从 Microsoft Office Word 传递到 AD RMS Web 服务所必需的。

验证一：将 AD RMS 群集 URL 添加到 Internet Explorer 本地 Intranet 安全区域中

（1）以赵飞（TREYRESEARCH\zhaofei）身份登录到 ADRMSCLT2。

（2）依次单击“开始”、“控制面板”、“网络和 Internet”，然后单击“Internet 选项”。

（3）单击“安全”选项卡，然后单击“本地 Intranet”。

（4）单击“站点”，然后单击“高级”。

（5）在“将此网站添加到区域”框中，执行以下操作：

1）键入 https://adrmssvr.cpandl.com，然后单击“添加”。

2）键入 https://adfsrse.cpandl.com，然后单击“添加”。

3）键入 https://adfsact.treyresearch.net，然后单击“添加”。

要验证 AD RMS 部署的功能，请以张华身份登录，创建 Microsoft Word 2007 文档，然后限制它的权限，使赵飞能读取该文档但不能更改、打印或复制它。然后以赵飞身份登录，检验赵飞是否能读取该文档但不能对它执行其他操作。

验证二：限制 Microsoft Word 文档权限

（1）以张华（CPANDL\zhanghua）身份登录到 ADRMSCLT。

（2）打开 Microsoft Office Word 2007。

（3）键入只有赵飞可以读取此文档，但不能更改、打印或复制它。单击 Microsoft Office 按钮，依次指向“准备”、“限制权限”，然后单击“限制访问”。

（4）单击“限制对此文档的权限”复选框。

（5）在“读取”文本框中，键入 ZHAOFEI@TREYRESEARCH.NET，然后单击“确定”关闭“权限”对话框。

（6）单击 Microsoft Office 按钮，单击“另存为”，然后将该文件保存为 \\adrmsdb\public\ADRMS-TST.docx

（7）以张华身份注销。

验证三：查看受保护文档

（1）以赵飞（TREYRESEARCH\zhaofei）身份登录到 ADRMSCLT2。

（2）打开 Microsoft Office Word 2007。

（3）打开文件\\ADRMSDB\PUBLIC \ZHAOFEI1.docx。如果系统提示提供凭据，则使用 CPANDL\Administrator。

屏幕上将显示以下消息：“此文档的权限当前受限制。Microsoft Office 必须连接到 https://adrms-srv.cpandl.com/_wmcs/licensing 验证凭据并下载权限。”

（4）单击“确定”。

屏幕上会显示以下消息：“正在验证您利用受限制权限打开内容的凭据”。

（5）文档打开时，单击“Microsoft Office 按钮”。请注意，“打印”选项不可用。

（6）单击消息栏中的“查看权限”。应该看到赵飞已被限制为只能读取该文档。

（7）单击“确定”关闭“我的权限”对话框，然后关闭 Microsoft Word。

通过将受限制权限应用到 Microsoft Word 2007 文档，这时已经成功地部署和演示了将联合身份验证与 AD RMS 配置使用的功能，当然，还可以使用此部署，通过额外的配置和测试来开发 AD RMS 的某些其他功能。

9.3 活动目录轻型目录服务

活动目录轻型目录服务是 Windows Server 2008 中活动目录技术的一个新特性，在 Windows Server 2003 R2 中称为活动目录应用程序模式（ADAM）。它对启用目录的应用程序提供灵活的支持，不依赖于 AD DS，也没有 AD DS 的相关限制。它既可以在成员服务器上也可以在独立的服务器上运行 AD LDS，并且在一个服务器上可以运行多个 AD LDS 实例，每个实例都带有自己的独立管理架构。

9.3.1 活动目录轻型目录服务概述

AD DS 为 Windows 服务器操作系统和启用目录的应用程序提供目录服务。对于服务器操作系统，AD DS 存储有关网络设施、用户和组以及网络服务等关键信息。在此角色下，AD DS 在整个林中必须遵循单一架构。

AD LDS 专门为启用目录的应用程序提供目录服务。AD LDS 不需要或不依赖 AD DS 域或林。但是，在有 AD DS 的环境中，AD LDS 可以使用 AD DS 对 Windows 安全主体进行身份验证。

AD LDS 和 AD DS 可以同时在同一网络中运行。另外，AD LDS 可以同时支持域用户和工作组用户，如图 9-7 所示。

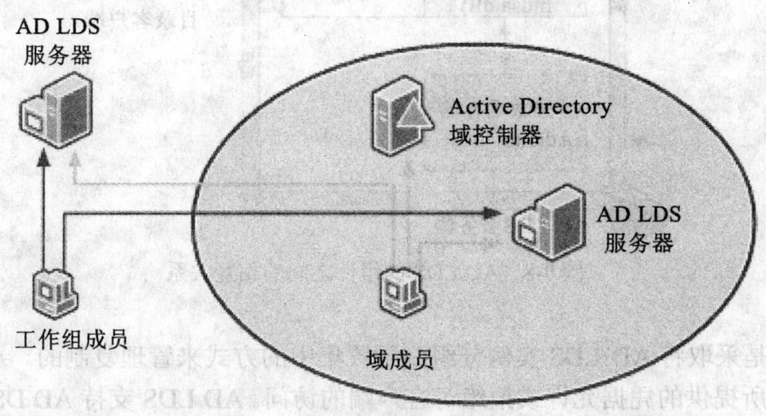

图 9-7　AD LDS 和 AD DS 的组合

启用目录的应用程序

启用目录的应用程序使用目录来保存其数据，而不是使用数据库、平面文件或其他数据存储结构来保存数据。许多现成应用程序和许多自定义应用程序都使用启用目录的设计。例如，经常使用启用目录设计的应用程序类型包括客户关系管理应用程序、人力资源应用程序和全局地址簿应用程序。

目录服务（如 AD LDS）和关系数据库都提供数据存储和检索，但在优化方面有所不同。目录服务最适于读取处理，而关系数据库最适于事务处理。一般来说，如果应用程序读取数据比写入数据更加频繁，则考虑实施目录服务。如果应用程序写入或修改数据比读取数据更加频繁，则考虑实施关系数据库。

另外，目录服务还提供诸如以下的益处：分布式体系结构（多主机设计、复制和地理可伸缩性）、整个企业内的应用程序和平台所共有的标识数据的存储、灵活的数据架构，以及严格的访问策略。

9.3.1.1　AD LDS

Active Directory 轻型目录服务与活动目录域服务使用相同的体系结构，甚至使用相同的代码。AD LDS 提供一个分层数据存储、一个目录服务组件及几个客户端用以与目录服务进行通信的接口。AD LDS 不需要域控制器或域名系统服务器。图 9-8 显示了 AD LDS 的组件之间的相互关系。

AD LDS 管理目录数据存储，对来自目录客户端和来自其他目录服务的目录请求作出响应。AD LDS 目录服务可提供下列所有功能：

- 目录用户身份验证
- 执行数据请求
- 目录服务器间的数据同步（通过多主机复制）
- 数据管理

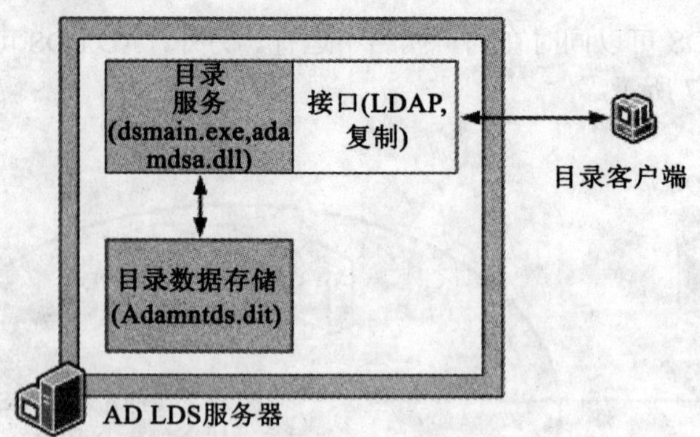

图 9-8　AD LDS 的组件之间的相互关系

AD LDS 是采取将 AD LDS 实例分组到配置集中的方式来管理复制的。AD LDS 目录服务根据客户端所提供的凭据允许或拒绝对客户端的访问。AD LDS 支持 AD DS 所支持的所有身份验证或绑定方法。AD LDS 服务账户的要求因 AD LDS 所安装的计算机以及复制情况的不同而不同。

在 AD LDS 中，“服务实例”是指 AD LDS 目录服务的单个运行副本。AD LDS 目录服务的多个副本可以同时运行于同一计算机上，这一点与 AD DS 不同，AD DS 目录服务的多个副本是不能同时运行于同一计算机上的。AD LDS 目录服务的每个实例都拥有单独的目录数据存储、唯一的服务名称和在安装过程中分配的唯一服务描述。

9.3.1.2　AD LDS 的架构

Active Directory 轻型目录服务架构使用对象类和属性来定义对象的类型和可以在 AD LDS 目录中创建和存储的数据。每个 AD LDS 配置集都具有其独立的可管理的架构，该架构存储在架构目录分区中。为了保持 AD LDS 简单和灵活的设计概念，基础（或默认）AD LDS 架构仅包含启动 AD LDS 实例所需的类和属性。管理员或应用程序本身可以使用新的类和属性来扩展该架构，也可以停用不需要的架构类和属性。因为在目录中包含所有对象，访问控制列表会保护架构对象，这样仅授权的用户可以更改架构。AD LDS 目录中的每个对象都是一个在架构中定义的对象类的实例，如图 9-9 所示。

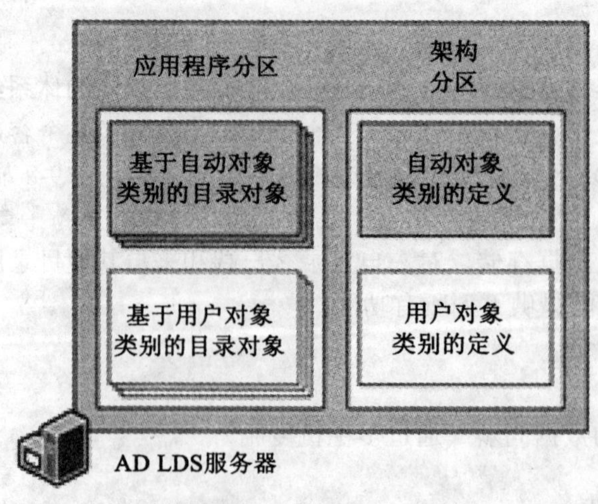

图 9-9　AD LDS 架构

• 对象类

对象类代表共享一组共同特征的对象的类别，比如用户、打印机或应用程序。每个对象类的定义包含一系列可用于描述类的实例的属性。例如，User 类具有类似 givenName、surname 和 streetAddress 的属性。类的属性列表可划分为类的对象必须包含的那些属性和对象可能包含的其他属性。每个类的定义还会列出其对象是指定类的对象的父项的那些类。架构也定义每个属性。每个属性的定义包括属性的唯一标识符、属性的语法、属性值的可选范围限制、属性的值是仅有一个还是有多个以及属性是否进行过索引。目录架构仅定义每个属性一次。以后，每个属性都可以被多个对象类引用。例如，description 属性仅定义一次，然后许多对象类都可以引用它。

• 单值和多值属性

属性可以是单值的，也可以是多值的。单值属性的实例只能包含单个值。多值属性的实例可以包含多个值，它们必须都使用相同的语法。多值属性的每个值必须唯一。多值属性按随机顺序存储其值。因此，不应该根据多值属性中值的顺序作出任何目录决策，不管是使用编程方式或是手动方式。

• 索引的属性

索引属性可帮助提高基于索引的属性的查询性能。单值属性和多值属性都可以进行索引，类不能进行索引。可以将属性标记为通过它们的架构定义进行索引。索引属性时还允许用户在指定搜索字符串时使用通配符（*）作为前缀和后缀。将属性标记为可索引时，会将属性的所有实例都添加到索引中，而不是仅添加特定类成员的实例。对属性的索引，特别是对多值属性的索引，会负面影响复制和对象创建时间，以及目录数据库大小。因此应该仅索引常用的属性。

9.3.1.3　AD LDS 的复制和配置集

1. 复制和配置集

Active Directory 轻型目录服务使用复制为目录服务提供容错和负载平衡。AD LDS 使用一种称为多主机复制的复制类型。通过复制，AD LDS 将对一个 AD LDS 实例中的某个目录分区所作的目录数据更新复制到包含相同目录分区的多个副本的其他 AD LDS 实例。包含一个或几个相同目录分区的多个副本的 AD LDS 实例形成一个称为配置集的逻辑分组。

2. 多主机复制

多主机复制允许对任何 AD LDS 实例中的目录数据进行更改，AD LDS 会自动将这些更改复制到配置集的其他成员。多主机复制的特征在于使用收敛松散数据的一致性。对一个 AD LDS 实例中某个指定目录分区的数据进行更改时，存储在其他 AD LDS 实例中的目录分区的副本会变得与该目录分区（已进行更改的分区）的大多数最新副本不一致，但是当更改通过配置集获得复制后，所有分区副本再次变得相同，即它们收敛到最新的数据。

3. 配置集

AD LDS 实例根据是否加入配置集来复制数据。加入到同一配置集的所有 AD LDS 实例必须复制一个公共配置目录分区和一个公共架构目录分区。配置集中的 AD LDS 实例还可以复制任意数目的应用程序目录分区。系统并不要求配置集中的 AD LDS 实例复制配置集中的所有应用程序目录分区。单一 AD LDS 实例可以复制其配置集中的应用程序目录分区的全部或任何子集。但是，AD LDS 实例无法从其他配置集复制应用程序目录分区。图 9-10 显示一个示例，该示例中有两个 AD LDS 配置集，每个配置集有两个 AD LDS 实例。单个计算机可以运行处于不同配置集中的多个 AD LDS 实例。

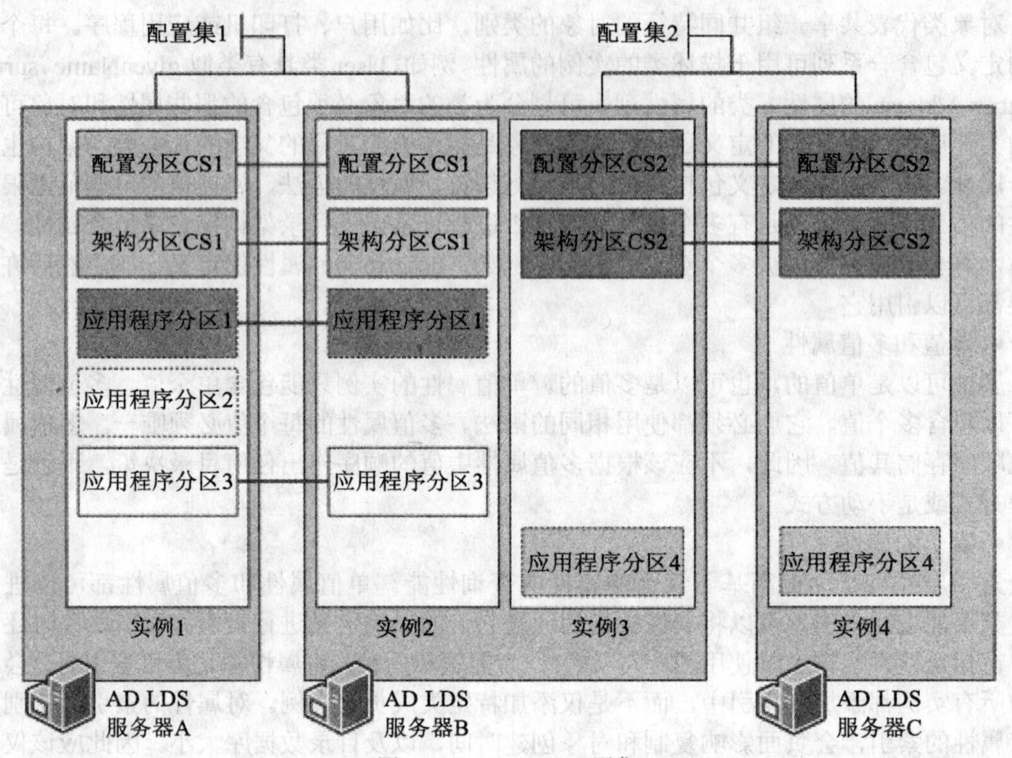

图 9-10　AD LDS 配置集

4. 避免复制冲突

如果两个不同的用户对两个不同 AD LDS 实例中的同一目录分区副本的同一数据进行更改，每个 AD LDS 实例都将试图复制更改，结果产生冲突。为解决此冲突，接收这些冲突更改的复制伙伴会检查更改中包含的属性数据，每项更改都有一个版本和时间戳。AD LDS 实例将接受版本较高的更改，并放弃其他更改。如果版本相同，则 AD LDS 实例会接受时间戳最近的更改。

如果在两个不同 AD LDS 实例中同时更新某个对象多值属性中的两个或两个以上值时，只会复制其中一个更新的值。换言之，在两个不同的 AD LDS 实例中发生的对多值属性的同时更新会被认为存在冲突，即使这些更新应用于多值属性内不同的值。此规则的唯一例外是对于链接的值属性（如组成员身份），该属性允许对链接的值属性内的不同值同时进行更新。

5. 复制拓扑

知识一致性检查器（KCC）是一个内置于每个 AD LDS 实例中的程序，它会根据网络自动为要跟踪的复制通信建立最有效的拓扑。KCC 定期重新计算复制拓扑以便针对环境中所发生的任何网络更改而作出调整。

注意：AD LDS 配置集维护其自己的复制拓扑，与可能还存在的任何活动目录域服务（AD DS）复制拓扑分开，无法在 AD LDS 实例和 AD DS 域控制器之间复制目录分区。

6. 确保复制安全

为了确保复制安全，AD LDS 在复制前对复制伙伴进行身份验证，且复制身份验证始终在一个安全的通道上进行。AD LDS 使用安全支持提供程序接口在复制伙伴之间建立适当的

身份验证安全级别。在配置集内用于复制身份验证的方法取决于配置目录分区上msDS-ReplAuthenticationMode属性的值。在成功对复制伙伴进行身份验证之后，系统会对两个伙伴之间的所有复制通信进行加密。

若要帮助维护AD LDS复制安全，建议使用下列最佳实践：

• 使用环境可以支持的最高复制安全级别。

• 在AD DS环境中，如果可能的话，在成员服务器上运行AD LDS，而不是在域控制器上运行AD LDS。

• 如果在AD DS环境中的域控制器上运行AD LDS，不要将"网络服务"账户用作AD LDS服务账户，而是使用某个不具有管理权限的域用户账户。

• 在工作组和Windows NT 4.0环境中，不要将具有管理权限的账户用作AD LDS服务账户。

• 使用具有严格隔离要求的单独的应用程序配置集。

9.3.1.4 AD LDS的备份和还原

Active Directory轻型目录服务数据和日志文件应该定期进行备份，以确保数据在发生系统故障时对于应用程序和用户继续可用。

1. 备份AD LDS

默认情况下，在AD LDS服务器上运行的每个AD LDS实例会将其数据库文件Adamntds.dit和关联的日志文件存储到%program files%\Microsoft adam\instancename\data中。组织的定期备份计划中应该包含这些文件。管理员可以使用Windows Server Backup、任何Windows Logo Program或第三方备份实用工具备份目录存储。

2. 还原AD LDS

将数据库还原到现有AD LDS实例时，必须在运行还原操作前停止AD LDS实例，而且应该在还原操作前将现有数据库和日志文件从AD LDS实例移走（或删除）。

如果不小心删除或修改了目录中的对象，并且在配置集中复制了这些对象，则必须权威地还原这些对象，以复制正确版本的对象。若要权威性地还原目录数据，则要在还原数据之后、重新启动AD LDS实例之前运行dsdbutil实用工具，因为使用dsdbutil可以标记权威还原的目录对象。如果将对象标记为权威还原，则会对其更新序列号进行更改，以使该编号比配置集中的所有其他更新序列号都大，这样可确保在整个配置集中正确复制还原的所有数据。

如果在某个运行的AD LDS实例中还原AD LDS备份，则Windows Server Backup会使还原的文件处于挂起状态，直到重新启动计算机后它才能将文件写入磁盘。在这种情形下，运行Windows Server Backup之后对正在运行的AD LDS实例所做的任何目录更改都会丢失。

如果在当前运行的AD LDS实例中不小心启动了AD LDS实例还原，则应该立即重新启动计算机，停止AD LDS实例，然后再次执行还原。

9.3.2 设置和管理活动目录轻型目录服务

9.3.2.1 安装AD LDS实例

首先在域控制器上添加AD LDS服务角色，然后安装AD LDS实例。可以在一台服务器上安装多个AD LDS实例，也可以将单个AD LDS实例复制到多台服务器上。

1. 安装首个AD LDS实例

（1）打开"管理工具"中的"Active Directory轻型目录服务安装向导"。

（2）在“欢迎使用 Active Directory 轻型目录服务安装向导”页中单击“下一步”。

（3）在“安装选项”中选择“一个唯一实例”，单击“下一步”。

（4）在“实例名”页上输入实例的名称，该名称应该能说明 AD LDS 实例的用途，也可以使用默认名称 instance1，然后单击“下一步”。

（5）在“端口”页上输入用于此实例的 LDAP 和 LDAP 端口。如果是第一台计算机，则默认值是 50000 和 50001，如果是第二台计算机，则默认值是 389（LDAP 通信端口）和 636（SSL 通信端口）。单击“下一步”。

（6）在“应用程序目录分区”页上，选择是否创建一个应用程序分区，如果需要手工创建一个用于存储对象的分区，则以 LDAP 的名称格式输入分区名称（如 CN=PartionName, DC=znuni, DC=com），单击“下一步”。

（7）在“文件位置”页上选择存储数据和数据恢复文件的位置，单击“下一步”。

（8）在“服务账户选择”页上选择是否将网络服务账户用作 AD LDS 的这个实例的服务账户，单击“下一步”。

（9）在“AD LDS 管理员”页上，允许将特定的用户或组定义为 AD LDS 实例的管理员，推荐使用组账户。在选择 This Account 并添加组后，单击“下一步”。

（10）在“正在导入 LDIF 文件”页上，导入定制的 LDIF 文件。

（11）在摘要页面上检查做出的选择并单击“下一步”，开始创建 AD LDS 实例。

（12）安装完成后单击“完成”。

2. 安装 AD LDS 实例副本

（1）打开“管理工具”中的“Active Directory 轻型目录服务安装向导”。

（2）在“欢迎使用活动目录轻型目录服务安装向导”页中，单击“下一步”。

（3）在“安装选项”页中单击“一个现有实例的副本”，然后单击“下一步”。

（4）在“实例名”页上，接受默认名称 instance2（或 instance1，如果在第二台计算机上安装 AD LDS），然后单击“下一步”。注意：AD LDS 实例名称仅在给定计算机上必须是唯一的。

（5）在“端口”页上，接受默认值 50000 和 50001（如果安装在第一台计算机上）或 389 和 636（如果安装在第二台计算机上），然后单击“下一步”。

（6）在“加入配置集”页上的“服务器”中，键入安装第一个 AD LDS 实例的计算机的主机名称或 DNS 名称。然后，键入第一个 AD LDS 实例使用的 LDAP 端口号（默认值是 389），然后单击“下一步”。注意：在“加入配置集”页上指定服务器时，必须使用有效的主机名称或 DNS 名称，而不是使用 IP 地址或 localhost。

（7）在“配置集的管理凭据”页上，单击用作第一个 AD LDS 实例的 AD LDS 管理员的账户。

（8）在“复制应用程序分区”页上，选择要复制到新 AD LDS 实例的应用程序目录分区。复制架构和配置分区会被自动复制。

（9）通过单击每页上的“下一步”接受其余活动目录轻型目录服务设置向导页上的默认值，然后单击“完成 Active Directory 轻型目录服务安装向导”页上的“完成”。

（10）安装完成后，使用 ADSI Edit 管理单元确认已将所选目录分区已复制到第二个 AD LDS 实例。

9.3.2.2 管理 AD LDS 实例

1. 使用 ADSIedit 管理 AD LDS 实例

ADSI 编辑器是用于 Active Directory 轻型目录服务的一般管理的 Microsoft 管理控制台管理单元。它是作为 AD LDS 服务器角色的一部分安装的。若要使用 ADSI 编辑器管理 AD LDS 实例，必须首先连接并绑定到实例。可以通过浏览到实例中的容器或对象然后右键单击它们来管理它们。

使用 ADSI 编辑器连接并绑定到 AD LDS 实例，操作如下：

（1）打开“管理工具”中的“ADSI 编辑器”。

（2）在“操作”菜单中，单击“连接到”。

（3）在“选择或键入域或服务器：(Server | Domain[:port])”中，键入运行 AD LDS 实例的计算机的域名服务（DNS）名称、NetBIOS 名称或 IP 地址，后面跟一个冒号(:)和连接到的 AD LDS 实例所使用的轻型目录访问协议（LDAP）通信端口（默认值为 389）。

（4）在“连接点”下，执行下列操作之一：

● 单击“选择或键入可分辨名称（DN）或命名上下文”，然后指定要连接到的可分辨名称。

● 单击“选择已知命名上下文”，然后单击“配置”、RootDSE 或“架构”。

（5）若要使用备用账户连接，请单击“高级”，再单击“指定凭据”，然后在“用这些凭据连接”下，键入账户的域名、用户名和密码。

2. 使用 Ldp.exe 管理 AD LDS 实例

Ldp.exe 是一个用于轻型目录访问协议目录服务的一般管理的图形用户界面工具。若要使用 Ldp.exe 管理 Active Directory 轻型目录服务实例，必须连接并绑定到该实例，然后显示该实例的可分辨名称的层次结构（树）。然后，可以浏览到树中的某个对象并右键单击该对象以进行管理。

使用 Ldp.exe 查看 AD LDS 实例的内容，操作如下：

（1）打开 Ldp。

（2）在“连接”菜单中，单击“连接”。

（3）在“服务器”中，键入运行 AD LDS 实例的计算机的域名系统名称、NetBIOS 名称或 IP 地址。

（4）在“端口”中，键入要连接到的 AD LDS 实例所使用的 LDAP 或 SSL 通信端口号，然后单击“确定”。

（5）在“连接”菜单中，单击“绑定”。

（6）执行下列操作之一：

● 若要使用登录所用的凭据进行绑定，请单击“作为当前已登录用户绑定”。

● 若要使用域用户账户进行绑定，请单击“与凭据绑定”，键入正在使用的账户的用户名、密码和域名（或计算机名，如果使用的是本地工作站账户），然后单击“确定”。

● 若要仅使用一个用户名和密码进行绑定，请单击“简单绑定”，键入正使用的账户的用户名和密码，然后单击“确定”。

● 若要使用某种高级方法（NTLM、分布式密码身份验证（DPA）、协商式或摘要式）进行绑定，请依次单击“高级（method）”、“高级”，在“方法”中选择所需的方法，根据需要设置其他选项，然后单击“确定”。

（7）完成指定绑定选项后，请单击“确定”。

（8）在“查看”菜单中，单击“树”。

（9）在 BaseDN 列表中，单击用作导航窗格中基本对象的对象的可分辨名称。

3. 将数据导入 AD LDS 实例

ldifde 实用工具可以用于创建、修改和删除目录对象。可以使用 ldifde 向活动目录轻型目录服务写入来自其他目录服务的数据，也可以使用 ldifde 扩展架构并将用户和组信息导出至其他应用程序或服务。例如，可以使用 ldifde 从另一个目录服务导出目录对象，然后使用 ldifde 将目录对象导入某个 AD LDS 实例。

使用 ldifde 导入或导出目录对象，操作如下：

（1）打开命令提示符。

（2）请执行下列操作之一：

- 若要导入目录对象，请在命令提示符下，键入以下命令，然后按 Enter：
  ldifde-i-ffilename-sservername:port-m-ausername domain password
- 若要导出目录对象，请在命令提示符下，键入以下命令，然后按 Enter：
  ldifde-e-ffilename-sservername:port-m-ausername domain password

其中，-i，执行导入。

-e，执行导出。

-f，指定要导入或导出的文件。

-s，指定 AD LDS 实例或其他目录服务的主机名和端口。

-m，从某个现有 AD DS 林导出目录对象及将它们导入到 AD LDS 时使用此参数。

-a，指定账户凭据。如果没有提供，则 ldifde 使用当前登录用户的凭据。

4. 使用目录分区

AD LDS 目录存储被组织成各个逻辑目录分区，有三种不同的目录分区类型：配置、架构和应用程序。每个 AD LDS 目录存储必须包含单一配置目录分区和单一架构目录分区，可以不包含应用程序目录分区，也可以包含多个应用程序目录分区。

架构目录分区和配置目录分区是在 AD LDS 实例的安装过程中自动创建的。如果选择将正在安装的 AD LDS 加入到现有配置集，则系统会将该配置集中某个 AD LDS 实例的架构目录分区和配置目录分区复制到新的实例中。如果安装一个新的 AD LDS 实例，则安装过程会创建默认的架构目录分区和配置目录分区版本。如果从媒体安装 AD LDS 实例，则新的 AD LDS 实例的架构目录分区和配置目录分区是来自媒体的目录分区的副本。

应用程序目录分区是在安装过程中或安装之后创建的。每个 AD LDS 目录分区都有一个唯一的可分辨名称。AD LDS 中的目录分区的可分辨名称支持域名系统样式和 X.500 样式命名。默认情况下，AD LDS 实例不指定命名上下文，但可以将它配置为向客户端提供一个默认的命名上下文。可以使用在 AD LDS 安装过程中安装的 AD LDS 管理工具查看和管理 AD LDS 配置目录分区和架构目录分区。应用程序目录分区通常是通过启用目录的应用程序进行管理的。

使用 Ldp.exe 可将新的应用程序目录分区添加到现有 Active Directory 轻型目录服务实例中。

将应用程序目录分区添加到现有 AD LDS 实例中，操作如下：

（1）打开 LDP，然后连接并绑定到 AD LDS 实例。

（2）在“浏览”菜单中，单击“添加子项”。

（3）在Dn中，为应用程序分区键入一个可分辨名称。

（4）在“编辑条目”下，在“属性”框中键入ObjectClass，并在“值”框中键入container，然后单击Enter。

（5）在“编辑条目”下，在“属性”框中键入instanceType，并在“值”框中键入5，然后单击Enter。

（6）单击“运行”，此时，在细节窗格中显示以下信息：

已添加{distinguished name}

其中distinguished name是在步骤3中键入的可分辨名称。

（7）单击“关闭”。

5. 与AD域服务同步

使AD DS林中的数据与AD LDS实例的配置集中的数据同步首先需要准备要进行同步的AD LDS实例，然后再执行数据同步。准备AD LDS实例只需要执行一次，以后无论何时想要更新AD LDS实例，都可以执行数据同步。

第一步，准备要进行同步的AD LDS实例

（1）在命令提示符下，键入命令“cd %windir%\adam”，然后按Enter。

（2）执行下列操作之一：

- 若要准备使AD LDS实例与Windows Server 2003林同步，请键入以下命令，然后按Enter：

ldifde -i -u -f ms-adamschemaw2k3.ldf-sserver:port-buser_namedomainpassword-j.-c "cn=Configuration,dc=X" #configurationNamingContext

- 若要准备使AD LDS实例与Windows Server 2008 R2林同步，请键入以下命令，然后按Enter：

ldifde -i -u -f ms-adamschemaw2k8.ldf -sserver:port-buser_namedomainpassword-j . -c "cn=Configuration,dc=X" #configurationNamingContext

（3）键入以下命令，然后按Enter：

ldifde -i -s server : port -c CN=Configuration,DC=X #ConfigurationNamingContext -f MS-AdamSyncMetadata.ldf

（4）键入命令“notepad MS-AdamSyncConf.xml”，然后按Enter。

（5）在记事本中，对配置文件的内容进行以下更改：

- 使用源AD DS域控制器的名称替换<source-ad-name> 的值。
- 使用源域的可分辨名称替换<source-ad-partition>的值。
- 使用源域的Domain Admins组中的某个账户的名称替换<source-ad-account>的值。
- 使用源域的完全限定域名系统名称替换<account-domain>的值。
- 使用目标AD LDS实例的分区的名称替换<target-dn>的值。
- 使用源域的基本可分辨名称替换 <base-dn> 的值。

（6）在记事本中，在“文件”菜单中单击“另存为”，为文件键入一个新名称，单击“保存”，然后关闭记事本。

（7）在命令提示符下，键入命令“adamsync /install server : port .xml_file”，替代在上一步中为xml_file使用的文件名，然后按Enter。

第二步，使 AD DS 林中的数据与 AD LDS 实例中同步

在命令提示符下，键入命令“adamsync /sync server:port configuration_dn /log”，然后按 Enter。

注意：必须对要同步的 AD DS 林中的对象或分区具有读取或 Dirsync 访问权限。

6. 将 AD LDS 用户或组添加到目录中

可以通过 ADSI 编辑器管理单元或启用目录的应用程序管理 Active Directory 轻型目录服务中的用户和组。若要在 AD LDS 中创建用户，必须首先将随 AD LDS 提供的可选用户类导入 AD LDS 架构中。这些用户类是在可导入的.ldf 文件中提供的，该文件可在安装 AD LDS 的计算机上的 %windir%\adam 目录中找到。

将 AD LDS 用户或组添加到目录中，操作如下：

（1）打开 ADSI 编辑器。

（2）连接并绑定到要将用户添加到的 AD LDS 实例和目录分区。

（3）在控制台树中，双击要将该用户添加到的目录分区。

（4）在控制台树中，右键单击要将该用户添加到的容器，选择“新建”中的“对象”。

（5）在“选择类”中，单击要使用的类，然后单击“下一步”。

（6）在“值”中，为新用户的公用名（CN）属性键入一个值，然后单击“下一步”。

（7）如果要为其他属性设置值，请单击“更多属性”。

（8）为新用户设置任何附加属性后，单击“完成”。

7. 将成员添加到 AD LDS 组或从 AD LDS 组删除成员

AD LDS 依赖用户和组来提供并控制对目录数据的访问。AD LDS 支持同时使用 Windows 用户和 AD LDS 用户。AD LDS 提供四个默认的、基于角色的组：Administrators、Instances、Readers 和 Users。可以根据需要创建其他 AD LDS 组。Windows 用户和 AD LDS 用户都可以是 AD LDS 组的成员。

将成员添加到 AD LDS 组或从 AD LDS 组删除成员，操作如下：

（1）打开 ADSI 编辑器。

（2）连接并绑定到含有要修改的组的 AD LDS 实例。

（3）在控制台树中，双击包含要修改的组的目录分区。

（4）右键单击要修改的组，然后单击“属性”。

（5）在“属性”中选择“成员”中的“编辑”。

（6）对于要添加到组中的每个 AD LDS 安全主体，请单击“添加 DN”，键入新成员的可分辨名称，然后单击“确定”。

（7）对于要添加到组中的每个 Windows 安全主体，请单击“添加 Windows 账户”，键入新成员的账户名，然后单击“确定”。

（8）对于要从组中删除的每个组成员，单击要删除的成员，然后单击“删除”。

（9）对组做了适当的更改后，单击“确定”两次。

8. 查看或设置目录对象上的权限

可以在目录分区级别上管理 AD LDS 中的访问控制，方法是给位于每个分区上的基于角色的组分配用户成员身份，还可以使用 dsacls 命令行工具逐个对象地在 AD LDS 中自定义访问控制。

- 若要列出目录对象上的有效权限，请键入以下命令，然后按 Enter：

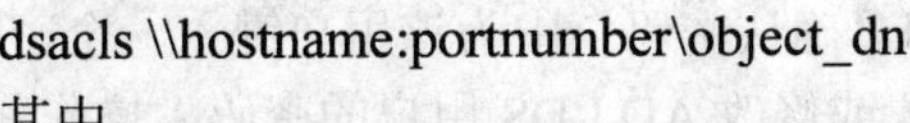

dsacls \\hostname:portnumber\object_dn

其中，

hostname，运行包含目录对象的 AD LDS 实例的计算机名称。

Portnumber，AD LDS 实例通信所使用的通信端口号。

object_dn，目录对象的可分辨名称。

例如：dsacls \\localhost:389\O=Microsoft,C=US

- 若要授予目录对象上的权限，请键入以下命令，然后按 Enter：

dsacls \\hostname:portnumber\object_dn/Guser_or_group:Permissions

其中，user_or_group，将为其应用权限的用户或组。

Permissions，要授予的权限。

例如：dsacls "\\localhost:389\cn=Object1，cn=container1,O=Microsoft,C=US" /G "CN=inetuser1,O=Microsoft,C=US":SD

- 若要拒绝授予目录对象上的权限，请键入以下命令，然后按 Enter：

dsacls \\hostname:portnumber\object_dn /D user_or_group:PermissionStatement

其中，PermissionStatement，要拒绝的权限。

例如：dsacls"\\localhost:389\cn=Object1,cn=container1,O=Microsoft,C=US"/D"CN=inetuser1，O=Microsoft,C=US":SD

9. 禁用或启用 AD LDS 用户

禁用和启用活动目录轻型目录服务用户时，可以控制用户是否能够绑定到 AD LDS 目录。使用 ADSI 编辑器管理单元可禁用和启用 AD LDS 用户。

禁用或启用 AD LDS 用户，操作如下：

（1）打开 ADSI 编辑器。

（2）连接并绑定到 AD LDS 实例。

（3）浏览至要禁用或启用的 AD LDS 用户，右键单击该用户，然后单击“属性”。

（4）在“属性”中单击 msDS-UserAccountDisabled，然后单击“编辑”。

（5）执行下列操作之一，然后单击“确定”：

- 若要禁用 AD LDS 用户，请单击 True。
- 若要启用 AD LDS 用户，请单击 False 或“未设置”。

10. 设置或修改 AD LDS 用户的密码

设置或修改 AD LDS 用户密码的方法有三种：使用 ADSI 编辑器；通过在加密的、非 SSL 连接上使用 Ldp；通过在 SSL 连接上使用 Ldp 来设置和修改 AD LDS 用户的密码。

若要建立到 AD LDS 的 SSL 连接，必须在运行 AD LDS 的计算机和所有客户端上安装证书。若要对 AD LDS 实例进行 SSL 连接，必须使用 Ldp.exe，因为 ADSI 编辑器不支持 SSL 连接。如果运行 AD LDS 的服务器属于某个工作组，则会采用该服务器的本地密码策略设置和账户锁定设置。如果运行 AD LDS 的服务器属于某个域，则将实施 AD DS 的密码策略设置和账户锁定设置。

使用 ADSI 编辑器设置或修改 AD LDS 用户的密码，操作如下：

（1）打开 ADSI 编辑器。

（2）连接并绑定到包含要设置或修改密码的 AD LDS 用户的目录分区中。

（3）浏览到代表该 AD LDS 用户的目录对象并右键单击它。

（4）单击“重置密码”，然后在“新密码”和“确认密码”中为该用户键入一个密码。

通过在加密的、非 SSL 连接上使用 Ldp 来设置或修改 AD LDS 用户的密码，操作如下：

（1）打开 Ldp。

（2）在“选项”菜单中，单击“连接选项”。

（3）在“选项名称”中，单击 LDAP_OPT_ENCRYPT。

（4）在“值”中，键入 1，单击“设置”，然后单击“关闭”。

（5）连接并绑定到 AD LDS 实例，然后查看包含要设置密码的 AD LDS 用户的目录分区。

（6）右键单击 AD LDS 用户，然后单击“修改”。

（7）在“属性”中，键入 userpassword，然后在“值”中为该账户键入一个密码。

（8）单击“输入”，然后单击“运行”。细节窗格将显示类似下面的消息：

***Call Modify...

ldap_modify_s(ld, 'CN=Mary Baker,O=Microsoft,C=US',[1] attrs);

Modified "CN=Mary Baker,O=Microsoft,C=US".

通过在 SSL 连接上使用 Ldp 来设置和修改 AD LDS 用户的密码，操作如下：

（1）在运行 AD LDS 实例的计算机中安装服务器证书，并在管理 AD LDS 实例的计算机中安装匹配的客户端证书。

（2）打开 LDP。

（3）连接并绑定到包含要设置或修改密码的用户的 AD LDS 实例（在“连接”对话框中选择 SSL）。

（4）右键单击 AD LDS 用户，然后单击“修改”。

（5）在“属性”中，键入 userpassword，然后在“值”中为该账户键入一个密码。

（6）单击“输入”，然后单击“运行”。细节窗格将显示类似下面的消息：

ldap_modify_s(ld, 'CN=Mary Baker,OU=Beta
users,O=Microsoft,C=US',[1] attrs);
dified "CN=Mary Baker,OU=Beta users,O=Microsoft,C=US".

习　题

1．请说出企业 CA 和独立 CA 的特征。

2．什么是模板证书？模板证书的功能是什么？

3．什么是联机响应程序？Windows Server 2008 R2 中的“联机响应程序”角色服务的组件有哪些？

4．安装和配置联机响应程序分几步完成？请写出安装和配置联机响应程序的步骤。

5．管理证书颁发机构有哪两大任务？请简要介绍一下这两大任务。

6．为什么要使用网络设备注册服务？

7．什么是 AD FS？请简述 AD FS 的主要功能。

8．如何根据组织的需要，使用 AD FS 服务器角色的组合来联合管理身份？

9．怎样将联合身份验证与 AD RMS 配合使用？请简要写出使用步骤。

10．在活动目录轻型目录服务中，如何避免复制冲突？

11．怎样才能使 AD LDS 与 AD DS 同步？

第10章 用户操作环境管理

用户的操作环境通常是指用户登录系统后看到的工作界面，包括桌面的设置、应用程序的设置、文件夹设置等，此外还和不同窗口下看到的对象、各种操作的结果、不同文件和程序之间的关联等相关。不同的用户基于自身职能分工的不同，或者是个人使用习惯上的差异，会对用户操作环境有不同的需求。此时，良好的操作环境配置不仅可以给用户带来工作上的便利，还可以提高系统的安全性和适用性，方便系统管理员对整个系统的规划和管理。因此，系统管理员在安装好 Windows Server 2008 后需要对网络中的系统环境进行配置，包括配置用户操作环境。

在以往的 Windows 的版本中，有不少能有效设置用户操作环境的方式，譬如使用用户配置文件、组策略、脚本文件，等等。系统管理员使用这些方式，可以根据不同用户的需求建立不同的操作环境。Windows Server 2008 继承了过去 Windows 版本中这些设置用户操作环境的有效手段，同时在这个基础上进行了很好的改进，在本章节中详细描述用户配置文件、登录脚本、主文件夹、组策略的作用、内容、创建、设置和管理的方法。

10.1 用户配置文件

10.1.1 用户配置文件的定义

在 Windows Server 2008 中，资源管理器定义了一种系统文件夹的显示方式，它将文件系统进行了分层，并且以树形结构的形式显示给用户。在这个树形结构中，“桌面”是根，而“我的文档”、“我的电脑”、“网上邻居”、“回收站”和“Internet Explorer”等均是根下面的节点。这个树形结构的命名空间是由一系列的文件和文件夹组成，统称为用户配置文件（user profile）。

用户配置文件保存了全局用户设置和默认用户设置的内容，主要的项目有：用户桌面设置（包括图标的大小和颜色、窗口的设置）、驱动器映射关系、应用程序设置、网络设置（如网络驱动器、网络打印机的连接等）以及用户个人资料等。Windows 为每个用户账户都单独设置了用户配置文件，并以文件夹的形式将其保存。

10.1.2 用户配置文件的类型

在 Windows 2008 中，用户配置文件有三种类型，即本地配置文件、漫游配置文件和强制配置文件。

1. 本地用户配置文件

本地配置文件就是将用户对操作环境的设置在本地存储，并在用户每次登录本机时加载的配置文件，本地配置文件会随着计算机不同而有所不同。即使同一个用户，如果在不同的计算机中登录，就会生成不同的本地配置文件。一般情况下，如果计算机没有连接到网络上，系统将使用本地配置文件为用户加载操作环境。默认情况下，用户在本机对操作环境的修改都会自动保存在本地配置文件中。

当用户第一次登录到某台计算机时，Windows 系统将自动在这台计算机的本地磁盘的“%SystemDrive%\用户”路径下生成一个用该用户名命名的文件夹，这个文件夹就是这个用户在这台计算机上的本地用户配置文件。通常用户的本地配置文件的存放路径可以统一定义为“%SystemDrive%\用户\%username%”，其中%SystemDrive%是指操作系统所在磁盘分区，而%username%可以对应不同用户的用户名。

查看本地用户配置文件的方法是，依次打开“我的电脑”→“%SystemDrive%”→“用户”，即可看到所有在当前主机上的本地用户配置文件，可参看图 10-1，图中有文件夹 lily、administrator，这些以用户名命名的文件夹都是相关用户的配置文件。

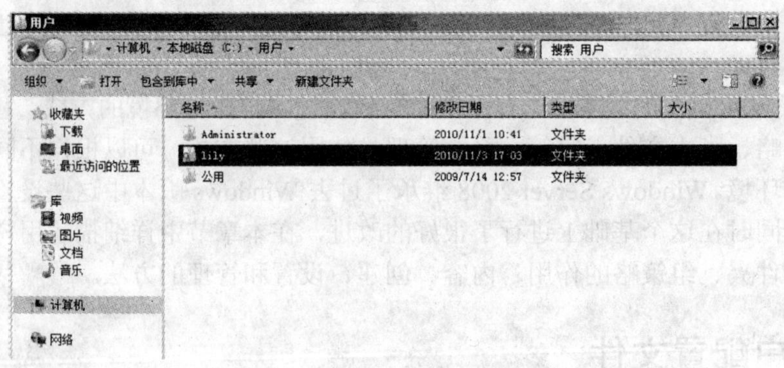

图 10-1　本地用户配置文件

除了以用户名命名的用户配置文件外，还有一些重要的文件夹。其中，“公用”文件夹相当于旧版 Windows 中的“All Users”，定义了工作站上的所有用户的通用访问特性。而默认状态下被设置为隐藏的文件夹“Default”就定义了默认情况下每个新用户的配置文件中的内容。

用户配置文件中存储的内容就是用户在当前主机的操作环境所对应的桌面环境、应用程序环境和用户个人资料等对象。图 10-2 中显示了用户 lily 的本地用户配置文件的内容。

默认情况下，用户第一次登录系统时生成的本地配置文件的内容是同时由“Default”文件夹和“%SystemDrive%\ProgramData”文件夹共同设置的，因此在保持两个文件夹的内容不变的情况下，新用户在同一台主机登录后看到的工作环境总是相同的。

用户登录后对工作环境的修改都被保存在自己的配置文件中，当他下一次登录系统的时候，系统将读取“%SystemDrive%\用户\该用户名”文件夹中的内容来设置用户的工作环境，这样就保持了用户设置的一致性。

2. 漫游用户配置文件

和本地配置文件不同的是，漫游配置文件通常由系统管理员创建，保存在网络服务器(一般是域控制器）上。客户在任何一台客户机上登录，客户机可以从服务器上下载该用户的配置文件，然后加载生成用户的操作环境。因此，用户无论在哪一台客户机上登录，都会得到相同的操作环境。

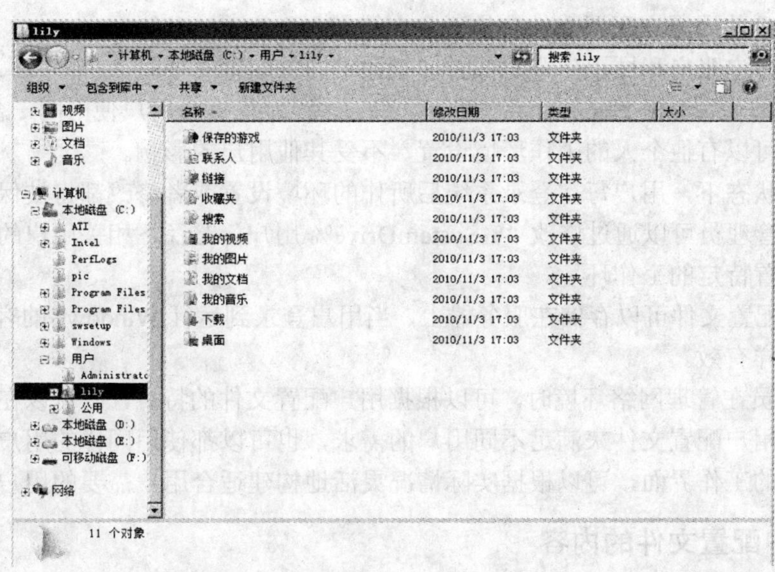

图 10-2 用户 lily 的本地用户配置文件的内容

漫游配置文件为系统管理员和用户都提供了设置的空间。系统管理员可以事先根据不同用户的需求，设置出适合不同用户的漫游配置文件，存放在网络环境中的服务器上。之后，用户在域内任何一台可允许登录的主机上都可以通过连接服务器下载配置文件而获取个人的工作环境。而用户在不同主机上获取到个人工作环境后，也可自行对工作环境再进行重新设置，这些设置都会被保存到服务器上的漫游用户配置文件中，这就保证了用户设置的连续性。

需要指出的是，漫游配置文件只适合域用户，本地用户无法使用，这是因为只有域用户账户可以在所在域内的多台计算机上登录。当域用户登录时，计算机读取存储在服务器上的漫游用户配置文件，如果此时因为网络无法连接，或者是因为用户自己的权限问题而造成无法正常访问服务器上的漫游配置文件，本地主机会根据用户是否第一次在本地登录来决定工作环境的加载。如果该用户是第一次在本地登录，系统会读取 Default 配置文件的内容来配置用户的工作环境，但当用户注销系统时，所有用户所作的环境设置的修改将不会被保存；如果用户之前已经在本地主机登录过，那么系统会读取用户之前在本地建立的本地配置文件来加载工作环境，注销时，所有用户所作的环境设置的修改将被保存到本地配置文件中。

这样一来，域用户在域内的某台主机上登录时，就有可能面临两个用户配置文件的选择，即存储在服务器上的漫游配置文件和存储在当前主机上的本地配置文件，通常系统会选择数据较新的那个来为用户生成操作环境。在网络连通的情况下，域用户注销系统时，之前所作的环境设置将会同时保存在漫游配置文件和本地配置文件中。

3. 强制用户配置文件

强制用户配置文件也是漫游配置文件的一种，只不过它比较特殊，它的内容是只读的，由系统管理员事先设置，用户无法更改。

用户每次登录时，系统都从指定位置下载配置文件加载生成该用户的操作环境，而当用户注销系统后，系统不能保存用户对操作环境设置的任何改变。因此当用户每次登录时，配置文件仍然和上次登录时一样，看到的工作环境也总是相同的。

4. 使用不同类型的用户配置文件建立合适的工作环境

归纳起来，使用用户配置文件有如下几个特点：

（1）本地用户账户和域用户账户都会被创建不同的配置文件。

（2）每个用户都有自己独立的用户配置文件。这样即使多个用户使用同一台计算机工作，每个用户也都可以有他个人的工作环境设置，不受其他用户的影响。

（3）默认状态下，用户每次登录系统后所作的环境设置或者修改都将被保存。

（4）系统管理员可以通过修改“%SystemDrive%\用户”路径下相关用户的文件夹的内容来为该用户设置特定的工作环境。

（5）用户配置文件可以存储在服务器上，当用户登录到运行 Windows 的客户机时，该用户配置文件同样有效。

系统管理员在管理网络环境时，可以根据用户配置文件的特点，既可以在不同的计算机上创建不同的用户配置文件来满足不同用户的需求，也可以都使用同样的用户配置文件在网络内实现统一的工作界面，可以根据实际情况灵活地构建适合用户需要的用户操作环境。

10.1.3 用户配置文件的内容

用户配置文件并不是单一的某个文件，而是包含了多个项目的一个集合。每一个用户的配置文件的内容一开始是从 Default 文件夹复制过来的，但不完全由“Default”文件夹决定内容，还要从“%SystemDrive%\ProgramData”文件夹下复制公共程序组的信息。

“Default”文件夹存储了运行 Windows Server 2008 操作系统的所有计算机上的默认用户配置，其中的 NTuser.dat 则存储了 Windows Server 2008 家族的配置设置。在旧版 Windows 的基础上，Windows Server 2008 进一步提高了系统的安全性，在默认情况下，“Default”文件夹被设置为隐藏，如果希望查看或者修改里面的内容，需要通过设置文件夹的查看选项，打开“显示隐藏的文件和文件夹”的功能后才能看到。

“%SystemDrive%\ProgramData”文件夹下最为常见的用户配置的内容 Desktop（桌面）、Documents（用户文档）和 Favorites（收藏夹）被提取到“公用”文件夹中，分别对应了“公用文件”、“公用桌面”和“Favorites”文件夹。

需要指出的是，“Default”文件夹和“%SystemDrive%\ProgramData”文件夹都能在“%SystemDrive%\用户”文件夹中看到，但是用户看到的大部分项目都是快捷方式，默认情况下都不允许访问，真正的数据储存在用户配置文件中名为 AppData 的文件夹内。

用户第一次登录系统时，会从以上两个文件夹中复制内容，得到用自己的用户名命名的配置文件，因此尽管是不同的用户，但他们在首次登录时，得到的配置文件都是相同的，除非修改以上两个文件夹中的内容。以后每个用户所作的任何环境设置方面的更改都会保存在用户自己的配置文件夹内，而“Default”文件夹的内容不会发生变化。

10.1.4 查看用户配置文件

系统管理员有时需要查看某台计算机（比如服务器）上的用户配置文件，此时在界面中看到的是所有在本机上登录而生成的本地配置文件和存储在本机且由用户在本域中登录而产生的漫游配置文件。

查看用户配置文件的步骤是：

（1）单击“开始”，打开控制面板；

（2）单击“系统和安全”，在“系统和安全”界面中找到“系统”，点开；

（3）继续在窗口左边选择“高级系统设置”，在“系统属性”对话框中选择“高级”选项卡，在“用户配置文件”选项区域单击“设置”，出现“用户配置文件”对话框，如图 10-3 所示。

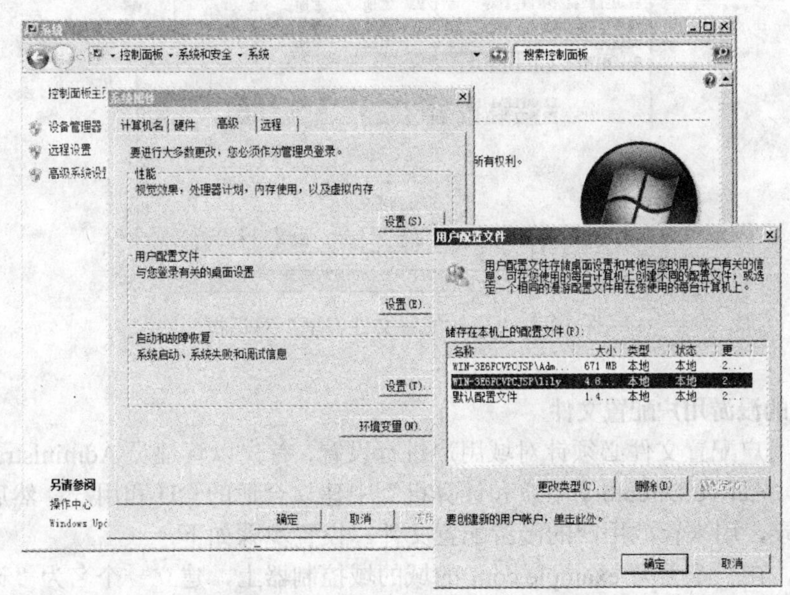

图 10-3　查看“用户配置文件”选项卡

从“用户配置文件”对话框中可以看出当前主机上所有用户配置文件的相关信息，每条记录主要有“名称”、“大小”、“类型”和“状态”等属性组成，需要对“名称”属性说明的是，如果当前主机是客户机，那么此时的名称是由主机名和用户名组成；如果当前主机是域控制器，那么此时的名称是由当前域名和用户名组成。

“用户配置文件”对话框的下方有 “更改类型（C）”、“删除（D）”和“复制到（I）”三个命令按钮，其功能分别说明如下：

更改类型：可将用户配置文件设置为“本地配置文件”或“漫游配置文件”两种类型之一。单击该按钮时，会弹出如图 10-4 所示的“更改配置文件类型”对话框，在此对话框中可以很方便地设置两种类型之间的切换。

删除：将选中的配置文件从本机中删除。

复制到：可将“用户配置文件”对话框的列表中选定用户的配置文件复制到指定的文件夹中。管理员可以使用此功能为若干新建用户设置统一的工作界面。具体的设置方法请参看 10.1.5。

10.1.5　创建用户配置文件

1. 创建本地用户配置文件

创建本地用户配置文件的方法很简单，就是在系统中创建一个新的用户，然后使用这个用户名登录系统。如果能成功登录，就会看到在“%SystemDrive%\用户”路径下会生成一个用该用户名命名的文件夹，这就是新用户的本地配置文件。

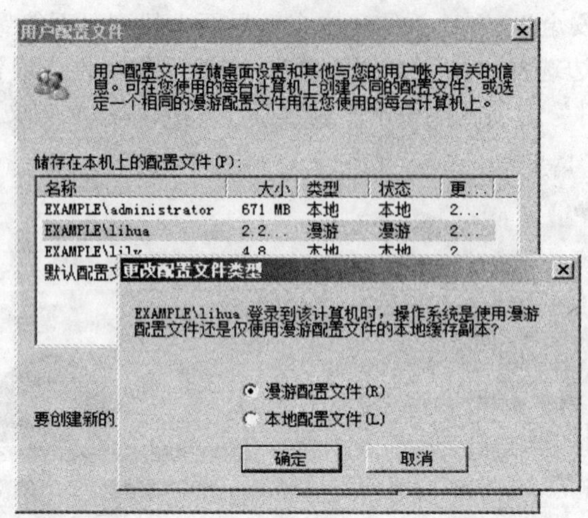

图 10-4 “更改配置文件类型”对话框

2. 创建空的漫游用户配置文件

创建漫游用户配置文件必须针对域用户进行设置，首先以管理员 Administrator 身份登录域控制器，在“Active Directory 用户和计算机”中建立合适的 OU 和用户，然后在域控制器上建立共享目录，用来存放用户的漫游配置文件。设置步骤如下：

（1）例如，在一个名为 example.com 的域的域控制器上，建立一个名为“计科”的组织单元，在这个 OU 下建立两个用户“李华”和“张林”，如图 10-5 所示。由于这两个用户要登录域控制器验证配置文件，因此要赋予用户登录域控制器的权限，分别将两人加入到“Account Operators”和“Server Operators”组中。

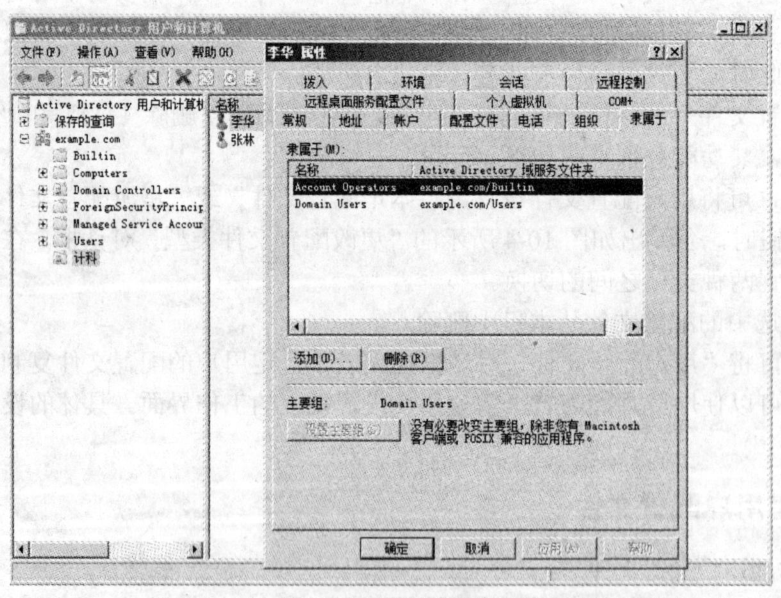

图 10-5 配置域用户

（2）在域控制器的磁盘上建立一个文件夹 share，将它设置为共享，并开放权限给所有用

户，方法是在 share 文件夹的“文件共享”对话框中设置 Everyone 组的共享文件夹权限为“读取/写入”，如图 10-6 所示。

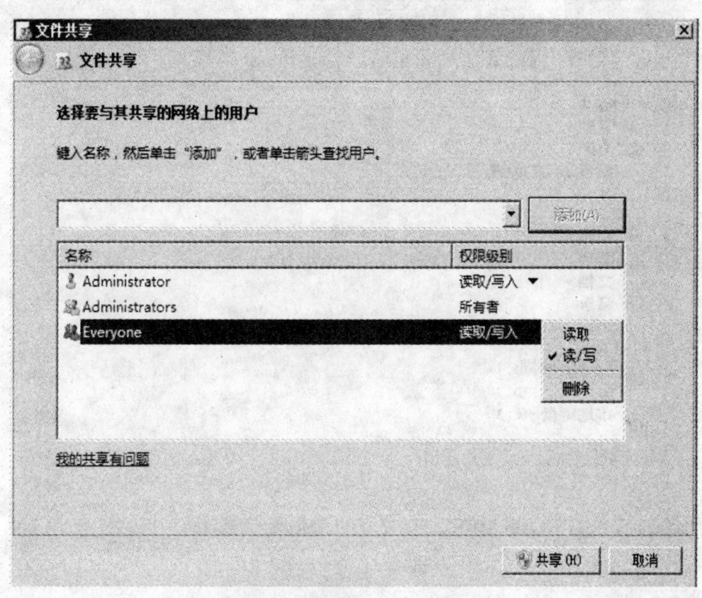

图 10-6　设置共享文件夹

（3）如图 10-7 所示，在域控制器上的“Active Directory 用户和计算机”中设置用户“李华”的配置文件路径为\\域控制器主机名\共享文件夹名\用户名，此处的共享文件夹名是 share，用户名是 lihua。

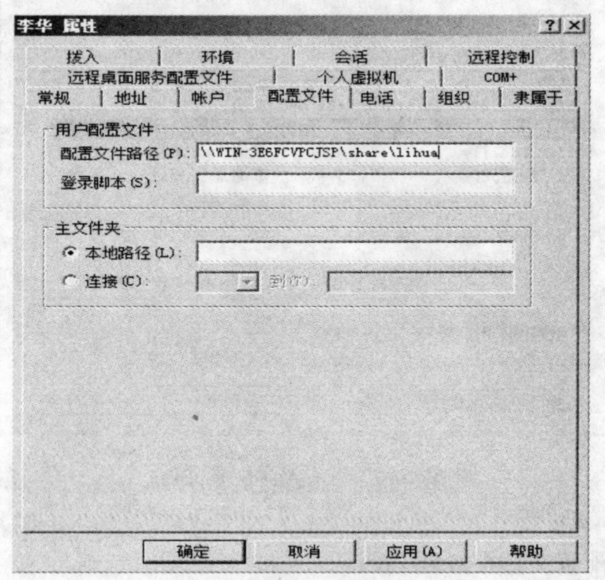

图 10-7　设置用户配置文件路径

（4）注销 administrator，第一次在本地域控制器上使用用户名 lihua 登录，进入 share 文件夹，查看已经生成空的漫游配置文件 lihua.V2，如图 10-8 所示。

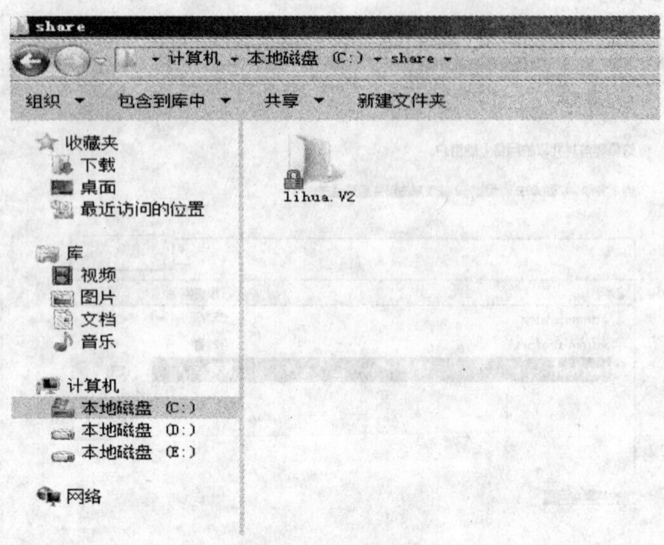

图 10-8　生成空的漫游配置文件

（5）此时，可使用上面介绍的方法查看本地的用户配置文件的情况，如图 10-9 所示，用户 lihua 的配置文件的类型是漫游配置文件。

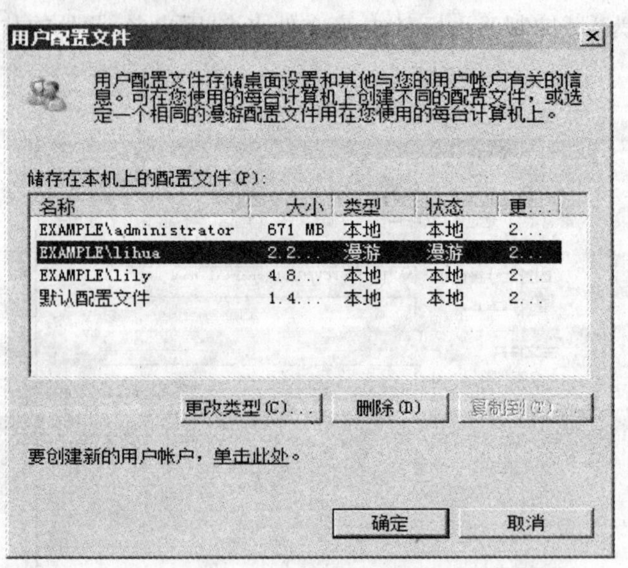

图 10-9　查看漫游配置文件

至此，空的漫游配置文件已经建立成功。

3. 使用漫游配置文件创建统一的工作环境

系统管理员可以事先选定域控制器上的用户配置文件列表中的某项作为统一工作环境的标准，再利用漫游配置文件的功能为网络内的域用户创建一个统一的工作界面，设置步骤如下：

（1）使用有权限的用户账户在域控制器上登录，对工作环境做一些设置，保存后注销。

（2）使用 Administrator 账户登录域控制器，在磁盘上建立一个文件夹 share，设置共享，使 Everyone 组对该文件夹有“读取/写入”权限。

（3）在“用户配置文件”对话框中，选定在步骤（1）中建立的用户的配置文件，选择“复制到”，输入路径\\域控制器主机名\共享文件夹名\用户名，此处的共享文件夹名是 share，用户名则是那些需要与步骤（1）中建立的用户的配置文件统一的用户的用户账户，此处假设为 zhanglin，设置界面如图 10-10 所示。

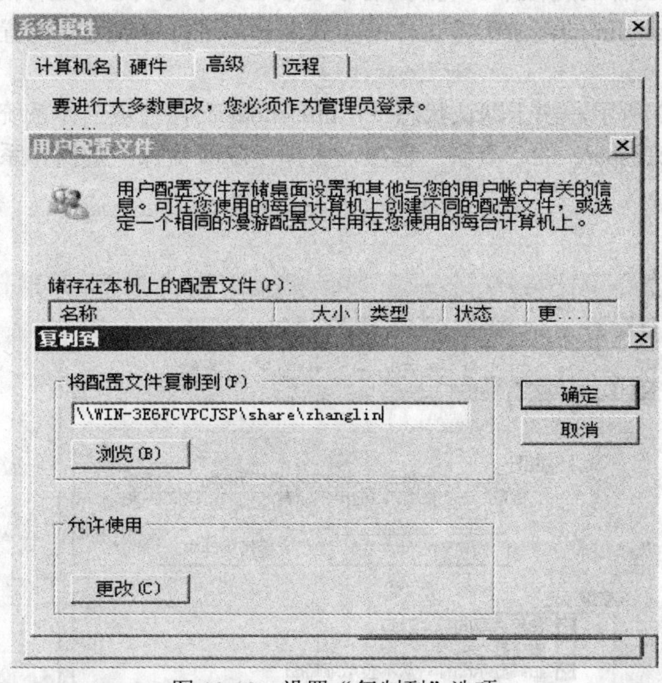

图 10-10 设置“复制到”选项

（4）在“复制到”对话框的“允许使用”选项区域中设置用户 zhanglin 对此文件夹有访问权限（读/写），设置界面如图 10-11 所示。

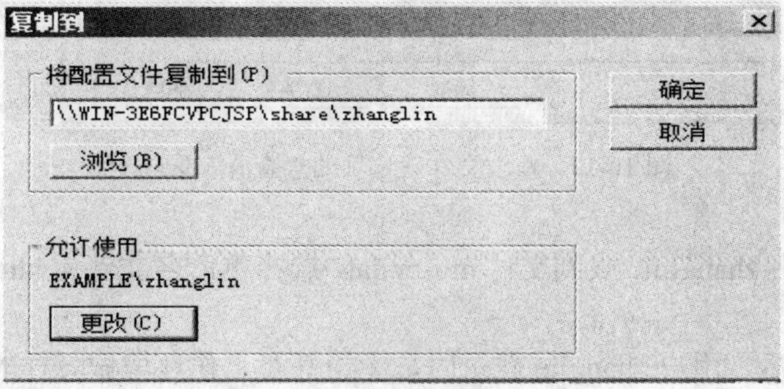

复制到

将配置文件复制到(P)

\\WIN-3E6FCVPCJSP\share\zhanglin

浏览(B) 确定 取消

允许使用

EXAMPLE\zhanglin

更改(C)

图 10-11 设置“允许使用”选项

（5）在“Active Directory 用户和计算机”中打开用户“张林”的用户配置文件对话框，在用户配置文件路径处输入图 10-11 中的“将配置文件复制到”的路径。

（6）注销 Administrator，使用 zhanglin 登录，观察在 share 下生成了一个新的文件夹 zhanglin，这就是定制的漫游配置文件，用户 zhanglin 登录系统后看到的界面和步骤（1）中建立的环境是完全相同的。重复这样的步骤，新的域用户第一次登录时看到的工作界面就是统一的界面。

4. 创建强制用户配置文件

强制用户配置文件也是漫游用户配置文件的一种，它在建立好了漫游配置文件的基础上通过修改 ntuser.dat 文件的属性来实现，只有系统管理员才可以进行这样的操作。以下就接着上面已经设置好 zhanglin 的漫游配置文件的步骤展开，进行强制用户配置文件的设置，步骤如下：

（1）如图 10-12 所示，由于默认状态下，ntuser.dat 文件会被当作系统文件隐藏起来，因此首先要修改文件夹 share 的“查看”选项，去掉“隐藏受保护的操作系统文件”选项前面的符号“√”。

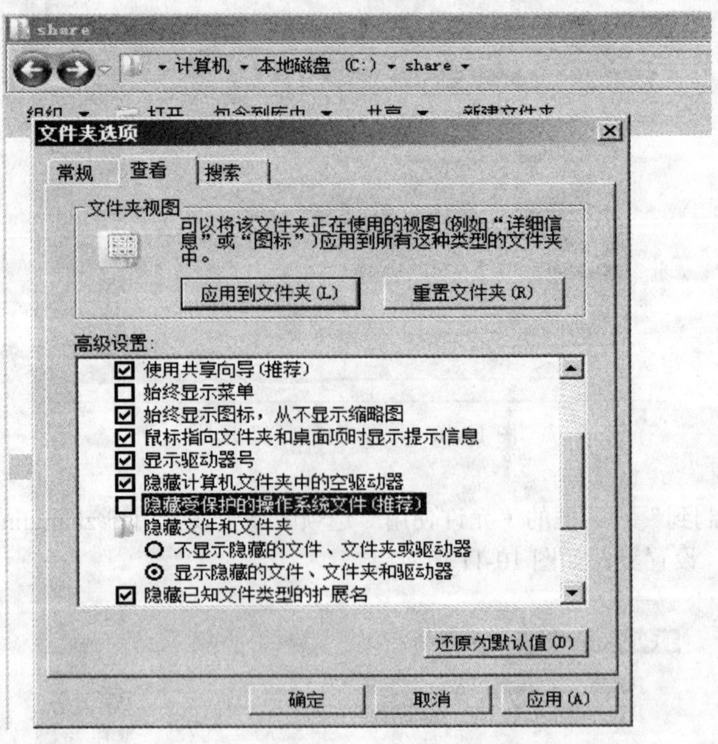

图 10-12 修改文件夹选项的“查看”选项卡

（2）打开文件夹 zhanglin，找到文件 ntuser.dat，选择重命名文件为 ntuser.man，如图 10-13 所示。

完成以上设置后，用户 zhanglin 登录时，无论其对工作环境做怎样的修改，只要属于用户配置文件的范畴，一旦注销系统，这些修改和设置都不会被保留在这个强制用户配置文件之内，因此，下一次 zhanglin 再登录系统时，会看到他的工作环境和修改前是一样的。

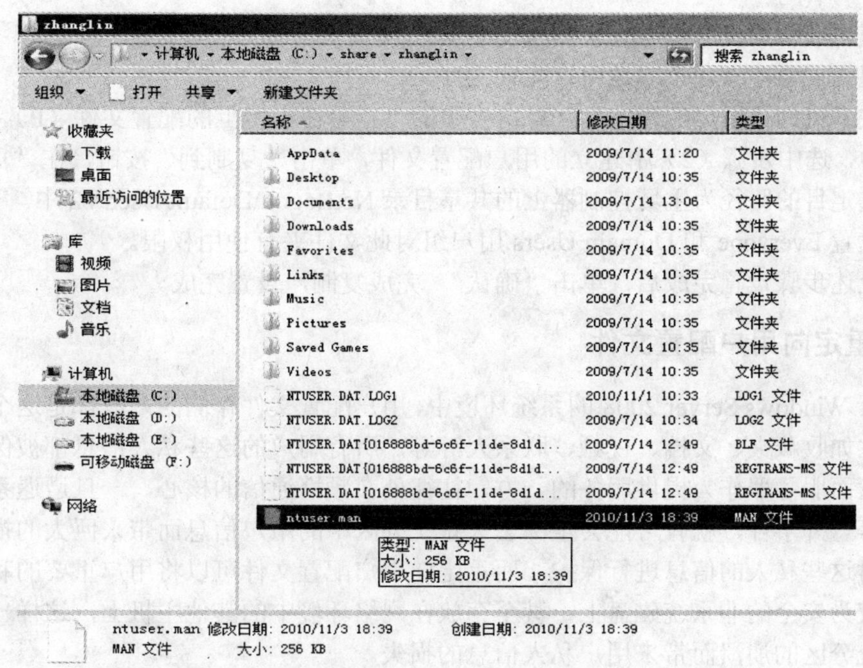

图 10-13　修改 ntuser.dat 文件的扩展名

10.1.6　定制 Default 用户配置文件

在本章节的 10.1.3 中，已经比较详细地论述了 Default 文件夹对用户配置文件的影响，管理员可以通过自定义 Default 文件夹的内容来定义所有本地用户和相关域用户在第一次登录时看到的工作界面。

1. 自定义本地用户的 Default 用户配置文件

这是定义单个运行 Windows Server 2008 的计算机上的 Default 用户配置文件。可以先在选定的计算机中定义一个用户配置文件，然后将用户配置文件复制到该计算机的 Default 文件夹中，最后设置本地所有用户对这个文件夹的访问权限，这样就得到了定制的本地用户的默认工作环境，设置步骤如下：

（1）使用管理员账户 administrator 登录计算机；

（2）根据需要建立一个本地用户配置文件；

（3）在本机的"用户配置文件"对话框中的"存储在本机上的配置文件（P）："的配置文件列表中，选中步骤(2)中建立的用户配置文件，单击"复制到"按钮，选择"%SystemDrive%\用户"的 Default 文件夹为复制的目的路径；

（4）设置 Default 文件夹为共享文件夹，并将访问权限分配给 Everyone 这个组，使这个组对 Default 文件夹有使用权限；

（5）上述步骤设置完成后，单击"确认"，完成复制，设置完成。

2. 自定义域中所有计算机的默认用户配置文件

这是定义运行 Windows Server 2008 的域中的所有计算机的默认用户配置文件。方法是先定制一个用户配置文件，然后将它复制到主域控制器上，最后设置域用户对该文件夹的访问权限。这样才能得到域用户的 Default 用户配置文件。设置步骤如下：

（1）使用域管理员的账号登录到域控制器。

（2）根据需要建立一个本地用户配置文件。

（3）在本机的“用户配置文件”对话框中的“存储在本机上的配置文件（P）：”的配置文件列表中，选中步骤（2）中建立的用户配置文件，单击“复制到”按钮，在“复制到”对话框中，选定目的路径为主域控制器上的共享目录 NetLogon\Default User.V2 中。

（4）设置 Everyone 和 Domain Users 用户组对此文件夹有使用权限。

（5）上述步骤设置完成后，单击“确认”，完成复制，设置完成。

10.1.7 重定向用户配置文件

在运行 Windows Server 2008 的系统环境中，用户配置文件存储的一般都是这个用户自己的信息，比如收藏夹、文档、视频、联系人等等，所有用户的这些私人信息都被保存在系统分区中。然而服务器作为提供服务的一方，往往处在频繁通信的核心，一旦遭遇系统崩溃或者格式化等意外事件，就有可能会全部丢失系统分区中的用户信息而带来巨大的损失，此时需要事先对这些私人的信息进行保护。而重定向用户配置文件可以将用户重要的私人信息保存在其他较为安全的非系统磁盘上，甚至存放在网络环境中的其他主机上，这样一来就不会再因为系统分区的崩溃而带来用户私人信息的损失。

重定向的操作比较简单，可以通过下面的重定向用户配置文件中的“收藏夹”的例子来说明。操作步骤如下：

（1）以 administrator 账户登录，在自己的本地用户配置文件中找到 Favorite 文件夹，单击右键，选择“属性”，选择“位置”选项卡，选择“移动”，如图 10-14 所示。

（2）如图 10-15 所示，单击“移动”后，在对话框中选择要保存的路径（可以为本地路径，也可以是网络路径），选择存储到 dingxiang 文件夹中。

（3）复制完成后，查看目的路径下的文件夹，发现 dingxiang 文件夹被“收藏夹”文件夹所替代，里面就是 administrator 用户的 Favorite 文件夹内容，如图 10-16 所示。

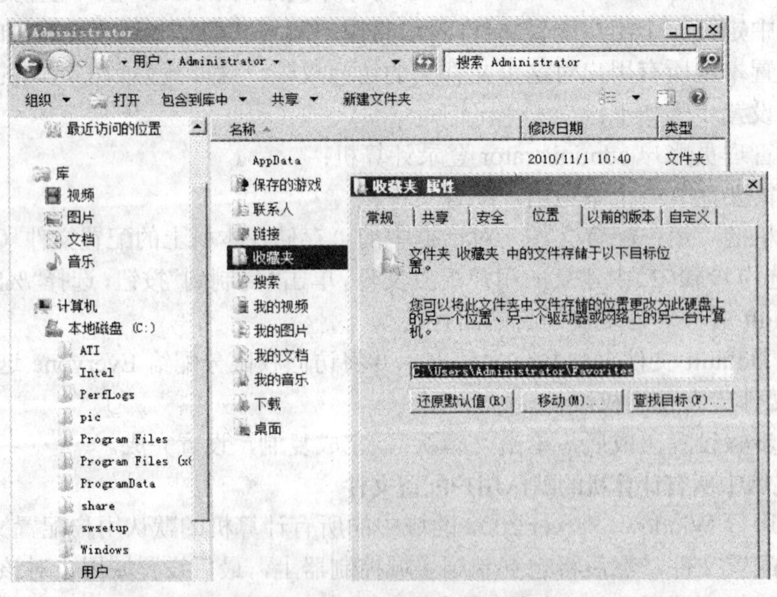

图 10-14 favorite 文件夹的“移动”

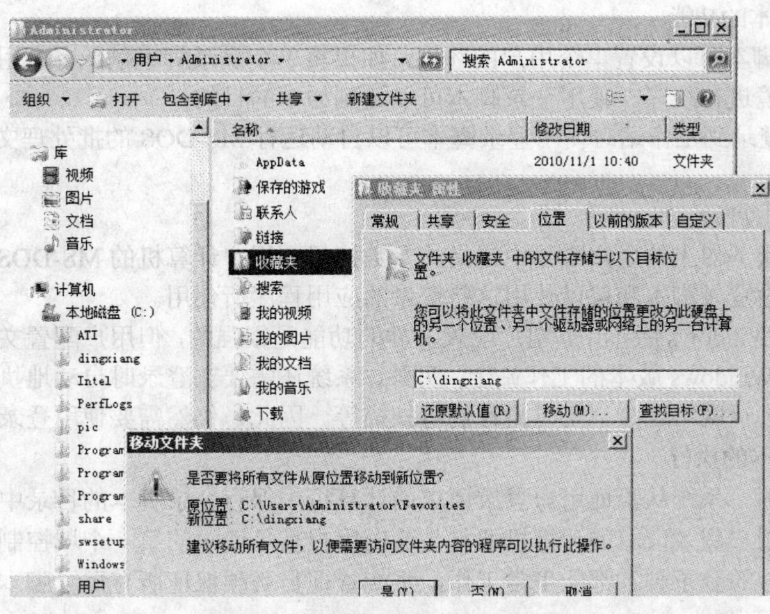

图 10-15 选择“移动”的目的路径

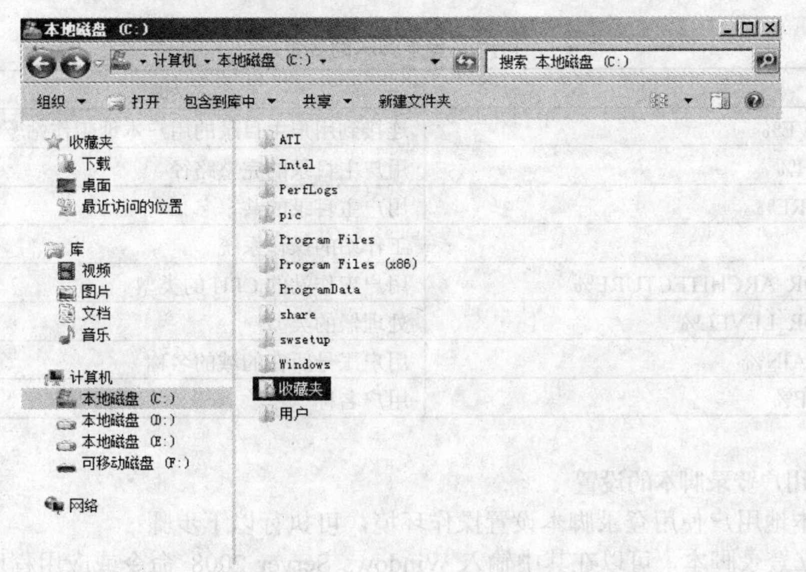

图 10-16 “移动”后的结果

10.2 登录脚本

登录脚本（Logon Script）就是当用户登录时计算机自动执行的程序。无论是在运行 Windows Server 版本的服务器上，还是在运行 Windows 的客户机版本的工作站上，都会在登录时自动运行登录脚本。登录脚本可以是扩展名为.BAT 或.CMD 的批处理文件，可以是. EXE 文件，还可以是扩展名为.vbs 的 VbScript 脚本或者是扩展名为.js 的 Jscript 脚本等。在 Windows

Server 2008 中，可以使用 Windows 脚本宿主（WSH）来编写脚本。

1. 登录脚本的功能

使用登录脚本可以设置单个用户的环境，如果将单个登录脚本赋予多个用户，就可以将多个用户的环境进行统一。使用登录脚本可以达到如下的目的：

（1）用户登录到工作站时使用登录脚本可以自动运行 MS-DOS 的批处理文件、内部命令和可执行文件。

（2）实现主目录。

（3）将在服务器上的用户账号中定义的参数拷贝到用户计算机的 MS-DOS 环境变量中，这些变量可以由登录脚本和可以使用这些变量的应用程序所使用。

在后来的 Windows 版本中，用户配置文件的功能是很强的，但用户配置文件不能应用在运行最早期的 Windows 版本的工作站上，另外，系统还需要在登录时自动地执行某些功能或程序，如自动进行网络连接、定时执行病毒扫描等。因此，仍然需要使用登录脚本。

2. 登录脚本的执行

用户登录时，系统从验证用户登录请求的计算机中保存登录脚本的目录中下载该脚本并执行之。验证用户登录请求的计算机通常是响应用户登录请求的第一个域控制器，要确保域内所有用户账号的登录脚本都能正常工作，系统管理员必须保证所有登录脚本与域内的每一个服务器保持同步。

在登录脚本中可以使用如表 10-1 所示的内置的登录脚本参数。

表 10-1　　可用于登录脚本的变量

参　　数	说　　明
%HOMEDRIVE%	连接到用户主目录的用户本地工作站驱动器符号
%HOMEPATH%	用户主目录的完整路径
%HOMESHARE%	用户主目录的共享名
%OS%	工作站的操作系统
%PROCESSOR_ARCHITECTURE%	用户工作站的 CPU 的类型
%PROCESSOR_LEVEL%	处理器的类型
%USERDOMAIN%	用户账号所在的域的名称
%USERNAME%	用户名称

3. 本地用户登录脚本的设置

要设置本地用户使用登录脚本设置操作环境，可执行以下步骤：

（1）建立登录脚本，可以在其中输入 Windows Server 2008 命令或应用程序的命令，建立完成后保存。

（2）依次单击“开始”→“运行”→“gpedit.msc”→回车，进入本地组策略编辑器界面。

（3）在左边窗口依次展开“用户配置”和“Windows 设置”，单击“脚本（登录/注销）”选项，在右边窗口的“名称”栏下双击“登录”选项，打开“登录属性” 对话框，如图 10-17 所示。

（4）单击“添加”，在出现的“添加脚本”对话框中选择在步骤（1）中所生成的脚本路径，可按此方法依次添加多个登录脚本，设置完成后单击“确定”，如图 10-18 所示。

（5）最后需要刷新一下组策略，方法是“开始”→“运行”→“gpupdate”→回车，设置完成。

以后用户在本地登录时，会先读取登录脚本的内容，并执行相关操作后进入系统。需要说明的是，如果不通过此方法设置登录脚本，默认情况下，本地的脚本文件应该存储在本地的 NETLOGON 文件夹中，但是系统一开始并不会在本地创建这个文件夹。因此，如果用户要直接在本地使用登录脚本，需要先自行创建一个共享文件夹，将其改名为 NETLOGON，最后还设置用户对它的访问权限。那么以后用户再登录时，会先找到 NETLOGON 的共享文件夹，读取登录脚本，执行操作后才进入系统。

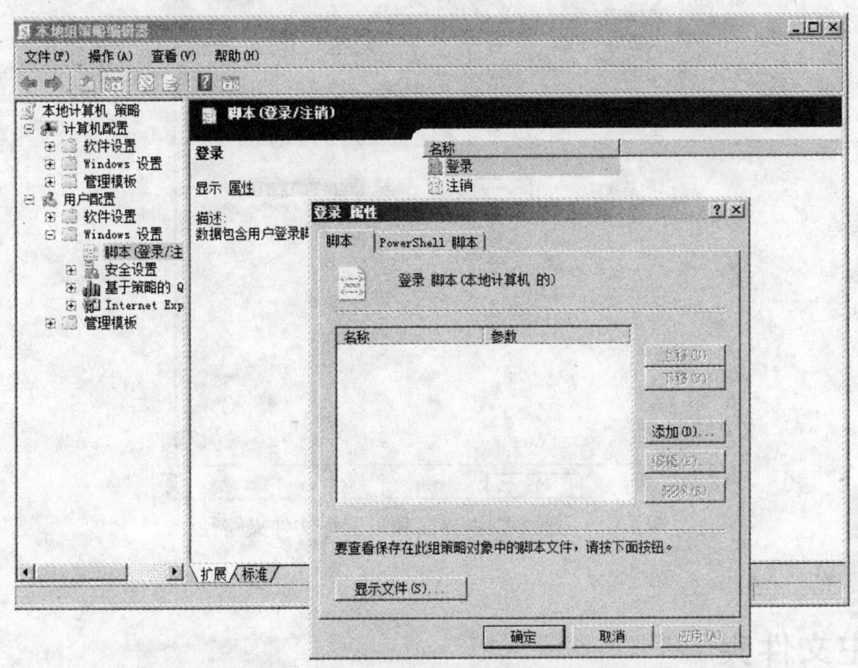

图 10-17　本地用户的登录脚本设置界面

图 10-18　添加脚本界面

4. 域用户登录脚本的设置

如果要将登录脚本指派给域用户账户，可参考本地用户的设置方法，执行以下步骤：

（1）建立登录脚本的内容，在其中输入 Windows Server 2008 命令或应用程序的命令，将登录脚本文件保存在域控制器的 NETLOGON 的共享文件夹中。

（2）打开“Active Directory 用户和计算机”。

（3）选择为之设置登录脚本的用户或组，打开其属性对话框。

（4）选择“配置文件”选项卡，输入登录脚本路径，以便指定用户账号或组账号的登录脚本。如果输入了完整路径，则必须确定用户对此路径拥有读的权限，如图 10-19 所示。

需要注意的是，登录脚本的路径只需输入文件名即可，并不需要输入完整的路径，这是因为系统是自动连接到域控制器的 NETLOGON 的共享文件夹去查询可用的登录脚本。

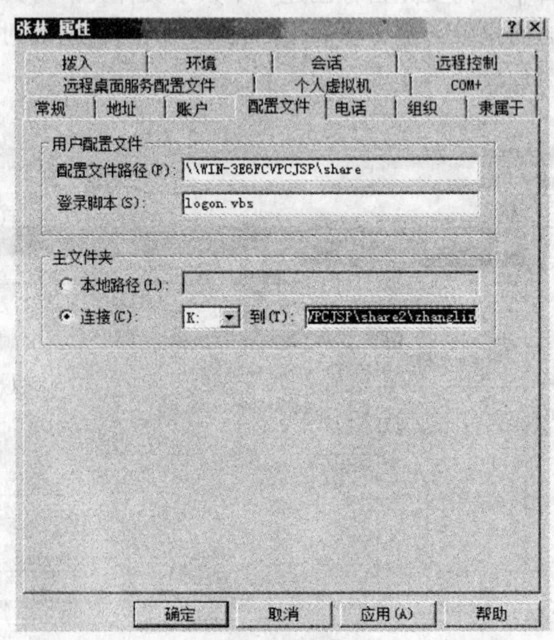

图 10-19 添加脚本界面和设置主文件夹路径

10.3 主文件夹

主文件夹是域用户的私人目录，每个域用户都有一个存储个人文件的位置，这是在 My Documents 之外建立的另一个存储个人文档的目录。

10.3.1 主文件夹的特点

用户配置文件中包含有很多内置的文件夹，其中的“文档”文件夹可以为用户存储私人的信息，用户可以很方便地浏览这些数据，但是作为用户配置文件的一部分，这些私人的信息会影响到用户登录和注销系统的过程。特别是如果用户使用了漫游配置文件，那么在用户登录时，系统需要花费不少时间去下载“文档”中的文件。文件的数量越多，耗费的时间越多；而当用户注销时，系统又要花费很多的时间去把这些文件保存到服务器上。

Windows Server 2008 提供了另外一种可以让用户存储私人信息的文件夹，这就是“主文件夹”，由于主文件夹不属于用户配置文件的内容，因此用户在登录或者注销系统时不需要花费很多的时间来下载或者保存文件。

域用户和本地用户都可以使用主文件夹来存储个人信息。

10.3.2 主文件夹的存储位置

主文件夹的存储位置可以是在客户计算机的硬盘中，也可以是在运行了 Windows Server 2008 的服务器的硬盘中，还可以是在主域控制器的硬盘中。一般认为，将域用户的主文件夹都创建在服务器上集中管理和集中备份会比较好，这使得管理员和用户都能很方便地管理好文件资源。

把所有的主文件夹都存储在一个文件服务器上是有好处的。首先，安装了 Windows 系统（无论新版本还是旧版本）的主机都能很方便地使用主文件夹；其次，用户可以很方便地在网络的任何一台客户机上使用同一主文件夹；最后，用户文档的备份和管理可以集中化，大大降低了管理的难度，提高了可操作性和可管理性。

需要说明的是，存放主文件夹的磁盘应该使用 NTFS 文件系统，这样可以充分利用 NTFS 的权限设置用户文档的安全性。

10.3.3 创建和使用主文件夹

为了使用户能很方便地使用网络环境中的存储资源，管理员可以为每一个用户创建一个主文件夹。创建后，用户在网络中任意一台主机登录，只要这台主机和存储主文件夹的服务器能够连通，只要用户有合法的访问权限，他就能进入自己的主文件夹中进行各种操作。

如果想在用户的本地计算机上为用户创建主目录，创建时只要输入本地计算机路径，如果想在服务器上为用户创建主目录，就需要按照下述步骤进行操作：

（1）使用 administrator 登录域控制器，在磁盘上创建一个目录 share2，并设置为共享，赋予用户 zhanglin 访问权限。

（2）打开“Active directory 用户和计算机”，在管理窗口下双击要为之设置主文件夹的用户名，系统显示出此用户“属性”的对话框，选择“配置文件”选项卡，如图 10-19 所示，在“主文件夹”选项区域中，选择“连接（C）”单选按钮，并输入服务器及主文件夹路径，驱动器盘符为 K:，路径为\\域控制器主机名\共享文件夹名\用户名\，此处的共享文件夹名为 share2，用户名是 zhanglin。

（3）单击“确定”后再在出来的提示框中设置，运行用户 zhanglin 对该文件夹具有完全控制的权限，如图 10-20 所示。

（4）如图 10-21 所示，注销系统，使用 zhanglin 登录系统，查看主文件夹。可见，在“我的电脑”中多出了一个网络驱动器的映射，这就是 zhanglin 的主文件夹。用户可以好像操作本地磁盘一样去使用主文件夹，所做的修改都会被保存到 share2\zhanglin 文件夹中去。

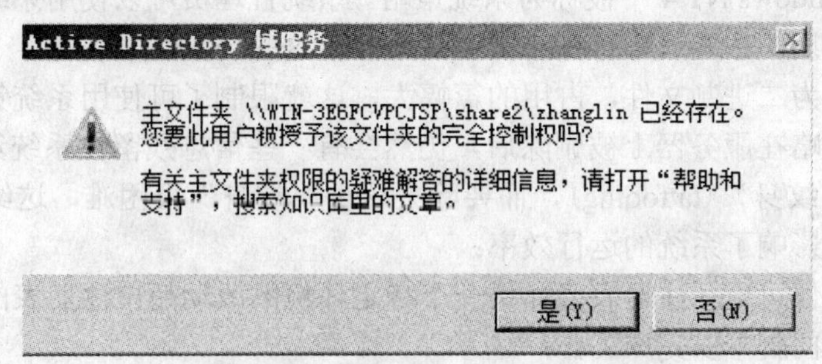

图 10-20 授予用户对共享文件夹权限

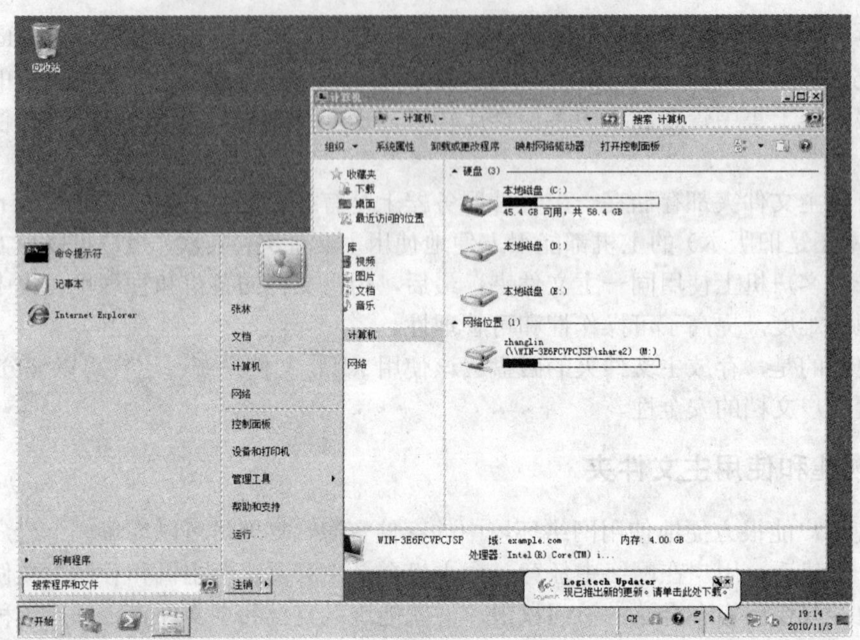

图 10-21　主文件夹被映射为本地主机上的网络驱动器

10.4　组策略概述

10.4.1　组策略的概念

1. 组策略的定义

组策略可以看作一系列规则，这些规则主要用来帮助系统管理员在本地主机上或者在活动目录的域环境之内对所有用户和计算机进行配置和管理，包括用户想用资源的权利和限制。这样不仅能对计算机和用户实现集中的统一管理，还可以帮助自动实现一些重要的管理任务，在保证管理目标实现的同时也简化了管理员的工作量。

2. 组策略的发展过程

追溯起来，组策略的前身是系统策略，这个概念在 Windows 9X 中就已经引入，在 Windows 9X 和 Windows NT 4 中被称为系统策略。系统管理员可以使用系统策略进行初级的桌面配置修改。早期的系统策略存在着一些局限性，这些局限性表现在：

（1）策略文件为二进制文件，占用的篇幅大，这就限制了可使用系统策略的范围；

（2）当系统策略在服务器上被删除后，仍然会有一些信息残留在系统策略中，Microsoft 称其为注册表的“纹身”（tattooing），而要除去这种“纹身”很困难，这给系统的稳定性留下了一些隐患，也影响了系统的运行效率；

（3）系统策略仅可更新注册表。如果一个特定环境的改动超出注册表的控制范围之外，管理员必须创建专门脚本以完成工作；

（4）系统策略仅可在一个文件内发布，使得管理员不能为特殊的用户群体建立专用策略。

系统策略可以针对用户组，但需要建立相当大的 CONFIG. POL 或者 NTCONFIG. POL 文件，这对系统的维护来说是一个负担。

鉴于 Windows 98 和 Windows NT 中的系统策略的局限性，在 Windows 2000 中正式地引入了一种新的策略发布方法，称之为组策略。之后，组策略的功能一直随着 Windows 版本的更新换代不断的增强，特别是到了 Windows Server 2008 系统，组策略的功能已经非常的强大和成熟。

从组策略的发展历史来看，组策略的设置有很多内容和注册表的设置有关，与操作界面多为字符的注册表相比，组策略的设置界面无疑更为直观和便利。

3. 组策略的功能

通过使用组策略，可以实现如下主要功能：

（1）管理用户的桌面显示；

（2）定义用户的登录、注销脚本和计算机的启动、关闭脚本；

（3）自动实现对应用程序的管理，包括安装、指派、发布、禁止、更新或者修复应用程序等；

（4）将用户特殊的文件夹重定向到可以集中管理的网络服务器上；

（5）实现系统的安全选项配置，包括锁定账户、设置密码策略、审核系统配置等；

（6）通过设置“管理模板”的内容来管理基于注册表的设置；

（7）网络相关的设置，包括远程安装服务和 Internet Explorer 的维护等。

以上功能总结起来，组策略中涉及的内容主要是两个方面，即：作用于用户的“用户配置”和作用于计算机的“计算机配置”。所有创建的组策略设置的内容需要存储在组策略对象（Group Policy Object，GPO）中，通过将 GPO 和选定的对象进行关联，才能使得 GPO 中定义的规则作用在所选定的对象上。一般可以和 GPO 关联的对象有：

（1）活动目录中的容器，比如站点、域和组织单元（OU）；

（2）可以是应用在活动目录中建立的用户或者计算机上，不仅包括客户端计算机，还应用于成员服务器、域控制器和管理范围内任何一台运行 Windows 操作系统的计算机上；

（3）当然也可以是单独的一台主机以及这台主机上建立的本地用户。

在 Windows Server 2008 中，应用于域级别的范围的组策略会影响到域中所有的计算机和用户，而应用于本机主机的组策略通常只影响这台主机和所有在这台主机上建立的本地用户。

4. 组策略管理的优点

用组策略来管理整个系统，具有以下优点：

（1）创建可管理的桌面配置，使之适合于用户的工作职责和经验水平。

（2）对特定用户实施组策略设置，结合 NTFS 文件系统的权限和系统的其他特性，可以防止用户访问未经授权的程序和数据，还可以防止用户破坏应用程序或操作系统的重要文件。

（3）可以增强用户的配置，方法有：应用程序自动发布到用户的“开始”菜单；用户在网络上找到并安装应用程序；把文件或快捷方式发布到网络上或客户机的特定文件夹中；当用户登录、退出以及计算机启动时，自动执行任务和程序。

10.4.2 组策略的类型

组策略通常有两种类型，第一类是本地组策略，第二类就是活动目录的组策略，一般简称的“组策略”通常指的是后者。

1. 本地组策略

本地组策略是用于设置本地主机和本地用户账户的组策略。通常，在运行高于 NT 4.0 版本的 Windows 系统的主机上，无论是客户机还是服务器，都只有一个本地组策略对象，这个组策略对象就存储在每台主机的本地磁盘上的“%SystemRoot\System32\GroupPolicy%”目录下，其中设置的内容只对当前主机起作用。无论当前主机是否在网络环境中，是否在活动目录中，都不影响本地组策略的建立和应用。

与活动目录组策略相比，本地组策略包含的设置内容要少一些，特别表现在与网络相关部分的设置方面，另外在“安全设置”方面也有不少的差异。

由于本地组策略在实际应用时容易被活动目录组策略所覆盖，因此多用于非网络环境中，或者应用在没有建立活动目录的工作组的网络环境中。

2. 活动目录组策略

活动目录组策略就是用于设置活动目录中有关用户和计算机的组策略。这种组策略的实体组件被称为组策略模板(GPT)，所设置的内容是关于计算机设置和用户设置的规则的集合，被保存在系统的 Sysvol 目录下，并且在逻辑上被看作一个整体，称之为组策略对象。要创建活动目录组策略，需要先创建一个组策略对象，设置完成后，此对象就存在于活动目录之中，然后将这个对象和不同的活动目录的容器进行关联，将此组策略对象中定义的设置应用到这些活动目录容器内的用户和计算机上。

在创建活动目录的域时，在域控制器上会同时创建出两个活动目录的组策略对象，分别是：

（1）Default Domain Controllers Policy GPO：默认的域控制器组策略，是为组织单元 Domain Controllers 创建的默认的 GPO，应用于该 OU 范围内所有的成员域控制器，其实也就是当前域中的所有域控制器；

（2）Default Domain Policy GPO：默认的域组策略，是为活动目录中所有域创建的默认的 GPO。

一般情况下，如果一台计算机上设置了本地组策略，同时它也拥有活动目录组策略设置的一个子集，那么就要比较两者的设置内容有没有发生冲突。如果设置的内容冲突，则活动目录组策略中的设置内容会替代本地组策略中的内容；如果两者无冲突，则设置都有效。也就是说，活动目录组策略的优先级高于本地组策略，在实际应用中需要考虑这一点。

10.4.3 组策略的组成

1. 组策略内容的组成

按照组策略设置的内容来划分，组策略的组成有两个部分，即计算机配置和用户配置。其中计算机配置主要包含针对计算机账户的设置的规则，而用户配置则主要包含了应用于用户账户的设置的规则。

通过组策略编辑器，可以看到，无论是本地组策略还是活动目录中的组策略，与用户配置和计算机配置有关的设置都有三个类别，分别是“管理模板”、“软件设置”和“Windows 设置”，在每个类别的下面，还包含了多个子类别，如图 10-22 所示。

其中：

（1）软件设置：主要用于给计算机安装软件，并通过安装补丁和更新进行维护，同时也可以用来卸载软件。计算机配置中的软件设置文件夹包含了适用于登录到该计算机(存储了组策略的计算机）的所有用户的软件设置，包括软件安装设置，也可能包含由独立软件供应商放置在该文件夹中的其他设置。而用户配置中的软件设置则存储了无论用户登录到哪台计算机都能适用的软件设置，包括软件安装设置，也可能包括由独立软件供应商放置在该文件夹中的其他设置。

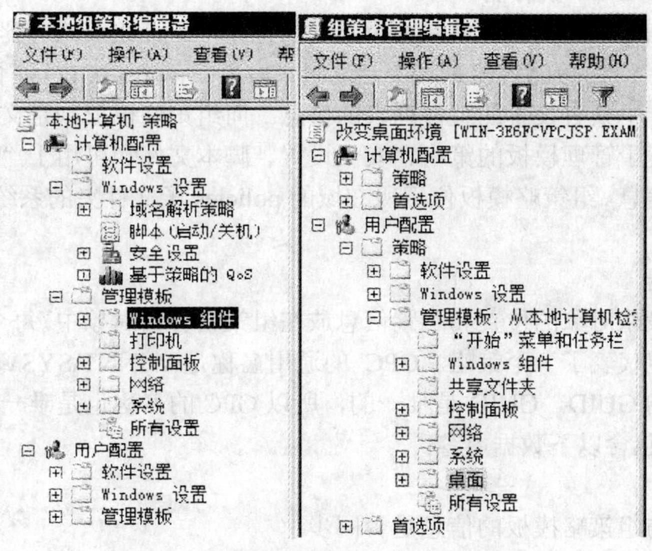

图 10-22　组策略的组成

（2）Windows 设置：用于管理与计算机和用户有关的关键的 Windows 系统设置，包括脚本和安全。对于用户，还可以管理远程安装服务、文件的重定向和 Internet Explorer 维护。

（3）管理模板设置：用于控制配置操作系统、Windows 组件和应用程序的注册表设置，管理模板必须针对特定版本的操作系统实施。此部分设置的许多内容和注册表有关。

一般来说，计算机配置设置在操作系统启动的时候应用，而用户配置设置在用户登录到计算机的时候应用。

2. 组策略组件的组成

从组件的角度来看，组策略的组件主要有组策略对象组件（GPO）、组策略容器组件（GPC）、组策略模板组件（GPT）、组策略编辑器组件（GPE）、客户端扩展组件（CSE）、本地策略和活动目录策略组件、计算机策略和用户策略组件几类，将在下面的小节中详细介绍这些组件。

10.4.4　组策略中的 GPO 及存储

1. 组策略对象（GPO）简介

组策略对象（GPO）是设置组策略的基础。管理员在设置组策略之前，必须先创建一个或多个组策略对象，然后通过组策略编辑器（Group Policy Editor）对这个创建的组策略对象进行设置后，才算完成组策略的设置。从这个意义上来讲，GPO 是组策略设置的虚拟存储位置。

对应组策略的两种类型，组策略对象（GPO）也分为两种类型，即：本地组策略对象和活动目录组策略对象。前者存储在本地主机上，以往每台运行 Windows NT 4.0 以上版本系统的主机上都只有一个本地组策略对象（GPO），它存储在“%systemroot%\system32\GroupPolicy”目录中，而 Windows Server 2008 则允许存在多个本地策略对象。后者存储在域控制器中，只能在活动目录的环境中使用，可以通过和不同的活动目录容器（比如站点、域、OU）等进行关联，应用到容器中所有的用户和计算机。

2. 组策略对象（GPO）的存储

组策略对象（GPO）的内容存储在两个不同的位置，即：组策略容器（GPC）和组策略模板（GPT）中。其中，组策略容器是一个活动目录容器，存储了 GPO 属性，包括有关版本、GPO 状态和在 GPO 中具有设置的组件列表的信息。而组策略模板则是文件系统内部的一种文件结构，存储了基于管理模板的策略、安全设置、脚本文件和可用于“组策略软件安装”的应用程序的相关信息。组策略模板位于所在域的 policies 子文件夹的系统卷文件夹（sysvol）中。

（1）组策略容器

活动目录把组策略对象的位置和配置信息放在组策略容器对象中，每个 GPC 就是一个目录服务对象，同时也代表了一个策略。GPC 的通用名称是\WINNT\SYSVOL\domain 中与之相应的组策略对象的 GUID，GUID 是唯一的，所以 GPC 的名称也是唯一的。

每个 GPC 对象包含以下数据内容：

● 版本信息

用于检验信息与组策略模板的信息是否同步。

● 状态信息

用来指明对于该站点、域或者组织单元等活动目录容器是启用还是禁用组策略。

● 组件列表

用来指定组策略的哪些扩展在组策略对象中有相应的设置。

此外，组策略容器还存储了“组策略软件安装”和“文件夹重定向”的信息，这两个对象也是组策略对象编辑器的扩展。

（2）组策略模板（GPT）

组策略模板（GPT）是组策略对象存储域的域控制器文件夹，对应了域控制器上的 Sysvol 文件夹中的文件夹分级层次结构。组策略模板（GPT）是所有关于管理模板、安全、软件安装、脚本和文件夹重定向的组策略信息的容器。

当用户创建一个 GPO 时，Windows 系统将创建一个相应的 GPT 文件夹的层次结构。GPT 的名称就是所创建的 GPO 的全局唯一标识符（GUID），这一点和 GPC 的命名是相同的。例如，若用户把一个 GPO 与一个命名为 namedca.nwtraders. com 的域相连，该 GPO 被指派一个 GUID{A3A2C853-F033-11Dl-9BE4-00CODF00C63}，则相应的 GPT 文件夹的名称也将为：

Systemroot\Sysvol\SysvolNamedca.nwtraders.com\Policies\{A3A2C853-F033-11Dl-9BE4-00CODF00C63}。

系统根据顶层文件夹的 GUID 来跟踪组策略对象的位置，因此，不能将这些文件夹改名。组策略模板文件夹中包含一些子文件夹，但不仅仅限于这些内容，这里只罗列其中的一部分，如下所示：

● ADM 文件夹

此文件夹中含有一系列管理模板（ADM 文件），用于生成 REGISTRY. POL 文件中的项目。这些模板是从进行策略更新的域控制器上的主模板复制过来的。

• USER 文件夹

包括 REGISTRY. POL 文件，其中包含有哪些当用户登录时被应用于 HKEY_Current_User 注册表项的策略，用户登录时会下载 REGISTRY. POL 文件并应用到注册表的相关项中，注意，“用户”文件夹中包含“应用程序”子文件夹。

• Machine 文件夹

包括 REGISTRY. POL 文件，其中包含适用于计算机的注册表的设置部分，此文件夹含有那些当计算机登录时被应用于 HKEY_Local_Machine 注册表项的策略。注意，“计算机”文件夹中包含“应用程序”子文件夹。

• Scripts 文件夹

包含了该组策略模板的所有脚本以及相关文件。

10.4.5 组策略管理控制台

1. 组策略管理控制台的基本功能

在 Windows 2003 Server 中，系统主要是通过组策略编辑器对组策略对象进行设置和编辑，而在 Windows Server 2008 中，则使用全新的管理工具——组策略管理控制台（GPMC）来对组策略对象进行编辑。要使用这项功能，系统需要首先使用“添加功能向导”将 GPMC 安装到本机上，在安装过程中，还会同时安装多个相关的管理单元和工具。

组策略管理控制台一旦安装成功，就可以在“开始”的“程序或所有程序”下面的“管理工具”中找到“组策略管理”。启动后，它首先会连接到当前域中充当 PDC 仿真器的域控制器上运行的活动目录中，下载得到该域中目前所有的 GPO 和 OU 列表，显示结果如图 10-23 所示。

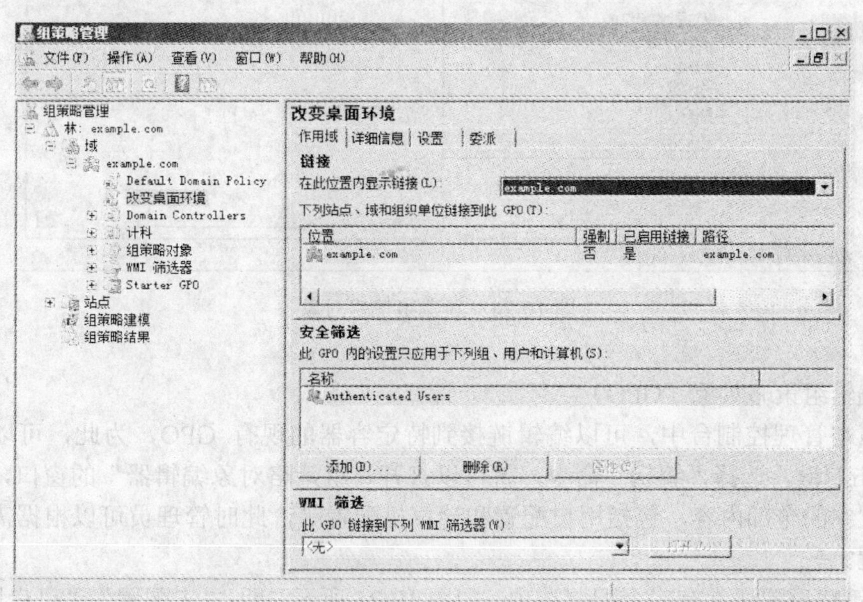

图 10-23 组策略管理控制台

可以看到窗口的左边有清楚的逻辑结构和物理结构。在这个界面中也可以很轻松的访问森林、域和站点等对象。想要查看哪个对象，就在那个对象上单击右键，选择“显示”。

2. 使用组策略管理控制台实现对组策略对象(GPO)的基本操作

（1）新建并链接组策略对象

为了使用组策略，必须先创建 GPO 并且把已创建 GPO 与活动目录容器关联（链接）。在组策略管理控制台中，可以按如下的步骤创建一个 GPO 或者把一个已经存在的 GPO 与活动目录容器相链接：

①单击“开始”→“程序或所有程序”→“管理工具”→“组策略管理”，启动组策略管理控制台。

②在组策略管理控制台窗口的左边，找到要设置的域或者 OU，展开节点，设此处选择 OU 计科，在选定对象上单击右键，选择“在这个域中创建 GPO 并与此处链接”，如图 10-24 所示。

③在出现的对话框中输入 GPO 的名称，单击“确定”，新的 GPO 建立成功，并且与选定的活动目录对象 OU“计科”建立了链接。

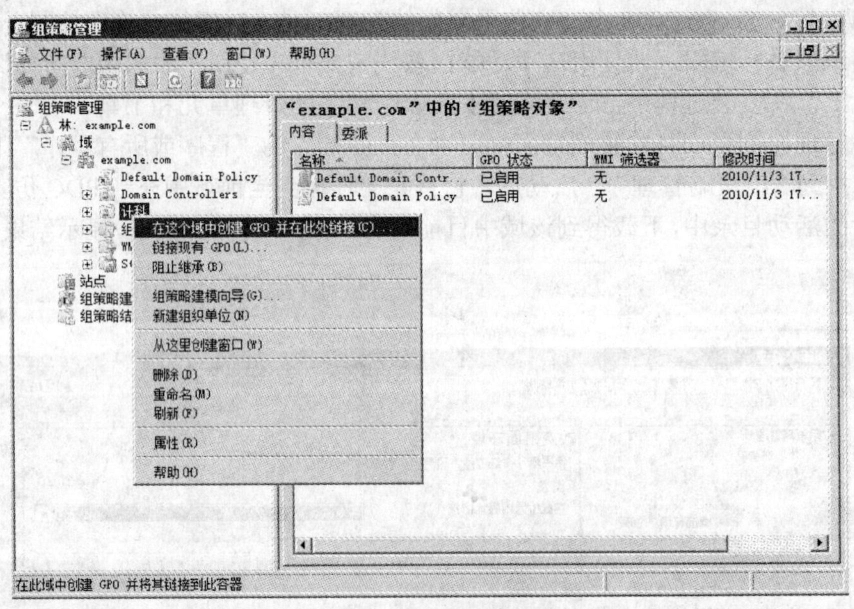

图 10-24　新建组策略对象

（2）编辑组策略对象（GPO）

在组策略管理控制台中，可以编辑链接到特定容器的现有 GPO，为此，可以在选定的 GPO 上单击右键，选择“编辑”命令，就可以打开“组策略对象编辑器”的窗口，可以看到组策略设置中的全部内容，包括用户配置和计算机配置等，此时管理员可以根据需要修改组策略的设置。

常见的策略设置通常有三个配置选项，如图 10-25 所示，即：“未配置”、“已启用”和“已禁用”。

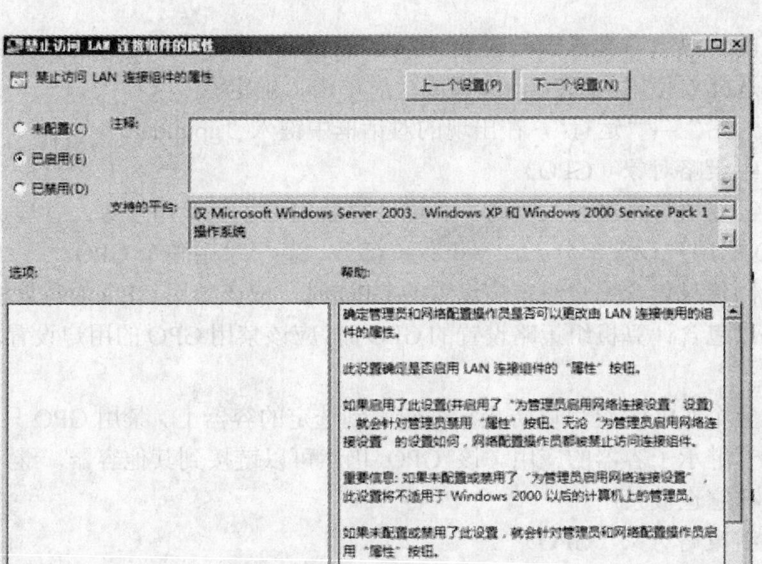

图 10-25　三种配置选项

其中，“未配置”是大部分策略的默认设置，这意味着策略的该项设置没有被设置过，不会生效；“已启用”则表示该策略已经被使用，并被应用于 GPO 所链接的容器中的用户或者计算机；“已禁用”则表示这个策略并不会被使用，也不会应用到 GPO 所链接的容器中的用户和计算机。

管理员配置完成后，这些设置和变动会在活动目录下次刷新策略的时候应用，如果希望策略马上应用，则需要按照以下步骤进行：

单击“开始”→“运行”，键入“gpupdate”，回车，可以看到出现一个窗口提示“正在更新策略”，如图 10-26 所示。

图 10-26　手动刷新策略

等提示刷新成功，刚才所作的设置和修改就应用到选定的对象了。

（3）链接现有的组策略对象（GPO）

将 GPO 链接到活动目录的容器即可将组策略中的设置应用到容器中的对象，在组策略管理控制台中，可以将现有的 GPO 链接给域、OU 或者站点，具体步骤如下：

①启动组策略管理控制台，按照需要展开相关的域节点，找到要设置的活动目录容器对象；

②在选定的对象上右键单击，选择“链接现有的 GPO”命令，在出现的“选择 GPO”的对话框中，选择要使用的 GPO，选择成功后单击“确定”；

③单击“开始”→“运行”，在出现的对话框中键入“gpupdate”，回车，手动刷新策略。

（4）禁用组策略对象（GPO）

当暂时不需要执行某个组策略时，可以选择禁用这个组策略对象。管理员可以根据需要选择禁用 GPO 的用户设置部分、计算机设置部分，甚至禁用整个 GPO。

当用户想创建只包含用户组策略设置的 GPO 时，应该禁用 GPO 的计算机设置。同样，若用户想创建只包含计算机组策略设置的 GPO 时，应该禁用 GPO 的用户设置。这将加快 GPO 的处理速度。

可以禁用整个 GPO，这可以防止它被应用到选定的容器上。禁用 GPO 只影响该 GPO 对该容器及其所有继承子容器的应用。该 GPO 仍然可以链接到其他容器，继续应用到它所链接的容器，除非它也被禁用。

（5）删除组策略对象（GPO）

当某个组策略已经不再适合在本网络环境中使用时，管理员可以选择删除这个组策略对象。

删除一般有两种类型，一种是断开选定的 GPO 和当前活动目录容器的链接，GPO 本身还作为一个对象存在于活动目录中，以后也还可以再次建立容器和这个 GPO 的链接来应用其中的设置。而另外一种情况则是将选定的 GPO 从磁盘中彻底删除，以后当然也不可能再使用这个组策略。

在删除 GPO 之前，用户可以在属性对话框的“链接（Link）”标签上确认该 GPO 链接到哪些容器上，判断其影响的范围后再决定删除的类型。

10.4.6 组策略的继承和优先级的修改

GPO 可以和活动目录中不同的容器对象链接在一起，它们之间的关系是：一个 GPO 可以被链接给多个活动目录容器，一个活动目录的容器也可以链接多个 GPO。

如果一个客户机同时处于多个活动目录的容器中，它就会从不同的活动目录容器中下载组策略的设置，将每个策略类型（用户和计算机）的 REGISTRY. POL 文件合并，合并为该类型的一个 POL 文件，包含在这些 REGISTRY. POL 文件中的注册表更新是相加的，除非有冲突发生。也就是说，如果一个用户下载了一些影响不同的注册表项的策略，所有的更新都会被应用。如果两个或两个以上的 REGISTRY. POL 文件都要对同一个注册表项进行更新，那么系统就会用一个层次结构来确定哪一个策略优先且按照不同层次的优先级别进行排序，最终将所有组策略有序地加以应用。

1. 组策略的继承顺序

活动目录使用继承的方式来决定处在多个活动目录容器中的客户机如何应用组策略。默认情况下，组策略设置会从顶级容器向下级容器继承，继承的顺序是从站点到域，最后到组织单元，后面的组策略总是会覆盖掉前面的组策略中和自己的设置相冲突的部分，也就是说，后面的组策略拥有更高的优先级别。继承的具体规则如下：

（1）本地组策略

每台运行 Windows 2000 及以上版本的计算机都有本地组策略，这个策略会被首先应用；

（2）站点组策略

随后处理的是链接到站点的策略，如果存在多个站点策略，则按照列表的先后顺序处理；

（3）域组策略

第三个处理的是链接到域的组策略，如果存在多个域策略，则按照列表的先后顺序处理；

（4）OU 组策略

第四个处理的是链接到顶级组织单元的组策略，如果存在多个顶级组织单元的策略，则按照列表的先后顺序处理；

（5）子 OU 组策略

最后处理的是链接到子 OU 的组策略，如果存在多个子 OU 策略，则按照列表的先后顺序处理；如果子 OU 的下面还划分了多个级别的子 OU，那么较高级别的 OU 的策略会优先处理，而较低级别的 OU 的策略会后处理。

这个顺序用一个字符序列来表示，就是 LSDOU，从左向右依次继承。其中的 L 表示 local，即本地组策略；S 代表的是 site，即站点；D 表示的是 domain，即域；而 OU 很显然就是组织单元。

策略的应用顺序就决定了多个策略针对同一对象进行同一个方面的设置的最终的结果。高一级别容器中启用的策略如果和低一级别中采用的策略相同且冲突，那么高一级别容器中启用的策略会覆盖掉低一级别中采用的策略；而如果高一级别容器中启用的策略如果和低一级别中采用的策略不相同，那么两者都被保留且应用到所选定的对象上。

2. 更改组策略的链接顺序和优先级

组策略的链接顺序就决定了被设置对象的最终的应用结果，但这种顺序不是不可以改变。如果某活动目录容器链接了多个策略对象，那么可以通过修改链接的顺序来改变策略的最终的设置结果。

如图 10-27 所示，在“组策略继承”选项卡中，可以看到组织单元“计科”共链接了四个组策略，其中“Default Domain Policy”和“改变桌面环境”都是从域那边继承得到的。每个组策略的前面有一个数字序号，这个序号就代表了对应的组策略的优先级别。这些 GPO 的处理会按照卡上所列出的从下向上的顺序进行，也就是说从最大数字序号开始处理，直到最小数字序号的组策略为止。若在同一站点、域或 OU 的不同 GPO 中有冲突的组策略设置，在列表上小的数字序号的 GPO 中包含的组策略设置会覆盖掉其他低位置处的大的数字序号的 GPO 中包含的组策略设置。因此在这个例子中，最先被处理的是优先级别最小的“改变桌面环境”，然后处理“Default Domain Policy”，以此类推，最后处理的才是“关闭本地连接属性”。

如果需要修改这些组策略的优先级别，可以按照如下的步骤进行：

（1）启动组策略管理控制台，选择要设置的容器对象；

（2）在左侧窗格中“组策略对象”选项卡下选择要设置的策略对象；

（3）按照需要单击“链接上移”或者“链接下移”按钮，更改所选策略对象的链接顺序；

（4）更改好链接顺序后，确认无误后单击“确定”，关闭当前窗口。

3. 覆盖继承

组策略的设置会从顶级容器向低层容器继承，策略对象被应用的顺序就决定了策略最终的设置结果。LSDOU 的继承顺序决定了针对站点的组策略设置会向下传递给站点内的所有域，而针对域的设置将会向下传递给域中所有的 OU。改变这一覆盖顺序的方式有两种，即：

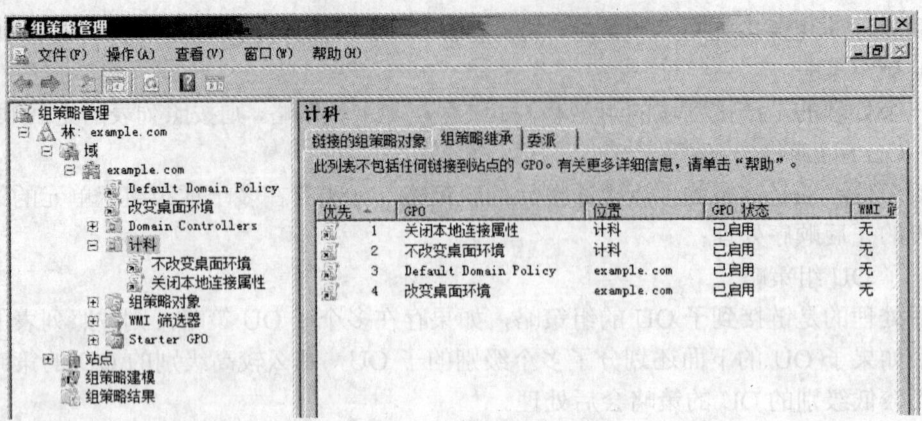

图 10-27　组策略的优先级

禁用被启用的策略和启用被禁用的策略。

（1）禁用被启用的策略

如果某策略在较高级别的 GPO 中被启用，那么可以通过在较低级别的 GPO 中禁用这个策略的方式来改变继承。比如，在站点一级启用了“禁用本地连接属性”的用户策略，那么属于这个站点中的所有用户都将无法配置本地连接属性的选项。但是如果该站点中有用户在域一级的策略中被配置了禁用“禁用本地连接属性”的内容，那么这个用户还是可以配置本地连接属性中的各个选项。

（2）启用被禁用的策略

同样，如果某策略在较高级别的 GPO 中被禁用，那么可以通过在较低级别的 GPO 中启用这个策略的方式覆盖掉继承得来的策略。在上面的例子中，如果在站点一级选择了禁用该策略，而在域一级选择启用该策略，那么最终用户是不能去配置本地连接属性中的各个选项的。

继承的覆盖是调整继承工作方式的一种辅助技术，只要策略没有被阻止或者被强制实施，都可以通过这种技术来达到目的。

4. 阻止继承

有的时候，管理员需要防止高级别容器的组策略设置影响到特定容器内的用户和计算机，那么他需要使用“阻止继承”的功能。一旦继承被阻止，那么只有该级别容器直接链接的策略设置有效，所有高级别容器内的 GPO 都被阻止。比如：OU 管理员可以使用阻止继承功能禁止策略设置从域或者站点一级往下继承；而域管理员可以使用此功能阻止策略设置从站点一级往下继承。

设置的方法是，在组策略管理控制台上，选中不希望从更高级别继承策略设置的域或者 OU，右键单击，选择“阻止继承”，然后“确定”。一旦设置成功，对应的容器上会显示蓝色的圆圈和感叹号，提示当前容器已经启用了阻止继承的功能，它只接受直接针对自己的策略设置。

5. 强制继承

强制继承的功能可以帮助管理员防止那些对容器具有一定权限的用户进行覆盖或者阻止继承的组策略设置。如果进行强制继承，那么无论低级别策略对象中的策略如何设置，所有来自高级别的策略对象的策略设置都将被继承和应用。也就是说，“强制继承”这项功能的

优先级别要高于前面谈到的“覆盖继承”和“阻止继承”的功能，一旦发生冲突，“强制继承”会决定最终的设置结果。

域管理员可以使用强制继承功能确保域级别的策略设置能被正确的使用，防止 OU 管理员对策略设置进行任何的覆盖或者阻止，确保域级别的策略设置能被切实应用到域范围内的所有用户和计算机上。

在组策略管理控制台中设置强制继承的方法很简单，在界面中找到需要设置策略链接的容器，再在选定的 GPO 上单击右键，选择“强制”，然后“确定”，如图 10-28 所示。

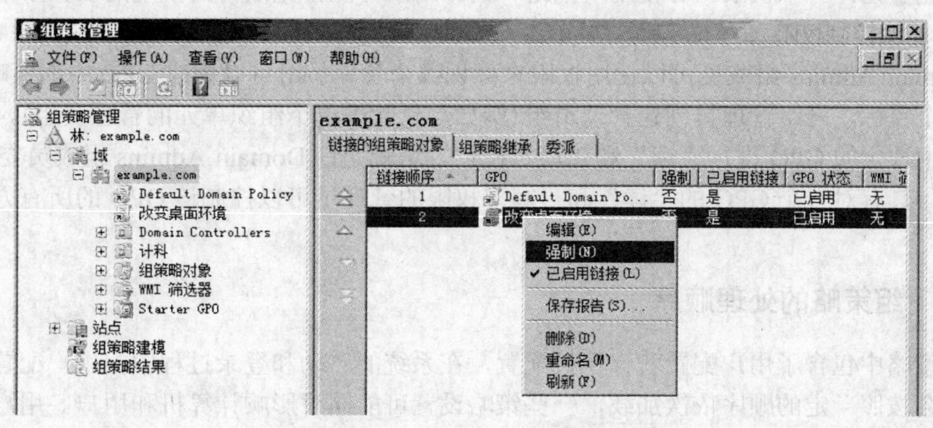

图 10-28 设置强制继承

10.4.7 管理组策略对象的权限

创建或链接一个 GPO 后，管理员要检查是否设置了适当的权限。GPO 中的组策略设置只影响那些拥有“应用组策略（Apply Group Policy）”和“读（Read）”权限的计算机和用户。默认情况下，GPO 会应用于链接到的容器内的所有用户和计算机。这是因为在创建 GPO 时，设置了如下的默认权限：

- Authenticated Users 组享有“读”和“应用组策略”的权限。
- 系统账号、Domain Admin 和 Enterprise Admins 组享有“读”、“写（White）”、“创建所有子对象（reate All Child Object）”和“删除所有子对象（Delete All Child Objects）”的权限。

1. 过滤 GPO 的应用范围

组策略对象（GPO）中定义的策略仅适用于对该 GPO 有“应用组策略（Apply Group Policy）”和“读取（Read）”权限的计算机和用户。通过对选定的用户或者计算机对象创建安全组，然后授予“应用组策略”和“读取”权限给这个组或者从这个组上删除这些权限，用户可以过滤 GPO 的应用对象的范围。

设置的方法是：先对选定的用户或者计算机对象创建“安全”组，然后给所选组分配对选定的 GPO 的“读取”和“应用组策略”的“允许”或者“拒绝”权限。操作步骤如下：

（1）打开组策略管理控制台，在链接到的容器或者 GPO 的展开菜单下，选择要配置应用范围的 GPO。

（2）在“委派”选项卡中，单击对话框右下角的“高级”按钮，打开策略的“安全”设置对话框，单击“添加”按钮，打开“选择用户、计算机或组”对话框，在其中选择合适的组。

（3）完成选组后，在“权限”列表框中针对“读取”和“应用组策略”的权限上选择“允许”，则将所选组加入到该 GPO 应用对象的范围中；如果针对“读取”和“应用组策略”的权限上选择了“拒绝”，则将该组排除在此 GPO 应用的范围之外。

设置权限时，选中或清除复选框是在“允许”列上而不是“拒绝”列上。禁止一个权限总是优先于允许一个权限。若使用“拒绝”列，用户可能会无法得到预期的设置结果。

2. 委派控制权限

Domain Admins 组成员可以使用权限来标识哪个管理员组可以修改 GPO 中的策略。为了实现这个目标，网络管理员创建管理员组(例如，只管理单个组织单元的管理员组)，然后对这些组中选定的 GPO 进行“读”和“写”授权。这就允许 Domain Admins 组成员委派 GPO 的控制。具有对一个 GPO 的“读”和“写”权限的管理员可以控制该 GPO 的所有方面的操作。

10.4.8 组策略的处理顺序

组策略中包含了用户配置和计算机配置，在系统的启动和登录过程中，用户配置和计算机配置会按照一定的顺序依次加载，一些策略设置可能同时影响计算机和用户。用户必须清楚组策略设置处理的顺序，以免错误地重载某个设置，避免不必要的麻烦。

Windows Server 2008 应用组策略中的“计算机设置”启动计算机、运行启动脚本；应用组策略中的“用户设置”控制用户登录、运行登录脚本。客户机和服务器上的组策略都是周期性的刷新。组策略中的设置内容就决定了系统启动和用户登录时等待的时间和看到的结果。一般会按照如下顺序进行处理：

1. 启动计算机

（1）计算机通过和域控制器的联系，获取自己要应用给计算机的 GPO 列表，此时“计算机设置”的各组策略设置生效。计算机按照 LSDOU 的顺序处理并应用这些组策略中“计算机设置”的内容。

（2）在缺省情况下，各启动脚本按照顺序依次运行，每个脚本都必须运行完毕之后才能运行下一个脚本，这意味着每个脚本在下一项开始前必须完成，否则超时。默认超时值是 600 秒，脚本的处理顺序和超时值可以使用组策略进行修改。

（3）在显示用户登录的屏幕之前，对影响计算机账号的所有 GPO 进行处理。

2. 用户登录

（1）计算机通过和域控制器的联系，获取自己要应用给用户的 GPO 列表，计算机按照 LSDOU 的顺序对“用户设置”的组策略设置进行处理。

（2）运行登录脚本。默认情况下，登录脚本的运行方式是异步运行的。所有登录脚本在用户登录时同时启动并运行。单独为此用户设置的脚本会在其他脚本运行后最后运行。用户可以利用组策略来修改脚本的处理方式为同步或异步，也可以使用组策略具体定义登录脚本处理的前后顺序。在默认情况下，登录脚本的超时值为 600 秒，用户可以使用组策略改变这个值。

Windows Server 2008 定期在网络上刷新组策略设置。用户可以在管理模板中修改设置来

改变默认的刷新周期。但是用户不能定制客户计算机 GPO 的应用。另外，GPO 中软件安装和文件夹重定向设置的处理只在计算机启动或者用户登录时进行，而不是按刷新周期进行。

10.4.9 Windows Server 2008 中组策略的新特性

在 Windows Server 2008 中，组策略增加了很多的新的功能，表现在组策略中可设置的规则从 Windows 2003 Server SP1 时的 1700 多条增加到了 2400 多条，管理功能更加丰富。Windows Server 2008 中组策略的新特性主要表现在更为多元化的组策略管理方式和新的操作界面。

1. 更为多元化的组策略管理方式

系统还提供了更为多元化的组策略管理方式，综合起来有如下六个方面：

（1）提供新的策略应用，比如硬件策略，电源管理、USB 设备限制策略、无线网络、Windows 防火墙等。

（2）建立了更为稳定的机制来判断客户机和域控制器之间的链接性质，根据是否为慢速链接的判断结果，采取不同的组策略行为。

（3）组策略的更新是基于域控制器的可用性，这一点对于那些使用 VPN 远程链接网络的用户来说，组策略的更新会更加及时。

（4）支持多个本地策略对象，也可以针对不同的用户或者用户组设置不同的组策略对象。

（5）组策略编辑器有了较大的改进，还增加了一些新的功能。

（6）支持基于 XML 的管理模板文件格式（ADMX），可以更好地支持多语言的模板。

2. 新的操作界面

Windows Server 2008 在操作界面上也有了一些变化。在管理工具中生成了全新的组策略管理控制台，在管理控制台的界面中还出现了一些新的节点。

（1）首选项

在组策略编辑器的界面中，计算机配置和用户配置的下一级出现了两个新的操作对象：策略和首选项。一般常规的策略设置放在“策略”的节点下，而针对一般性默认选项的设置则列在 “首选项”的节点之下。这里着重对“首选项”做一些说明。从图 10-29 中可以看到，首选项的部分内容，有不少和“策略”中内容重合。

对“策略”和“首选项”进行区别，可知：

①如果在客户端应用“策略”中的设置内容，客户端的操作系统或者应用程序必须支持组策略；而如果在客户端应用“首选项”中的设置内容，客户机操作系统必须安装支持“首选项”功能的 CSE（Client-Side Extension），但目前只有 Windows Server 2008 内含此功能，而其他的 Windows 系统都还不支持此功能。

②“策略”可以应用在本地组策略和域组策略中，但“首选项”只能应用在域内的组策略中。

③如果管理员在“策略”和“首选项”中的相同的项目上均作了设置，且设置的值不相同时，最终将“策略”设置中的内容作为最终的有效设置。

（2）首选项的设置

“控制面板”中包含了很多用户配置的内容，要使用这些设置功能需要通过“开始”菜单寻找“控制面板”，启动后才能设置。为了简化这一过程，可在“我的电脑”界面上建立“控制面板”的连接，此时可以通过组策略中的“首选项”实现对域内用户的统一配置。操作步骤如下：

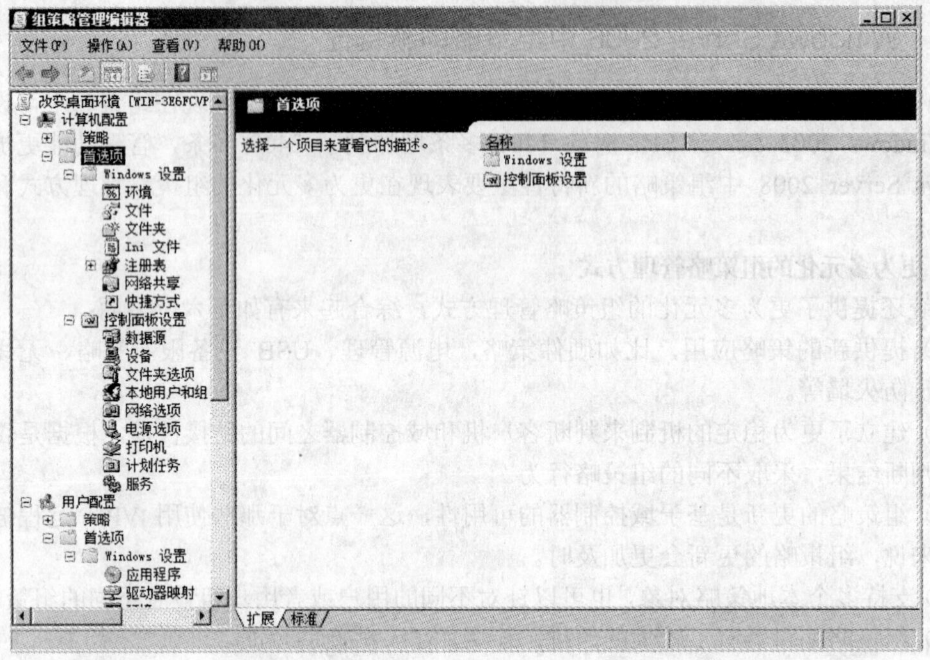

图 10-29 首选项内容展示

①选择要应用这一设置的对象，在“开始”中选择“管理工具”，然后选择“组策略编辑器”，右击左边窗口中的组织单元“计科”，选择“在这个域中创建 GPO 并在此处链接”，然后在出来的对话框中键入 GPO 的名称，名字是“测试首选项”，如图 10-30 所示。

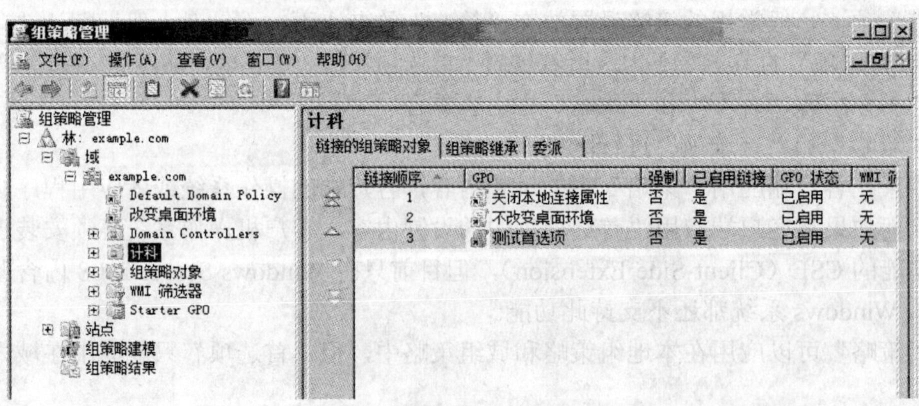

图 10-30 建立“测试首选项”

②在“测试首选项”上单击右键，选择“编辑”，在“用户配置”的“首选项”中选择“控制面板选项”，右击“文件夹选项”，依次选择“新建”→“文件夹选项（Windows XP）”，如图 10-31 所示。

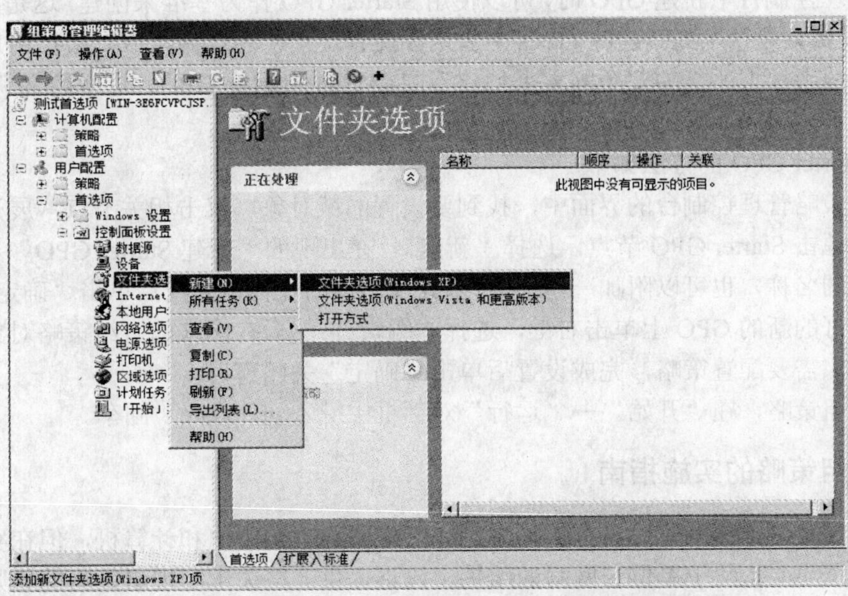

图 10-31　设置首选项中文件夹选项

③在出现的对话框中勾选“在我的电脑上显示控制面板”，如图 10-32 所示。

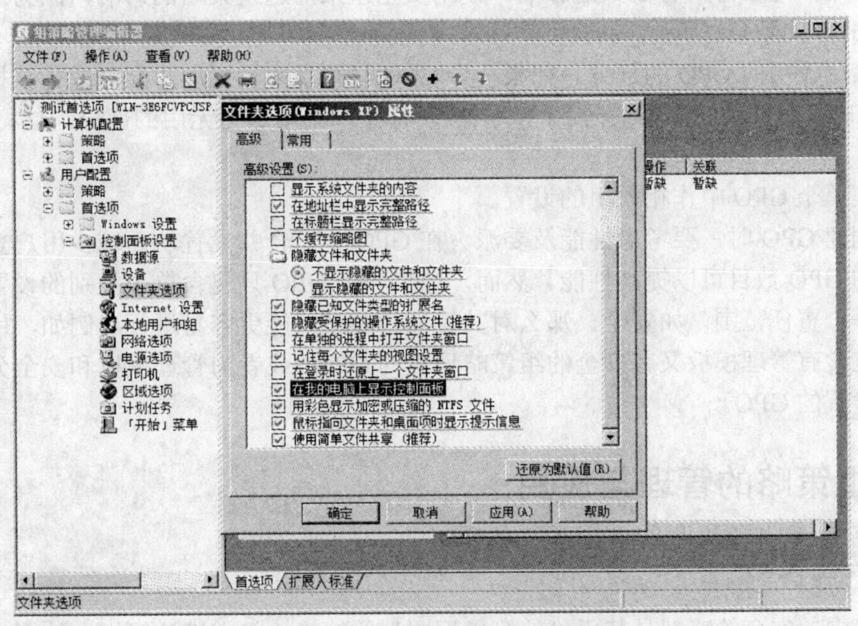

图 10-32　设置首选项中文件夹选项

④设置完成后，单击“确定”，关闭组策略编辑器界面。

⑤刷新组策略，在“开始”→“运行”对话框中键入 gpupdate，回车。

（3）使用 Starter GPO

在 Windows Server 2008 的组策略编辑器界面中，可以看到 Starter GPO 的节点。当需要在组策略管理控制台中新建 GPO 时，可以使用 Starter GPO 作为基准来创建，这是因为 Starter GPO 中的设置会被导入到新建的 GPO 中去，因此管理员在企业内，可以根据用户和计算机的实际需要或者根据所需的安全需求来创建不同类型的 Starter GPO，进而定义新建的 GPO 中的内容。

创建 Starter GPO 的方法如下：

①在组策略管理控制台的界面中，找到要设置的域对象，双击相关节点，展开。

②右键单击 Starter GPO 节点，选择“新建”。在出现的“新建 Starter GPO”对话框中，输入描述性的名称，也可以附加一些描述该 GPO 用途的注释，完成后单击“确定”。

③在建好的新的 GPO 上单击右键，选择“编辑”，然后在出来的“组策略对象编辑器”窗口中，按照需要配置策略，完成设置后单击“确定”关闭窗口。

④刷新组策略，在“开始”→“运行”对话框中键入 gpupdate，回车。

10.4.10 组策略的实施指南

实施组策略可以帮助管理员有效地规划和管理网络中的用户和计算机，但在实际环境中的具体的方法还要依赖于单位与网络的结构，以下提供一些关于实现组策略的原则：

（1）对阻止策略继承、禁止重载选项以及域间链接的 GPO 的使用进行限制。所有这些使用都将导致复杂度的进一步提高。当用户必须要使用时，尝试每次只使用一种。

（2）限制影响用户或计算机的 GPO 的数目，这是因为需要进行处理的 GPO 的数目对计算机启动和用户登录时间有很大的影响。使用安全组来筛选组策略的影响，因为这将减少需要处理的 GPO 的数目。

（3）禁用无用的 GPO 的部分。如果一个 GPO 只是用来设置用户配置或计算机配置，那么使用该 GPO 的“属性”对话框上的“一般”标签以禁用那些无用的部分。这将加快 GPO 的处理。

（4）在单个 GPO 中作相关组的设置。

（5）创建 GPO 时，要考虑性能及委派。在 GPO 中，合并设置从而减少用户登录时必须进行处理的 GPO 数目可以提高性能。然而，如果一个 GPO 只包含单个类别的设置，该设置只响应于单个责任范围，如安全，那么对其管理的委派可能更容易进行。例如，用户可以创建一个既包含有管理模板又有安全的组策略设置的 GPO，或者为管理模板和安全分别创建包含组策略设置的 GPO。

10.5 组策略的管理与应用

10.5.1 安全策略

组策略中的安全策略都是基于“计算机配置”的策略，与本机计算机上的用户账户或者登录计算机的域用户都无关。Windows Server 2008 系统的安全机制更为强大，管理员可以根据实际环境的需要来配置合适的安全策略，以确保系统的安全。

1. 账户策略

账户策略主要用于限制用户账户的交互方式，包括密码策略和账户锁定策略，这些策略同时适用于独立的主机和活动目录域环境。其中密码策略用于保护域或者用户账户的密码安

全、设定密码规则等，而账户锁定策略则主要用来保护域或者本地用户账户的登录安全，确保某个账户被锁定在系统之外的情况和锁定时间的长度。

在 Windows Server 2008 系统中，默认已经为所有用户账户设置了密码策略，密码策略的设置如图 10-33 所示。

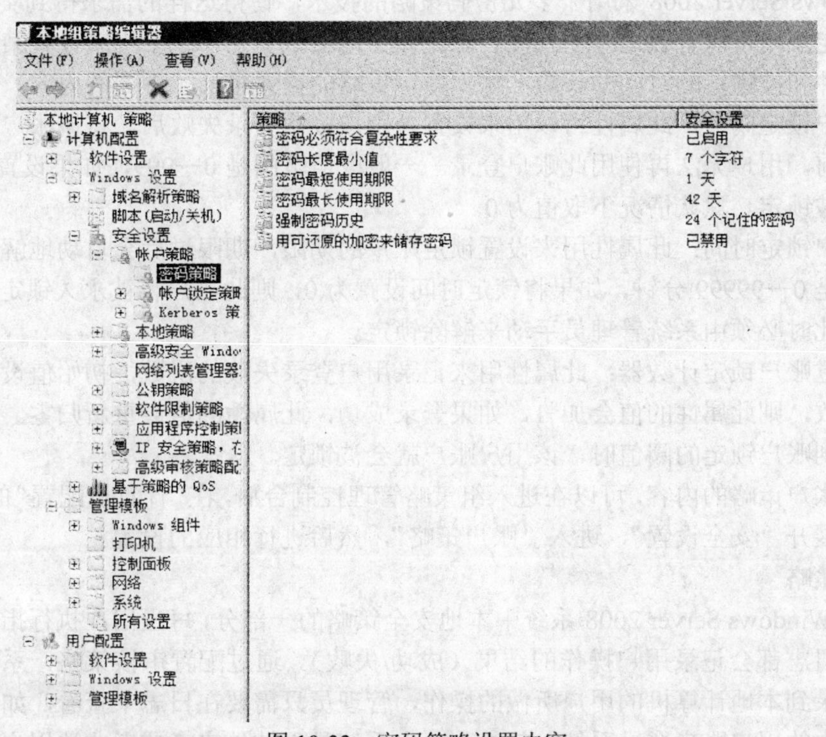

图 10-33 密码策略设置内容

（1）密码必须符合复杂性要求，如果启用这些功能，用户的密码则必须满足以下要求：

- 用户账户名中不可包含超过两个以上的连续字符；
- 长度至少有 6 个字符；
- 至少要包含英文字符（大、小写）、数字和非字母数字四种类型中的三种类型进行组合。

（2）密码最长使用期限，密码最长的使用期限是 0—999 天，如果用户在登录时，密码使用的期限已到，则系统会要求用户更改密码，如果数值设置为 0，则表示密码没有使用期限。一般默认值是 42 天。

（3）密码最短使用期限，密码最短的使用期限是 0—998 天，期限未到之前，用户不得修改密码，如果数值设置为 0，则用户可以随时修改密码，默认情况下，数值是 0。

（4）强制密码历史，主要用来设置是否记录用户曾经使用过的密码，以便判断已经使用过的旧的密码能否在用户修改密码时重复使用，此处的值可以设置为 0—24，默认状态下取值为 0。

（5）密码长度最小值：可以设置用户的密码最少需要几个字符，此处的值可以取 0—14，如果设置为 0，则表示用户可以没有密码。默认状态下取值为 0。

（6）用可还原的加密来还原数据：若应用程序需要读取用户的密码，以便验证用户身份，可以启用此功能。

值得注意的是，在 Windows 2000 Server 和 Windows Server 2003 中，密码策略只能指派到容器，如域和 OU 上，不能单独应用于活动目录中的具体对象，如组、用户等。这在实际应用中带来了诸多不便，更多情况下管理员需要为不同组的用户部署不同的密码策略和账户策略，Windows Server 2008 采用了多元密码策略的技术，使得这样的需求得到实现。

账户锁定策略可以有效地防止入侵者永无休止地尝试登录，主要用来设置某个用户账户被锁定的条件和被锁定的时间的长短。账户锁定策略的设置包括了下面的内容。

（1）账户锁定阀值：此属性可以用来设置在用户多次登录失败后，将该账户锁定。在未解除锁定之前，用户无法再使用此账户登录。一般取值范围是 0—999，如果设置为 0，则用户账户永不被锁定。默认情况下取值为 0。

（2）账户锁定时间：此属性用来设置锁定账户的期限，期限过后会自动地解除锁定。一般取值范围是 0—99999 分钟，如果将锁定时间设置为 0，则此账户将被永久锁定，不会自动解除锁定。此时必须由系统管理员手动来解除锁定。

（3）复位账户锁定计数器：此属性用来记录用户登录失败的次数，初始值设定为 0，若用户登录失败，则此属性的值会加 1，如果登录成功，此属性的值会重新归零。如果锁定计数器的值达到账户锁定的阈值时，该用户账户就会被锁定。

要设置账户策略的内容，可以在进入组策略管理控制台后，在“计算机配置”的“Windows 设置”下，展开“安全设置”，进入“账户策略”，然后进行相应的设置。

2. 审核策略

审核是 Windows Server 2008 系统中本地安全策略的一部分，每当用户执行指定的一类操作时，审核日志都会记录用户操作的结果（成功/失败）。通过配置审核策略，系统可以自动记录所有登录到本地计算机的用户所做的操作，管理员只需要在日志中查看，如果在非工作时段或者陌生的用户账户登录系统，就能判断出系统是否被外来者或者非法用户入侵或者试图入侵过。

审核的选项包括：

（1）成功：请求的操作如果成功，则生成一个审核项，记录到日志中；

（2）失败：请求的操作如果失败，则生成一个审核项，记录到日志中；

（3）无审核：相关操作不会生成审核项。

通过审核可以记录以下 4 类信息：

（1）哪些用户企图登录到系统中，或者从系统中注销、登录，或者记录操作的时间，以及操作的结果。

（2）哪些用户对指定的文件、文件夹或者其他网络资源进行过什么类型的访问。

（3）系统的安全选项是否进行过修改，如果有，是哪些修改。

（4）用户账户是否有增删，做过哪些修改。

通过查看这类事件的日志信息，系统管理员可以及时地发现系统存在的安全隐患并给予及时的排除，还可以通过了解指定资源的使用情况来制定资源的使用计划。在 Windows Server 2008 的审核策略中包含了以下内容，如图 10-34 所示。

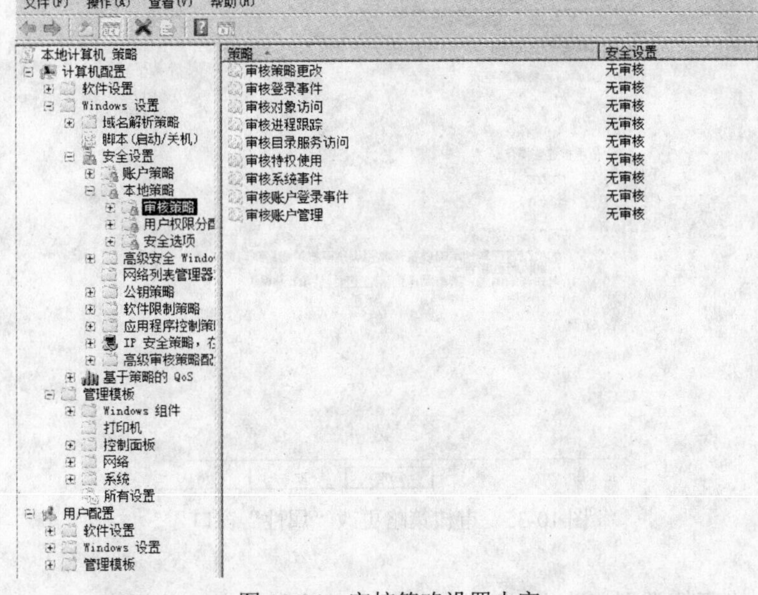

图 10-34　审核策略设置内容

各项内容的功能说明如表 10-2 所示。

表 10-2　**审核策略各项的功能说明**

审核策略	功能说明
审核策略更改	用来审核用户权限分配策略、审核策略或信任策略是否有改动
审核登录事件	用来审核发生登录事件时，是否使用本地用户账户登录，如果是域用户登录本机，一般不会记录到安全日志中去
审核对象访问	审核是否有用户访问文件、文件夹或其他网络资源，在此项中必须先选择好将要审核的文件、文件夹和网络资源
审核进程跟踪	用来审核是否有程序被启动或者被结束
审核目录服务访问	用来审核是否有用户访问活动目录内的对象，必须先选择要审核的对象和用户，这个选项只针对域控制器
审核特权使用	用来审核用户是否使用了用户权限分配策略内所赋予的权限
审核系统事件	用来审核是否有用户重新开机、关机或者是否发生了任何会影响到系统安全和安全日志文件正常运行的事件
审核账户登录事件	用来审核发生登录事件时，是否使用了本地用户账户登录
审核账户管理	用来审核是否有账户添加、修改、删除、启用、禁用或者更改账户名称，更改密码等与用户账户的数据有关的事件发生

审核策略的设置方法是，在进到组策略管理控制台后，在“计算机配置”→“Windows 设置”→“本地策略”→“审核策略”中，选中要设置的对象，单击右键，选择“属性”，就可以看到图 10-35 所示的界面。

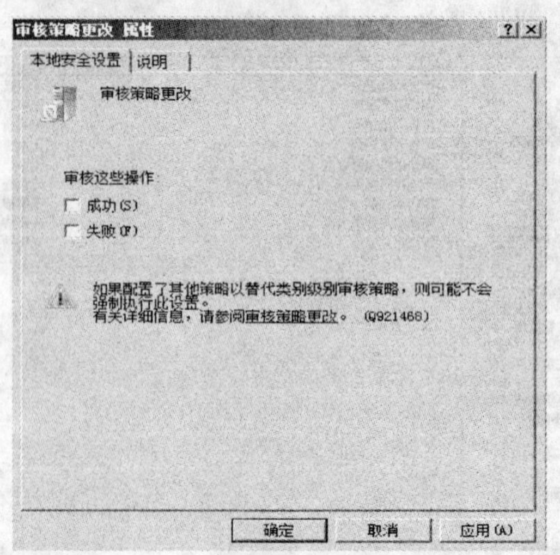

图 10-35 审核策略更改“属性”窗口

在希望记录的事件类型（失败/成功）上勾选，单击确定，关闭窗口。

例如设置了要记录登录系统失败的事件，如果要测试设置结果，可在注销系统后尝试登录系统失败一次，再正常登录进入系统查看“事件查看器”，从图 10-36 可以看出，该事件已经被记录进安全日志。

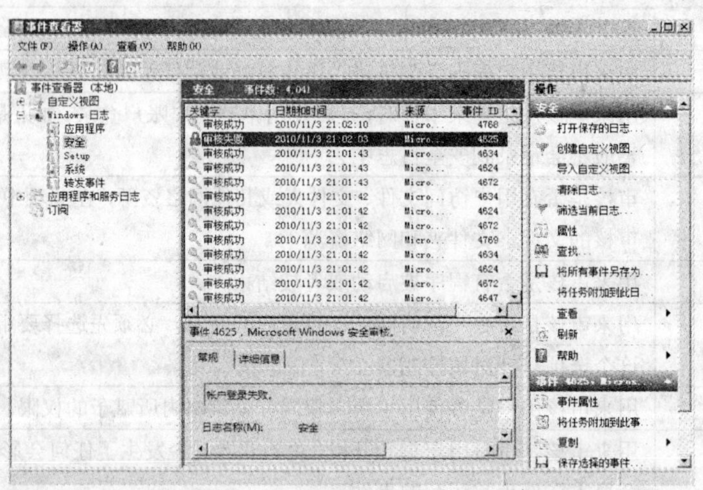

图 10-36 事件查看器查看审核事件的记录结果

3. 软件限制策略

软件限制策略的主要功能在于控制未知或不信任的软件安装，如恶意程序、间谍软件等，使用组策略的软件限制策略，可以为策略作用范围内的用户的软件使用进行限制，不让选定的软件在用户的计算机上运行。这一过程可以通过规则标识并设置安全级别来指定软件是否允许运行从而达到客户端计算机系统的可管理性和安全性，其目的是控制不信任的和不被允许的软件不会在网络内被非法使用。

标识的规则是通过对应用程序的哈希、证书、路径以及它所驻留的 Internet 区域等属性来对应用程序的身份进行确认，一旦确认后，可以设置是否允许运行这个程序。软件限制策略可应用于计算机账户或者用户账户，这取决于是修改“计算机配置”中的设置还是“用户配置”中的设置。软件限制策略通过组策略的编辑实现，如果需要这个策略在活动目录的范围内生效，则需要在建立了 GPO 后，将其链接到不同的活动目录的容器中，如果应用了多个策略设置，那么将遵循 LSDOU 的顺序进行继承；如果需要这个设置在本地范围生效，则直接通过本地策略编辑器进行设置。

软件限制策略中的规则标识了一个或者多个应用程序，可用来标识的规则有以下四个：

（1）哈希规则：使用可执行的文件的加密密钥；

（2）证书规则：使用软件发布者提供给扩展名为.EXE 的文件的数字签名证书；

（3）路径规则：使用扩展名为.EXE 的文件存储位置的本地路径，通用命名约定（UNC）路径或者注册表路径；

（4）区域规则：使用可执行文件来自的 Internet 区域。

其中哈希规则的使用频率比较高，因为哈希规则中，哈希值是根据文件内容的数据经过逻辑运算得到的数值，能把一些不同长度的信息转化为杂乱的 128 位编码，是基于加密算法的规则。使用哈希值确定目标程序，非常精确，即使用户修改文件名，修改文件的存储路径，都不能改变哈希值的内容。组策略中一旦为某应用程序指定哈希规则以后，软件限制策略就会自动地指定的软件计算一个哈希值，当用户试图使用该软件时，客户端操作系统将会将此软件的哈希值和软件限制策略中已有的哈希值进行比较，如果发现值相同就会执行组策略中设置的操作类型。下面是一个使用哈希规则限制软件运行的操作过程，在这个实例中，需要通过组策略禁止一款软件在本地主机上运行。步骤如下：

（1）打开本地组策略编辑器，如图 10-37 所示，依次展开“计算机配置”→“Windows 设置”→“安全设置”→“软件限制策略”，选择“其他规则”，在右边窗口空白处单击右键，选择“新建哈希规则”。

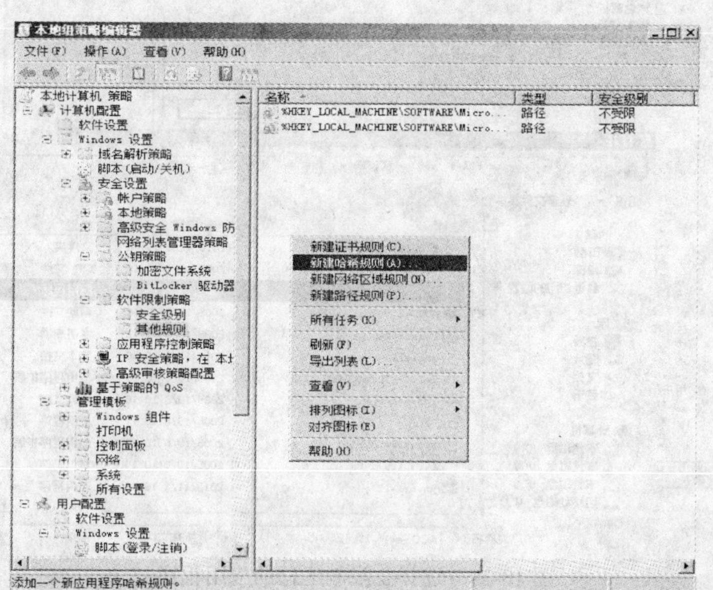

图 10-37　新建哈希规则

（2）出现“新建哈希规则”对话框，如图 10-38 所示。

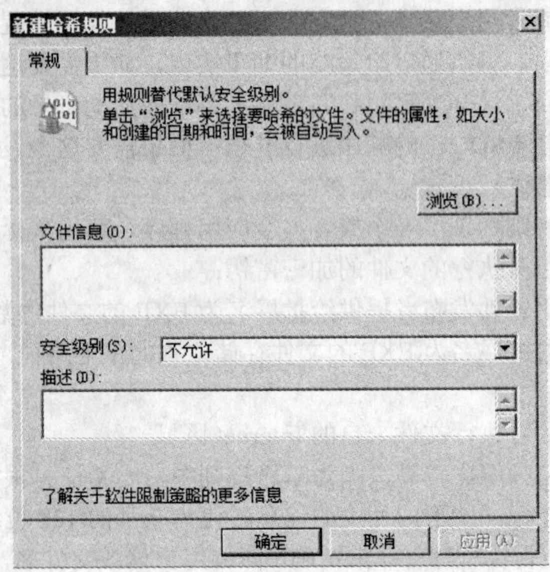

图 10-38　“新建哈希规则”选项卡

选择“浏览”，选定要执行软件限制的应用程序，注意，要选定的一定是扩展名为.EXE 的文件，如图 10-39 所示。

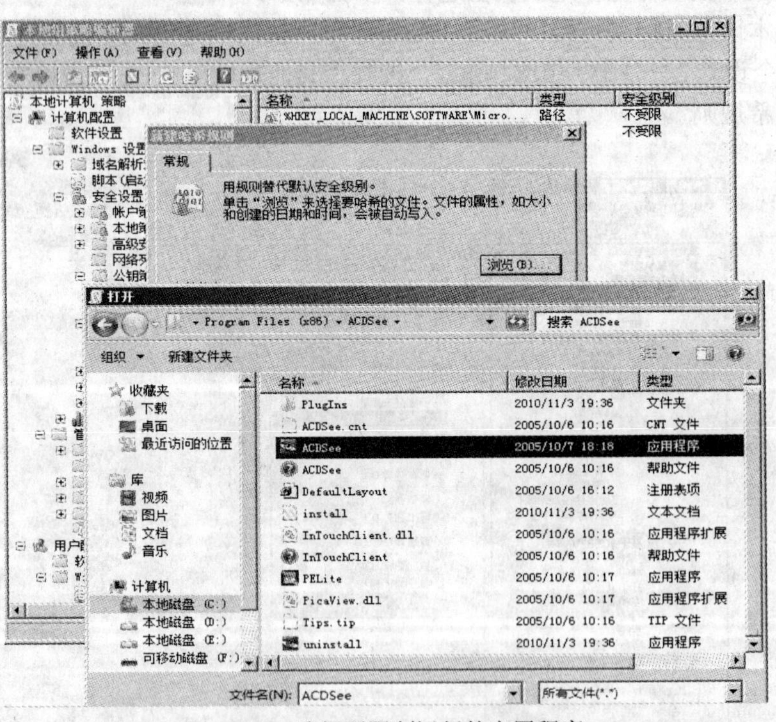

图 10-39　选择要限制运行的应用程序

（3）选定要限制的软件对象后，回到“新建哈希规则”界面，选择“安全级别”，如果是不允许这个程序在本机上运行，那么这里就选择“不允许”，如图10-40所示。

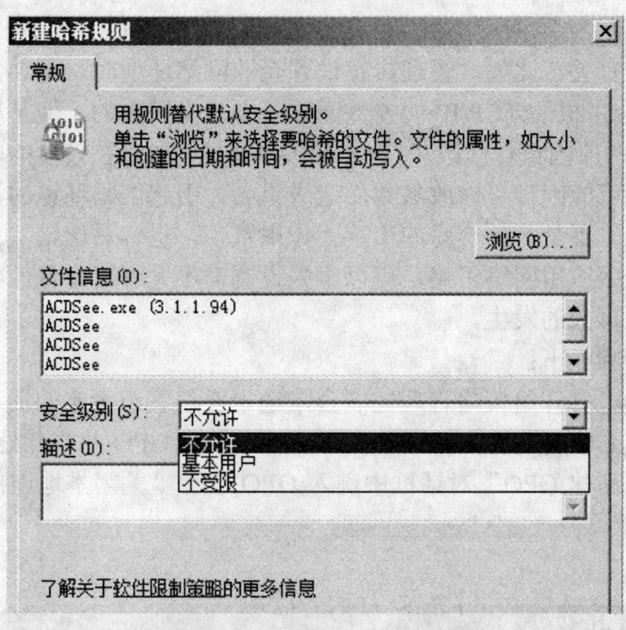

图10-40 设定软件的安全级别

（4）设置完成后单击“确定”，关闭窗口，得到如图10-41所示界面。

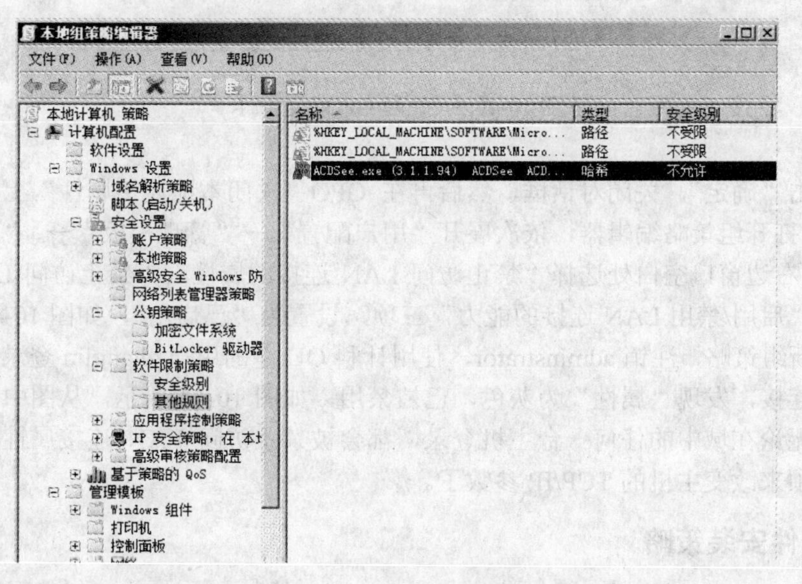

图10-41 软件限制策略设置完成

（5）如果要组策略立刻生效，在“开始”中选择“运行”，键入“gpupdate”，回车，等组策略刷新成功就可以了。

此时，用户在本机上再运行此应用程序，会看到提示信息说明程序已经被组策略阻止，无法再正常运行，此时即使修改可执行文件的文件名或者路径，也无法解除阻止。

4. 网络策略

在组策略管理控制台中，网络策略并不在安全策略的节点之下，但是这部分内容的设置却和网络环境的稳定有关。比如，管理员在设置企业网络环境时，都会为网络中的主机配置静态的 IP 地址，每台主机的 TCP/IP 的参数配置基本总是固定的。但是用户在实际操作过程中，有时会因为特殊的原因自行修改 TCP/IP 的各项参数，如果在较短的时间内有多个用户都这样操作，那么就有可能因盲目修改参数而造成重名，引起网络环境的混乱。之后再让系统管理员来处理和还原，不是一件容易的事，工作很繁琐，也容易出错。

此时在活动目录中应用网络策略，可以事先设置，不允许用户修改各主机的 TCP/IP 参数，就可以避免类似事故的发生。

设置的方法和步骤如下：

（1）在域控制器上打开组策略管理控制台，选定要设置组策略的活动目录容器对象——计科（OU），在 OU 上单击右键，选择“在这个域中创建 GPO 并在此处链接”。

（2）在出现的“新建 GPO”对话框中键入 GPO 名称“关闭本地连接属性”，如图 10-42 所示。

图 10-42 “新建 GPO”选项卡

（3）单击“确定”，关闭对话框，然后再在 GPO“关闭本地连接属性”上单击右键，选择“编辑”，打开组策略编辑器，依次展开“用户配置”→“管理模板”→ “网络”→“网络连接”，在右边窗口空白处选择“禁止访问 LAN 连接的属性”、“禁止访问 LAN 连接组件的属性”和“启用/禁用 LAN 连接的能力”三项，设置为“已启用”，如图 10-43 所示。

（4）刷新组策略，注销 adminstrator，使用计科 OU 中的用户 zhanglin 登录系统，查看网络中的本地连接，发现“属性”为灰色，已被禁用，如图 10-44 所示，从图中可以看出，此时的域用户无论在域中的任何一台主机登录，都会被禁止访问 LAN 连接属性，也就无法通过设置属性项来改变主机的 TCP/IP 参数了。

10.5.2 软件安装策略

Windows 系统有一种软件安装与维护的技术，可以利用新的 Windows Installer 和组策略，使管理员花最小的精力在网络范围内部署和管理软件。这种技术基于服务器，使用了包文件代替了传统意义上的安装程序 Setup.exe，通过组策略部署和管理包文件，在网络环境中发布软件，在客户端上安装软件。这种策略被称为软件安装策略，本小节将学习使用软件安装策

略来部署和管理软件。

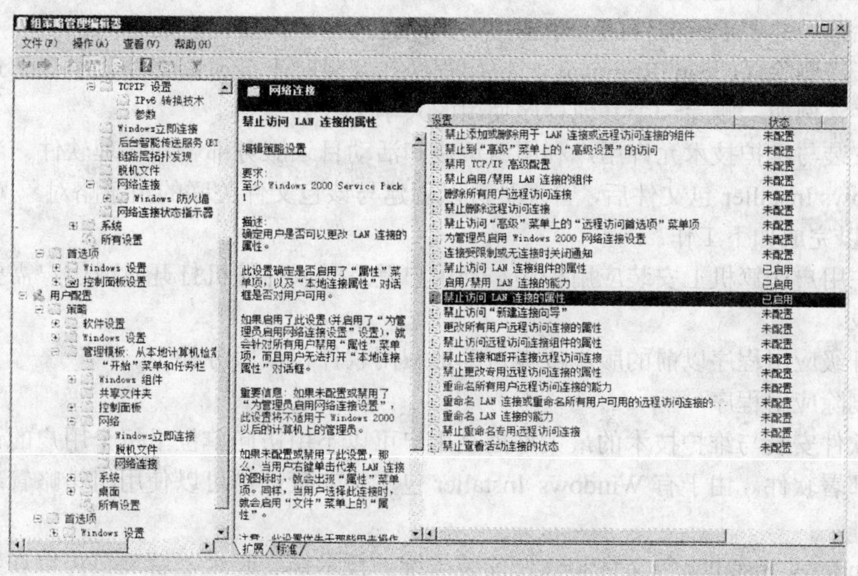

图 10-43　设置禁止访问 LAN 连接属性

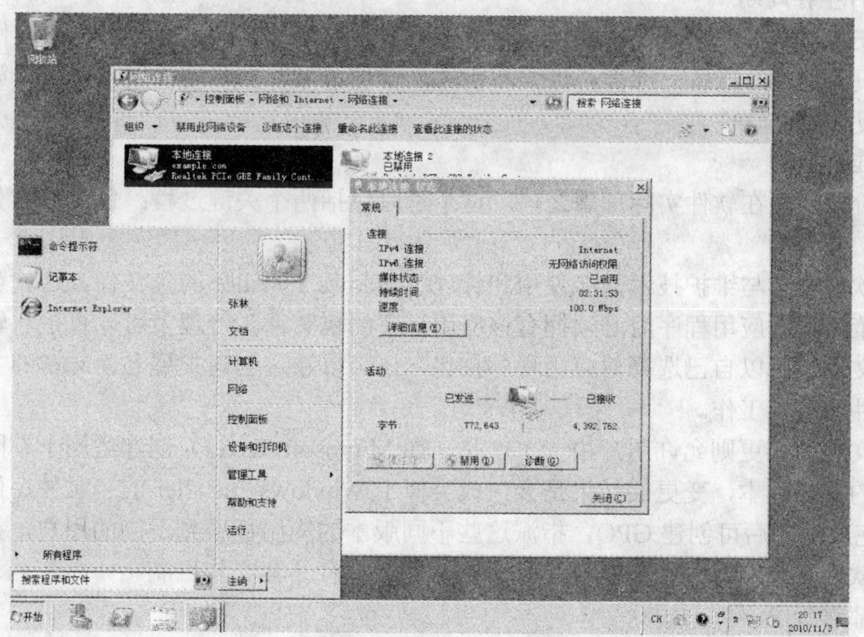

图 10-44　查看禁止访问 LAN 连接属性后的结果

1. Windows Installer 和软件安装与维护技术

Windows Installer 使用 Windows　Installer 包或者称为.msi 文件代替了传统的安装程序 Setup.exe 文件，随之带来的优点是：

（1）自定义安装。应用程序中的可选功能在程序未被安装时就可以看到。虽然菜单命令可以被访问，但是要等到用户选择了某菜单命令之后该功能本身才被安装。这种安装方法既帮助减小了应用程序的复杂度，又减小了应用程序使用的硬盘空间。

（2）应用程序快速自修复。如果一个关键的文件被删除或毁坏了，应用程序将自动返回到安装原始路径并要求该文件的一个新拷贝，此过程并不需要用户的介入。

（3）干净删除（Clean Removal）。应用程序在卸载时不会遗留文件、不会隐式地破坏其他应用程序（例如，删除一个其他程序使用的共享文件）。

软件安装与维护技术允许用户利用组策略和活动目录服务部署和管理软件。当组织得到一个 Windows Installer 包文件后，管理员可以创建与该包文件关联的组策略对象（GPO）。这些 GPO 可以完成如下工作：

（1）在用户计算机上安装应用程序。当用户登录时或计算机打开时或用户需要时安装工作自动完成。

（2）升级应用程序以前的版本或者自动地应用软件包或服务补丁。

（3）删除应用程序。

使用软件安装与维护技术的最大好处是用户可以不用访问单位里每个用户的计算机就可以管理和部署软件。由于有 Windows Installer 包文件，管理员可以使用组策略管理和部署大多数的软件。

把 Windows Installer 包文件和软件安装与维护技术结合起来，管理员可以在整个单位内轻松地部署和管理软件。

2. 软件生存周期

软件安装与维护技术允许软件以一种更接近软件周期的方式进行分发，而软件生存周期的四个阶段分别是：准备、部署、维护和删除，管理员可以参照这种模式使用组策略安装、修改、修复和删除软件。

（1）准备阶段

准备阶段发生在软件实际部署之前。这个阶段包括两个关键过程：包文件的获得和包文件的变更。

由于软件安装与维护技术只能使用和管理 Windows Installer 的包文件。这就意味着用户在使用组策略部署应用程序时必须拥有该应用程序的包文件。管理员可以直接从软件供应商处获得包文件，可以自己选择对应用程序打包，还可以通过创建扩展名为.zap 的文件来完成获得包文件的准备工作。

而包文件的变更则允许用户由一个产品（如 Microsoft Excel）创建适用于不同用户的多个自定义的安装版本，变更的结果是会生成类似于 Windows Installer 的包文件，但是扩展名是.Mst。完成变更后可创建 GPO，指派这些不同版本的应用程序到不同的用户，指定安装选项，进行软件安装，此时并不需要在每个计算机上都有一套安装机制。

（2）部署阶段

在部署阶段，软件要实际地安装到计算机上。通常有两种选择：指派应用程序和发布应用程序。

指派应用程序。当一个应用程序被指派到一个用户，该应用程序发布在用户计算机的桌面上。发布的应用程序并没有实际安装，但是它们显示得如同安装好一样。“开始”菜单中的快捷键、桌面图标和注册表项（如文件关联）都被创建。用户通过单击“开始”菜单中的快捷键、双击桌面图标、双击与应用程序关联的文档类型，可以安装该软件。若用户什么都不做，则应用程序不被安装，从而可以节省硬盘空间和管理时间。

发布应用程序。当一个应用程序发布后，它并不出现在用户桌面上。然而，用户可以通过“添加/删除程序”或者通过文档请求安装应用程序。

（3）维护阶段

使用组策略使升级和软件的重部署变得容易。当应用程序有了更新时，管理员只需要把该服务包放在网络上，修改 GPO 以重新部署和发布该应用程序。用户会在下一次登录系统时激活该应用程序，然后该服务包会自动地被应用，不必访问每一个工作站去安装该服务补丁。

（4）删除阶段

Windows Server 2008 提供了两种自动删除应用程序的方法：

- 强制删除。对于强制删除，下次或者是计算机打开（对于计算机策略）或者是用户登录（对于用户策略）时，软件自动地从计算机上被删除。
- 可选删除。对于可选删除，软件不会自动地从计算机上卸载。如果用户已经有了一个安装好的应用程序，这个用户可能还会继续地使用该应用程序。但是新的用户就不能安装这个应用程序。

3. 部署软件

当遇到以下几种情况时，管理员需要重新部署软件：

（1）技术人员要为每一个工作站进行安装。

（2）一旦单位更改了其软件策略，技术人员必须到每个工作站安装或者卸载软件。

（3）每当用户的工作责任变更时，技术人员必须为其提供一套相应更改的软件。

（4）每当用户遇到一种新文件类型（例如，他或她收到 E-mail 的一个.zip 文件），技术人员必须到该工作站为该用户安装一个可以打开这种新类型文件的应用程序。

（5）每当用户因为某些操作而使软件不能运行，技术人员必须到该工作站进行修复。

Windows 的软件安装与维护技术可以帮助解决这些问题，它使得软件可以在远程进行部署和管理。这种功能是使用“软件安装（Software Installation）”（组策略的部件）获得的。有了“软件安装”，用户可以部署一个新的软件或者管理和修改已部署的软件。

部署软件包含几个步骤。这些步骤包括：获得一个 Windows 安装包文件，放置包文件及相关文件到网络上的共享目录中，然后在一个或几个 GPO 中指定部署选项。

要部署一个新应用程序，执行以下步骤：

（1）创建或获取一个 Windows Installer 包文件。

（2）放置包文件及相关安装文件到一个共享文件夹上。

（3）在“组策略管理”中，选定要配置软件部署的 OU，然后为这个 OU 新建一个组策略，再打开“编辑”按钮。

（4）在新的组策略窗口中，双击“计算机配置”或者“用户配置”，将其展开。

（5）双击“软件设置”，右击“软件安装（Software Installation）”，在快捷菜单中指向“新建”，然后单击“包文件”，如图 10-45 所示。

（6）当“打开文件”对话框出现后，定位需要的包文件，然后单击“打开”。

（7）在“部署软件（Deploy Software）”对话框中，选择一种部署方式，然后单击“确定”。利用“软件安装（Software Installation）”的默认选项，用户可以指派或发布一个应用程序，如图 10-46 所示，用户也可以选择“配置包文件属性（Configure Package Properties）”，然后单击“确定”，如图 10-47 所示。这样做将打开包文件的“属性”对话框，用户可以在其中

选择部署的其他选项。

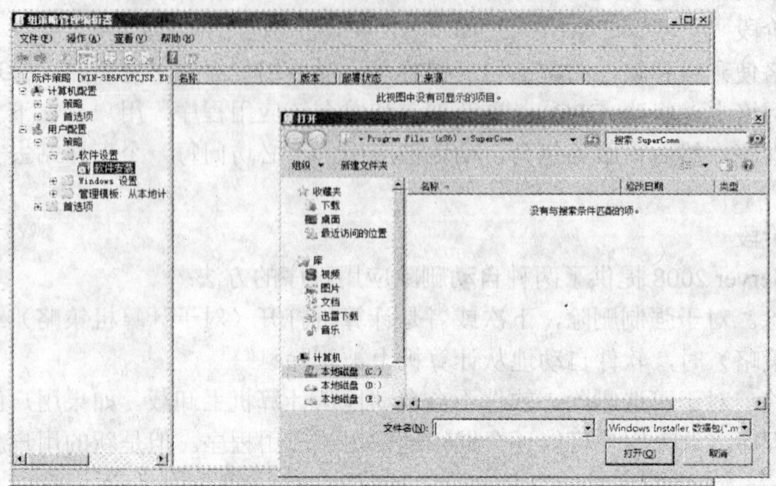

图 10-45　新建包文件

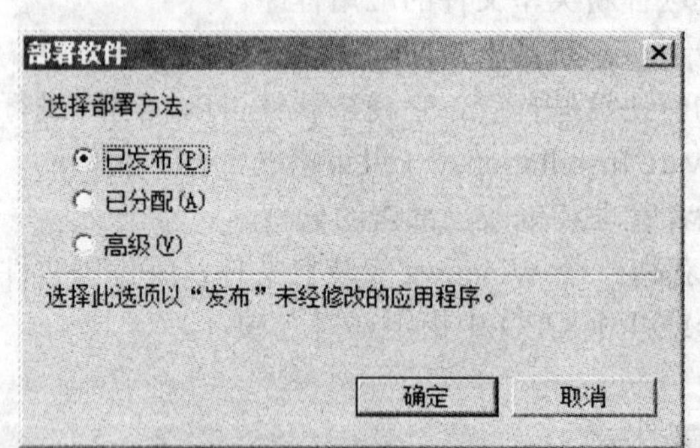

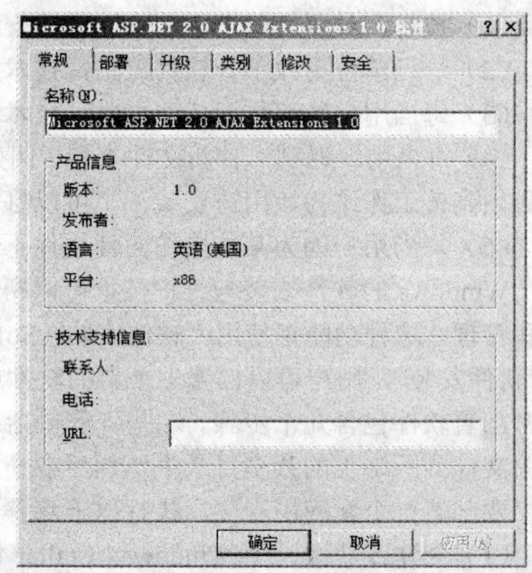

图 10-46　选择软件部署方法　　　　图 10-47　配置包文件属性

为了减小部署不能运作或者不满足组织需求的风险，应该渐进地部署软件。最好在其发布到整个单位之前保证包文件能被正常安装。因为应用程序使用的是 GPO，可以利用组策略来限制部署到一些特定组上。

在创建一个应用程序部署的 GPO 时，应该做下述操作：

（1）清除掉对 Authenticated User 组的“应用组策略”权限（保证清除该权限而不是禁用该权限）。若不删除该权限，GPO 将自动地适用于活动目录容器中的所有 Authenticated User 组。

（2）创建一个安全组（例如 Pilot Testers），赋予其“读”和“应用组策略”的权限。

（3）应用组策略，确保 Pilot Testers 组能够正确无误地安装软件。

（4）若能正确无误地安装，对于 Authenticated User 组重新赋予其“应用组策略”的权限。这将使得活动目录容器中所有的授权用户都能进行安装。

部署软件时，软件要么被指派，要么被发布。在典型情况下，当程序必须被使用时，应该指派应用程序。

要指派一个软件包给 OU 中的用户，必须保证：

● 应用程序对于用户来说总是可用的，即使它们是在不同的计算机上。例如，当一个用户登录在一台没有 Excel 的机器上时，用户激活该程序时，Excel 要能够安装。

● 应用程序应有快速修复能力。比如因为某种原因软件被删除了，下次用户登录并激活它时，该应用程序要能重新安装。

管理员可以指派软件给用户，也可以指派软件给计算机。如果指派软件给 OU 中的一个用户，用户登录时该程序是发布的，但是直到用户用图标启动应用程序或者双击与该程序关联的文件类型（文档请求）时，该程序才实际安装。这样一来，用户可以最小化本地减盘上的需求，同时保持应用程序对用户随时可用。

如果指派一个软件包给组织中的计算机，就要保证不管是谁在使用机器，这些应用程序对他们都是可用的，在这种情况下，要在“计算机配置”而不是“用户配置”上创建 GPO。当指派一个应用程序给 OU 中的某一台计算机后，该程序并不会即时发布。只有当该计算机在下一次启动时，这个应用程序才会被自动安装。对比两种方式，指派给用户时，当用户第一次启动该应用程序时安装；指派给计算机时，当计算机下一次启动时安装该应用程序。

如果不能确定用户是否会使用部署的软件时，指派该应用程序给用户而不是计算机。该应用程序被发布，但是没有拷贝文件，也没有浪费硬盘空间。

如果应用程序是用户完成工作所必需的，那么，应用程序是被指派的。相反，发布的应用程序是可能有用的，但是并非必需的。

为了正确使用软件安装，用户必须了解指派与发布应用程序的差别：

● 发布的应用程序不公布。除非启动“添加/删除程序”或双击未知文件类型，没有明显的方式知道一个发布的程序是可用的。指派的应用程序公布在“开始”菜单和桌面上。

● 发布的应用程序不能自恢复。如果一个发布的应用程序被删除了，下次用户登录时，它不会自动重新安装。如果其中一个文件遭到破坏或删除，指派的应用程序将自动安装。

● 应用程序只能发布给用户而不是计算机，不能发布一个应用程序给 OU 中的计算机。但是可以指派应用程序给 OU 中的用户或者给 OU 中的计算机。

当一个应用程序发布后，它并不安装。然而，该软件是随时可用的，用户可以用下面任一种方式安装应用程序：利用“添加/删除程序”或者通过文档请求。

使用软件变更，用户可以以几种不同的配置部署同一个应用程序。当单位中的不同组以不同的方式使用软件时，在软件部署时可能需要自定义可用的选项。用户可以使用软件变更或者.mst 文件同时部署一个应用程序的几种配置，然后为每一个需要不同应用程序变更的 OU 创建单独的 GPO。

用户只能在部署包文件时增加或删除变更，而不能在部署发生作用之后进行。

要添加应用程序包文件的变更的步骤如下：

（1）当用户要添加一个新包文件到一个 GPO 或者在该包被部署之前，单击该应用程序包文件的“属性”对话框上的“变更（modification）”标签。

（2）在“变更”标签上，单击“添加”。

（3）在“打开”对话框中，选择变更文件（.mst）的路径和文件名，单击“打开”，然后单击“确定”。

用户可以加入多个变更。变更的应用根据用户在“变更”列表中指定的顺序。要想重新安排这个列表，从列表中选择一个变更，并使用“上移”和“下移”按钮。

4. 升级软件

Windows Server 2008 允许用户以较少的交互完成安装和删除软件，而且用户也可使用同样的技术升级一个已有软件的版本。

升级用户软件的能力对保证用户计算机拥有组织中最新版本的软件是必需的。系统可以使用强制和可选升级帮助用户保持现有软件的最新版本。

（1）部署强制升级

强制升级使用户中止使用程序的早期版本，而强行升级到当前最新版本，这种方式将自动地以升级版本替换程序的旧版本。

（2）部署可选升级

有时，用户想在不停止使用前一版本的情况下使用程序的新版本。要允许两种版本的同时使用，用户应该采用可选升级。

可选升级允许用户使用程序的旧版本或新版本。可选升级之后，用户也可以同时安装和使用应用程序的新旧版本。

（3）重新部署软件

重新部署软件为管理员提供了一种在整个组织内自动应用服务补丁或软件包的方式。这种方式包括以下几个阶段：

- 软件补丁放在服务器上。
- 组策略对象重新部署。
- 用户登录并引发应用程序。
- 软件补丁被应用。

重新部署不仅包括获取更新的应用程序文件，也包括获取一个新的 Windows Installer 包文件。

Windows Server 2008 使得部署服务补丁和软件包特别容易。当用户让一个包文件重新部署时，应用程序通过指派或者通过发布重新公布给被授权访问该程序的每个人。然后，根据原包文件的部署情况，有如下三种情况之一发生：

- 如果应用程序已发布并安装，下次用户登录时，与该应用程序相关的“开始”菜单、桌面快捷键和注册表设置将更改。用户第一次启动应用程序时，服务补丁或软件包将自动应用。
- 如果应用程序被指派给用户，下次用户登录时，与该应用程序相关的“开始”菜单、桌面快捷键和注册表设置将更改。用户第一次启动应用程序时，服务补丁或软件包将自动地应用。
- 如果应用程序被指派给计算机，下次计算机启动时，服务补丁或软件包将自动地应用。

要重新部署软件包，执行如下步骤：

①从应用程序供应商处获得服务补丁或软件包，把这些文件放到相应的安装文件夹中。服务补丁必须包含一个新的 Windows Installer 包文件（.msi 文件）。如果没有，用户就不能重新部署软件，因为原来的包文件不包含部署由服务补丁或软件包组成的新文件的指令。

②打开原来部署应用程序的GPO。在“软件安装”中，右击包文件名，然后在快捷菜单中指向“所有任务（All Tasks），并单击“重部署应用程序（Redeploy Application）”。在确认对话框中，单击“是”。

5. 删除软件

“软件安装”提供了两种方式删除使用的软件：强制删除和可选删除。

- 强制删除：软件自动地从计算机上被删除且不能重新安装。强制删除是立刻从用户和计算机上卸载软件。或者是下一次计算机启动时（如果是计算机组策略设置）或者是下一次用户登录时（如果是用户组策略设置）时软件自动地从计算机上删除，删除将在桌面显示之前进行。
- 可选删除：软件并不从计算机上被删除，但是不能再进行安装。可选删除允许用户继续使用软件但是禁止新的安装。软件并没有实际上从计算机上删除。

注意，只有通过Windows Installer包文件进行安装的软件才能由组策略删除。

当软件是从一个Windows Installer包文件中安装时，会在本地硬盘上创建一个信息缓存。该缓存包含有关该应用程序如何安装和卸载的指令的信息。当用户发出一个组策略命令删除软件，这个命令被定向到本地缓存。如果在缓存中找到删除软件的步骤，那么该应用程序将被删除。如果没有发现这些步骤，那么删除软件的命令将被忽略。只有从Windows Installer软件包中安装的软件才能利用组策略删除。其他任何没有使用Windows Installer安装的软件必须手动删除。

6. 管理软件

“软件安装”为已部署的软件提供了管理的方法。

系统提供给用户的安装软件的能力存在一些缺点。包含在“软件安装”中的管理功能能够帮助用户解决相关问题。

系统提供的能够使用户自动安装软件的功能存在的问题可能包括：

（1）用户碰到一个可以安装几个不同应用程序的新文件扩展名(如.grf)。

（2）用户不考虑实际使用需要，安装了出现在“添加/删除程序”列表中的每一个程序。

要解决这些问题，“软件安装”提供了一些管理已部署软件的选项。这些管理选项帮助管理员有能力完成：

（1）把文件扩展名与应用程序关联。

（2）阻止软件以文档请求的方式安装。

（3）对控制面板的“添加/删除程序”项中所列的程序进行控制。

（4）对列在控制面板的“添加/删除程序”项中的程序进行分类。

（5）一旦GPO不再应用到某个用户时，则自动卸载软件。

习　题

1．什么是用户操作环境？

2．组策略和用户配置文件在设置用户操作环境方面有什么区别？

3．用户配置文件的三种类型各自适合应用在什么情况下？

4．比较本地组策略和活动目录组策略的区别？

5．登录脚本的作用是什么？

6．主文件夹的功能是什么？什么情况下采用主文件夹？

7．改变组策略继承的优先级的方法有哪些？

8．设计一个测试，验证 OU 组策略的优先级高于域组策略的优先级，写出具体的实践步骤。

9．使用组策略实现软件部署和安装的好处是什么？

10．在部署软件时，选择指派或者发布将给用户使用软件时带来什么样的差别？

第11章 文件服务

在 Windows Server 2008 中，文件资源管理是非常重要的一项功能。在基于 Windows 的网络环境中，建立合理的文件共享服务，让各用户能根据其职能、业务实现对各种文件资源的不同权限的访问是很有必要的。

在本章中，主要介绍了 Windows Server 2008 所支持的文件系统的类型、文件资源的共享和发布、文件权限的设置及磁盘配额管理、分布式文件系统（DFS）和加密文件系统（Efs）等知识。

11.1 文件系统

文件服务是由文件系统实现的，文件系统的作用是进行文件目录的管理、磁盘空间的管理、文件存储空间的分配、文件存取和面向用户的文件资源管理的服务。不同的文件系统具有不同的文件和存储空间管理机制，具有不同的特点和性能，对网络操作系统的支持也各不相同，因此对于从事网络设计的专业人员来说，了解各种不同的文件系统特别是常用的文件系统是非常必要的。

11.1.1 磁盘结构概述

文件的存储都基于物理磁盘，无论磁盘的接口类型如何、分区上的文件系统如何，Windows Server 2008 都能通过使用 I/O 系统对磁盘上的数据进行读取。这里就需要对磁盘的结构有一定的了解。

磁盘的基本的物理结构包括有：扇区、磁道、盘片等。

（1）盘片

物理磁盘真正用来存储数据的是它的盘片，每块磁盘都有若干张盘片，这些盘片大小相同，通过主轴连接并层叠在一起。每一个盘片的每一面由若干个磁道（track）组成。在读写数据时，磁盘的磁头可以定位到盘片上的不同的磁道，同时盘片进行高速旋转，也就相当于磁头在盘片上作圆周运动，这样磁头就可以访问整个盘片的所有位置，并进行数据的读写。

（2）磁道

相比单个的文件，单张盘片的容量过于巨大，也不容易对存储的位置进行标记，因此需要对盘片的区域进行细分。磁道是沿不同半径的圆周方向从盘片的最内侧不断向外侧扩展的过程中划分得到的圆形轨迹，也就是磁头进行圆周运动时形成的路径。

（3）扇区

一个磁道由若干扇区（sector）组成，扇区是存储数据的最小单位，一个扇区可以存放多个字节，每扇区字节数大小由文件系统的 BPB（BIOS 参数块）中的参数项“每扇区字节数”确定，每扇区字节数可以确定为 128 字节、256 字节、512 字节和 1024 字节四种之一，在大多数情况下使用 512 字节。

（4）簇

文件系统一簇为单位给文件分配磁盘空间，一个簇由若干个扇区组成，每个簇包含扇区的个数由 BPB 中的参数项“每簇的扇区数”标识，在文件系统中根据磁盘总容量的大小确定簇的大小，磁盘总容量越大，每簇的扇区数越大。一个簇只能分配给一个文件。如果文件的大小比簇更小，那么多余的部分会因为无法再分配给其他文件而浪费掉，因此簇划分得越小，对磁盘的利用率会越高。

11.1.2 文件系统的定义和常见的类型

文件系统一般应用于存储文件的磁盘或分区，是对磁盘或分区上的文件进行命名、组织、存储和管理的结构和方法。从系统的角度来看，文件系统是对文件存储器空间进行组织和分配，负责文件存储并对存入的文件进行保护和检索的系统。具体地说，它负责为用户建立文件，存入、读出、修改、转储文件，控制文件的存取，当用户不再使用时撤销文件等。

不同的文件系统对文件的影响可以通过下面这个例子来说明。比如，仓库可以存放货物，就如卷中可以存放文件，不同仓库存放货物的方式可能不同，如同不同的卷可以使用不同的文件系统一样。假设仓库存放的货物是轮胎，在第一个仓库中使用了符号的方式来标识轮胎，并且将轮胎平放在地面上叠加着存放；而在第二个仓库中则使用了数字的方式来标识轮胎，存放的方式则是在墙壁上设置了若干个长直杆用来悬挂轮胎。那么其实轮胎本身并没有变化，是仓库管理、标识和存储货物的方式发生了变化。

常见的文件系统有 FAT、FAT32 和 NTFS 三种类型，这些文件系统都是 Windows Server 2008 支持的类型。在 Windows Server 2008 中，多使用 NTFS 文件系统，这是因为，活动目录、基于域的安全边界、文件安全、磁盘配额等重要功能均是基于 NTFS。因此，在默认情况下，Windows Server 2008 的系统分区是 NTFS 格式的文件系统。

11.1.3 FAT 文件系统

FAT 文件系统是使用文件分配表 FAT（File Allocation Table）保存磁盘空间的分配信息并实现对文件的定位和管理的方式，常见的类型有两种，分别是 FAT 和 FAT32，分别表示使用 16 位文件分配表和 32 位的文件分配表来管理系统。

1. FAT 文件系统

使用了 FAT 文件系统的磁盘会按照如图 11-1 所示的方式进行组织，如图 11-1 所示。

首先是引导扇区，里面存储了磁盘类型、开始扇区、结束扇区、活动分区和在启动和引导操作系统时执行的关键程序的相关信息。

然后是主文件分配表，里面存储了卷上每个簇的索引，表中的每一项索引都代表了每个特定的簇，即对应每一个簇号都有一个表目，按簇号的顺序排列，同时每个表目中定存放的是该簇的状态标志，常见的状态包括有：

（1）可用标志：即尚未被使用的簇，可以分配给后面需要新存入的文件。

（2）已使用标志：即已经分配给某个文件的簇。

（3）坏簇标志：不能再写入数据的簇。

（4）预留标志：为操作系统保留，不能再分配给一般文件的簇。

其次是文件分配表的副本，在主文件分配表被损坏的情况下可以进行恢复和还原。

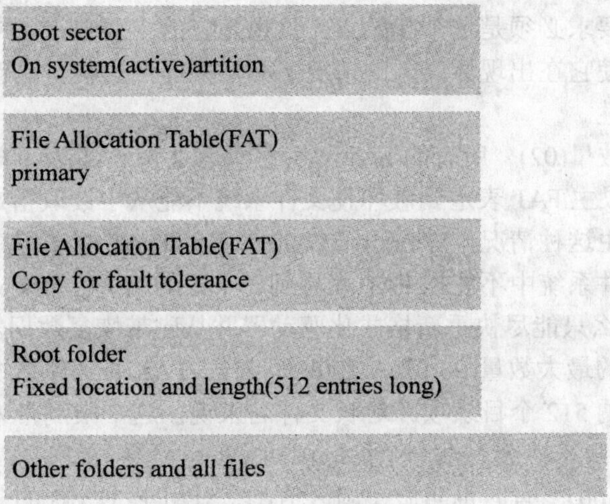

Boot sector
On system(active)artition

File Allocation Table(FAT)
primary

File Allocation Table(FAT)
Copy for fault tolerance

Root folder
Fixed location and length(512 entries long)

Other folders and all files

图 11-1 FAT 卷的结构

此外还有根目录表，用于定义每个文件的开始簇；数据区域，则是真正用于存储文件和文件夹数据内容的区域。

FAT 文件系统最重要的标志是使用一种名为文件分配表（File Allocation Table，FAT）的链表，访问某个文件时，文件系统首先会在文件目录表中查找到该文件的开始簇的簇号，由于文件分配表中每个簇对应的表目中含有指向该文件使用的下一个簇的簇号，所以可以根据文件分配表依次寻找并读取该文件的其他所有簇，直至出现最后簇的标志。即访问一个文件的过程为：在文件目录表中查到分配给该文件的第一个簇的簇号，读取文件位于该簇的文件代码→在分配给该文件的第一个簇的簇号对应的FAT表目中查到分配给该文件的第二个簇的簇号，读取文件位于该簇的文件代码→在分配给该文件的第二个簇的簇号对应的 FAT 表目中查到分配给该文件的第三个簇的簇号，读取文件位于该簇的文件代码→……→发现最后簇的标志，读取存放在最后簇代码，不再向后查找。

在 FAT 文件系统中，单个的 FAT 卷的数据存储量取决于每扇区字节数、簇的大小和卷上最多可以包含的簇的数量，因此，若每扇区字节数为 512，在最大簇为 64KB、最多支持的簇数量为 65526 个的情况下，FAT16 格式的单个卷最大的容量是 4GB。如果面对的卷的容量大于 4GB，而文件系统选择的是 FAT16，那么则需要将这个卷划分为多个分区，使得单个的卷容量都小于 4GB 才能有效地进行管理。

2. FAT 文件系统的 BPB

文件系统实现对磁盘的管理需要有多种参数，这些参数存放在 BIOS 参数块（BIOS Parameter Block，BPB）中，文件系统用这些参数控制对磁盘的操作。

FAT 分区中的 BIOS 参数块的各参数占用的字节数和含义如下：

- 每扇区字节数(00 02)　200h 或者十进制的 512。
- 每簇的扇区数(04)　4h 或者十进制的 4。如果每个扇区 512 字节，那么每簇的大小就为 2048 字节。这个分区只有 100M，以今天的标准看，相对来说小了一点。FAT 的地址空间的限制导致对硬盘的利用率的下降。
- FAT 表开始前保留的扇区数(01 00)　0001h 或者十进制的 1。这表明在分区开始部分和 FAT 表之间存在一个保留扇区。引导扇区就是一个扇区的大小，所以 FAT 表紧跟在引导扇区的后面。FAT16 分区要求必须是这个起始点，这也是它的主要缺点。FAT 对于引导扇区的相对位置是固定的，这使它在出现坏扇区的情况下必然要受到影响。这也限制了文件系统存储附加的元数据的灵活性。

• FAT 表副本的数量(02)　所有的 FAT16 分区都有 2 份 FAT 表，一个是主 FAT 表，还有一个是它的影像。如果主 FAT 表遭到破坏使文件系统不能从中读取指定项目，系统就会去读取它的副本。如果发生这种情况，Windows 2000 的 FASTFAT 驱动程序会在事件日志中记录一个错误。在 FAT 文件系统中不能把 FAT 表移到一个好的扇区。如果文件系统通知你不能读写某个主 FAT 表，那么只能尽快重新格式化驱动器并从磁带恢复数据。

• 根目录中项目的最大数量(00 02)　200h 即 512。FAT16 文件系统的根目录被限定为固定的大小，最多可容纳 512 个目录项。对长文件名来说，这个限制带来了一个问题，因为在文件名中每增加 13 个字符就会占据一个目录项的空间。

• 扇区的数量(00 00)　有时也叫做小扇区值，它只用于 32MB 的分区或更小的分区。对于 DOS 3.0 或更早的版本，簇的大小为一个扇区，只能直接对 216 个扇区进行编号。对于大于 32MB 的分区，小扇区值为零。

• 介质描述符(F8)　F8 表示硬盘，包括可移动存储设备。其他值表示的是软盘。

• 每个 FAT 表的扇区数(C8 00)　00C8h 即 200 个扇区。如果给定的扇区大小为 512 字节，那么这个 FAT 表的空间就有 100K。由于 FAT 表还有一个备份，这个数还需翻一番。于是，文件系统占用的空间大约占整个分区空间的 0.2%。对于一个文件系统来说，这个空间实在是很小，相比 FAT32 或 NTFS 要小得多。但是这种小比例的代价是更大的簇和更低的磁盘利用率。

• 每个磁道的扇区数(20 00)　20h 即 32，磁头的数目(40 00) 40h 或 64　这些值一起确定了虚拟磁盘的结构，文件系统就用它来定位簇。

• 隐藏的扇区数(20 00 00 00)　20h 即 32 个隐藏扇区。这是磁盘的物理起点之间的间。数字 32 说明这个分区是该磁盘上的第一个分区。

• 扇区总数(E0 1F 03 00)　31FE0h 即 204768 个扇区。如果每个簇总共有约 102MB 空间。在“磁盘管理”控制台中显示的分区大 Windows 传统的 NT 系统的安装分区的上限是只能读取最大 32K 的簇。在 Windows 2000 中，将安装分区格式化为 FAT32。

• 驱动器类型(80)—80h（不使用十进制数表示）　从操作系统的角度看来，每个驱动器从 80h 依次编号，这样第二个驱动器是 81h，依此类推。而相应的 BPB 项几乎总是 80h，不管实际的磁盘位置是怎样的。

• 特殊标志(00)　这一项的最低两位被用来作为标志位。低位叫做“脏位”（dirty flag）。如果设置了脏位，就表明文件系统非正常关闭。在检测到脏位时，Windows 2000 会在引导的时候运行 Autochk 检查磁盘。高位是“扫描位”（Scan Flag），它通知系统要在引导的时候进行完整的扇区扫描。扫描位通常是与脏位一起设置的。

• 磁盘签名(29)—29h（不使用十进制表示）　29h 表明存在扩展 BPB。Windows 2000 能够识别 28h 和 29h。

• 卷的序列号(20 24 ED 64)—64ED2420　这个序列号唯一地标识了这个卷。不要把此序列号和 LDM 的全局唯一标识符相混淆。硬件的分区信息存放在不同的地方。

• 传统卷标(4E 4F 20 4E 41 4D 45 20 20 20 20)　FAT16 分区总是使用“NONAME”作为名称，注意后面补了空格。实际的卷标包含在根目录中的第一项中。

• 文件系统描述符(46 41 54 31 36 20 20 20) 这 8 个字节中含有文件系统的名称。这里是 FAT16，Windows 2000 格式化的分区包含这样的名称:FAT12、FAT16、FAT32 和 NTFS。

FAT12 分区比 32MB 还要小，它使用 12 位的 FAT 表项。

3. FAT32 文件系统

FAT32 和 FAT16 一样，使用了相同的磁盘组织方式来管理文件，不同的是，FAT16 使用的是 16 位的文件分配表，而 FAT32 则使用了 32 位的文件分配表，因此 FAT32 支持分区的能力远远大于 FAT16。FAT16 最大只能支持 4GB，而 FAT32 却可达到 2TB 的容量，不过由于 FAT32 使用的簇一般是 32KB，因此在 Windows 操作系统中最大可使用的磁盘空间是 32GB。

4. FAT32 文件系统的 BPB

FAT32 文件系统引导扇区中的项目变长了。这是由于 FAT32 的新特性需要更多的空间来实现。这个更大的结构的正式名称是"大 FAT BIOS 参数块"（Big FAT BPB，BFBPB）。

在引导扇区后面，紧跟着是大 FAT 引导文件系统信息，（Big FAT BOOT FS Info）扇区。这个扇区包含了一些特殊的查找信息，使得文件系统更容易找到未使用的簇。下面列出了 FAT32 的 BPB 和 BFBPB 的内容:

• 每扇区的字节数(00 02) 200h 即 512 字节。在美国市场上的大多数硬盘是每簇 512 字节。

• 每簇的扇区数(02) 这是 FAT16 系统每簇含的扇区数的一半。

• 保留的扇区数(20 00) 这里有 20h 个保留扇区存放在引导扇区和第一个 FAT 表之间，这是 FAT32 的一个改进。FAT 表的位置不再是固定的了，这使系统可以在引导扇区和文件系统本身之间的保留空间里放一些信息，这包括后面将提到的文件信息扇区以及引导扇区副本。

• FAT 表的数量(02) FAT32 也使用了一个镜像的 FAT 表，但这在 Windows 9x 中是可选的。在 Windows 2000 中则必须使用镜像 FAT 表。

• 根目录中的最大项数(00 00) 在 FAT16 中根目录最多包含的项目只能为 512，而在 FAT32 中没有这个限制。FAT32 的根目录可以包含多达 65532 个文件和目录。FAT32 也支持有额外目录项的长文件名，因此增加的句柄数增强了对长文件名的支持。

• 小扇区数(00 00) 该项总为零。Windows 2000 不允许 FAT32 的分区小于 65526 个簇。

• 介质描述符(F8) 该项总为 F8。Windows 2000 只能对硬盘进行 FAT32 格式化，软盘仍被格式化为一般的 FAT 格式。

• 每个 FAT 表含有的扇区数(00 000) 这个值是遗留下来的，在 FAT32 中不再有效。它被赋值为 0 以向操作系统表示该文件系统是 FAT32 格式。

• 每个磁道的扇区数(20 00)—26h 即 32（十进制），磁头的数目(40 00)—40h 即 64 这和 FAT16 是一样的，FAT16 和 FAT32 都识别相同的逻辑磁盘规格。

• 隐藏的扇区数(20 00 00 00) 20h 即 32 个隐藏扇区。这和 FAT16 也是一样的，是磁盘分区的物理起点和引导扇区之间的扇区数。

• 扇区总数(E0 1F 03 00) 31FE0h 即十进制的 204768 个扇区。该项的含义与 FAT 是一致的。

• 每个 FAT 表含有的扇区数(1A 03 00 00) 31Ah，即每个 FAT 表有 794 个扇区。这是一个新的项目。同样的分区，在 FAT16 中的 FAT 占用 200 个扇区。有两方面的原因使得此数值变大。一方面是由于每个 FAT 项所占的字节由 2 个变为了 4 个；另一方面，每个卷也包括了更多的簇。加上镜像备份的 FAT 表，在 100MB 的系统本身共占用了 794KB，这个比例大约为 0.8%，是 FAT16 的 4 倍，相比这还是小的。

- 标志位(00 00)　这是一个新项。该项有两个可能的值。如果高位被置为 1，那么就表示对主 FAT 表做了镜像。如果做了镜像，那么这个标志位的低 4 位就表示有多少个镜像副本。Windows 2000 只支持一个镜像副本。
- 文件系统版本号(00 00)　这是一个新项。只有 Windows 9X 才使用它。它的高位字节表示版本号，低位字节表示递增版本。在 Windows 2000 中这两个字节都被置为零。
- 根目录所在簇(02 00 00 00)—2h　这是一个新项。它指出在 FAT 表中，根目录所在的簇的标号。有了这一项，根目录就可以被放在整个分区的任何地方了。
- 文件系统信息扇区(01 00)—1h　这是一个新项。它指向文件系统信息扇区，这个扇区记录了所有空闲簇和最近被分配的簇的标号。这样文件系统就可以不用扫描整个 FAT 表就可得到这些信息。通常，这个扇区被放在保留扇区中紧跟在引导扇区后的位置。
- 引导扇区备份(06 00)—06h　这是一个新项。它表明了引导扇区备份的偏移位置。这个备份弥补了 FAT16 的不足。如果引导扇区遭到了破坏，系统还能够从镜像备份中获取配置信息。镜像的引导扇区也存放在保留扇区中，位于主引导扇区的后面。
- 保留域(00 OO OO O0 00 00 00 OO OO 00 00 OO)　留作以后扩展使用。
- 驱动器类型(80)　和 FAT16 相同。
- 特殊标志(OO)　和 FAT16 相同。
- 签名(29)　和 FAT16 相同。29h 表明存在扩展 BPB。
- 卷序列号(DA 2F 8B 58)　和 FAT16 相同。
- 卷标(4E 4F 20 4E 41 4D 45 20 20 20 20)　和 FAT16 相同，设为 No Name，尾部的 4 个空格也是卷标的一部分。
- 文件系统(46 41 54 33 32 20 20 20)　Windows 2000 将它设置为 FAT32，尾部的 3 个空格也是文件系统名的一部分。

5. FAT 和 FAT32 的对比

FAT32 出现的时间比 FAT 晚，本身性能有较大的改进，主要表现在：单个卷的容量大小限制的增加、具有更小的分配单元簇、更高的磁盘利用率和大小在扩展根记录（boot record）时具有更好的稳定性。

但是，由于 FAT32 使用的是 32 位的文件分配表，虽然可以管理更大范围的磁盘空间，但是会降低管理的效率，这是因为无论是查询文件分配表，还是由操作系统将文件分配表引导至根区都需要花费更多的时间。

6. FAT 的限制

尽管 FAT 的应用非常普遍，但在网络环境中使用时，FAT 文件系统在很多方面都比 NTFS 要差。如 FAT 和 FAT32 都缺少强大的恢复性能和安全性能，不能对文件和文件夹提供充分的安全保障，系统只能通过网络，对共享用户设置权限来控制用户通过网络对共享文件夹的访问，从本地登录的用户基本上可以不受限制的访问 FAT 卷上的文件和文件夹。

同时，在 FAT 分区上对文件的访问速度受诸多因素的影响，包括文件类型、文件大小、分区大小、文件夹中文件的数目以及文件碎片的多少，等等。在较小的分区上访问文件夹，FAT 的速度要快于其他文件夹系统分区的访问速度。但在非常大的分区上，或者在文件夹中包含有大量的文件或存有大量碎片的文件或文件夹时，NTFS 分区上的文件夹要比访问相似尺寸的 FAT 分区上的文件夹快得多。

11.1.4 NTFS文件系统

NTFS文件系统是一种可扩展、可恢复、安全性高的文件系统。特别是在Windows Server 2008中增加了一些新的功能后变得更为强大。

11.1.4.1 NTFS文件系统概述

从对磁盘的组织结构来看，NTFS卷也有引导扇区，它位于在卷的0扇区上，保存了有关磁盘布局和在启动时引导操作系统的程序的信息，引导扇区中还包含有备份信息实现冗余和容错。

和FAT不同的是，NTFS是使用主文件分配表MFT（Master File Table）来管理文件，MFT并不是一张二维表，而是一个关系型的数据库，里面保存了卷上每个文件和文件夹的记录和相应的卷信息，同时还存储了MFT本身的详细信息。其中，MFT本身数据的备份主要用于在出现差错时恢复MFT，而其他的记录则保存了文件和文件夹的信息，包括文件或者文件夹的名称、指针信息、安全描述信息和其他信息。有时，被访问的数据可以通过读取MFT中的内容得到，而不需要访问数据真实存储的位置，从而提高了访问的效率。MFT在NTFS卷中扮演着重要的角色，对其性能的影响很大，系统空间分配、读写磁盘时会频繁地访问MFT，因此MFT对NTFS的卷的性能有着至关重要的影响。

NTFS提供了FAT所不具备的全新的性能，具有很高的可靠性和兼容性，用户使用NTFS可以实现如活动目录服务、文件的访问权限的管理、分布式文件系统、文件的加密/解密、磁盘配额等多种服务。

在NTFS卷上，不必定期运行磁盘检测程序来保持磁盘良好的性能，这些工作NTFS自动都会完成，一旦系统出现了故障，管理员只需利用标准事务日志和恢复技术便可完成系统的恢复。此外，NTFS支持文件夹的压缩和解压缩，用户可以选择对文件夹进行压缩后存储，这种方式可以节省大约40%~50%的硬盘空间。而在使用这些文件或者文件夹时，NTFS分区不需要特别使用程序对文件进行解压缩，而是直接运行，文件或者文件夹的解压缩是自动执行的。

面对存储了大量文件的大容量卷，NTFS表现出良好的访问速度，这是因为NTFS采用了增强的二进制树来定位文件。使用二进制树的查找机制比普通的顺序读取机制更快。

而在访问安全性上，NTFS为本地用户及网络上的远程用户都提供了文件和文件夹的不同程度的安全保护，可以通过对不同用户使用安全验证标识（SID）来确定用户可访问的文件和文件夹，从而实现对NTFS分区上文件访问的不同控制。无论用户是从本地登录还是通过网络访问文件或者文件夹，都会受到NTFS的权限限制。

相比FAT，NTFS文件系统在管理文件时使用了更小的簇，因此在磁盘利用率方面要优于FAT文件系统。

11.1.4.2 NTFS文件系统BPB

NTFS文件系统不需要在引导扇区中存放太多的信息，下面列出了形成NTFS的BPB和扩展BPB的61个字节中各参数占用的字节数和每个参数的含义。

- 每扇区的字节数(0002) 200h即512字节。这是美国市场上的标准。
- 每簇的扇区数(01) NTFS会尽量保持一个扇区一簇，直到分区的空间过大，大约是500MB为止。然后，分区空间每增加一倍，簇的大小也会增加一倍。例如，1GB的卷默认的簇的大小为2KB，2GB的卷的簇大小是4KB，以此类推。在NTFS中，簇的最大空间为64KB，

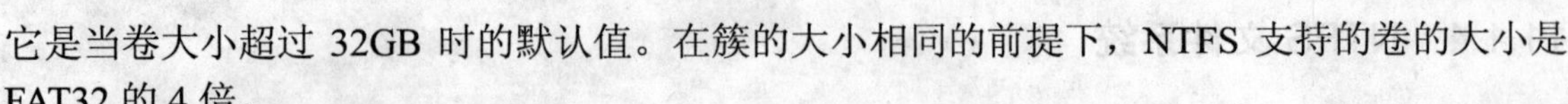

它是当卷大小超过 32GB 时的默认值。在簇的大小相同的前提下，NTFS 支持的卷的大小是 FAT32 的 4 倍。

- 保留(00 00)　NTFS 把引导扇区放在分区的开始。
- FAT 表的数量(00)　在 NTFS 中无效。
- 根目录中的最多项数(00 00)　在 NTFS 中无效。
- 小扇区数(00 00)　在 NTFS 中无效。
- 介质描述符(F8)　和 FAT 一样，这个数总是 F8，表示硬盘。
- 每个 FAT 表占用的扇区数(00 00)　在 NTFS 中无效。
- 每磁道的扇区数(2000)—20h 即 32，磁头的数目(40)—40h 即 64　其含义同 FAT 和 FAT32。
- 隐藏的扇区数(20 00 00 00)　20h 即 32(十进制数)个隐藏扇区。这与 FAT 和 FAT32 的含义是一样的。
- 扇区总数(00 00 00 00)　在 NTFS 中无效。对于 NTFS 庞大的文件地址空间来说，这个遗留下来的项所能表示的空间太小了。稍后有一个同名的项目，它能够容纳 64 位寻址。
- 每个 FAT 表占用的扇区数(80 00 80 00)　在 NTFS 中无效。
- 扇区总数(00 00 00 00)　这个新项采用了双字，足以为 264 个扇区编址，但是由于工业标准的限制，实际上最多只能有 232 个扇区，即 2TB。现在看来 2TB 的空间是足够大了。但让我们等着瞧 Office 2002 吧，它会更大的。
- 主文件表的逻辑簇编号(56 06 00 00 00)　656h，即十进制的 1662。和 FAT、FAT32 一样，NTFS 用簇而不用扇区来定位文件。每个簇都被唯一地标注了一个逻辑簇编号（Logical Cluster Number，LCN），例如，这个分区的主文件表（MFT）是从第 1662 簇开始的。通常，你会发现 MFT 总是尽可能地靠近卷的开头，以便达到较高的磁盘访问速度。因为这个分区是从 FAT32 转换过来的，在磁盘的开始部分就没有空间存放 MFT 了。
- MFT 镜像的逻辑簇编号(FF 8F 01 00 00 00 00 00)—18FFFh　文件系统将 MFT 的镜像副本放在分区的中间位置。如果系统不能读取主$MFT 记录(该记录中包含了其他 MFT 记录的位置)，系统将会在 BPB 中寻找镜像副本的位置。如果出现这种情况，文件系统会在事件日志中写入一条错误信息。
- 每条 MFT 记录占用的簇数(02 00 00 00)　2h，即每条 MFT 记录有 1024 字节。这是 Windowo2000 和 NT4 的默认值。NT 的早期版本使用 2K 或 4K 的记录。当保存小文件时，使用较大的 MFT 记录能够提高磁盘的利用率，这是因为整个文件的数据可以全部放在它的 MFr 记录中。但这只适用于过去那些只创建小文件的应用程序。今天，4K 的空间连一个数据文件头都很难存放下。微软重新考虑了 MFT 策略，并进行了权衡。
- MFT 索引占用的簇数(08 00 00 00)—8h　MFT 索引是记录 MFT 结构的二进制表，这些信息存放在称为$Bitmap 的 MFT 元数据记录中。
- 卷序列号(CD 8D 68 AC CB 68 AC F0)　和 FAT 相同。
- 校验和(00 00 00 00)　MFT 的 32 位校验和，用来保证它没有受到破坏。

11.1.4.3　NTFS 文件系统的文件和磁盘空间管理

1. NTFS 功能

NTFS 有多个版本，在 Windows NT 4.0 中使用的是 NTFS 4，只有安装了 Service Pack 4 以后才可以使用 NTFS 5。在 Windows 2000 Server 和 Windows Server 2008 中使用 NTFS 5。

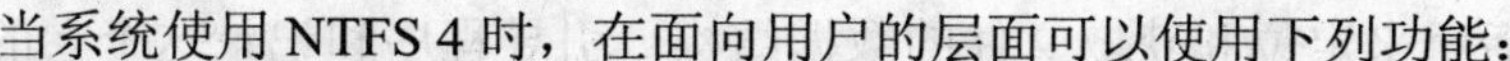

当系统使用 NTFS 4 时，在面向用户的层面可以使用下列功能：

- 可使用高级文件和文件夹访问权限。
- 文件和文件夹可使用文件共享和完整的访问控制。
- 可使用长文件名，文件和文件夹的名称最多可包含 256 个字符。
- 可在文件和文件夹的名称中使用 Unicode 字符。
- 可在文件和文件夹的名称中使用大小写字母。

当系统使用 NTFS 5 时，在面向用户的层面除了可以使用 NTFS 4 提供的功能外，还可以使用下列功能：

- 可使用加密文件系统（EFS）。
- 可使用稀疏文件、磁盘配额和对象标识符。
- 可使用解析点、远程存储和卷影副本。
- 可使用数据流和变异日志。

2. MFT 及文件和目录记录

FAT、FAT32 用簇映射来定位文件，而 NTFS 采用了面向对象的层次数据库。MFT 是由一些长度固定的记录以列表的形式组成的。记录长度为 1KB。每个记录都有一组属性，这些属性唯一地表示对应的文件或目录的位置和内容。在 NTFS 中，MFT 是一个非常重要的成分，它存储 NTFS 卷上所有文件和目录的信息，MFT 本质上是一个数据库表，包含了各种文件的各种属性。MFT 中的记录可分为三种：

- 文件记录。记录保存的信息是典型的数据。即文件。
- 目录记录。这些记录用来保存和检索文件名，也可对其他属性进行索引，如重解析点、安全描述符、链接跟踪信息等。
- 混合记录。包含与文件和目录都有关的属性。

MFT 使用记录存储文件或目录的信息，这些信息就是属性。由于记录的大小有限，MFT 有几种方式来存储一个文件的属性：驻留（resident）属性存储在 MFT 记录里面，非驻留（non-resident）属性存储在其他的 MFT 记录里或者在外部范围（extents）里。也就是说，NTFS 对文件的管理提供了两种灵活性：

（1）在一般情况下，一个文件用 MFT 中的一个记录来描述，这对于小的文件和目录是没有问题的，但是，当存储的文件很大，且文件存储在磁盘的多个碎片中，使得记录存储位置的指针过多，就会导致描述该文件的属性（如文件数据属性）太大而不能存放在只有 1K 的 MFT 文件记录中，那么 NTFS 将在 MFT 之外分配区域，这些区域通常称为一个延展（run）或一个延伸（extent），他们可用来存储属性值，如文件数据。如果以后数性值又增加，NTFS 将会再分配一个延展，以便用来存储额外的数据。只存储在延展中而不是在 MFT 文件记录中的属性称为非常驻属性。

（2）当文件足够小时，可以将数据直接存放在这个文件在 MFT 的记录中，而不需要另外分配存储空间，这一点在后面讲述$DATA 属性时可以看到。这一点是一个很突出的优点，可以节省大量的磁盘存储空间，因为磁盘空间是以簇为单位分配给文件的，而大容量的磁盘将簇是比较大的，例如 32k，如果对小文件也是以簇为单位分配存储空间，必然会导致零头很大，浪费存储空间。

3. MFT 元数据记录

元数据是存储在卷上支持文件系统格式管理的数据。在 NTFS 中，所有存储在卷上的数据都包含在文件中，包括用来定位和获取文件的数据结构，引导程序和记录这个卷的记录（NTFS 元数据）的位图，甚至包括 NTFS 内部使用的分区管理数据，统计信息和控制信息等。控制信息存储在一些特殊文件里，在 NTFS 分区格式化的时候创建，它们被称为“元数据文件（metadata files）”，包含了诸如用户文件列表、卷属性、簇分配信息之类的数据。唯一的例外就是“分区启动扇区（partition boot sector）”，它位于所有其他元数据文件之前，定义了 NTFS 分区最基本的一些操作，比如如何加载操作系统。

前面已经说过，NTFS 文件系统把所有的数据，无论用户的还是系统的，都存储成文件。所以有一部分文件对于 NTFS 是非常重要的，即元数据文件。元数据文件在 NTFS 卷格式化的时候自动产生，并组织在整个分区的前面。现在解释这些文件如何工作有些为时尚早，我们从它们在分区里的位置开始，首先是主文件列表（Master File Table，MFT）。MFT 实际上也是元数据文件，但是它描述了其他的元数据文件，甚至有的元数据文件整个就在 MFT 里面。MFT 为每个文件或目录都保存一个记录（record），如果这个文件太小，那么整个文件就可能都存储在这个记录里。因为元数据文件在 NTFS 也是“文件”，所以它们在 MFT 里也有对应的记录。实际上，MFT 的前 16 个记录就是为元数据文件保留的。

图 11-2 显示了元数据记录的结构，可以把它看作与目录和文件 MFT 元数据记录都以一个美元符$作为开始。它们的顺序和结构是严格控制引导加载程序 Ntldr 是运行在实模式下的，不能进行太多的复杂处理。

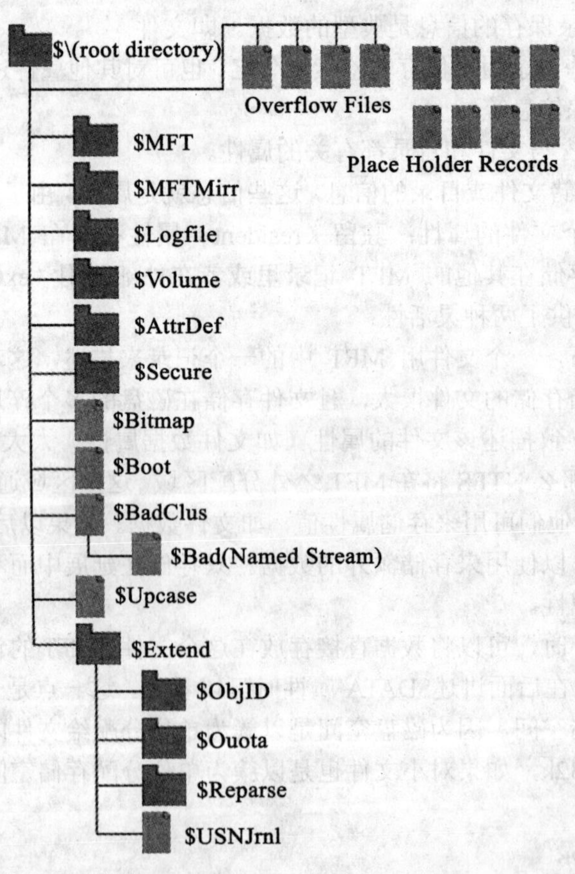

图 11-2　以标准的文件-目录层次显示的 MFT 记录结构

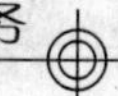

Ntldr 根据引导扇区中的信息来找到 MFT，然后加载第一批元数据记录操作系统文件，并继续加载操作系统。

下面列出了 MFT 元数据记录及其功能的简略描述：

• $MFT　NTFS 将磁盘上的任何东西都看作是一个文件，是 MFT 的文件记录。MFT 记录结构结合了文件记录和部分包含了指向 MFT 本身和 MFT 碎片（如果存在）的指针；它的目录含了一个位图（bitmap）属性，它表示整个 MFT 结构，并记载了 MFT 记录的情况。引导加载程序通过读取引导扇区中的一个指针来找到$MFT 记录。

• $MFTMirr　NTFS 将 MFT 中开始的几个记录镜像到分区的中间位置。如果含有主$MFT 记录的那一簇被损坏，系统能用这个镜像来找到 MFT 的其他部分，$MFTMirr 就是指向 MFT 镜像文件的一个标准的 MFT 文件记录。

• $LogFile　这个记录包含用来支持 NTFS 事务跟踪的日志文件的存放位置。NTFS 能够把要向磁盘中写的内容先放在内存中缓存，等适当的时候才写到磁盘上去。这种称为“延迟写”的技术大大改善了系统性能。但如果磁盘上的信息和 MFT 记录不同步，就造成了文件系统崩溃的可能。NTFS 通过日志文件服务（Log File Service，LFS）来解决这个问题：在把关键的 MFT 信息传递给 MFT 之前，先把信息写到日志文件中去。如果系统崩溃，NTFS 可以根据日志文件恢复 MFT 从而恢复一个完整的文件系统，这样就避免了在系统非正常关机后需要很长时间进行整个系统的重建。$LogFile 记录采用标准的文件记录结构，它的数据属性指向两个日志文件：一个主日志文件和一个镜像文件，它们位于分区的中间位置。

• **$Volume**　这个记录包含 NTFS 卷的名称、大小以及用来格式化该分区的 NTFS 的版本号。$Volume 记录使用了具有特殊属性的专用格式。

• **$AttrDef**　这个记录包含了一个属性定义文件，它列出了 NTFS 支持的属性以及与这些属性有关的信息，例如它们是否必须被保留在 MFT 表中，还是可以被存储在磁盘的任何地方，等等。$AttrDef 采用标准的文件记录格式。

• $\　这个记录包含文件系统的根目录。就像 FAT 和 FAT32 一样，目录通过文件名来对文件系统进行索引。根目录是元数据记录，这是因为它的位置和内容对于在文件系统中寻找其他任何数据都是十分重要的。$\采用标准的目录记录格式。

• $BitMap　像 FAT 和 FAT32 一样，NTFS 也维护了卷的簇映射，这样它就能迅速地定位空闲的簇。但是 NTFS 的簇映射是采用单个的位来记录的，因此即使是很大的卷也能被映射在一个紧凑的结构中。$BitMaP 采用标准的文件记录格式。

• $Boot　这个文件包含了辅助引导加载程序 NTLDR 的位置信息，它是一个元数据记录，这是因为主引导代码要找到辅助引导程序的代码就必须引用 MFT。NTLDR 文件本身通常是直接位于引导扇区后的保留扇区的后面。$Boot 采用标准的文件记录格式。

• $BadClus　这个文件记录了在初始格式化磁盘时及后续操作中识别出来的所有坏簇的位置。但如果选择了快速格式化，系统就不会扫描坏簇。NTFS 支持 SCSI 的备用扇区技术，这样任何一个簇都不会被标为坏簇，除非磁盘中留出来的所有的备用扇区都用尽了。$BadClus 采用标准的文件记录格式。

• $Secure　这是 NTFS 5 中的一个新记录，它包含 MFT 记录的安全描述符。把这些安全描述符集中放在一起比把它们分散放到各自的 MFT 记录中去更能提高系统性能并能通过镜像来实现容错能力。$&cure 采用标准的文件记录格式。

• $UPCase　这个文件包含 Unicode 字符集的小写字符和大写字符的对照表。$UpCase

采用标准的文件记录格式。

• $Extend　NTFS 5 中的一个新记录，该目录中包含除 NTFS4 中基本的 16 条记录之外的附加元数据记录。$Extend 目录中有 4 个元数据记录：$Quota、$ObjID、$Reporse 和修改日志$UsnJrnl，如果卷中使用了这些记录的话。$Extend 记录使用标准的目录记录格式。

• $Quota　$Quota 记录是一个目录，它包含了每个用户的 SID 以及他们拥有的文件。它支持基于配额在一个卷中分配空间。NTFS 从最初的版本就包含$Quota 记录，但直到现在它才被真正地实现。$Quota 记录采用标准的目录结构。

• $ObjID　这是 NTFS 5 中的一个新记录，这个目录记录包含了一些指向文件的指针，这些文件含有与 COM 文件、快捷方式以及其他一些链接相关的全局唯一标识（GUID），$ObjID 形成了链接信息的数据库，当链接的原文件被移动了位置时，链接跟踪服务（Link Tracking Service，LTS）就用它来寻找链接的原文件。这样就允许管理员在 NTFS 5 分区之间移动文件，而不需要手工修改指向这个文件的快捷方式和 COM 链接。

• $Reparse（Parse，解析）　这也是 NTFS 5 的一个新记录。它存储含有重解析点的文件的信息。重解析点是 NTFS5 的新功能，从本质上来说，它能把应用程序重定向到另一个数据位置，并提供了用来解析来自新数据位置的字节流的代码。Windows 2000 使用重解析点来支持装载点和远程存储，也有第三方软件商的产品能够利用$Roparse。

• $UsnJrnl　这是 NTFS 5 的一个新记录，它是标准的文件记录，含有修改日志的项目。在 NTFS 5 中，修改日志项用来快速地恢复附加的索引，包括第三方提供的包含特殊索引的项目。

4. 属性

NTFS 5 为 MFT 定义了一组属性，有些属性，如$File_Name，所有的记录类型都会使用；而有一些属性，如$Volume，只有一个记录类型使用。

（1）属性的结构

属性由属性头部分和数据部分两部分组成，如图 11-3 所示。属性头部分包含有属性本身的描述性信息，如：属性的总字节数、属性各部分的字节数、数据部分的偏移地址、时间戳记、属性本身专有的定位信息、标志位等。数据部分包含属性设计时所要求保存的信息，不同的属性包含的内容不同，例如$DATA 属性中要存储的文件的数据或者文件存储在磁盘中的位置指针。

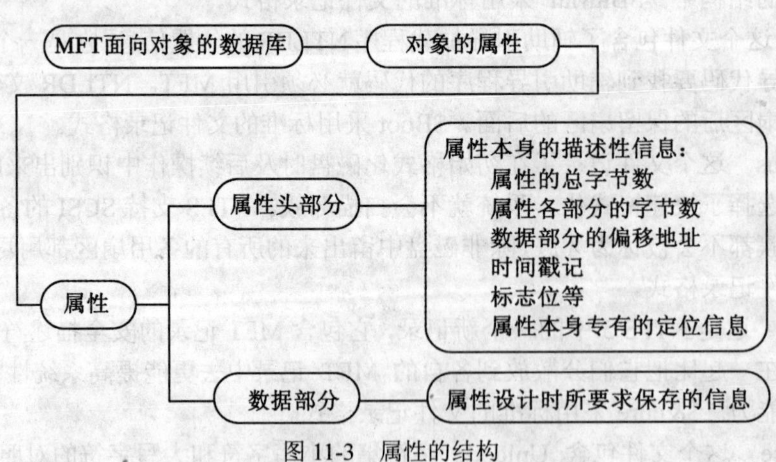

图 11-3　属性的结构

（2）NTFS 5 为 MFT 定义的属性

下面列出了 NTFS 5 为 MFT 定义的属性的名称和含义：

- $VOLUME_INFORMATION 卷信息：仅存在于$Volume 元数据文件中。
- $VOLUME_NAME 卷名称或卷标识：仅存在于$Volume 元数据文件中。
- $STANDARD INFORMATION 标准信息：包含常规的文件属性（只读、系统、隐藏、存档），以及一系列的时间戳记，包括文件的创建时间、数据修改时间、属性修改时间、上次访问时间，等等。这些信息在资源管理器中或使用 dir 命令中都可以看到。
- $FILE_NAME 文件名：包含文件的短文件名和长文件名。
- $SECURITY_DESCRIPTOR 安全描述符：这是为了向后兼容而保留的，主要用于保护文件以防止未授权访问。
- $DATA 文件数据：这是文件的内容，描述或记录文件的数据。
- $INDEX_ROOT 索引根。
- $ INDEX_ALLOCATION 索引分配。
- $BITMAP 位图。
- $ATTRIBUTE_LIST 属性列表：当一个文件需要使用多个 MFT 文件记录时，用此属性来表示该文件的属性列表。
- $OBJECT_ID 对象 ID：一个具有 64 个字节的标识符，其中最低的 16 个字节对卷来说是唯一的（链接跟踪服务为外壳快捷方式及 OLE 链接源文件赋予对象 ID；NTFS 提供 API 来直接通过这些对象 ID 而不是文件名来打开文件）。
- $REPARSE_POINT 重解析点：存储文件的重解析点数据（NTFS 的软链接与装配点都包括这个属性）。
- $EA 扩充属性：主要为与 OS/2 兼容。
- $EA_INFORMATION 扩充属性信息：主要为与 OS/2 兼容。
- $LOGGED_UTILITY_STREAM EFS 加密属性：主要为实现 EFS（ENCRYPED FILE SYSTEM）而存储有关加密的信息，如解码密钥、合法访问的拥护列表等。

在 NTFS 5 提供的属性中，$Standard_Information 和$File_Name 会在所有的记录类型中出现。

5. 文件记录和$Data 属性

在 NTFS 5 提供的属性中，$DATA 是一种特殊的属性，所有的文件至少有一个$DATA 属性，用于存储文件的数据（被看成$DATA 的数据）或者记载文件在磁盘中存放位置的指针。

若$DATA 属性的数据部分足够小（小于 500 字节左右，这于文件名有关），则数据部分就会存放在 MFT 记录中，若$DATA 属性的数据部分太大，数据部分存放在 MFT 记录中会导致记录超过 1K，则数据部分放在磁盘中，只有属性头常驻。还有一小部分常驻数据，用于存放非常驻部分的运行（RUN）的指针。

11.1.5 其他文件系统

1. 压缩光盘文件系统（CDFS）

Windows Server 2008 支持的文件系统还包括压缩光盘文件系统 CDFS（Compact Disc File System），这种方式主要用于对光存储介质，比如光盘的访问，借助光盘驱动器读取或者写入光盘上的数据，它仅应用于对光盘进行读写操作的光驱设备。

2. 通用磁盘格式文件系统（UDF）

通用磁盘格式 UDF（Universal Disk Format）的缩写，是在 CDFS 基础上开发出来的，它支持 CD-ROM，可在 DVD 和 CD 中用来交换数据。UDF 支持的性能包括访问控制表、读写性能以及可引导性能。

UDF 采用标准的封装写入技术（Packet Writing，PW）将 CD-R 当作硬盘一样使用，用户可以在光盘上修改和删除文件。其基本原理是在进行烧录时先将数据打包，并在内存中临时建立一个特殊的文件目录表，同时接管系统对光盘的访问。被删除的文件或文件中被修改的部分其实仍存储在 CD-R 光盘中，修改后的部分则以单独的数据块写入光盘，只不过在内存的目录表中，通过设定允许和不允许访问以及特殊链接等重定向寻址方法将数据重新组合，让系统找不到“老数据”，或让新数据替换老数据，从而达到删除与修改的目的。当用户结束操作后，便将新的目录表写回光盘并记下操作内容以便光盘日后的读取和数据的恢复。这样一来，无疑大大增加了操作的便利性，而且在使用 UDF 时，一般使用 Windows 中的资源管理器就能进行烧录，不会像使用 ISO 映像文件进行烧录时，每次完毕后都要进行关闭区段（Close Session）的操作，减少了烧录失败的几率。

3. exFAT

exFAT 文件系统一般用于可移动介质上，这种文件系统的优势在于它可以应用于任何支持这种文件系统类型的操作系统或者设备。

11.2 文件资源的共享

文件资源的共享是网络的最大优势之一。企业内部用户可以在网络环境中发布文件资源，并根据其他用户的需求，结合其职务、权限对他们赋予不同的访问权限。被授权用户不仅可以读取非本地机的资源，还可以对共享文件或文件夹进行修改。也就是说，只要开放文件夹写的权限，被授权用户就可以将数据储存在这个文件夹中；或者也可以直接更新文件夹中的文件，使信息保持在最新的状态。因此，为达到资源共享目的，用户必须首先对文件夹进行共享设置。

11.2.1 Windows Server 2008 中的共享文件夹

共享文件这一功能在 Windows Server 2008 中有不少改进，除增加了不少功能外，还提供了更充分的权限控管机制，兼顾了便利性和安全性。在共享资源的操作界面方面也有了很大改变，能让使用者更为轻松地完成设定，具体体现在下面几个方面：

（1）共享不再只限于文件夹共享，还可以共享单一文件

每位本机用户使用账户登录系统以后，都有权在自己的“用户配置文件”所在的文件夹（即%SystemDrive%\Users\%Username%），设定单一文件共享或文件夹共享。

这种新的文件共享方式称为“In-profile Sharing”，也就是在“配置文件夹的共享”。

不过虽然设定了 In-profile Sharing，但是从其他计算机透过网络（操作系统是 Windows Vista）或网络邻居（操作系统是 Windows XP）来获取网络上可用的共享资源时，并不会直接看到通过这种方式共享的文件。如果希望看到通过这种方式共享的文件，用户需要在 Users 文件夹上双击进入，找到用户的用户名（username）对应的文件夹，再双击进入之后才会看到通过这种方式被设置共享了的文件。

（2）内建公用文件夹

在 Windows Server 2008 中提供了一个公用文件夹，这是一个由系统自动建立、专为共享而设计的文件夹，虽然显示的是中文名称，但是实际所对应的是%SystemDrive%\Users\Public文件夹。

对于本机账户使用者而言，无论账户类型是标准使用者或系统管理员，都能读取公用文件夹的内容。

（3）没权限就看不到共享的文件

在过去基于 Windows 的网络环境中，多采用 Windows 2003 Server（服务器端）搭配 Windows XP（客户机端）的结构，只要是共享到网络上的文件夹，一般所有的网络用户都能看得到。

虽然也可以通过设置权限限制用户的访问，但是一般没有权限的用户也能看得到文件名，虽然读取不到文件内容，但却可能已经被别有用心的人记录到共享文件夹的名称，这将可能成为破解或者非法获取文件内容的线索。

因此，从 Windows Vista 和 Windows Server 2008 开始，如果要访问共享文件资源，必须具备对访问对象的“读取”权限，才能看到被共享的文件夹，这就有效地避免了前面所说的风险，这种功能称为 ABE（Access-Based Enumeration）。

（4）启动网络探索才能看到网络资源

网络探索（NetworkDiscovery）是从 Windows Vista 才出现的功能，这是为了解决在 Windows XP 时代设定了共享之后，其他计算机却无法立即看得到该共享资源的问题。

如果网络上的计算机都支持并启动网络探索功能，那么，当其中一台计算机新增了共享文件夹或共享打印机，它就会主动在网络上广播相关讯息，让其他的计算机很快地获取新增的网络资源的信息。

在 Windows Server 2008 中，默认情况下，网络搜索功能是关闭的，因此在执行开始→网络命令时，也看不到其他的计算机；当然，其他计算机的用户执行同样命令时，也看不到 Windows Server 2008 的服务器。这在一定程度上也提供了共享资源的安全性。

11.2.2 使用公用文件夹共享文件资源

1. 公用文件夹的作用

每个登录到计算机上去的用户都只可以访问自己有权限的文件，而无法访问其他用户的文件，如果这些用户要相互的共享文件，可以通过配置共享权限后发布到网络上。此外，还可以利用公用文件夹来进行共享。在 Windows Server 2008 中添加了公用文件夹，每个在本地登录的用户都可以访问这个公用文件夹。

公用文件夹的位置可以在“开始”→“计算机”→“C 盘”→“用户”下找到。如图 11-4 所示，公用文件夹内默认建立了公用视频，公用图片，公用文档，公用下载和公用音乐等文件夹。用户只要把共享的文件复制到适当的文件夹即可。用户也可以在公用文件夹内新建其他文件夹。

注意，域用户和非域用户看到的共享文件夹设置选项是不同的。

在公用文件夹的共享设置中，可以选择“启用密码保护的共享”功能，启用后，网络用户连接到计算机时必须先输入有效的用户名和密码，才能访问公用文件夹。否则，网络用户在访问时，不需要输入任何的用户名密码，就能直接访问公用文件夹内容。默认情况下，这个功能是开启的。

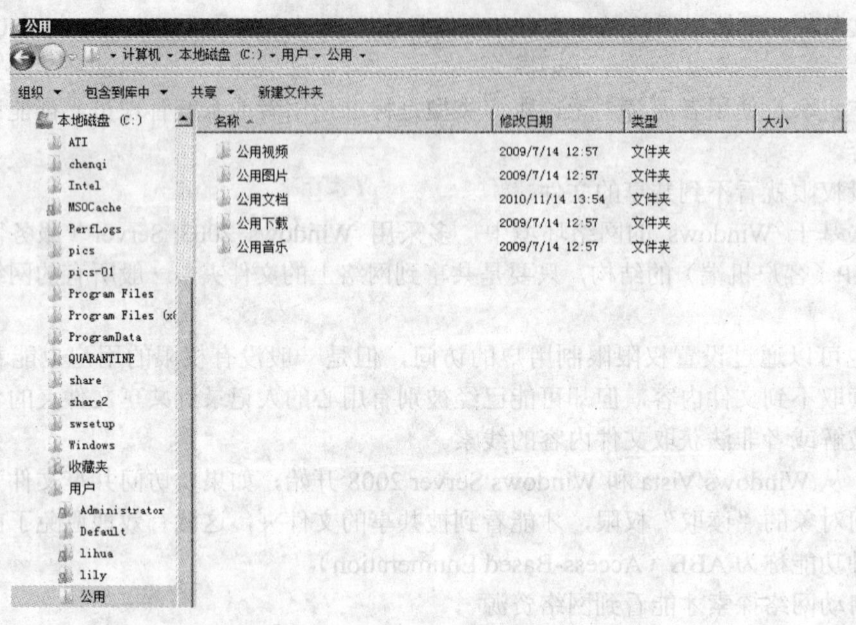

图 11-4　公用文件夹

2. 公用文件夹的访问

将 Windows Server 2008 的公用文件夹设置为共享之后，用户在 Windows Vista 以上版本操作系统的计算机上可用以下的任一种方式来读取该文件夹内容：

（1）单击“开始”，（若在 Windows XP 则执行“开始→执行”命令），选择“运行”，输入“\\服务器的 IP 地址\公用”或“\\服务器的计算机名称\公用”。

例如：“\\192.168.0.141\公用”或“\\2008SVR1\Public”，按 Enter 键。

（2）若是在命令提示字符视窗，输入“Start\\服务器的 IP 地址\公用”或“Start \\服务器的计算机名称\公用”。

例如：“Start\\192.168.0.141 公用”或“Start\\2008SVR1\公用”，按 Enter 键。

（3）若本机和服务器都启动了网络搜索，执行“开始→执行”命令后，便会看到网络上所有已设定共享的电脑，双击服务器的计算机名称，即可看到公用文件夹。

对于尚未登入域的用户，读取上述的公用文件夹时，会遇到要求输入用户名称和密码的对话框；对于已经登入域的用户，因为在登入时已经输入域用户名称和密码，所以会直接看到公用文件夹的内容，无须再次输入用户名与密码。

11.2.3　共享文件夹的权限

无论文件夹是位于 NTFS，FAT 或者是 FAT32 的磁盘内，用户都可以将其设置为共享文件夹，然后再配置这些文件夹的共享权限来限制不同的用户通过网络访问这些文件资源。用户为获得文件的内容，必须首先获得共享文件夹的存取权限。

共享文件夹中包含了应用程序、数据和用户个人数据（称本地文件夹），不同类型的数据需配置不同的共享文件权限。

在 Windows Server 2008 中，共享权限分为三种：完全控制权限、更改权限和读取权限。表 11-1 中列出各类权限给予用户的操作范围。

表 11-1 常见的共享文件夹权限

权限	描述
读取	可以查看文件名和子文件夹名；查看文件内的数据内容；运行可执行程序
更改	包含了"读取"权限的全部内容，还可以新建或者删除文件，文件夹；还可以更改文件内的数据并保存
完全控制	包含了"更改"权限的全部内容，还可以更改当前文件对象的访问权限（这项功能只限于 NTFS 文件或者文件夹）

默认情况下，所有用户的权限是读取，表现为 Everyone 组拥有读取权限。

在设置权限时，管理员可以把权限授予用户组或个人用户，不过最好是把权限授给用户组，因为管理员可以随时对那些有超越权限企图的用户立刻给予拒绝访问，尽管他所在的组可能已经拥有了某些权限。

需要注意的是：共享文件夹的使用权限只对通过网络访问的用户有约束力，对从本机登录的用户则不起作用。因此如果本地磁盘的文件系统是 FAT 或者是 FAT32，建议不要随便开放给所有用户"允许本地登录"的权限。

11.2.4 共享权限的特性

1. 共享权限的叠加

在企业范围内，有时用户会同时隶属于多个组，且这多个组分别对某个共享文件夹拥有不同的共享权限，此时用户对这个共享文件夹的最终有效权限是所有这些权限的总和。

例如，用户李华，同时隶属于市场部组和部长组，他对某个文件夹的共享权限的设置情况如表 11-2 所示。

表 11-2 共享文件夹权限的叠加

用户或组	权限
用户李华	读取
市场部组	更改
部长组	完全控制
用户李华对这个文件夹的最终访问权限是完全控制	

分析这个例子，因为最终的权限是这三个权限叠加的结果，也就是取权限的总和。由于完全控制包含了更改和读取权限的全部内容，所以用户李华通过网络访问这个文件夹时，他的有效权限就是完全控制。

2. "拒绝"权限的优先级更高

共享权限有读取，更改和完全控制三种类型，在配置的时候有两个选择，即：允许和拒绝。

由于“拒绝”权限的优先级别更高，因此，虽然用户对某个共享文件夹的有效权限是其所有权限的总和，但如果用户所属的组或者用户自己对这个文件夹的权限中有一个权限被设置为拒绝，那么用户将不再具有这个权限。

例如，用户张林，同时隶属于销售部组和经理组，他对某个文件夹的共享权限的设置情况如表 11-3 所示。

表 11-3　**有“拒绝”权限时权限的叠加**

用户或组	权　限
用户张林	读　取
销售部组	拒绝读取
经理组	完全控制
用户张林对这个文件夹的最终访问权限是拒绝访问	

在这里需要说明一下，权限的配置中未指定权限和拒绝访问对最后的有效权限是有不同影响的，如果设置时选择的是未指定权限，那么未指定的部分不参与权限的叠加过程，而如果设置时选择的是拒绝访问，那么这个权限将覆盖掉所有其他权限。

3. 共享权限的复制和移动

如果将共享文件夹复制到其他的磁盘分区内，则原始的文件夹仍然保持共享状态和共享权限，但是复制的那个新文件夹在其他的磁盘分区中并不会成为共享文件夹，如果要共享新文件夹，需要重新配置。

如果将共享文件夹移动到其他磁盘分区之内，则此文件夹将失去共享的状态和共享的权限。

4. 共享权限和 NTFS 权限的叠加

如果在网络上远程访问存储在 NTFS 分区上的共享文件夹，那么用户会同时受到共享权限和 NTFS 权限的限制。此时用户最终的有效权限，是取共享权限和 NTFS 权限中范围更小的那一个。

例如：用户陈妍对存储在 NTFS 分区上的 tools 文件夹拥有的共享权限是读取，同时拥有 NTFS 权限是完全控制，那么最终用户通过网络访问 tools 文件夹时，访问权限是读取。

如果此时用户不通过网络去访问，而是直接从本地登录访问 tools 时，权限是由 NTFS 权限决定，具体两类权限的应用在下面的 NTFS 权限的小节中讲述。

11.2.5　新建共享权限

在 Windows Server 2008 中，用户可以把那些希望给其他网络用户共享的文件夹及文件统一地放在一个文件夹下，然后将这个文件夹设置为“共享文件夹”，发布在网络上。这里介绍两种常见的建立共享文件夹的方法。

1. 使用“计算机管理”建立共享

使用这种方式建立共享的好处在于启用了设置向导，用户按照顺序一步一步可以将权限和共享选项的设置一气呵成。在这个界面中还可以连续地设置存储在不同路径的文件夹共享，其步骤为：

（1）打开“计算机管理”，选中“共享文件夹”中的“共享”，然后在右侧空白处单击右键，选择“新建”，再选择“共享”，如图11-5所示。

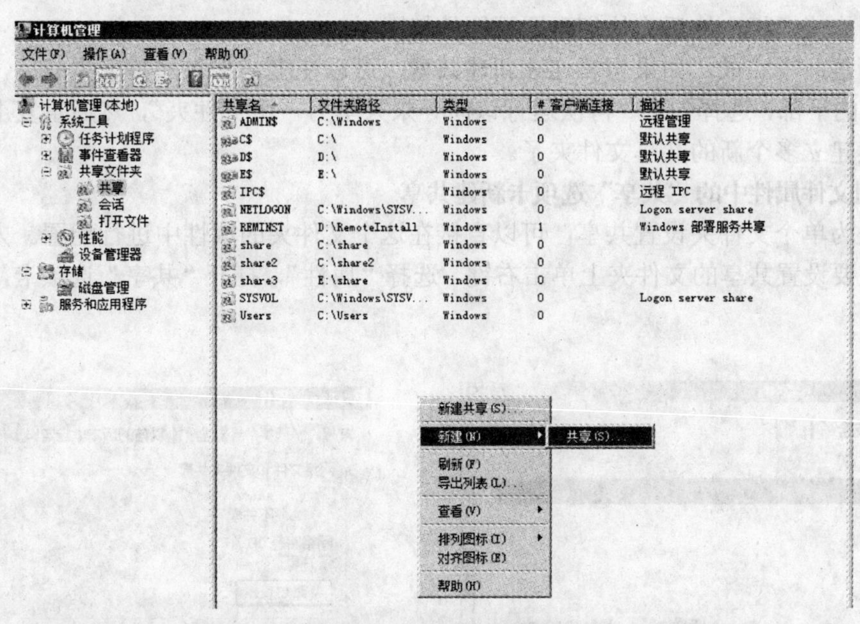

图11-5 新建“共享”

（2）启动创建共享的设置向导。

（3）在“文件夹路径”窗口中，输入要共享的文件夹的路径和名称，例如，选择E盘下的share001文件夹，单击“下一步”就会出现“名称、描述和设置”窗口。

（4）在“名称、描述和设置”窗口中，设置共享名为share001，会遇到脱机设置的选项（这部分在后面详细描述），如图11-6所示，按“下一步”，就会显示“共享文件夹的权限”窗口。

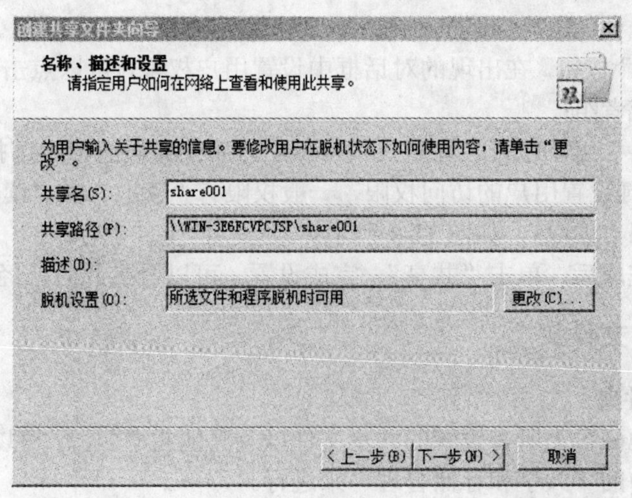

图11-6 设置共享名

（5）在“共享文件夹的权限”窗口中可以设置共享权限，在默认情况下，共享权限是Everyone组拥有对文件夹的读取权限（即在“共享文件夹的权限”窗口中选择“所有用户有只读访问权限”）。如果选择了“自定义权限”选项，就会看到图11-7所示的对话框，可以添加不同的用户或者组，然后为他们配置不同的权限。

（6）新建共享完成，如果想要连续新建共享，可以在上一次新建共享完成后，在“共享成功”界面的下部，选择勾选“再次运行该向导来共享另一个文件夹”，然后重复上述的过程就可以继续建立多个新的共享文件夹了。

2. 利用文件属性中的“共享”选项卡新建共享

如果是为单个文件夹设置共享，可以直接在这个文件夹的属性中进行配置。方法是：

（1）在要设置共享的文件夹上单击右键，选择“属性”，打开“共享”选项卡，如图11-8所示；

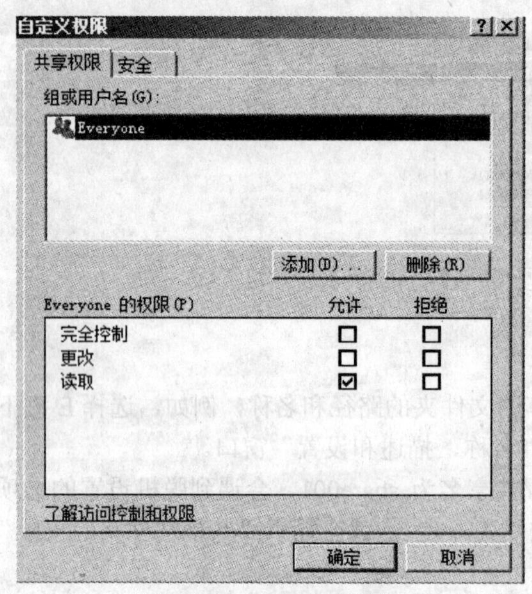

图11-7 自定义共享权限

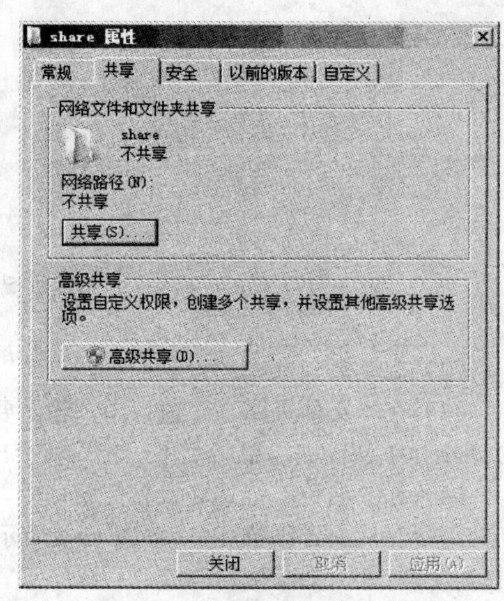

图11-8 单个文件的属性选项卡

（2）单击“共享”按钮，在出现的对话框中设置用户权限，可以点击下拉箭头，选择“查找用户”添加用户或者组；

（3）输入“计科”组，检查名称后找到目标，然后在界面的下半部找到刚刚添加的用户组“计科”，单击右键设置用户的访问权限，一般权限有“读取”和“读取/写入”两种选择，这里使用默认的权限“读取”，如图11-9所示；

（4）上述步骤完成后，单击“共享”，完成设置。可以看到此时已经成功建立共享。

11.2.6 管理共享文件夹

1. 查看共享文件夹

如果要查看本地磁盘上所有设置的共享文件以及其他共享资源，可以通过“计算机管理”或者“管理工具”中的“共享和存储管理”来进行。

（1）使用计算机管理

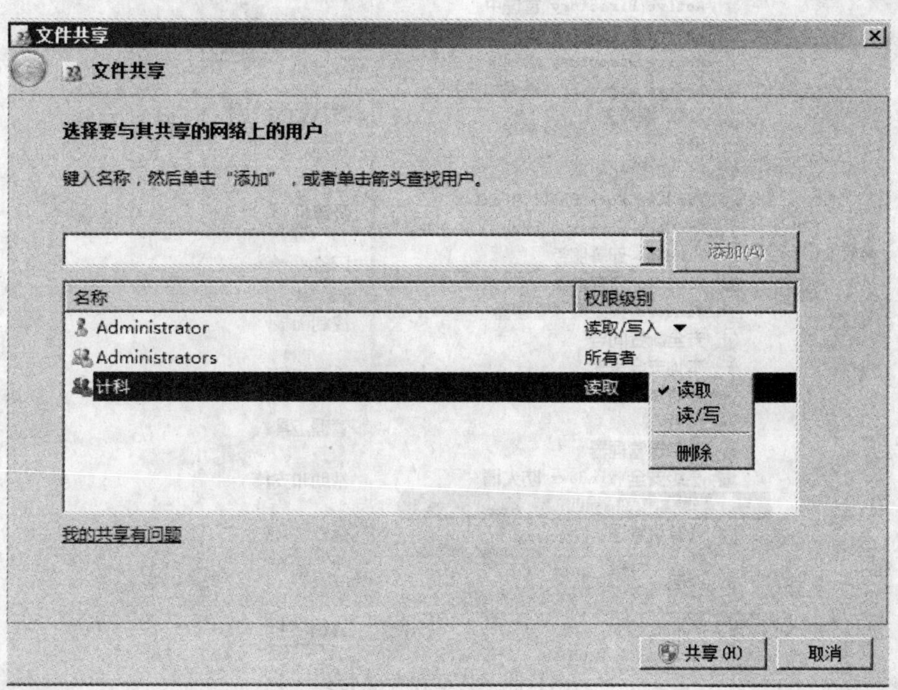

图 11-9　设置共享权限

如图 11-10 所示，打开“计算机管理”的界面，选择窗口左边的共享文件夹下的“共享”选项，可以在界面的中间位置看到本机上所有被设置为共享的文件夹资源。

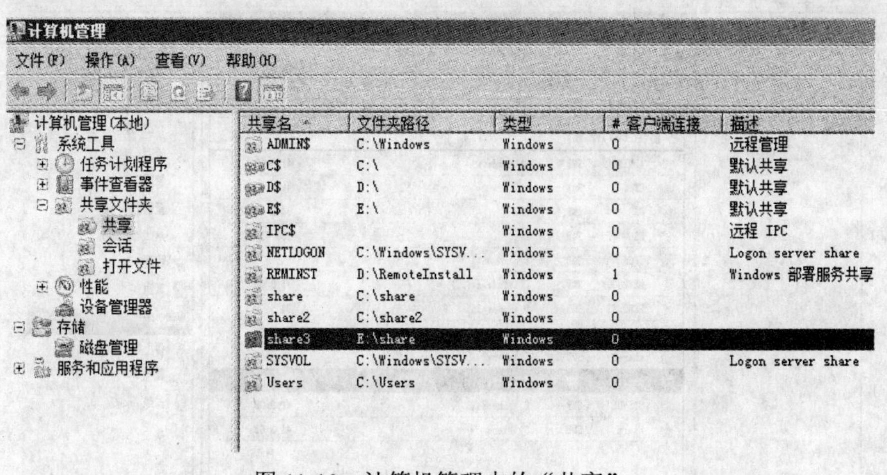

图 11-10　计算机管理中的“共享”

（2）使用共享和存储管理

在“开始”中选择“管理工具”，然后可以看到“共享和存储管理”选项，如图 11-11 所示。

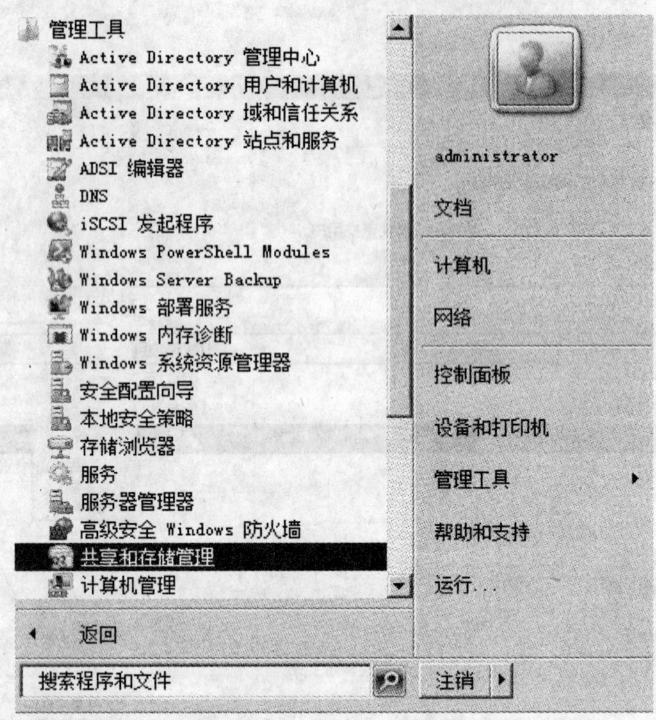

图 11-11　共享和存储管理

单击这个选项，可以看到如图 11-12 所示的界面。

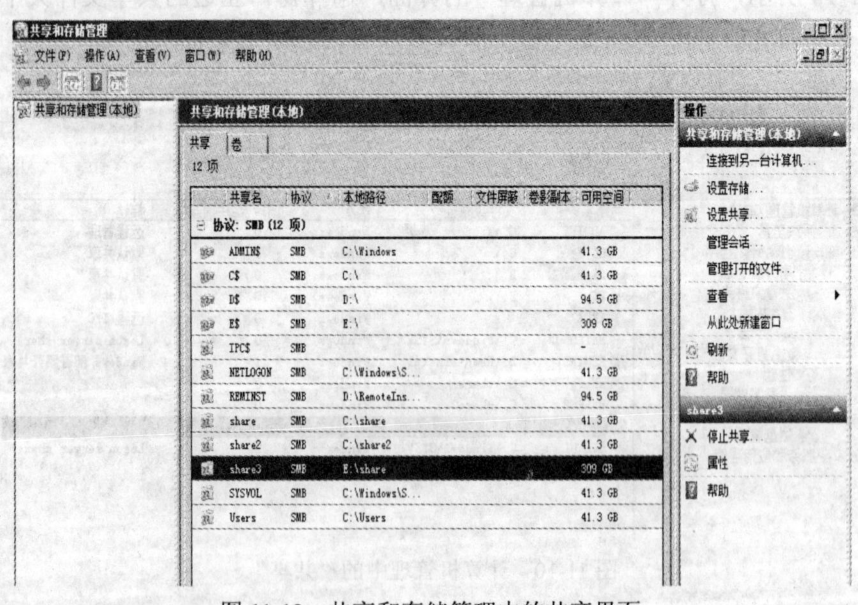

图 11-12　共享和存储管理中的共享界面

和“计算机管理”不太相同的是，在“共享和存储管理”中可以很方便地对共享资源进行重设属性、停止共享等操作。

2. 修改文件夹的共享选项

共享文件夹发布在网络环境后，管理员可以根据实际的需求重新设置文件夹的共享选项。

修改文件夹共享选项的方法是，在指定的文件夹上选择右键菜单中的“属性”，单击“高级共享”，如图 11-13 所示，可以看到可配置的选项包括有是否共享文件夹、文件夹发布在网络环境中的共享名称、同时通过网络共享文件资源的用户数量等。

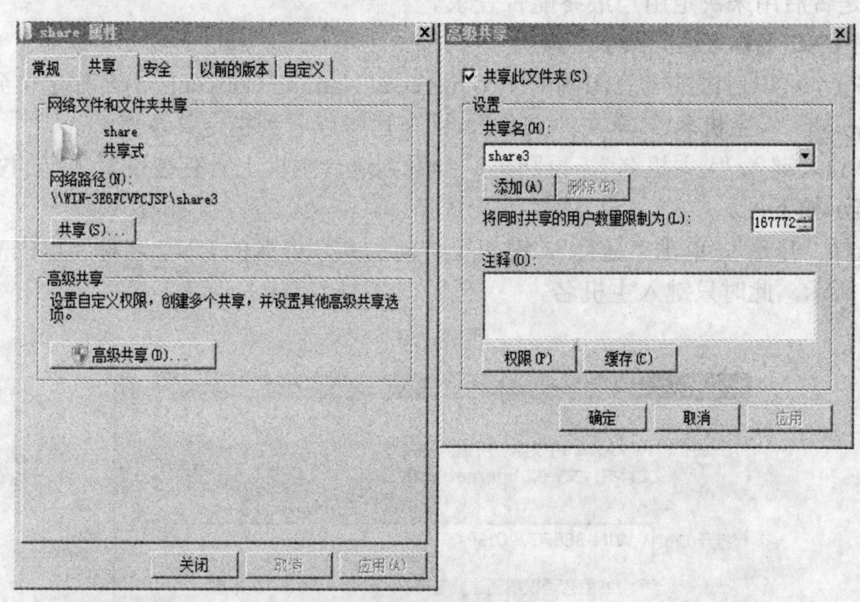

图 11-13 修改共享选项

在上右图中，选择“权限”，看到下面的界面，在这里可以设置有哪些用户或者组可以访问当前共享文件夹，还可以设置这些用户和组以何种方式访问当前文件夹。

3. 停止共享

如果管理员不希望继续在网络环境中发布某个共享文件夹时，可以停止文件夹的共享。一旦停止共享，网络上的用户就无法再访问该文件夹了。有时，在停止资源共享后，网络上的其他计算机可能还会看到先前设置为共享的文件夹。这是因为文件夹中还有一部分数据还留在计算机的内存中，这些数据需要经过一段时间后才会从系统中消失。如果其他的用户仍然继续连接这个文件夹，就会出现错误信息。因此，在停止共享文件夹之前，最好先确定是否还有用户与该文件夹连接。

停止共享文件夹的步骤为：在“共享和存储管理”窗口中选择要停止共享的文件，然后再点击窗口右侧的“停止共享”选项。

11.2.7 用户如何通过网络访问共享文件夹

如果用户希望访问网络上的共享资源，可以通过下面几种方式来实现：

1. 使用网络发现来连接网络计算机

Windows Server 2008 的用户可以开启“网络发现”功能，和其他也开启了“网络发现”功能的计算机连接，然后在看到网络上的计算机以后，单击计算机名并输入有效的用户名和密码，就可以访问这台计算机上设置为共享的所有公用文件夹和共享文件夹。

在连接时，有几种情况，一种情况是用户主机和被访问的主机都是连入到域中的主机，此时要访问共享文件夹，需要提供域用户账户，访问时必须要先经过域控制器对身份进行验证，确认后被允许连接到域中的计算机上。

如果用户的计算机和被访问的主机并没有连入到域中，或者是一台主机连入域，另外一台未连入域，或者分别是属于两个不互通的域，此时登录时可以使用 guest 身份登录，但要根据 guest 是否启用来决定用户最终能否登录。

2. 使用 UNC 名称来访问共享资源

在网络上，可以通过共享资源的 UNC(Universal Naming Convention)名称定位到资源所在的位置，格式是“\\主机名\共享文件夹名”，回车后可以看到指定共享资源。

如果单独只键入“\\主机名”，再回车，会看到这台主机上所有被设置共享的文件夹。操作步骤演示如下：

（1）选择“开始”，单击“运行”，键入要访问的共享资源的 UNC 名称（事先需要知道），如图 11-14 所示，此时只键入主机名。

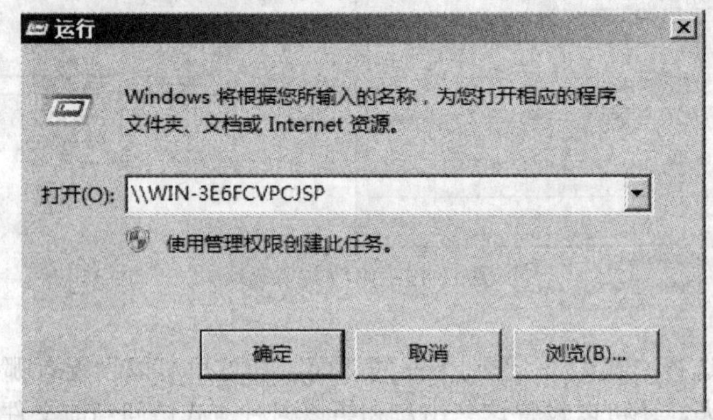

图 11-14　共享文件夹的“属性”对话框

（2）回车后，看到该主机上所有被设置为共享的文件夹，然后就可以访问所需要的共享资源了。

3. 使用网络驱动器的方式来访问共享资源

如果用户不想每次大费周章的在网络上寻找目标共享资源，也可以先在自己的主机上设置网络驱动器映射目标共享资源。在目标共享资源不改变路径的情况下，这种方式可以说是一劳永逸的便利方式。

操作步骤及演示如下：

（1）由于设置网络驱动器要映射目标共享文件夹，需要先获取目标共享文件夹的共享路径信息，可以在目标共享文件夹的“属性”中复制共享路径，如图 11-15 所示。

（2）在“计算机”界面下，选择工具栏位置的“映射网络驱动器”选项，如图 11-16 所示。

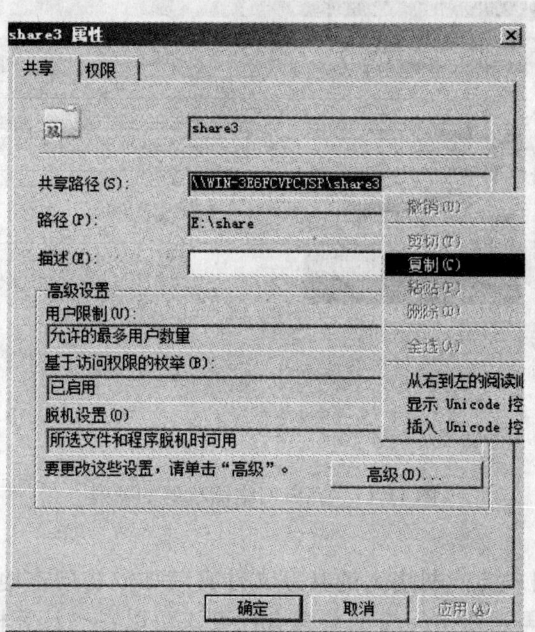

图 11-15 复制共享路径的 UNC

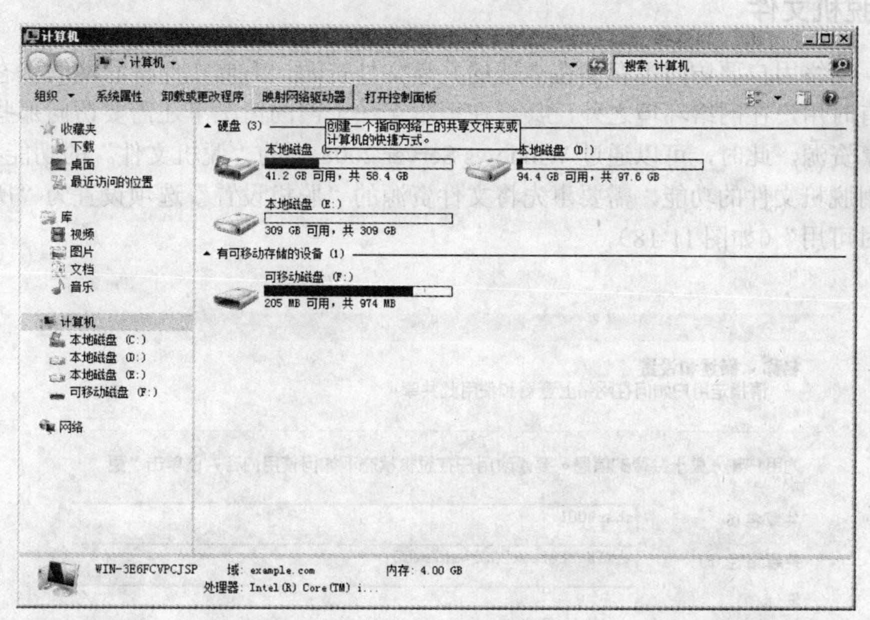

图 11-16 映射网络驱动器

（3）在“映射网络驱动器”的窗口中，设置网络驱动器的盘符为 Z，然后将复制得到的共享路径粘贴在“文件夹”后面的选框中。

（4）设置完成，可以看到在“计算机”界面中，多了一个 Z 盘，这是一个网络驱动器，它对应了目标共享文件夹 share3，如图 11-17 所示。

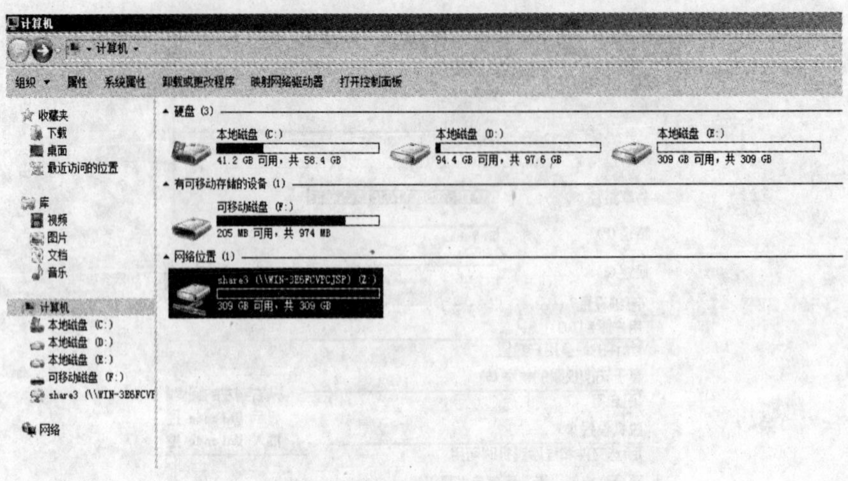

图 11-17　完成网络驱动器的映射

（5）设置完成后，用户访问网络上的共享文件夹就如同访问本地的磁盘一样非常方便了。当然，如果日后用户不再需要访问这个共享文件夹，可以在“计算机”中选中网络驱动器，在右键菜单中选择“断开”即可。

11.2.8　脱机文件

通常，网络用户要访问不存储在本地的共享文件资源，需要在保持联网的状态下才能实现。但是有时用户在网络环境之外，甚至在根本无法上网的情况下还需要访问那些网络计算机上的共享资源，此时，可以通过 Windows Server 2008 中的“脱机文件”的功能实现访问。

要使用脱机文件的功能，需要事先将文件资源的“脱机设置”选项设置为“所选文件和程序脱机时可用”（如图 11-18）。

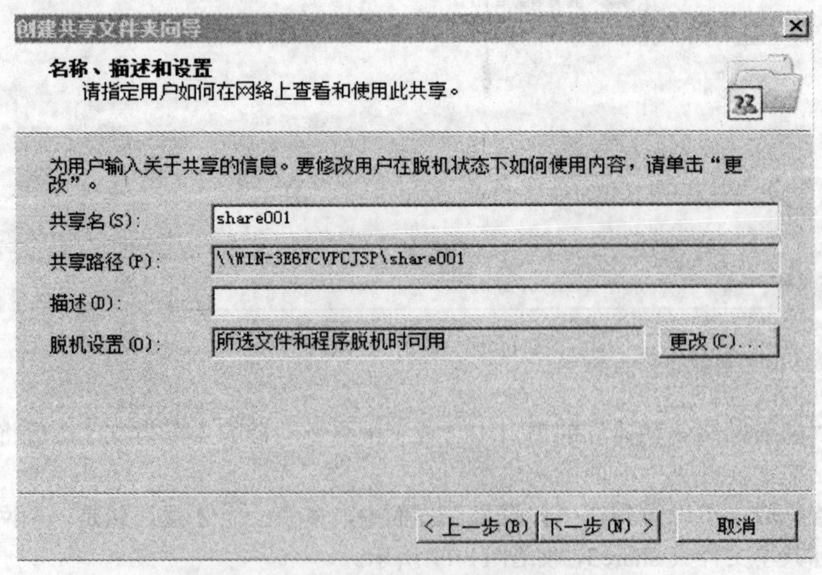

图 11-18　更改脱机设置

脱机文件的原理是用户在联网状态下访问被设置了脱机工作的共享文件资源时，这个文件资源将同时被复制到该用户计算机的硬盘内。那么，在保持联网的状态时，用户访问的仍然是存储在网络计算机上的共享文件资源，而在断网的情况下，用户还是可以访问这些共享文件资源，只不过此时所访问的是存储在本地计算机上的缓存副本。对用户来说，无论是否联网，都一样可以访问到共享文件资源。

脱机设置的功能可以根据用户的需要来进行修改，方法是在图 11-18 中，点击“更改”，在出现的对话框中进行选择，如图 11-19 所示。

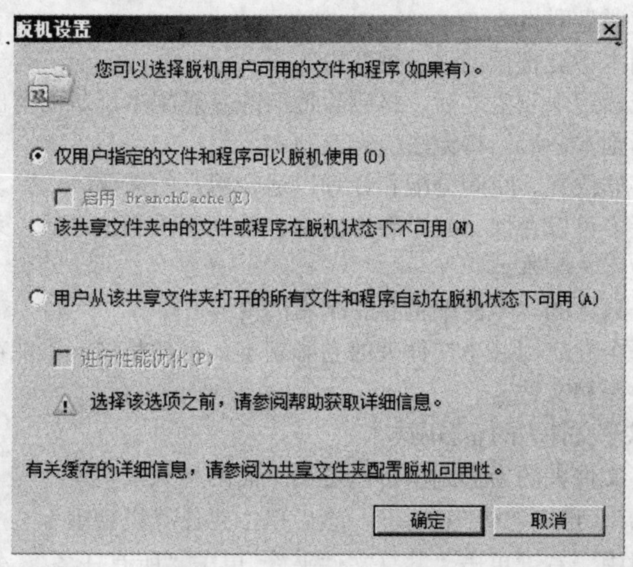

图 11-19　脱机设置的选项

需要说明的是，被设置了脱机功能的共享文件资源，在每次联网时，都会与存储在网络计算机上的原始文件资源进行同步，目的是确保文件资源内容的完整和一致。通过比较缓存文件和原始网络文件的更新记录来判断同步的标准，通常有两种情况：

（1）原始网络文件和缓存文件两者中一方没有更新，一方有更新，则用更新过的一方作为同步的标准对内容进行统一。

（2）如果网络文件和缓存文件两者都有更新，则系统会提示用户选择保留哪一方，也可以选择都保留。

11.2.9　卷影副本

在 Windows Server 2008 中，共享文件夹还提供了卷影副本的功能，这项功能可以提供文件服务器在指定时间内的实时文件副本，类似系统快照的功能，用户可以通过卷影副本查看在过去某个时刻存在的共享文件和文件夹。

开启这项功能以后，系统会在指定时间之内将共享文件夹内的文件复制到某一个备用的存储区中存放。如果以后用户对共享文件夹内的对象进行了某些不正确的操作甚至误删除掉这些对象，过后又后悔，想要撤销那些操作时，就可以通过提取卷影副本存储区中的备份文件来达到目的。

1. 使用卷影副本的规则

要合理地使用卷影副本这项功能，需要遵循一些规则：

（1）当使用卷影副本恢复文件时，文件权限在恢复前后没有变化。如果恢复的是一个意外删除的文件，文件权限将默认继承所在目录的权限。

（2）共享文件夹的卷影副本在所有版本的 Windows Server 2008 R2 中都可用。但是，用户界面不可用于服务器核心安装选项。若要利用服务器核心安装为计算机创建卷影副本，需要从另一台计算机远程管理此功能。

（3）磁盘联机时，如果磁盘包含卷的卷影副本存储空间，为了防止可能丢失快照，会在使卷本身联机之前使磁盘联机。

（4）创建卷影副本不能替代创建常规备份。

（5）当存储区域达到限制值之后，将删除最旧的卷影副本，从而留出空间以便创建更多卷影副本。删除卷影副本之后，将无法检索该副本。

（6）可以调整存储位置、空间分配和计划以适合用户的需要。

（7）每个卷上最多可以存储 64 个卷影副本。达到该限制值之后，系统将删除最旧的卷影副本，因此无法检索该副本。

（8）卷影副本是只读的。不能编辑卷影副本的内容。

（9）只能针对每个卷启用共享文件夹的卷影副本，也就是说，不能在卷上选择复制或不复制特定的共享文件夹和文件。

2. 启用和配置共享文件夹的卷影副本

启用和配置共享文件夹的卷影副本可以遵循下面的步骤来实现：

（1）单击“开始”，指向“管理工具”，然后单击“计算机管理”。

（2）在控制台树中，右键单击“共享文件夹”，单击“所有任务”，然后单击“配置卷影副本”。

（3）在“选择一个卷”中，单击要为其启用共享文件夹的卷影副本的卷，然后单击“启用”。

（4）这时，将显示一条警报，表示现在 Windows 将利用当前设置创建卷影副本，这些设置可能对具有高 I/O 负载的服务器不适用。如果要继续，请单击“是”，或者如果要选择不同的卷或设置，请单击“否”。

（5）若要更改默认计划和存储区域，请单击“设置”。

11.3 分布式文件系统

分布式文件系统（Distributed File System，简称 DFS）是网络环境中普遍使用的一种基于文件和目录管理的文件系统。在 Microsoft 的网络操作系统中，DFS 最早使用于浏览 Windows NT 网络上已有文件的一种新方法。它允许从不同的物理系统创建一个单一逻辑目录树，使已有的数据更具合理化结构，从而便于用户访问网络文件资源、加强容错能力和网络负载均衡。用户查找资源不用去登录多个服务器，管理员也只要在单一地点就可管理多个共享文件夹，使用非常方便。

11.3.1 分布式文件系统概述

分布式文件系统是浏览基于 Windows 的网络环境中已有共享文件资源的一种方法。

1. 分布式文件系统（DFS）

在传统的共享网络环境中，由于共享文件夹总是分散存储在多台计算机上，用户需要访问这些共享资源时，往往需要在网络上逐台搜索每台联网的计算机上的共享资源，这样的访问方式是很不方便的。使用分布式文件夹系统，可以构造出一个树形的逻辑命名空间，将网络上所有的共享文件夹存放到这个空间中去，并根据文件夹之间的关联对照树形结构组织在一起。这样一来，用户只需要访问一个共享 DFS 的根目录，就能在不需要知道各个共享文件夹的物理存储路径的情况下访问网络上所有的共享文件资源。站在用户的角度，此时的共享文件夹都好像存储在一台服务器上一样。

通过 DFS 可以有效地组织网络环境中的共享文件夹，可以简化对共享文件夹的访问。如果用户以前就具备对某些共享文件夹的访问权限，他会发现使用 DFS 访问这些共享文件夹时，他的权限并没有发生变化。同时，作为一个访问点，用户能简便地访问网络资源而不用考虑资源所在的实际位置。由于 DFS 为可能在网络上任何位置的文件系统资源创建了一个层次的、有逻辑的、可查询的目录树，因此，无论是管理员还是用户，都会发现网络和文件系统结构变得异常的清晰，访问或者管理变得简单和容易。

2. 分布式文件系统（DFS）的优点

归纳起来，使用 DFS 管理共享资源主要有以下优点：

（1）有序的组织网络上的共享资源

Windows Server 2008 提供的 DFS 空间是一个树形结构，它能将网络上相关联的共享文件夹进行合并存储和分散存储，方便用户和管理员对文件夹进行分类和快速的查询。DFS 树包含根节点和子节点。一个 DFS 根节点下可以有多个子节点，每个子节点指向一个网络上的共享文件夹。一个 DFS 子节点代表不同文件服务器上的共享文件夹。

（2）共享资源的网络浏览更为简便

DFS 一旦建立成功，用户在浏览 DFS 树中资源时不需要知道提供此文件夹的服务器名和文件夹的共享名。这可以大大简化网络资源的访问，用户只要能连到 DFS 树的根目录，就能浏览和访问此根下的全部资源，而不用考虑各资源真实的物理位置。

（3）网络管理的可用性

在 Windows Server 2008 中，系统会自动将 DFS 映射发布到活动目录中，域中的用户可以在活动目录的范围之内访问 DFS 名字空间。管理员可以选择复制 DFS 根目录或者 DFS 文件夹，这样一来，如果域中某台服务器发生了故障，用户仍然可以在另外的服务器上访问到 DFS 树，而用户察觉不到这种变化。

（4）保持网络权限

DFS 提供了对 NTFS 权限和共享权限的支持，因此，管理员可以通过配置两类权限来限制不同用户对 DFS 的访问。另外，建立 DFS 树前后，各共享文件夹的访问权限不会发生变化。只要用户有访问共享文件夹的权限，他就能通过 DFS 访问该共享文件夹。

（5）服务器的负载均衡

DFS 提供了复制的功能，如果通过 DFS 将相同的文件存储到网络上的多台服务器上，可以降低单台服务器的负担，让不同的客户在网络环境中从不同的服务器上访问所需的资源，均衡服务器的负载。

（6）提高访问的效率

DFS 实际上提供给用户的是服务器列表，而服务器内包含有用户所有需要的共享文件资源。每次用户在访问 DFS 时，DFS 会根据用户在网络中的位置选择接近的服务器提供服务，因此访问的效率比较好。

3. 分布式文件系统（DFS）的类型

分布式文件系统的类型通常有两种：独立 DFS 和域 DFS。

所谓独立 DFS 是指在单一的计算机上保存 DFS 的目录配置信息，缺乏对根目录的容错。如果存储 DFS 的计算机或 DFS 根目录的映射出现故障，用户将不能正常访问 DFS。这种类型的 DFS 不需要使用活动目录，也不能提供自动的文件复制。

域 DFS 是在活动目录中存储 DFS 的目录配置信息。由于活动目录中域控制器有多主复制的特性，因此 DFS 的信息将存放在不止一台服务器上，所以这种 DFS 能够提供容错，也可以提供根目录级别的复制功能。它的特点包括：必须建立在域成员服务器上；DFS 的名字空间将自动发布到活动目录中；支持自动的文件复制；通过文件复制服务提供容错等。

11.3.2 分布式文件系统（DFS）的结构

在 Windows Server 2008 中，可以通过文件服务角色中的服务来建立 DFS，创建时需要参考 DFS 的结构来进行，下面就以图 11-20 为例来说明 DFS 结构中的各个组成元素以及它们的功能。

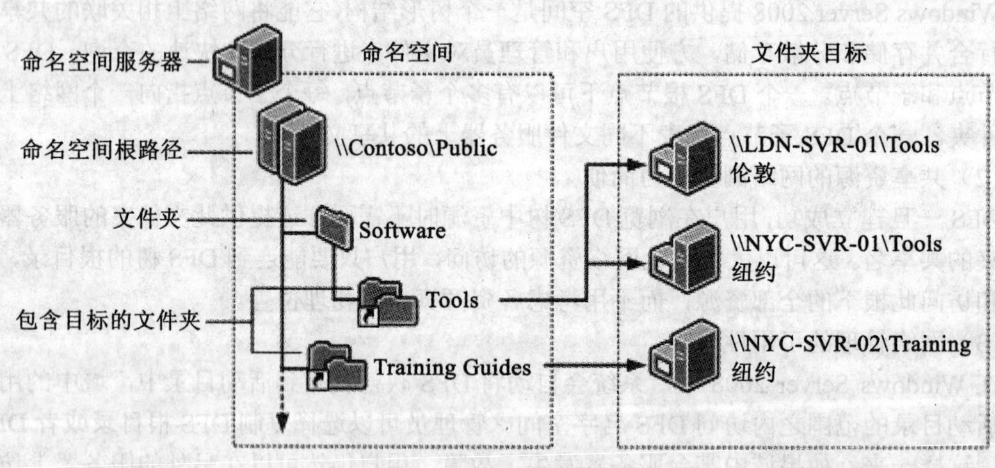

图 11-20 分布式文件系统结构

（1）DFS 命名空间

DFS 的命名空间是企业网络环境中共享文件夹的一种虚拟视图。使用 DFS 命名空间技术可以将存储在不同服务器上的共享文件夹连接到一个或者多个命名空间中，根据文件夹之间的关联进行组合，使得用户在查看文件资源时，感觉在一台计算机上访问资源一样。

如图 11-20 所示，DFS 的命名空间通常是树形的。命名空间中对象的路径与共享文件夹的通用命名约定（UNC）路径类似，例如：\\Server1\Public\Software\Tools。这表示共享文件夹 Public 及其子文件夹 Software 和 Tools 均存储在服务器 Server1 上。

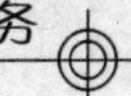

常见的DFS命名空间有两种类型，一种是独立的命名空间，这种命名空间的设置数据存储在一台独立的服务器上，没有容错性；另外一种则是域命名空间，这种命名空间的设置数据存储在活动目录之内，具有故障转移的功能。

（2）命名空间服务器

命名空间服务器是主控命名空间的服务器，如果在域命名空间中，则命名空间服务器可以是成员服务器或者是域控制器；如果在独立空间中，则命名空间服务器可以是独立服务器、成员服务器或者是域控制器，但是此时服务器的个数只能有一个。

（3）命名空间根路径

命名空间根路径是命名空间的起点。在图 11-20 中，根路径的名称为 Public，命名空间的路径为\\Contoso\Public。此类型命名空间是基于域的命名空间，因为它以域名开头（例如 Contoso），并且其元数据存储在 Active Directory 域服务（AD DS）中。尽管图 11-20 中显示单个命名空间服务器，但是基于域的命名空间可以存放在多个命名空间服务器上，可以提高命名空间的可用性。

（4）文件夹

文件夹和下面的文件夹目标都是对应不同服务器上的共享文件夹。其中，没有文件夹目标的文件夹将结构和层次结构添加到命名空间，具有文件夹目标的文件夹为用户提供实际内容。用户浏览命名空间中包含文件夹目标的文件夹时，客户端计算机将收到透明的将客户端计算机重定向到一个文件夹目标的引用。

（5）文件夹目标

文件夹目标是共享文件夹或与命名空间中的某个文件夹关联的另一个命名空间的 UNC 路径。文件夹目标是存储数据和内容的位置。在上图中，名为 Tools 的文件夹包含两个文件夹目标，一个位于伦敦，一个位于纽约，名为 Training Guides 的文件夹包含一个文件夹目标，位于纽约。浏览到\\Contoso\Public\Software\Tools 的用户透明地重定向到共享文件夹\\LDN-SVR-01\Tools 或\\NYC-SVR-01\Tools（取决于用户当前所处的位置）。

（6）DFS 复制

在图 11-20 中可以看到，tools 文件夹有两个目标，分别对应到\\LDN-SVR-01\Tools 和\\NYC-SVR-01\Tools 共享文件夹。需要说明的是，这两个文件夹中的内容是同步的，当用户读取文件时，如果 LDN-SVR-01 服务器崩溃，用户还可以登录到 NYC-SVR-01 上访问 tools 文件夹。

那么在这个例子中，将两台服务器的 tools 文件夹进行同步的服务就是 DFS 复制服务，这个过程是系统自动执行的。如果 DFS 目标服务器需要跟其他不支持 DFS 复制服务的服务器进行 DFS 复制，需要使用文件复制服务；如果使用的域控制器不是 Windows Server 2008 的域功能级别，则域控制器需要利用文件复制服务来复制 SYSVOL 文件夹。

11.3.3　分布式文件系统（DFS）的配置

在分布式文件系统 DFS 中，服务器通常有两种类型，一种是设置命名空间的服务器，它需要安装 DFS 命名空间服务才能正常使用，不过由于这个服务器是域控制器，所以系统会默认自动安装和自动启动这个服务。如果要使用这台服务器来管理 DFS，还需要额外安装 DFS 管理工具；另外一种则是需要相互复制共享文件夹的成员服务器，它们需要安装 DFS 复制服务，在安装的过程中，系统会自动安装 DFS 管理工具，这样管理员可以很方便的在这些成员服务器上管理 DFS。

1. 在域控制器上安装 DFS 管理工具

安装 DFS 管理工具可以根据下列的步骤来实现：

（1）选择“开始”，打开“服务器管理器”，在窗口左边的“功能”选项上单击右键，选择“添加功能”，如图 11-21 所示；

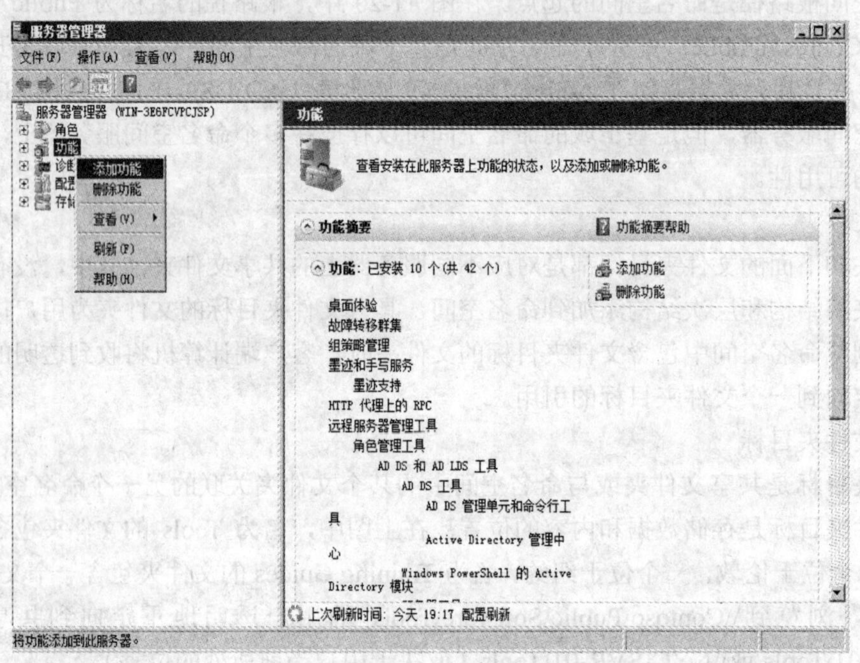

图 11-21　添加功能

（2）在“选择功能”的窗口中找到“远程服务器管理工具”，展开“角色管理工具”，选择“文件服务工具”下面的“分布式文件系统工具”，勾选后单击“下一步”，如图 11-22 所示；

（3）进入安装过程，完成后关闭窗口。

2. 在成员服务器上安装 DFS 复制

安装 DFS 复制组件的步骤如下：

（1）选择“开始”，打开“服务器管理器”，如图 11-21 所示，在窗口左边的“角色”选项上单击右键，选择“添加角色”；

（2）在选择服务器角色的窗口中找到“文件服务”，可以全部勾选上，如图 11-23 所示，如果不想全部安装文件服务的项目，也可以展开“文件服务”角色，再选择“分布式文件系统”下面的“DFS 复制”，勾选后单击“下一步”；

（3）进入安装过程，完成后关闭窗口。

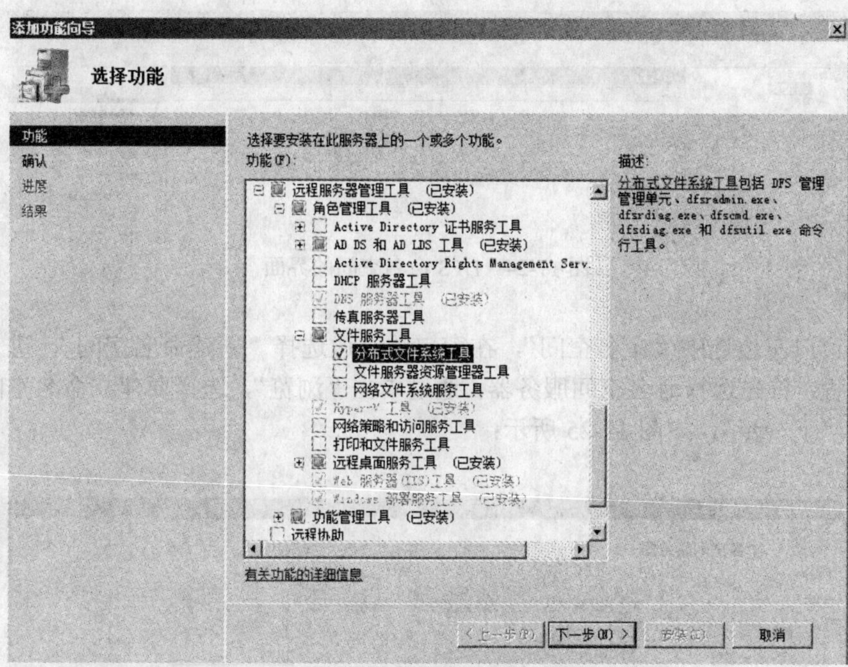

图 11-22　选择安装分布式文件系统工具

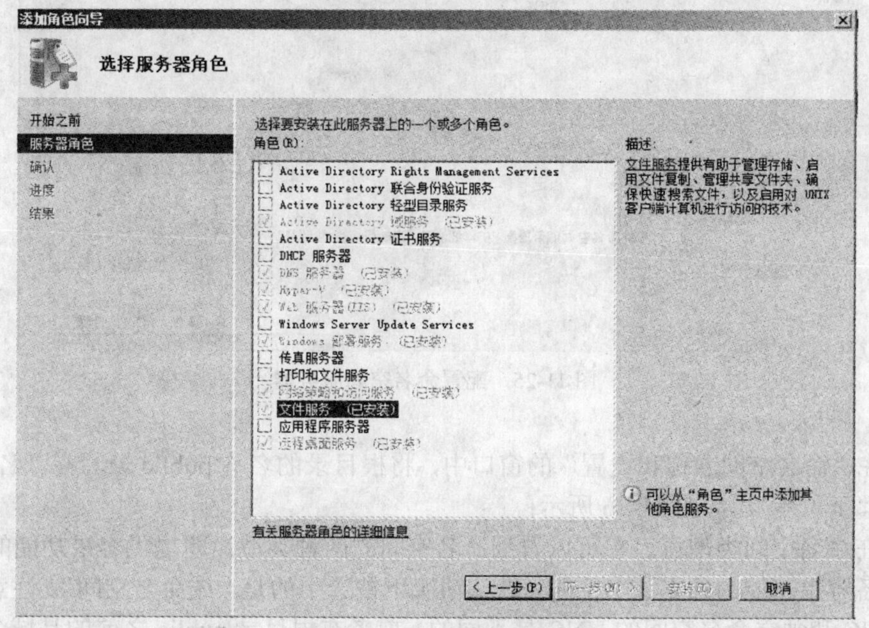

图 11-23　安装文件服务

3. 创建新的命名空间

创建新的命名空间可以根据下列的步骤来实现：

(1) 在安装了 DFS 管理工具的域控制器上，选择“开始”，打开“管理工具”下面的“DFS Management”，展开命名空间窗口，如图 11-24 所示；

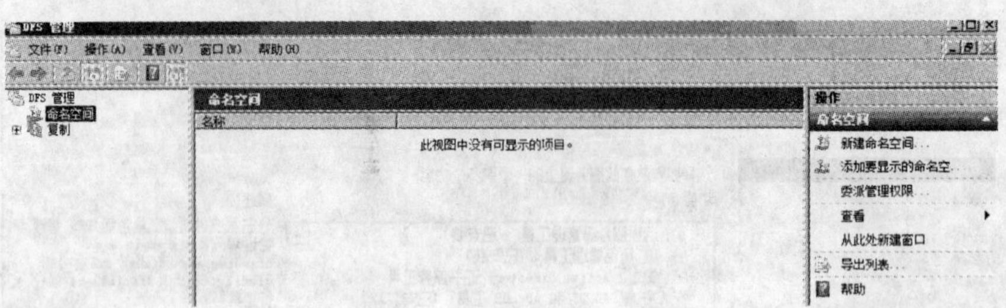

图 11-24　DFS 命名空间的界面

（2）在窗口左边选中“命名空间”，在窗口的右边选择“新建命名空间”，进入到配置命名空间的过程，首先选择命名空间服务器，通过单击“浏览”，选择要建立命名空间的服务器对象后单击“下一步”，如图 11-25 所示；

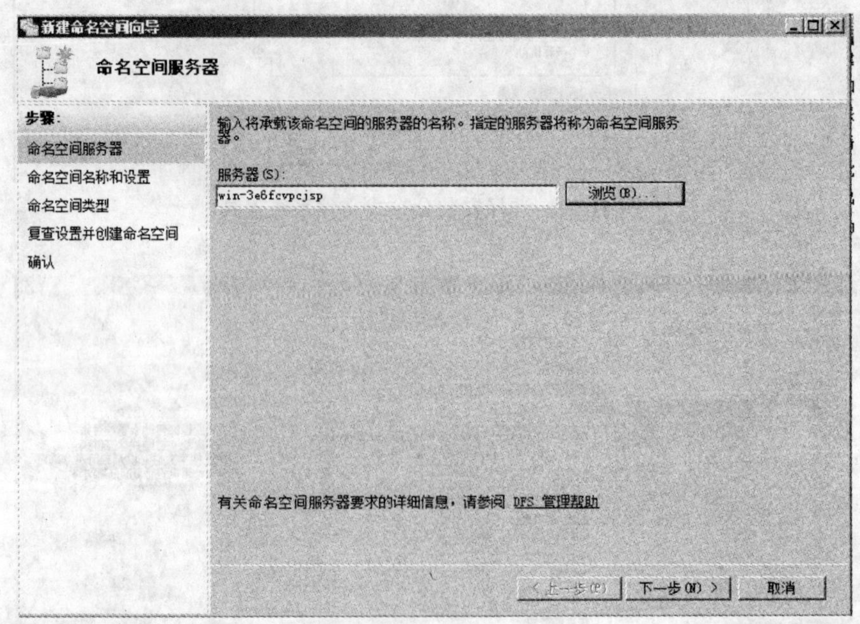

图 11-25　配置命名空间服务器

（3）在“命名空间名称和设置”的窗口中，将根目录的名称 public 填写在“名称”一栏，然后单击“下一步”，如图 11-26 所示；

（4）在命名空间类型窗口中可以看到命名空间的两种类型，即提供容错功能的域命名空间和不具备容错功能的独立域名空间，默认情况下被选中的是“域命名空间”。注意，域命名空间的 UNC 和独立命名空间的 UNC 是不同的，前者在根目录 public 之前的是域名，而后者在根目录 public 之前的是主机名，选择默认的域命名空间后单击“下一步”，如图 11-27 所示；

（5）在“复查设置并创建命名空间”窗口中，对以上设置进行确认，然后单击“下一步”；

（6）创建完成，可以看到在 DFS 管理的窗口中“命名空间”的下面生成了一个新的命名空间 \\example.com\public，如图 11-28 所示。

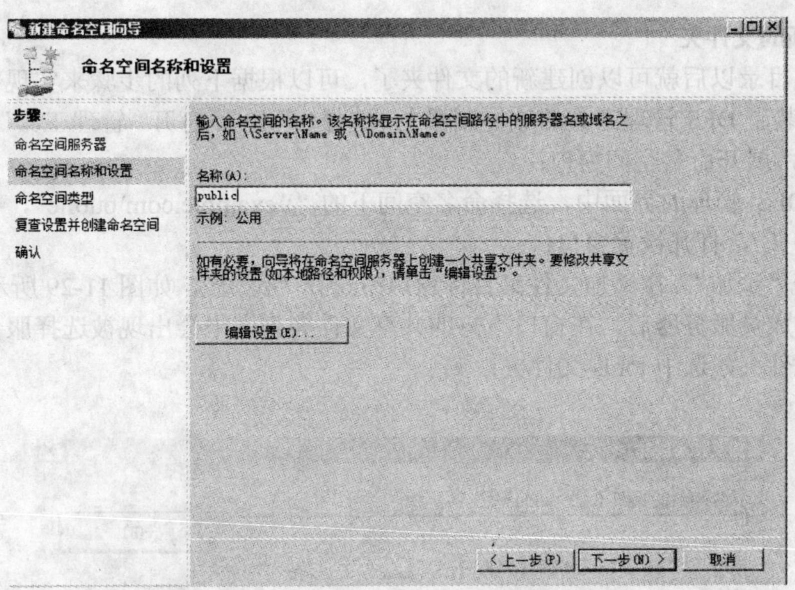

图 11-26　配置命名空间名称和设置

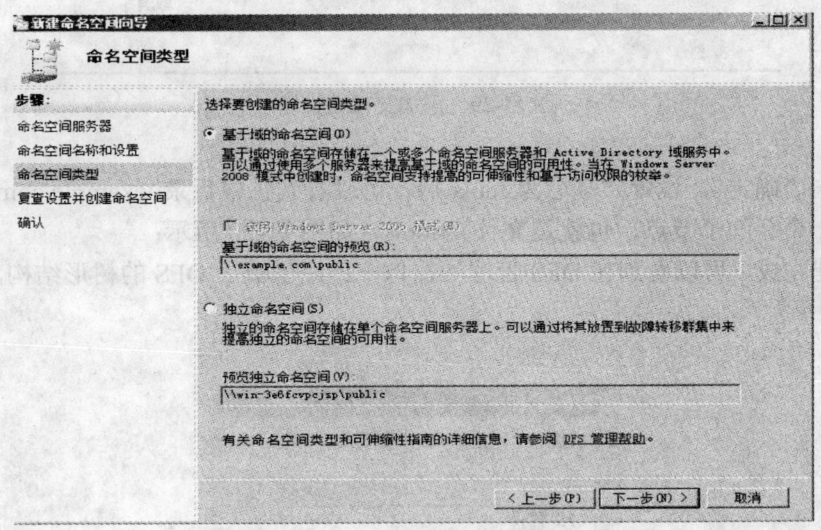

图 11-27　配置命名空间类型

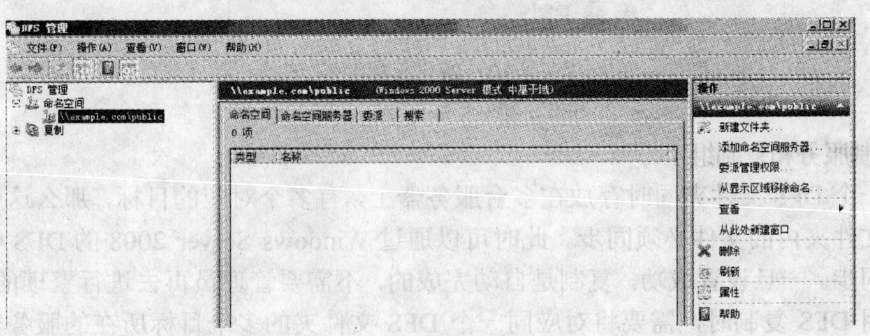

图 11-28　生成新的命名空间

4. 创建新的文件夹

创建完根目录以后就可以创建新的文件夹了，可以根据下列的步骤来实现：

（1）在安装了 DFS 管理工具的域控制器上，选择“开始”，打开“管理工具”下面的“DFS Management”，展开命名空间窗口；

（2）在 DFS 管理的界面中，选择命名空间下的“\\example.com\public”，在窗口右边选择“新建文件夹”，打开设置窗口；

（3）单击“添加”，在添加文件夹目标窗口中选择“浏览”，如图 11-29 所示；

（4）选中成员服务器后，在窗口下方的共享文件夹列表中会出现被选择服务器上所有被设置共享的文件夹，选中 tools 文件夹；

图 11-29　添加文件夹目标

（5）单击“确定”，设置共享名为 tools 后，可以看到在根目录\\example.com\public 的下方，生成了一个新的子节点，也就是文件夹 tools，如图 11-30 所示；

（6）创建完成，可以看到在 DFS 管理的窗口中已经生成了 DFS 的树形结构，有根节点，也有子节点。

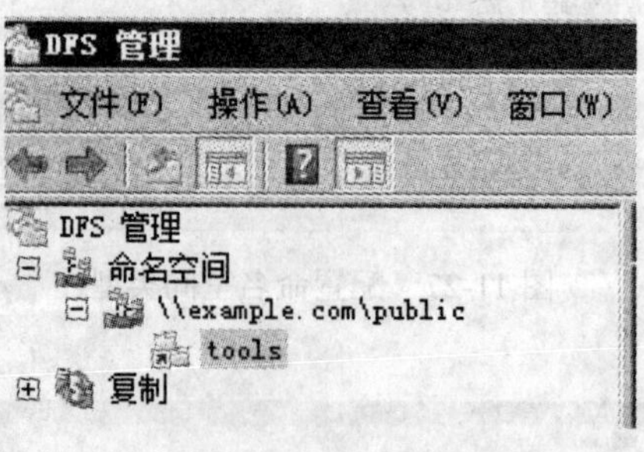

图 11-30　新建文件夹成功

5. 复制服务和复制组

如果一个 DFS 文件夹同时存放在多台服务器上，有多个对应的目标，那么这些目标所对应的共享文件夹内的文件必须同步。此时可以通过 Windows Server 2008 的 DFS 中的复制功能来实现同步。一旦设置成功，复制是自动完成的，不需要管理员再去进行繁琐的手动操作。

在使用 DFS 复制时，需要将对应同一个 DFS 文件夹的多个目标所在的服务器设置在同一个复制组中，然后对这个组做一些必要的配置，以后的复制就由系统自动来完成。

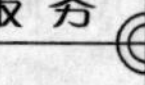

11.3.4 分布式文件系统（DFS）的应用案例

以图 11-20 为例，要完成图中的 DFS 结构，可以经过如下步骤实现：

（1）分析 DFS 结构中服务器扮演的角色可知，要完成图中 DFS 结构，需要 4 台服务器，其中一台域控制器用来建立名字空间，另外三台是成员服务器。三台成员服务器中有两台有复制服务的联系，拥有相同的文件夹 tools。

（2）明确服务器上安装的服务和功能。在域控制器上安装 DFS 命名空间服务和 DFS 管理工具；在成员服务器 LDN-SVR-01 和 NYC-SVR-01 上安装 DFS 复制服务和 DFS 管理工具。

（3）在域控制器上建立新的命名空间\\Contoso\Public，其中 Contoso 是域名，Public 是共享文件名，也是 DFS 树的根节点。

（4）在域控制器上 DFS 的命名空间\\Contoso\Public 中新建文件夹 Software 和 Training Guides，其中 Software 是域控制器的本地共享文件夹，而 Training Guides 文件夹则指向 NYC-SVR-01 服务器上名为 Training 的共享文件夹。

（5）在 Software 下面建立文件夹目标 tools，使之对应到成员服务器 LDN-SVR-01 和 NYC-SVR-01 上的 tools 文件夹。

（6）将成员服务器 LDN-SVR-01 和 NYC-SVR-01 设置为一个复制组，配置复制选项。

（7）在客户机上尝试访问 DFS 的根目录，再试试访问根目录下面的各文件夹，观察拥有不同权限的用户对 DFS 访问的现象有何变化。

11.4 NTFS 权限

对文件和文件夹资源的访问，可以设置的权限通常有两种，除了上文提到的共享权限外，还有一种就是 NTFS 权限。这种权限完全独立于共享权限，又可以同时和共享权限配合，共同限制用户通过网络去访问服务器上 NTFS 格式下的磁盘分区上的文件资源。

NTFS 权限可以看作文件和文件夹的基本权限，只要磁盘分区是 NTFS 格式，那么管理员总是可以通过 Windows 系统来设置对磁盘上存储的文件或者文件夹的访问权限，无论此时用户是通过网络访问还是在本地直接访问。管理员通过为每个用户账号或组指定 NTFS 权限，可以先检查用户访问的合法性，再根据权限的设定来允许或禁止用户对文件和文件夹类型的访问，这就很好地保证了文件和文件夹的访问安全。

11.4.1 NTFS 权限概述

在基于 Windows 2008 Server 构建的网络环境中，服务器通常是 NTFS 的文件系统，在一些客户机的磁盘上，也会有一些分区是 NTFS 的文件系统。存放在这些 NTFS 格式的分区上的文件资源都可以通过设置 NTFS 权限来建立保护，禁止指定用户外的非法用户的访问。换言之，此时用户如果希望访问在 NTFS 格式的磁盘中的文件和文件夹，必须要有指定的权限。

在 NTFS 系统中，权限总是和特定的用户和组相关联的，此时用户和组都会被系统指派不同的安全描述符。在系统中存在着访问控制列表（Access Control List，ACL），存储了用户和组的所有权限，每一个分配给用户和组的权限被称为访问控制条目（Access Control Entries，ACE），当用户要访问不同对象时，系统会查看 ACL，如果找不到对应的 ACE 项，就会自动拒绝该用户账户访问相应的资源。ACE 包含了用户或者组的 SID 和对不同对象的权限，内容是允许访问和拒绝访问。两者相比，拒绝访问的优先级别要高于允许访问的权限。

管理员、文件或文件夹的拥有者及具有完全控制权限的用户可以对文件和文件夹的NTFS 权限进行指定。在设置权限时，通常要确定两个方面的内容，一个是确定用户是否可以访问文件夹或者文件对象，另外一个则是确定用户可以对对象进行怎样的操作。这些设置都可以通过文件或者文件夹的属性中的“安全”选项卡的设置来实现。设置完成后，用户每当登录系统时，系统会先对用户的身份进行验证，如果验证成功，系统的登录进程会分配给用户一个访问的令牌，这个令牌就相当于用户访问系统资源的凭证。以后用户再去访问系统中的文件资源或者文件夹，都必须先将访问令牌提供给 Windows Server 2008，然后系统将收到的访问令牌对照 ACL 中的内容，如果存在对应的 ACE 项，就允许用户访问，否则将拒绝用户访问资源。

11.4.2 NTFS 权限的内容

NTFS 权限可以分为两类，一类是标准权限，一类则是特殊权限。这里需要说明的是，标准权限可以看作是常见的权限，可以满足用户的一般需求，而特殊权限则是对标准权限的细分，是用来精确地设置和分配用户权限的。

在 NTFS 分区上可以设置文件权限，也可以设置文件夹的访问权限，两者属于不同类别的对象，所以权限的内容当然也不会相同，下面就分开的介绍权限的详细内容。

1. 标准 NTFS 文件夹权限

标准的 NTFS 文件夹权限就是在 NTFS 的分区中，用户对文件夹的常见的访问权限，一般有读取、写入、列表、读取和执行、修改和完全控制六种，分别介绍如下：

（1）读取（Read）

允许查看文件夹内的文件名和子文件夹名，可以查看文件夹属性和“安全”选项卡。

（2）写入（Write）

允许在文件夹内新建文件、子文件夹，可以修改文件夹属性。

（3）列出文件夹目录（List Folder Contents）

允许遍历、打开和关闭文件夹，同时兼有“读取”的全部权限。

（4）读取和执行（Read & Execute）

此权限和“列出文件夹目录”的权限非常类似，但是在权限的继承上表现出不同。此权限可以继承给文件夹，也可以继承给文件，而“列出文件夹目录”权限只会被文件夹继承。

（5）修改（Modify）

本权限除了拥有前面所有权限中功能外，还可以对文件夹执行删除操作。

（6）完全控制（Full Control）

本权限是 NTFS 文件夹权限中功能最完整的，它除了拥有前面所有权限的功能外，还可以修改“安全”选项卡来更改当前文件夹的访问权限，也可以修改“取得所有权”的特殊权限。也就是说，这个权限可以决定当前文件夹能被哪些用户以何种方式访问。

这里需要特别指出的是，有别于共享权限，NTFS 文件夹权限中的“写入”权限并不包含“读取”权限的功能，在实际应用时，需要考虑清楚实际的需要再设置权限。

2. 标准 NTFS 文件权限

标准的 NTFS 文件权限就是在 NTFS 的分区中，用户对文件的常见的访问权限，一般有读取、写入、读取和执行、修改和完全控制五种，分别介绍如下：

（1）读取（Read）

允许读取文件的具体内容，可以查看文件的属性（比如是只读文件，或者是隐藏文件等），还可以查看“安全”选项卡来获取文件的权限信息。

（2）写入（Write）

允许修改文件中的信息、增加或者删除数据，可以修改文件的属性，可以将这些修改保存。

需要说明的是，NTFS 文件权限中的“写入”权限并不包含“读取”权限的功能，要修改文件内容，用户需要同时拥有“读取”和“写入”权限才能做到。

（3）读取和执行（Read & Execute）

此权限包含“读取”权限的内容，此外还具备运行可执行程序的权限。

（4）修改（Modify）

此权限包含了上面三个权限的功能，此外还可以对文件执行“删除”的操作。

（5）完全控制（Full Control）

本权限是 NTFS 文件权限中功能最强大的，它除了具备以上所有功能外，还可以通过修改“安全”选项卡来实现“更改权限”和“取得所有权”的特殊权限。

11.4.3 NTFS 权限的查看和设置

1. 查看 NTFS 权限

查看 NTFS 权限的方法是，在选定的 NTFS 分区下，找到要设置的文件或者文件夹，选定后，单击右键，选择“属性”，在出现的对话框中找到“安全”选项卡，如图 11-31 所示。

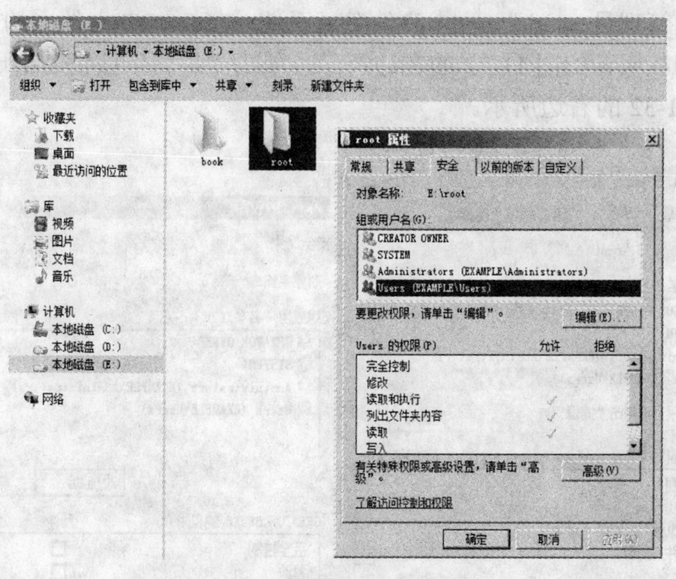

图 11-31 查看 NTFS 权限

可以看到在“安全”选项卡的上半部分处显示的是用户组和用户的列表，这些用户都是可以访问当前文件/文件夹对象的用户或者组；当选定一个用户或者组时，在“安全”选项卡的下半部分处会显示出操作的类型，这就是被选定的用户或者组能对当前文件所作的访问权限。每一种权限都有两种状态，即“允许”或者“拒绝”，已经设置的权限在当前列表中显示为灰色的勾选状态。

值得说明的是，在 Windows Server 2008 中，NTFS 的权限和以前的旧版 Windows 的设置方法并不相同。虽然都是在文件或者文件夹的“安全”属性里面设置，过去旧版的 Windows 可以直接在“安全”界面中设置不同的用户和组的访问权限，而在 Windows Server 2008 界面下，不能直接修改权限，用户和组的权限是不可编辑的灰色的勾选状态。如果要在 Windows Server 2008 中修改当前这些用户或者组的权限，需要单击界面中的“编辑”按钮，进入下一级界面中继续设置，这就在一定程度上避免了因操作不慎，直接修改了“安全”界面中的选项而造成权限的变更，比旧版的 Windows 具有更好的安全性。

2. 设置 NTFS 权限

在 Windows Server 2008 中，只有管理员、拥有完全控制权限的用户或者文件/文件夹的拥有者，可以为用户账户和组指定文件/文件夹的 NTFS 访问权限。设置 NTFS 权限的方法比较简单，可以通过下面这个例子来进行说明。

假设：目前已经建立了一台域控制器，设置域名为 example.com，该域中设有计科和计网两个 OU，每个 OU 中各有用户和组若干。现在在这个域内的一台服务器上设置一个分区（这里是 E:)，该分区使用了 NTFS 的文件系统。E 分区内已建立了一个文件夹 ROOT，内有文件若干，现在通过设置 ROOT 文件夹的 NTFS 权限，使得域中计网 OU 下的用户 chenyan 可以看到 ROOT 文件夹中有哪些对象，也可以看到文件夹内文件的具体内容。

针对这样的需求，首先要分析用户对文件夹的访问权限，可以对照上一小节中 NTFS 文件夹的访问权限的描述进行分析，最后确定用户 chenyan 对 ROOT 文件夹的访问权限是“列表”和“读取”。

下一步，使用管理员 administrator 身份登录系统，在 ROOT 文件夹的“属性”的“安全”选项卡中设置访问权限，如图 11-32 的左边所示，单击“编辑”按钮，出现“ROOT 的权限”的对话框，如图 11-32 的右边所示。

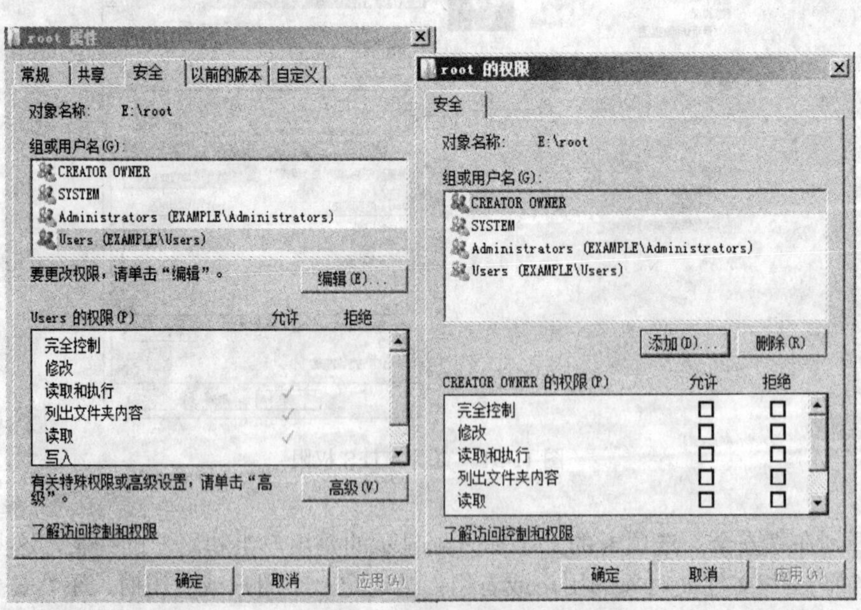

图 11-32 设置 NTFS 权限

此时，单击“添加”按钮，出现选择用户的对话框，键入用户名 chenyan，检查名称核实无误，如图 11-33 所示：

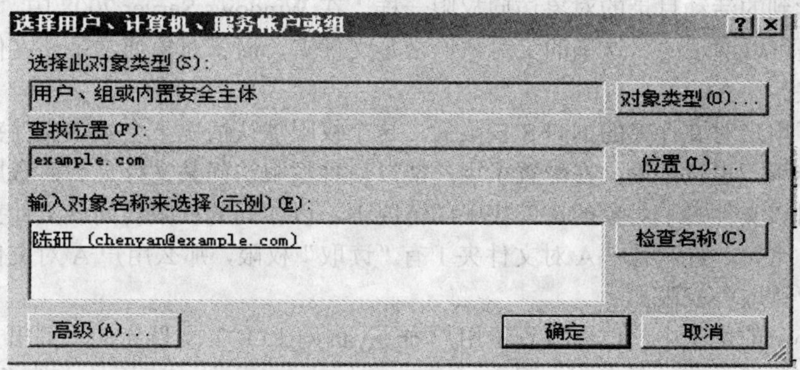

图 11-33 添加用户“陈研”

单击“确定”，回到上一级对话框“ROOT 的权限”，可以看到用户 chenyan 已经被添加到 ROOT 的访问控制列表中，下一步就是在选中用户 chenyan 的情况下，再勾选权限，允许“列出文件夹内容”和“读取”，如图 11-34 所示。

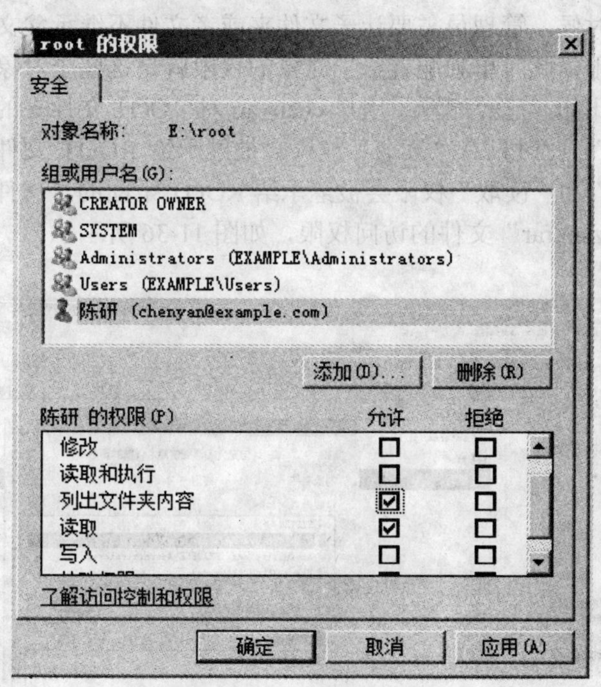

图 11-34 修改用户权限

单击“确定”，设置完成。

如果是修改已有用户或者用户组的 NTFS 文件或者文件夹访问权限，都可以参照此例，在分析并确定对方的访问权限后，再在被访问对象的权限界面下进行修改。

11.4.4 NTFS 权限的继承

1. NTFS 权限是可以继承的

和前面学到的活动目录的对象访问权限一样，在 Windows Server 2008 中，默认情况下，NTFS 权限是可以继承的。这里的父对象通常是文件夹，而子对象通常是该文件夹下面的文件和子文件夹。

当设置了用户对文件夹的 NTFS 权限后，这个权限默认情况下会被该文件夹下面的子文件夹和文件继承，也就是说，在配置了用户能以何种权限访问某文件夹后，该用户可以在没有单独设置对该文件夹子对象的访问权限的情况下，以相同的权限访问该文件夹下面的子文件夹和文件，比如，如果用户 A 对文件夹 1 有“读取”权限，那么用户 A 对文件夹 1 下面的文件也拥有“读取”权限。

在上一小节的例子中，已经设置了用户 chenyan 对 ROOT 文件夹的“列出文件夹内容”和“读取”权限后，可以观察到，用户 chenyan 对 ROOT 文件夹下面的文件“练习一.doc”有“读取”权限，如图 11-35 所示。

由于文件的 NTFS 权限中，不包含“列出文件夹内容”权限，所以这个权限并没有被继承给文件“练习一.doc”。

2. 修改继承权限

管理员可以善用继承权限的功能，省去很多对子对象设置 NTFS 权限的工作，以降低工作强度。但也有不少时候，管理员需要让子文件夹或者文件不继承父文件夹的权限，而单独为这些子对象配置权限，此时单独配置给子对象的权限就是这些子对象的最终的访问权限。

接上面的例子，比如，已经配置了用户 chenyan 对 ROOT 文件夹的访问权限是“列出文件夹内容”和“读取”，此时只有“读取”权限会被继承给 ROOT 文件夹下面的文件对象，而“列出文件夹内容”和“读取”权限会被继承给 ROOT 下面的子文件夹对象。观察此时用户 chenyan 对文件“szsm.rar”文件的访问权限，如图 11-36 所示。

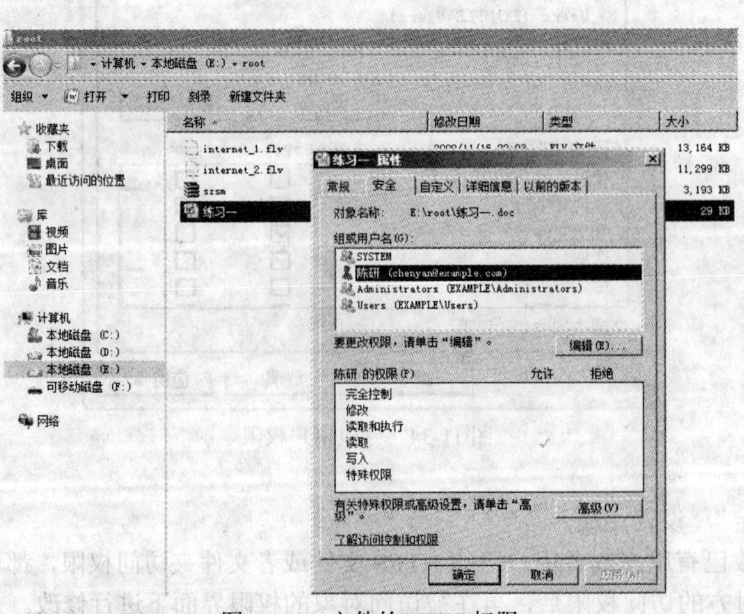

图 11-35 文件的 NTFS 权限

在图 11-36 中可以很清楚地看到，此时在“szsm 的权限”的对话框中，“读取”权限的勾选框已被选中，且选框是灰色的，直接去修改勾选设置是不可能的。也就是说不能再使用前面介绍的配置权限的方法来简单地取消继承。

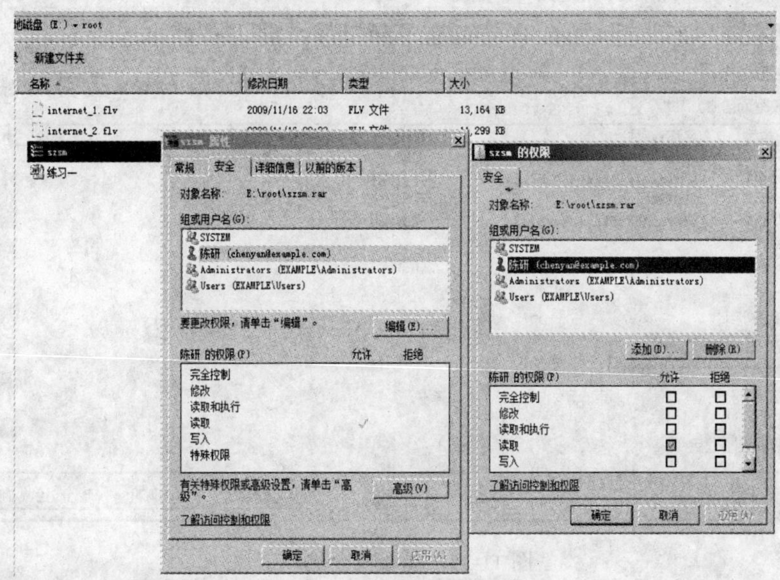

图 11-36　继承权限

下面以取消用户 chenyan 对 ROOT 文件夹下的“练习一.doc”文件的继承权限为例，来说明取消继承的设置步骤。首先，进入“练习一属性”的“安全”选项卡的界面，如图 11-37 所示。

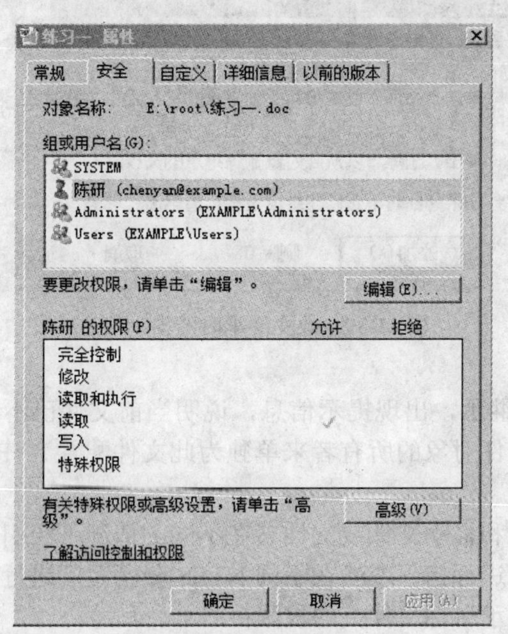

图 11-37　文件的属性选项卡

单击“高级”按钮，如图 11-38 所示。

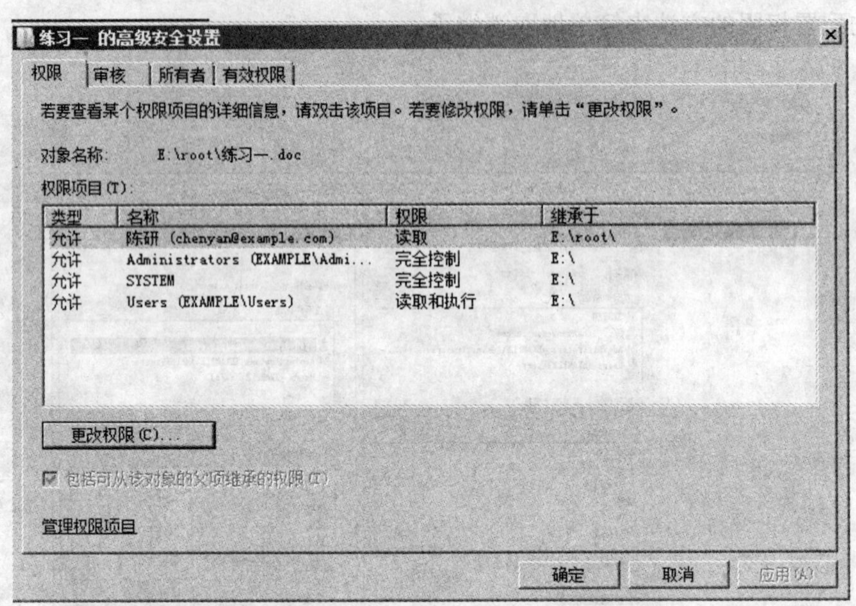

图 11-38　高级安全选项卡

单击“更改权限”按钮。

去掉对话框下面的“包括可从该对象的父项继承的权限”的勾选，出现提示，如图 11-39 所示。

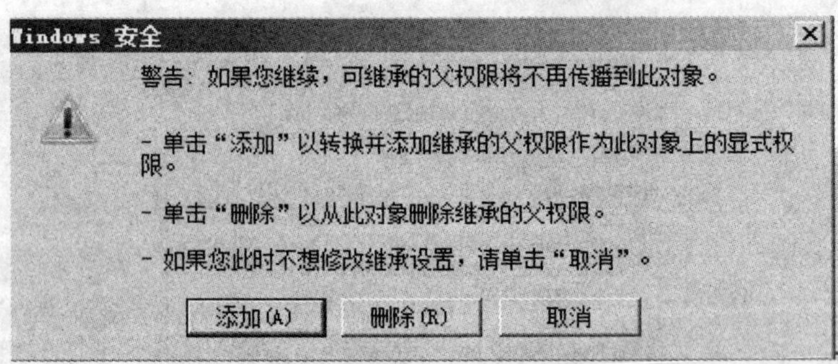

图 11-39　改变继承时的提示信息

选择“删除”，取消继承，出现提示信息，说明当前文件已不再从它的父文件夹那里继承权限，此时可以由此文件对象的所有者来单独为此文件配置 NTFS 的访问权限。

3. 继承权限的变更

值得注意的是，复制和移动文件或文件夹在不同的情况下会引起权限的不同的变化。

（1）在 NTFS 分区上进行拷贝或者在不同 NTFS 分区之间进行复制、移动文件资源对象时，文件或文件夹都会继承目标文件夹的权限；

（2）在同一 NTFS 分区上移动时，文件或文件夹保持原有权限不变；

（3）而在将文件或文件夹从NTFS分区复制或移动到FAT分区时，文件和文件夹将丢失它们的NTFS权限，因为FAT分区不支持NTFS权限。

11.4.5 多重NTFS权限

新手的系统管理员在设置系统中文件资源的NTFS权限时，往往容易犯一些错误，这是因为NTFS权限是可以叠加的，这种现象非常普遍，比如当某用户同时隶属于多个用户组时，不同组对同一个文件资源对象都有访问权限，此时该用户的最终访问权限往往是多个权限叠加的结果。又比如，在配置了单个用户对某文件夹的访问权限后，又再单独配置了该用户对此文件夹下面的子对象的访问权限，此时同样存在权限叠加的问题，即：从父对象继承到的权限和直接分配得到的权限的叠加。由于权限叠加的复杂性，新手的管理员往往因为缺乏经验而造成设置上的不足，下面就多重NTFS权限的几种表现进行说明。

1. 来源于多个用户组的NTFS权限叠加

由于用户可以同时隶属于一个或多个不同的用户组，而设置对某文件资源对象的NTFS访问权限时，又可以分别添加这些组，并赋予不同的访问权限。因此，用户同时作为多个拥有不同NTFS权限的组成员，就可能拥有对指定的文件资源对象的多个访问权限。此时，用户对这个资源对象最终的NTFS权限，就是为该用户直接指定的全部NTFS权限以及为该用户所在组所指定的全部NTFS权限的总和。例如：一个用户对某一文件夹拥有“写入”权限，同时，该用户又是一个对此文件夹拥有“读取”权限的用户组成员，那么最终这个用户对这个文件夹既有“读取”权限，又有“写入”权限。

这种现象在实际的设置中非常普遍，比如上例中的用户chenyan要访问文件夹ROOT，在开启ROOT的安全选项卡后，可以看到在访问控制列表中出现了Users组，默认情况下，系统赋予Users组的权限是“列出文件夹内容”、“读取”和“写入”。如图11-40所示。

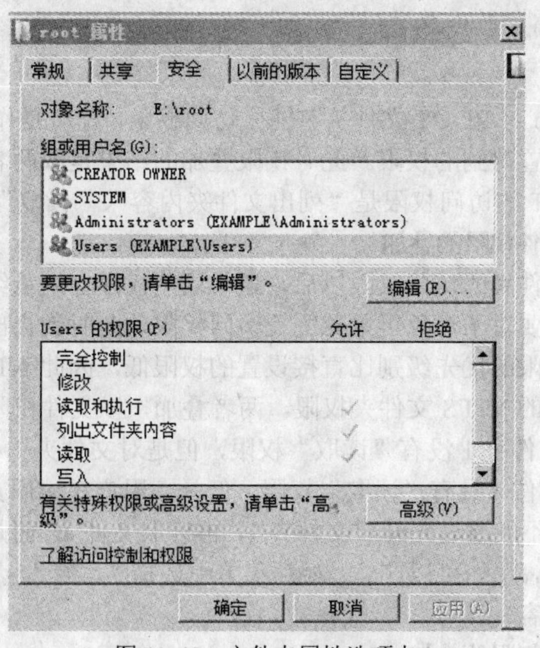

图11-40 文件夹属性选项卡

事实上人们非常容易忽视 Users 组的访问权限对用户最终权限的影响。需要指出的是，在活动目录中创建的用户，默认情况下会隶属于 Users 这个组，也就是说用户“天生”都具备 Users 组的全部权限。那么也就是说，在这个例子中，虽然还没有经过任何的特别配置，chenyan 用户对文件夹 ROOT 具有“列出文件夹内容”、“读取”和“写入”的访问权限。

之后，管理员又单独配置了 chenyan 用户对文件夹 ROOT 的访问权限为“读取”和“列出文件夹内容”，如图 11-41 所示：

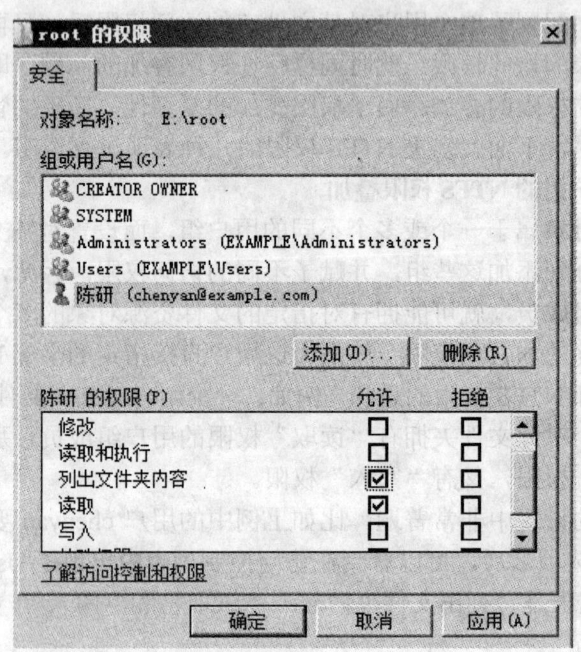

图 11-41　单独配置用户的访问权限

最终，用户 chenyan 对 ROOT 文件夹有两个访问权限，一个是作为 Users 成员得到权限，一个是作为个体直接配置得到的权限。此时权限叠加的结果是取两者之和，因此，最终用户 chenyan 对文件夹 ROOT 的访问权限是“列出文件夹内容”、“读取”和“写入”。

2. 文件夹权限和文件权限的叠加

在管理员配置了文件夹的访问权限以后，通常这些权限会继承给这个文件夹下面的子对象。而管理员有时还需要对子对象再单独配置访问权限，此时就会出现权限叠加的问题。

由于继承得到的权限的优先级别比直接设置的权限低，因此 NTFS 文件权限会优先于从父文件夹那里继承得到的 NTFS 文件夹权限。两者叠加，以文件权限作为最终的叠加结果。

比如，用户 A 对文件夹 1 没有“读取”权限，但是对文件夹 1 下面的文件 a 有“读取”权限。那么用户 A 对文件 a 具有“读取”权限。但是，用户在访问文件 a 时不能使用一般的目录访问。也就是用户不能通过先开启文件夹 1，再读取文件 a，而是使用通用命令规则或者本地路径的方式来访问，比如可以在“开始”菜单中选择“运行”，然后键入文件 a 的详细路径，回车后可见文件内容。

3. 允许权限和拒绝权限的叠加

由于在 Windows Server 2008 中，拒绝权限的优先级别高于其他任何权限，因此，虽然用

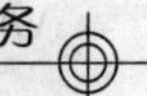

户对文件资源对象的访问权限理论上是所属组以及他/她个人的全部NTFS权限的总和，但是一旦这些所拥有的权限中有一个权限被设置为拒绝的话，那么用户将不再拥有这个权限。

比如，前例中的用户 chenyan，他同时隶属于 Users 组和计网组，设置了他对 ROOT 文件夹的权限是“读取”和“列出文件夹内容”，设置了 Users 组对 ROOT 文件夹的权限是“读取”、“列出文件夹内容”和“写入”；计网组对 ROOT 文件夹的权限是“拒绝写入”。那么最终用户 chenyan 对 ROOT 文件夹只有“读取”和“列出文件夹内容”权限。

在实际的应用中，应该尽量避免使用拒绝权限，因为允许用户和组进行某种类型的访问总是比设置拒绝权限容易做到，而一旦在一个相关的地方设置了拒绝权限，就会造成用户对资源某种程度的无法访问，但是以后要查找并修改就比较困难了。因此，通常采用灵活的构建组，设置组成员和组织不同形式的文件夹资源的方式来实现满足访问控制需求的目的。

11.4.6 特殊的 NTFS 权限

在绝大多数情况下，标准NTFS权限应该能满足用户的文件安全需求。但在某种情况下，用户可以使用特殊访问权限，它为用户提供了对资源访问的更为便利和有效的控制。

下面介绍两种特别实用的特殊权限：更改权限和获得所有权。

1. 更改权限

在 NTFS 权限里面，对文件资源对象拥有“完全控制”权限的用户可以设置其他用户访问当前对象的权限。但是，作为NTFS权限中最强大的功能，一旦拥有了“完全控制”权限，不但可以修改当前对象的访问权限，还可以读取文件资源的内容，甚至修改文件、删除文件等。

有时管理员希望授予其他低一级管理员或者用户改变当前文件或文件夹访问权限的能力，但却不希望授予他们对此文件或文件夹“完全控制”权限。在这种情况下，可以赋予他们特殊权限中的“更改权限”。被赋予了对某文件或某文件夹的“更改权限”的用户，虽然无法删除或修改此文件或文件夹，但却能在变更其他对象的访问权限方面对此文件或文件夹进行操作。既满足了实际的需求，也减小了文件和文件夹资源受到无授权访问的破坏的几率。

2. 获得所有权

一般来说，创建文件或者文件夹的用户将成为文件或者文件夹的所有者，他/她会对这个文件资源对象拥有完全控制的权限。

在企业中，常常会看到这样的现象：前一任管理员做了很多工作，也创建了很多文件资源，他理所当然地成为这些文件资源的所有者。但是如果后来这个管理员因为各种原因离开了企业，那么接任的管理员必须获取对所有资源的最大权限。此时接管的管理员可以通过“获取所有权”来实现。

所有权是可以变更的，文件资源对象的当前所有者或任何对其有“完全控制”权限的用户可以为其他用户账号授予“完全控制”标准权限或“获得所有权”特殊权限。可以通过如下的步骤来实现：

（1）首先选择文件属性中的“安全”选项卡，然后选择“高级”，进入界面后打开“所有者”选项卡，查看到当前的所有者是管理员 administrator 和管理员组 administrators，如图 11-42 所示。

（2）在界面上选择“编辑”，在出现的界面中选择“其他用户和组”，添加用户 chenyan。

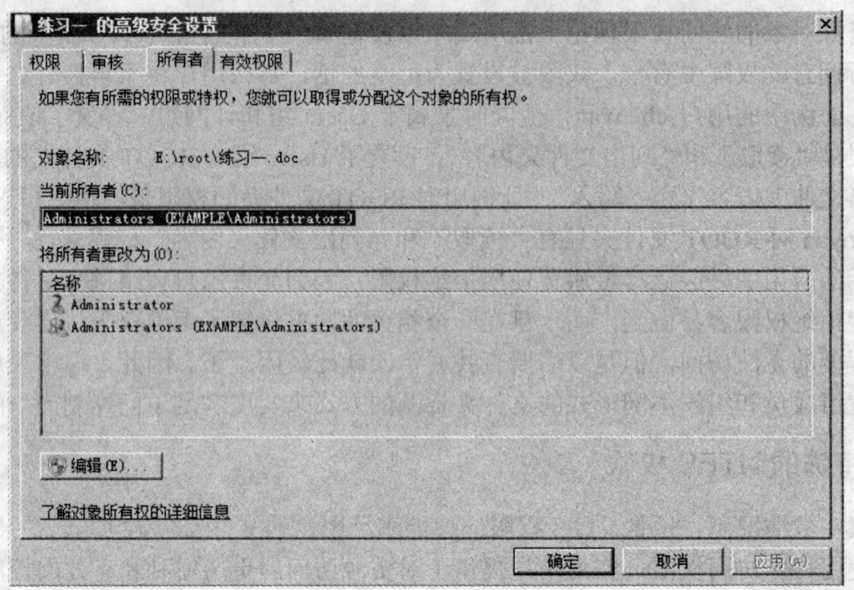

图 11-42 获得所有权之前

（3）选中用户 chenyan，单击“确定”，设置完成。

需要说明的是，无论被授予对文件或文件夹的何种权限，管理员组的成员都能获得此文件夹或文件的所有权。如果一个管理员获得了所有权，那么管理员组会变成所有者，并且任何此管理员组的成员都能改变对此文件或文件夹的权限并能为其他用户账号或组授予“获得所有权”权限。

11.4.7 NTFS 权限和共享权限的叠加

在本章节里面出现了两种文件权限，即：共享权限和 NTFS 权限。两者的应用条件和权限的内容都不相同，在实际的应用中会发现，访问文件资源时有时会受到共享权限的限制，有时则会受到 NTFS 权限的限制，而有时则会同时受到共享权限和 NTFS 权限的限制，此时两种权限将发生叠加，最终的访问权限是取两者中权限更小的那一个。

通常用户访问文件资源的方式有两种，一种是从本地主机登录，直接访问文件资源，另外一种则是通过网络去访问远程主机上的共享文件资源。下面详细地讨论不同访问方式下，两种权限的应用情况。如表 11-4 中所示。

表 11-4 不同情况下两种权限叠加的结果

文件资源所在分区的文件系统	用户访问资源的方式	限制用户访问的权限类型	用户最终的访问权限
NTFS	本地	NTFS 权限	NTFS 权限
NTFS	远程	NTFS 权限和共享权限	两种权限中小的那一个
FAT	本地	无权限限制	无权限限制
FAT	远程	共享权限	共享权限

例如：文件夹 1 存放在网络的服务器上，分区是 NTFS 的文件系统，配置用户 A 访问文件夹 1 的 NTFS 权限是“读取”和“写入”；同时管理员又将文件夹 1 设置在网络上共享，配置用户组 Everyone 对文件夹 1 的访问权限是“读取”。如果此时用户 A 在一台客户机上访问这台服务器的文件夹 1 时，就会同时受到文件夹 1 的共享权限和 NTFS 权限的限制，最终用户 A 对文件夹 1 的访问权限是“读取”。

11.4.8 NTFS 权限的应用和验证

在实际的网络环境中发布文件资源时，需要根据事先对企业的需求分析，不同的文件资源不同程度地开放给不同的用户，这就需要针对不同的用户配置文件资源的访问权限。下面通过一个完整的实例来说明设置文件权限的思路。

例：活动目录中存在有两个普通的用户组甲和乙，服务器上的一个 NTFS 分区下有一个文件夹 1，现在需要设置甲和乙对文件夹 1 的访问权限，以实现甲组成员能浏览文件夹内有哪些文件，但不能做其他操作；乙组成员不能浏览文件夹内有哪些文件，但是可以将文件存入该文件夹中。

首先，由于甲组和乙组是普通的用户组，也就是说很有可能没有登录服务器的权限，因此访问文件夹 1 的方式大概是通过网络的远程访问，因此要配置文件夹 1 的共享权限。又由于文件夹存放在 NTFS 分区上，因此也要配置文件夹 1 的 NTFS 权限，最终的访问权限应该是两种权限中更小的那一个。其次，用户组是不能用来登录系统的，因此在活动目录中应找到分别隶属于甲组和乙组的用户，利用用户来验证文件权限是否配置正确。最后，使用客户机连接到服务器上通过网络共享的方式来验证权限的配置是否正确。

在配置时，可参考如下步骤来实现：

（1）建立用户 a 和 b，让 a 隶属于甲组，b 隶属于乙组。

（2）在服务器上以管理员 administrator 的身份登录，设置文件夹 1 共享，并配置权限为 Everyone 组“完全控制”。

（3）由于此时的访问是在两种权限中取更小的那一个，因此，在共享权限最大的情况下，最终的权限完全取决于文件夹 1 的 NTFS 权限。首先，去掉文件夹 1 的 NTFS 权限中的继承，然后手动添加甲组和乙组，设置甲组的权限是“列出文件夹内容”；设置乙组的权限是“写入”。

（4）在一台能连接到服务器的客户机上分别以用户 a 和 b 的身份登录，验证权限是否配置成功。

验证的内容包括，是否能看到文件夹下的所有子对象；是否能看到文件内容；是否能修改文件内容并保存；是否能修改文件名；是否能新建文件或者子文件夹；是否能删除已有的文件资源对象等。

11.4.9 配置 NTFS 权限规则

管理员和文件、文件夹的所有者控制哪些用户和用户组拥有访问权限以及拥有何种权限。在配置 NTFS 权限时，应遵循下列规则：

（1）为简化管理，用户组应提供应用程序、数据、本地文件夹。这样做有三点好处：

- 权限仅仅授予了文件夹，而不是单个文件。
- 对应用文件的备份具有典型的低优先级，因此，备份不复杂。
- 所有的本地文件夹都在同一位置。

（2）使用 NTFS 权限来控制文件和文件夹的存取权限。给予用户最低的权限是必要的，这样可降低用户对重要文件和应用程序的误修改和误删除的可能性。

（3）无论何时，宁愿多给那些需要资源的用户组多一些权限，而在必要的情况下适当给予个人用户的权限。

（4）对加工数据和应用程序文件夹授予 NTFS 权限时，最好将 Everyone 组的默认完全控制权限转移，而授予用户和管理组读和执行权限。这样可以防止应用文件被用户误删除或计算机病毒破坏。面对应用软件升级时，管理者和用户可以授予完全用户控制权限，等升级完成后，再重新授予读和执行的权限。

（5）对公共数据文件夹可以为用户组授予增加、读和执行的权限，而完全控制权限则授予文件的创建者，这样，就能给建立文件的用户充分的删除和修改权利，就好像授予他读别人创建的文件一样。

（6）不设置权限比拒绝访问友好。一般拒绝访问仅拒绝特殊的用户和用户组。

（7）鼓励用户开放他们创建的文件和文件夹，并提供他们在授予权限方面的适当的帮助。

11.5 在 NTFS 上管理磁盘配额

在企业的内部，网络的建立往往是为了进行及时、安全的数据通信和资源共享，因此在组建网络时，可以考虑在企业网络中设置文件服务器，用来提供给企业内部的网络用户用以存储自己的文件。用户可以选择保留文件的私有性，也可以选择把文件资源发布在网络上共享给其他用户协同工作。管理员如果能合理地规划和配置好服务器，就能在为每个用户提供便利的同时，实现企业内的资源合理化共享。

然而，由于企业内的用户数量通常比较多，而服务器的存储空间往往比较有限，因此必须对每个用户能使用的磁盘空间进行限制，同时也需要对用户使用的磁盘空间的实时状态进行有效的跟踪和管理。在 NTFS 文件系统中，磁盘配额可以实现这类功能，帮助管理员控制每个用户账户的磁盘空间的使用情况。

11.5.1 磁盘限额的功能

磁盘配额是以文件的所有权为基础的，只能应用于分区，而不针对文件夹，一旦设置，将不会受到分区上文件夹结构或者物理磁盘布局变化而影响。如果用户创建了一个文件，那么此用户就是文件所有者，Windows 2008 会把此文件每个未压缩的字节算进用户的磁盘限额中，并将用户磁盘限额中余下的空间量，即应用程序的可用空间报告给用户。

管理员可以在选定的磁盘分区上设置磁盘配额，同时启用两个限制，即：

（1）磁盘配额警告

这个限制的作用主要是当指定用户使用的空间接近所分配的最大额度时进行提醒。

（2）磁盘配额限度

这个限制的主要作用则是指定允许用户使用的磁盘空间容量的最上限。

Windows Server 2008 磁盘配额的管理技术能够根据网络的管理员设置的这两个值跟踪每个用户对指定分区的磁盘空间的写入操作，一旦用户的磁盘空间使用达到了以上两个限制的门阈值时，用户会收到服务器自动发送的提醒消息。此时管理员可以根据需要，提示用户清理磁盘空间，或者利用磁盘配额管理器阻止用户继续向分区写入数据，同时将事件记录到系统日志中。需要说明的是，两个限制值在具体应用时会有所不同。通常，用户使用磁盘时如果超过指定的警告门阈值，用户还可以继续写入数据，但相关事件将被记录；而用户使用磁盘时如果超过磁盘的配额限度，用户将无法再向磁盘写入数据。当然，管理员也可以选择当用户使用磁盘超过磁盘的配额限度时，还允许用户继续写入数据，这往往是在磁盘空间的使用总体上不是很紧张的时候。

Windows Server 2008 的磁盘配额管理可以在每分区、每用户基础上跟踪和控制磁盘使用。也就是说，每个用户会有自己独立的磁盘配额，用户对磁盘空间的利用并不会影响到同一个分区上的其他用户的磁盘配额。站在用户的角度上看，他会感到分配给自己的磁盘配额的空间在使用上和在一个独立的磁盘分区上进行操作没有什么两样，他也不会看到其他用户所存储的文件。

磁盘配额只能在 NTFS 文件系统的分区中使用，因此，如果要使用磁盘配额，需要将指定的分区转换成 NTFS 格式。

11.5.2 磁盘配额的特点

综合来看，在 Windows Server 2008 中，磁盘限额具有以下特点：

（1）磁盘配额是针对分区，而不是针对文件夹的；

（2）磁盘配额只有 NTFS 文件系统才能支持，FAT 与 FAT32 均不支持；

（3）磁盘的使用是基于文件和文件夹的所有权的。当用户复制或新建一个文件并将其保存到一个 NTFS 分区上时，或者用户通过改变权限成为一个 NTFS 分区上某些文件资源的所有者时，Windows Server 2008 都会把文件资源所对应的磁盘空间算入用户的配额中。

（4）磁盘配额不使用压缩。用户所用空间按所有未被压缩的字节数计算的，而不考虑实际占用了多少硬盘空间。这样做是因为使用文件压缩时，不同类型的文件，压缩比不同，相同大小的未压缩文件在它们被压缩后可能会有不相同的大小。

（5）应用程序的可用空间以配额限制为基础。

（6）Windows Server 2008 为每个 NTFS 分区分别设置磁盘限额，无论这些分区是否都在同一物理硬盘上。

（7）系统管理员并不受磁盘配额的限制，通常是由系统管理员来设置其他用户的磁盘配额。

需要说明的是，由于磁盘配额必须在 NTFS 文件系统的分区上设置，所以，如果要设置配额的分区是 FAT32 之类的格式，需要将其进行转换。此时，转换的方法根据磁盘的使用情况有所不同，即：

- 若磁盘分区上无重要数据，可选择将该分区进行格式化，同时选择文件系统为 NTFS，完成后再设置磁盘配额；
- 若磁盘分区上有重要数据，不能采用格式化的方式来转换文件系统，因为那样会将分区上的数据全部清空，此时可在命令提示符的环境中使用 convert 命令实现转换，比如要将 D 分区转成 NTFS 格式，可使用的命令是 convert D:/fs:ntfs，回车。

11.5.3 配置磁盘限额

1. 启用磁盘配额

默认情况下，磁盘配额是没有被配置的，需要使用管理员身份在服务器上登录系统后才可以设置。

比如，磁盘分区 E 是 NTFS 格式，右键单击 E 分区，打开“配额”选项卡，如图 11-43 所示，显示的是默认条目及其相应的值，默认状态下，磁盘配额是被禁止的，因此要启用磁盘配额，此时可以在这个界面中选择“启用配额管理”这个选项，将其勾选上。

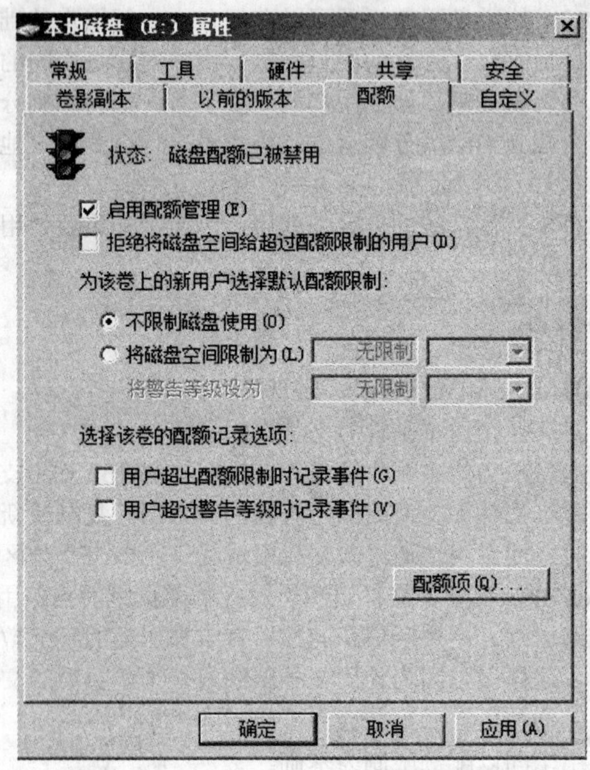

图 11-43　磁盘配额属性对话框

界面的顶部有“状态”一项，不同的颜色代表了不同的磁盘配额的状态，红灯表示磁盘配额未启动；黄灯显示 Windows 2008 正重建磁盘配额信息；绿灯显示已启动磁盘配额系统。

在这个界面中，还有一些常见的选项，分别解释如下：

（1）拒绝将磁盘空间给超过配额限制的用户

这个选项的作用是可以禁止用户在使用完自己的磁盘配额大小的空间后继续向服务器上写入数据。用户将会看到提示信息“磁盘空间不足”或者分区已满等信息。此时用户可以选择删除或者移动一些文件释放空间。

（2）为该卷上的新用户选择默认配额限制

这个选项中有两个选择，第一个选择是“不限制磁盘使用”，这个选项勾选以后，用户可以持续地向该分区写入数据，直至分区的空间全部使用完时才不能再写入数据。

第二个选择是“将磁盘空间限制为”，这个选项勾选后，下面出现具体设置的数据输入框，管理员可以方便地在输入框中输入用户可以使用的最大磁盘空间容量，也可以设置警告等级的数值。

（3）选择该卷的配额记录选项

这个选项主要是选择当用户使用的磁盘空间的容量超过警告级别时，或者超过配额限制时，是否将这类事件记录进系统日志。管理员可以使用事件查看器，通过筛选磁盘事件类型来查看这些事件。默认情况下，配额事件每个小时都会被写入到本地计算机的系统日志中。

管理员可以根据实际的需要设置不同选项，比如，可以设置成如图 11-44 所示的结果。

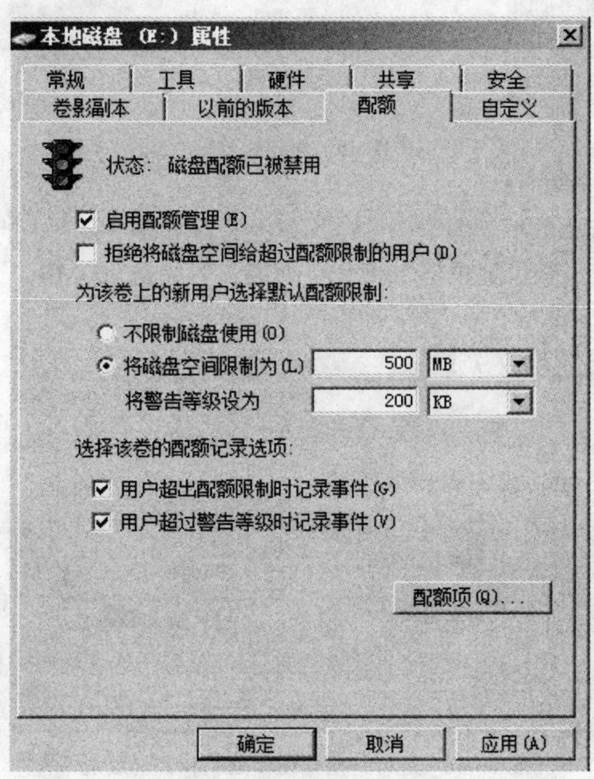

图 11-44 设置统一的磁盘配额

如果是按照统一的标准来设置磁盘配额，可以在这个界面中启用磁盘配额后，设置具体的数值，但如果需要为不同的用户配置不同大小的磁盘配额，就需要使用其他的方法了，在下一标题中介绍这种方法。

2. 为特定的用户指定配额

由于在一个企业内部，不同的用户对磁盘配额的要求是不同的，因此管理员需要充分考虑到用户的权限、级别、职务等方面的差别，为他们设置合理的磁盘配额。可以在不同的磁盘分区中设置不同的配额，使用户拥有各自的访问权限外，也可以在同一个磁盘分区上指定不同的磁盘配额，此时，可是使用磁盘配额中的“配额项”来实现这一功能。

设置的方法可以通过如下的步骤来进行：

（1）在图 11-44 所示界面的下端点击“配额项”按钮，出现一个对话框，如图 11-45 所示，在菜单栏处找到“配额”，单击，在下拉菜单中选择“新建配额项”。

（2）首先会出现选择用户的界面，此时可以选择要配置配额的用户，可以选择在域的范围内，找到用户李华，单击确定。

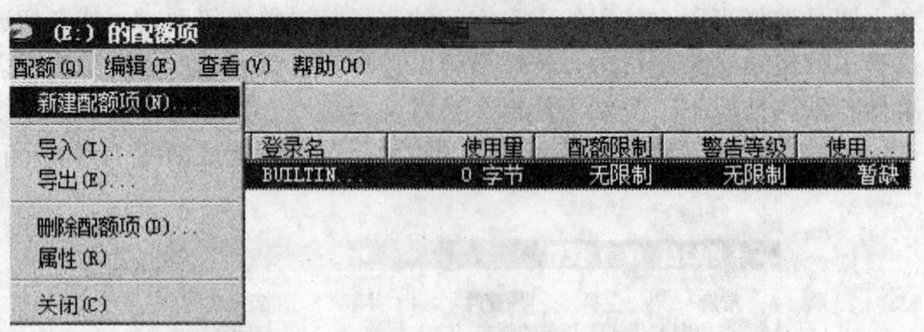

图 11-45 新建配额项

（3）选择完用户后，单击“确定”按钮，会进入到选择空间大小的对话框，如图 11-46 所示，键入对应的数值，磁盘配额是 500MB，而警告等级是 400MB。

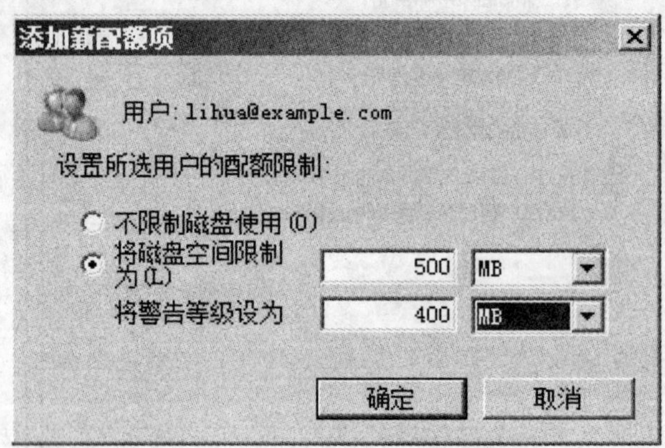

图 11-46 选择一用户配额限制和警告级别

（4）设置完成后，会出现如图 11-47 所示对话框，可以清楚地看到，新建的用户和他的磁盘配额已经生成。

实际上，管理员也可以在图 11-46 所示的界面中观察各用户对磁盘空间的使用情况，由于 Windows Server 2008 可以对磁盘配额进行监测，通过扫描磁盘分区以监测每个用户对磁盘空间的使用情况，并用不同颜色的标识出磁盘使用空间超过报警阈值或配额限制的用户，这就方便了对于磁盘配额的管理。通常，正常使用的用户磁盘配额的图标显示为绿色，超过警告等级而未达到磁盘配额上限的图标是黄色三角形，而如果超过了磁盘配额的上限，图标的颜色用红色圆形代表。

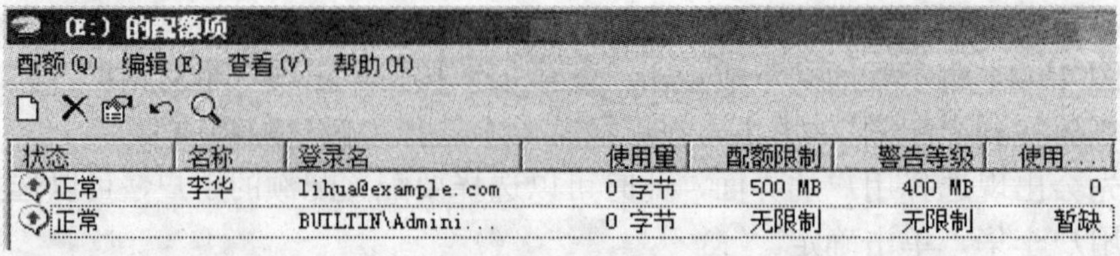

(E:) 的配额项

配额(Q) 编辑(E) 查看(V) 帮助(H)

状态	名称	登录名	使用里	配额限制	警告等级	使用...
正常	李华	lihua@example.com	0 字节	500 MB	400 MB	0
正常		BUILTIN\Admini...	0 字节	无限制	无限制	暂缺

图 11-47 设置单个用户的磁盘配额完成

综上所述，可以看到磁盘配额提供了一种基于用户和分区的文件存储管理，使得管理员可以方便地利用这个工具合理地分配存储资源，避免由于磁盘空间使用的失控可能造成的系统崩溃，从而提高了系统的安全性。

11.5.4 磁盘限额的实际应用

Windows Server 2008 的磁盘配额通常可以和用户配置文件中的主文件夹联用。在前面的章节中已经谈论到主文件夹的作用，具体应用的方式是：

（1）在域控制器上的“AD 活动目录用户和计算机”中，选择要配置的用户，在该域用户的配置文件的选项卡中选择主文件夹的路径，如写成\\域控制器主机名\共享文件夹名\用户名；

（2）在域控制器上的选定分区上设置一个共享文件夹（注意名字和上(1)中路径的文件夹名字相符），配置用户对这个共享文件夹的权限；

（3）使用管理员身份登录到域控制器上，对指定的分区设置磁盘配额，可参考上小节中的“配额项”的设置方法，为这个用户设置指定大小的磁盘空间。

设置完成后，该用户无论在域内任何一台主机上登录，在“计算机”中都会看到主文件夹所对应的磁盘驱动器，可以将文件新建或者复制到这个位置，但用户只能在管理员指定的大小范围之内写入数据。也就是用户在这个位置保存的数据的总量原则上不能超过被指定的磁盘配额大小。

11.6 加密文件系统

加密文件系统（Encrypting File System，EFS）是在 Windows 2000 及以上 Windows 版本中使用的基于 NTFS 文件系统的面向用户的文件管理。

11.6.1 什么是加密文件系统

由于在网络上，信息的传输往往通过的是脆弱的公共信道，而信息通常是储存于“不设防”的计算机系统中，因此，用户系统的数据很容易被窃取、篡改或破坏。虽然 NTFS 文件系统提供了更为安全的防范措施，但在某些情况下，即便用户已经通过配置 NTFS 权限对文件进行了访问限制的保护，文件、数据依然有可能被破坏，比如：

（1）用软盘或硬盘自身将文件所在的系统引导到 DOS，然后装载 NTFSDOS。

（2）采用通常的 copy 或 xcopy 命令，可将该文件或目录从一个服务器拷贝到另一个服务器上。这个过程并没有将文件的访问控制表（ACL）一起拷贝过来，因此在新的目录下，这些文件都是公开的，也就是说任何用户都可以看到文件的内容。

（3）某些具有管理员权限的人可以控制文件，而不管该文件是否已被 NTFS 权限锁定。

加密文件系统（Encrypting File System，EFS）提供了文件加密的功能，这种加密技术是基于公开密钥的并以整体的系统服务形式运行，加密和解密都是在文件操作过程中进行。任何不知晓密文的用户，如果试图去访问加密文件的行为都是徒劳的，系统将会产生“访问拒绝”的信息框来拒绝该用户的访问。这样就能使它易于管理而难于攻击，并且对文件所有者是透明的。

文件经过加密后，只有当初对其加密的用户或被授权的用户本人可以读取，即使重装系统，或者改变文件的存储路径，都无法在没有授权证书的情况下读取文件内容，这就提高了文件的安全性。注意只有 NTFS 分区内的文件或者文件夹才可以进行 EFS 加密，如果将文件复制或者移动到 FAT 或者 FAT32 的文件系统分区中，则这个文件将被解密。

文件的加密和压缩无法并存，如果要对已压缩的文件加密，则该文件会被自动解压缩。如果要对已经加密的文件压缩，则该文件将会自动解密。

EFS 具有以下特征：

（1）透明的加密过程。

使用 EFS 加密技术，文件的加密不要求文件所有者在每次解密重新使用文件后，又重新加密此文件。当用户读或写一个文件时，加密和解密都是透明的。

（2）对加密密钥的有力保护。

公开密钥加密能抵抗几乎所有的最精细的攻击方法。加密文件的加密密钥列表与此加密文件存在一起，并且是唯一的。若要解密文件加密密钥，文件所有者必须提供一个私人密钥，这个密钥只有文件所有者才有。

（3）完整的数据恢复系统。

文件加密密钥列表又被用一恢复代理的密钥加密一次，这一加密列表也与此加密文件存在一起。可能有多个恢复代理，每人有一不同的公开密钥。为了加密这个文件必须至少提供一个公开恢复密钥。

（4）保障临时文件和页面文件的安全。

许多应用程序在用户编辑文件时会创建一个临时文件，这些临时文件会被未经加密地留在磁盘上。但因为 EFS 是在文件夹级执行的，所以只要全部文件都位于 NTFS 卷上，加密文件的临时文件也会被加密。

通常，文件加密密钥位于 Windows 操作系统的核心程序中，并被存贮在非页面库中，这就能保证它们从来不会被复制到页面文件。这保证了页面文件不能用来访问同一密钥加密的文档。

11.6.2 加密一个文件夹或文件

在加密一个文件或文件夹时，用户需要先确认加密的文件或者文件夹确实处在 NTFS 文件系统的分区下。如果一次要对多个文件或者文件夹进行加密，那么可在 NTFS 分区下建立一个文件夹，将所有需要加密的文件资源存放在这个文件夹下面，然后通过对这个文件夹的加密来保护该文件夹下的所有数据资源。

操作方法很简单，在选定的文件夹或者文件上单击右键，选择“属性”，在“属性”对话框中选择打开“常规”选项卡，然后单击“高级”按钮，再在“高级属性”的对话框中选择“加密内容来保护数据”，如图 11-48 所示。

单击“确定”后有时会遇到一个加密警告的提示，会提供两个选择“只加密文件”或者“加密文件及其父文件夹”。如果选择前者，则此次加密只对选定的文件应用；若选择后者，则此后在这个文件夹内新建的文件都会被自动加密。如图 11-49 所示。

当前的文件资源对象设置 EFS 加密成功。

文件夹加密完成后，建立在该文件夹下的文件和文件夹将自动受到加密保护，加密使用唯一的文件加密密钥进行，其口令的产生具有很强的随机性。加密采用的是分块方式，全部密钥都被加密存贮在此文件夹头下的数据加密字段（DDF）和数据恢复字段（DRF）中。

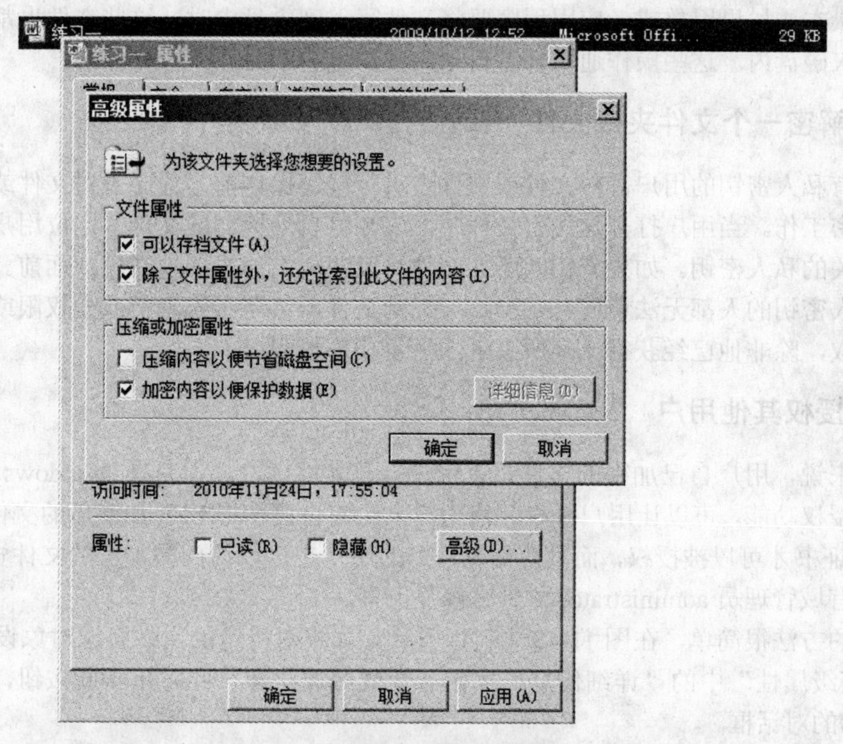

图 11-48　设置 EFS 属性

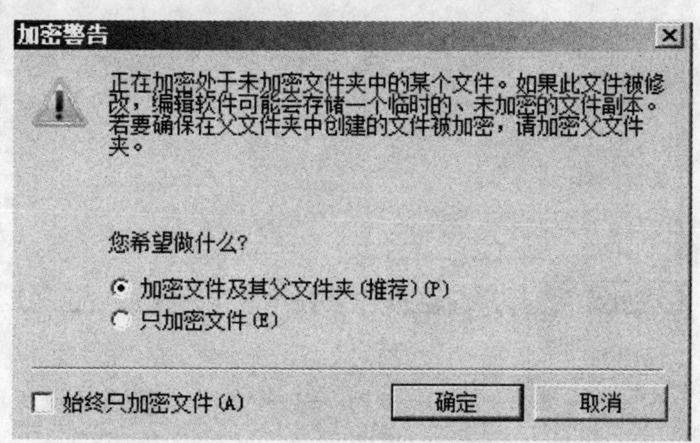

图 11-49　设置 EFS 时的加密警告

在 NTFS 分区上，当一个未加密的文件移动或者复制到加密文件夹后，文件将会自动加密；而如果将一个加密文件移动或者复制到非加密的文件夹时，这个文件仍然会保持其加密的状态。用户即使对文件进行重命名等操作，此文件依然处在加密状态，只有拥有所有权的用户才可以加密或解密此文件夹或文件夹。如果某一用户想访问一个加了密的 NTFS 文件，并且能像其他文件一样透明地使用它，除非他具有那个文件的私人密钥；否则，他的访问将会受到拒绝。

当用户或者应用程序要读取加密文件时，如果此次操作是获得了授权，那么系统会将文件从磁盘内读取出、自动解密后提供给用户或者应用程序使用，但存储在磁盘内的文件仍然处在加密状态；如果用户或者应用程序要将文件写入到磁盘中时，这些文件也都会被自动加密后再写入磁盘内。这些操作通常都是自动完成，用户不必介入。

11.6.3 解密一个文件夹或文件

在拥有私人密钥的用户需对文件或文件夹进行读写操作前，他必须对文件或文件夹进行完全的解密工作。当用户打开这加密文件时，EFS 将自动检测此文件并定位用户证书及此文件头中有关的私人密钥。如果密钥匹配，文件将以明文的形式展现在用户面前。而其他任何不拥有私人密钥的人都无法访问并共享这一加密文件，甚至当管理员改变权限或文件属性时也无法读取，除非他已经获得文件所有者的恢复代理权限。

11.6.4 授权其他用户

一般来说，用户自己加密的文件只有用户自己才能读取，但是在 Windows Server 2008 中提供了授权功能，可以让用户授权其他用户来访问自己使用 EFS 加密后的文件。用户必须具有 EFS 证书才可以被授权，而具有修复证书的用户也可以访问被加密的文件资源，但默认情况下只有域管理员 administrator 才具有修复证书。

设置的方法很简单，在图 11-48 中可以看到，如果对特定的文件资源对象设置了 EFS 加密后，“高级属性”中的“详细信息”按钮会变成可选状态，此时单击此按钮，会看到如图 11-50 所示的对话框。

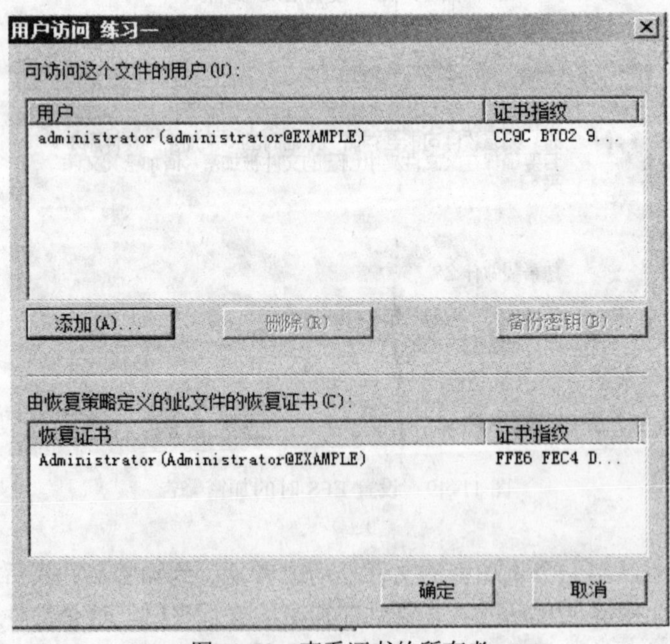

图 11-50 查看证书的所有者

从图中可以知道，当前文件的证书拥有者是 administrator，如果需要别的用户也得到授权可以访问这个文件，可以在这个界面中单击“添加”按钮，在出现的对话框中选择要接受授权的用户。

如果添加成功，可以在下面的图中看到得到授权的用户列表，如图 11-51 所示。

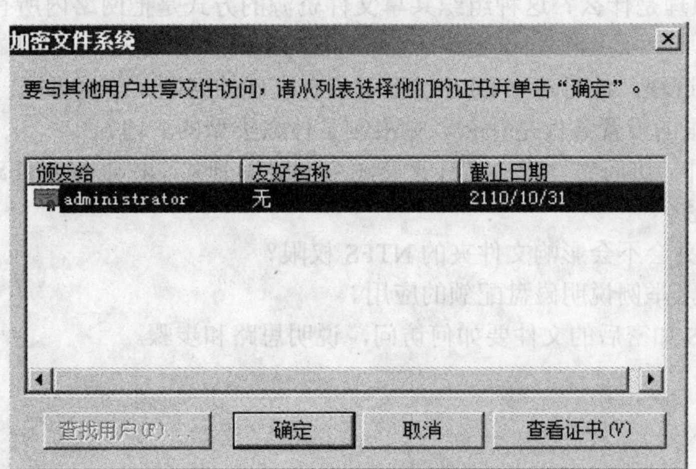

图 11-51　加密文件系统的授权

11.6.5　备份 EFS 证书

为了避免 EFS 证书损坏或者丢失而造成文件无法正常读取的问题，用户可以事先使用证书管理主控器来备份 EFS 证书。

方法是按照如下步骤进行：

（1）单击“开始”，点“运行”，在出现的对话框中输入 certmgr.msc，回车；

（2）如图 11-52 所示，展开“个人”，点“证书”，在右边窗口中找到要备份的用户对象；

（3）在对象上单击右键，选择“所有任务”，点“导出”，选择“下一步”，选择“是，导出私钥”，在“导出文件格式”对话框中单击“下一步”，设置密码（这是在日后导入证书时需要输入的密码），然后选择存储的路径，导出证书，如图 11-52 所示。

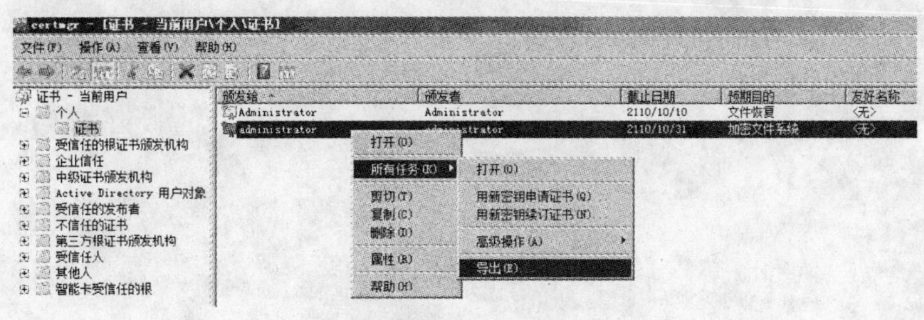

图 11-52　导出证书

习　题

1．什么是文件系统？

2．比较 FAT 和 NTFS 两种文件系统的主要特点？

3．共享权限的设置条件是什么？它限制了什么类型的访问？

4．DFS 的原理是什么？这种组织共享文件资源的方式是把网络内所有共享资源集中存储吗？

5．结合实验过程，针对建立 DFS 过程中所有出现的问题，分析原因。

6．NTFS 权限的设置条件是什么？它限制了什么类型的访问？

7．什么情况下，访问文件或者文件夹资源会同时受到共享权限和 NTFS 权限的限制？最终的权限是什么呢？

8．移动文件夹会不会影响文件夹的 NTFS 权限？

9．结合实践，举例说明磁盘配额的应用。

10．经过 EFS 加密后的文件要如何访问，说明思路和步骤。

第12章　远程桌面服务

本章将介绍 Windows Server 2008 中远程桌面服务的相关内容。通过“远程桌面服务”服务器角色提供的技术，用户可以访问远程桌面服务器上安装的基于 Windows 的程序或访问完整的 Windows 桌面。使用远程桌面服务，用户可以在企业网络内部或通过 Internet 访问远程桌面服务器。远程桌面服务可使用户在企业环境中有效地部署和维护软件。可以很容易从中心位置部署程序。由于将程序安装在远程桌面服务器上，而不是安装在客户端计算机上，所以，更容易升级和维护程序。

12.1　远程桌面服务概述

1. 远程桌面服务作用

如果在远程桌面服务器上部署程序，则可以带来诸多好处。包括：

（1）可以快速地将基于 Windows 的程序部署到整个企业中的计算设备上。在程序经常需要更新、很少使用或难以管理的情况下，远程桌面服务尤其有用。

（2）远程桌面服务可以显著减少访问远程应用程序所需的网络带宽。

（3）远程桌面服务有助于提高用户的工作效率。用户可以从家用计算机、展台、低能耗硬件等设备以及非 Windows 操作系统访问远程桌面服务器上运行的程序。

（4）对于需要访问中心数据存储的分支机构工作人员来说，远程桌面服务可提供更好的程序性能。有时，数据密集型程序没有针对低速连接进行优化的客户端/服务器协议。较比典型的广域网连接而言，此类通过远程桌面服务连接运行的程序性能会更好。

2. 远程桌面服务角色服务

远程桌面服务是由多个子组件（称为“角色服务”）组成的服务器角色。在 Windows Server 2008 中，远程桌面服务由下列角色服务组成：

（1）远程桌面服务器。“远程桌面服务器”角色服务使服务器可以托管基于 Windows 的程序或完整的 Windows 桌面。用户可以连接到远程桌面服务器来运行程序，保存文件，以及使用该服务器上的网络资源。

（2）RD Web 访问。Remote Desktop Web Access（RD Web Access）使用户能够通过网站访问 RemoteApp 程序和到远程桌面服务器的远程桌面连接。RD Web Access 还包括远程桌面 Web 连接，它使用户能够远程连接到他们具有“远程桌面”访问权限的任何计算机。

（3）RD 授权。远程桌面服务授权（RD 授权）管理每个设备或用户连接到远程桌面服务器所需的远程桌面服务客户端访问许可证（RD CAL）。使用 RD 授权在远程桌面服务许可证服务器上安装、颁发 RD CAL 并监视其可用性。

（4）RD 网关。远程桌面服务网关（RD 网关）使经过授权的远程用户能够从可以运行远程桌面连接（RDC）客户端的任何与 Internet 连接的设备连接到内部企业网络上的资源。

（5）RD 会话 Broker。Remote Desktop Session Broker（RD Session Broker）支持在服务器场中的远程桌面服务器之间进行会话负载平衡，并支持重新连接到负载平衡远程桌面服务器场中的现有会话。

3. 远程桌面服务器功能

远程桌面服务器是一种服务器，它为远程桌面服务客户端托管基于 Windows 的程序或完整的 Windows 桌面。用户可以连接到远程桌面服务器来运行程序，保存文件，以及使用该服务器上的网络资源。用户可以使用 RDC 或 RemoteApp 程序访问远程桌面服务器。

4. 远程桌面服务远程应用程序（RD RemoteApp）

RemoteApp 程序是通过远程桌面服务远程访问的程序，它们的行为就好像运行在最终用户的本地计算机上一样。用户可以将 RemoteApp 程序与本地程序并排运行。如果用户从同一台远程桌面服务器运行多个 RemoteApp 程序，RemoteApp 程序将共享同一个远程桌面服务会话。通过此功能可以节省用户会话，并且可以更快地连接到同一台服务器上的每个其他 RemoteApp 程序。

使用 RD RemoteApp 会带来许多好处，在许多情况下，RD RemoteApp 可以降低复杂程度并减少管理开销，包括：

（1）分支机构，其本地 IT 支持和网络带宽可能有限。

（2）用户必须远程访问应用程序的情况。

（3）部署行业应用程序，尤其是自定义应用程序。

（4）没有为用户分配计算机的环境，例如“公用办公桌”或“旅馆式办公”工作空间。

（5）部署某个应用程序的多个版本时，尤其是当在本地安装多个版本可能会造成冲突时。

5. RD Web 访问

通过 RD Web Access，用户可以从 Web 浏览器将 RemoteApp 程序和远程桌面连接到远程桌面服务器。通过 RD Web Access，用户可以通过访问网站（从 Internet 或 Intranet）访问可用 RemoteApp 程序的列表。在启动 RemoteApp 程序时，将在托管 RemoteApp 程序的远程桌面服务器上启动远程桌面服务会话。在部署 RD Web Access 时，可以指定充当数据源的远程桌面服务器，以填充网页上出现的 RemoteApp 程序的列表。

RD Web Access 也附带有远程桌面 Web 连接功能。借助远程桌面 Web 连接，用户可以指定他们要连接的计算机，然后启动到该计算机的完整远程桌面会话。若要成功连接，用户必须在目标计算机上拥有“远程桌面”访问权限。

6. RD 授权

RD 授权管理每个用户或设备连接到远程桌面服务器所需的 RD CAL。使用 RD 授权在远程桌面服务许可证服务器上安装、颁发 RD CAL 并监视其可用性。

若要使用远程桌面服务，必须至少拥有一台许可证服务器。对于小型部署，可以将“远程桌面服务器”角色服务和 RD 授权角色服务安装在同一台计算机上。对于较大型的部署，建议将 RD 授权角色服务与“远程桌面服务器”角色服务安装在不同的计算机上。

7. RD 网关

RD 网关使经过授权的远程用户能够从可以运行 RDC 客户端的任何与 Internet 连接的设备连接到内部企业网络或专用网络上的资源。网络资源可以是远程桌面服务器、运行 RemoteApp 程序的远程桌面服务器或者启用了“远程桌面”的计算机。RD 网关将远程桌面协议（RDP）封装在 RPC 内以及安全套接字层（SSL）连接上的 HTTP 内。采用这种方式，

RD 网关有助于通过在 Internet 上的远程用户和运行其效率应用程序的内部网络资源之间建立加密的连接来提高安全性。

8. RD 会话 Broker

RD Session Broker 在负载平衡的远程桌面服务器场中跟踪用户会话。RD Session Broker 数据库存储会话状态信息，包括会话 ID、会话关联的用户名以及每个会话所在的服务器的名称。拥有现有会话的用户连接到负载平衡服务器场中的远程桌面服务器时，RD Session Broker 会将用户重定向到其会话所在的远程桌面服务器。这样可以阻止用户连接到服务器场中的其他服务器并启动新会话。

如果启用了 RD Session Broker 负载平衡功能，RD Session Broker 还跟踪服务器场中每台远程桌面服务器上的用户会话数，并将没有现有会话的用户重定向到会话数最少的服务器。通过此功能，可以将会话负载在负载平衡远程桌面服务器场中的服务器之间均匀分配。

12.2 Windows Server 2008 中远程桌面服务新特性

Windows Server® 2008 操作系统的远程桌面服务组件所提供的技术允许用户从几乎任何计算设备访问安装在远程桌面服务器上的基于 Windows 的程序，或访问 Windows 桌面本身。用户可连接到远程桌面服务器来运行程序并使用该服务器上的网络资源。

下面介绍了对此版本中可用的远程桌面服务功能的更改：

（1）远程桌面服务核心功能：

远程桌面连接显示

- 媒体播放机和数字照相机的即插即用设备重定向
- Microsoft Point of Service for .NET 设备重定向
- 远程桌面服务单一登录

（2）远程桌面服务器安装

（3）远程桌面服务打印

（4）远程桌面服务远程应用程序（RD RemoteApp）

（5）远程桌面服务 Web 访问（RD Web 访问）

（6）远程桌面服务授权（RD 授权）

（7）远程桌面服务网关（RD 网关）

（8）远程桌面服务会话 Broker（RD 会话 Broker）

（9）远程桌面服务和 Windows 系统资源管理器

12.2.1 远程桌面服务核心功能

对于 Windows Server 2008，远程桌面服务包含新的核心功能，当远程连接到 Windows Server 2008 远程桌面服务器时，该功能可以增强最终用户体验。此新的核心功能包括：

1. 远程桌面连接显示的改进

远程桌面连接显示的改进内容包括：

（1）自定义显示分辨率

自定义显示分辨率提供对更多显示分辨率（如 16∶9 或 16∶10）的支持。例如，现在支持分辨率为 1680×1050 或 1920×1200 的较新监视器。支持的最大分辨率为 4096×2048。可以在.rdp 文件中或从命令提示符设置自定义显示分辨率。

在.rdp 文件中设置自定义显示分辨率的步骤如下：

在文本编辑器中打开.rdp 文件。添加或更改以下设置：

desktopwidth:i:< value >

desktopheight:i:< value >

其中<value>为分辨率，如 1680 或 1050。

从命令提示符设置自定义显示分辨率的步骤如下：

在命令提示符下，通过以下语法使用 msRDc.exe 命令，然后按 Enter。

msRDc.exe /w:<width> /h:<height>

2）监视器跨越

监视器跨越允许用户跨多台监视器显示远程桌面会话。用于监视器跨越的监视器必须符合以下要求：

所有监视器必须使用相同的分辨率。例如，可以跨越两台使用 1024×768 分辨率的监视器。但是不能跨越一台分辨率为 1024×768 的监视器和一台分辨率为 800×600 的监视器。

所有监视器都必须水平对齐（即，并排对齐）目前不支持跨越在客户端系统上垂直放置的多台监视器。

跨所有监视器的总分辨率不得超过 4096×2048。可以在.rdp 文件中或从命令提示符启用监视器跨越。

在.rdp 文件中启用监视器跨越的步骤如下：

在文本编辑器中打开.rdp 文件。添加或更改以下设置：

Span:i:< value >

如果 <value> = 0，则禁用监视器跨越。

如果 <value> = 1，则启用监视器跨越。

从命令提示符启用监视器跨越的步骤如下：

在命令提示符下，键入以下命令，然后按 Enter。

msRDc.exe /span

（3）桌面体验

Remote Desktop Connection (RDC) 6.0 和 RDC 6.1 在用户的客户端计算机上重现远程计算机上的桌面。若要使远程计算机外观更像用户的本地 Windows Vista 桌面体验，可以在 Windows Server 2008 远程桌面服务器上安装桌面体验功能。桌面体验安装 Windows Vista 的功能，如 Windows Media(R) Player 11、桌面主题和照片管理。

在远程桌面服务器上安装桌面体验的步骤如下：

①打开服务器管理器。

②右击“功能”，单击快捷菜单中的“添加功能”。

③在“选择功能”页上，向下拖动滚动条，双击“桌面体验”，如图 12-1 所示。可能会出现一个“添加功能”对话框，询问“是否添加桌面体验所需的功能?”，点击“添加必需的功能（A）”按钮，“桌面体验”复选框被选中，然后单击“选择功能”页的“下一步”。

④在“确认安装选择”页上，验证是否将安装终端体验功能，然后单击“安装”。

⑤在“安装结果”页上，系统将提示用户重新启动服务器以完成安装过程。单击“关闭”，然后单击“是”重新启动服务器。计算机再次启动时将重新配置 Windows。

⑥重新启动服务器之后，确认已安装了桌面体验。

启动服务器管理器，在“功能”菜单项中，就可以确认桌面体验列为已安装，如图 12-2 所示。

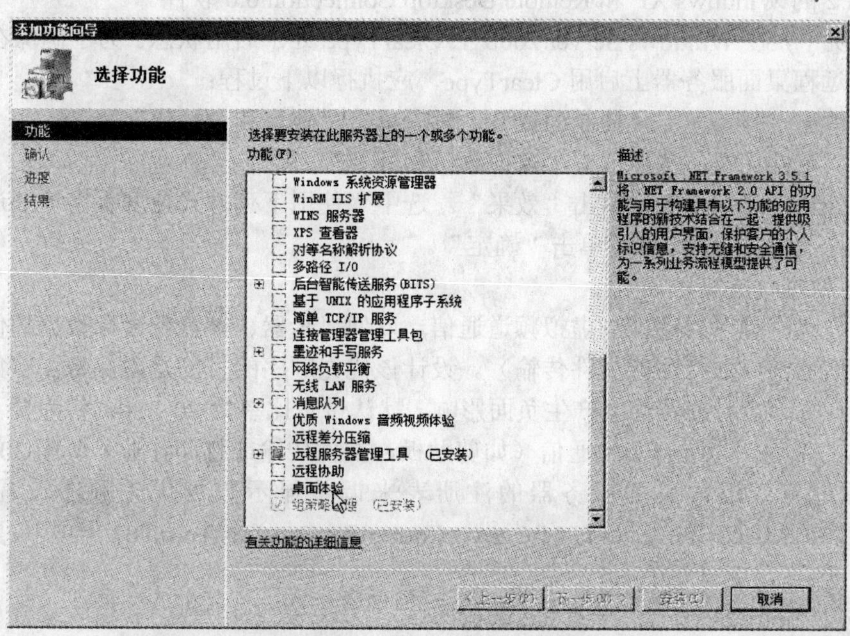

图 12-1 添加桌面体验功能

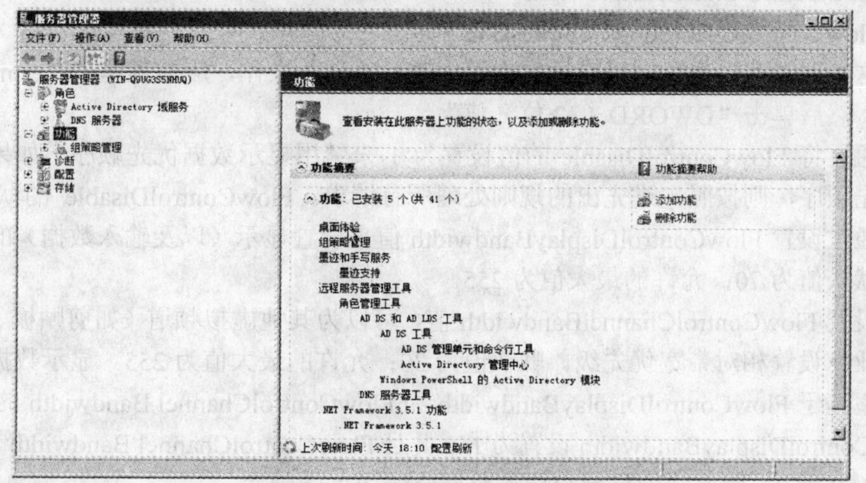

图 12-2 确认桌面体验列已安装

（4）字体平滑

Windows Server 2008 支持 ClearType(R)，该技术使计算机字体可以清晰平滑地显示，尤其是在使用 LCD 监视器时效果更佳。可以将 Windows Server 2008 远程桌面服务器配置为当客户端计算机使用“远程桌面连接”连接到 Windows Server 2008 远程桌面服务器时提供 ClearType 功能。该功能称为字体平滑。如果客户端计算机运行下列任一软件组合，即可使用字体平滑：

- Windows Vista
- 带 SP1 或 SP2 的 Windows Server 2003 和 Remote Desktop Connection 6.0 软件
- 带 SP2 的 Windows XP 和 Remote Desktop Connection 6.0 软件

默认情况下，在 Windows Server 2008 上 ClearType 处于启用状态。为了确保在 Windows Server 2008 远程桌面服务器上启用 ClearType，应执行以下过程：

①依次单击“开始”、“控制面板”，然后单击“外观和个性化”。

②单击“个性化”，然后单击“窗口颜色和外观”。

③在“外观”选项卡上，单击“效果”。选中“使用下列方式使屏幕字体的边缘平滑”复选框，选择 ClearType，然后单击“确定”。

5）显示数据优先顺序

显示数据优先顺序自动控制虚拟频道通信，以便显示器、键盘和鼠标数据的优先级大于其他虚拟频道通信（如打印或文件传输）。设计该优先顺序的目的是确保带宽密集操作（如大量打印作业）不会对屏幕性能产生负面影响。默认带宽比率为 70∶30。将为显示和输入数据分配 70%的带宽，为所有其他通信（如剪贴板、文件传输或打印作业）分配 30%的带宽。

可以通过更改远程桌面服务器的注册表来调整显示数据优先顺序设置。可以在 HKEY_LOCAL_MACHINE\SYSTEM\CurrentControlSet\Services\TermDD 子项下，更改以下项的值：

FlowControlDisable

FlowControlDisplayBandwidth

FlowControlChannelBandwidth

FlowControlChargePostCompression

如果这些项没有出现，则可以添加它们。若要执行此操作，应右键单击 TermDD，指向“新建”，然后单击“DWORD（32 位）值”。

可以通过将 FlowControlDisable 的值设置为 1 来禁用显示数据优先顺序。如果禁用了显示数据优先顺序，则按照先进先出的规则处理所有请求。FlowControlDisable 的默认值为 0。

可以通过设置 FlowControlDisplayBandwidth 值来设置显示（以及输入数据）的相对带宽优先级。默认值为 70；允许的最大值为 255。

通过设置 FlowControlChannelBandwidth 值，可以为其他虚拟频道（如剪贴板、文件传输或打印作业）设置相对带宽优先级。默认值为 30；允许的最大值为 255。显示数据优先顺序的带宽比率基于 FlowControlDisplayBandwidth 和 FlowControlChannel Bandwidth 的值。例如，如果 FlowControlDisplayBandwidth 设置为 150 并且 FlowControlChannel Bandwidth 设置为 50，则比率为 150∶50，因此将为显示和输入数据分配 75%的带宽。

FlowControlChargePostCompression 值确定流控制是根据压缩前的字节还是根据压缩后的字节来计算带宽分配。默认值为 0，意味着将按压缩前字节进行计算。

如果对注册表值进行了任何更改，则需要重新启动远程桌面服务器更改才能生效。

2. 媒体播放机和数字照相机的即插即用设备重定向

在 Windows Server 2008 中，重定向已得到增强和扩展。现在可以重定向 Windows 便携

式设备，尤其是基于媒体传输协议（MTP）的媒体播放机和基于图片传输协议（PTP）的数码相机。

当启动与远程计算机的会话时，应该看到已重新定向的即插即用设备已自动安装在远程计算机上。将在远程计算机的任务栏中出现即插即用通知。如果已选中“远程桌面连接”中的“稍后插入的设备”复选框，则当与远程计算机的会话处于活动状态且将即插即用设备插入本地计算机时，应该看到即插即用设备已安装在远程计算机上。

可以使用以下任一组策略设置控制即插即用设备重定向：

- 位于“计算机配置”\“管理模板”\“Windows 组件”\“远程桌面服务”\“远程桌面服务器”\“设备和资源重定向”中的“不允许受支持的即插即用设备重定向”
- 位于“计算机配置”\“管理模板”\“系统”\“设备安装”\“设备安装限制”中的策略设置
- 在远程桌面服务配置工具（RDconfig.msc）的“客户端设置”选项卡上使用“支持的即插即用设备”复选框控制即插即用设备重定向。

3. Microsoft Point of Service for .NET 设备重定向

在 Windows Server 2008 中，还可以重定向使用 Microsoft Point of Service（POS）for .NET 1.12 的设备。只有远程桌面服务器运行的是基于 x86 版本的 Windows Server 2008 时，才支持重定向 Microsoft POS for .NET 设备。

12.2.2 远程桌面服务器安装

在 Windows Server 2008 中，用户必须执行以下操作才能安装“远程桌面服务器”角色服务并且配置远程桌面服务器以承载程序：

（1）使用服务器管理器安装远程桌面服务器角色服务。

（2）在服务器上安装程序。

（3）配置远程连接设置。这包括添加连接到远程桌面服务器所需的用户和组。

在下列情况下，应考虑将各个程序分别安装在不同的远程桌面服务器上：

（1）程序存在兼容性问题，可能会影响其他程序。

（2）一个应用程序及若干关联用户可能会耗尽服务器的能力。

12.2.3 远程桌面服务打印

在 Windows Server® 2008 中，已经通过添加“远程桌面服务轻松打印”打印机驱动程序和一个只能重定向默认客户端打印机的组策略设置改善远程桌面服务打印。远程桌面服务轻松打印驱动程序是 Windows Server 2008 中的一项功能，用户可以使用它从远程桌面服务 RemoteApp（TM）程序或从远程桌面服务器桌面会话可靠地打印到客户端计算机上的正确打印机。还能够使用户在本地和远程会话之间获得更一致的打印体验。

若要使用远程桌面服务轻松打印驱动程序，客户端必须运行以下两个程序：

（1）Remote Desktop Connection (RDC) 6.1

（2）至少 Microsoft .NET Framework 3.0 Service Pack 1 (SP1)

“远程桌面服务轻松打印”驱动程序具有以下功能：

（1）提高了针对 RemoteApp 和远程桌面会话的远程桌面服务打印的可靠性。

（2）支持旧版和新版的打印机驱动程序，而无需在远程桌面服务器上安装这些驱动程序。

（3）在打印机枚举性能方面，对特定于 Windows Server 2003 的可伸缩性的改进。在 Winlogon 进程期间，后台处理程序只枚举用户可在特定会话中使用的打印机，而不枚举所有重定向的打印机。因此，在每个会话的基础上枚举打印机，而不是在每个用户的基础上枚举打印机。

（4）改善了可用的打印机功能。"远程桌面服务轻松打印"驱动程序在远程会话中提供丰富和完整的打印机功能。当用户查看打印首选项时，可以使用物理打印机驱动程序的所有功能。

只重定向默认的客户端打印机组策略设置允许用户控制默认的客户端打印机是否为远程桌面服务会话中重定向的唯一打印机，或者是否在会话中重定向所有打印机。

如果存在不支持"远程桌面服务轻松打印"驱动程序的客户端计算机，并且此打印机驱动程序在远程桌面服务器上尚不可用，则必须执行下列任一操作以支持客户端打印：

● 确保在远程桌面服务器上安装用于本地和网络打印机的客户端打印机驱动程序。如果安装的是第三方驱动程序，应确保该驱动程序是具有 Windows 硬件质量实验室（WHQL）签名的驱动程序。

● 向远程桌面服务器上的自定义打印机映射文件中添加用于本地和网络打印机的客户端打印机驱动程序。

在 Windows Server 2008 中为远程桌面服务打印提供了以下组策略设置：

（1）首先使用"远程桌面服务轻松打印"打印机驱动程序

该策略设置位于本地组策略编辑器的以下节点中：计算机配置\管理模板\Windows 组件\远程桌面服务\远程桌面服务器\打印机重定向。

可能的值为：

● 已启用或未配置：如果该策略设置已启用或未配置，则远程桌面服务器将首先尝试使用"远程桌面服务轻松打印"驱动程序安装所有客户端打印机。如果由于任何原因"远程桌面服务轻松打印"驱动程序无法使用，将使用远程桌面服务器上与客户端打印机匹配的打印机驱动程序。如果远程桌面服务器没有与客户端打印机匹配的打印机驱动程序，则客户端打印机将不可用于远程桌面服务会话。默认情况下，未配置此策略设置。

● 已禁用：如果禁用该策略设置，则远程桌面服务器将尝试查找合适的打印机驱动程序来安装客户端打印机。如果远程桌面服务器没有与客户端打印机匹配的打印机驱动程序，则服务器将尝试使用"远程桌面服务轻松打印"驱动程序来安装客户端打印机。如果由于任何原因"远程桌面服务轻松打印"驱动程序无法使用，则客户端打印机将不可用于远程桌面服务会话。

（2）只重定向默认的客户端打印机

该策略设置位于本地组策略编辑器的以下节点中：

计算机配置\管理模板\Windows 组件\远程桌面服务\远程桌面服务器\打印机重定向可能的值为：

● 已启用：如果用户启用该策略设置，则在远程桌面服务会话中只重定向默认的客户端打印机。

● 已禁用或未配置：如果禁用或未配置该策略设置，则在远程桌面服务会话中重定向所有客户端打印机。默认情况下，未配置此策略设置。

12.2.4　远程桌面服务远程应用程序（RD RemoteApp）

Remote Desktop RemoteApp（RD RemoteApp）使组织能够为任何基于 Windows Vista® 或基于 Windows Server® 2008 的计算机用户、安装了新的远程桌面连接（RDC）客户端的基于 Windows XP Service Pack 2（SP2）或基于 Windows Server 2003 Service Pack 1（SP1）的计算机用户提供从几乎任意位置对基于 Windows（R）的标准程序的访问。

RemoteApp 程序是通过远程桌面服务远程访问的程序，它们看来就像运行在最终用户的本地计算机上一样。用户可以将 RemoteApp 程序与本地程序并排运行。用户可以最小化、最大化以及调整程序窗口的大小，还可以轻松地同时启动多个程序。如果用户在同一台远程桌面服务器上运行多个 RemoteApp 程序，RemoteApp 程序将共享同一个远程桌面服务会话。

用户可以采用多种方法运行 RemoteApp 程序。用户可以：

- 双击已由管理员创建并分发的远程桌面协议（.rdp）文件。
- 在桌面或“开始”菜单上，双击由管理员使用 Windows Installer（.msi）程序包创建并分发的程序图标。
- 双击扩展名与 RemoteApp 程序关联的文件。（这可以由管理员使用 Windows Installer 程序包进行配置。）
- 使用 RD Web Access 访问网站上到 RemoteApp 程序的链接。

在许多情况下，RD RemoteApp 可以降低复杂程度并减少管理开销，例如：

- 分支机构，其本地 IT 支持和网络带宽可能有限。
- 用户需要远程访问应用程序的情况。
- 部署行业应用程序，尤其是自定义部署行业应用程序。
- 没有为用户分配计算机的环境，例如“公用办公桌”或“旅馆式办公”工作空间。
- 部署某个应用程序的多个版本时，尤其是当在本地安装多个版本可能会造成冲突时。

若要访问部署为.rdp 文件或 Windows Installer 程序包的 RemoteApp 程序，客户端计算机必须运行 Remote Desktop Connection (RDC) 6.0 或 RDC 6.1。RDC 客户端的支持版本随 Windows Vista 和 Windows Server 2008 一起提供。

对于作为 RemoteApp 程序运行的程序，承载该程序的远程桌面服务器必须运行 Windows Server 2008。可以在远程桌面服务会话中运行的任何程序都应能够作为 RemoteApp 程序运行。

12.2.5　远程桌面服务 Web 访问（RD Web 访问）

Remote Desktop Web Access（RD Web Access）是远程桌面服务角色中的一项角色服务，用于使 Remote Desktop RemoteApp（RD RemoteApp）程序以及到远程桌面服务器桌面的连接可由用户通过 Web 浏览器进行访问。此外，RD Web Access 还使用户能够通过 Web 浏览器连接到具有相应访问权限的任何服务器或客户端计算机的远程桌面。

将 RD Web Access 安装在基于 Windows Server 2008 的 Web 服务器后，用户可以连接到 RD Web Access 服务器以访问基于 Windows Server 2008 的远程桌面服务器上提供的 RemoteApp 程序。RD Web Access 具有以下优点：

（1）用户可以通过 Internet 上的网站或通过 Intranet 访问 RemoteApp 程序。若要启动 RemoteApp 程序，只需单击相应的程序图标。

（2）如果用户通过 RD Web Access 启动多个 RemoteApp 程序并且这些程序在同一远程桌面服务器上运行，则 RemoteApp 程序会在同一远程桌面服务会话中运行。

（3）使用 RD Web Access 可以大大减少管理开销。可以很容易从中心位置部署程序。此外，程序运行在远程桌面服务器上而不是运行在客户端计算机上，这样便于维护。

（4）RD Web Access 包含远程桌面 Web 连接，该连接使用户能够远程连接到具有远程桌面访问权限的任何计算机的桌面。

（5）RD Web Access 提供了一种涉及最少配置的解决方案。RD Web Access 网页包含 RD Web Access Web 部件，可以将该部件合并到自定义的网页或 Windows® SharePoint® Services 站点中。

与早期版本的远程桌面服务相比，RD Web Access 提供了大量改进的 Web 体验。

（6）使用 RD Web Access，用户不必启动远程桌面连接（RDC）客户端就可以启动 RemoteApp 程序。相反，他们只需访问网页，然后单击程序图标。

（7）RemoteApp 程序看起来就像在本地桌面上运行。

（8）如果用户启动多个 RemoteApp 程序并且 RemoteApp 程序都在同一远程桌面服务器上运行，则程序运行在同一会话中。

（9）用户不必下载单独的 ActiveX 控件即可访问 RD Web Access。因为 RDC 6.1 包含所需的 ActiveX 控件。

在 Windows Server 2008 中，可以通过 RD Web Access 网页上的“远程桌面”选项卡使用远程桌面 Web 连接。远程桌面 Web 连接使用户能够远程连接到具有远程桌面访问权限的任何计算机的桌面。例如，如果将远程计算机配置为接受远程桌面连接并且用户是远程计算机上 Remote Desktop Users 组的成员，则用户可以远程连接到其工作的桌面。

12.2.6 远程桌面服务授权（RD 授权）

Windows Server® 2008 为远程桌面服务提供了一个称为远程桌面服务授权（RD 授权）的许可证管理系统。此系统允许远程桌面服务器为连接到远程桌面服务器的设备和用户获取和管理远程桌面服务客户端访问许可证（RD CAL）。RD 授权支持运行 Windows Server 2008 的远程桌面服务器以及运行 Windows Server 2003 或 Windows（R）2000 Server 的远程桌面服务器。

远程桌面服务器是在其上安装了远程桌面服务器角色服务的计算机。它为整个运行在服务器上的基于 Windows 的应用程序提供客户端访问，并支持在服务器上的多个客户端会话。客户端连接到远程桌面服务器时，远程桌面服务器确定客户端是否需要 RD CAL，从许可证服务器请求 RD CAL，然后将该 RD CAL 传递到客户端。

远程桌面服务许可证服务器是在其上安装了 RD 授权角色服务的计算机。许可证服务器存储已为一组远程桌面服务器安装的所有 RD CAL，并跟踪已颁发的 RD CAL。一个许可证服务器可以同时服务许多远程桌面服务器。若要为客户端设备颁发永久 RD CAL，远程桌面服务器必须能够连接到已激活的许可证服务器。已安装但是尚未激活的许可证服务器将仅颁发临时 RD CAL。

RD 授权是远程桌面服务器之外的单独实体。在大多数大部署中，许可证服务器部署在单独的服务器上，即使在某些较小部署中它可以共驻在远程桌面服务器上也是如此。

RD 授权包含以下功能和优点：

- 集中管理 RD CAL
- RD 每用户 CAL 的许可证跟踪和报告
- 易于支持各种通信通道和采购程序
- 对网络和服务器的影响最小

RD 授权增加的新功能如下：

Windows Server 2008 的 RD 授权现在包含通过使用 RD 授权管理器跟踪 RD 每用户 CAL 的颁发的能力。

如果远程桌面服务器处于每用户授权模式中，连接到它的用户必须有一个 RD 每用户 CAL。如果用户没有所需的 RD 每用户 CAL，则远程桌面服务器将与许可证服务器联系以获取该用户的 RD CAL。

许可证服务器向用户颁发 RD 每用户 CAL 后，管理员可以使用 RD 授权管理器跟踪 RD CAL 的颁发。

12.2.7 远程桌面服务网关（RD 网关）

远程桌面服务网关（RD 网关）是 Windows Server® 2008 的远程桌面服务服务器角色中的一项角色服务，可使授权远程用户从任何连接到 Internet 的设备连接到内部企业网络或专用网络上的资源。RD 网关使用 HTTPS 上的远程桌面协议（RDP）在 Internet 上的远程用户和运行其生产力应用程序的内部网络资源之间建立安全、加密的连接。

如果用户的组织有兴趣向来自外围网络之外的用户提供基于远程桌面服务的应用程序和运行远程桌面的计算机，则使用 RD 网关可以简化网络管理和降低暴露于安全风险的程度。RD 网关还可以使用户的操作更加轻松，因为他们不必配置 VPN 连接并且可以从可能以其他方式阻止出站 RDP 或 VPN 连接的站点访问 RD 网关服务器。

12.2.8 远程桌面服务会话 Broker（RD 会话 Broker）

Remote Desktop Session Broker （RD Session Broker）是 Windows Server® 2008 中的一项角色服务，可让用户重新连接到负载平衡远程桌面服务器场中的现有会话。此外，Windows Server 2008 包含新的 RD Session Broker 负载平衡功能。使用此功能，可以在负载平衡的远程桌面服务器场中的服务器之间分发会话负载。RD Session Broker 存储会话状态信息，包括会话 ID、会话关联的用户名以及每个会话所在的服务器的名称。

新的 RD Session Broker 负载平衡功能允许在负载平衡远程桌面服务器场中的服务器之间均匀分配会话负载。利用 RD Session Broker 负载平衡，可以将新用户会话重新定向到会话数量最少的远程桌面服务器。

RD Session Broker 负载平衡将对特定远程桌面服务器的最大挂起登录请求数设置为 16。这有助于防止发生新登录请求大量拥到单个服务器的情况；例如，如果用户将新服务器添加到服务器场，或者允许用户登录到以前他们曾遭到拒绝的服务器上。

RD Session Broker 负载平衡功能还允许用户将相对权重值分配到每台服务器。通过分配服务器权重值，可以帮助在场中功能比较强大和功能不太强大的服务器之间分配负载。

此外，还提供了用户登录模式设置，允许用户阻止新用户登录到计划取下进行维护的远程桌面服务器。此机制提供在不中断用户体验的情况下使服务器脱机的能力。如果新登录尝试在场中的某个远程桌面服务器上遭到拒绝，则 RD Session Broker 将允许具有现有会话的用户重新连接，但会将新用户重新定向到配置为允许新登录的远程桌面服务器。

12.2.9 远程桌面服务和 Windows 系统资源管理器

通过 Windows Server® 2008 上的 Windows（R）系统资源管理器（WSRM）可以控制如何将 CPU 和内存资源分配给计算机上的应用程序、服务和进程。通过这种方式管理资源，可以提高系统性能并降低应用程序、服务或进程单独占用 CPU 或内存资源而导致系统性能降低的几率。通过管理资源，还会为计算机上运行的应用程序和服务的用户带来更加一致并且可预测的体验。

可以使用 WSRM 管理一台计算机上的多个应用程序或安装了远程桌面服务的计算机上的用户。

若将 WSRM 与远程桌面服务一起使用，则在安装并配置 WSRM 之前，需先在计算机上安装“远程桌面服务器”角色服务。假设“远程桌面服务器”角色服务已经安装，则安装 WSRM 的步骤如下：

(1)打开服务器管理器。单击“开始”，指向“管理工具”，然后单击“服务器管理器”。

（2）在“功能摘要”下，单击“添加功能”。

（3）在“选择功能”页上，选中“Windows 系统资源管理器”复选框。

（4）将出现一个如图 12-3 所示的对话框，提示用户若要使 WSRM 正常工作，需要安装 Windows 内部数据库。单击“添加所需的功能”，然后单击“下一步”。

（5）在“确认安装选择”页上，验证是否将安装 Windows 内部数据库和 Windows 服务器资源管理器，然后单击“安装”。

（6）在“安装结果”页上，确认 Windows 内部数据库和 Windows 服务器资源管理器的安装已成功，然后单击“关闭”。

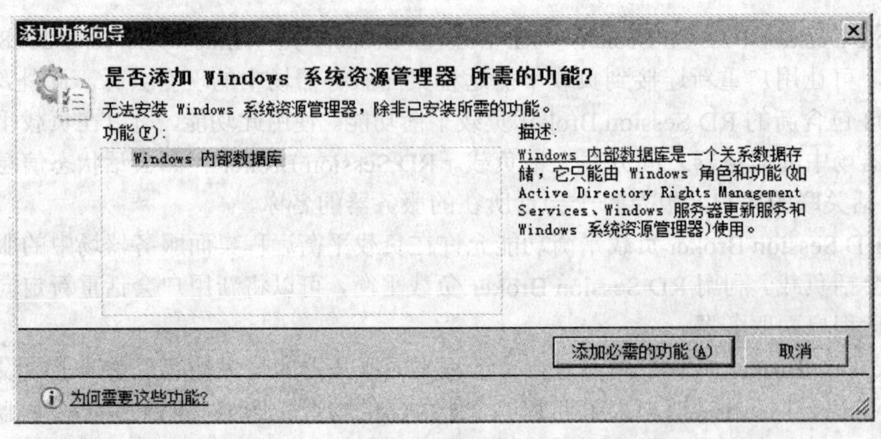

图 12-3 添加功能向导

安装 WSRM 之后，需要启动 Windows 系统资源管理器服务。启动 Windows 系统资源管理器服务的步骤如下：

（1）打开服务管理单元。单击“开始”，指向“管理工具”，然后单击“服务”。

（2）在“服务”对话框的“名称”列中，右键单击“Windows 系统资源管理器”，然后单击“启动”。

若要配置 WSRM，应使用 Windows 系统资源管理器管理单元。打开 Windows 系统资源管理器管理单元的步骤如下：

（1）单击“开始”，指向“管理工具”，然后单击“Windows 系统资源管理器”。

（2）在如图 12-4 所示的“连接到计算机”对话框中，单击“此计算机”，然后单击“连接”让 Windows 系统资源管理器管理正在使用的计算机。

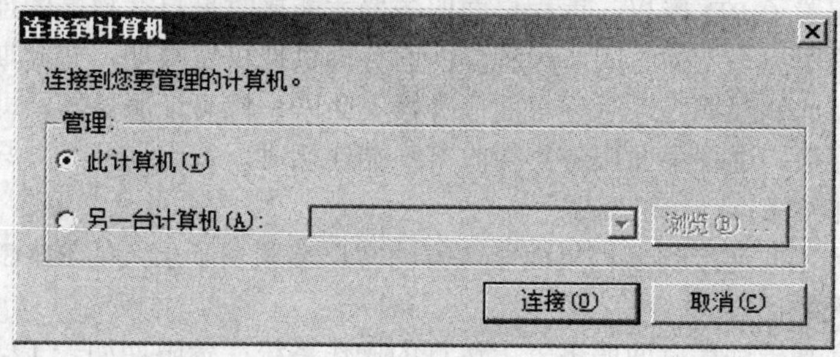

图 12-4　连接到计算机对话框

实现 Equal_Per_Session 资源分配策略的步骤如下：

（1）打开 Windows 系统资源管理器管理单元。

（2）在控制台树中，展开“资源分配策略”节点。

（3）右键单击 Equal_Per_Session，然后单击“设置为管理策略”，如图 12-5 所示。

（4）如果出现一个对话框，提示用户将禁用日历，应单击“确定”。

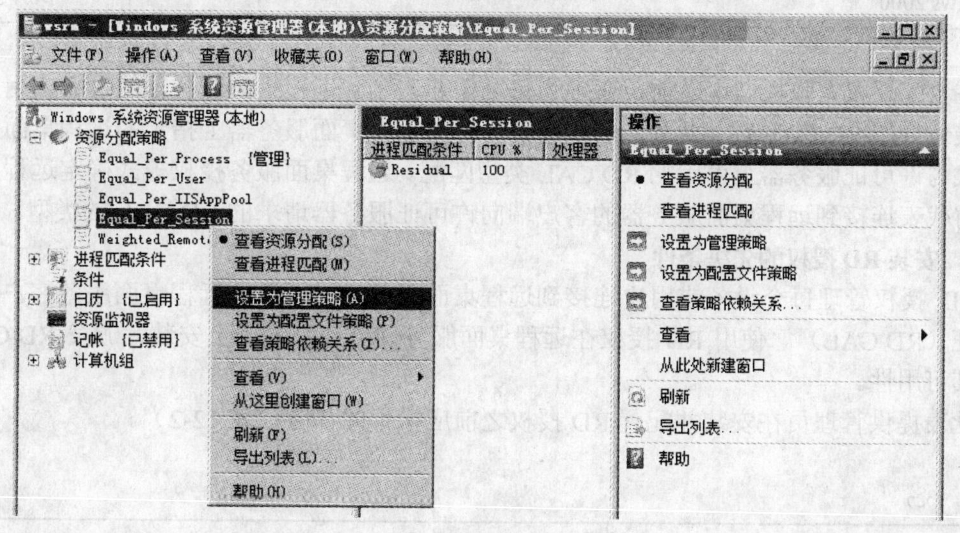

图 12-5　设置为管理策略

12.3 基于 license management 的远程桌面服务

远程桌面服务授权（RD 授权）管理每个设备或用户连接到远程桌面服务器时所需的远程桌面服务客户端访问许可证（RD CAL）。使用 RD 授权在远程桌面服务许可证服务器上安装、颁发 RD CAL 并跟踪其可用性。

尽管在授权宽限期内不需要任何许可证服务器，但是，在宽限期结束之后，必须先由许可证服务器为客户端颁发有效的 RD CAL，然后，客户端才能登录到远程桌面服务器。

只有正确地配置了 RD 授权，远程桌面服务器才能接收来自客户端的连接。为了给用户部署许可证服务器留出充足的时间，远程桌面服务提供授权宽限期，在此期限内不需要任何许可证服务器。在此宽限期内，远程桌面服务器不必联系许可证服务器，即可接收来自未经授权的客户端的连接。远程桌面服务器接收客户端连接时，宽限期开始。只要下列任一情况先发生，宽限期即结束：

- 许可证服务器向连接到远程桌面服务器的客户端颁发了永久的 RD CAL。
- 宽限期的天数已过。

宽限期的长度基于远程桌面服务器上运行的操作系统。宽限期如表 12-1 所示。

表 12-1

远程桌面服务器上正在运行的操作系统	宽限期
Windows Server 2008	120 天
Windows Server 2003 R2	120 天
Windows Server 2003	120 天
Windows 2000	90 天

在 RD 授权宽限期结束之前，必须为每个需要连接到远程桌面服务器的设备或用户购买并安装适合的 RD CAL 数。此外，必须验证用户在远程桌面服务器上指定的远程桌面服务授权模式与许可证服务器上可用的 RD CAL 类型匹配。远程桌面服务授权模式确定远程桌面服务器将代表连接到远程桌面服务器的客户端向许可证服务器请求的 RD CAL 的类型。

1. 安装 RD 授权的先决条件

RD 授权管理每个设备或用户连接到远程桌面服务器时所需的远程桌面服务客户端访问许可证（RD CAL）。使用 RD 授权在远程桌面服务许可证服务器上安装、颁发 RD CAL 并跟踪其可用性。

此表提供管理员在安装并配置 RD 授权之前应执行的任务（表 12-2）。

表 12-2

任　务	参　考
确定是否需要远程桌面服务许可证服务器	远程桌面支持同时存在两个连接来远程管理计算机。这些连接不需要许可证服务器

续表

任　务	参　考
验证许可证服务器是否支持远程桌面服务器的操作系统	Windows Server 2008 中的 RD 授权支持运行下列操作系统的远程桌面服务器： ● Windows Server 2008 ● Windows Server 2003 R2 ● Windows Server 2003 ● Windows 2000 运行 Windows Server 2008 的远程桌面服务器只能与运行 Windows Server 2008 的许可证服务器进行通信
确定要使用的 RD CAL 类型	远程桌面服务客户端访问许可证（RD CAL）
购买适合的类型和数目的 RD CAL	"购买客户端访问许可证"
确定远程桌面服务许可证服务器发现的方法	远程桌面服务许可证服务器发现

2. RD 授权的配置清单

RD 授权管理每个设备或用户连接到远程桌面服务器时所需的远程桌面服务客户端访问许可证（RD CAL）。使用 RD 授权在远程桌面服务许可证服务器上安装、颁发 RD CAL 并跟踪其可用性。

表 12-3 提供了管理员在安装并配置 RD 授权时需要完成的任务。

表 12-3

任　务	参　考
查看安装 RD 授权的先决条件	安装 RD 授权的先决条件
安装 RD 授权角色服务	安装 RD 授权
激活远程桌面服务许可证服务器	激活远程桌面服务许可证服务器
在远程桌面服务许可证服务器上安装远程桌面服务客户端访问许可证（RD CAL）	安装远程桌面服务客户端访问许可证
将远程桌面服务器配置为支持 RD 授权	在远程桌面服务器上配置许可证设置

3. 安装 RD 授权

如果服务器上尚未安装远程桌面服务，则使用以下过程通过服务器管理器安装 RD 授权角色服务。计划配置的计算机上的 Administrators 组中的成员身份或等效身份是完成此过程所需的最低要求。

安装 RD 授权角色服务的步骤如下：

（1）打开服务器管理器。要打开"服务器管理器"，应单击"开始"，指向"管理工具"，然后单击"服务器管理器"。

（2）在左侧窗格中，右键单击"角色"，然后单击"添加角色"。

（3）在"添加角色向导"中的"开始之前"页上，单击"下一步"。

（4）在“选择服务器角色”页上的“服务器角色”下，选中“远程桌面服务”复选框，如图 12-6 所示。

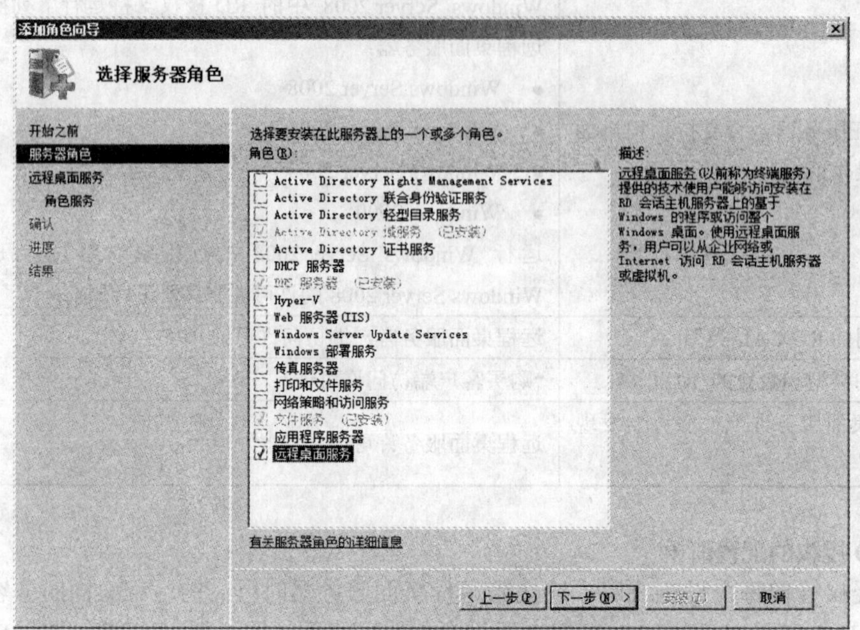

图 12-6　选择服务器角色

（5）单击“下一步”。

（6）在“远程桌面服务”页上，单击“下一步”。

（7）在“选择角色服务”页上，选中“远程桌面授权”复选框。

（8）在“为 RD 授权配置搜索范围”页上，指定远程桌面授权的搜索范围。

（9）在如图 12-7 所示的“为 RD 授权配置搜索范围”页上，还可以指定将存储 RD 授权数据库的位置。如果要指定与提供的默认位置不同的数据库位置，单击“浏览”。注意，数据库位置必须是要安装 RD 授权角色服务的计算机上的本地文件夹。

（10）单击“下一步”。

（11）在“确认安装选择”页上，验证是否将安装 RD 授权角色服务，然后单击“安装”。

（12）在“安装进度”页上，将注明安装进度。

（13）在“安装结果”页上，确认 RD 授权角色服务的安装已成功，然后单击“关闭”。如果服务器上已安装远程桌面服务，使用以下过程安装 RD 授权角色服务。

计划配置的计算机上的 Administrators 组中的成员身份或等效身份是完成此过程所需的最低要求。

在已安装远程桌面服务时安装 RD 授权角色服务的步骤如下：

（1）打开服务器管理器。要打开“服务器管理器”，应单击“开始”，指向“管理工具”，然后单击“服务器管理器”。

（2）在左侧窗格中，展开“角色”。

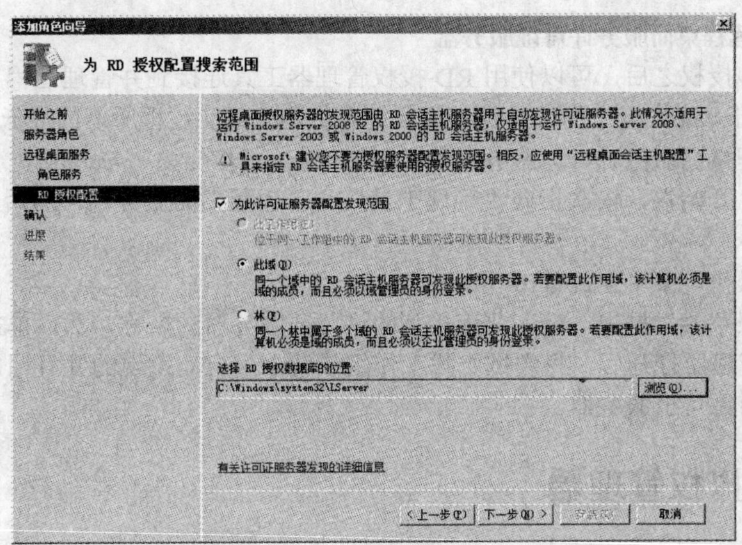

图 12-7 为 RD 授权配置搜索范围

（3）右键单击“远程桌面服务”，然后单击“添加角色服务”，如图 12-8 所示。

（4）在“选择角色服务”页上，选中“远程桌面授权”复选框，然后单击“下一步”。

（5）在“为 RD 授权配置搜索范围”页上，指定 RD 授权的搜索范围。

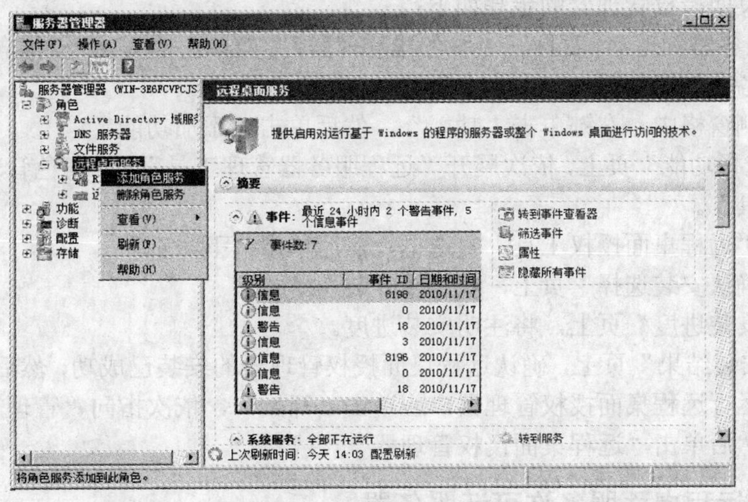

图 12-8 添加角色服务

（6）在“为 RD 授权配置搜索范围”页上，还可以指定将存储 RD 授权数据库的位置。如果要指定与提供的默认位置不同的数据库位置，单击“浏览”。注意，数据库位置必须是要安装 RD 授权角色服务的计算机上的本地文件夹。

（7）单击“下一步”。

（8）在“确认安装选择”页上，验证是否将安装 RD 授权角色服务，然后单击“安装”。

（9）在“安装进度”页上，将注明安装进度。

（10）在“安装结果”页上，确认 RD 授权角色服务的安装已成功，然后单击“关闭”。

4. 连接到远程桌面服务许可证服务器

安装了 RD 授权之后，可以使用 RD 授权管理器工具连接到并管理远程桌面服务许可证服务器。Administrators 组中的成员身份或同等身份是完成此过程所需的最低要求。

连接到远程桌面服务许可证服务器的步骤如下：

（1）单击“开始”，依次指向“管理工具”、“远程桌面服务”，然后单击“RD 授权管理器”。

（2）在“操作”菜单上，单击“连接”。

（3）在“服务器”框中，键入要连接到的许可证服务器的名称，然后单击“连接”。

RD 授权管理器打开后，将尝试查找工作组或域中可自动发现的并且用户对其具有相应管理权限的所有许可证服务器。

12.4 RD 授权管理器

12.4.1 安装 RD 授权管理器

Windows Server 2008 中的远程桌面授权管理器工具自动安装在任何安装了远程桌面授权角色服务的计算机上。如果希望通过运行 Windows Server 2008 的远程计算机管理许可证服务器，可以使用以下过程在该计算机上安装远程桌面授权管理器。

Administrators 组中的成员身份或同等身份是完成此过程所需的最低要求，使用服务器管理器安装远程桌面授权管理器的步骤如下：

（1）打开服务器管理器。要打开“服务器管理器”，应单击“开始”，指向“管理工具”，然后单击“服务器管理器”。

（2）在左侧窗格中，右键单击“功能”，然后单击“添加功能”。

（3）在“选择功能”页上，依次展开“远程服务器管理工具”、“角色管理工具”和“远程桌面服务工具”。

（4）选中“远程桌面授权工具”复选框，然后单击“下一步”。

（5）在“确认安装选择”页上，单击“安装”。

（6）在“安装进度”页上，将注明安装进度。

（7）在“安装结果”页上，确认远程桌面授权管理器的安装已成功，然后单击“关闭”。

（8）若要运行远程桌面授权管理器，应单击“开始”，依次指向“管理工具”、“远程桌面服务”，然后单击“远程桌面授权管理器”。

12.4.2 激活远程桌面服务许可证服务器

必须激活远程桌面服务许可证服务器，才能验证此服务器并允许此许可证服务器颁发远程桌面服务客户端访问许可证（RD CAL）。可以使用 RD 授权管理器工具中的服务器激活向导来激活许可证服务器。

可以通过下列三种方法激活许可证服务器：

（1）Internet（自动） 该方法需要从运行 RD 授权管理器的计算机建立 Internet 连接。不需要从许可证服务器自身建立 Internet 连接。此方法使用 TCP/IP（TCP 端口 443）直接连接到 Microsoft Clearinghouse。

（2）Web 如果运行 RD 授权管理器的计算机没有建立 Internet 连接，但是用户可以通过其他计算机上的 Web 浏览器访问 Web，则可以使用 Web 方法。Web 方法的 URL 显示在服务器激活向导中。

（3）电话 使用电话方法，可以与 Microsoft 客户服务代表交流，以完成激活过程。相应的电话号码由在服务器激活向导中选择的国家/地区确定，并通过该向导显示。

在激活许可证服务器后，Microsoft 会为该服务器提供一个具有有限使用权限的数字证书，用于验证服务器的所有权和身份。Microsoft 对此使用 X.509 行业标准证书。使用此证书，许可证服务器可以与 Microsoft 完成后续的事务。如果没有激活许可证服务器，许可证服务器只能颁发临时 RD 每设备 CAL（有效期为 90 天）或 RD 每用户 CAL。

12.4.3 安装远程桌面服务客户端访问许可证

可以通过下列三种方法使用 RD 授权管理器工具中的许可证安装向导将远程桌面服务客户端访问许可证（RD CAL）安装到许可证服务器上：

（1）Internet（自动） 该方法需要从运行 RD 授权管理器的计算机建立 Internet 连接。不需要从许可证服务器自身建立 Internet 连接。此方法使用 TCP/IP（TCP 端口 443）直接连接到 Microsoft Clearinghouse。

（2）Web 如果运行 RD 授权管理器的计算机没有建立 Internet 连接，但是用户可以通过其他计算机上的 Web 浏览器访问 Web，则可以使用 Web 方法。Web 安装方法的 URL 显示在许可证安装向导中。

（3）电话 使用电话方法，可以与 Microsoft 客户服务代表交流，以完成安装过程。适合的电话号码由在服务器激活向导中选择的国家/地区确定，并通过向导显示。

在将 RD CAL 安装到许可证服务器上之前，应注意下列事项：

- 只有先激活远程桌面服务许可证服务器，才能将 RD CAL 安装到许可证服务器上。
- 需要提供许可证代码，才能将 RD CAL 安装到许可证服务器上。许可证代码在用户购买 RD CAL 时提供。

12.4.4 跟踪远程桌面服务每用户客户端访问许可证的颁发

在 Windows Server 2008 中，可以使用 RD 授权管理器工具创建（生成）报告，以跟踪远程桌面服务许可证服务器已颁发的 RD 每用户 CAL。

可以使用“复查配置”确定是否为 RD 每用户 CAL 的跟踪和报告正确地配置了许可证服务器。

由于已颁发给用户的 RD 每用户 CAL 的信息存储在 AD DS 中，所以，获得许可证服务器已颁发的 RD 每用户 CAL 的最新信息的唯一方式是使用 RD 授权管理器创建报告。在创建报告时，从 AD DS 提取所需的信息并编译成一个报告。

由于 RD 授权管理器无法动态更新当前已颁发并可用的 RD 每用户 CAL 数，在 RD 授权管理器的某些区域中，这些列将保留为空白。提供一个“生成报告”超级链接，引导用户访问此主题。在“报告”节点中，可以查看所创建的报告中的信息，但是，这些信息是针对创建报告的日期和时间。

使用以下过程创建与许可证服务器已颁发的 RD 每用户 CAL 有关的报告。Administrators

组中的成员身份或同等身份是完成此过程所需的最低要求。创建与许可证服务器已颁发的RD 每用户 CAL 有关的报告的步骤如下：

（1）单击“开始”，依次指向“管理工具”、“远程桌面服务”，然后单击“RD 授权管理器”。

（2）选择要为其生成报告的许可证服务器。

（3）在“操作”菜单上，指向“创建报告”，然后单击“每用户 CAL 使用情况”。

（4）在“创建每用户 CAL 使用情况报告”对话框中，选择下列任一选项：

- 整个域　此选项是许可证服务器所属的域。
- 组织单位　此选项是许可证服务器所属的域内的任意 OU。
- 整个域和所有受信任域　此选项可以包括其他林中的域。选择此选项可以缩短创建报告所需的时间。

用户所做的选择确定将在 AD DS 的哪些用户账户中搜索 RD 每用户 CAL 信息来生成报告。

（5）单击“创建报告”。此时将创建报告，并出现一条消息，确认报告已成功地创建。单击“确定”关闭该消息。

（6）用户所创建的报告将出现在许可证服务器节点下的“报告”部分。该报告提供以下信息：

- 创建报告的日期和时间
- 报告的范围（例如域、OU=Sales 或所有受信任的域）
- 许可证服务器上安装的 RD 每用户 CAL 数
- 许可证服务器已颁发的报告范围内的 RD 每用户 CAL 数

（7）用户还可以将报告作为 CSV 文件保存到计算机上的某个文件夹位置。若要保存报告，右键单击要保存的报告，单击“另存为”，然后指定保存报告的文件名和位置。

用户所创建的报告将在 RD 授权管理器中许可证服务器节点下的“报告”节点中列出。如果不再需要某个报告，可以删除该报告。

使用以下过程在 RD 授权管理器中删除报告。Administrators 组中的成员身份或同等身份是完成此过程所需的最低要求。在 RD 授权管理器中删除报告的步骤如下：

（1）单击“开始”，依次指向“管理工具”、“远程桌面服务”，然后单击“RD 授权管理器”。

（2）展开“所有服务器”节点，展开为其创建报告的许可证服务器的节点，然后单击“报告”，如图 12-9 所示。

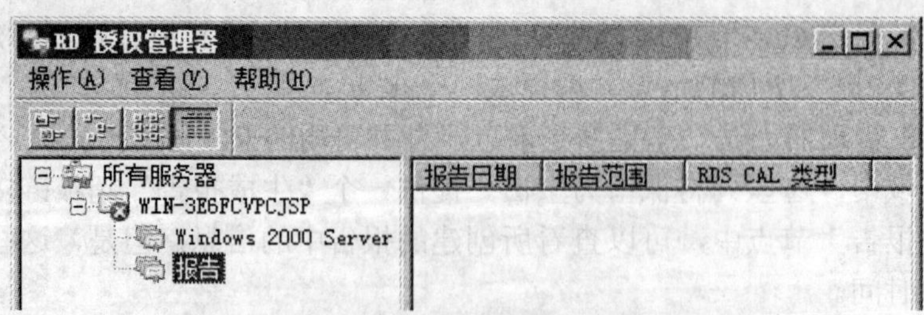

图 12-9　RD 授权管理器报告

（3）如果存在要删除的特定报告，右键单击该报告，然后单击“删除报告”。若要确认要删除该报告，单击“是”。

（4）如果要删除所有报告或只删除超过特定天数的报告，在“操作”菜单上，单击“删除报告”。

（5）在“删除报告”对话框中，选择删除所有报告或只删除超过指定天数的报告，然后单击“确定”。报告将立即被删除，并且不会提示用户确认删除操作。

12.4.5　复查许可证服务器的配置

在 Windows Server 2008 计算机上安装并配置了 RD 授权角色服务之后，可以使用 RD 授权管理器工具中的“复查配置”复查许可证服务器的配置。可以使用“复查配置”帮助确定许可证服务器上可能出现的 RD 授权配置问题，这样可以防止许可证服务器出现下列情况：

- 被远程桌面服务器发现。
- 向连接到远程桌面服务器的用户或设备颁发远程桌面服务客户端访问许可证（RD CAL）。
- 跟踪并报告 RD 每用户 CAL 的颁发。

用户还可以在“复查配置”中单击“更改作用域”，更改该许可证服务器的发现作用域。RD 授权数据库的位置也会显示在“复查配置”中。

使用以下过程，通过 RD 授权管理器复查许可证服务器的配置。Administrators 组中的成员身份或同等身份是完成此过程所需的最低要求。使用 RD 授权管理器复查许可证服务器配置的步骤如下：

（1）单击“开始”，依次指向“管理工具”、“远程桌面服务”，然后单击“RD 授权管理器”。

（2）在左侧窗格中，单击“所有服务器”。在右侧窗格的“配置”列中，将出现“确定”或“复查”，如图 12-10 所示的服务器配置信息，显示为“确定”。若出现“复查”，则指示该许可证服务器可能出现配置问题。

（3）若要复查许可证服务器的配置详细信息，应执行下列任一操作：

- 选择要复查的许可证服务器，然后在“操作”菜单上，单击“复查配置”。
- 右键单击要复查的许可证服务器，然后单击“复查配置”。
- 如果许可证服务器的“配置”列中显示“复查”，则单击“复查”。

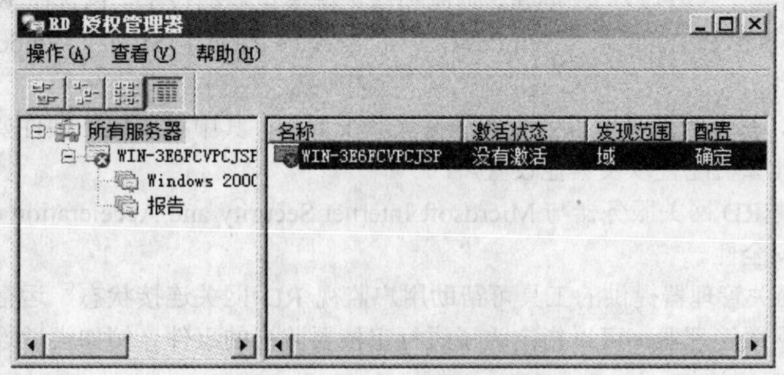

图 12-10　服务器配置信息

（4）在“配置”对话框中会出现一个消息列表，为用户提供有关该许可证服务器的配置信息，并确定可能出现的配置问题。

对于某些配置问题，如果用户具有适合的管理权限，将可以在“配置”对话框内解决问题。例如，如果该许可证服务器未在 AD DS 中发布，并且用户在 AD DS 中具有“企业管理员”权限，可以单击“在 AD DS 中发布”解决该问题。

12.5 基于网关的远程桌面服务

12.5.1 RD 网关概述

Windows Server® 2008 远程桌面服务网关（RD 网关）是一项角色服务，该服务使经过授权的远程用户能够从任何连接到 Internet 并且可以运行远程桌面连接（RDC）客户端的设备连接到内部企业网络或专用网络上的资源。网络资源可以是远程桌面会话主机（RD 会话主机）服务器、运行 RemoteApp 程序的 RD 会话主机服务器或启用了远程桌面的计算机。

RD 网关提供很多优势，包括以下内容：

（1）RD 网关使远程用户能够使用加密连接，通过 Internet 连接到内部网络资源，而不必配置虚拟专用网络（VPN）连接。

（2）RD 网关提供全面的安全配置模型，使用户可以控制对特定内部网络资源的访问。

（3）RD 网关提供点对点 RDP 连接，而不是允许远程用户访问所有内部网络资源。

（4）RD 网关使大多数远程用户能够连接到在专用网络中的防火墙后面或跨网络地址转换程序（NAT）托管的内部网络资源。在此方案中，如果使用 RD 网关，则不必再对 RD 网关服务器或客户端执行其他配置。

（5）通过 RD 网关管理器管理单元控制台可以配置授权策略，以定义远程用户要连接到内部网络资源必须满足的条件。例如，可以指定：

- 可以连接到网络资源的用户（即，可以连接的用户组）。
- 用户可以连接到的网络资源（计算机组）。
- 客户端计算机是否必须是 Active Directory（R）安全组的成员。
- 是否允许设备和磁盘的重定向。
- 客户端需要使用智能卡身份验证还是密码身份验证，还是可以使用任一方法。

（6）可以将 RD 网关服务器和远程桌面服务客户端配置为使用网络访问保护（NAP）来进一步提高安全性。NAP 是一种创建、强制和修正健康策略的技术，包含在 Windows Vista® RTM、Windows Server 2008 以及 Windows Vista Service Pack 1 (SP1)和 Windows XP Service Pack 3（SP3）中。

通过 NAP，系统管理员可以强制实施健康状况要求，其中可以包括硬件要求、安全更新要求、所需的计算机配置以及其他设置。

（7）可以将 RD 网关服务器与 Microsoft Internet Security and Acceleration (ISA) Server 结合使用来提高安全性。

（8）RD 网关管理器提供的工具可帮助用户监视 RD 网关连接状态、运行状况和事件。通过使用 RD 网关管理器，可以指定为了进行审核要监视的事件（例如尝试连接到 RD 网关服务器不成功）。

12.5.2　安装 RD 网关的先决条件

若要使 RD 网关正常工作，必须满足下列先决条件：

（1）必须拥有安装了 Windows Server 2008 的服务器。

（2）必须为 RD 网关服务器获取 SSL 证书（如果尚未取得）。默认情况下，在 RD 网关服务器上，RPC/HTTP 负载平衡服务和 IIS 服务使用传输层安全性（TLS）1.0 对在客户端和 RD 网关服务器之间通过 Internet 的通信进行加密。若要使 TLS 正常工作，必须在 RD 网关服务器上安装 SSL 证书。

（3）在下列情况下，RD 网关服务器必须加入 Active Directory 域：

- 如果配置要求用户是域成员才能连接到 RD 网关服务器的 RD 网关授权策略。
- 如果配置要求客户端计算机是域成员才能连接到 RD 网关服务器的 RD 网关授权策略。
- 如果正在部署负载平衡的 RD 网关服务器场。

12.5.3　RD 网关的使用

1. 名称解析问题

当远程用户尝试通过 RD 网关服务器访问公司内部网络中的计算机时，可以为要尝试连接到的计算机指定 NetBIOS 名称或完全限定的域名（FQDN）。如果用户指定目标计算机的 FQDN 名称，并且在 RD 网关服务器上配置的关联远程桌面服务资源授权策略（RD RAP）使用目标计算机的 NetBIOS 名称，则客户端连接将成功。

但是，如果用户尝试使用 NetBIOS 名称连接到目标计算机，而在 RD 网关服务器上配置的 RD RAP 使用计算机的 FQDN 名称，则名称解析将失败，并且用户将无法连接到目标计算机。

为了避免名称解析失败并且支持 NetBIOS 名称或 FQDN，应在配置 RD RAP 时创建的计算机组中包括所有可能的计算机名称。例如，尽管计算机名称 MySAPReportingServer 和 MySAPReportingServer.seattle.corp.microsoft.com 都表示同一台计算机，但是需要在创建的计算机组中同时包含这两个名称。

2. 升级后不保留设备重定向设置

如果将 RD 网关服务器从 Windows Server 2008 Beta 3 升级到 Windows Server 2008，在 RD CAP 中配置的现有设备重定向设置将不复存在。为了解决此问题，在完成操作系统升级之后，应根据需要重新配置设备重定向设置。如果从运行 Windows Server 2008 Beta 3 的 RD 网关服务器导出 RD CAP，然后将该 RD CAP 导入到运行 Windows Server 2008 的 RD 网关服务器，也会出现此问题。

3. 远程桌面服务客户端从休眠状态恢复之后，自动重新连接到 RD 网关服务器可能会失败

通过 RD 网关服务器与其他计算机建立远程连接之后，如果启动该连接的远程桌面服务客户端进入休眠状态，然后从休眠状态恢复，则客户端可能无法通过 RD 网关服务器自动重新连接到远程计算机。若要解决此问题，应打开任务管理器，结束 msRDc（远程桌面连接）进程，然后再次尝试远程连接。关闭 msRDc 不能解决此问题。

4. 使用智能卡进行身份验证时，运行带有 SP2 的 Windows XP 的客户端中的 RD 网关服务器连接请求可能会失败

如果要使用运行带有 SP2 的 Windows(R) XP 的客户端通过 RD 网关服务器连接到远程计算机，则执行下列操作时，将收到一条错误消息，表明远程计算机配置错误：

（1）连接到远程计算机并在会话期间将智能卡保留在智能卡读卡器中。

（2）结束会话，并将智能卡保留在智能卡读卡器中。

（3）启动其他连接，同时将智能卡保留在智能卡读卡器中。

若要解决此问题，应移除智能卡，再重新插入，然后再次尝试连接到远程计算机。

12.6 RD 网关管理器

在这一节中，展示一个配置 RD 网关的核心方案，如图 12-11 所示。可以按照本方案配置 RD 网关服务器，以使远程用户可以通过 RD 网关服务器，从 Internet 访问内部网络资源。在本方案中，内部网络资源可以是远程桌面服务器、运行 RemoteApp 程序的远程桌面服务器或启用了远程桌面的计算机。

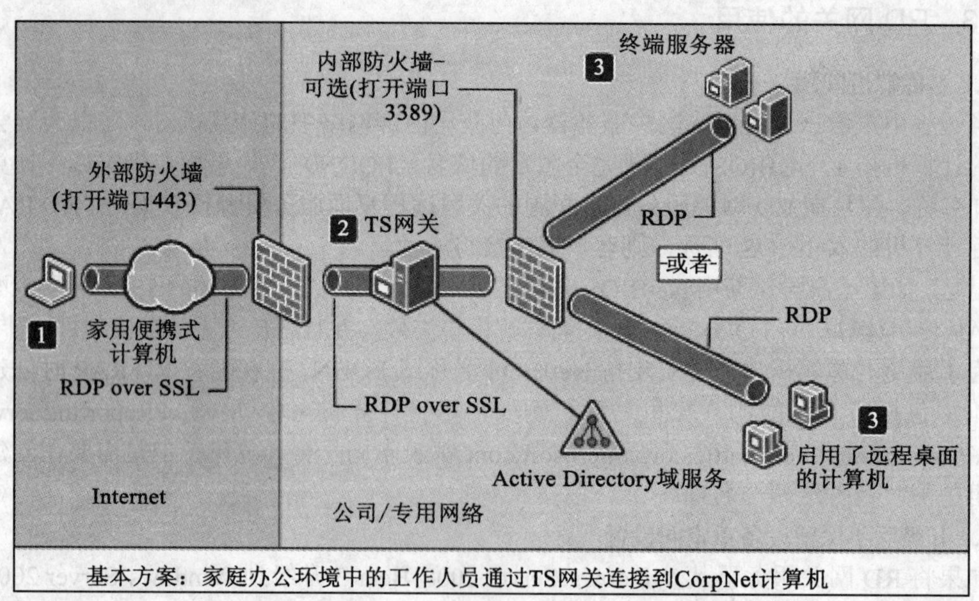

图 12-11 RD 网关的核心方案

（1）建议设置三台计算机来评估本方案。这三台计算机分别为：

- RD 网关服务器（在本示例中称为“RDGSERVER”）
- 远程桌面服务客户端（在本示例中称为“RDCLIENT”）
- 内部网络资源（在本示例中称为“CORPORATERESOURCE”）

计算机必须满足 RD 网关核心方案的系统要求中介绍的系统要求。

（2）遵照为 RD 网关核心方案配置 RD 网关服务器的步骤中的说明配置 RD 网关服务器。

（3）遵照为 RD 网关核心方案配置远程桌面服务客户端的步骤中的说明配置远程桌面服务客户端。

（4）配置内部网络资源。

（5）遵照验证通过 RD 网关建立的端对端连接是否运行正常中的说明，演示远程桌面服务客户端可以通过 RD 网关服务器连接到内部网络资源。

12.6.1　RD 网关核心方案的系统要求

在图 12-11 所示的 RD 网关核心方案中使用的三台计算机必须满足以下系统要求（表 12-4）。

表 12-4

计 算 机	所 需 的 配 置
RD 网关服务器 (RDGSERVER)	Windows Server 2008。可以从 Windows Server(R) 2003 Service Pack 1 (SP1) 或 Windows Server 2008 进行安装升级
远程桌面服务客户端 (RDCLIENT)	Windows Vista SP1 或 Windows XP Service Pack 3 (SP3) Beta 或 Windows XP SP3 Release Candidate (RC) Windows Vista 可以从带有 Service Pack 2 (SP2)的 Windows XP 进行安装升级 Windows XP SP2 和 Remote Desktop Connection (RDC) 6.0。Windows Server 2008。可以进行安装升级 带有 SP1 的 Windows Server 2003 或带有 SP2 和 RDC 6.0 的 Windows Server 2003
内部网络资源 (CORPORATERESOURCE)	对于启用了远程桌面的计算机： Windows Vista SP1 或 Windows XP SP3 Beta 或 Windows XP SP3 RC Windows Vista。此安装可以是从带有 SP2 的 Windows XP 的升级 带有 SP2 的 Windows XP 带有 SP1 的 Windows Server 2003 或带有 SP2 的 Windows Server 2003 对于远程桌面服务器： Windows Server 2008。可以进行安装升级。 带有 SP1 的 Windows Server 2003 或带有 SP2 的 Windows Server 2003

在方案确定以后，还要根据方案的要求进行设置和配置，包括建立连接和配置 RD 网关服务器、配置客户端等。在后面的三节中介绍如何设置核心 RD 网关方案，以便通过 RD 网关服务器从远程桌面服务客户端远程访问内部网络资源。

12.6.2　RD 网关核心方案的连接次序

下面简要介绍了 RDCLIENT（远程桌面服务客户端）通过 RDGSERVER 连接到 CORPORATERESOURCE 时遵循的次序。

（1）远程桌面服务客户端上的用户可以通过执行以下任一操作来启动连接：

- 单击管理员已配置的 RDP 文件来访问用户自己的完整桌面。
- 单击 RemoteApp 程序图标。RemoteApp 程序表示为一个管理员已配置的 RDP 文件。
- 访问网站(通过 Internet 或通过 Intranet)以访问管理员使用远程桌面服务 Web 访问(RD Web 访问）提供的 RemoteApp 程序的列表，然后单击 RemoteApp 程序图标。
- 打开远程桌面连接客户端并手动指定该连接的相应设置。

（2）使用 RD 网关服务器的 SSL 证书在 RDCLIENT 和 RDGSERVER 之间建立 SSL 隧道。RDGSERVER 必须首先根据管理员在 RDGSERVER 上配置的远程桌面服务连接授权策略（RD CAP）对用户进行身份验证和授权，然后才能在 RDCLIENT 和 RDGSERVER 之间建立连接。

（3）成功完成身份验证和授权后，RDGSERVER 会向 RDCLIENT 发出信号以继续按次序建立连接。

（4）RDCLIENT 请求通过 RDGSERVER 连接到 CORPORATERESOURCE。在授权该请求之前，RDGSERVER 会针对在 RDGSERVER 上配置的至少一个远程桌面服务资源授权策略（RD RAP）验证是否同时满足以下两个条件：

- CORPORATERESOURCE 是在 RD RAP 中指定的计算机组的成员；并且
- 该用户是在 RD RAP 中指定的用户组的成员。

如果同时满足这两个要求，RDGSERVER 将授权该请求。

（5）在 RDCLIENT 和 RDGSERVER 之间建立 SSL 连接，并在 RDGSERVER 和 CORPORATERESOURCE 之间建立 RDP 连接。

（6）RDCLIENT 将尝试在 CORPORATERESOURCE 上创建用户会话。CORPORATERESOURCE 执行 Windows 身份验证，以验证请求连接的用户的身份，以及该用户对 CORPORATERESOURCE 拥有的权限。（RDCLIENT 请求不使用 RDGSERVER 远程连接到 CORPORATERESOURCE 时，同样应遵循上述这些步骤。）

（7）RDCLIENT 通过端口 443 与 RDGSERVER 交换封装在 SSL 内的加密 RDP 数据包。RDGSERVER 通过端口 3389 将 RDP 数据包转发至 CORPORATERESOURCE。

12.6.3 为 RD 网关核心方案配置 RD 网关服务器

若要配置 RD 网关服务器，应完成以下任务：

- 安装 RD 网关角色服务
- 为 RD 网关服务器获取证书
- 为 RD 网关服务器配置证书
- 创建远程桌面服务连接授权策略（RD CAP）
- 创建远程桌面服务资源授权策略（RD RAP）
- 限制通过 RD 网关同时建立连接的最大连接数（可选）

1. 安装 RD 网关角色服务

遵照以下步骤来安装 RD 网关角色服务。在角色服务安装过程中，可以选择现有证书（或创建新的自签名证书），也可以创建 RD CAP 和 RD RAP。安装 RD 网关角色服务的步骤如下：

（1）打开服务器管理器。要打开“服务器管理器”，应单击“开始”，指向“管理工具”，然后单击“服务器管理器”。

（2）如果未安装“远程桌面服务”角色，应执行下列操作：

①在服务器管理器中的“角色摘要”下，单击“添加角色”。

②在“添加角色向导”中，如果显示“开始之前”页，应单击“下一步”。如果已安装了其他角色并且选中了“默认情况下将跳过此页”复选框，则不会出现此页。

③在“选择服务器角色”页上的“角色”下，选中“远程桌面服务”复选框，然后单击“下一步”。

④在“远程桌面服务”页上，单击“下一步”。

⑤在“选择角色服务”页上的“角色服务”列表中，选中“RD 网关”复选框。

⑥如果系统提示用户指定是否要安装 RD 网关所需的其他角色服务，应单击“添加必需的角色服务”。

⑦在“选择角色服务”页上，确认已选中 RD 网关，然后单击“下一步”。

如果已安装“远程桌面服务”角色，应执行下列操作：

①在“角色摘要”下，单击“远程桌面服务”。

②在“角色服务”下，单击“添加角色服务”。

③在“选择角色服务”页上，选中“RD 网关”复选框，然后单击“下一步”。

④如果系统提示用户指定“是否添加远程桌面网关所需的角色服务和功能？”，应单击“添加所需的角色服务”，如图 12-12 所示。

⑤在“选择角色服务”页上，单击“下一步”。

（3）在“选择 SSL 加密的服务器身份验证证书”页上，指定是为 SSL 加密选择现有证书（推荐），或为 SSL 加密创建自签名证书，还是以后再为 SSL 加密选择证书。

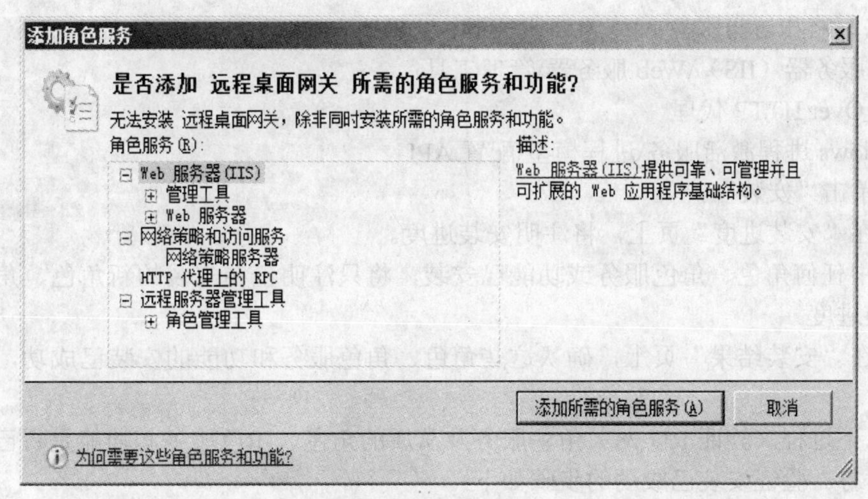

图 12-12 添加所需的角色服务

（4）在“为 RD 网关创建授权策略”页上，指定是在安装 RD 网关角色服务过程中还是在安装之后创建授权策略（RD CAP 和 RD RAP）。如果选择“以后”，则按照创建 RD CAP 中的过程创建此策略。如果选择“现在”，则执行下列操作：

①在“选择可以通过 RD 网关连接的用户组”页上，单击“添加”指定其他用户组。在“选择组”对话框中，指定用户组的位置和名称，然后根据需要单击“确定”，以检查名称和关闭“选择组”对话框。

若要指定多个用户组，应执行以下两个操作之一：键入每个用户组的名称，用分号分隔每个组的名称；或通过对每个组重复该步骤的第一个操作来添加不同域中的其他组。

②指定完其他用户组之后，在“选择可以通过 RD 网关连接的用户组”页上，单击“下一步”。

③在“为 RD 网关创建 RD CAP”页上，接受 RD CAP 的默认名称（RD_CAP_01）或指定新名称，选择一个或多个受支持的 Windows 身份验证方法，然后单击“下一步”。

④在“为 RD 网关创建 RD RAP”页上，接受 RD RAP 的默认名称（RD_RAP_01）或指定一个新名称，然后执行以下任一操作：指定仅允许用户连接到一个或多个计算机组中的计算机，然后指定计算机组；或指定用户可以连接到网络中的任何计算机。单击“下一步”。

（5）在“网络策略和访问服务”页上（如果尚未安装此角色服务，则出现该页），查看摘要信息，然后单击“下一步”。

（6）在“选择角色服务”页上，验证是否已选中“网络策略服务器”，然后单击“下一步”。

（7）在“Web 服务器（IIS）”页上（如果尚未安装此角色服务，则出现该页），查看摘要信息，然后单击“下一步”。

（8）在“选择角色服务”页上，接受“Web 服务器（IIS）”的默认选择，然后单击“下一步”。

（9）在“确认安装选项”页上，确认将安装下列角色、角色服务和功能：

- 远程桌面服务\RD 网关
- 网络策略和访问服务\网络策略服务器
- Web 服务器（IIS）\Web 服务器\管理工具
- RPC Over HTTP 代理
- Windows 进程激活服务\进程模型\配置 API

（10）单击“安装”。

（11）在“安装进度”页上，将注明安装进度。

如果其中任何角色、角色服务或功能已安装，将只注明正在安装的新角色、角色服务或功能的安装进度。

（12）在“安装结果”页上，确认这些角色、角色服务和功能的安装已成功，然后单击“关闭”。

使用以下过程来验证 RD 网关角色服务及从属的角色、角色服务和功能是否已正确安装并且正常运行。验证安装已成功的步骤如下：

（1）打开服务器管理器。要打开“服务器管理器”，应单击“开始”，指向“管理工具”，然后单击“服务器管理器”。

（2）在控制台树中，展开“角色”，然后双击“远程桌面服务”。

（3）在“远程桌面服务”页上，验证远程桌面服务网关的状态是否为“正在运行”，并且启动类型设置是否为“自动”，如图 12-13 所示。

（4）关闭服务器管理器。

（5）打开 Internet 信息服务（IIS）管理器。若要打开 IIS 管理器，应单击“开始”，指向“管理工具”，然后单击“Internet 信息服务（IIS）管理器”。

（6）在控制台树中，展开<RD Gateway_Server_Name>\站点\默认网站，然后单击“默认网站”。

（7）右键单击“默认网站”，指向“管理网站”，然后单击“高级设置”。

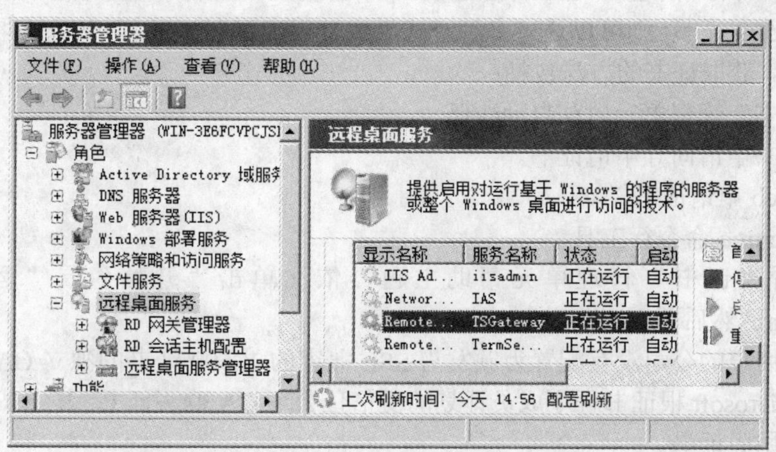

图 12-13　验证远程桌面服务网关的状态

（8）在“高级设置”对话框中的“常规”下，验证“自动启动”是否设置为 True。如果未设置为 True，则单击下拉箭头以显示列表，然后单击 True。

（9）单击“确定”。

（10）关闭 IIS 管理器。

2. 为 RD 网关服务器获取证书

若要正常使用 TLS，必须在 RD 网关服务器上安装与 SSL 兼容的 X.509 证书。

RD 网关的证书必须满足以下要求：

除非使用的是通配符证书或 SAN 属性的证书，否则，服务器证书主题行中的名称（证书名称或 CN）必须与客户端连接到 RD 网关服务器时使用的 DNS 名称匹配。如果用户的组织通过企业证书颁发机构（CA）颁发证书，则必须配置证书模板，以便在证书请求中提供相应名称。如果用户的组织通过独立 CA 颁发证书，则不必这样做。

如果使用的 SAN 属性的证书，则连接到 RD 网关服务器的客户端必须运行 Remote Desktop Connection (RDC) 6.1（RDC 6.1 [6.0.6001]支持 Remote Desktop Protocol 6.1）。Windows Server 2008、Windows Vista SP1、Windows XP SP3 Beta 和 Windows XP SP3 RC 中均包含 RDC 6.1。

证书在客户端上必须是可信的。即，为 RD 网关服务器证书签名的 CA 的公用证书必须位于客户端计算机上的受信任根证书颁发机构存储中。

如果已有一个证书，则可以对 RD 网关服务器重复使用该证书，条件是该证书：

- 由参与 Microsoft 根证书程序成员计划的任一受信任公用 CA 颁发；
- 满足 RD 网关服务器的证书要求。

如果 Microsoft 根证书程序成员计划不信任该证书（例如，如果在 RD 网关服务器上创建并安装了自签名证书，但没有手动将该证书配置为信任远程桌面服务客户端计算机），则当客户端尝试通过 RD 网关服务器建立连接时，将出现一条警告，表明用户没有受信任的证书，进而连接失败。为了防止出现此错误，在客户端尝试通过 RD 网关服务器建立连接之前，应先将该证书安装到客户端计算机上的计算机证书存储中。

如果没有证书，通过执行以下任一操作为 RD 网关服务器获取证书：

（1）如果公司有一个独立 CA 或企业 CA，并且该 CA 配置为颁发满足 RD 网关要求的与 SSL 兼容的 X.509 证书，则可以通过多种方式生成并提交证书请求，具体方式取决于组织 CA 的策略和配置。获取证书的方法包括：

- 从“证书”管理单元启动自动注册。
- 使用证书申请向导申请证书。
- 通过 Web 申请证书。
- 使用 Certreq 命令行工具。

若要查看“证书”管理单元帮助主题，依次单击“开始”、“运行”，键入 hh certmgr.chm，然后单击“确定”。

（2）如果用户的公司没有配置为颁发与 SSL 兼容的 X.509 证书的独立 CA 或企业 CA，可以向参与 Microsoft 根证书程序成员计划的受信任公用 CA 购买证书。其中某些供应商可能会无偿提供试用版证书。

或者，如果用户的公司没有独立 CA 或企业 CA，并且用户没有受信任公用 CA 颁发的兼容证书，则可以为 RD 网关服务器创建并导入自签名证书，以便进行技术评估和测试。

下面的过程描述了如何使用 RD 网关管理器创建自签名证书，以便进行技术评估和测试，为 RD 网关服务器创建自签名证书的步骤如下：

（1）打开 RD 网关管理器。若要打开 RD 网关管理器，应单击“开始”，依次指向“管理工具”和“远程桌面服务”，然后单击“RD 网关管理器”，如图 12-14 所示。

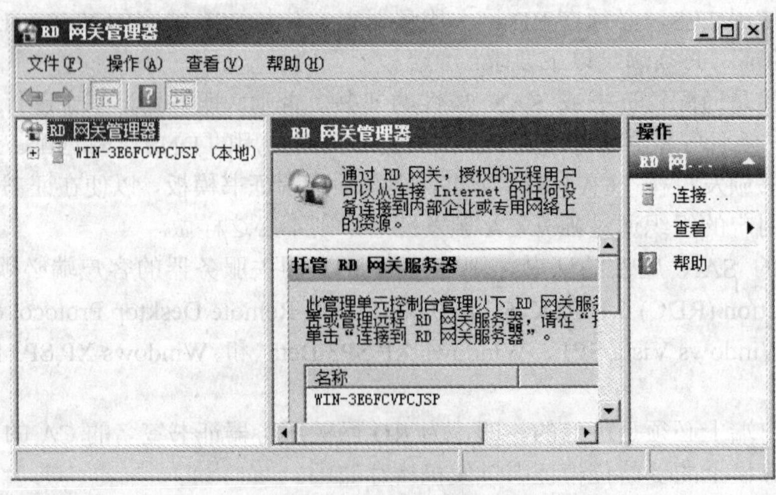

图 12-14 RD 网关管理器

（2）在控制台树中，通过单击选择代表用户的 RD 网关服务器的节点，该节点以运行 RD 网关服务器的计算机命名。

（3）在结果窗格中的“配置状态”下，单击“查看或修改证书属性”。

（4）在“SSL 证书”选项卡上，单击“为 SSL 加密创建自签名证书”，然后单击“创建证书”。

（5）在“创建自签名证书”对话框中，执行下列操作：

①在“证书名称”下，验证是否已为自签名证书指定了正确的公用名（CN），或指定一个新名称。除非使用的是通配符证书或证书的 SAN 属性，否则，CN 必须与客户端连接到 RD 网关服务器时使用的 DNS 名称匹配。

②在“证书位置”下，若要将根证书存储在指定位置，以便可以手动将根证书分发到客户端，应验证是否选中了“存储根证书”复选框，然后指定存储证书的位置。默认情况下将选中此复选框，并将证书存储在 %Windir%\Users\<用户名>\DocumenRD 文件夹下。

③单击“确定”。

（6）如果选中了“存储根证书”复选框并指定了证书的位置，将出现一条消息，表明 RD 网关已成功地创建自签名证书，并确认已存储的证书的位置。单击“确定”关闭该消息。

（7）再次单击“确定”关闭 RD 网关 服务器的“属性”对话框。

3. 为 RD 网关服务器配置证书

获取证书之后，使用下面的过程在 RD 网关服务器上的正确位置安装该证书（如果尚未安装该证书）。完成此过程之后，必须映射该证书。在 RD 网关服务器上安装证书的步骤如下：

（1）打开“证书管理单元控制台”，如图 12-15 所示。如果尚未添加“证书”管理单元控制台，可以执行以下操作进行添加：

①依次单击“开始”、“运行”，键入 mmc，然后单击“确定”。

②在“文件”菜单上，单击“添加/删除管理单元”。

③在“添加或删除管理单元”对话框的“可用的管理单元”列表中，单击“证书”，然后单击“添加”。

④在“证书管理单元”对话框中，单击“计算机账户”，然后单击“下一步”。

⑤在“选择计算机”对话框中，单击“本地计算机：（运行该控制台的计算机）”，然后单击“完成”。

⑥在“添加或删除管理单元”对话框中，单击“确定”。

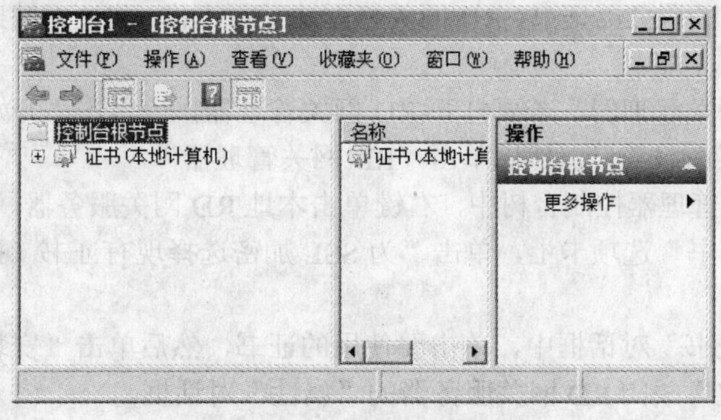

图 12-15 证书管理单元控制台

（2）在“证书管理单元控制台的控制台树”中，展开“证书（本地计算机）”，然后单击“个人”，如图 12-16 所示。

（3）右键单击“个人”文件夹，指向“所有任务”，然后单击“导入”。

（4）在“欢迎使用证书导入向导”页上，单击“下一步”。

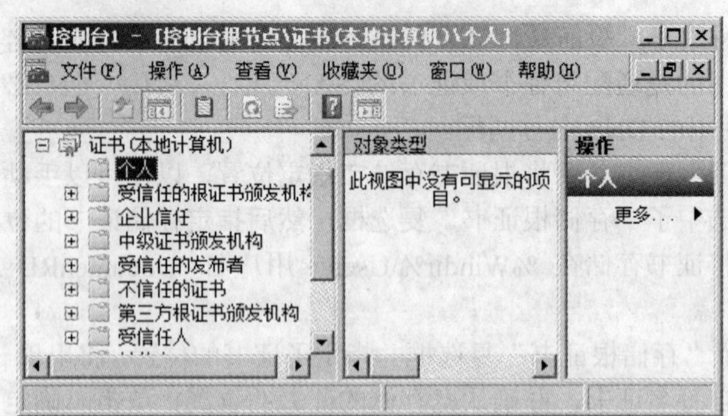

图 12-16 证书管理单元控制台的控制台树

（5）在“要导入的文件”页上的“文件名”框中，指定要导入的证书的名称，然后单击“下一步”。

（6）在“密码”页上，执行以下操作：

①如果以前曾为与证书关联的私钥指定了密码，则键入该密码。

②如果希望将证书的私钥标记为可导出，则确保选中“将此密钥标记为可导出”。

③如果希望包括证书的所有扩展属性，则确保选中“包括所有扩展属性”。

④单击“下一步”。

（7）在“证书存储”页上接受默认选项，然后单击“下一步”。

（8）在“正在完成证书导入向导”页上，确认已选择了正确的证书。

（9）单击“完成”。

（10）成功地完成了证书导入之后，将出现一条消息，确认导入已成功，单击“确定”。

（11）在控制台树中选中“证书”的情况下，在详细信息窗格中，验证 RD 网关服务器上的证书列表中是否出现正确的证书。该证书必须在本地计算机的“个人”存储下。

安装完证书后，必须使用 RD 网关管理器来映射 RD 网关服务器证书。如果使用任何其他方法来映射 RD 网关服务器证书，RD 网关将无法正常工作。将证书映射到本地 RD 网关服务器的步骤如下：

（1）打开 RD 网关管理器。若要打开 RD 网关管理器，应单击“开始”，依次指向“管理工具”和“远程桌面服务”，然后单击“RD 网关管理器”。

（2）在 RD 网关管理器控制台树中，右键单击本地 RD 网关服务器，然后单击“属性”。

（3）在“SSL 证书”选项卡上，单击“为 SSL 加密选择现有证书（推荐）”，然后单击“浏览证书”。

（4）在“安装证书”对话框中，单击要使用的证书，然后单击“安装”。

（5）单击“确定”关闭 RD 网关服务器的“属性”对话框。

（6）如果这是初次映射该 RD 网关证书，在完成证书映射之后，可以通过在 RD 网关管理器中查看“RD 网关服务器状态”区域，验证映射是否成功。在“配置状态和配置任务”下，不再显示表明尚未安装或选择服务器证书的警告以及“查看或修改证书属性”超链接。

远程用户可以通过 RD 网关连接到计算机组中的内部网络资源。该计算机组成员可以是下列之一：

● 现有安全组的成员。该安全组可以存在于 RD 网关服务器上的本地用户和组中，也可

以存在于 Active Directory 域服务中。

- 受 RD 网关管理的现有计算机组或受 RD 网关管理的新计算机组的成员。可以在安装之后使用 RD 网关管理器配置受 RD 网关管理的计算机组。

受 RD 网关管理的计算机组不会出现在 RD 网关服务器上的本地用户和组中，也无法使用本地用户和组进行配置。

- 任意网络资源。在这种情况下，用户可以连接到使用远程桌面连接时可连接的内部网络上的任何计算机。

4. 为 RD 网关服务器创建 RD CAP

通过 RD CAP，可以指定可连接到 RD 网关服务器的用户。可以指定存在于本地 RD 网关服务器上或 Active Directory 域服务中的用户组。还可以指定用户访问 RD 网关服务器时必须满足的其他条件。例如，可以指定通过 RD 网关服务器连接到承载人力资源（HR）数据库的特定远程桌面服务器的所有用户必须是“HR Users”安全组的成员。还可以指定启动连接的客户端计算机必须是内部网络中 Active Directory 安全组的成员，才能连接到 RD 网关服务器。通过要求计算机必须是内部网络中特定 Active Directory 安全组的成员，可以排除。

此外，还可以指定远程客户端是必须使用智能卡身份验证，还是必须使用密码身份验证才能通过 RD 网关服务器访问内部网络资源。如果选中全部两个选项，则允许使用任一身份验证方法的客户端建立连接。

最后，如果组织已经部署了网络访问保护（NAP），则可以指定客户端必须发送健康声明。

下面的过程描述如何使用 RD 网关管理器创建自定义 RD CAP。此外，还可以使用授权策略向导为 RD 网关快速创建 RD CAP 和 RD RAP。为 RD 网关服务器创建 RD CAP 的步骤如下：

（1）打开 RD 网关管理器。

（2）在控制台树中，单击选择代表 RD 网关服务器的节点，该节点以运行 RD 网关服务器的计算机命名。

（3）在控制台树中，展开“策略”，然后单击“连接授权策略”，如图 12-17 所示。

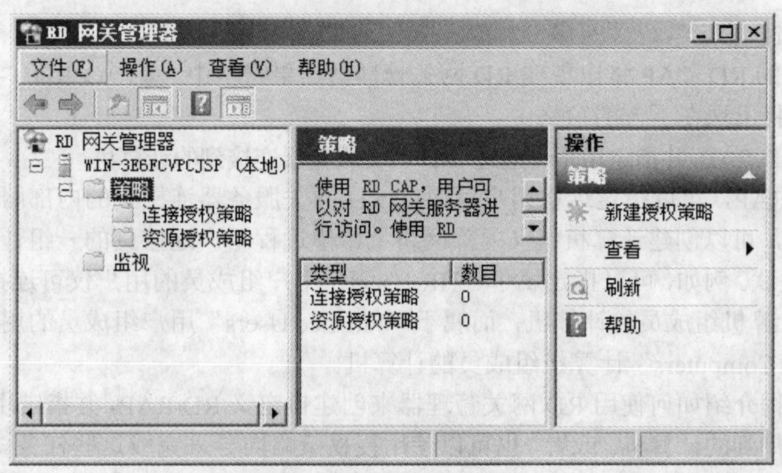

图 12-17　策略

（4）右键单击“连接授权策略”文件夹，再单击“新建策略”，然后单击“自定义”。

（5）在“常规”选项卡上，键入该策略的名称，然后验证是否已选中“启用此策略”复选框。

（6）在“要求”选项卡上的“受支持的 Windows 身份验证方法”下，选中下列任一或全部两个复选框：

- 密码
- 智能卡

如果选中全部两个选项，则允许使用任一身份验证方法的客户端建立连接。

（7）在“用户组成员身份（必需）”下，单击“添加组”，然后指定其成员可连接到 RD 网关服务器的用户组。必须至少指定一个用户组。

（8）在“选择组”对话框中，指定用户组的位置和名称，然后根据需要单击“确定”，以检查名称并关闭“选择组”对话框。若要指定多个用户组，应执行以下任一操作：

- 键入每个用户组的名称，使用分号分隔每个组的名称。
- 通过对每个组重复此步骤，添加不同域中的其他组。

（9）若要指定客户端计算机应满足的计算机域成员身份条件（可选），在“要求”选项卡上的“客户端计算机组成员身份（可选）”下，单击“添加组”，然后指定计算机组。在示例配置中，未指定任何计算机组。

若要指定计算机组，可以采用指定用户组时使用的相同步骤。

（10）在“设备重定向”选项卡上，选择下列任一选项，启用或禁用远程客户端设备的重定向：

- 若要允许所有客户端设备在通过 RD 网关服务器连接时进行重定向，应单击“启用所有客户端设备的设备重定向”。默认情况下选择此选项。
- 若要禁止除智能卡以外的所有客户端设备在通过 RD 网关服务器连接时进行设备重定向，应选中“禁用除智能卡之外的所有客户端设备的设备重定向”。
- 若要仅禁止特定设备类型在通过 RD 网关服务器连接时进行设备重定向，应单击“禁用以下客户端设备类型的设备重定向”，然后选中与应禁用设备重定向的客户端设备类型对应的复选框。

（11）单击“确定”。

（12）新建的 RD CAP 将出现在 RD 网关管理器结果窗格中。单击该 RD CAP 的名称后，策略详细信息将出现在下方的窗格中。

5. 创建 RD RAP 并指定用户可通过 RD 网关服务器连接到的计算机

通过 RD RAP，可以指定远程用户可通过 RD 网关服务器连接到的内部网络资源。在创建 RD RAP 时，可以创建计算机组（内部网络上希望远程用户连接到的一组计算机）并将其与 RD RAP 关联。例如，可以指定属于“HR Users”用户组成员的用户仅可连接到属于“HR Computers”计算机组成员的计算机，而属于“Finance Users”用户组成员的用户仅可连接到属于“Finance Computers”计算机组成员的计算机。

下面的过程介绍如何使用 RD 网关管理器来创建自定义 RD RAP，并指定用户可通过 RD 网关服务器连接到的计算机。或者，也可以使用授权策略向导来完成这些任务。创建 RD RAP 并指定用户可通过 RD 网关服务器连接到的计算机的步骤如下：

（1）打开 RD 网关管理器。

（2）在控制台树中，单击选择代表 RD 网关服务器的节点，该节点以运行 RD 网关服务器的计算机命名。

（3）在控制台树中，展开“策略”，然后单击“资源授权策略”。

（4）右键单击“资源授权策略”文件夹，再单击“新建策略”，然后单击“自定义”。

（5）在“常规”选项卡上的“策略名称”框中，输入不长于 64 个字符的名称。

（6）在“说明”框中，输入对新 RD RAP 的说明。

（7）在“用户组”选项卡上，单击“添加”选择要应用此 RD RAP 的用户组。

（8）在“选择组”对话框中，键入用户组的位置和名称，然后单击“确定”。若要指定多个用户组，应执行下列任一操作：

- 键入每个用户组的名称，使用分号分隔每个组的名称。
- 通过对每个组重复步骤 7，添加不同域中的其他组。

（9）在“计算机组”选项卡上，通过执行以下任一操作，指定用户可通过 RD 网关连接到的计算机组：

- 若要指定现有安全组，单击“选择现有 Active Directory 安全组”，然后单击“浏览”。在“选择组”对话框中，键入用户组的位置和名称，然后单击“确定”。应注意，可以在本地用户和组中选择安全组，而不要在 Active Directory 域服务中选择安全组。

- 若要指定受 RD 网关管理的计算机组，应单击“选择现有受 RD 网关管理的计算机组或新建受 RD 网关管理的计算机组”，然后单击“浏览”。在“选择受 RD 网关管理的计算机组”对话框中，执行以下任一操作：

通过单击要使用的计算机组的名称，选择现有受 RD 网关管理的计算机组，然后单击“确定”以关闭对话框。

通过单击“新建组”，新建一个受 RD 网关管理的计算机组。在“常规”选项卡上，键入新组的名称和说明。在“网络资源”选项卡上，键入要添加的计算机或远程桌面服务场的名称或 IP 地址，然后单击“添加”。根据需要重复此步骤，以指定其他计算机，然后单击“确定”关闭“新建 RD 网关管理的计算机组”对话框。在“选择受 RD 网关管理的计算机组”对话框中，单击新计算机组的名称，然后单击“确定”以关闭对话框。

- 若要指定任意网络资源，单击“允许用户连接到任意网络资源”，然后单击“确定”。

（10）指定了计算机组后，新建的 RD RAP 将出现在 RD 网关管理器结果窗格中。单击该 RD RAP 的名称后，策略详细信息将出现在下方的窗格中。

如果通过 RD 网关服务器连接到内部网络的远程用户至少满足一个 RD CAP 和一个 RD RAP 中指定的条件，将被授予访问网络上的计算机的权限。RD CAP 和 RD RAP 相结合，提供两个不同的授权级别，使用户可以为内部网络上的计算机配置更具体的访问控制级别。

6. 限制通过 RD 网关同时建立连接的最大连接数

默认情况下，除了运行 Windows Server® 2008 Standard 的 RD 网关服务器之外，不会对客户端可通过 RD 网关服务器与内部网络资源建立的同时连接数设置任何限制。为了优化 RD 网关服务器性能或为了确保与组织的连接/安全策略兼容，可以对客户端可通过 RD 网关服务器与网络资源建立的同时连接数设置限制。限制允许通过 RD 网关建立的最大连接数的步骤如下：

（1）打开 RD 网关管理器。

（2）在控制台树中，单击选择代表 RD 网关服务器的节点，该节点以运行 RD 网关服务器的计算机命名。

（3）在控制台树中，展开“监视”。

（4）在选中“监视”文件夹的情况下，右键单击“监视”文件夹，然后单击“编辑连接限制”。

（5）在“常规”选项卡上的“最大连接数”下，如图 12-18 所示，执行下列任一操作：

• 若要对远程桌面服务客户端可通过 RD 网关与内部网络资源同时建立连接的最大连接数设置限制，应单击“限制允许同时连接的最大数量”，然后指定允许的连接数。

• 若要对允许通过 RD 网关在客户端与内部网络资源之间建立的连接数不设置任何限制，应单击“允许受支持的同时连接的最大数量”。这是默认选项。应记住，对于运行 Windows Server 2008 Standard 的 RD 网关服务器，最多支持同时建立 250 个连接。

• 若要防止通过 RD 网关在客户端与内部网络资源之间建立新连接，应单击“禁用新连接”。如果选择此选项，将只拒绝新的连接尝试。RD 网关不会结束当前连接。

（6）单击“确定”。

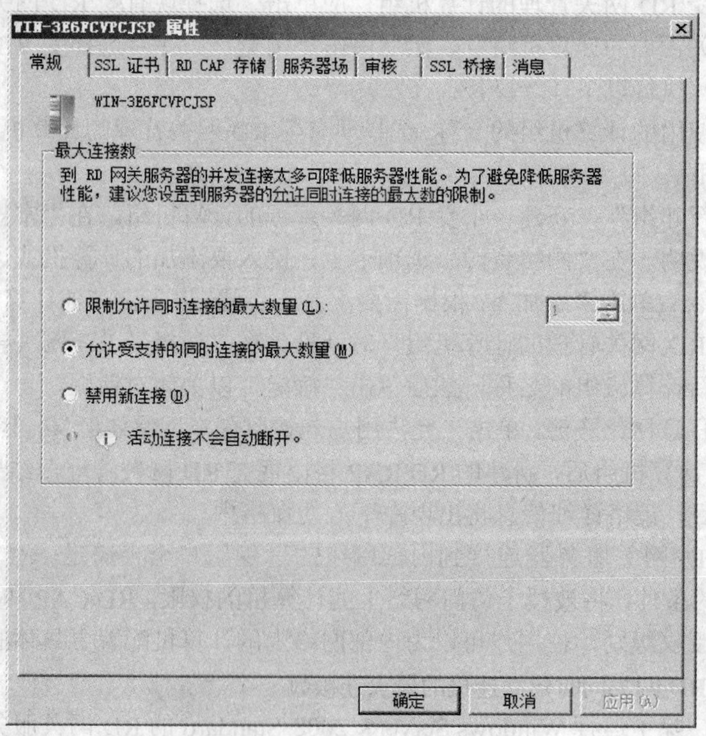

图 12-18 常规选项卡

12.6.4 为 RD 网关核心方案配置远程桌面服务客户端

若要为 RD 网关核心方案配置远程桌面服务客户端，应完成以下任务，见表 12-5：

表 12-5

任　务	参　考
在远程桌面服务客户端上的受信任根证书颁发机构存储中安装 RD 网关服务器根证书（可选）。如果在 RD 网关服务器上安装了由参与 Microsoft 根证书程序成员计划的任一受信任公用 CA 颁发的证书，并且远程桌面服务客户端计算机信任该证书，则不必执行此过程	在远程桌面服务客户端上的受信任根证书颁发机构存储中安装 RD 网关服务器根证书
配置远程桌面连接设置	配置远程桌面连接设置
验证通过 RD 网关服务器建立的端对端连接是否运行正常	验证通过 RD 网关服务器建立的端对端连接是否运行正常

1. 在远程桌面服务客户端上的受信任根证书颁发机构存储中安装 RD 网关服务器根证书

客户端计算机必须先验证并信任 RD 网关服务器的身份，然后该客户端才能安全地发送用户的密码和登录凭据并完成身份验证过程。若要建立此信任，客户端必须信任服务器证书的根。即，客户端在其受信任根证书颁发机构存储中必须有颁发服务器证书的证书颁发机构（CA）的证书。可以使用“证书”管理单元查看此存储。

如上所述，在下列情况下，不要求执行此过程：

- 在 RD 网关服务器上安装了由参与 Microsoft 根证书程序成员计划的任一受信任公用 CA 颁发的证书；并且
- 远程桌面服务客户端计算机已信任该颁发 CA。

如果 RD 网关服务器使用的是由任一受信任公用 CA 颁发的证书，并且客户端计算机可识别并信任该证书，则将继续完成配置远程桌面连接设置部分中的步骤。

在完成下面过程中的步骤之前，必须已将证书复制到客户端计算机中。例如，如果使用 RD 网关管理器为 RD 网关服务器创建自签名证书，则必须已将该证书从 RD 网关服务器复制到客户端计算机中。

在远程桌面服务客户端上的受信任根证书颁发机构存储中安装 RD 网关服务器根证书的步骤如下：

（1）打开“证书”管理单元控制台。如果尚未添加“证书”管理单元控制台，可以执行以下操作进行添加：

①依次单击“开始”、“运行”，键入“mmc”，然后单击“确定”。

②在“文件”菜单上，单击“添加/删除管理单元”。

③在“添加或删除管理单元”对话框的“可用的管理单元”列表中，单击“证书”，然后单击“添加”。

④在“证书管理单元”对话框中，若要打开某个计算机账户的“证书”管理单元，单击“计算机账户”，然后单击“下一步”。若要打开某个用户账户的“证书”管理单元，单击“我的用户账户”，然后单击“完成”。

⑤如果打开了某个计算机账户的“证书”管理单元，在“选择计算机”对话框中，单击“本地计算机：（运行该控制台的计算机）”，然后单击“完成”。

⑥在“添加或删除管理单元”对话框中，单击“确定”。

（2）在“证书”管理单元控制台的控制台树中，依次展开“证书（本地计算机）”、“受信任的根证书颁发机构”，右键单击“证书”，指向“所有任务”，然后单击“导入”。

（3）在“欢迎使用证书导入向导”页上，单击“下一步”。

（4）在“要导入的文件”页上的“文件名”框中，浏览至 RD 网关服务器根证书，单击“打开”，然后单击“下一步”。

（5）在“证书存储”页上，接受默认选项（“将所有的证书放入下列存储——受信任的根证书颁发机构”），然后单击“下一步”。

（6）在“正在完成证书导入向导”页上，确认出现下列证书设置：

● 用户选定的证书存储：受信任的根证书颁发机构

● 内容：证书

● 文件名：FilePath\<Root_Certificate_Name.cer>，其中<Root_Certificate_Name>是 RD 网关服务器根证书的名称。

（7）单击“完成”。

（8）成功地完成了证书导入之后，将出现一条消息，确认导入已成功。单击“确定”。

（9）在控制台树中选择“证书”之后，在详细信息窗格中，验证 RD 网关服务器的根证书是否出现在客户端上的证书列表中。确保该证书出现在“受信任的根证书颁发机构”存储下。

2. 配置远程桌面连接设置

详细配置远程桌面连接的步骤如下：

（1）打开“远程桌面连接”客户端。若要打开“远程桌面连接”客户端，应单击“开始”，指向“所有程序”，再指向“附件”，然后单击“远程桌面连接”。

（2）在“远程桌面连接”对话框中，单击“选项”，以展开对话框并查看设置。

（3）在“高级”选项卡上的“从任意位置连接”区域，单击“设置”。

（4）在“RD 网关服务器设置”对话框中，选中相应的选项：

● 自动检测 RD 网关服务器设置（默认设置）。如果选择此选项，则远程桌面服务客户端将尝试使用组策略设置来确定客户端与 RD 网关服务器或 RD 网关服务器场的连接行为（如果已配置并启用了这些设置）。

● 使用这些 RD 网关服务器设置。如果尚未通过组策略启用并强制使用某个 RD 网关服务器/RD 网关服务器场名称和某个登录方法，则可以选择此选项并指定要连接到的 RD 网关服务器/RD 网关服务器场的名称和用于连接的登录方法。为服务器指定的名称必须与 RD 网关服务器证书的“颁发给”字段中的名称相匹配。如果是在安装 RD 网关角色服务期间使用添加角色向导或在安装之后使用 RD 网关管理器来创建自签名证书，应指定 RD 网关服务器的完全限定的域名（FQDN）。

● 不对本地地址使用 RD 网关服务器。默认情况下选中该选项。

● 不使用 RD 网关服务器。如果计算机始终连接到 LAN 上，或位于内部网络防火墙之内，则选中此选项。如果用户确定不需要使用 RD 网关穿越防火墙，则适合使用此选项。

（5）执行下列操作之一：

● 若要保存设置并关闭“远程桌面连接”对话框，则单击“保存”，然后单击“取消”。设置将以 RDP 文件的形式保存到默认位置（默认情况下，该文件保存到 Drive:\<用户名>\DocumenRD）。

• 若要将该 RDP 文件保存到指定位置（以后可以根据需要自定义该文件并将其分发给多个客户端），单击“另存为”。在“另存为”对话框的“文件名”框中，键入文件名和位置，然后单击“保存”。

• 若要继续与内部网络资源建立连接，应依次单击“保存”和“连接”，然后继续执行下一过程中的步骤 5（“验证通过 RD 网关建立的端对端连接是否运行正常”）。

3. 验证通过 RD 网关建立的端对端连接是否运行正常

验证建立的连接是否正常的步骤如下：

（1）打开“远程桌面连接”客户端。若要打开“远程桌面连接”客户端，应单击“开始”，指向“所有程序”，再指向“附件”，然后单击“远程桌面连接”。

（2）在“远程桌面连接”对话框中，单击“选项”，以展开对话框并查看设置，如图 12-19 所示。

（3）在“常规”选项卡上，键入用户希望通过 RD 网关远程连接到的计算机（远程桌面服务器或运行远程桌面的计算机）的名称。

（4）单击“连接”。

（5）在“输入凭据”对话框中，选择用户希望用于远程登录到计算机的用户账户，输入所需凭据，然后单击“确定”。

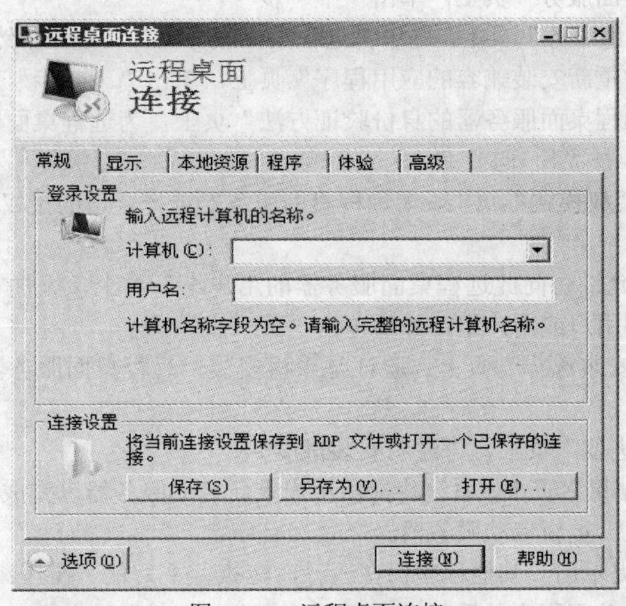

图 12-19 远程桌面连接

（6）在“网关服务器凭据”对话框中，选择用户希望用于登录到 RD 网关服务器的用户名，输入所需凭据，然后单击“确定”。

（7）几分钟之后，连接完成并将通过 RD 网关服务器建立与计算机的连接。

12.7 远程桌面服务器

远程桌面服务器是一种服务器，它为远程桌面服务客户端托管基于 Windows 的程序或完整的 Windows 桌面。用户可以连接到远程桌面服务器来运行程序，保存文件，以及使用该服务器上的网络资源。用户可以使用 RDC 或 RemoteApp 程序访问远程桌面服务器。

12.7.1 安装“远程桌面服务器”角色服务

如果服务器上尚未安装远程桌面服务，可以使用以下过程通过服务器管理器在计算机上安装“远程桌面服务器”角色服务。如果服务器上已安装远程桌面服务，请参阅安装远程桌面服务器角色服务。

计划配置的远程桌面服务器上的本地 Administrators 组中的成员身份或等效身份是完成此过程所需的最低要求。

安装远程桌面服务器角色服务，应执行下列操作：

（1）打开服务器管理器。 要打开“服务器管理器”，应单击“开始”，指向“管理工具”，然后单击“服务器管理器”。

（2）在左侧窗格中，右键单击“角色”，然后单击“添加角色”。

（3）在“添加角色向导”中的“开始之前”页上，单击“下一步”。

（4）在“选择服务器角色”页上的“角色”下，选中“远程桌面服务”复选框。

（5）单击“下一步”。

（6）在“远程桌面服务”页上，单击“下一步”。

（7）在“选择角色服务”页上，选中“远程桌面服务器”复选框，然后单击“下一步”。

（8）在“卸载并重新安装兼容的应用程序”页上，单击“下一步”。

（9）在“指定远程桌面服务器的身份验证方法”页上，为远程桌面服务器选择适合的身份验证方法，然后单击“下一步”。

（10）在“指定授权模式”页上，为远程桌面服务器选择合适的授权模式，然后单击“下一步”。

（11）在“选择允许访问此远程桌面服务器的用户组”页上，添加希望能够远程连接到此远程桌面服务器的用户或用户组，然后单击“下一步”。

（12）在“确认安装选择”页上，验证是否将安装“远程桌面服务器”角色服务，然后单击“安装”。

（13）在“安装进度”页上，将注明安装进度。

（14）在“安装结果”页上，系统将提示用户重新启动服务器以完成安装过程。单击“关闭”，然后单击“是”重新启动服务器。

（15）如果系统提示用户其他程序仍在运行，应执行下列任一操作：

- 若要以后手动关闭程序并重新启动服务器，应单击“取消”。
- 若要自动关闭程序并重新启动服务器，应单击“立即重新启动”。

（16）服务器重新启动并且用户登录到计算机上之后，将完成安装的剩余步骤。“安装结果”页出现后，确认已成功安装了远程桌面服务器。

还可以通过执行下列步骤确认已安装了远程桌面服务器：

①启动服务器管理器。

②在“角色摘要”下，单击“远程桌面服务”。

③在“系统服务”下，确认“远程桌面服务”的状态为“正在运行”。

④在“角色服务”下，确认“远程桌面服务器”的状态为“已安装”。

如果计算机上已安装远程桌面服务，则可以使用以下过程安装“远程桌面服务器”角色服务。

计划配置的远程桌面服务器上的本地 Administrators 组中的成员身份或等效身份是完成此过程所需的最低要求。

在已安装远程桌面服务时安装远程桌面服务器角色服务，应执行下列操作：

（1）打开服务器管理器。 要打开“服务器管理器”，应单击“开始”，指向“管理工具”，然后单击“服务器管理器”。

（2）在左侧窗格中，展开“角色”。

（3）右键单击“远程桌面服务”，然后单击“添加角色服务”。

（4）在“选择角色服务”页上，选中“远程桌面服务器”复选框，然后单击“下一步”。

（5）在“卸载并重新安装兼容的应用程序”页上，单击“下一步”。

（6）在“指定远程桌面服务器的身份验证方法”页上，为远程桌面服务器选择适合的身份验证方法，然后单击“下一步”。

（7）在“指定授权模式”页上，为远程桌面服务器选择合适的授权模式，然后单击“下一步”。

（8）在“选择允许访问此远程桌面服务器的用户组”页上，添加希望能够远程连接到此远程桌面服务器的用户或用户组，然后单击“下一步”。

（9）在“确认安装选择”页上，验证是否将安装“远程桌面服务器”角色服务，然后单击“安装”。

（10）在“安装进度”页上，将注明安装进度。

（11）在“安装结果”页上，系统将提示用户重新启动服务器以完成安装过程。单击“关闭”，然后单击“是”重新启动服务器。

（12）如果系统提示用户其他程序仍在运行，应执行下列任一操作：

- 若要以后手动关闭程序并重新启动服务器，应单击“取消”。
- 若要自动关闭程序并重新启动服务器，应单击“立即重新启动”。

（13）服务器重新启动并且用户登录到计算机上之后，将完成安装的剩余步骤。“安装结果”页出现后，确认已成功安装了远程桌面服务器。可以通过执行下列步骤确认已安装了远程桌面服务器：

①启动服务器管理器。

②在“角色摘要”下，单击“远程桌面服务”。

③在“系统服务”下，确认“远程桌面服务”的状态为“正在运行”。

④在“角色服务”下，确认“远程桌面服务器”的状态为“已安装”。

12.7.2 安装程序

在安装了远程桌面服务器角色服务之后，才能在远程桌面服务器上安装程序。如果在已安装了程序的计算机上安装“远程桌面服务器”角色服务，在多用户环境中，某些现有的程序可能无法正常运行。

某些程序可能只需要修改很少的设置即可在远程桌面服务器上正常运行。

在远程桌面服务器上安装程序之前，应在命令提示符下键入 change user /install 以将系统置于安装模式。在安装程序之后，应在命令提示符下键入 change user /execute 以将系统返回执行模式。

如果程序相互关联或相互依存，建议用户将这些程序安装在同一台远程桌面服务器上。例如，建议用户将 Microsoft Office 作为一个套件来安装，而不要将各个 Office 程序分别安装在不同的远程桌面服务器上。

在下列情况下，应考虑将各个程序分别安装在不同的远程桌面服务器上：

- 程序存在兼容性问题，可能会影响其他程序。
- 一个应用程序及若干关联用户可能会耗尽服务器的能力。

12.7.3 配置远程连接设置

默认情况下，在安装了"远程桌面服务器"角色服务之后，将启用远程连接。可以使用以下过程添加需要连接到远程桌面服务器的用户和组，并验证或更改远程连接设置。计划配置的远程桌面服务器上的本地 Administrators 组中的成员身份或等效身份是完成此过程所需的最低要求。

配置远程连接设置的步骤如下：

（1）启动"系统"工具。若要启动"系统"工具，可以使用以下任一方法：

- 单击"开始"，然后单击"控制面板"。在"控制面板"中，双击"系统"。
- 依次单击"开始"和"运行"，键入 control system，然后单击"确定"。

（2）在"任务"下，单击"远程设置"。

（3）在"系统属性"对话框中的"远程"选项卡上，如图 12-20 所示，根据用户所处的环境单击下列任一选项：

- 不允许连接到这台计算机
- 允许运行任意版本远程桌面的计算机连接 默认情况下该选项处于启用状态。如果用户从任何运行不支持网络级别身份验证的 RDC 客户端版本的客户端计算机访问远程桌面服务器，应使用此选项。
- 仅允许运行使用网络级别身份验证的远程桌面的计算机连接 如果将要访问远程桌面服务器的所有客户端计算机都运行支持网络级别身份验证的 RDC 客户端版本，应使用此选项。如果不支持网络级别身份验证的客户端尝试进行连接，则会收到身份验证错误消息。

有关这三个选项的详细信息，单击"远程"选项卡上的"帮助我选择"链接。

（4）单击"选择用户"添加需要使用远程桌面连接到该远程桌面服务器的用户或组。用户添加的用户和组将添加到 Remote Desktop Users 组中。

本地 Administrators 组的成员即使未列出也可以连接。

如果在"远程"选项卡上选中了"不允许连接到这台计算机"，则任何用户均无法远程连接到此计算机，即使用户是 Remote Desktop Users 组的成员也是如此。

若要确定计算机运行的是否为支持网络级别身份验证的 RDC 客户端版本，应启动 RDC 客户端，单击"远程桌面连接"对话框左上角的图标，然后单击"关于"。在"关于远程桌面连接"对话框中查找短语"受支持的网络级身份验证"。

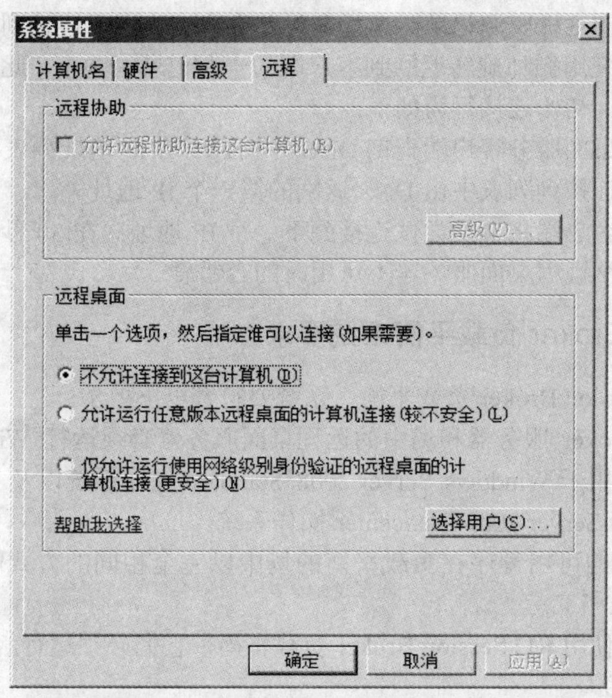

图 12-20　系统属性

12.8　RD Session Broker

Remote Desktop Session Broker (RD Session Broker)是 Windows Server® 2008 操作系统中的角色服务，该服务使用户能够对服务器场中远程桌面服务器之间的会话进行负载平衡。

使用 RD Session Broker 对会话进行负载平衡涉及两个阶段。在第一个阶段中，由预备负载平衡机制（如域名系统（DNS）循环）分配初始连接。对用户进行身份验证后，接受初始连接的远程桌面服务器会查询 RD Session Broker 服务器以确定将该用户重定向到何处。

在第二个阶段中，进行初始连接的远程桌面服务器将用户重定向到 RD Session Broker 指定的远程桌面服务器。重定向行为如下：

- 具有现有会话的用户将连接到其会话所在的服务器。
- 不具有现有会话的用户将连接到会话数量最少的远程桌面服务器。

此外，还提供了一个新的“服务器排出”机制，该机制使用户能够阻止新用户登录到计划取下进行维护的远程桌面服务器。此机制提供在不中断用户体验的情况下使服务器脱机的能力。如果新登录尝试在场中的某个远程桌面服务器上遭到拒绝，则 RD Session Broker 将允许具有现有会话的用户重新连接，但会将新用户重定向到配置为允许新登录的远程桌面服务器。

可以通过“远程桌面服务配置”、组策略或 Windows Management Instrumentation（WMI）启用 RD Session Broker 负载平衡。如果使用 DNS 循环来分配初始连接，还必须为场中的每台远程桌面服务器配置 DNS 条目。

若要配置 DNS 循环，用户必须为场中的每台远程桌面服务器创建一个映射到 DNS 中远程桌面服务器场名称的主机资源记录。（场名称是客户端将用于连接到该远程桌面服务器场的虚拟名称。）DNS 使用循环旋转返回到客户端的资源记录的顺序。此功能有助于跨场中的服务器分配初始连接。初始连接行为如下：

（1）传入的远程桌面服务客户端查询 DNS 并收到场的 IP 地址列表。

（2）客户端尝试连接到列表中由 DNS 返回的第一个 IP 地址。

如果连接失败，客户端将自动尝试连接到下一个 IP 地址（在 30 秒的超时延迟之后）。这便提供了在其中一个远程桌面服务器不可用时的容错度。

12.8.1 RD 会话 Broker 负载平衡系统要求

若要参与 RD Session Broker 负载平衡，系统要符合以下要求：

• RD Session Broker 服务器和场中的远程桌面服务器必须运行 Windows Server 2008。RD Session Broker 可用于 Windows Server 2008 Standard 操作系统以及 Windows Server 2008 Enterprise 和 Windows Server 2008 Datacenter 操作系统。

• 必须使用相同的可用程序在负载平衡的场中以完全相同的方式配置所有远程桌面服务器。

• 为了让客户端使用 RD Session Broker 负载平衡，它们必须运行版本 5.2 或更高版本的远程桌面连接（RDC）。

12.8.2 部署 RD 会话 Broker 负载平衡

若要部署 RD Session Broker 负载平衡，必须完成以下任务，见表 12-6：

表 12-6

任　　务	参　　考
在要用于跟踪场的用户会话的服务器上安装 RD Session Broker 角色服务	安装 RD 会话 Broker 角色服务
将场中的远程桌面服务器添加到 RD Session Broker 服务器上的 Session Directory Computers 本地组	将场中的每台远程桌面服务器添加到 Session Directory Computers 本地组
将场中的远程桌面服务器配置加入 RD Session Broker 中的场，并参与 RD Session Broker 负载平衡	为场中的远程桌面服务器配置 RD 会话 Broker 设置
为场中的远程桌面服务器配置 DNS 循环条目	为 RD 会话 Broker 负载平衡配置 DNS

1. 安装 RD 会话 Broker 角色服务

必须在要用于跟踪负载平衡远程桌面服务器场的用户会话信息的服务器上安装 RD Session Broker 角色服务。可以使用一台 RD Session Broker 服务器跟踪多个服务器场的用户会话，因为性能开销很小。

安装了 RD Session Broker 角色服务的基于 Windows Server 2008 的服务器不必是远程桌面服务器，也不必启用远程桌面。公认的最佳做法是在后端基础结构服务器（如文件服务器）上安装 RD Session Broker 角色服务。如果在不是远程桌面服务器的服务器上安装此角色服务，则当需要在场中的远程桌面服务器上执行维护时，Remote Desktop Session Broker 服务将不会受到影响。

在安装 RD Session Broker 角色服务时，在本地计算机上进行下列更改：

- 安装 Remote Desktop Session Broker 服务。默认情况下，该服务设置为“已启动”和“自动”。
- 创建 Session Directory Computers 本地组。

安装 RD Session Broker 的服务器必须是域的成员。本地 Administrators 组中的成员身份是完成此过程所需的最低要求。安装 RD 会话 Broker 的步骤如下：

（1）打开服务器管理器。要打开“服务器管理器”，应单击“开始”，指向“管理工具”，然后单击“服务器管理器”。

（2）如果已安装“远程桌面服务”角色，应执行下列操作：

a. 在“角色摘要”下，单击“远程桌面服务”。

b. 在“角色服务”下，单击“添加角色服务”。

c. 在“选择角色服务”页上，选中“远程桌面会话主机”复选框，然后单击“下一步”。

如果未安装“远程桌面服务”角色，应执行下列操作：

a. 在“角色摘要”下，单击“添加角色”。

b. 在添加角色向导的“开始之前”页上，单击“下一步”。

c. 在“选择服务器角色”页上，选中“远程桌面服务”复选框，然后单击“下一步”。

d. 查看“远程桌面服务”页，然后单击“下一步”。

e. 在“选择角色服务”页上，选中“远程桌面会话主机”复选框，然后单击“下一步”。

（3）在“确认安装选择”页上，单击“安装”。

（4）在“安装结果”页上，确认安装已成功，然后单击“关闭”。

2. 将场中的每台远程桌面服务器添加到 Session Directory Computers 本地组

若要使远程桌面服务器能够使用 RD Session Broker，必须将场中每台远程桌面服务器的计算机账户添加到 RD Session Broker 服务器上的 Session Directory Computers 本地组中。本地 Administrators 组中的成员身份是完成此过程所需的最低要求。

将远程桌面服务器添加到 Session Directory Computers 本地组中的步骤如下：

（1）在 RD Session Broker 服务器上，单击“开始”，指向“管理工具”，然后单击“计算机管理”。

（2）在左侧窗格中，展开“本地用户和组”，然后单击“组”。

（3）在右侧窗格中，右键单击 Session Directory Computers 组，然后单击“属性”。

（4）单击“添加”。

（5）在“选择用户、计算机或组”对话框中，单击“对象类型”。

（6）选中“计算机”复选框，然后单击“确定”。

（7）找到并添加每台要添加的远程桌面服务器的计算机账户。

（8）完成操作后，应单击“确定”。

3. 为场中的远程桌面服务器配置 RD 会话 Broker 设置

可以使用组策略或“远程桌面服务配置”工具将远程桌面服务器配置为加入 RD Session Broker 中的场，并参与 RD Session Broker 负载平衡。但是，用户必须使用“远程桌面服务配置”来配置以下设置：

- 用于重新连接的 IP 地址。
- 使用 RD Session Broker 负载平衡时服务器的相对权重。

若要通过组策略指定 RD Session Broker 设置，最好将处于同一个远程桌面服务器场中的远程桌面服务器划分到 Active Directory 域服务（AD DS）中的一个组织单位（OU）。然后，在适用于该 OU 的组策略对象（GPO）中配置 RD Session Broker 设置。

以下过程介绍如何在基于 Windows Server 2008 的域控制器上使用组策略管理控制台（GPMC）配置 RD Session Broker 组策略设置。

若要更改域或 OU 的组策略设置，必须以 Domain Admins、Enterprise Admins 或 Group Policy Creator Owners 组成员的身份登录，或已为用户委派对组策略的相应控制权，以完成此过程。

将 RD 会话 Broker 设置应用于 Active Directory OU 的步骤如下：

（1）若要启动 GPMC，单击“开始”，指向“管理工具”，然后单击“组策略管理”。

（2）在左侧窗格中，找到包含远程桌面服务器的 OU。

（3）若要修改 OU 的某个现有 GPO，应展开 OU，然后单击该 GPO。

若要创建新的 GPO，应执行下列步骤：

①右键单击组织单位，如 example.com，然后在快捷菜单中单击“在这个域中创建 GPO 并在此处链接”，如图 12-21 所示。

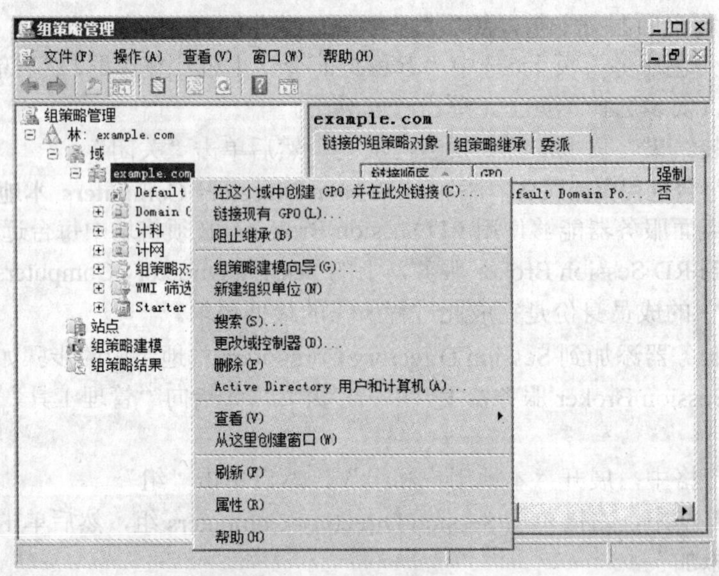

图 12-21 创建新的 GPO

②在“名称”框中，键入 GPO 的名称，然后单击“确定”。

③在左侧窗格中，单击新的 GPO。

（4）在右侧窗格中，单击“设置”选项卡。

（5）右键单击“计算机配置”，然后单击“编辑”。

（6）在左侧窗格中的“计算机配置”下，依次展开“管理模板”、“Windows 组件”、“远程桌面服务”、“远程桌面服务器”，然后单击“RD 会话 Broker”。

（7）在右侧窗格中，双击“加入 RD 会话 Broker”策略设置，单击“已启用”，然后单击“确定”。

（8）双击“配置 RD 会话 Broker 场名称”策略设置，然后执行下列操作：

①单击“已启用”。

②在“RD 会话 Broker 场名称”框中，键入 RD Session Broker 中要加入的场的名称，然后单击“确定”。

（9）双击“配置 RD 会话 Broker 服务器名称”策略设置，然后执行下列操作：

①单击“已启用”。

②在“RD 会话 Broker 服务器名称”框中，键入安装了 RD Session Broker 角色服务的服务器的名称，然后单击“确定”。

（10）双击“使用 RD 会话 Broker 负载平衡”策略设置，单击“已启用”，然后单击“确定”。

（11）如果使用支持令牌重定向的硬件负载平衡器，则双击“使用 IP 地址重定向”并配置设置。

可以使用“远程桌面服务配置”将远程桌面服务器配置为加入 RD Session Broker 中的场，并参与 RD Session Broker 负载平衡。本地 Administrators 组中的成员身份是完成此过程所需的最低要求。使用“远程桌面服务配置”配置“RD 会话 Broker”设置的步骤如下：

（1）打开“远程桌面服务配置”。为此，单击“开始”，依次指向“管理工具”、“远程桌面服务”，然后单击“远程桌面会话主机配置”。

（2）在“编辑设置”区域中的“RD 会话 Broker”下，双击“RD 会话 Broker 中的场的成员”。

（3）在“RD 会话 Broker”选项卡上，单击选中“加入 RD 会话 Broker 中的场”复选框。

（4）在“RD 会话 Broker 服务器名或 IP 地址”框中，键入 RD Session Broker 服务器的名称或 IP 地址。

（5）在“RD 会话 Broker 中的场名称”框中，键入要加入 RD Session Broker 的场的名称。

（6）若要参与 RD Session Broker 负载平衡，应选中“参与会话 Broker 负载平衡”复选框。

（7）可以选择在“场中此服务器的相对权重”框中修改服务器的权重。默认值为 100。服务器权重是相对权重。因此，如果为一台服务器分配值 100，为另一台服务器分配值 200，则相对权重为 200 的服务器将收到两倍数目的会话。

（8）验证是否希望使用 IP 地址重定向。默认情况下，启用“使用 IP 地址重定向（推荐）”设置。如果清除该复选框，服务器将切换到令牌重定向模式。

（9）在“选择将用于重新连接的 IP 地址”框中，通过单击选中每个要使用的 IP 地址旁边的复选框。在选择要使用的 IP 地址时，应考虑下列事项：

- 运行 RDC 5.2 以及更低版本的客户端将只使用第一个选定的 IPv4 地址。
- 如果远程桌面服务器场包含运行 Windows Server 2003 的服务器，则不建议使用 IPv6 地址。

（10）完成操作后，应单击“确定”。

4. 为 RD 会话 Broker 负载平衡配置 DNS

若要为 RD Session Broker 负载平衡配置 DNS 循环，必须将场中每台远程桌面服务器的 IP 地址映射到 DNS 中的远程桌面服务器场名称。

以下过程提供在基于 Windows Server 2008 的域控制器上配置 DNS 的步骤。若要完成此过程，用户必须是 Domain Admins、Enterprise Admins 或 DnsAdmins 组的成员。为服务器场中的每台远程桌面服务器添加 DNS 条目的步骤如下：

（1）单击“开始”，指向“管理工具”，然后单击 DNS。

（2）依次展开服务器名称、“正向查找区域”和域名，然后单击相应的区域，如图 12-22 所示。

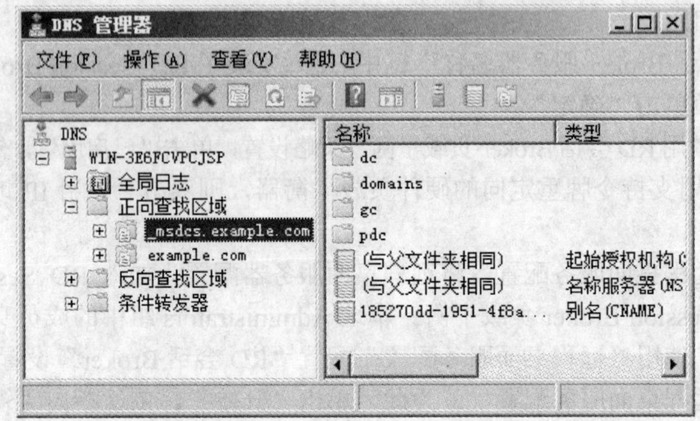

图 12-22　DNS 管理器

（3）右键单击该区域，然后单击“新建主机（A 或 AAAA）”。

（4）在“名称（如果为空则使用其父域名称）”框中，键入远程桌面服务器场名称。

场名称是客户端将用于连接到该远程桌面服务器场的虚拟名称。为了便于管理，建议用户使用与将远程桌面服务器配置为加入 RD Session Broker 中的场时指定的场名称相同的场名称。

（5）在“IP 地址”框中，键入场中某台远程桌面服务器的 IP 地址。

（6）单击“添加主机”，然后当收到已成功创建主机记录的消息时，单击“确定”。

（7）对场中的每台远程桌面服务器重复步骤（4）到步骤（6）。对于每个 DNS 条目，确保在“名称（如果为空则使用其父域名称）”框中指定相同的场名称。例如，如果在名为 FARM1 的场中有三台远程桌面服务器，IP 地址为 192.168.1.20、192.168.1.21 和 192.168.1.22，条目将类似如下所示：

Farm1 Host(A) 192.168.1.20

Farm1 Host(A) 192.168.1.21

Farm1 Host(A) 192.168.1.22

（8）完成操作后，应单击“完成”。

12.9　RD RemoteApp 管理器

利用 RD RemoteApp 管理器，系统管理员可以管理 RemoteApp 程序和进行相关设置。

首先，在准备好承载 RemoteApp 程序的远程桌面服务器之后，可以使用 RD RemoteApp Manager 执行下列操作：

- 将程序添加到 RemoteApp 程序列表
- 配置全局部署设置

而且，在 RD RemoteApp Manager 中，可以更改现有的 RemoteApp 程序，也可以从列表中删除该程序。此外，还可以将“RemoteApp 程序”列表和全局部署设置导出到另一台远程桌面服务器，或从另一台远程桌面服务器导入这些内容。

12.9.1 添加 RemoteApp 程序

若要使 RemoteApp 程序可由用户通过任何分发机制进行访问，必须将该程序添加到“RemoteApp 程序”列表中。默认情况下，添加到列表中的程序将被配置为可以通过 RD Web Access 访问。

将程序添加到 RemoteApp 程序列表的步骤如下：

（1）启动 RD RemoteApp 管理器。为此，单击「开始」，依次指向“管理工具”、“远程桌面服务”，然后单击“RD RemoteApp 管理器”，如图 12-23 所示。

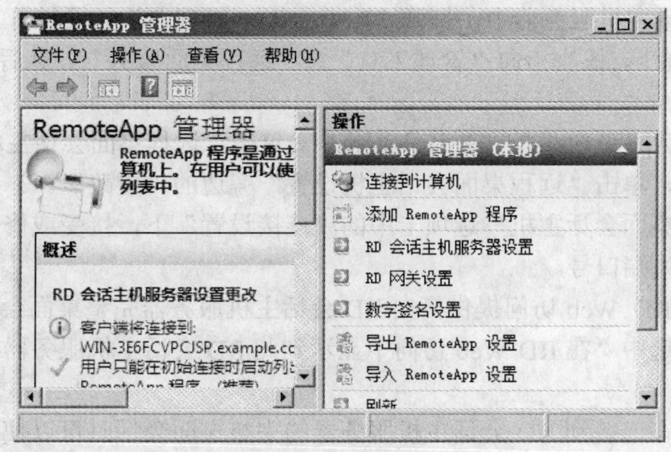

图 12-23 RemoteApp 管理器

（2）在“操作”窗格中，单击“添加 RemoteApp 程序”。

（3）在“欢迎使用 RemoteApp 向导”页上，单击“下一步”。

（4）在“选择要添加到 RemoteApp 程序列表的程序”页上，选中要添加到“RemoteApp 程序”列表中的每个程序旁边的复选框。可以选择多个程序。

若要配置 RemoteApp 程序的属性，应单击该程序名称，然后单击“属性”。

（5）完成了程序属性的配置之后，单击“确定”，然后单击“下一步”。

（6）在“复查设置”页上，复查设置，然后单击“完成”。

所选的程序应出现在“RemoteApp 程序”列表中。

12.9.2 配置部署设置

可以配置应用于“RemoteApp 程序”列表中的所有 RemoteApp 程序的全局部署设置。这些设置将应用于任何可通过 RD Web Access 访问的 RemoteApp 程序。此外，如果通过列出的任何 RemoteApp 程序创建.rdp 文件或 Windows Installer 程序包，这些设置将作为默认设置使用。

这些全局部署设置包括：

- 远程桌面服务器设置
- RD 网关设置
- 常用远程桌面协议（RDP）设置
- 自定义 RDP 设置
- 数字签名设置

本节中从 12.9.2.1 至 12.9.2.1 所述的配置和设置，计划配置的 RD 会话主机服务器上的本地 Administrators 组的成员身份或等效身份是完成该过程所需的最低要求。

12.9.2.1 配置 RD 会话主机服务器设置

若要定义用户将如何连接到 RD 会话主机服务器（或 RD 会话主机服务器场）以访问 RemoteApp 程序，可以配置 RD 会话主机服务器部署设置。

配置 RD 会话主机服务器设置的步骤如下：

（1）在 RD 会话主机服务器中，打开“RemoteApp 管理器”。要打开“RemoteApp 管理器”，请单击「开始」，依次指向“管理工具”、“远程桌面服务”，然后单击“RemoteApp 管理器”。

（2）在 RemoteApp 管理器的“操作”窗格中，单击“远程桌面会话主机设置”。（或者，在“概述”窗格中，单击“远程桌面会话主机设置”旁边的“更改”。）

（3）在“远程桌面会话主机”选项卡中的“连接设置”下，接受或修改服务器名称或远程桌面协议（RDP）端口号。

（4）若要通过 RD Web 访问提供指向 RD 会话主机服务器完整桌面会话的链接，在“远程桌面访问”下，选中“在 RD Web 访问中显示到此 RD 会话主机服务器的远程桌面连接”复选框。

如果希望用户在连接到 RD 会话主机服务器的完整桌面会话时可以使用所有可用的客户端监视器，可在“通用 RDP 设置”选项卡上的“用户体验”下，选中“连接到远程桌面时使用所有客户端监视器”复选框。

（5）在“访问未列出的程序”下，选择下列任一选项：

- 不允许用户在初始连接时启动未列出的程序（推荐）

  为了帮助防止恶意用户的攻击，或帮助防止用户在初始连接时无意中通过.rdp 文件启动程序，建议您选择此设置。

此设置不会阻止用户在使用 RemoteApp 程序连接到 RD 会话主机服务器之后，远程启动未列出的程序。例如，如果 Microsoft Word 在“RemoteApp 程序”列表中，而 Web 浏览器不在该列表中，则当用户启动远程 Word 会话，然后单击 Word 文档中的某个超级链接时，可以启动 Web 浏览器。

- 允许用户在初始连接时启动列出和未列出的程序

如果选择此选项，用户可以在初始连接时通过.rdp 文件远程启动任何程序，而不仅仅是“RemoteApp 程序”列表中的程序。为了帮助防止恶意用户的攻击，或帮助防止用户无意中通过.rdp 文件启动程序，建议您不要选择此设置。

（6）完成后，请单击“确定”。

12.9.2.2 配置远程桌面网关设置

若要定义用户是否将使用远程桌面网关（RD 网关）通过防火墙连接到远程桌面会话主机（RD 会话主机）服务器，可以配置 RD 网关部署设置。

配置 RD 网关设置的步骤如下：

（1）在 RD 会话主机服务器中，打开“RemoteApp 管理器”。要打开“RemoteApp 管理器”，请单击「开始」，依次指向“管理工具”、“远程桌面服务”，然后单击“RemoteApp 管理器”。

（2）在 RemoteApp 管理器的“操作”窗格中，单击“RD 网关设置”。（或者，在“概述”窗格中，单击“RD 网关设置”旁边的“更改”。）

（3）在“RD 网关”选项卡上，配置所需的 RD 网关行为。可以配置自动检测 RD 网关服务器设置，还是使用指定的 RD 网关服务器设置，还是不使用 RD 网关服务器。

如果选择“自动检测 RD 网关服务器设置”，客户端将尝试使用组策略设置确定 RD 网关的客户端连接的行为。

如果选择“使用这些 RD 网关服务器设置”，就执行下列操作：

①配置 RD 网关服务器名称和登录方法。

服务器名称必须与安全套接字层（SSL）证书中为 RD 网关服务器指定的服务器名称匹配。

②如果希望连接尝试使用相同的用户凭据访问 RD 网关服务器和 RD 会话主机服务器，则选中“对 RD 网关和 RD 会话主机服务器使用相同的用户凭据”复选框。但是，如果任何源（例如组策略设置）中存在冲突的凭据，并且这些凭据无法使用，用户仍可能会收到两次提供凭据的提示。如果连接使用默认凭据，并且这些凭据无法使用，用户也可能会收到两次提供凭据的提示。

③如果希望客户端计算机自动检测何时需要 RD 网关，则选中“不对本地地址使用 RD 网关服务器”复选框。（选中此选项可以优化客户端的性能。）

若要对客户端连接始终使用 RD 网关服务器，则清除“不对本地地址使用 RD 网关服务器”复选框。

（4）完成后，请单击“确定”。

12.9.2.3 配置通用 RDP 设置

可以为 RemoteApp 连接指定通用远程桌面协议（RDP）设置，例如设备和资源重定向以及某些用户显示设置。用户通过 RD Web 访问连接到 RemoteApp 程序时，或通过现有的 RemoteApp 程序创建.rdp 文件或 Windows Installer 程序包时，将应用这些设置。

若要配置通用 RDP 设置，执行下列操作：

（1）在 RD 会话主机服务器中，打开“RemoteApp 管理器”。要打开“RemoteApp 管理器”，请单击「开始」，依次指向“管理工具”、“远程桌面服务”，然后单击“RemoteApp 管理器”。

（2）在 RemoteApp 管理器的“概述”窗格中，单击“RDP 设置”旁边的“更改”。

（3）在“设备和资源”下，配置希望使客户端计算机上的哪些设备和资源可以在远程会话中访问。

（4）在“用户体验”下，选择是否启用字体平滑和所需的颜色深度。

还可以选择在连接到远程桌面时是否将使用所有可用的客户端监视器。只有当用户通过 RD Web 访问连接到 RD 会话主机服务器的完整桌面会话时，才应用此设置。到 RemoteApp 程序的连接将始终尝试使用所有可用的客户端监视器。

若要通过 RD Web 访问提供指向 RD 会话主机服务器的完整桌面会话的链接，在“远程桌面会话主机”选项卡上的“远程桌面访问”下，选中“在 RD We 访问中显示到此 RD 会话主机服务器的远程桌面连接”复选框。

（5）完成后，单击“应用”。

若要配置其他 RDP 设置（例如音频重定向），单击“自定义 RDP 设置”选项卡。

（6）若要关闭“RemoteApp 部署设置”对话框，单击“确定”。

如果没有使用数字签名为.rdp 文件签名，或使用客户端无法识别的数字签名（例如私有证书颁发机构颁发的证书）为.rdp 文件签名，客户端可能会覆盖您在 RemoteApp 管理器中指定的某些重定向设置。例如，如果在“通用 RDP 设置”选项卡上启用了所有重定向设置，而用户连接到未签名的.rdp 文件，将无法自动重定向磁盘驱动器以及支持的即插即用设备。只有用户在尝试连接时出现的 RemoteApp 警告对话框中启用了这些重定向设置，才能重定向这些设备和资源。此默认行为有助于减少潜在的安全漏洞。注意，如果在“自定义 RDP 设置”选项卡上启用了串口重定向，将发生相同的行为。

12.9.2.4 配置自定义 RDP 设置

可以为 RemoteApp 连接指定自定义远程桌面协议（RDP）设置，例如音频重定向。用户通过 RD Web 访问连接到 RemoteApp 程序时，或您通过现有的 RemoteApp 程序创建.rdp 文件或 Windows Installer 程序包时，将应用这些设置。

若要指定自定义 RDP 设置，就执行下列操作：

（1）在 RD 会话主机服务器中，打开“RemoteApp 管理器”。要打开“RemoteApp 管理器”，请单击「开始」，依次指向“管理工具”、“远程桌面服务”，然后单击“RemoteApp 管理器”。

（2）在 RemoteApp 管理器的“概述”窗格中，单击“RDP 设置”旁边的“更改”。

（3）在“自定义 RDP 设置”选项卡上，在“自定义 RDP 设置”框中键入或复制要使用的自定义 RDP 设置。

身份验证级别的 RDP 设置默认情况下将被添加到 Windows Server 2008 R2 中的“自定义 RDP 设置”框中。

（4）若要从现有的.rdp 文件中复制设置，在记事本之类的文本编辑器中打开该文件，然后复制所需的设置。

不能覆盖 RemoteApp 管理器的全局部署设置中的可用设置。其中包括 RD 网关服务器设置和通用 RDP 设置等。如果这样做，在单击“应用”时，系统将提示删除这些设置。

（5）若要创建要从其复制设置的.rdp 文件，请执行下列步骤：

①打开远程桌面连接客户端，然后单击“选项”。

②配置所需的设置，例如音频重定向。

③完成后，在“常规”选项卡上，单击“另存为”，然后保存.rdp 文件。

④在记事本中打开该.rdp 文件，然后将所需的设置复制到“自定义 RDP 设置”选项卡上的“自定义 RDP 设置”框中。

（6）完成了所需设置的添加之后，单击“应用”。

（7）如果“自定义 RDP 设置出错”对话框出现，请执行下列操作：

①单击“删除”自动删除无效的设置或无法覆盖的设置，或单击“确定”手动删除设置。

②删除了设置之后，再次单击“应用”。

（8）若要关闭“RemoteApp 部署设置”对话框，单击“确定”。

12.9.2.5 关于为 RemoteApp 程序进行数字签名

可以使用数字签名为用于将 RemoteApp 连接到远程桌面会话主机（RD 会话主机）服务器的.rdp 文件签名。其中包括用于通过 RD Web 访问连接到 RemoteApp 程序和 RD 会话主机服务器桌面的.rdp 文件。

若要使用已进行数字签名的.rdp 文件连接到 RemoteApp 程序，客户端运行的远程桌面客户端（RDC）版本不得低于 6.1。（RDC 6.1 客户端支持远程桌面协议 6.1）

如果使用数字证书，连接文件上的加密签名将提供有关您作为其发布者的身份的可验证信息。这样，客户端可以将您的组织识别为 RemoteApp 程序或远程桌面连接的源，使客户端可以对是否启动连接做出更合理的信任决定。这样可以防止使用恶意用户已篡改的.rdp 文件。

可以使用服务器身份验证证书 [安全套接字层（SSL）证书]、代码签名证书或特别定义的远程桌面协议（RDP）签名证书，为用于 RemoteApp 连接的.rdp 文件签名。可以从公用证书颁发机构（CA）或您的公钥基础结构层次结构中的某个企业 CA 获取 SSL 证书和代码签名证书。若要使用 RDP 签名证书，必须先将您的企业中的某个 CA 配置为颁发 RDP 签名证书。

如果已在对 RD 会话主机服务器连接或 RD 网关连接使用 SSL 证书，可以使用同一个证书为.rdp 文件签名。但是，如果用户将从公用计算机或家用计算机连接到 RemoteApp 程序，则必须使用下列任一证书：

- 参与 Microsoft 根证书程序成员计划的公用 CA 颁发的证书（http://go.microsoft.com/fwlink/?LinkID=59547）。
- 如果使用的是企业 CA，必须由参与 Microsoft 根证书程序成员计划的公用 CA 为企业 CA 颁发的证书共同签名。

1. 配置要使用的数字证书

若要配置要使用的数字证书，就执行下列操作：

（1）在 RD 会话主机服务器中，打开“RemoteApp 管理器”。要打开“RemoteApp 管理器”，请单击「开始」，依次指向“管理工具”、“远程桌面服务”，然后单击“RemoteApp 管理器”。

（2）在 RemoteApp 管理器的“操作”窗格中，单击“数字签名设置”。（或者，在“概述”窗格中，单击“数字签名设置”旁边的“更改”。）

（3）选中“使用数字证书签名”复选框。

（4）在“数字证书详细信息”框中，单击“更改”。

（5）在“选择证书”对话框中，选择要使用的证书，然后单击“确定”。

“选择证书”对话框由本地计算机的证书存储区或您的个人证书存储区中的证书填充。要使用的证书必须位于这两个存储区的任一存储区中。

2. 使用组策略设置控制打开已进行数字签名的.rdp 文件时的行为

可以使用组策略配置客户端，使其始终将来自特定发布者的 RemoteApp 程序识别为可信程序。还可以配置客户端是否将阻止来自外部源或未知源的 RemoteApp 程序和远程桌面连接。通过使用这些策略设置，可以减少用户需要做的安全决策，并降低安全决策的复杂程度。这样，可以降低用户的意外操作导致产生安全漏洞的几率。

相关的组策略设置有：

- 指定代表可信.rdp 发行者的证书的 SHA1 指纹
- 允许来自有效发行者的.rdp 文件以及用户的默认.rdp 设置
- 允许来自未知发行者的.rdp 文件

这些组策略设置位于“计算机配置\策略\管理模板\Windows 组件\远程桌面服务\远程桌面连接客户端”和“用户配置\策略\管理模板\Windows 组件\远程桌面服务\远程桌面连接客户端”中。

这些组策略设置可以使用本地组策略编辑器或组策略管理控制台（GPMC）进行配置。

12.9.3 更改或删除 RemoteApp 程序

将程序添加到“RemoteApp 程序”列表后，可以更改所有 RemoteApp 程序的部署设置，更改单个 RemoteApp 程序的属性，或将 RemoteApp 程序从列表中删除。

若要更改所有 RemoteApp 程序的部署设置，在 RD RemoteApp Manager 的“操作”窗格中，单击“远程桌面服务器设置”、“RD 网关设置”或“数字签名设置”。（或者在“概述”窗格中单击某个“更改”选项。还可以在“概述”窗格中更改自定义 RDP 设置。）

若要更改单个 RemoteApp 程序的属性，在“RemoteApp 程序”列表中单击该程序，然后在该程序的“操作”窗格中，单击“属性”。

若要更改是否可以通过 RD Web Access 访问 RemoteApp 程序，应单击该程序，然后在“操作”窗格中单击“在 RD Web 访问中显示”或“在 RD Web 访问中隐藏”。

若要删除“RemoteApp 程序”列表中的某个程序，单击该 RemoteApp 程序，然后在该程序的“操作”窗格中，单击“删除”。单击“是”确认删除操作。

12.9.4 导出或导入 RemoteApp 程序和设置

可以将“RemoteApp 程序”列表和部署设置从一台远程桌面服务器复制到另一台远程桌面服务器。如果希望对多台远程桌面服务器进行相同的配置以托管 RemoteApp 程序（例如在远程桌面服务器场中），可能需要这样做。

导出 RemoteApp 程序列表和部署设置的步骤如下：

（1）启动 RD RemoteApp Manager。

（2）在“操作”窗格中，单击“导出 RemoteApp 设置”。

选择下列任一选项：

- 将 RemoteApp 程序列表和设置导出到其他远程桌面服务器

如果选择此选项，应在“远程桌面服务器名称”框中输入要从中导出设置的远程桌面服务器的名称，然后单击“确定”。（为了成功地完成导出操作，源远程桌面服务器必须可以通过 Windows Management Instrumentation（WMI）访问目标远程桌面服务器。）

- 将 RemoteApp 程序列表和设置导出到文件

如果选择此选项，则单击“确定”。在“另存为”对话框中，指定保存.RDpub 文件的位置，然后单击“保存”。

导入 RemoteApp 程序列表和部署设置的步骤如下：

（1）启动 RD RemoteApp Manager。

（2）在“导入 RemoteApp 设置”窗口中，选择其中一个导入 RemoteApp 设置，如图 12-24 所示。

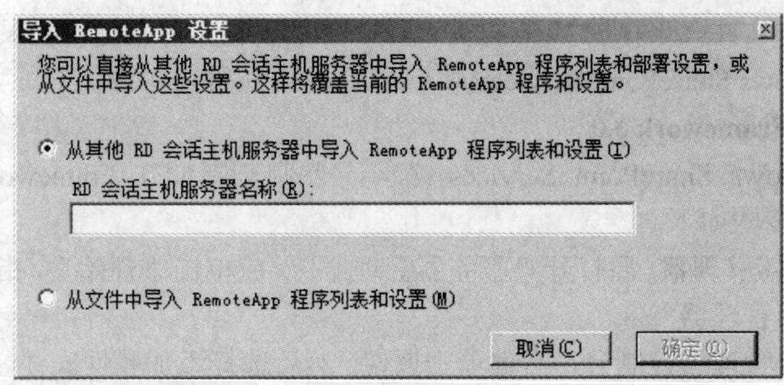

图 12-24 导入 RemoteApp 设置

（3）选择下列任一选项：

• 从其他 RD 会话主机服务器中导入 RemoteApp 程序列表和设置

如果选择此选项，应在“远程桌面服务器名称”框中输入要从中导入设置的远程桌面服务器的名称，然后单击“确定”。此设置将直接导入 RD RemoteApp Manager 中。（为了成功地完成导入操作，源远程桌面服务器必须可以通过 WMI 访问目标远程桌面服务器。）

• 从文件中导入 RemoteApp 程序列表和设置如果选择此选项，则单击“确定”。在“打开”对话框中，找到并单击要导入的.RDpub 文件，然后单击“打开”。

如果导入配置，并且目标远程桌面服务器上未安装“RemoteApp 程序”列表中的某个程序或该程序安装在其他文件夹中，该程序将出现在“RemoteApp 程序”列表中。但是，该名称将显示为带有删除线的文本。

12.10 使用 Windows SharePoint Services 自定义 RD Web Access

Remote Desktop Web Access (RD Web Access) 是远程桌面服务角色中的一项角色服务，用于使 Remote Desktop RemoteApp (RD RemoteApp) 程序以及到远程桌面服务器桌面的连接可由用户通过 Web 浏览器进行访问。此外，RD Web Access 还使用户能够通过 Web 浏览器连接到具有相应访问权限的任何服务器或客户端计算机的远程桌面。通过 RD Web Access，用户可以通过访问网站（从 Internet 或 Intranet）访问可用 RemoteApp 程序的列表。通过添加多个 RD Web Access Web 组件，客户能自定义一个 Windows SharePoint Services 站点。

使用这项角色服务，必须先安装。然而在安装 Windows SharePoint Services 之前，应确认服务器满足下面的条件：

• 服务器要运行在下面这些版本的系统中：Windows Server 2008 Standard，Windows Server 2008 Enterprise，Windows Server 2008 Datacenter or Windows Web Server 2008。

• 服务器必须已经安装了 RD Web Access 角色服务。

通过 RD Web Access，要使用 Windows SharePoint Services 提供的对远程桌面服务器的访问，必须在 RD Web Access 服务器上完成下面的操作：

（1）安装.NET Framework 3.0

（2）安装 Windows SharePoint Services 3.0 with Service Pack 1

（3）注册 Web 组件和命名空间

（4）创建一个文件夹来存放 Web 组件镜像，并且设置文件夹许可权限。

（5）向 Windows SharePoint Services 站点添加 Web 组件

1. 安装.NET Framework 3.0

在安装 Windows SharePoint Services 之前，必须安装.NET Framework 3.0，安装.NET Framework 3.0 的步骤如下：

（1）打开服务器管理器。要打开“服务器管理器”，应单击“开始”，指向“管理工具”，然后单击“服务器管理器”。

（2）在服务器管理器控制台，右键单击属性，然后选择添加属性。

（3）在选择属性页面，展开.NET Framework 3.0 属性。

（4）选择.Net Framework 3.0 复选框，然后单击下一步。

（5）点击安装。

（6）在安装结束页面，显示安装成功，然后单击关闭。

（7）关闭服务器管理器.

2. 安装 Windows SharePoint Services 3.0 with SP1

在装有 Windows Server 2008 系统的计算机上安装 Windows SharePoint Services，它的版本必须是 Windows SharePoint Services 3.0 with Service Pack 1 (SP1)。不带有 SP1 的是不能被安装的。安装 Windows SharePoint Services 3.0 with SP1 的步骤如下：

（1）下载 Windows SharePoint Services 3.0 with SP1。这也依赖于操作系统的版本：

- Windows SharePoint Services 3.0 with SP1, 32 位
- Windows SharePoint Services 3.0 with SP1, 64 位

（2）在下载中心页面，点击下载。

（3）在文件下载警告对话框中，点击运行启动安装，或者点击保存以后安装。

（4）在 IE 浏览器警告对话框中，点击运行继续安装。

（5）在微软许可协议页面，阅读相关同意条款，如果接受选择接受条款复选框，然后点击继续按钮。

（6）在选择安装类型页面，选择基本类型，安装到默认位置。（若要安装到其他位置，点击高级选项，指定安装位置，然后点击现在安装。）

（7）当安装结束时，将会有对话框提示用户完成服务器配置。确认选择运行 SharePoint 产品和技术配置向导。

（8）在欢迎 SharePoint 产品和技术页面，点击下一步。

（9）当看见重新启动的提示时，点击是继续。

（10）在配置成功页面，点击结束。

（11）当被提示输入证书访问 Windows SharePoint Services 站点时，点击取消按钮，然后关闭 IE 浏览器。

3. 注册 Web 组件和命名空间

出于安全因素，Windows SharePoint Services 要求在服务器的 Web.config 文件中注册 Web 组件和命名空间。下面的过程将说明如何进行注册，这个站点使用默认端口 80，注册步骤如下：

（1）打开命令运行。点击开始，选择命令运行项。

（2）在用户账户对话框中，点击继续。

（3）在命令运行窗口，输入如下命令（选择 C:\ ，安装 Internet Information Services 所在的分区），然后点击回车:

C:\inetpub\wwwroot\wss\VirtualDirectories\80\web.config

（4）在 Web.config 文件中找到**<SafeControls>**部分，添加下面几行代码：

```
<SafeControl Assembly="RDPortalWebPart, Version=6.0.0.0, Culture=neutral,
PublicKeyToken=31bf3856ad364e35"
Namespace="Microsoft.TerminalServices.Publishing.Portal"
TypeName="*" Safe="True" AllowRemoteDesigner="True" />
```

（5）选择文件菜单，点击保存，然后关闭这个文件。

4. 创建文件夹保存 Web 组件镜像文件

客户必须创建一个文件夹保存 RD Web Access Web 组件镜像。而且，还必须确保网络服务账户对这个镜像文件夹有完全控制权限。创建文件夹并分配权限给网络服务账户的步骤如下：

（1）从命令运行窗口运行下面的每条命令，然后点击回车

①创建所需的文件夹路径，应运行下面的命令：

```
mkdir "C:\Program Files\Common Files\Microsoft Shared\Web Server
Extensions\wpresources\ RDPortalWebPart\6.0.0.0__31bf3856ad364e35\images"
```

②改变目录到 6.0.0.0__31bf3856ad364e35 文件夹，应运行下面的指令：

```
cd "C:\Program Files\Common Files\Microsoft Shared\Web Server
Extensions\wpresources\ RDPortalWebPart\6.0.0.0__31bf3856ad364e35"
```

③为镜像文件夹分配网络服务账户的权限是完全控制权限。应运行下面的命令：

```
icacls images /grant NetworkService:F
```

这个命令的输出应当表明这个文件被成功地创建了。

（2）关闭命令运行窗口。

5. 向 Windows SharePoint Services 站点添加 Web 组件

要向 Windows SharePoint Services 站点添加 Web 组件，必须首先向 Web Part Gallery 添加 Web 组件。然后才能添加并配置 Web 组件指向一个特定的远程桌面服务器。如果有多个远程桌面服务器，可以向这个页面添加多个 Web 组件，而且每个都指向一个不同的远程桌面服务器。

在下面这个过程里中，将使用这个默认的 Windows SharePoint Services 站点作为一个例子。具体操作步骤如下：

（1）在 IE 浏览器，按下面的位置打开默认的 Windows SharePoint Services 站点：

http://localhost/

（2）当提示输入账户证书登录到这个站点时，点击“OK”。

（3）如果页面提示内容被 IE 封锁，应执行下面操作。

如果有添加按钮，执行下面步骤：

①点击添加按钮，添加这个站点到可信站点区域。

②在可信站点对话框，再次点击添加，然后点击关闭。

如果没有添加按钮，应执行下面操作：

①点击关闭。

②在 IE 工具菜单中，点击 Internet 选项。

③选择安全选项。

④选择一个区域来查看或更改安全设置，单击本地 Intranet 区域或区域受信任的站点，根据用户的配置，然后单击站点。

⑤点击添加，把这个站点添加到这个区域，然后关闭。

⑥点击确定关闭 Internet 选项对话框。

（4）向 Web Part Gallery 添加 RD Web Access Web 组件，应执行下面的步骤：

①在右上角，点击网站操作选项卡，然后单击网站设置。

②在 Galleries，点击 Web 组件。

③在 Web Part Gallery，点击新建。

④在 Web 组件列表中，选择 Microsoft.TerminalServices.Publishing.Portal.RDPortal WebPart 的复选框。

⑤在页面顶部，点击 Populate Gallery. RDPortalWebPart.webpar 应当显示在 Web Part Gallery 的列表中。

（5）点击 Home 选项。

（6）向这个页面添加 RD Web Access Web 组件，执行下面的步骤：

①点击 Site Actions 选项，然后点击 Edit Page.

②Choose the location where you want to add the Web Part, and then click Add a Web Part.选择要添加 Web 组件的位置，然后点击添加组件。

③在添加 Web ParRD--Webpage Dialog 对话框中，在所有 Web 组件里选择 RDPortalWebPart，然后点击添加。RDPortalWebPart Web 组件将显示在这个页面。

（7）要配置 Web 组件，在其右上角点击编辑，然后点击修改共享 Web 组件。

（8）结束配置组件点击确定。

（9）结束编辑站点，在右上角点击退出编辑模式。

（10）要添加其他的用户访问这个站点，点击 Site Actions 选项，然后点击站点设置。用户可以设置一个或多个其他使用者及其权限。

12.11 远程桌面

远程桌面连接组件是从 Windows 2000 Server 开始由微软公司提供的，在 Windows 2000 Server 中他不是默认安装的。该组件一经推出受到了很多用户的拥护和喜好，所以在 Windows XP 和 2003 中微软公司将该组件的启用方法进行了改革，我们通过简单的勾选就可以完成在 XP 和 2003 下远程桌面连接功能的开启。

当某台计算机开启了远程桌面连接功能后我们就可以在网络的另一端控制这台计算机了，通过远程桌面功能我们可以实时的操作这台计算机，在上面安装软件，运行程序，所有的一切都好像是直接在该计算机上操作一样。这就是远程桌面的最大功能，通过该功能网络管理员可以在家中安全的控制单位的服务器，而且由于该功能是系统内置的所以比其他第三方远程控制工具使用更方便更灵活。下面介绍在远程桌面中常用的一些操作。

1. 启动远程桌面

启动远程桌面的方法如下：从“开始”菜单打开远程桌面，单击“开始”，依次指向“管理工具”、“远程桌面服务”，然后单击“远程桌面”。

2. 添加新连接

只有添加了与计算机的连接，才能在远程桌面管理单元中远程连接到该计算机。可以使用任何用户账户完成此过程。具体操作步骤如下：

（1）启动远程桌面管理单元。为此，单击“开始”，依次指向“管理工具”、“远程桌面服务”，然后单击“远程桌面”。

（2）在控制台树中，右键单击“远程桌面”，然后单击“添加新连接”，如图 12-25 所示。

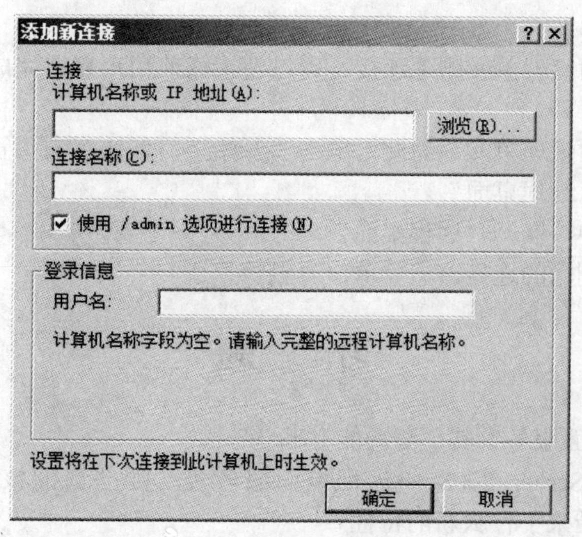

图 12-25　添加新连接

（3）在“连接”下执行下列操作：

①在“计算机名称或 IP 地址”框中，键入要连接的计算机的名称或 IP 地址。如果要搜索计算机，应依次单击“浏览”、计算机名称和“确定”。

②在“连接名”框中，为此连接键入一个友好名称。默认情况下，连接名与在“计算机名称或 IP 地址”框中键入的名称相同。

③默认情况下，“使用/admin 选项进行连接”复选框处于选中状态。如果使用/admin 选项连接到会话，至少要具有远程计算机上的本地管理员组成员身份。

如果不希望使用/admin 选项连接到会话，应清除“使用/admin 选项进行连接”复选框。

（4）在“登录信息”下执行下列操作：

①在“用户名”框中，键入登录时要使用的账户的用户名。如果将“用户名”框保留为空，则可以在连接时输入操作者的用户名。

②如果希望保存凭据，以便可以自动登录到远程计算机，则选中“允许我保存凭据”复选框。如果选中此复选框，则下一次使用远程桌面管理单元登录该远程计算机时将保存操作者的凭据。

（5）完成后，应单击“确定”。

3. 启动会话

可以使用远程桌面管理单元启动新会话或连接到现有会话。要完成此过程，至少要具有远程计算机上的本地“远程桌面用户”组成员身份。如果使用/admin 选项连接到会话，则要完成此过程，至少要具有远程计算机上的本地管理员组成员身份。启动会话的步骤如下：

（1）打开远程桌面管理单元。为此，单击“开始”，依次指向“管理工具”、“远程桌面服务”，然后单击“远程桌面”。

（2）在控制台树中，展开“远程桌面”。

（3）在“远程桌面”下，单击要连接到的计算机的名称。如果在数秒后未开始连接，则右键单击该计算机名称，然后单击“连接”。

（4）如果提示输入凭据，则输入操作者的登录凭据，然后单击“确定”。

4. 删除连接

可以使用远程桌面管理单元删除连接。可以使用任何用户账户完成此过程。删除连接的步骤如下：

（1）打开远程桌面管理单元。为此，单击“开始”，依次指向“管理工具”、“远程桌面服务”，然后单击“远程桌面”。

（2）在控制台树中，展开“远程桌面”。

（3）右键单击要删除的连接，然后单击“删除”。

习　题

1．什么是远程桌面服务？其主要功能有哪些？

2．在 Windows Server 2008 中远程桌面服务包含哪些新的核心功能？这些功能给 Windows server 2008 带来了什么新的特性？

3．如何添加远程桌面服务中的角色服务？例如授权服务，远程桌面服务等。

4． RD 授权管理器有什么作用？如何进行安装，请简要说明。

5．为 RD 网关核心方案配置 RD 网关服务器需要哪些步骤？

6．远程桌面服务器在远程桌面服务中处于何种地位，主要作用表现在哪里？

7．如何实现 RD 会话主机负载平衡，其主要原理是什么？

8. 利用 RD RemoteApp 管理器，系统管理员如何管理 RemoteApp 程序和进行相关设置？

9．如何实现 RemoteApp 程序和设置的导入或导出操作？

10．远程桌面有什么功能？给系统管理员的维护工作带来了什么变化？

第13章 Web 服 务

无论在互联网、企业的内联网还是在外联网上，Web 服务器都可以帮助网络管理员建立起良好的用户分享信息的平台。对一个企业来说，建立功能完备的 Web 服务器更有必要，在及时发布信息的同时，还有利于促进企业的办公自动化水平，提高企业的管理效率。在 Windows 操作系统中，搭建 Web 服务器最简单的方法就是使用集成在 Windows 系统中的 IIS（Internet Information Services，互联网信息服务）服务来实现。在 Windows Server 2008 中，新增的 IIS 7.0 功能更加强大，且具有更好的安全性和稳定性。因此，使用 Windows Server 2008 中的 IIS 7.0 建立 Web 服务器是目前用户的理想选择。

13.1 Web 服务的安装和配置

13.1.1 Windows Server 2008 中的 Web 服务

IIS 集成在 Windows 系统中，可以帮助用户发布网页，如果配合一些语言或者脚本语言如 ASP（Active Server Pages）、Java、VBscript 等产生页面，可以实现很多扩展功能，比如生成有编辑环境界面的页面、有全文检索功能的目录服务器或者是多媒体功能的网络媒体等。用户也可以通过 IIS 去建立不同类型的服务器来提供不同类型的网络服务，比如 Web 服务器、FTP 服务器、NNTP 服务器和 SMTP 服务器，分别用于网页浏览、文件传输、新闻服务和邮件发送等方面，它使得在网络（包括互联网和局域网）上发布信息变得非常简单。Windows Server 2008 中发布了 IIS 7.0，这是一个综合性的统一的平台，还集成了 ASP.NET、WCF（即：Windows 通信基础）和 WSS（即：Windows 共享点服务）等，功能更为强大。

WCF（Windows Communication Foundation，Windows 通信基础）包含了应用程序之间通信的标准协议，在基于 Windows Server 2008 的网络环境中有很多的应用。例如，现在的 Web Services 提供了安全、分布式事务同步以及可靠的通信功能，这些特性也体现在应用的工具和技术中。WCF 提供了一种可管理的途径来进行分布式计算，广泛的协同处理和对以服务为向导的直接支持，采用以服务为向导的编程模型大大简化了应用程序开发，可以支持各种类型的分布式应用程序，同时对安全、可靠的数据交换、多种方式的传输选择和各种编码设置都提供了便利的支持，此外它还提供了针对现存.net 分布式系统技术（如：MSMQ，COM+，ASP.NET Web Services 和 Web Services 增强型以及其他的一些功能）的整合性和交互性。

WSS（Windows SharePoint Services，即 Windows 共享点服务）是一个帮助用户实现信息共享和文档协作的工具，简单地说就是一个功能丰富的办公室自动化平台，可以实现网上办公，如发通知、报告、工作流程等。建立在 WSS 基础之上的站点被称作 SharePoint 站点，SharePoint 站点提供了丰富的列表样式，灵活的文件存储，并允许用户对列表字段进行扩展，而且权限分配也很方便，使得用户能在文档、任务、联系人、事件以及其他信息上开展协作。这些站点将文件存储带入到了一个新的水平，为团队协作提供了一个活动空间，它使基于文档、任务和活动的协作成为可能，并且使得共享联系人和其他信息的过程变得更为轻松。

13.1.2 IIS 7.0 概述

IIS 7.0 通过提供一些服务来支持可以在其上运行网站和应用程序的安全、可用且可伸缩的 Web 服务器，从而帮助个人用户和企业组织满足业务需求，与较早的 IIS 服务相比，IIS 7.0 的功能有了本质性的提高，主要表现在下面几个方面：

（1）完全模块化

较早的 IIS 不能很好地支持 Apache Web server 软件，主要表现在对 Apache Web server 软件既能配置只能显示静态的 HTML，又可以动态地加载不同的模块以允许不同类型的服务内容的定制功能提供相应的支持。造成的问题不是由于过多用户并未使用的特性对于代码性能方面的影响，就是默认的接口过多所造成的安全隐患。

IIS 7.0 在核心层被分割成了 40 多个不同功能的模块。一些常用的功能，如验证、缓存、静态页面处理和目录列表等全部都被模块化，使得管理员在建立 Web 服务器时可以完全按照自己的需要来安装相应的功能模块。把那些可能存在安全隐患的或者多余的模块选择不加载到内存中去，减小了程序的受攻击面，提高安全性的同时也确保了性能。

（2）可以通过文本文件进行配置

在 Windows Server 2008 中,管理工具不再使用单一的 metabase 配置储存，而是使用了和 ASP.NET 支持的同样的 web.config 文件模型来配置 IIS 7.0,这种方式允许用户把配置和 Web 应用的内容一起存储和部署，无论有多少站点，用户都可以通过 web.config 文件直接配置。当公司需要挂接大量的网站时，管理员只需要拷贝之前做好的任意一个站点的 web.config 文件，然后把设置和 Web 应用一起传送到远程服务器上就可以完成，没有必要通过写管理脚本来定制配置，大大缩短了配置的时间，提高了效率。

（3）增强的安全特性

IIS 7.0 在 Windows Server 2008 中加入了更多的安全方面的设计，用户可以通过微软的.Net 语言来运行服务器端的应用程序而不需要发送到 Internet Server API 扩展上，减少了风险。除此之外， IIS 7.0 完全模块化的特性可以减少代码在系统中的运行次数，使得服务器端遭受黑客脚本攻击的可能性降至最低。

（4）功能强大的管理工具

IIS 7.0 中提供了几种配置 IIS 的工具，这些工具包括：名为 Appcmd.exe 的新命令行工具、包含 ApplicationHost.config 和 Web.config 文件的新 IIS 配置存储区和新的 WMI（Windows Management Instrumentation，即：Windows 管理规范）命名空间、名为 IIS Manager 的经过重新设计的用户管理界面，其中用户管理界面比起以前的版本更为友好和强大，它的管理工具是用.NET 和 Windows Form 写成，可以扩展，用户可以添加自己的用户界面模块到管理工具里面，为自己的 HTTP 的运行时的模块和配置设置提供管理支持。

（5）其他主要特性

IIS 7.0 拥有统一标准的 HTTP 管道，用来对应本地管理的应用程序；用户可以对经典的 ASP 网页使用基于窗体的认证系统；用户可以建立自己的 IHttpModule 以及 IHttpHandlers，

并且把它们插入到统一的管道；全新分布式的 XML 设置系统，它可以利用 ASP.NET 的设置系统的优点；改善的诊断和问题解答机制，提供了包括新 Runtime 状态以及跟踪功能。

13.1.2.1 Internet 信息服务（IIS）管理器

本节主要介绍了功能强大的 IIS 管理工具，包括有 IIS 管理器的结构以及在 IIS 管理器中可以进行的主要操作等。Internet 信息服务（IIS）管理器的界面是一个全新的用户界面，它具有下列功能：

- 通过一种工具来管理 IIS 和 ASP.NET。
- 查看运行状况和诊断信息，包括查看当前运行实时请求的能力。
- 为站点和应用程序配置用户和角色授权。
- 将站点和应用程序配置工作委派给非管理员。
- 使用 HTTP 从远程连接至 Web 服务器、站点或应用程序。

此外，用户还可以采取类似 MMC 的使用方法去扩展这个用户界面以包含自定义功能。

1. Internet 信息服务（IIS）管理器的结构

IIS Manager 包含一个可用于在用户界面中导航的工具栏，由下列三大窗格组成：“连接”窗格、“工作区”窗格和“操作”窗格，如图 13-1 所示。

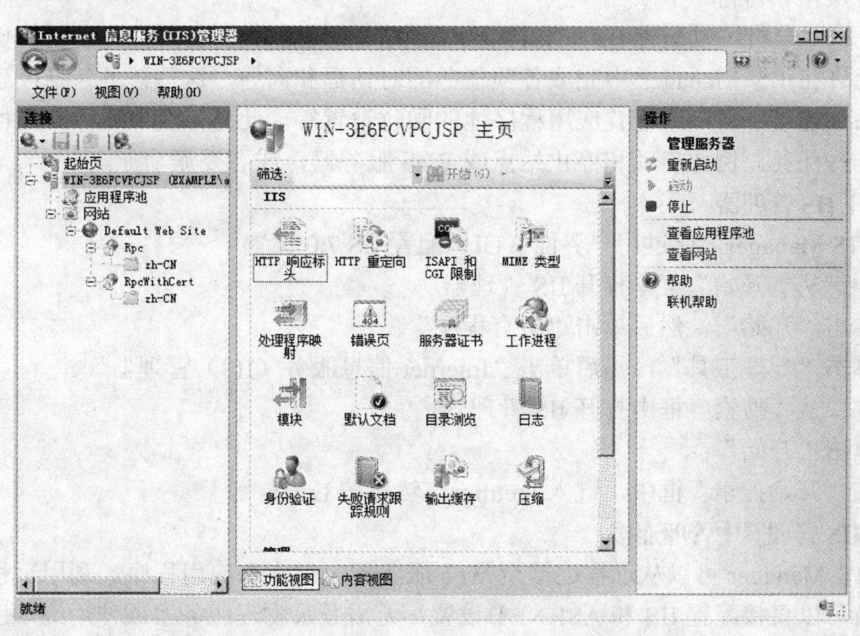

图 13-1 Internet 信息服务（IIS）管理器界面

分别对三个窗格的功能介绍如下：

（1）“连接”窗格

IIS 7.0 提供了“连接”窗格和工具栏，可用于连接至 Web 服务器、站点和应用程序。“连接”窗格呈树状结构，用户在这个界面中选择连接至 Web 服务器、站点或应用程序时，树中将加载该连接及父连接的所有子级。例如，如果已连接至某个站点，树中将显示该站点连接以及该站点中的应用程序。

“连接”工具栏包含下列可用于与树进行交互的按钮：

- “新建连接”：启动连接向导，以连接至 Web 服务器、站点或应用程序。
- “保存当前连接”：保存树中当前连接列表的连接信息。
- “向上”：在层次结构中上移一个级别。
- “删除连接”：删除树中选定的连接。当位于连接节点之外的节点（例如物理文件夹）上时，单击此按钮将从列表中删除父连接。

（2）“工作区”窗格

工作区是介于“连接”窗格和“操作”窗格之间的区域，有两种视图：“功能视图”和“内容视图”。

选择“功能视图”时，用户可以配置站点或应用程序等对象的功能，用户在树中选择一个站点并双击该站点主页上的“模块”功能时，就可以配置该站点的模块。

选择“内容视图”时，用户可以查看树中所选对象的实际内容。当用户在树中选择一个站点时，工作区将显示该站点的内容，例如它的物理目录、虚拟目录和文件。在列表中选择对象（例如文件）后，单击“操作”窗格中的“切换到功能视图”或右键单击该菜单，即可配置该对象的功能。如果用户处于“内容视图”中时，还可以在“操作”窗格中查看内容的 Windows 属性。

（3）“操作”窗格

使用“操作”窗格可以配置 IIS、ASP.NET 和 IIS Manager 设置。例如，使用“操作”窗格可以打开允许在 IIS Manager 中完成各项任务的对话框和向导，这些任务包括创建站点、为应用程序添加连接字符串或配置应用程序池的回收设置等。此外，在“操作”窗格中还可以完成其他一些任务，例如启动和停止站点或 Web 服务器，或者委派功能。

2. 打开 IIS 管理器

打开 IIS Manager，通过用户界面（UI）配置 IIS 7.0 设置。

方法一：从“开始”菜单打开 IIS 管理器

（1）单击“开始”，然后单击“所有程序”；

（2）单击“管理工具”，然后单击“Internet 信息服务（IIS）管理器”。

方法二：从“搜索”框中打开 IIS 管理器

（1）单击“开始”；

（2）在“开始搜索”框中，键入 inetmgr，然后按 Enter。

3. 在 IIS 管理器中管理连接

使用 IIS Manager 可以从远程连接至 Web 服务器、站点和应用程序。利用远程连接，服务器管理员可以直接配置 IIS 和 ASP.NET 设置，无需登录物理服务器或使用终端服务器。通过使用 IIS 7.0 中的委派功能，服务器管理员可以向站点或应用程序委派特定的功能。随后，经过授权的用户可以连接至该站点或应用程序，并配置委派给该站点或应用程序的功能。

（1）使用 IIS 管理器连接至 Web 服务器

通过使用 IIS Manager，可以从远程连接至 Web 服务器来配置 IIS 设置。如果无法直接登录 Web 服务器或者未将服务器配置为使用终端服务器进行远程管理，则建立远程连接会十分有用。需要指出的是：只有 Web 服务器上的 Web 服务器管理员才能使用 IIS Manager 从远程连接至服务器。此外，服务器管理员还必须启用远程连接，并指定是只接受 Windows 凭据，还是同时接受 Windows 和 IIS Manager 用户凭据。

操作的具体步骤如下：

① 打开 IIS Manager。

② 在“连接”窗格的工具栏中，展开“起始页”。

③ 单击“连接至服务器”以打开“连接至服务器向导”。如图 13-2 所示。

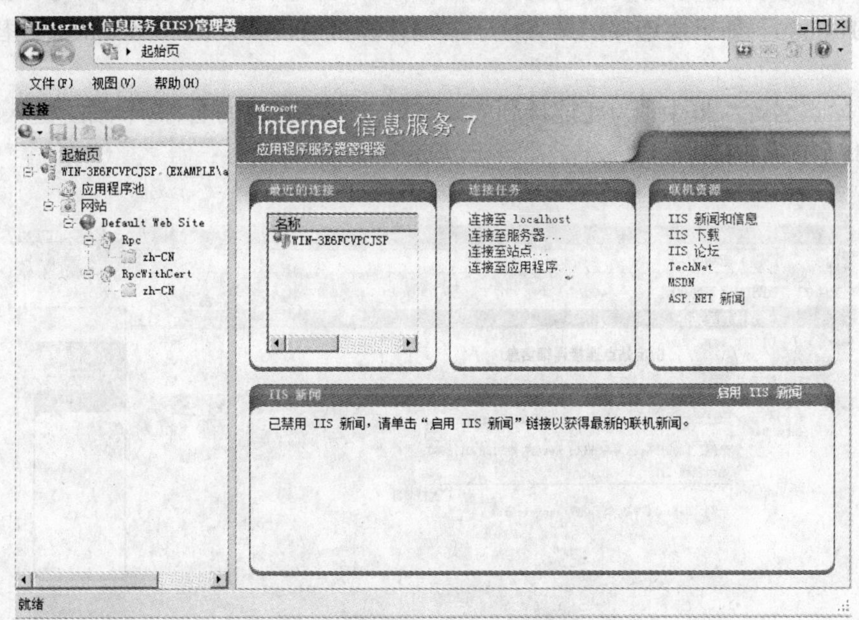

图 13-2 在“起始页”中连接

④ 在“指定服务器连接详细信息”页的“服务器名称”框中，键入要连接到的服务器的名称。如果必须指定要用于连接的端口号，要在服务器名称后添加一个冒号，然后再键入该端口号。例如，键入 WESTSRV01:8080。如果要连接至本地计算机，要键入 localhost 代替服务器名称。

⑤单击“下一步”。如果无法使用当前已登录用户的凭据连接至服务器，需在“提供凭据”页的“用户名”和“密码”框中，分别键入用户名和密码。

⑥ 单击“下一步”。

⑦ 在“指定连接名称”页的“连接名称”框中，为连接键入一个好记的名称，然后单击“完成”。此名称就是建立连接后显示在树中的名称。

（2）使用 IIS 管理器连接到站点

通过 IIS Manager，可以远程连接至站点来配置 IIS 设置。如果用户是希望通过 UI 配置站点的 IIS Manager 用户或 Windows 用户，则建立远程连接将十分有用。此外，如果用户是希望将站点更改保存在该站点的 Web.config 文件（而不是服务器级配置文件 ApplicationHost.config 和根 Web.config）中的服务器管理员，则建立远程连接也会十分便利。

若要以 IIS Manager 用户或 Windows 用户的身份登录站点，用户必须由服务器管理员授予适当的权限并提供登录信息。此外，服务器管理员还必须启用远程连接，并指定是只接受 Windows 凭据，还是同时接受 Windows 和 IIS Manager 用户凭据。操作的具体步骤如下：

① 打开 IIS Manager。

② 在“连接”窗格的工具栏中，展开“起始页”。

③ 单击“连接至站点”以打开“连接至站点”向导。

④ 在“指定站点连接详细信息”页上，执行下列操作：

• 在“服务器名称”框中，键入要连接到的站点所在的服务器的名称。如果必须指定要用于连接的端口号，需要在服务器名称后添加一个冒号，然后再键入该端口号。例如，键入 WESTSRV01:8080。如果要连接的站点位于本地计算机上，必须键入 localhost 代替服务器名称。

• 在“站点名称”框中，为要连接到的站点键入一个好记的名称。例如，键入默认网站。参见图 13-3 所示。

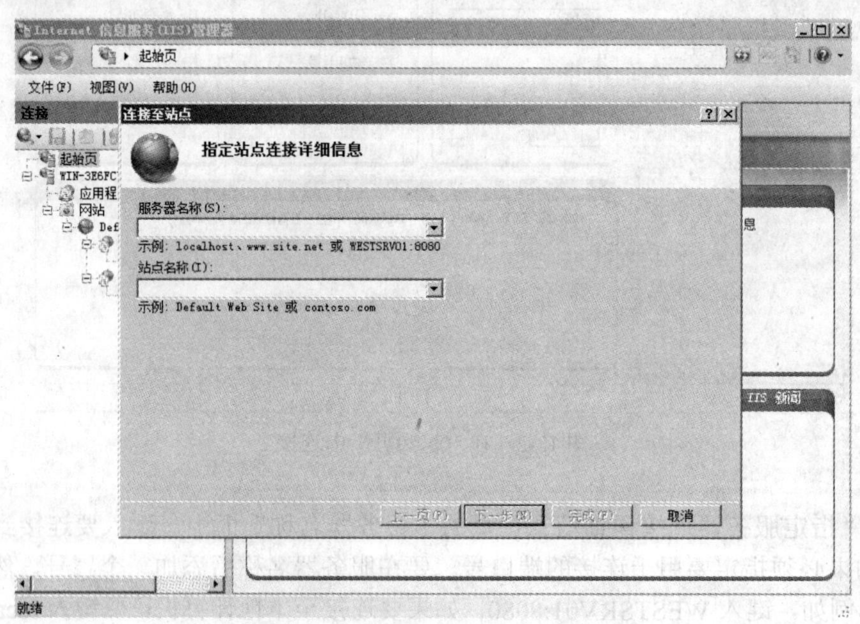

图 13-3 “连接至站点”的配置窗口

⑤ 单击“下一步”。

⑥ 在“提供凭据”页的“用户名”和“密码”框中，分别键入用户名和密码。

⑦ 单击“下一步”。

⑧ 在“指定连接名称”页的“连接名称”框中，为连接键入一个好记的名称，然后单击“完成”。此名称就是建立连接后显示在树中的名称。

（3）使用 IIS 管理器连接到应用程序

通过使用 IIS Manager，可以远程连接至应用程序来配置 IIS 设置。如果用户是要通过 UI 配置 Web 应用程序的 IIS Manager 用户或 Windows 用户，或者是要将对应用程序的更改保存到应用程序的 Web.config 文件而非服务器级配置文件（ApplicationHost.config 和根 Web.config）的服务器管理员，则进行远程连接很有帮助。

若要以 IIS Manager 用户或 Windows 用户的身份登录，用户必须由服务器管理员授予适当的权限并提供登录信息。此外，服务器管理员还必须启用远程连接，并指定是只接受 Windows 凭据，还是同时接受 Windows 和 IIS Manager 用户凭据。操作的具体步骤如下：

① 打开 IIS Manager。

② 在“连接”窗格的工具栏中，展开“起始页”。

③ 单击“连接至应用程序”以打开“连接至应用程序”向导。在“指定应用程序连接详细信息”页上，执行下列操作：

- 在“服务器名称”框中，键入要连接到的站点所在的服务器的名称。如果必须指定要用于连接的端口号，要在服务器名称后添加一个冒号，然后再键入该端口号。例如，键入 WESTSRV01:8080。如果要连接的应用程序位于本地计算机上，键入 localhost 代替服务器名称。
- 在“站点名称”框中，为包含要连接到的应用程序的站点键入一个好记的名称。
- 在“应用程序名”框中，为要连接到的应用程序键入一个好记的名称。

④ 单击“下一步”。

⑤ 在“提供凭据”页的“用户名”和“密码”框中，分别键入用户名和密码。这些凭据可以是 Windows 账户的，也可以是 IIS Manager 用户账户的。

⑥ 单击“下一步”。

⑦ 在“指定连接名称”页的“连接名称”框中，为连接键入一个好记的名称，然后单击“完成”。此名称就是建立连接后显示在树中的名称。

4. 在 IIS 管理器中导航

在 IIS 7.0 中，服务器管理员和非管理员（IIS Manager 用户和 Windows 用户）均可以使用 IIS Manager 从远程连接至 Web 服务器。服务器管理员可以配置所有设置并导航至用户界面 UI 的所有区域。非管理员可以配置他们可以连接到的站点或应用程序的所有委派功能，并且只能导航至与这些委派功能相关的 UI 区域，包括：在 IIS 管理器中导航至 Web 服务器、导航至站点和导航至应用程序。

5. 启动或停止 Web 服务器

如果要使 Web 服务器停止提供内容的服务（例如在升级应用程序时），可以停止 IIS。若要停止 Web 服务器，必须停止 Windows 进程激活服务（WAS）和万维网发布服务（W3SVC）。在准备好再次用 Web 服务器提供内容后，可以启动 Web 服务器。

停止 WAS 和 W3SVC 时，将丢弃连接至 Web 服务器的所有会话。内存中的所有会话状态都将丢失。在重新启动这些服务之前，所有站点都不可用。因此，应尽量避免停止和重新启动 Web 服务器。用户必须是服务器管理员才能执行此过程。

用户可以通过用户界面（UI）或命令行来执行此过程。步骤如下：

（1）打开 IIS Manager，然后在树中导航至该 Web 服务器节点。

（2）如果要启动 Web 服务器，在“操作”窗格中单击“启动”；如果要停止 Web 服务器，在该窗格中单击“停止”。

也可以使用命令行来执行过程，步骤如下：

（1）打开权限提升的命令行窗口。

（2）在命令提示符处，键入 net stop WAS 并按 Enter；键入 Y 并按 Enter 也可以停止 W3SVC。

（3）若要重新启动 Web 服务器，键入 net start W3SVC 并按 Enter，以同时启动 WAS 和 W3SVC。

13.1.2.2 Appcmd.exe

IIS 7.0 提供了一个新的命令行工具 Appcmd.exe，可以使用该工具来配置和查询 Web 服务器上的对象，并以文本或 XML 格式返回输出。下面是一些可以使用 Appcmd.exe 完成的任务的示例：

- 创建和配置站点、应用程序、应用程序池和虚拟目录。
- 停止和启动站点。
- 启动、停止和回收应用程序池。
- 查看有关在 Web 服务器上运行的工作进程和请求的信息。

Appcmd.exe 为常见的查询和配置任务提供了一致的命令，从而降低了学习语法的复杂性。例如 list 命令可以用来搜索有关对象（如应用程序）的信息，add 命令可以用来创建对象（如站点）。另外，用户还可以将命令组合在一起使用，以返回与 Web 服务器上对象相关的更为复杂的数据，或执行更为复杂的任务。例如，可以完成类似如下任务的复杂任务：停止所有具有运行时间超过 60 秒的请求的站点。

1. 启动 Appcmd.exe

如果要通过使用命令 shell 窗口来配置 IIS 7.0 设置，打开 Appcmd.exe。Appcmd.exe 位于 %*windir*%\system32\inetsrv 目录中，只有管理员账户或身为相应计算机上 Administrators 组成员的用户才可以访问此目录。此外，Administrators 组的成员必须在 Windows Vista 和 Windows Server 2008 中以提升的权限启动 Appcmd.exe，才能查看和更改以下服务器级配置文件中的设置：Machine.config、根 Web.config 文件（位于.NET Framework 目录中）以及 ApplicationHost.config。查看或更改站点或应用程序目录中的 Web.config 文件的用户必须对这些目录中的文件具有读取和写入权限。如果用户运行的是 64 位 Windows，则从本地驱动器\system32\inetsrv 目录而不是本地驱动器\syswow64\inetsrv 目录使用 Appcmd.exe。操作的具体步骤如下：

（1）单击“开始”，然后单击“运行”。

（2）在“运行”对话框中的“打开”框中，键入%windir%\system32\inetsrv。

（3）右键单击 Appcmd.exe，然后单击“以管理员身份运行”。

2. 使用 Appcmd.exe 中的对象

使用 Appcmd.exe 中的对象可以指定要在配置中查看或更改的内容。若要查看 Appcmd.exe 对象的列表，在命令提示符处键入命令“appcmd /?”，然后按 Enter。

3. 使用 Appcmd.exe 中的命令

使用 Appcmd.exe 命令可以查看或更改 Appcmd.exe 对象的配置设置。其中，每个对象都有一些可用于处理该对象的命令。若要查看可用于处理某个对象，使用命令为“appcmd *object* /?”，然后按 Enter。

变量 *object* 是要查看其相关命令的对象的名称。例如，若要查看可用于处理 site 对象的命令列表，在命令提示符处键入以下命令，然后按 Enter：

appcmd site /?

4. 在 Appcmd.exe 中使用属性和值

如果用户要限制 list 命令的结果或要更改 Appcmd.exe 对象的属性值时，可以为属性指定值。

例如，若要列出配置为使用 Network Service 的应用程序池，在命令提示符处键入如下命令，然后按 Enter：

appcmd list apppool /processModel.identityType:NetworkService

或者，若要将一个名为 Marketing 的应用程序池配置为使用 Network Service，在命令提示符处键入如下命令，然后按 Enter：

```
appcmd set apppool/apppool.name:Marketing/processModel.identityType:Network Service
```

在上面两个示例中都用到了 processModel.identityType 属性。在第一个示例中，此属性通过仅列出配置为使用 Network Service 的应用程序池来限制查询结果。在第二个示例中，此属性指定 Marketing 应用程序池使用 Network Service 标识。

5. 使用 Appcmd.exe 为站点、应用程序、虚拟目录或 URL 配置设置

在 IIS 7.0 中，用户可以在服务器级配置文件或 Web 服务器上的站点、应用程序或虚拟目录的 Web.config 文件中配置设置。如果用户要查看或更改站点或应用程序目录下的 Web.config 文件中的设置，就必须对这些目录中的文件拥有读取和写入权限。此外，用户还必须使用 IIS 7.0 来委派要在站点、应用程序或虚拟目录级别配置的功能。

例 1：使用 Appcmd.exe 更改 Web.config 文件中的配置

当用户使用 Appcmd.exe 在特定站点、应用程序或虚拟目录的 Web.config 文件中配置设置时，必须指定要应用该配置的站点、应用程序或虚拟目录的路径。若要禁用网站 Contoso 的默认文档功能，在命令提示符处键入以下命令，然后按 Enter：

```
appcmd set config "Contoso" /section:defaultDocument /enabled:false
```

在上面的示例中，配置更改是在 Contoso 目录的 Web.config 文件中做出的，Contoso 的所有应用程序和虚拟目录都将继承该 Web.config 文件中的配置。但是，如果要为 Contoso 站点中的特定应用程序启用默认文档，可以使用 Appcmd.exe 提供该应用程序的路径。若要为应用程序 Gallery 启用默认文档，在命令提示符处键入以下命令，然后按 Enter：

```
appcmd set config "Contoso/Gallery" /section:defaultDocument /enabled:true
```

以上示例中的命令将为 Contoso 站点中的应用程序 Gallery 启用默认文档，并向 Gallery 目录中的 Web.config 文件写入配置更改。

例 2：使用 Appcmd.exe 更改父配置文件中的配置

通过在父配置文件中使用位置标记，也可以配置特定站点、应用程序、虚拟目录甚至 URL 的功能。如果用户要配置站点、应用程序或虚拟目录的设置，但希望将这些设置存储在父配置文件中（例如存储在 ApplicationHost.config 而不是 Web.config 文件中），就必须在命令中使用 Appcmd.exe commit 参数。在上面的例子中，用户现在可以向 ApplicationHost.config 而不是站点和应用程序的 Web.config 文件中写入配置更改。

首先，若要禁用网站 Contoso 的默认文档，在命令提示符处键入以下命令，然后按 Enter：

```
appcmd set config "Contoso" /section:defaultDocument /enabled:false /commit:APPHOST
```

以上命令将禁用 Contoso 站点的默认文档，并将带有位置标记的相应配置设置写入 ApplicationHost.config。此位置标记用于指定该配置将应用于 Contoso 站点。其次，若要为应用程序 Gallery 启用默认文档，在命令提示符处键入以下命令，然后按 Enter：

```
appcmd set config "Contoso/Gallery"/section:defaultDocument/enabled:true/commit: APPHOST
```

以上命令将为 Gallery 应用程序启用默认文档，并将带有位置标记的相应配置设置写入 ApplicationHost.config。此位置标记用于指定该配置将应用于 Gallery 应用程序。

13.1.2.3 配置存储区

IIS 7.0 使用基于 XML 的新配置存储区，该配置存储区是根据 ASP.NET 配置建模的。IIS 配置存储在 ApplicationHost.config 文件中，同时可以在站点、应用程序和目录的 Web.config

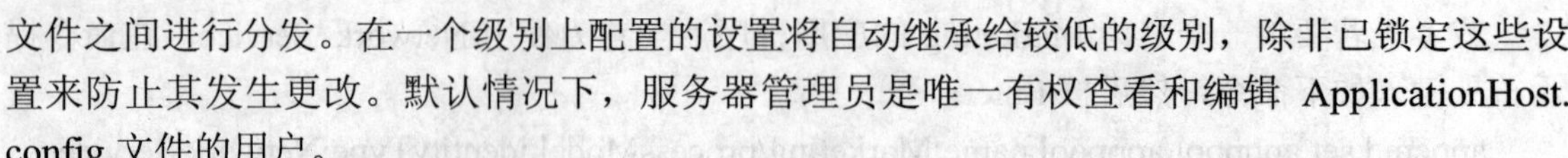

文件之间进行分发。在一个级别上配置的设置将自动继承给较低的级别，除非已锁定这些设置来防止其发生更改。默认情况下，服务器管理员是唯一有权查看和编辑 ApplicationHost.config 文件的用户。

1. 在 IIS 7.0 中使用配置文件

在 IIS 7.0 中，配置系统允许通过将服务器级配置文件中的配置节委派给站点、应用程序以及虚拟或物理目录中的 Web.config 文件来自定义 Web 服务器管理。

（1）在 IIS 7.0 中委派配置

在 IIS 7.0 中，对配置中的节进行锁定和解除锁定的操作称为"功能委派"。通过这些操作，用户可以定义 IIS 将读取和写入配置的级别。默认情况下，配置中的所有节都处于锁定状态，并只能在服务器级配置文件中进行配置，但有些功能除外，它们是：默认文档、目录浏览、HTTP 协议和 HTTP 重定向。

用户可以对其他配置节解除锁定，以便非管理员可以查看和更改 Web.config 文件中针对特定站点、应用程序、目录甚至 URL 的已解除锁定节的配置。例如，用户可以解除对 connectionStrings 节的锁定，以便非管理员可以通过配置设置来将其应用程序连接到数据库。另外，如果用户只想由管理员查看和更改配置，可以锁定所有配置节并只将设置存储在服务器级配置文件中。

（2）配置级别

在 IIS 7.0 中，用户可以在以下级别配置设置：Web 服务器、站点、应用程序、虚拟目录或物理目录和 URL（也称为文件级配置）。

若要在子级别配置设置，必须在其一个或多个父级上设置对子级别的委派。例如，若要在应用程序级别配置某项功能，必须同时在服务器和站点级别委派相关的权限。

（3）配置文件

配置保存在物理目录的服务器级配置文件或 Web.config 文件中。每个配置文件都映射到一个特定的站点、应用程序或虚拟目录。

服务器级配置存储在下列配置文件中：

- Machine.config。此文件位于%windir%\Microsoft.NET\Framework\framework_Version\CONFIG 中。
- .NET Framework 的根 Web.config。此文件位于%windir%\Microsoft.NET\Framework\framework_version\CONFIG 中。
- ApplicationHost.config。此文件位于%windir%\system32\inetsrv\config 中。

站点、应用程序以及虚拟和物理目录配置可以存储在下列位置之一：

- 服务器级配置文件。当站点、应用程序、目录或 URL 配置存储在服务器级配置文件中时，必须使用位置标记来指定配置所适用的站点、应用程序、目录或 URL。
- 父级 Web.config 文件。当应用程序、目录或 URL 的配置存储在父级配置文件中时，必须使用位置标记来指定配置所适用的子级。
- 站点、应用程序或目录的 Web.config 文件。在配置应用程序、目录或 URL 的设置时，配置将存储在该站点、应用程序或目录所在的目录中。用户不需要使用位置标记。

出现下列情况时，将配置设置存储在父配置文件中会十分有用：

- 用户希望将配置设置存储在只能由某些用户或组访问的配置文件中。例如，ApplicationHost.config 文件只能由管理员账户、特定计算机上管理员组的成员以及域管理员

（当计算机位于域中时）进行访问。

- 用户希望在 URL 级别（也称为文件级别）配置功能。

（4）继承

站点、应用程序、虚拟目录、物理目录和文件会继承服务器级配置文件以及所有父配置文件中的配置设置。例如，应用程序会继承服务器级配置文件以及站点根应用程序的 Web.config 文件中的配置设置。表 13-1 说明了可用于存储对象配置的配置文件。不过，如果使用的是服务器级配置文件之外的配置文件，就必须配置委派。

表 13-1 **存储对象配置的配置文件**

配置对象	服务器级配置文件	父级配置文件	其他配置文件	注释
Web 服务器	Machine.config 根 Web.config ApplicationHost.config	不适用	不适用	不需要使用位置标记。服务器级配置只能存在于服务器级配置文件中
站点	Machine.config 根 Web.config ApplicationHost.config	不适用	站点的根应用程序 Web.config	使用位置标记将站点配置存储在服务器级配置文件中
应用程序	Machine.config 根 Web.config ApplicationHost.config	站点的根应用程序 Web.config	应用程序的 Web.config	使用位置标记将应用程序配置存储在服务器级配置文件或父配置文件中
虚拟目录或物理目录	Machine.config 根 Web.config ApplicationHost.config	父站点的根应用程序 Web.config 父应用程序的 Web. config	目录的 Web.config 文件	使用位置标记将目录配置存储在服务器级配置文件或父配置文件中
URL（或文件）	Machine.config 根 Web.config ApplicationHost.config	父站点的根应用程序 Web.config 父应用程序的 Web.config 父目录的 Web.config	不适用	使用位置标记将 URL 特定的配置存储在服务器级和父级配置文件中

2. 将配置文件复制到远程服务器

IIS 7.0 使用 XML 文件指定 Web 服务器、站点和应用程序配置设置。IIS 7.0 的主要配置文件是 ApplicationHost.config。此外，IIS 7.0 还对应用程序或目录使用 Web.config 文件。这些文件可以从一个 Web 服务器或站点复制到另一个 Web 服务器或站点，以便向多个对象应用相同的设置。此过程可以在 IIS 中的以下级别执行：Web 服务器、站点、应用程序和物理目录和虚拟目录。

若要执行此过程，用户必须是服务器管理员或对目标位置具有写访问的权限，用户可以通过在命令行窗口中运行 xcopy 命令来执行此过程。

（1）将配置复制到同一台计算机上的其他位置

若要查找有关 xcopy 的帮助信息，在命令提示符处键入以下命令，然后按 Enter：

xcopy /?

若要将配置文件夹和文件复制到同一台计算机上的其他位置，使用以下语法：

xcopy sourcedestination /E

变量 source 是要从中复制文件夹和文件的位置，变量 destination 是要将文件夹和文件复制到的位置。参数/E 指定将源位置中的所有内容都复制到目标位置。

例如，若要将 IIS 配置文件夹及其所有内容从系统根目录复制到本地计算机上的其他路径，在命令提示符处键入以下命令，然后按 Enter：

xcopy %windir%\system32\inetsrv\config c:\config /E

（2）将配置从一台计算机复制到另一台计算机

若要将源内容从本地计算机复制到其他计算机，使用 net use 命令连接至该计算机，然后使用 xcopy 命令复制文件夹和文件。若要查找有关 net use 的帮助信息，在命令提示符处键入以下命令，然后按 Enter：

net use /?

例如，若要将 IIS 配置文件夹及其所有内容从系统根目录复制到其他计算机，使用以下语法：

net use \\computername\驱动器 ＊/USER:域\用户名

变量 computername 是要连接到计算机的名称，变量 drive 是要连接到的驱动器。参数*用于在用户运行此命令后提示输入连接至该计算机和驱动器所需的密码。变量 domain 是用户所属的域，变量 username 是要连接至该计算机的用户的用户名。

在连接到要将文件复制到的计算机后，可以使用 xcopy 命令。例如，若要连接至另一台计算机，并将所有 IIS 配置文件夹和文件从本地计算机上的系统根目录复制到该计算机，在命令提示符处键入以下命令，然后按 Enter：

net use \\contoso\c$ ＊/USER:SALES\joseph

xcopy %windir%\system32\inetsrv\config \\contoso\c$\config /E

在完成将文件夹和文件复制到该远程计算机的任务后，应关闭连接。为此，在命令提示符处键入以下命令，然后按 Enter：net use \\contoso\c$ /delete

13.1.2.4 Windows Management Instrumentation (WMI)

IIS 7.0 使用 Windows Management Instrumentation（WMI）构建用于 Web 管理的脚本。IIS 7.0 WMI 提供程序命名空间（Web Administration）包含的类和方法允许用户通过脚本管理网站、Web 应用程序及其关联的对象和属性。

通过适当的委派设置，用户能使用 IIS 7.0 中的 WMI 脚本来访问、读取和修改 ApplicationHost.config 和 Web.confg 等关键配置文件。通过使用 IIS 7.0 WMI 提供程序，用户可以在全局或节级别添加或删除模块，并配置自定义 HTTP 错误、MIME 映射、SSL 绑定和 ASP 设置等常见功能。

在 IIS 7.0 中，WMI 脚本在自动处理频繁重复的任务（例如创建网站）方面仍然发挥着重要作用，而且它还可以利用运行时状态和控制 API（RSCA）所提供的新功能来监视和诊断站点。例如，用户可以使用 WMI 脚本来监视 HTTP 请求、工作进程、应用程序池和应用程序域。此外，用户还可以通过脚本方式使用 IIS 7.0 WMI 提供程序来访问 IIS 7.0 中新增的诊断和故障排除功能，例如失败请求跟踪。

13.1.2.5 IIS 7.0 中的常见管理任务

IIS 7.0 中的常见管理任务包括以下各项内容：

（1）配置 Web 服务器以提供内容：添加网站、添加虚拟目录、添加应用程序；

（2）为 Web 服务器配置请求处理：添加应用程序池、启动或停止应用程序池、为应用程序池配置回收设置；

（3）配置 HTTP 设置：编辑自定义 HTTP 错误响应、在 IIS 7.0 中将信息配置为在目录列表中显示；

（4）委派网站和应用程序管理：添加 IIS 管理器用户账户、委派网站和应用程序管理、在 IIS 7.0 中配置管理服务；

（5）监视 Web 服务器上的活动：查看工作进程中当前正在执行的请求、为失败请求创建跟踪规则、为失败请求启用跟踪日志记录；

（6）配置 Web 服务器安全性：在 IIS 7.0 中配置身份验证、在 IIS 7.0 中配置安全套接字层、在 IIS 7.0 中配置 URL 授权规则。

13.1.3 在 Windows Server 2008 上安装和升级到 IIS 7.0

用户可以用以下两种方法将网站和应用程序移动到 Internet Information Services (IIS) 7.0：升级和迁移。升级是指在运行 Windows Server 2003 操作系统和 IIS 6.0 的现有服务器上安装 Windows Server 2008 操作系统和 IIS 7.0。而迁移是指在新服务器上安装 Windows Server 2008 和 IIS 7.0，然后在该服务器上移动或重新安装现有的网站和应用程序。对于访问网站和应用程序的用户，这两种方法均涉及最小服务中断。此外，迁移用户应该保留其大多数原始配置设置。

13.1.3.1 在 Windows Server 2008 上升级到 IIS 7.0

IIS 7.0 模块体系结构用于使 IT 专业人员能够确切地自定义在 Web 服务器上安装和运行的功能。IIS 7.0 分成可独立地进行自定义安装的 40 多个功能模块，显著减少了潜在的攻击面，降低了内存要求，并最大程度地减少了修补工作和安全风险。

在确定是从 IIS 6.0 执行升级还是迁移到 IIS 7.0 时，考虑以下几点：

- 如果计算机运行的是 IIS 6.0 并且用户只是想使应用程序继续照常工作，建议执行升级。
- 如果用户具有多台计算机，并且想在移动应用程序之前在 IIS 7.0 上测试应用程序，建议执行迁移。

带有 IIS 6.0 的 Windows Server 2003 升级到带有 IIS 7.0 的 Windows Server 2008。如果运行的是早期版本的 Microsoft Windows 或 IIS，则在升级到 Windows Server 2008 和 IIS 7.0 之前，应该先升级到 Windows Server 2003 和 IIS 6.0。在升级之前，应始终备份服务器。为了防止遇到意外错误，或者如果必须恢复原始系统，此步骤非常重要。

在将现有服务器升级到 Windows Server 2008 和 IIS 7.0 之前，必须首先确保硬件将支持 Windows Server 2008 和 IIS 7.0。可以根据表 13-2 进行判定：

表 13-2　　IIS 7.0 硬件需求

组件	要　求
处理器	最低：1GHz（x86 处理器）或 1.4GHz（x64 处理器） 建议：2GHz 或更快的处理器 注意：用于基于 Itanium 系统的 Windows Server 2008 需要 Intel Itanium 2 处理器
内存	最低：512MB RAM 建议：2GB RAM 或更高 最佳：2GB RAM（完整安装）或 1GB RAM（服务器核心安装）或更高 最大（32 位系统）：4GB（标准版）或 64GB（企业版或数据中心版） 最大（64 位系统）：32GB（标准版）或 2TB（企业版、数据中心版以及基于 Itanium 的系统）
可用磁盘空间	最低：10GB 建议：40GB 或更大 注意：RAM 超过 16GB 的计算机将需要更多磁盘空间来存储页面、休眠和转储文件
驱动器	DVD-ROM 驱动器
显示器	超级 VGA (800 × 600)或更高分辨率的监视器
其他	键盘和 Microsoft 鼠标或兼容的指针设备

需要注意的是，有些应用程序可能需要升级才能与 IIS 7.0 一起正常工作，包括有：

（1）UrlScan 是一个作为外接程序提供给早期 IIS 版本的安全工具。IIS 管理员使用此工具可以对其 Web 服务器强制执行更严格的安全策略。在 IIS 7.0 中，UrlScan 的所有核心功能已经集成到一个名为“请求筛选”的模块中。

考虑使用“请求筛选”来阻止表达式，而不是使用 UrlScan。尽管“请求筛选”否决了 UrlScan 并且未使其过时，但 UrlScan 2.5 版本的安装程序在 Windows Server 2008 上无法使用。要解决此问题，可以将 Urlscan.dll 和 Urlscan.ini 复制到运行 IIS 7.0 的 Web 服务器，然后将 Urlscan.dll 设置为 IIS 中的全局 ISAPI 筛选器。

（2）ASP.NET 1.1 和 2.0 将在升级的系统上工作，应用程序将保留其脚本映射。如果具有 ASP.NET 1.1 脚本映射，则使用那些脚本映射的应用程序将继续使用 ASP.NET 1.1。在升级到 IIS 7.0 之前，必须将所有 ASP.NET 1.0 应用程序升级到 ASP.NET 1.1。

如果要以集成模式运行 ASP.NET 1.1 应用程序，则必须将应用程序升级到 ASP.NET 2.0。否则，将以经典模式运行这些应用程序。

（3）WebDAV（Web 分布式创作和版本管理）未包括在 IIS 7.0 中，但可以在 IIS.NET 网站上找到并下载。升级之后，WebDAV 的任何配置条目将保留在服务器上，但将删除二进制数据。当删除了二进制数据之后，便无法运行请求，并在删除 WebDAV 之前要求用户采取一些措施。在删除 WebDAV 筛选器之前，确保采取措施来保护内容。

因为新的 WebDAV 已经重建并且基于新的 IIS 7.0 配置系统，所以用户无法迁移旧配置。例如，在 IIS 6.0 中，WebDAV 是针对整个服务器运行的。在 IIS 7.0 版本中，可以在每个网站或应用程序级别设置它。因此，除非手动重新创建所有创作规则，否则无法移动设置。

（4）在升级运行的计算机以及 IIS 的早期版本时，如果在该计算机上安装了 Microsoft FrontPage Server Extensions，则将禁用 IIS Web 服务。此行为是一种安全措施，用于防止意外访问 FrontPage 在其中保存网站元数据的文件。此版本的 FPSE 2002 引入了新功能，本质上与为 Windows Server 2008 创建的版本相同。已经对其进行了更新，以便能够在 Windows Server 2008 上工作。FrontPage Server Extensions 未包括在 IIS 7.0 中，但可以在 IIS.NET 网站上找到并下载。

在升级过程中，将不会删除脚本映射以及包含与元数据和其他内容相关的网站信息的物理文件和文件夹。如果不必再使用 FrontPage Server Extensions，则在 IIS 7.0 Web 服务器上启用 Web 服务之前，应该手动删除或保护一些文件和文件夹。

（5）升级之后，以前的基于 IIS 6.0 的 FTP 服务器仍将运行，所有 FTP 站点的工作方式将与其在 IIS 7.0 上的工作方式相同。但现在有一种新版本的 FTP 服务器，即 FTP 7，用户可以在 IIS.NET 网站上找到并下载。FTP 7 提供了许多新功能和优点。其中包括改进的可管理性、安全的 SSL 等。

升级到 IIS 7.0 是升级到 Windows Server 2008 的一部分。在将 Windows 服务器升级到 Windows Server 2008 之后，用户将使用服务器管理器工具添加 Web 服务器角色。在执行升级时，Windows Server 2008 将在硬盘驱动器上检查安装在早期 Windows 版本上的任何 Microsoft 应用程序。在其检查早期版本的 IIS 时，它将备份配置设置并在升级操作系统之后对较新的 IIS 7.0 重新应用这些设置。它还会将任何非 Microsoft 内容保持原样，以便升级后用户的网页和应用程序依然存在。要注意的是，Windows 防火墙默认情况下在 Windows Server 2008 中处于打开状态。如果要使用任何自定义的端口，则必须确保在升级之后启用这些端口。

升级之后，用户还要考虑删除任何不需要的 IIS 7.0 模块，以与 Web 应用程序所需的功能相匹配。IIS 7.0 升级将安装它已经确定的所有必需模块。由于 IIS 6.0 组件安装方式的缘故，IIS 7.0 升级过程可能安装了不再需要的模块。用户应该从服务器中删除任何不需要的模块。这样可以最大程度地减少所安装的 IIS 7.0 模块，并且可以更加充分利用 IIS 7.0 模块体系结构的优点。例如，如果用户对网站使用匿名身份验证和 Windows 身份验证，但未使用基本身份验证，则现在可以删除基本身份验证。

在升级前后，为了避免将来的许多服务器问题，在对服务器配置进行任何实际更改之前，需要备份 Applicationhost.config 文件。有两种方法可备份 Applicationhost.config 文件，用户可以将其复制到另一个目录中，或者将其复制到存储在安全位置的媒体中；用户也可以使用 Appcmd.exe。若要使用 Appcmd.exe，在命令提示符处键入 Appcmd add backupNameofbackup，然后再回车即可。

13.1.3.2 在 Windows Server 2008 上安装 IIS 7.0

用户可以将 IIS 7.0 安装在 Windows Vista 或 Windows Server 2008 上。执行操作时，用户可以使用用户界面（UI）或脚本。

默认情况下，Windows Server 2008 上不会安装 IIS 7.0。用户可以使用服务器管理器中的“添加角色向导”安装 IIS 7.0，此时用户必须是拥有权限的管理角色的成员才能执行此过程。步骤如下：

（1）单击“开始”，指向“管理工具”，然后单击“服务器管理器”。

（2）在“角色摘要”中，单击“添加角色”。

（3）使用“添加角色向导”添加“Web 服务器”角色。

如果使用“添加角色向导”安装 IIS 7.0，则会采用默认安装，并获得最少的一组角色服务。如果需要其他 IIS 7.0 角色服务，例如“应用程序开发”或“运行状况和诊断”，确保在向导的“选择角色服务”页中选中与这些功能关联的复选框。

用户还可以使用脚本来安装 IIS 7.0，步骤如下：

- 在脚本中键入以下命令：

start /w pkgmgr

/iu:IIS-WebServerRole;IIS-WebServer;IIS-CommonHttpFeatures;IIS-Static Content;IIS-Default Document;IIS-DirectoryBrowsing;IIS-HttpErrors;IIS-HttpRedirect;IIS-ApplicationDevelopment;IIS-ASPNET;IIS-NetFxExtensibility;IIS-ASP;IIS-CGI;IIS-ISAPIExtensions;IIS-ISAPIFilter;IIS-ServerSideIncludes;IIS-HealthAndDiagnostics;IIS-HttpLogging;IIS-LoggingLibraries;IIS-RequestMonitor;IIS-HttpTracing;IIS-CustomLogging;IIS-ODBCLogging;IIS-Security;IIS-BasicAuthentication;IIS-WindowsAuthentication;IIS-DigestAuthentication;IIS-ClientCertificateMappingAuthentication;IIS-IISCertificateMappingAuthentication;IIS-URLAuthorization;IIS-RequestFiltering;IIS-IPSecurity;IIS-Performance;IIS-HttpCompressionStatic;IIS-HttpCompressionDynamic;IIS-WebServerManagementTools;IIS-ManagementConsole;IIS-ManagementScriptingTools;IIS-ManagementService;IIS-IIS6ManagementCompatibility;IIS-Metabase;IIS-WMICompatibility;IIS-LegacyScripts;IIS-LegacySnapIn;IIS-FTPPublishingService;IIS-FTPServer;IIS-FTPManagement;WAS-WindowsActivationService;WAS-ProcessModel;WAS-NetFxEnvironment;WAS-ConfigurationAPI

如果使用此脚本，将获得全功能版的 IIS 7.0 安装，即安装所有可用的功能包。如果有不需要的功能包，则应更改脚本，以便只安装所需的功能包。

13.1.3.3 测试 IIS 服务是否安装成功

在安装 IIS 7.0 之前，需要做一些准备工作，包括必须为 Web 服务器指定一个静态的 IP 地址，在本地网络中有自己的 DNS 服务器，在 DNS 服务器上已经有一些 DNS 域名和 IP 地址等。

安装 IIS 7.0 完成后，可以测试服务是否正常。举例来说明配置的方法和步骤，假设 DNS 服务器上有域名 www.example.com，对应的 IP 地址为 192.168.32.1，测试的步骤是：

（1）在测试的计算机上启动 IE Explorer；

（2）按照顺序依次执行下面的步骤：

- 在地址栏键入网址 http://www.example.com，回车；
- 在地址栏键入 http://192.168.32.1,回车；
- 在地址栏键入主机名，格式为 http://主机名，回车。

如果测试结果是能正常显示网页，则证明 Web 服务器安装正常，否则就需要检查 Web 服务器和网络来排除故障。

13.1.4 部署 IIS 7.0 Web 服务器

在安装 IIS 7.0 之后，系统默认的会自动创建一个 Web 站点，名为 Default Web Site，这个站点会自动配置 IP 地址、端口、默认文档等属性，用户需要发布什么网页，可以把网页文件制作出来后，将这些文件放到这个 Web 站点的主目录中，就可以实现简单的 Web 网站功能。当然，用户如果不想直接使用这些现成的配置，也可以根据企业的实际需要，自行配置各项属性。

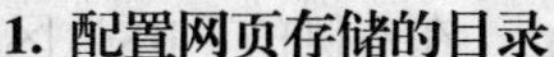

1. 配置网页存储的目录

如果用户使用客户机访问 Web 服务器，利用 http://www.example.com 连接 Default Web Site 时，Web 服务器会将网站的首页文件发送给用户的浏览器。一般情况下这个首页文件会存放在网站的根目录下面，这个目录的默认路径是%systemDrive%\inetpub\wwwroot，其中的%systemDrive%一般指代安装了 Windows Server 2008 的分区，比如 C:\,由于系统的主要数据文件和系统文件都存放在这个分区下，所以一般不建议将站点的目录设置在这个分区上，可以考虑修改站点目录的位置，将相关文件存放在非系统分区中。

配置的方法和主要步骤如下：

（1）选择“开始”，选择“管理工具”，然后找到“Internet 信息服务管理器”，单击打开；

（2）在 Internet 信息服务管理器的窗口中选择 Default Web Site，在右侧的“操作”栏中选择“基本配置”，单击后出现“编辑网站”对话框；

（3）在对话框中的“物理路径”下输入要选择存放的新路径；

（4）单击“确定”，保存设置。

2. 配置默认的首页文件

首页文件一般会存放在网站的根目录下面，这类文件通常显示为默认文档，共有 5 个 Web 文件，分别是 Default.htm、Default.asp、Index.htm、Index.html 和 iisstar.htm，可以满足用户的不同需求。网站在提供客户机首页文件时，会依次读取这五个文件，最先读取的是 Default.htm，如果查询该文件缺省，则会按照顺序读取后面的文件。用户可以通过“上移”和“下移”的方式来调整网站读取这些文件的顺序，也可以选择添加新的网页文件。如图 13-4 所示。

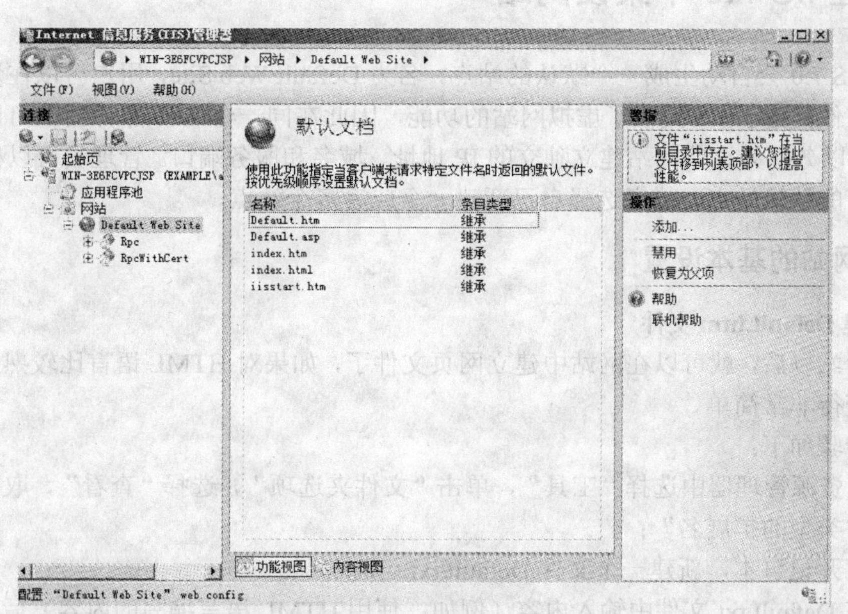

图 13-4 “默认文档”界面

配置的方法和主要步骤如下：

（1）在 Internet 信息服务管理器的窗口中选择 Default Web Site，在右侧的“IIS”区域中选择“默认文档”，单击后出现五个 Web 文件的列表；

（2）在对话框的右侧“操作”下选择“添加”，然后在“添加默认文档”的对话框中选择输入路径；

（3）单击“确定”，保存设置。

需要指出的是，如果在根目录下面没有任何文件，那么在用户的浏览器上则会看到“服务器错误”的提示信息。

3. 配置 Web 服务器的端口

为了方便客户机在网络上访问到 Web 服务器，应该为 Web 服务器配置静态 IP 地址。默认情况下，Web 服务器提供网页时使用的端口是 80，如果需要改变这个值，也可以在 Web 服务器的基本配置中修改。

配置的方法和主要步骤如下：

（1）在 Internet 信息服务管理器的窗口中选择 Default Web Site，在右侧的“Default Web Site 主页”区域中选择“操作”；

（2）在菜单中选择“编辑站点”，再选择“绑定”，这时可以在“网站绑定”的对话框中看到有一个对象，端口显示为 80，IP 地址显示为*，这说明 IP 地址已经被配置为静态 IP 地址；

（3）如果要修改这些参数，在选定这个项目后，单击“编辑”，在“编辑网站绑定”对话框中，选择修改 IP 地址、端口号和主机名；

（4）单击“确定”，保存设置。

13.2 在 IIS 7.0 中架设网站

通常 IIS 7.0 会自动生成一个默认的站点，名为 Default Web Site，用户可以在这个站点下设置页面文件。由于 IIS 提供了虚拟网站的功能，因此在同一台 Web 服务器上可以创建多个网站，还可以分别为这些网站建立独立的 IP 地址、域名和服务端口。管理员可以根据需要选择使用已有的默认站点，或者选择自己新建一个或者多个站点。

13.2.1 网站的基本设置

1. 新建 Default.htm 文件

建立网站以后，就可以在网站中建立网页文件了，如果对 HTML 语言比较熟悉，这块的内容就会变得非常简单。

操作步骤如下：

（1）在资源管理器中选择“工具”，单击“文件夹选项”，选择“查看”，取消选择“隐藏已知文件类型的扩展名”；

（2）打开记事本，新建一个文件 Default.txt；

（3）在 Default.txt 文件中输入内容（例如：使用 HTML 语言编写的内容）后保存；

（4）关闭编辑窗口后修改文件扩展名为 htm；

（5）在 WWWROOT 文件夹下，将 Default.htm 文件排在 iisstart.htm 的前面；

（6）在本地网络的客户机上使用浏览器来连接该 Web 服务器的网站。

2. 定义文件页脚

当客户端与 Web 服务器建立连接后发出请求时，网站会根据客户的请求将网页发给客户端的浏览器。有时候客户看到网页的最下端会有一些关于公司名称、版权信息或者商标类的信息，这些信息不属于网页的正文，但会出现在这个网站中的所有网页中。这个信息是以一个 HTML 文件的方式存在，称为页脚文件。管理员可以设置网站在发送网页给客户浏览器的同时，将页脚文件插入到网页的最后，客户在浏览网页时会在每个网页的最后看到页脚文件中定义的内容。

页脚文件并不是完整的 htm 文件，但是会包含用来显示页脚文件内容的 HTML 的标签。页脚文件一般存放在%systemDrive%\inetpub\wwwroot 中 ，其中的%systemDrive%一般指代安装了 Windows Server 2008 的分区，比如 C:\ ,管理员一般是通过 appcmd.exe 命令来启用或者停用网站中的页脚文件，Windows Server 2008 不提供图形界面来设置页脚文件。

举例说明设置的方法，假设现在的网站名字为 Default Web Site，页脚文件的文件名为 example.htm，存放在 C：\Inetpub\wwwroot 文件夹中。

启用页脚文件的操作步骤为：

（1）打开“命令提示符”窗口，敲命令 cd \Windows\System32\inetsrv。

（2）切换到 inetsrv 文件夹中后，输入如下命令：

Appcmd set config “Default Web Site”/section:staticContent / EnableDocFooter:true / DefaultDocFooter:” C：\Inetpub\wwwroot\ example.htm”

（3）运行命令。

（4）在客户端上利用浏览器连接网站，所有网页上都有出现页脚文件 example.htm 中定义的内容。

13.2.2 部署静态网站

静态网站一般是指：网站中的网页文件一旦创建出来以后，用户只能浏览这些网页文件，而不能改变网页文件的内容。如果要改变网页文件的内容，通常是由服务器端的管理员重新制作新的网页，再用修改后的新的网页文件替换掉旧的网页文件。

IIS 7.0 中提供的虚拟网站的功能可以在同一台 Web 服务器上建立多个网站，每个网站在访问时互不干涉，好像这些网站都各自独立的运行在不同的 Web 服务器上一样。由于 IIS 7.0 允许为不同的站点配置不同的 IP 地址、服务端口和域名，因此在建立站点的时候主要有三种方式，分别是 IP 地址法、端口法和域名法。

1. IP 地址法

这种方法要求 Web 服务器能被绑定多个静态 IP 地址。管理员在建立站点的时候，可以为每一个虚拟网站分配一个独立的不重复的 IP 地址，网站建立完成后，用户可以通过访问这些静态 IP 地址来访问各自对应的网站。如果是在 Internet 网络上提供 Web 服务，那么 Web 服务器绑定的 IP 地址必须是在 Internet 上有效的全球 IP。

配置的方法和主要步骤如下：

（1）打开 IIS 管理器窗口，选择“网站”，右键菜单中选择“添加网站”，打开编辑对话框；

（2）在“网站名称”中输入内容，在“物理路径”下输入网站存放的主目录路径，在“IP 地址”的下拉列表中选择一个 IP 地址，在“端口”处选择输入默认端口为 80；

（3）单击“确定”，完成设置。设置界面可参见图 13-5 所示。

2. 端口法

如果 Web 服务器只有一个静态 IP 地址，那么不同的虚拟站点可以使用同一个 IP 地址和不同的服务端口来建立，这种方法创建出来的站点在访问时需要加上对应的端口号才能实现。需要注意的是，设置的端口号要避开熟知端口。

配置的方法和主要步骤如下：

（1）打开 IIS 管理器窗口，选择“网站”，右键菜单中选择“添加网站”，打开编辑对话框。

（2）在“网站名称”中输入内容，在“物理路径”下输入网站存放的主目录路径，“IP 地址”这一栏只有一个选项，所以直接选这个 IP 地址；最后在“端口”处输入不同于默认端口 80 的其他数字，比如 8080。

（3）单击“确定”，完成设置。

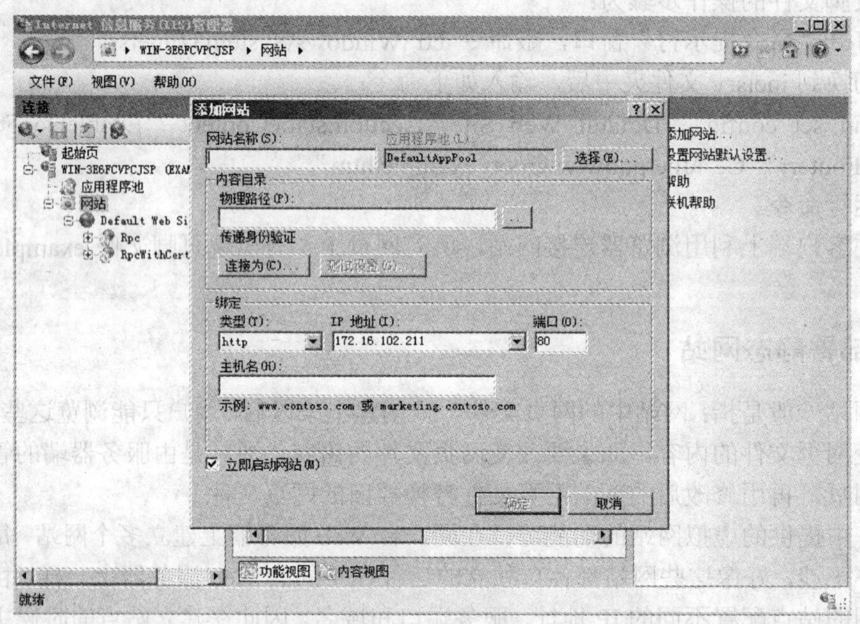

图 13-5 使用 IP 地址法添加站点

3. 域名法

这种方法是比较常见的创建不同虚拟站点的方法，这种方法中的 IP 地址是唯一的，端口号仍然是默认的 80 端口。只是在配置之前，需要保证本地的 DNS 服务器中存有关于 Web 服务器的 IP 地址和多个域名之间的映射关系的资源记录。每一个域名都可以用来创建一个虚拟的站点，用户在客户端访问站点时，使用的就是该站点对应的域名。

配置的方法和主要步骤如下：

（1）打开 IIS 管理器窗口，选择“网站”，右键菜单中选择“添加网站”，打开编辑对话框。

（2）在“网站名称”中输入内容，在“物理路径”下输入网站存放的主目录路径，“IP 地址”这一栏只有一个选项，所以直接选这个 IP 地址；在“端口”处输入默认端口 80，在“主机名”中输入域名，比如 www.example.com。

（3）单击“确定”，完成设置。

13.2.3 部署动态网站

动态网站是具有交互性的网站，网页内容可以根据客户的要求和选择进行改变。在这种网站中，网页内容变化的过程并不需要管理员手动操作，一般是由服务器端的基于数据库技术的内容管理系统来实施和完成。典型的动态网站有留言板、论坛、站内检索等功能。

和静态网站相比，动态网站具有以下优点：

①网站的内容以数据的形式存放在专门的数据库中，便于查询、搜索、分类和统计，是企业中的信息资源；

②网站的内容可以通过专门的程序来生成，大大减轻了管理员的负担；

③网站的内容根据客户的反馈及时改变，具有较好的时效性；

④网站的内容可以集合不同客户端的反馈，为用户的实时交流提供了很好的平台。

常见的动态网站环境有 ASP、JSP、PHP 等。在搭建动态网络环境时有不同的做法和步骤。

1. ASP.NET

ASP 是运行在服务器端的脚本运行环境，可以用来创建动态网页。当 Web 服务器接收到来自客户端的关于 ASP 文件的请求时，会自动执行脚本代码，根据客户请求生成相关的网页文件，然后再将结果反馈给客户端。

ASP.NET 是一个已经编译的、基于.NET 的环境，可以使用任何能与.NET 兼容的语言编写应用程序，它不仅仅是 ASP 的一个简单升级，还提供了强大的服务器控件结构，开发几乎完全是基于组件和模块化。在这个环境中，每一个网页、每一个网页上的对象，甚至每一个 HTML 元素都是一个运行的组件对象，可以用统一的开发模式使用精简的代码生成所需的服务，在运行方面，ASP.NET 是编译执行的，因此效率更高。

如果要使用 ASP.NET，需要由管理员在服务器端手动安装 ASP.NET 服务组件，如图 13-6 所示，配置的方法和主要步骤如下：

（1）打开“服务器管理器”窗口，依次展开“角色”、“Web 服务器”。

（2）在“应用程序开发”中选择“ASP.NET”和“.NET 扩展性”两个选项，分别在这两项前面的勾选处打上勾，单击“下一步”。

（3）单击“添加必需的角色服务”，完成设置。参见图 13-6。

安装成功后，就可以进入网站设置了。要验证基于 ASP.NET 的网络环境是否搭建成功，可以在默认的 Default Web Site 下添加一个主目录专门用来存放.aspx 类型的文件，然后配置授权用户对这个文件夹有远程访问的权限，注意此时涉及的权限可能是共享权限和 NTFS 权限的叠加。最后在这个文件夹下添加一些.aspx 类型的文件后，再在客户端试试能不能用浏览器访问到这些页面，如果可以访问，则说明基于 ASP.NET 的网络环境搭建成功。

2. JSP

JSP 是常用的动态网页的技术标准，类似 ASP 技术，主要使用 JSP 文件，在传统的静态网页中加入 Java 程序段和 JSP 标记组合而成。使用 JSP 开发的 Web 应用程序，具有跨平台使用的特性。

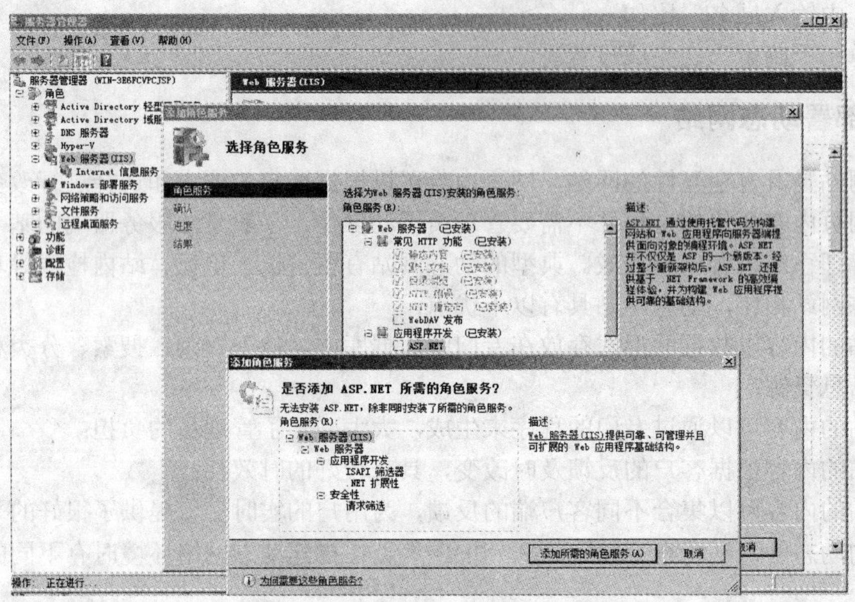

图 13-6 手动安装 ASP.NET 组件

基于 JSP 环境的 Web 服务器在接收到 JSP 网页的请求时，服务器首先执行网页中的程序段，然后将 JSP 网页中的 HTML 代码和执行结果一同返回给客户端。要使用 JSP 搭建动态网站，需要先安装 Java 的开发工具包，这个工具包可以用来执行 Tomcat 的主程序，而 Tomcat 主程序则用来支持 JSP 的运行。

如果使用 JSP，配置的方法和主要的步骤可以参考下面的步骤：

（1）使用兼容模式安装 Java 开发工具包；

（2）安装 Apache Tomcat 以支持 JSP 程序的运行。

配置完成后，这个安装了 Windows Server 2008 的 Web 服务器上就搭建起了一个能运行 JSP 的环境，也就可以在服务器端运行 JSP 程序了。

13.3 委派站点和应用程序的管理

委派一般都是由系统的管理员将一定的管理工作下放给下级管理员或者是一般的用户。在 IIS 7.0 中，同样可以将 IIS Manager 中的功能委派给非管理员，“委派管理”类别中的功能包括：

- 功能委派
- IIS 管理器用户和 IIS 管理器权限
- 管理服务

用户可以根据需要进行选择。这三种功能分别介绍如下：

（1）功能委派

通过功能委派，用户可以配置要将网站或应用程序的哪些功能委派给 IIS Manager 的用

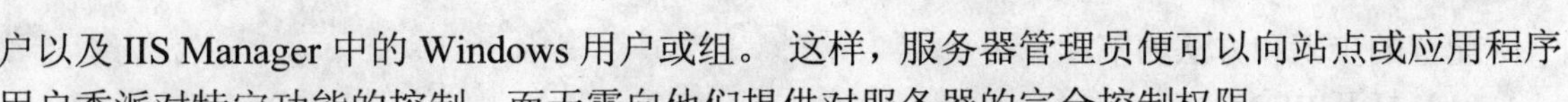

户以及 IIS Manager 中的 Windows 用户或组。这样，服务器管理员便可以向站点或应用程序用户委派对特定功能的控制，而无需向他们提供对服务器的完全控制权限。

（2）IIS 管理器用户和 IIS 管理器权限

利用 IIS Manager 用户功能，服务器管理员可以创建非 Windows 用户账户。随后，这些用户可以使用其 IIS Manager 凭据连接至他们已通过 IIS Manager 权限功能获得有关权限的站点或应用程序。服务器管理员包括服务器上“administrators”组的成员，如果服务器已加入域，则还包括所有域管理员。

服务器管理员可以向 IIS Manager 用户账户以及计算机上的 Windows 用户或组授予连接至站点或应用程序的权限。

（3）管理服务

管理服务是一种 NT 服务，它可以提供通过 IIS Manager 远程连接至 IIS 7.0 的能力。另外，此服务还允许用户连接至服务器本地的站点和应用程序。

13.3.1 在 IIS 管理器中连接网站和应用程序

如果要在 Web 服务器上允许管理员以外的其他人配置网站和应用程序中的委派功能，则需要创建 IIS Manager 用户账户或 Windows 用户账户。若要允许用户使用 IIS Manager 连接至 Web 服务器，必须执行下列操作：

- 在 IIS Manager 中添加 IIS Manager 用户账户或向服务器中添加新的 Windows 用户。
- 允许用户使用 IIS Manager 连接到特定的站点或应用程序。
- 将管理服务配置为接受远程连接，并指定服务器是仅接受来自 Windows 用户账户的连接还是同时接受来自 Windows 用户账户和 IIS Manager 用户账户的连接。

13.3.1.1 配置 IIS 管理器用户

如果要允许非 Windows 用户通过 IIS Manager 配置站点或应用程序中的委派功能，就需要创建 IIS Manager 用户账户。创建 IIS Manager 用户账户后，该用户就可以连接至那些被管理员授权允许管理的、被委派功能的站点和应用程序。

此任务包括以下过程：

- 查看 IIS 管理器用户账户列表
- 添加 IIS 管理器用户账户
- 更改 IIS 管理器用户账户的密码
- 删除 IIS 管理器用户账户
- 禁用 IIS 管理器用户账户

IIS 管理器用户功能要求：

①IIS Manager 用户的配置过程必须在 IIS 中的 Web 服务器级别执行。

②必须在 Web 服务器上安装必需的模块和处理程序，且必须在管理员执行此过程的级别启用它们。

③模块只能在 Web 服务器、站点和应用程序级别启用，但处理程序可以在所有级别启用。

④如果要使用 IIS Manager 执行下面的操作过程，必须是服务器管理员。

1. 查看 IIS 管理器用户账户列表

如果要查看或编辑已添加至 IIS Manager 中的非 Windows 用户账户，可以查看 IIS Manager 用户的列表。IIS Manager 用户可以连接至其授权范围内的任何站点或应用程序。

配置的步骤和方法如下：

（1）打开 IIS Manager。

（2）在“连接”窗格中，单击服务器节点。

（3）在“功能视图”中，双击“IIS 管理器用户”。

2. 添加 IIS 管理器用户账户

如果要允许用户连接至服务器上的站点或应用程序，但又不想创建 Windows 用户账户或将该用户添加至 Windows 组中，则可以在 IIS Manager 中添加 IIS Manager 用户账户。IIS Manager 用户凭据由在 IIS Manager 中创建的用户名和密码组成，专门供 IIS Manager 访问 IIS 配置文件使用。

在创建 IIS Manager 用户账户后，便可以允许该用户连接至站点和应用程序。随后该用户即可配置这些站点和应用程序中的委派功能。

配置的步骤和方法如下：

（1）打开 IIS Manager，在“IIS 管理器用户”页的“操作”窗格中，单击“添加用户”。

（2）在“添加用户”对话框的“用户名”框中，键入一个用户名。

（3）在“密码”和“确认密码”框中，键入密码。

（4）单击“确定”。

3. 更改 IIS 管理器用户账户的密码

当 IIS Manager 用户账户需要新密码时（例如用户忘记或泄露了密码），可以更改该用户账户的密码。

配置的步骤和方法如下：

（1）打开 IIS Manage，选择要更改其密码的用户。

（2）在“操作”窗格中，单击“更改密码”。

（3）在“更改密码”对话框的“密码”和“确认密码”框中键入密码。

（4）单击“确定”。

4. 删除 IIS 管理器用户账户

当用户要从 IIS Manager 中永久删除某个 IIS Manager 用户账户时（例如不再需要使用该账户来管理站点或应用程序时），可以删除该账户。如果要暂时限制 IIS Manager 用户账户，考虑禁用该账户而不是将其删除。

配置的步骤和方法如下：

（1）打开 IIS Manager，选择要删除的用户账户。

（2）在“操作”窗格中，单击“删除”，然后单击“是”。

5. 禁用 IIS 管理器用户账户

当管理员要暂时限制用户连接到他们有权访问的所有站点和应用程序时，可禁用 IIS Manager 用户账户。禁用用户账户即可限制相应用户，而无需实际将该用户账户从 IIS Manager 中删除。

配置的步骤和方法如下：

（1）打开 IIS Manager，选择要禁用的用户账户。

（2）在“操作”窗格中，单击“禁用”。

13.3.1.2 为 IIS 管理器用户和 Windows 用户配置权限

使用 IIS Manager 的“权限”功能，用户可以在 IIS Manager 中连接至各个站点和应用程序。如果管理员不再想让用户配置站点或应用程序中的委派功能，可以删除该用户账户。

经过允许的用户可以配置授权范围内的任何站点或应用程序中的委派功能。用户可以是 IIS Manager 用户（即使用 IIS Manager“用户”功能在 IIS Manager 中创建的凭据）、本地计算机上的 Windows 用户和组、本地计算机所属域中的 Windows 用户和组。

此任务包括以下过程：

- 允许 IIS 管理器用户账户连接至站点或应用程序
- 允许 Windows 用户或 Windows 组连接到站点或应用程序
- 从站点或应用程序中删除用户账户

IIS 管理器用户功能要求：

①IIS Manager 用户的配置过程必须在 IIS 中的 Web 服务器级别执行。

②必须在 Web 服务器上安装必需的模块和处理程序，且必须在管理员或者用户执行此过程的级别启用它们。

③模块只能在 Web 服务器、站点和应用程序级别启用，但处理程序可以在所有级别启用。

④如果要使用 IIS Manager 执行下面的操作过程，必须是服务器管理员。

1. 允许 IIS 管理器用户账户连接至站点或应用程序

如果要让 IIS Manager 用户在 IIS Manager 中配置某一站点或应用程序中的委派功能，就需要允许该用户连接至该站点或应用程序。

IIS Manager 用户凭据由 IIS Manager 中创建的用户名和密码对组成，专门供 IIS Manager 在访问 IIS 配置文件时使用。在允许 IIS Manager 用户连接至某一站点或应用程序之前，必须先在 IIS Manager 的服务器级别添加该 IIS Manager 用户账户。若要使 IIS Manager 用户连接至他们已获得有关权限的站点和应用程序，必须将管理服务配置为接受来自具有 IIS Manager 凭据的用户的连接。

配置的步骤和方法如下：

（1）打开 IIS Manager。在“连接”窗格中，展开“网站”节点，然后选择要将其权限授予 IIS Manager 用户的站点。操作者也可以展开站点，然后选择要将其权限授予 IIS Manager 用户的应用程序。

（2）在“功能视图”中，双击“IIS 管理器权限”。在“IIS 管理器权限”页中的“操作”窗格中，单击“允许用户”。

（3）在“允许用户”对话框中，选择“IIS 管理器”，以便选择在 IIS Manager 中有效但又不是 Windows 账户的用户账户。接下来，单击“选择”打开“用户”对话框。注意：如果“IIS 管理器”选项处于禁用状态，则说明尚未将管理服务配置为接受来自 IIS Manager 用户的连接。

（4）在“用户”对话框中，选择一个用户，然后单击“确定”，关闭“允许用户”对话框。

2. 允许 Windows 用户或 Windows 组连接到站点或应用程序

当管理员要让某一个 Windows 用户在 IIS Manager 中配置某一站点或应用程序中的委派功能时，可允许该用户连接到该站点或应用程序。管理员可以允许某一特定的 Windows 用户，也可以指定一个 Windows 组以使该组的用户可以连接到该站点或应用程序。为了使 Windows

用户能够连接到管理员已授予其权限的站点和应用程序，管理员必须启用到管理服务的远程连接。

配置的步骤和方法如下：

（1）打开 IIS Manager，在“允许用户”对话框中，选择“Windows”以便选择 Windows 用户或组。然后单击“选择”以打开“选择用户或组”对话框。

（2）管理员还可以单击“对象类型”以选择要搜索的 Windows 对象的类型，也可以选中“用户”或“组”复选框，或将两者都选中。

（3）如果管理员要搜索此计算机所加入的域中的用户或组，还可以单击“位置”。否则，使“查找位置”框中的值保持为此计算机的名称不变，以在本地计算机上搜索用户或组。

（4）在“输入要选择的对象名称”框中，键入用户或组的名称，然后单击“检查名称”。

（5）单击“确定”关闭“选择用户或组”对话框，然后再单击“确定”关闭“允许用户”对话框。

3. 从站点或应用程序中删除用户账户

如果管理员不再想让 IIS Manager 用户或 Windows 用户配置站点或应用程序中委派的功能，就可以删除他们的账户。此外，如果管理员不想让 Windows 组的用户配置站点或应用程序中委派的功能，还可以删除该组。

配置的步骤和方法如下：

（1）打开 IIS Manager。在“连接”窗格中，展开“网站”节点，然后选择要将其权限从用户中删除的站点。管理者也可以展开站点，然后选择要将其权限从用户中删除的应用程序。

（2）在“功能视图”中，双击“IIS 管理器权限”，从列表中选择一个用户或组。

（3）在“操作”窗格中单击“拒绝用户”，然后单击“是”。

13.3.2 建立站点和应用程序的委派

在 IIS 7.0 中，可以在站点和应用程序级别配置默认委派设置和自定义委派设置。在父级配置的默认委派设置会影响该父级的所有子级。例如，如果在 Web 服务器级别委派某项功能，将影响该服务器上的所有站点。同样，当在站点中委派某项功能时，将影响该站点中的所有应用程序。随后，IIS Manager 用户和 Windows 用户便可以根据管理员授予的权限在相应的站点和应用程序中配置委派的功能。

配置自定义委派设置时，将只影响特定的站点或应用程序。例如，管理员可能要向服务器上的所有站点委派目录浏览功能，但不想将目录浏览功能委派给默认网站。首先，管理员可以使用“功能委派”页在服务器级别向服务器上的所有站点委派目录浏览功能，随后可以使用“自定义站点委派”页从默认网站中删除委派的目录浏览功能。

此任务包括以下过程：

- 为站点或应用程序配置默认委派设置
- 配置站点或应用程序的自定义委派设置
- 将站点或应用程序功能委派为只读功能
- 删除对站点或应用程序功能的委派
- 将站点或应用程序功能重置为默认委派状态
- 重置所有站点或应用程序功能的委派状态

配置功能委派时的要求主要有下面几个方面：

①网站或 Web 应用程序的委派的配置过程可以在 IIS 中的 Web 服务器和站点级别执行。

②必须在 Web 服务器上安装必需的模块和处理程序，且必须在执行此过程的级别启用它们。模块只能在 Web 服务器、站点和应用程序级别启用，但处理程序可以在所有级别启用。

③如果要使用 IIS Manager 执行下面的操作过程，必须是服务器管理员，或是已在 IIS Manager 中授予了相应站点或应用程序级权限的 IIS Manager 用户。

如果用户是 IIS Manager 用户，但相关的配置元素已被锁定，则可能无法执行下面的操作过程；如果是通过使用 Appcmd.exe、运行 WMI 脚本或编辑配置文件来执行下面的操作过程，则用户必须对目标配置文件具有写入权限。

1. 为站点或应用程序配置默认委派设置

如果管理员希望用户能够配置 Web 服务器上站点中的功能或配置站点中应用程序中的功能，可以委派站点或应用程序中的功能的配置工作。不过由于默认情况下，权限是继承的，因此在父级别（例如在站点级别）配置默认委派时，会同时影响父级下的所有子级。

配置的步骤和方法如下：

（1）打开 IIS Manager。

（2）在“连接”窗格中：

- 如果要委派 Web 服务器上所有站点的功能，单击树中的服务器节点。但是如果此时要委派 Web 服务器上所有站点的功能，操作员必须是服务器管理员。
- 如果要委派站点中所有应用程序的功能，使用“连接”窗格中的工具连接到包含这些应用程序的站点。然后在树中单击此站点。若要委派站点中所有应用程序的功能，操作者必须是服务器管理员，或是有权连接到包含这些应用程序的站点的用户。

（3）在“功能视图”中，双击“功能委派”。

（4）在“功能委派”页中的列表中选择一项功能，然后从“操作”窗格中单击所需的委派状态。参见图 13-7 所示。

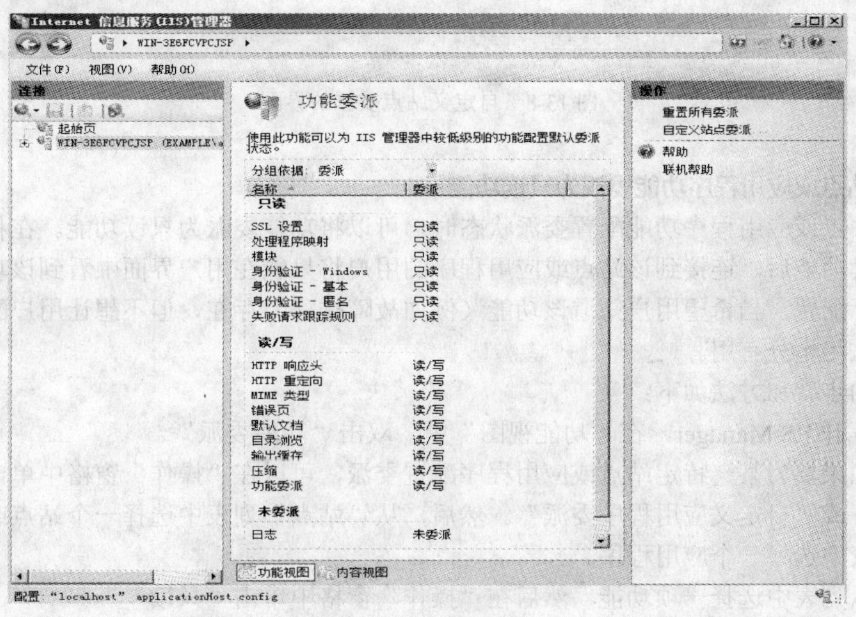

图 13-7 功能委派的界面

2. 配置站点或应用程序的自定义委派设置

配置父级别（例如服务器或站点级别）的默认委派时，将影响该父级中的所有子级。如果要更改特定子级的委派设置，可以配置自定义委派并覆盖默认设置。

配置的步骤和方法如下：

（1）打开 IIS Manager，在“功能视图”中，双击“功能委派”。

（2）在“操作”窗格中，单击“自定义站点委派”或“自定义应用程序委派”。

（3）在“网站”列表或“应用程序”列表中，选择要为其指定自定义委派设置的站点或应用程序。

（4）在列表中选择一项功能，然后在“操作”窗格中单击所需的委派状态。参见图 13-8 所示。

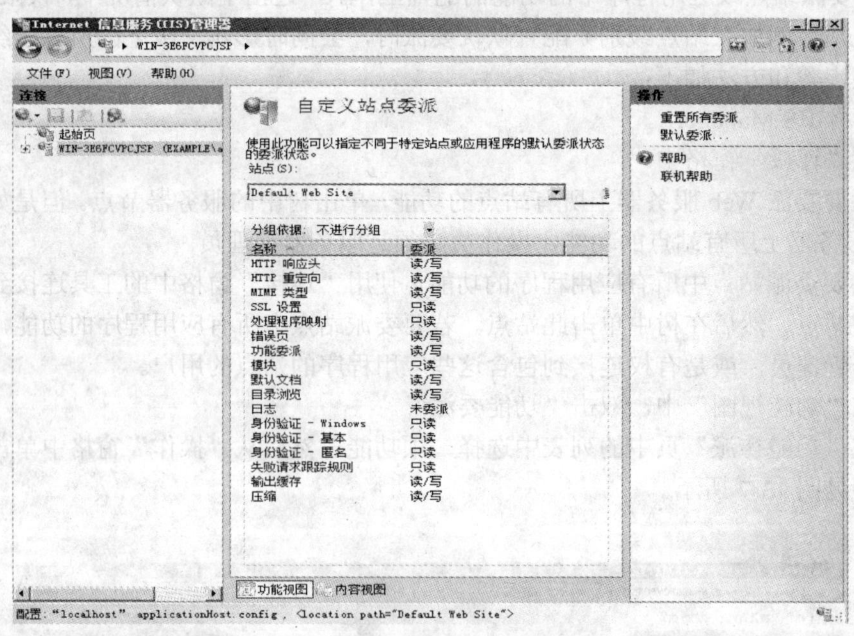

图 13-8　自定义站点委派的界面

3. 将站点或应用程序功能委派为只读功能

在为站点或应用程序功能配置委派状态时，可以将功能委派为只读功能。在将某项功能委派为只读功能后，连接到该站点或应用程序的用户将只能在用户界面中看到该功能，但无法对它进行配置。当希望用户知道该功能（例如故障排除）存在，但不想让用户配置该功能时，此做法将十分有用。

配置的步骤和方法如下：

（1）打开 IIS Manager，在“功能视图”中，双击“功能委派”。

（2）如果要为某一特定站点或应用程序配置委派，可以在“操作”窗格中单击“自定义站点委派”或“自定义应用程序委派”。然后，从“站点”列表中选择一个站点或从“应用程序”列表中选择一个应用程序。

（3）从列表中选择一项功能，然后在“操作”窗格中单击“只读”。

4. 删除对站点或应用程序功能的委派

为站点或应用程序功能配置委派状态时，可以删除对某一功能的委派。删除对某一功能的委派后，连接到该站点或应用程序的用户就无法在用户界面中看到该功能并且无法配置它。当管理员要隐藏某一功能（如身份验证）以使用户无法看到它时，这很有用。

配置的步骤和方法如下：

（1）打开 IIS Manager，在“功能视图”中，双击“功能委派”。

（2）如果要为某一特定站点或应用程序配置委派，可以在“操作”窗格中单击“自定义站点委派”或“自定义应用程序委派”。然后，从“站点”列表中选择一个站点或从“应用程序”列表中选择一个应用程序。

（3）从列表中选择一项功能，然后在“操作”窗格中单击“删除委派”。

5. 将站点或应用程序功能重置为默认委派状态

如果管理员更改了某项站点或应用程序功能的委派状态，但后来又想将该功能还原为默认委派状态，则可以将该功能重置为继承父级的默认委派状态。当管理员希望该功能的委派设置始终继承父级的设置时，此方法将十分有用。

配置的步骤和方法如下：

（1）打开 IIS Manager，在“功能视图”中，双击“功能委派”。

（2）如果要为某一特定站点或应用程序配置委派，可以在“操作”窗格中单击“自定义站点委派”或“自定义应用程序委派”。然后，从“站点”列表中选择一个站点或从“应用程序”列表中选择一个应用程序。

（3）从列表中选择一项功能，然后在“操作”窗格中单击“重置为继承”。

6. 重置所有站点或应用程序功能的委派状态

如果管理员更改了站点或应用程序功能的委派状态，但之后又要恢复从父级继承的默认委派设置，则可以重置所有站点或应用程序功能的委派状态。

配置的步骤和方法如下：

（1）打开 IIS Manager，在“功能视图”中，双击“功能委派”。

（2）如果要为某一特定站点或应用程序配置委派，可以在“操作”窗格中单击“自定义站点委派”或“自定义应用程序委派”。然后，从“站点”列表中选择一个站点或从“应用程序”列表中选择一个应用程序。

（3）在“操作”窗格中单击“重置所有委派”。

13.3.3 配置远程管理

利用 IIS 7.0 中的管理服务，计算机管理员和域管理员可以使用 IIS Manager 从远程管理 Web 服务器。借助此服务，经过允许的用户也可以使用 IIS Manager 在本地和远程位置管理该 Web 服务器上的站点和应用程序的委派功能。只有在本地计算机上使用 IIS Manager 的服务器管理员才能配置管理服务。此任务包括以下过程：

- 配置远程管理
- 启动或停止管理服务

配置管理服务时的要求是：

管理服务的配置过程可以在 IIS 中的 Web 服务器级别执行，如果要使用 IIS Manager 执行下面的操作过程，必须是服务器管理员。

13.3.3.1 配置远程管理

使用 IIS Manager UI 可以配置远程连接，以管理远程 Web 服务器、站点和应用程序。建立远程连接后，用户就可以管理 Web 服务器、站点、应用程序、物理目录或虚拟目录以及文件的 IIS 配置。默认情况下，远程连接是在端口 8172 上通过 HTTPS 协议建立的，并且与防火墙协同工作。只有在本地计算机上使用 IIS Manager 的服务器管理员才能配置 IIS 7.0 中的管理服务。此任务包括以下过程：

- 启用远程管理
- 配置管理服务的连接设置
- 为远程连接配置 IPv4 地址限制
- 允许或拒绝来自未指定客户端的远程连接

1. 启用远程管理

如果要使用 IIS Manager 管理远程服务器、站点、应用程序、物理目录、虚拟目录或文件，就需要启用远程管理。远程管理还允许对服务器或服务器上的特定内容进行委派管理。在 IIS 7.0 中，默认情况下未启用远程管理。只有在本地计算机上使用 IIS Manager 的服务器管理员才能配置 IIS 7.0 中的管理服务。

启用远程管理步骤和方法如下：

（1）打开 IIS Manager，在“连接”窗格中，单击树中的服务器节点，在“功能视图”中，双击“管理服务”。

（2）在“管理服务”页的“操作”窗格中，单击“停止”以停止该服务。

（3）选择“启用远程连接”。此选项允许服务器管理员从远程连接至服务器、站点和应用程序。

（4）（可选）如果要允许非管理员使用 IIS Manager 连接至站点和应用程序，在“标识凭据”下配置相应的选项：

- 如果要使连接仅限于具有 Windows 凭据的用户，选择“仅限于 Windows 凭据”。
- 如果要接受来自具有 Windows 凭据的用户以及具有 IIS Manager 凭据的用户的连接，选择“Windows 凭据或 IIS 管理器凭据”。

（5）在“操作”窗格中，单击“应用”，然后单击“启动”。

2. 配置管理服务的连接设置

通过配置连接设置，可以指定管理服务如何接受来自客户端的远程连接。只有在本地计算机上使用 IIS Manager 的服务器管理员才能配置 IIS 7.0 中的管理服务。

配置管理服务的连接设置步骤和方法如下：

（1）打开 IIS Manager，在“连接”窗格中，单击树中的服务器节点。

（2）在“功能视图”中，双击“管理服务”，在“连接”下，配置客户端在连接到服务器时使用的 IPv4 或 IPv6 地址。如果不想使用特定的 IP 地址，可以保留“IP 地址”框中的“全部未分配”设置。

（3）在“端口”框中，键入客户端在连接到服务器时使用的端口号，或者保留默认值。

（4）在“SSL 证书”列表中，选择管理服务用于加密服务器与客户端之间发送的数据的 SSL 证书。若要添加新的证书，使用 IIS Manager 中的“服务器证书”功能。

（5）如果要让服务器记录所收到的连接请求，选择“将请求记录到”，然后键入一个物理路径。

（6）在“操作”窗格中，单击“应用”，然后单击“启动”。

3. 为远程连接配置 IPv4 地址限制

通过配置 IPv4 地址限制，可以指定是允许授予还是拒绝授予特定 IPv4 地址或 IPv4 地址范围以远程方式连接到 Web 服务器上站点或应用程序的权限。例如，如果管理服务遭遇拒绝服务（DOS）攻击或未经授权的访问企图，则管理员可以拒绝来自发起攻击的特定 IP 地址的远程连接。只有在本地计算机上使用 IIS Manager 的服务器管理员才能配置 IIS 7.0 中的管理服务。

管理服务配置 IPv4 地址限制步骤和方法如下：

（1）打开 IIS Manager。

（2）在“连接”窗格中，单击树中的服务器节点。

（3）在“功能视图”中，双击“管理服务”。

（4）在“管理服务”页中的“操作”窗格中，单击“停止”以停止管理服务。

（5）选中“启用远程连接”框。

（6）在“IPv4 地址限制”下，执行以下过程之一：

- 单击“允许”以允许一个 IPv4 地址或一个范围内的 IPv4 地址连接到管理服务。
- 单击“拒绝”以拒绝一个 IPv4 地址或一个范围内的 IPv4 地址连接到管理服务。

（7）在“添加允许连接规则”对话框或“添加拒绝连接规则”对话框中，执行以下过程之一，然后单击“确定”：

- 若要允许或拒绝一个特定 IP 地址，单击“特定 IPv4 地址”，然后在相应框中键入 IPv4 地址。
- 若要允许或拒绝一个范围内的 IP 地址，单击“IPv4 地址范围”，在相应框中键入一个 IPv4 地址，然后在“子网掩码”框中键入一个子网掩码。

（8）在“操作”窗格中，单击“应用”，然后单击“启动”。

4. 允许或拒绝来自未指定客户端的远程连接

默认情况下，IIS 7.0 允许使用任何 IPv4 地址的计算机以管理目的通过 IIS Manager 访问远程服务器。为提高安全性，管理员可以拒绝与管理服务建立连接的所有请求，但接受来自一组特定 IPv4 地址的连接请求。只有在本地计算机上使用 IIS Manager 的服务器管理员才能配置管理服务。

允许或拒绝来自未指定客户端的远程连接步骤和方法如下：

（1）打开 IIS Manager，在“连接”窗格中，单击树中的服务器节点。

（2）在“功能视图”中，双击“管理服务”，在“操作”窗格中，单击“停止”以停止管理服务。

（3）选中“启用远程连接”框。

（4）在“IPv4 地址限制”的“未指定的客户端的访问权”列表中，选择下列值之一：

- 允许：如果要接受来自与拒绝限制（在管理服务的“IPv4 地址限制”列表中指定）不匹配的客户端的远程连接，选择此值。
- 拒绝：如果要拒绝来自与拒绝限制（在管理服务的“IPv4 地址限制”列表中指定）不匹配的所有客户端的远程连接，选择此值。

（5）在“操作”窗格中，单击“应用”，然后单击“启动”。

13.3.3.2 启动或停止管理服务

打开 IIS Manager 时，并不会启动管理服务。如果要启用下列功能，必须启动管理服务：

- 在本地管理允许连接至站点和应用程序的用户。
- 在远程管理服务器管理员以及允许连接至站点和应用程序的用户。

执行更改后，可能需要重新启动管理服务。停止管理服务后，所有现有的用户连接都将断开，并且在重新启动该服务之前无法建立新的连接。只有在本地计算机上使用 IIS Manager 的服务器管理员才能配置 IIS 7.0 中的管理服务。

管理员可以通过用户界面（UI）或命令行来执行此过程，使用 UI 启动或停止管理服务步骤和方法如下：

（1）打开 IIS Manager，在“连接”窗格中，单击树中的服务器节点。

（2）在“功能视图”中，双击“管理服务”。

（3）在“管理服务”页的“操作”窗格中，使用（4）、（5）之一：

（4）单击“启动”以启动管理服务。

（5）单击“停止”以停止管理服务。

如果使用命令提示符窗口的办法，可以使用如下步骤和方法：

（1）单击“开始”，然后单击“运行”。

（2）在“运行”对话框的“打开”框中，键入下列命令之一，然后按 Enter：

net start wmsvc 或者 net stop wmsvc

13.4 构建安全的 Web 服务

默认情况下，Windows Server 2008 上未安装 IIS 7.0，当用户选择安装 IIS 7.0 时，系统会自动将主机配置为 Web 服务器，且只提供静态内容的网页，主要是 HTML 文件和图像文件。

归纳起来，IIS 7.0 中新增了不少安全功能，简要介绍如下：

- 名为 IIS_IUSRS 的新 Windows 内置组代替了本地 IIS_WPG 组。名为 IUSRS 的新增 Windows 内置账户代替了 IIS 6.0 中的本地 IUSR_MachineName 匿名账户。但是，IUSR_MachineName 账户将继续用于 FTP。
- 无需禁用 IIS 匿名账户即可使用自定义匿名账户。
- 通过使用通用安全标识符(SID),跨多个 Web 服务器维护一致的访问控制列表(ACL)。
- 通过确保本地匿名账户不会成为域账户，改进了 DCPROMO 过程。
- 不再需要管理密码。
- 可以将 IP 限制列表配置为拒绝单台计算机、一组计算机、域或所有 IP 地址和未列出的项访问内容。这除了提供 IIS 6.0 授予/拒绝支持外，还为 IP 限制规则的继承和合并提供支持。
- UrlScan 2.5 安全工具的功能并入到了 IIS 7.0 中。这样，就不再需要下载单独的工具。
- IIS 7.0 支持在本机代码中实现 URL 授权。为了保持一致，这一更改为现有 ASP.NET 托管代码实现的所有功能提供支持。

13.4.1 设置 Web 服务的访问安全

在 IIS 7.0 中配置安全功能的主要任务主要有如下几点：

- 在 IIS 7.0 中配置身份验证
- 配置 IPv4 地址和域名规则
- 在 IIS 7.0 中配置 URL 授权规则
- 在 IIS 7.0 中配置服务器证书

13.4.1.1 在 IIS 7.0 中配置身份验证

身份验证有助于确认请求访问站点或应用程序的客户端的标识。默认情况下，IIS 7.0 支持匿名身份验证和集成 Windows 身份验证。

IIS 7.0 支持基于质询和基于登录重定向的身份验证方法。基于质询的身份验证方法（例如集成 Windows 身份验证）要求客户端正确响应服务器发出的质询。基于登录重定向的身份验证方法（例如 Forms 身份验证）依靠登录页重定向来确定用户的标识。用户不能同时使用基于质询的身份验证方法和基于登录重定向的身份验证方法。此外，IIS 7.0 还支持客户端证书身份验证，此方法需要为站点配置安全套接字层（SSL）。

身份验证的主要要求包括有：

①身份验证的配置过程可以在 IIS 中的以下级别执行：Web 服务器、站点、应用程序、物理目录和虚拟目录和文件（URL）。

②必须在 Web 服务器上安装必需的模块和处理程序，且必须在执行此过程的级别启用它们。注意：模块只能在 Web 服务器、站点和应用程序级别启用，但处理程序可以在所有级别启用。

③在配置时，用户必须具备所需的权限。如果要使用 IIS Manager 执行此处的过程，必须是服务器管理员，或是已在 IIS Manager 中授予了相应站点或应用程序级权限的 IIS Manager 用户。如果是 IIS Manager 用户，但相关的配置元素已被锁定，则用户可能无法执行此过程。如果用户通过使用 Appcmd.exe、运行 WMI 脚本或编辑配置文件来执行操作，则用户必须对目标配置文件具有写入权限。

1. 启用匿名身份验证

匿名身份验证允许任何用户访问任何公共内容，而不要求向客户端浏览器提供用户名和密码质询。默认情况下，匿名身份验证在 IIS 7.0 中处于启用状态。

如果某些内容只应由选定用户查看，则管理员必须配置相应的 NTFS 权限以防止匿名用户访问这些内容。如果希望只允许注册用户查看选定的内容，则需要为这些内容配置一种要求提供用户名和密码的身份验证方法，如基本身份验证或摘要式身份验证。

配置匿名身份验证时，可以考虑使用以下做法为佳：

- 为所有匿名用户账户创建一个组。管理员可以根据该组成员身份，拒绝授予对资源的访问权限。
- 拒绝授予匿名用户对 Windows 目录和子目录中所有可执行文件的执行权限。

管理员可以通过使用用户界面（UI）、在命令行窗口中运行 IIS 7.0 命令行工具命令、直接编辑配置文件或编写 WMI 脚本等方法执行此过程。如果使用用户界面的方法执行此过程，可使用以下步骤：

（1）打开 IIS Manager，然后导航至要管理的级别。

（2）在“功能视图”中，双击“身份验证”。

（3）在“身份验证”页上，选择“匿名身份验证”。

（4）在“操作”窗格中，单击“启用”，以便以默认设置使用匿名身份验证。可参考图13-9。

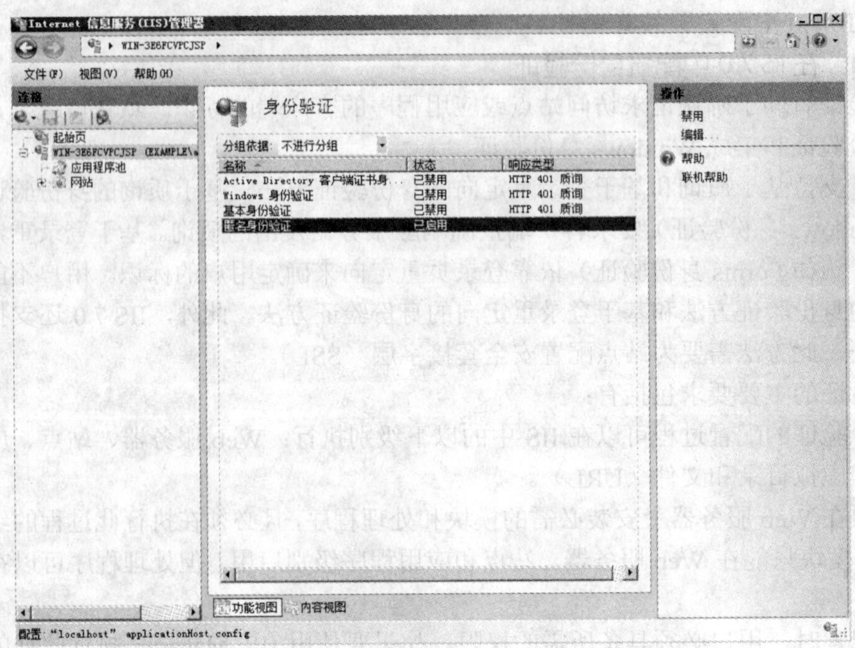

图 13-9 “身份验证”界面

2. 配置匿名身份验证标识

启用匿名身份验证后，管理员可以更改 IIS 用于访问站点和应用程序的账户。默认情况下，IIS 7.0 使用 IUSR 作为匿名访问的用户名。此用户名是在安装 IIS 7.0 时创建的。

管理员可以通过以下方法执行此过程：使用用户界面（UI）、在命令行窗口中运行 Appcmd.exe 命令、直接编辑配置文件或编写 WMI 脚本。如果使用用户界面的方法执行此过程，可使用以下步骤：

（1）打开 IIS Manager，然后导航至要管理的级别，在“功能视图”中，双击“身份验证”，然后选择“匿名身份验证”。

（2）在“操作”窗格中，单击“编辑”，以设置匿名用户用于连接至站点的安全主体。

（3）在“编辑匿名身份验证凭据”对话框中，选择下列选项之一：

• 特定用户，如果要配置特定的用户账户，以供 IIS 在访问站点或应用程序时使用，要选择此选项。接下来，单击“设置”打开“设置凭据”对话框，然后键入标识的用户名和密码。然后单击“确定”。

• 应用程序池标识，如果要让 IIS 进程使用当前在应用程序池属性页上指定的账户运行，选择此选项。默认情况下，这是“网络服务”账户。

需要提醒的是，如果管理员使用“网络服务”账户，则会赋予匿名用户与该账户相关联的所有内部网络访问权限。

（4）单击“确定”关闭“编辑匿名身份验证凭据”对话框。参考图 13-10 所示。

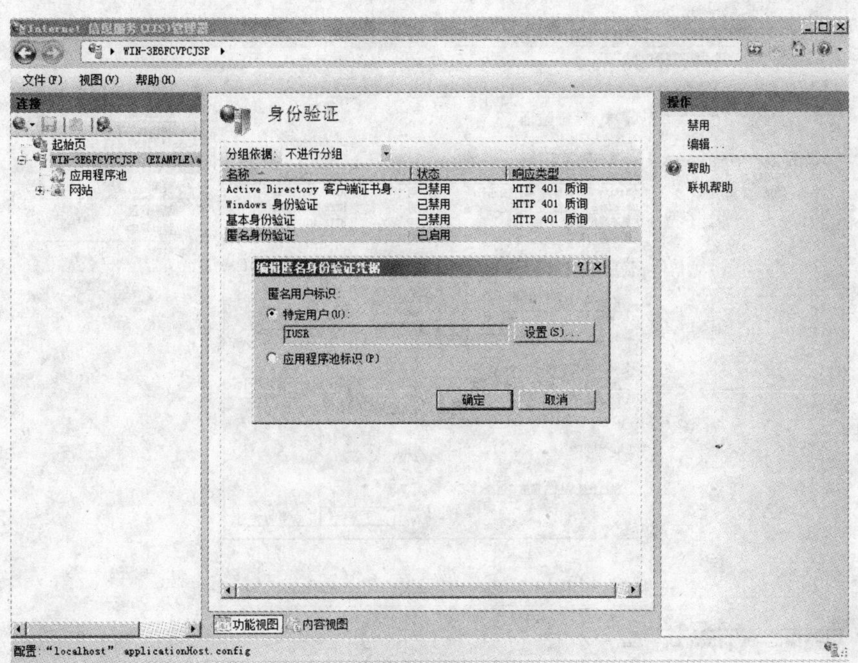

图 13-10　配置匿名身份验证

3. 配置 Windows 身份验证

如果管理员希望客户端使用 NTLM 或 Kerberos 协议进行身份验证，则应使用 Windows 身份验证。IIS 7.0 的默认身份验证配置仅启用匿名身份验证。

Windows 身份验证同时包括 NTLM 和 Kerberos v5 身份验证，它最适用于 Intranet 环境，其原因如下：

- 客户端计算机和 Web 服务器位于同一个域中。
- 管理员可以确保所有客户端浏览器均为 Internet Explorer 2.0 或更高版本。
- 不需要不受 NTLM 支持的 HTTP 代理连接。
- Kerberos v5 需要连接到 Active Directory，这在 Internet 环境中不可行。

Windows 身份验证不适合在 Internet 环境上使用，因为该环境不需要用户凭据或不对用户凭据进行加密。Windows 身份验证的默认设置为“协商”。此设置意味着客户端可以选择适当的安全支持提供程序。若要强制使用 NTLM 身份验证，管理员必须更改 ApplicationHost.config 文件中位于<windowsAuthentication>元素下的<Provider>元素的值。

如果使用用户界面的方法执行此过程，可使用以下步骤：

（1）打开 IIS Manager，然后导航至要管理的级别。

（2）在“功能视图”中，双击“身份验证”。

（3）在“身份验证”页中，选择“Windows 身份验证”。

（4）在“操作”窗格中单击“启用”，以使用 Windows 身份验证。打开图 13-11 所示界面。

管理员也可以通过单击“高级设置”禁用内核模式身份验证。如果对应用程序池使用 Kerberos 身份验证和自定义标识，则最佳做法是不禁用此设置。

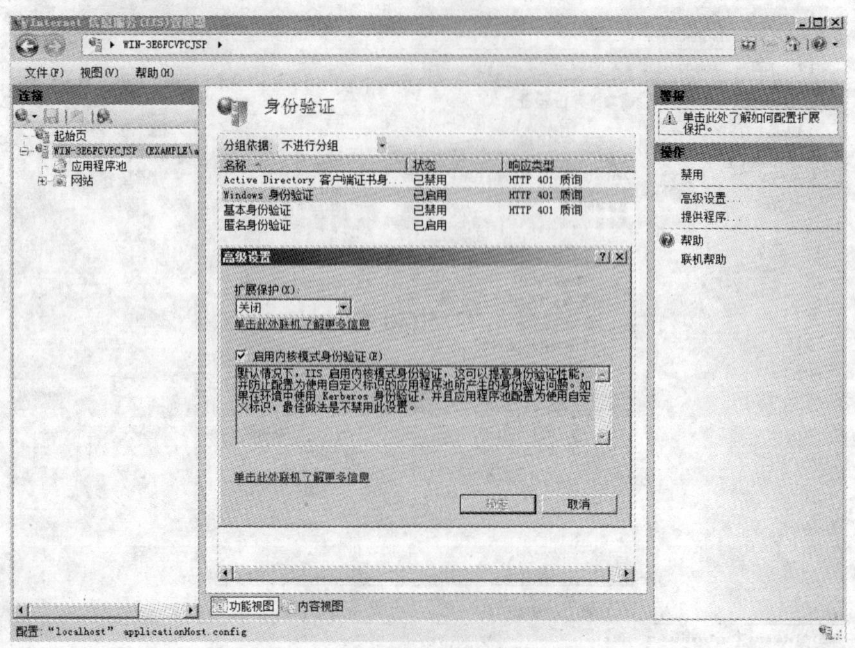

图 13-11　配置 Windows 身份验证

13.4.1.2　配置 IPv4 地址和域名规则

管理员在配置 Web 服务器的时候，必须考虑到要保护 Web 服务器上的内容，以防未授权用户进行查看或更改。若要保护内容，可以使用一种方法，就是配置基于 IP 地址或域名的访问。

此任务包括以下过程：

- 配置 IPv4 地址和域名允许规则
- 配置 IPv4 地址和域名拒绝规则

在配置之前需要明确配置的需求和条件，归纳如下：

①基于 IP 地址和域名规则的内容访问的配置过程可以在 IIS 中的以下级别执行：Web 服务器、站点、应用程序、虚拟目录和物理目录和文件（URL）。

②必须在 Web 服务器上安装必需的模块和处理程序，且必须在执行此过程的级别启用它们。模块只能在 Web 服务器、站点和应用程序级别启用，但处理程序可以在所有级别启用。

③如果要使用 IIS Manager 执行此处的过程，操作者必须是服务器管理员，或是已在 IIS Manager 中授予了相应站点或应用程序级权限的 IIS Manager 用户。如果是 IIS Manager 用户，但相关的配置元素已被锁定，则操作者可能无法执行下面的过程。如果操作者通过使用 Appcmd.exe、运行 WMI 脚本或编辑配置文件来执行下面的过程，则操作者必须对目标配置文件具有写入权限。

1. 配置 IPv4 地址和域名允许规则

在 IIS 7.0 中，默认情况下所有 Internet 协议（IP）地址、计算机和域都可以访问 Web 服务器上的站点。若要增强安全性，管理员可以创建向所有 IP 地址（默认设置）、特定 IP 地址、IP 地址范围或特定域授予访问权限的允许规则，以此来限制对站点的访问。例如，如果 Intranet 服务器上有一个连接至 Internet 的站点，管理员可以只将其访问权限授予 Intranet 的成员，以防 Internet 用户访问该 Intranet 站点。需要注意的是，IP 地址限制只适用于 IPv4 地址。

如果使用用户界面的方法执行此过程，可使用以下步骤：

（1）打开 IIS Manager，然后导航至要管理的级别。

（2）在“功能视图”中，双击“IPv4 地址和域限制”。

（3）在“操作”窗格中，单击“添加允许条目”。

（4）在“添加允许限制规则”对话框中，选择“特定 IPv4 地址”、“IPv4 地址范围”或“域名”，接着添加 IPv4 地址、范围、掩码或域名，然后单击“确定”。

若要添加域名，必须先启用域名限制，方法是在“操作”窗格中单击“编辑功能设置”，然后在“编辑 IP 和域限制设置”对话框中选择“启用域名限制”。

2. 配置 IPv4 地址和域名拒绝规则

在 IIS 7.0 中，默认情况下所有 IP 地址、计算机和域都可以访问 Web 服务器的站点。若要增强安全性，管理员可以创建针对所有 IP 地址、特定 IP 地址、IP 地址范围或特定域的拒绝规则，以此来限制对自己的站点的访问。例如，如果 Intranet 服务器上有一个连接至 Internet 的站点，管理员可以只将其访问权限授予 Intranet 的成员并显式拒绝外部用户的访问，以防 Internet 用户访问该 Intranet 站点。需要注意的是，IP 地址限制只适用于 IPv4 地址。

如果使用用户界面的方法执行此过程，可使用以下步骤：

（1）打开 IIS Manager，然后导航至要管理的级别。

（2）在“功能视图”中，双击“IPv4 地址和域限制”。

（3）在“操作”窗格中，单击“添加拒绝条目”。

（4）在“添加拒绝限制规则”对话框中，选择“特定 IPv4 地址”、“IPv4 地址范围”或“域名”，键入 IPv4 地址、范围、掩码或域名，然后单击“确定”。

若要添加域名，必须先启用域名限制，方法是在“操作”窗格中单击“编辑功能设置”，然后在“编辑 IP 和域限制设置”对话框中选择“启用域名限制”。

13.4.1.3 在 IIS 7.0 中配置 URL 授权规则

管理员可以允许或拒绝特定计算机、计算机组或域访问服务器上的站点、应用程序、目录或文件。例如，假设 Intranet 服务器不仅承载只应由特定组（如财务或人力资源）的成员查看的内容，还承载了所有员工均可访问的内容。通过配置 URL 授权规则，管理员可以防止不是这些指定组的成员的员工访问受限内容。

此任务包括以下过程：

- 查看 URL 授权规则列表
- 创建用于 URL 授权的允许或者拒绝规则
- 编辑本地 URL 授权规则
- 删除本地 URL 授权规则

在配置之前需要明确配置的需求和条件，归纳如下：

①基于 IP 地址和域名规则的内容访问的配置过程可以在 IIS 中的以下级别执行：Web 服务器、站点、应用程序和文件（URL）。

②必须在 Web 服务器上安装必需的模块和处理程序，且必须在执行此过程的级别启用它们。模块只能在 Web 服务器、站点和应用程序级别启用，但处理程序可以在所有级别启用。

③如果要使用 IIS Manager 执行此处的过程，操作者必须是服务器管理员，或是已在 IIS Manager 中授予了相应站点或应用程序级权限的 IIS Manager 用户。如果是 IIS Manager 用户，

但相关的配置元素已被锁定，则操作者可能无法执行下面的过程。如果操作者通过使用Appcmd.exe、运行 WMI 脚本或编辑配置文件来执行下面的过程，则操作者必须对目标配置文件具有写入权限。

1. 查看 URL 授权规则列表

通过查看授权规则列表，可以了解与服务器、站点或应用程序关联的规则。如果使用用户界面的方法执行此过程，可使用以下步骤：

（1）打开 IIS Manager，然后导航至要管理的级别。

（2）在功能视图中，双击“授权规则”。

2. 创建用于 URL 授权的允许或者拒绝规则

当要向特定角色、组或用户授予对 Web 内容的访问权限时，可创建允许规则。当管理员要阻止特定角色、组或用户访问 Web 内容时，可创建拒绝规则。如果要进一步限制客户端请求可以采取的操作，还可以指定服务器仅在客户端尝试使用特定 HTTP 谓词（例如 GET 或 POST）时才评估此规则。

如果使用用户界面的方法执行此过程，可使用以下步骤：

（1）打开 IIS Manager，在功能视图中，双击“授权规则”。

（2）在“操作”窗格中，单击“添加允许规则”或者单击“添加拒绝规则”。

（3）在“添加允许授权规则”（或者“添加拒绝授权规则”）对话框中，选择以下访问权限类型之一：

- 所有用户，指定所有用户（不论是匿名用户还是已识别的用户）都可以访问相应内容。
- 所有匿名用户，指定匿名用户可以访问相应内容。
- 指定的角色或用户组，指定只有特定角色或用户组的成员才能访问相应内容。在对应的文本框中键入角色或用户组。
- 指定的用户，指定只有特定用户才能访问相应内容。需要在对应的文本框中键入用户 ID。

（4）此外，如果要进一步规定允许访问相应内容的用户、角色或组只能使用特定 HTTP 谓词列表，则还可以选中“将此规则应用于特定谓词”。在对应的文本框中键入这些谓词，单击“确定”。

3. 编辑本地 URL 授权规则

管理员可以编辑本地 URL 授权规则。更改 URL 授权规则时，可以更改用户、角色或谓词。 但是不能更改规则的模式。例如，若要将拒绝规则更改为允许规则，必须先删除该拒绝规则，然后创建新的具有相同用户、角色和谓词的允许规则。此外，也不能编辑继承的规则。编辑配置设置时，将更改本地级别以及继承该设置的所有子级别的设置。

如果使用用户界面的方法执行此过程，可使用以下步骤：

（1）打开 IIS Manager，然后导航至要管理的级别。

（2）在功能视图中，双击“授权规则”。

（3）在“授权规则”页上，选择要更改的 URL 授权规则，然后在“操作”窗格中单击“编辑”。

（4）在“编辑允许授权规则”或“编辑拒绝授权规则”对话框中，更改下列一项或多项设置：

- 所有用户

- 所有匿名用户
- “指定的角色或用户组”。在此文本框中键入角色或用户组的名称。
- “指定的用户”。在对应的文本框中键入用户 ID。

（5）选中“将此规则应用于特定谓词”或更改此内容的 HTTP 谓词列表。如果管理员不想指定谓词，清除“将此规则应用于特定谓词”，单击“确定”。

4. 删除本地 URL 授权规则

如果不再需要允许或拒绝特定用户或组，可以删除针对这些用户或组创建的本地 URL 授权规则。删除配置设置时，将从本地级别以及继承该设置的所有子级别中删除该设置。

如果使用用户界面的方法执行此过程，可使用以下步骤：

（1）打开 IIS Manager，然后导航至要管理的级别。

（2）在功能视图中，双击“授权规则”。

（3）选择要删除的 URL 授权规则，然后在“操作”窗格中单击“删除”。

（4）在“确认删除”对话框中，单击“是”。

13.4.1.4 配置 NTFS 访问权限

管理员可以对本地 Web 服务器上的 Web 站点的主目录设置 NTFS 访问权限，让不同用户对此目录的访问权限有所不同，例如，赋予匿名用户最小权限，赋予认证用户较大的访问权限，从而实现站点和服务器的访问安全。

由于 NTFS 权限只对存储在 NTFS 分区上的文件和文件夹有效，所以，在配置 Web 服务器的时候，可以将网页文件、站点主目录等都存储在 Web 服务器的 NTFS 分区上。设置的时候直接在被设置对象的属性中的“安全”选项卡中配置。

13.4.2 Web 服务器的常规安全配置

Web 服务器的安全性决定了 Web 服务器是否能正常提供各种网络服务，比如信息发布、电子商务、网络办公等。在 IIS 7.0 中，提供的众多网络服务本身集成了安全方面的设置，如果能合理地进行配置，就能获得服务质量良好的网络服务。

13.4.2.1 自定义错误

用户访问 Web 服务器时，如果访问的过程中出现错误，会在客户端的主机上显示错误信息的网页。这个网页也可以在 Web 服务器上进行自定义。通常的做法是在默认网站 Default Web Site 的“错误页”上通过查看 IIS 的默认配置信息来进行设置。如果要编辑客户端看到的错误页的信息，可以在错误页中对应错误代码的信息文件中进行编辑。

如图 13-12 所示，错误页界面中显示的对象都有状态代码，这个也就是会在用户浏览器端显示的错误代码。而用户看到的具体内容，则在每个错误代码对应的文件中编辑。

13.4.2.2 设置内容过期

Web 服务器可以用来发布信息，但是在企业的内部，有些信息具有很强的时效性，比如会议通知信息、当季产品信息等，这类信息都是需要及时更新的，因此在配置 Web 服务器时，可以设置内容过期来更新所发布的内容。客户端的浏览器在下载网页时，会自动比较当前系统日期和网页的截止日期，如果发现已经过了截止日期，则网页内容已经过期，应考虑不再发布该网页，在客户端也会自动从服务器上下载更新后的网页进行浏览。

如果使用用户界面的方法执行此过程，可使用以下步骤：

（1）打开 IIS Manager，然后单击打开默认站点；

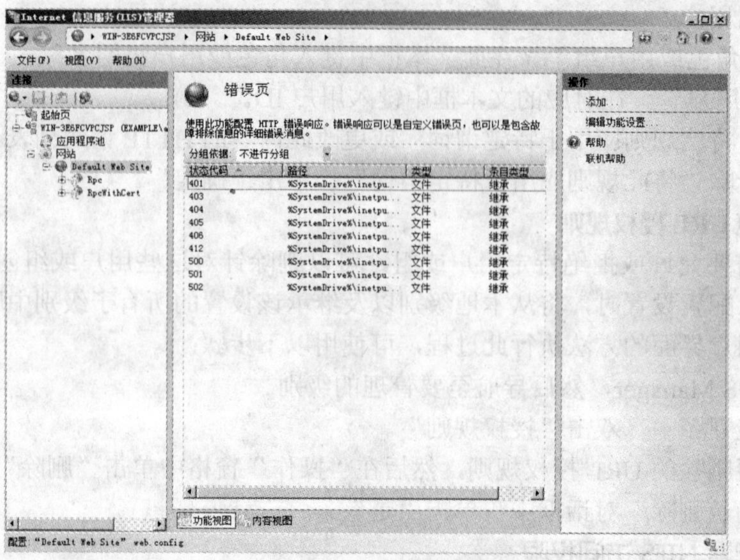

图 13-12 “错误页”界面

（2）双击打开“HTTP 响应标头”窗口，展开“操作”栏；

（3）单击“设置常用标头”链接，显示“设置常用 HTTP 响应头”对话框，选择“使 Web 内容过期”选项，设置过期方式为下面的三种选择之一：

- 立即。
- 之后。在这一项中可以设置在当前日期之后几天内容过期。
- 时间（协调通用时间 UTC）。在这里可以设置内容过期的具体时间，可以定义为某年某月某日的具体时刻，精确到秒。

（4）单击“确定”，设置完成。参看图 13-13 所示。

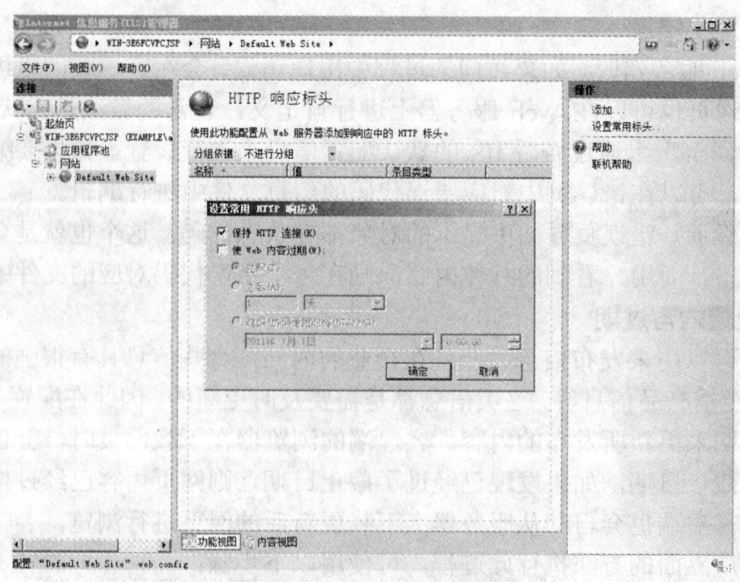

图 13-13 设置内容过期

13.4.2.3 禁止目录浏览

在 IIS 7.0 中，提供了“目录浏览”功能，这项功能可以帮助访问者看到网站目录的具体结构，也为一些不怀好意的用户提供了有针对性的攻击和破坏的可能性。为了进一步地提高网站访问的安全性，管理员可以考虑禁用目录浏览功能。

如果使用用户界面的方法执行此过程，可使用以下步骤：

（1）打开 IIS Manager，然后单击打开默认站点；

（2）双击打开“目录浏览”窗口，在这个窗口下面可以设置目录浏览中显示的信息，包括时间、大小、扩展名、日期等属性；

（3）在“操作”窗口中单击“禁用”，即可禁用目录浏览功能。禁用目录浏览后的界面如图 13-14 所示。

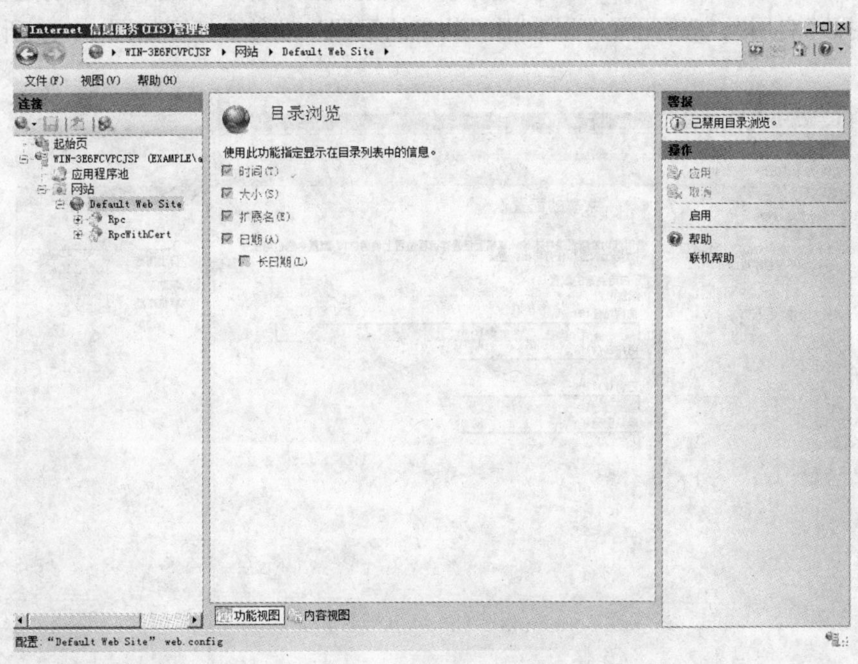

图 13-14 禁用目录浏览界面

13.4.2.4 配置共享

IIS 7.0 提供的“共享的配置”功能，用户可以执行下列操作：

- 将 Web 服务器配置为使用位于中心位置的配置文件和加密密钥。
- 将配置文件和加密密钥从 Web 服务器导出至可与其他服务器共享或用于存储配置文件和加密密钥的备份副本的中心位置。

如果管理员设置了 Web 场，并且希望该场中的每台 Web 服务器都使用相同的配置文件和加密密钥时，此功能将十分有用。

在配置之前需要明确配置的需求和条件，归纳如下：

①基于 IP 地址和域名规则的内容访问的配置过程可以在 IIS 中的 Web 服务器级别执行。只有在本地计算机上使用 IIS Manager 而不是远程连接至计算机时，才能使用“共享的配置”功能。

②必须在 Web 服务器上安装必需的模块和处理程序，且必须在执行此过程的级别启用它们。模块只能在 Web 服务器、站点和应用程序级别启用，但处理程序可以在所有级别启用。

③如果要使用 IIS Manager 执行下面的过程，操作者必须是服务器管理员。

1. 配置设置以使用共享的配置文件和加密密钥

如果希望 Web 服务器使用来自中心位置的配置和加密密钥，则应启用并配置“共享的配置”功能。为了避免配置此功能时发生意外的行为，应当停止管理服务，并在完成配置后重新启动该服务。此外，还必须关闭 IIS Manager，并在完成配置后再将其重新打开。

如果使用用户界面的方法执行此过程，可使用以下步骤：

（1）打开 IIS Manager，然后单击服务器节点，在“功能视图”中，双击“管理服务”，在“操作”窗格中，单击“停止”。

（2）在工具栏中，单击“后退”按钮。在“功能视图”中，双击“共享的配置”。

（3）选择“启用共享的配置”以启用“共享的配置”功能。打开如图 13-15 所示的界面。

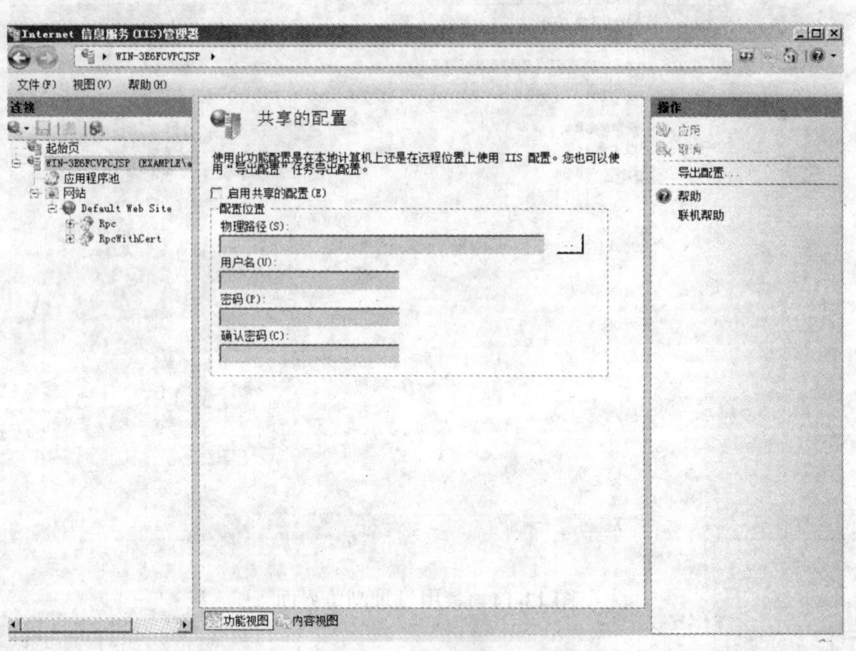

图 13-15　共享配置界面

（4）在“配置位置”的“物理路径”框中，键入配置目录的物理路径或单击浏览按钮（“...”）来定位该路径。

（5）在“用户名”框中，键入有权访问配置目录的账户的用户名。然后，在“密码”和“确认密码”框中键入与此用户账户关联的密码。

（6）在“操作”窗格中，单击“应用”。

（7）在“加密密钥的密码”对话框的“输入加密密钥的密码”框中，键入用于访问配置目录中的加密密钥的密码。然后单击“确定”。这是在导出配置文件和加密密钥时指定的密码。

（8）关闭 IIS Manager，然后重新打开它。在“连接”窗格中，单击服务器节点。

（9）在“功能视图”中，双击“管理服务”，在“操作”窗格中，单击“启动”。

2. 禁用共享的配置

如果希望 Web 服务器停止使用来自中心位置的配置文件和加密密钥，则应禁用“共享的配置”功能。为了避免配置此功能时发生意外的行为，应当停止管理服务，并在完成配置后重新启动该服务。此外，还必须关闭 IIS Manager，并在完成配置后再将其重新打开。

如果使用用户界面的方法执行此过程，可使用以下步骤：

（1）打开 IIS Manager，然后单击服务器节点，在“功能视图”中，双击“管理服务”，在 “操作”窗格中，单击“停止”。

（2）在工具栏中，单击“后退”按钮。在“功能视图”中，双击“共享的配置”，清除“启用共享的配置”以禁用“共享的配置”功能。

（3）在“操作”窗格中，单击“应用”。在出现的消息对话框中，选择以下选项之一以指定要使用的配置文件和加密密钥：

• 是：将配置文件和加密密钥从共享的配置位置复制到本地计算机中的默认配置位置。此选项会覆盖本地配置目录中的任何现有配置文件以及本地计算机上的相关加密密钥。如果选择此选项，Web 服务器会使用本地计算机上的这些配置文件和加密密钥，而不再使用位于中心位置的文件和密钥。

• 否：将 Web 服务器重置为使用位于本地计算机上默认配置位置的配置文件和加密密钥。此选项会还原在将服务器配置为使用共享的配置文件和加密密钥时备份的加密密钥。

• 取消：关闭消息对话框而不保存任何更改。

（4）关闭 IIS Manager，然后重新打开它。在“连接”窗格中，单击服务器节点。

（5）在“功能视图”中，双击“管理服务”，在“操作”窗格中，单击“启动”。

3. 导出配置文件和加密密钥

如果管理员希望其他 Web 服务器都能够使用自己的 Web 服务器中的配置文件和加密密钥，可以将这些文件和密钥导出到一个中心位置。此过程将涉及下列项目：

• ApplicationHost.config 文件：包含 IIS 设置的服务器级别的配置文件。

• Administration.config：包含 IIS Manager 的 IIS 设置的服务器级配置文件。

• ConfigEncKey.key 文件：一个受密码保护的文件，其中包含自定义格式的加密密钥。在使用 IIS Manager 将计算机配置为使用共享的配置和加密密钥后，该计算机将导入加密密钥并将它们存储在本地。这些密钥用于解密配置文件中的所有已加密信息。

导出配置文件和密钥后，还可以通过配置使 Web 服务器使用该中心位置。否则，Web 服务器将继续使用本地计算机中的配置文件和加密密钥。如果使用用户界面的方法执行此过程，可使用以下步骤：

（1）打开 IIS Manager，然后单击服务器节点，在“功能视图”中，双击“共享的配置”，在“操作”窗格中，单击“导出配置”，以打开“导出配置”对话框并指定所需设置。如图 13-16 所示。

（2）在“物理路径”框中，键入配置文件和加密密钥的导出目录的物理路径，或者单击浏览按钮（“...”）找到该物理路径。

（3）此外，还可以单击“连接为”打开“设置凭据”对话框，并为已授予该物理路径写入权限的账户指定用户名和密码。然后单击“确定”。

（4）在“加密密钥”下的“加密密钥的密码”和“确认密码”框中，键入一个强密码。此密码用于解密已加密的密钥。

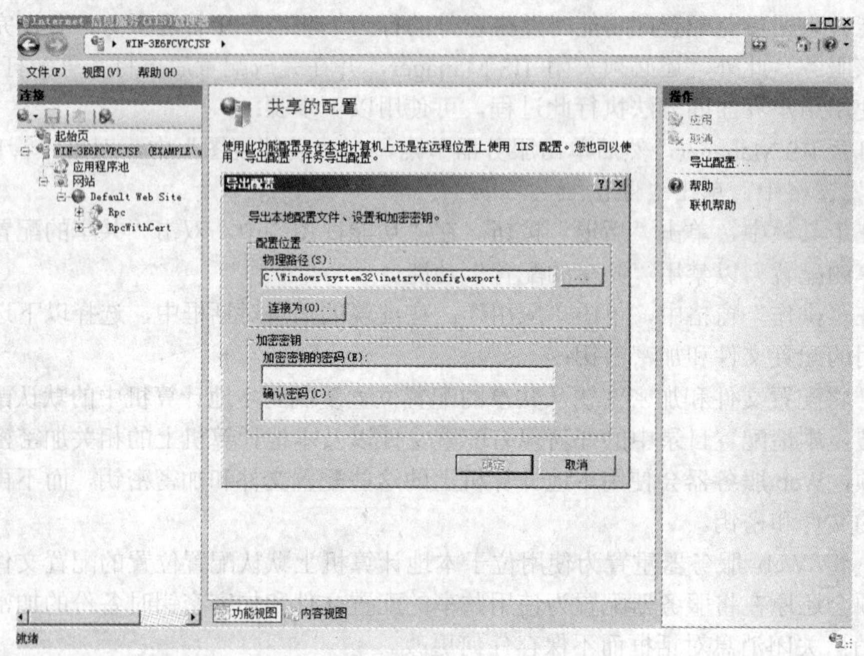

图 13-16　导出共享配置界面

（5）单击“确定”，当出现提示该目录中已存在配置文件和加密密钥的消息时，单击“是”可覆盖现有的文件，单击“否”可取消导出过程。

13.4.3　保护 Web 服务器的数据安全

为了保证 Web 服务器总是能安全、稳定的运行，安全措施是必不可少的。对于管理员来说，防止恶意用户对 Web 服务器破坏性的访问是主要的工作之一。但是为了进一步保障 Web 服务器的安全，管理员必须要确保 Web 服务器中的数据的安全，因此及时的做好数据的备份和日志的管理工作就非常有必要了。

13.4.3.1　设置备份和还原

在 IIS 7.0 中，系统采用了一个 XML 文件来完成配置，管理员对系统配置的复制其实就是复制这个文件。通过对这个文件的管理和使用，可以完成备份、还原、修改 IIS 的设置。这个全局配置文件存储在%systemroot%\system32\inetsrv\config\ Application Host.config 文件中。这个文件还包含了两个主要的配置，分别是 system..applicationHost 和 system..webServer。system..applicationHost 主要定义了关于站点、应用程序、虚拟目录和计算机上的应用程序的设置；system..webServer 则主要包含了 Web 服务器的主要配置。

在 IIS 7.0 中，web.config 文件存储了 IIS 7.0 和 ASP.NET 的主要配置，因此包含了 Web 服务器上的网站、应用程序、URL、物理或虚拟目录的本地配置设置，通常这个文件会存储在网站或 Web 应用程序的代码和内容所存储的目录里面。

如果管理员想要对网站的配置进行修改，可以通过文本编辑工具对这些配置文件进行编

辑实现。

13.4.3.2 在 IIS 7.0 中配置日志记录

除了 Windows 提供的日志记录功能外，IIS 7.0 还可以提供其他日志记录功能。管理员可以选择日志文件格式并指定要记录的请求。

此任务包括以下过程：

- 启用或禁用日志记录
- 在服务器级别配置每站点日志记录选项
- 在站点级别配置日志记录选项
- 配置每服务器日志记录选项
- 选择要记录的 W3C 字段
- 配置日志文件滚动更新选项

在配置之前需要明确配置的需求和条件，归纳如下：

①基于 IP 地址和域名规则的内容访问的配置过程可以在 IIS 中的以下级别执行：Web 服务器、站点、应用程序、虚拟目录和物理目录和文件（URL）。

②必须在 Web 服务器上安装必需的模块和处理程序，且必须在执行此过程的级别启用它们。模块只能在 Web 服务器、站点和应用程序级别启用，但处理程序可以在所有级别启用。

③如果要使用 IIS Manager 执行此处的过程，操作者必须是服务器管理员，或是已在 IIS Manager 中授予了相应站点或应用程序级权限的 IIS Manager 用户。如果是 IIS Manager 用户，但相关的配置元素已被锁定，则操作者可能无法执行下面的过程。如果操作者通过使用 Appcmd.exe、运行 WMI 脚本或编辑配置文件来执行下面的过程，则操作者必须对目标配置文件具有写入权限。

1. 启用或禁用日志记录

如果管理员希望 IIS 基于配置的条件有选择地记录特定的服务器请求，就应为服务器启用日志记录。一旦启用了服务器日志记录，就可以为服务器上的任意站点启用选择性日志记录。然后，管理员还可以查看日志文件，以了解失败和成功的请求。如果管理员不再希望 IIS 有选择地记录对某个站点的请求，则应为该站点禁用日志记录。在 IIS 7.0 中，默认情况下会启用日志记录。如果使用用户界面的方法执行此过程，可使用以下步骤：

（1）打开 IIS Manager，然后导航至要管理的级别。

（2）在“功能视图”中，双击“日志”，在“日志”页的“操作”窗格中，单击“启用”以启用日志记录，或单击“禁用”以禁用日志记录。

2. 在服务器级别配置每站点日志记录选项

如果要使日志记录设置默认应用于服务器上的所有站点，则可以在服务器级别配置每站点日志记录选项。然后管理员可以在网站级别打开“日志”页，以便为某个网站配置特定的设置。

如果使用用户界面的方法执行此过程，可使用以下步骤：

（1）打开 IIS Manager，然后导航至要管理的级别，在“功能视图”中，双击“日志”，在“日志”页的“每站点一个日志文件”下，从下拉列表中选择“站点”。默认情况下，“站点”处于选定状态。

（2）在“格式”下的“日志文件”部分中，选择以下日志文件格式之一：

- IIS：使用 Microsoft IIS 日志文件格式来记录有关站点的信息。这种格式由 HTTP.sys

进行处理，并且是固定的基于 ASCII 文本的格式，这意味着用户无法自定义记录的字段。字段由逗号分隔，记录的时间为本地时间。

- NCSA：使用美国国家超级计算技术应用中心（NCSA）公用日志文件格式来记录有关站点的信息。这种格式由 HTTP.sys 进行处理，并且是固定的基于 ASCII 文本的格式，这意味着用户无法自定义记录的字段。字段由空格分隔，记录的时间为带有协调世界时（UTC）偏差的本地时间。
- W3C：使用集中 W3C 日志文件格式来记录有关服务器上的所有站点的信息。这种格式由 HTTP.sys 进行处理，并且是可自定义的基于 ASCII 文本的格式，这意味着用户可以指定记录的字段。通过单击“日志”页上的“选择字段”来指定在“W3C 日志记录字段”对话框中记录的字段。字段由空格分隔，记录的时间采用协调世界时（UTC）格式。
- 自定义：对自定义的日志记录模块使用自定义格式。如果选择此选项，则“日志”页将被禁用，因为无法在 IIS Manager 中配置自定义日志记录。

（3）在“目录”下，指定应存储日志文件的路径。如图 13-17 所示，默认路径为%SystemDrive%\netpub\logs\LogFiles。通常最佳的做法是将日志文件（例如失败请求跟踪日志）存储在 systemroot 之外的目录中。

（4）在“编码”下，从下拉列表中选择以下选项之一：

- UTF-8：允许在一个字符串中同时出现单字节和多字节字符。
- ANSI：在一个字符串中只允许出现单字节字符。

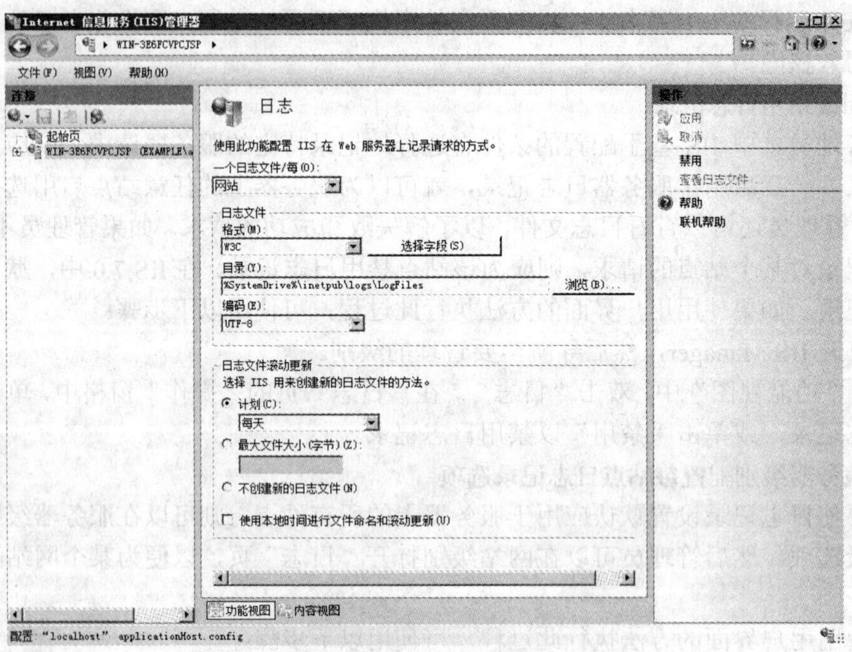

图 13-17　日志界面

（5）在“日志文件滚动更新”部分中，选择下列选项之一：

- 计划：根据下列值之一来创建新日志文件：

每小时：每小时创建一个新日志文件。

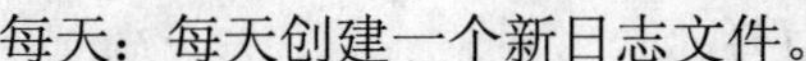

每天：每天创建一个新日志文件。

每周：每周创建一个新日志文件。

每月：每月创建一个新日志文件。

- 最大文件大小（字节）：在文件达到某个大小（单位为字节）时创建新日志文件。最小文件大小为 1048576 字节。如果将此属性设置为小于 1048576 字节的值，则会隐式将默认值假定为 1048576 字节。
- 不创建新的日志文件：只有一个日志文件，在记录信息的过程中，此文件将不断变大。

（6）选中“使用本地时间进行文件命名和滚动更新”以指定日志文件命名和滚动更新的时间都使用本地服务器时间。如果未选定此项，则使用协调世界时（UTC）。无论此设置为何值，实际日志文件中的时间戳将对从“格式”列表中选择的日志格式使用此时间格式。例如，NCSA 和 W3C 日志文件格式对时间戳使用 UTC 时间格式。

（7）在“操作”窗格中，单击“应用”。

3. 在站点级别配置日志记录选项

如果要为站点设置不同于服务器级别的日志记录设置，就需要在站点级别配置日志记录选项。如果使用用户界面的方法执行此过程，可使用以下步骤：

（1）打开 IIS Manager，然后导航至要管理的站点。

（2）在“功能视图”中，双击“日志”。

（3）其他操作可以参考上面的“2. 在服务器级别配置每站点日志记录选项”的内容。

4. 配置每服务器日志记录选项

如果希望日志记录设置默认应用于服务器上的所有站点，则可以配置每服务器日志记录选项。如果使用用户界面的方法执行此过程，可使用以下步骤：

（1）打开 IIS Manager，然后导航至要管理的级别，在“功能视图”中，双击“日志”。

（2）在“日志”页的“每站点一个日志文件”下，从下拉列表中选择“服务器”。默认情况下，“站点”处于选定状态。

（3）其他操作可以参考上面的“2. 在服务器级别配置每站点日志记录选项”的内容。

5. 选择要记录的 W3C 字段

如果用户希望控制日志文件中存储的数据量，则可以选择要记录的 W3C 字段。如果使用用户界面的方法执行此过程，可使用以下步骤：

（1）打开 IIS Manager，然后导航至要管理的级别。

（2）在“功能视图”中，双击“日志”。

（3）在“日志”页的“格式”下，单击“日志文件”部分中的“选择字段”。

（4）在“W3C 日志记录字段”对话框中，选择下列一个或多个选项：

- 日期(date)：发出请求的日期。
- 时间(time)：发出请求的时间（协调世界时（UTC））。
- 客户端 IP 地址(c-ip)：发出请求的客户端的 IP 地址。
- 用户名(cs-username)：访问服务器的已通过身份验证的用户的名称。匿名用户用连字符来表示。
- 服务名(s-sitename)：满足请求的站点实例编号。
- 服务器名称(s-computername)：生成日志文件项的服务器的名称。
- 服务器 IP 地址(s-ip)：生成日志文件项的服务器的 IP 地址。

- 服务器端口(s-port)：为服务配置的服务器端口号。
- 方法(cs-method)：请求的操作，例如 GET 方法。
- URI 资源(cs-uri-stem)：操作的统一资源标识符或目标。
- URI 查询(cs-uri-query)：客户端尝试执行的查询（如果有）。只有动态页面才需要统一资源标识符（URI）查询。
- 协议状态(sc-status)：HTTP 或 FTP 状态代码。
- 协议子状态(sc-substatus)：HTTP 或 FTP 子状态代码。
- Win32 状态(sc-win32-status)：Windows 状态代码。
- 发送的字节数(sc-bytes)：服务器发送的字节数。
- 接收的字节数(cs-bytes)：服务器接收的字节数。
- 所用时间(time-taken)：操作所花费的时间（毫秒）。
- 协议版本(cs-version)：客户端使用的协议版本（HTTP 或 FTP）。
- 主机(cs-host)：主机名称（如果有）。
- 用户代理(cs(UserAgent))：客户端使用的浏览器类型。
- Cookie (cs(Cookie))：发送或接收的 Cookie 内容（如果有）。
- 引用站点(cs(Referer))：用户上次访问的站点。此站点提供与当前站点的链接。如图 13-18 所示。

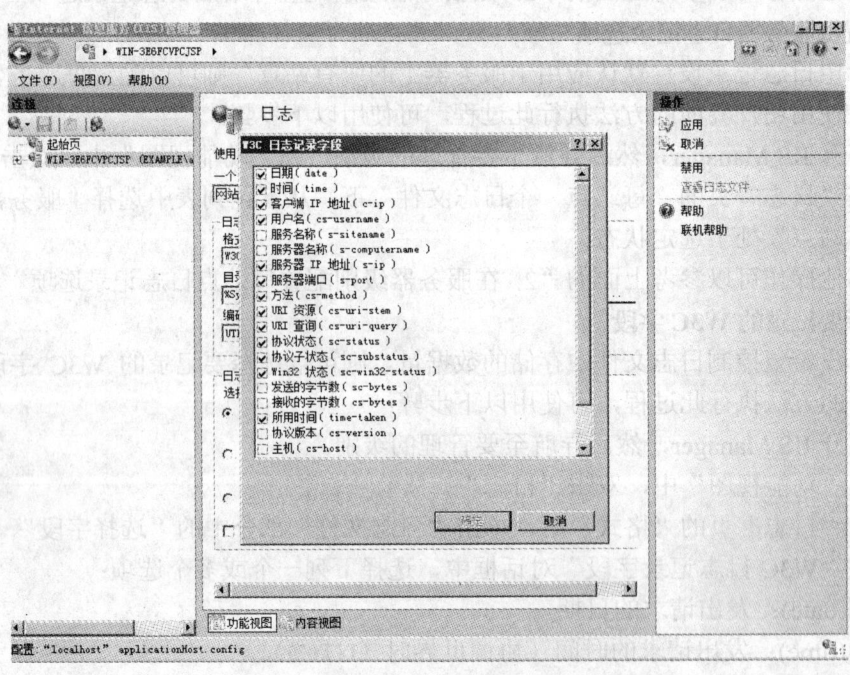

图 13-18　W3C 日志记录字段

（5）在“操作”窗格中，单击“应用”。

6. 配置日志文件滚动更新选项

如果要控制日志文件数据在服务器上存储的时间长度，就需要配置日志文件滚动更新选项。如果使用用户界面的方法执行此过程，可使用以下步骤：

（1）打开 IIS Manager，然后导航至要管理的级别，在“功能视图”中，双击“日志”。

（2）在“日志文件滚动更新”部分中，选择下列选项之一：

① 计划：根据下列值之一来创建新日志文件：

每小时：每小时创建一个新日志文件。

每天：每天创建一个新日志文件。

每周：每周创建一个新日志文件。

每月：每月创建一个新日志文件。

② 最大文件大小（字节）：在文件达到某个大小（单位为字节）时创建新日志文件。最小文件大小为 1048576 字节。如果将此属性设置为小于 1048576 字节的值，则会隐式将默认值假定为 1048576 字节。

③ 不创建新的日志文件：只有一个日志文件，在记录信息的过程中，此文件将不断变大。如果为站点使用单个日志文件，则可能有助于使用日志分析实用工具，但这也可能会创建出较大的日志文件，进而影响服务器的整体性能。

（3）选中“使用本地时间进行文件命名和滚动更新”以指定日志文件命名和滚动更新的时间都使用本地服务器时间。如果未选定此项，则使用协调世界时（UTC）。无论此设置为何值，实际日志文件中的时间戳将对从“格式”列表中选择的日志格式使用此时间格式。例如，NCSA 和 W3C 日志文件格式对时间戳使用 UTC 时间格式。

（4）在“操作”窗格中，单击“应用”。

13.4.3.3 在 IIS 7.0 中监视工作进程和当前正在执行的请求

在 IIS 7.0 中，管理员除了可以查看有关应用程序池中的工作进程的性能信息外，还可以查看有关工作进程中当前正在执行的请求的信息。这些信息可以帮助管理员确定服务器上出问题（如应用程序挂起或内存泄露）的位置。

此任务包括以下过程：

- 查看工作进程列表
- 查看工作进程中当前正在执行的请求

在配置之前需要明确配置的需求和条件，归纳如下：

①基于 IP 地址和域名规则的内容访问的配置过程可以在 IIS 中的 Web 服务器以下级别执行。

②必须在 Web 服务器上安装必需的模块和处理程序，且必须在执行此过程的级别启用它们。模块只能在 Web 服务器、站点和应用程序级别启用，但处理程序可以在所有级别启用。

③如果要使用 IIS Manager 执行此处的过程，操作者必须是服务器管理员。

如果是 IIS Manager 用户，但相关的配置元素已被锁定，则操作者可能无法执行下面的过程。如果操作者通过使用 Appcmd.exe、运行 WMI 脚本或编辑配置文件来执行下面的过程，则操作者必须对目标配置文件具有写入权限。

1. 查看工作进程列表

管理员可以查看有关在 Web 服务器的应用程序池中运行的工作进程的性能信息。这些信息有助于减少在 Web 服务器上导致问题的应用程序的数目，并有助于确定修复问题的方法。例如，管理员可能会发现某个特定的应用程序池经常显示很高的 CPU 使用率，比如 80%。借助上述信息可以确定该应用程序池中运行的应用程序，并尝试诊断特定应用程序中是否发生了问题，同时确定在将应用程序移到其他应用程序池后是否必须隔离该应用程序。

IIS 7.0 列出了与应用程序池名称关联的工作进程，并为每个工作进程提供了下列信息：

- 应用程序池名称。对于 Web 服务器，同一应用程序池可能会在网格中多次列出，以便说明应用程序池中运行了不同的工作进程。
- 进程 ID。与应用程序池关联的工作进程标识符（ID）。
- 状态。进程的状态，例如正在启动、正在运行或正在停止。
- CPU 百分比。工作进程自上次更新以来所占用的 CPU 时间百分比。这与任务管理器中的“CPU 使用”一致。
- 专用字节（KB）。工作进程当前提交的、不能与其他进程共享的内存大小。这与 Windows 任务管理器中的“虚拟内存大小”一致。
- 虚拟字节（KB）。工作进程当前占用的虚拟地址空间的大小。Windows 任务管理器中没有与之相对应的项。

如果使用用户界面的方法执行此过程，可使用以下步骤：

（1）打开 IIS Manager。

（2）在“连接”窗格中，选择树中的服务器节点。

（3）在“功能视图”中，双击“工作进程”。

（4）查看网格中的工作进程列表。

2. 查看工作进程中当前正在执行的请求

如果管理员发现某个工作进程当前占用了 Web 服务器上的大量资源，或者请求的处理时间过长，则可查看特定工作进程中当前正在处理的请求列表。此信息有助于在网站或应用程序的特定区域中确定问题出现的位置。例如，管理员可能会发现某个针对特定文件的请求占用了大量内存；随后，管理员可以将此类有关站点或应用程序的信息提供给开发人员，以便他们可以优化代码。再比如，管理员可能会发现某个工作进程处理请求的时间太长。这时就可以查看该工作进程中当前处理的请求，然后利用该信息来调查特定请求的处理时间过长的原因。

在 IIS Manager 中，当前执行的请求信息会返回有关工作进程中的请求的下列信息：

- 站点 ID。特定请求的站点标识符（ID）。
- Url。所请求的统一资源定位器（URL）。
- 谓词。请求中使用的超文本传输协议（HTTP）谓词。
- 客户端 IP。发出请求的客户端的 Internet 协议（IP）地址。
- 状态。请求当前所处的管道模块状态。
- 模块名称。请求当前所在的模块。
- 经过的时间。处理请求已经过的时间段。

如果使用用户界面的方法执行此过程，可使用以下步骤：

（1）打开 IIS Manager。

（2）在“连接”窗格中，选择树中的服务器节点。

（3）在“功能视图”中，双击“工作进程”。

（4）从网格中选择一个工作进程。

（5）在“操作”窗格中，单击“查看当前请求”。

（6）查看网格中的请求列表。

13.4.4 建立安全的 Web 站点

Web 网站能提供很方便的信息服务，但是往往存在较多的安全方面的隐患，比如在传输信息时容易被人截取到数据包而泄露信息造成损失。为了提供对 Web 服务器这方面的保护，可以选择使用 SSL 技术，这种技术通过使用证书来实现数据的加密传输，提供了对客户端与服务器之间发送的机密信息或个人信息的保护。启用 SSL 时，远程客户端需要使用以 https:// 开头的 URL 来访问站点。必须先配置服务器证书并创建 HTTPS 绑定，才能启用各种 SSL 设置。在下列一种或多种情况下，必须要求使用安全套接字层（SSL）加密：

- 当服务器上的机密或个人内容必须使用加密通道进行保护时。
- 当希望用户在传输其个人信息之前能够确认服务器的标识时。
- 当希望使用客户端证书对访问服务器的客户端进行身份验证时。

如果使用用户界面的方法执行此过程，可使用以下步骤：

（1）打开 IIS 管理器，然后导航至要管理的级别。

（2）在“功能视图”中，双击“SSL 设置”。

在设置时需确保处于站点、应用程序或目录级别；“SSL 设置”在服务器级别不可用。若要在文件级别配置 SSL，在“内容视图”中导航至该文件，然后在“操作”窗格中单击“切换到功能视图”。

（3）在“SSL 设置”页上，选择“要求 SSL”。

（4）在“操作”窗格中，单击“应用”。

Internet 服务器证书由公共证书颁发机构（CA）颁发。若要获取 Internet 服务器证书，首先要向 CA 发送申请，然后安装从 CA 发送来的 Internet 服务器证书。

13.4.4.1 申请和安装 Internet 服务器证书

如果必须向请求 Web 服务器内容的客户端证明该服务器的身份，就需要申请 Internet 服务器证书。Internet 服务器证书由公共证书颁发机构（CA）颁发。如果使用用户界面的方法执行此过程，可使用以下步骤：

（1）打开 IIS 管理器，然后导航至要管理的级别。

（2）在“功能视图”中，双击“服务器证书”。

（3）在“操作”窗格中，单击“创建证书申请”。

（4）在“申请证书”向导的“可分辨名称属性”页上，键入以下信息，然后单击“下一步”。见图 13-19 所示。

- 在“通用名称”文本框中，为证书键入一个名称。
- 在“组织”文本框中，键入将使用该证书的组织的名称。
- 在“组织单位”文本框中，键入组织中将使用该证书的组织单位的名称。
- 在“城市/地点”文本框中，键入组织或组织单位所在的城市或地点的非缩略名称。
- 在“省/市/自治区”文本框中，键入组织或组织单位所在的省/市/自治区的非缩略名称。
- 在“国家/地区”文本框中，键入组织或组织单位所在的国家/地区的名称。

（5）在“加密服务提供程序属性”页的“加密服务提供程序”下拉列表中，选择“Microsoft RSA SChannel 加密提供程序”或“Microsoft DH SChannel 加密提供程序”。默认情况下，IIS 7.0 使用 Microsoft RSA SChannel 加密提供程序。

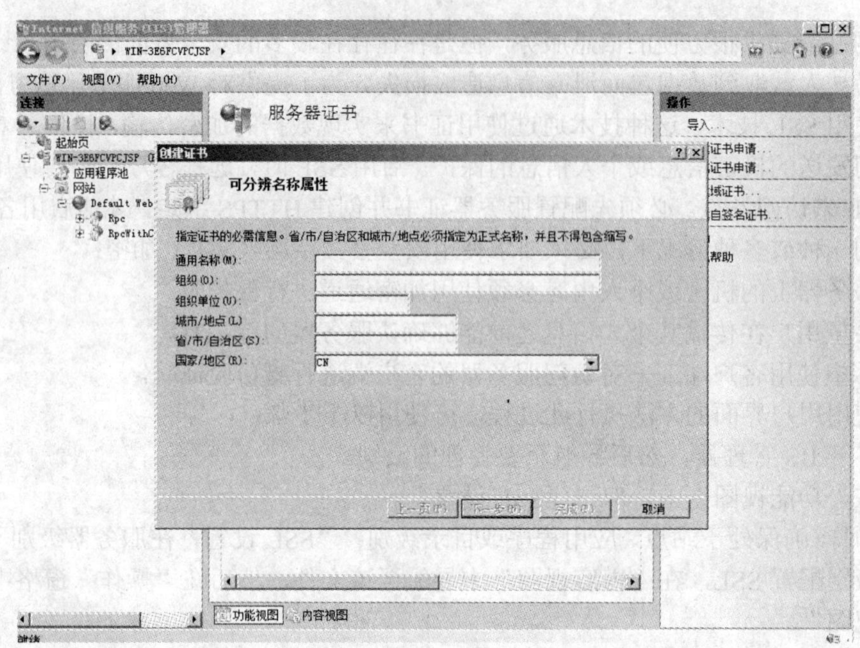

图 13-19 可分辨名称属性

（6）在“位长”下拉列表中，选择提供程序可以使用的位长。默认情况下，RSA SChannel 提供程序使用的位长为 1024。DH SChannel 提供程序使用的位长为 512。位长越长，安全性就越强，但也会使性能受到不同程度的影响。

（7）单击“下一步”，在“文件名”页上的“为证书申请指定一个文件名”文本框中，键入一个文件名；操作者也可以单击该页上的浏览按钮（“…”）来定位文件，然后单击“完成”。

（8）将证书申请发送至公共 CA。

当收到来自发送证书申请的公共证书颁发机构（CA）的响应时，必须通过在 Web 服务器上安装服务器证书来完成此过程。服务器证书只能安装在发出该证书申请的计算机上。

如果使用用户界面的方法执行此过程，可使用以下步骤：

（1）打开 IIS 管理器，然后导航至要管理的级别。在“功能视图”中，双击“服务器证书”。

（2）在“操作”窗格中，单击“完成证书申请”。如图 13-20 所示。

（3）在“完成证书申请”页的“包含证书颁发机构响应的文件名”文本框中，键入包含 CA 响应的文件的路径，或者单击浏览按钮（“…”）搜索该文件。

（4）在“好记名称”文本框中，为证书键入一个好记的名称，然后单击“确定”。

13.4.4.2 在 IIS 7 中创建域服务器证书

域证书是一种内部证书，无需由外部证书颁发机构（CA）颁发。如果 Windows 域包含用作 CA 的服务器，则管理员可以创建域证书。这种方式有助于降低证书的颁发成本，并且方便了证书的部署。必须正确配置域证书，以确保 Web 浏览器将其识别为受信任的证书。如果使用用户界面的方法执行此过程，可使用以下步骤：

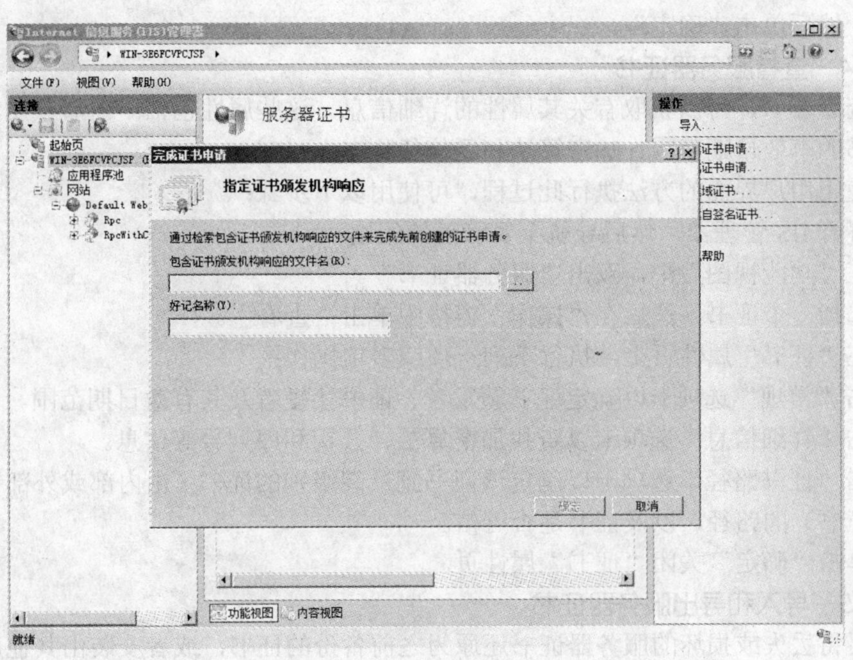

图 13-20 申请服务器证书界面

（1）打开 IIS 管理器，在“创建证书”向导的“可分辨名称属性”页上，键入相关信息后，单击“下一步”。

（2）在“联机证书颁发机构”页中的“指定联机证书颁发机构”框中，键入操作者的 Windows 域中证书颁发机构（CA）服务器的名称，或单击“选择”以在此域中搜索 CA 服务器。只有在此域中存在正确配置的证书颁发机构时，“选择”按钮才会启用。

（3）在“好记名称”框中，为证书键入一个好记的名称，然后单击“完成”，操作者必须为证书提供一个好记的名称。

（4）完成配置。

13.4.4.3 在 IIS 7 中创建自签名的服务器证书

如果要实现以下一种或多种目的，就需要为本地计算机创建自签名证书：

- 解决第三方证书问题。
- 远程管理 IIS。
- 在服务器与一组有限的已知用户之间创建安全的私有通道，例如软件测试环境中的私有通道。
- 测试依赖 SSL 设置的功能。

此过程生成的自签名证书并不是由普遍受信任的源颁发的，因此该证书不能用于保护在 Internet 客户端和服务器之间传输的数据。自签名证书可能导致 Web 浏览器发出网页仿冒警告。如果使用用户界面的方法执行此过程，可使用以下步骤：

（1）打开 IIS 管理器，然后导航至要管理的级别。

（2）在“功能视图”中，双击“服务器证书”。

（3）在“操作”窗格中，单击“创建自签名证书”。

（4）在“创建自签名证书”页的“为证书指定一个好记名称”框中，为证书键入一个好记的名称，然后单击“确定”。

13.4.4.4 查看服务器证书

通过查看证书，可以获取有关其属性的详细信息。这些属性包括：证书颁发者、证书接受者、证书的有效日期范围、加密算法和受信任状态。

如果使用用户界面的方法执行此过程，可使用以下步骤：

（1）打开 IIS 管理器，然后导航至要管理的级别。

（2）在“功能视图”中，双击“服务器证书”。

（3）选择一个证书，然后在“操作”窗格中单击“查看”。

（4）在“证书”属性页上，执行下列一项或多项操作：

- 单击“常规”选项卡以确定证书颁发者、证书接受者及其有效日期范围。
- 单击“详细信息”选项卡以查找加密算法、公钥和序列号等信息。
- 单击“证书路径”选项卡以确定该证书到最高级别的证书（由内部或外部证书颁发机构颁发的证书）的路径，以及证书是否可信。

（5）单击“确定”关闭“证书”属性页。

13.4.4.5 导入和导出服务器证书

如果要将丢失或损坏的服务器证书还原为之前备份的证书，或者安装由其他用户或证书颁发机构（CA）发送给用户的证书，就需要导入服务器证书。如果服务器证书具有关联的密码，则必须知道该密码才能导入该服务器证书。

如果使用用户界面的方法执行此过程，可使用以下步骤：

（1）打开 IIS 管理器，然后导航至要管理的级别。

（2）在“功能视图”中，双击“服务器证书”。

（3）在“操作”窗格中，单击“导入”。

（4）在“导入证书”对话框中，执行下列操作：

- 在“证书文件”框中键入文件名，或者单击浏览按钮（“...”）导航至存储已导出证书的文件的名称。
- 如果在导出证书的过程中使用了密码，在“密码”框中键入密码。
- 如果希望能够导出此证书，选中“允许导出此证书”；如果不希望再次导出此证书，则清除“允许导出此证书”。

（5）单击“确定”。

如果要将源服务器中的证书应用于目标服务器，或者要备份证书及其关联私钥，需要从源服务器中导出相应证书。如果用户为证书指定了一个密码，则无论是谁导入该证书，都必须知道密码，才能将证书应用于目标服务器。如果用户忘记了密码，将无法恢复已导出的证书。

如果使用用户界面的方法执行此过程，可使用以下步骤：

（1）打开 IIS 管理器，然后导航至要管理的级别。

（2）在“功能视图”中，双击“服务器证书”。

（3）选择一个证书，然后在“操作”窗格中单击“导出”。

（4）在“导出证书”对话框中，执行以下操作：

- 在“导出至”框中键入一个文件名，或单击浏览按钮（“...”）导航到存储要导出的证书的文件的名称。

- 如果要将密码与导出的证书相关联，则在“密码”框中键入密码。
- 在“确认密码”框中重新键入该密码，然后单击“确定”。

13.4.4.6 删除服务器证书

如果出现以下一种或多种情况，则需要删除证书：

- 操作者以唯一用户或共享用户身份取得计算机的所有权，而此计算机的证书已分配给不再使用此计算机的用户。
- 操作者认为计算机的安全可能已受到威胁，并且相应证书在证书吊销列表（CRL）中。
- 操作者认为证书已损坏。

需要注意的是，当操作者删除服务器证书时，将从该服务器的证书存储区中删除此证书。如果使用用户界面的方法执行此过程，可使用以下步骤：

（1）打开 IIS 管理器，然后导航至要管理的级别。

（2）在“功能视图”中，双击“服务器证书”。

（3）选择要删除的服务器证书，然后在“操作”窗格中单击“删除”。需要注意的是，删除服务器证书可能会造成相关服务或程序停止运行。

（4）在“确认删除”对话框中，单击“是”。

13.5 在 IIS 7.0 中设置 HTTP

IIS 7.0 允许管理员控制针对网页请求返回的内容，从而可以为网站访问者提供更好的用户体验。此外，每当网站或网站上的应用程序出现问题时，IIS 还允许用户传送自定义错误消息。常见的 HTTP 功能包括：

（1）默认文档

默认文档允许指定当请求中未指定文档名称时可以向客户端浏览器返回的文件列表。

（2）目录浏览

目录浏览允许在请求中未指定文档名称时向客户端浏览器返回目录列表。

（3）HTTP 错误页

自定义错误页允许在站点访问者无法访问请求的内容时向他们提供友好或信息更丰富的响应。管理员可以更改 IIS 中的默认设置，并将 IIS 配置为在发生 HTTP 错误时始终返回自定义错误页。

（4）HTTP 重定向

重定向是指将 Web 服务器配置为向客户端发出重定向消息（例如 HTTP 302），以指示客户端重新提交新位置请求的过程。通过配置重定向规则，可使最终用户的浏览器加载不同于最初请求的 URL 的 URL。

（5）HTTP 响应头

HTTP 头是一些名称和值对，其中包含有关请求的页面的信息。这些信息包括 HTTP 版本、日期和内容类型。管理员可以创建自定义头，以便在响应中向客户端传递特殊的信息。

（6）MIME 类型

MIME 类型用于标识可从 Web 服务器向浏览器或邮件客户端提供的内容类型。管理员可以添加、编辑或删除 MIME 类型。

13.5.1 配置默认文档

如果客户端在访问 Web 服务器端的网站或 Web 应用程序时未指定文档名称（举例来说，客户端在访问时请求的页面是 http://www.contoso.com/ 而不是 http://www.contoso.com/default.html），管理员可以将 IIS 配置为提供默认文档，如 default.htm。如果管理员列出了多个默认文档，IIS 将检查默认文档列表（按顺序），直至它在目录中找到一个匹配项为止，然后它便将此文件提供给客户端。

当默认文档和目录浏览都已禁用时，客户端浏览器会收到 404（“找不到文件”）错误，这是因为 Web 服务器无法确定要提供哪个文件并且无法返回目录列表。但是，如果禁用了默认文档但启用了目录浏览，则客户端浏览器将收到一个目录列表，而不是 404（“找不到文件”）错误。

此任务包括以下过程：

- 在 IIS 7.0 中启用或禁用默认文档
- 在 IIS 7.0 中配置默认文档列表

在配置默认文档之前，需要先明确配置的要求，概括如下：

（1）默认文档的配置过程可以在 IIS 中的以下级别执行：Web 服务器、站点、应用程序、物理目录和虚拟目录和文件（URL）。

（2）必须在 Web 服务器上安装必需的模块和处理程序，且必须在执行此过程的级别启用它们。模块只能在 Web 服务器、站点和应用程序级别启用，但处理程序可以在所有级别启用。

（3）确保操作者具备足够的权限。如果要使用 IIS Manager 执行下面的操作过程，操作者必须是服务器管理员，或是已在 IIS Manager 中授予了相应站点或应用程序级权限的 IIS Manager 用户。

如果操作者是 IIS Manager 用户，但相关的配置元素已被锁定，则可能无法执行此过程；如果操作者通过使用 Appcmd.exe、运行 WMI 脚本或编辑配置文件来执行下面的操作过程，则必须对目标配置文件具有写入权限。

13.5.1.1 在 IIS 7.0 中启用或禁用默认文档

如果要在请求中未指定文档名称时向客户端浏览器返回特定的文件，就需要启用默认文档。当管理员启用了“目录浏览”功能并希望返回目录列表页而不是默认文档时，可以禁用默认文档。

管理员必须启用“默认文档”功能，才能向默认文档列表中添加文件名并向客户端浏览器提供默认文档。如果同时禁用了默认文档和目录浏览，则当请求中未包含文档名称时，客户端浏览器将收到 404“找不到文件”错误。

启用或禁用默认文档可以通过以下方法执行此过程：使用用户界面（UI）、在命令行窗口中运行 Appcmd.exe 命令、直接编辑配置文件或编写 WMI 脚本。

使用用户界面的方式配置的步骤如下：

（1）打开 IIS Manager，然后导航至要管理的级别。

（2）在“功能视图”中，双击“默认文档”。

（3）如果“默认文档”功能已禁用而又希望启用它，可在“操作”窗格中单击“启用”。如果“默认文档”功能已启用而又希望禁用它，请单击“禁用”。

如果使用命令行进行配置，方法如下：

若要启用或禁用默认文档，请使用以下语法：

appcmd set config /section:defaultDocument /enabled:true|false

默认情况下，默认文档处于启用状态，但可以通过为 enabled 属性指定 false 来禁用该功能。例如，如果要禁用默认文档，在命令提示符处键入以下命令，然后按 Enter：

appcmd set config /section:defaultDocument /enabled:false

13.5.1.2 在 IIS 7.0 中配置默认文档列表

如果要在请求中未指定文档名称时向客户端浏览器返回特定的文件，可以将其文件名添加到默认文档列表中。出于性能考虑，应确保该列表中的第一个默认文档位于文件系统中。同时应删除所有不需要用作默认文档的文件名。

管理员必须启用“默认文档”功能，才能向默认文档列表中添加文件名并向客户端浏览器提供默认文档。如果同时禁用了默认文档和目录浏览，则当请求中未包含文档名称时，客户端浏览器将收到 404“找不到文件”错误。

使用用户界面（UI）设置的方法和步骤如下：

(1)打开 IIS Manager，然后导航至要管理的级别，在“功能视图”中，双击“默认文档”。

(2) 在“操作”窗格中，单击“添加”。如图 13-21 所示。

(3) 在“名称”框中，键入要添加到默认文档列表中的文件名，然后单击“确定”。此文件名将添加到默认文档列表的开头。

(4) 可以在列表中选择一个默认文档，然后通过在“操作”窗格中单击“上移”或“下移”来更改该文件的优先级。

(5) 此外，通过在列表中选择一个默认文档，然后在“操作”窗格中单击“删除”，还可以删除任何不想用作默认文档的文件名。

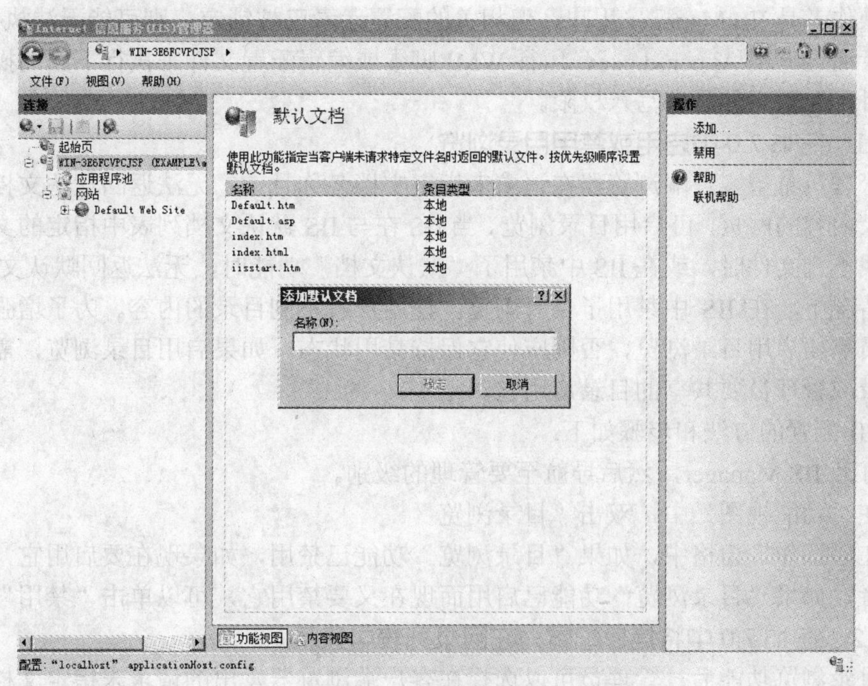

图 13-21 创建默认文档

13.5.2 目录浏览的配置

如果在 Internet 信息服务（IIS）中对某一目录启用了目录浏览功能，则在符合以下条件时，用户将收到列出此目录内容的页：

- 用户未在统一资源定位符（URL）中指定文件。例如，用户导航至 http://www.contoso.com/，而不是 http://www.contoso.com/default.htm。
- 在 IIS 中禁用了“默认文档”功能。或者，如果启用了“默认文档”功能，IIS 无法定位该目录中与 IIS 默认文档列表中指定的名称匹配的文件。

默认情况下，在 IIS 中禁用了目录浏览，以使用户看不到目录的内容。为了增强安全性，除非管理员有明确的理由启用目录浏览，否则应使它保持禁用状态。如果启用目录浏览，要确保只对特定目录或用户在要共享的目录时才启用它。

此任务包括以下过程：

- 在 IIS 7.0 中启用或禁用目录浏览。
- 在 IIS 7.0 中将信息配置为在目录列表中显示。

目录浏览功能的配置也是有条件的，需要先明确配置的要求，概括如下：

（1）默认文档的配置过程可以在 IIS 中的以下级别执行：Web 服务器、站点、应用程序、物理目录和虚拟目录和文件（URL）。

（2）必须在 Web 服务器上安装必需的模块和处理程序，且必须在执行此过程的级别启用它们。模块只能在 Web 服务器、站点和应用程序级别启用，但处理程序可以在所有级别启用。

（3）确保操作者具备足够的权限。如果要使用 IIS Manager 执行下面的操作过程，操作者必须是服务器管理员，或是已在 IIS Manager 中授予了相应站点或应用程序级权限的 IIS Manager 用户。

如果操作者是 IIS Manager 用户，但相关的配置元素已被锁定，则可能无法执行此过程；如果操作者通过使用 Appcmd.exe、运行 WMI 脚本或编辑配置文件来执行下面的操作过程，则必须对目标配置文件具有写入权限。

13.5.2.1 在 IIS 7.0 中启用或禁用目录浏览

如果管理员希望客户端浏览器在请求未指定文档名称且 IIS 无法返回默认文档时显示一个列出目录内容的网页，可启用目录浏览。当 IIS 在与 IIS 默认文档列表中指定的文件名匹配的目录中找不到文件时，或在 IIS 中禁用了“默认文档”功能时，无法返回默认文档。

默认情况下，在 IIS 中禁用了目录浏览，使用户看不到目录的内容。为了增强安全性，除非管理员需要启用目录浏览，否则应使它保持禁用状态。如果启用目录浏览，需要确保只对特定目录或管理员要共享的目录启用它。

使用 UI 配置的方法和步骤如下：

（1）打开 IIS Manager，然后导航至要管理的级别。

（2）在“功能视图”中，双击“目录浏览”。

（3）在“操作”窗格中，如果“目录浏览”功能已禁用，如果现在要启用它，单击“启用”。或者，如果“目录浏览”功能已启用而现在又要禁用它，可以单击“禁用”。

13.5.2.2 在 IIS 7.0 中将信息配置为在目录列表中显示

启用目录浏览功能后，管理员可以选择在客户端浏览器发出的请求未指定文档名称时要显示在目录列表页中的信息。

使用用户界面（UI）配置的方法和步骤如下：

（1）打开 IIS Manager，然后导航至要管理的级别。

（2）在“功能视图”中，双击“目录浏览”。

（3）在“目录浏览”页上，根据用户的偏好选中或通过单击清除下列复选框：

- 时间：显示每个文件的上次修改时间。
- 大小：显示每个文件的大小。
- 扩展名：显示文件的扩展名。
- 日期：显示每个文件的上次修改日期。
- 长日期：以扩展格式显示每个文件的上次修改日期。

（4）在“操作”窗格中，单击“应用”。

13.5.3 设置错误响应

自定义错误消息允许在站点访问者无法访问他们请求的内容时提供文件、执行资源或重定向到 URL，以此来提供友好或信息更丰富的响应。默认情况下，IIS 会提供存储在 %systemroot%\Help\IisHelp\Common 文件夹下的文件中定义的错误消息。管理员可以为用户创建自定义错误消息，并将 IIS 配置为在每次遇到站点上的特定 HTTP 错误时都返回该页面。

需要注意的是：用户不能自定义以下 HTTP 错误消息：400、403.9、411、414、500、500.11、500.14、500.15、501、503 和 505。

此任务包括以下过程：

- 查看 HTTP 错误响应列表
- 创建自定义 HTTP 错误响应
- 在 IIS 7.0 中更改 HTTP 错误响应的状态代码
- 编辑自定义 HTTP 错误响应
- 删除自定义 HTTP 错误响应

HTTP 错误响应的配置要求包括以下几个方面，概括如下：

（1）HTTP 错误响应的配置过程可以在 IIS 中的以下级别执行：Web 服务器、站点、应用程序、物理目录和虚拟目录和文件（URL）。

（2）必须在 Web 服务器上安装必需的模块和处理程序，且必须在执行此过程的级别启用它们。模块只能在 Web 服务器、站点和应用程序级别启用，但处理程序可以在所有级别启用。

（3）如果要使用 IIS Manager 执行下面的操作过程，必须是服务器管理员，或是已在 IIS Manager 中授予了相应站点或应用程序级权限的 IIS Manager 用户。

13.5.3.1 查看 HTTP 错误响应列表

IIS 7.0 提供了一个标准 HTTP 错误消息列表。如果服务器无法返回客户端请求的内容，IIS 便会向客户端浏览器返回这些消息。例如，当使用无效凭据的客户端尝试访问未经授权的内容时，IIS 将返回 401 错误。若要向站点访问者提供更为用户友好的体验，可以自定义这些消息。

管理员可以按 HTTP 状态代码、路径、路径类型或范围（本地或继承）对 HTTP 错误页列表进行排序。此外，管理员还可以按范围或路径类型对 HTTP 错误页进行分组。在按照范围分组时，可以查看哪些 HTTP 错误消息适用于当前配置级别，以及哪些 HTTP 错误消息是从父级继承而来的。

使用用户界面（UI）配置的方法和步骤如下：

（1）打开 IIS Manager，然后导航至要管理的级别。

（2）在“功能视图”中，双击“错误页”。

13.5.3.2 创建自定义 HTTP 错误响应

每当发生 HTTP 错误时，IIS 都可以返回自定义错误消息。与默认的错误消息相比，自定义错误消息能够提供更友好或更丰富的反馈信息。不能自定义以下 HTTP 错误：400、403.9、411、414、500、500.11、500.14、500.15、501、503 和 505。添加配置设置时，将在本地级别以及继承该设置的所有子级别中添加该设置。

使用用户界面（UI）配置的方法和步骤如下：

（1）打开 IIS Manager，然后导航至要管理的级别。

（2）在“功能视图”中，双击“错误页”。

（3）在“操作”窗格中，单击“添加”。

（4）在“添加自定义错误页”对话框的“状态代码”下，键入要为其创建自定义错误消息的 HTTP 状态代码的编号。如图 13-22 所示。

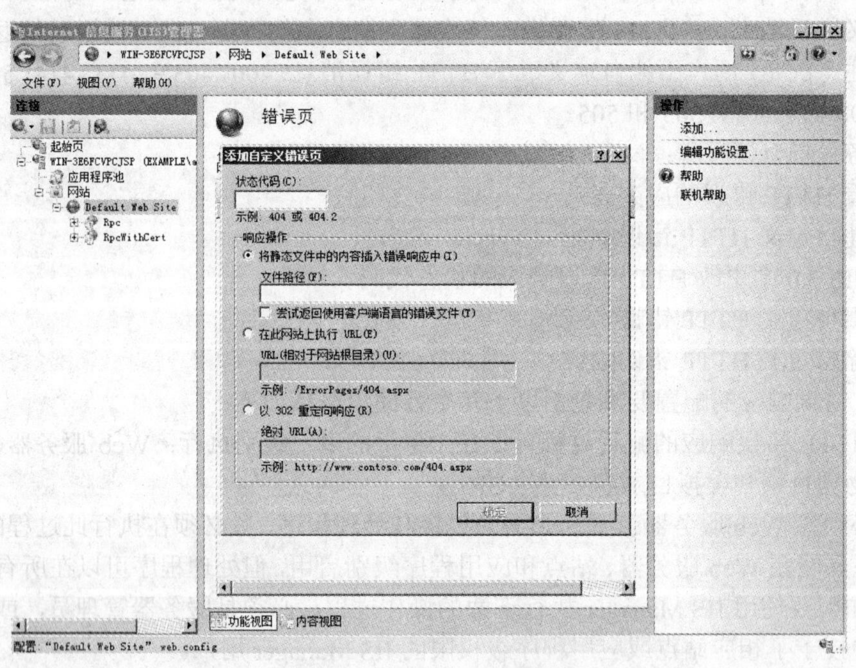

图 13-22 添加自定义错误项

（5）在“响应操作”框中，请执行以下操作：

- 选择“将静态文件中的内容插入错误响应中”以便为自定义错误提供静态内容（例如.html 文件）。
- 选择“在此网站上执行 URL”以便为自定义错误提供静态内容（例如.asp 文件）。
- 选择“以 302 重定向响应”以便将客户端浏览器重定向到包含自定义错误文件的其他 URL。

（6）在“文件路径”文本框中，如果选择了“将静态文件中的内容插入错误响应中”，请键入自定义错误页的路径，如果使用的是“在此网站上执行 URL”或“以 302 重定向响应”路径类型，请键入自定义错误页的 URL，然后单击“确定”。

需要注意的是：如果选择了“在此网站上执行 URL”，则路径必须是相对当前站点的根目录的 URL。如果需要使用 URL“http://contoso.com/products/new/error.htm”，则应指定“/products/new/error.htm”。如果选择了“在此网站上执行 URL”，则必须确保指定的 URL 与可能发生错误的 URL 位于同一个应用程序池中，否则服务器将返回“403 禁止访问”消息。如果无法保证指定的 URL 将与可能发生错误的所有 URL 都位于同一个应用程序池中，请改为选择“以 302 重定向响应”并指定一个完全限定的 URL。

13.5.3.3 在 IIS 7.0 中更改 HTTP 错误响应的状态代码

如果要更改自定义错误响应返回的 HTTP 错误，管理员可以更改 HTTP 错误响应的状态代码。但是以下 HTTP 错误：400、403.9、411、414、500、500.11、500.14、500.15、501、503 和 505 不能自定义。

更改 HTTP 错误响应的状态代码可以通过以下方法执行：

（1）打开 IIS Manager，然后导航至要管理的级别。

（2）在“功能视图”中，双击“错误页”。

（3）在“错误页”页上，单击以选择要更改其状态代码的自定义错误页。

（4）在“操作”窗格中，单击“更改状态代码”。

（5）在“错误页”页的“状态代码”列中，输入新的状态代码，然后单击页面上的任意位置。

13.5.3.4 编辑自定义 HTTP 错误响应

更改自定义错误文件的位置时，可以将该自定义错误的设置更改为指向新的位置。当错误消息的文件类型发生更改时，例如从静态文件更改为向每个访问者自定义的动态内容提供服务的文件，则也可以执行类似的操作。编辑配置设置时，将更改本地级别以及继承该设置的所有子级别的设置。

编辑自定义错误可以通过以下方法执行此过程：

（1）打开 IIS Manager，然后导航至要管理的级别。

（2）在“功能视图”中，双击“错误页”。

（3）在“错误页”页上，单击要更改的错误以将其选中。

（4）在“操作”窗格中，单击“编辑”。

（5）在“编辑自定义错误页”对话框中，选择下列选项之一：

（6）将静态文件中的内容插入错误响应中，如果错误内容是静态的（例如.html 文件），请选择此选项。

- 在此网站上执行 URL，如果错误内容是动态的（例如.asp 文件），请选择此选项。
- 以 302 重定向响应，如果要将客户端浏览器重定向到其他 URL，请选择此选项。

（7）如果选择“将静态文件中的内容插入错误响应中”作为路径类型，请在“文件路径”文本框中键入自定义错误页的路径。如果使用“在此网站上执行 URL”或“以 302 重定向响应”路径类型，请改为键入自定义错误页的 URL。单击“确定”。

13.5.3.5 删除自定义 HTTP 错误响应

如果不再需要为特定的 HTTP 请求返回自定义响应，可以删除该自定义错误。管理员可以删除本地级别的自定义错误，也可以删除从父级继承的自定义错误。删除自定义错误后，IIS 将返回与该错误关联的默认 HTTP 错误消息。默认的 HTTP 错误消息文件位于 &systemroot%\Help\IisHelp\Common 文件夹中。删除配置设置时，将从本地级别以及继承该设置的所有子级别中删除该设置。

删除自定义错误可以通过以下方法执行此过程：

（1）打开 IIS Manager，然后导航至要管理的级别。

（2）在“功能视图”中，双击“错误页”。

（3）在“错误页”页上，选择要删除的错误，接着在“操作”窗格中单击“删除”，然后单击“是”。

13.5.4 HTTP 的重定向

重定向是确保用户始终收到他们所需网页的一种方式。重定向是指将 Web 服务器配置为向客户端发出重定向消息（例如 HTTP 302），以指示客户端重新提交新位置请求的过程。可以将用户重定向到其他文件、目录或站点。

重定向功能在下列情况中十分有用：

- 管理员更改了网站的位置并希望将用户重定向到新的站点。
- 网站正在建设中，因而希望将站点的部分功能设置为不可用。
- 网站的内容未放在 Web 服务器上。
- 管理员更改了虚拟目录的名称，并希望用户能够使用原来的 URL 访问其中的文件。

此任务包括以下过程：

- 配置 Web 服务器以将请求重定向到相对目标
- 配置 Web 服务器以将请求重定向到确切的目标
- 将重定向目标限制为目标目录中的内容
- 配置重定向状态代码

HTTP 重定向的配置要求，概括如下：

（1）HTTP 重定向的配置过程可以在 IIS 中的以下级别执行：Web 服务器、站点、应用程序、物理目录和虚拟目录和文件（URL）。

（2）必须在 Web 服务器上安装必需的模块和处理程序，且必须在执行此过程的级别启用它们。模块只能在 Web 服务器、站点和应用程序级别启用，但处理程序可以在所有级别启用。

（3）如果要使用 IIS Manager 执行此处中的过程，操作者必须是服务器管理员，或是已在 IIS Manager 中授予了相应站点或应用程序级权限的 IIS Manager 用户。

13.5.4.1 配置 Web 服务器以将请求重定向到相对目标

如果要将客户端重定向到文件、目录或站点，就需要启用重定向并配置目标。如果站点正在建设中或更改了标识，此配置将十分有用。

配置的目标是相对目标。例如，如果将重定向目标配置为 http://www.contoso.com/sales，且传入的请求是 http://www.contoso.com/marketing/default.aspx，IIS 便会将该请求重定向到 http://www.contoso.com/sales/default.aspx。

启用重定向可以通过以下方法执行此过程：

（1）打开 IIS Manager，然后导航至要管理的级别。

（2）在“功能视图”中，双击“HTTP 重定向”。如图 13-23 所示。

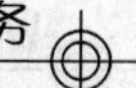

（3）在“HTTP 重定向”页上，选择“将请求重定向到此目标”。在相应的框中，键入要将用户重定向到的文件名、目录路径或 URL。

（4）在“操作”窗格中，单击“应用”。

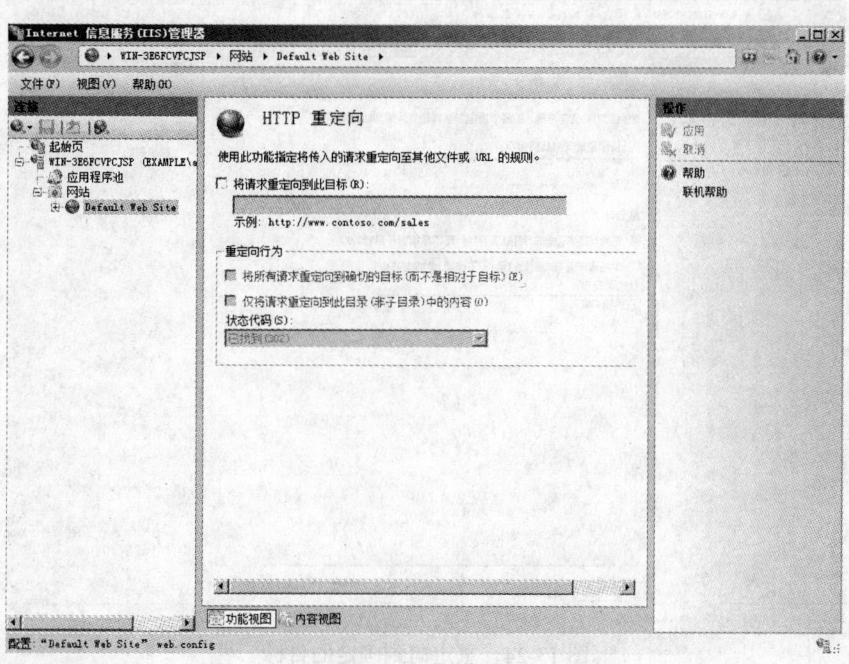

图 13-23 “HTTP 重定向”界面

13.5.4.2 配置 Web 服务器以将请求重定向到确切的目标

如果要更改默认的重定向行为，可以将重定向目标配置为确切的目标。在将目标配置为确切的目标时，所有传入请求都将被重定向到该确切的目标而不是相对目标。如果要将所有请求都重定向到同一个网页（例如在关闭站点进行维护或站点建设期间），这种配置将十分有用。在配置时首先必须启用重定向并配置重定向目标。

启用重定向可以通过以下方法执行此过程：使用用户界面（UI）、在命令行窗口中运行 Appcmd.exe 命令。

使用 UI 进行配置的步骤如下：

（1）打开 IIS Manager，然后导航至要管理的级别。

（2）在“功能视图”中，双击“HTTP 重定向”。如图 13-24 所示。

（3）在“HTTP 重定向”页的“重定向行为”下，选择“将所有请求重定向到确切的目标（而不是相对于目标）”。

（4）在“操作”窗格中，单击“应用”。

13.5.4.3 将重定向目标限制为目标目录中的内容

启用重定向时，默认情况下将从指定为目标的内容目录及其所有子目录中提供请求的内容。例如，如果将重定向目标配置为 http://www.contoso.com/sales，则可能从/sales 下的目录为请求提供内容。但是，管理员可以限制为只通过指定目标的内容目录为请求提供内容。配置时需首先启用重定向并配置重定向目标。启用重定向可以通过以下方法执行此过程：使用用户界面（UI）、在命令行窗口中运行 Appcmd.exe 命令。

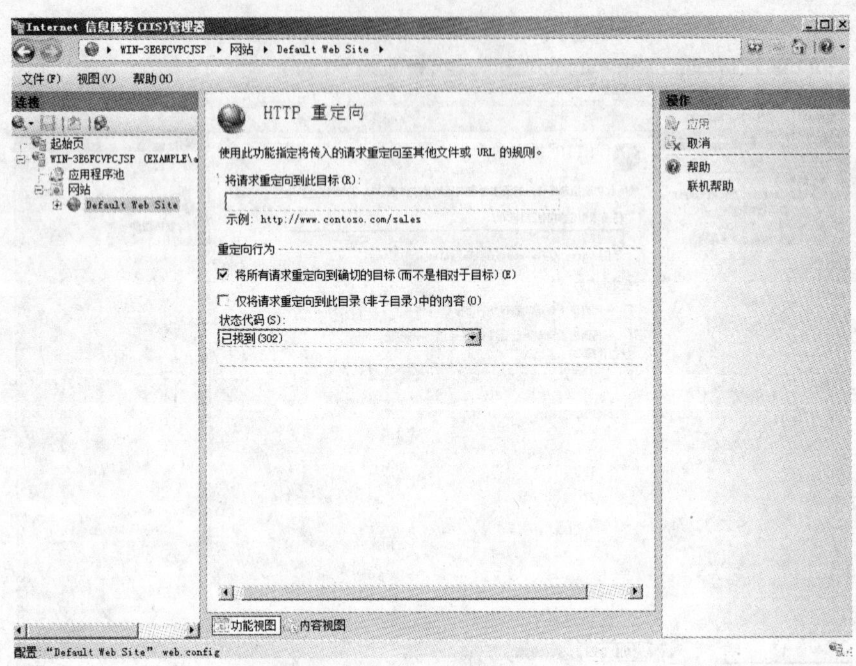

图 13-24　重定向到确定的目标

使用 UI 进行配置的步骤如下：

（1）打开 IIS Manager，然后导航至要管理的级别。

（2）在“功能视图”中，双击“HTTP 重定向”。

（3）在“HTTP 重定向”页的“重定向行为”下，选择“仅将请求重定向到此目录（非子目录）中的内容”。

（4）在“操作”窗格中，单击“应用”。

13.5.4.4　配置重定向状态代码

通过选择状态代码，可以指定 Web 浏览器在不同位置发出新请求的方式。设置状态代码可以自定义重定向过程。配置重定向状态代码可以通过以下方法执行此过程：使用用户界面（UI）、在命令行窗口中运行 Appcmd.exe 命令。

使用 UI 进行配置的步骤如下：

（1）打开 IIS Manager，然后导航至要管理的级别。

（2）在“功能视图”中，双击“HTTP 重定向”。

（3）在“HTTP 重定向”页的“重定向行为”下，从“状态代码”列表中选择以下值之一：如图 13-25 所示。

- “标准(302)”-指示 Web 客户端向 Location HTTP 头中指定的位置发出新请求。
- “永久(301)”-向 Web 客户端指示请求的资源的位置已发生永久性更改。
- “临时(307)”-指示 Web 客户端重新发送 POST 数据，以防 Web 浏览器在发出 HTTP POST 请求时丢失数据。

（4）单击“确定”。

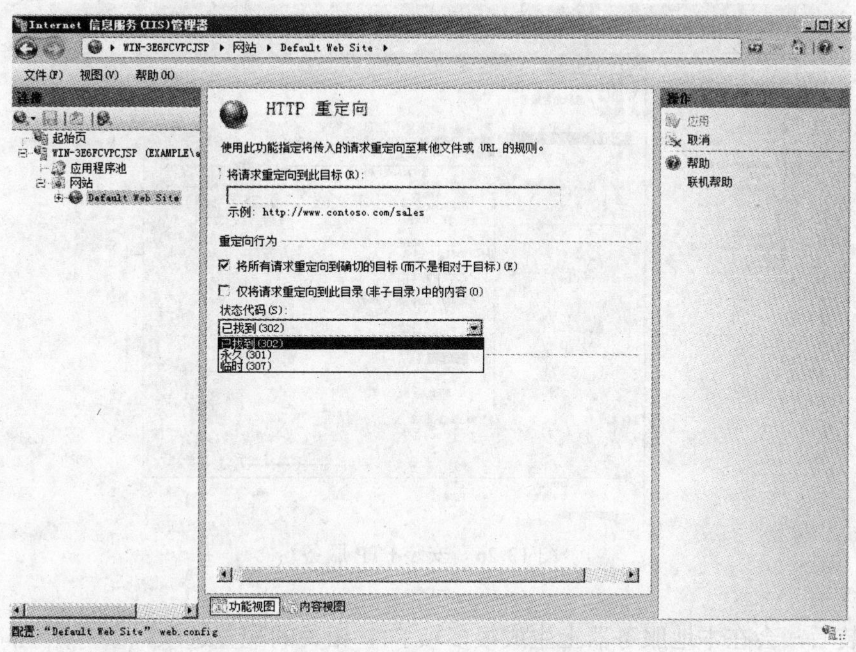

图 13-25　重定向中的状态码

13.6　在 IIS 7.0 中设置 FTP

如果要允许用户在站点中上载或下载文件，就需要在 Web 服务器上设置 FTP。无论站点是位于 Intranet 还是位于 Internet 上，使用 FTP 在所提供的位置中上载和下载文件的原理是相同的。需要将文件放在 FTP 服务器上的目录中，以便用户可以建立 FTP 连接并通过 FTP 客户端或启用 FTP 的 Web 浏览器进行文件传输。本小节介绍如何在 Web 服务器上启用并运行 FTP 服务的基本知识。

13.6.1　安装 IIS 7.0 中的 FTP 服务

如果要允许用户在网站中上载或下载文件，就需要在 Web 服务器上安装 FTP。默认情况下，FTP 服务不会安装在 IIS 7.0 上。若要设置 FTP 站点，必须先通过 Windows Vista 中的“控制面板”或 Windows Server 2008 中的“服务器管理器”安装 FTP 服务。

安装 FTP 服务时，会创建一个默认 FTP 站点，随后可以使用 IIS 6.0 管理器根据自己的需要来自定义该站点。创建的默认 FTP 目录为 LocalDrive:\Inetpub\Ftproot。

在 Windows Server 2008 上安装 FTP 服务的方法和步骤如下：

（1）在“开始”菜单上，单击“管理工具”，然后单击“服务器管理器”。

（2）在“服务器管理器”窗格的“角色摘要”部分中，单击“Web 服务器（IIS）”。

（3）在“Web 服务器（IIS）”部分中，单击“添加角色服务”。

（4）在“角色服务”下，选择“FTP 发布服务”。这将安装 FTP 服务和 FTP 管理控制台。

（5）单击“下一步”，然后单击“安装”。参考图 13-26 所示。

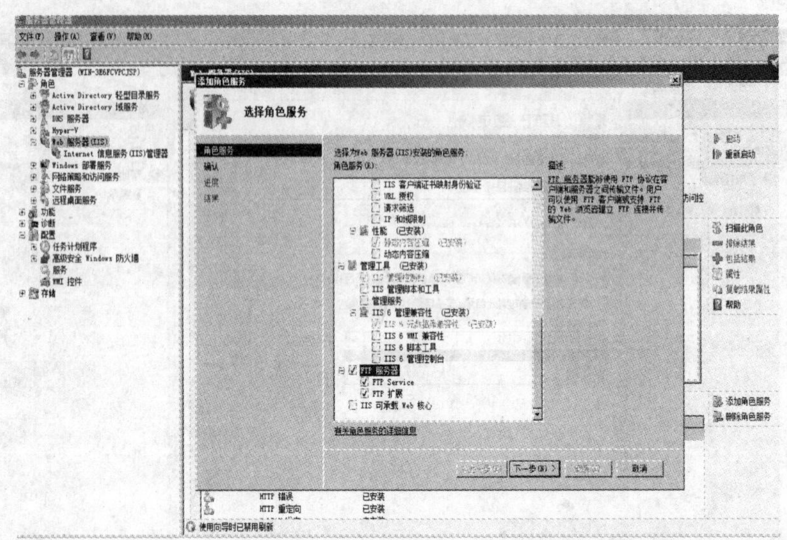

图 13-26　安装 FTP 服务

完成安装后，会在本地服务器上生成很多项 FTP 相关的配置选项，参考图 13-27 所示。

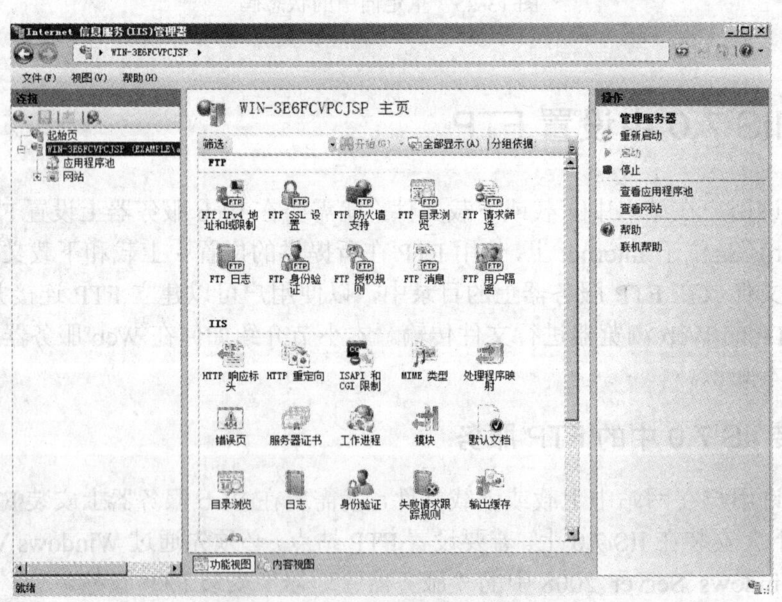

图 13-27　安装 FTP 服务成功后界面

13.6.2　在 IIS 7.0 中启动 FTP 服务

就像 IIS 7.0 上默认不安装 FTP 服务一样，当管理员在 IIS 7.0 上安装 FTP 服务后，默认情况下也不会启动该服务。因此，在安装 FTP 服务后必须启动该服务。如果 FTP 服务之前已停止或暂停，可能也需要启动该服务。

在 Windows 服务器上启动 FTP 服务的方法和步骤如下所示：

（1）在“开始”菜单上，单击“管理工具”，然后单击“服务器管理器”。

（2）在“服务器管理器”窗格的“角色摘要”部分中，单击“Web 服务器（IIS）”。

（3）在“Web 服务器（IIS）”部分的“系统服务”下，单击“FTP 发布服务”，然后单击“启动”。

在 Windows 客户端上启动 FTP 服务的方法和步骤如下所示：

（1）在“开始”菜单上单击“控制面板”。

（2）在“控制面板”中，单击“系统和维护”，然后单击“管理工具”。

（3）双击“服务”，右键单击“FTP 发布服务”，然后从菜单中选择“启动”。

13.6.3 配置安全的 FTP 服务

由于 FTP 是采用明文的方式传送信息，所以容易被网络上其他别有用心的用户截获造成信息的泄露。因此管理员需要通过一些配置来提高对 FTP 服务的安全性保护。

1. 禁止匿名访问

默认情况下，IUSR_SERVERNAME 用户账户可以连接到基于 IIS 架构的 FTP 服务，此时用户名为 anonymous，密码为空，就能匿名登录到 FTP 服务站点上，这是一个安全隐患。如果禁用这个匿名连接，用户就必须要在 Web 服务器中或者在域中进行有效的身份验证后，才能实现对 FTP 服务站点的访问。

禁止匿名访问的方法和步骤如下所示：如图 13-28 所示。

（1）打开 IIS 信息服务管理器，找到 FTP 站点 Default FTP site，右键菜单中选择“属性”；

（2）展开“安全账户”选项卡，在“允许匿名连接”选项的前面去掉勾选；

（3）单击“确定”，完成设置。

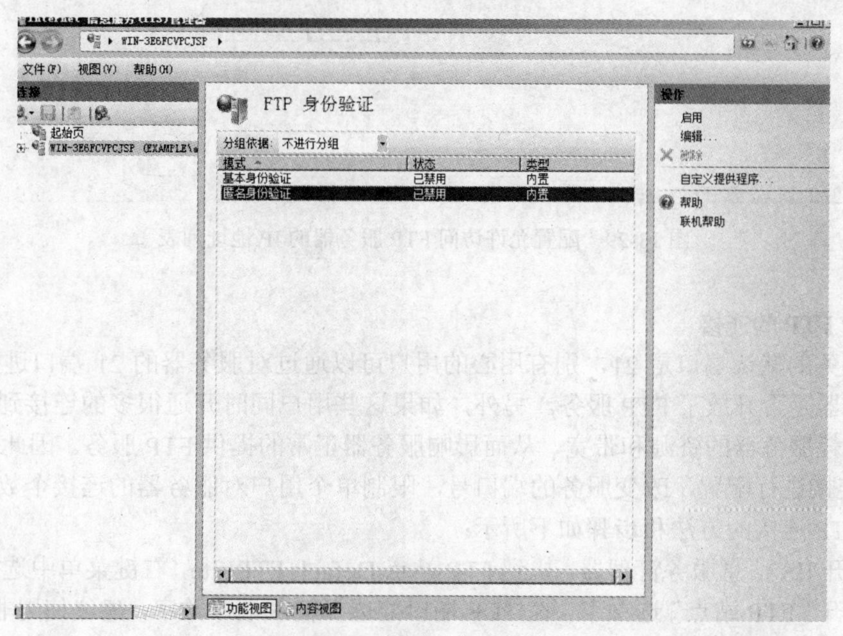

图 13-28 禁用匿名身份验证

2. 限制访问 FTP 的 IP 地址表

可以对来访的 IP 地址进行授权，通过对 IP 地址的划分，可以选择允许一定范围内的 IP 地址的主机访问 FTP，或者选择拒绝一定范围之内的 IP 地址的主机访问 FTP。这种做法在企业中配置 FTP 服务时比较常见。

限制访问 FTP 的 IP 地址表的方法和步骤如下所示：

（1）打开 IIS 信息服务管理器，找到 FTP 站点 Default FTP site，右键菜单中选择“属性”。

（2）展开“目录安全性”选项卡，选择“授权访问”则是设置允许访问 FTP 的 IP 地址；（如果选择“拒绝访问”则是设置拒绝访问 FTP 的 IP 地址。

（3）在“授权访问”窗口中，选择限制“一台计算机”或者是“一组计算机”对 FTP 的访问，如果选择的是“一组计算机”，则需要进一步配置“网络标识”和“子网掩码”。

（4）单击“确定”，完成配置。如图 13-29 所示。

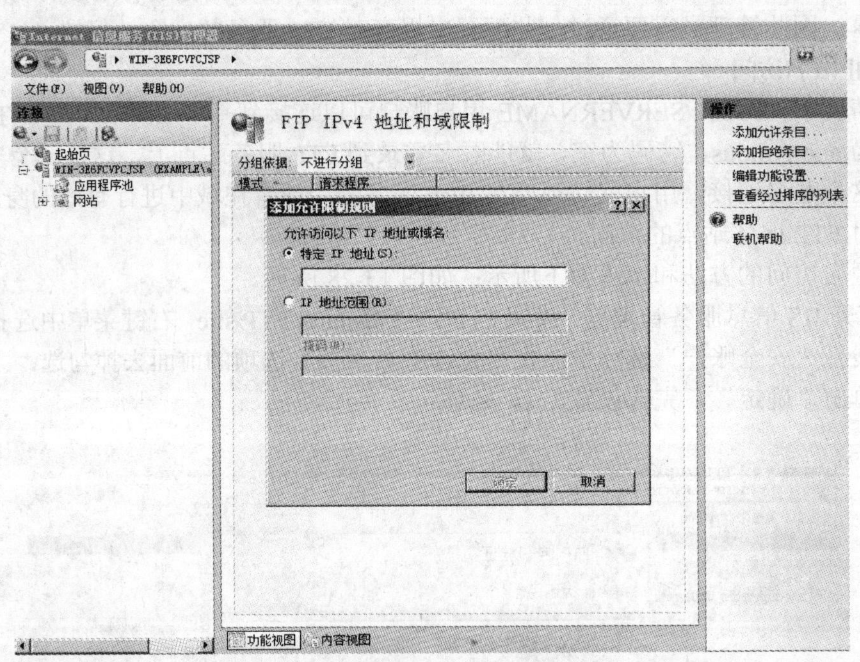

图 13-29　配置允许访问 FTP 服务器的 IP 地址列表

3. 配置 FTP 的连接

FTP 服务的默认端口是 21，别有用心的用户可以通过对服务器的 21 端口进行扫描从而探测该服务器是否开放了 FTP 服务。另外，如果这些用户同时开通很多的连接到服务器上，就会过度消耗服务器的资源和带宽，从而影响服务器正常的提供 FTP 服务。因此，管理员需要对 FTP 连接进行配置，改变服务的端口号，限制单个用户对服务器的连接个数。

配置 FTP 连接的方法和步骤如下所示：

（1）打开 IIS 信息服务管理器，找到 FTP 站点 Default FTP site，右键菜单中选择“属性”；

（2）展开“FTP 站点”选项卡，在 TCP 端口处选择输入端口数字，建议使用非默认端口，比如使用 30；

（3）在“FTP 站点连接”处选择“连接数限制为”，然后输入限制后的连接数，比如为3；

（4）单击“确定”，完成配置。

习 题

1．IIS 7.0 有哪些主要的新特性？
2．了解 IIS 信息管理器的界面构成和主要功能。
3．静态网站和动态网站的主要区别是什么？
4．什么是站点委派？站点委派的好处是什么？
5．Web 服务的安全涉及的内容有哪些？
6．HTTP 重定向有什么作用？
7．在客户端浏览器上常见的 404 错误指的是什么？
8．写出使用 IIS 配置 Web 服务器的全过程。
9．建立静态网站的主要方法有哪些？
10．服务器证书的作用是什么？

第14章 虚拟化和联合（Hyper-V）

通过 Windows Server 2008 和 Windows Server 2008 R2 中的 Hyper-V 可以创建虚拟化的服务器计算环境。可以使用虚拟化的计算环境，利用多种硬件资源来提高计算资源的效率。这是可能实现的，因为是使用 Hyper-V 来创建和管理虚拟机并管理其资源的。每个虚拟机都是在独立执行环境中运行的虚拟化计算机系统，用户可以在一台物理计算机上同时运行多个操作系统。

14.1 Hyper-V 概述

14.1.1 Hyper-V 作用

Hyper-V 是 Windows Server 2008 R2 中的一个角色，为用户提供可用来创建虚拟化服务器计算环境的工具和服务。 此虚拟化环境实现了提高效率和降低成本的各种商业目标。 因为用户可以创建和管理虚拟机，所以此类型的环境很有用，这使用户能够在一台物理计算机上运行多个操作系统并使操作系统彼此隔离。例如，虚拟化服务器环境可以帮助用户：

• 通过增加硬件的利用率来降低运行和维护物理服务器的成本。可以减少运行服务器工作负载所需的硬件数量。

• 通过减少设置硬件和软件以及再现测试环境所需的时间来提高开发和测试效率。

• 提高服务器可用性，而无需使用仅使用物理计算机的故障转移配置中所需数量的物理计算机。

如果用户是以下角色，Hyper-V 可能会对用户有帮助：

• IT 管理员、计划者或设计者。

• 负责整个组织中的计算机管理和安全的 IT 架构师。

• 寻找降低其服务器基础结构的总拥有成本(用电成本和管理成本)方法的 IT 运营经理。

• 寻找通过减少构建和配置用于开发或测试的服务器所需时间以提高效率的方法的软件开发人员或测试人员。

14.1.2 Hyper-V 功能

Hyper-V 的主要功能如下：

（1）基于 64 位本机虚拟机管理程序的虚拟化。

（2）能够同时运行 32 位和 64 位虚拟机。

（3）单处理器和多处理器虚拟机。

（4）虚拟机快照，它捕获正在运行的虚拟机的状态、数据以及硬件配置。因为快照记录了系统状态，所以用户可以将虚拟机还原到以前的状态。

（5）支持大型虚拟机内存。

（6）支持虚拟局域网。

（7）Microsoft 管理控制台管理单元。

（8）便于编写脚本和进行管理的文档化的 Windows Management Instrumentation（WMI）接口。

14.1.3　Hyper-V 新增功能

拥有 Hyper-V 角色，用户可以通过使用 Windows Server 2008 R2 中的一种技术，创建和管理虚拟化服务器计算环境。对 Hyper-V 的改进包含新的实时迁移功能，对动态虚拟机存储的支持，以及对处理器和网络支持的增强。

Windows Server 2008 R2 中新增功能：

- 实时迁移
- 动态虚拟机存储
- 增强的处理器支持
- 增强的网络支持

1. 实时迁移

实时迁移使用户能够以透明方式从一个故障转移群集节点移动到同一群集中的另一个节点，而无需断开网络连接，也不会感觉到停机时间。实时迁移要求在运行 Hyper-V 的服务器上添加和配置故障转移群集角色。此外，故障转移群集需要群集节点的共享存储。这可以包含一个网络小型电脑系统接口（iSCSI）或光纤信道存储区域网络（SAN）。所有虚拟机都存储在共享存储区域中，且运行的虚拟机状态是由其中一个节点管理的。

在运行 Hyper-V 的指定服务器上，在给定的时间点只能执行一次实时迁移（迁移到服务器或从服务器迁移）操作。这意味着将无法使用实时迁移同时移动多个虚拟机。

实时迁移需要 Windows Server 2008 R2 中的故障转移群集的新的群集共享卷（CSV）功能。CSV 提供单个一致的文件命名空间，这样运行 Windows Server 2008 R2 的所有服务器都会看到同一个存储。

实时迁移通过以下方式，带来了更大的灵活性和价值：

● 提供更好的灵活性。包含运行 Hyper-V 的多个服务器的数据中心可以将正在运行的虚拟机移动到最佳的物理计算机，从而在不影响用户的情况下获得更佳的性能、伸缩性或合并。

● 降低成本。包含运行 Hyper-V 的多个服务器的数据中心可以向其服务器提供服务，而不会导致虚拟机停机，也不需要安排一个维护窗口。通过在需求较低的时间动态地增加合并率并关闭不使用的服务器，数据中心还能降低电源消耗。

● 提高生产效率。即使在维护过程中也有可能保持虚拟机联机，这会使用户和服务器管理员提高生产效率。

2. 动态虚拟机存储

对虚拟机存储的改进包括对热插入存储器和热移除存储器的支持。通过在虚拟机运行时支持添加或移除虚拟硬盘和物理磁盘，有可能快速重新配置虚拟机来满足不断变化的要求。还可以对虚拟机的现有 SCSI 控制器添加或移除虚拟硬盘和物理磁盘。热插入和热移除存储器要求在来宾操作系统上安装 Hyper-V 集成服务。

3. 增强的处理器支持

现在最多可以有 32 个物理处理器内核。 增加的处理器支持使得在单个主机上运行更高要求的工作负荷成为可能。此外，还具有对第二层地址转换（SLAT）和 CPU 内核放置的支持。CPU 内核放置使 Windows 和 Hyper-V 能够将处理过程合并到可能的最少数量的服务器内核，并挂起不活动的处理器内核。SLAT 在 x86/x64 处理器的体系结构 x86/x64 分页表下添加了第二个分页级别。它提供一个从虚拟机内存访问到物理内存访问的间接层。在虚拟化方案中，基于硬件的 SLAT 支持会提升性能。在基于 Intel 的处理器上，这称为扩展页表，而在基于 AMD 的处理器上，这称为嵌套页表。

4. 增强的网络支持

已将对 Jumbo 帧的支持扩展到虚拟机上。此功能使虚拟机能够使用最大为 9014 字节的 Jumbo 帧（如果基础物理网络支持）。

14.2 虚拟机的要求和计划安全性

14.2.1 Windows Server 2008 中虚拟机和 Hyper-V 的要求与限制

若要在 Windows Server 2008 中高效规划和部署 Hyper-V，用户应该了解构成虚拟服务器计算环境的物理和虚拟硬件的要求和最大配置。用户需要考虑应用于各虚拟机的最大配置，以及应用于运行 Hyper-V 角色的物理计算机的最大配置。

1. 虚拟机

表 14-1 列出了应用于各虚拟机的最大配置。

表 14-1 应用于各虚拟机的最大配置

组　件	最大配置	说　明
虚拟处理器	4	来宾操作系统支持的虚拟处理器数量可能会减少。有关详细信息，请参阅关于虚拟机和来宾操作系统
内存	64 GB	复查特定操作系统的要求，以确定最小数量和推荐的数量
虚拟 IDE 磁盘	4	启动盘（有时称为启动磁盘）必须附加到其中一台 IDE 设备。启动盘可以是虚拟硬盘，也可以是与虚拟机直接相连的物理磁盘
虚拟 SCSI 控制器	4	若要使用虚拟 SCSI 设备，需要在来宾操作系统上安装集成服务。有关可将集成服务用于来宾操作系统的列表，请参阅关于虚拟机和来宾操作系统
虚拟 SCSI 磁盘	256	各 SCSI 控制器最多可支持 64 个磁盘，这意味着各虚拟机可具有多达 256 个虚拟 SCSI 磁盘的配置。(4 个控制器 x64 个磁盘/控制器)
虚拟硬盘容量	2040 GB	各虚拟硬盘作为.vhd 文件存储在物理介质上

续表

组　件	最大配置	说　明
直接连接到虚拟机的物理磁盘的大小	视情况而定	最大大小由来宾操作系统决定
快照	50	实际数量可能较少，这取决于可用的存储。各快照作为.avhd文件存储并将占用物理存储
虚拟网络适配器	12	• 8 可以作为“网络适配器”的类型。此类型可以提供更好的性能，并需要一个虚拟机驱动程序（包含在集成服务包中）。 • 4 可以作为“旧版网络适配器”的类型。此类型枚举了一个特定的物理网络适配器并支持预执行启动环境来执行基于网络的操作系统安装
虚拟软盘设备	1 个虚拟软盘驱动器	无
串行（COM）端口	2	无

2. 运行 Hyper-V 的服务器

表 14-2 列出了适用于运行 Hyper-V 的服务器的要求和最大配置。此外，用户需要复查 Windows Catalog 以标识符合使用 Hyper-V 条件的服务器。用户可以通过搜索 Windows Server 编录来标识支持 x64 体系结构和 Hyper-V 的系统。对于 Windows Server 2008，用户可以选择 Hyper-V 作为附加条件。对于 Windows Server 2008 R2，所有具有“Certified for Windows(R) Server 2008 R2”徽标的系统都支持 Hyper-V。

表 14-2　　运行 Hyper-V 的服务器的要求和最大配置

组　件	最大配置	说　明
逻辑处理器	64	BIOS 中的以下两项必须为可用并启用： • 硬件协助的虚拟化 • 硬件强制的数据执行保护
每个逻辑处理器的虚拟处理器	8	无
每台服务器的虚拟机	运行虚拟机的 384	无
每台服务器的虚拟处理器	512	无
内存	1 TB	无
存储	受管理操作系统支持的限制。Hyper-V 无限制	无
物理网络适配器	Hyper-V 无限制	无
虚拟网络（切换）	视情况而定；Hyper-V 无任何限制	实际限制取决于可用的计算资源
每服务器的虚拟网络开关端口	视情况而定；Hyper-V 无任何限制	实际限制取决于可用的计算资源

3. 故障转移群集和 Hyper-V

表 14-3 列出了适用于运行 Hyper-V 的高可用服务器的最大配置。进行容量计划非常重要，因为这样可以确保有足够的硬件资源来运行群集环境中的所有虚拟机。

表 14-3　运行 Hyper-V 的高可用服务器的最大配置

组　件	最大配置	说　明
每群集的节点	16	考虑为故障转移及为维护任务（如应用更新）保留的节点数量。建议用户计划使用足够的资源为故障转移保留 1 个节点，即在另一个节点故障转移到该节点之前，该节点一直保持空闲。（这有时被称为被动节点。）如果用户希望保留更多节点，则可以增加此数量。保留节点到活动节点之间没有推荐的比率或倍数；唯一特定的要求是群集中的节点总数不能超过最大值 16
每节点的运行的虚拟机	64	多种因素都可以影响可在一个节点上同时运行的虚拟机的实际数目，如： • 各虚拟机使用的物理内存量 • 网络和存储带宽 • 磁盘主轴数量（影响磁盘 I/O 性能）

Hyper-V 需要特定硬件支持。通过将 Hyper-V 作为附加限定来搜索 Windows Server 目录，可确定支持 x64 体系结构和 Hyper-V 的系统。若要安装和使用 Hyper-V 角色，需要具备以下条件：

• 一个基于 x64 的处理器。基于 x64 版本的 Windows Server 2008（具体来说是基于 x64 版本的 Windows Server 2008 Standard、Windows Server 2008 Enterprise 和 Windows Server 2008 Datacenter）中提供了 Hyper-V。

• 硬件协助的虚拟化。包括虚拟化选项（具体来说是 Intel 虚拟化技术或 AMD 虚拟化）的处理器中提供此功能。

• 硬件强制数据执行保护必须可用且必须启用。具体来说，用户必须启用 Intel XD 位（执行禁用位）或 AMD NX 位（无执行位）。

14.2.2　Hyper-V 计划安全性

用户应该使用保护运行 Windows Server 2008 的任何服务器所采用的措施来保护虚拟化服务器的安全。此外，还应该采用一些其他措施来帮助保护虚拟机、配置文件和数据的安全。

用户应该根据用于保护此类服务器或负载安全的过程来保护在虚拟化服务器上运行的虚拟机的安全。不需要仅因为是虚拟机就采取任何特殊或不同的措施来保护其安全。例如，如果用户的策略和过程要求运行防病毒软件，可以在虚拟机上运行。如果用户的策略要求将物理服务器分段为特定网络，对虚拟机也执行此策略。

采用以下最佳操作来提高运行 Hyper-V 的服务器的安全性。

（1）对管理操作系统进行 Windows Server 2008 的服务器核心安装。服务器核心安装所提供的受攻击面最小，还可以减少维护所需的修补程序的数量以及更新和重新启动的次数。

（2）不要在管理操作系统中运行任何应用程序，而是在虚拟机上运行所有应用程序。如果通过不在管理操作系统中运行应用程序，并且运行 Windows Server 2008 核心安装，只需要对管理操作系统进行较少的更新，因为只有服务器核心安装、Hyper-V 服务组件和虚拟机监控程序需要进行软件更新。

如果在管理操作系统中运行程序，则还应在此系统中运行防病毒解决方案，并将以下内容添加到防病毒排除中：

- 虚拟机配置文件目录。默认情况下为 C:\ProgramData\Microsoft\Windows\Hyper-V。
- 虚拟机虚拟硬盘文件目录。默认情况下为 C:\Users\Public\Documents\Hyper-V\Virtual Hard Disks。
- 快照文件目录。默认情况下为%systemdrive%\ProgramData\Microsoft\Windows\Hyper-V\Snapshots。
- Vmms.exe
- Vmwp.exe

如果需要使用 Windows Server 2008 的完整版本并在管理操作系统中运行应用程序，则应该在此系统中运行防病毒程序。

（3）使用虚拟机的安全级别来确定管理操作系统的安全级别。应该将虚拟机部署到具有类似安全要求的虚拟化服务器上。例如，假设用户将用于保护服务器安全的风险和精力级别分为三类：“安全”、“较为安全”和“最安全”。则与安全服务器相比，用户需要将更多的精力和控制过程用于最安全的服务器。无论是物理服务器还是在虚拟机上运行的服务器，情况都是如此。如果将安全虚拟机和最安全虚拟机都部署在管理操作系统中，则应该将虚拟化服务器作为“最安全”的服务器进行保护。在虚拟化服务器上部署具有类似安全级别的虚拟机会使虚拟机的管理和移动更为简单。

（4）对管理操作系统的权限授予虚拟机管理员。根据最低权限原则，应该授予虚拟机管理员（有时称为部门管理员或委派管理员）所需的最低权限。管理与虚拟机相关的所有对象的所需权限可能非常复杂，并且，如果处理不当还可能导致潜在的安全问题。通过基于角色的访问控制，用户可以根据公司的组织结构来指定访问控制（通过创建称为角色的新对象）。可以向用户分配角色来执行作业职能。Hyper-V 使用授权管理器策略进行基于角色的访问控制。

（5）将虚拟机部署到生产环境之前，确保它们已完全更新。因为虚拟机比物理计算机更容易移动，部署速度也更加快捷，因此可能部署未完全更新或未完全修补的虚拟机的风险也就更大。若要有效地管理此风险，使用与用于更新物理服务器相同的方法和过程来更新虚拟机。例如，如果允许使用 Windows Update、Microsoft System Center Configuration Manager 或其他软件分发方法进行自动更新，确保在部署虚拟机之前对其进行了更新和/或修补。可以在 Hyper-V 中使用维护主机和快速迁移以完成此操作。维护主机是可专门用于在将虚拟机移动到生产环境之前修补已存储的资源和暂存虚拟机的主机。

（6）确保虚拟机上已安装集成服务。时间戳与审核日志项的准确性对计算机的取证和合规非常重要。集成服务可以确保虚拟机和管理操作系统之间的时间保持同步。此同步可以确保虚拟机在不同时区的数据中心之间迁移时，或虚拟机从以前的快照还原后，虚拟机所在物理位置的时间与上述时间保持一致性。

（7）为虚拟服务器的管理操作系统使用专用网络适配器。在默认情况下，不为管理操作系统配置虚拟网络。使用专用网络适配器管理运行 Hyper-V 的服务器，且不要将其暴露给不受信任的网络通信。不允许虚拟机使用此网络适配器。为虚拟机网络使用一个或多个不同的专用网络适配器。这样可以对虚拟机应用不同级别的网络安全策略和配置。例如，可以配置网络，让虚拟机使用与管理操作系统不同的网络访问，包括使用虚拟局域网（VLAN）、Internet 协议安全性（Ipsec）、网络访问保护（NAP）和 Microsoft Forefront Threat Management Gateway。

（8）使用 BitLocker 驱动器加密保护资源。BitLocker 驱动器加密使用服务器硬件和固件中的功能来提供安全操作系统启动和磁盘驱动器加密，即使服务器未启动也是如此。如果磁盘被盗并装载在其他计算机上进行数据挖掘，此功能就可以帮助保护数据安全。如果攻击者使用其他操作系统或运行软件黑客攻击工具访问磁盘，BitLocker 驱动器加密也可以帮助保护数据安全。

在中小型企业以及远程办公室方案中，丢失物理磁盘的风险更为严重，因为这些地方的服务器物理安全性不如企业数据中心的服务器的安全性高。但是，使用 BitLocker 驱动器加密对所有计算机都起作用。还应该在存储虚拟机文件的所有卷上使用 BitLocker 驱动器加密。包括虚拟硬盘、配置文件、快照以及任何虚拟机资源，如 ISO 映像和虚拟软盘。若要获得更高级别的安全性（包括安全启动），BitLocker 驱动器加密需要具备受信任的平台模块硬件。

（9）在不需要时禁用虚拟化 BIOS 设置。不再使用服务器进行虚拟化时（如在测试或开发方案中），应该关闭 Hyper-V 所需要的硬件协助的虚拟化 BIOS 设置。

14.2.2.1 将授权管理器用于 Hyper-V 安全

可以使用授权管理器为 Hyper-V 提供基于角色的访问控制。授权管理器包含以下部分：

• 授权管理器管理单元（AzMan.msc）。用户可以使用 Microsoft 管理控制台管理单元来选择操作，并将其划分为任务组，然后授权角色以执行特定的任务。还可以用其管理任务、操作、用户角色和权限。若要使用管理单元，首先必须创建一个授权存储，或打开一个现有存储。

• 授权管理器 API。该 API 提供了一个简化的开发模式，可以灵活地管理组和业务规则，并存储授权策略。

对于关联角色、用户和访问权限的策略，授权管理器需要一个数据存储。此存储称为授权存储。在 Hyper-V 中，可以在运行着 hyper-V 角色的本地服务器上的 Active Directory 数据库或 XML 文件中维护该数据存储。可以使用授权管理器的管理单元或授权管理器 API 来编辑该存储，在其中可以使用脚本语言（如 VBScript）。

如果 Active Directory 数据库用于授权存储，则 Active Directory 域服务（AD DS）必须处于 Windows Server 2003 功能级别。

XML 存储并不支持应用程序、存储和作用域的委派，因为访问 XML 文件受该文件上的随机访问控制列表（DACL）控制，该列表授权或限制对整个文档内容的访问。因此，如果将 XML 文件用于该授权存储，则务必定期备份该文件。当多个应用程序写入同一个文件时，NTFS 文件系统并不支持应用程序将一个单独写入操作序列作为文件的单个逻辑写入。这表示授权管理器策略文件（XML 文件）可以同时被两个管理应用程序编辑，并可能损坏。Hyper-V VSS 编写器将使用运行着 Hyper-V 角色的服务器备份授权存储。

14.2.2.2　为基于角色的访问控制配置 Hyper-V

本节描述如何为 Hyper-V 中的虚拟机配置基于角色的访问控制。用户可以使用授权管理器 Microsoft 管理控制台管理单元（AzMan.msc）来为 Hyper-V 提供基于角色的访问控制。

若要实施基于角色的访问控制，必须先定义作用域，然后对操作进行分组以完成任务。为任务分配角色，然后为用户或组分配角色。分配了角色的任何用户都可以在分配了该角色的所有任务中执行所有操作。

有四个常规步骤可设置 Hyper-V 的基于角色的访问控制：

（1）根据组织的需要来定义作用域。例如，用户可以按地理、组织结构、功能（开发人员/测试或生产）或 Active Directory 域服务来定义作用域。

（2）定义任务。在授权管理器中，无法更改或创建新操作。但是，可以按需要创建许多任务，然后将其合并到角色定义。

（3）创建角色。例如，如果用户要创建可用于查看虚拟机属性但不与虚拟机交互的“IT 监视器”角色，请执行以下操作在授权管理器中创建名为“监视虚拟机”的新任务：

- 读取服务配置
- 查看外部以太网端口
- 查看内部以太网端口
- 查看 LAN 终结点
- 查看交换机端口
- 查看交换机
- 查看虚拟交换机管理服务
- 查看局域网设置

（4）为用户或组分配角色。

例如，假设用户拥有两组虚拟机，其中一组属于人力资源部门，另一组属于财务部门。用户希望人力资源的虚拟机管理员对该部门的虚拟机有完全的控制权，但对财务部门的虚拟机没有控制权。希望对财务部门的虚拟机管理员做出同样的安排，即财务部门的虚拟机管理员无权访问人力资源的虚拟机。若要实现这一目标，用户将要定义一个名为“部门虚拟机管理员”的角色，定义相应的任务，然后在特定作用域中为每个管理员分配“部门虚拟机管理员”角色。使人力资源的虚拟机管理员的作用范围仅限于人力资源部门的虚拟机，同时使财务的虚拟机管理员的作用范围仅限于财务部门的虚拟机。然后，为虚拟机分配各自的作用域。

1. 配置基于角色的访问控制

使用以下过程来为 Hyper-V 中的虚拟机设置基于角色的访问控制。若要完成这些过程，必须使用属于管理员组的账户打开授权管理器。

2. 创建作用域

创建作用域的步骤如下：

（1）在命令提示符下运行 azman.msc 打开授权管理器。如图 14-1 所示。

默认授权策略基于 XML，且存储位置为\ProgramData\Microsoft\Windows\Hyper-V\InitialStore.xml.\ProgramData\位于隐藏目录中，无法浏览。在“打开授权存储”对话框的“存储名称”中键入该位置。

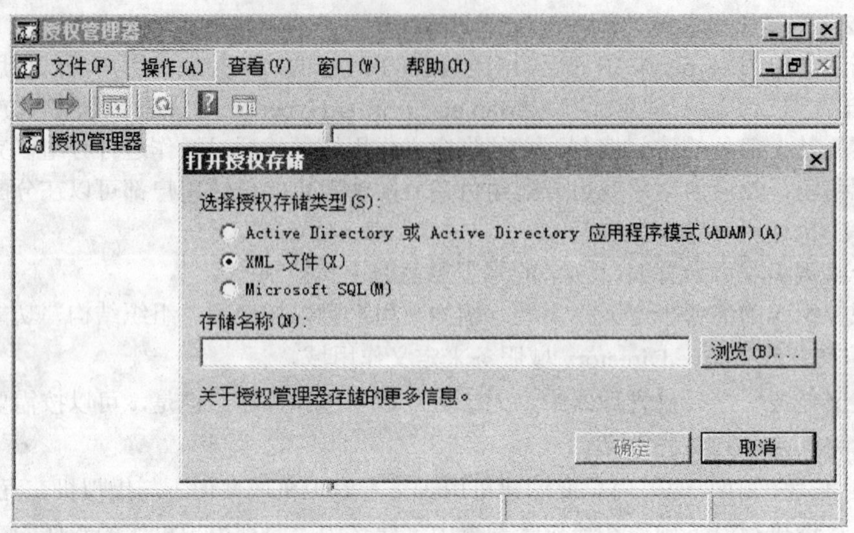

图 14-1　授权管理器

（2）在控制台树中，右键单击“Hyper-V 服务”，然后单击“新作用域”。

（3）在“新建作用域”对话框的“名称”中，键入作用域的名称，然后单击“确定”。

（4）（可选）在“描述”中，键入作用域的描述，然后单击“确定”。

描述的最大大小限制为 1024 字节。输入可帮助用户应用作用域来实现目标的描述。例如，用户可以使用描述来区分人力资源作用域和财务作用域。

3. 创建任务

创建任务的步骤如下：

（1）在命令提示符下运行 azman.msc 打开授权管理器。

（2）在控制台树中，右键单击作用域，然后单击“定义”。

（3）在控制台树中，右键单击“任务定义”，然后单击“新建任务定义”。

（4）在“新建任务定义”对话框的“名称”中，键入任务的名称。

（5）单击“添加”，可带出“添加定义”对话框，然后单击“操作”选项卡。

（6）在“操作”中，选择任务中的每个操作，然后单击“确定”。

4. 创建角色

创建角色的步骤如下：

（1）在命令提示符下运行 azman.msc 打开授权管理器。

（2）展开作用域，单击“定义”，右键单击“角色定义”，然后单击“新建角色定义”。描述的最大大小限制为 1024 字节。

（3）在“新建角色定义”对话框的“名称”中，键入角色的名称。

（4）在“描述”中，键入角色的描述，然后单击“确定”两次。

（5）（可选）单击“添加”可指定要包括的操作、任务、角色和授权规则，然后单击“确定”两次。

5. 分配角色

分配角色的步骤如下：

（1）在命令提示符下运行 azman.msc 打开授权管理器。

（2）展开作用域，右键单击“角色分配”，然后单击“分配新角色”。

（3）在“添加角色”对话框中，选中要添加的角色定义，然后单击“确定”。

（4）右键单击角色，单击“分配用户和组”，然后单击“从 Windows 和 Active Directory”或“从授权管理器”。

（5）在“选择用户、计算机或组”对话框中，输入要选择的对象名称，然后单击“确定”。

14.3 Hyper-V 安装

可以将 Hyper-V 角色安装在服务器核心安装的 Windows Server2008 上，也可以安装在完整安装的 Windows Server 2008 操作系统上。

14.3.1 将 Hyper-V 角色安装在服务器核心安装的 Windows Server 2008 上

Windows Server 2008 操作系统的服务器核心安装选项可安装 Windows Server 2008 的最小服务器安装来运行支持的服务器角色（包括 Hyper-V 角色）。用户可以使用服务器核心安装选项来帮助保护运行 Hyper-V 的服务器以及在该服务器上运行的所有虚拟机。使用服务器核心安装选项的好处包括减少了受攻击面以及减少了维护工作量。

如果用户选择服务器核心安装选项，则安装程序仅安装受支持的服务器角色所需的文件。例如，在服务器核心安装中不会安装资源管理器外壳。在用户启用 Hyper-V 角色后，可以使用 Hyper-V 管理工具远程管理 Hyper-V 角色和虚拟机。这些管理工具适用于 Windows Server 2008 和 Windows Vista Service Pack 1 (SP1)。

1. 在服务器核心安装上安装 Hyper-V

在服务器核心安装上安装 Hyper-V 的步骤如下：

（1）先执行服务器核心安装，然后再安装 Hyper-V 角色。

（2）安装 Windows Server 2008 之后，必须对 Windows Server 2008 应用 Hyper-V 更新程序包（KB950050）。还应该先安装任何其他必需的更新，然后再安装 Hyper-V 角色。

若要查看软件更新列表并检查是否缺少任何更新，请在命令提示符下键入以下内容：

```
wmic qfe list
```

如果没有看到“kbid=950050”，则下载 Hyper-V 更新，然后在命令提示符下键入以下命令：

```
wusa.exe Windows6.0-KB950050-x64.msu /quiet
```

有三种更新程序包。安装更新后，必须重新启动服务器。Windows Server 2008 x64 Edition (KB 950050) 的更新和 Hyper-V 的语言包（KB951636）必须安装在服务器核心安装的父分区中。

如果从运行 Windows Vista Service Pack 1（SP1）的计算机管理服务器，则 Windows Server 2008 的更新（KB952627）可用于服务器核心安装的远程管理，并且必须安装在运行 Windows Vista SP1 的计算机上。

在对 BIOS 配置进行更改以启用所需的硬件功能之后，可能需要关闭计算机的电源，然后将其重新打开（重新启动计算机可能无法将更改应用于设置）。如果用户启用了 Hyper-V 角色而没有修改 BIOS 设置，则 Windows 虚拟机监控程序可能无法按预期方式工作。如果发生这种情况，应该检查事件日志中的详细信息，根据服务器硬件制造商说明修改 BIOS 设置，关闭然后打开运行服务器核心安装的计算机，最后重新安装 Hyper-V。

2. 配置运行 Hyper-V 的服务器

可以使用这些设置指定默认情况下存储某些文件的位置，并控制交互（例如键盘组合键和登录凭据）。Hyper-V 设置有两种类别：

- 服务器设置，指定虚拟硬盘和虚拟机的默认位置。
- 用户设置，使用户可以自定义与虚拟机连接的交互，以及显示消息和向导页。虚拟机连接的设置包括鼠标释放键和 Windows 键组合。

设置的步骤如下：

（1）打开 Hyper-V 管理器，如图 14-2 所示。单击「开始」，指向“管理工具”，然后单击“Hyper-V 管理器”。

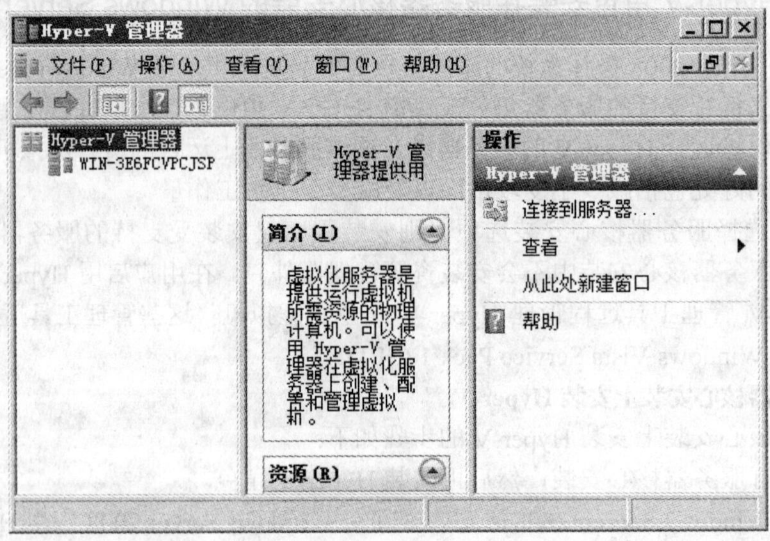

图 14-2　Hyper-V 管理器

（2）在“操作”窗格中，单击“Hyper-V 设置”。如图 14-3 所示。

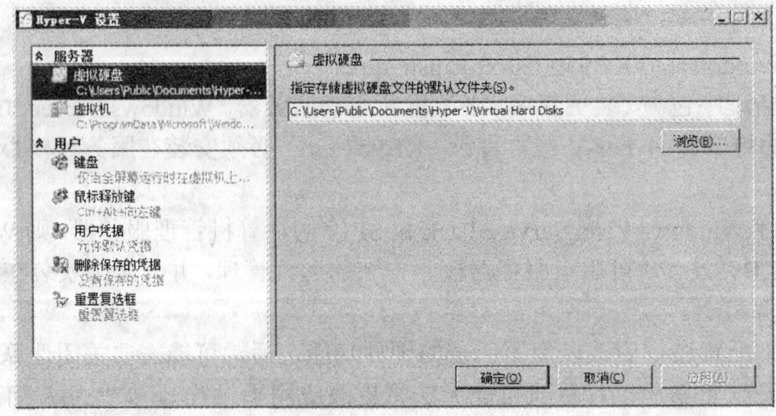

图 14-3　Hyper-V 设置

（3）在导航窗格中，单击要配置的设置。

（4）单击“确定”保存更改并关闭“Hyper-V 设置”，或单击“应用”保存更改并配置其他设置。

14.3.2　将 Hyper-V 角色安装在完整安装的 Windows Server 2008 上

在一个完整安装的 Windows Server 2008 上安装 Hyper-V 角色会安装 Hyper-V 技术的所有组件，包括远程管理工具。这些工具包括 Hyper-V 管理器（它是一个 Microsoft 管理控制台管理单元）和虚拟机连接工具（可使用户通过网络连接直接访问虚拟机）。

安装 Hyper-V 角色的步骤如下：

（1）如果最近安装了 Windows Server 2008，则可能会显示初始配置任务。可以从初始配置任务或从服务器管理器安装 Hper-V：

- 在“初始配置任务”的“自定义此服务器”下，单击“添加角色”。
- 在“服务器管理器”的“角色摘要”下，单击“添加角色”。如果服务器管理器没有运行，则单击「开始」，指向“管理工具”，单击“服务器管理器”，然后，如果提示用户是否继续，则单击“继续”。

（2）在“选择服务器角色”页上，单击 Hyper-V。

（3）如果要使其到虚拟网络的连接可用于虚拟机，则在“创建虚拟网络”页上，单击一个或多个网络适配器。

（4）在“确认安装选择”页上，单击“安装”。

（5）必须重新启动计算机才能完成安装。单击“关闭”以完成向导，然后单击“是”重新启动计算机。

（6）重新启动计算机之后，用安装该角色所使用的相同账户登录。恢复配置向导完成安装后，单击“关闭”以完成该向导。

配置运行 Hyper-V 的服务器，其操作同 14.3.1 中一致，这里不再复述。

14.3.3　安装和配置 Hyper-V 工具用于远程管理

用户可以在一个完整安装的 Windows Server 2008 上和 Windows Vista Service Pack 1 (SP1) 上安装 Hyper-V 管理工具。本节说明了如何安装和配置这些工具。本地 Administrators 组中的成员身份或同等身份是完成此过程的最低要求。

1. 安装管理工具

安装这些工具包括获取并应用适当的操作系统更新。

安装管理工具的步骤如下：

（1）获取要安装这些工具的操作系统的相应更新包。

（2）使用与获取该更新包对应的方法安装该更新包：

- 若是从 Windows Update 获取更新，但是未设置计算机自动安装更新，请手动安装该更新。
- 如果从 Microsoft 下载中心获取更新，请将文件下载到计算机，然后双击此.msu 文件。

（3）如果在 Windows Vista SP1 上安装这些工具，则无需这些安装步骤，可以按照配置说明继续操作。如果在 Windows Server 2008 上安装这些工具，请完成其余步骤。

（4）打开服务器管理器。（如果服务器管理器没有运行，则单击「开始」，指向“管理工具”，单击“服务器管理器”，然后，如果提示是否继续，则单击“继续”。）

（5）在“服务器管理器”的“功能摘要”下，单击“添加功能”。如图 14-4 所示。

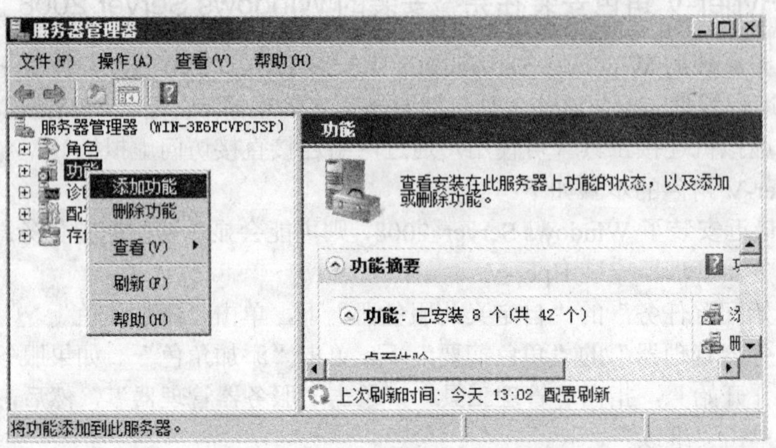

图 14-4　在服务器管理器中添加功能

（6）在“选择功能”页上，依次展开“远程服务器管理工具”和“远程管理工具”。如图 14-5 所示。

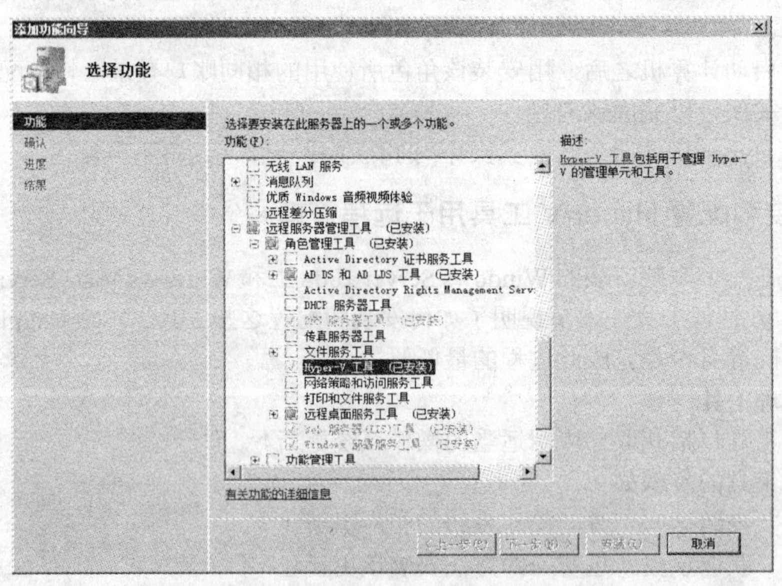

图 14-5　选择功能

（7）单击“Hyper-V 工具”，然后继续向导中的其他步骤。

2. 配置这些管理工具

配置流程包括修改各种组件，这些组件用来控制运行着 Hyper-V 的服务器与要运行 Hyper-V 管理工具的计算机之间的访问和通信。

以下步骤说明了如何配置运行着 Hyper-V 的服务器。如果未建立域级别信任，请执行所有这些步骤。如果存在域级别信任，但是远程用户不是管理员组成员，则必须修改授权策略，然而用户可以跳过修改 Distributed COM Users 组和 Windows Management Instrumentation（WMI）命名空间的步骤。

（1）在一个完整安装了 WIndows Server 2008 的服务器上配置远程管理 Hyper-V 角色

其步骤如下：

①启用 Windows Management Instrumentation 的防火墙规则。在提升的命令提示符下，键入：

netsh advfirewall firewall set rule group=“Windows Management Instrumentation (WMI)” new enable=yes

返回下列消息“已更新 4 条规则。成功。”时表示已成功执行该命令。

②以下步骤将为运行着 Hyper-V 角色的服务器配置授权策略。若请求远程访问运行着 Hyper-V 的服务器的用户同时属于两台计算机上的管理员组成员，则无需配置授权策略。

③依次单击「开始」、“开始搜索”，然后键入 azman.msc。系统提示确认操作时，单击“继续”。随即打开授权管理器 Microsoft 管理控制台管理单元。

④在导航窗格中，右键单击“授权管理器”，然后单击“打开授权存储”。确保选择了“XML 文件”。浏览到%system drive%\Program Data\Microsoft\Windows\Hyper-V 文件夹，选择 InitialStore.xml，单击“打开”，然后单击“确定”。

⑤在导航窗格中，单击“Hyper-V 服务”，然后单击“角色分配”。右键单击“管理员”，指向“分配用户和组”，然后指向“从 Windows 和 Active Directory”。在“选择用户、计算机或组”对话框中，键入用户账户的域名和用户名，然后单击“确定”。

⑥关闭“授权管理器”。

⑦下一步将远程用户添加到 Distributed COM Users 组，以为其提供访问权限。单击开始，指向“管理工具”，然后单击“计算机管理”。若启用了“用户账户控制”，请单击“继续”。随即打开“组件服务”。

⑧展开“本地用户和组”，然后单击“组”。右键单击 Distributed COM Users，然后单击“添加到组”。

⑨在“Distributed COM Users 属性”对话框中，单击“添加”。

⑩在“选择用户、计算机或组”对话框中，键入用户名，然后单击“确定”。

⑪再次单击“确定”，关闭“Distributed COM Users 属性”对话框。关闭“组件服务”。

⑫其余步骤将为远程用户提供访问两个命名空间所需的 WMI 权限：CIMV2 命名空间和虚拟化命名空间。依次单击「开始」、“管理工具”和“计算机管理”。

⑬在导航窗格中，单击“服务和应用程序”，右键单击“WMI 控制”，然后单击“属性”。

⑭单击“安全”选项卡，单击“根”，然后单击 CIMV2。在命名空间列表下，单击“安全”。

⑮在“ROOT\CIMV2 安全”对话框中，检查是否列出了合适的用户。否则，请单击“添加”。在“选择用户、计算机或组”对话框中，键入用户名，然后单击“确定”。

⑯在“安全”选项卡上，选择用户名。在<用户或组名称>的权限下，单击“高级”。在“权限”选项卡上，验证是否已选择所需的用户，然后单击“编辑”。在“CIMV2 的权限条目”对话框中，按照以下说明修改三个设置：

- 对于“适用对象”，请选择“这个命名空间和子命名空间”。
- 在“权限”列表的“允许”列中，选中“远程启用”复选框。
- 在“权限”列表下，选中“仅将这些权限应用到此容器中的对象和/或容器”复选框。

⑰在每个对话框中单击“确定”，直到返回“WMI 控制属性”对话框。

⑱下一步，重复虚拟化命名空间步骤。必要时向下滚动，直到看见虚拟化命名空间。单击“虚拟化”。在命名空间列表下，单击“安全”。

⑲在“ROOT\virtualization 安全”对话框中，检查是否列出了合适的用户。否则，请单击“添加”。在“选择用户、计算机或组”对话框中，键入用户名，然后单击“确定”。

⑳在“安全”选项卡上，选择用户名。在<用户或组名称>的权限下，单击“高级”。在“权限”选项卡上，验证是否已选择所需的用户，然后单击“编辑”。在“虚拟化的权限条目”对话框中，按以下操作修改三个设置：

- 对于“适用对象”，请选择“这个命名空间和子命名空间”。
- 在“权限”列表的“允许”列中，选中“远程启用”复选框。
- 在“权限”列表下，选中“仅将这些权限应用到此容器中的对象和/或容器”复选框。

㉑在每个对话框中单击“确定”，然后关闭“计算机管理”。

㉒重新启动服务器以应用对授权策略所做的更改。

（2）在一个安装了 Windows Server 2008 核心服务器上配置远程管理的 Hyper-V 角色

其步骤如下：

①在服务器上启用 Windows Management Instrumentation 的防火墙规则。在提升的命令提示符下，键入：

netsh advfirewall firewall set rule group=“Windows Management Instrumentation (WMI)” new enable=yes

返回下列消息“已更新 4 条规则。成功。”时表示已成功执行该命令。

②修改 Distributed COM 权限，为远程用户提供访问权限。键入：

net localgroup “Distributed COM Users” /add <domain_name>\<user_name>

其中 <domain_name> 是用户账户所属的域，<user_name> 是要向其提供远程访问权限的用户账户。

③远程连接到运行着服务器核心安装的服务器，这样就可以使用在服务器核心安装上不可用的 MMC 管理单元修改授权策略和两个 WMI 命名空间。使用一个域账户（该账户是运行着服务器核心安装的计算机上的管理员组成员）登录到要运行 Hyper-V 管理工具的计算机。

④依次单击「开始」、“开始搜索”，然后键入 azman.msc。系统提示确认操作时，单击“继续”。随即打开授权管理器管理单元。

⑤在导航窗格中，右键单击“授权管理器”，然后单击“打开授权存储”。确保选择了“XML 文件”，然后键入：

\\<remote_computer>\c$\ProgramData\Microsoft\Windows\Hyper-V\initalstore.xml

其中<remote_computer>是运行着服务器核心安装的计算机名称。单击“打开”，然后单击“确定”。

⑥在导航窗格中，单击“Hyper-V 服务”，然后单击“角色分配”。右键单击“管理员”，指向“分配用户和组”，然后指向“从 Windows 和 Active Directory”。在“选择用户、计算机或组”对话框中，键入用户账户的域名和用户名，然后单击“确定”。

⑦关闭“授权管理器”。

⑧其余步骤将为远程用户提供访问两个命名空间所需的 WMI 权限：CIMV2 命名空间和虚拟化命名空间。依次单击「开始」、“管理工具”和“计算机管理”。

⑨在导航窗格中，单击“服务和应用程序”，右键单击“WMI 控制”，然后单击“属性”。

⑩单击“安全”选项卡。单击“根”，然后单击 CIMV2。在命名空间列表下，单击“安全”。

⑪在“ROOT\CIMV2 安全”对话框中，检查是否列出了合适的用户。否则，请单击“添加”。在“选择用户、计算机或组”对话框中，键入用户名，然后单击“确定”。

⑫在“安全”选项卡上，选择用户名。在<用户或组名称>的权限下，单击“高级”。在“权限”选项卡上，验证是否已选择所需的用户，然后单击“编辑”。在“CIMV2 的权限条目”对话框中，按照以下说明修改三个设置：

- 对于“适用对象”，请选择“这个命名空间和子命名空间”。
- 在“权限”列表的“允许”列中，选中“远程启用”复选框。
- 在“权限”列表下，选中“仅将这些权限应用到此容器中的对象和/或容器”复选框。

⑬在每个对话框中单击“确定”，直到返回“WMI 控制属性”对话框。

⑭下一步，重复虚拟化命名空间步骤。必要时向下滚动，直到看见虚拟化命名空间。单击“虚拟化”。在命名空间列表下，单击“安全”。

⑮在“ROOT\virtualization 安全”对话框中，检查是否列出了合适的用户。否则，请单击“添加”。在“选择用户、计算机或组”对话框中，键入用户名，然后单击“确定”。

⑯在“安全”选项卡上，选择用户名。在<用户或组名称>的权限下，单击“高级”。在“权限”选项卡上，验证是否已选择所需的用户，然后单击“编辑”。在“虚拟化的权限条目”对话框中，按以下操作修改三个设置：

- 对于“适用对象”，请选择“这个命名空间和子命名空间”。
- 在“权限”列表的“允许”列中，选中“远程启用”复选框。
- 在“权限”列表下，选中“仅将这些权限应用到此容器中的对象和/或容器”复选框。

⑰在每个对话框中单击“确定”，然后关闭“计算机管理”。

⑱重新启动运行着服务器核心安装的计算机，以应用授权策略更改。

14.4　Hyper-V 配置

14.4.1　配置虚拟网络

本节描述了 Hyper-V 中虚拟网络的基础知识和用户可以配置的不同类型的虚拟网络。Hyper-V 中网络的工作原理与 Virtual Server 2005 中的网络不同，本节也对这些差异进行了讨论。在配置虚拟网络之前，用户应该确定计划使用的虚拟网络的设计方案和类型。用户应该知道 Hyper-V 不支持无线网络。

1. 虚拟网络类型

可以在运行 Hyper-V 的服务器上创建虚拟网络，为虚拟机和虚拟化服务器定义各种网络拓扑。使用虚拟网络管理器（从 Hyper-V 管理器访问）时，有三种不同类型的虚拟网络可供选择。

- 外部虚拟网络。在希望允许虚拟机与外部服务器和管理操作系统（有时称为父分区）进行通信时，可以使用此类型的虚拟网络。此类型的虚拟网络还允许位于同一物理服务器上的虚拟机互相通信。
- 内部虚拟网络。在希望允许同一物理服务器上的虚拟机与虚拟机和管理操作系统之间进行通信时，可以使用此类型的虚拟网络。内部虚拟网络是一种未绑定到物理网络适配器的虚拟网络。它通常用来构建从管理操作系统连接到虚拟机所需的测试环境。
- 专用虚拟网络。在希望只允许同一物理服务器上的虚拟机之间进行通信时，可以使用此类型的虚拟网络。专用虚拟网络是一种无需在管理操作系统中装有虚拟网络适配器的虚拟网络。在希望将虚拟机从管理操作系统以及外部网络中的网络通信中分离出来时，通常会使用专用虚拟网络。

2. 虚拟网络基础知识

虚拟网络的类型已经了解了，虚拟网络的其他基础知识对于用户配置复杂的虚拟网络环境也是必要的，这里进行一些简单介绍。

对于简单的虚拟网络配置，建议在运行 Hyper-V 的服务器上至少配置两个网络适配器：一个网络适配器专供进行远程管理的物理计算机使用，另外一个或多个网络适配器专门用于虚拟机。如果用户为虚拟硬盘存储运行 Internet SCSI（iSCSI）发起程序，建议用户使用管理操作系统中的其他网络适配器。管理操作系统是一个分区，它调用 Windows 虚拟机监控程序并请求创建新的分区。在完整安装 Windows Server 2008 过程中添加 Hyper-V 角色时，用户可以选择配置一个或多个外部虚拟网络。

当用户安装 Hyper-V 并创建外部虚拟网络时，管理操作系统将使用一个新的虚拟网络适配器来连接物理网络。网络连接由原始网络适配器和新的虚拟网络适配器组成。原始物理网络适配器未绑定任何协议和服务，而新的虚拟网络适配器绑定了所有的标准协议和服务。

创建外部虚拟网络时，Hyper-V 会将虚拟网络服务协议绑定到物理网络适配器。注意：在创建或删除外部虚拟网络时，将会暂时中断外部网络连接。

创建外部虚拟网络后，除了交换机是基于软件以及可以根据需要动态添加或删除端口之外，虚拟网络与物理网络的工作原理基本相同。

一旦配置了外部虚拟网络，所有的网络通信都将通过虚拟交换机传送。因此，建议使用至少一个其他物理网络适配器来管理网络通信。虚拟交换机发挥物理交换机的功能，通过虚拟网络将网络通信传送到其目的地。

对于内部虚拟网络，只允许一台物理服务器上的虚拟机之间以及虚拟机和管理操作系统之间进行通信。

在希望只允许一台物理服务器上的虚拟机之间进行通信时，可以使用专用虚拟网络。

3. 网络和虚拟机

在 Hyper-V 中，当创建虚拟机并将其连接到虚拟网络时，它将会使用虚拟网络适配器进行连接。有两种类型的网络适配器可用于 Hyper-V：网络适配器和旧版网络适配器。为了使网络适配器能够正常工作，必须安装集成服务，该服务是 Hyper-V 安装的一部分。如果集成

服务因为操作系统的版本而无法安装，将无法使用网络适配器。用户需要添加一个旧版网络适配器，用于模拟基于 Intel 21140 的 PCI 快速以太网适配器，并在无需安装虚拟机驱动程序的情况下工作。旧版网络适配器还支持基于网络的安装，因为它具有启动到预启动执行环境的能力。如果虚拟机需要从网络启动，也需要旧版网络适配器。启动到预启动执行环境之后，用户需要禁用网络适配器。

虚拟机在逻辑上连接到虚拟网络上的一个端口。为了使虚拟机上的网络应用程序能够从外部连接到某个事物，它首先会通过虚拟网络适配器路由到外部虚拟网络上的虚拟端口（连接虚拟机的端口）。然后将网络数据包定向到物理网络适配器并向外发送到外部物理网络。

为了使虚拟机能够与管理操作系统进行通信，有两个选项可供选择。一个选项是将网络数据包通过物理网络适配器向外路由到物理网络，这种方法之后会使用第二个物理网络适配器将数据包返回给运行 Hyper-V 的服务器。另一个选项是通过虚拟网络路由网络数据包，这种方法更高效。选择哪个选项由虚拟网络决定。虚拟网络包含一种学习算法，该算法决定将通信定向到的最有效的端口，并将网络数据包发送到该端口。虚拟网络作出决定后，网络数据包将会被发送到所有的虚拟端口。

4. 创建虚拟机

新建虚拟机向导提供了一种简单灵活的创建虚拟机的方法。新建虚拟机向导可以从 Hyper-V 管理器获得。使用此向导，有以下两个基本选项可用于创建虚拟机：

- 可以使用默认设置创建虚拟机，而不必完成向导的所有配置页。此类型的虚拟机配置如表 14-4 所示：

表 14-4　**虚拟机配置**

名　称	新建虚拟机
位置	为运行 Hyper-V 的服务器配置的默认位置
内存	512 MB
网络连接	未连接
虚拟硬盘	存储容量为 127 千兆字节的动态扩展硬盘
安装选项	未指定媒体
SCSI 控制器	没有磁盘连接到此设备。要使用此设备，需要在来宾操作系统中安装集成服务。有些较新版本的 Windows 包含集成服务

- 可以使用在配置页上指定的设置来创建针对用户的需要自定义的虚拟机。

以下过程将介绍这两种方法。

（1）创建默认虚拟机

创建默认虚拟机的步骤如下：

①打开 Hyper-V 管理器。单击「开始」，指向“管理工具”，然后单击“Hyper-V 管理器”。

②在“操作”窗格中，单击“新建”，然后单击“虚拟机”。如图 14-6 所示。

③在“开始之前”页上，单击“完成”。或者，如果显示的第一页是“指定名称和位置”页，请单击该页上的“完成”。

（2）创建自定义虚拟机

创建自定义虚拟机的步骤如下：

①打开 Hyper-V 管理器。单击「开始」，指向“管理工具”，然后单击“Hyper-V 管理器”。

②在“操作”窗格中，单击“新建”，然后单击“虚拟机”。

③继续通过向导页指定要采用的自定义设置。可以单击“下一步”通过向导的每一页，也可以单击左侧窗格中的页面名称直接移动到该页面。

④完成配置虚拟机后，单击“完成”。

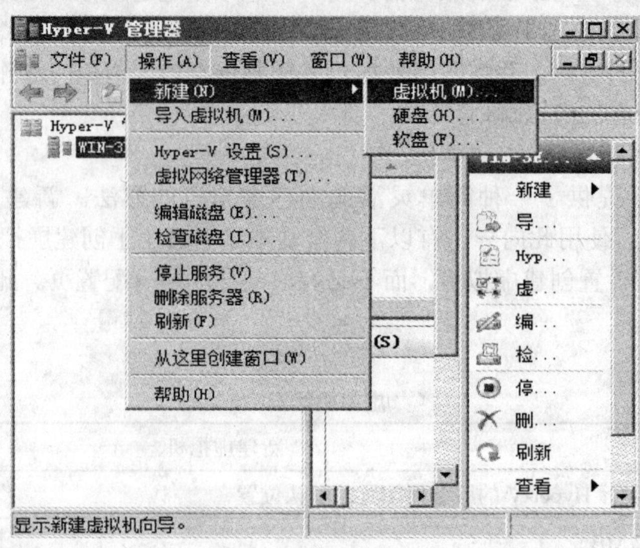

图 14-6　新建虚拟机

5. 配置虚拟机

若要使用 Hyper-V 在虚拟化环境中运行服务器工作负荷，需要创建虚拟机以运行不同的来宾操作系统和应用程序。使用新建虚拟机向导可创建虚拟机。该向导可帮助用户使用为虚拟机名称、内存、网络和存储选择的配置创建虚拟机。新建虚拟机向导可以从 Hyper-V 管理器获得。

创建虚拟机后，用户可以通过配置虚拟机设置对其进行自定义。例如，可以：

- 添加或删除虚拟硬件，如存储控制器或网络适配器。
- 添加或删除虚拟硬盘。
- 修改基本输入/输出系统（BIOS）中设备的启动顺序。

可以通过 Hyper-V 管理器更改这些设置以及很多其他设置。

配置虚拟机的步骤如下：

（1）打开 Hyper-V 管理器。单击「开始」，指向“管理工具”，然后单击“Hyper-V 管理器”。

（2）在结果窗格中的“虚拟机”下，选择要配置的虚拟机。如图 14-7 所示。

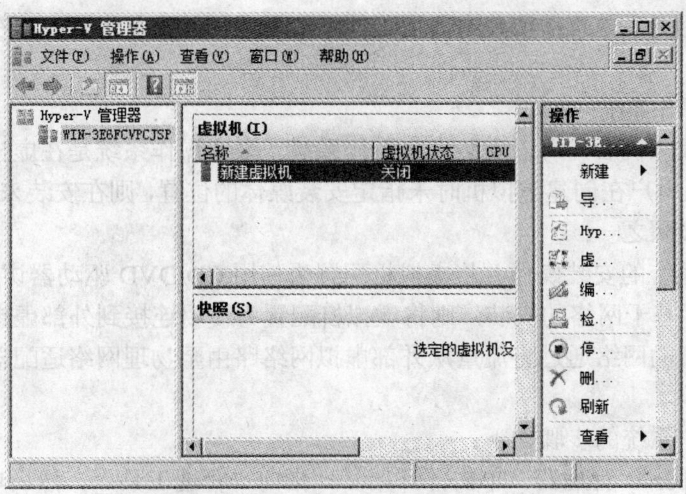

图 14-7　选择要配置的虚拟机

（3）在“操作”窗格中的虚拟机名称下，单击“设置”。

（4）在导航窗格（左窗格）中，单击要配置的项目。如图 14-8 所示。

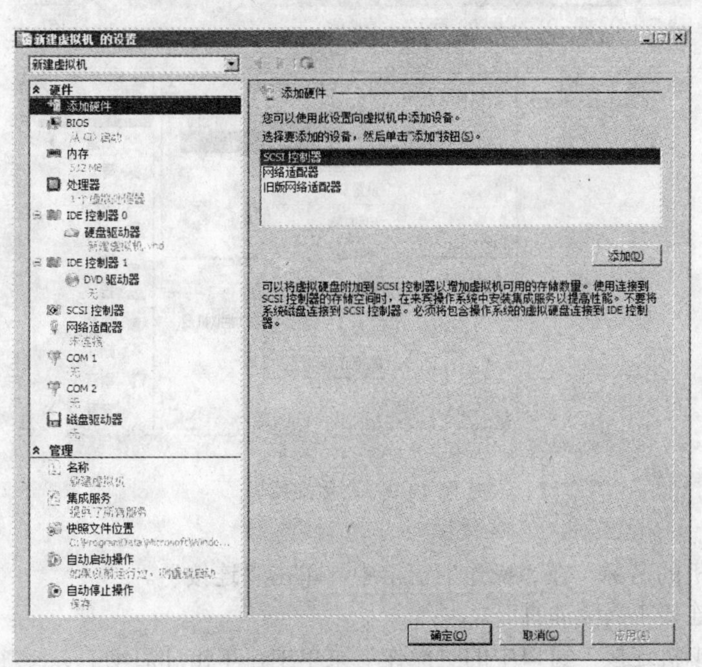

图 14-8　配置所选择的虚拟机

（5）请执行下列操作之一：

● 若要添加某个项目（例如 SCSI 控制器）的其他实例，请选择该项目，然后单击“添加”。添加某些项目（例如，网络适配器）后，可能需要对其进行其他配置。

● 若要修改项目，请对配置进行更改，然后单击“确定”。

● 若要删除项目，请选择该项目（如有必要），然后单击“删除”。

（6）若要进行更多更改，请单击要配置的下一个项目并重复步骤 5。在完成配置后，请单击“确定”。

6. 安装来宾操作系统

适当地配置虚拟机后，可以安装来宾操作系统。来宾操作系统是在虚拟机中安装并运行的操作系统。如果用户在创建虚拟机时未指定安装媒体的位置，则在安装来宾操作系统之前，将需要执行下列步骤之一：

● 获取操作系统的安装媒体并将虚拟机配置为使用 CD/DVD 驱动器访问安装媒体。

● 如果要执行基于网络的安装，则将虚拟机配置为使用连接到外部虚拟网络的旧版网络适配器。这种类型的网络通过将流量从外部虚拟网络路由至物理网络适配器提供与物理网络的连接。

安装来宾操作系统的步骤如下：

（1）打开 Hyper-V 管理器。单击「开始」，指向“管理工具”，然后单击“Hyper-V 管理器”。

（2）连接到虚拟机。在结果窗格的“虚拟机”部分中，使用下列方法之一：

● 右键单击虚拟机的名称，然后单击“连接”。如图 14-9 所示。

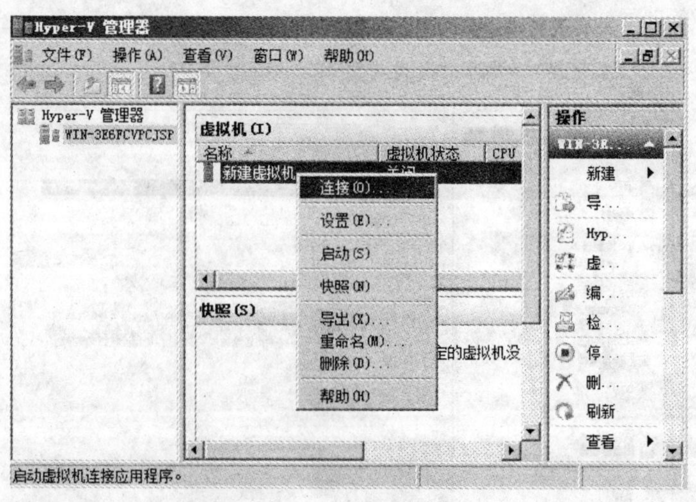

图 14-9 连接虚拟机

● 选择虚拟机的名称。在“操作”窗格中，单击“连接”。

（3）虚拟机连接工具随即打开。

（4）从“虚拟机连接”窗口中的“操作”菜单中，单击「启动」。

（5）虚拟机将会启动，搜索启动设备并加载安装程序包。

（6）继续执行安装。

7. 连接虚拟机

虚拟机连接是一种用于连接到虚拟机以便可以在虚拟机中安装来宾操作系统或与其进行交互的工具。一些可通过使用虚拟机连接执行的任务包括：

● 连接到虚拟机的视频输出

- 控制虚拟机的状态
- 获取虚拟机的快照
- 修改虚拟机的设置

在完整安装的 Windows Server 2008 上安装 Hyper-V 角色时，会自动安装虚拟机连接。在某些版本的 Windows 上还可以单独安装虚拟机连接。默认情况下，虚拟机连接使用用于登录到当前 Windows 会话的相同凭据建立与运行的虚拟机的会话。如果希望虚拟机连接使用另一组凭据，则可以配置 Hyper-V，以便系统提示用户输入凭据。

从 Hyper-V 管理器连接到虚拟机的步骤如下：

（1）打开 Hyper-V 管理器。单击「开始」，指向“管理工具”，然后单击“Hyper-V 管理器”。

（2）在结果窗格中的“虚拟机”下，右键单击虚拟机的名称，然后单击“连接”，如图 14-9 所示。

（3）虚拟机连接工具随即打开。

使用虚拟机连接的提示有下列几个：

- 在来宾操作系统上安装集成服务时，用户可以在物理计算机上运行的操作系统与来宾操作系统之间无缝地移动鼠标指针。较新版本的受支持 Windows 操作系统附带集成服务。对于所有其他受支持的操作系统，需在来宾操作系统中安装集成服务。
- 连接到运行的虚拟机时，鼠标指针可能会显示为一个小圆点。若要向虚拟机发送鼠标点击或键盘输入，请在虚拟机窗口中单击任意位置。若要将输入返回到物理计算机，请按鼠标释放组合键，然后将鼠标指针移动到虚拟机窗口之外。默认释放组合键为 CTRL+ALT+向左键，但该组合键可通过修改 Hyper-V 设置进行更改。
- 用户不能在键盘上按 CTRL+ALT+DELETE 将该组合键发送到虚拟机。可以使用菜单命令。在“操作”菜单中，单击 Ctrl+Alt+Delete。或者，可以按 Ctrl+Alt+End。
- 可以从窗口模式切换到全屏模式。在“视图”菜单中，单击“全屏模式”。若要切换回窗口模式，请按 Ctrl+Alt+Break。

8. 配置虚拟局域网（VLAN）

Hyper-V 支持虚拟局域网（VLAN），因为 VLAN 配置是基于软件的，所以计算机能够轻松移动且仍然保持其网络配置。对于每个连接到虚拟机的虚拟网络适配器，用户可以为虚拟机配置一个 VLAN ID。用户需要具备以下设备才能配置 VLAN：

- 支持 VLAN 的物理网络适配器。
- 支持具有已应用的 VLAN ID 的网络数据包的物理网络适配器。

在管理操作系统上，用户需要配置虚拟网络，以允许在物理端口上进行网络通信。这样做是为了使 VLAN ID 能够在内部与虚拟机一起使用。接下来，用户需要配置虚拟机以指定虚拟机将用于所有网络通信的虚拟 LAN。

可以使用两种模式来配置 VLAN：访问模式和 trunk 模式。在访问模式中，虚拟网络的外部端口被限制为 UI 中的一个 VLAN ID。可以有多个使用 WMI 的 VLAN。当物理网络适配器连接到物理网络交换机上的某个端口（也处于访问模式中）时，请使用访问模式。若要使虚拟机能够外部访问处于访问模式下的虚拟网络，用户必须将虚拟机配置为使用与在虚拟网络的访问模式中配置的相同 VLAN ID。Trunk 模式允许多个 VLAN ID 共享物理网络适配器和物理网络之间的连接。若要使虚拟机能够外部访问多个 VLAN 中的虚拟网络，用户需要将物理网络上的端口配置为 trunk 模式。还需要知道所使用的特定 VLAN，以及虚拟网络支持的虚拟机使用的所有 VLAN ID。

（1）允许 Hyper-V 使用 VLAN 的步骤如下：

①打开 Hyper-V 管理器。

②在“操作”菜单上，单击“虚拟网络管理器”。如图 14-10 所示。

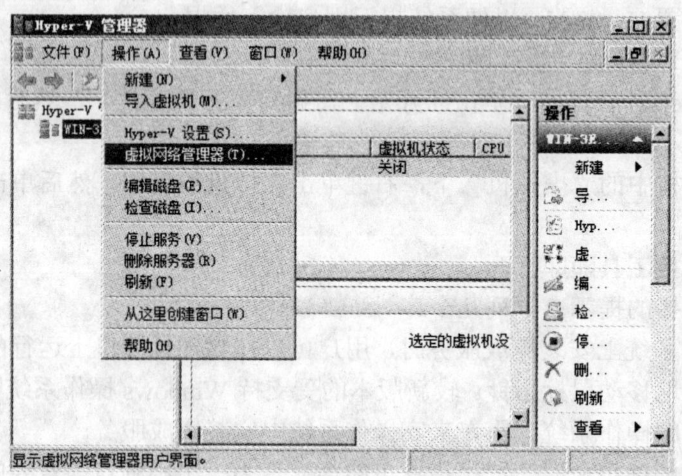

图 14-10 虚拟网络管理器

③选择要编辑的虚拟网络，然后在右侧的窗格中选择“启用虚拟 LAN 标识”。

④输入一个号码作为 VLAN ID。所有通过网络适配器的管理操作系统的通信都将使用用户设置的 VLAN ID 进行标记。

（2）允许虚拟机使用 VLAN 的步骤如下：

①打开 Hyper-V 管理器。

②在结果窗格中的“虚拟机”下，选择要配置为使用 VLAN 的虚拟机。

③在“操作”窗格中的虚拟机名称下，单击“设置”。

④在“硬件”下，选择连接到外部虚拟网络的虚拟网络适配器。

⑤在右侧的窗格中，选择“启用虚拟 LAN 标识”，然后输入要使用的 VLAN ID。如图 14-11 所示。

如果需要虚拟机使用其他 VLAN 进行通信，请将其他网络适配器连接到相应的虚拟网络并分配相应的 VLAN ID。请确保正确配置 IP 地址，并且用户希望通过 VLAN 进行的通信所使用的 IP 地址也是正确的。

14.4.2 配置磁盘和存储

可以将虚拟硬盘作为管理操作系统上的存储选项，然后使虚拟机可以使用该存储。

可以使用 Hyper-V 管理器工具创建和管理虚拟硬盘。若要创建新的虚拟硬盘，可以使用新建虚拟硬盘向导或新建虚拟机向导。如果正在创建动态扩充磁盘，则新建虚拟机向导可以提供为新虚拟机创建存储的方法，而无需运行新建虚拟硬盘向导。如果要在创建虚拟机后不久即在虚拟机中安装来宾操作系统，这可能很有用。

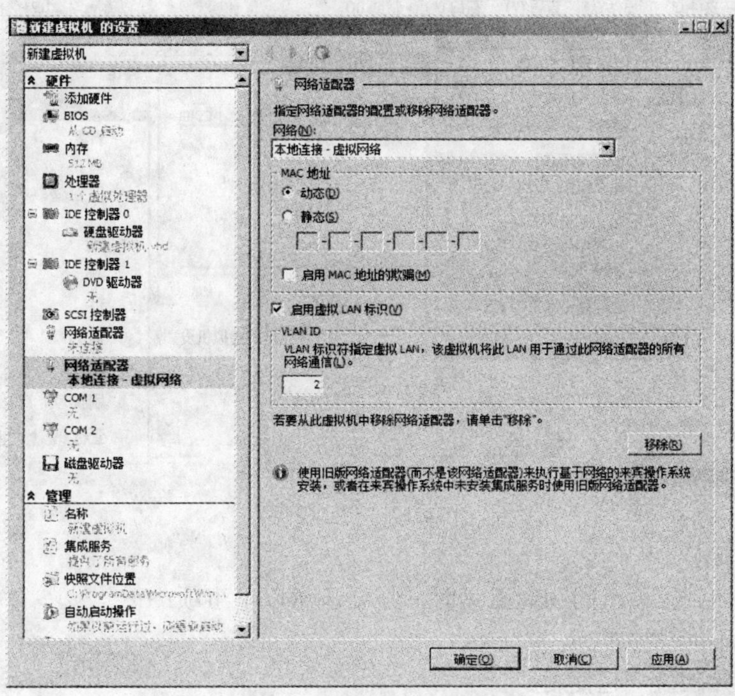

图 14-11　网络适配器设置

创建新虚拟硬盘时，需要一个名称和存储位置。磁盘以.vhd 文件的形式进行存储，这使得它们可以移植，但同时也带来了潜在的安全风险。应该采取预防措施（如，将 .vhd 文件存储在安全的位置）来降低此风险。不要在标记为加密的文件夹中创建虚拟硬盘。如果加密文件系统已用于加密.vhd 文件，则 Hyper-V 不支持使用存储媒体。但是，可以使用存储在使用 Windows BitLocker 驱动器加密的卷上的文件。

1. 创建虚拟硬盘

创建虚拟硬盘的步骤如下：

（1）打开 Hyper-V 管理器。单击「开始」，指向“管理工具”，然后单击“Hyper-V 管理器”。

（2）在“操作”窗格中，单击“新建”，然后单击“硬盘”。如图 14-12 所示。

（3）继续通过向导页自定义虚拟硬盘。可以单击“下一步”通过向导的每一页，也可以单击左侧窗格中的页面名称直接移动到该页面。

（4）完成配置虚拟硬盘后，单击“完成”。

2. 配置直接附加到虚拟机的物理磁盘

可以使用直接附加到虚拟机的物理磁盘作为管理操作系统上的存储选项。这使得虚拟机可以访问直接映射到运行 Hyper-V 的服务器的存储，而无需首先配置卷。存储可以是服务器内部的物理磁盘，也可以是映射到服务器的 SAN 逻辑单元号（LUN）（LUN 是对存储子系统某一部分的逻辑引用）。虚拟机必须有对该存储的独占访问权限，因此必须在磁盘管理中将该存储设置为脱机状态。该存储大小不限，因此可以为多 TB LUN。

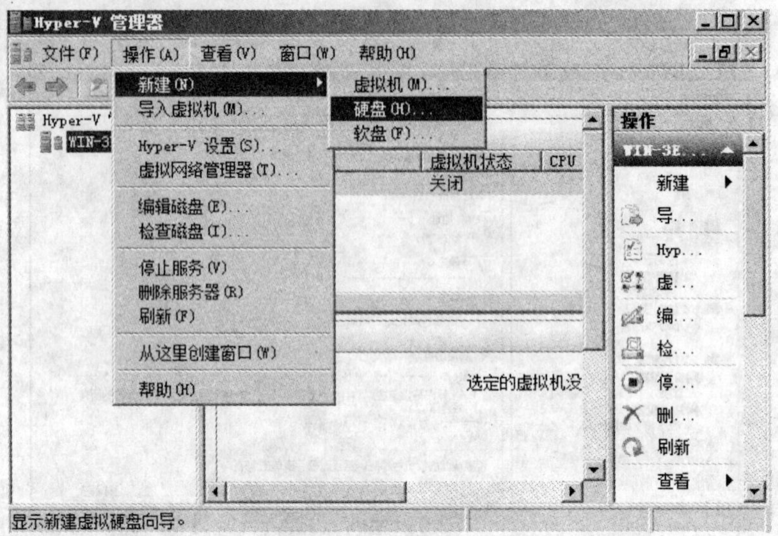

图 14-12 新建硬盘

使用直接附加到虚拟机的物理磁盘时，需要注意以下事项：

- 此类磁盘不能动态扩充。
- 不能与差异磁盘一起使用。
- 无法生成虚拟硬盘快照。

配置直接附加到虚拟机的物理磁盘的步骤如下：

（1）将计划使用的存储设备映射到运行 Hyper-V 的服务器。在磁盘管理中，该存储显示为原始卷，且为脱机状态。

（2）若要初始化原始卷，请在“磁盘管理”中，右键单击要初始化的磁盘，然后单击“初始化磁盘”。请注意，磁盘必须为脱机状态才能对其进行初始化。

（3）在“初始化磁盘”对话框中，选择要初始化的磁盘。可以选择是使用主启动记录（MBR）还是使用 GUID 分区表分区形式。

（4）初始化磁盘之后，请将其返回到脱机状态。如果磁盘不处于脱机状态，则为虚拟机配置存储时该磁盘不可用。

（5）打开 Hyper-V 管理器。单击「开始」，指向“管理工具”，然后单击“Hyper-V 管理器”。

（6）如果用户尚未创建要在其中附加物理硬盘的虚拟机，则请创建该虚拟机，方法是使用 Hyper-V 中的“新建虚拟机向导”，然后在“连接虚拟硬盘”页上选择“以后附加虚拟硬盘”。

（7）在 Hyper-V 管理器的“虚拟机”下，选择要在其中附加物理硬盘的虚拟机。

（8）在“操作”窗格中的虚拟机名称下，单击“设置”。

（9）在导航窗格（左窗格）中，单击要附加磁盘的控制器。如果计划将该磁盘用作启动盘，请确保将其附加到 IDE 控制器。单击“添加”。

（10）在“硬盘驱动器”页上，选择控制器上要附加磁盘的位置。

（11）在“媒体”下，指定物理硬盘。如果该磁盘没有在“物理硬盘”下的下拉列表中显示，请确保该磁盘在磁盘管理中处于脱机状态。

（12）配置物理磁盘后，就可以启动虚拟机并将数据存储在磁盘上。如果要安装操作系统，则安装过程会自动准备要使用的磁盘。如果使用物理磁盘存储数据，则必须先由虚拟机准备物理磁盘。

如果正在物理磁盘上安装操作系统，且在虚拟机启动前该磁盘处于联机状态，则虚拟机将无法启动。必须将虚拟机配置文件存储在备用位置，因为安装操作系统需要使用该物理磁盘。例如，将配置文件放在运行 Hyper-V 的服务器上的其他内部驱动器上。

3. 配置基于 iSCSI 的存储

从来宾操作系统中，用户可以直接连接到存储阵列中的 iSCSI LUN。使用 iSCSI 的直接连接提供了以下相比于其他 iSCSI LUN 选项的优点：

- 用户可以透明地运行 SAN 管理应用程序。
- 支持来宾群集。
- 无需关闭和重新启动来宾操作系统，即可连接到 iSCSI LUN。
- 用户可以以物理环境中管理 LUN 的方式来管理来宾操作系统中的 LUN。
- 支持来宾操作系统中的 VSS 硬件快照。

在运行 Windows Server 2008 或 Windows Vista 的来宾操作系统上配置 iSCSI 直接连接的步骤如下：

（1）在“控制面板”中，双击“iSCSI 发起程序”。

（2）单击“发现”选项卡，然后单击“添加服务器”以输入 iSCSI 目标设备的 IP 地址或 DNS 名称。如图 14-13 所示。

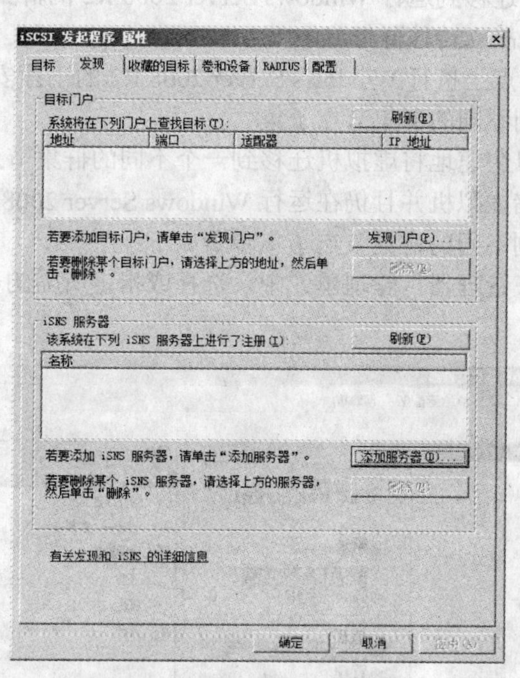

图 14-13　iSCSI 发起程序

（3）单击“目标”选项卡，然后选择要连接到的目标设备。

（4）单击“登录”，然后，在“登录到目标”对话框中，配置登录参数。完成后单击“确定”。

（5）打开计算机管理，然后使 iSCSI 磁盘联机，并在新 iSCSI LUN 上创建分区。

14.5 迁移

本节介绍如何将运行 Windows Server® 2008 的故障转移群集中的 Hyper-V™虚拟机迁移到运行 Windows Server 2008 R2 的故障转移群集中。

14.5.1 迁移位于故障转移群集中的 Hyper-V 虚拟机

对于运行 Windows Server 2008 的故障转移群集中的虚拟机，执行下面的步骤可将相应的虚拟机和群集升级到 Windows Server 2008 R2：

- 步骤 1：将虚拟机迁移到不同的群集节点子集
- 步骤 2：收回原始群集节点
- 步骤 3：执行 Windows Server 2008 R2 的干净安装，并启用 Hyper-V 和故障转移群集功能
- 步骤 4：使用收回的节点创建新的群集
- 步骤 5：（可选）配置群集共享卷
- 步骤 6：准备原始群集中的虚拟机进行迁移
- 步骤 7：将虚拟机迁移到运行 Windows Server 2008 R2 的群集
- 步骤 8：删除原始故障转移群集
- 步骤 9：在其余节点上执行 Windows Server 2008 R2 的干净安装

（1）将虚拟机迁移到不同的群集节点子集

使用下面的过程可以快速地将虚拟机迁移到一个不同的群集节点子集。必须将虚拟机迁移到有足够的空间来存储虚拟机并且仍在运行 Windows Server 2008 的节点子集中。

快速将虚拟机迁移到不同的群集节点子集步骤如下：

①在“故障转移群集管理器”管理单元中，选择或指定所需的群集。如图 14-14 所示。

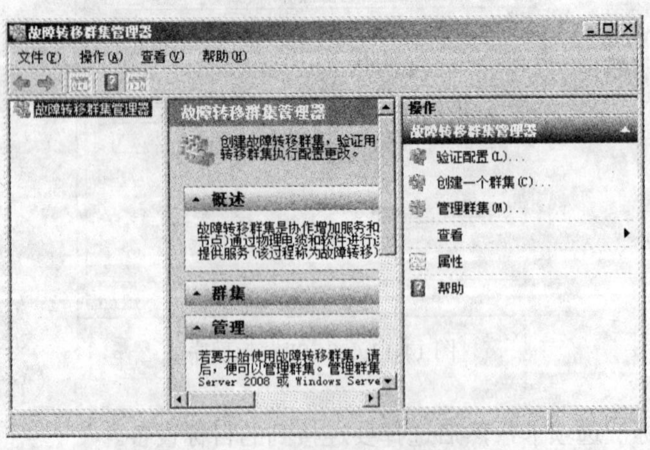

图 14-14 故障转移群集管理器

②如果控制台树处于折叠状态，则在用户要配置的群集下面展开控制台树。

③展开“服务和应用程序”，然后单击包含用户要迁移的虚拟机的群集实例。

④在“操作”（位于右侧）下，单击“将虚拟机快速迁移到另一节点”。

（2）收回原始群集节点

在收回群集节点的原始子集之前，请确保要收回的节点没有对原始群集的共享存储区的访问权限。

收回原始群集节点步骤如下：

①在“故障转移群集管理器”管理单元中，选择或指定所需的群集。

②右键单击要收回的节点，单击“更多操作”，然后单击“收回”。

（3）执行 Windows Server 2008 R2 的干净安装，并启用 Hyper-V 和故障转移群集功能

在收回的节点子集上，执行 Windows Server 2008 R2 的干净安装（故障转移群集中不支持升级），然后启用 Hyper-V 并安装故障转移群集功能。

（4）使用收回的节点创建新的群集

在创建故障转移群集之前，强烈建议用户通过在“验证配置向导”中运行所有测试来验证配置。运行测试时，用户可以确认硬件和设置与故障转移群集兼容。完成验证后，将收回的节点配置为故障转移群集中的节点。

（5）配置群集共享卷

如果适用，启用群集共享卷（CSV）并将磁盘添加到 CSV。

（6）准备原始群集中的虚拟机进行迁移

准备虚拟机时所要采取的操作取决于虚拟机的状态，有如下两种：

- 如果虚拟机处于运行状态，则使用 Hyper-V 管理器关闭虚拟机。
- 如果虚拟机处于已保存状态，则使用“故障转移群集管理器”使虚拟机脱机。在“服务和应用程序”下，选择用户要使其脱机的虚拟机。在结果窗格中，右键单击每个虚拟机，然后单击“使该资源脱机”。升级到 Windows Server 2008 R2 时不支持已保存状态。

准备虚拟机进行迁移时步骤如下：

①采取下列操作之一为迁移计算机做好准备：

- 导出虚拟机。如果用户计划为 Windows Server 2008 R2 群集使用同一个 SAN 存储，则可以使用仅限配置的导出。使用 Hyper-V 管理器，在“操作”菜单上选择“导出”以导出虚拟机。确保选中“仅导出虚拟机配置”复选框。
- 使用用户选择的备份应用程序备份虚拟机。

②使用“故障转移群集管理器”使虚拟机脱机。在“服务和应用程序”下，选择用户要使其脱机的虚拟机。在结果窗格中，右键单击每个虚拟机，然后单击“使该资源脱机”。

③如果用户计划为新的群集重用存储，请确保相应存储没有对原始群集的访问权限，然后将存储提供给运行 Windows Server 2008 R2 的新故障转移群集。若要使存储可供新的故障转移群集使用，请使用“故障转移群集管理器”。在“服务和应用程序”下，单击用户要将存储添加到的服务或应用程序。在“操作”下，单击“添加存储”并选择用户要添加的磁盘。

（7）将虚拟机迁移到运行 Windows Server 2008 R2 的群集

将虚拟机迁移到 Windows Server 2008 R2 要采取的步骤取决于用户是否已导出或已备份虚拟机。

①若要迁移虚拟机，请执行以下操作之一：

● 如果用户已导出虚拟机，则应将虚拟机重新导入到群集节点。若要导入虚拟机，请按照在故障转移群集中导出和导入虚拟机中的步骤操作。

● 如果用户已备份虚拟机，则使用备份应用程序将虚拟机还原到群集磁盘。

②对于此时位于运行 Windows Server 2008 R2 的群集中的每个虚拟机，应更新集成服务。若要执行此操作，请打开虚拟机。在虚拟机连接的“操作”菜单中，单击“插入集成服务安装盘”。

（8）删除原始故障转移群集

在所有虚拟机都位于运行 Windows Server 2008 R2 的群集中并且测试和验证群集全部正常工作之后，使用“故障转移群集管理器”删除原始群集。

在“故障转移群集管理器”管理单元中，右键单击用户要删除的群集，单击“更多操作”，然后单击“破坏群集”。

（9）在其余节点上执行 Windows Server 2008 R2 的干净安装

对于原始群集中的其余节点，执行 Windows Server 2008 R2 的干净安装。然后，启用 Hyper-V 角色和故障转移群集功能。将这些节点加入到新的群集。

14.5.2 将虚拟机迁移到群集共享卷磁盘

群集共享卷（CSV）是 Windows Server 2008 R2 中的一项新的故障转移群集功能。将虚拟机从运行 Windows Server 2008 的群集迁移到运行 Windows Server 2008 R2 的群集时，用户可以将虚拟机迁移到 Windows Server 2008 R2 群集中的 CSV 磁盘。

将虚拟机迁移到群集共享卷磁盘步骤如下：

（1）使用下列选项之一导出虚拟机：

● 使用 Hyper-V 管理器移动含有虚拟机配置的虚拟硬盘。从 Hyper-V 管理器的“操作”菜单中，单击“导出”，然后指定用户要将虚拟机导出到的文件夹。确保清除“仅导出虚拟机配置”复选框。

● 将虚拟机导出到 CSV 文件夹（systemdrive\clusterstorage\volume1），以便在迁移过程中获取对虚拟硬盘位置的更多控制权。从 Hyper-V 管理器的“操作”菜单中，单击“导出”，然后选择“仅导出虚拟机配置”。

（2）从 Hyper-V 管理器中，通过选择所有虚拟机然后在“操作”下单击“删除”，删除虚拟机。

（3）将存储添加到群集的“可用存储”组。

向群集共享卷中添加磁盘步骤如下：

①在“故障转移群集管理器”管理单元中，选择或指定所需的群集。

②如果控制台树处于折叠状态，则在用户要将磁盘添加到群集共享卷的群集下面展开控制台树。

③单击“群集共享卷”。

④在“操作”下，单击“添加存储”。

⑤在“添加存储”中，从可用磁盘列表中进行选择，然后单击“确定”。用户选择的磁盘将显示在群集共享卷的“结果”窗格中。

（4）在 Hyper-V 管理器中，右键单击用户要导入的虚拟机，然后单击“导入”。

（5）使用“故障转移群集管理器”使虚拟机具有较高的可用性。

14.5.3 在故障转移群集中导出和导入虚拟机

使用本节中的过程可以先导出然后再导入虚拟机。

1. 导出虚拟机

（1）若要执行仅限配置的虚拟机导出，请运行脚本 GetAssociatedVHDLocations 以获取与虚拟机关联的快照.avhd 文件和.vhd 文件的列表。若要运行此脚本，请键入以下内容：

cscript GetAssociatedVHDLocations.vbs /VMName: 虚拟机名称

（2）在脚本输出中，将“ChildPaths”下列出的.avhd 文件复制到与输出中“ParentPath”下指定的.vhd 文件夹相同的文件夹。

2. 导入虚拟机

（1）若要导入虚拟机，请运行脚本 ImportVM。

（2）如果用户正在将虚拟机从一个非 CSV 存储环境迁移到另一个非 CSV 存储环境，则应将驱动器位置替换为与安装到新故障转移群集的存储关联的位置。例如，如果存储位置此时为“Z:”，则脚本中的“资源路径”为：

"Z:\HarddiskTempStorage0\fixed.vhd";"Z:\HarddiskTempStorage0\fixed_diff.vhd";"Z:\HarddiskTempStorage0\fixed1.vhd";"Z:\HarddiskTempStorage0\expanding.vhd"

（3）如果用户正在将虚拟机从一个非 CSV 存储环境迁移到一个 CSV 存储环境，则应将原始驱动器位置替换为 systemdrive/ClusterStorage。运行此脚本后，用户应该会看到以下输出：

```
>ImportVM.vbs /ImportDirectory:C:\ClusterStorage\Volume4\vm3Export\MyVM
/Resource Paths:"C:\ClusterStorage\Volume4\HarddiskTempStorage0\fixed.vhd";
"C:\ClusterStorage\Volume4:\HarddiskTempStorage0\fixed_diff.vhd";
"C:\ClusterStorage\Volume4\HarddiskTempStorage0\fixed1.vhd";
"C:\ClusterStorage\Volume4\HarddiskTempStorage0\expanding.vhd"
```

习 题

1．Hyper-V 有什么作用？
2．Hyper-V 有哪些新增功能？
3．安装 Hyper-V 有哪些特殊的要求？
4．Hyper-V 的安装有几种情况，它们有何特点？
5．如何提高运行 Hyper-V 的服务器的安全性？这样有何实际意义？
6．虚拟网络有几种类型？分别有什么特点？
7．如何对一个虚拟网络进行配置？
8．虚拟机的概念及如何进行配置？
9．进行群集迁移有何意义？
10．利用虚拟化技术如何实现群集迁移？

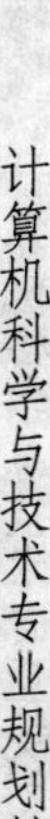

附录 英文缩写表

ACE	Access Control Entry	访问控制项
ACL	Access Control List	访问控制列表
AD CS	Active Directory Certificate Services	活动目录证书服务
AD DS	Active Directory Domain Service	活动目录域服务
AD FS	Active Directory Federation Services	活动目录联合身份验证服务
AD LDS	Active Directory Lightweight Directory Services	活动目录轻量级目录服务
AD RMS	Active Directory Rights Management Services	Active Directory 权限管理服务
ADAM	Active Directory Application Mode	活动目录应用程序模式
ADDS	Active Directory Domain service	活动目录域服务
ADMT	Active Directory Migration Tool	活动目录迁移工具
ADSI	Active Directory Service Interface	活动目录服务接口
ADWS	Active Directory Web Service	活动目录中的 Web 服务
ANR	Ambiguous Name Resolution	模糊名称解析
API	Application Program Interface	应用程序接口
BIOS	Basic Input Output System	基本输入/输出系统
CA	Certification Authority	证书颁发机构
CIMV2	2Common Information Model Version 2	命名空间版本
CLR	Common Language Runtime	公共语言运行时间
CNG	Cryptography API：Next Generation	下一代加密 API
CRL	Certificate Revocation List	证书吊销列表
CSP	Cryptographic Service Provider	加密服务提供程序
CSV	Cluster Storage Volume	群集共享卷
DACL	Discretionary Access Control List	随机访问控制列表
DC	Domain Controller	域控制器
DCOM	Distributed Component Object Model	分布式组件对象模型
DES	Data Encryption Standard	数据加密标准
DHCP	Dynamic Host Configuration Protocol	动态主机配置协议
DMZ	Demilitarized Zone	隔离区
DNS	Domain Name System	域名系统
DSRM	Directory Services Recovery Mode	目录服务还原模式
EKU	Enhanced Key Usage	增强型密钥用法
FQDN	Fully Qualified Domain Name	完全合格域名
FSMO	Flexible Single Master Operation	灵活单一主机操作

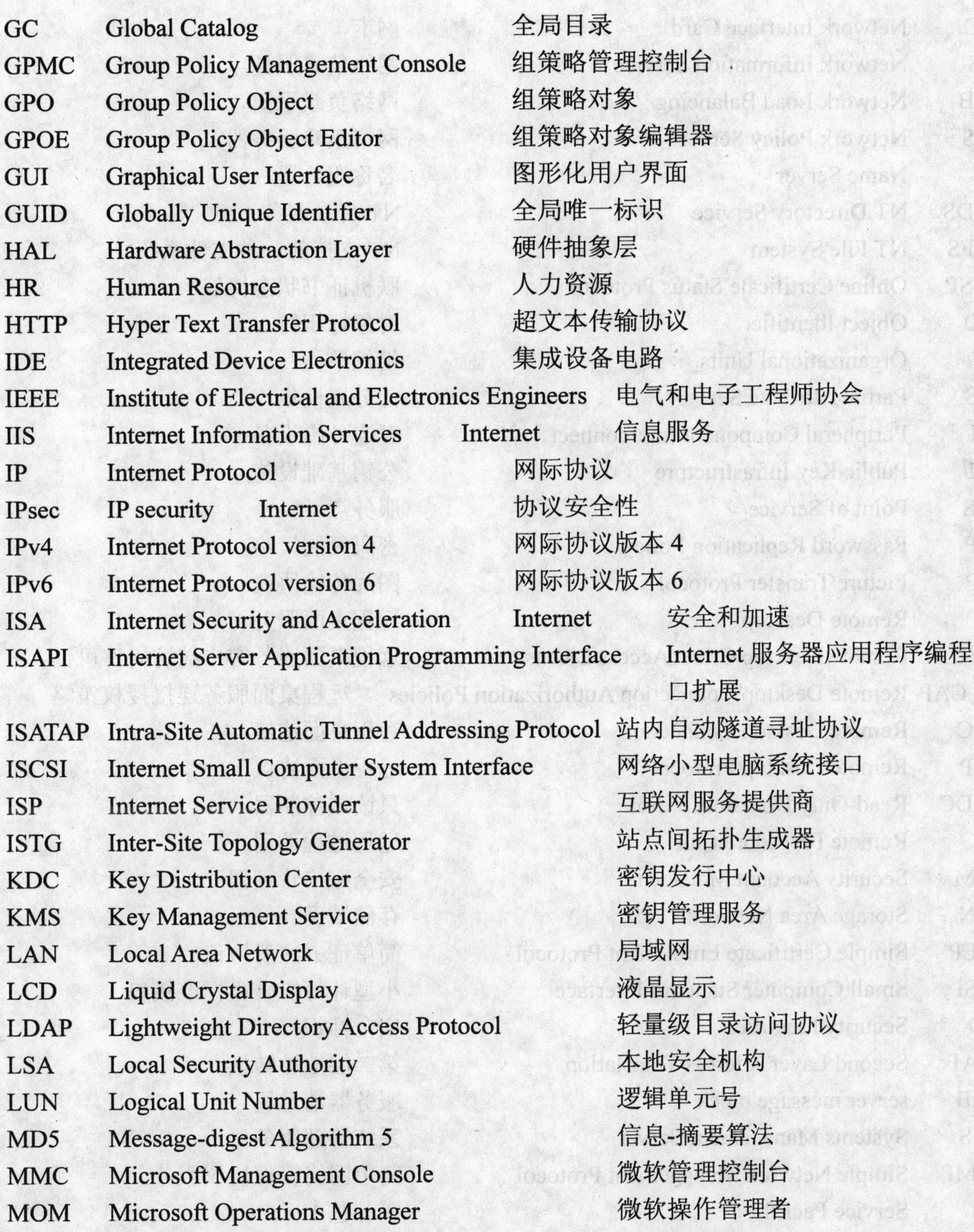

GC	Global Catalog	全局目录
GPMC	Group Policy Management Console	组策略管理控制台
GPO	Group Policy Object	组策略对象
GPOE	Group Policy Object Editor	组策略对象编辑器
GUI	Graphical User Interface	图形化用户界面
GUID	Globally Unique Identifier	全局唯一标识
HAL	Hardware Abstraction Layer	硬件抽象层
HR	Human Resource	人力资源
HTTP	Hyper Text Transfer Protocol	超文本传输协议
IDE	Integrated Device Electronics	集成设备电路
IEEE	Institute of Electrical and Electronics Engineers	电气和电子工程师协会
IIS	Internet Information Services	Internet 信息服务
IP	Internet Protocol	网际协议
IPsec	IP security	Internet 协议安全性
IPv4	Internet Protocol version 4	网际协议版本 4
IPv6	Internet Protocol version 6	网际协议版本 6
ISA	Internet Security and Acceleration	Internet 安全和加速
ISAPI	Internet Server Application Programming Interface	Internet 服务器应用程序编程接口扩展
ISATAP	Intra-Site Automatic Tunnel Addressing Protocol	站内自动隧道寻址协议
ISCSI	Internet Small Computer System Interface	网络小型电脑系统接口
ISP	Internet Service Provider	互联网服务提供商
ISTG	Inter-Site Topology Generator	站点间拓扑生成器
KDC	Key Distribution Center	密钥发行中心
KMS	Key Management Service	密钥管理服务
LAN	Local Area Network	局域网
LCD	Liquid Crystal Display	液晶显示
LDAP	Lightweight Directory Access Protocol	轻量级目录访问协议
LSA	Local Security Authority	本地安全机构
LUN	Logical Unit Number	逻辑单元号
MD5	Message-digest Algorithm 5	信息-摘要算法
MMC	Microsoft Management Console	微软管理控制台
MOM	Microsoft Operations Manager	微软操作管理者
MPPE	Microsoft Point to Point Encryption	Microsoft 点对点加密
MTP	Message Transfer Protocol	媒体传输协议
NAP	Network Access Protection	网络访问保护
NAP	Net Attach Point	网络接入点
NAS	Network Attached Storage	网络附加存储
NAT	Network Address Translation	跨网络地址转换程序
NetBIOS	Network Basic Input/Output System	网络基本输入/输出系统

NIC	Network Interface Card	网卡
NIS	Network Information Service	网络信息服务
NLB	Network Load Balancing	网络负载平衡
NPS	Network Policy Server	网络策略服务器
NS	Name Server	名称服务器
NTDS	NT Directory Service	NT 目录服务
NTFS	NT File System	NT 支持的一种文件系统
OCSP	Online Certificate Status Protocol	联机证书状态协议
OID	Object Identifier	对象标识符
OU	Organizational Units	组织单位
PAS	Partial Attribute Set	部分属性集
PCI	Peripheral Component Interconnect	互连外围设备
PKI	Public Key Infrastructure	公钥基础设施
POS	Point of Service	服务点
PRP	Password Replication Policy	密码复制策略
PTP	Picture Transfer Protocol	图片传输协议
RD	Remote Desktop	远程桌面服务
RD CAL	Remote Desktop Client Access License	远程桌面服务客户端访问许可证
RD CAP	Remote Desktop Connection Authorization Policies	远程桌面服务连接授权策略
RDC	Remote Desktop Connection	远程桌面连接
RDP	Remote Desktop Protocol	远程桌面协议
RODC	Read-Only Domain Control	只读域控制器
RPC	Remote Procedure Call	远程过程调用
SAM	Security Account Manage r	安全账户管理器
SAN	Storage Area Network	存储域网
SCEP	Simple Certificate Enrollment Protocol	简单证书注册协议
SCSI	Small Computer Standard Interface	小型计算机磁盘标准接口
SID	Security Identifier	安全标识符
SLAT	Second Layer Address Translation	第二层地址转换
SMB	server message block	服务器消息块
SMS	Systems Management Server	系统管理服务器
SNMP	Simple Network Management Protocol	简单网络管理协议服务
SP1	Service Pack 1	服务包 1
SPN	Service Principal Name	服务主体名称
SSL	Security Socket Layer	安全套接字层
SSO	Single Sign On	单点登录
TCP/IP	Transmission Control Protocol/Internet Protocol	传输控制协议/因特网互联协议
TGT	ticket-granting-ticket	票证授予票证
TLS	Transport Layer Security	传输层安全性
TTL	Time To Live	生存时间

UI	User Interface	用户界面
UPN	User Principal Name	用户主体名称
URI	Uniform Resource Identifier	统一资源标识符
URL	Uniform Resource Locator	统一资源定位符
VDS	Virtual Dedicated Server	虚拟磁盘服务
VLAN	Virtual Local Area Network	虚拟局域网
VPN	Virtual Private Network	虚拟专用网络
VSS	Visual Source Safe	源代码管理
WAIK	Windows Automated Installation Kit	Windows 自动安装包
WHQL	Windows Hardware Quality Lab	Windows 硬件质量实验室
WINS	Windows Internet Naming Server,	Windows Internet 命名服务
WMI	Windows Management Instrumentation	Windows 管理规范
WMIC	Windows Management Instrumentation Command-line	Windows 管理规范命令行
WS-F PRP	WS-Federation Passive Requestor Profile	WS 联合身份验证被动请求者协议
WSRM	Windows System Resource Manager	系统资源管理器
XML	Extensible Markup Language	可扩展标记语言

参 考 文 献

[1] http://technet2.microsoft.com/windowsserver2008/zh-CHS/library/bab0f1a1-54aa-4cef-9164-139e8bcc44752052.mspx?mfr=true

[2] http://technet.microsoft.com/zh-cn/library/dd283012(WS.10).aspx

[3] http://baike.baidu.com/view/97899.htm#1

[4] [美]Rand Morimoto,Michael Noel 等著，王海涛,侯普秀等译，《深入解析 Windows Server 2008》，清华大学出版社，2009.5

[5] [美]William R.Stanek 著，刘晖，欧阳译，《精通 Windows Server 2008 inside out》，清华大学出版社，2009.4

[6] [美]Mark Minasi，Rhonda Layfield 著，王文国，朱翔鸥译，《精通 Windows Server 2008 组网技术》，清华大学出版社,2009.10

[7] [美]Charlie Russel, Sharon Crawford 著，杨志国，李光杰，黄湘情译 ，《Windows Server 2008 高级管理应用大全》，人民邮电出版社，2010.1

[8] 戴有炜 著，《Windows Server 2008 安装与管理指南》，北京科海电子出版社，2009.6

[9] 戴有炜 著，《Windows Server 2008 网络专业指南》，北京科海电子出版社，2009.6

[10] 刘晓辉，李书满著，《Windows Server 2008 服务器架设与配置实战指南》，清华大学出版社，2009.6

[11] 刘淑梅，郭腾，李莹著，《Windows Server 2008 组网技术与应用详解》，人民邮电出版社，2009.7

[12] 王化文等编著，《Windows 2000/XP网络构建与系统管理》，武汉大学出版社，2005.8

[13] John Savill,《The Complete Guide to Windows Server 2008》，电子图书。

[14] John A. Price,Brad Price,Scott Fenstermacher,《Mastering Active Directory for Windows Server 2008》,Wiley Publishing, Inc，电子图书。

[15] Don Poulton, MCTS 70-640,《Windows Server 2008 Active Directory, Configuring》，电子图书。